Mathematik für Informatiker

Peter Hartmann

Mathematik für Informatiker

Ein praxisbezogenes Lehrbuch

7. Auflage

Peter Hartmann
Hochschule Landshut
Landshut, Deutschland

ISBN 978-3-658-26523-6   ISBN 978-3-658-26524-3 (eBook)
https://doi.org/10.1007/978-3-658-26524-3

Die Deutsche Nationalbibliothek verzeichnet diese Publikation in der Deutschen Nationalbibliografie; detaillierte bibliografische Daten sind im Internet über http://dnb.d-nb.de abrufbar.

Springer Vieweg
© Springer Fachmedien Wiesbaden GmbH, ein Teil von Springer Nature 2002, 2003, 2004, 2006, 2012, 2015, 2019

Planung/Lektorat: Ulrike Schmickler-Hirzebruch, Iris Ruhmann
Springer Vieweg ist ein Imprint der eingetragenen Gesellschaft Springer Fachmedien Wiesbaden GmbH und ist ein Teil von Springer Nature.
Die Anschrift der Gesellschaft ist: Abraham-Lincoln-Str. 46, 65189 Wiesbaden, Germany

Vorwort

Informatik ist ein Kunstwort der deutschen Sprache, in dem die Worte Information und Mathematik stecken. Die Mathematik ist eine wesentliche Wurzel der Informatik: In allen ihren Bereichen werden immer wieder mathematische Methoden verwendet, mathematische Vorgehensweisen sind typisch für die Arbeit des Informatikers. Ich glaube, dass der engen Verzahnung der beiden Disziplinen in den Lehrbüchern bisher zu wenig Aufmerksamkeit gewidmet wird.

Dieses Buch enthält in einem Band die wesentlichen Gebiete der Mathematik, die für das Verständnis der Informatik benötigt werden. Darüber hinaus stelle ich für die mathematischen Techniken immer wieder konkrete Anwendungen in der Informatik vor. So wird etwa die Logik zum Testen von Programmen verwendet, Methoden der linearen Algebra werden in der Robotik und in der graphischen Datenverarbeitung eingesetzt. Mit Eigenvektoren kann die Bedeutung von Knoten in Netzwerken beurteilt werden. Die Theorie algebraischer Strukturen erweist sich als nützlich beim Hashing, in der Kryptographie und zur Datensicherung. Die Differenzialrechnung wird benutzt um Interpolationskurven zu berechnen, die Fourierentwicklung spielt eine wichtige Rolle bei der Datenkompression. An vielen weiteren Stellen werden Verbindungen zwischen Mathematik und Informatik aufgedeckt.

In der Darstellung geht es mir dabei nicht nur um die Ergebnisse, ein wichtiges Ziel ist das Einüben mathematischer Methoden bei der Lösung von Problemen. Die Tätigkeit des Informatikers verlangt das gleiche analytische Herangehen an Aufgabenstellungen.

Das Buch ist in erster Linie für Studierende der Informatik in Bachelor-Studiengängen zur Begleitung ihrer Mathematikvorlesungen gedacht. Es ist aus Vorlesungen an der Hochschule Landshut entstanden, stellt aber auch eine sinnvolle Ergänzung der Mathematikausbildung von Informatikern an Universitäten und technischen Hochschulen dar. Die Darstellung ist praxisorientiert und zeigt immer wieder auf, wie die Mathematik in der Informatik angewendet wird. Ich lege viel Wert auf die Motivation der Ergebnisse, die Herleitungen sind ausführlich, und so eignet sich das Buch gut zum Selbststudium. Praktiker, die nach der Mathematik suchen, die ihren Anwendungen zu Grunde liegt, können es zum Nachschlagen verwenden. Wie auch immer Sie das Buch aber einsetzen, denken Sie daran: Genauso wie Sie eine Programmiersprache nicht durch das Lesen der Syntax lernen können, ist es unmöglich, Mathematik zu verstehen, ohne mit Papier und Bleistift zu arbeiten.

In den drei Teilen des Buches behandle ich diskrete Mathematik und lineare Algebra, die Analysis und numerische Verfahren sowie schließlich die Grundzüge von Wahrscheinlichkeitsrechnung und Statistik. Innerhalb eines Kapitels sind die Definitionen und Sätze fortlaufend durchnummeriert, eine zweite fortlaufende Nummerierung in runden Klammern erhalten Formeln, auf die später Bezug genommen wird.

Zu Beginn jedes Kapitels stelle ich die zentralen Lerninhalte zusammen, wie Sie diese auch in dem Modulhandbuch Ihres Studiengangs finden. Am Ende der Kapitel finden Sie Verständnisfragen und Übungsaufgaben. Die Verständnisfragen dienen zur Selbstkontrolle; nach dem Durcharbeiten eines Kapitels sollten Sie diese ohne große Rechnung beantworten können. Die Übungsaufgaben sollen der Vertiefung und der Einübung des vorgestellten Stoffes dienen, Die meisten können auf dem Papier gelöst werden, manche sind zum Programmieren oder zur Bearbeitung mit einem Mathematiktool gedacht. Ich habe dazu das Open Source Tool Sage verwendet (www.sagemath.org). Die Aufgaben sind größtenteils nicht allzu schwer; wenn Sie das entsprechende Kapitel beendet haben, sollten Sie in der Lage sein, die meisten der dazugehörigen Aufgaben zu lösen. Auf der Webseite www.springer.com/9783658265236 finden Sie Antworten zu den Verständnisfragen sowie Lösungsvorschläge zu den Aufgaben.

Meinen Kollegen an der Fakultät Informatik der Hochschule Landshut habe ich immer wieder Abschnitte des Buches zur kritischen Durchsicht gegeben. Ich bedanke mich bei ihnen, vor allem bei Ludwig Griebl, der große Teile sorgfältig gelesen hat und mir mit vielen Tipps geholfen hat. Auch bei meiner Familie bedanke ich mich sehr herzlich: Renate und Felix haben mir den Freiraum geschaffen, ohne den ich dieses Vorhaben nicht hätte durchführen können.

Schließlich, nicht zuletzt, gilt mein Dank allen Studentinnen und Studenten, die durch ihre Mitarbeit, ihre Fragen und Diskussionen in vielen Unterrichtsveranstaltungen der letzten Jahre den Inhalt des vorliegenden Buches wesentlich beeinflusst haben.

Lernen klappt am besten, wenn es Freude macht. Dieses Buch soll Ihnen helfen, die Mathematik in ihrem Studium nicht nur als notwendiges Übel zu sehen. Ich wünsche mir, dass Sie herausfinden, dass die Mathematik für Sie nützlich ist, und dass sie gelegentlich auch Spaß machen kann.

Die erste Auflage dieses Buches ist 2002 erschienen. Zu allen Auflagen habe ich viele hilfreiche Zuschriften erhalten. Vielen Dank dafür! Nicht zuletzt auf Grund dieser Zuschriften habe ich das Buch in jeder Auflage überarbeitet und erweitert.

Die vorliegende siebte Auflage wurde um einige wichtige Mathematik-Anwendungen ergänzt: Das Kapitel über algebraische Strukturen enthält jetzt einen Abschnitt über elliptische Kurven und ihren Einsatz in der Kryptographie. Der Abschnitt über stochastische Prozesse wurde überarbeitet und um Markov-Ketten und die Grundlagen der Warteschlangentheorie ergänzt. In dem Kapitel über statistische Verfahren habe ich die Hauptkomponentenanalyse aufgenommen, einen wichtigen Big-Data-Algorithmus.

Bitte helfen Sie mir und allen Lesern auch in Zukunft durch Ihre Rückmeldungen die Qualität des Buches weiter zu verbessern. Schreiben Sie mir unter peter.hartmann@ haw-landshut.de, welche Informatikbezüge Ihnen fehlen, und auch was Sie für überflüssig halten. Teilen Sie mir vor allem auch entdeckte Fehler mit.

Landshut   Peter Hartmann
November 2019

Inhaltsverzeichnis

Teil II   Analysis

Teil III   Wahrscheinlichkeitsrechnung und Statistik

Teil I
Diskrete Mathematik und lineare Algebra

Mengen und Abbildungen

1

Zusammenfassung

Mengen, Operationen auf Mengen und Abbildungen zwischen Mengen sind Teil der Sprache der Mathematik. Daher beginnen wir das Buch damit. Wenn Sie dieses erste Kapitel durchgearbeitet haben, kennen Sie

- den Begriff der Menge und Mengenoperationen,
- Relationen, insbesondere Äquivalenzrelationen und Ordnungsrelationen,
- wichtige Eigenschaften von Abbildungen,
- den Begriff der Mächtigkeit von endlichen und unendlichen Mengen und
- Sie haben gelernt, einfache Beweise durchzuführen.

1.1 Mengenlehre

Was ist eigentlich eine Menge? Die folgende Definition einer Menge stammt von Georg Cantor (1845–1918), dem Begründer der modernen Mengenlehre:

▶ **Definition 1.1** Eine Menge ist eine beliebige Zusammenfassung von bestimmten wohlunterschiedenen Objekten unserer Anschauung oder unseres Denkens zu einem Ganzen.

Fühlen Sie sich schon bei dieser ersten Definition nicht ganz wohl? Die Mathematik erhebt doch den Anspruch von Exaktheit und Präzision; diese Definition klingt aber gar nicht nach präziser Mathematik: Was ist denn eine „beliebige Zusammenfassung", was sind „wohlunterschiedene Objekte"? Wir werden sehen, dass alle Gebiete der Mathematik feste Grundlagen brauchen, auf denen sie aufbauen. Diese Grundlagen zu finden ist meist sehr schwierig (so

© Springer Fachmedien Wiesbaden GmbH, ein Teil von Springer Nature 2019
P. Hartmann, *Mathematik für Informatiker*, https://doi.org/10.1007/978-3-658-26524-3_1

wie es auch schwierig ist, die Anforderungen in einem Software-Projekt präzise zu formulieren). Cantor hat versucht die Mengenlehre, die bis dahin mehr oder weniger intuitiv verwendet worden ist, auf gesicherte mathematische Füße zu stellen und dafür die obige Definition formuliert. Damit stieß man jedoch bald auf ungeahnte Schwierigkeiten. Vielleicht kennen Sie die Geschichte von dem Barbier in einem Dorf, der von sich sagt, dass er alle Männer des Dorfes rasiert, die sich nicht selbst rasieren. Rasiert er sich selbst oder nicht? Ein ähnliches Problem tritt auf, wenn man etwa die Menge aller Mengen betrachtet, die sich nicht selbst als Element enthalten. Enthält sich die Menge selbst oder nicht? Die Zunft der Mathematiker hat sich inzwischen aus diesem Sumpf der Paradoxa herausgezogen, einfacher ist die Theorie dadurch aber nicht geworden. Glücklicherweise müssen wir als Informatiker uns nicht mit solchen Problemen beschäftigen; wir können den Begriff der Menge einfach verwenden und einen großen Bogen um Dinge machen wie „die Menge aller Mengen".

Gehört ein Objekt x zur Menge M, so schreibt man $x \in M$ (x ist Element von M), gehört ein Objekt y nicht zu M, so schreibt man $y \notin M$. Zwei Mengen M, N heißen gleich, wenn sie dieselben Elemente enthalten. Wir schreiben dann: $M = N$. Sind M und N nicht gleich, so schreiben wir $N \neq M$.

Wie beschreibt man Mengen?

Zum einen kann man alle Elemente in geschweiften Klammern auflisten: Die Menge, welche die Zahlen 1, 4, 8, 9 enthält, schreiben wir etwa als $\{1, 4, 8, 9\}$ oder $\{8, 4, 9, 1\}$. Auf die Reihenfolge der Elemente kommt es hierbei nicht an. Auch wenn ein Element mehrfach in den Klammern steht, stört uns das nicht: es zählt nur einmal.

Zum anderen kann man eine Menge durch die Angabe von charakterisierenden Eigenschaften ihrer Elemente definieren:

$$\mathbb{N} := \{x \mid x \text{ ist natürliche Zahl}\} = \{1, 2, 3, 4, \ldots\}$$

„$:=$" wird dabei gelesen als „ist definiert durch" und unterscheidet sich damit vom „$=$"-Zeichen. Wir verwenden das „$:=$" oft um klar zu machen, dass links ein neuer Ausdruck steht, der vorher noch nicht definiert worden ist, und der ab jetzt als Synonym für den rechts stehenden Ausdruck verwendet werden kann. Insofern ist das „$:=$" vergleichbar mit dem Zuweisungsoperator „$=$" in C++ und Java, während unser „$=$" eher dem Vergleichsoperator „$==$" entspricht. Ich werde manchmal den „$:$" auch weglassen, wenn der Sinn eindeutig ist. (Beim Programmieren können Sie sich das nicht erlauben!)

Der senkrechte Strich wird gelesen als „mit der Eigenschaft".

Die zweite Art die Menge $\mathbb{N}$ hinzuschreiben ($\mathbb{N} = \{1, 2, 3, 4, \ldots\}$) zeigt, dass ich auch manchmal etwas lax sein werde, wenn klar ist, was die Punkte bedeuten. In diesem Buch beginnen die natürlichen Zahlen also mit 1. In der Literatur wird gelegentlich auch die 0 zu den natürlichen Zahlen gezählt, die Darstellung ist leider nicht einheitlich. Einigkeit besteht aber in den Bezeichnungen: $\mathbb{N}$ für $\{1, 2, 3, \ldots\}$ und $\mathbb{N}_0$ für $\{0, 1, 2, \ldots\}$.

Ein paar weitere Beispiele von Mengen, mit denen wir noch häufig zu tun haben werden, sind die ganzen Zahlen $\mathbb{Z}$, die rationalen Zahlen $\mathbb{Q}$ und die reellen Zahlen $\mathbb{R}$:

$$\mathbb{Z} := \{x \mid x \text{ ist ganze Zahl}\} = \{0, +1, -1, +2, -2, \ldots\}$$
$$= \{y \mid y = 0 \text{ oder } y \in \mathbb{N} \text{ oder } -y \in \mathbb{N}\}.$$
$$\mathbb{Q} := \{x \mid x \text{ ist ein Bruch}\} := \left\{x \ \middle| \ x = \frac{p}{q}, p \in \mathbb{Z}, q \in \mathbb{N}\right\}.$$

Hier muss man schon mal einen Moment innehalten, um zu sehen, dass man mit der Definition auf der rechten Seite alle Brüche erwischt. Ist denn zum Beispiel $\frac{7}{-4}$ in der Menge? Ja, wenn man die Regeln für das Bruchrechnen kennt, denn $\frac{7}{-4} = \frac{-7}{4}$. Hier treten auch Elemente mehrfach auf: Nach den Regeln des Bruchrechnens ist etwa $\frac{4}{5} = \frac{8}{10}$.

Und warum schreiben wir in der Definition nicht einfach $p \in \mathbb{Z}$, $q \in \mathbb{Z}$? Jedes Mal wenn ein Mathematiker einen Bruch sieht, geht eine Alarmklingel los und er überprüft, ob der Nenner ungleich 0 ist. $q \in \mathbb{Z}$ würde aber auch die 0 beinhalten. Durch 0 darf man nicht dividieren! Im Kap. 5 über algebraische Strukturen werden wir sehen, warum das nicht geht.

Ohne schon genau zu wissen, was eine Dezimalzahl eigentlich ist, nennen wir $\mathbb{R} := \{x \mid x \text{ ist Dezimalzahl}\}$, die reellen Zahlen und rechnen mit diesen Zahlen, wie Sie es in der Schule gelernt haben. Die genauere Charakterisierung von $\mathbb{R}$ verschieben wir in den zweiten Teil des Buches (vergleiche Kap. 12). Zusätzlich zu den Elementen von $\mathbb{Q}$ enthält $\mathbb{R}$ zum Beispiel alle Wurzeln und Zahlen wie e und π.

Wie in der Informatik und im englischen Sprachraum üblich, werde ich Dezimalzahlen mit einem Dezimalpunkt schreiben, nicht mit einem Komma also zum Beispiel 3.14 statt 3,14.

Die Menge $M = \{x \mid x \in \mathbb{N} \text{ und } x < 0\}$ enthält kein Element. M heißt die *leere Menge* und wird mit $\emptyset$ bezeichnet.

Mengen sind selbst wieder Objekte, das heißt, Mengen können auch wieder zu Mengen zusammengefasst werden, und Mengen können Mengen als Elemente enthalten. Hier zwei seltsame Mengen:

$$M := \{\mathbb{N}, \mathbb{Z}, \mathbb{Q}, \mathbb{R}\}, \quad N := \{\emptyset, 1, \{1\}\}.$$

Wie viele Elemente haben diese Mengen? M hat nicht etwa unendlich viele, sondern genau vier Elemente! N hat drei Elemente: die leere Menge, „1" und die Menge, welche die 1 enthält.

Besteht eine Menge aus einem einzigen Element ($M = \{m\}$), so muss man sorgfältig zwischen m und $\{m\}$ unterscheiden. Dies sind zwei verschiedene Objekte!

Abb. 1.1 $M \subset N$

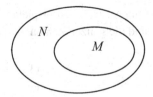

Beziehungen zwischen Mengen

Eine Menge M heißt *Teilmenge* der Menge N ($M \subset N$, $N \supset M$), wenn jedes Element von M auch Element von N ist. Wir sagen dazu auch: M ist in N enthalten oder N ist Obermenge von M. Beziehungen zwischen Mengen stellt man häufig graphisch durch Blasen dar (die *Venn-Diagramme*, Abb. 1.1).

Ist M nicht Teilmenge von N, so schreibt man $M \not\subset N$. Graphisch sieht man die Möglichkeiten dafür in Abb. 1.2.

Vorsicht: aus $M \not\subset N$ folgt nicht etwa $N \subset M$!

Ist $M \subset N$ und $M \neq N$, so heißt M echte Teilmenge von N ($M \subsetneq N$).

Ist $M \subset N$ und $N \subset M$, so gilt $M = N$. Diese Eigenschaft wird häufig verwendet, um die Gleichheit von Mengen zu beweisen. Man zerlegt hierbei die Aufgabe $M = N$ in die beiden einfacheren Teilaufgaben $M \subset N$ und $N \subset M$.

Für alle Mengen M gilt $M \subset M$ und auch $\emptyset \subset M$, denn jedes Element der leeren Menge ist in M enthalten.

Das glauben Sie nicht? Sagen Sie mir doch ein Element der leeren Menge, das nicht in M ist! Sehen Sie, es gibt keines!

▶   **Definition 1.2** Ist M eine Menge, so heißt die Menge aller Teilmengen von M *Potenzmenge* von M. Sie wird mit $P(M)$ bezeichnet.

Beispiele

$$M = \{1, 2\}, \qquad P(M) = \{\emptyset, \{1\}, \{2\}, \{1, 2\}\},$$
$$M = \{a, b, c\}, \quad P(M) = \{\emptyset, \{a\}, \{b\}, \{c\}, \{a, b\}, \{a, c\}, \{b, c\}, \{a, b, c\}\}.$$

$P(\mathbb{R})$ ist die Menge aller Teilmengen von $\mathbb{R}$. Da beispielsweise $\mathbb{N} \subset \mathbb{R}$ gilt, ist $\mathbb{N} \in P(\mathbb{R})$. ◀

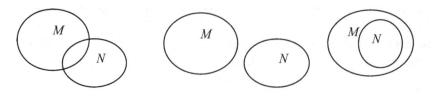

Abb. 1.2 $M \not\subset N$

Abb. 1.3 $M \cap N$

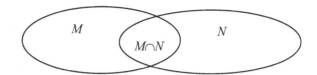

Operationen mit Mengen

Der *Durchschnitt* zweier Mengen M und N ist die Menge der Elemente, die sowohl in M als auch in N enthalten sind, siehe Abb. 1.3.

$$M \cap N := \{x \mid x \in M \text{ und } x \in N\} \tag{1.1}$$

M und N heißen *disjunkt*, wenn $M \cap N = \emptyset$ ist.

Beispiel

$$M = \{1, 3, 5\}, \qquad N = \{2, 3, 5\}, \qquad S = \{5, 7, 8\}.$$
$$M \cap N = \{3, 5\}, \qquad N \cap S = \{5\}, \qquad M \cap N \cap S = \{5\}. \blacktriangleleft$$

Halt! Fällt Ihnen am letzten Ausdruck etwas auf? Was ist $M \cap N \cap S$? Wir haben das noch gar nicht definiert! Vielleicht gehen wir implizit davon aus, dass wir $(M \cap N) \cap S$ bilden. Das geht, es ist eine zweimalige Anwendung der Definition in (1.1). Oder bilden wir vielleicht $M \cap (N \cap S)$? Ist es das dasselbe? Solange wir das nicht wissen, müssen wir eigentlich Klammern setzen.

Die *Vereinigung* zweier Mengen M und N ist die Menge der Elemente, die in M oder in N enthalten sind, siehe Abb. 1.4. Dabei ist auch erlaubt, dass ein Element in beiden Mengen enthalten ist. Mathematiker und Informatiker verwenden das Wort „oder" nicht als exklusives oder – das wäre „entweder oder".

$$M \cup N := \{x \mid x \in M \text{ oder } x \in N\}$$

Im Beispiel von oben ist $M \cup N = \{1, 2, 3, 5\}$.

Abb. 1.4 $M \cup N$

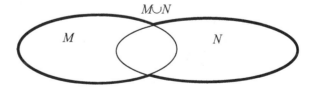

Abb. 1.5 $M \setminus N$

Die *Differenzmenge* $M \setminus N$ oder $M - N$ der beiden Mengen M, N ist die Menge der Elemente, die in M, aber nicht in N enthalten sind, siehe Abb. 1.5.

$$M \setminus N := \{x \mid x \in M \text{ und } x \notin N\}$$

Ist $N \subset M$, so heißt $M \setminus N$ auch *Komplement* von N in M. Das Komplement wird mit $\overline{N}^M$ bezeichnet.

Häufig rechnet man mit Teilmengen einer bestimmten Grundmenge (zum Beispiel mit Teilmengen von $\mathbb{R}$). Ist diese Grundmenge aus dem Zusammenhang klar, so wird das Komplement immer in Bezug auf diese Grundmenge gebildet, ohne dass sie explizit erwähnt wird. Dann schreiben wir einfach $\overline{N}$ für das Komplement. (Gelegentlich liest man auch $\complement N$.)

Rechenregeln für Mengenoperationen

▶ **Satz 1.3** Seien M, N, S Mengen. Dann gilt:

$$\left.\begin{aligned} M \cup N &= N \cup M \\ M \cap N &= N \cap M \end{aligned}\right\} \text{Kommutativgesetze}$$

$$\left.\begin{aligned} (M \cup N) \cup S &= M \cup (N \cup S) \\ (M \cap N) \cap S &= M \cap (N \cap S) \end{aligned}\right\} \text{Assoziativgesetze}$$

$$\left.\begin{aligned} M \cap (N \cup S) &= (M \cap N) \cup (M \cap S) \\ M \cup (N \cap S) &= (M \cup N) \cap (M \cup S) \end{aligned}\right\} \text{Distributivgesetze}$$

Für jede Menge M gilt: $M \cup \emptyset = M$, $M \cap \emptyset = \emptyset$, $M \setminus \emptyset = M$.

Auf Grund des Assoziativgesetzes können wir jetzt definieren:

$$M \cup N \cup S := (M \cup N) \cup S,$$

und dürfen in Zukunft mit Fug und Recht die Klammern weglassen; die Vereinigung dreier Mengen ist unabhängig davon, in welcher Reihenfolge sie durchgeführt wird. Genauso geht das mit dem Durchschnitt und auch für Durchschnitt und Vereinigung von mehr als drei Mengen.

Versuchen Sie, einmal für vier Mengen aufzuschreiben, welche Arbeit dadurch erspart wird, dass wir Klammern weglassen dürfen.

Aus der Schule kennen Sie das Distributivgesetz für reelle Zahlen: Es ist

$$a(b + c) = ab + ac.$$

Erstaunlicherweise gilt die entsprechende Regel für Mengen auch dann, wenn man die Rechenzeichen vertauscht – bei den reellen Zahlen ist das falsch!

Man darf nicht alles glauben, nur weil es in einem Buch steht; jetzt wird es Zeit für unseren ersten Beweis. Wir werden ganz ausführlich das erste Distributivgesetz herleiten:

$$\text{Zeige:} \quad \underbrace{S \cap (M \cup N)}_{A} = \underbrace{(S \cap M) \cup (S \cap N)}_{B}.$$

Wir beweisen $A = B$ durch $A \subset B$ und $B \subset A$. Damit teilen wir das Problem in zwei Teilschritte auf.

„$A \subset B$": Sei $x \in A$. Dann ist $x \in S$ und gleichzeitig $x \in M$ oder $x \in N$.

falls $x \in M$ ist, so ist $x \in S \cap M$ und damit $x \in B$,

falls $x \in N$ ist, so ist $x \in S \cap N$ und damit $x \in B$,

also immer $x \in B$.

„$B \subset A$": Sei $x \in B$. Dann ist $x \in S \cap M$ oder $x \in S \cap N$.

falls $x \in S \cap M$ ist, so ist $x \in S$ und $x \in M$, also auch $x \in M \cup N$ und damit $x \in S \cap (M \cup N)$,

falls $x \in S \cap N$ ist, so ist $x \in S$ und $x \in N$, also auch $x \in M \cup N$ und damit $x \in S \cap (M \cup N)$,

in jedem Fall also $x \in A$. $\qquad\qquad$ □

Mit dem Bauklotz □ werde ich immer das Ende eines Beweises markieren: Damit haben wir etwas geschaffen, auf dem wir weiter aufbauen können.

> Beweisen Sie selbst das zweite Distributivgesetz. Machen Sie eine ähnliche Fallunterscheidung und wundern Sie sich nicht, wenn Sie dazu etwas Zeit brauchen. Sich etwas auszudenken ist immer schwerer, als etwas aufzunehmen. Zum wirklichen Verständnis ist das selbst Ausprobieren aber immens wichtig!

Noch ein paar Regeln für die Komplementbildung:

▶ **Satz 1.4** Bei Rechnungen mit einer Grundmenge G gilt:

$$M \setminus N = M \cap \overline{N}$$

$$\overline{M \cup N} = \overline{M} \cap \overline{N}$$

$$\overline{M \cap N} = \overline{M} \cup \overline{N}$$

$$\overline{\overline{M}} = M$$

Aus $M \subset N$ folgt $\overline{N} \subset \overline{M}$.

Die Komplementbildung dreht also das Operationszeichen um. Auch diese Regeln sollten Sie zumindest teilweise nachrechnen.

Gelegentlich werden wir auch unendliche Durchschnitte und unendliche Vereinigungen benötigen:

▶   **Definition 1.5** Sei M eine Menge von Indizes (zum Beispiel $M = \mathbb{N}$). Für alle $n \in M$ sei eine Menge A_n gegeben. Dann ist:

$$\bigcup_{n \in M} A_n := \{x \mid x \in A_n \text{ für mindestens ein } n \in M\},$$

$$\bigcap_{n \in M} A_n := \{x \mid x \in A_n \text{ für alle } n \in M\}.$$

Ist M eine endliche Menge, zum Beispiel $M = \{1, 2, 3, \ldots, k\}$, so stimmen diese Definitionen mit unserer bisherigen Definition der Vereinigung und des Durchschnitts überein:

$$\bigcup_{n \in M} A_n = A_1 \cup A_2 \cup \ldots \cup A_k,$$

$$\bigcap_{n \in M} A_n = A_1 \cap A_2 \cap \ldots \cap A_k.$$

In diesem Fall schreiben wir $\bigcup_{i=1}^{k} A_i$ für die Vereinigung beziehungsweise $\bigcap_{i=1}^{k} A_i$ für den Durchschnitt.

Beispiel

$M = \mathbb{N}, A_n := \{x \in \mathbb{R} \mid 0 < x < \frac{1}{n}\}$. Dann ist $\bigcap_{n \in \mathbb{N}} A_n = \emptyset$. ◀

Das ist seltsam: Jeder endliche Durchschnitt enthält Elemente: $\bigcap_{n=1}^{k} A_n = A_k$, man findet aber keine reelle Zahl, die in allen A_n enthalten ist, also ist der unendliche Durchschnitt leer.

Das kartesische Produkt von Mengen

▶   **Definition 1.6** Seien M, N Mengen. Dann heißt die Menge

$$M \times N := \{(x, y) \mid x \in M, y \in N\}$$

aller geordneten Paare (x, y) mit $x \in M$ und $y \in N$ das kartesische Produkt von M und N.

Geordnet heißt dabei, dass etwa $(5, 3)$ und $(3, 5)$ verschiedene Elemente sind (im Unterschied zu $\{5, 3\} = \{3, 5\}$!).

Beispiele

1. $M = \{1, 2\}$, $N = \{a, b, c\}$.

$$M \times N = \{(1, a), (1, b), (1, c), (2, a), (2, b), (2, c)\},$$
$$N \times M = \{(a, 1), (a, 2), (b, 1), (b, 2), (c, 1), (c, 2)\}.$$

Im Allgemeinen ist also $M \times N \neq N \times M$.

2. $M \times \emptyset = \emptyset$ für alle Mengen M.

3. $\mathbb{R}^2 := \mathbb{R} \times \mathbb{R} = \{(x, y) \mid x, y \in \mathbb{R}\}$.
   Das sind die kartesischen Koordinaten, die Sie sicher kennen. Die Punkte des $\mathbb{R}^2$
   kann man im kartesischen Koordinatensystem zeichnen, indem man zwei senkrechte Achsen aufzeichnet, die jeweils die reelle Zahlengerade darstellen (Abb. 1.6).
   Analog können wir für n Mengen $M_1, M_2, \ldots, M_n$ das n-fache kartesische Produkt
   bilden (die Menge der geordneten n-Tupel):

$$M_1 \times M_2 \times M_3 \times \ldots \times M_n = \{(m_1, m_2, m_3, \ldots, m_n) \mid m_i \in M_i\}.$$

Sind alle Mengen gleich, so kürzt man ab: $M^n := \underbrace{M \times M \times M \times \ldots \times M}_{n\text{-mal}}$.

Im kartesischen Produkt kann man wieder (wie bei allen Mengen) Teilmengen, Schnitt-
mengen, Vereinigungsmengen und so weiter bilden:

4. $P := \{(x, y) \in \mathbb{R}^2 \mid y = x^2\} = \{(x, x^2) \mid x \in \mathbb{R}\}$
   Diese Menge bildet ein Parabel im $\mathbb{R}^2$.

5. $R_\leq := \{(x, y) \in \mathbb{R}^2 \mid x \leq y\}$
   Dabei handelt es sich um die in Abb. 1.7 dargestellte Halbebene. ◄

Abb. 1.6 Kartesische Koordinaten

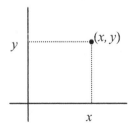

Abb. 1.7 Die Relation $R_\leq$

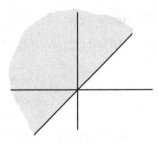

1.2 Relationen

▶ **Definition 1.7** Seien M und N Mengen, $R \subset M \times N$. Dann heißt R *Relation*
auf $M \times N$. Ist $M = N$, so sagen wir kurz R ist eine Relation auf M.

Relation heißt Beziehung; eine Relation auf $M \times N$ beschreibt eine Beziehung, die
zwischen Elementen der Mengen M und N besteht, wie zum Beispiel $x > y$, $a \neq b$.
Wenn eine solche Beziehung nur die Werte „wahr" oder „falsch" annehmen kann, so kann
man sie vollständig durch eine Teilmenge von $M \times N$ beschreiben: Diese Teilmenge
enthält genau die Elemente (x, y), für welche die Beziehung erfüllt ist.

Ein Beispiel für so eine Relation haben wir gerade gesehen (Nr. 5): Durch die Halbebene $R_\leq$ wird genau die Beziehung „$\leq$" beschrieben, sie stellt eine Relation auf $\mathbb{R}$ dar.

Statt $(x, y) \in R$ schreibt man meistens $x R y$. Im Beispiel 5 heißt das:

$$x \leq y \text{ genau dann, wenn } x R_\leq y.$$

Gehen wir noch einen Schritt weiter und bezeichnen die Menge $R_\leq$ einfach mit „$\leq$" (warum sollen wir Mengen immer nur mit Buchstaben bezeichnen?), dann können wir ab
sofort $x \leq y$ lesen als „(x, y) ist Element von $\leq$", das heißt „x ist kleiner gleich y". Also anscheinend überhaupt nichts Neues. Warum machen wir dann das Ganze überhaupt?
Zum einen soll die Definition klar machen, dass jede Zweier-Beziehung zwischen Elementen eine Menge von Tupeln (Paaren) bestimmt, für die diese Beziehung erfüllt ist.
Zum anderen ist unser neuer Relationsbegriff sehr viel allgemeiner als das, was wir bis
jetzt zum Beispiel mit $\leq$ ausdrücken konnten. Auch die in Abb. 1.8 dargestellte Menge
stellt eine Relation dar. Weiter ist es oft einfacher, mit der Menge der Tupel zu rechnen,
für welche die Beziehung erfüllt ist, als mit der Beziehung selbst.

Abb. 1.8 Eine Relation

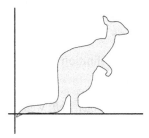

Beispiele von Relationen

1. Ist S die Menge der Studierenden des Fachbereichs Informatik einer Hochschule und F die Menge der angebotenen Fächer im Studiengang, so ist die Menge $B = \{(s, f) \mid s$ hat das Fach f erfolgreich besucht$\}$ eine Relation auf $S \times F$.

   In relationalen Datenbanken werden Datenmengen durch die Relationen charakterisiert, die zwischen ihnen bestehen.

2. $R := \{(x, y) \in \mathbb{R}^2 \mid (x, y)$ liegt unterhalb der Hauptdiagonalen$\}$ beschreibt gerade die Beziehung „>" (Abb. 1.9). Gehört die Hauptdiagonale zu R dazu, so bestimmt R die Beziehung „$\geq$".

3. Alle Vergleichsoperatoren $<, >, \leq, \geq, =, \neq$ sind Relationen auf $\mathbb{R}$.

4. „$\subset$" ist eine Beziehung zwischen Teilmengen von $\mathbb{R}$. Damit ist die Relation $R_\subset$ eine Teilmenge des kartesischen Produktes aller Teilmengen von $\mathbb{R}$:

$$R_\subset = \{(A, B) \in P(\mathbb{R}) \times P(\mathbb{R}) \mid A \subset B\}.$$

   Halten Sie einen Moment inne und versuchen Sie, diese Zeile wirklich zu verstehen. Darin steckt schon ein beträchtlicher Abstraktionsgrad. Es liegt aber nichts Geheimnisvolles dahinter, es werden nur ganz mechanisch, Schritt für Schritt die bekannten Definitionen verwendet. Es ist ganz wichtig zu lernen, sich Ergebnisse Schritt für Schritt zu erarbeiten. Am Ende steht dann ein Resultat, von dem man weiß, dass es richtig ist, auch wenn man die Richtigkeit nicht mehr mit einem Blick erfassen kann. ◄

Abb. 1.9 Die Relation $R_>$

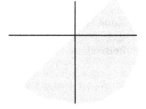

Wir konzentrieren uns jetzt auf den Spezialfall $M = N$, also auf Relationen einer Menge M. Es folgen einige wichtige Eigenschaften von Relationen:

▶ **Definition 1.8** R sei eine Relation auf der Menge M. R heißt

reflexiv,   wenn für alle $x \in M$ gilt: xRx.

symmetrisch, wenn für alle $x, y \in M$ mit xRy gilt: yRx.

transitiv,   wenn für alle $x, y, z \in M$ mit xRy und yRz gilt: xRz.

Beispiele dazu auf der Menge $\mathbb{R}$ der reellen Zahlen:

Beispiele

$<$ ist nicht reflexiv, da $x < x$ nicht gilt.

     ist nicht symmetrisch, da aus $x < y$ nicht folgt $y < x$.

     ist transitiv, da aus $x < y$ und $y < z$ folgt: $x < z$.

$\leq$ ist reflexiv, da $x \leq x$ gilt.

     ist nicht symmetrisch, aber

     transitiv (genau wie „$<$").

$>, \geq$ haben die gleichen Eigenschaften wie $<, \leq$.

$\neq$ ist nicht reflexiv, da $x \neq x$ nicht gilt.

     ist symmetrisch, da aus $x \neq y$ folgt $y \neq x$.

     ist nicht transitiv, da aus $x \neq y$ und $y \neq z$ nicht folgt $x \neq z$ (es könnte $x = z$ sein).

$=$ ist reflexiv, da $x = x$,

     symmetrisch, da aus $x = y$ folgt: $y = x$,

     transitiv, da aus $x = y$ und $y = z$ folgt: $x = z$. ◀

Äquivalenzrelationen

▶ **Definition 1.9** Eine Relation heißt *Äquivalenzrelation*, wenn sie reflexiv, symmetrisch und transitiv ist.

Zunächst ein

Beispiel

$$R_5 := \{(m, n) \in \mathbb{Z} \times \mathbb{Z} \mid m - n \text{ ist ohne Rest durch 5 teilbar}\} \subset \mathbb{Z} \times \mathbb{Z}. \qquad (1.2)$$

Dabei heißt $n \in \mathbb{Z}$ durch 5 teilbar, wenn es ein $k \in \mathbb{Z}$ gibt, mit $5k = n$.

R_5 ist eine Äquivalenzrelation:

nR_5n, denn $n - n = 0$ ist durch 5 teilbar. Damit ist R_5 reflexiv.

Sei nR_5m, das heißt $n - m = 5k$ für ein $k \in \mathbb{Z}$. Dann ist $m - n = 5(-k)$, also auch durch 5 teilbar. Damit ist R_5 symmetrisch.

Sei nR_5m und mR_5s, also $n - m = 5k, m - s = 5l$. Dann ist $(n - m) + (m - s) = n - s = 5k + 5l = 5(k + l)$, also ist $n - s$ durch 5 teilbar und damit nR_5s.

Mit dieser Äquivalenzrelation (auch mit anderen Teilern als mit 5) werden wir uns später noch intensiv beschäftigen. ◄

Eine besondere Eigenschaft von Äquivalenzrelationen ist, dass sie die zugrundeliegende Menge in disjunkte Teilmengen zerlegen, die sogenannten Äquivalenzklassen:

▶ **Definition 1.10** Sei R eine Äquivalenzrelation auf M und $a \in M$. Dann heißt die Menge

$$[a] := \{x \in M \mid xRa\}$$

Äquivalenzklasse von a. Die Elemente von $[a]$ heißen die zu a *äquivalenten Elemente*.

Dies sind alle Elemente, die zu a in Beziehung stehen.

Beispiele

1. Der Frisör interessiert sich für die Äquivalenzrelation: „hat gleiche Haarfarbe wie".

2. R sei „$=$" auf $\mathbb{R}$. Dann ist $[a] = \{x \in \mathbb{R} \mid x = a\} = \{a\}$.

3. Sei $R_5 \subset \mathbb{Z} \times \mathbb{Z}$ definiert wie in (1.2). Dann ist zum Beispiel:
   $[1] = \{n \in \mathbb{Z} \mid n - 1 \text{ ist durch 5 teilbar}\} = \{1, 6, 11, 16, \ldots, -4, -9, -14, \ldots\}$,
   $[0] = \{0, 5, 10, 15, \ldots, -5, -10, -15, \ldots\}$,
   $[2] = \{2, 7, 12, 17, \ldots, -3, -8, -13, \ldots\}$.
   Es gilt $[5] = \{n \in \mathbb{Z} \mid n - 5 \text{ ist durch 5 teilbar}\} = [0]$ und ebenso: $[6] = [1]$, $[7] = [2]$ und so weiter. ◄

▶ **Satz 1.11** Ist R eine Äquivalenzrelation auf M, so gilt:

a) Verschiedene Äquivalenzklassen sind disjunkt.
b) Die Vereinigung aller Äquivalenzklassen ergibt die ganze Menge M.

Im Beispiel 1 ist das unmittelbar einsichtig. Für die Relation R_5 aus (1.2) heißt das: $\mathbb{Z} = [0] \cup [1] \cup [2] \cup [3] \cup [4]$. Es gibt nicht mehr Äquivalenzklassen als diese fünf und diese Klassen sind disjunkt.

Paarweise disjunkte Teilmengen M_i, $i = 1, \ldots, n$ einer Grundmenge M, deren Vereinigung M ergibt, nennen wir *disjunkte Zerlegung* von M. Die Äquivalenzklassen einer Äquivalenzrelation bilden also eine disjunkte Zerlegung der zugrunde liegenden Menge.

Zum Beweis des Satzes:

a) Wir zeigen: Sind A, B, Äquivalenzklassen und gilt $A \cap B \neq \emptyset$, dann ist $A = B$. Im Umkehrschluss folgt daraus: Wenn $A \neq B$ ist, dann sind A, B disjunkt. (Dies ist unser erster Widerspruchsbeweis! Der Pfeil „$\Rightarrow$" steht darin für „daraus folgt".)
Dazu seien $A = [a]$, $B = [b]$, $a, b \in M$, und $y \in A \cap B$.
$A \subset B$:

$$\left. \begin{array}{r} \left. \begin{array}{r} x \in A \Rightarrow xRa \\ yRa \Rightarrow aRy \end{array} \right\} \Rightarrow xRy \\ y \in B \Rightarrow yRb \end{array} \right\} \Rightarrow xRb \Rightarrow x \in B$$

$B \subset A$: geht ganz genauso.
b) Für jedes $a \in M$ ist $a \in [a]$ und somit gilt: $\bigcup\limits_{a \in M} [a] = M$. $\square$

> In dieser Vereinigung kommen die Äquivalenzklassen sehr wahrscheinlich mehrfach vor; das stört hier aber gar nicht. Wichtig ist nur, dass jedes Element von M in einer Äquivalenzklasse liegt und dass man damit alle Elemente von M in der Vereinigung erwischt.

Insbesondere folgt aus Satz 1.11a), dass $b \in [a]$ ist genau dann, wenn $[a] = [b]$ ist.

Ordnungsrelationen

Die natürlichen, ganzen und reellen Zahlen tragen eine Ordnung, die wir schon als Beispiele für Relationen ausführlich untersucht haben. Auch auf anderen Mengen kann man Ordnungen definieren. Die Eigenschaften einer solchen Ordnungsrelation sind die gleichen wie für die bekannte Anordnung auf den Zahlen:

▶ **Definition 1.12** Sei M eine Menge und $\preccurlyeq$ eine Relation auf M, die transitiv und reflexiv ist und welche die Eigenschaft erfüllt: Für alle $a, b \in M$ mit $a \preccurlyeq b$ und $b \preccurlyeq a$ gilt $a = b$. Dann heißt die Menge M *partiell geordnet* und $\preccurlyeq$ heißt *partielle Ordnung* auf der Menge M. Gilt weiter für alle $a, b \in M$ mit $a \preccurlyeq b$ oder $b \preccurlyeq a$, so heißt M *geordnete Menge* und $\preccurlyeq$ *Ordnung auf M*.

Die Eigenschaft einer Relation „aus $a \preccurlyeq b$ und $b \preccurlyeq a$ folgt $a = b$" wird auch als *Antisymmetrie* bezeichnet.

In geordneten Mengen sind je zwei Elemente bezüglich $\preccurlyeq$ vergleichbar. Solche Anordnungen werden zur Unterscheidung von partiellen Ordnungen oft auch als *vollständige* oder *lineare Ordnungen* bezeichnet.

Aus einer Ordnungsrelation lässt sich durch die Festlegung

$$a \prec b \Leftrightarrow a \preccurlyeq b \text{ und } a \neq b$$

eine weitere Relation gewinnen mit der häufig auf geordneten Mengen gerechnet wird.

Beispiele

1. $\mathbb{N}, \mathbb{Z}, \mathbb{Q}, \mathbb{R}$ sind mit der bekannten Relation $\leq$ geordnete Mengen.

2. Ein Stammbaum ist mit der Relation $A \preccurlyeq B$, die erfüllt ist, wenn A Nachkomme von B oder wenn $A = B$ ist, eine partiell geordnete Menge. Der Stammbaum ist nicht vollständig geordnet, es gibt auch nicht vergleichbare Personen, zum Beispiel alle Nachkommen eines Elternpaares. $A \prec B$ ist hier die Beziehung: A ist Nachkomme von B.

3. Die Elemente der $\mathbb{R}^2$ lassen sich durch die folgende Festlegung ordnen:

$$(a, b) \preccurlyeq (c, d): \Leftrightarrow \begin{cases} a < c & \text{oder} \\ a = c \text{ und } b < d & \text{oder} \\ a = c \text{ und } b = d \end{cases}$$

Auf diese Weise lassen sich alle kartesischen Produkte linear geordneter Mengen anordnen. Diese Ordnung heißt die *lexikographische Ordnung*. Die Wörterbucheinträge in einem Lexikon sind auf diese Weise geordnet. ◄

1.3 Abbildungen

▶ **Definition 1.13** Seien M, N Mengen und jedem $x \in M$ sei genau ein $y \in N$ zugeordnet. Durch M, N und diese Zuordnung wird eine Abbildung von M nach N definiert.

Vor allem dann, wenn M und N Teilmengen der reellen Zahlen sind, nennt man Abbildungen auch Funktionen.

Abbildungen werden oft mit kleinen lateinischen Buchstaben bezeichnet, wie f oder g. Das Element, das x zugeordnet wird (auf das x abgebildet wird) bezeichnen wir dann mit $f(x)$ oder $g(x)$.

Als Schreibweise hat sich eingebürgert: $f\colon M \to N, x \mapsto f(x)$. Dabei sind die Pfeile zu unterscheiden:

„$\to$" der Pfeil zwischen den Mengen, bezeichnet die Abbildung von M nach N,
„$\mapsto$" der Pfeil zwischen den Elementen, bezeichnet die Zuordnung einzelner Elemente.

Eine Abbildung kann man dadurch festlegen, dass man alle Funktionswerte einzeln auf-zählt, zum Beispiel in einer Tabelle, oder dass man eine explizite Zuordnungsvorschrift angibt, mit deren Hilfe $f(x)$ für alle $x \in M$ bestimmt werden kann. Ersteres geht natür-lich nur für endliche Mengen.

Beispiele

$f\colon \{a, b, c, \dots, z\} \to \mathbb{N},$

x	a	b	c	$\dots$	z
$f(x)$	1	2	3		26

$g\colon \mathbb{R} \to \mathbb{R},$ $\qquad\qquad x \mapsto x^2$

$h\colon \mathbb{R} \to \mathbb{R},$ $\qquad\qquad x \mapsto \sqrt{|x|}$ ◀

Achtung: Im letzten Beispiel wäre $x \mapsto \sqrt{x}$ keine vernünftige Zuordnung. Warum nicht?

Ich möchte ein paar Begriffe über Abbildungen zusammenstellen:

▶ **Definition 1.14** Ist $f\colon M \to N$ eine Abbildung, so heißt

$D(f) := M$ die *Definitionsmenge* von f,
$x \in M$ $\qquad$ *Argument* von f,
N $\qquad\quad$ die *Zielmenge* von f,
$f(M) :=$ $\qquad \{y \in N \mid \text{es gibt ein } x \in M \text{ mit } y = f(x)\} = \{f(x) \mid x \in M\}$
$\qquad\qquad$ die *Bildmenge* oder *Wertemenge* von f.

Sind $x \in M$, $y \in N$ und ist $y = f(x)$, so heißt y *Bild* von x und x *Urbild* von y.

Ist $U \subset M$, so heißt die Menge der Bilder der $x \in U$ *Bild* von U. Das Bild von U wird mit $f(U) := \{f(x) \mid x \in U\}$ bezeichnet.

Ist $V \subset N$, so heißt die Menge der Urbilder der $y \in V$ das *Urbild* von V. Es wird mit $f^{-1}(V) := \{x \in M \mid f(x) \in V\}$ bezeichnet.

Ist $U \subset M$, so heißt die Abbildung $f|_U\colon U \to N, x \mapsto f(x)$ *Einschrän-kung* von f auf U.

Bei den Bezeichnungen für die Bildmenge und für die Urbildmenge muss man genau aufpassen: Hinter f beziehungsweise f^{-1} stehen in Klammern Mengen, keine Elemente. Auch $f(U)$, $f^{-1}(V)$ sind wieder Mengen, keine Elemente!

Beispiele von Abbildungen

1. Siehe Abb. 1.10.
   Wertemenge $W = \{1, 3\} \subsetneq N$. 1 ist Bild von a und b, 2 ist kein Bild, a, b sind Urbilder von 1.
   Für $U = \{a, b\}$ ist $f(U) = \{1\}$,
   für $V = \{2\}$ ist $f^{-1}(V) = \emptyset$, für $V = \{2, 3\}$ ist $f^{-1}(V) = \{c, d\}$.

2. Siehe Abb. 1.11.
   Das ist keine Abbildung! (c hat kein Bild, d hat 2 Bilder.)

3. Ist M eine Menge, so wird eine Abbildung $a \colon \mathbb{N} \to M, n \mapsto a(n) =: a_n$ *Folge* genannt. Jeder natürlichen Zahl n wird ein Element $a_n \in M$ zugeordnet.
   Folgen werden häufig kurz mit $(a_n)_{n \in \mathbb{N}}$ bezeichnet. Ist $M = \mathbb{R} \, (\mathbb{Q})$, so spricht man auch von *reellen (rationalen) Zahlenfolgen*.

4. Sei p eine Primzahl:

   $$h \colon \mathbb{N}_0 \to \{0, 1, 2, \ldots, p - 1\}$$

   $$n \mapsto n \bmod p := \text{Rest bei Division von } n \text{ durch } p$$

   für $p = 5$ ist etwa $h(4) = 4, h(7) = 2$.
   Erinnern Sie sich an die Relation R_5 aus (1.2)? Was macht h mit den Elementen einer Äquivalenzklasse? Diese Abbildung ist ein Beispiel einer Hashfunktion.

Abb. 1.10 Eine Abbildung

Abb. 1.11 Keine Abbildung

Hashfunktionen spielen in der Informatik eine wichtige Rolle, zum Beispiel beim effizienten Ermitteln der Speicheradresse eines Datums. Dabei ist p in der Regel eine große Primzahl. Mehr dazu in Abschn. 4.4.

5.
$$f:\{A, B, C, \ldots, Z\} \to \{0, 1, 2, \ldots, 127\}$$
$$A \mapsto 65,$$
$$B \mapsto 66,$$
$$\vdots$$
$$Z \mapsto 90.$$

Dies ist ein Teil des ASCII-Codes. Buchstaben (Zeichen) werden in jedem Rechner durch Zahlen repräsentiert, Zahlen wiederum durch 0-1-Folgen. Insgesamt kann der ASCII-Code 128 Zeichen darstellen, da die Zielmenge genau $128 = 2^7$ Elemente enthält. Das heißt, dass man 7 Bit benötigt, um alle Bildelemente aufzunehmen. 8 Bit = 1 Byte ist genau die Größe des Datentyps `char` in C++, der damit alle ASCII-Zeichen und im 8. Bit noch Erweiterungen des ASCII-Codes kodieren kann, wie zum Beispiel länderspezifische Sonderzeichen. In Java hat der Typ `char` die Größe 2 Byte. Damit können alle Unicode-Zeichen kodiert werden, das sind $2^{16} = 65\,536$. Ob damit langfristig auch allen Chinesen geholfen ist?

6. Ein einfaches, aber wichtiges Beispiel: $f: M \to M$, $x \mapsto x$ ist die *identische Abbildung* der Menge M. Sie wird mit id_M (oder auch nur mit id) bezeichnet und existiert auf jeder Menge.

7. Im Abschnitt über Logik werden wir uns mit Prädikaten (Aussagefunktionen) beschäftigen. Dies sind Abbildungen in die Zielmenge $\{wahr, falsch\} = \{w, f\}$. Die Aussage „$x < y$" ist für zwei reelle Zahlen x, y entweder wahr oder falsch. Diese Tatsache wird durch das Prädikat beschrieben:

$$P: \mathbb{R}^2 \to \{w, f\}, \ (x, y) \mapsto P(x, y) = \begin{cases} w & \text{falls } x < y \\ f & \text{falls nicht } x < y \end{cases}$$

8. Beim Programmieren haben Sie ständig mit Abbildungen zu tun, sie heißen dort meist Funktionen oder Methoden. Man steckt etwas als Inputparameter hinein (sendet eine Nachricht) und erhält einen Output (eine Antwort). Eine Funktion in C++, die den größten gemeinsamen Teiler zweier ganzer Zahlen ermittelt (int `ggt`(int m, int n)) ist eine Abbildung:

$$\text{ggt}: M \times M \to M, \ (m, n) \mapsto \text{ggt}(m, n).$$

Dabei ist M der Zahlenbereich eines Integers, also zum Beispiel $M = [-2^{31}, 2^{31}-1]$. An diesem Beispiel sehen wir auch, dass eine Abbildung „mehrerer Veränderlicher" in Wahrheit auch nichts anderes ist als eine Abbildung von *einer* Menge in eine andere. Die Ausgangsmenge ist dann eben das kartesische Produkt der Ausgangsmengen der einzelnen Variablen. ◄

Kennen Sie Methoden, die keine Abbildungen in unserem Sinne sind?

▶ **Definition 1.15: Hintereinanderausführung von Abbildungen** Seien $f : M \to N$, $x \mapsto f(x)$ und $g : N \to S$, $y \mapsto g(y)$ Abbildungen. Dann ist auch $h : M \to S$, $x \mapsto g(f(x))$ eine Abbildung. Sie wird mit $h = g \circ f$ bezeichnet. Da wir von links nach rechts lesen, sagen wir dazu „g nach f".

Araber würden sagen „erst f dann g".

In dieser Definition wird nicht nur das Zeichen „$\circ$" definiert, es steckt auch eine Behauptung darin, nämlich, dass $g \circ f$ wieder eine Abbildung ist. Dies müssen wir uns erst überlegen, bevor wir mit gutem Gewissen die Definition hinschreiben dürfen. Da wir hier für alle $x \in M$ die eindeutige Zuordnung $(g \circ f)(x) := g(f(x))$ haben, ist die Annahme richtig.

Das kommt häufig vor: Bei der Definition eines Begriffes muss man sich immer klar machen, dass diese auch vernünftig ist und keine impliziten Widersprüche enthält. Die Mathematiker haben dafür das schöne Wort des „wohldefinierten" Begriffs geprägt. Erst dann darf man sich bequem in seinem Sessel zurücklehnen.

Um $g(f(x))$ bilden zu können, genügt es, wenn die Definitionsmenge N der Abbildung g die Wertemenge von f umfasst: $D(g) \supset f(M)$. Die Definition kann also auf diesen Fall erweitert werden.

Beispiel für Hintereinanderausführungen von Abbildungen

$$f : \mathbb{R} \to \mathbb{R}, \quad x \mapsto x^2, \quad g : \mathbb{R}_0^+ \to \mathbb{R}, \quad x \mapsto \sqrt{x}.$$

Dabei ist $\mathbb{R}_0^+ = \{x \mid x \geq 0\}$. $W(f) \subset \mathbb{R}_0^+$, also ist die Verknüpfung möglich (Abb. 1.12):

$$g \circ f : \mathbb{R} \to \mathbb{R}, \quad x \mapsto \sqrt{x^2} = |x|. \quad ◄$$

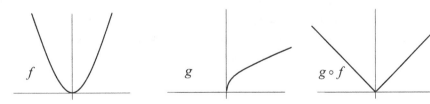

Abb. 1.12 Hintereinanderausführung von Abbildungen

Die folgenden drei Begriffe sind wichtige Eigenschaften von Abbildungen, die im ganzen Buch immer wieder benötigt werden. Sie sollten sich diese einprägen:

▶ **Definition 1.16** Sei $f : M \to N$ eine Abbildung. Dann heißt f:

injektiv, wenn für alle $x_1, x_2 \in M$ mit $x_1 \neq x_2$ gilt: $f(x_1) \neq f(x_2)$.
surjektiv, wenn es für alle $y \in N$ ein $x \in M$ gibt mit $f(x) = y$.
bijektiv, wenn f surjektiv und injektiv ist.

In einer injektiven Abbildung werden verschiedene Urbilder immer auf verschiedene Elemente der Zielmenge abgebildet, in einer surjektiven Abbildung hat jedes Element der Zielmenge ein Urbild. Die Zielmenge ist dann gleich der Wertemenge.

Wir untersuchen die Beispiele von vorhin der Reihe nach:

Beispiele

1. (vergleiche Abb. 1.10) Die Abbildung ist nicht surjektiv, denn 2 hat kein Urbild, und nicht injektiv, da $f(a) = f(b)$.

2. In Abb. 1.11 war keine Abbildung dargestellt, die Begriffe injektiv, surjektiv, bijektiv sind hier also sinnlos.

3. Folgen können injektiv und surjektiv sein. Die Frage, ob es surjektive rationale oder reelle Zahlenfolgen gibt ist nicht trivial! Etwas mehr dazu nach Definition 1.21.

4. Die Hashfunktion $h(n) = n \bmod p$ ist surjektiv, aber nicht injektiv, da zum Beispiel $h(0) = h(p)$ ist.
   In der Informatik heißt das, dass bei der Ermittlung der Hashadressen verschiedener Daten Kollisionen auftreten können, die eine Sonderbehandlung erfordern.

5. Der ASCII-Code ist surjektiv, es werden 128 Zeichen kodiert, die aber nicht alle druckbar sind. Der im Beispiel dargestellte Teil ist nicht surjektiv (0 hat etwa kein Urbild). Der ASCII-Code ist auch injektiv; das muss er auch sein, sonst könnte man die Codierung ja nicht mehr rückgängig machen.
   Ein *Codierungsverfahren* ist immer eine injektive Abbildung eines Quellenalphabets in ein Codealphabet. Die Injektivität gewährleistet dabei die Umkehrbarkeit der Abbildung, also die Decodierbarkeit. Das Zielalphabet hat ganz bestimmte Eigenschaften, die das Quellalphabet nicht hat, zum Beispiel die Verarbeitungsmöglichkeit für einen Computer (ASCII-Code, Unicode), oder die Lesbarkeit für Blinde (Braille-Schrift), oder die leichte Übertragbarkeit per Funk (Morsealphabet).

6. Die identische Abbildung ist surjektiv und injektiv, also bijektiv.

7. Das Prädikat

$$P: \mathbb{R}^2 \to \{w, f\}, (x, y) \mapsto P(x, y) = \begin{cases} w & \text{falls } x < y \\ f & \text{falls nicht } x < y \end{cases}$$

ist surjektiv, $(P(2,3) = w, P(3,2) = f)$, aber offensichtlich nicht injektiv: $P(1,2) = P(2,3)$.

8. Der größte gemeinsame Teiler ggt ist surjektiv, denn das Paar (n, n) hat den ggt n, aber nicht injektiv, da zum Beispiel $(3, 6)$ und $(9, 12)$ den gleichen ggt haben.

9. $f: \mathbb{R} \to \mathbb{R}, x \mapsto x^2, g: \mathbb{R}_0^+ \to \mathbb{R}, x \mapsto \sqrt{x}, g \circ f: \mathbb{R} \to \mathbb{R}, x \mapsto \sqrt{x^2} = |x|$: f und $g \circ f$ sind gar nichts, g ist injektiv, aber nicht surjektiv. ◄

Vielleicht ist Ihnen bei diesen Beispielen aufgefallen, dass es in der Regel einfacher ist, die Eigenschaft injektiv beziehungsweise surjektiv zu widerlegen als nachzuweisen. Das liegt daran, dass es zum Nachweis etwa der Eigenschaft „nicht injektiv" genügt, ein einziges Gegenbeispiel zu finden:

„Es gibt x, y mit $x \neq y$ und $f(x) = f(y)$."

Zum Nachweis der Eigenschaft „injektiv" muss viel mehr getan werden:

„Für alle x, y mit $x \neq y$ gilt $f(x) \neq f(y)$."

Entsprechend für die Eigenschaften „nicht surjektiv":

„Es gibt ein y, das kein Urbild hat."

und „surjektiv":

„Jedes y hat ein Urbild."

Merken Sie sich: Es ist viel leichter destruktiv zu sein als konstruktiv. Manchmal kann man sich das zu Nutze machen, wenn man die Fragestellung, die man untersucht, geschickt umformuliert.

▶   **Satz 1.17** Seien $f: M \to N$ und $g: N \to S$ Abbildungen. Dann gilt:

a) Sind f, g injektiv beziehungsweise surjektiv, so ist auch $g \circ f$ injektiv beziehungsweise surjektiv.

b) Ist $g \circ f$ bijektiv, so ist g surjektiv und f injektiv.

Beispielhaft beweise ich einen Teil von b), der Rest ist eine einfache Übungsaufgabe. Sei $g \circ f$ bijektiv. Zeige: f ist injektiv.

Angenommen f ist nicht injektiv. Dann gibt es $x \neq y$ mit $f(x) = f(y)$. Dann ist auch $(g \circ f)(x) = g(f(x)) = g(f(y)) = (g \circ f)(y)$ und damit $g \circ f$ nicht injektiv, im Widerspruch zur Annahme.   □

▶ **Definition 1.18** Ist $f\colon M \to N$, $x \mapsto f(x)$ bijektiv, so wird durch $g\colon N \to M$,
   $y \mapsto x$ mit $y = f(x)$ eine Abbildung definiert. g heißt *Umkehrabbildung* zu
   f. Die Umkehrabbildung wird mit f^{-1} bezeichnet. Man sagt dann auch: g ist
   invers zu f.

Auch hier muss man sich klarmachen, dass g wirklich eine eindeutige Zuordnungsvorschrift darstellt. Für die Umkehrabbildung f^{-1} gilt sowohl $f^{-1} \circ f = id_M$ als auch
$f \circ f^{-1} = id_N$.

▶ **Satz 1.19** Seien $f\colon M \to N$ und $g\colon N \to M$ Abbildungen mit $f \circ g = id_N$
   und $g \circ f = id_M$ Dann sind f und g bijektiv, g ist die Umkehrabbildung zu
   f und f die Umkehrabbildung zu g.

Der Beweis ist eine direkte Folgerung aus dem zweiten Teil des letzten Satzes: Da die
identische Abbildung bijektiv ist, müssen auch f und g bijektiv sein.   □

Zur Bijektivität und damit zur Existenz der Inversen sind die Aussagen $f \circ g = id_N$ und
$g \circ f = id_M$ beide notwendig. Nur eine der Aussagen genügt dazu nicht, wie das folgende
Beispiel zeigt:

$$f\colon \mathbb{R} \to \mathbb{R}^2 \qquad g\colon \mathbb{R}^2 \to \mathbb{R}$$

$$x \mapsto (x, x) \quad (x, y) \mapsto \frac{1}{2}(x + y)$$

Es ist zwar $g \circ f = id_{\mathbb{R}}$, aber f ist nicht surjektiv, g ist nicht injektiv und $f \circ g \neq id_{\mathbb{R}^2}$!

Die Mächtigkeit von Mengen

Wir kommen noch einmal zum Begriff der Mengen zurück; wir wollen uns mit der *Mächtigkeit* von Mengen beschäftigen, das heißt mit der Anzahl der Elemente einer Menge M.
Diese bezeichnen wir mit $|M|$. Spannend ist dabei vor allem der Fall, dass eine Menge
unendlich viele Elemente hat. Für zwei endliche Mengen ist die folgende Aussage einleuchtend:
    Ist $|M| = |N|$, so gibt es eine bijektive Abbildung zwischen den beiden Mengen.
    Man braucht ja nur nacheinander jeweils ein Element aus jeder Menge zu nehmen und
diese einander zuzuordnen. Diese Eigenschaft liegt der folgenden Definition zu Grunde,
die für endliche und unendliche Mengen gelten soll:

▶ **Definition 1.20** Zwei Mengen M, N heißen *gleichmächtig* ($|M| = |N|$),
   genau dann, wenn es eine bijektive Abbildung zwischen M und N gibt.

Ein typisches Vorgehen in der Mathematik besteht darin, eine charakteristische Eigenschaft für eine Menge von Objekten (hier für die endlichen Mengen) einfach auf eine größere Klasse von Objekten zu übertragen (die unendlichen Mengen) und dann zu schauen, was dabei rauskommt. In diesem Fall hat sich gezeigt, dass die Erweiterung des Begriffes der Mächtigkeit für die Mathematik sehr fruchtbar war. „Gleichmächtig" ist übrigens auf jeder Menge von Mengen eine Äquivalenzrelation. (Wir dürfen nicht von der Menge aller Mengen reden, die gibt es nicht.)

Auf diese Weise kann man die *Kardinalzahlen* einführen. Die Kardinalität bezeichnet die Mächtigkeit einer Menge. Die Kardinalität von M ist kleiner oder gleich der Kardinalität von N, wenn M zu einer Teilmenge von N gleichmächtig ist. So können Kardinalitäten verglichen werden.

▶ **Definition 1.21** Die Menge M heißt *endlich mit der Mächtigkeit $k \in \mathbb{N}$*, wenn $|M| = |\{1, 2, 3, \ldots, k\}|$ ist.

Natürlich gilt zum Beispiel: $|\{0, 1, 2\}| = |\{a, b, c\}| = |\{0, \{1\}, \mathbb{R}\}|$; diese Mengen haben die gleiche Kardinalität „3". Die Kardinalitäten der endlichen Mengen entsprechen gerade den natürlichen Zahlen.

Die Mengen $\mathbb{N}$, $\mathbb{Z}$, $\mathbb{Q}$, $\mathbb{R}$ haben keine endliche Kardinalität, sie sind unendlich groß. Aber sind die Mengen gleich mächtig? Es sieht doch so aus, als ob $\mathbb{Z}$ mehr Elemente als $\mathbb{N}$ hat. Aber schauen Sie die folgende Abbildung an ($\mathbb{N}_0 := \mathbb{N} \cup \{0\}$):

$$f \colon \mathbb{N}_0 \to \mathbb{Z}, \ 0 \mapsto 0, 1 \mapsto 1, 2 \mapsto -1, 3 \mapsto 2, 4 \mapsto -2, \ldots$$

f ist offenbar bijektiv, also $|\mathbb{N}_0| = |\mathbb{Z}|$! Es wird Ihnen jetzt kein Problem bereiten, eine bijektive Abbildung zwischen $\mathbb{N}$ und $\mathbb{N}_0$ aufzuschreiben, und damit haben wir $|\mathbb{N}| = |\mathbb{Z}|$. Cantor hat gezeigt, dass man sogar eine bijektive Abbildung zwischen $\mathbb{Z}$ und $\mathbb{Q}$ finden kann (das Verfahren ist konstruktiv und gut nachvollziehbar, überschreitet aber doch den Rahmen dieses Buches). Es gibt also genauso viele rationale Zahlen wie natürliche Zahlen. Eigentlich auch logisch, oder nicht? Es sollte doch unendlich gleich unendlich sein. Aber jetzt kommt etwas Erstaunliches: Cantor konnte auch nachweisen, dass es keine bijektive Abbildung zwischen $\mathbb{Q}$ und $\mathbb{R}$ gibt. Es gibt also mehr reelle Zahlen als rationale, unendlich ist doch nicht gleich unendlich! Tatsächlich kann man noch viele, viele weitere unterschiedliche unendliche Kardinalitäten finden.

Damit wissen wir jetzt auch, dass es surjektive rationale Zahlenfolgen gibt, aber keine surjektiven reellen Zahlenfolgen.

Mengen, die endlich sind oder die gleiche Kardinalität wie $\mathbb{N}$ haben, heißen *abzählbare Mengen*, Mengen größerer Kardinalität, wie zum Beispiel $\mathbb{R}$ heißen *überabzählbar*.

Für unsere Zwecke brauchen wir uns nicht weiter mit Kardinalitäten zu beschäftigen. Ich möchte Ihnen aber dennoch eine kleine Geschichte erzählen, die jahrzehntelang viele Mathematiker fast zur Verzweiflung getrieben hat: Die Mächtigkeit von $\mathbb{N}$ bezeichnet man mit $\aleph_0$ (dem hebräischen Buchstaben Alef), die Mächtigkeit von $\mathbb{R}$ mit C (für Kontinuum). Man kann nachrechnen, dass die Mächtigkeit der Menge aller Teilmengen von $\mathbb{N}$, also von $P(\mathbb{N})$, ebenfalls gleich C ist. Cantor fragte sich nun, ob es vielleicht zwischen $\aleph_0$ und C gar keine weitere Kardinalität mehr gibt. Oder kann man doch noch eine Menge zwischen $\mathbb{Q}$ und $\mathbb{R}$ hineinstopfen? Cantor stellte um 1900 herum die Vermutung auf, dass das nicht geht (die Kontinuumshypothese). Durch die Ergebnisse der Mathematiker Kurt Gödel (1938) und Paul Cohen (1963) fand dieses Problem eine sehr überraschende Lösung: Weder die Kontinuumshypothese noch ihr Gegenteil sind beweisbar. Eine mathematische Sensation, die man in der Welt der Mathematik vielleicht auf eine Ebene mit der Relativitätstheorie in der Physik stellen muss: *Es gibt Dinge, von denen man beweisen kann, dass man sie weder beweisen noch widerlegen kann.* Damit ist das Problem erledigt, aber viele Mathematiker mussten sich an diese Lösung erst einmal gewöhnen.

Die Forschungen im Zusammenhang mit der Entscheidbarkeit oder Nicht-Entscheidbarkeit mathematischer Aussagen hatte auch wesentliche Auswirkungen auf die Informatik: Im Rahmen seiner Arbeiten zu diesem Thema erdachte Alan Turing in den 1930er Jahren seine berühmte Turing-Maschine. In einem Gedankenexperiment wollte er mit der universellen Turing-Maschine jedes Problem lösen, das auf logischem Weg überhaupt lösbar ist. Dies ist ihm zwar nicht gelungen, aber so nebenbei legte er dabei die theoretischen Grundlagen der Computerarchitektur.

1.4   Verständnisfragen und Übungsaufgaben

Verständnisfragen

1. Was ist der Unterschied zwischen $=$ und $:=$?

2. Was ist die Potenzmenge der leeren Menge $P(\emptyset)$?

3. Gibt es Mengen A, B mit $A \subset B$, $A \neq B$, aber $|A| = |B|$?

4. Was ist $\bigcup_{n\in\mathbb{N}} \{x \in \mathbb{R} \mid -n < x < n\}$?

5. Kann eine Ordnungsrelation gleichzeitig eine Äquivalenzrelation sein?

6. Eine Äquivalenzrelation teilt eine Menge M in disjunkte Äquivalenzklassen ein. Sei umgekehrt eine Einteilung von M in disjunkte Teilmengen gegeben, deren Vereinigung gerade M ergibt. Gibt es eine Äquivalenzrelation, deren Äquivalenzklassen genau diese Teilmengen sind?

7. Was ist der Unterschied zwischen einer partiellen Ordnung und einer linearen Ordnung?

8. Seien $f : M \to N$ und $g : N \to M$ Abbildungen mit der Eigenschaft, dass $g \circ f : M \to M$ die identische Abbildung auf M ist. Ist dann auch $f \circ g : N \to N$ die identische Abbildung auf N?

9. Gibt es eine injektive Abbildung von $\mathbb{R}$ nach $\mathbb{N}$? ◄

Übungsaufgaben

1. Beweisen Sie die Formel $S \cup (M \cap N) = (S \cup M) \cap (S \cup N)$.

2. Beweisen Sie die Formel $\overline{M \cup N} = \overline{M} \cap \overline{N}$.

3. Untersuchen Sie die Relationen $\subset$ und $\not\subset$ auf Reflexivität, Symmetrie und Transitivität.

4. Sei $R = \{ (m, n) \in \mathbb{Z} \times \mathbb{Z} \mid m - n$ ist durch 5 teilbar$\}$ und $r \in \{0, 1, 2, 3, 4\}$. Wir wissen schon, dass R eine Äquivalenzrelation ist. Zeigen Sie, dass $[r]$, die Äquivalenzklasse von r genau die Menge der Zahlen ist, die Rest r bei Division durch 5 lassen.

    m hat Rest r bei Division durch q genau dann, wenn es ein $k \in \mathbb{Z}$ gibt mit $m = qk + r$.

5. Es seien folgende Mengen von natürlichen Zahlen gegeben:

$$M = \{x \mid 4 \text{ teilt } x\}$$
$$N = \{x \mid 100 \text{ teilt } x\}$$
$$T = \{x \mid 400 \text{ teilt } x\}$$
$$S = \{x \mid x \text{ ist ein Schaltjahr}\}$$

Formulieren Sie die Menge S mit Hilfe der Mengenoperationen $\cup$, $\cap$ und $\setminus$ aus den Mengen M, N, T. Eliminieren Sie in dieser Darstellung das $\setminus$-Zeichen durch Komplementbildung.

    Schaltjahre sind Jahre die durch 4 teilbar sind, außer den Jahren die durch 100, nicht aber durch 400 teilbar sind. (2000 und 2400 sind Schaltjahre, 1900 und 2100 sind keine Schaltjahre!)

6. Überprüfen Sie, ob die folgenden Abbildungen surjektiv beziehungsweise injektiv sind:
   a) $f : \mathbb{R}^3 \to \mathbb{R}^2, (x, y, z) \mapsto (x + y, y + z)$
   b) $f : \mathbb{R}^2 \to \mathbb{R}^3, (x, y) \mapsto (x, x + y, y)$

7. Ist $f: M \to N$ eine Abbildung, so werden dadurch zwei Abbildungen zwischen den Potenzmengen erzeugt:

$$F: P(M) \to P(N), \quad G: P(N) \to P(M),$$
$$U \mapsto f(U) \qquad V \mapsto f^{-1}(V).$$

Sind dies wirklich Abbildungen? (Überprüfen Sie die Definition.) Überlegen Sie mit einem einfachen Beispiel für f, dass F und G nicht invers zueinander sind.

8. Zeigen Sie: Sind f und g Abbildungen, und ist die Verknüpfung $f \circ g$ möglich, so gilt: Sind f und g surjektiv beziehungsweise injektiv, so ist auch $f \circ g$ surjektiv beziehungsweise injektiv. ◄

Logik

2

Zusammenfassung

Als Informatiker ist man ständig mit Aufgabenstellungen aus der Logik befasst. In diesem Kapitel lernen Sie

- was eine Aussage ist,
- den Unterschied zwischen Syntax und Semantik,
- wie Sie Aussagen und Aussageformeln auswerten können,
- die Prädikatenlogik,
- wichtige Beweisprinzipien der Mathematik,
- die Verwendung von Vor- und Nachbedingungen beim Programmieren.

Warum ist die Logik in der Informatik so wichtig? Es beginnt damit, dass die Ablaufsteuerung eines Programms durch Anweisungen wie `if`, `for` und `while` mit Hilfe logischer (boolscher) Variablen arbeitet, die entweder den Wert wahr oder falsch haben. Es setzt sich darin fort, dass beim Testen eines Programms gewisse Vorbedingungen durch die Eingangsvariablen erfüllt sein müssen und dann die Ergebnisse spezifizierten Ausgangsbedingungen genügen müssen.

Schon bei der Definition eines Systems muss darauf geachtet werden, dass Anforderungen widerspruchsfrei sind. Bei der Erstellung einer Systemarchitektur bis hin zur Wartung ist immer logisches Denkvermögen gefordert. Vor allem bei sicherheitskritischen Systemen muss mehr und mehr mit formalen Spezifikations- und teilweise auch Verifikationsverfahren gearbeitet werden, die ein hohes Maß an Kenntnis von logischen Methoden erfordern.

Daher nimmt die Logik in einem Mathematikbuch für Informatiker einen höheren Stellenwert ein als in Büchern für andere Fachrichtungen.

© Springer Fachmedien Wiesbaden GmbH, ein Teil von Springer Nature 2019
P. Hartmann, *Mathematik für Informatiker*, https://doi.org/10.1007/978-3-658-26524-3_2

2.1 Aussagen und Aussagevariablen

Wir beginnen zunächst mit dem Begriff der Aussage:

Sachverhalte der Realität werden in Form von Aussagen erfasst. Wir beschränken uns dabei auf Aussagen, bei denen es Sinn hat zu fragen, ob sie wahr oder falsch sind. Es gilt das Prinzip vom ausgeschlossenen Dritten.

> Sie haben sicher schon von der Fuzzy-Logic gehört: Darin wird berücksichtigt, dass es zwischen kalt und heiß auch noch warm gibt; es gibt Wahrheitsfunktionen, bei denen etwas auch nur „ein bisschen wahr" sein kann. Meine Waschmaschine arbeitet mit Fuzzy-Methoden meistens sehr erfolgreich. Wir werden uns damit hier nicht beschäftigen, sondern die klassische Logik untersuchen, deren Kenntnis natürlich auch für die Fuzzy-Logic die Grundlage bildet.

Beispiele

1. 5 ist kleiner als 3.

2. Paris ist die Hauptstadt Frankreichs.

3. Das Studium der Informatik ist sehr schwierig.

4. Nach dem Essen Zähneputzen!

5. Nachts ist es kälter als draußen. ◄

1. und 2. sind Aussagen in unserem Sinn. 3. ist sehr subjektiv, die Antwort ist sicher von Person zu Person verschieden; aber danach fragen kann man schon! 4. ist kein Sachverhalt, es ist sinnlos, hier von Wahrheit zu reden. 5. ist nicht einmal ein Satz, der eine vernünftige Bedeutung hat.

> Zu Ihrem Trost: Wir werden bei unseren Überlegungen nicht in die Grenzbereiche der Theorie vorstoßen, in der wir ratlos vor einem Satz stehen und uns fragen, ob das eine Aussage ist oder nicht. Das sollen andere tun.

Die Worte „wahr" und „falsch" heißen Wahrheitswerte. Jede Aussage hat einen dieser beiden Wahrheitswerte. Dabei heißt aber das Vorliegen einer Aussage nicht, dass man unmittelbar sagen kann, welchen Wahrheitswert eine Aussage hat; vielleicht ist das noch unbekannt.

Zwei weitere

Beispiele

6. Der Weltklimakonferenz wird es gelingen, die Klimakatastrophe aufzuhalten.

7. Jede gerade Zahl größer 2 ist Summe zweier Primzahlen (die *Goldbach'sche Vermutung*). ◄

Aussage 6. wird sich irgendwann erweisen, 7. ist unbekannt, vielleicht wird man es nie erfahren.

Die Goldbach'sche Vermutung ist etwa 300 Jahre alt. Bis heute ist der „Goldbach-Test" für jede gerade Zahl gut gegangen: $6 = 3 + 3$, $50 = 31 + 19$, $98 = 19 + 79$, und so weiter. Selbst im Zeitalter der Höchstleistungscomputer hat noch niemand auch nur ein einziges Gegenbeispiel gefunden. Es ist aber auch 300 Jahre lang keinem Mathematiker gelungen zu beweisen, dass die Aussage wirklich für alle geraden Zahlen stimmt. Vielleicht haben Sie hier die Chance, berühmt zu werden: Eine einzige Zahl zu finden genügt dazu!

Im Folgenden ist für uns der Inhalt einer Aussage nicht mehr interessant, sondern nur noch die Eigenschaft der Aussage entweder wahr oder falsch zu sein. Deshalb bezeichnen wir ab jetzt die Aussagen auch mit Zeichen, meist mit großen lateinischen Buchstaben, $A, B, C, D, \ldots$, die für jede beliebige Aussage stehen können, und die Wahrheitswerte wahr oder falsch annehmen können. Diese Zeichen nennen wir *Aussagevariablen* und wir werden sie als Variablen genauso verwenden, wie zum Beispiel x und y in dem Ausdruck $3x^2 + 7y$. Die Variablen x und y können hier mit Zahlen belegt werden. Die Wahrheitswerte „wahr" und „falsch" werden wir ab sofort mit w beziehungsweise f abkürzen.

Zusammengesetzte Aussagen

In der Umgangssprache werden Aussagen mit Wörtern wie „und", „oder", „nicht", „wenn – dann", „außer" und anderen verbunden. Solche Verknüpfungen von Aussagen wollen wir jetzt für unsere Aussagevariablen nachbilden und den Wahrheitswert der verknüpften Aussagen in Abhängigkeit von den darin enthaltenen Teilaussagen bestimmen. Hierfür werden wir Verknüpfungstafeln aufstellen.

Im Beispiel von Zahlenvariablen sieht so eine Tafel wie folgt aus:

x	y	$3x^2 + 7y$
1	1	10
1	2	17
2	1	19
⋮	⋮	⋮

Genauso werden wir für Aussagevariablen vorgehen. Der große Vorteil den wir dabei haben, besteht darin, dass wir nur endlich viele Belegungswerte für eine Variable haben, nämlich genau zwei. Wir können daher, im Unterschied zu obigen Beispiel, alle möglichen Werte in einer endlichen Tabelle erfassen. Wie viele solche Belegungsmöglichkeiten gibt es für die Kombination von zwei Aussagevariablen? Für A und B haben wir vier Möglichkeiten deren Kombination jeweils wahr oder falsch ergeben kann:

A	B	$A * B$
w	w	w/f
f	w	w/f
w	f	w/f
f	f	w/f

Bezeichnen wir die Verbindung von A und B einmal mit $*$, dann können Sie in der Spalte $A * B$ von viermal *wahr* bis viermal *falsch* insgesamt 16 Kombinationen hinschreiben. Einige von diesen sind besonders interessant, diese werde ich im Folgenden vorstellen.

1. „**und**", Bezeichnung: $\wedge$ (die *Konjunktion*).

   Beispiele: A: 2 ist gerade.   (wahr)

              B: $5 < 3$.   (falsch)

              C: Für alle reellen Zahlen x ist $x^2 \geq 0$.   (wahr)

Die Aussage „2 ist gerade und $5 < 3$" ist falsch, die Aussage „2 ist gerade und für alle reellen Zahlen x ist $x^2 \geq 0$" ist wahr. Die vollständige Verknüpfungstabelle sieht wie folgt aus:

A	B	$A \wedge B$
w	w	w
f	w	f
w	f	f
f	f	f

Die verknüpfte Aussage ist also genau dann wahr, wenn jede Einzelaussage wahr ist.

2. „**oder**", Bezeichnung: $\vee$ (die *Disjunktion*).

   Beispiele: A: Weihnachten ist am 24.12.   (wahr)

              B: Der Mond ist aus grünem Käse.   (falsch)

              C: Heute ist Montag.   (wahr oder falsch)

Die Aussage „Weihnachten ist am 24.12. oder der Mond ist aus grünem Käse" ist wahr, die Aussage „Weihnachten ist am 24.12. oder heute ist Montag" ist ebenfalls immer wahr. „Heute ist Montag oder der Mond ist aus grünem Käse" ist dagegen nur am Montag wahr. Daraus erhalten wir die Verknüpfungstabelle:

A	B	$A \vee B$
w	w	w
f	w	w
w	f	w
f	f	f

Die verknüpfte Aussage ist nur dann falsch, wenn beide Einzelaussagen falsch sind. Beachten Sie auch hier wieder, dass das logische oder nicht das exklusive oder beschreibt, es dürfen auch beide Aussagen zutreffen: „5 > 3 oder 2 ist gerade" ist eine wahre Aussage. Umgangssprachlich werden diese beiden „oder" nicht immer klar unterschieden.

3. „**wenn – dann**", Bezeichnung: → (die *Implikation*).

Beispiele: A: Weihnachten ist am 24.12. (wahr)

B: Ich fresse einen Besen. (definitiv falsch!)

C: Weihnachten fällt auf Ostern. (falsch)

D: Die Goldbach'sche Vermutung stimmt. (?)

Die Aussage „Wenn Weihnachten am 24.12. ist, dann fresse ich einen Besen" ist falsch, während Sie mir glauben können, dass die Aussage „Wenn Weihnachten auf Ostern fällt, dann fresse ich einen Besen" wahr ist! Was ist mit: „Wenn die Goldbach'sche Vermutung stimmt, dann ist Weihnachten am 24.12."? Ich denke das werden Sie als wahr akzeptieren, unabhängig davon, ob Goldbach nun Recht hatte oder nicht. Mit diesen Beispielen können wir die Tabelle vollständig ausfüllen:

A	B	$A \to B$	
w	w	w	
f	w	w	(2.1)
w	f	f	
f	f	w	

Das zunächst Überraschende an dieser Tabelle ist die Zeile 2, die besagt, dass man aus etwas Falschem auch etwas Wahres folgern kann. Sie kennen aber sicher solche Situationen aus dem Alltag: wenn man von falschen Voraussetzungen ausgeht, kann man mit einer Schlussfolgerung Glück oder Pech haben. Vielleicht kommt zufällig etwas Vernünftiges heraus, vielleicht auch nicht.

Bei der „wenn – dann"-Beziehung tut man sich manchmal schwer damit, durch Aussagen des täglichen Lebens diese Tabelle zu verifizieren. Versuchen Sie es einmal selbst! Ein

Student hat mir in einer Vorlesung das Beispiel gebracht: „Wenn heute Dienstag ist, dann ist morgen Donnerstag." Ist das nicht eine Aussage die jedenfalls immer falsch ist, egal ob ich sie Montag, Dienstag oder Mittwoch verkünde? Was meinen Sie dazu?

Wenn diese Tabelle Bauchgrimmen bei Ihnen erzeugt, kann ich Sie von der Seite der Mathematik her wieder beruhigen: wir nehmen die Tabelle einfach als Definition für die Verknüpfung „→" und kümmern uns gar nicht darum, ob das mit der Realität etwas zu tun hat oder nicht. Mathematiker dürfen das! Das ist unser Elfenbeinturm. Der Pferdefuß dabei ist, dass wir irgendwann nach vielen Sätzen und Beweisen mit unserer Mathematik doch wieder etwas anfangen wollen, also aus dem Elfenbeinturm wieder herauskommen. Das geht nur dann gut, wenn unsere ursprünglichen Annahmen vernünftig waren. Im Fall der Logik hat sich erwiesen, dass unsere Verknüpfungstafeln wirklich genau in der vorgestellten Form sinnvoll sind.

Einfacher nachzuvollziehen ist die *genau dann, wenn* Beziehung:
4. **„genau dann, wenn"**, Bezeichnung: ↔ (die *Äquivalenz*).

A	B	$A \leftrightarrow B$
w	w	w
f	w	f
w	f	f
f	f	w

Die verknüpfte Aussage ist hier genau dann wahr, wenn beide Einzelaussagen den gleichen Wahrheitswert haben.

Zum Abschluss eine Operation, die sich nur auf eine logische Variable bezieht, die Negation:
5. **„nicht"**, Bezeichnung: ¬ (die *Negation*).

Dies ist einfach: Das „nicht" dreht den Wahrheitswert einer Aussage gerade um:

A	$\neg A$
w	f
f	w

Was haben wir jetzt von unseren Verknüpfungen? Wir können damit aus gegebenen Aussagen stufenweise komplexere Aussagen aufbauen, indem wir sie zusammensetzen. Ein paar

Beispiele

$$A \rightarrow (B \vee C)$$
$$\neg (A \leftrightarrow (B \vee (\neg C)))$$
$$(A \vee B) \wedge (\neg (B \wedge (A \vee C))) \blacktriangleleft$$

Mit *und*, *oder*, *wenn – dann*, und *genau dann, wenn* habe ich die vier der 16 möglichen Verknüpfungen von zwei Aussagevariablen definiert, mit denen in der Logik meistens gearbeitet
wird. Was ist mit den anderen zwölf? Einige sind langweilig: zum Beispiel „alles wahr" oder
„alles falsch". Aus der Digitaltechnik kennen Sie vielleicht das *exklusive or*, *nand* und *nor*.
Braucht man die nicht auch noch? Tatsächlich lassen sich alle 16 möglichen Verknüpfungen
als Kombination der vier Grundoperationen zusammen mit dem *nicht* erzeugen. Ja, es ist sogar möglich alle 16 Operationen und das *nicht* als eine Kombination zweier Variabler mit nur
einer einzigen Operation, dem *nand* Operator $\uparrow$ darzustellen. Dabei ist $A \uparrow B := \neg(A \wedge B)$.
Dies hat zur Folge, dass man in der Digitaltechnik jede logische Verknüpfung alleine durch
nand-Gatter implementieren kann.

Auch beim Programmieren arbeiten Sie mit Formeln, die aus Aussagen aufgebaut sind:
Die Bedingungen hinter `if`, `for`, `while` enthalten Aussagevariablen, in Java vom Typ
`boolean`, und Verknüpfungen von Aussagevariablen, die in einem konkreten Programmlauf durch Wahrheitswerte „*true*", „*false*" ersetzt und ausgewertet werden.

Genau wie üblicherweise aus $a, b, c, d, \dots, +, \cdot, -, :, \dots$ Formeln der Algebra aufgebaut werden, erhalten wir auf diese Weise Formeln der *Aussagenalgebra*. Und genau
wie man algebraische Formeln durch Einsetzen von Zahlen auswerten kann, kann man
Aussageformeln durch Einsetzen von Wahrheitswerten auswerten, das heißt man kann
feststellen, ob die gesamte Formel wahr oder falsch ist.

Was wir hier mit dem Aufbau von Aussageformeln und deren Auswertung aus ele-
mentaren Aussagen durchgeführt haben, ist ein erstes Beispiel für eine *formale Sprache*.
Formale Sprachen haben eine außerordentliche Bedeutung in der Informatik. Eine formale
Sprache besteht, wie natürliche Sprachen auch, aus drei Elementen:

- Einer Menge von Symbolen, aus denen die Sätze der Sprache aufgebaut werden können, dem *Alphabet*.
- Regeln, die festlegen, wie aus den Symbolen des Alphabets korrekte Sätze gebildet
  werden können, der *Syntax*.
- Einer Zuordnung von Bedeutung zu syntaktisch korrekt gebildeten Sätzen, der *Semantik*.

Als erste formale Sprache hat der Informatiker in der Regel mit einer Programmiersprache
zu tun: Das Alphabet besteht aus den Schlüsselworten und den erlaubten Zeichen der
Sprache, die Syntax legt fest, wie aus diesen Zeichen korrekte Programme gebildet werden
können. Die Korrektheit der Syntax kann vom Compiler überprüft werden. Wie Sie sicher
aus leidvoller Erfahrung wissen, führt aber nicht jedes syntaktisch korrekte Programm
sinnvolle Aktionen aus. Die Aufgabe des Programmierers ist es dafür zu sorgen, dass die
Semantik des Programms der Spezifikation entspricht.

Auch die Formeln der Aussagenlogik stellen eine formale Sprache dar.

- Das Alphabet besteht aus den Bezeichnern für Aussagevariablen, den logischen Sym-
  bolen $\wedge, \vee, \rightarrow, \leftrightarrow, \neg$ sowie aus den Klammern (und), die zur Gruppierung von For-
  melteilen dienen.

- Die Regeln der Syntax besagen:
  - Die Bezeichner für Aussagevariablen sind Formeln,
  - sind F_1 und F_2 Formeln, so auch $(F_1 \wedge F_2)$, $(F_1 \vee F_2)$, $(\neg F_1)$, $(F_1 \rightarrow F_2)$, $(F_1 \leftrightarrow F_2)$.
- Die Semantik schließlich wird durch die Wahrheitstafeln für die elementaren logischen Verknüpfungen festgelegt. Dadurch kann jede syntaktisch korrekte Formel mit einem Wahrheitswert belegt werden, sofern die Bezeichner mit konkreten Wahrheitswerten belegt sind.

Um die Lesbarkeit von Formeln zu verbessern, setzt man ähnlich wie in der Zahlenalgebra einige Vorrangsregeln für Verknüpfungen fest, die das Weglassen vieler Klammern erlauben. Diese Regeln sind:

$\neg$ hat die stärkste Bindung,
$\wedge$ bindet stärker als $\vee$,
$\vee$ bindet stärker als $\rightarrow$,
$\rightarrow$ bindet stärker als $\leftrightarrow$.

Damit ist zum Beispiel $((\neg A) \wedge B) \rightarrow (\neg(C \vee D))$ äquivalent zu $\neg A \wedge B \rightarrow \neg(C \vee D)$.

Aber Vorsicht! Das Argument mit der besseren Lesbarkeit ist gefährlich, wenn man nicht alle Präzedenzregeln im Kopf hat. Wissen Sie genau, was in Java oder C++ bei der Anweisung `if(!a&&b||c==5)` passiert? Schreiben Sie in solchen Fällen zur Sicherheit lieber ein paar Klammern mehr als notwendig, das vermeidet überflüssige Fehler.

Das Auswerten einer zusammengesetzten Formel kann auf die elementaren Wahrheitstafeln zurückgeführt werden, wieder mit der Hilfe von Verknüpfungstabellen. Dabei werden in den Spalten zunächst die enthaltenen Aussagevariablen mit allen möglichen Kombinationen von Wahrheitswerten aufgeführt, dann wird bei der Auswertung schrittweise, „von innen nach außen" vorgegangen. Bei der Auswertung von $(A \wedge B) \rightarrow C$ erhalten wir etwa:

A	B	C	$A \wedge B$	$(A \wedge B) \rightarrow C$
w	w	w	w	w
w	w	f	w	f
w	f	w	f	w
w	f	f	f	w
$\vdots$	$\vdots$	$\vdots$	$\vdots$	$\vdots$

Es fehlen noch vier Fälle in der Tabelle. Sie sehen, dass bei mehr als zwei Aussagevariablen in der Formel diese Auswertungsmethode sehr schnell sehr umfangreich wird. Glücklicherweise gibt es ein anderes Hilfsmittel, das uns helfen kann, den Wahrheitswert einer Formel zu bestimmen. Man kann Teile einer Formel durch andere gleichwertige und möglicherweise einfachere Formelteile ersetzen.

Was sind gleichwertige Formeln? Werten wir einmal $B \vee \neg A$ aus:

$$
\begin{array}{c|c|c|c}
A & B & \neg A & B \vee \neg A \\
\hline
w & w & f & w \\
f & w & w & w \\
w & f & f & f \\
f & f & w & w
\end{array}
\tag{2.2}
$$

Vergleichen Sie diese Tafel mit der Tabelle (2.1) für $A \rightarrow B$. Sie sehen, dass $A \rightarrow B$ genau dann wahr (falsch) ist, wenn $B \vee \neg A$ wahr (falsch) ist. Die beiden Formeln sind gleichwertig:

▶   **Definition 2.1** Zwei Aussageformeln heißen *gleichwertig*, wenn sie für alle möglichen Belegungen mit Wahrheitswerten denselben Wahrheitswert haben.

Für den Logiker liefern gleichwertige Formeln Rechenregeln: Man kann einen Teil einer Formel durch eine gleichwertige Formel ersetzen, ohne dass sich der Wahrheitswert der Gesamtformel ändert.

Beispiel

In den meisten Programmiersprachen gibt es logische Operatoren für „und" (in C++ und Java etwa &&), „oder" (||) und „nicht" (!), aber keinen Operator für „wenn dann". Da aber $A \rightarrow B$ und $B \vee \neg A$ gleichwertig sind, können Sie in C++ (oder ähnlich in Java) einen Pfeil-Operator selbst definieren:

```
bool pfeil(bool A, bool B){return (B || !A);}
```

`pfeil(A,B)` bedeutet dann A→B. ◀

Für die Kennzeichnung gleichwertiger Formeln führen wir ein neues Symbol ein:

▶   **Definition 2.2** Sind die Formeln F_1 und F_2 gleichwertig, so schreiben wir dafür

$$F_1 \Leftrightarrow F_2.$$

Beachten Sie bitte: Das Zeichen $\Leftrightarrow$ ist kein Symbol der Sprache der Aussagenlogik, es sagt etwas über den Wahrheitswert von Formeln aus, also über die Semantik.

Leider wird in der Literatur keine einheitliche Bezeichnung für die Gleichwertigkeit und die Äquivalenz verwendet. Sie finden gelegentlich auch das Symbol $\equiv$ für die Gleichwertigkeit, der Doppelpfeil $\Leftrightarrow$ dient manchmal auch zur Bezeichnung der Äquivalenz von Aussagen.

Ich stelle ein paar wichtige gleichwertige Formeln zusammen:

▶ **Satz 2.3: Rechenregeln für Aussageformeln**

$$\left.\begin{array}{l} A \vee B \Leftrightarrow B \vee A \\ A \wedge B \Leftrightarrow B \wedge A \end{array}\right\} \text{Kommutativgesetze} \tag{2.3}$$

$$\left.\begin{array}{l} (A \vee B) \vee C \Leftrightarrow A \vee (B \vee C) \quad (=: A \vee B \vee C) \\ (A \wedge B) \wedge C \Leftrightarrow A \wedge (B \wedge C) \quad (=: A \wedge B \wedge C) \end{array}\right\} \text{Assoziativgesetze}$$

$$\left.\begin{array}{l} A \wedge (B \vee C) \Leftrightarrow (A \wedge B) \vee (A \wedge C) \\ A \vee (B \wedge C) \Leftrightarrow (A \vee B) \wedge (A \vee C) \end{array}\right\} \text{Distributivgesetze}$$

$$\neg(A \wedge B) \Leftrightarrow \neg A \vee \neg B$$

$$\neg(A \vee B) \Leftrightarrow \neg A \wedge \neg B \tag{2.4}$$

$$\neg\neg A \Leftrightarrow A$$

Fällt Ihnen hierbei etwas auf? Vergleichen Sie diese Formeln einmal mit Satz 1.3 und Satz 1.4. Dort finden Sie die gleichen Regeln für das Rechnen mit Mengen. Dabei entsprechen sich $\cup$ und $\vee$, $\cap$ und $\wedge$ sowie „Komplement" und $\neg$.

Die soeben entdeckte Analogie zwischen Mengenoperationen und logischen Operationen führt zur Theorie der Bool'schen Algebren, Satz 2.7.

Der Beweis ist hier jedoch viel einfacher, wenn auch wesentlich langweiliger: Wir müssen ja nur endlich viele Werte in die Wahrheitstabellen einsetzen. Für die Distributiv- und Assoziativgesetze haben wir hier jedoch drei Ausgangsaussagen und somit $2^3 = 8$ verschiedene Kombinationen von Wahrheitswerten zu überprüfen. Da schreibt man eine Zeit lang. Glauben Sie mir, dass die Regeln richtig sind!

Was ergibt die Auswertung der Formel $B \vee \neg A \leftrightarrow (A \rightarrow B)$?

Wenn Sie die letzte Seite sorgfältig gelesen haben, werden Sie schon wissen, was herauskommt. Schreiben wir aber noch einmal die Tabelle auf:

A	B	$B \vee \neg A$	$(A \rightarrow B)$	$B \vee \neg A \leftrightarrow (A \rightarrow B)$
w	w	w	w	w
f	w	w	w	w
w	f	f	f	w
f	f	w	w	w

Sie sehen, dass diese Formel immer wahr ist, egal welche Werte A und B annehmen. Das liegt daran, dass die Formeln rechts und links von dem Doppelpfeil gleichwertig sind:

▶ **Satz 2.4** Zwei Formeln F_1, F_2 sind genau dann gleichwertig, das heißt $F_1 \Leftrightarrow F_2$, wenn $F_1 \leftrightarrow F_2$ für alle möglichen Einsetzungen von Wahrheitswerten wahr ist.

Die Richtigkeit dieses Satzes kann man direkt aus der zugehörigen Wahrheitstafel ablesen:

F_1	F_2	$F_1 \leftrightarrow F_2$
w	w	w
f	f	w
w	f	f
f	w	f

Werden F_1 und F_2 mit Wahrheitswerten belegt, so sind sie in den ersten beiden Zeilen gleichwertig, und genau in diesen Zeilen ist auch $F_1 \leftrightarrow F_2$ wahr. □

▶ **Definition 2.5** Eine Formel heißt *allgemeingültig* oder *Tautologie*, wenn sie für alle möglichen Einsetzungen von Wahrheitswerten wahr ist.

$B \vee \neg A \leftrightarrow (A \rightarrow B)$ ist also eine Tautologie und alle Rechenregeln aus Satz 2.3 werden zu Tautologien, wenn Sie das Zeichen $\Leftrightarrow$ durch $\leftrightarrow$ ersetzen.

Durch die Verwendung von Tautologien im Alltag kann man Kompetenz vortäuschen, die eigentlich nicht vorhanden ist: „Kräht der Hahn auf dem Mist, ändert sich das Wetter oder bleibt, wie es ist". Als Formel geschrieben: $A \rightarrow B \vee \neg B$. Prüfen Sie selbst nach, dass dies eine Tautologie ist. Übrigens ist diese Aussage sogar dann wahr, wenn der Hahn gerade erkältet ist!

Hier noch ein paar weitere allgemeingültige Formeln, die meisten tauchen im nächsten Abschnitt noch einmal auf:

$$A \vee \neg A$$

$$\neg (A \wedge \neg A) \tag{2.5}$$

$$A \wedge (A \rightarrow B) \rightarrow B \tag{2.6}$$

$$(A \rightarrow B) \wedge (B \rightarrow A) \leftrightarrow (A \leftrightarrow B) \tag{2.7}$$

$$(A \rightarrow B) \leftrightarrow (\neg B \rightarrow \neg A) \tag{2.8}$$

Vielleicht rechnen Sie die eine oder andere dieser Tautologien doch einmal selbst nach. Setzen Sie ein paar Aussagen für A und B ein. Können Sie die Formeln interpretieren?

Ein weiteres Symbol der Semantik, das wir im Folgenden verwenden werden, ist der Doppelpfeil $\Rightarrow$:

▶ **Definition 2.6** Sind F_1 und F_2 Formeln und ist bei jeder Belegung mit Wahrheitswerten, für die F_1 wahr ist, auch F_2 wahr, so schreiben wir

$$F_1 \Rightarrow F_2.$$

Wir sagen auch: F_2 folgt aus F_1.

▶ **Satz 2.7** Es gilt $F_1 \Rightarrow F_2$ genau dann, wenn $F_1 \rightarrow F_2$ eine Tautologie ist, also für jede Belegung mit Wahrheitswerten wahr ist.

Um dies zu sehen, müssen wir uns nur noch einmal die Wahrheitstafel der Implikation anschauen:

F_1	F_2	$F_1 \to F_2$
w	w	w
$(w$	f	$f)$
f	w	w
f	f	w

Die zweite Zeile in dieser Tabelle habe ich in Klammern gesetzt, weil sie nicht eintreten kann: Wenn $F_1 \Rightarrow F_2$ gilt, so ist die Kombination w, f für F_1, F_2 nicht möglich, und damit ist $F_1 \to F_2$ immer wahr. Und ist umgekehrt $F_1 \to F_2$ immer wahr, so muss bei Wahrheit von F_1 auch F_2 wahr sein.   □

Bool'sche Algebren

Es kommt häufig vor, dass bei verschiedenen konkreten Strukturen ganz ähnliche Eigenschaften auftauchen. Mathematiker sind dann glücklich. Sie versuchen, den Kern dieser Gemeinsamkeiten klar herauszuarbeiten und eine abstrakte Struktur zu definieren, die durch genau diese gemeinsamen Eigenschaften charakterisiert wird. Dann kann man diese Strukturen untersuchen. Alle Ergebnisse, die man dafür gewinnt, gelten natürlich auch für die konkreten Modelle, von denen man ursprünglich ausgegangen ist.

> Etwas Ähnliches findet statt, wenn man zu verschiedenen Klassen eines Programms eine gemeinsame Oberklasse definiert: Eigenschaften der Oberklasse vererben sich automatisch auf alle abgeleiteten Klassen.

So geht man auch im Fall der Mengenoperationen und der logischen Operatoren vor: die zu Grunde liegende gemeinsame Struktur wird Bool'sche Algebra genannt. Die Operationen bezeichnet man darin häufig wie bei den Mengen mit $\cup$, $\cap$ und $^{-}$:

▶   **Definition 2.8** Es sei eine Menge B gegeben, die mindestens zwei verschiedene Elemente 0 und 1 enthält und auf der zwei Verknüpfungen $\cup$ und $\cap$ zwischen Elementen der Menge sowie eine Operation $^{-}$ auf den Elementen erklärt sind. $(B, \cup, \cap, ^{-})$ heißt *Bool'sche Algebra*, wenn für alle Elemente $x, y, z \in B$ die folgenden Eigenschaften gelten:

$$x \cup y = y \cup x, \qquad\qquad x \cap y = y \cap x$$
$$x \cup (y \cup z) = (x \cup y) \cup z \qquad x \cap (y \cap z) = (x \cap y) \cap z$$
$$x \cup (y \cap z) = (x \cup y) \cap (x \cup z) \quad x \cap (y \cup z) = (x \cap y) \cup (x \cap z)$$
$$x \cup \overline{x} = 1 \qquad\qquad x \cap \overline{x} = 0$$
$$x \cup 0 = x \qquad\qquad x \cap 1 = x$$

Die Potenzmenge $P(M)$ einer Menge M bildet mit *Vereinigung*, *Durchschnitt* und *Komplement* eine Bool'sche Algebra. Dabei ist die leere Menge die 0 und die Menge M selbst das 1-Element.

Eine minimale Bool'sche Algebra erhält man, indem man als Grundmenge $B = \{0, 1\}$ nimmt. Dies ist die *Schaltalgebra*, die für den Entwurf technischer Schaltungen verwendet wird. Versuchen Sie selbst, Verknüpfungstafeln für diese Algebra aufzuschreiben!

Die Menge aller Aussageformeln, die man mit den Verknüpfungen $\land, \lor, \neg$ aus n Aussagevariablen bilden kann (die n-stelligen Aussageformeln), stellt mit den Verknüpfungen $\land, \lor, \neg$ ebenfalls eine Bool'sche Algebra dar, eine *Formel-Algebra*. Dabei ist 1 die immer wahre Aussage, 0 die immer falsche Aussage.

Auswertung von Aussageformeln in einen Programm

Als Beispiel wollen wir uns die Berechnung von Schaltjahren ansehen:

Schaltjahre sind die Jahre, die durch 4 teilbar sind, außer den Jahren die durch 100, aber nicht durch 400 teilbar sind. Es sei x eine natürliche Zahl (eine Jahreszahl). Schauen wir uns die folgenden Aussagen an:

A: x ist durch 4 teilbar.
B: x ist durch 100 teilbar.
C: x ist durch 400 teilbar.
S: x ist Schaltjahr.

Die Verknüpfungen „außer" und „aber nicht" lassen sich beide durch die Symbole „$\land \neg$" darstellen. Damit erhalten wir für

D: x ist durch 100 aber nicht durch 400 teilbar:

$$D \leftrightarrow B \land \neg C$$

und schließlich für S:

$$S \leftrightarrow A \land \neg D \leftrightarrow A \land \neg(B \land \neg C). \tag{2.9}$$

Damit können wir zum Beispiel in Java eine Abfrage formulieren. Der Operator % gibt den Rest bei einer Integer-Division, und so schreiben wir:

```
if((x%4 == 0)&&!((x%100 == 0)&&(x%400 != 0)))
    // Februar hat 29 Tage
else
    // Februar hat 28 Tage.
```

$$\tag{2.10}$$

Wir können die Formel (2.9) aber mit unseren Regeln auch umbauen: Aus (2.4) und (2.3) erhalten wir zum Beispiel:

$$A \wedge \neg(B \wedge \neg C) \Leftrightarrow (C \vee \neg B) \wedge A$$

und daraus die Java-Anweisung:

```
if(((x%400 == 0)||(x%100 != 0)) && (x%4 == 0)).          (2.11)
```

Gibt es einen Unterschied zwischen (2.10) und (2.11)? Im Ergebnis der Auswertung natürlich nicht, sonst wäre ja unsere Logik falsch. Wohl aber kann es Unterschiede in der Programmlaufzeit geben: Das Programm wertet einen logischen Ausdruck von links nach rechts aus und stoppt sofort, wenn es entscheiden kann, ob eine Aussage wahr oder falsch ist. Wird jetzt eine Zahl x eingesetzt, so kann bei (2.10) in 75 % aller Fälle nach Auswertung von A (x%4 == 0) die Auswertung beendet werden, denn wenn A falsch ist, dann auch die ganze Aussage. Im Fall (2.11) muss zunächst C (x%400 == 0) überprüft werden, weil dies meistens falsch ist, auch noch $\neg B$ (x%100 != 0), und weil dies meistens stimmt, muss dann zu guter Letzt noch A überprüft werden. Sie sehen, dass das wesentlich aufwendiger ist. Daher sind bei zeitkritischen Anwendungen ein genaues Überprüfen und möglicherweise ein Umformulieren von Steuerbedingungen sinnvoll!

2.2   Beweisprinzipien

Ich werde oft gefragt, ob Beweise in der Informatik überhaupt nötig sind. Schließlich gibt es den Berufsstand der Mathematiker, der davon lebt, Beweise zu führen. Die Anwender der Mathematik sollte man davon entlasten. Es genügt, ihnen die Werkzeuge zur Verfügung zu stellen, das heißt die richtigen Formeln, in die man die zu lösenden Aufgaben hineinwirft, und die das Resultat ausspucken.

Es mag Anwendungsbereiche geben, in denen dies teilweise zutrifft, die Informatik zählt sicher nicht dazu. Informatiker sind ständig am „Beweisen", wenn sie es auch nicht so nennen: Sie überlegen sich, ob eine Systemarchitektur tragfähig ist, sie analysieren, ob ein Protokoll das tun kann, was es tun soll, sie grübeln, ob ein Algorithmus in allen Spezialfällen richtig arbeitet („was passiert, wenn, … "), sie überprüfen, ob die switch-Anweisung im Programm auch nichts übersieht, sie suchen Testfälle, welche eine möglichst hohe Pfadüberdeckung des Programms gewährleisten, und vieles andere mehr. Alles das ist nichts anderes als „Beweisen".

Keine Angst davor, Beweisen kann man lernen wie anderes auch! Es gibt dazu Tricks, die immer wieder angewendet werden. In diesem Abschnitt möchte ich Ihnen einige solche Kniffe vorstellen und an konkreten Beispielen ausprobieren. Die Inhalte der Sätze sind dabei eher zweitrangig, wenn ich Ihnen auch bei dieser Gelegenheit in den Sätzen 2.10 und 2.11 zwei berühmte Perlen der Mathematik vorstelle. Es geht um die Techniken die hinter den Beweisen stehen.

Oft werden aber die Inhalte einer Aussage erst durch den Beweis klar, vielleicht deswegen, weil man sich im Beweis intensiv mit der Aussage auseinander setzt.

Im ganzen Buch werde ich immer wieder Beweise durchführen, nicht um des Beweisens willen, denn ich hoffe, Sie haben so viel Vertrauen in mich, dass ich Ihnen keine falschen Dinge vorstelle (zumindest nicht absichtlich). Wir werden Beweise durchführen, wenn wir daraus etwas lernen können oder wenn sie dem Verständnis des Stoffes dienen.

In Beweisen wird stets aus der Gültigkeit bestimmter Aussagen, der Voraussetzungen, auf die Gültigkeit anderer Aussagen geschlossen. Wir sprechen dabei über die Semantik, also über wahre und falsche Aussagen. Bei der Bestimmung des Wahrheitswertes hilft oft die Abbildung der Aussagen auf logische Formeln und die Rechenregeln für logische Formeln. Als erstes müssen hierfür die Voraussetzungen und die Behauptungen genau identifiziert und sauber formuliert werden.

Der direkte Beweis

Die einfachste Form des Beweises ist der direkte Beweis: Aus einer Voraussetzung A wird eine Behauptung B hergeleitet. Ein Beispiel:

▶ **Satz 2.9** Ist $\underbrace{n \in \mathbb{Z} \text{ eine ungerade Zahl}}_{A}$, so ist auch $\underbrace{n^2 \text{ eine ungerade Zahl}}_{B}$.

Beweis: Angenommen A ist wahr. Dann gibt es eine ganze Zahl m mit $n = 2m + 1$. Dann ist $n^2 = (2m + 1)^2 = 4m^2 + 4m + 1$, das heißt, dass auch n^2 ungerade ist. $\square$

Im direkten Beweis wird $A \Rightarrow B$ gezeigt, das heißt, dass $A \to B$ immer wahr ist. Beachten Sie, dass man dies tun kann, ohne überhaupt zu wissen, ob die Voraussetzung A erfüllt ist. Auch aus der Goldbach'schen Vermutung kann man viele Dinge herleiten, ohne zu wissen, ob sie überhaupt stimmt. Wenn dann aber irgendwann A als wahr erkannt wird und wir schon wissen, dass $A \to B$ immer wahr ist, dann ist auch B immer wahr. (Hierzu gehört die Tautologie $A \wedge (A \to B) \to B$, vergleiche (2.6).)

Der Äquivalenzbeweis

Hier wird nachgewiesen, dass eine Aussage A genau dann wahr (beziehungsweise falsch) ist, wenn eine andere Aussage B wahr (beziehungsweise falsch) ist, also $A \leftrightarrow B$.

Ein Äquivalenzbeweis ist nichts anderes als die Hintereinanderausführung von zwei direkten Beweisen. Man zeigt $A \Rightarrow B$ und $B \Rightarrow A$. Die Aufgabe wird dadurch in zwei leichtere Teilaufgaben zerlegt. Auch dies kann man durch eine Tautologie ausdrücken: Sind $A \to B$ und $B \to A$ immer wahr, so auch $A \leftrightarrow B$ und umgekehrt: $(A \to B) \wedge (B \to A) \leftrightarrow (A \leftrightarrow B)$, vergleiche (2.7).

Der letzte Teil von Satz 1.4 ist so eine Äquivalenzaussage: $M \subset N \Leftrightarrow \overline{N} \subset \overline{M}$. Versuchen Sie einmal selbst, diesen Satz durch Aufteilen in zwei direkte Beweise herzuleiten.

Eine Variante des Äquivalenzbeweise ist der *Ringschluss*. Um zu zeigen, dass drei oder mehr Aussagen äquivalent sind, zum Beispiel die Aussagen A, B, C, D, genügt es zu zeigen: $A \Rightarrow B, B \Rightarrow C, C \Rightarrow D, D \Rightarrow A$.

Der Widerspruchsbeweis

Wieder soll eigentlich $A \Rightarrow B$ gezeigt werden. Häufig ist es leichter statt dessen, die Schlussfolgerung $\neg B \Rightarrow \neg A$ durchzuführen. Nachdem wir schon wissen, dass $(A \to B) \leftrightarrow (\neg B \to \neg A)$ eine Tautologie ist (vergleiche (2.8)), ist dies mit $A \Rightarrow B$ gleichbedeutend. Im Satz 1.11 haben wir einen solchen Widerspruchsbeweis durchgeführt. Schauen Sie ihn sich noch einmal an!

Widerspruchsbeweise sind ein mächtiges und häufig angewandtes Hilfsmittel. Ein Grund dafür ist der, dass man außer der Annahme A auch noch $\neg B$ voraussetzen kann; man hat also mehr in der Hand zum Losrechnen. Genau genommen könnte man den Widerspruchsbeweis auch mit der Tautologie beschreiben: $(A \to B) \leftrightarrow (A \wedge \neg B \to \neg A)$

Ich möchte Ihnen ein berühmtes Beispiel vorstellen. Sie wissen wahrscheinlich, dass $\sqrt{2}$ keine rationale Zahl ist, sich also nicht als Bruch ganzer Zahlen darstellen lässt. Warum ist das so? An dem folgenden Beweis kann man besonders gut sehen, dass es auf die präzise Formulierung der Voraussetzung und der Behauptung ankommt.

▶ **Satz 2.10** $\sqrt{2}$ ist keine rationale Zahl.

Im Beweis zeigen wir: $\underbrace{\text{Sind } m, n \in \mathbb{N}, \text{ und } m, n \text{ gekürzt,}}_{A}$ dann gilt $\underbrace{2 \neq \left(\frac{m}{n}\right)^2}_{B}$.

Die geniale Idee liegt in der Zusatzannahme, dass m und n gekürzt sind. Das macht sicher nichts aus, denn wenn m, n noch einen Teiler haben, dann kürzen wir eben einfach. Der Beweis beruht aber wesentlich darauf.

Angenommen es gibt m, n mit $2 = \left(\frac{m}{n}\right)^2$. (Aussage $\neg B$)

Dann ist $m^2 = 2n^2$ und somit m^2 eine gerade Zahl.

Dann ist aber auch m eine gerade Zahl, denn nach Satz 2.9 ist das Quadrat einer ungeraden Zahl ist immer ungerade.

Hier haben wir einen kleinen Widerspruchsbeweis in den Widerspruchsbeweis hineingepackt.

Also hat m die Form $m = 2l$ und es gilt $(2l)^2 = 2n^2$. Einmal mit 2 gekürzt bekommen wir $2l^2 = n^2$. Genau wie eben heißt das, dass n^2 und damit auch n eine gerade Zahl ist.

m und n sind also durch 2 teilbar und somit nicht gekürzt. (Aussage $\neg A$)   □

Eine andere Form des Widerspruchsbeweises besteht darin, dass man aus dem Gegenteil einer Behauptung die Behauptung selbst herleitet ($\neg B \Rightarrow B$). Es kann aber nicht gleichzeitig $\neg B$ und B wahr sein, denn $\neg(B \wedge \neg B)$ ist eine Tautologie (siehe (2.5)). Dann muss die Annahme $\neg B$ falsch, also B selbst wahr sein. Ein letztes Beispiel:

▶   **Satz 2.11** Es gibt keine größte Primzahl (Aussage B).

Beweis:

Angenommen | es gibt eine größte Primzahl p |.   Angenommen: $\neg B$

Seien $p_1, p_2, \ldots, p_n$ alle Primzahlen und sei $q = p_1 p_2 \cdots p_n + 1$.   (2.12)

Behauptung: | Dann ist q eine Primzahl. | Behauptung: A

Angenommen | q ist keine Primzahl. | Angenommen: $\neg A$

Dann hat q einen Primteiler $p_i \in \{p_1, p_2, \ldots, p_n\}$ und

wegen (2.12) ist $q = p_i \cdot \alpha = \underbrace{p_1 p_2 \cdots p_n}_{p_i\,\beta} + 1 = p_i \cdot \beta + 1$.

$\Rightarrow$ | $p_i(\alpha - \beta) = 1$ |, wobei $\alpha - \beta$ eine ganze Zahl ist.   Dann falsche Aussage.

(1 ist aber niemals Produkt zweier ganzer Zahlen $\neq 1$).

Also ist | q eine Primzahl. | Also: A

Weil q das Produkt aller Primzahlen $+ 1$ ist, gilt $q > p$.   Also: B □

Auch hier sind zwei Widerspruchsbeweise ineinander verschachtelt. Im „inneren" Beweis hat man aus der Annahme $\neg A$ eine falsche Aussage hergeleitet, damit muss A wahr sein. Dies ist noch eine dritte Version des Widerspruchsbeweises.

Dieser Beweis stammt von Euklid und ist damit etwa 2300 Jahre alt. Können Sie sich vorstellen, dass sich manche Mathematiker über einen schönen Beweis freuen, wie viele andere über ein gutes Musikstück? Was macht einen „schönen" Beweis aus? Er ist meist kurz und knackig, trotzdem verständlich – zumindest für einen Mathematiker – und er enthält oft überraschende Schlüsse und Wendungen, auf die man nicht so ohne Weiteres kommt, wenn man sich die zu beweisende Aussage anschaut. Ich denke, in diese Kategorie fallen die letzten beiden Beweise jedenfalls. Der ungarische Mathematiker Paul Erdős (1913–1996) glaubte, dass Gott ein Buch führt, in dem er die perfekten Beweise für mathematische Sätze aufbewahrt. Zumindest Teile dieses Buchs sind auf unbekanntem Weg auf die Erde gelangt und wurden in dem irdischen Buch „Proofs from the BOOK" zusammengestellt. Euklids Beweis für die unendliche Anzahl der Primzahlen ist der erste darin. Er hat es wahrlich verdient.

Später werden wir noch ein weiteres Beweisprinzip kennenlernen, die vollständige Induktion. Dafür müssen wir uns aber zunächst noch ein paar logische Begriffe erarbeiten:

2.3 Die Prädikatenlogik

Schauen Sie sich im Abschn. 2.1 nach Definition 2.6 noch einmal das Beispiel zur Berechnung der Schaltjahre an: $S = \text{„}x$ ist Schaltjahr". Ist die Aussage richtig oder falsch? Macht es überhaupt Sinn zu fragen, ob sie richtig oder falsch ist? Offenbar hängt die Wahrheit des Satzes von x ab; das heißt in unserem Sinn wird er erst dann zu einer Aussage, wenn man den Wert von x kennt. Dabei ist für x auch nur eine bestimmte Menge von Werten zulässig, hier die natürlichen Zahlen.

Sätze, die erst durch das Einsetzen bestimmter Werte zu Aussagen werden, kommen häufig vor. Man nennt sie Prädikate oder Aussagefunktionen (Im Lexikon steht unter dem Stichwort Prädikat unter anderem „Kern einer Aussage"). Prädikate sind nichts anderes als Abbildungen. Für das von x abhängige Prädikat A schreiben wir $A(x)$. Auch das Einsetzen mehrerer Variabler ist möglich.

Beispiele

$$A(x, y): \quad x \text{ ist größer als } y \quad (x, y \in \mathbb{R})$$
$$S(x): \quad x \text{ ist Schaltjahr} \quad (x \in \mathbb{N}) \blacktriangleleft$$

▶ **Definition 2.12** Sei M eine Menge und M^n das n-fache kartesische Produkt von M. Ein *n-stelliges Prädikat* P (*n-stellige Aussagefunktion*) ist eine Abbildung, die jedem Element aus M^n einen Wahrheitswert w oder f zuordnet. M heißt *Individuenbereich* des Prädikats P.

Oft sprechen wir auch nur von Prädikaten, ohne die Anzahl n der Stellen zu nennen. $A(x, y)$ ist eine Abbildung von $\mathbb{R}^2$ nach $\{w, f\}$ mit Individuenbereich $\mathbb{R}$. $S(x)$ ist eine Abbildung von N nach $\{w, f\}$ mit Individuenbereich $\mathbb{N}$. $A(x, y)$, $S(x)$ sind Größen, die in Abhängigkeit von x, y wahr oder falsch sind. Für jedes x, y erhält man also Aussagen, mit denen man wieder Aussagenlogik betreiben kann, das heißt man kann sie wieder mit $\wedge, \vee, \neg, \rightarrow, \leftrightarrow$ verknüpfen. So entstehen Formeln der Prädikatenlogik:

Beispiel

$(S(x) \vee S(y)) \wedge \neg A(x, y)$, $x, y \in \mathbb{N}$, ist eine Formel der Prädikatenlogik. $\blacktriangleleft$

Prädikate können genau wie Aussagen verwendet werden. Alle Regeln zur Formelbildung (vergleiche Satz 2.3) übertragen sich. Jede so gebildete Formel ist wieder ein Prädikat. Dabei gehen wir im Folgenden davon aus, dass Prädikate, die miteinander verknüpft werden, den gleichen Individuenbereich haben. Das ist keine wesentliche Einschränkung und erspart uns Schreibarbeit. Verknüpfungen von Prädikaten sind natürlich selbst auch wieder Aussagefunktionen.

Bis jetzt haben wir noch nichts wesentlich Neues gewonnen. Aber es gibt neben dem „Einsetzen" noch eine andere Methode, um aus Prädikaten neue, interessante Formeln zu erhalten.

Ist $A(x)$ ein Prädikat, so sind folgende Alternativen für die Wahrheit von $A(x)$ möglich:

1. $A(x)$ ist immer wahr.
2. $A(x)$ ist immer falsch.
3. $A(x)$ ist für manche x wahr.
4. $A(x)$ ist für manche x falsch.

Beispiele

mit dem Individuenbereich $\mathbb{R}$:

1. $A(x)$: $x^2 > -1$ stimmt für alle $x \in \mathbb{R}$.
2. $A(x)$: $x^2 < -1$ ist immer falsch.
3. $A(x)$: $x^2 > 2$ stimmt für alle $x > \sqrt{2}$ und $x < -\sqrt{2}$.
4. $A(x)$: $x^2 > 2$ ist für alle $-\sqrt{2} \leq x \leq \sqrt{2}$ falsch. ◄

Für die Fälle 1 und 3 haben die Logiker Abkürzungen eingeführt:

$\forall x\, A(x)$ ($\forall$: der All-Quantor), lies: „für alle x gilt $A(x)$".
$\exists x\, A(x)$ ($\exists$: der Existenz-Quantor), lies „es gibt ein x mit $A(x)$".

$\exists x\, A(x)$ besagt, dass es mindestens ein solches x gibt, es kann auch mehrere geben, vielleicht ist $A(x)$ auch für alle x wahr. Die Fälle 2 und 4 kann man auf 1 und 3 zurückführen: $\forall x\, \neg A(x)$, beziehungsweise $\exists x\, \neg A(x)$, daher brauchen wir hierfür keine neuen Symbole.

Interessant ist nun: Ist $A(x)$ ein Prädikat, so sind $\forall x\, A(x)$ und $\exists x\, A(x)$ wieder Aussagen, die wahr oder falsch sind.

Beispiel

x ist gerade.	$\Leftarrow$ ist ein Prädikat
Für alle $x \in \mathbb{N}$ ist x gerade.	$\Leftarrow$ ist eine falsche Aussage ◄
Es gibt $x \in \mathbb{N}$ das gerade ist.	$\Leftarrow$ ist eine wahre Aussage

Auch mehrstellige Prädikate können quantifiziert werden.

Beispiel

$A(x, y)$:	$x^2 > y$	$(x, y \in \mathbb{R})$	$\Leftarrow$ ist ein zweistelliges Prädikat.
$\forall x\, A(x, y)$:	für alle x ist $x^2 > y$	$(y \in \mathbb{R})$	$\Leftarrow$ ist ein einstelliges Prädikat.
$\exists x\, A(x, y)$:	es gibt ein x mit $x^2 > y$	$(y \in \mathbb{R})$	$\Leftarrow$ ist ein einstelliges Prädikat. ◄

Das zweistellige Prädikat $A(x, y)$ wird also durch Quantifizieren $\forall x\, A(x, y)$ oder $\exists x\, A(x, y)$ zu einem einstelligen Prädikat. Nur noch y ist darin variabel, x ist durch den Quantor gebunden. x heißt in diesem Fall *gebundene Variable*, y heißt *freie Variable*.

Freie Variablen stehen noch für eine weitere Quantifizierung zur Verfügung:

$\exists y \forall x\, A(x, y)$: es gibt ein y, so dass für alle x gilt $x^2 > y$ $\Leftarrow$ ist eine Aussage (wahr).

Achtung: $\exists x \forall x\, A(x, y)$ ist nicht erlaubt! x ist zur Quantifizierung schon verbraucht, eben „gebunden".

Neue Aussagen beziehungsweise Prädikate erhält man also aus bestehenden Prädikaten durch Verknüpfungen oder durch Quantifizieren:

▶   **Definition 2.13: Formeln der Prädikatenlogik**

   a) Ein Prädikat (gemäß Definition 2.12) ist eine Formel der Prädikatenlogik.
   b) Sind P, Q Formeln der Prädikatenlogik mit gleichem Individuenbereich, so sind auch $(P \wedge Q)$, $(P \vee Q)$, $(\neg P)$, $(P \rightarrow Q)$, $(P \leftrightarrow Q)$ Formeln der Prädikatenlogik.
   c) Ist P eine Formel der Prädikatenlogik mit mindestens einer freien Variablen x, so sind auch $\forall x P$ und $\exists x P$ Formeln der Prädikatenlogik.

Diese Definition müssen wir uns etwas genauer anschauen. Es ist das erste Beispiel einer sogenannten *rekursiven Definition*. Diese spielen in der Informatik eine wichtige Rolle. Warum können wir nicht einfach ungefähr so definieren: „Formeln der Prädikatenlogik sind alle möglichen Verknüpfungen und Quantifizierungen von Prädikaten"? Für uns Menschen ist das besser lesbar und vielleicht zunächst auch verständlicher. Definition 2.13 liefert aber mehr: Sie stellt gleichzeitig ein präzises Kochrezept dar, wie man Formeln bauen kann, und – fast noch wichtiger – eine genaue Anleitung, wie man einen gegebenen Ausdruck daraufhin überprüft, ob er eine gültige Formel darstellt oder nicht. Dies funktioniert rekursiv, das heißt rückwärts schreitend, indem man immer wieder die Definition anwendet, bis man bei elementaren Formeln gelandet ist.

Beispiel

Wir untersuchen, ob $P := \forall y \forall x\, (A(x, y) \wedge B(x))$ eine Formel der Prädikatenlogik ist:

P ist eine Formel nach c), falls $Q := \forall x\, (A(x, y) \wedge B(x))$ eine Formel ist.

Q ist eine Formel nach c), falls $R := (A(x, y) \wedge B(x))$ eine Formel ist.

R ist eine Formel nach b), falls $A(x, y)$ und $B(x)$ Formeln sind.

$A(x, y)$ und $B(x)$ sind Formeln nach a).

Also ist P eine Formel der Prädikatenlogik. ◀

Die Klammern in der Definition 2.13b) sind nötig, um auszuschließen, dass etwa $P \wedge Q \vee R$ als Formel durchgeht. Häufig werden aber aus Gründen der Lesbarkeit Klammern in logischen Ausdrücken weggelassen. Dabei gelten die Regeln: $\neg$ ist der am stärksten bindende Operator, $\wedge$ und $\vee$ binden stärker als $\rightarrow$ und $\leftrightarrow$.

Die Überprüfung an Hand einer solchen rekursiven Definition erfolgt nach präzisen Regeln, so dass man dies maschinell durchführen kann. Sprachdefinitionen für Programmiersprachen sind in der Regel rekursiv aufgebaut (zum Beispiel mit Hilfe der Backus Naur Form, BNF). Das Erste, was ein Compiler macht, ist das *Parsen*, das Analysieren, ob die Syntax des Programms korrekt ist.

Wie wir gesehen haben, macht die Quantifizierung aus einem n-stelligen Prädikat (für $n > 1$) ein $(n - 1)$-stelliges Prädikat und aus einem 1-stelligen Prädikat eine Aussage. Aussagen heißen daher auch 0-stellige Prädikate und sind nach Definition 2.13 Formeln der Prädikatenlogik.

Alle Formeln der Prädikatenlogik, auch Aussagen, werden wir im Folgenden kurz Prädikate nennen. Manchmal werde ich es auch nicht ganz genau nehmen und zu einem Prädikat einfach wieder „Aussage" sagen, so wie ich dies auch in dem Beispiel mit den Schaltjahren in Abschn. 2.1 nach Definition 2.8 schon getan habe.

Negation von quantifizierten Aussagen

Die Verneinung (Negation) der Aussage:

Es gibt eine reelle Zahl, die nicht rational ist.

lautet:

Alle reellen Zahlen sind rational.

Die Verneinung der Aussage:

Für alle geraden Zahlen z > 2 gilt: z ist Summe zweier Primzahlen.

lautet:

Es gibt eine gerade Zahl z > 2, die nicht Summe zweier Primzahlen ist.

Für alle Prädikate gilt der

▶ **Satz 2.14** Ist $A(x)$ ein Prädikat, so gilt:

$$\neg(\exists x\, A(x)) \text{ ist gleichwertig mit } \forall x(\neg A(x)),$$
$$\neg(\forall x\, A(x)) \text{ ist gleichwertig mit } \exists x(\neg A(x)).$$

Die Negation dreht also den Quantor und die Aussage um. Beachten Sie, dass dies nicht nur für einen Quantor gilt, sondern für jede beliebige Anzahl von Quantoren. Berechnen wir zum Beispiel die Negation von $\exists y \forall x A(x, y)$:

$$\neg(\exists y \forall x A(x, y)) \quad \Leftrightarrow \quad \forall y \neg(\forall x A(x, y)) \quad \Leftrightarrow \quad \forall y \exists x (\neg A(x, y)).$$

Es werden also alle Quantoren vertauscht und die Aussage im Inneren verneint. Das klappt auch noch mit 25 Quantoren. Wenn Sie bei einem Widerspruchsbeweis sorgfältig die darin enthaltenen Aussagen formulieren, ist die Anwendung dieses Tricks oft eine große Erleichterung!

2.4 Logik und Testen von Programmen

Wir wollen der Einfachheit halber im Moment davon ausgehen, dass ein Programm nach dem Start ohne weitere Benutzerinteraktion abläuft und zum Ende kommt. Zumindest Programmteile (Methoden oder Teile von Methoden) genügen dieser Anforderung. Ein solches Programm ist nichts anderes als ein Satz von Regeln zur Transformation von Variablenwerten. Abhängig von den Werten der Variablen zu Beginn eines Programmlaufes ergibt sich eine Belegung der Variablen zu Programmende.

Wann ist nun ein Programm korrekt? Diese Entscheidung kann man nur treffen, wenn vorher die möglichen Eingabezustände und die daraus resultierenden Ausgabezustände spezifiziert worden sind. Das Programm ist dann korrekt, wenn jeder erlaubte Eingabezustand den spezifizierten Ausgabezustand erzeugt.

Vor und nach Programmlauf müssen die Variablen also bestimmte Bedingungen erfüllen. Diese Bedingungen sind nichts anderes als Prädikate: Die Variablen sind Platzhalter für die Individuen. Bei einem Programmlauf werden Individuen eingesetzt und so ergibt sich eine Aussage. Erlaubte Zustände ergeben wahre Aussagen, verbotene Zustände ergeben in der Regel falsche Aussagen (Abb. 2.1).

Das Programm ist korrekt, wenn aus V nach Ausführung von A die Bedingung N folgt, und zwar für jede Variablenbelegung. Wir schreiben dafür: $V \underset{A}{\rightarrow} N$.

Nach der Programmimplementierung wird das Programm getestet. Dabei werden möglichst viele erlaubte Variablen eingesetzt und das Ergebnis überprüft. Wenn man dies

Abb. 2.1 Vorbedingung und Nachbedingung

sorgfältig macht, kann man zuversichtlich sein, dass das Programm richtig ist. Alle erlaubten Eingabezustände kann man aber in der Regel nicht überprüfen. Ist es trotzdem möglich $V \underset{A}{\to} N$ zu beweisen? Ein

---

Beispiel

Die Spezifikation von A lautet: „Vertausche den Inhalt der beiden Integer-Variablen a und b".

Die Vor- und Nachbedingungen lauten:

V: Variable a hat den Wert x, Variable b hat den Wert y. (x, y Integer)
N: Variable a hat den Wert y, Variable b hat den Wert x. (x, y Integer) ◄

Sie sehen hier deutlich, dass es sich um Prädikate handelt, nicht um Aussagen. Wir können nichts über Wahrheit oder Falschheit von V und N sagen, aber wir werden beweisen, dass für die folgende Anweisungsfolge A in (2.13) $V \underset{A}{\to} N$ immer wahr ist.

$$A: \quad \texttt{a = a+b; b = a-b; a = a-b;} \tag{2.13}$$

Das Prädikat V wird bei Durchführung der Anweisungen Zeile für Zeile in ein anderes Prädikat verwandelt:

$V \xrightarrow[a=a+b]{} V_1$ V_1: a hat den Wert $x + y$, b hat den Wert y.
$V_1 \xrightarrow[b=a-b]{} V_2$ V_2: b hat den Wert $x + y - y = x$, a hat den Wert $x + y$.
$V_2 \xrightarrow[a=a-b]{} V_3$ V_3: a hat den Wert $x + y - x = y$, b hat den Wert x.

V_3 ist das Gleiche wie N. Damit ist die Gültigkeit des Programms bewiesen.

> Wenn Sie dieses Programm geschickt testen, werden Sie doch wieder einen Fehler finden: Ich habe Überläufe nicht berücksichtigt. In der Vorbedingung muss der Individuenbereich eingeschränkt werden, um das zu vermeiden. Können Sie das?

Für die meisten von Ihnen wird dies der erste und der letzte Programmbeweis Ihres Lebens gewesen sein. Sie sehen ja, es ist schon für ganz kleine Programme sehr, sehr aufwendig. Man kann aber theoretisch die Korrektheit von Programmen wirklich beweisen.

Praktisch ist dies bisher nur für kleine Programme durchführbar. Die Bedeutung des Beweisens wird aber immer mehr zunehmen. Insbesondere bei sicherheitskritischer Software kann man sich keine Fehler erlauben. Chipkarten eignen sich hierfür gut: Die Software darauf ist überschaubar, und nachdem sich eine Geldkarte – zumindest aus der Sicht der Banken – immer in potenzieller Feindeshand befindet, ist Fehlerfreiheit hier sehr wichtig.

Nachdem das Beweisen von Programmen ein formaler Prozess ist, kann man ihn auch automatisieren: Man kann Beweisprogramme schreiben. Deren Korrektheit muss man dann allerdings per Hand beweisen. Dies ist ein aktuelles Thema in der Software-Entwicklungstechnik.

Ein Haken dabei ist, dass ein Beweis immer nur zeigen kann, dass eine Spezifikation erfüllt ist. Dafür muss zum einen auch die Spezifikation streng formalisiert vorliegen, das heißt, sie muss vollständige Vor- und Nachbedingungen enthalten. Auch dies ist bei größeren Software-Projekten ein Problem. Zum anderen können Fehler in der Spezifikation durch einen Programmbeweis nicht entdeckt werden.

Die Formulierung von Vor- und Nachbedingungen spezifiziert die Wirkungsweise eines Programms. Auch ohne Programme zu beweisen, helfen uns Vor- und Nachbedingungen ganz entscheidend bei der täglichen Programmierarbeit, und vor allem beim Programmtesten.

Beispiel

Ihr Projektleiter erteilt Ihnen die Aufgabe, ein Modul zu schreiben, welches den Quotienten zweier ganzer Zahlen bildet. (Das ist seine Spezifikation.) Sie implementieren das Modul und liefern ihm das „Programm":

$$q = x/y;$$

Das Modul wird in ein anderes Modul Ihres Kollegen integriert und kommt zum Einsatz. Wenn der Airbus-Pilot auf seinem Display die Meldung „floating point exception" liest, gibt es Ärger. Wer ist schuld? Sie sind der Ansicht, dass Ihr Kollege vorher den Nenner auf 0 hätte überprüfen müssen, Ihr Kollege meint das Gleiche von Ihnen.

> Wenn Sie einmal in größeren Softwareprojekten mit arbeiten, werden Sie feststellen, dass die korrekte und eindeutige Vereinbarung von Systemschnittstellen immer zu den schwierigsten Aufgaben des ganzen Prozesses gehört.

Sie sind aus dem Schneider, wenn Sie zusammen mit Ihrem Programm die dazugehörigen Vor- und Nachbedingungen abliefern. Zu dem Programm $q = x/y;$ gehört die Vorbedingung $V = $ „Variablen x, y sind aus $\mathbb{Z}$ und $y \neq 0$" und die Nachbedingung $N = $ „q hat den Wert: ganzzahliger Anteil von x/y".

Sie hätten auch anders spezifizieren können: $V = $ „Variablen x, y sind aus $\mathbb{Z}$", $N = $ „q hat den Wert: ganzzahliger Anteil von x/y falls $y \neq 0$ und ist sonst undefiniert". Dann müsste aber Ihre Implementierung so aussehen:

$$\texttt{if(y != 0) q = x/y;} \blacktriangleleft$$

Gewöhnen Sie sich daran, Programmmodule mit Vor- und Nachbedingungen zu spezifizieren und diese Bedingungen mit zu implementieren. Ist eine Bedingung verletzt, so kann eine exception ausgeworfen werden. Auch wenn wir nicht an Programmbeweise denken, erleichtert dies das Testen ungemein und erhöht damit die Programmqualität.

2.5   Verständnisfragen und Übungsaufgaben

Verständnisfragen

1. Kann man von einer Aussage immer entscheiden, ob sie richtig oder falsch ist?

2. Erläutern Sie den Unterschied zwischen $\leftrightarrow$ und $\Leftrightarrow$.

3. Und was ist der Unterschied zwischen $\rightarrow$ und $\Rightarrow$?

4. Aus einem einstelligen Prädikat kann man mit zwei Methoden eine Aussage machen. Welche sind das?

5. Woraus besteht eine formale Sprache?

6. Gibt es Aussagen, die keine Prädikate sind?

7. Gibt es einen Unterschied zwischen einer Tautologie (die immer wahr ist) und dem Wahrheitswert „wahr"? ◄

Übungsaufgaben

1. Überprüfen Sie, ob die folgenden Sätze Aussagen sind und ob sie wahr oder falsch sind:
   a) Entweder ist $5 < 3$ oder aus $2 + 3 = 5$ folgt $3 \cdot 4 = 12$.
   b) Wenn ich groß bin, dann bin ich klein.
   c) Dieser Satz ist keine Aussage.

2. Stellen Sie für die Bindewörter „weder ... noch", „entweder ... oder" und „zwar ..., jedoch nicht" Wahrheitstafeln auf und versuchen Sie diese Verbindungen mit $\wedge$, $\vee$, $\neg$ auszudrücken.

3. Bilden Sie die Negation von
   a) Das Dreieck ist rechtwinklig und gleichschenklig.
   b) Boris kann Russisch oder Deutsch sprechen.

4. Beweisen Sie ein Distributiv- und ein Assoziativgesetz für die logischen Verknüpfungen $\wedge$, $\vee$.

5. Zeigen Sie, dass $(\neg B \rightarrow B) \rightarrow B$ eine Tautologie ist. (Wenn man aus dem Gegenteil einer Annahme die Annahme herleiten kann, dann ist die Annahme wahr.) Ist auch $(\neg B \rightarrow B) \leftrightarrow B$ eine Tautologie?

6. Für jede natürliche Zahl n sei a_n eine reelle Zahl. Im zweiten Teil des Buches werden wir sehen, dass die Folge a_n genau dann gegen Null konvergiert, wenn die folgende logische Aussage erfüllt ist:

$$\forall t \exists m \forall n \left(n > m \to |a_n| < \frac{1}{t} \right), \quad m, n, t \in \mathbb{N}.$$

Bilden Sie die Negation dieser Aussage.

7. Aus Satz 2.11 folgt nicht, dass das Produkt der ersten n Primzahlen $+ 1$ eine Primzahl ist. Finden Sie das kleinste n mit der Eigenschaft, dass $p_1 \cdot p_2 \cdot \ldots \cdot p_n + 1$ nicht prim ist. ◄

Natürliche Zahlen, vollständige Induktion, Rekursion

3

Zusammenfassung

Am Ende dieses Kapitels

- wissen Sie, was ein Axiomensystem ist, und kennen die Axiome der natürlichen Zahlen,
- können Sie die natürlichen Zahlen in verschiedenen Basen darstellen,
- beherrschen Sie das Beweisprinzip der vollständigen Induktion und haben einige wichtige mathematische Aussagen mit vollständiger Induktion bewiesen,
- wissen Sie was rekursive Funktionen sind und kennen den Zusammenhang zwischen Rekursion und Induktion,
- haben Sie für einige rekursive Algorithmen Laufzeitberechnungen durchgeführt.

3.1 Die Axiome der natürlichen Zahlen

In der Mathematik werden aus gegebenen Aussagen mit Hilfe logischer Schlussfolgerungen neue Aussagen gewonnen, die *Sätze*. Irgendwo beginnt dieser ganze Prozess einmal. Am Anfang muss eine Reihe von Tatsachen stehen, die als wahr angenommen werden, ohne dass sie selbst bewiesen werden. Diese unbewiesenen Grundtatsachen einer Theorie nennt man *Axiome*.

In der angewandten Mathematik versucht man Sachverhalte der realen Welt nachzubilden. Die Axiome sollen dabei grundlegende Sachverhalte möglichst einfach und plausibel beschreiben. Wenn das geschehen ist, vergisst der Mathematiker die reale Welt hinter den Axiomen und fängt an zu rechnen. Wenn er ein gutes Modell gebildet hat, dann sind die Ergebnisse, die er erzielt, wieder auf reale Probleme anwendbar.

© Springer Fachmedien Wiesbaden GmbH, ein Teil von Springer Nature 2019   55
P. Hartmann, *Mathematik für Informatiker*, https://doi.org/10.1007/978-3-658-26524-3_3

Das Aufstellen von Axiomensystemen ist eine langwierige und schwierige Angelegenheit, an der oft ganze Mathematikergenerationen arbeiten. Das Axiomensystem einer Theorie soll die folgenden Anforderungen erfüllen:

1. Es müssen möglichst wenige und einfache (plausible) Axiome aufgestellt werden, aber natürlich auch genügend, um die Theorie vollständig beschreiben zu können.
2. Die Axiome müssen unabhängig voneinander sein, es soll also nicht etwa ein Axiom aus den anderen folgen.
3. Die Axiome müssen widerspruchsfrei sein.

Die natürlichen Zahlen und ihre grundsätzlichen Eigenschaften sind jedem Menschen von Kind an bekannt. Wir werden damit zum Beispiel durch Gummibärchen zählen vertraut (hier bezeichnen die natürlichen Zahlen die Mächtigkeit einer Menge) oder auch durch Abzählen (hier ist eher die Reihenfolge der Zahlen interessant). Intuitiv können wir mit den natürlichen Zahlen umgehen. Aber welches sind die charakteristischen Eigenschaften, auf die wir uns verlassen können, wenn wir Mathematik treiben wollen? Giuseppe Peano hat Ende des 19. Jahrhunderts das folgende Axiomensystem aufgestellt, das heute allgemein anerkannte Grundlage der Theorie der natürlichen Zahlen ist:

▶ **Definition 3.1: Die Peano Axiome** Die Menge $\mathbb{N}$ der natürlichen Zahlen ist durch folgende Eigenschaften charakterisiert:

(P1) 1 ist eine natürliche Zahl.
(P2) Jede natürliche Zahl hat genau einen von 1 verschiedenen Nachfolger, der eine natürliche Zahl ist.
(P3) Verschiedene natürliche Zahlen haben verschiedene Nachfolger.
(P4) Für jede Teilmenge $M \subset \mathbb{N}$ mit den Eigenschaften
    a) $1 \in M$,
    b) ist $n \in M$, so ist auch der Nachfolger Element von M,
    gilt: $M = \mathbb{N}$.

Die ersten drei Axiome sind ohne Weiteres einleuchtend, das vierte wird durch „Ausprobieren" plausibel: ($1 \in M \Rightarrow 2 \in M \Rightarrow 3 \in M \Rightarrow \cdots$).
Den Nachfolger der natürlichen Zahl n bezeichnen wir mit $n + 1$.

Erstaunlicherweise kann man aus diesen wenigen Axiomen alles folgern, was man über die natürlichen Zahlen weiß. Zum Beispiel kann man die Addition $n + m$ definieren als „bilde m-mal den Nachfolger von n". Es folgt, dass die Addition assoziativ und kommutativ ist. Ähnlich erhält man eine Beschreibung der Multiplikation. Weiter kann man aus $\mathbb{N}$ mit Hilfe der Axiome die ganzen Zahlen $\mathbb{Z}$ und die rationalen Zahlen $\mathbb{Q}$ mit all Ihren Regeln konstruieren. Die ganze Zahlentheorie mit ihren Sätzen lässt sich daraus erschließen. Das werden wir hier nicht durchführen, wir glauben ab jetzt einfach, dass alle Rechenregeln, die wir aus der Schule kennen, richtig sind.

3.2   Die vollständige Induktion

Wir untersuchen das Axiom (P4) etwas genauer und leiten daraus unseren ersten Satz ab:

▶   **Satz 3.2: Das Beweisprinzip der vollständigen Induktion** Sei $A(n)$ eine
    Aussage über die natürliche Zahl n. Es gelte:

a) $A(1)$ ist wahr,
b) für alle $n \in \mathbb{N}$: ist $A(n)$ wahr, so auch $A(n + 1)$.

Dann ist $A(n)$ wahr für alle $n \in \mathbb{N}$.

Vor dem Beweis ein einfaches Beispiel, um zu verdeutlichen, was hinter diesem Prinzip
eigentlich steckt:
   Es sei $A(n)$ die Aussage: $1 + 2 + 3 + \cdots + n = \frac{n(n+1)}{2}$.
   Durch Ausprobieren findet man heraus, dass gilt: $A(1)$: $1 = \frac{1 \cdot 2}{2}$, $A(2)$: $1 + 2 = \frac{2 \cdot 3}{2}$,
$A(3)$: $1 + 2 + 3 = \frac{3 \cdot 4}{2}$ und so weiter. Aber wie sieht es mit $A(1000)$ oder $A(10^{13})$ aus?
   Da es unendlich viele natürliche Zahlen gibt, bräuchte man eigentlich unendlich viel
Zeit, um alle Fälle zu überprüfen. Das Induktionsprinzip besagt: Wenn wir ganz allgemein
von einer Zahl auf ihren Nachfolger schließen können, müssen wir nicht mehr alles einzeln durchprobieren. Dann gilt $A(4)$, $A(5)$, ..., $A(999)$, $A(1000)$ und auch die Aussage
für alle weiteren Zahlen. Damit können wir den Beweis in endlicher Zeit schaffen. Da-
her ist die vollständige Induktion eine sehr wichtige und viel verwendete mathematische
Beweismethode.
   Wir zeigen also nur: $A(n) \rightarrow A(n + 1)$:
   Angenommen $A(n)$ stimmt, das heißt $1 + 2 + 3 + \cdots + n = \frac{n(n+1)}{2}$. Dann gilt:

$$1 + 2 + 3 + \cdots + n + (n + 1) = \frac{n(n + 1)}{2} + (n + 1) \quad \text{und}$$

$$\frac{n(n + 1)}{2} + (n + 1) = \frac{n(n + 1) + 2(n + 1)}{2} = \frac{n^2 + 3n + 2}{2} = \frac{(n + 1)(n + 2)}{2},$$

also ist auch $A(n + 1)$ richtig.   □

Der Beweis des Induktionsprinzips ist ganz einfach: Die Voraussetzungen a), b) aus
Satz 3.2 seien für $A(n)$ erfüllt. Es sei jetzt $M = \{n \in \mathbb{N} \mid A(n) \text{ ist richtig für } n\}$. Dann ist
$1 \in M$, und ist $n \in M$, so auch $n + 1$, und damit gilt nach Axiom (P4): $M = \mathbb{N}$.   □

Eine vollständige Induktion sollte man immer nach dem folgenden Schema durchführen:

Induktionsanfang: Zeige: $A(1)$ist richtig.
Induktionsannahme: Wir nehmen an: $A(n)$ ist richtig.
Induktionsschluss: Zeige: dann ist auch $A(n + 1)$ richtig.

Wenn man Induktionsanfang und Induktionsannahme präzise formuliert und hinschreibt, ist bei einfacheren Aufgaben oft schon ein großer Teil der Arbeit getan. Ein weiteres Beispiel:

▶ **Satz 3.3** Sei $q \in \mathbb{R}$. Dann gilt: $(1-q)(1+q+q^2+q^3+\cdots+q^n) = 1-q^{n+1}$.

Induktionsanfang: $A(1)$: $(1-q)(1+q^1) = 1-q^2$ ist richtig.
Induktionsannahme: Es gelte $(1-q)(1+q+q^2+q^3+\cdots+q^n) = 1-q^{n+1}$.
Induktionsschluss:

$$
\begin{aligned}
&(1-q)(1+q+q^2+q^3+\cdots+q^n+q^{n+1}) \\
&= (1-q)(1+q+q^2+q^3+\cdots+q^n) + (1-q)(q^{n+1}) \\
&= \underset{\substack{\uparrow \\ \text{Induktions-} \\ \text{annahme}}}{(1-q^{n+1})} + (1-q)(q^{n+1}) = (1-q^{n+1}) + (q^{n+1}-q^{n+2}) = 1-q^{n+2}. \qquad \square
\end{aligned}
$$

In der Sprache der Logik aus Abschn. 2.3 ist $A(n)$ ein Prädikat mit Individuenbereich $\mathbb{N}$. Als Beweisprinzip besagt Satz 3.2, dass die Formel

$$
\underbrace{A(1)}_{\text{Ind.anfang}} \wedge \underbrace{\forall n (A(n) \to A(n+1))}_{\text{Induktionsschluss}} \to \forall n\, A(n)
$$

immer wahr ist.

Die folgenden Hinweise sollten Sie bei jeder Durchführung einer Induktion beherzigen:

1. Niemals den Induktionsanfang vergessen! Wenn der fehlt, kann der ganze Rest umsonst sein.
2. Die Induktionsannahme „für $n \in \mathbb{N}$ wird $A(n)$ als wahr angenommen" darf nicht mit der Aussage „$A(n)$ ist wahr für *alle* $n \in \mathbb{N}$" verwechselt werden.
3. Wenn Sie bei der Durchführung des Induktionsschlusses nicht die Induktionsannahme verwendet haben, haben Sie etwas falsch gemacht.

> Versuchen Sie immer, die Annahme in den Beweis einzubauen. Wenn Sie die Annahme nicht verwenden, dann stimmt vielleicht Ihre Rechnung trotzdem, es handelt sich aber nicht mehr um eine Induktion.

Zur Übung führen wir noch zwei weitere Induktionsbeweise durch, die etwas komplexer sind. Gleichzeitig handelt es sich dabei um Aussagen, die wir später noch benötigen werden.

▶ **Definition 3.4** Für $n \in \mathbb{N}$ ist $n! := 1 \cdot 2 \cdot 3 \cdot \ldots \cdot n$ (lies: n Fakultät). Es ist $0! := 1$.

„0! = 1" sieht etwas komisch aus. Aber es hat sich in allen Formeln mit $n!$ erwiesen, dass es geschickt ist, dies so zu definieren, und deswegen tun wir es einfach. Wir werden aber auf diesen Sonderfall meistens besonders aufpassen müssen.

▶ **Satz 3.5** Es seien M und N endliche Mengen gleicher Kardinalität, es sei $|M| = |N| = n$. Dann gibt es $n!$ bijektive Abbildungen von M nach N.

Was ist die Bedeutung dieses Satzes? Schauen wir uns das Beispiel $M = N = \{1, 2, 3\}$ an. Hier können wir noch alle Bijektionen in einer Tabelle aufschreiben:

	φ_1	φ_2	φ_3	φ_4	φ_5	φ_6
1	1	1	2	2	3	3
2	2	3	1	3	1	2
3	3	2	3	1	2	1

In diesem Fall (und immer wenn $M = N$ ist) ist $n!$ genau die Anzahl der verschiedenen Anordnungen der Elemente der Menge M. Ein Fußballtrainer hat also $11! = 39\,916\,800$ Möglichkeiten, seine 11 Spieler auf verschiedene Positionen zu stellen.

Zum Beweis von Satz 3.5:

Induktionsanfang: $n = 1$: Es gibt genau eine Bijektion, die Identität.
Induktionsannahme: Für alle Mengen der Größe n sei die Aussage richtig.
Induktionsschluss: Es seien $M = \{x_1, x_2, x_3, \ldots, x_{n+1}\}$ und $N = \{y_1, y_2, y_3, \ldots, y_{n+1}\}$ Mengen der Größe $n + 1$.

Die Anzahl der Bijektionen φ mit $\varphi(x_{n+1}) = y_1$ ist gleich der Anzahl der Bijektionen von $M \setminus \{x_{n+1}\}$ nach $N \setminus \{y_1\}$. Die ist nach Induktionsannahme $n!$.

Genauso ist die Anzahl der Bijektionen mit $\varphi(x_{n+1}) = y_2$ gleich $n!$,
die Anzahl der Bijektionen mit $\varphi(x_{n+1}) = y_3$ gleich $n!$,
die Anzahl der Bijektionen mit $\varphi(x_{n+1}) = y_{n+1}$ gleich $n!$.

Jede Bijektion von M nach N taucht in dieser Liste auf, also haben wir insgesamt $(n + 1)n! = (n + 1)!$ Bijektionen. □

Die natürlichen Zahlen fallen mehr oder weniger vom Himmel, nicht jedoch die Art und Weise, wie wir sie aufschreiben: die hängt damit zusammen, dass wir 10 Finger haben. Computer arbeiten mit 0 und 1, für sie bietet sich das 2-Finger-System an, das *Dualsystem*.

In einem Byte lassen sich genau $2^8 = 256$ Zahlen unterbringen. Das 256-er System ist für Menschen schwer zu handhaben; wir verwenden aber häufig das 16-er System, das *Hexadezimalsystem*, da in diesem ein Byte genau durch zwei Ziffern dargestellt wird: die ersten 4 Bit durch die erste Ziffer, die zweiten 4 Bit durch die zweite Ziffer.

Für manche rechnerischen Zwecke genügt die Präzision eines Standard-Integers im Computer nicht mehr. Der Datentyp Integer enthält meist 32 Bit und deckt damit einen Zahlenbereich von 2^{32} ab, das sind etwa 4,3 Milliarden Zahlen. Muss man mit größeren Zahlen arbeiten, so benötigt man eine Langzahlarithmetik. Eine gängige Implementierung besteht darin, im 256-er System zu arbeiten. Ein Byte stellt eine Ziffer dar, eine Zahl wird durch ein Array von Bytes repräsentiert.

Der folgende Satz gibt ein Rezept dafür an, wie wir die Darstellung einer Zahl in verschiedenen Zahlsystemen erhalten können:

▶   **Satz 3.6: Darstellung natürlicher Zahlen in verschiedenen Basen** Sei $b > 1$ eine feste natürliche Zahl (die Basis). Dann lässt sich jede natürliche Zahl n eindeutig in der Form darstellen:

$$n = a_m b^m + a_{m-1} b^{m-1} + \cdots + a_1 b^1 + a_0 b^0. \tag{3.1}$$

Dabei ist $m \in \mathbb{N}_0$, $a_i \in \{0, 1, \ldots, b-1\}$ und $a_m \neq 0$.

Die möglichen Koeffizienten $0, 1, \ldots, b-1$ nennen wir die Ziffern des Zahlsystems zur Basis b. Für alle natürlichen Zahlen b wird definiert $b^0 := 1$, so dass der letzte Summand in (3.1) gleich a_0 ist.

Beweis durch Induktion nach n:

Induktionsanfang: Für $n = 1$ ist $a_0 = 1$ und $m = 0$.
Induktionsannahme: Die Zahl n habe die Darstellung

$$n = a_m b^m + a_{m-1} b^{m-1} + \cdots + a_1 b^1 + a_0 b^0.$$

Induktionsschluss: Es ist

$$\begin{aligned}
n + 1 &= (a_m b^m + a_{m-1} b^{m-1} + \cdots + a_1 b^1 + a_0 b^0) + 1 b^0 \\
&= a_m b^m + a_{m-1} b^{m-1} + \cdots + a_1 b^1 + (a_0 + 1) b^0.
\end{aligned}$$

Falls $a_0 + 1 < b$ ist, haben wir die gewünschte Darstellung. Falls $a_0 + 1 = b$ ist, so gilt:

$$n + 1 = a_m b^m + a_{m-1} b^{m-1} + \cdots + (a_1 + 1) b^1 + 0 b^0.$$

Ist $a_1 + 1 < b$, so haben wir jetzt die gewünschte Darstellung. Falls $a_1 + 1 = b$ ist, so gilt:

$$n + 1 = a_m b^m + a_{m-1} b^{m-1} + \cdots + (a_2 + 1) b^2 + 0 b^1 + 0 b^0$$

und so weiter. Falls eines der $a_i < b-1$ ist, endet der Prozess bei diesem i. Falls immer $a_i = b - 1$ ist, erhalten wir schließlich die Darstellung

$$n + 1 = 1 b^{m+1} + 0 b^m + 0 b^{m-1} + \cdots + 0 b^1 + 0 b^0.$$

Auf den Beweis der Eindeutigkeit dieser Darstellung möchte ich verzichten.   □

Beispiele

$$b = 10: \quad 256 = \qquad\qquad\qquad 2 \cdot 10^2 + \; 5 \cdot 10^1 + \; 6$$
$$b = 16: \quad 256 = \qquad\qquad\qquad 1 \cdot 16^2 + \; 0 \cdot 16^1 + \; 0$$
$$255 = \qquad\qquad\qquad\qquad 15 \cdot 16^1 + 15$$
$$b = 2: \quad 256 = 1 \cdot 2^8 + 0 \cdot 2^7 + 0 \cdot 2^6 + \cdots + \; 0 \cdot \; 2^1 + \; 0$$
$$255 = \qquad\qquad 1 \cdot 2^7 + 1 \cdot 2^6 + \cdots + \; 1 \cdot \; 2^1 + \; 1 \; \blacktriangleleft$$

Wir führen eine abkürzende Schreibweise ein. Für

$$n = a_m b^m + a_{m-1} b^{m-1} + \cdots + a_1 b^1 + a_0 b^0$$

schreiben wir $(a_m a_{m-1} a_{m-2} \cdots a_0)_b$.

Es ist also $256 = (256)_{10} = (100)_{16} = (1\,0000\,0000)_2$.

$255 = (15\,15)_{16}$ wird leicht missverständlich. Ist $b > 10$, so verwendet man daher neue Abkürzungen für die Ziffern: A für 10, B für 11 und so weiter. Damit ist $255 = (FF)_{16}$.

Wie findet man aber die Koeffizienten der Zahldarstellung für eine vorgegebene Basis? Dividieren wir n durch b, so erhalten wir

$$(a_m b^m + \cdots + a_1 b^1 + a_0 b^0): b = a_m b^{m-1} + \cdots + a_1 b^0 \text{ Rest } a_0.$$

Dividieren wir den Quotienten wieder durch b, so ergibt sich:

$$(a_m b^{m-1} + \cdots + a_2 b^1 + a_1 b^0): b = a_m b^{m-2} + \cdots + a_2 b^0 \text{ Rest } a_1.$$

So fahren wir fort: Wir dividieren die Quotienten immer wieder durch b, bis schließlich der Quotient 0 ist:

$$a_m b^0: b = 0 \text{ Rest } a_m.$$

Bei fortgesetzter Division durch b ergeben also die Reste genau die Ziffern der Zahlendarstellung in umgekehrter Reihenfolge.

Beispiel: 456 im 3-er System

$$456 : 3 = 152 \quad \text{Rest } 0$$
$$152 : 3 = \; 50 \quad \text{Rest } 2$$
$$50 : 3 = \; 16 \quad \text{Rest } 2$$
$$16 : 3 = \quad 5 \quad \text{Rest } 1$$
$$5 : 3 = \quad 1 \quad \text{Rest } 2$$
$$1 : 3 = \quad 0 \quad \text{Rest } 1$$

Dann ist $456 = (121220)_3$. $\blacktriangleleft$

Es folgen zwei Umformulierungen des Induktionsprinzips, die manchmal sehr praktisch zum Rechnen sind und die man aus Satz 3.2 herleiten kann. Die Beweise lassen wir hier weg:

▶ **Satz 3.7: Das Induktionsprinzip II (Verschiebung des Induktionsanfangs)**
Sei $A(n)$ eine Aussage über die ganze Zahl n und $n_0 \in \mathbb{Z}$ fest. Es gelte:

a) $A(n_0)$ ist wahr,
b) für alle $n \geq n_0$: Ist $A(n)$ wahr, so auch $A(n + 1)$.

Dann ist $A(n)$ wahr für alle $n \geq n_0$.

▶ **Satz 3.8: Das Induktionsprinzip III (allgemeinere Induktionsannahme)**
Sei $A(n)$ eine Aussage über die ganze Zahl n und sei $n_0 \in \mathbb{Z}$ fest. Es gelte:

a) $A(n_0)$ ist wahr,
b) für alle $n \geq n_0$: aus der Gültigkeit von $A(k)$ für alle $n_0 \leq k \leq n$ folgt $A(n + 1)$.

Dann ist $A(n)$ wahr für alle $n \geq n_0$.

3.3 Rekursive Funktionen

Oft sind Funktionen mit dem Definitionsbereich $\mathbb{N}$ nicht explizit gegeben, sondern nur eine Vorschrift, wie man spätere Funktionswerte aus früheren berechnet. Beispielsweise kann man $n!$ durch die Vorschrift definieren:

$$n! = \begin{cases} 1 & \text{für } n = 0 \\ n(n-1)! & \text{für } n > 0 \end{cases}. \tag{3.2}$$

Dies liefert eine Berechnungsvorschrift für alle $n \in \mathbb{N}$.

Wann ist eine solche rückwärtsschreitende Berechnung möglich? Erinnern wir uns, dass eine Funktion mit Definitionsbereich $\mathbb{N}$ nichts anderes ist als eine Folge $(a_n)_{n \in \mathbb{N}}$. (Siehe Beispiel 3. in Abschn. 1.3 nach Definition 1.14.) Für Folgen formuliere ich den Rekursionssatz:

▶ **Satz 3.9** Eine Folge $(a_n)_{n \in \mathbb{N}}$ ist vollständig bestimmt, wenn gegeben ist:

a) a_1,
b) für alle $n \in \mathbb{N}$, $n > 1$ eine Vorschrift F_n, mit der a_n aus a_{n-1} berechnet werden kann: $a_n = F_n(a_{n-1})$.

Der Beweis erfolgt – wie sollte es anders sein – mit vollständiger Induktion:

Induktionsanfang: a_1 ist berechenbar.
Induktionsannahme: Sei a_n berechenbar.
Induktionsschluss: Dann ist $a_{n+1} = F_{n+1}(a_n)$ berechenbar. $\square$

Wie das Induktionsprinzip kann auch der Rekursionssatz leicht verallgemeinert werden: Man muss nicht mit 1 anfangen, und es kann a_n aus $a_1, a_2, \ldots, a_{n-1}$ oder aus einem Teil dieser Werte berechnet werden. Letzteres sind die Rekursionen höherer Ordnung, siehe dazu Definition 3.10.

Das Rekursionsprinzip erlaubt exakte Definitionen von schwammigen Formulierungen, zum Beispiel von solchen, die Pünktchen verwenden. Das haben wir schon am Beispiel $n!$ gesehen. Für die Folge $a_n = n!$ lautet die Vorschrift:

$$0! = 1, \; n! = F_n((n-1)!) := n \cdot (n-1)!.$$

Das ist zwar für uns Menschen nicht so gut lesbar wie die aus Definition 3.4:

$$n! := 1 \cdot 2 \cdot 3 \cdot \ldots \cdot n,$$

ein Rechner kann aber nichts mit den Pünktchen aus der zweiten Definition anfangen, er ist dafür in der Lage, die rekursive Definition zu interpretieren. Ein anderes

---

Beispiel

Eine präzise Definition des Summenzeichens lautet:

$$\sum_{i=1}^{n} a_i := \begin{cases} 0 & \text{falls } n = 0 \\ \sum_{i=1}^{n-1} a_i + a_n & \text{sonst} \end{cases} \quad \text{statt} \quad \sum_{i=1}^{n} a_i = a_1 + a_2 + \cdots + a_n,$$

oder in der Schreibweise von Satz 3.9:

$$\sum_{i=1}^{0} a_i = 0, \quad \sum_{i=1}^{n} a_i = F_n\Big(\sum_{i=1}^{n-1} a_i\Big) := \sum_{i=1}^{n-1} a_i + a_n. \; \blacktriangleleft$$

Die meisten höheren Programmiersprachen unterstützen rekursive Schreibweisen. In C++ sieht etwa ein Programm zur rekursiven Berechnung von $n!$ so aus:

```
long nfak(int n){
    if(n==0)
        return 1;
    else
        return n*nfak(n-1);
}
```

Es handelt sich dabei um eine wörtliche Übersetzung von (3.2) in C++ Syntax.

Rekursion ist eine sehr elegante und häufig eingesetzte Methode in der Informatik. So wird etwa die Syntax von Programmiersprachen in der Regel rekursiv definiert. Es gibt viele Algorithmen, in denen das Rekursionsprinzip nicht nur zu besserer Übersichtlichkeit, sondern auch zu wesentlich höherer Effizienz führt als herkömmliche iterative Algorithmen. Schauen Sie sich die beiden folgenden rekursiven Definitionen der Potenzfunktion an:

$$x^n = \begin{cases} 1 & \text{falls } n = 0 \\ x^{n-1}x & \text{falls } n > 0 \end{cases} \tag{3.3}$$

beziehungsweise

$$x^n = \begin{cases} 1 & \text{falls } n = 0 \\ x^{\frac{n}{2}}x^{\frac{n}{2}} & \text{falls } n \text{ gerade} \\ x^{n-1}x & \text{falls } n \text{ ungerade} \end{cases} \tag{3.4}$$

Überprüfen Sie für ein paar Zahlen n (zum Beispiel $n = 15, 16, 17$), wie viele Multiplikationen Sie brauchen, um x^n zu berechnen. (3.3) entspricht in der Laufzeit der iterativen Berechnung, (3.4) stellt dem gegenüber eine gewaltige Verbesserung dar.

> Man nennt solche Algorithmen *Divide-and-Conquer-Algorithmen*: Das Problem wird gelöst, indem man es auf mehrere Teilprobleme derselben Art, aber mit geringerer Komplexität zurückführt.

Mit der folgenden kleinen Checkliste sollten Sie jedes rekursive Programm überprüfen, um unangenehme Überraschungen zu vermeiden:

1. Ist eine Abbruchbedingung vorhanden?
2. Hat der rekursive Funktionsaufruf ein kleineres Argument als der Funktionsaufruf selbst?
3. Wird die Abbruchbedingung in jedem Fall irgendwann erreicht?

Rekursionen höherer Ordnung

Hängt der Funktionswert von n nicht nur vom unmittelbar vorhergehenden Funktionswert ab, sondern von weiteren Funktionswerten, so spricht man von einer Rekursion höherer Ordnung. Ein bekanntes Beispiel dafür stellt die Fibonacci-Folge dar:

$$a_n = a_{n-1} + a_{n-2},$$
$$a_0 = 0, \ a_1 = 1.$$

Die ersten Funktionswerte lauten: 0, 1, 1, 2, 3, 5, 8, 13, 21, 34.

▶ **Definition 3.10** Eine *Rekursion k-ter Ordnung* ist eine Gleichung

$$a_n = F_n(a_{n-1}, a_{n-2}, \ldots, a_{n-k}), \quad n \in \mathbb{N},$$

mit welcher der Wert der Folge an der Stelle n aus den k vorhergehenden Folgenwerten berechnet werden kann. Eine Folge $(a_n)_{n \in \mathbb{N}}$, welche für alle n die Rekursionsgleichung erfüllt, heißt *Lösung der Rekursion*.

Eine wichtige Rolle in der Theorie rekursiver Funktionen spielen die linearen Rekursionen:

▶ **Definition 3.11** Eine Rekursion k-ter Ordnung der Form

$$a_n = \lambda_1 a_{n-1} + \lambda_2 a_{n-2} + \ldots + \lambda_k a_{n-k} + g(n)$$

mit $\lambda_1, \lambda_2, \ldots \lambda_k \in \mathbb{R}$, $g(n) \in \mathbb{R}$ heißt *lineare Rekursion mit konstanten Koeffizienten*. Ist $g(n) = 0$ für alle n, so heißt die Rekursion *homogen*, ansonsten *inhomogen*.

Rekursive Funktionen, insbesondere solche höherer Ordnung, werden auch als *Differenzengleichungen* bezeichnet. Um eine solche Funktion eindeutig zu bestimmen, sind mehr als nur ein Anfangswert notwendig. Allgemein gilt der

▶ **Satz 3.12** Eine Rekursion k-ter Ordnung besitzt eine eindeutige Lösung, wenn die k aufeinanderfolgenden Folgenwerte $a_1, a_2, \ldots, a_k$ gegeben sind.

Lässt sich für diese Lösung neben der rekursiven Beschreibung auch eine geschlossene Form angeben, also eine Rechenvorschrift, die unmittelbar a_n aus den Anfangswerten $a_1, a_2, \ldots, a_k$ berechnet? Manchmal klappt das. Zum Beispiel hat die rekursive Funktion erster Ordnung

$$a_n = x \cdot a_{n-1}$$
$$a_1 = x$$

die Lösung $a_n = x^n$, das haben wir schon im letzten Abschnitt gesehen. Im Allgemeinen geht das jedoch nicht.

Eine berühmte rekursive Funktion die ganz einfach aussieht und für die es dennoch keine explizite Lösung gibt, ist die logistische Gleichung. Diese lautet $a_n = \alpha a_{n-1}(1 - a_{n-1})$. Diese Gleichung spielt eine wichtige Rolle in der Chaostheorie. In Abhängigkeit vom Wert α zeigt die Funktion chaotisches Verhalten, sie springt wild hin und her. Berechnen Sie doch einmal in einem kleinen Programm Funktionswerte für ein paar Werte α zwischen 2 und 4!

Jedoch lässt sich eine explizite Lösung immer für lineare Rekursionen mit konstanten Koeffizienten berechnen. Für konstante Rekursionen erster Ordnung mit einem konstanten inhomogenen Anteil möchte ich das durchführen.

▶ **Satz 3.13** Die lineare Rekursion erster Ordnung

$$a_n = \lambda \cdot a_{n-1} + c, \ \lambda, c, a_1 \in \mathbb{R},$$

besitzt die Lösung

$$a_n = \begin{cases} a_1 \cdot \lambda^{n-1} + \frac{1-\lambda^{n-1}}{1-\lambda} c & \text{falls } \lambda \neq 1 \\ a_1 + (n-1)c & \text{falls } \lambda = 1 \end{cases}.$$

Wir lösen die Aufgabe durch sukzessives Einsetzen der Funktionswerte:

$$\begin{aligned} a_n &= \lambda a_{n-1} + c \\ &= \lambda(\lambda a_{n-2} + c) + c \\ &= \lambda^2 a_{n-2} + \lambda c + c \\ &= \lambda^2(\lambda a_{n-3} + c) + \lambda c + c = \dots \\ &= \lambda^{n-1} a_1 + (\lambda^{n-2} + \lambda^{n-3} + \dots + 1)c. \end{aligned} \tag{3.5}$$

Jetzt müssen wir unterscheiden, ob $\lambda = 1$ oder $\lambda \neq 1$ ist. Im ersten Fall ist die Summe $\lambda^{n-2} + \lambda^{n-3} + \dots + 1 = n - 1$ und damit $a_n = a_1 + (n-1)c$, im zweiten Fall ist nach Satz 3.3 $\lambda^{n-2} + \lambda^{n-3} + \dots + 1 = (1 - \lambda^{n-1})/(1 - \lambda)$ und damit gilt

$$a_n = a_1 \cdot \lambda^{n-1} + \frac{1 - \lambda^{n-1}}{1 - \lambda} c. \qquad \square$$

In dieser Berechnung treten schon wieder „…" auf; dabei habe ich gesagt, dass mit Hilfe der Rekursion solche Ungenauigkeiten vermieden werden können. Wenn Sie das stört, dann „raten" Sie zunächst, wie in (3.5) durchgeführt, wie die Folge a_n aussieht, im Anschluss daran können Sie mit vollständiger Induktion beweisen, dass genau diese Folge die Voraussetzungen des Satzes erfüllt.

Beispiel

Auf einem Sparkonto haben Sie ein Anfangsguthaben K_a und sparen monatlich S Euro an. Der Zinssatz beträgt Z. Wie hoch ist Ihr Guthaben nach n Monaten? Sei k_n das Guthaben zu Beginn des n-ten Monats. Dann gilt:

$$k_n = (1 + Z)k_{n-1} + S, \quad k_1 = K_a.$$

Es handelt sich also um eine Rekursion, auf die wir Satz 3.13 anwenden können. Sei $q = 1 + Z$. Am Ende des Monats n beträgt damit das Guthaben $K_e = k_{n+1}$:

$$K_e = K_a q^n + \frac{1 - q^n}{1 - q} S.$$

Dieses Ergebnis ist auch als Sparkassenformel bekannt. ◄

Für lineare Rekursionen höherer Ordnung lässt sich immer eine Lösung angeben, die Berechnung ist aber sehr viel komplexer und zeigt eine erstaunliche Ähnlichkeit zur Theorie der Differenzialgleichungen mit der wir uns in Kap. 17 beschäftigen werden. Die Differenzengleichungen können als der diskrete Bruder der Differenzialgleichungen angesehen werden. Ich gehe darauf nicht näher ein.

Die geschlossene Form der Fibonacci-Folge lautet zum Beispiel

$$a_n = \frac{1}{\sqrt{5}} \left(\left(\frac{1}{2} + \frac{\sqrt{5}}{2} \right)^n - \left(\frac{1}{2} - \frac{\sqrt{5}}{2} \right)^n \right).$$

Probieren Sie es aus!

Laufzeitberechnungen für rekursive Algorithmen

Nicht immer führt die rekursive Programmierung von Algorithmen zum Ziel. Man muss dabei vorsichtig sein und den Rechenaufwand und den Speicherbedarf abschätzen können. Aus rekursiven Algorithmen lassen sich oft leicht rekursive Funktionen für die Laufzeit ableiten. Mit dem was wir gerade gelernt haben werden wir ein paar solche Funktionen explizit berechnen.

Die Laufzeit eines Algorithmus ist im Wesentlichen abhängig von der Leistungsfähigkeit der Maschine und von der Anzahl n der Eingabevariablen des Algorithmus. Die Maschine liefert dabei einen konstanten Faktor, der um so kleiner ist, je leistungsfähiger die Maschine ist. Die Anzahl n der Eingabewerte (Zahlen/Worte/Länge von Zahlen/...) macht sich für die Laufzeit in einer Funktion $f(n)$ bemerkbar. Diese Funktion $f(n)$ wollen wir an einigen Beispielen näher bestimmen. Zunächst für einen nicht rekursiven Algorithmus:

1. Berechnung von $n!$

Laufzeit:

```
fak = 1;                          ← α = konst

for(int i = 1; i <= n; ++i)                    ⎫
                                               ⎬  n · β
    fak *= i;                     ← β = konst   ⎭
```

Hier erhält man $f(n) = n\beta + \alpha$. Die Laufzeit nimmt linear mit n zu.

2. Sortieren mit *Selection Sort*. Der rekursive Algorithmus lautet:

Laufzeit:

Sortiere eine Liste mit n **Einträgen:** $\leftarrow f(n)$

finde kleinstes Element der Liste $\leftarrow \alpha n$

setze es an die Spitze der Liste $\leftarrow \beta$

sortiere Liste mit $n - 1$ Einträgen $\leftarrow f(n - 1)$

Hier erhält man für die Laufzeit die rekursive Funktionsvorschrift

$$f(n) = f(n - 1) + \alpha n + \beta$$
$$f(1) = \gamma$$

mit maschinenabhängigen Konstanten α, β und γ.

Dies ist eine lineare Rekursion erster Ordnung, leider mit einem nicht konstantem inhomogenen Teil, so dass der Satz 3.13 nicht angewendet werden kann. Berechnen Sie bitte selbst, ähnlich wie im Beweis dieses Satzes, dass eine lineare homogene Rekursion erster Ordnung der Form $a_n = a_{n-1} + g(n)$ die Lösung hat:

$$a_n = a_1 + \sum_{i=2}^{n} g(i).$$

Damit ergibt sich für $g(n) = \alpha n + \beta$ unter Verwendung der Summenformel, die ich nach Satz 3.2 hergeleitet habe:

$$\sum_{i=2}^{n} g(i) = \sum_{i=2}^{n} (\alpha i + \beta) = \alpha \sum_{i=2}^{n} i + \beta(n - 1) = \alpha \left(\frac{n(n + 1)}{2} - 1 \right) + \beta(n - 1),$$

und daraus:

$$f(n) = \gamma + \alpha \left(\frac{n(n + 1)}{2} - 1 \right) + \beta(n - 1)$$
$$= \frac{\alpha}{2} n^2 + \underbrace{\frac{\alpha}{2} n - \alpha + \beta(n - 1) + \gamma}_{\substack{\text{spielt bei großen } n \\ \text{keine Rolle mehr}}}$$

Die Laufzeit nimmt quadratisch zu, man sagt auch $f(n)$ *ist von Ordnung* n^2. Die Größenordnungen von Laufzeiten werden wir uns etwas genauer im Teil 2 des Buches ansehen, siehe die O-Notation in Abschn. 3.1.

3. Sicher kennen Sie die Türme von Hanoi: n Holzscheiben mit abnehmendem Durchmesser sind aufeinander aufgeschichtet. Man kann Scheibe für Scheibe versetzen und

hat die Aufgabe, die Pyramide an einer anderen Stelle in gleicher Reihenfolge wieder aufzubauen. Hierfür steht zur Zwischenlagerung ein dritter Abstellplatz zur Verfügung, es darf jedoch nie eine größere auf eine kleinere Scheibe gelegt werden.

Wenn Sie die Lösung nicht kennen, probieren Sie etwas herum (dazu eignen sich zum Beispiel verschieden große Bücher). Sie werden sehen, es geht immer und man kann den Algorithmus wie folgt rekursiv beschreiben:

	Laufzeit:
Bewege Turm der Höhe n:	$\leftarrow f(n)$
bewege Turm der Höhe $n-1$ auf Hilfsposition	$\leftarrow f(n-1)$
bewege unterste Scheibe auf Zielposition	$\leftarrow \gamma$
bewege Turm der Höhe $n-1$ auf die Scheibe	$\leftarrow f(n-1)$

Erstaunlich: Es steht hier gar nicht, wie ein Turm bewegt werden kann. Trotzdem ist dies eine präzise programmierbare Vorschrift!

Hier ergibt sich nun $f(n) = 2f(n-1) + \gamma$, $f(1) = \gamma$ und Satz 3.13 ist anwendbar, mit $\lambda = 2$ und $c = \gamma$. Wir erhalten:

$$f(n) = f(1) \cdot 2^{n-1} + \frac{1 - 2^{n-1}}{1 - 2} \gamma = \gamma \cdot 2^{n-1} + (2^{n-1} - 1)\gamma = 2^n \gamma - \gamma.$$

$f(n)$ ist von der Ordnung 2^n; die Laufzeit wächst exponentiell. Exponentielle Algorithmen gelten als unbrauchbar für die Berechnung durch Maschinen.

Der Legende nach glaubte ein Mönchsorden in Hanoi, dass die Welt untergeht, wenn das Problem für 64 Scheiben gelöst würde. Haben die Mönche Recht?

4. Sortieren mit *Merge Sort*. Der rekursive Algorithmus lautet:

	Laufzeit:
Sortiere eine Liste mit n Einträgen:	$\leftarrow f(n)$
sortiere erste Hälfte der Liste mit $n/2$ Einträgen	$\leftarrow f(n/2)$
sortiere zweite Hälfte der Liste mit $n/2$ Einträgen	$\leftarrow f(n/2)$
mische die beiden Listen	$\leftarrow \gamma n$

Die rekursive Funktionsvorschrift für die Laufzeit lautet:

$$f(n) = 2f(n/2) + \gamma n$$
$$f(1) = \alpha.$$

Dieses Problem hat zwei Haken: Zum einen ist $n/2$ nicht immer eine ganze Zahl (das ist übrigens auch bei der Implementierung ärgerlich), zum zweiten ist der inhomogene Anteil γn nicht konstant, wir können also Satz 3.13 nicht anwenden. Wir werden die Funktion f zu Fuß ausrechnen. Nehmen wir zunächst den einfachsten Fall, dass $n = 2^m$ ist. Dann erhalten wir:

$$f(2^m) = 2f(2^{m-1}) + \gamma 2^m.$$

Setzen wir jetzt $g(m) := f(2^m)$, so erhalten wir zumindest wieder eine lineare Rekusion erster Ordnung für g:

$$
\begin{aligned}
f(2^m) = g(m) &= 2g(m-1) + \gamma 2^m \\
&= 2(2g(m-2) + \gamma 2^{m-1}) + \gamma 2^m = 2^2 g(m-2) + \gamma 2^m + \gamma 2^m \\
&= 2^2(2g(m-3) + \gamma 2^{m-2}) + 2\gamma 2^m = 2^3 g(m-3) + 3\gamma 2^m = \ldots \\
&= 2^m g(0) + m\gamma 2^m = 2^m f(1) + m\gamma 2^m.
\end{aligned}
$$

Jetzt ersetzen wir wieder 2^m durch n und m durch $\log_2 n$. Damit erhalten wir

$$f(n) = \underbrace{n\alpha}_{\text{spielt keine Rolle}} + (\log_2 n) \cdot \gamma \cdot n.$$

Für Zwischenwerte zwischen den Zweierpotenzen gilt diese Formel näherungsweise auch, und so erhalten wir die Aussage, dass Merge Sort von der Ordnung $n \log_2 n$ ist.

Den Logarithmus werden wir im zweiten Teil des Buches behandeln. Hier nur so viel: Die Umkehrfunktion zur Funktion $x \mapsto a^x$ heißt Logarithmus zur Basis a, das heißt $x \mapsto a^x = y \Rightarrow x = \log_a y$ und hier: $2^m = n \Rightarrow m = \log_2 n$. Der Logarithmus zur Basis 2 spielt in der Informatik eine besonders wichtige Rolle.

3.4 Verständnisfragen und Übungsaufgaben

Verständnisfragen

1. Kann man ein Axiom beweisen?

2. Kann ein Beweis einer Aussage richtig sein, wenn im Induktionsschluss die Induktionsannahme nicht verwendet wird?

3. Warum ist das Hexadezimalsystem für Informatiker so wichtig?

4. Kann bei der Darstellung einer natürlichen Zahl im b-adischen System auch eine negative Basis verwendet werden?

5. Bei der Berechnung der b-adischen Darstellung einer Zahl wird eine fortgesetzte Division mit Rest durchgeführt. Kann man wirklich sicher sein, dass dieses Verfahren immer endet?

6. Ein Integer in gängigen Programmiersprachen hat eine definierte Größe, zum Beispiel 4 Byte. Wie könnten Sie vorgehen, wenn Sie eine Klasse implementieren wollen, die beliebig große Integer enthält?

7. Worauf muss man bei der Implementierung rekursiver Programme achten? ◄

Übungsaufgaben

1. Zeigen Sie, dass für $n \geq 3$ gilt: $2n + 1 \leq 2^n$.

2. Für welche natürlichen Zahlen gilt $n^2 \leq 2^n$?

3. Zeigen Sie mit vollständiger Induktion:
   $n \in \mathbb{N}, x \in \mathbb{R}, x \geq -1 \Rightarrow (1 + x)^n \geq 1 + nx$.

4. Zeigen Sie mit vollständiger Induktion:
   $\sum_{k=1}^{n}(2k - 1) = n^2$.

5. Zeigen Sie mit vollständiger Induktion:
   $\sum_{i=0}^{n} 2^i = 2^{n+1} - 1$.

   Dahinter steckt die Tatsache, dass bei der Darstellung von Zahlen im Binärsystem gilt: $\underbrace{111\ldots111}_{n} + 1 = 1\underbrace{000\ldots000}_{n}$. Formulieren Sie entsprechende Aussagen für andere Basen.

6. Zeigen Sie mit vollständiger Induktion: Jede nicht-leere Teilmenge der natürlichen Zahlen hat ein kleinstes Element.

   Diese Eigenschaft spielt in der Zahlentheorie eine große Rolle. Man sagt dazu auch: Die natürlichen Zahlen sind „wohlgeordnet". Die rationalen Zahlen oder die reellen Zahlen haben diese Eigenschaft nicht!

7. Überprüfen Sie die Richtigkeit des folgenden Induktionsbeweises:
   Behauptung: Alle Pferde haben die gleiche Farbe.
   Induktionsanfang: Ein Pferd hat offensichtlich die gleiche Farbe.
   Induktionsannahme: Je n Pferde haben die gleiche Farbe.
   Induktionsschluss: Seien $n + 1$ Pferde gegeben. Nimmt man ein Pferd heraus, so haben die restlichen n Pferde nach Induktionsannahme die gleiche Farbe. Fügt man das $n + 1$. Pferd wieder hinzu

und entfernt ein anderes Pferd, so haben die übrigen Pferde n
wieder die gleiche Farbe. Da mindestens ein Pferd in beiden
n-elementigen Pferdemengen enthalten ist, haben alle Pferde
der n-elementigen Mengen die gleiche Farbe und damit auch
alle $n + 1$ Pferde.

8. Darstellung von Zahlen in verschiedenen Zahlsystemen:
   a) Stellen Sie die Zahl $(10000)_{10}$ im 4er, 5er und 8er System dar.
   b) Stellen Sie $(FB97B7FE)_{16}$ im 2er System dar.
   c) Stellen Sie $(3614)_7$ im 11er System dar.

9. Untersuchen Sie den folgenden rekursiven Algorithmus:

$$x^n = \begin{cases} 1 & \text{falls } n = 0 \\ x^{\frac{n}{2}} \cdot x^{\frac{n}{2}} & \text{falls } n \text{ gerade} \\ x^{n-1} \cdot x & \text{sonst} \end{cases}$$

Berechnen Sie die Laufzeit dieses Algorithmus in Abhängigkeit von n in den Spezialfällen $n = 2^m$ und $n = 2^m - 1$. Überlegen Sie, dass dies der beste beziehungsweise
der schlechteste Fall ist (das heißt die reale Laufzeit liegt dazwischen).
Implementieren Sie den Algorithmus und überprüfen Sie Ihre Berechnung, indem
Sie bei der Ausführung die Anzahl der durchgeführten Rekursionsaufrufe zählen. ◀

Etwas Zahlentheorie

4

Zusammenfassung

Die zentralen Lerninhalte dieses Kapitels sind

- der Binomialkoeffizient und seine wichtigsten Eigenschaften,
- der Umgang mit dem mathematischen Summensymbol $\sum$,
- Regeln zur Teilbarkeit natürlicher Zahlen und der Euklid'sche Algorithmus,
- das Rechnen mit Restklassen,
- die Anwendung der Restklassenrechnung für Hash-Verfahren.

4.1 Kombinatorik

Wir beginnen dieses Kapitel mit der Zusammenstellung von einigen Aussagen zur Kombinatorik. Die Kombinatorik beschreibt Möglichkeiten Elemente aus gegebenen Mengen auszuwählen, zu kombinieren oder zu permutieren. Das erste Ergebnis haben wir schon im Satz 3.5 als Übung für die vollständige Induktion formuliert. Hier noch einmal zur Erinnerung:

▶ **Satz 4.1** Die Elemente einer Menge mit n Elementen lassen sich auf genau $n!$ verschiedene Arten anordnen.

▶ **Satz 4.2** Sei M eine endliche Menge mit $n > 0$ Elementen. Dann gibt es 2^n verschiedene Abbildungen von M nach $\{0, 1\}$.

© Springer Fachmedien Wiesbaden GmbH, ein Teil von Springer Nature 2019
P. Hartmann, *Mathematik für Informatiker*, https://doi.org/10.1007/978-3-658-26524-3_4

Beispiel

Sei $M = \{a, b, c, d\}$:

	φ_1	φ_2	φ_3	$\cdots$	φ_{15}	φ_{16}
a	0	0	0	$\cdots$	1	1
b	0	0	0	$\cdots$	1	1
c	0	0	1	$\cdots$	1	1
d	0	1	0	$\cdots$	0	1	◀

Diesem Satz sieht man zunächst gar nicht an, was er bedeuten soll, er hat aber ganz handfeste Anwendungen:

Interpretation 1: Durch ein Datenelement von n Bit Länge lassen sich genau 2^n Zeichen darstellen (codieren).

Das sehen Sie an dem Beispiel: Jede Abbildung bestimmt eine eindeutige Kombination von 0 und 1, jeder Abbildung kann also ein Zeichen zugeordnet werden. In einem Byte (8 Bit) können Sie damit 256 Zeichen codieren, in 2 Byte 65 536 und in 4 Byte 2^{32}, das sind etwa 4,3 Milliarden. 4 Byte ist die Größe eines Integers zum Beispiel in Java.

Interpretation 2: Eine Menge mit n Elementen hat genau 2^n Teilmengen.

Jede Teilmenge lässt sich genau mit einer Abbildung identifizieren. Diese Teilmenge ist die Menge der Elemente, die auf 1 abgebildet wird. Präzise formuliert:

$$\Phi: P(M) \to \{\text{Abbildungen von } M \text{ nach } \{0, 1\}\}$$

$$A \mapsto \varphi_A \text{ mit } \varphi_A(x) = \begin{cases} 1 & \text{falls } x \in A \\ 0 & \text{falls } x \notin A \end{cases}$$

ist eine bijektive Abbildung, damit sind die beiden Mengen gleichmächtig (vergleiche Definition 1.20). Im Beispiel oben entsprechen sich dabei φ_1 und $\emptyset$, φ_2 und $\{d\}$, ..., φ_{15} und $\{a, b, c\}$, φ_{16} und M.

Es ist typisch für Mathematiker, dass sie Sätze möglichst allgemein und abstrakt formulieren. Durch einfache Spezialisierungen ist man dann aber oft in der Lage, unterschiedliche konkrete Ergebnisse zu erzielen.

Der Beweis von Satz 4.2 erfolgt durch vollständige Induktion:

Induktionsanfang: $M = \{m\}$: $\varphi_1: m \mapsto 0$, $\varphi_2: m \mapsto 1$. Mehr Abbildungen gibt es nicht.
Induktionsannahme: Sei für jede Menge mit n Elementen die Aussage richtig.

Induktionsschluss: Sei $M = \{x_1, x_2, \ldots, x_n, x_{n+1}\}$ eine Menge mit $n + 1$ Elementen. Dann gibt es 2^n verschiedene Abbildungen mit $\varphi(x_{n+1}) = 0$. Diese entsprechen nämlich genau den 2^n Abbildungen nach $\{0, 1\}$ auf der Menge $\{x_1, x_2, \ldots, x_n\}$.

Genauso gibt es 2^n verschiedene Abbildungen mit $\varphi(x_{n+1}) = 1$. Andere Möglichkeiten existieren nicht, und damit hat M genau $2^n + 2^n = 2 \cdot 2^n = 2^{n+1}$ Abbildungen nach $\{0, 1\}$. □

▶ **Definition 4.3** Seien $n, k \in \mathbb{N}_0, n \geq k$. Dann heißt

$$\binom{n}{k} := \text{Anzahl der Teilmengen der Mächtigkeit } k \text{ einer Menge mit } n \text{ Elementen}$$

der *Binomialkoeffizient n über k*.

Offenbar ist für alle $n \in \mathbb{N}$: $\binom{n}{0} = 1 = \binom{n}{n}$. Da es n 1-elementige Teilmengen gibt, gilt weiter $\binom{n}{1} = n$. Die Menge $\{a, b, c\}$ hat die 2-elementigen Teilmengen $\{a, b\}$, $\{a, c\}$, $\{b, c\}$, damit ist $\binom{3}{2} = 3$. Aber was ist $\binom{49}{6}$? Sie sehen die konkrete Bedeutung dieser Frage: Wie viele Möglichkeiten gibt es, sechs Zahlen aus 49 auszuwählen? Wir brauchen also eine Berechnungsmöglichkeit für den Binomialkoeffizienten. Die erste Methode hierfür liefert die folgende rekursive Beschreibung des Binomialkoeffizienten:

▶ **Satz 4.4** Seien $n, k \in \mathbb{N}_0, n \geq k$. Dann gilt:

$$\binom{n}{k} = \begin{cases} 1 & \text{falls } k = 0 \text{ oder } k = n \\ \binom{n-1}{k} + \binom{n-1}{k-1} & \text{sonst} \end{cases} \tag{4.1}$$

Dies lässt sich direkt beweisen: Für $k = 0$ und $k = n$ haben wir uns die Aussage schon überlegt, wir können also $0 < k < n$ annehmen.

Sei $M = \{x_1, x_2, \ldots, x_n\}$. Die k-elementigen Teilmengen N von M zerfallen in zwei Typen:

1. Sorte: Diejenigen mit $x_n \notin N$. Diese entsprechen genau den k-elementigen Teilmengen von $M \setminus \{x_n\}$ und davon gibt es $\binom{n-1}{k}$ Stück.
2. Sorte: Diejenigen mit $x_n \in N$. Diese entsprechen genau den $(k - 1)$-elementigen Teilmengen von $M \setminus \{x_n\}$, also haben wir hiervon $\binom{n-1}{k-1}$ Stück.

Insgesamt gibt es also $\binom{n-1}{k} + \binom{n-1}{k-1}$ Teilmengen. □

Hinter dieser rekursiven Vorschrift verbirgt sich die Möglichkeit, den Binomialkoeffizienten mit Hilfe des Pascal'schen Dreiecks zu berechnen. Jeder Koeffizient ergibt sich als Summe der beiden schräg darüber stehenden Koeffizienten:

$$\binom{0}{0} = 1$$

$$\binom{1}{0} = 1 \quad \binom{1}{1} = 1$$

$$\binom{2}{0} = 1 \quad \binom{2}{1} = 2 \quad \binom{2}{2} = 1 \tag{4.2}$$

$$\binom{3}{0} = 1 \quad \binom{3}{1} = 3 \quad \binom{3}{2} = 3 \quad \binom{3}{3} = 1$$

Es dauert eine Zeitlang, bis man auf diese Art und Weise 49 über 6 berechnet hat; glücklicherweise können wir unseren Computer zu Hilfe nehmen und sehr schnell ein kleines rekursives Programm schreiben, das die Rechenvorschrift (4.1) implementiert. Wir erhalten schließlich die Zahl 13 983 816. Man muss also wirklich lange auf den Sechser im Lotto warten.

> Wenn Sie dieses Programm implementieren, werden Sie feststellen, dass die Berechnung von 49 über 6 erstaunlich lange dauert. Erinnern Sie sich an die Warnungen zur Verwendung rekursiver Funktionen aus Abschn. 3.3? Versuchen Sie, die Laufzeit des Algorithmus in Abhängigkeit von n und k zu bestimmen. In den Übungsaufgaben zu diesem Kapitel finden Sie etwas mehr darüber.

Diejenigen von Ihnen, die den Binomialkoeffizienten schon von früher kennen, haben möglicherweise eine andere Definition dafür gesehen. Diese ist natürlich äquivalent zu unserer Definition 4.3; wir formulieren sie hier als Satz:

▶ **Satz 4.5** Seien $n, k \in \mathbb{N}_0, n \geq k$. Dann gilt:

$$\binom{n}{k} = \frac{n!}{k!(n-k)!} \tag{4.3}$$

Wir können die Rekursionsregel (4.1) verwenden, um diesen erstaunlichen Zusammenhang mit vollständiger Induktion zu beweisen. Ich möchte den Beweis durchführen, da hier ein neuer Aspekt auftaucht: Es treten zwei natürliche Zahlen in dem Beweis auf (n und k) die beide behandelt werden müssen. Bei der Induktion muss man in diesem Fall festlegen, für welche der Zahlen diese durchgeführt wird. Wir machen eine „Induktion nach n" und müssen im Induktionsanfang und im Induktionsschritt dann alle für dieses n zulässigen k untersuchen.

Induktionsanfang: $n = 1$ ($k = 0$ oder 1): $\binom{1}{0} = \frac{1!}{0!1!} = 1$ und $\binom{1}{1} = \frac{1!}{1!0!} = 1$ sind richtig.

Induktionsannahme: Die Behauptung sei richtig für n und für alle $0 \leq k \leq n$.

Induktionsschluss: Zeige: die Behauptung stimmt für $n + 1$ und für alle $0 \leq k \leq n + 1$.

Für $k = 0$ und $k = n + 1$ kann man die Behauptung direkt nachrechnen:

$$\binom{n+1}{0} = \frac{(n+1)!}{0!(n+1)!} = 1 \quad \text{und} \quad \binom{n+1}{n+1} = \frac{(n+1)!}{(n+1)!0!} = 1.$$

Es kann also $0 < k < n + 1$ angenommen werden. Nach Satz 4.4 ist dann:

$$\binom{n+1}{k} = \binom{n}{k} + \binom{n}{k-1}$$

$$\underset{\substack{\uparrow \\ \text{Induktions-}\\\text{annahme}}}{=} \frac{n!}{k!(n-k)!} + \frac{n!}{(k-1)!(n-(k-1))!}$$

$$\underset{\substack{\uparrow \\ \text{gemeinsamer}\\\text{Nenner}}}{=} \frac{n!(n-k+1)}{k!(n-k)!\underbrace{(n-k+1)}_{=(n-(k-1))}} + \frac{n!k}{k(k-1)!(n-(k-1))!}$$

$$= \frac{n!(n-k+1+k)}{k!(n+1-k)!} = \frac{(n+1)!}{k!((n+1)-k)!} \qquad \Box$$

Die folgenden Sätze sind Anwendungen des Binomialkoeffizienten in der Kombinatorik:

▶ **Satz 4.6** Aus einer Menge mit n verschiedenen Elementen lassen sich k Elemente (ohne Berücksichtigung der Reihenfolge) auf $\binom{n}{k}$ Arten auswählen.

Dies folgt unmittelbar aus der Definition 4.3.

▶ **Satz 4.7** Aus einer Menge mit n verschiedenen Elementen lassen sich k Elemente (mit Berücksichtung der Reihenfolge) auf

$$n(n-1)(n-2)\cdots(n-k+1) = \frac{n!}{(n-k)!}$$

Arten auswählen.

Mit Berücksichtigung der Reihenfolge heißt dabei, dass etwa die Auswahl $(1, 2, 3, 4, 5, 6)$ und die Auswahl $(2, 1, 3, 4, 5, 6)$ verschieden sind.

Beim Lotto ist das glücklicherweise nicht der Fall.

Beweis von Satz 4.7: Jede der $\binom{n}{k}$ Teilmengen mit k Elementen lässt sich auf $k!$ verschiedene Arten anordnen. Damit hat man insgesamt $\binom{n}{k}k! = \frac{n!}{k!(n-k)!}k! = \frac{n!}{(n-k)!}$ Möglichkeiten. $\qquad \Box$

Beispiel

Bestimmen Sie die Anzahl der verschiedenen Passwörter mit 5 Zeichen Länge, die aus 26 Buchstaben und 10 Ziffern gebildet werden können, wobei kein Zeichen mehrfach auftritt: Nach Satz 4.7 ergibt sich hierfür $36 \cdot 35 \cdot 34 \cdot 33 \cdot 32 = 45\,239\,040$. Sicher ist Ihnen klar, dass dabei noch kein Passwort-Cracker-Programm ins Schwitzen kommt. ◄

Eine Anwendung des Binomialkoeffizienten in der Algebra ist Ihnen wahrscheinlich schon bekannt: der Binomialsatz. Hier kommt wohl der Name „Binomialkoeffizient" her; er hängt mit dem Binom „$x + y$" zusammen und soll nicht an den Mathematiker Giuseppe Binomi erinnern:

▶   **Satz 4.8: Der Binomialsatz** Es seien $x, y \in \mathbb{R}$, $n \in \mathbb{N}_0$. Dann gilt:

$$(x + y)^n = \sum_{k=0}^{n} \binom{n}{k} x^{n-k} y^k. \tag{4.4}$$

Das heißt also etwa (Vergleichen Sie mit dem Pascal'schen Dreieck!):

$$(x + y)^2 = x^2 + 2xy + y^2, \quad (x + y)^3 = x^3 + 3x^2 y + 3xy^2 + y^3.$$

Wir werden im Folgenden häufig mit Summenformeln arbeiten müssen. Dabei gibt es Kniffe und Rechenregeln, die man immer wieder anwenden muss. Bevor wir den Binomialsatz beweisen, möchte ich ein paar solche einfachen Regeln zusammenstellen. Dabei sind $A(k)$, $B(k)$ irgendwelche von k abhängigen Ausdrücke und c eine Zahl:

Rechenregeln für Summenformeln:
1. Zusammenfassen von Summen:

$$\sum_{k=m}^{n} A(k) + \sum_{k=m}^{n} B(k) = \sum_{k=m}^{n} (A(k) + B(k)).$$

2. Multiplikation mit konstanten Elementen:

$$c \cdot \sum_{k=m}^{n} A(k) = \sum_{k=m}^{n} (c \cdot A(k)).$$

3. Indexverschiebung:

$$\sum_{k=m}^{n} A(k) = \sum_{k=m+1}^{n+1} A(k - 1).$$

4. Änderung der Summationsgrenzen:

$$\sum_{k=m}^{n} A(k) = A(m) + \sum_{k=m+1}^{n} A(k) = \sum_{k=m}^{n-1} A(k) + A(n).$$

In der Regel 1 stecken Kommutativ- und Assoziativgesetz der Addition, in Regel 2 das Distributivgesetz. Regel 3 gilt sinngemäß auch für andere Indexverschiebungen als für 1, auch die Summationsgrenzen in Regel 4 können um mehr als 1 verändert werden.

Diese Regeln lassen sich auch häufig beim Programmieren einsetzen. Eine Summe wird meist durch eine for-Schleife implementiert, wobei die Summationsgrenzen die Initialisierung beziehungsweise die Abbruchbedingung darstellen. Geschickte Indexverschiebung oder Zusammenfassen verschiedener Schleifen sind nützliche Hilfsmittel. Aus diesem Grund sollten Sie sich den folgenden Beweis ansehen; hier wird ganz intensiv von diesen Tricks Gebrauch gemacht.

Wir beweisen den Binomialsatz mit vollständiger Induktion nach n:

Induktionsanfang: $(x + y)^0 = \binom{0}{0} x^0 y^0 = 1$ gilt immer.
Induktionsannahme: Es sei $(x + y)^n = \sum_{k=0}^{n} \binom{n}{k} x^{n-k} y^k$.
Induktionsschluss:

$$(x + y)^{n+1} = (x + y)^n (x + y)$$

$$= \left(\sum_{k=0}^{n} \binom{n}{k} x^{n-k} y^k \right) (x + y)$$

$$\underset{\substack{\uparrow \\ \text{Regeln 1 und 2}}}{=} \sum_{k=0}^{n} \binom{n}{k} x^{n-k+1} y^k + \sum_{k=0}^{n} \binom{n}{k} x^{n-k} y^{k+1}$$

$$\underset{\substack{\uparrow \\ \text{Indexverschiebung} \\ \text{im 2. Term}}}{=} \sum_{k=0}^{n} \binom{n}{k} x^{n-k+1} y^k + \sum_{k=1}^{n+1} \binom{n}{k-1} x^{n-k+1} y^k$$

$$\underset{\substack{\uparrow \\ \text{Änderung der} \\ \text{Summationsgrenzen}}}{=} \binom{n}{0} x^{n+1} y^0 + \sum_{k=1}^{n} \binom{n}{k} x^{n-k+1} y^k + \sum_{k=1}^{n} \binom{n}{k-1} x^{n-k+1} y^k + \binom{n}{n} x^0 y^{n+1}$$

$$\underset{\substack{\uparrow \\ \text{Regel 1}}}{=} \binom{n}{0} x^{n+1} y^0 + \sum_{k=1}^{n} \left[\binom{n}{k-1} + \binom{n}{k} \right] x^{n-k+1} y^k + \binom{n}{n} x^0 y^{n+1}$$

$$\underset{\substack{\uparrow \\ \text{Rekursionsformel}}}{=} \binom{n+1}{0} x^{n+1} y^0 + \sum_{k=1}^{n} \binom{n+1}{k} x^{n-k+1} y^k + \binom{n+1}{n+1} x^0 y^{n+1}$$

$$= \sum_{k=0}^{n+1} \binom{n+1}{k} x^{n-k+1} y^k. \qquad \square$$

Wenn Sie im binomischen Satz für x und y jeweils 1 einsetzen, erhalten Sie: $\sum_{k=0}^{n} \binom{n}{k} = 2^n$. Nach unserer Definition des Binomialkoeffizienten als Anzahl der k-elementigen Teilmengen einer n-elementigen Menge heißt das: Die Anzahl aller Teilmengen einer n-elementigen Menge ist 2^n. Auf ganz andere Art haben wir das schon im Satz 4.2 ausgerechnet.

4.2   Teilbarkeit und Euklid'scher Algorithmus

Bei der Darstellung von ganzen Zahlen in verschiedenen Zahlsystemen ist schon die Aufgabe der Division mit Rest aufgetreten. Mit der Division, genauer mit der Teilbarkeit von ganzen Zahlen, wollen wir uns nun etwas näher beschäftigen.

▶   **Definition 4.9** Sind $a, b \in \mathbb{Z}$ und ist $b \neq 0$, so heißt a durch b teilbar (b teilt a, in Zeichen: $b \mid a$), wenn es eine ganze Zahl q gibt, so dass $a = bq$ ist.

▶   **Satz 4.10: Teilbarkeitsregeln**

a) Gilt $c \mid b$ und $b \mid a$, so gilt auch $c \mid a$.
   (Beispiel: $3 \mid 6$ und $6 \mid 18 \Rightarrow 3 \mid 18$)
b) Gilt $b_1 \mid a_1$ und $b_2 \mid a_2$, so gilt auch $b_1 b_2 \mid a_1 a_2$.
   ($3 \mid 6$ und $4 \mid 8 \Rightarrow 12 \mid 48$)
c) Gilt $b \mid a_1$ und $b \mid a_2$, so gilt für $\alpha, \beta \in \mathbb{Z}$: $b \mid \alpha a_1 + \beta a_2$.
   ($3 \mid 6$ und $3 \mid 9 \Rightarrow 3 \mid (7 \cdot 6 + 4 \cdot 9)$)
d) Gilt $b \mid a$ und $a \mid b$, so gilt $a = b$ oder $a = -b$.

Die Regeln sind durch Zurückführen auf die Definition alle leicht nachzuprüfen. Nur die erste möchte ich als Beispiel vorrechnen: aus $c \mid b$ und $b \mid a$ folgt $b = q_1 c$ und $a = q_2 b$ und daraus ergibt sich $a = q_2 q_1 c$, also $c \mid a$.   □

▶   **Satz und Definition 4.11: Die Division mit Rest** Für zwei ganze Zahlen a, b mit $b \neq 0$ gibt es genau eine Darstellung $a = bq + r$ mit $q, r \in \mathbb{Z}$ und $0 \leq r < |b|$. a heißt *Dividend*, b *Divisor*, q *Quotient* und r *Rest* der Division von a durch b. Wir bezeichnen q mit a/b und r mit $a \bmod b$ (sprich: a modulo b).

Im Beweis nehmen wir zunächst an, dass $a, b > 0$ sind. Sei jetzt q die größte ganze Zahl mit $bq \leq a$. Dann gibt es ein $r \geq 0$ mit $bq + r = a$ und es gilt $r < b$, sonst wäre q nicht maximal gewesen. Sind a oder b oder beide negativ, so gehen die Überlegungen ganz ähnlich.   □

In den meisten Programmiersprachen sind für Division und Rest eigene Operatoren definiert. In C++ und Java ist beispielsweise $q = a/b$ und $r = a\%b$.

Zu meinem Leidwesen war bei der Definition des Divisions- und Modulooperators in C++ und Java kein Mathematiker beteiligt. Für positive Zahlen a und b stimmt die Wirkungsweise mit unserer Definition überein. Wir müssen aber gelegentlich die Division mit negativen Zahlen durchführen. Auch hierfür gibt es nach dem obigen Satz eine eindeutige Lösung für q und r. So ergibt die Division von -7 und 2 zum Beispiel $q = -4$ und $r = 1$, da $-7 = -4 \cdot 2 + 1$ ist. Java dagegen berechnet $(-7)/2 = -3$ (nach der Regel: berechne zunächst $|a|/|b|$, sind a oder b negativ, so wird das Ergebnis mit -1 multipliziert) und daraus nach der Vorschrift $r = a - bq$ den Rest -1. Mathematische Reste sind aber immer größer oder gleich 0! Wenden Sie daher „/" und „%" nicht auf negative Zahlen an. Glücklicherweise kann man die (im wahren Sinn des Wortes) negativen Fälle auf positive zurückführen.

▶ **Definition 4.12: Der größte gemeinsame Teiler (ggt)** Sind $a, b, d \in \mathbb{Z}$ und gilt $d \mid a$ und $d \mid b$, so heißt d *gemeinsamer Teiler* von a und b. Der größte positive gemeinsame Teiler von a und b heißt *größter gemeinsamer Teiler* von a und b und wird mit $\mathrm{ggt}(a, b)$ bezeichnet.

Die Berechnung des ggt zweier Zahlen erfolgt mit Hilfe des berühmten Euklid'schen Algorithmus. Ganz ungewöhnlich für einen Mathematiker war Euklid nicht mit der Existenz des größten gemeinsamen Teilers zufrieden, sondern er hat eine konkrete Rechenvorschrift angegeben, die als Ergebnis den größten gemeinsamen Teiler erzeugt. Der Begriff des Algorithmus stellt ein zentrales Konzept in der Informatik dar und Euklids Algorithmus ist ein Prototyp dafür: eine Rechenvorschrift mit Beginn und Ende, Eingabewerten und Ergebnis. Man könnte Euklid somit als einen der Urväter der Informatik bezeichnen.

Um die Wirkungsweise des Algorithmus verstehen zu können, stellen wir ihm einen Hilfssatz voraus:

▶ **Hilfssatz 4.13** Seien $a, b, q \in \mathbb{Z}$. Dann gilt:

1. Ist $a = bq$, so gilt $|b| = \mathrm{ggt}(a, b)$.
2. Ist $a = bq + r$ mit $0 < r < |b|$, so gilt $\mathrm{ggt}(a, b) = \mathrm{ggt}(b, r) = \mathrm{ggt}(b, a \bmod b)$.

Zum ersten Teil: b ist natürlich ein gemeinsamer Teiler und einen betragsmäßig größeren Teiler kann b nicht haben, also gilt $|b| = \mathrm{ggt}(a, b)$. In diesem Fall ist $a \bmod b = 0$.

Für den zweiten Teil genügt es zu zeigen, dass die Mengen der gemeinsamen Teiler von a, b beziehungsweise von b, r übereinstimmen.

Sei dazu d ein Teiler von a und von b. Dann folgt nach Satz 4.10c), dass $d \mid a - bq$. Also ist d gemeinsamer Teiler von b und $r = a - bq$. Ist jetzt d ein gemeinsamer Teiler von b und r, so ist d auch Teiler von bq und wieder nach 4.10c) auch von $r - bq = a$, also ist d gemeinsamer Teiler von a und b. □

Und nun zu dem angekündigten Satz:

▶ **Satz 4.14: Der Euklid'sche Algorithmus** Seien $a, b \in \mathbb{Z}$, $a, b \neq 0$. Dann lässt sich der $\mathrm{ggt}(a, b)$ durch eine fortgesetzte Division mit Rest rekursiv nach dem folgenden Verfahren bestimmen:

$$\text{ggt}(a,b) = \begin{cases} |b| & \text{falls } a \bmod b = 0 \\ \text{ggt}(b, a \bmod b) & \text{sonst} \end{cases}$$

Aus dem Hilfssatz 4.13 folgt zunächst, dass beide Zeilen korrekte Darstellungen des $\text{ggt}(a,b)$ sind. Bei der Durchführung des Algorithmus wenden wir immer wieder die zweite Zeile an: a wird durch b ersetzt und b durch den Rest bei der Division von a durch b. Dabei ändert sich der ggt nicht. Wird schließlich der Rest 0, so ist gemäß der ersten Zeile der $\text{ggt}(a,b)$ der letzte von 0 verschiedene Rest. Tritt die Abbruchbedingung auch wirklich irgendwann ein? Ja, denn bei jedem Schritt wird der Rest echt kleiner. Da er aber immer positiv ist, erreicht er irgendwann einmal 0.   □

Beispiel

$\text{ggt}(-42, 133)$:

$$
\begin{aligned}
a &= b \cdot q &&+ r \\
-42 &= 133 \cdot (-1) &&+ 91 \\
133 &= 91 \cdot 1 &&+ 42 \\
91 &= 42 \cdot 2 &&+ 7 \\
42 &= 7 \cdot 6 &&+ 0
\end{aligned}
$$

also ist $\text{ggt}(-42, 133) = 7$. ◄

Neben dem größten gemeinsamen Teiler fällt bei dem Algorithmus ein weiteres Ergebnis ab, das wir später öfter brauchen werden:

▶ **Satz 4.15: Der erweiterte Euklid'sche Algorithmus** Seien $a, b \in \mathbb{Z}, a, b \neq 0$ und $d = \text{ggt}(a,b)$. Dann gibt es ganze Zahlen α, β mit $d = \alpha \cdot a + \beta \cdot b$.

Wir gehen den Euklid'schen Algorithmus zeilenweise durch und stellen dabei die einzelnen Zeilen geschickt um, um jeweils den Rest r_i als Kombination $r_i = \alpha_i a + \beta_i b$ von a und b darstellen zu können. Ist r_n der letzte von 0 verschiedene Rest, so erhalten wir schließlich auch $r_n = \alpha a + \beta b$:

$$a = bq_0 + r_0 \;\Rightarrow\; r_0 = 1a - q_0 b \;= \alpha_0 a + \beta_0 b.$$
$$b = r_0 q_1 + r_1 \;\Rightarrow\; r_1 = 1b - r_0 q_1 = 1b - (\alpha_0 a + \beta_0 b)q_1$$
$$= -\alpha_0 q_1 a + (1 - \beta_0 q_1)b$$

$$\underset{\substack{\uparrow \\ \text{sortieren} \\ \text{nach } a \text{ und } b}}{=}$$

$$= \alpha_1 a + \beta_1 b$$

$$r_0 = r_1 q_2 + r_2 \quad \Rightarrow r_2 = 1 r_0 - r_1 q_2 \qquad = 1(\alpha_0 a + \beta_0 b) - (\alpha_1 a + \beta_1 b) q_2$$

$$= \alpha_2 a + \beta_2 b$$

$$\underset{\substack{\text{sortieren}\\\text{nach } a \text{ und } b}}{\uparrow}$$

$$\vdots$$

$$r_{n-2} = r_{n-1} q_n + r_n \Rightarrow r_n = 1 r_{n-2} - r_{n-1} q_n = 1(\alpha_{n-2} a + \beta_{n-2} b) - (\alpha_{n-1} a + \beta_{n-1} b) q_n$$

$$= \alpha_n a + \beta_n b \qquad \Box$$

Auch in diesem Beweis steckt eine rekursive Berechnungsmöglichkeit für α und β: Aus der letzten Zeile können Sie erkennen, dass sich α_n, β_n als die n-ten Glieder der Folgen $\alpha_i = \alpha_{i-2} - \alpha_{i-1} q_i, \beta_i = \beta_{i-2} - \beta_{i-1} q_i$ bestimmen lassen. Die Anfangswerte erhalten wir aus den ersten beiden Zeilen: $\alpha_0 = 1, \alpha_1 = 1, \beta_0 = q_0, \beta_1 = r_0$.

Beispiel zur Anwendung des erweiterten Euklid'schen Algorithmus

Berechne ggt$(168, 133)$ und gleichzeitig die α, β mit ggt $= \alpha \cdot 168 + \beta \cdot 133$:

$$168 = 133 \cdot 1 + 35 \Rightarrow 35 \qquad\qquad\qquad = \quad 1 \cdot 168 + (-1) \cdot 133$$

$$133 = 35 \cdot 3 + 28 \Rightarrow 28 = -3 \cdot 35 + 1 \cdot 133 = (-3) \cdot 168 + \quad 4 \cdot 133$$

$$35 = 28 \cdot 1 + 7 \Rightarrow 7 = -1 \cdot 28 + 1 \cdot 35 = \quad 4 \cdot 168 + (-5) \cdot 133$$

$$28 = 7 \cdot 4 + 0$$

Es ist also ggt$(168, 133) = 7 = 4 \cdot 168 + (-5) \cdot 133.$ ◄

Die α, β hätten Sie sicher nicht so einfach durch Probieren gefunden. Die Existenz dieser Zahlen ist eine erstaunliche Tatsache. Es klappt immer, egal wie groß a, b auch sein mögen.

Als unmittelbare Konsequenz können wir ausrechnen, dass jeder gemeinsame Teiler zweier Zahlen a und b auch ein Teiler des ggt(a,b) ist:

▶ **Satz 4.16** Seien $a, b \in \mathbb{Z}, a, b \neq 0$ und $d = \text{ggt}(a, b)$.

a) Ist $e \in \mathbb{Z}$ ein gemeinsamer Teiler von a und b, so ist e auch ein Teiler von d.

b) Lässt sich $f \in \mathbb{Z}$ als Kombination $f = \alpha a + \beta b$ schreiben, so ist f ein Vielfaches von d.

Zu a): Es ist $a = q_a e$ und $b = q_b e$. Sei $d = \alpha a + \beta b$ die Darstellung des größten gemeinsamen Teilers aus Satz 4.15. Dann folgt $d = (\alpha q_a + \beta q_b)e$, also ist e ein Teiler von d.

Zu b): Es ist $a = q_a d$ und $b = q_b d$ und aus der Beziehung $f = \alpha a + \beta b$ folgt damit $f = (\alpha q_a + \beta q_b)d$, somit ist f ein Vielfaches von d. $\qquad \Box$

Eng mit der Frage der Teilbarkeit verknüpft sind Aussagen über Primzahlen. In Satz 2.11 haben wir schon bewiesen, dass es unendlich viele Primzahlen gibt. Ich möchte an dieser Stelle noch einige wichtige Eigenschaften von Primzahlen vorstellen. Beginnen wir mit der präzisen Definition:

▶   **Definition 4.17** Eine natürliche Zahl $p > 1$ heißt Primzahl, wenn sie keine anderen positiven Teiler als 1 und sich selbst besitzt.

Es ist eine Konvention, dass man 1 nicht zu den Primzahlen zählt, 2 ist offensichtlich die einzige gerade Primzahl. Die ersten Primzahlen lauten:

$$2, 3, 5, 7, 11, 13, 17, 19, 23, \ldots$$

▶   **Satz 4.18** Jede natürliche Zahl a größer als 1 lässt sich als Produkt von Primzahlen darstellen oder ist selbst eine Primzahl:

$$a = p_1 \cdot p_2 \cdot p_3 \cdot \ldots \cdot p_n.$$

Diese Darstellung ist bis auf die Reihenfolge der Faktoren eindeutig.

Fasst man mehrfach auftretende Primzahlfaktoren zusammen, so erhält man die Darstellung $a = p_1^{\alpha_1} \cdot p_2^{\alpha_2} \cdot p_3^{\alpha_3} \cdot \ldots \cdot p_m^{\alpha_m}$ mit verschiedenen Primzahlen p_i und Exponenten $\alpha_i > 0$.

So ist zum Beispiel $120 = 2 \cdot 2 \cdot 2 \cdot 3 \cdot 5 = 2^3 \cdot 3 \cdot 5$ und $315 = 3 \cdot 3 \cdot 5 \cdot 7 = 3^2 \cdot 5 \cdot 7$. Der Beweis hierzu ist eine etwas umständliche Induktion, die ich uns ersparen möchte.

Ist b ein Teiler von a, so gibt es ein q mit

$$a = p_1 \cdot p_2 \cdot p_3 \cdot \ldots \cdot p_n = bq.$$

Wenn man nun auch b und q in ihrer Primfaktorzerlegung darstellt, so ist:

$$a = p_1 \cdot p_2 \cdot p_3 \cdot \ldots \cdot p_n = bq = \underbrace{b_1 \cdot b_2 \cdot \ldots \cdot b_r}_{\text{Primfaktoren von } b} \cdot \underbrace{q_1 \cdot q_2 \cdot \ldots \cdot q_s}_{\text{Primfaktoren von } q}.$$

Aus der Eindeutigkeit der Darstellung folgt, dass alle Faktoren b_i schon auf der linken Seite der Gleichung auftauchen müssen. Daher erhält man die

▶   **Folgerung 4.19** Alle Teiler einer Zahl a erhält man durch die möglichen Produkte ihrer Primfaktoren.

Zum Beispiel hat 315 die Teiler $3, 5, 7, \underbrace{9, 15, 21, 35}_{\text{alle 2er Produkte}}, \underbrace{45, 63, 105}_{\text{alle 3er Produkte}}, 315$.

Ebenso lässt sich aus der Primfaktorzerlegung die folgende Aussage herleiten:

▶   **Folgerung 4.20** Ist p eine Primzahl und sind a, b natürliche Zahlen mit der Eigenschaft $p \mid ab$. Dann gilt $p \mid a$ oder $p \mid b$.

Eine Primzahl kann sich als Faktor nicht auf zwei andere Zahlen aufteilen, sie ist Teiler der einen oder der anderen, vielleicht auch beider Zahlen, wenn sie in der Primfaktorzerlegung mehrfach auftritt. Aus $3 \mid 42$ und $42 = 6 \cdot 7$ folgt zum Beispiel $3 \mid 6$ oder $3 \mid 7$.

4.3 Restklassen

In Abschn. 1.2 nach der Definition 1.9 haben wir als Beispiel für eine Äquivalenzrelation diejenigen ganzen Zahlen als äquivalent bezeichnet, deren Differenz ohne Rest durch 5 teilbar war. Dadurch wurde die Menge der ganzen Zahlen in die disjunkten Äquivalenzklassen $[0], [1], \dots, [4]$ eingeteilt. Solche Relationen werde ich jetzt näher untersuchen und einige Anwendungen in der Informatik vorstellen.

▶ **Definition 4.21** Seien $a, b \in \mathbb{Z}$ und $n \in \mathbb{N}$. Die Zahlen a, b heißen kongruent modulo n, wenn $a - b$ durch n teilbar ist. In Zeichen: $a \equiv b \bmod n$, oder auch nur $a \equiv b$, wenn klar ist, um welches Modul m es sich handelt.

Verwechseln Sie bitte nicht die Aussage „$a \equiv b \bmod n$" mit der Zahl „$a \bmod n$", die den Rest bezeichnet!

▶ **Satz 4.22** „$\equiv$" ist eine Äquivalenzrelation auf $\mathbb{Z}$.

Das heißt, wie wir schon in Definition 1.8 aufgeschrieben haben:

1. $a \equiv b \bmod n \Rightarrow b \equiv a \bmod n$ (Symmetrie)
2. $a \equiv a \bmod n$ (Reflexivität)
3. $a \equiv b \bmod n, b \equiv c \bmod n \Rightarrow a \equiv c \bmod n$ (Transitivität)

Den Beweis haben wir für den Fall $n = 5$ in Abschn. 1.2 durchgeführt; im Allgemeinen geht er ganz genau so.

Die zu einer Zahl a kongruenten Elemente bilden die Äquivalenzklasse zu a. Die Äquivalenzklassen bezüglich der Relation „$\equiv$" heißen *Restklassen* modulo m. Zur Erinnerung: Es ist $[a] = \{z \mid z \equiv a \bmod n\}$ und $b \equiv a \bmod n$ genau dann, wenn $[a] = [b]$. Ist das Modul n nicht aus dem Zusammenhang klar, so schreibe ich für die Äquivalenzklasse $[a]_n$.

▶ **Satz 4.23** $a, b \in \mathbb{Z}$ sind genau dann kongruent modulo n ($a \equiv b \bmod n$), wenn a und b bei Division durch n denselben Rest lassen.

Beweis: „$\Leftarrow$": Sei $a = q_1 n + r, b = q_2 n + r \Rightarrow a - b = (q_1 - q_2)n$.

„$\Rightarrow$": Aus $a - b = qn, a = q_1 n + r_1, b = q_2 n + r_2$ folgt $a - b = qn = (q_1 n - q_2 n) + (r_1 - r_2)$. Dann muss auch $(r_1 - r_2)$ ein Vielfaches von n sein, das heißt $r_1 - r_2 = kn$ beziehungsweise $r_1 = r_2 + kn$ für ein $k \in \mathbb{Z}$. Da aber sowohl r_1 als auch r_2 Reste aus $\{0, 1, 2, \dots, n - 1\}$ sind, kommt nur $k = 0$ in Frage, also ist $r_1 = r_2$. ☐

Die Zahlen $0, 1, 2, \ldots, n - 1$ sind alle möglichen Reste modulo n. Es gibt also genau die Restklassen $[0], [1], \ldots, [n - 1]$. Eine Restklasse $[r]$ wird durch den Rest r repräsentiert. Oft werden wir im Folgenden Reste und Restklassen gar nicht mehr unterscheiden. Das ist am Anfang etwas gewöhnungsbedürftig, es steckt aber nichts Geheimnisvolles dahinter. Vielleicht ist es damit vergleichbar, dass Sie in einem Programm auch oft mit Referenzen von Objekten arbeiten, anstatt mit dem Objekt selbst.

Rechnen mit Restklassen

Die Menge der Reste beziehungsweise der Restklassen bezüglich der Zahl n bezeichnen wir mit $\mathbb{Z}/n\mathbb{Z}$ (sprich: „$\mathbb{Z}$ modulo $n\mathbb{Z}$") oder kurz mit $\mathbb{Z}_n$. Das Zeichen $n\mathbb{Z}$ soll dabei symbolisieren, dass alle die Elemente äquivalent sind, die sich um ein Vielfaches von n voneinander unterscheiden, also um nz für ein $z \in \mathbb{Z}$.

Sind a und b Reste modulo n, so können wir diese addieren oder multiplizieren. Das Ergebnis ist dann normalerweise kein Rest mehr, wir können es aber modulo n nehmen und erhalten wieder einen Rest. Auf diese Weise können wir eine Addition und eine Multiplikation auf der Menge der Reste definieren:

▶ **Definition 4.24** Für $n \in \mathbb{Z}$ und $a, b \in \mathbb{Z}/n\mathbb{Z}$ sei

$$a \oplus b := (a + b) \bmod n,$$
$$a \otimes b := (a \cdot b) \bmod n. \tag{4.5}$$

Die Addition und Multiplikation auf $\mathbb{Z}/n\mathbb{Z}$ und auf $\mathbb{Z}$ sind mit der modulo Operation verträglich. Es ist egal, ob man zwei Elemente zuerst modulo nimmt und dann verknüpft oder umgekehrt:

▶ **Satz 4.25** Für die Abbildung

$$\varphi \colon \mathbb{Z} \to \mathbb{Z}/n\mathbb{Z}$$
$$a \mapsto a \bmod n$$

gilt

$$\varphi(a + b) = \varphi(a) \oplus \varphi(b),$$
$$\varphi(a \cdot b) = \varphi(a) \otimes \varphi(b).$$

Rechnen wir das zum Beispiel für die Addition nach: Ist $a = nq_1 + r_1$ und $b = nq_2 + r_2$, so ist

$$\varphi(a + b) = (nq_1 + nq_2 + r_1 + r_2) \bmod n = (r_1 + r_2) \bmod n$$

und

$$\varphi(a) \oplus \varphi(b) = r_1 \oplus r_2 = (r_1 + r_2) \bmod n.$$

Ähnlich schließt man für die Multiplikation.   □

Die Menge $\mathbb{Z}/n\mathbb{Z}$ mit diesen beiden Verknüpfungen spielt eine wichtige Rolle in der diskreten Mathematik und auch in der Informatik. Wir werden im Folgenden noch oft damit rechnen. Dabei wird uns auch immer wieder die Verträglichkeit der Verknüpfungen mit der modulo Operation begegnen.

Im Vorgriff auf den Abschn. 5.6: Die Abbildung aus Satz 4.25 ist ein Homomorphismus zwischen $\mathbb{Z}$ und $\mathbb{Z}_n$.

Jetzt sind wir in der Lage für die Verknüpfungen Additions- und Multiplikationstabellen aufzustellen. Zwei Beispiele dazu:

Beispiele

$n = 3$:

$\oplus$	0	1	2
0	0	1	2
1	1	2	0
2	2	0	1

$\otimes$	0	1	2
0	0	0	0
1	0	1	2
2	0	2	1

$n = 4$:

$\oplus$	0	1	2	3
0	0	1	2	3
1	1	2	3	0
2	2	3	0	1
3	3	0	1	2

$\otimes$	0	1	2	3
0	0	0	0	0
1	0	1	2	3
2	0	2	0	2
3	0	3	2	1

◄

Ein Beispiel zur Anwendung des Modulo-Rechnens:

Beispiel

Welchen Rest modulo 7 hat $(7 \cdot 31 + 1 \cdot 28 + 4 \cdot 30)$? Sie können zuerst die Klammer ausrechnen und erhalten $365 \bmod 7 = 1$. Oder sie bilden zuerst alle Reste. Dann ergibt sich die viel einfachere Rechnung:

$$(7 \cdot 31 + 1 \cdot 28 + 4 \cdot 30) \bmod 7 = (0 \cdot 3 + 1 \cdot 0 + 4 \cdot 2) \bmod 7 = 8 \bmod 7 = 1. \quad ◄$$

Sehen Sie was hinter diesem Beispiel steckt? Es gibt 7 Monate mit 31 Tagen, einen mit 28 (außer im Schaltjahr) und 4 mit 30 Tagen. Die Reste von 0 bis 6 entsprechen den Wochentagen. Ist zum Beispiel heute Montag $= 0$, dann erhalten Sie durch die obige Rechnung: $0 + 365 \bmod 7 = 1$, also ist in einem Jahr Dienstag.

Nicht nur für Menschen, auch für Computer ist die zweite Art zu rechnen sehr viel geeigneter. Wenn Sie zum Beispiel einen ewigen Kalender bauen wollen und etwas ungeschickt berechnen, an welchem Wochentag in 4 Milliarden Jahren die Sonne verglüht, dann bekommen Sie ganz schnell einen Zahlenüberlauf. Rechnen Sie immer modulo 7, so kommen Sie sogar mit einem Byte als Integer-Datentyp aus.

Eine wichtige Anwendung des Modulo-Rechnens in der Informatik möchte ich Ihnen im nächsten Abschnitt zum Thema Hashing vorstellen. Weitere Einsatzgebiete werden Sie in den Abschn. 5.3 über Körper und 5.7 über Kryptographie kennenlernen.

4.4 Hashing

Hashfunktionen

In der Datenverarbeitung tritt häufig das Problem auf, dass Datensätze, die durch einen Schlüssel gekennzeichnet sind, schnell gespeichert oder gefunden werden müssen. Nehmen Sie ein Unternehmen mit 5000 Angestellten. Jeder Angestellte hat eine 10-stellige Personalnummer, mit der seine Daten im Rechner identifiziert werden können.

Man könnte die Daten in einem 5000 Elemente großen Array abspeichern, linear nach Personalnummern geordnet. In den Grundlagen der Informatik lernen Sie, dass die binäre Suche nach einem Array-Element dann im Mittel 11.3 Zugriffe ($\log(n + 1) - 1$) beansprucht.

Ein unmöglicher Ansatz ist die Speicherung in einem Array mit 10^{10} Elementen, in dem der Index gerade die Personalnummer ist. Die Suche nach einem Datensatz würde hier genau einen Schritt erfordern.

Das Hashing stellt einen Kompromiss zwischen diesen beiden Extremen dar: ein relativ kleines Array mit schneller Zugriffsmöglichkeit. Dabei bildet man den langen Schlüssel mit Hilfe einer sogenannten Hash-Funktion auf einen kurzen Index ab.

Es sei K der Schlüsselraum, $K \subset \mathbb{Z}$. Die Schlüssel der zu speichernden Daten stammen aus K. $H = \{0, 1, \ldots, n - 1\}$ sei eine Menge von Indizes. Diese kennzeichnen die Speicheradressen der Datensätze im Speicherbereich, der *Hashtabelle*. $|H|$ ist in der Regel sehr viel kleiner als $|K|$. Eine Hashfunktion ist eine Abbildung $h: K \to H, k \mapsto h(k)$. Das Datenelement mit dem Schlüssel k wird dann am Index $h(k)$ gespeichert.

Eine Funktion, die sich für viele Zwecke als geeignet erwiesen hat, ist unsere modulo-Abbildung:

$$h(k) = k \bmod n.$$

Das grundsätzliche Problem beim Hashing ist, dass eine solche Abbildung h niemals injektiv sein kann. Es gibt Schlüssel $k \neq k'$, mit $h(k) = h(k')$. Dies nennt man eine *Adresskollision*. Die Datensätze zu k und k' müssten an der gleichen Adresse gelagert werden. In diesem Fall ist eine Sonderbehandlung nötig, die *Kollisionsauflösung*.

Bei der Wahl der Hashfunktion muss man darauf achten, dass eine solche Adresskollision möglichst selten eintritt. Bezeichnen beispielsweise die letzten vier Ziffern der Personalnummer aus dem Beispiel das Geburtsjahr und wird die Hashfunktion $h(k) = k \bmod 10\,000$ gewählt, so ist $h(k)$ gerade das Geburtsjahr. Ständig finden Kollisionen statt und weite Bereiche des zur Verfügung stehenden Arrays von hier 10 000 Elementen werden überhaupt nicht direkt adressiert. Als gute Wahl erweisen sich oft Primzahlen p als Modul. Im Folgenden gehen wir davon aus, dass dies der Fall ist, wir bezeichnen den Modul mit p. Dies wird tatsächlich häufig eingesetzt. Regelmäßigkeiten im Schlüsselraum werden dabei im Adressraum meist vernichtet.

Kollisionsauflösung

Je näher die Anzahl der Plätze in der Hashtabelle und die Anzahl der Datensätze beieinander liegen, um so wahrscheinlicher werden Kollisionen. Ein Lösungsansatz zur Auflösung besteht darin, bei Auftreten einer Kollision nach einer reproduzierbaren Regel einen anderen freien Speicherplatz in der Tabelle zu suchen. Ist die Adresse $h(k)$ schon besetzt, wird daher eine Sondierungsfolge $(s_i(k))_{i=1,\dots,p-1}$ gebildet und nacheinander die Adressen $s_1(k), s_2(k), \dots, s_{p-1}(k)$ aufgesucht, bis eine freie Adresse gefunden wird. Dabei müssen die Zahlen $s_1(k), s_2(k), \dots, s_{p-1}(k)$ alle Hashadressen durchlaufen, mit Ausnahme von $h(k)$ selbst. Nur so kann garantiert werden, dass ein vorhandener freier Platz auch gefunden wird.

Die einfachste Methode ist das *lineare Sondieren*:

$$s_i(k) = (h(k) + i) \bmod p, \quad i = 1, \dots, p - 1.$$

Hier wird einfach jeweils die nächstgrößere freie Adresse gewählt. Kommt man am Ende der Tabelle an, macht man am Anfang weiter. An einem kleinen Experiment am Computer können Sie schnell feststellen, dass sich dabei leicht Datenhaufen in der Tabelle bilden (Cluster). Daten wollen gerne dahin, wo schon Daten sind, und es treten viele Kollisionen auf.

Solche Clusterbildung wird vermieden mit Hilfe des *quadratischen Sondierens*:

$$\left. \begin{array}{l} s_{2i-1}(k) = (h(k) + i^2) \bmod p \\ s_{2i}(k) = (h(k) - i^2) \bmod p \end{array} \right\} \quad i = 1, \dots, (p-1)/2.$$

Die Sondierungsfolge lautet also $h(k)+1, h(k)-1, h(k)+4, h(k)-4, h(k)+9, h(k)-9$ und so weiter, wobei wieder bei Überschreitung des Randes durch die modulo Operation der Wert in den richtigen Bereich gezwungen wird. Was ist aber hier mit unserer Forderung, dass die Sondierungsfolge alle möglichen Adressen durchlaufen muss? Schauen wir uns einmal die Sondierungsfolgen für die Primzahlen 5, 7, 11 und 13 an:

i	1		2	
i^2	1		4	
$\pm i^2 \bmod 5$	1	4	4	1

i	1		2		3	
i^2	1		4		9	
$\pm i^2 \bmod 7$	1	6	4	3	2	5

i	1		2		3		4		5	
i^2	1		4		9		16		25	
$\pm i^2 \bmod 11$	1	10	4	7	9	2	5	6	3	8

i	1		2		3		4		5		6	
i^2	1		4		9		16		25		36	
$\pm i^2 \bmod 13$	1	12	4	9	9	4	3	10	12	1	10	3

Fängt man der Einfachheit halber bei $h(k) = 0$ an, so ergibt die letzte Zeile der Tabellen jeweils die Sondierungsfolge. Bei 7 und 11 geht es gut, wir erhalten eine Permutation der möglichen Adressen, bei 5 und 13 klappt es nicht. Was ist die gemeinsame Eigenschaft von 7 und 11? Sie lassen bei Division durch 4 beide den Rest 3. Tatsächlich gilt für alle Primzahlen p mit $p \equiv 3 \bmod 4$:

$$\{i^2 \bmod p, i = 1, \ldots, (p-1)/2\} \cup \{-(i^2) \bmod p, i = 1, \ldots, (p-1)/2\}$$
$$= \{1, 2, \ldots, p-1\}$$

Es gibt unendlich viele solche Primzahlen. Nehmen Sie zum Ausprobieren zum Beispiel 9967, 33 487, 99 991. Den Beweis dieses Satzes muss ich in das nächste Kapitel verschieben (Satz 5.21), wir müssen vorher noch einiges über die Eigenschaften von Körpern lernen.

Da wir modulo p rechnen, erreicht die Sondierungsfolge immer alle Adressen, auch wenn man nicht bei $h(k) = 0$ anfängt, sondern bei irgendeinem anderen Wert.

Eine dritte gebräuchliche Methode zur Kollisionsauflösung ist das sogenannte *double Hashing*. Dabei wird für die Sondierungsfolge im Fall einer Kollision eine zweite Hashfunktion $h'(k)$ verwendet, wobei immer $h'(k) \neq 0$ sein muss. Die Folge lautet dann:

$$s_i(k) = (h(k) + i \cdot h'(k)) \bmod p, \quad i = 1, \ldots, p-1.$$

Auch die Folge $i \cdot h'(k) \bmod p, i = 1, \ldots, p-1$ erreicht sämtliche von 0 verschiedenen Adressen: Angenommen es gibt $i \neq j$ mit $i \cdot h'(k) \bmod p = j \cdot h'(k) \bmod p$, dann wäre $(i-j)h'(k) \bmod p = 0$ und damit $i - j$ oder $h'(k)$ ein Teiler von p. Das geht aber nicht, wenn p eine Primzahl ist. Also sind alle $p - 1$ Elemente der Folge verschieden und somit treten alle Zahlen von 1 bis $p - 1$ auf. Für die zweite Sondierungsfolge kann man zum Beispiel wählen: $h'(k) = 1 + k \bmod (p-1)$. Dies ergibt immer einen Wert zwischen 1 und $p - 1$.

Wie viele Kollisionen treten im Mittel bei Hashverfahren auf? Wählen wir die Arraygröße 9967 und tragen darin die 5000 Angestellten vom Beispiel am Anfang ein, so haben wir einen Belegungsfaktor von ca. 0.5. Wächst die Firma weiter, so erhalten wir bei 8970 Einträgen einen Belegungsfaktor von 0.9. Bei diesen Faktoren ergeben sich beim Eintrag des 5001-ten (beziehungsweise des 8971-ten) Mitarbeiters die folgenden mittleren Anzahlen von Kollisionen:

Sondierung	linear	quadratisch	double hashing
Belegung 0.5	1.57	1.24	1.01
Belegung 0.9	47.02	11.06	8.93

Das Array kann mit unseren Verfahren natürlich nur bis genau 100 % gefüllt werden. Es gibt jedoch auch Methoden des dynamischen Hashings, in denen die Größe der Hashtabelle während der Laufzeit automatisch dem Bedarf angepasst werden kann.

4.5 Verständnisfragen und Übungsaufgaben

Verständnisfragen

1. Wenn Sie die Berechnung des Binomialkoeffizienten mit Hilfe von Satz 4.4 in einem Programm durchführen wollen, stoßen Sie schnell auf ein Problem. Welches? Haben Sie eine Lösung dafür?

2. Warum führt der Euklid'sche Algorithmus immer zu einem Ergebnis?

3. Der größte gemeinsame Teiler zweier Zahlen a, b sei eine Primzahl. Kann es sein, dass a, b weitere gemeinsame Teiler haben?

4. Wie viele gerade Primzahlen gibt es?

5. Wie wird der Rest einer Division a/b in der Mathematik berechnet, wie in gängigen Programmiersprachen (Java oder C++)?

6. Wird als Hashfunktion die modulo Abbildung modulo einer Primzahl verwendet, so kann man bei linearer Kollisionsauflösung alle Primzahlen verwenden, bei quadratischer Kollisionsauflösung nicht. Warum?

7. In $\mathbb{N}$ gilt immer $n! \neq 0$. Kann $n! = 0$ werden in $\mathbb{Z}/n\mathbb{Z}$? ◄

Übungsaufgaben

1. Zeigen Sie: sind a, b ganze Zahlen mit $a \mid b$ und $b \mid a$, so gilt $a = b$ oder $a = -b$.

2. Zeigen Sie: gilt für ganze Zahlen $a_1 \mid b_1$ und $a_2 \mid b_2$, so gilt auch $a_1 a_2 \mid b_1 b_2$.

3. Zeigen Sie, dass die Teilbarkeitsrelation $\mid$ (Definition 4.9) auf den natürlichen Zahlen eine partielle Ordnung erklärt.

4. Schreiben Sie ein rekursives Programm zur Berechnung von $\binom{n}{k}$. Verwenden Sie dazu die Formel $\binom{n+1}{k} = \binom{n}{k} + \binom{n}{k-1}$.

5. Eine etwas kniffligere Induktionsaufgabe: Zeigen Sie, dass zur rekursiven Berechnung von $\binom{n}{k}$ (nach Aufgabe 4) genau $2 \cdot \binom{n}{k} - 1$ Funktionsaufrufe nötig sind.
   Sie können das auch ausprobieren, indem Sie in Ihrer Implementierung einen Zähler integrieren, der die Anzahl der Funktionsaufrufe zählt. In dieser Form ist der Algorithmus also für praktische Zwecke ungeeignet. Wenn Sie die Berechnung eines Binomialkoeffizienten genau analysieren werden Sie feststellen, dass in der Rekursion viele Koeffizienten mehrfach berechnet werden. Durch einen kleinen Trick können Sie das vermeiden und den Algorithmus so aufbohren, dass er doch noch sehr schnell wird.

6. Berechnen Sie die Wahrscheinlichkeit, 6 Richtige im Lotto zu haben, wenn man 8 Zahlen aus 49 auswählen kann.

7. Zeigen Sie mit vollständiger Induktion, dass für alle $n \in \mathbb{N}$ gilt:
   a) $n^2 + n$ ist durch 2 teilbar,
   b) $n^3 - n$ ist durch 6 teilbar.

8. Berechnen Sie den größten gemeinsamen Teiler d von 456 und 269 mit Hilfe des Euklid'schen Algorithmus. Bestimmen Sie Zahlen α, β mit $\alpha \cdot 269 + \beta \cdot 456 = d$.

9. Schreiben Sie in C++ oder Java einen Modulo-Operator, der auch für negative Zahlen mathematisch korrekt arbeitet.

10. Schreiben Sie für $\mathbb{Z}/7\mathbb{Z}$ und $\mathbb{Z}/8\mathbb{Z}$ die Multiplikationstabellen auf. Schauen Sie sich die Zeilen und Spalten in den beiden Tabellen genau an. Was fällt Ihnen dabei auf?

11. Zeigen Sie: Ist $a \equiv a' \bmod m$ und $b \equiv b' \bmod m$, so gilt $a + b \equiv a' + b' \bmod m$.

12. Beim Rechnen mit Resten kann man die Operationen $+, \cdot$ mit der modulo Operation vertauschen. Genauso geht man beim Potenzieren vor: Um $a^2 \bmod n$ zu berechnen, ist es einfacher, $[(a \bmod n)(a \bmod n)] \bmod n$ zu berechnen. (Warum eigentlich? Probieren Sie ein paar Beispiele aus.) Ähnlich geht man bei der Berechnung von $a^m \bmod n$ vor. Mit diesem Wissen können Sie mit Hilfe des in Aufgabe 8 von Kap. 3 angegebenen Algorithmus zur Berechnung von x^n einen rekursiven Algorithmus zur Berechnung von $a^m \bmod n$ formulieren.

13. Implementieren Sie den Euklid'schen Algorithmus; einmal iterativ und einmal rekursiv. ◄

Algebraische Strukturen 5

Zusammenfassung

Am Ende dieses Kapitels

- wissen Sie was eine algebraische Struktur ist,
- kennen Sie die wichtigsten algebraischen Strukturen: Gruppen, Ringe, Körper,
- und viele bedeutende Beispiele dazu: Permutationsgruppen, elliptische Kurven, Polynomringe, den Ring $\mathbb{Z}/n\mathbb{Z}$, den Körper $\mathbb{C}$ und die endlichen Körper GF(p) und GF(p^n).
- kennen Sie die Homomorphismen als die strukturerhaltenden Abbildungen zwischen algebraischen Strukturen,
- und haben die Public Key Kryptographie als wichtige Anwendung der endlichen Ringe und Körper kennengelernt.

In der Mathematik und in der Informatik beschäftigen wir uns häufig mit Mengen, auf denen bestimmte Operationen erklärt sind. Dabei kommt es immer wieder vor, dass solche Operationen auf ganz verschiedenen Mengen ähnliche Eigenschaften haben, und man daher auch ähnliche Dinge mit ihnen machen kann. Im Kap. 2 ist uns so etwas schon begegnet: Für die Operationen $\cup$, $\cap$ und $^-$ auf Mengen gelten die gleichen Rechengesetze wie für $\vee$, $\wedge$ und $\neg$ auf Aussagen. Mathematisches Vorgehen ist es, Prototypen solcher Operationen und Eigenschaften, die immer wieder vorkommen, zu finden und zu beschreiben, und dann Sätze über Mengen mit diesen Operationen zu bilden. Diese Sätze sind dann in jedem konkreten Beispiel einer solchen Menge (einem Modell) gültig.

In diesem und im nächsten Kapitel werden wir die wichtigsten solchen Mengen mit Operationen kennenlernen, wir nennen sie algebraische Strukturen. Wir stellen Axiome für diese Strukturen auf und werden gleichzeitig konkrete Beispiele der Strukturen vorstellen. Die untersuchten Strukturen lassen sich wie im Diagramm in Abb. 5.1 einordnen.

© Springer Fachmedien Wiesbaden GmbH, ein Teil von Springer Nature 2019   93
P. Hartmann, *Mathematik für Informatiker*, https://doi.org/10.1007/978-3-658-26524-3_5

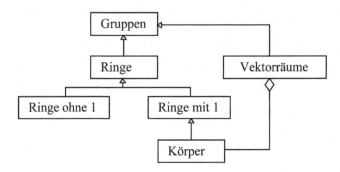

Abb. 5.1 Algebraische Strukturen

Vielleicht kennen Sie die Symbole aus der UML (Unified Modelling Language), sie passen genau. Den Pfeil $\longrightarrow\!\!\triangleright$ lesen wir als „ist ein", dies ist die Vererbungsbeziehung: Ein Ring ist eine Gruppe, ein Körper ist ein Ring. Zu den Eigenschaften der „Oberklasse" kommen nur noch einige weitere Eigenschaften hinzu. Der Pfeil $\longrightarrow\!\!\diamondsuit$ bezeichnet die Aggregation, wir können ihn als „hat ein" beziehungsweise „kennt ein" lesen. Ein Vektorraum ist eine Gruppe, die zusätzlich einen Körper kennt und verwendet. Genauso wie Objekte konkrete Instanzen einer Klasse sind, gibt es zu diesen Prototypen konkrete Realisierungen. Bei den Körpern kennen wir aus dem ersten Kapitel zum Beispiel schon $\mathbb{Q}$ und $\mathbb{R}$.

Alle untersuchten Strukturen haben gemeinsam, dass auf ihnen eine oder zwei Verknüpfungen definiert sind:

▶   **Definition 5.1** Sei M eine Menge. Eine *(binäre) Verknüpfung* auf der Menge M ist eine Abbildung

$$v\colon M \times M \to M$$
$$(n,m) \mapsto v(n,m)$$

Meist bezeichnen wir die Verknüpfungen mit $+, \cdot, \oplus, \otimes$ oder ähnlichen Symbolen und schreiben dann für $v(n,m)$ zum Beispiel $n+m$ oder $n \cdot m$.

Die Operationen $\cup, \cap$ auf Mengen oder $\vee, \wedge$ auf Aussagen sind solche Verknüpfungen, ebenso Multiplikation und Addition auf den reellen Zahlen oder die Addition und die Multiplikation $\oplus$ und $\otimes$ zwischen den Elementen von $\mathbb{Z}/m\mathbb{Z}$, die wir in Definition 4.24 erklärt haben:

$$\oplus\colon \mathbb{Z}/n\mathbb{Z} \times \mathbb{Z}/n\mathbb{Z} \to \mathbb{Z}/n\mathbb{Z} \qquad \otimes\colon \mathbb{Z}/n\mathbb{Z} \times \mathbb{Z}/n\mathbb{Z} \to \mathbb{Z}/n\mathbb{Z}$$
$$(a,b) \mapsto a \oplus b \qquad\qquad (a,b) \mapsto a \otimes b$$

Nun können wir die Strukturen nacheinander beschreiben, wir beginnen in der Hierarchie oben bei den Gruppen; diese haben noch relativ schwache Struktureigenschaften:

5.1 Gruppen

▶ **Definition 5.2: Die Gruppenaxiome** Eine *Gruppe* $(G, *)$ besteht aus einer Menge G und einer Verknüpfung $*$ auf G mit den folgenden Eigenschaften:

(G1) Es gibt ein Element $e \in G$ mit der Eigenschaft $a * e = e * a = a$ für alle $a \in G$. e heißt *neutrales Element* von G.

(G2) Zu jedem $a \in G$ gibt es ein eindeutig bestimmtes Element $a^{-1} \in G$ mit der Eigenschaft $a * a^{-1} = a^{-1} * a = e$. Das Element a^{-1} heißt *inverses Element* zu a.

(G3) Für alle $a, b, c \in G$ gilt $a * (b * c) = (a * b) * c$. G ist assoziativ.

Die Gruppe $(G, *)$ heißt *kommutative Gruppe* oder *abelsche Gruppe*, wenn zusätzlich gilt:

(G4) Für alle $a, b \in G$ ist $a * b = b * a$.

Die abelschen Gruppen sind nach dem genialen norwegischen Mathematiker Niels Hendrik Abel benannt, der von 1802 bis 1829 lebte. Er revolutionierte wesentliche Gebiete der modernen Algebra. Weit abseits von den damaligen Weltzentren der Mathematik in Frankreich und Deutschland blieb sein Werk zu Lebzeiten leider zu großen Teilen unbeachtet oder wurde einfach ignoriert. Vor einigen Jahren hat die norwegische Regierung zu seinen Ehren den Abel-Preis für Mathematik gestiftet. Dieser wurde im Jahr 2003 erstmals verliehen. Der Preis ist in seiner Höhe ähnlich dotiert wie die Nobelpreise und es ist durchaus berechtigt, ihn als eine Art „Nobelpreis für Mathematik" anzusehen.

Warum gibt es eigentlich keinen Nobelpreis für Mathematik? Mathematiker erzählen sich die Geschichte, dass Alfred Nobel nicht gut auf unsere Zunft zu sprechen war, nachdem ihm der bedeutende Mathematiker Mittag-Leffler seine Freundin Sonja Kowalewski, ebenfalls Mathematikerin, ausgespannt hatte. Auch wenn der historische Gehalt dieser Geschichte wohl eher dürftig ist, gefällt sie mir besser, als anzunehmen, dass Nobel die Bedeutung der Mathematik für die modernen Wissenschaften verkannt hätte.

Aus den Axiomen können weitere Rechengesetze für Gruppen hergeleitet werden. Zwei einfache Regeln, die wir später öfter brauchen, möchte ich hier anführen. Die erste besagt, dass man bestimmte Gleichungen auflösen kann, mit der zweiten kann man das Inverse eines Produktes berechnen. Ich schreibe die Rechnungen hierfür einmal ausführlich auf, später werden wir auf Grund der Assoziativität die Klammern wieder weglassen.

▶ **Satz 5.3** Ist $(G, *)$ eine Gruppe, so gilt für alle Elemente $a, b \in G$:

a) Es gibt genau ein $x \in G$ mit $a * x = b$ und genau ein $y \in G$ mit $y * a = b$.

b) Für das Inverse zu $a * b$ gilt: $(a * b)^{-1} = b^{-1} * a^{-1}$.

Zu a): Es ist $x = a^{-1} * b$, denn $a * (a^{-1} * b) = (a * a^{-1}) * b = e * b = b$. Zur Eindeutigkeit: aus $a * x_1 = a * x_2 = b$, folgt $a^{-1} * (a * x_1) = a^{-1} * (a * x_2) \Rightarrow (a^{-1} * a) * x_1 = (a^{-1} * a) * x_2$, also $x_1 = x_2$. Genauso ist $y = b * a^{-1}$ eindeutig bestimmt. (x und y können verschieden sein!)

Zu b): Es ist $(a * b) * (b^{-1} * a^{-1}) = a * (b * b^{-1}) * a^{-1} = a * e * a^{-1} = a * a^{-1} = e$, also ist $b^{-1} * a^{-1}$ das Inverse von $a * b$. $\qquad\square$

Muss wirklich zwischen $a * x = b$ und $y * a = b$ unterschieden werden? Wahrscheinlich ist Ihnen noch neu, dass es Verknüpfungen gibt, die nicht kommutativ sind. Die bisher aufgetretenen Operationen $+$ und $\cdot$ waren ja immer vertauschbar. Wir werden aber bald mit solchen Strukturen arbeiten, und daher müssen wir genau aufpassen, dass wir nicht irgendwo implizit die Kommutativität verwenden. In Satz 5.3a) muss die Aussage also wirklich für die Multiplikation von links und von rechts getrennt formuliert werden!

Beispiele von Gruppen

1. $(G, *) = (\mathbb{R}, +)$ ist eine kommutative Gruppe mit neutralem Element $e = 0$ und Inversem $a^{-1} = -a$.

2. $(G, *) := (\mathbb{R} \setminus \{0\}, \cdot)$ ist ebenso eine Gruppe: „$\cdot$" ordnet jedem Paar aus $\mathbb{R} \setminus \{0\}$ immer eine von 0 verschiedene Zahl zu, also haben wir eine Verknüpfung. Es ist $e = 1$ und $a^{-1} = 1/a$.

3. Im Abschn. 4.3 ab Definition 4.24 haben wir Restklassen gebildet und in diesen addiert und multipliziert. $(\mathbb{Z}/n\mathbb{Z}, \oplus)$ ist eine kommutative Gruppe:
   Das Nullelement ist 0. Das inverse Element zu m ist gerade $n - m$, denn $m \oplus (n - m) = m + (n - m) \bmod n = 0$. Die Assoziativität und die Kommutativität lassen sich auf die entsprechenden Regeln in $\mathbb{Z}$ zurückführen. Für das Assoziativitätsgesetz gilt beispielsweise:

$$(a \oplus b) \oplus c = (a \oplus b) + c \bmod n = (a + b) \bmod n + c \bmod n$$
$$= a \bmod n + b \bmod n + c \bmod n,$$
$$a \oplus (b \oplus c) = a + (b \oplus c) \bmod n = a \bmod n + (b + c) \bmod n$$
$$= a \bmod n + b \bmod n + c \bmod n.$$

4. $(G, *) := (\mathbb{R}^+, \cdot)$ ist ebenfalls eine Gruppe. Dies sollten Sie selbst nachrechnen! ◄

$(G, *) := (\mathbb{R}^-, \cdot)$ ist dagegen keine Gruppe. Warum nicht?

$\mathbb{R}^+$ ist eine Teilmenge von $\mathbb{R} \setminus \{0\}$. Bei Teilmengen einer Gruppe mit der gleichen Verknüpfung kann man sich die Untersuchung, ob es sich dabei auch um eine Gruppe handelt, etwas erleichtern:

▶ **Satz 5.4** Ist U eine Teilmenge von $(G, *)$ und ist G eine (kommutative) Gruppe, so ist $(U, *)$ genau dann eine (kommutative) Gruppe, wenn gilt:

$$a, b \in U \;\Rightarrow\; a * b \in U, a^{-1} \in U. \tag{5.1}$$

U heißt dann *Untergruppe* von G.

Beweis: Die Bedingung (5.1) besagt, dass es sich bei $*$ wirklich um eine Verknüpfung auf U handelt und dass (G2) erfüllt ist. Dann folgt, dass auch $a * a^{-1} = e \in U$ und damit gilt (G1). Die Assoziativität beziehungsweise die Kommutativität sind in U automatisch erfüllt, da die Elemente von U ja auch Elemente von G sind und sich daher assoziativ beziehungsweise kommutativ verhalten.   □

Beispiele

5. $(\mathbb{Z}, +)$ ist offensichtlich eine Untergruppe von $(\mathbb{R}, +)$, $(\mathbb{N}, +)$ dagegen nicht.

6. $(m\mathbb{Z}, +)$ ist eine Untergruppe von $(\mathbb{Z}, +)$, wobei $m\mathbb{Z} := \{mz \mid m \in \mathbb{Z}\}$ alle Vielfachen von m darstellt. Denn seien $a = mz_1$ und $b = mz_2$, so ist $a + b = m(z_1 + z_2) \in m\mathbb{Z}$ und $-a = m(-z_1) \in m\mathbb{Z}$.

7. Abbildungsgruppen: Sei M eine Menge. Die Menge F der bijektiven Abbildungen von $M \to M$ bildet mit der Hintereinanderausführung $f \circ g$ als Verknüpfung eine Gruppe: Es ist $e = id_M$ und f^{-1} die Umkehrabbildung zu f. Die Verknüpfung ist assoziativ, denn für alle $x \in M$ gilt:

$$(f \circ (g \circ h))(x) = f((g \circ h)(x)) = f(g(h(x)))$$
$$\parallel \tag{5.2}$$
$$((f \circ g) \circ h)(x) = (f \circ g)(h(x)) = f(g(h(x)))$$

Siehe Definition 1.15 zur Hintereinanderausführung von Abbildungen. Eine solche Hintereinanderausführung ist immer assoziativ.

8. Elliptische Kurven über dem Körper $\mathbb{R}$ sind Graphen im $\mathbb{R}^2$. Auf den Punkten einer solchen Kurve kann man eine Addition definieren, die sie zu einer kommutativen additiven Gruppe macht. Diese untersuchen wir genauer im Abschn. 5.5.

9. Spezielle Abbildungsgruppen sind die sogenannten *Permutationsgruppen*: Es sei S_n die Menge aller Permutationen der Menge $\{1, 2, \ldots, n\}$. Eine Permutation dieser

Zahlen ist nichts anderes als eine bijektive Abbildung. Aus Satz 3.5 wissen wir, dass es genau n! solche Abbildungen gibt, nach Beispiel 7 handelt es sich bei der Menge der Permutationen mit der Hintereinanderausführung um eine Gruppe. Mit diesen Gruppen wollen wir uns etwas näher beschäftigen. ◄

Permutationsgruppen

Wie kann man die Gruppenelemente möglichst einfach kennzeichnen? Zunächst schreiben wir die Elemente der Menge $\{1,2,\ldots,n\}$ nebeneinander und darunter die jeweiligen Bilder. Die Gruppe S_4 enthält zum Beispiel die Elemente:

$$a = \begin{pmatrix} 1 & 2 & 3 & 4 \\ 3 & 4 & 2 & 1 \end{pmatrix}, \quad b = \begin{pmatrix} 1 & 2 & 3 & 4 \\ 3 & 1 & 2 & 4 \end{pmatrix}, \quad c = \begin{pmatrix} 1 & 2 & 3 & 4 \\ 3 & 4 & 1 & 2 \end{pmatrix}.$$

Schauen wir bei diesen drei Permutationen einmal an, was mit der 1 passiert, wenn wir sie jeweils mehrmals hintereinander ausführen: Bei a wird 1 auf 3, dann 3 auf 2, 2 auf 4 und 4 schließlich wieder auf 1 abgebildet. Bei b wird 1 auf 3, 3 auf 2 und 2 wieder auf 1 abgebildet, bei c schließlich 1 auf 3, 3 auf 1. Eine solche Folge, die wieder beim Ausgangselement endet, nennen wir *Zyklus* der Permutation. Für die Permutation π schreiben wir einen solchen Zyklus, wenn $\pi^{k+1}(e) = e$ ist, so auf: $(e, \pi(e), \pi^2(e), \ldots, \pi^k(e))$. Im Beispiel haben wir also die Zyklen (1 3 2 4), (1 3 2) und (1 3) gefunden. Egal mit welchem Element wir beginnen, wenn wir sein Schicksal bei mehrfacher Ausführung betrachten, endet dieses früher oder später wieder beim Ausgangselement; jedes Element ist also Teil eines Zyklus. Warum? Da wir nur endlich viele Elemente zur Verfügung haben, muss irgendwann natürlich ein Element doppelt auftreten. Dies kann aber nur das Ausgangselement sein, sonst wäre die Permutation nicht injektiv. Das erkennen Sie sofort, wenn Sie es auf dem Papier ausprobieren.

Jetzt haben wir eine einfache Art gefunden, wie man eine Permutation aufschreiben kann: Wir identifizieren sie durch eine Menge von Zyklen: Wir beginnen mit dem ersten Element und notieren den zugehörigen Zyklus. Dann suchen wir ein Element, das in dem ersten Zyklus nicht vorkommt, und schreiben seinen Zyklus dahinter, und so fort, bis kein Element mehr übrig ist. Üblicherweise lässt man in dieser Schreibweise Einer-Zyklen (zum Beispiel (4) in b) weg. Damit erhalten wir die Schreibweisen:

$$a = (1\,3\,2\,4), \quad b = (1\,3\,2), \quad c = (1\,3)(2\,4).$$

Beachten Sie, dass diese Schreibweise nicht eindeutig ist, so gilt etwa (1 3)(2 4) = (4 2)(1 3).

Jeder einzelne Zyklus stellt selbst eine Permutation dar: $(e, \pi(e), \pi^2(e), \ldots, \pi^k(e))$ bezeichnet die Permutation, die e auf $\pi(e)$, $\pi(e)$ auf $\pi^2(e), \ldots, \pi^k(e)$ auf e abbildet und die übrigen Elemente fest lässt. (1 3)(2 4) lässt sich somit auch als Produkt (1 3) ∘ (2 4) der beiden Permutationen (1 3) und (2 4) in der Permutationsgruppe auffassen. Auch auf diese Weise wird die Permutation c dargestellt.

Ein Zweierzyklus $(a\ b)$ heißt *Transposition*. Man kann einfach sehen, dass für einen Zyklus gilt: $(e_1, e_2, e_3, \ldots e_k) = (e_1, e_2) \circ (e_2, e_3) \circ \cdots \circ (e_{k-1}, e_k)$. Also lässt sich jede Permutation als Hintereinanderausführung von Transpositionen schreiben.

Jetzt wissen Sie auch, warum man jedes noch so durcheinandergewürfelte Datenfeld durch eine Folge von Element-Vertauschungen sortieren kann.

Hierbei muss man genau aufpassen. Entsprechend der Konvention beim Hintereinanderausführen von Abbildungen führen wir diese von rechts beginnend aus, und es ist nicht möglich, die Reihenfolge zu vertauschen! Die S_n ist die erste nicht-kommutative Gruppe, die wir kennenlernen. Beispielsweise ist (in unserer ersten Schreibweise):

$$(3\ 2) = \begin{pmatrix} 1 & 2 & 3 & 4 \\ 1 & 3 & 2 & 4 \end{pmatrix} \quad (1\ 3) = \begin{pmatrix} 1 & 2 & 3 & 4 \\ 3 & 2 & 1 & 4 \end{pmatrix}$$

und

$$(1\ 3) \circ (3\ 2) = \begin{pmatrix} 1 & 2 & 3 & 4 \\ 3 & 1 & 2 & 4 \end{pmatrix} \quad (3\ 2) \circ (1\ 3) = \begin{pmatrix} 1 & 2 & 3 & 4 \\ 2 & 3 & 1 & 4 \end{pmatrix}.$$

Die Verknüpfungen in endlichen Gruppen kann man in Verknüpfungstafeln aufschreiben. Bezeichnen wir die sechs Elemente der S_3 mit a, b, c, d, e, f, so erhalten wir die Tabelle:

$\circ$	a	b	c	d	e	f
a	a	b	c	d	e	f
b	b	c	a	e	f	d
c	c	a	b	f	d	e
d	d	f	e	a	c	b
e	e	d	f	b	a	c
f	f	e	d	c	b	a

(5.3)

Halt, da fehlt noch was: Ich verrate Ihnen, dass in dieser Tabelle a die identische Permutation ist, $b = (1\ 2\ 3)$ und $d = (2\ 3)$. Daraus können Sie die anderen Elemente erschließen und die Richtigkeit der Tabelle kontrollieren.

▶ **Definition 5.5** Die endliche Gruppe $(G, *)$ mit n Elementen heißt *zyklisch*, wenn es ein Element $g \in G$ gibt mit der Eigenschaft

$$G = \{g, g^2, g^3, \ldots, g^n\}. \tag{5.4}$$

g heißt dann *erzeugendes Element* der Gruppe.

Die Potenzen des Elementes g erzeugen also die ganze Gruppe. Dann ist $g^n = e$, denn e muss ja eine Potenz von g sein, und wäre schon $g^m = e$ für ein $m < n$, dann wäre $g^{m+1} = g$, und es würden auf der rechten Seite von (5.4) nicht mehr alle n Elemente der Gruppe stehen.

Schauen Sie sich noch einmal die Gruppentafel (5.3) an: Diese Gruppe hat kein erzeugendes Element, denn $b^3 = a$, $c^3 = a$, $d^2 = a$, $e^2 = a$, $f^2 = a$, wobei hier a das neutrale Element ist. Jedoch sind die Mengen $\{b, b^2, b^3\}$, $\{c, c^2, c^3\}$, $\{d, d^2\}$ und so weiter zyklische Untergruppen der S_3. Dies können Sie leicht nachprüfen.

5.2 Ringe

▶ **Definition 5.6: Die Ringaxiome** Ein *Ring* $(R, \oplus, \otimes)$ besteht aus einer Menge R mit zwei Verknüpfungen $\oplus, \otimes$ auf R, für welche die folgenden Eigenschaften gelten:

(R1) $(R, \oplus)$ ist eine kommutative Gruppe.
(R2) Für alle $a, b, c \in R$ gilt $a \otimes (b \otimes c) = (a \otimes b) \otimes c$. R ist assoziativ.
(R3) Für alle $a, b, c \in R$ gilt $a \otimes (b \oplus c) = (a \otimes b) \oplus (a \otimes c)$ und $(b \oplus c) \otimes a = (b \otimes a) \oplus (c \otimes a)$. R ist distributiv.

Der Ring $(R, \oplus, \otimes)$ heißt *kommutativ*, wenn zusätzlich gilt:

(R4) Für alle $a, b \in R$ ist $a \otimes b = b \otimes a$.

Irgendwann demnächst werden uns die Symbole für Verknüpfungen ausgehen. Aus diesem Grund gehen wir jetzt so vor, wie Sie es vom Polymorphismus objektorientierter Programmiersprachen kennen: Wir verwenden fast immer nur noch zwei Symbole für Verknüpfungen, nämlich „+" und „·". Diese sind polymorph, das heißt, je nachdem welche Objekte links und rechts daneben stehen, haben sie eine andere Bedeutung. Wir werden uns daran sehr schnell gewöhnen. Gruppen, deren Verknüpfung mit „+" bezeichnet wird, nennen wir *additive Gruppen*, Gruppen mit der Verknüpfung „·" heißen *multiplikative Gruppen*. Um die Analogie zu den uns bekannten Verknüpfungen von Zahlen noch zu vervollständigen, nennen wir das neutrale Element einer additiven Gruppe in Zukunft „0" (das *Nullelement*), das neutrale Element einer multiplikativen Gruppe „1" (das *Einselement*). Das Inverse zu a in einer additiven Gruppe bezeichnen wir mit $-a$ anstelle von a^{-1}, statt $a + (-b)$ schreiben wir $a - b$. Für $a \cdot b$ schreiben wir ab, und für $a \cdot b^{-1}$ werden wir in kommutativen Gruppen häufig a/b schreiben. Genauso führen wir die Konvention „Punkt geht vor Strich" ein, um uns viele Klammern zu ersparen.

Die Verknüpfungen in einem Ring bezeichnen wir mit $+$ und mit $\cdot$. Ein Ring ist also eine kommutative additive Gruppe mit einer zusätzlichen assoziativen und distributiven

Multiplikation. Ein Ring hat immer eine 0, aber nicht immer eine 1. Alle folgenden Beispiele sind kommutative Ringe. Wie bei Gruppen gibt es eine einfache Möglichkeit zu testen ob eine Teilmenge eines Ringes selbst wieder ein Ring ist:

▶ **Satz 5.7** Ist S eine Teilmenge des Rings $(R, +, \cdot)$ so ist $(S, +, \cdot)$ genau dann ein Ring (ein Unterring von R), wenn gilt:

a) $(S, +)$ ist Untergruppe von $(R, +)$, das heißt $a, b \in S \Rightarrow a + b \in S$, $a^{-1} \in S$.
b) $a, b \in S \Rightarrow a \cdot b \in S$.

Der Beweis verläuft ähnlich wie der von Satz 5.4.

Beispiele von Ringen

1. $(\mathbb{Z}, +, \cdot)$ ist ein Ring.

2. $(m\mathbb{Z}, +, \cdot)$ ist ein Unterring von $\mathbb{Z}$, denn $(m\mathbb{Z}, +)$ ist eine Untergruppe von $\mathbb{Z}$, und sind $a = mz_1, b = mz_2$ Elemente von $m\mathbb{Z}$, so gilt $ab = m(mz_1z_2) = mz_3 \in m\mathbb{Z}$.

3. $(\mathbb{Q}, +, \cdot)$, $(\mathbb{R}, +, \cdot)$ sind Ringe.

4. Sei R irgendein Ring und $(\mathcal{F}, \oplus, \otimes)$ die Menge aller Abbildungen von R nach R mit den Verknüpfungen $f \oplus g$ und $f \otimes g$, die für alle $x \in R$ definiert sind durch:

$$(f \oplus g)(x) := f(x) + g(x)$$
$$(f \otimes g)(x) := f(x) \cdot g(x)$$

$(\mathcal{F}, \oplus, \otimes)$ ist ein Ring. Man nennt $\oplus$ und $\otimes$ die punktweise Addition beziehungsweise Multiplikation der Abbildungen. Hier verwende ich für einen Moment wieder die Symbole $\oplus, \otimes$, um Verwechslungen zu vermeiden: Zwei Abbildungen werden addiert (neue Addition), indem an jeder Stelle die Funktionswerte addiert werden (alte Addition). Das Nullelement ist die 0-Abbildung, das heißt die Abbildung, die jedes $x \in R$ auf 0 abbildet. Die Axiome kann man nachprüfen, indem man sie auf die Regeln des zu Grunde liegenden Ringes zurückführt. Für das Distributivgesetz sieht die Rechnung zum Beispiel so aus:

$$((f \oplus g) \otimes h)(x) = (f \oplus g)(x) \cdot h(x) = (f(x) + g(x))h(x)$$
$$= f(x)h(x) + g(x)h(x) = (f \otimes h)(x) + (g \otimes h)(x)$$
$$= ((f \otimes h) \oplus (g \otimes h))(x).$$

Vorsicht, die Verknüpfungen in $(\mathcal{F}, \oplus, \otimes)$ dürfen nicht mit der Hintereinanderausführung von Abbildungen verwechselt werden, wie wir sie etwa in (5.2) untersucht haben.

Dies ist zunächst ein sehr abstraktes Beispiel. Konkret können Sie etwa an reelle Funktionen denken. Solche Funktionen können addiert und multipliziert werden. Das ist Ihnen aus der Schule vertraut und im zweiten Teil des Buches werden wir das immer wieder durchführen.

5. Wir wissen schon, dass $(\mathbb{Z}/n\mathbb{Z}, \oplus)$ eine Gruppe ist. Es gilt sogar, dass $(\mathbb{Z}/n\mathbb{Z}, \oplus, \otimes)$ ein kommutativer Ring ist: $\otimes$ ist eine Verknüpfung auf $\mathbb{Z}/n\mathbb{Z}$ und genau wie im Beispiel 3 nach Satz 5.3 lassen sich Assoziativität, Kommutativität und Distributivität auf die entsprechenden Regeln in $\mathbb{Z}$ zurückführen. ◄

Polynomringe

Ein besonders wichtiger Typ von Ringen sind die Polynomringe, die Menge aller Polynome mit Koeffizienten aus einem Ring R. Ich formuliere die folgende Definition gleich etwas allgemeiner. Wenn sie Ihnen in dieser Form noch Probleme bereitet, stellen Sie sich unter R zunächst einfach die reellen Zahlen $\mathbb{R}$ vor, und Sie haben die Polynome vor sich, die Sie schon lange aus der Schule kennen.

▶   **Definition 5.8** Es sei R ein kommutativer Ring und $a_0, a_1, \ldots, a_n \in R$. Die Abbildung

$$f : R \to R$$
$$t \mapsto a_n t^n + a_{n-1} t^{n-1} + \cdots + a_1 t + a_0$$

heißt *Polynomfunktion* oder kurz *Polynom* über R. Ist $a_n \neq 0$, so heißt grad $f := n$ der *Grad* von f.

Wir dürfen Funktionen und Funktionswerte nicht verwechseln. Ich bezeichne mit $f(x) = a_n x^n + a_{n-1} x^{n-1} + \cdots + a_1 x + a_0$ die Funktion f, dabei ist x die Variable, während für ein konkretes Element $t \in R$ der Wert $f(t) = a_n t^n + a_{n-1} t^{n-1} + \cdots + a_1 t + a_0$ wieder ein Element von R ist, der Funktionswert von $f(x)$ an der Stelle t.

▶   **Definition 5.9** Sei R ein kommutativer Ring. Die Menge aller Polynome mit Koeffizienten aus R wird mit $R[x]$ bezeichnet. Mit den Verknüpfungen $p + q$ und $p \cdot q$, die für $t \in R$ definiert sind durch

$$(p + q)(t) := p(t) + q(t)$$
$$(p \cdot q)(t) := p(t) \cdot q(t) \tag{5.5}$$

heißt $R[x]$ *Polynomring* über R.

Es handelt sich bei diesem Ring um einen Unterring des Rings aller Abbildungen von R nach R (Beispiel 4 von vorhin). Die Verknüpfungen werden punktweise, das heißt für jedes Element $t \in R$ einzeln, definiert. Jetzt habe ich die Polynomverknüpfungen wieder mit $+, \cdot$ statt mit $\oplus, \otimes$ bezeichnet. In (5.5) haben also das „+" und das „$\cdot$" links und rechts verschiedene Bedeutungen! Das Null-Polynom von $R[x]$ ist die Null-Abbildung, das ist das Polynom, bei dem alle Koeffizienten gleich 0 sind.

Um zu sehen, dass $R[x]$ wirklich ein Ring ist, und damit die Definition überhaupt sinnvoll zu machen, müssen wir das Unterringkriterium aus Satz 5.7 anwenden. Sind Summe und Produkt zweier Polynomfunktionen wirklich wieder eine Polynomfunktion? Wir schauen uns das an einem Beispiel an. Seien $p, q \in \mathbb{R}[x]$, $p = x^3 + 3x^2 + 1$, $q = x^2 + 2$. Dann ist für alle $t \in R$: $(p+q)(t) = (t^3+3t^2+1)+(t^2+2) = t^3+4t^2+3$, und so erhalten wir als Summe $p + q = x^3 + 4x^2 + 3$. Ohne es im Detail nachzurechnen (es steckt nichts als Schreibarbeit dahinter), gilt für die beiden Polynome $p(x) = a_n x^n + \cdots + a_1 x + a_0$ und $q(x) = b_n x^n + \cdots + b_1 x + b_0$:

$$
\begin{aligned}
(p + q)(x) &= (a_n + b_n)x^n + (a_{n-1} + b_{n-1})x^{n-1} + \cdots + (a_0 + b_0) \\
&= \sum_{k=0}^{n} (a_k + b_k)x^k \\
(p \cdot q)(x) &= (a_n b_n)x^{n+n} + (a_n b_{n-1} + a_{n-1} b_n)x^{n+n-1} + \cdots + a_0 b_0 \\
&= \sum_{k=0}^{n+n} \left(\sum_{\substack{i+j=k \\ 0 \leq i, j \leq n}} a_i b_j \right) x^k
\end{aligned}
\tag{5.6}
$$

Ich habe hierbei beide Polynome bis zum Koeffizienten n aufgeschrieben. Wenn p und q verschiedene Grade haben, kann man bei dem Polynom kleineren Grades einfach noch ein paar Nullen hinschreiben und hat sie dann in dieser Form stehen. Die Formeln sehen kompliziert aus, sie besagen aber nichts anderes, als dass man zwei Polynome so addieren und multiplizieren kann, als wäre das x irgendeine Zahl (beziehungsweise ein Ringelement).

> Sollten Sie einmal eine Polynomklasse implementieren wollen, müssen Sie genau diese Definitionen verwenden. Die Aussage „multiplizieren, als wäre x eine Zahl" nützt Ihnen dann nichts.

Nun wissen wir also, dass Summe und Produkt von Polynomfunktionen wieder Polynomfunktionen sind. Um den Unterringtest zu beenden, muss noch gezeigt werden, dass die Polynome mit der Addition eine Untergruppe bilden. Das überlasse ich Ihnen. Wenden Sie dazu Satz 5.4 an und beachten Sie dabei, dass das Element a^{-1}, das dort erwähnt wird, nun $-a$ heißt.

5.3 Körper

▶ **Definition 5.10: Die Körperaxiome** Ein *Körper* $(K, +, \cdot)$ besteht aus einer Menge K und zwei Verknüpfungen $+, \cdot$ auf K mit den folgenden Eigenschaften:

(K1) $(K, +, \cdot)$ ist ein kommutativer Ring.
(K2) Es gibt ein Element 1 in K mit $1 \cdot a = a$ für alle $a \in K$ mit $a \neq 0$.
(K3) Für alle $a \in K$ mit $a \neq 0$ gibt es ein Element $a^{-1} \in K$ mit $a^{-1} \cdot a = 1$.

▶ **Satz 5.11** In einem Körper K gilt:

a) $a \cdot 0 = 0$ für alle $a \in K$.
b) Sind $a, b \in K$ und $a, b \neq 0$, so gilt auch $a \cdot b \neq 0$.

Beweis: Zu a): $a \cdot 0 = a \cdot (0 + 0) = a \cdot 0 + a \cdot 0$. Zieht man von beiden Seiten der Gleichung $a \cdot 0$ ab (genauer: addiert man das Inverse von $a \cdot 0$ dazu), so erhält man $0 = a \cdot 0$.
Zu b): angenommen $ab = 0$. Dann ist $b = (a^{-1}a)b = a^{-1}(ab) = a^{-1} \cdot 0 = 0$. □

Aus a) ergibt sich, dass man in Körpern nicht durch 0 dividieren darf: $a/0$ ist definiert als $a \cdot 0^{-1}$, es müsste also ein Inverses 0^{-1} zu 0 geben. Dann wäre $0^{-1} \cdot 0 = 1$, im Widerspruch zu a). Und b) besagt, dass die Multiplikation eine Verknüpfung auf $K \setminus \{0\}$ ist. Mit den Axiomen folgt daraus, dass $(K \setminus \{0\}, \cdot)$ eine Gruppe ist.

Beispiele von Körpern, die Sie kennen, sind $\mathbb{Q}$ und $\mathbb{R}$. Die ganzen Zahlen $\mathbb{Z}$ bilden keinen Körper, da es keine multiplikativen Inversen in $\mathbb{Z}$ gibt. Weitere Körper werden wir jetzt kennenlernen.

Der Körper $\mathbb{C}$ der komplexen Zahlen

Die ganzen Zahlen $\mathbb{Z}$ sind aus $\mathbb{N}$ durch das Hinzunehmen der negativen Zahlen entstanden, weil man Rechnungen wie 5−7 durchführen wollte. In $\mathbb{Z}$ ist die Aufgabe 3/4 nicht lösbar. Fügt man zu $\mathbb{Z}$ alle Brüche hinzu, so erhält man die rationalen Zahlen $\mathbb{Q}$. Wir haben gesehen, dass beispielsweise $\sqrt{2}$ kein Element von $\mathbb{Q}$ ist. Die reellen Zahlen entstehen aus $\mathbb{Q}$, indem man auf der Zahlengeraden die letzten Lücken füllt. In Kap. 12 werden wir uns genauer mit den reellen Zahlen beschäftigen. Leider gibt es in $\mathbb{R}$ immer noch Probleme: Zum Beispiel existiert keine reelle Zahl r mit $r^2 = -1$, denn jedes Quadrat einer reellen Zahl ist positiv.

Nun kann man $\mathbb{R}$ noch einmal erweitern, zu einem Körper, in dem $\sqrt{-1}$ existiert. Da auf der Zahlengeraden hierfür kein Platz mehr ist, muss man in die zweite Dimension gehen: $\mathbb{C} := \mathbb{R}^2 = \{(a, b) \mid a, b \in \mathbb{R}\}$. Die reellen Zahlen sollen darin die x-Achse sein, das heißt $\mathbb{R} = \{(a, 0) \mid a \in \mathbb{R}\}$. Das ist natürlich kein echtes Gleichheitszeichen, wir identifizieren a mit $(a, 0)$, wir tun so, als sei es das Gleiche. Damit ist auch klar, wie die Rechenoperationen in der Menge $\{(a, 0) \mid a \in \mathbb{R}\}$ aussehen: Es ist $(a, 0) + (b, 0) = (a + b, 0)$ und $(a, 0) \cdot (b, 0) = (a \cdot b, 0)$.

In dieser Menge $\mathbb{C}$ brauchen wir jetzt noch eine Addition und Multiplikation, so dass die Menge damit ein Körper wird. Eingeschränkt auf $\mathbb{R}$ (ganz genau: eingeschränkt auf $\{(a, 0) \mid a \in \mathbb{R}\}$) sollen diese natürlich die dort schon vorhandenen Verknüpfungen ergeben. Und es soll natürlich $\sqrt{-1}$ dabei sein, das heißt, es muss $(a, b) \in \mathbb{C}$ geben mit $(a, b) \cdot (a, b) = (-1, 0)$.

Ich schreibe eine Definition für diese Verknüpfungen auf:

▶ **Definition 5.12** $\mathbb{C} := \mathbb{R}^2 = \{(x, y) \mid x, y \in \mathbb{R}\}$ mit den folgenden Verknüpfungen für $(a, b), (c, d) \in \mathbb{R}^2$:

$$(a, b) + (c, d) := (a + c, b + d)$$
$$(a, b) \cdot (c, d) := (ac - bd, bc + ad) \tag{5.7}$$

heißt *Körper der komplexen Zahlen*.

Die Definition der Addition ist vielleicht noch einigermaßen einleuchtend, die Multiplikation scheint vom Himmel zu fallen. Wir werden aber gleich sehen, dass mit unseren soeben formulierten Anforderungen gar keine andere Möglichkeit bleibt. Zunächst ein paar Rechenbeispiele:

$$(a, 0) + (c, 0) = (a + c, 0)$$
$$(a, 0) \cdot (c, 0) = (a \cdot c, 0)$$
$$(1, 0) \cdot (c, d) = (c, d)$$
$$(0, 1) \cdot (0, 1) = (-1, 0).$$

Die ersten beiden Zeilen zeigen, dass auf $\mathbb{R}$ wirklich nichts Neues durch diese Verknüpfungen geschieht. In der dritten Zeile sehen wir, dass $(1, 0)$ (die 1 aus $\mathbb{R}$) auch für die komplexen Zahlen ein Einselement darstellt, und aus der letzten Zeile erhalten wir tatsächlich unsere Wurzel aus -1: sie lautet $(0, 1)$.

▶ **Satz 5.13** Die komplexen Zahlen $(\mathbb{C}, +, \cdot)$ bilden einen Körper.

Wir werden die Eigenschaften nicht im Einzelnen nachrechnen; es ist alles elementar durchzuführen. Die einzige spannende Eigenschaft stellt die Existenz des multiplikativen Inversen dar. Ich gebe das Inverse einfach an und rechne aus, dass es stimmt. Sei also $(a, b) \neq (0, 0)$, dann gilt

$$(a, b) \cdot \left(\frac{a}{a^2 + b^2}, \frac{-b}{a^2 + b^2} \right) = \left(\frac{a^2}{a^2 + b^2} - \frac{b(-b)}{a^2 + b^2}, \frac{ba}{a^2 + b^2} + \frac{a(-b)}{a^2 + b^2} \right) = (1, 0)$$

und somit ist $(\frac{a}{a^2+b^2}, \frac{-b}{a^2+b^2})$ das multiplikative Inverse zu (a, b). Beachten Sie dabei, dass $a^2 + b^2$ immer von 0 verschieden ist! $\qquad\qquad\qquad\qquad\qquad\qquad\qquad\qquad\quad$ □

Nun führen wir eine abkürzende Schreibweise für die Elemente in $\mathbb{C}$ ein: Für $(a, 0)$ schreiben wir einfach wieder a, für $(0, 1)$ schreiben wir i. Dieses i ist ein neues Symbol, nichts weiter als eine Abkürzung. Wegen $(0, b) = (b, 0)(0, 1) = b \cdot i$ und wegen $(a, b) = (a, 0) + (0, b)$ können wir jetzt für (a, b) auch $a + bi$ schreiben; jede komplexe Zahl (a, b) lässt sich also in der Form $a + bi$ darstellen.

Bilden wir das Produkt der beiden Zahlen $a + bi$ und $x + iy$, und zwar ohne Verwendung der Definition 5.12, sondern nur unter Berücksichtigung der Rechengesetze, die in einem Körper gelten müssen, dann erhalten wir:

$$(a + bi)(x + iy) = (ax + i(bx + ay) + i^2by) = (ax - by) + (bx + ay)i.$$

Vergleichen Sie dies mit (5.7); sehen Sie die Übereinstimmung? In einem Körper, in dem es eine Wurzel aus -1 gibt (die wir mit i bezeichnen), kann die Multiplikation gar nicht anders aussehen als in (5.7) aufgeschrieben!

Für viele haben die komplexen Zahlen etwas Geheimnisvolles an sich; dies kommt vielleicht daher, dass i für die „imaginäre Einheit" steht, für etwas nicht Reales, im Gegensatz zu den reellen Zahlen, die uns irgendwie „anfassbar" vorkommen (und „komplex" klingt auch noch so schwierig!). Dabei sind die komplexen Zahlen genauso wirklich oder unwirklich wie die reellen Zahlen, wir sind nur mehr an $\mathbb{R}$ gewöhnt. Ist es nicht eigentlich auch sehr suspekt, dass sich die reellen Zahlen niemals in einem Rechner darstellen lassen? Wir können immer nur mit endlichen Dezimalzahlen rechnen, die reellen Zahlen sind aber fast alle unendlich lang.

Es hat sich in der Mathematik und in den Anwendungen der Mathematik erwiesen, dass es unglaublich praktisch ist, mit $\mathbb{R}$ und den darin gültigen Regeln zu rechnen. Genauso hat sich gezeigt, dass viele sehr reale Probleme nur unter Zuhilfenahme der komplexen Zahlen vernünftig lösbar sind. Ein Elektrotechniker würde heute ohne die komplexen Zahlen verzweifeln! Einige der so nützlichen und schönen Eigenschaften und auch einige Anwendungen der komplexen Zahlen werden Sie in diesem Buch noch kennenlernen.

Vielleicht fragen Sie sich, ob sich die Reihe $\mathbb{N} \subset \mathbb{Z} \subset \mathbb{Q} \subset \mathbb{R} \subset \mathbb{C}$ noch fortsetzen lässt? $\mathbb{C}$ ist ein „algebraisch abgeschlossener" Körper, es gibt gar keinen Bedarf mehr für eine solche Erweiterung, wie der folgende wichtige Satz besagt:

▶ **Satz 5.14: Der Fundamentalsatz der Algebra** Jedes Polynom $a_nx^n + a_{n-1}x^{n-1} + \cdots + a_0 \in \mathbb{C}[x]$ mit Grad größer 0 hat eine Nullstelle in $\mathbb{C}$.

Unser einziges Ziel war, zu den reellen Zahlen $\sqrt{-1}$ dazu zu tun, dabei ist aber sehr viel mehr passiert: Jede negative Zahl a hat nun eine Wurzel als Nullstelle von $x^2 - a$, und sogar jedes Polynom hat eine Nullstelle.

Obwohl dieser Satz „Fundamentalsatz der Algebra" genannt wird, ist er eigentlich ein Satz der Analysis, der mit Methoden der Funktionentheorie bewiesen wird. So einfach, wie der

Abb. 5.2 Betrag und konjugiertes Element

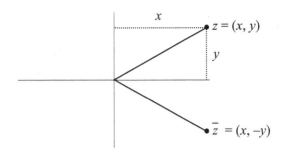

Satz zu formulieren ist, so schwierig ist der Beweis. Man braucht einige Semester Mathematik-Studium, um ihn nachvollziehen zu können, und wir müssen ihn hier einfach als richtig akzeptieren.

Zum Abschluss dieser Einführung in die komplexen Zahlen möchte ich Ihnen noch zwei wichtige Abbildungen der komplexen Zahlen vorstellen, die wir später noch häufig verwenden werden.

▶ **Definition 5.15** Sei $z = x + iy \in \mathbb{C}$. Es sei

$$|z| := \sqrt{x^2 + y^2} \quad \overline{z} = x - iy$$

$|z|$ heißt *Betrag* von z und $\overline{z}$ das *konjugierte Element* zu z (siehe Abb. 5.2).

Beide Abbildungen haben eine anschauliche Bedeutung: $|z|$ ist entsprechend dem Satz von Pythagoras gerade die Länge der Strecke vom Punkt $(0,0)$ zum Punkt (x, y), $\overline{z}$ erhält man, indem man z an der x-Achse spiegelt.

▶ **Satz 5.16: Eigenschaften des Betrags und der Konjugation** Für $z_1, z_2 \in \mathbb{C}$ gilt:

$$
\begin{aligned}
|z_1 + z_2| &\le |z_1| + |z_2|, \\
|z_1 z_2| &= |z_1||z_2|,
\end{aligned}
\tag{5.8}
$$

$$
\begin{aligned}
\overline{z_1 + z_2} &= \overline{z_1} + \overline{z_2}, \\
\overline{z_1 \cdot z_2} &= \overline{z_1} \cdot \overline{z_2}, \\
z_1 \cdot \overline{z_1} &= |z_1|^2.
\end{aligned}
$$

Nur der erste Teil von (5.8) ist etwas knifflig, die anderen Eigenschaften sind leicht nachzurechnen. (5.8) gilt übrigens identisch auch für den Betrag in den reellen Zahlen, wir müssen also nichts Neues dabei lernen.

Die Körper GF(p)

Untersuchen wir jetzt die Ringe $\mathbb{Z}/n\mathbb{Z}$. Die Körperaxiome (K1) und (K2) sind darin erfüllt. In Frage steht, ob jedes Element ungleich 0 ein multiplikatives Inverses hat. Für $\mathbb{Z}/4\mathbb{Z}$ und $\mathbb{Z}/5\mathbb{Z}$ schreiben wir die Multiplikationstabellen auf:

$n=4$	0	1	2	3
0	0	0	0	0
1	0	1	2	3
2	0	2	0	2
3	0	3	2	1

$n=5$	0	1	2	3	4
0	0	0	0	0	0
1	0	1	2	3	4
2	0	2	4	1	3
3	0	3	1	4	2
4	0	4	3	2	1

Im Fall $n=4$ hat 2 kein inverses Element, $\mathbb{Z}/4\mathbb{Z}$ kann also kein Körper sein. Im Fall $n=5$ sehen wir, dass in jeder Zeile (außer der ersten) die 1 vorkommt, und das heißt nichts anderes, als dass jede Zahl ein Inverses hat: $1^{-1}=1, 2^{-1}=3, 3^{-1}=2, 4^{-1}=4$. $\mathbb{Z}/5\mathbb{Z}$ ist also ein Körper. Wenn Sie sich die rechte Tabelle genau ansehen, stellen Sie fest: in jeder Zeile und in jeder Spalte kommt jedes Element genau einmal vor. Das ist kein Zufall, das muss so sein, weil nach Satz 5.3 die Gleichungen $ax=b$ für $a, b \neq 0$ eindeutig lösbar sind.

5 ist eine Primzahl und tatsächlich ist $\mathbb{Z}/n\mathbb{Z}$ genau dann ein Körper, wenn n eine Primzahl ist. Diese verblüffende Aussage können wir schon mit unseren elementaren zahlentheoretischen Kenntnissen beweisen. Zur Vorbereitung dient der folgende Satz:

▶ **Satz 5.17** Ein Element $a \in \mathbb{Z}/n\mathbb{Z}$ besitzt genau dann ein multiplikatives Inverses wenn $\mathrm{ggt}(a,n)=1$ ist.

Sei $\mathrm{ggt}(a,n)=1$. Nach dem erweiterten Euklid'schen Algorithmus (Satz 4.15) gibt es $\alpha, \beta \in \mathbb{Z}$ mit $\alpha a + \beta n = 1$. Dann ist $b := \alpha \bmod n$ das Inverse zu a, denn nach Satz 4.25 ist $\underbrace{a \bmod n}_{a} \otimes \underbrace{\alpha \bmod n}_{b} = (a \cdot \alpha) \bmod n = (1-\beta n) \bmod n$, also $ab=1$ in $\mathbb{Z}/n\mathbb{Z}$.

Ist umgekehrt $ab=1$ in $\mathbb{Z}/n\mathbb{Z}$ so gilt $1=ab+\gamma n$ für eine ganze Zahl γ. Ein gemeinsamer Teiler von a und n müsste dann auch ein Teiler von 1 sein, also ist $\mathrm{ggt}(a,n)=1$. □

Der Euklid'sche Algorithmus liefert also auch ein Rechenverfahren zur Bestimmung der inversen Elemente, sozusagen einen Divisionsalgorithmus für die invertierbaren Elemente von $\mathbb{Z}/n\mathbb{Z}$. Wir können aus dem soeben bewiesenen Satz eine weitere wichtige Eigenschaft von $\mathbb{Z}/n\mathbb{Z}$ ableiten:

▶ **Satz 5.18** Die Menge $\mathbb{Z}/n\mathbb{Z}^* := \{a \in \mathbb{Z}/n\mathbb{Z} \mid \mathrm{ggt}(a,n)=1\}$ bildet bezüglich der Multiplikation modulo n eine kommutative Gruppe.

Es sind die Gruppenaxiome nachzuprüfen:

Handelt es sich bei der Multiplikation um eine Verknüpfung auf $\mathbb{Z}/n\mathbb{Z}^*$? Ja, denn gilt $\gcd(a, n) = 1$ und $\gcd(b, n) = 1$, so ist auch $\gcd(ab, n) = 1$, denn ein gemeinsamer Primteiler von ab und n müsste auch a oder b teilen.

Natürlich ist die 1 in $\mathbb{Z}/n\mathbb{Z}^*$ und Satz 5.17 besagt, dass auch das Inverse von a in $\mathbb{Z}/n\mathbb{Z}^*$ liegt. Die Assoziativität und die Kommutativität folgt, da $\mathbb{Z}/n\mathbb{Z}^*$ eine Teilmenge des Rings $\mathbb{Z}/n\mathbb{Z}$ ist. □

Ist jetzt n eine Primzahl, so erhalten wir einen Körper:

▶ **Satz und Definition 5.19** $\mathbb{Z}/p\mathbb{Z}$ ist genau dann ein Körper, wenn p eine Primzahl ist. $\mathbb{Z}/p\mathbb{Z}$ wird mit GF(p) bezeichnet.

$\mathbb{Z}/p\mathbb{Z}$ ist ein kommutativer Ring mit 1. Ist p eine Primzahl so gilt für $a \in \{1, 2, \ldots, p-1\}$ immer $\gcd(a, p) = 1$. Also hat nach Satz 5.17 jedes von 0 verschiedene Element ein multiplikatives Inverses und $\mathbb{Z}/p\mathbb{Z}$ ist ein Körper. Ist p keine Primzahl, so hat p Teiler in $\{1, 2, \ldots, p-1\}$ zu denen es nach Satz 5.17 kein Inverses gibt. □

Die endlichen Körper GF(p) werden auch Galois-Körper genannt. GF steht für „Galois Field", field ist die englische Bezeichnung für einen Körper. Der Name wurde zu Ehren des französischen Mathematikers Evariste Galois (1811–1832) gewählt, der bei der Untersuchung dieser Körper bahnbrechende Ergebnisse erzielt hat. Er war ein mathematisches Genie und ein politischer Heißsporn, der auf Grund seiner Jugend und seiner Ideen, die seiner Zeit weit voraus waren, vom mathematischen Establishment nicht anerkannt wurde. Schließlich starb er, gerade 20 Jahre alt, in einem Duell. Sein schriftlicher Nachlass, den er in großen Teilen erst in der Nacht vor seinem Tod skizziert hat, beschäftigt Mathematiker noch heute.

Sie können jetzt also auch für $p = 9967$ (und für jede andere Primzahl) eine Multiplikationstabelle aufstellen und Sie werden feststellen, dass in jeder Zeile und Spalte (außer der ersten) jeder Rest genau einmal vorkommt. Es folgt ein erstes Beispiel:

Beispiel zur Rechnung in endlichen Körpern

Bücher werden durch die ISBN, die International Standard Book Number, identifiziert. Die ISBN10 besteht aus einem Code von 10 Ziffern, wobei die letzte Ziffer eine Prüfziffer darstellt. Die Bindestriche zwischen einzelnen Zifferblöcken ignorieren wir. Die Prüfziffer wird wie folgt berechnet: Ist a_i die i-te Ziffer der ISBN, $i = 1, \ldots, 9$, so ist die Prüfziffer p gleich

$$p = 1a_1 + 2a_2 + 3a_3 + 4a_4 + 5a_5 + 6a_6 + 7a_7 + 8a_8 + 9a_9 \bmod 11.$$

Die erste Auflage dieses Buches hatte die ISBN 3-528-03181-6, es ist

$$p = 1 \cdot 3 + 2 \cdot 5 + 3 \cdot 2 + 4 \cdot 8 + 5 \cdot 0 + 6 \cdot 3 + 7 \cdot 1 + 8 \cdot 8 + 9 \cdot 1 \bmod 11 = 6.$$

Wenn der Rest modulo 11 gleich 10 ist, wird als Prüfziffer der Buchstabe X verwendet. Wäre es nicht einfacher, modulo 10 zu rechnen? Die Verwendung der Primzahl 11 als Modul hat zur Folge, dass in der ISBN jede Ziffervertauschung und jede einzelne falsche Ziffer erkannt werden kann. Überlegen wir uns das für die Vertauschung der verschiedenen Ziffern a_i und a_j, $i \neq j$. Wir rechnen dazu im Körper GF(11).

Erhielten wir nach dieser Vertauschung dieselbe Prüfziffer, so müsste nach den Rechenregeln in einem Körper gelten:

$$(\cdots + i a_i + \cdots + j a_j + \cdots) - (\cdots + i a_j + \cdots + j a_i + \cdots)$$
$$= (i a_i + j a_j) - (i a_j + j a_i) = 0,$$

und damit

$$0 = i a_i + j a_j - i a_j - j a_i = (i - j)(a_i - a_j).$$

Dabei sind $i - j$ und $a_i - a_j$ in dem Körper GF(11) ungleich 0. Dieses Produkt kann aber nach Satz 5.11b) nicht 0 ergeben!

Ähnlich können Sie schließen, dass jeder Einzelfehler erkannt werden kann. Mit dem Modul 10 könnten nicht alle Fehler und Vertauschungen entdeckt werden. Auch eine kleinere Primzahl reicht nicht aus. Suchen Sie Zahlenbeispiele dafür! ◄

Seit 2006 wird immer mehr die 13-stellige ISBN13 verwendet. Diese entspricht im Aufbau der globalen Artikelidentnummer, die als Strichcode auf vielen Handelsartikeln aufgedruckt ist. Die Prüfziffer a_{13} dieser Artikelnummer wird so berechnet, dass

$$(a_1 + a_3 + \ldots + a_{13}) + 3(a_2 + a_4 + \ldots + a_{12}) \bmod 10 = 0$$

ist. Hier ist kein endlicher Körper mehr im Spiel. Die Fehlererkennung ist aber auch nicht so gut wie bei der ISBN10: Es können nicht alle Vertauschungen erkannt werden.

Bei der IBAN, der International Bank Account Number, wird eine zweistellige Prüfzahl modulo 97 berechnet. 97 ist die größte Primzahl kleiner als 100 und daher für eine solche Prüfzahl besonders geeignet.

Es folgt ein wichtiger Satz der Zahlentheorie, der von dem berühmten Mathematiker Fermat stammt. Er lässt sich mit Hilfe der Körpereigenschaften von GF(p) sehr leicht beweisen. Wir verwenden ihn gleich, um die quadratische Kollisionsauflösung beim Hashing (siehe Abschn. 4.4) zu begründen. Später werden wir ihn in der Herleitung des RSA-Verschlüsselungsalgorithmus benötigen, den wir in Abschn. 5.6 untersuchen.

▶ **Satz 5.20: Der kleine Fermat'sche Satz** Ist p eine Primzahl, so gilt in GF(p) für jedes $a \neq 0$:

$$a^{p-1} = 1.$$

Meist wird der Satz ohne die explizite Verwendung der Struktur GF(p) wie folgt formuliert:

▶ **Satz 5.20a: Der kleine Fermat'sche Satz** Ist p eine Primzahl, so gilt für jedes $a \in \mathbb{Z}$, welches kein Vielfaches von p ist:

$$a^{p-1} \equiv 1 \bmod p.$$

Die beiden Formulierungen des Satzes sind äquivalent.

Zahlenbeispiele

$$\begin{aligned} p = 5 \quad a = 2: \quad & 2^4 = 16 = 3 \cdot 5 + 1 \\ a = 7: \quad & 7^4 = 2401 = 480 \cdot 5 + 1. \\ p = 3 \quad a = 8: \quad & 8^2 = 64 = 21 \cdot 3 + 1 \\ a = 9: \quad & 9^2 = 81 = 27 \cdot 3 + 0 \ (a \text{ ist Vielfaches von } p!). \end{aligned}$$ ◀

Zum Beweis des kleinen Fermat'schen Satzes rechnen wir jetzt in GF(p) und zeigen, dass für $a \neq 0$ immer $a^{p-1} = 1$ gilt: Zunächst stellen wir fest, dass die Zahlen $1a, 2a, 3a, \ldots, (p-1)a$ in GF(p) alle verschieden sind. Wäre etwa $ma = na$, so müsste $(m-n)a = 0$ sein, das geht nach Satz 5.11b) aber nur, wenn $m = n$ ist. Also enthalten auch die Mengen $\{1a, 2a, 3a, \ldots, (p-1)a\}$ und $\{1, 2, 3, \ldots, (p-1)\}$ die gleichen Elemente, und daher sind auch die Produkte aller Elemente dieser beiden Mengen gleich. Somit ist $1a \cdot 2a \cdot 3a \cdot \ldots \cdot (p-1)a = 1 \cdot 2 \cdot 3 \cdot \ldots \cdot (p-1)$. Anders geschrieben heißt das

$$(p-1)! \, a^{p-1} = (p-1)!,$$

woraus nach Division durch $(p-1)!$ die Behauptung $a^{p-1} = 1$ folgt. □

Ich weiß leider nicht mehr, wo ich diesen schönen Beweis gesehen habe. Ich finde, er hätte auch einen Eintrag im „Proofs from the BOOK" verdient, das ich schon nach dem Satz 2.11 erwähnt habe. Fermat, der noch nichts von den Galois-Körpern wusste, hatte damit sehr viel mehr Arbeit. Fermat (1607–1665) war einer der ersten großen Zahlentheoretiker, er hat viele bedeutende Sätze hinterlassen. Mit einem seiner Probleme ist er am Ende des 20. Jahrhunderts wieder in das Rampenlicht getreten: Jeder Bauarbeiter weiß, dass die Gleichung $x^2 + y^2 = z^2$ ganzzahlige Lösungen hat (zum Beispiel ist $3^2 + 4^2 = 5^2$). Mit einer Schnur, die im Verhältnis $3 : 4 : 5$ Markierungen trägt, kann man präzise einen rechten Winkel bestimmen. Fermat untersuchte die Frage, ob es für die Gleichungen $x^n + y^n = z^n$ auch für $n > 2$ ganzzahlige Lösungen gibt. Trotz vieler Versuche war es bis dahin nicht gelungen, solche zu finden. Etwa 1637 schrieb Fermat an den Rand eines Buches sinngemäß: „Ich besitze einen wahrhaft wunderbaren Beweis dafür, dass $x^n + y^n = z^n$ für $n > 2$ nicht in $\mathbb{Z}$ lösbar ist. Der Rand ist nur zu klein, ihn darauf zu schreiben."

Fermat besaß die Angewohnheit, niemals Beweise aufzuschreiben, alle seine Sätze haben sich jedoch als richtig erwiesen. Am Nachweis dieser Behauptung haben sich aber über

350 Jahre die klügsten Mathematiker der Welt die Zähne ausgebissen. Erst 1993 wurde „Fermats letzter Satz" von Andrew Wiles bewiesen. So einfach, wie das Problem formuliert werden kann, so schwierig ist die Mathematik, die in dem Beweis steckt. Ob Fermat wirklich einen wunderbaren Beweis besessen hat?

Wer etwas mehr über das Wesen der Mathematik erfahren will, dem kann ich das Buch „Fermats letzter Satz" von Simon Singh aus dem Hanser Verlag empfehlen. Es ist auch für Nicht-Mathematiker sehr spannend zu lesen.

Als erste Anwendung des Satzes können wir jetzt die Aussage beweisen, dass beim Hashing mit quadratischer Kollisionsauflösung jede Adresse erreicht wird, sofern die Primzahl $p \equiv 3 \bmod 4$ ist. Siehe hierzu Abschn. 4.4:

▶   **Satz 5.21** Ist p eine Primzahl mit $p \equiv 3 \bmod 4$, so gilt in $\mathrm{GF}(p)$:

$$\{i^2 \mid i = 1, \ldots, (p-1)/2\} \cup \{-(i^2) \mid i = 1, \ldots, (p-1)/2\} = \mathrm{GF}(p) \setminus \{0\}.$$

Ist $a \neq 0$ ein Quadrat, das heißt $a = i^2$, so sind $\pm i$ die einzigen Wurzeln von a: Angenommen $i^2 = j^2$. Dann ist $0 = i^2 - j^2 = (i + j)(i - j)$, das heißt $i = j$ oder $i = -j$.

Da p eine Primzahl ist, ist $(p-1)/2$ eine natürliche Zahl. Weiter gilt nach dem kleinen Satz von Fermat für alle $a \neq 0$:

$$a^{p-1} = (a^{\frac{p-1}{2}})^2 = 1,$$

und daher ist $a^{\frac{p-1}{2}} = \pm 1$. Da $p \equiv 3 \bmod 4$ ist, gilt weiter $\frac{p+1}{4} \in \mathbb{N}$ und für $i = a^{\frac{p+1}{4}}$ ist

$$i^2 = (a^{\frac{p+1}{4}})^2 = a^{\frac{p+1}{2}} = a^{\frac{p-1}{2}+1} = a^{\frac{p-1}{2}} \cdot a = \pm a.$$

Damit ist $a = i^2$ oder $a = -(i^2)$. Sollte i größer als $(p-1)/2$ sein, so ersetzen wir i durch $-i = p - i$ und die Aussage bleibt richtig. Jedes von 0 verschiedene Element ist also ein Quadrat oder das negative eines Quadrats einer Zahl zwischen 1 und $(p-1)/2$. □

Ganz nebenbei haben wir in dem Beweis in den Körpern $\mathrm{GF}(p)$ mit $p \equiv 3 \bmod 4$ auch noch einen einfachen Algorithmus zum Wurzelziehen gefunden. Für alle Quadrate a gilt

$$\sqrt{a} = \pm a^{\frac{p+1}{4}}.$$

5.4 Polynomdivision

Im Ring der ganzen Zahlen konnten wir Division mit Rest durchführen, dies haben wir verwendet, um den größten gemeinsamen Teiler zweier Zahlen mit Hilfe des Euklid'schen Algorithmus zu bestimmen. In Polynomringen über einem Körper K gibt es auch einen solchen Divisionsalgorithmus, der wichtige Anwendungen hat:

▶ **Satz und Definition 5.22: Die Polynomdivision** Sei K ein Körper, $K[X]$ der Polynomring über K. Dann kann man in $K[X]$ Division mit Rest durchführen, das heißt:

> zu $f, g \in K[X]$ mit $g \neq 0$ gibt es $q, r \in K[X]$ mit $f = g \cdot q + r$ und grad $r < $ grad g.

Der Rest $r(x)$ wird dann mit $f(x) \bmod g(x)$ bezeichnet: $r(x) = f(x) \bmod g(x)$. Ist $r(x) = 0$, so sagen wir $g(x)$ *ist ein Teiler von* $f(x)$ oder $f(x)$ *ist durch* $g(x)$ *teilbar*.

Bevor wir konstruktiv die Polynome q und r finden, einige unmittelbare Folgerungen aus diesem Satz:

▶ **Satz 5.23** Hat $f \in K[X]$ die Nullstelle x_0, (das heißt $f(x_0) = 0$), so ist f durch $(x - x_0)$ ohne Rest teilbar. „Die Nullstelle lässt sich abspalten."

Beweis: Für $g = x - x_0$ gibt es nach Satz 5.22 $q(x), r(x)$ mit $f(x) = (x - x_0)q(x) + r(x)$ und grad $r < 1 = $ grad g. Also ist $r(x) = a_0 x^0 = a_0$ konstant. Setzt man x_0 ein, so folgt $0 = f(x_0) = 0 \cdot q(x_0) + a_0$ und damit $a_0 = 0$. □

▶ **Satz 5.24** Ein von 0 verschiedenes Polynom $f \in K[X]$ vom Grad n hat höchstens n Nullstellen.

Beweis: Angenommen f hat mehr als n Nullstellen. Durch Abspalten der ersten n Nullstellen erhält man $f(x) = (x - x_1)(x - x_2) \cdots (x - x_n)q(x)$ und $q(x)$ muss konstant sein, sonst wäre grad $f > n$. Ist jetzt $f(x_{n+1}) = 0$, so muss einer der Faktoren rechts gleich 0 sein (Satz 5.11, wir befinden uns in einem Körper!), also kommt x_{n+1} schon unter den $x_1, \ldots, x_n$ vor. □

Eine erste wichtige Folgerung aus Satz 5.14, dem Fundamentalsatz der Algebra, lautet:

▶ **Satz 5.25** Jedes Polynom $f(x) \in \mathbb{C}[X]$ zerfällt in Linearfaktoren:

$$f(x) = a_n(x - x_0)(x - x_1) \cdots (x - x_n).$$

Denn die Nullstellen lassen sich sukzessive immer weiter abspalten. Jeder Quotient vom Grad größer als 0 hat nach dem Fundamentalsatz eine weitere Nullstelle. □

Nun zur Durchführung der Polynomdivision, wir erarbeiten uns den Algorithmus. Zunächst erinnern wir uns, wie wir in der Schule die Division natürlicher Zahlen gelernt haben:

$$365 : 7 = 52 \quad \text{Rest } 1 \quad \text{das heißt: } 365 = 7 \cdot 52 + 1$$

$$\underline{-35}$$
$$15 \qquad \text{Wie oft geht 7 in 36?}$$
$$\underline{-14}$$
$$1$$

Das Gleiche führen wir jetzt an einem Polynombeispiel in $\mathbb{R}[X]$ durch:

$$(2x^5 + 5x^3 + x^2 + 3x + 1) : (2x^2 + 1) = x^3 + 2x + \tfrac{1}{2} \quad \text{Rest: } (x + \tfrac{1}{2})$$

$-g \cdot x^3: \quad \underline{-(2x^5 + x^3)}$

$f_1: \qquad\qquad 4x^3 + x^2 + 3x + 1$

$-g \cdot 2x: \qquad \underline{-(4x^3 + 2x)}$

$f_2: \qquad\qquad\qquad x^2 + x + 1$

$-g \cdot \tfrac{1}{2}: \qquad\qquad \underline{-(x^2 + \tfrac{1}{2})}$

$f_3: \qquad\qquad\qquad\qquad x + \tfrac{1}{2}$

Wie oft geht $2x^2$ in $2x^5$? (nur die ersten Terme der Polynome untersuchen!)

Das heißt:

$$(2x^5 + 5x^3 + x^2 + 3x + 1) = (2x^2 + 1)(x^3 + 2x + \tfrac{1}{2}) + (x + \tfrac{1}{2}).$$

An diesem Beispiel sehen Sie auch, dass K wirklich ein Körper sein muss; in $\mathbb{Z}[X]$ geht diese Polynomdivision nicht, da $\tfrac{1}{2} \notin \mathbb{Z}$!

Warum funktioniert das? Aus der Rechnung geht hervor, dass

$$f(x) = f_1(x) + g(x)x^3,$$
$$f_1(x) = f_2(x) + g(x)2x,$$
$$f_2(x) = f_3(x) + g(x)\tfrac{1}{2}.$$

Setzen wir nacheinander ein, so erhalten wir

$$f(x) = \big((f_3(x) + g(x)\tfrac{1}{2}) + g(x)2x\big) + g(x)x^3 = \underbrace{f_3(x)}_{r(x)} + g(x)\underbrace{(x^3 + 2x + \tfrac{1}{2})}_{q(x)}$$

Genauso können wir dies für Polynome $f(x) = a_n x^n + \cdots + a_0, g(x) = b_m x^m + \cdots + b_0$ mit beliebigen Koeffizienten aus K herleiten, wir sind nur sehr viel länger mit dem Aufschreiben der Indizes beschäftigt. Das möchte ich uns hier ersparen.

Wichtig ist, dass diese Division nicht nur mit Koeffizienten in $\mathbb{R}$ klappt, sondern mit jedem Körper, zum Beispiel auch mit unseren gerade entdeckten Körpern GF(p). Führen wir ein Beispiel in GF(3)[X] durch: Als Koeffizienten kommen hierbei nur 0, 1 und 2 in Frage. Weil wir dabei viel in dem Körper GF(3) rechnen müssen schreibe ich zunächst noch einmal die Verknüpfungstabellen dafür auf:

$+$	0	1	2		$\cdot$	0	1	2
0	0	1	2		0	0	0	0
1	1	2	0		1	0	1	2
2	2	0	1		2	0	2	1

$$
\begin{array}{llll}
& (2x^4 \quad\quad + 2x^2 + \ x + 1) : (x + 2) = 2x^3 + 2x^2 + x + 2 \\
① & \underline{-(2x^4 + \ x^3)} \\
② & \qquad\quad 2x^3 + 2x^2 + \ x + 1 \\
& \qquad\quad \underline{-(2x^3 + \ x^2)} \\
& \qquad\qquad\qquad x^2 + \ x + 1 \\
& \qquad\qquad\quad \underline{-(x^2 + 2x)} \\
③ & \qquad\qquad\qquad\qquad 2x + 1 \\
& \qquad\qquad\qquad\quad -(2x + 1)
\end{array}
$$

(5.9)

Anmerkungen zur Rechnung:

① $x \cdot 2x^3 = 2x^4$, $2 \cdot (2x^3) = (2 \cdot 2)x^3 = 1 \cdot x^3$.
② $0 \cdot x^3 - 1 \cdot x^3 = 0 \cdot x^3 + 2x^3 = 2x^3$ (denn $-1 = 2$!).
③ $x - 2x = x + x = 2x$.

Machen wir zur Sicherheit die Probe:

$$
\begin{aligned}
(x + 2)(2x^3 + 2x^2 + x + 2) &= 2x^4 + 2x^3 + x^2 + 2x + x^3 + x^2 + 2x + 1 \\
&= 2x^4 + 2x^2 + x + 1.
\end{aligned}
$$

Das Horner-Schema

In technischen Anwendungen ist es oft notwendig die Funktionswerte von Polynomen schnell zu berechnen. Wir werden im zweiten Teil des Buches sehen, dass viele Funktionen, wie zum Beispiel Sinus, Cosinus, Exponentialfunktion oder Logarithmus, durch Polynome angenähert werden können. Immer wenn Sie auf Ihrem Taschenrechner $\sin(x)$ eintippen, wird ein solches Polynom an der Stelle x ausgewertet. Hierfür benötigen wir einen Algorithmus, der möglichst wenig Rechenoperationen erfordert. Schauen wir uns das folgende Polynom an:

$$
f(x) = 8x^7 + 3x^6 + 2x^5 - 5x^4 + 4x^3 - 3x^2 + 2x - 7.
$$

Wenn wir dieses Polynom an einer Stelle $x = b$ auswerten wollen und einfach drauflos rechnen, benötigen wir $7+6+5+4+3+2+1 = 28$ Multiplikationen und 7 Additionen.

Das Horner-Schema verringert diesen Aufwand erheblich. Wir berechnen nacheinander:

$$c_0 := 8$$
$$c_1 := c_0 \cdot b + 3 \quad = 8 \cdot b + 3$$
$$c_2 := c_1 \cdot b + 2 \quad = 8 \cdot b^2 + 3b + 2$$
$$c_3 := c_2 \cdot b - 5 \quad = 8 \cdot b^3 + 3b^2 + 2b - 5 \tag{5.10}$$
$$\vdots$$
$$c_7 := c_6 \cdot b - 7 \quad = 8 \cdot b^7 + 3b^6 + 2b^5 - 5b^4 + 4b^3 - 3b^2 + 2b - 7 = f(b)$$

c_7 ist also der gesuchte Funktionswert. Zu dessen Berechnung benötigen wir 7 Multiplikationen und 7 Additionen. Dieses Verfahren kann neben der Berechnung von Funktionswerten auch zum Abspalten von Nullstellen verwendet werden:

▶ **Satz 5.26: Das Horner-Schema** Es sei K ein Körper, $f(x) = a_n x^n + \cdots + a_1 x + a_0 \in K[X]$ ein Polynom vom Grad n und $b \in K$. Für die rekursiv definierte Zahlenfolge

$$c_0 := a_n, \quad c_k := c_{k-1}b + a_{n-k}, \qquad k = 1, \ldots, n$$

gilt $f(b) = c_n$.

Ist $f(b) = 0$, so erhält man den Quotienten $f(x)/(x - b) = q(x)$ durch

$$q(x) = c_0 x^{n-1} + c_1 x^{n-2} + \cdots + c_{n-2}x + c_{n-1}.$$

Das Beispiel (5.10) zeigt, wie die Aussage $f(b) = c_n$ zu Stande kommt. Natürlich beweist man dies im allgemeinen Fall mit einer vollständigen Induktion. Um die Richtigkeit der zweiten Aussage zu sehen, müssen wir nur die Probe machen. Dabei verwenden wir, dass $f(b) = c_n = 0$ ist:

$$q(x)(x - b) = \underbrace{c_0}_{a_n} x^n + \underbrace{(c_1 - c_0 b)}_{a_{n-1}} x^{n-1} + \underbrace{(c_2 - c_1 b)}_{a_{n-2}} x^{n-2} + \cdots$$
$$+ \underbrace{(c_{n-1} - c_{n-2}b)}_{a_1} x - \underbrace{c_{n-1}b}_{c_n - a_0 = -a_0}$$
$$= f(x) \qquad\qquad\qquad\qquad\qquad\qquad \square$$

Das folgende Schema kann verwendet werden, um die Koeffizienten c_i einfach zu berechnen: In die erste Zeile einer dreizeiligen Tabelle schreiben wir zunächst die Koeffizienten des Polynoms. Von links beginnend werden die beiden anderen Zeilen Spalte für Spalte gefüllt: die zweite Zeile enthält in der ersten Spalte die 0, in der Spalte i für $i > 1$ jeweils das Zwischenergebnis $c_{i-1} \cdot b$, so dass sich in der dritten Zeile als Summe der ersten beiden Zeilen das Element c_i ergibt:

a_{n-i}:	a_n	a_{n-1}	a_{n-2}	$\ldots$	a_1	a_0
$+$	0	$c_0 \cdot b$	$c_1 \cdot b$	$\ldots$	$c_{n-2} \cdot b$	$c_{n-1} \cdot b$
c_i:	c_0	c_1	c_2	$\ldots$	c_{n-1}	c_n

Probieren wir es an dem Beispiel (5.9) aus: Das Polynom $2x^4 + 2x^2 + x + 1 \in \mathrm{GF}(3)[X]$ hat die Nullstelle 1, ist also durch $(x + (-1)) = x + 2$ teilbar. Aus dem Horner-Schema erhalten wir die Koeffizienten c_i:

a_{n-i}:	2	0	2	1	1
$+$		0	$2 \cdot 1 = 2$	$2 \cdot 1 = 2$	$1 \cdot 1 = 1$	$2 \cdot 1 = 2$
c_i:	2	2	1	2	0

und damit den Quotienten $2x^3 + 2x^2 + x + 2$, genau wie in (5.9).

Restklassen im Polynomring, die Körper $\mathrm{GF}(p^n)$

Die Tatsache, dass in dem Polynomring $K[X]$ Division mit Rest möglich ist, erlaubt es in $K[X]$ ähnliche Berechnungen durchzuführen, wie wir in Kap. 4 mit den ganzen Zahlen gemacht haben. So kann man Restklassen modulo eines Polynoms bilden und den Euklid'schen Algorithmus durchführen. Rechnen mit Restklassen geht analog wie in $\mathbb{Z}$ und so werden wir neue interessante Ringe und Körper entdecken.

Ich möchte zunächst ein paar Definitionen und Sätze anführen, die fast wörtliche Übertragungen von unseren Ergebnissen mit den ganzen Zahlen sind:

▶ **Definition 5.27** Ist K ein Körper und $f(x) \in K[X]$ ein Polynom vom Grad n, so heißt $f(x)$ *irreduzibel*, wenn in jeder Darstellung $f(x) = g(x)h(x)$ mit Polynomen $g(x), h(x)$ gilt: grad $g = 0$ oder grad $g = n$.

Ist $f(x)$ durch $g(x)$ teilbar und k ein Körperelement, so ist $f(x)$ auch durch $k \cdot g(x)$ teilbar. Aber bis auf diesen multiplikativen Faktor hat ein irreduzibles Polynom $f(x)$ nur sich selbst und das Polynom $1 \cdot x^0 = 1$ als Teiler. Erkennen Sie die Analogie zu den Primzahlen in $\mathbb{Z}$?

▶ **Definition 5.28** Seien $f(x), g(x) \in K[X]$. Das Polynom $d(x) \in K[X]$ heißt *größter gemeinsamer Teiler* von f und g, wenn d ein gemeinsamer Teiler von f und g ist und wenn d maximalen Grad mit dieser Eigenschaft hat. Wir schreiben $d(x) = \mathrm{ggt}(f(x), g(x))$.

Vergleichen Sie hierzu die Definition 4.12 in Abschn. 4.2. Beachten Sie bitte: Im Unterschied zum größten gemeinsamen Teiler in $\mathbb{Z}$ ist der größte gemeinsame Teiler zweier Polynome nicht eindeutig bestimmt, sondern nur bis auf einen multiplikativen Faktor aus K: Ist $d(x)$ ein größter gemeinsamer Teiler und $k \in K$, so ist auch $k \cdot d(x)$ ein größter gemeinsamer Teiler. Häufig normiert man in dem Polynom den höchsten Koeffizienten auf 1 und spricht dann von *dem* größten gemeinsamen Teiler.

▶ **Satz 5.29: Der Euklid'sche Algorithmus für $K[X]$** Seien $f(x), g(x) \in K[X]$, $f(x), g(x) \neq 0$. Dann lässt sich ein $\mathrm{ggt}(f(x), g(x))$ durch fortgesetzte Division mit Rest nach dem folgenden Verfahren rekursiv bestimmen:

$$\mathrm{ggt}(f(x), g(x)) = \begin{cases} g(x) & \text{falls } f(x) \bmod g(x) = 0 \\ \mathrm{ggt}(g(x), f(x) \bmod g(x)) & \text{sonst} \end{cases}$$

Das ist eine wörtliche Übertragung von Satz 4.14, und auch der Beweis verläuft analog: bei jedem Schritt wird der Grad des Restes mindestens um 1 kleiner, irgendwann muss der Rest also 0 sein. Der letzte von 0 verschiedene Rest ist ein größter gemeinsamer Teiler.

Für die folgenden Rechnungen mit Restklassen ist insbesondere der erweiterte Euklid'sche Algorithmus von Bedeutung, der sich ebenfalls mitsamt seinem Beweis aus Satz 4.15 übertragen lässt:

▶ **Satz 5.30: Der erweiterte Euklid'sche Algorithmus für $K[X]$** Seien $f(x), g(x) \in K[X]$, $f(x), g(x) \neq 0$ und $d(x) = \mathrm{ggt}(f(x), g(x))$. Dann gibt es Polynome $\alpha(x), \beta(x) \in K[X]$ mit $d = \alpha f + \beta g$.

In dem Polynomring $K[X]$ werden wir jetzt Restklassen modulo eines Polynoms bilden und mit diesen rechnen. Dies geschieht analog zu dem Vorgehen im Abschn. 4.3:

▶ **Definition 5.31** Seien $f(x), g(x), p(x) \in K[X]$. Die Polynome $f(x)$ und $g(x)$ heißen *kongruent modulo* p, wenn $f - g$ durch p teilbar ist. In Zeichen: $f(x) \equiv g(x) \bmod p(x)$.

▶ **Satz 5.32** „$\equiv$" ist eine Äquivalenzrelation auf $K[X]$.

Wie in den ganzen Zahlen stellt man fest, dass zwei Polynome äquivalent sind, wenn sie den gleichen Rest modulo $p(x)$ lassen. Die Restklasse eines Polynoms kann durch den dazugehörigen Rest repräsentiert werden. Welche Reste sind bei der Division durch das Polynom $p(x)$ mit Grad n möglich? Es sind genau alle Polynome mit Grad kleiner als n. Alle diese Polynome mit Grad kleiner n bilden also ein natürliches Repräsentantensystem der Restklassen, genau wie die Zahlen $\{0, 1, \ldots, n-1\}$ Repräsentanten der Restklassen modulo n in $\mathbb{Z}$ bilden.

Die Menge der Restklassen beziehungsweise der Repräsentanten bezeichnen wir mit $K[X]/p(x)$ (lies: $K[X]$ modulo $p(x)$). Ähnlich wie in Definition 4.24 können wir jetzt auf der Menge der Reste modulo $p(x)$ eine Addition und eine Multiplikation erklären:

▶ **Definition 5.33** Es seien $f(x), g(x) \in K[X]$ Reste modulo $p(x)$. Dann sei

$$f(x) \oplus g(x) := (f(x) + g(x)) \bmod p(x),$$
$$f(x) \otimes g(x) := (f(x) \cdot g(x)) \bmod p(x).$$

Beispiele

1. In $\mathbb{Q}[X]$ sei das Polynom $p(x) = x^3 + 1$ gegeben. Die Menge der Reste besteht aus den Polynomen mit Grad kleiner 3: $\mathbb{Q}[X]/p(x) = \{ax^2 + bx + c \mid a, b, c \in \mathbb{Q}\}$. Die Addition in $\mathbb{Q}[X]/p(x)$ ist einfach: Die Summe zweier Polynome mit Grad kleiner 3 hat wieder einen Grad kleiner 3, sie bleibt also in der Menge. Bei der Multiplikation kann der Grad größer als 2 werden, dann müssen wir den Rest bilden. So ist zum Beispiel $(2x^2 + 1) \otimes (x + 2) = 2x^3 + 4x^2 + x + 2 \bmod x^3 + 1$. Division mit Rest liefert $2x^3 + 4x^2 + x + 2 = 2(x^3 + 1) + (4x^2 + x)$, also ist der Rest $4x^2 + x$:

$$(2x^2 + 1) \otimes (x + 2) = 4x^2 + x.$$

2. In GF(2) sei das Polynom $x^2 + 1$ gegeben. Die möglichen Reste sind die Polynome $0, 1, x, x + 1$. Dabei ist zum Beispiel:

$$(x + 1)x = x^2 + x = (x^2 + 1) + x + 1 \equiv (x + 1) \bmod x^2 + 1$$
$$(x + 1)(x + 1) = x^2 + 1 \equiv 0 \bmod x^2 + 1. \tag{5.11}$$

Da wir nur vier Reste haben, können wir eine vollständige Multiplikationstabelle angeben:

$\otimes$	0	1	x	$x + 1$
0	0	0	0	0
1	0	1	x	$x + 1$
x	0	x	1	$x + 1$
$x + 1$	0	$x + 1$	$x + 1$	0

Die Polynome von Grad kleiner n in GF(p)[X] werden häufig abkürzend einfach als das n-Tupel ihrer Koeffizienten aus GF(p) aufgeschrieben, hier heißt das also $0 = (0, 0)$, $1 = (0, 1)$, $x = (1, 0)$ und $x + 1 = (1, 1)$. In dieser Schreibweise sehen dann die Additions- und Multiplikationstabellen in $GF(2)/(x^2 + 1)$ wie folgt aus:

$\oplus$	$(0,0)$	$(0,1)$	$(1,0)$	$(1,1)$
$(0,0)$	$(0,0)$	$(0,1)$	$(1,0)$	$(1,1)$
$(0,1)$	$(0,1)$	$(0,0)$	$(1,1)$	$(1,0)$
$(1,0)$	$(1,0)$	$(1,1)$	$(0,0)$	$(0,1)$
$(1,1)$	$(1,1)$	$(1,0)$	$(0,1)$	$(0,0)$

$\otimes$	$(0,0)$	$(0,1)$	$(1,0)$	$(1,1)$
$(0,0)$	$(0,0)$	$(0,0)$	$(0,0)$	$(0,0)$
$(0,1)$	$(0,0)$	$(0,1)$	$(1,0)$	$(1,1)$
$(1,0)$	$(0,0)$	$(1,0)$	$(0,1)$	$(1,1)$
$(1,1)$	$(0,0)$	$(1,1)$	$(1,1)$	$(0,0)$

Es ist nicht schwer nachzurechnen, dass die Struktur $(K[X]/p(x), \oplus, \otimes)$ einen Ring bildet, genau wie $(\mathbb{Z}/n\mathbb{Z}, \oplus, \otimes)$. Das 0-Element ist das Nullpolynom und es gibt auch ein 1-Element, das ist das Polynom $1 = 1 \cdot x^0$. Kann bei dieser Konstruktion vielleicht manchmal sogar ein Körper entstehen? Zumindest im zweiten Beispiel von oben ist dies nicht der Fall. Sie können das etwa daran sehen, dass das Produkt zweier von 0 verschiedener Elemente wieder 0 ergibt.

$\mathbb{Z}/n\mathbb{Z}$ ist ein Körper, wenn n eine Primzahl ist. Probieren wir es hier doch mal mit einem irreduziblen Polynom $p(x)$! Ein weiteres Beispiel:

3. In $GF(2)[X]$ ist das Polynom $x^2 + x + 1$ irreduzibel, denn jedes Produkt zweier Polynome vom Grad 1 in $GF(2)[X]$ ist von $x^2 + x + 1$ verschieden. Als Mengen sind $GF(2)[X]/(x^2 + 1)$ und $GF(2)[X]/(x^2 + x + 1)$ gleich. Aber wie schauen jetzt die Verknüpfungstafeln aus? Bei der Addition ändert sich nichts, die Multiplikation liefert aber andere Ergebnisse. So ist jetzt etwa (vergleichen Sie mit (5.11))

$$(x + 1)x = x^2 + x = (x^2 + x + 1) + 1 \equiv 1 \bmod x^2 + x + 1$$
$$(x + 1)(x + 1) = x^2 + 1 = (x^2 + x + 1) + x \equiv x \bmod x^2 + x + 1$$

und insgesamt erhalten wir für die multiplikative Verknüpfungstafel:

$\otimes$	$(0,0)$	$(0,1)$	$(1,0)$	$(1,1)$
$(0,0)$	$(0,0)$	$(0,0)$	$(0,0)$	$(0,0)$
$(0,1)$	$(0,0)$	$(0,1)$	$(1,0)$	$(1,1)$
$(1,0)$	$(0,0)$	$(1,0)$	$(1,1)$	$(0,1)$
$(1,1)$	$(0,0)$	$(1,1)$	$(0,1)$	$(1,0)$

Das 1-Element ist $(0,1)$. Sehen Sie, dass hier wieder jedes von 0 verschiedene Element ein multiplikatives Inverses hat? Das ist die Eigenschaft, die noch zum Körper gefehlt hat. ◄

Tatsächlich gilt der Satz (analog zu Satz 5.19):

▶ **Satz 5.34** Sei K ein Körper und $p(x) \in K[X]$ ein Polynom. Dann ist $K[X]/p(x)$ genau dann ein Körper, wenn $p(x)$ irreduzibel ist.

Der Beweis erfolgt genau wie im Fall der ganzen Zahlen mit Hilfe des erweiterten Euklid'schen Algorithmus: Sei $p(x)$ irreduzibel und $f(x)$ ein Rest modulo $p(x)$. Dann haben $p(x)$ und $f(x)$ keinen gemeinsamen Teiler mit einem Grad größer als 0. Dieser müsste nämlich insbesondere ein Teiler von $p(x)$ mit Grad kleiner als n sein. Das geht nicht wegen der Irreduzibilität von $p(x)$. Damit ist insbesondere $1 = \mathrm{ggt}(p, f)$, und nach Satz 5.30 gibt es Polynome $\alpha(x), \beta(x) \in K[X]$ mit $1 = \alpha \cdot f + \beta \cdot p$, das heißt $\alpha \cdot f = 1 - \beta \cdot p(x)$. Damit gilt: $\alpha \cdot f \equiv 1 \bmod p(x)$ und $\alpha \bmod p(x)$, der Repräsentant der Restklasse α, ist das multiplikative Inverse zu $f(x)$. $\qquad\square$

Der Körper K ist übrigens in dem neuen Körper $K[X]/p(x)$ als Unterkörper enthalten: Die Elemente $k \in K$ entsprechen genau den Resten $k \cdot x^0$, den konstanten Polynomen.

Beispiel

In $\mathbb{R}$ ist das Polynom $x^2 + 1$ irreduzibel, denn es gibt keine Wurzel aus -1. Die Polynome in $\mathbb{R}[X]/(x^2 + 1)$ bilden die Menge $\{a + bx \mid a, b \in \mathbb{R}\}$. Multiplizieren wir zwei solche Polynome miteinander:

$$
\begin{aligned}
(a + bx)(c + dx) &= ac + (ad + bc)x + bdx^2 \\
&= bd \cdot (x^2 + 1) + (ac - bd) + (ad + bc)x \\
&\equiv (ac - bd) + (ad + bc)x \bmod x^2 + 1.
\end{aligned}
$$

Vergleichen Sie das bitte einmal mit der Additions- und Multiplikationsvorschrift des Körpers $\mathbb{C}$ aus Definition 5.12. Es ist dieselbe Regel.

Tatsächlich ist $\mathbb{R}[X]/(x^2 + 1) = \mathbb{C}$! Das Polynom x hat die Rolle von i übernommen und wirklich ist $x^2 \bmod x^2 + 1 = (x^2 + 1) - 1 \equiv -1 \bmod x^2 + 1$, also $x^2 = -1$. ◄

Ich glaube, wenn man das zum ersten Mal sieht, muss einem der Kopf schwirren. Mathematiker suchen immer gerne Nullstellen von Polynomen. So haben sie aus $\mathbb{Q}$ den Körper $\mathbb{R}$ gebastelt, um eine Nullstelle von $x^2 - 2$ zu finden, und aus $\mathbb{R}$ den Körper $\mathbb{C}$ konstruiert, um $x^2 + 1 = 0$ lösen zu können. Und jetzt haben wir ein Verfahren gefunden, um jedem irreduziblen Polynom eine Nullstelle zu verpassen: Wir bilden den dazugehörigen Polynomring modulo diesem irreduziblen Polynom, das Ergebnis ist wieder ein Körper, und in dem hat just dieses irreduzible Polynom eine Nullstelle! Erstaunlicherweise klappt das nicht nur in dem eben gesehenen Beispiel, sondern immer: Ist f in $K[X]$ irreduzibel, dann ist der Rest x Nullstelle des Polynoms f in $K[X]/f$. Jeder Körper lässt sich so vergrößern, dass ein irreduzibles Polynom in der Körpererweiterung Nullstellen hat. Ein tolles Stück aus der mathematischen Zauberkiste. Hierauf baut eine große mathematische Theorie auf, die Körpertheorie.

In der Informatik besonders interessant sind die endlichen Körper: Wenn man von einem Körper $\mathrm{GF}(p)$ ausgeht und ein irreduzibles Polynom $f(x)$ vom Grad n in diesem Körper findet, dann ist $\mathrm{GF}(p)/f(x)$ wieder ein Körper. Die Elemente sind gerade alle Polynome der Form $a_{n-1}x^{n-1} + a_{n-2}x^{n-2} + \ldots + a_1 x + a_0$ mit $a_i \in \mathrm{GF}(p)$. Wenn man die Polynome wieder als Folge der Koeffizienten aufschreibt, so ist $\mathrm{GF}(p)/f(x) =$

$\{(a_{n-1}, \ldots, a_1, a_0) \mid a_i \in \mathrm{GF}(p)\}$. Das ist also ein Körper mit p^n Elementen. Diesen bezeichnen wir mit $\mathrm{GF}(p^n)$:

▶   **Definition 5.35: Die Körper GF(p^n)**   Ist p eine Primzahl, n eine natürliche Zahl und $f(x)$ ein irreduzibles Polynom vom Grad n in $\mathrm{GF}(p)[X]$, so wird der Körper $\mathrm{GF}(p)[X]/f(x)$ mit $\mathrm{GF}(p^n)$ bezeichnet.

Man sollte annehmen, dass bei verschiedenen irreduziblen Polynomen vom Grad n, die zugehörigen Restklassenkörper verschieden sind, so wie auch vorhin in den Beispielen 2 und 3 unterschiedliche Strukturen entstanden sind. Zur genauen Identifikation des Körpers $\mathrm{GF}(p^n)$ müsste man also noch das irreduzible Polynom f angeben. Wenn man mit den Körperelementen konkrete Rechenoperationen ausführen will, ist das auch richtig. Aber erstaunlicherweise sind für verschiedene irreduzible Polynome f und g die dazugehörigen Körper praktisch gleich. Im Vorgriff auf den Abschn. 5.6: Es gibt einen Isomorphismus zwischen den Körpern. Insofern ist die Bezeichnung $\mathrm{GF}(p^n)$ für *den* Körper mit p^n Elementen gerechtfertigt.

Übrigens kann man nachweisen, dass es keine weiteren endlichen Körper gibt: Jeder endliche Körper ist von der Gestalt $K = \mathrm{GF}(p^n)$ für eine Primzahl p und eine natürliche Zahl n.

In der Informatik wird viel mit Folgen aus 0 und 1 gerechnet. So eine Folge, zum Beispiel die Menge aller Bytes, kann jetzt in einfacher Weise mit einer Körperstruktur versehen werden. Zum Beispiel ist das Polynom $x^8 + x^4 + x^3 + x + 1$ in $\mathrm{GF}(2)$ irreduzibel. Damit kann man $\mathrm{GF}(2^8)$ bilden und erhält eine Körperstruktur auf der Menge der Bytes. Solche Strukturen spielen in der Codierungstheorie und in der Kryptographie eine wichtige Rolle. In dem Verschlüsselungsalgorithmus AES (Advanced Encryption Standard) finden intern beispielsweise Multiplikationen in $\mathrm{GF}(2^8)$ mit dem oben genannten Polynom statt. Ein anderer sehr aktueller Verschlüsselungsmodus, der GCM (Galois Counter Mode), verwendet Multiplikationen in $\mathrm{GF}(2^{128})$ mit dem irreduziblen Polynom $x^{128} + x^7 + x^2 + x + 1$.

Einsatz der Polynomdivision zur Datensicherung

Beim Datentransport über eine Leitung können durch physikalische Einflüsse immer wieder Fehler eintreten, zum Beispiel durch „thermisches Rauschen", „Übersprechen" zwischen verschiedenen Leitungen und vieles andere mehr. Es ist daher notwendig, Daten beim Empfänger auf Korrektheit zu überprüfen. Die einfachste Form einer solchen Datensicherung ist das Anhängen eines sogenannten „Prüfbits" an einen übertragenen Datenblock. Zum Beispiel kann man an jedes Byte die Summe der Bits modulo 2 (vornehm können wir sagen: die Summe in $\mathbb{Z}/2\mathbb{Z}$) anhängen. Beim Empfänger wird das Prüfbit neu berechnet, im Fall eines Übertragungsfehlers stimmt das Prüfbit nicht mehr und die Daten müssen neu angefordert werden:

$$10011011|1 \quad \longrightarrow \quad 11011011|1$$

$\qquad\qquad\quad \uparrow \qquad\qquad\qquad\qquad \uparrow \qquad\quad \uparrow$

$\qquad\qquad$ Prüfbit $\qquad\qquad\quad$ Fehler $\quad$ Prüfbit stimmt
$\qquad\qquad\qquad\qquad\qquad\qquad\qquad\qquad\qquad$ nicht mehr

Diese Datensicherung ist nicht sehr effektiv: Man muss um $1/8$, also um $12.5\,\%$, mehr Daten übertragen, dies reduziert die effektive Übertragungsrate und, wenn 2 Bit in dem Byte umgekippt sind, wird der Fehler schon übersehen.

Die Polynomdivision in $GF(2)[X]$, wie wir sie gerade kennengelernt haben, liefert eine wesentlich effizientere Methode. Wir gehen folgendermaßen vor:

1. Die Bits eines Codewortes werden als Koeffizienten eines Polynoms in $GF(2)[X]$ interpretiert, also zum Beispiel

$$10011011 \mathrel{\hat{=}} x^7 + x^4 + x^3 + x + 1$$

Das zu übertragende Codewort sei das Polynom $f(x)$. Meist werden sehr viel längere Datenworte übertragen.

2. Ein festes Polynom $g(x) \in GF(2)[X]$ dient als Divisor. $g(x)$ heißt *Generatorpolynom*. Es sei grad $g = n$.

3. Bestimme den Rest bei der Division von $f(x)$ durch $g(x)$: $r(x) = f(x) \bmod g(x)$. Es ist grad $r(x) < n$.

4. Hänge an das Polynom $f(x)$ den Rest $r(x)$ an und übertrage $f(x), r(x)$. Der Rest $r(x)$ dient der Datensicherung.

5. Der Empfänger dividiert das empfangene Polynom wieder durch $g(x)$ und erhält einen Rest $r'(x)$. Ist bei der Übertragung ein Fehler aufgetreten, so ist in der Regel die Differenz $r(x) - r'(x) \neq 0$.

Ein Fehler wird nur dann nicht erkannt, wenn das fehlerhafte Polynom bei Division durch $g(x)$ den gleichen Rest lässt wie $f(x)$. Aus der Art der Differenz der Reste (wie „groß" oder „klein" sie ist) kann sogar häufig auf den Fehler geschlossen werden und dieser korrigiert werden. Die Frage, was in diesem Zusammenhang die Worte „groß", „klein" bedeuten, ist ein Thema der Codierungstheorie.

Diese Art der Datensicherung heißt „Cyclic Redundancy Check" (CRC), sie wird in vielen Datenübertragungsprotokollen eingesetzt. So werden zum Beispiel im Ethernetprotokoll Rahmen bis zu 1514 Byte Länge übertragen, $f(x)$ hat hier also einen Grad kleiner oder gleich 12 112.

Zur Fehlersicherung wird das Generatorpolynom

$$x^{32} + x^{26} + x^{23} + x^{22} + x^{16} + x^{12} + x^{11} + x^{10} + x^8 + x^7 + x^5 + x^4 + x^2 + x^1 + 1$$

eingesetzt, also dienen 4 Byte der Fehlersicherung, das sind gerade einmal 2.6 Promille!

Mit Hilfe dieses Polynoms können alle 1 und 2 Bit Fehler, jede ungerade Fehlerzahl und alle Fehlerbüschel (Bursts) bis zu 32 Bit Länge sicher erkannt werden.

Sehr viel Grips steckt hier in der geschickten Wahl des Generatorpolynoms, das „gute" Eigenschaften haben muss. Algorithmen zur Polynomdivision modulo 2 lassen sich sowohl in Software als auch in Hardware äußerst effektiv implementieren, so dass auch bei großen Datenraten diese Art der Sicherung kein Problem darstellt.

5.5 Elliptische Kurven

Elliptische Kurven über dem Körper der reellen Zahlen

Ist K ein Körper und sind $a, b \in K$, so bildet die Menge $\{(x, y) \in K^2 \mid y^2 = x^3 + ax + b\}$ eine Teilmenge des K^2. Wir möchten auf dieser Menge eine Gruppenstruktur definieren. Hierzu fügen wir zu dieser Menge noch einen weiteren Punkt hinzu, den wir mit $\mathcal{O}$ bezeichnen und den „unendlich fernen Punkt" nennen, Sie werden gleich sehen warum. Die Menge $E = \{(x, y) \in K^2 \mid y^2 = x^3 + ax + b\} \cup \{\mathcal{O}\}$ heißt elliptische Kurve. Nehmen wir als Körper zunächst die reellen Zahlen $\mathbb{R}$. Die Vorschrift $y^2 = x^3 + ax + b$ ist keine Abbildung, da keine eindeutige Berechnungsvorschrift $y = f(x)$ gegeben ist. Zur Veranschaulichung können wir aber die Kurve (ohne den Punkt $\mathcal{O}$) in zwei Teile zerlegen: $y_1 = \sqrt{x^3 + ax + b}$ und $y_2 = -\sqrt{x^3 + ax + b}$. Beide Teile sind reelle Funktionen, die Vereinigung der Graphen dieser Funktionen ergibt $E \setminus \{\mathcal{O}\}$. Wir können daraus schon etwas ablesen: die Kurve ist symmetrisch zur x-Achse, es gibt Definitionslücken, da der Wert unter der Wurzel nicht kleiner als 0 werden darf. Wenn $x^3 + ax + b = 0$ ist, dann hat sie eine Nullstelle. Möglich sind eine, zwei oder drei reelle Nullstellen. Hat das Polynom 2 Nullstellen, so lässt es sich in drei Linearfaktoren aufspalten, und eine der Nullstellen muss darin doppelt vorkommen. Solche Kurven sind für unsere Zwecke nicht geeignet. Man kann doppelte Nullstellen vermeiden, wenn man für E zusätzlich fordert, dass $4a^3 + 27b^2 \neq 0$.

Typische Graphen elliptischer Kurven sehen Sie in den Abb. 5.3 und 5.4. Abb. 5.3 zeigt die Kurve zu $y^2 = x^3 - 20x + 5$, Abb. 5.4 die Kurve zu $y^2 = x^3 - 10x + 15$.

Wir wollen auf der Menge der Punkte von E eine Addition erklären, welche die Kurve zu einer Gruppe macht. Dabei soll der Punkt $\mathcal{O}$ das Nullelement werden. Am Einfachsten lässt sich diese Addition geometrisch darstellen. Sind P, Q Punkte von $E \setminus \{\mathcal{O}\}$, so zeichnen wir die Verbindungsgerade. Wenn P und Q nicht gerade senkrecht übereinander liegen, hat diese Gerade genau einen weiteren Schnittpunkt mit E, wir werden das

Abb. 5.3 Die elliptische
Kurve $y^2 = x^3 - 20x + 5$

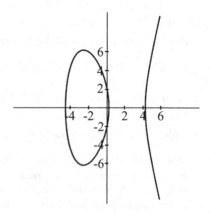

Abb. 5.4 Die elliptische
Kurve $y^2 = x^3 - 10x + 15$

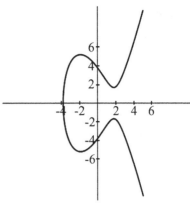

Abb. 5.5 Punktaddition

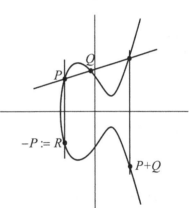

gleich ausrechnen. Diesen Schnittpunkt spiegeln wir an der x-Achse und erhalten $P+Q$,
siehe hierzu Abb. 5.5. Was ist mit dem Sonderfall? Wenn P und R senkrecht übereinander liegen, dann schneidet die Verbindungsgerade g die Kurve nicht mehr, wir sagen „g
geht durch den unendlich fernen Punkt $\mathcal{O}$" und wir definieren $P + R = \mathcal{O}$. Damit folgt
jetzt schon, dass $-P = R$ sein muss. Das Inverse eines Elementes erhält man also durch
Spiegelung an der x-Achse, siehe ebenfalls Abb. 5.5.

Damit haben wir zu je zwei verschiedenen Punkten von E eine Summe definiert. Es
fehlt noch die Addition eines Punktes zu sich selbst. Was ist $P + P$? Wie gehen wir hier
vor?

Wenn wir in Abb. 5.5 den Punkt Q immer näher an P heranrücken, wird die Gerade
durch P und Q schließlich zur Tangente an die Kurve durch P. Auch diese schneidet E
in genau einem weiteren Punkt, diesen spiegeln wir wieder an der x-Achse und erhalten
$P + P$, siehe Abb. 5.6. Wieder gibt es eine Ausnahme: wenn die Tangente senkrecht ist,
so wird $R + R = \mathcal{O}$ und somit $-R = R$.

Jetzt müssen wir die geometrische Darstellung in algebraische Formeln umsetzen. Sei
also E gegeben durch $y^2 = x^3 + ax + b$. Jede Gerade, außer den Senkrechten, hat die

Abb. 5.6 Punktverdopplung

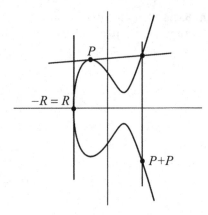

Form $y = mx + t$, wobei m der Anstieg der Geraden ist. Die Verbindungsgerade g zweier Punkte $P = (x_P, y_P)$, $Q = (x_Q, y_Q)$ hat den Anstieg

$$m = \frac{y_Q - y_P}{x_Q - x_P}$$

und die Form

$$y = m(x - x_P) + y_P. \tag{5.12}$$

Zum Test können Sie in diese Geradengleichung einfach x_P beziehungsweise x_Q einsetzen, Sie erhalten y_P und y_Q. Es handelt sich also um die Gerade durch P und Q. Wo liegt der dritte Schnittpunkt von E mit g? Für die gemeinsamen Punkte muss gelten:

$$(m(x - x_P) + y_P)^2 = x^3 + ax + b. \tag{5.13}$$

Wenn Sie dies ausmultiplizieren und auf eine Seite bringen, erhalten Sie ein Polynom dritten Grades in x:

$$h(x) = x^3 - m^2 x^2 + \alpha x + \beta \tag{5.14}$$

Die Werte der Koeffizienten α und β sind dabei unerheblich, ich habe sie darum gar nicht ausgerechnet.

Zum Lösen eines Polynoms dritten Grades gibt es zwar Formeln, diese sehen aber ziemlich hässlich aus. Glücklicherweise kennen wir aber schon zwei Nullstellen des Polynoms, nämlich x_P und x_Q, denn P und Q sind ja Schnittpunkte von E und g! Von dem Polynom $h(x)$ lassen sich also zwei Nullstellen abspalten, und der Rest ist ein lineares Polynom:

$$h(x) = (x - x_P)(x - x_Q)(x - x_R) \tag{5.15}$$

Es gibt also genau eine weitere Nullstelle x_R. Wie erhalten wir ihren Wert? Multiplizieren Sie (5.15) wieder aus, so erhalten Sie als Koeffizient von x^2 gerade $(-x_P - x_Q - x_R)$. Der Vergleich mit (5.14) liefert $-m^2 = -x_P - x_Q - x_R$, beziehungsweise

$$x_R = m^2 - x_P - x_Q = \left(\frac{y_Q - y_P}{x_Q - x_P}\right)^2 - x_P - x_Q. \tag{5.16}$$

Den y-Wert von x_R erhält man am Einfachsten durch Einsetzen in die Geradengleichung (5.12). Dabei dürfen wir nicht vergessen, noch an der x-Achse zu spiegeln:

$$y_R = -m(x_R - x_P) - y_P$$

Nun zu dem Sonderfall der Addition $P + P$. Wir können hier $y_P \neq 0$ annehmen, sonst hätten wir die senkrechte Tangente und $P + P = \mathcal{O}$. Um die Tangentengleichung zu berechnen braucht man die Ableitung der Kurve an der Stelle x_P. Hierzu muss ich auf den zweiten Teil des Buches vorgreifen, siehe Abschn. 15.1: Ist $y = f(x) = \sqrt{x^3 + ax + b}$, so hat die Tangente an f in P den Anstieg $f'(x_P)$. Zur Berechnung der Ableitung benötigen wir die Kettenregel aus Satz 15.5 und die Potenzrechenregeln aus Definition 14.13 und Satz 14.14:

$$f'(x_P) = \frac{1}{2\sqrt{x_p{}^3 + ax_p + b}}(3x_P{}^2 + a) = \frac{3x_P{}^2 + a}{2y_P} = m'$$

Die Tangentengleichung lautet wie vorhin $y = m'(x - x_P) + y_P$. Auch die Bestimmung des weiteren Schnittpunkts von g mit E erfolgt wie im Fall $P \neq Q$: In der Gleichung (5.13) muss mit dem Anstieg m' gerechnet werden. In (5.15) ist jetzt x_P eine doppelte Nullstelle und wir erhalten

$$x_R = m'^2 - 2x_P = \left(\frac{3x_P{}^2 + a}{2y_P}\right)^2 - 2x_P \tag{5.17}$$

und für den y-Wert, wieder an der x-Achse gespiegelt:

$$y_R = -m'(x_R - x_P) - y_P.$$

Jetzt können wir für alle Punkte der Kurve die Summe rechnerisch bestimmen. Die Summe $P + \mathcal{O}$ soll natürlich P sein. Wird damit E zu einer Gruppe? $\mathcal{O}$ ist das neutrale Element und jedes Element hat ein Inverses. Die Konstruktion ergibt auch automatisch, dass die Addition kommutativ ist. Es fehlt die Assoziativität der Verknüpfung. Diese nachzurechnen ist eine lange Fleißarbeit, auf die ich verzichten möchte.

Elliptische Kurven über endlichen Körpern

Bei der Konstruktion der Verknüpfung auf einer elliptischen Kurve haben wir ganz intensiv von den Eigenschaften der reellen Zahlen Gebrauch gemacht: Wurzeln gezogen, Ableitungen gebildet und Tangenten berechnet. So etwas geht in anderen Körpern nur begrenzt. Wenn Sie sich aber die Ergebnisse der Berechnungen in (5.16) und (5.17) anschauen, so sehen Sie, dass hier nur die in jedem Körper möglichen Operationen verwendet werden. Wir können also versuchen, die Definition auf allgemeine Körper zu erweitern. Es gibt eine Ausnahme: Wenn in dem Körper K gilt, dass $1 + 1 = 0$ oder $1 + 1 + 1 = 0$ ist, dann geht die Formel (5.17) kaputt, denn dann ist entweder $2 = 0$ oder $3 = 0$. In allen anderen Fällen klappt unser Versuch.

Elliptische Kurven über endlichen Körpern werden in der Kryptographie verwendet. Dabei kommt es sehr auf effiziente Algorithmen zur Berechnung der Summe zweier Punkte an. Jetzt gibt es gerade für die Galoiskörper GF(2^n) sehr schnelle Implementierungen der Körperoperationen. Ausgerechnet diese können wir aber nicht verwenden, da darin $1 + 1 = 0$ gilt. Wenn man die Gleichung 3. Grades, durch die eine elliptische Kurven definiert wird aber etwas anders fasst, lässt sich das Konzept der Gruppen auf elliptischen Kurven auch für die Körper GF(2^n) erweitern. Solche Kurven werden auch in realen Anwendungen eingesetzt. Darauf möchte ich nicht weiter eingehen.

▶ **Definition und Satz 5.36** Sei K ein Körper, in dem $1 + 1 \neq 0$ und $1 + 1 + 1 \neq 0$ ist. Seien $a, b \in K$ und es sei $4a^3 + 27b^2 \neq 0$. Das Element $\mathcal{O}$ heißt „unendlich ferner Punkt". Dann heißt die Menge

$$E = \{(x, y) \in K^2 \mid y^2 = x^3 + ax + b\} \cup \{\mathcal{O}\}$$

elliptische Kurve über K. Mit der Addition der Punkte $P = (x_P, y_P)$, $Q = (x_Q, y_Q)$, die wie folgt definiert wird

- Für $P \neq Q, x_P \neq x_Q$:

$$P + Q := (x_R, -m(x_R - x_P) - y_P),$$
$$x_R = m^2 - x_P - x_Q, \quad m = \frac{y_Q - y_P}{x_Q - x_P},$$

- Für $P = Q, y_P \neq 0$:

$$P + P := (x_R, -m(x_R - x_P) - y_P),$$
$$x_R = m^2 - 2x_P, \quad m = \frac{3x_P^2 + a}{2y_P},$$

- Sonst:

$$P + Q := \mathcal{O},$$

ist E eine kommutative Gruppe mit dem neutralen Element $\mathcal{O}$.

Abb. 5.7 Eine elliptische Kurve über GF(13)

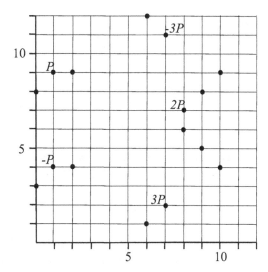

Diese elliptische Kurven und die Addition darauf sind nicht mehr so anschaulich wie im Fall der reellen Zahlen. In Abb. 5.7 sehen Sie die elliptische Kurve zu der Gleichung $y^2 = x^3 + 6x + 9$ über dem Körper GF(13). Sie hat 17 Punkte inklusive der $\mathcal{O}$: Für 8 Elemente von GF(13) ist $x^3 + 6x + 9$ ein Quadrat. Ist z eine Wurzel davon, dann auch $-z = 13 - z$. Daher ist die „Kurve" wie im reellen Fall symmetrisch: Oberhalb der waagrechten Achse $13/2 = 6.5$ liegen gerade die additiven Inversen der unteren Hälfte. Auch die Verbindungsgerade zweier Punkte lässt sich noch anschaulich interpretieren, siehe hierzu die Übungsaufgabe 14 zu diesem Kapitel. Diese Gerade schneidet die Kurve in einem weiteren Punkt. Für die Tangente gibt es keine geometrische Interpretation mehr, wir können aber dennoch $P + P = 2P$ berechnen wie im reellen Fall. So ergibt zum Beispiel $(1, 9) + (1, 9) = 2 \cdot (1, 9) = (8, 7)$ und $3 \cdot (1, 9) = (7, 2)$. Überprüfen Sie das mit Hilfe der Definition 5.36.

Im Abschn. 5.7 über Kryptographie werden wir sehen, wie elliptische Kurven in Verschlüsselungsalgorithmen eingesetzt werden.

5.6 Homomorphismen

Wir haben schon mehrfach gesehen, dass Abbildungen ein wichtiges Konzept in der Mathematik darstellen. Vergleicht man verschiedene Dinge, versucht man, meist eine Abbildung zwischen diesen Dingen herzustellen, um Gemeinsamkeiten und Unterschiede festzustellen. Im Zusammenhang mit algebraischen Strukturen sind Abbildungen interessant, welche die Struktur erhalten. Solche verknüpfungsverträglichen Abbildungen heißen Homomorphismen. Gibt es einen bijektiven Homomorphismus zwischen zwei Strukturen, so sind diese praktisch nicht zu unterscheiden; es ist egal, ob man die eine oder die andere untersucht.

▶   **Definition 5.37: Homomorphismus** Sind G und H Gruppen und $\varphi \colon G \to H$ eine Abbildung mit der Eigenschaft

$$\varphi(a \cdot b) = \varphi(a) \cdot \varphi(b) \quad \text{für alle } a, b \in G,$$

so heißt φ *(Gruppen-)Homomorphismus*. Sind R und S Ringe und $\varphi \colon R \to S$ eine Abbildung mit der Eigenschaft

$$\varphi(a + b) = \varphi(a) + \varphi(b), \quad \varphi(a \cdot b) = \varphi(a) \cdot \varphi(b) \quad \text{für alle } a, b \in R,$$

so heißt φ *(Ring-)Homomorphismus*.
Ein bijektiver Homomorphismus heißt *Isomorphismus*.

Achtung: Auch wenn ich es nicht mehr durch unterschiedliche Symbole kennzeichne: „+" und „·", bedeuten auf der linken und auf der rechten Seite der Gleichungen verschiedene Operationen! Links in G (beziehungsweise in R), rechts in H (beziehungsweise in S).

Beispiele

1. Einen wichtigen Homomorphismus kennen wir bereits. Die Verknüpfungen auf der Menge der Restklassen modulo n aus Definition 4.24 sind gerade so festgelegt, dass sie mit den Verknüpfungen auf $\mathbb{Z}$ verträglich sind. Das heißt nichts anderes, als dass die Abbildung

$$\varphi \colon \mathbb{Z} \to \mathbb{Z}/n\mathbb{Z}$$
$$z \mapsto z \bmod n$$

    ein Ring-Homomorphismus ist.

2. Bei der Einführung der komplexen Zahlen habe ich gesagt, dass $\mathbb{R}$ in $\mathbb{C}$ enthalten ist. Dabei haben wir $a \in \mathbb{R}$ mit $(a, 0) \in \mathbb{C}$ identifiziert. Jetzt können wir präzise ausdrücken, was diese Identifikation bedeutet: $\varphi \colon \mathbb{R} \to \mathbb{C}$, $a \mapsto (a, 0)$ ist ein injektiver Homomorphismus und $\varphi \colon \mathbb{R} \to \varphi(\mathbb{R})$, $a \mapsto (a, 0)$ ist sogar ein Isomorphismus. Das heißt, $\mathbb{R}$ und $\varphi(\mathbb{R}) \subset \mathbb{C}$ sind von der Struktur her dasselbe; wir sagen ganz einfach $\mathbb{R} \subset \mathbb{C}$.

3. $\varphi \colon (\mathbb{Z}, +) \to (m\mathbb{Z}, +)$, $z \mapsto mz$ ist:
    eine Abbildung   (ist $z \in \mathbb{Z}$, so ist immer $\varphi(z) \in m\mathbb{Z}$)
    ein Homomorphismus ($\varphi(z_1 + z_2) = m(z_1 + z_2) = mz_1 + mz_2 = \varphi(z_1) + \varphi(z_2)$)
    surjektiv   (das Urbild von mz ist gerade z)

injektiv   (ist $z_1 \neq z_2$, so ist auch $mz_1 \neq mz_2$)

und somit ein Isomorphismus. $(\mathbb{Z}, +)$ und $(m\mathbb{Z}, +)$ sind als Gruppen praktisch nicht zu unterscheiden.

4. Für $\varphi \colon (\mathbb{Z}, +, \cdot) \to (m\mathbb{Z}, +, \cdot)$, $z \mapsto mz$ gilt:

$$\varphi(z_1 z_2) = m(z_1 z_2) \neq mz_1 mz_2 = \varphi(z_1)\varphi(z_2).$$

Es handelt sich also nicht um einen Ring-Isomorphismus: Als Ringe haben $\mathbb{Z}$ und $m\mathbb{Z}$ unterschiedliche Struktur. Beispielsweise gibt es in $\mathbb{Z}$ ein 1-Element, in $m\mathbb{Z}$ nicht!

5. $\bar{\ } \colon \mathbb{C} \to \mathbb{C}$, $z \mapsto \bar{z}$ ist ein Ring-Isomorphismus, da $\mathbb{C}$ ein Körper ist, sagen wir auch Körper-Isomorphismus dazu. Die Abbildung ist bijektiv, die Homomorphie-Eigenschaft haben wir schon in Satz 5.16 nachgerechnet. Dieser Isomorphismus hat die besondere Eigenschaft, dass er alle reellen Zahlen fest lässt. ◀

▶ **Definition 5.38** Seien $(G, +)$, $(H, +)$ Gruppen oder Ringe, $\varphi \colon G \to H$ ein Homomorphismus. Dann heißt

$$\begin{aligned} \operatorname{Ker} \varphi &:= \{x \in G \mid \varphi(x) = 0\} &&\text{der Kern von } \varphi, \\ \operatorname{Im} \varphi &:= \{y \in H \mid \exists x \in G \text{ mit } \varphi(x) = y\} &&\text{das Bild von } \varphi. \end{aligned}$$

Ker ist die Abkürzung des englischen Wortes „Kernel" (sonst hätten wir das „n" auch gerade noch dazu schreiben können) und Im steht als Abkürzung für „Image".

Vor allem der Kern, die Menge aller Elemente, die auf 0 abgebildet werden, spielt im Umgang mit Homomorphismen eine wichtige Rolle und erleichtert oft die Rechenarbeit. Dies sehen wir schon an den folgenden Sätzen:

▶ **Satz 5.39** Für einen Homomorphismus $\varphi \colon G \to H$ gilt immer

a) $\varphi(0) = 0$ (0 ist immer Element des Kerns).
b) $\varphi(-a) = -\varphi(a)$.
c) Für alle $a, b \in G$ gilt: $\varphi(a - b) = \varphi(a) - \varphi(b)$.

Beweis:

a) $\varphi(0) = \varphi(0 + 0) = \varphi(0) + \varphi(0) \Rightarrow (-\varphi(0)$ auf beiden Seiten$)$ $0 = \varphi(0)$.
b) $\varphi(a) + \varphi(-a) = \varphi(a + (-a)) = 0 \Rightarrow \varphi(-a) = -\varphi(a)$.
c) $\varphi(a - b) = \varphi(a + (-b)) = \varphi(a) + \varphi(-b) = \varphi(a) + (-\varphi(b)) = \varphi(a) - \varphi(b)$.   □

▶ **Satz 5.40** Ein Homomorphismus φ ist genau dann injektiv, wenn $\operatorname{Ker} \varphi = \{0\}$ ist.

Beweis: „$\Rightarrow$" Sei φ injektiv. Wegen $\varphi(0) = 0$ ist $0 \in \operatorname{Ker} \varphi$, und wegen injektiv ist dies das einzige Urbild der 0.

„$\Leftarrow$" Sei $\operatorname{Ker} \varphi = \{0\}$. Angenommen es gibt $a \neq b$ mit $\varphi(a) = \varphi(b)$. Dann ist $\varphi(a) - \varphi(b) = 0 = \varphi(a - b) \Rightarrow a - b \in \operatorname{Ker} \varphi$ im Widerspruch zur Annahme. □

Hier gleich eine Anwendung von Satz 5.39. Sie kennen die Regel zum Auflösen von quadratischen Gleichungen. Eine Formel dafür lautet: Für reelle Zahlen p, q hat die Gleichung $x^2 + px + q$ die Nullstellen

$$x_{1/2} = -\frac{p}{2} \pm \sqrt{\left(\frac{p}{2}\right)^2 - q}. \tag{5.18}$$

Den Ausdruck unter der Wurzel nennen wir Diskriminante D. Sie wissen, dass es hierfür 0, 1 oder 2 reelle Lösungen gibt, je nachdem ob die Diskriminante kleiner, gleich oder größer als 0 ist. Mit unserem Wissen über die komplexen Zahlen können wir nun sagen, dass diese Gleichung im Fall $D < 0$ immer zwei komplexe Lösungen hat, nämlich $-\frac{p}{2} \pm i\sqrt{-D}$. Eine ähnliche Regel gilt nicht nur für quadratische Gleichungen, sondern für die Nullstellen aller reellen Polynome:

▶ **Satz 5.41** Ist $f(x) \in \mathbb{R}[X]$ und ist $z = a + bi \in \mathbb{C}$ eine Nullstelle des Polynoms in $\mathbb{C}$, so ist auch $a - bi$ Nullstelle von $f(x)$.

Beweis: Es sei $\varphi \colon \mathbb{C} \to \mathbb{C}, z \mapsto \bar{z}$ der Isomorphismus. Dann gilt:

$$\varphi(f(z)) = \varphi(a_n z^n + \cdots + a_0)$$
$$= \underset{\substack{\uparrow \\ \varphi \text{ ist} \\ \text{Homo.}}}{} \varphi(a_n)\varphi(z)^n + \cdots + \varphi(a_0)$$
$$= \underset{\substack{\uparrow \\ a_i \in \mathbb{R}}}{} a_n \varphi(z)^n + \cdots + a_0 = f(\varphi(z)),$$

und wegen $f(z) = 0$ ist $\varphi(f(z)) = 0$, also auch $f(\varphi(z)) = f(a - bi) = 0$. □

Hinter diesem Beweis steckt eine geniale Entdeckung, die seinerzeit die Algebra revolutioniert hat: Es gibt einen engen Zusammenhang zwischen Nullstellen von Polynomen und Körper-Isomorphismen. Hier haben wir ihn verwendet, um eine neue Nullstelle zu finden. Es war lange Zeit ein ungelöstes Problem, welche Polynome durch Formeln ähnlich wie (5.18) aufgelöst werden können. In der Formelsammlung finden Sie noch Formeln für die Lösung von Gleichungen dritten und vierten Grades. Man konnte beweisen, dass es für Polynome 5. Grades unmöglich ist, eine Lösungsformel anzugeben (auch wenn wir wissen, dass die Lösungen existieren). Dieser Beweis gelang nur dadurch, dass man die Fragestellung übersetzen konnte in die Untersuchung von Eigenschaften gewisser Gruppen von Körper-Homomorphismen.

5.7 Kryptographie

Die Kryptographie ist die Wissenschaft vom Verschlüsseln und Entschlüsseln von Daten. Gerade im Zeitalter der Informationsgesellschaft und des E-Commerce erhält die Kryptographie eine immer größere Bedeutung. Ergebnisse der Zahlentheorie spielen bei der Konstruktion und bei der Analyse kryptographischer Algorithmen eine große Rolle und insbesondere die Ringe $\mathbb{Z}/n\mathbb{Z}$ und die Körper $GF(p)$ und $GF(p^n)$ tauchen immer wieder auf. Ich möchte an dieser Stelle ein paar Grundbegriffe der Kryptographie erklären und beispielhaft einige wichtige Algorithmus vorstellen.

Die meisten von Ihnen haben schon als Kinder Nachrichten verschlüsselt durch die Schulbänke gereicht. Ein einfaches Verfahren wurde bereits von Caesar angewendet. Dazu schreibt man das Alphabet zweimal untereinander, einmal gegenüber dem anderen verschoben:

ABCDEFGHIJKLMNOPQRSTUVWXYZ

DEFGHIJKLMNOPQRSTUVWXYZABC

Die Verschlüsselungsvorschrift lautet: Ersetze A durch D, B durch E und so weiter. Wir sehen hieran: die Verschlüsselung ist eine Funktion, die auf einen Klartext angewendet wird und die umkehrbar ist. Hier lautet die Funktion: „Verschiebe das Klartextzeichen um 3 nach rechts im Alphabet".

In der Informatik sind Nachrichten immer durch Bitfolgen codiert. Zum Beispiel lautet die Nachricht MAUS im ASCII Code: 01001101, 01000001, 01010101, 01010011. Zusammengesetzt zu einem `integer` ergibt sich die 4 Byte lange Zahl

01001101 01000001 01010101 01010011,

als Dezimalzahl ist dies 1 296 127 315. Die MAUS zu verschlüsseln heißt also, die Zahl 1 296 127 315 zu verschlüsseln. Damit haben wir uns in das Gebiet der Mathematik hinübergerettet: Verschlüsseln heißt Anwenden einer umkehrbaren Funktion auf eine Zahl.

$$f_K \colon \{Nachrichten\} \rightarrow \{Schlüsseltexte\}$$
$$N \mapsto f_K(N)$$

In der realen Anwendung ist die Funktion immer abhängig von einem Schlüssel K. Einen Algorithmus kann man praktisch nicht geheim halten, sehr viel einfacher den Schlüssel. In diesem Schlüssel steckt das Geheimnis, das dafür sorgt, dass kein Unberechtigter die Nachricht entziffern kann. Im Caesar-Code lautet der Algorithmus „verschiebe nach rechts", der Schlüssel lautet „3". Der Algorithmus ist natürlich sehr einfach und es gibt so wenige Schlüssel, dass man alle durchprobieren kann. Dies darf nicht möglich sein.

Gängige Algorithmen verwenden daher Schlüssel, die Zufallszahlen in der Größe von 128 Bit bis 256 Bit Länge sind. Die Daten werden auch nicht byteweise oder „integer"-weise verschlüsselt, wie im Beispiel mit der MAUS, es werden größere Datenblöcke auf einmal verarbeitet. Heute sind oft 64 Bit Portionen üblich, der AES (Advanced Encryption Standard), der den betagten DES-Algorithmus abgelöst hat, verschlüsselt Blöcke mit 128 Bit Größe und bietet Schlüssellängen von 128 oder 256 Bit Länge. Diese Schlüssel können von keinem Rechner der Welt alle durchprobiert werden, um einen Code zu knacken.

Es gibt zwei grundlegende Verschlüsselungsprinzipien, mit denen Kryptographen heute arbeiten: die *Verschlüsselung mit geheimen Schlüsseln* und die *Verschlüsselung mit öffentlichen Schlüsseln*.

Verschlüsselung mit geheimen Schlüsseln

Je zwei Kommunikationspartner (in der kryptographischen Literatur sind dies immer Alice und Bob) teilen sich einen geheimen Schlüssel K. Wenn Alice die Nachricht N an Bob senden will, so bildet sie:

$$S := f_K(N).$$

Die Funktion ist so gestaltet, dass aus der Kenntnis von K die Umkehrfunktion f_K^{-1} hergeleitet werden kann. Dann kann Bob (und kein anderer) die Nachricht entschlüsseln:

$$N = f_K^{-1}(S).$$

Man spricht hier auch von *symmetrischen Verschlüsselungsverfahren*. Problematisch bei diesen Verfahren sind vor allem zwei Dinge:

1. Die Schlüssel müssen selbst geheim zwischen den Partnern ausgetauscht werden. Es sieht zunächst so aus, als bisse sich die Katze in den Schwanz: Um geheime Nachrichten austauschen zu können, muss man geheime Nachrichten austauschen.
2. Bei n Kommunikationspartnern muss jeder mit jedem einen Schlüssel teilen. Hierzu braucht man $n(n-1)/2$ Schlüssel. Wie werden diese Schlüssel verwaltet und verteilt?

Hilfe verspricht das Prinzip der Verschlüsselung mit öffentlichen Schlüsseln:

Verschlüsselung mit öffentlichen Schlüsseln

Hierbei werden verschiedene Schlüssel zum Verschlüsseln und Entschlüsseln genommen. Verschlüsseln darf jeder, daher muss dieser Schlüssel nicht geheimgehalten werden. Entschlüsseln darf nur der Empfänger der Nachricht, daher muss der Entschlüsselungsschlüssel unter Verschluss bleiben.

Jeder Kommunikationspartner benötigt in diesem System ein Schlüsselpaar, einen öffentlichen und einen dazu passenden privaten Schlüssel. Bob besitzt zum Beispiel die

Schlüssel $K_{\ddot{o}B}$ und K_{pB}. Die dazugehörigen Funktionen bezeichne ich mit $f_{\ddot{o}B}$ beziehungsweise f_{pB}. Nun kommt der wesentliche Unterschied zur symmetrischen Verschlüsselung: Die Funktionen $f_{\ddot{o}B}$ und f_{pB} sind zwar auch invers zueinander, es muss aber gewährleistet sein, dass es unter keinen Umständen möglich ist, f_{pB} aus $f_{\ddot{o}B}$ herzuleiten.

Sendet jetzt Alice an Bob eine Nachricht N, so muss sie sich zunächst dessen öffentlichen Schlüssel besorgen: Sie lässt ihn sich vorher von Bob schicken oder holt ihn aus einer Schlüsseldatenbank. Anschließend sendet sie an Bob:

$$S := f_{\ddot{o}B}(N).$$

Bob ist der Einzige, der diese Verschlüsselung rückgängig machen kann, indem er bildet:

$$N = f_{pB}(S).$$

Verschlüsselungsverfahren mit öffentlichen und privaten Schlüsseln heißen *asymmetrische Verfahren* oder *Public-key-Verfahren*. Auch wenn es zunächst so aussieht, als seien damit alle Probleme der symmetrischen Verfahren beseitigt, kommt auch hier wieder ein Pferdefuß: Man muss sicher sein, dass die öffentlichen Schlüssel beim Transport nicht verfälscht werden können. Charly könnte sonst Bobs öffentlichen Schlüssel durch seinen eigenen ersetzen und ihn Alice zuspielen. Diese denkt, sie verschlüsselt für Bob, dabei kann die Nachricht von Charly gelesen werden. Dieses Problem kann man mit Hilfe der sogenannten *Zertifikate* in den Griff bekommen: Die Echtheit öffentlicher Schlüssel und die Zugehörigkeit eines Schlüssels zu einer Person werden von einem unabhängigen Dritten, der Zertifizierungsstelle, in einem Zertifikat bestätigt; auch dies wieder mit kryptographischen Methoden. Man muss hierzu jedoch einigen Aufwand treiben.

Weiter sind asymmetrische Verfahren von ihrer rechnerischen Komplexität so umfangreich, dass eine Realzeit-Verschlüsselung großer Datenmengen unmöglich ist. Symmetrische Verfahren sind um mehrere Zehnerpotenzen schneller.

In der Anwendung werden die Vorteile beider Verfahren kombiniert. Typisch ist, dass öffentliche Schlüssel verwendet werden, um kleine Datenmengen zu verschlüsseln, zum Beispiel symmetrische Schlüssel, die so in sicherer Weise als *session keys* zwischen zwei Partnern ausgetauscht werden können. Mit diesen werden dann die Nutzdaten verschlüsselt. Dies geschieht zum Beispiel immer dann, wenn Sie mit Ihrem Internet-Browser ein geschütztes Dokument anfordern.

Das Konzept der öffentlichen Verschlüsselung ist gut verständlich. Sehr viel schwerer ist es, mathematische Algorithmen zu finden, die es realisieren. Tatsächlich sind auch erst in den 1970er Jahren Algorithmen veröffentlicht worden. Das Hauptproblem, das immer gelöst werden muss, ist die Konstruktion von sicheren und schnellen Funktionen, die umkehrbar sind, deren Umkehrfunktion jedoch nicht berechnet werden kann. Es gibt im Wesentlichen zwei Klassen von schwierigen mathematischen Problemen, auf die sich die heutigen Algorithmen stützen. Für beide dieser Problemklassen werde ich Ihnen einen Algorithmus vorstellen.

Das erste solche Problem besteht darin, dass es sehr leicht ist, zwei große Primzahlen zu multiplizieren, dass es aber umgekehrt sehr schwierig ist, in menschlicher Zeit eine große Zahl in ihre Primfaktoren zu zerlegen (das *Faktorisierungsproblem*).

Das zweite Problem besteht darin, dass man zu einer gegebenen natürlichen Zahl a und zu einer Primzahl p sehr leicht $a^x \bmod p$ berechnen kann. Es ist aber kein Verfahren bekannt, wie zu gegebenem y ein x mit $y \equiv a^x \bmod p$ gefunden werden kann, das wesentlich schneller ist als das Berechnen aller Potenzen (das Problem des *diskreten Logarithmus*).

Pikanterweise gibt es für keine von beiden Klassen einen Beweis dafür, dass das zugrunde liegende Problem nicht doch schnell lösbar ist. Man hat nur bisher noch keinen Weg gefunden. Wenn morgen jemand ein schnelles Verfahren zur Faktorisierung großer Zahlen entdeckt, ist die Hälfte der Algorithmen unbrauchbar. Eine gewisse Beruhigung besteht darin, dass man wenigstens noch auf die andere Hälfte ausweichen kann.

Der RSA-Algorithmus

Das sicherlich bekannteste Public-key-Verfahren ist der *RSA-Algorithmus*, benannt nach seinen Erfindern (oder Entdeckern?) Rivest, Shamir und Adleman, die ihn 1978 veröffentlicht haben. Der RSA beruht auf dem Faktorisierungsproblem.

Zur Erzeugung eines Schlüsselpaares benötigt man zwei große Primzahlen p und q. Zur Zeit werden meist Primzahlen in der Größenordnung von 1024 Bit gewählt. Dann wird $n = p \cdot q$ gebildet. Dieses n hat die Größenordnung 2048 Bit, das ist eine mehr als 600-stellige Dezimalzahl. Nun sucht man eine positive Zahl e in $\mathbb{Z}/(p-1)(q-1)\mathbb{Z}^*$, also ein e mit $\mathrm{ggt}(e, (p-1)(q-1)) = 1$ (siehe Satz 5.18). Zuletzt sei d das multiplikative Inverse zu e in $\mathbb{Z}/(p-1)(q-1)\mathbb{Z}^*$. Damit haben wir alles zusammen, was wir für die Verschlüsselung brauchen:

- p, q große Primzahlen
- $n = p \cdot q$
- e, d mit $ed = 1 + k(p-1)(q-1)$.

Nun können wir die Schlüssel definieren, dabei steht e für encrypt, d für decrypt:

der öffentliche Schlüssel: n, e,
der private Schlüssel: n, d.

Das Geheimnis des privaten Schlüssels liegt natürlich in der Zahl d, nicht in n. Die Sicherheit beruht auf der Annahme, dass es nicht möglich ist, d aus der Kenntnis von n und e zu bestimmen, ohne n in seine Primfaktoren p und q zu zerlegen. Auch dies ist übrigens noch nicht wirklich bewiesen.

Nun zum Algorithmus selbst. Dieser ist von geradezu unglaublicher Einfachheit. Die Nachricht N sei eine Zahl zwischen 1 und $n - 1$. Dann gilt

$$S = N^e \bmod n \quad (N \text{ wird zu } S \text{ verschlüsselt}),$$
$$N = S^d \bmod n \quad (S \text{ wird zu } N \text{ entschlüsselt}). \tag{5.19}$$

Probieren Sie das doch einmal mit nicht zu großen Primzahlen aus! Wenn Sie den Algorithmus aus der Formel (3.4) in Abschn. 3.3 zur Potenzierung verwenden und immer gleich modulo nehmen, vermeiden Sie Zahlenüberläufe und können in C++ Nachrichten bis zu 2 Byte Länge verschlüsseln. In Java ist eine Klasse BigInteger enthalten, so dass Sie dort auch mit längeren Zahlen spielen können. Wenn Sie ein Mathematikprogramm wie zum Beispiel Sage verwenden, können Sie auch mit wirklich großen Primzahlen arbeiten.

Warum gilt (5.19)? Dies möchte ich gerne beweisen.

Es sei also $S = N^e \bmod n$. Weil modulo nehmen und potenzieren vertauschbar sind, ist $S^d \bmod n = (N^e)^d \bmod n = N^{ed} \bmod n$. Es muss also ausgerechnet werden, dass $N = N^{ed} \bmod n$ gilt.

Wir zeigen zunächst $N \bmod p = N^{ed} \bmod p$:

Es gibt eine ganze Zahl α, so dass $ed = 1 + (p-1)\alpha$ ist. Dann gilt wegen dem kleinen Satz von Fermat (Satz 5.20a):

$$N^{ed} \bmod p = N^{1+(p-1)\alpha} \bmod p = N \bmod p \cdot \underbrace{(N^{p-1} \bmod p)}_{=1}{}^{\alpha} = N \bmod p.$$

Dies gilt auch für den Sonderfall $\mathrm{ggt}(N, p) \neq 1$ aus Satz 5.20a, denn dann ist p ein Teiler von N, damit natürlich auch Teiler von N^{ed}, und daher ist $N \bmod p = N^{ed} \bmod p = 0$.

Genauso zeigen wir, dass $N \bmod q = N^{ed} \bmod q$ gilt.

$N - N^{ed}$ ist also sowohl durch p als auch durch q teilbar. Dann ist $N - N^{ed}$ auch durch $pq = n$ teilbar, das heißt $N - N^{ed} \equiv 0 \bmod n$ Da N ein Rest $\bmod n$ sind, muss nach Satz 4.23 $N = N^{ed} \bmod n$ sein. $\qquad\square$

Der Diffie-Hellman-Algorithmus

Das erste veröffentlichte Public-key-Verfahren überhaupt war der *Diffie-Hellman-Algorithmus*, der 1976 publiziert wurde. Der Diffie-Hellman (DH) ist ein Algorithmus, der dazu dient, zwischen Alice und Bob einen geheimen Schlüssel auszutauschen. Insofern ist seine Funktionsweise etwas anders als für die Public-key-Verfahren, die ich zu Beginn dieses Abschnitts beschrieben habe. Die zugrunde liegende Mathematik verwendet die Körper GF(p) wobei p eine sehr große Primzahl ist. Seine Sicherheit beruht auf dem Problem des diskreten Logarithmus. Ohne Beweis möchte ich bemerken, dass die multiplikative Gruppe eines endlichen Körpers immer zyklisch ist (siehe Definition 5.5). Ein erzeugendes Element $a \in \mathrm{GF}(p) \setminus \{0\}$ wird für den Algorithmus benötigt. Es gibt in der

Regel sehr viele erzeugende Elemente, bei großem p ist es jedoch schwierig zu prüfen, ob ein gegebenes Element diese Eigenschaft hat. Glücklicherweise müssen die Zahlen p und ein erzeugendes Element a nur ein einziges Mal bestimmt werden, sie bleiben für alle Zeiten und für alle Anwender gleich. Wollen nun Alice und Bob einen Schlüssel austauschen, so wählen sie selbst je eine Zufallszahl q_A und q_B kleiner als $p - 1$. Dies sind ihre privaten Schlüsselteile, die sie für sich behalten. Anschließend tauschen sie Nachrichten aus:

$$\text{Alice an Bob:} \quad r_A = a^{q_A} \bmod p,$$
$$\text{Bob an Alice:} \quad r_B = a^{q_B} \bmod p.$$

r_A und r_B sind die öffentlichen Schlüsselteile von Alice und Bob. Es gibt kein bekanntes Verfahren, q_A aus r_A beziehungsweise q_B aus r_B zu berechnen, das viel schneller ist als das Ausprobieren. Ist p groß genug, so ist das unmöglich. Nun können Alice und Bob aus den erhaltenen Nachrichten eine gemeinsame Zahl K berechnen:

$$\text{Alice:} \quad r_B^{q_A} \bmod p = a^{q_B q_A} \bmod p =: K,$$
$$\text{Bob:} \quad r_A^{q_B} \bmod p = a^{q_A q_B} \bmod p =: K.$$

Sehen Sie, dass wir dabei die Körpereigenschaften von GF(p) verwendet haben? Ohne die jeweiligen privaten Teile ist K nicht berechenbar, nur Alice und Bob teilen daher diese Information. K kann nun als Schlüssel oder als Startwert für einen Schlüsselgenerator dienen, so dass die nachfolgende Kommunikation verschlüsselt werden kann.

Der *ElGamal-Algorithmus* ist ein Verschlüsselungsverfahren, das unmittelbar auf dem DH-Schlüsselaustausch aufbaut. Alice will die Nachricht M verschlüsseln, die eine Zahl kleiner als p ist. Nach dem DH-Schlüsselaustausch sendet Alice an Bob die Zahl

$$C = KM \bmod p.$$

Ohne die Kenntnis von K kann niemand M berechnen. Wenn Bob Satz 5.19 nachliest, kann er jedoch in GF(p) das inverse Element K^{-1} bestimmen und erhält

$$M = K^{-1} C \bmod p.$$

Diffie-Hellman und ElGamal sehen auf den ersten Blick sehr bestechend aus, ich muss aber gleich etwas Wasser in den Wein gießen: Alice und Bob müssen sicher sein, dass der Austausch der öffentlichen Schlüssel nicht von einem Dritten gestört wird, der ihnen eigene Schlüsselteile unterschiebt. Dies ist gar nicht so einfach, dennoch ist der Diffie-Hellman-Algorithmus weit verbreitet, er muss in ein entsprechendes Protokoll eingebettet werden. ElGamal hat den Nachteil, dass nach jeder Nachricht M der Schlüssel K gewechselt werden muss, somit ist der übertragene Text effektiv doppelt so lang wie der Klartext. Würde das nicht geschehen, so könnte ein Angreifer mit der Kenntnis eines einzigen zusammenpassenden Paares M, C von Klartext und Schlüsseltext die Verschlüsselung knacken. Gegen diesen Angriff müssen aber kryptographische Algorithmen gewappnet sein. Auch der ElGamal-Algorithmus hat jedoch seine Einsatzgebiete.

Der Diffie-Hellman Algorithmus mit elliptischen Kurven

Die Sicherheit des Diffie-Hellman Algorithmus beruht auf dem Problem des diskreten Logarithmus in der multiplikativen Gruppe eines endlichen Körpers. Auch in anderen Gruppen gibt es dieses Logarithmus-Problem. Die derzeit wichtigsten sind die elliptischen Kurven. Zunächst ist es etwas verwirrend, wenn wir in einer additiven Gruppe von Potenzieren und Logarithmieren sprechen. Wir müssen die Begriffe erst in die Sprache der Addition übersetzen: Potenzieren ist eine fortgesetzte Multiplikation, dies entspricht in einer additiven Gruppe einer fortgesetzten Addition. In elliptischen Kurven über einem endlichen Körper ist es sehr leicht, einen Punkt P n-mal zu ich selbst zu addieren: $nP = P + P + \ldots + P$. Diese n-fache Addition lässt sich rekursiv implementieren, ähnlich wie die Potenzierung in $GF(p)$ oder in $\mathbb{R}$. Es gibt aber keinen bekannten Algorithmus, der zu gegebenem P und $Q = nP$ die Zahl n findet. Dies würde dem Ziehen des Logarithmus entsprechen.

Jetzt lässt sich der Diffie-Hellman-Algorithmus für elliptische Kurven formulieren. Als Systemparameter braucht man einen endlichen Körper K, eine elliptische Kurve E über K und einen Generatorpunkt P auf E. Die Konstruktion der elliptischen Kurve ist sehr anspruchsvoll. Als Körper wird meist $GF(p)$ oder $GF(2^m)$ für eine große Primzahl p oder für ein großes m gewählt. Die Kurve selbst muss sehr viele Punkte enthalten und der Generatorpunkt P muss die Eigenschaft haben, dass die Ordnung von P, das heißt das kleinste n für das $nP = \mathcal{O}$ ist, nur sehr große Teiler hat. Und zu guter Letzt gibt es manche elliptische Kurven, in denen das Logarithmieren doch schnell geht. Kurven, die in der Kryptographie verwendet werden, müssen also sehr sorgfältig analysiert werden. Solche Kurven sind in Sicherheitsstandards festgelegt. Diese können dann in Verschlüsselungsprotokollen verwendet werden.

1999 wurden durch das National Institute of Standards and Technology (NIST) in den USA elliptische Kurven standardisiert, die von der National Security Agency (NSA) entwickelt worden sind. Dabei wurden die Entwurfskriterien nicht offen gelegt und in den folgenden Jahren, insbesondere nach den Enthüllungen von Edward Snowden 2013, entstand in der Community der Kryptologen der Verdacht, dass hier Kurven generiert wurden, in denen es eine Hintertür gibt, die der NSA die Entschlüsselung erlauben könnte. In vielen Protokollen werden diese NIST-Kurven daher inzwischen gemieden.

Zum Schlüsselaustausch wählen Alice und Bob als privaten Schlüssel eine Zahl q_A beziehungsweise q_B, die kleiner als die Ordnung von P ist. Die öffentlichen Schlüssel sind dann $q_A P$ und $q_B P$. Sowohl Alice als auch Bob können dann aus ihrem privaten Schlüssel und dem öffentlichen Schlüssel des Partners das gemeinsame Geheimnis $q_B(q_A P) = q_A(q_B P)$ berechnen.

Warum sind die elliptischen Kurven für Anwendungen interessant, wenn es im Unterschied zum Standard-Diffie-Hellman Verfahren so schwierig ist, geeignete Kurven zu finden? Der Grund liegt in der Performanz und in den Schlüssellängen der Algorithmen. Im Zeitalter des Internet of Things, in dem wohl bald jeder Lichtschalter verschlüsselt mit seiner Lampe kommunizieren will, werden auf einmal wieder Speicherplatzgrößen und Rechenleistung interessant. Algorithmen über elliptischen Kurven haben bei vergleichbarer Sicherheit deutlich kürzere Schlüssellängen und schnellere Laufzeiten als die Standardalgorithmen.

Schlüsselerzeugung

Bis um die Jahrhundertwende hat man als Modul n für den RSA-Algorithmus Zahlen in der Größenordnung von 512 Bit gewählt. 1999 ist es erstmals gelungen, einen solchen Code zu brechen, das heißt eine solche Zahl n zu zerlegen. Es dauerte etwa ein halbes Jahr und verbrauchte insgesamt 35.7 CPU-Jahre Rechenzeit. Für Kryptologen war der Algorithmus damit in dieser Form nicht mehr tragbar, und man hat auf Module von mindestens 1024 Bit Länge umgestellt. Das BSI (Bundesamt für Sicherheit in der Informationstechnik) empfiehlt seit 2011 eine Modullänge von 2048 Bit.

Bei der Schlüsselerzeugung benötigt man dann Primzahlen in der Größenordnung von 1024 Bit. Gibt es davon genug? Ja, in diesem Zahlenbereich gibt es mehr als 10^{300} brauchbare Primzahlen, mehr als genug für jedes Atom des Universums (siehe Übungsaufgabe 9 in Kap. 14).

Aber wie findet man diese? Ein einfacher Primzahltest besteht darin, die Zahl zu faktorisieren. Wir können dafür aber keine 35 Rechnerjahre investieren. Es gibt zwar schnellere Testalgorithmen, 2002 wurde sogar ein Algorithmus in polynomialer Laufzeit entdeckt (der AKS-Algorithmus). In der Praxis ist aber auch dieser noch viel zu langsam.

> Die Entdeckung eines polynomialen Primzahltests erregte in der Mathematik großes Aufsehen. Und zunächst sieht es ja fast so aus, als könnte dieser Algorithmus an der Sicherheit der kryptographischen Algorithmen nagen, die auf dem Faktorisierungsproblem beruhen. Glücklicherweise scheinen die Faktorisierung einer Zahl und der Test auf die Primzahleigenschaft voneinander unabhängige Probleme zu sein. Und bei der Faktorisierung sind keine Fortschritte zu erkennen, die für kryptographische Anwendungen gefährlich werden könnten – zumindest solange es noch keine Quantencomputer gibt.

Was also tun, wenn man in wenigen Sekunden eine große Primzahl finden will? Es gibt verschiedene Primzahltests, mit denen man feststellen kann, dass eine Zahl zumindest mit hoher Wahrscheinlichkeit prim ist. Ich zeige Ihnen den *Miller-Rabin Primzahltest*, der in Anwendungen weit verbreitet ist.

Der kleine Fermat'sche Satz 5.20 gibt uns zunächst ein Negativkriterium: Ist p der Kandidat der auf seine Primzahleigenschaft getestet werden soll und a eine Zahl mit $a \not\equiv 0 \bmod p$, so muss jedenfalls $a^{p-1} \bmod p = 1$ sein. Ist diese Eigenschaft für irgendein a verletzt, so ist p also zusammengesetzt. Umgekehrt, wenn für viele solche a immer $a^{p-1} \bmod p = 1$ gilt, so könnten wir hoffen, dass p mit gewisser Wahrscheinlichkeit prim ist. Jede Zahl a, für die $a^{p-1} \bmod p = 1$ erfüllt ist, nennen wir einen *Zeugen* für die Primzahleigenschaft von p.

Wir gehen von der Annahme aus, dass p prim ist, und versuchen sie durch möglichst viele Zeugen zu bestätigen. Als potenzielle Zeugen nehmen wir Zahlen $a \in \{2, 3, \ldots, p - 1\}$. Wir rechnen im Körper $\mathbb{Z}/p\mathbb{Z}$ und natürlich wollen wir möglichst effizient rechnen.

Um zu $a^{p-1} = 1$ (also $a^{p-1} \bmod p = 1$) zu verifizieren, genügt es zu wissen, dass $a^{(p-1)/2}$ gleich $+1$ oder gleich -1 ($= p-1$) ist, denn $\pm 1^2 = 1$. Falls $(p-1)/2$ eine gerade Zahl ist, so können wir $a^{(p-1)/4}$ untersuchen und wieder folgt aus $a^{(p-1)/4} = \pm 1$ auch $a^{p-1} = 1$. So fortfahrend kann man sich einige Potenzierungen sparen. Das Vorgehen im Detail:

1. Suche die größte Zweierpotenz in $p - 1$, es sei also $p - 1 = 2^k q$, q ungerade.
2. Wähle ein zufälliges $a \in \{2, 3, \ldots, p - 1\}$.
3. Berechne a^q. Ist $a^q = \pm 1$, dann ist $a^{p-1} = 1$ und damit a ein Zeuge für die Primzahleigenschaft.
4. Ist $a^q \neq \pm 1$ und tritt in der Folge $a^{q \cdot 2}, a^{q \cdot 2^2}, a^{q \cdot 2^3}, \ldots, a^{q \cdot 2^{k-1}} = a^{(p-1)/2}$ irgendwann der Wert -1 auf, so ist $a^{p-1} = 1$, a ist ein Zeuge für die Primzahleigenschaft.
5. Ansonsten ist $a^{p-1} \neq 1$ und damit p definitiv nicht prim.

Warum muss im 4. Schritt nicht mehr die Alternative $a^{q \cdot 2^m} = +1$ berücksichtigt werden? Im Körper $\mathbb{Z}/p\mathbb{Z}$ hat das Polynom $x^2 - 1 = 0$ genau zwei Nullstellen, nämlich ± 1. Wenn also etwa $a^{q \cdot 2} = +1$ ist, dann muss auch schon $a^q = \sqrt{a^{q \cdot 2}} = \pm 1$ gewesen sein. Entsprechend schließt man für die höheren Potenzen.

Ist p prim, so können wir auf diese Weise viele Zeugen für die Primzahleigenschaft von p finden. Das würde uns noch nichts nützen, wenn man nicht beweisen könnte, dass von allen potenziellen Zeugen höchstens ein Viertel bereit ist für p zu lügen, das heißt zu behaupten, dass p prim ist, obwohl es nicht stimmt. Wenn also ein zufällig gewähltes a ein Zeugen für p darstellt, so ist p mit einer Wahrscheinlichkeit von weniger als $1/4$ nicht prim!

Es gibt einige wenige zusammengesetzte Zahlen q, so dass für alle zu q teilerfremden a gilt: $a^{q-1} \bmod q = 1$. Diese Zahlen heißen Carmichael-Zahlen, die ersten fünf davon lauten 561, 1105, 1729, 2465, 2821. Aus meiner Argumentation könnte man schließen, dass diese Zahlen beim Testen fälschlicherweise als prim durchgehen würden. Tiefliegende Ergebnisse aus der Zahlentheorie zeigen, dass der Miller-Rabin-Test erstaunlicherweise auch Carmichael-Zahlen als zusammengesetzt entlarvt: Der Miller-Rabin-Test ist stärker als die Überprüfung, ob für alle $a < q$ gilt $a^{q-1} \bmod q = 1$. Ist q zusammengesetzt, so kann es zum Beispiel Zahlen $a < q$ geben mit der Eigenschaft $a^{(q-1)/2} \bmod q \neq \pm 1$, obwohl $a^{q-1} \bmod q = 1$ ist! Suchen Sie dazu Zahlenbeispiele!

Führen wir jetzt eine bestimmte Anzahl solcher Primzahltests durch, beispielsweise 30. Ist p keine Primzahl so gilt:
Die Wahrscheinlichkeit, dass der 1. Test einen Zeugen liefert, ist kleiner als $1/4$.
Die Wahrscheinlichkeit, dass der 2. Test einen Zeugen liefert, ist kleiner als $1/4$.

Die Wahrscheinlichkeit, dass der 1. und 2. Test Zeugen liefert, ist kleiner als $(1/4) \cdot (1/4)$.

Die Wahrscheinlichkeit, dass alle 30 Tests Zeugen liefern sind, ist kleiner als $1/4^{30} = 1/2^{60}$.

In Teil III des Buches werden wir lernen, warum man die Wahrscheinlichkeiten in dieser Form multiplizieren kann und wie man mit Hilfe eines solchen Tests die Wahrscheinlichkeit bestimmen kann, dass eine zufällig gewählte Zahl prim ist, wenn sie 30 Tests überstanden hat. Diese ist verschieden von $1 - 1/2^{60}$! Siehe dazu in Abschn. 19.3 das zweite Beispiel nach Satz 19.8.

Hat man zwei Zahlen p und q gefunden, die zum Beispiel 30 Tests überstanden haben, so wird angenommen, dass sie prim sind und damit kann der RSA-Schlüssel erzeugt werden. Geht man damit ein Risiko ein? Die Wahrscheinlichkeit, dass ich zweimal hintereinander einen Sechser im Lotto habe, ist größer als die, keine Primzahl zu erwischen. Es passiert einfach nicht!

Ich habe gehört, dass Informatiker solche Zahlen als „Primzahlen von industrieller Qualität" bezeichnen. Einem echten Mathematiker stehen die Haare zu Berge! Aber es funktioniert, und damit ist eine solche Primzahlsuche gerechtfertigt. Wenn natürlich auch solche „Primzahlen" – genau wie Industriediamanten – nicht so wertvoll sind wie echte.

Zufallszahlen

Die Erzeugung eines kryptographischen Schlüssels beginnt immer mit einer Zufallszahl. Im RSA braucht man etwa eine ganze Reihe von Kandidaten, um sie auf ihre Primzahleigenschaft zu testen. Diese Kandidaten müssen zufällig gewählt werden. Auch in anderen Gebieten der Informatik spielen Zufallszahlen eine wichtige Rolle, zum Beispiel für Simulationen. In diesem Buch habe ich sie noch in einer Monte-Carlo-Methode zur Integration verwendet, siehe hierzu in Abschn. 22.2 das Beispiel nach der Rechenregel 22.12. Wie kann man solche Zahlen finden?

Auch wenn es im täglichen Umgang mit dem Rechner manchmal nicht den Anschein hat: Computer arbeiten deterministisch, das heißt, ihre Ausgaben sind durch die Eingaben und die Programme vorherbestimmt und reproduzierbar. Bei der Erzeugung von Schlüsseln wäre dies fatal: Ein deterministischer Prozess würde immer dieselben Schlüssel generieren.

Echte Zufallszahlen sind im Rechner schwer zu realisieren. Sie verwenden beispielsweise physikalische Prozesse wie das thermische Rauschen in einem Halbleiter oder durch den Anwender eingegebene zufällige Daten wie Mausbewegungen oder Abstände zwischen Tastatureingaben. Für viele Anwendungen werden jedoch sogenannte *Pseudozufallszahlen* verwendet. Ein Pseudozufallszahlengenerator gibt nach der Eingabe eines Startwertes eine reproduzierbare Folge von Zahlen aus, die zufällig aussieht. Es ist nicht trivial, die Qualität einer solchen Zahlenfolge zu beurteilen. Sie muss jedenfalls eine

ganze Reihe von statistischen Tests überstehen, bevor der dazugehörige Zufallszahlengenerator verwendet werden kann. In Abschn. 22.3 beschäftigen wir uns ein bisschen mit
solchen Tests. Generatoren, die in der Kryptographie verwendet werden, müssen neben
diesen statistischen Prüfungen noch eine andere Anforderung erfüllen: Auch wenn alle
Zahlen der Folge bis zu einer bestimmten Stelle bekannt sind, darf es nicht möglich sein,
die nächste Zahl vorauszusagen.

Zur Erzeugung von Zufallszahlen ist die Modulo-Operation geeignet. Ein gängiges
Verfahren besteht darin, Zahlen a, b, m vorzugeben und nach Eingabe des Startwertes z_0
die $(i + 1)$-te Zufallszahl aus der i-ten wie folgt zu berechnen:

$$z_{i+1} = (az_i + b) \bmod m.$$

Dieser Algorithmus heißt *linearer Kongruenzgenerator*. Natürlich sind nicht alle Zahlen
a, b und m geeignet. Probieren Sie aus, was geschieht, wenn $b = 0$ ist und a ein Teiler
von m ist. Sind die Zahlen jedoch geschickt gewählt, so erzeugt ein solcher Generator
statistisch gut verteilte Pseudozufallszahlen. Die Zahlen liegen zwischen 0 und $m - 1$, bei
guter Wahl hat der Generator die maximale Periode m. Es gibt in der Literatur lange Listen
von geeigneten Werten. Ich gebe Ihnen zwei zum Ausprobieren an: $a = 106$, $b = 1283$,
$m = 6075$ und $a = 2416$, $b = 374\,441$, $m = 1\,771\,875$.

Bei der Implementierung der zweiten Auswahl müssen Sie darauf achten, dass Sie
keinen Überlauf produzieren. Wie groß muss Ihr Datentyp mindestens sein?

Die linearen Kongruenzgeneratoren sind für die Kryptographie nicht zu verwenden,
da sie vorhersehbar sind. Im Bereich der Kryptographie kann jedoch das Hirnschmalz,
das schon in die Entwicklung sicherer Algorithmen gesteckt wurde, noch ein zweites Mal
verwendet werden: Zufallszahlen entstehen durch fortgesetzte Verschlüsselung. Dazu gibt
es eine ganze Reihe von Verfahren. So beruht etwa der *RSA-Generator* auf der Sicherheit
des RSA-Algorithmus. Wie dort werden große Primzahlen p und q gewählt, $n = p \cdot q$
und e, d mit $e \cdot d \equiv 1 \bmod (p - 1)(q - 1)$ werden berechnet. Dann wird

$$x_{i+1} = x_i^e \bmod n$$

berechnet. x_0 ist dabei der Startwert. Wer ohne Kenntnis von e die Zahl x_{i+1} aus x_i berechnen kann, kann auch den RSA knacken. Der Generator soll eine Folge von Nullen und
Einsen generieren, als Zufallszahl wird daher jeweils nur das letzte Bit von x_{i+1} gewählt.

Die erzeugte Zufallszahlenfolge hängt vom Startwert ab. Wenn ich einen kryptographischen Schlüssel erzeugen will und wähle als Startwert für den Generator einen long-Wert
mit vier Byte Länge, so kann ich den besten Generator haben und die längsten denkbaren
Schlüssel wählen, ich erhalte trotzdem nur 2^{32} verschiedene Schlüssel. Kein Problem für
einen Hacker, der weiß, wie ich meine Schlüssel generiere. Ein gutes Verschlüsselungssys-
tem braucht also neben dem Algorithmus auch noch einen guten Zufallszahlengenerator
und lange, echt zufällige Startwerte. Auf Letzteres wird leider gelegentlich zu wenig Wert
gelegt. Tatsächlich sind daher Angriffe auf Schlüsselerzeugungsmechanismen heute oft
vielversprechender als Angriffe auf die Verschlüsselungsalgorithmen selbst.

5.8   Verständnisfragen und Übungsaufgaben

1. Ein Ring muss nicht unbedingt ein 1-Element besitzen. Schauen Sie sich noch einmal die Beispiele in Abschn. 5.2 an. Finden Sie einen Ring ohne 1?

2. Wie lautet in $\mathbb{C}$ die $\sqrt{-25}$?

3. Gilt in $\mathbb{C}$: $x \cdot \bar{x} = 0 \Leftrightarrow x = 0$?

4. Warum gilt im Körper $\mathbb{Z}/p\mathbb{Z}$ immer $(p-1)(p-1) = 1$?

5. Ist ein Ring-Homomorphismus von R nach S automatisch auch ein Homomorphismus der additiven Gruppen von R bzw. S?

6. Wenn Sie Schlüssel für einen kryptographischen Algorithmus erzeugen wollen, brauchen Sie einen Zufallszahlengenerator. Warum sind die standardmäßig in Programmiersprachen oder Betriebssystemen enthaltenen Zufallsgeneratoren nicht dafür geeignet?

7. Worin liegt die große Bedeutung der elliptischen Kurven in der Kryptographie?

8. Welche beiden ungelösten mathematischen Probleme liegen den meisten Public-key-Algorithmen zu Grunde? ◄

1. Stellen Sie eine Additions- und Multiplikationstabelle für $\mathbb{Z}/6\mathbb{Z}$ auf. Zeigen Sie, dass $\mathbb{Z}/6\mathbb{Z} \setminus \{0\}$ mit der Multiplikation keine Gruppe bildet.

2. Ordnen Sie den Elementen der Tabelle (5.3) die Elemente der S_3 zu.

3. Zeigen Sie, dass $(\mathbb{R}^+, \cdot)$ eine Gruppe bildet.

4. Zeigen Sie, dass im Körper $\mathbb{C}$ gilt: $z \cdot \bar{z} = |z|^2$, $z^{-1} = \frac{\bar{z}}{|z|^2}$.

5. Sei $z = 4 + 3i$, $w = 6 + 5i$. Berechnen Sie z^{-1} und $\frac{w}{z}$ in der Form $a + bi$. (Verwenden Sie dazu Aufgabe 4.)

6. Stellen Sie $\frac{1+i}{2-i}$ in der Form $a + bi$ dar.

7. Im Körper $\mathbb{C}$ der komplexen Zahlen sei $z = \frac{\sqrt{2}}{2} + \frac{\sqrt{2}}{2}i$. Berechnen Sie und zeichnen Sie in der Gauß'schen Zahlenebene z, z^2, z^3, z^4, z^5.

8. Führen Sie bei folgenden Polynomen Division mit Rest durch und machen Sie jeweils anschließend die Probe:
   a) in $\mathbb{Z}/2\mathbb{Z}[x]$: $(x^8 + x^6 + x^2 + x)/(x^2 + x)$,
   b) in $\mathbb{Z}/2\mathbb{Z}[x]$: $(x^5 + x^4 + x^3 + x + 1)/(x^3 + x^2 + 1)$,
   c) in $\mathbb{Z}/5\mathbb{Z}[x]$: $(4x^3 + 2x^2 + 1)/(2x^2 + 3x)$.

9. Zeigen Sie, dass es in $\mathbb{Z}/n\mathbb{Z}[x]$, n keine Primzahl, Polynome vom Grad zwei mit mehr als zwei verschiedenen Nullstellen gibt.

10. Zeigen Sie, dass für $n \in \mathbb{N}$ die Menge $(\mathbb{R}^n, +)$ mit der folgenden Addition eine Gruppe bildet: $(a_1, a_2, \ldots, a_n) + (b_1, b_2, \ldots, b_n) := (a_1 + b_1, a_2 + b_2, \ldots, a_n + b_n)$.

11. Zeigen Sie, dass die folgenden Abbildungen Homomorphismen sind. $\mathbb{R}^2$ beziehungsweise $\mathbb{R}^3$ sind dabei die Gruppen aus der letzten Aufgabe. Berechnen Sie Ker f und Ker g.
    a) $f : \mathbb{R}^3 \to \mathbb{R}^2, (x, y, z) \mapsto (x + y, y + z)$
    b) $g : \mathbb{R}^2 \to \mathbb{R}^3, (x, y) \mapsto (x, x + y, y)$

12. Zeigen Sie, dass man in der Definition 5.2, Axiom (G2) auf die Forderung der Eindeutigkeit verzichten kann: In einer Gruppe ist das Inverse a^{-1} zu einem Element a eindeutig bestimmt.

13. Zeigen Sie, dass in einer ISBN-Nummer jeder einzelne Ziffernfehler und auch das Vertauschen der Prüfziffer mit einer der vorderen Ziffern entdeckt werden können.

14. In $\mathbb{R}^2$ bildet die Menge der (x, y) mit $y = mx + t$ eine Gerade. Dabei ist m der Anstieg und t der y-Abschnitt. Untersuchen Sie jetzt Geraden über dem Körper $\text{GF}(p)$, also in $\text{GF}(p)^2$:
    a) Zeigen Sie, dass jede Gerade in $\text{GF}(p)^2$ genau p Punkte enthält.
    b) Verwenden Sie ein Mathematikwerkzeug um für einige Primzahlen und für einige m, t die Punkte der Geraden zu zeichnen. Nehmen Sie zum Beispiel $p = 31, m = 1, 2, 13, 16 (= \frac{1}{2}), 29 (= -2)$ und $t = 0, 5$. Vergleichen Sie die Zeichnungen mit den entsprechenden Geraden in $\mathbb{R}^2$. ◄

Vektorräume

6

Zusammenfassung

In diesem Kapitel lernen Sie

- die Rechenoperationen auf den klassischen Vektorräumen $\mathbb{R}^2$, $\mathbb{R}^3$ und $\mathbb{R}^n$,
- den Vektorraum als zentrale algebraische Struktur der Linearen Algebra kennen,
- die linearen Abbildungen als die Homomorphismen der Vektorräume kennen,
- die Begriffe lineare Unabhängigkeit, Basis und Dimension von Vektorräumen, und wie diese zusammenhängen,
- das Rechnen mit Koordinaten bezüglich verschiedener Basen eines Vektorraums.

Vektorräume sind eine algebraische Struktur, die für uns besonders wichtig ist. Dies liegt einmal daran, dass sich der Raum, in dem wir leben, als ein Vektorraum auffassen lässt. Beispielsweise rechnen wir in der graphischen Datenverarbeitung und in der Robotik ständig mit den Punkten (den Vektoren) des Raums und berechnen Bewegungen in diesen Räumen. Um räumliche Gegenstände in einer Ebene darzustellen, zum Beispiel auf einem Bildschirm, müssen wir Abbildungen vom dreidimensionalen in den zweidimensionalen Raum durchführen und auch Bewegungen in der Ebene untersuchen.

Es wird sich herausstellen, dass Vektorräume auch in anderen Gebieten der Mathematik ein mächtiges Hilfsmittel sind. So werden wir mit ihrer Hilfe lineare Gleichungen lösen, später werden wir auch Anwendungen in der Analysis kennenlernen.

Aus diesem Grund spendiere ich der Struktur des Vektorraums ein eigenes Kapitel. In den nachfolgenden Kapiteln werden wir uns mit Vektorraum-Anwendungen beschäftigen.

© Springer Fachmedien Wiesbaden GmbH, ein Teil von Springer Nature 2019
P. Hartmann, *Mathematik für Informatiker*, https://doi.org/10.1007/978-3-658-26524-3_6

6.1 Die Vektorräume $\mathbb{R}^2$, $\mathbb{R}^3$ und $\mathbb{R}^n$

$\mathbb{R}^2 = \{(x, y) \mid x, y \in \mathbb{R}\}$ sowie $\mathbb{R}^3 = \{(x, y, z) \mid x, y, z \in \mathbb{R}\}$ sind uns schon bekannt.
Die Elemente von $\mathbb{R}^2$ und $\mathbb{R}^3$ nennt man Vektoren. Damit können wir die Punkte einer
Ebene, beziehungsweise die Punkte des Raums, mit Koordinaten bezeichnen. Will man die
Punkte des Raums den Vektoren des $\mathbb{R}^3$ zuordnen, so legt man einen Ursprung im Raum
fest (den Punkt (0,0,0)), sowie drei Koordinatenachsen durch diesen Punkt. Üblicherweise
wählen wir drei Achsen, die paarweise aufeinander senkrecht stehen (Abb. 6.1).

Die Koordinaten (x, y, z) bezeichnen dann den Punkt, den man erhält, wenn man x
Längeneinheiten in die Richtung der ersten Achse geht, y Einheiten in Richtung der zweiten und z Einheiten in Richtung der dritten Achse. Auf den Achsen muss also auch eine
Richtung (vorwärts) vorgegeben sein. In einer Zeichnung kann man diese durch Angabe
der Punkte $(1, 0, 0)$, $(0, 1, 0)$ und $(0, 0, 1)$ festlegen. Dies ist das *kartesische Koordinatensystem*. So erhalten wir eine bijektive Abbildung zwischen dem $\mathbb{R}^3$ und dem Raum, in dem
wir leben, zumindest wenn wir davon ausgehen, dass sich unser Raum in jede Richtung
unendlich weit ausdehnt.

Diese Vorstellung eines Koordinatensystems haben wir oft im Kopf, wenn wir mit den
Elementen des $\mathbb{R}^3$ rechnen.

Genau wie $\mathbb{R}^2$ und $\mathbb{R}^3$ kann man den $\mathbb{R}^n = \{(x_1, x_2, \ldots, x_n) \mid x_i \in \mathbb{R}\}$ bilden. Dieser Raum hat keine so anschauliche Bedeutung mehr, er ist aber oft sehr praktisch zum
Rechnen. Vom Programmieren kennen Sie die Arrays: Die Anweisung

```
float[] x = new float[25];
```

erzeugt in Java nichts anderes als ein Element des $\mathbb{R}^{25}$.

Vor allem in der Physik hat es sich als praktisch erwiesen, den Vektor (x, y, z) des
$\mathbb{R}^3$ mit einem Pfeil zu identifizieren, der die Richtung und die Länge der Strecke vom
Ursprung zu (x, y, z) hat. Jeder Vektor hat damit eine Größe (die Länge) und eine Richtung, die durch den Endpunkt bestimmt ist. Geschwindigkeit, Beschleunigung und Kräfte
können so als Vektoren interpretiert werden.

Kräfte kann man addieren. Sie kennen das Kräfteparallelogramm, das entsteht, wenn
zwei Kräfte in verschiedenen Richtungen auf einen Körper einwirken. Die resultierende
Kraft entspricht in Größe und Richtung der Diagonalen. Was geschieht dabei mit den

Abb. 6.1 Kartesische Koordinaten im $\mathbb{R}^3$

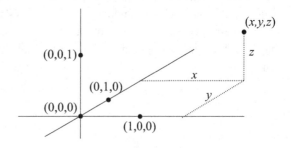

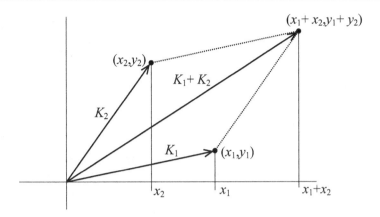

Abb. 6.2 Kräfteparallelogramm

Koordinaten? An einer Skizze im $\mathbb{R}^2$ (Abb. 6.2) können Sie nachvollziehen, dass sich diese gerade addieren.

Es ist ganz leicht nachzurechnen, dass $(\mathbb{R}^n, +)$ mit der komponentenweisen Addition $(a_1 + b_1, a_2 + b_2, \ldots, a_n + b_n) := (a_1, a_2, \ldots, a_n) + (b_1, b_2, \ldots, b_n)$ eine additive Gruppe mit $(0, 0, \ldots, 0)$ als Nullelement ist (vergleiche Übungsaufgabe 10 in Kap. 5).

Der Pfeil, der einen Vektor darstellt, muss nicht unbedingt mit dem Beginn im Ursprung gezeichnet werden; jeder Pfeil gleicher Länge und Richtung bezeichnet den gleichen Vektor. So kann man die Addition auch als Aneinandersetzen von Pfeilen betrachten. Entsprechend kann auch die Subtraktion bildlich dargestellt werden (Abb. 6.3).

Eine weitere wichtige Operation von Vektoren ist die Längenänderung (Abb. 6.4). Dies entspricht der Multiplikation mit einer reellen Zahl, einer Größe ohne Richtung (einem sogenannten Skalar). Auch diese Operation lässt sich leicht in Koordinatenschreibweise übertragen: $\lambda(x_1, x_2, \ldots, x_n) = (\lambda x_1, \lambda x_2, \ldots, \lambda x_n)$.

Für eine Multiplikation von Vektoren haben wir momentan noch keine sinnvolle Interpretation. Dafür verweise ich Sie auf das Kap. 10.

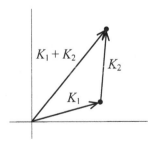
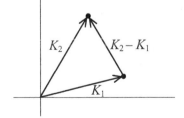

Abb. 6.3 Vektoraddition und -subtraktion

Abb. 6.4 Skalarmultiplikation

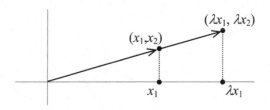

Bei Rechnungen mit Vektoren des $\mathbb{R}^n$ hat sich eingebürgert, diese in Spaltenschreibweise darzustellen. Dabei werden die Komponenten eines Vektors untereinander statt nebeneinander geschrieben. Die Addition und die Skalarmultiplikation sehen dann wie folgt aus:

$$\begin{pmatrix} x_1 \\ x_2 \\ \vdots \\ x_n \end{pmatrix} + \begin{pmatrix} y_1 \\ y_2 \\ \vdots \\ y_n \end{pmatrix} = \begin{pmatrix} x_1 + y_1 \\ x_2 + y_2 \\ \vdots \\ x_n + y_n \end{pmatrix}, \quad \lambda \begin{pmatrix} x_1 \\ x_2 \\ \vdots \\ x_n \end{pmatrix} = \begin{pmatrix} \lambda x_1 \\ \lambda x_2 \\ \vdots \\ \lambda x_n \end{pmatrix}.$$

Betrachtet man nicht einzelne Vektoren, sondern Mengen von Vektoren, so beschreiben diese Gebilde im $\mathbb{R}^2, \mathbb{R}^3, \ldots, \mathbb{R}^n$. Besonders wichtig werden für uns Geraden und Ebenen sein: Sind u, v Vektoren im $\mathbb{R}^n$, so ist die Menge $g := \{u + \lambda v \mid \lambda \in \mathbb{R}\}$ die Gerade in Richtung des Vektors v durch den Endpunkt des Vektors u, und die Menge $E = \{u + \lambda v + \mu w \mid \lambda, \mu \in \mathbb{R}\}$ stellt die Ebene dar, die durch u geht und die so verläuft, dass die Pfeile die zu v und w gehören, gerade in der Ebene liegen. Machen Sie sich diese beiden Konstruktionen zeichnerisch klar, indem Sie einige Werte für λ, μ ausprobieren (Abb. 6.5).

> Bei meiner Erklärung der Ebene habe ich etwas gemogelt: Was passiert, wenn v und w die gleiche Richtung haben? Versuchen Sie, für diesen Spezialfall die Menge E zu zeichnen.

Die Oberfläche komplexerer Objekte im $\mathbb{R}^3$ lässt sich durch Polygone annähern, ebene Flächen, die durch Geradenstücke begrenzt werden.

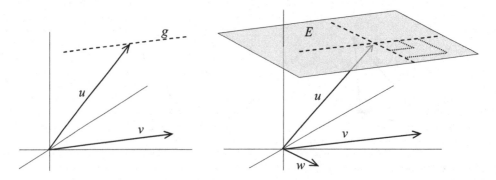

Abb. 6.5 Gerade und Ebene

6.2 Vektorräume

Ähnlich wie Gruppen, Ringe und Körper im Kap. 5, möchte ich jetzt eine abstrakte algebraische Struktur definieren, indem ich typische Eigenschaften von $\mathbb{R}^2$ und $\mathbb{R}^3$ zusammenstelle. Wir erhalten so die Axiome des Vektorraums und werden im Weiteren nur diese Axiome verwenden. Die daraus folgenden Sätze gelten dann für alle Vektorräume, insbesondere natürlich auch für die schon bekannten Beispiele.

▶ **Definition 6.1: Die Vektorraumaxiome** Es sei K ein Körper. Ein *Vektorraum* V mit Skalaren aus K besteht aus einer kommutativen Gruppe $(V, +)$ und einer skalaren Multiplikation $\cdot : K \times V \to V, (\lambda, v) \mapsto \lambda \cdot v$, so dass für alle $v, w \in V$ und für alle $\lambda, \mu \in K$ gilt:

(V1) $\lambda(\mu v) = (\lambda \mu)v$,
(V2) $1 \cdot v = v$,
(V3) $\lambda(v + w) = \lambda v + \lambda w$,
(V4) $(\lambda + \mu)v = \lambda v + \mu v$.

Einen Vektorraum mit Skalarenkörper K nennen wir K-Vektorraum oder Vektorraum über K. Ist $K = \mathbb{R}$ oder $K = \mathbb{C}$, so sprechen wir von einem reellen beziehungsweise komplexen Vektorraum. Dies wird bei uns fast immer der Fall sein.

> Für $\mathbb{R}^n$ sind diese Eigenschaften ganz elementar nachzurechnen. Das Erstaunliche ist, dass diese wenigen Regeln ausreichen, um Vektorräume zu charakterisieren. Wir werden feststellen, dass die Vektorräume $\mathbb{R}^n$ wichtige Prototypen von Vektorräumen sind.

Zu einem Vektorraum gehört also immer auch ein Körper. Um die Elemente der Strukturen nicht zu verwechseln, bezeichnet man meist die Skalare mit kleinen griechischen Buchstaben, zum Beispiel mit λ, μ, ν, und die Vektoren mit kleinen lateinischen Buchstaben, etwa u, v, w. Physiker malen häufig Pfeile über die Vektoren ($\vec{v}$), um ganz deutlich zu sein. Das werde ich im Folgenden nur dann tun, wenn Verwechslungsgefahr besteht, wie zum Beispiel zwischen der $0 \in K$ und der $\vec{0} \in V$, dem Nullelement der additiven Gruppe V. Im $\mathbb{R}^n$ ist $\vec{0} = (0, 0, \ldots, 0)$.

▶ **Satz 6.2: Einfache Rechenregeln für Vektorräume**

(V5) $\lambda \cdot \vec{0} = \vec{0}$ für alle $\lambda \in K$,
(V6) $0 \cdot v = \vec{0}$ für alle $v \in V$,
(V7) $(-1) \cdot v = -v$ für alle $v \in V$.

Um mit den Vektorräumen warm zu werden, möchte ich die erste Eigenschaft beweisen, es ist nicht schwer und die anderen Eigenschaften zeigt man analog:

Beweis von (V5):

$$\lambda \cdot \vec{0} \underset{\substack{\uparrow \\ \vec{0}+\vec{0}=\vec{0}}}{=} \lambda \cdot (\vec{0}+\vec{0}) \underset{\substack{\uparrow \\ (V3)}}{=} \lambda \cdot \vec{0} + \lambda \cdot \vec{0}.$$

Subtrahiert man auf beiden Seiten $\lambda\vec{0}$, so bleibt $\vec{0} = \lambda\vec{0}$.   □

Beispiele von Vektorräumen

1. $\mathbb{R}^2, \mathbb{R}^3, \mathbb{R}^n$ sind $\mathbb{R}$-Vektorräume.

2. Genauso ist für $n \in \mathbb{N}$ die Menge $\mathbb{C}^n$ mit der komponentenweisen Addition und Skalarmultiplikation (wie in $\mathbb{R}^n$) ein $\mathbb{C}$-Vektorraum.

3. Nehmen wir als zugrunde liegenden Körper $\mathbb{Z}/2\mathbb{Z}$, den Körper der nur die Elemente 0 und 1 enthält. Der Vektorraum $(\mathbb{Z}/2\mathbb{Z})^n$ besteht aus allen n-Tupeln von Nullen und Einsen. Einen Integer in seiner Binärdarstellung können wir also als ein Element des $\mathbb{Z}_2^{32}$ auffassen. Dieser Vektorraum spielt in der Codierungstheorie eine wichtige Rolle: Die Codeworte sind Vektoren. Soll in dem Code Fehlererkennung möglich sein, so dürfen nicht alle Elemente des $\mathbb{Z}_2^n$ Elemente des Codes sein: Der Code besteht aus einer Teilmenge des $\mathbb{Z}_2^n$, die so gewählt wird, dass bei Auftreten von Fehlern mit hoher Wahrscheinlichkeit ein Element außerhalb des Codes entsteht. *Lineare Codes* sind Teilmengen des $\mathbb{Z}_2^n$, die selbst wieder Vektorräume sind, also Unterräume des $\mathbb{Z}_2^n$. Mit Methoden der Vektorraumrechnung kann von einem gegebenen Element des $\mathbb{Z}_2^n$ sehr schnell festgestellt werden, ob es ein erlaubtes Codewort ist oder nicht.

4. Analog ist für jeden Körper K die Menge K^n ein K-Vektorraum.

5. In vielen Gebieten der Mathematik sind die Funktionenräume von großer Bedeutung: Die Menge $\mathcal{F}$ aller Abbildungen von $\mathbb{R}$ nach $\mathbb{R}$ mit den punktweise definierten Verknüpfungen

$$(f + g)(x) := f(x) + g(x),$$
$$(\lambda \cdot f)(x) := \lambda \cdot f(x)$$

ist ein $\mathbb{R}$-Vektorraum. Wir haben diese Menge schon in Abschn. 5.2 als 4. Beispiel eines Rings kennengelernt. Ein Vektor ist hier eine ganze Funktion. Die Eigenschaften (V1) bis (V4) lassen sich genau wie im Ringbeispiel auf die entsprechenden Eigenschaften in $\mathbb{R}$ zurückführen. Der Nullvektor $\vec{0}$ besteht aus der Null-Funktion, der Funktion, die überall den Wert 0 hat.

6. Entsprechend kann man viele andere Vektorräume von Funktionen bilden: Den Vektorraum aller Polynome, den Vektorraum aller stetigen Funktionen, den Vektorraum aller konvergenten Zahlenfolgen und andere mehr.

Im K-Vektorraum der Polynome $K[X]$ werden zum Beispiel Polynome addiert, wie ich es in Abschn. 5.2 in (5.6) aufgeschrieben habe. Die Skalarmultiplikation sieht wie folgt aus:

$$\lambda(a_n x^n + a_{n-1} x^{n-1} + \cdots + a_1 x + a_0)$$
$$= \lambda a_n x^n + \lambda a_{n-1} x^{n-1} + \cdots + \lambda a_1 x + \lambda a_0.$$

Der Nullvektor ist das Nullpolynom, das Polynom dessen Koeffizienten alle 0 sind. ◄

Die Theorie der Vektorräume ist für solche Funktionenräume ein mächtiges Hilfsmittel. Alles, was wir über Vektorräume lernen, kann später auch für Funktionen, Polynome und Folgen verwendet werden.

▶ **Definition 6.3** Es sei V ein K-Vektorraum und $U \subset V$. Ist U mit den Verknüpfungen von V selbst wieder ein K-Vektorraum, so heißt U *Untervektorraum* (oder auch kurz *Unterraum* oder *Teilraum*) von V.

▶ **Satz 6.4** Es sei V ein K-Vektorraum und $U \subset V$ eine nicht leere Teilmenge. Dann ist U genau dann ein Unterraum von V, wenn die folgenden Bedingungen erfüllt sind.

(U1) $u + v \in U$ für alle $u, v \in U$,
(U2) $\lambda u \in U$ für alle $\lambda \in K, u \in U$.

Beweis: Zunächst ist $(U, +)$ eine Untergruppe von V nach Satz 5.4 aus Abschn. 5.1, denn für alle $u, v \in U$ gilt:

$$u + v \in U, \quad \underset{\substack{\uparrow \\ (V7)}}{-u =} (-1)u \underset{\substack{\uparrow \\ (U2)}}{\in} U.$$

Aus (U2) folgt, dass die Multiplikation mit Skalaren eine Abbildung von $K \times U \to U$ ist, so wie es sein muss, und die Eigenschaften (V1) bis (V4) sind für die Elemente von U erfüllt, da sie ja schon in V gelten.

Umgekehrt gelten natürlich in jedem Vektorraum die Regeln (U1) und (U2), darum gilt in dem Satz auch das „genau dann". □

Ein einfaches Negativkriterium besteht aus dem Test, ob der Nullvektor in U enthalten ist: Jeder Teilraum muss $\vec{0}$ enthalten. Eine Gerade im $\mathbb{R}^3$, welche nicht durch den Ursprung geht, kann also kein Teilraum sein.

Beispiele von Unterräumen

1. V selbst ist Unterraum des Vektorraums V.

2. $\{\vec{0}\}$ ist Unterraum des Vektorraums V, und einen kleineren Unterraum gibt es nicht.

3. Lineare Codes sind Unterräume des Vektorraums $(\mathbb{Z}/2\mathbb{Z})^n$.

4. Sind Geraden $g = \{u + \lambda v \mid \lambda \in \mathbb{R}\}$ Unterräume im $\mathbb{R}^3$? Jedenfalls muss dazu $\vec{0} \in g$ gelten. Solche Geraden lassen sich in der Form $g = \{\lambda v \mid \lambda \in \mathbb{R}\}$, mit $v \in \mathbb{R}^3$ schreiben. Sind jetzt $u_1, u_2 \in g$, also $u_1 = \lambda_1 v$ und $u_2 = \lambda_2 v$, dann ist auch $u_1 + u_2 = \lambda_1 v + \lambda_2 v = (\lambda_1 + \lambda_2)v \in g$ und $\lambda u_1 = \lambda(\lambda_1 v) = (\lambda\lambda_1)v \in g$ und damit sind genau diese Geraden, sie heißen „*Ursprungsgeraden*", Unterräume des $\mathbb{R}^3$.

5. Nicht nur im $\mathbb{R}^3$, sondern in jedem K-Vektorraum V bilden die Mengen $\{\lambda v \mid \lambda \in K\}$ für alle $v \in V$ Untervektorräume. ◄

Dieses letzte Beispiel lässt sich verallgemeinern:

▶ **Definition 6.5** Es sei V ein K-Vektorraum. Es seien $n \in \mathbb{N}, u_1, u_2, u_3, \ldots, u_n \in V$ und $\lambda_1, \lambda_2, \lambda_3, \ldots, \lambda_n \in K$. Die Summe

$$\lambda_1 u_1 + \lambda_2 u_2 + \lambda_3 u_3 + \cdots + \lambda_n u_n$$

heißt *Linearkombination* von $u_1, u_2, u_3, \ldots, u_n$. Es sei

$$\text{Span}(u_1, u_2, u_3, \ldots, u_n) := \{\lambda_1 u_1 + \lambda_2 u_2 + \lambda_3 u_3 + \cdots + \lambda_n u_n \mid \lambda_i \in K\}.$$

Ist M eine unendliche Teilmenge von V, so sei

$$\text{Span}\, M := \{\lambda_1 u_1 + \lambda_2 u_2 + \lambda_3 u_3 + \cdots + \lambda_n u_n \mid n \in \mathbb{N}, \lambda_i \in K, u_i \in M\}.$$

Es ist also $\text{Span}(u_1, u_2, u_3, \ldots, u_n)$ die Menge aller möglichen Linearkombinationen von $u_1, u_2, u_3, \ldots, u_n$ und $\text{Span}\, M$ die Menge aller endlichen Linearkombinationen mit Elementen aus M. Ganz leicht können Sie nachprüfen, dass gilt:

▶ **Satz 6.6** Sei V ein Vektorraum und sei $M \subset V$. Dann ist Span M ein Unterraum von V.

Die Ursprungsgeraden und die *Ursprungsebenen* im $\mathbb{R}^3$ (Ebenen durch den Nullpunkt) sind Spezialfälle diese Satzes. Der Beweis verläuft analog, wie im Beispiel 4 für Ursprungsgeraden durchgeführt.

6.3 Lineare Abbildungen

Im Abschn. 5.6 haben wir uns mit Homomorphismen von Gruppen und Ringen beschäftigt. Die strukturerhaltenden Abbildungen (die Homomorphismen) zwischen Vektorräumen heißen lineare Abbildungen. Besonders wichtig werden für uns die linearen Abbildungen eines Vektorraums auf sich selber sein. Durch solche Abbildungen können wir zum Beispiel Bewegungen im Raum beschreiben. Bijektive lineare Abbildungen (die Isomorphismen) sind ein Vergleichsmittel, um festzustellen, wann Vektorräume als im Wesentlichen gleich angesehen werden können. So besteht etwa zwischen dem $\mathbb{R}^2$ und $U := \{(x_1, x_2, 0) \mid x_1, x_2 \in \mathbb{R}\} \subset \mathbb{R}^3$ kein wesentlicher Unterschied. Wir werden im ersten Beispiel eine bijektive lineare Abbildung zwischen $\mathbb{R}^2$ und U angeben und damit die beiden Vektorräume als „gleich" ansehen. Zunächst die Definition, die sich von der des Gruppen- oder Ring-Homomorphismus etwas unterscheidet, da wir jetzt ja noch die Skalarmultiplikation mit berücksichtigen müssen:

▶ **Definition 6.7** Es seien U und V Vektorräume über K. Eine Abbildung $f : U \to V$ heißt *lineare Abbildung*, falls für alle $u, v \in U$ und für alle $\lambda \in K$ gilt:

$$\begin{aligned} f(u + v) &= f(u) + f(v) \\ f(\lambda u) &= \lambda f(u). \end{aligned} \tag{6.1}$$

Die Vektorräume U und V heißen isomorph, wenn es eine bijektive lineare Abbildung $f : U \to V$ gibt. Wir schreiben dafür $U \cong V$.

Die erste der Bedingungen besagt, dass eine lineare Abbildung insbesondere auch ein Homomorphismus der zugrunde liegenden additiven Gruppen von U und V ist. Beachten Sie in der zweiten Bedingung, dass links die Skalarmultiplikation in U, rechts die in V durchgeführt wird, beide Male aber mit demselben Element $\lambda \in K$. K bleibt bei der linearen Abbildung fest. Es gibt keine linearen Abbildungen zwischen Vektorräumen mit verschiedenen Skalarbereichen, es gibt also zum Beispiel keine lineare Abbildung zwischen $\mathbb{C}^7$ und $\mathbb{R}^5$.

Beispiele linearer Abbildungen

1. $f: \mathbb{R}^2 \to \mathbb{R}^3, \begin{pmatrix} x_1 \\ x_2 \end{pmatrix} \mapsto \begin{pmatrix} x_1 \\ x_2 \\ 0 \end{pmatrix}$ ist linear, denn

$$f\left(\begin{pmatrix} x_1 \\ x_2 \end{pmatrix} + \begin{pmatrix} y_1 \\ y_2 \end{pmatrix}\right) = f\left(\begin{pmatrix} x_1 + y_1 \\ x_2 + y_2 \end{pmatrix}\right) = \begin{pmatrix} x_1 + y_1 \\ x_2 + y_2 \\ 0 \end{pmatrix},$$

$$f\left(\begin{pmatrix} x_1 \\ x_2 \end{pmatrix}\right) + f\left(\begin{pmatrix} y_1 \\ y_2 \end{pmatrix}\right) = \begin{pmatrix} x_1 \\ x_2 \\ 0 \end{pmatrix} + \begin{pmatrix} y_1 \\ y_2 \\ 0 \end{pmatrix} = \begin{pmatrix} x_1 + y_1 \\ x_2 + y_2 \\ 0 \end{pmatrix},$$

und genauso zeigt man $f\left(\lambda \begin{pmatrix} x_1 \\ x_2 \end{pmatrix}\right) = \lambda f\left(\begin{pmatrix} x_1 \\ x_2 \end{pmatrix}\right)$.

Die Abbildung f ist offenbar injektiv, denn verschiedene Elemente haben verschiedene Bilder, aber nicht surjektiv: $(0, 0, 1)$ hat zum Beispiel kein Urbild. Beschränkt man jedoch die Zielmenge auf das Bild:

$$f: \mathbb{R}^2 \to U, \quad \begin{pmatrix} x_1 \\ x_2 \end{pmatrix} \mapsto \begin{pmatrix} x_1 \\ x_2 \\ 0 \end{pmatrix}, \quad U := \left\{ \begin{pmatrix} x_1 \\ x_2 \\ 0 \end{pmatrix} \,\middle|\, x_1, x_2 \in \mathbb{R} \right\} \subset \mathbb{R}^3,$$

so erhält man einen Isomorphismus.

2. Es seien $u, v \in \mathbb{R}^3$ und $f: \mathbb{R}^2 \to \mathbb{R}^3, \begin{pmatrix} x_1 \\ x_2 \end{pmatrix} \mapsto x_1 u + x_2 v$. f ist linear. Rechnen wir es einmal für die Skalarmultiplikation nach, die Addition geht wieder ähnlich:

$$f\left(\lambda \begin{pmatrix} x_1 \\ x_2 \end{pmatrix}\right) = f\left(\begin{pmatrix} \lambda x_1 \\ \lambda x_2 \end{pmatrix}\right) = \lambda x_1 u + \lambda x_2 v = \lambda(x_1 u + x_2 v) = \lambda f\left(\begin{pmatrix} x_1 \\ x_2 \end{pmatrix}\right).$$

3. Rechnen Sie selbst nach, dass die Abbildungen

$$f: \mathbb{R}^3 \to \mathbb{R}^2, \quad \begin{pmatrix} x_1 \\ x_2 \\ x_3 \end{pmatrix} \mapsto \begin{pmatrix} x_1 \\ x_2 \end{pmatrix}, \quad g: \mathbb{R}^3 \to \mathbb{R}^3, \quad \begin{pmatrix} x_1 \\ x_2 \\ x_3 \end{pmatrix} \mapsto \begin{pmatrix} 2x_1 + x_3 \\ 0 \\ -x_2 \end{pmatrix}$$

linear sind. Zeigen Sie, dass f surjektiv, aber nicht injektiv ist und g weder surjektiv noch injektiv.

4. Ein Gegenbeispiel: $f : \mathbb{R} \to \mathbb{R}, x \mapsto x + 1$ ist keine lineare Abbildung des Vektorraums $\mathbb{R} = \mathbb{R}^1$, denn $1 = f(0 + 0) \neq f(0) + f(0) = 1 + 1$.

> Erinnern Sie sich an Satz 5.39: In einem Homomorphismus muss immer $f(0) = 0$ sein. Dies gilt auch für lineare Abbildungen!

5. Noch etwas nicht Lineares: $f : \mathbb{R}^2 \to \mathbb{R}^2, \begin{pmatrix} x_1 \\ x_2 \end{pmatrix} \mapsto \begin{pmatrix} x_1 \\ (x_1 + x_2)^2 \end{pmatrix}$. Ein Zahlenbeispiel genügt, um (6.1) zu widerlegen: Es ist

$$f\left(2\begin{pmatrix} 1 \\ 1 \end{pmatrix}\right) = f\left(\begin{pmatrix} 2 \\ 2 \end{pmatrix}\right) = \begin{pmatrix} 2 \\ 16 \end{pmatrix} \neq 2f\left(\begin{pmatrix} 1 \\ 1 \end{pmatrix}\right) = 2\begin{pmatrix} 1 \\ 4 \end{pmatrix} = \begin{pmatrix} 2 \\ 8 \end{pmatrix}.$$

An diesem Beispiel können Sie nachvollziehen, woher der Name „lineare Abbildung" kommt. Am Ende dieses Kapitels (in Satz 6.23) werden wir sehen, dass bei linearen Abbildungen die Bilder immer nur lineare Kombinationen der ursprünglichen Koordinaten sein können. Quadrate, Wurzeln und ähnliche Dinge haben in dieser Theorie nichts verloren. ◄

▶ **Satz 6.8** Ist $f : U \to V$ ein Isomorphismus, so ist auch die Umkehrabbildung $g := f^{-1}$ linear und damit ein Isomorphismus.

Beweis: Wir müssen (6.1) für g nachprüfen: Seien dazu $v_1 = f(u_1)$, $v_2 = f(u_2)$. Da g zu f invers ist, gilt $u_1 = g(v_1)$, $u_2 = g(v_2)$ und damit

$$g(v_1 + v_2) = g(f(u_1) + f(u_2)) = g(f(u_1 + u_2)) = u_1 + u_2 = g(v_1) + g(v_2)$$
$$g(\lambda v_1) = g(\lambda f(u_1)) = g(f(\lambda u_1)) = \lambda u_1 = \lambda g(v_1). \qquad \square$$

▶ **Satz 6.9** Sind $f : U \to V$ und $g : V \to W$ lineare Abbildungen, so ist auch die Hintereinanderausführung $g \circ f : U \to W$ linear.

Dies ist ähnlich elementar nachzurechnen wie Satz 6.8.

Die Begriffe Kern und Bild, die wir schon kurz bei den Homomorphismen in Definition 5.38 behandelt haben, werden wörtlich auf lineare Abbildungen übertragen:

▶ **Definition 6.10** Seien U, V Vektorräume, $f : U \to V$ eine lineare Abbildung. Dann heißt

$$\operatorname{Ker} f := \{ u \in U \mid f(u) = 0 \} \qquad \text{der } Kern \text{ von } f,$$
$$\operatorname{Im} f := \{ v \in V \mid \exists u \in U \text{ mit } f(u) = v \} \quad \text{das } Bild \text{ von } f.$$

▶ **Satz 6.11** Die lineare Abbildung $f : U \to V$ ist genau dann injektiv, wenn $\operatorname{Ker} f = \{0\}$ ist.

Den Beweis hierzu haben wir schon in Satz 5.40 geführt.

Abb. 6.6 Kern und Bild

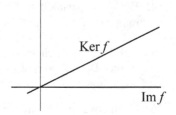

Beispiele

1. $f: \mathbb{R}^2 \to \mathbb{R}^2$, $\begin{pmatrix} x_1 \\ x_2 \end{pmatrix} \mapsto \begin{pmatrix} x_1 - 2x_2 \\ 0 \end{pmatrix}$. Der Kern besteht aus allen (x_1, x_2) mit der Eigenschaft $x_1 - 2x_2 = 0$, also mit $x_1 = 2x_2$. Das Bild besteht aus allen (x_1, x_2) mit $x_2 = 0$. Dies können wir einfach hinzeichnen (Abb. 6.6).

2. $f: \mathbb{R}^3 \to \mathbb{R}^2$, $\begin{pmatrix} x_1 \\ x_2 \\ x_3 \end{pmatrix} \mapsto \begin{pmatrix} x_1 - x_2 + x_3 \\ 2x_1 - 2x_2 + 2x_3 \end{pmatrix}$. Der Kern besteht aus der Menge der (x_1, x_2, x_3), für welche gilt:

$$x_1 - x_2 + x_3 = 0$$
$$2x_1 - 2x_2 + 2x_3 = 0$$

Zum Beispiel sind $(1, 1, 0)$ und $(0, 1, 1)$ Lösungen dieser Gleichungen, das sind aber bei Weitem nicht alle: $(0, 0, 0)$ oder $(1, 2, 1)$ sind weitere Lösungen. Wie können wir diese vollständig angeben? ◄

Ein einfacher, aber sehr wichtiger Satz hilft uns in Zukunft, die Struktur solcher Lösungen zu bestimmen:

▶ **Satz 6.12** Ist $f: U \to V$ eine lineare Abbildung, so sind Ker f und Im f Unterräume von U beziehungsweise von V.

Ich zeige, dass der Kern ein Unterraum ist, und wende dazu das Unterraumkriterium aus Satz 6.4 an:

(U1): $f(u) = \vec{0}$, $f(v) = \vec{0} \Rightarrow f(u + v) = f(u) + f(v) = \vec{0}$, also $u + v \in$ Ker f.

(U2): $f(\lambda u) = \lambda f(u) = \lambda \vec{0} = \vec{0}$, also $\lambda u \in$ Ker f.

Entsprechend schließt man für das Bild von f.   □

Wenn Sie sich die beiden Gleichungen aus Beispiel 2 noch einmal anschauen, sehen Sie jetzt zum ersten Mal einen interessanten Zusammenhang, den wir im Folgenden noch genauer untersuchen werden: Die Lösungsmenge des Gleichungssystems ist ein Vektorraum, und zwar ein Unterraum des $\mathbb{R}^3$. Unser nächstes großes Ziel, das wir im Rest dieses Kapitels angreifen werden, wird es sein, solche Unterräume genau zu beschreiben. Wenn wir das können, sind wir in der Lage, die Lösungen von linearen Gleichungssystemen, so wie etwa die des Gleichungssystems aus Beispiel 2, vollständig anzugeben.

Satz 6.12 lässt sich verallgemeinern:

▶ **Satz 6.13** Sei $f : U \to V$ eine lineare Abbildung, U_1 Teilraum von U und V_1 Teilraum von V. Dann gilt:

$$f(U_1) = \{ f(u) \mid u \in U_1 \} \text{ ist Teilraum von } V,$$
$$f^{-1}(V_1) = \{ u \in U \mid f(u) \in V_1 \} \text{ ist Teilraum von } U.$$

Für $U_1 = U$ bzw. $V_1 = \{\vec{0}\}$ erhalten wir gerade Satz 6.12. Auch der Beweis verläuft ganz ähnlich. □

6.4 Lineare Unabhängigkeit

Wir wollen Unterräume von Vektorräumen genauer beschreiben. Zunächst untersuchen wir dazu etwas näher die erzeugenden Mengen. Schauen wir uns noch einmal Beispiel 2 nach Satz 6.11 an: Wir hatten gesehen, dass die Lösungsmenge der beiden Gleichungen

$$x_1 - x_2 + x_3 = 0$$
$$2x_1 - 2x_2 + 2x_3 = 0$$

ein Teilraum U des $\mathbb{R}^3$ ist. $u_1 = (1, 1, 0)$, $u_2 = (0, 1, 1)$, $u_3 = (0, 0, 0)$, $u_4 = (1, 2, 1)$ waren Elemente dieses Lösungsraums. Mit diesen Elementen liegen auch die Summen und Vielfachen der Elemente in U und überhaupt jede Linearkombination dieser 4 Vektoren, da ja U ein Vektorraum ist. Erhalten wir durch solche Linearkombinationen vielleicht alle Elemente von U? Ist also vielleicht $U = \mathrm{Span}(u_1, u_2, u_3, u_4)$? Dann wäre durch die Angabe der 4 Lösungen der Raum U vollständig bestimmt. Wir werden sehen, dass dies richtig ist; man kann sogar für jeden Teilraum des $\mathbb{R}^3$ Vektoren angeben, die diesen Raum erzeugen („aufspannen"), indem man sie linear kombiniert. In unserem Beispiel sind u_1 bis u_4 solche erzeugenden Vektoren.

Weiter ist $u_4 = u_1 + u_2$, also ist u_4 schon eine Linearkombination aus u_1 und u_2 und somit $\mathrm{Span}(u_1, u_2, u_3, u_4) = \mathrm{Span}(u_1, u_2, u_3)$. Auch u_3 kann man noch weglassen, es trägt nichts zum Span bei.

u_2 lässt sich nicht als Linearkombination von u_1 schreiben: $u_2 \neq \lambda u_1$ für alle $\lambda \in K$, und so ist $\mathrm{Span}(u_1, u_2) \supsetneq \mathrm{Span}(u_1)$. Ebenso gilt für alle $\lambda \in K$ auch $u_1 \neq \lambda u_2$. Weder u_1 noch u_2 können also aus der aufspannenden Menge noch entfernt werden.

Ein Vektor u heißt linear abhängig von einer Menge anderer Vektoren, wenn er sich als Linearkombination dieser Vektoren darstellen lässt:

▶ **Definition 6.14** Sei V ein K-Vektorraum und $u, v_1, v_2, v_3, \ldots, v_n \in V$. Der Vektor u heißt *linear abhängig* von $v_1, v_2, v_3, \ldots, v_n$, wenn es Skalare $\lambda_1, \lambda_2, \ldots \lambda_n \in K$ gibt mit

$$u = \lambda_1 v_1 + \lambda_2 v_2 + \ldots + \lambda_n v_n$$

Sonst heißt u *linear unabhängig* von $v_1, v_2, v_3, \ldots, v_n$.

Eine Menge von Vektoren heißt linear abhängig, wenn einer von ihnen linear abhängig von den anderen ist. Diese Aussage kann in der folgenden Weise formuliert werden, die zunächst etwas seltsam aussieht:

▶ **Definition 6.15** Die Vektoren $v_1, v_2, v_3, \ldots, v_n$ des K-Vektorraums V heißen *linear unabhängig*, wenn für jede Linearkombination der Vektoren gilt:

$$\lambda_1 v_1 + \lambda_2 v_2 + \cdots + \lambda_n v_n = \vec{0} \quad \Rightarrow \quad \lambda_1, \lambda_2, \ldots, \lambda_n = 0. \tag{6.2}$$

Die Vektoren heißen *linear abhängig*, wenn sie nicht linear unabhängig sind.

Ein (möglicherweise unendliches) System B von Vektoren heißt *linear unabhängig*, wenn jede endliche Auswahl von Vektoren aus B linear unabhängig ist.

Besagt (6.2) wirklich, dass keiner der Vektoren von den anderen linear abhängig ist? Ist zum Beispiel v_1 von den anderen Vektoren abhängig, dann gibt es Skalare mit $v_1 = \lambda_2 v_2 + \ldots + \lambda_n v_n$ und somit ist $\vec{0} = (-1)v_1 + \lambda_2 v_2 + \ldots + \lambda_n v_n$ eine Linearkombination, in der nicht alle Koeffizienten 0 sind. Und wenn es eine Linearkombination der Form (6.2) gibt, in der nicht alle $\lambda_i = 0$ sind, in der zum Beispiel $\lambda_1 \neq 0$ ist, dann folgt

$$v_1 = \frac{\lambda_2}{-\lambda_1} v_2 + \frac{\lambda_3}{-\lambda_1} v_3 + \cdots + \frac{\lambda_n}{-\lambda_1} v_n,$$

also ist v_1 von den anderen Vektoren abhängig.

Oft lesen Sie in Mathematikbüchern die Abkürzung o.B.d.A. oder o.E. im Zusammenhang mit Beweisen. Das heißt „ohne Beschränkung der Allgemeinheit" oder „ohne Einschränkung". In der vorstehenden Überlegung wird klar, was damit gemeint ist: Es muss ja nicht gerade v_1 linear abhängig von den anderen Vektoren sein, es kann auch v_2, v_3 oder irgendein anderes v_i sein. Das ändert aber nichts am Beweis, er geht analog, da v_1 sich durch nichts von den anderen Vektoren unterscheidet. Das Problem ist vollständig symmetrisch. Wir können „o.B.d.A." des Beweises einfach annehmen, dass v_1 unser besonderes Element ist. Dieser Trick erleichtert Beweise oft ganz gewaltig, da man hierdurch viele Fallunterscheidungen vermeiden kann. Man sollte dieses Mittel aber vorsichtig einsetzen und ganz sicher sein, dass wirklich keine Einschränkung vorliegt.

Vorsicht: Wenn eine Menge von Vektoren linear abhängig ist, so muss sich nicht jeder der Vektoren als Linearkombination der anderen darstellen lassen: $(1, 1, 0)$, $(2, 2, 0)$ und $(0, 1, 1)$ sind linear abhängig, da $(2, 2, 0) = 2 \cdot (1, 1, 0) + 0 \cdot (0, 1, 1)$ ist, $(0,1,1)$ lässt sich jedoch nicht aus den beiden anderen Vektoren linear kombinieren.

Die Formel (6.2) sieht im Gegensatz zu der anschaulichen Erklärung „einer der Vektoren ist linear abhängig von den anderen" zunächst abstrakt und unhandlich aus. Wir werden aber sehen, dass das Gegenteil der Fall ist. (6.2) eignet sich sehr gut um eine Menge von Vektoren auf lineare Unabhängigkeit zu testen. Wir werden diese Regel im Folgenden häufig anwenden.

Gibt es Vektorräume mit unendlich vielen linear unabhängigen Vektoren? Hierzu ein

Beispiel

Sei $V = \mathbb{R}[X]$, der $\mathbb{R}$-Vektorraum der Polynome mit Koeffizienten aus $\mathbb{R}$ (vergleiche Beispiel 6 in Abschn. 6.2 nach Satz 6.2). Dann ist das System $B = \{1, x, x^2, x^3, \dots\}$ linear unabhängig.

Angenommen das ist nicht der Fall. Dann gibt es eine endliche Teilmenge dieser Vektoren, die sich so linear kombinieren lassen, dass das Nullpolynom herauskommt:

$$\lambda_1 x^{m_1} + \lambda_2 x^{m_2} + \lambda_3 x^{m_3} + \cdots + \lambda_n x^{m_n} = 0.$$

Dabei steht auf der linken Seite ein echtes Polynom, auf der rechten Seite das Nullpolynom. Betrachten wir jetzt einmal für einen Moment die Polynome wieder als Funktionen. Dann wissen wir aus Satz 5.24, dass das Polynom auf der linken Seite nur endlich viele Nullstellen hat. Das Polynom rechts hat aber für alle $x \in \mathbb{R}$ den Wert 0, es ist ja das Nullpolynom. Offensichtlich ist das nicht möglich, also sind diese Polynome linear unabhängig. ◄

6.5 Basis und Dimension von Vektorräumen

Der Span einer Menge B von Vektoren bildet einen Vektorraum V. Ist die Menge B linear unabhängig, so nennt man sie Basis von V. Wir werden in diesem Abschnitt sehen, dass jeder Vektorraum eine Basis besitzt und Eigenschaften solcher Basen herleiten.

▶ **Definition 6.16** Sei V ein Vektorraum. Eine Teilmenge B von V heißt Basis von V, wenn gilt:

(B1) Span $B = V$ (B erzeugt V).
(B2) B ist eine linear unabhängige Menge von Vektoren.

Beispiele

1. $\left\{ \begin{pmatrix} 1 \\ 0 \end{pmatrix}, \begin{pmatrix} 0 \\ 1 \end{pmatrix} \right\}$ bildet eine Basis des $\mathbb{R}^2$:

   Zu (B1): $\begin{pmatrix} x \\ y \end{pmatrix} = x \begin{pmatrix} 1 \\ 0 \end{pmatrix} + y \begin{pmatrix} 0 \\ 1 \end{pmatrix}$, also erzeugen die beiden Vektoren den $\mathbb{R}^2$.

   Zu (B2): Aus $\lambda \begin{pmatrix} 1 \\ 0 \end{pmatrix} + \mu \begin{pmatrix} 0 \\ 1 \end{pmatrix} = \begin{pmatrix} \lambda \\ \mu \end{pmatrix} = \vec{0} = \begin{pmatrix} 0 \\ 0 \end{pmatrix}$ folgt $\lambda, \mu = 0$, also sind sie nach (6.2) linear unabhängig.

2. Genauso folgt:

$$\left\{ \begin{pmatrix} 1 \\ 0 \\ 0 \\ \vdots \\ 0 \end{pmatrix}, \begin{pmatrix} 0 \\ 1 \\ 0 \\ \vdots \\ 0 \end{pmatrix}, \begin{pmatrix} 0 \\ 0 \\ 1 \\ \vdots \\ 0 \end{pmatrix}, \ldots, \begin{pmatrix} 0 \\ 0 \\ 0 \\ \vdots \\ 1 \end{pmatrix} \right\} \subset \mathbb{R}^n \text{ ist eine Basis des } \mathbb{R}^n.$$

   Diese Basis heißt *Standardbasis* des $\mathbb{R}^n$.

3. $\left\{ \begin{pmatrix} 2 \\ 3 \end{pmatrix}, \begin{pmatrix} 3 \\ 4 \end{pmatrix} \right\}$ ist eine Basis des $\mathbb{R}^2$:

   Zu (B1): Sei $\begin{pmatrix} x \\ y \end{pmatrix} \in \mathbb{R}^2$. Suche λ, μ mit der Eigenschaft $\lambda \begin{pmatrix} 2 \\ 3 \end{pmatrix} + \mu \begin{pmatrix} 3 \\ 4 \end{pmatrix} = \begin{pmatrix} x \\ y \end{pmatrix}$.
   Dazu sind also die beiden Gleichungen zu lösen:

   $$\text{(I)} \quad \lambda 2 + \mu 3 = x,$$
   $$\text{(II)} \quad \lambda 3 + \mu 4 = y.$$

   Lösen Sie die beiden Gleichungen nach λ und μ auf, und Sie erhalten

   $$\lambda = -4x + 3y,$$
   $$\mu = 3x - 2y.$$

Zu (B2): Aus $\lambda \begin{pmatrix} 2 \\ 3 \end{pmatrix} + \mu \begin{pmatrix} 3 \\ 4 \end{pmatrix} = \begin{pmatrix} 0 \\ 0 \end{pmatrix}$ ergeben sich die Gleichungen

$$\lambda 2 + \mu 3 = 0$$
$$\lambda 3 + \mu 4 = 0$$

und Sie können ausrechnen, dass diese nur die Lösung $\lambda = 0$, $\mu = 0$ besitzt.

4. $\{1, x, x^2, x^3, \dots\}$ bildet eine Basis des Vektorraums $\mathbb{R}[X]$: Wir wissen schon, dass die Vektoren linear unabhängig sind, aber sind sie auch erzeugend? Jedes $p(x) \in \mathbb{R}[X]$ hat die Form

$$p(x) = a_n x^n + a_{n-1} x^{n-1} + \cdots + a_1 x + a_0.$$

Damit steht aber schon alles da: Die Koeffizienten der Linearkombination sind gerade die Koeffizienten des Polynoms! Sie sehen an diesem Beispiel, dass es Vektorräume mit unendlichen Basen gibt. ◄

Für viele der Vektorräume, die wir kennen, haben wir jetzt schon Basen gefunden. Hat aber überhaupt jeder Vektorraum eine Basis? Der $\mathbb{R}^n$ besitzt eine Basis mit n Elementen. Können wir den $\mathbb{R}^n$ vielleicht auch mit weniger als n Elementen erzeugen, wenn wir nur die Vektoren geschickt genug auswählen? Oder könnte es sein, dass wir im $\mathbb{R}^n$ mehr als n linear unabhängige Vektoren finden? Wir werden sehen: Dies ist nicht der Fall. Jeder Vektorraum hat eine Basis, und verschiedene Basen eines Vektorraums haben immer die gleiche Anzahl von Elementen.

Die Ideen, die hinter dem Beweis dieser Behauptungen stecken, sind leicht nachvollziehbar und konstruktiv. Die präzise Durchführung des Beweises ist allerdings ziemlich mühsam. Ich möchte darauf verzichten und im Folgenden nur den Weg skizzieren.

▶ **Satz 6.17** Jeder Vektorraum $V \neq \{\vec{0}\}$ hat eine Basis.

Der Beweis hierzu besteht aus einer Induktion, den wir im Fall von Vektorräumen mit endlichen Basen noch durchführen könnten: Wir konstruieren eine Basis B, indem wir mit einem von $\vec{0}$ verschiedenen Vektor beginnen. Solange die Menge B den Vektorraum V noch nicht erzeugt, kann man immer noch einen Vektor v aus V dazu tun, so dass B linear unabhängig bleibt. Im Fall von Vektorräumen, die unendliche Basen haben, übersteigt der Beweis die Kenntnisse, die Sie sich bis jetzt erworben haben.

Als Nächstes gehen wir der Frage nach, ob je zwei Basen eines Vektorraums gleich viele Elemente haben. Unser Ziel ist die Aussage: Hat ein Vektorraum eine endliche Basis, so hat jede andere Basis die gleiche Anzahl von Elementen.

Daraus ergibt sich natürlich auch: Besitzt ein Vektorraum eine unendliche Basis, so hat jede andere Basis des Raums unendlich viele Elemente.

Beschränken wir uns also jetzt auf Vektorräume, die eine endliche Basis besitzen. Der Kern des Beweises steckt in dem technischen Satz:

▶ **Satz 6.18: Der Austauschsatz** Sei $B = \{b_1, b_2, \ldots, b_n\}$ eine Basis von V, $x \in V$ und $x \neq \vec{0}$. Dann gibt es ein $b_i \in B$, so dass auch $\{b_1, \ldots, b_{i-1}, x, b_{i+1}, \ldots, b_n\}$ eine Basis von V ist.

Da der Beweis dieser Aussage einfach und sehr typisch für die Rechnungen mit linear unabhängigen Vektoren ist, möchte ich ihn hier vorstellen:

Da B eine Basis ist, gilt

$$x = \lambda_1 b_1 + \lambda_2 b_2 + \cdots + \lambda_n b_n, \tag{6.3}$$

wobei nicht alle Koeffizienten $\lambda_i = 0$ sind. Sei zum Beispiel (ohne Einschränkung!) $\lambda_1 \neq 0$. Ich behaupte, dass dann $\{x, b_2, b_3, \ldots, b_n\}$ eine Basis von V bildet. Nachzuweisen sind dazu (B1) und (B2) aus Definition 6.16:

(B1): Sei $v \in V$. Es gibt $\mu_1, \mu_2, \ldots \mu_n$ mit der Eigenschaft

$$v = \mu_1 b_1 + \mu_2 b_2 + \cdots + \mu_n b_n. \tag{6.4}$$

Aus der Darstellung (6.3) von x erhalten wir

$$b_1 = \frac{1}{\lambda_1} x - \frac{\lambda_2}{\lambda_1} b_2 - \frac{\lambda_3}{\lambda_1} b_3 - \cdots - \frac{\lambda_n}{\lambda_1} b_n.$$

Setzen wir dies in die Darstellung (6.4) von v ein, so erhalten wir v als Linearkombination von $x, b_2, \ldots, b_n$. Damit ist die Menge erzeugend.

(B2): Sei $\mu_1 x + \mu_2 b_2 + \cdots \mu_n b_n = \vec{0}$. Wir zeigen, dass alle Koeffizienten 0 sind, also dass (6.2) erfüllt ist. Setzen wir hier für x (6.3) ein, so ergibt sich

$$\mu_1(\lambda_1 b_1 + \lambda_2 b_2 + \cdots + \lambda_n b_n) + \mu_2 b_2 + \cdots + \mu_n b_n$$
$$= \mu_1 \lambda_1 b_1 + (\mu_1 \lambda_2 + \mu_2)b_2 + \cdots + (\mu_1 \lambda_n + \mu_n)b_n = \vec{0}.$$

Da die b_i eine Basis bilden, sind hier alle Koeffizienten 0. Wegen $\lambda_1 \neq 0$ folgt zunächst $\mu_1 = 0$ und dann nacheinander $\mu_2, \mu_3, \ldots, \mu_n = 0$. Also ist die Menge linear unabhängig. □

Als Folgerung erhalten wir den angekündigten Satz. Auch dessen Beweis besteht aus einer Induktion, die allerdings ziemlich knifflig ist. Ich werde nur die Idee darstellen.

▶ **Satz 6.19** Hat der Vektorraum V eine endliche Basis B mit n Elementen, so hat jede andere Basis von V ebenfalls n Elemente.

Mit Hilfe des Austauschsatzes können wir zunächst die folgende Aussage herleiten: Ist $B = \{b_1, b_2, \ldots, b_n\}$ und weiter $B' = \{b'_1, b'_2, \ldots, b'_m\}$ eine andere Basis von V mit m Elementen, so gilt $m \leq n$. Wäre nämlich m größer als n, so ließen sich die Elemente der Basis B nacheinander durch n Elemente von B' austauschen, wobei die Basiseigenschaft erhalten bleibt. Dann können aber die weiteren $m - n$ Elemente von B' nicht mehr linear unabhängig von den n schon ausgetauschten Vektoren sein.

Vertauscht man jetzt die Rollen von B und B', so ergibt die gleiche Argumentation $n \leq m$.

Die Anzahl der Basiselemente eines Vektorraums ist also ein wichtiges Charakteristikum des Raums. Wir nennen diese Zahl die Dimension. Diese ist die Anzahl von Vektoren die man benötigt, um den Vektorraum zu erzeugen.

▶ **Definition 6.20** Sei $B = \{b_1, b_2, \ldots, b_n\}$ eine Basis des Vektorraums V. Dann heißt die Zahl n *Dimension* von V. Wir schreiben hierfür $n = \dim V$. Dem Nullraum $\{\vec{0}\}$ wird die Dimension 0 zugeordnet.

Erst nach dem Satz 6.19 ist es uns erlaubt, diese Definition hinzuschreiben, jetzt ist der Begriff der Dimension „wohldefiniert".

▶ **Satz 6.21** In einem Vektorraum der Dimension n ist jede linear unabhängige Menge mit n Elementen schon eine Basis.

Denn sonst könnte man sie wie im Beweis von Satz 6.17 zu einer Basis ergänzen. Eine Basis kann aber nicht mehr als n Elemente haben. □

Nachdem wir von $\mathbb{R}^2$, $\mathbb{R}^3$, $\mathbb{R}^n$ schon Basen kennen, wissen wir jetzt auch die Dimensionen dieser Räume: Der $\mathbb{R}^n$ hat die Dimension n und es wird uns niemals gelingen, in ihm $n + 1$ linear unabhängige Vektoren zu finden, genauso wie wir ihn niemals aus $n - 1$ Elementen erzeugen können.

Wir können mit unserem neuen Wissen auch genaue Aussagen über mögliche Unterräume machen. Nehmen wir als Beispiel den $\mathbb{R}^3$: Wir kennen schon einige Unterräume: Ursprungsgeraden $g = \{\lambda u \mid \lambda \in \mathbb{R}\}$, $u \in \mathbb{R}^3 \setminus \{\vec{0}\}$ haben die Dimension 1. Der Vektor u ist eine Basis des Unterraums g. Ursprungsebenen werden gegeben durch $E = \{\lambda u + \mu v \mid \lambda, \mu \in \mathbb{R}\}$, $u, v \in \mathbb{R}^3 \setminus \{\vec{0}\}$. E stellt genau dann eine Ebene dar, wenn u und v linear unabhängig sind, und dann bilden u und v auch eine Basis des Unterraums E. Gibt es noch weitere Teilräume? Der Nullraum $\{\vec{0}\}$ ist der Extremfall. Sei U irgendein Unterraum von $\mathbb{R}^3$. Enthält U mindestens einen von $\vec{0}$ verschiedenen Vektor, so umfasst U schon eine Ursprungsgerade. Ist U keine Ursprungsgerade, so enthält U mindestens zwei linear unabhängige Vektoren und umfasst damit eine ganze Ursprungsebene. Ist U selbst keine Ursprungsebene, so muss ein weiterer Vektor außerhalb der Ebene darin enthalten sein. Dieser ist dann aber linear unabhängig und damit enthält U drei linear unabhängige Vektoren und es gilt $U = \mathbb{R}^3$. Die Unterräume des $\mathbb{R}^3$ sind also genau $\{\vec{0}\}$, alle Ursprungsgeraden, alle Ursprungsebenen und $\mathbb{R}^3$ selbst.

Auf die gleiche Weise lassen sich sämtliche Unterräume des $\mathbb{R}^n$ klassifizieren.

Sehen Sie sich noch einmal das Beispiel 2 nach Satz 6.11 an: Wir haben dort festgestellt, dass die Lösungsmenge der beiden linearen Gleichungen

$$x_1 - \ x_2 + \ x_3 = 0$$
$$2x_1 - 2x_2 + 2x_3 = 0$$

ein Unterraum des $\mathbb{R}^3$ ist. Wir haben einige Lösungen geraten: $(1, 1, 0)$, $(0, 1, 1)$, $(1, 2, 1)$. Die Struktur des Raums und die vollständige Lösungsmenge war uns aber noch nicht bekannt. Jetzt können wir feststellen: $(1, 1, 0)$ und $(0, 1, 1)$ sind linear unabhängig, der Lösungsraum hat also mindestens Dimension 2. $(1, 1, 1)$ ist zum Beispiel keine Lösung, also kann die Dimension nicht 3 sein (das wäre ja sonst der ganze $\mathbb{R}^3$). Damit besteht die Menge der Lösungen aus der Ursprungsebene die durch $(1, 1, 0)$ und $(0, 1, 1)$ aufgespannt wird:

$$L = \left\{ \lambda \begin{pmatrix} 1 \\ 1 \\ 0 \end{pmatrix} + \mu \begin{pmatrix} 0 \\ 1 \\ 1 \end{pmatrix} \ \middle| \ \lambda, \mu \in \mathbb{R} \right\}.$$

Natürlich können Sie hier auch andere Basisvektoren angeben, die Ebene bleibt immer dieselbe.

> Im Kap. 8 werden wir uns ausführlich mit dem Zusammenhang zwischen Lösungen von linearen Gleichungen und den Unterräumen des $\mathbb{R}^n$ beschäftigen.

6.6 Koordinaten und lineare Abbildungen

Mit der Entwicklung der Begriffe Basis und Dimension haben wir einen großen Sprung für unsere weitere Arbeit mit Vektorräumen gemacht. Das liegt vor allem daran, dass wir in Zukunft Vektoren durch ihre Koeffizienten (die Koordinaten) in einer Basisdarstellung beschreiben können. Zumindest in endlich dimensionalen Vektorräumen sind dies nur endlich viele Daten und das Rechnen mit ihnen ist einfach.

Im $\mathbb{R}^n$ haben wir schon Koordinaten kennengelernt: Für

$$v = \begin{pmatrix} x_1 \\ x_2 \\ x_3 \end{pmatrix} \in \mathbb{R}^3$$

sind x_1, x_2, x_3 die Koordinaten von v. Wie sehen nun in beliebigen Vektorräumen Koordinaten bezüglich einer Basis B aus? Der $\mathbb{R}^3$ mit seiner Standardbasis hilft uns bei der Konstruktion. Es gilt nämlich

$$v = \begin{pmatrix} x_1 \\ x_2 \\ x_3 \end{pmatrix} = x_1 \begin{pmatrix} 1 \\ 0 \\ 0 \end{pmatrix} + x_2 \begin{pmatrix} 0 \\ 1 \\ 0 \end{pmatrix} + x_3 \begin{pmatrix} 0 \\ 0 \\ 1 \end{pmatrix}.$$

Das heißt: wird v als Linearkombination der Basis dargestellt, so ergeben die Koeffizienten dieser Linearkombination gerade die Koordinaten von v. Diese Konstruktion führen wir jetzt allgemein durch:

▶ **Satz und Definition 6.22** Ist $B = \{b_1, b_2, \ldots, b_n\}$ eine Basis des Vektorraums V, so gibt es für jeden Vektor $v \in V$ eindeutig bestimmte Elemente $x_1, x_2, \ldots, x_n$ mit der Eigenschaft

$$v = x_1 b_1 + x_2 b_2 + \cdots + x_n b_n.$$

Die x_i heißen Koordinaten von v bezüglich B. Wir schreiben dafür

$$v = \begin{pmatrix} x_1 \\ x_2 \\ \vdots \\ x_n \end{pmatrix}_B.$$

Beweis: Natürlich gibt es eine solche Darstellung, da B eine Basis ist. Es ist also nur noch die Eindeutigkeit zu zeigen. Angenommen es gibt verschiedene Darstellungen von v:

$$v = x_1 b_1 + x_2 b_2 + \cdots + x_n b_n,$$
$$v = y_1 b_1 + y_2 b_2 + \cdots + y_n b_n.$$

Dann folgt durch Differenzbildung

$$\vec{0} = (x_1 - y_1)b_1 + (x_2 - y_2)b_2 + \cdots + (x_n - y_n)b_n$$

und daraus wegen der linearen Unabhängigkeit der Basisvektoren $x_i - y_i = 0$, also $x_i = y_i$ für alle i. $\square$

Diese Koordinaten sind natürlich basisabhängig, ja sie sind sogar von der Reihenfolge der Basisvektoren abhängig. Ändert man die Basis oder die Reihenfolge der Basisvektoren, so erhält man andere Koordinaten.

Berechnen wir einmal die Koordinaten der Basisvektoren selbst: Es ist

$$b_1 = 1b_1 + 0b_2 + 0b_3 + \cdots + 0b_n,$$
$$b_2 = 0b_1 + 1b_2 + 0b_3 + \cdots + 0b_n,$$
$$\vdots$$
$$b_n = 0b_1 + 0b_2 + 0b_3 + \cdots + 1b_n.$$

und daraus ergibt sich

$$b_1 = \begin{pmatrix} 1 \\ 0 \\ 0 \\ \vdots \\ 0 \end{pmatrix}_B \,, \quad b_2 = \begin{pmatrix} 0 \\ 1 \\ 0 \\ \vdots \\ 0 \end{pmatrix}_B \,, \quad \dots, \quad b_n = \begin{pmatrix} 0 \\ 0 \\ 0 \\ \vdots \\ 1 \end{pmatrix}_B .$$

Hoppla, das kommt Ihnen sicher bekannt vor. Genauso sahen doch die Koordinaten der Basis des $\mathbb{R}^n$ aus, die wir einmal Standardbasis genannt haben. Jetzt haben wir eine ganz erstaunliche Entdeckung gemacht. Bei der Rechnung mit Koordinaten ist eine Basis so gut wie jede andere. Die Basisvektoren haben immer die Koordinaten der Standardbasis.

Auch im $\mathbb{R}^n$ gibt es keine in irgendeiner Weise ausgezeichnete Basis: Wenn wir beispielsweise mit den Vektoren des $\mathbb{R}^3$ arbeiten, um den Raum, in dem wir leben, zu beschreiben, so suchen wir uns zunächst eine Basis, das heißt einen Ursprung und drei Vektoren bestimmter Länge, die nicht in einer Ebene liegen. Dann rechnen wir mit Koordinaten bezüglich dieser Basis. Diese zufällig gewählte Basis ist unsere „Standardbasis".

Es ist auch wichtig, dass diese Basiswahl so frei getroffen werden kann. Beschreibt man zum Beispiel die Bewegungen eines Roboterarmes, so legt man üblicherweise in jedes Gelenk ein Koordinatensystem, mit dem man die Bewegungen genau dieses Gelenkes beschreibt. In Abschn. 10.3 werden wir diesen Anwendungsfall etwas genauer untersuchen.

Es ist aber sehr wohl möglich und oft auch nötig, rechnerisch den Zusammenhang zwischen verschiedenen Basen herzustellen. Rechnet man mit Koordinaten einer Basis C und sind bezüglich dieser Basis die Koordinaten einer anderen Basis B gegeben, so lassen sich die Koordinaten eines Vektors v bezüglich beider Basen angeben. Hierzu ein

Beispiel

Im $\mathbb{R}^2$ sei die Basis $B = \{b_1, b_2\}$ gegeben. Die Vektoren $c_1 = \begin{pmatrix} 2 \\ 2 \end{pmatrix}_B$, $c_2 = \begin{pmatrix} 1 \\ 2 \end{pmatrix}_B$ sind linear unabhängig. Ist $v = \begin{pmatrix} x \\ y \end{pmatrix}_B$ gegeben, so wollen wir jetzt die Koordinaten $v = \begin{pmatrix} \lambda \\ \mu \end{pmatrix}_C$ bezüglich der Basis $C = \{c_1, c_2\}$ berechnen: Ist $v = \lambda c_1 + \mu c_2$, so sind λ und μ diese Koordinaten. Nun ist aber

$$\begin{pmatrix} x \\ y \end{pmatrix}_B = v = \lambda c_1 + \mu c_2 = \lambda \begin{pmatrix} 2 \\ 2 \end{pmatrix}_B + \mu \begin{pmatrix} 1 \\ 2 \end{pmatrix}_B .$$

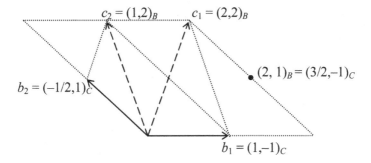

Abb. 6.7 Koordinaten bei Basiswechsel

Daraus erhalten wir die Bestimmungsgleichungen für λ und μ:

$$x = 2\lambda + \mu,$$
$$y = 2\lambda + 2\mu.$$

Aufgelöst nach λ, μ ergibt sich:

$$\lambda = x - \frac{1}{2}y,$$
$$\mu = -x + y.$$

Jetzt können wir die Koordinaten umrechnen. Beispielsweise erhalten wir

$$\begin{pmatrix} 2 \\ 1 \end{pmatrix}_B = \begin{pmatrix} \frac{3}{2} \\ -1 \end{pmatrix}_C, \quad \begin{pmatrix} 2 \\ 2 \end{pmatrix}_B = \begin{pmatrix} 1 \\ 0 \end{pmatrix}_C, \quad \begin{pmatrix} 1 \\ 0 \end{pmatrix}_B = \begin{pmatrix} 1 \\ -1 \end{pmatrix}_C, \quad \begin{pmatrix} 0 \\ 1 \end{pmatrix}_B = \begin{pmatrix} -\frac{1}{2} \\ 1 \end{pmatrix}_C.$$

Die letzten beiden berechneten Punkte stellen gerade die Koordinaten der Basis B bezüglich der Basis C dar. ◄

In Abb. 6.7 habe ich die beiden Basen und die Koordinaten der berechneten Punkte bezüglich beider Basen eingetragen. Bestimmen Sie noch für andere Punkte die Koordinaten, zeichnerisch und rechnerisch.

Unsere neue Möglichkeit, in Vektorräumen mit Koordinaten zu rechnen, können wir jetzt auf lineare Abbildungen anwenden. Die schwere Vorarbeit, die wir in Zusammenhang mit den Begriffen Basis und Dimension geleistet haben, zahlt sich aus: Es purzeln jetzt einige wichtige und schöne Ergebnisse.

Zunächst stellen wir fest, dass jede lineare Abbildung eines endlich dimensionalen Vektorraums schon durch endlich viele Daten vollständig beschrieben werden kann, nämlich durch die Bilder einer Basis. Dies wird im nächsten Kapitel sehr nützlich sein.

► **Satz 6.23** Es seien U und V Vektorräume über K, $b_1, b_2, \ldots, b_n$ sei eine Basis von U und $v_1, v_2, \ldots, v_n$ seien Elemente von V. Dann gibt es genau eine lineare Abbildung $f : U \to V$ mit der Eigenschaft $f(b_i) = v_i$ für alle $i = 1, \ldots, n$.

Untersuchen wir zunächst die Existenz der Abbildung: Für $u = x_1 b_1 + x_2 b_2 + \cdots + x_n b_n$ definieren wir

$$f(u) = x_1 v_1 + x_2 v_2 + \cdots + x_n v_n. \tag{6.5}$$

Die Abbildung ist linear, denn für

$$u = x_1 b_1 + x_2 b_2 + \cdots + x_n b_n$$
$$v = y_1 b_1 + y_2 b_2 + \cdots + y_n b_n$$
$$u + v = (x_1 + y_1) b_1 + (x_2 + y_2) b_2 + \cdots + (x_n + y_n) b_n$$

gilt:

$$f(u) = x_1 v_1 + x_2 v_2 + \cdots + x_n v_n$$
$$f(v) = y_1 v_1 + y_2 v_2 + \cdots + y_n v_n$$
$$f(u) + f(v) = (x_1 + y_1) v_1 + (x_2 + y_2) v_2 + \cdots + (x_n + y_n) v_n = f(u + v).$$

Genauso ist

$$\lambda f(u) = \lambda (x_1 v_1 + x_2 v_2 + \cdots + x_n v_n) = (\lambda x_1) v_1 + (\lambda x_2) v_2 + \cdots + (\lambda x_n) v_n = f(\lambda u).$$

Nun zur Eindeutigkeit: Sei g eine weitere Abbildung mit dieser Eigenschaft. Dann ist wegen der Linearität von g

$$g(u) = g(x_1 b_1 + x_2 b_2 + \cdots + x_n b_n) = x_1 g(b_1) + x_2 g(b_2) + \cdots + x_n g(b_n)$$
$$= x_1 v_1 + x_2 v_2 + \cdots + x_n v_n = f(u)$$

und somit stimmen f und g überall überein. $\square$

Wir kommen zu einem Höhepunkt der Vektorraumtheorie:

▶ **Satz 6.24** Es seien U und V endlich dimensionale Vektorräume über K. Dann sind U und V genau dann isomorph, wenn sie die gleiche Dimension haben:

$$U \cong V \quad \Leftrightarrow \quad \dim U = \dim V.$$

Warum ist dieser Satz so wichtig? Daraus folgt unmittelbar: Jeder K-Vektorraum der Dimension n ist isomorph zu K^n, insbesondere ist jeder endlich dimensionale reelle Vektorraum isomorph zu einem $\mathbb{R}^n$.

Damit kennen wir jetzt die Struktur aller endlich dimensionaler Vektorräume des Universums; es gibt (bis auf Isomorphie) nur die Vektorräume K^n.

Dies ist ein Moment, in dem sich der echte Mathematiker erst einmal in seinem Sessel zurücklehnt und sich am Leben freut. Es kommt nur selten vor, dass es gelingt, zu einer gegebenen algebraischen Struktur sämtliche möglichen Instanzen zu klassifizieren. Dies ist ein Höhepunkt der Theorie, man kennt die Struktur dann genau. Hier ist es uns zumindest für die endlich dimensionalen Vektorräume gelungen.

Blättern Sie noch einmal zurück an den Beginn dieses Kapitels: Wir haben mit $\mathbb{R}^2$, $\mathbb{R}^3$ und $\mathbb{R}^n$ begonnen. Daraus haben wir die Vektorraumeigenschaften herauskristallisiert und allgemein die Struktur eines Vektorraums definiert. Jetzt stellen wir fest, dass es (jedenfalls für reelle Vektorräume endlicher Dimension) überhaupt nichts anderes gibt als den $\mathbb{R}^n$. Wozu also dann das Ganze, drehen wir uns nicht im Kreis?

Wir haben mehrere Dinge gewonnen: Zum einen, wenn wir in irgend einer Anwendung auf eine Struktur stoßen, von der wir sehen, dass sie die Eigenschaften eines reellen Vektorraums hat, dann wissen wir jetzt: Diese Struktur „ist" der $\mathbb{R}^n$, wir können alles verwenden, was wir über $\mathbb{R}^n$ wissen. Weiter gibt es natürlich noch die große Theorie der unendlich dimensionalen Vektorräume, die auf dem aufbaut, was wir in diesem Kapitel erarbeitet haben, auf die ich aber hier nur ganz am Rande eingegangen bin. Und schließlich hat uns der Prozess, der zu dem Satz 6.24 führte, einen ganzen Werkzeugkasten in die Hand gegeben, den wir in Zukunft beim Rechnen mit Vektoren anwenden können. Unser Wissen über Basen, Dimensionen, lineare Abhängigkeit, Koordinaten und anderes wird in den nächsten Kapiteln immens wichtig sein. Es war also auch hier schon der Weg das Ziel.

Zum Beweis des Satzes 6.24: Er besteht als Äquivalenzbeweis aus zwei Teilen. Wir beginnen mit der Richtung von links nach rechts:

Sei dazu $f : U \to V$ ein Isomorphismus, $b_1, b_2, \ldots, b_n$ eine Basis von U. Wir zeigen, dass dann die Bilder $v_1, v_2, \ldots, v_n$ von $b_1, b_2, \ldots, b_n$ eine Basis von V bilden. Damit sind die Dimensionen der Räume gleich.

Die v_i sind linear unabhängig, denn aus

$$\vec{0} = \lambda_1 v_1 + \lambda_2 v_2 + \cdots + \lambda_n v_n = f(\lambda_1 b_1 + \lambda_2 b_2 + \cdots + \lambda_n b_n)$$

folgt wegen der Injektivität (nur $f(\vec{0}) = \vec{0}$!), dass auch $\lambda_1 b_1 + \lambda_2 b_2 + \cdots + \lambda_n b_n = \vec{0}$ ist. Da aber B eine Basis ist, sind dann alle $\lambda_i = 0$, und somit die v_i linear unabhängig.

Die v_i erzeugen V: Da f surjektiv ist, gibt es zu jedem $v \in V$ ein $u \in U$ mit $f(u) = v$, also ist

$$v = f(u) = f(x_1 b_1 + x_2 b_2 + \cdots + x_n b_n) = x_1 f(b_1) + x_2 f(b_2) + \cdots + x_n f(b_n)$$
$$= x_1 v_1 + x_2 v_2 + \cdots x_n v_n.$$

Nun zur anderen Richtung: Sei dim $U = \dim V$ und sei $u_1, u_2, \ldots, u_n$ eine Basis von U und $v_1, v_2, \ldots, v_n$ eine Basis von V. Nach Satz 6.23 gibt es dann zwei lineare Abbildungen welche die Basisvektoren aufeinander abbilden:

$$f: U \to V, \quad f(u_i) = v_i,$$
$$g: V \to U, \quad g(v_i) = u_i.$$

Diese sind invers zueinander und somit sind sie bijektive lineare Abbildungen, das heißt Isomorphismen, zwischen U und V. □

In diesem Beweis stecken zwei Teilaussagen, die es Wert sind aufgeschrieben zu werden. Die erste Hälfte des Beweises besagt nichts anderes als:

▶ **Satz 6.25** Ein Isomorphismus zwischen endlich dimensionalen Vektorräumen bildet eine Basis auf eine Basis ab.

Und aus dem zweiten Teil kann man ablesen:

▶ **Satz 6.26** Eine lineare Abbildung zweier gleich dimensionaler Vektorräume, die eine Basis auf eine Basis abbildet, ist ein Isomorphismus.

Im Kap. 8 werde ich auf die Bestimmung von Lösungen linearer Gleichungssysteme eingehen. Dafür ist der folgende Satz wichtig, mit dem ich dieses Kapitel abschließen möchte:

▶ **Satz 6.27** Seien U, V Vektorräume, dim $U = n$ und $f: U \to V$ eine lineare Abbildung. Dann gilt
$$\dim \operatorname{Ker} f + \dim \operatorname{Im} f = \dim U.$$

Den Beweis möchte ich nicht ausführen. Man wählt dazu eine Basis des Kerns, diese kann man zu einer Basis von U ergänzen. Dann zeigt man, dass die Bilder dieser Ergänzung gerade eine Basis des Bildraums darstellen. □

Kurz gesagt: Je mehr bei einer linearen Abbildung auf die $\vec{0}$ abgebildet wird, um so kleiner wird das Bild. Die Grenzfälle sind noch leicht nachzuvollziehen: Ist der Kern gleich $\{\vec{0}\}$, so ist f injektiv, das Bild ist isomorph zu U und hat Dimension n. Ist umgekehrt das Bild $= \{\vec{0}\}$, so ist der Kern $= U$, hat also Dimension n. Der Satz geht aber noch viel weiter: So gilt beispielsweise für lineare Abbildungen $f: \mathbb{R}^3 \to \mathbb{R}^3$: Hat der Kern Dimension 1, so hat das Bild die Dimension 2 und umgekehrt.

6.7 Verständnisfragen und Übungsaufgaben

Verständnisfragen

1. Ist eine Gerade im $\mathbb{R}^3$, welche nicht durch den Ursprung geht, ein Vektorraum?

2. Gibt es einen Vektorraum, der echter Unterraum des $\mathbb{R}^2$ ist, und der die x-Achse echt umfasst?

3. Ist der $\mathbb{Q}^3$ ein Untervektorraum des $\mathbb{R}^3$?

4. Sind $\mathbb{R}^4$ und $\mathbb{C}^2$ als Vektorräume isomorph? Kann es eine lineare Abbildung zwischen $\mathbb{R}^4$ und $\mathbb{C}^2$ geben?

5. Gibt es Vektorräume mit Basen, die verschieden viele Elemente haben?

6. Richtig oder falsch: Wählt man aus einem unendlich dimensionalen Vektorraum V endlich viele Elemente aus, so bildet der Span dieser Elemente einen endlich dimensionalen Teilraum von V.

7. Lässt sich eine surjektive lineare Abbildung vom $\mathbb{R}^n$ auf den $\mathbb{R}^n$ immer invertieren? ◄

Übungsaufgaben

1. Zeigen Sie, dass die Abbildungen
   a) $f: \mathbb{R}^3 \to \mathbb{R}^2$, $(x, y, z) \mapsto (x + y, y + z)$
   b) $g: \mathbb{R}^2 \to \mathbb{R}^3$, $(x, y) \mapsto (x, x + y, y)$
   linear sind. Berechnen Sie Ker f und Ker g.

2. Die Gleichung $y = 3x + 4$ lässt sich als Gerade im $\mathbb{R}^2$ interpretieren:

$$g = \{(x, y) \mid y = 3x + 4\}, \quad a, b \in \mathbb{R}^2.$$

   Suchen Sie Vektoren a, b in $\mathbb{R}^2$ mit $g = \{a + \lambda b \mid \lambda \in \mathbb{R}\}$.

3. Jeder Graph einer Geraden $y = mx + c$ hat eine Darstellung in der Form $g = \{a + \lambda b \mid \lambda \in \mathbb{R}\}$. Bestimmen Sie für diese Darstellung Vektoren a, b. Gibt es umgekehrt zu jeder Geraden g im $\mathbb{R}^2$ eine Darstellung als Graph einer Geraden $y = mx + c$?

4. Prüfen Sie die Vektorraumbedingungen (V1) bis (V4) für $\mathbb{R}^3$ nach.

5. Überlegen Sie, ob $\mathbb{R}^2$ mit der üblichen Addition und mit der Skalarmultiplikation $\lambda \begin{pmatrix} x \\ y \end{pmatrix} = \begin{pmatrix} \lambda x \\ y \end{pmatrix}$ ein Vektorraum ist.

6. Suchen Sie eine lineare Abbildung $f : \mathbb{R}^2 \to \mathbb{R}^2$, für die gilt Ker $f = $ Im f.

7. Was sagen Sie zu der Aufgabe 6, wenn ich $\mathbb{R}^2$ jeweils durch $\mathbb{R}^5$ ersetze?

8. Die Vektoren $\begin{pmatrix} 3 \\ 5 \end{pmatrix}$ und $\begin{pmatrix} 2 \\ 4 \end{pmatrix}$ bilden eine Basis B des $\mathbb{R}^2$. Sei $\begin{pmatrix} x \\ y \end{pmatrix} \in \mathbb{R}^2$.

   Berechnen Sie die Koordinaten von $\begin{pmatrix} x \\ y \end{pmatrix}$ in der Basis B.

9. Zeigen Sie: Sind u, v linear unabhängige Vektoren in V, so sind auch $u + v$ und $u - v$ linear unabhängig (machen Sie eine Skizze im $\mathbb{R}^2$!). ◄

Matrizen

7

Zusammenfassung

Die Verwendung von Koordinaten und Matrizen in der Linearen Algebra legt die Grundlage für Algorithmen in vielen Bereichen der Informatik. Am Ende dieses Kapitels kennen Sie

- den Zusammenhang zwischen Matrizen und linearen Abbildungen,
- wichtige lineare Abbildungen im $\mathbb{R}^2$ und ihre darstellenden Matrizen: Streckungen, Drehungen, Spiegelungen,
- die Matrixmultiplikation und ihre Interpretation als Hintereinanderausführung von linearen Abbildungen,
- Matrizen und Matrixoperationen im K^n, wobei K ein beliebiger Körper sein kann,
- den Rang einer Matrix.

7.1 Matrizen und lineare Abbildungen im $\mathbb{R}^2$

Im letzten Kapitel haben wir gesehen, dass jede lineare Abbildung schon vollständig durch die Bilder der Basisvektoren eines Vektorraums bestimmt ist. Um eine solche Abbildung zu beschreiben, eignen sich Matrizen. Ich möchte nicht schon zu Beginn durch die Fülle der Koordinaten für Unleserlichkeit sorgen, daher werde ich die grundlegenden Konzepte für Matrizen zunächst im Vektorraum $\mathbb{R}^2$ entwickeln. Wir rechnen mit Koordinaten bezüglich einer Basis und untersuchen lineare Abbildungen vom $\mathbb{R}^2$ in den $\mathbb{R}^2$.

Aus Satz 6.23 folgt, dass jede lineare Abbildung $f \colon \mathbb{R}^2 \to \mathbb{R}^2$ die Form hat:

$$f\left(\begin{pmatrix} x_1 \\ x_2 \end{pmatrix}\right) = \begin{pmatrix} a_{11}x_1 + a_{12}x_2 \\ a_{21}x_1 + a_{22}x_2 \end{pmatrix}.$$

© Springer Fachmedien Wiesbaden GmbH, ein Teil von Springer Nature 2019
P. Hartmann, *Mathematik für Informatiker*, https://doi.org/10.1007/978-3-658-26524-3_7

Um dies zu sehen, bestimmen wir zu der linearen Abbildung f zunächst die Bilder der Basis. Sind diese

$$f\left(\begin{pmatrix} 1 \\ 0 \end{pmatrix}\right) = \begin{pmatrix} a_{11} \\ a_{21} \end{pmatrix} \quad \text{und} \quad f\left(\begin{pmatrix} 0 \\ 1 \end{pmatrix}\right) = \begin{pmatrix} a_{12} \\ a_{22} \end{pmatrix}, \tag{7.1}$$

so gilt für jeden Vektor $x \in \mathbb{R}^2$:

$$f(x) = f\left(\begin{pmatrix} x_1 \\ x_2 \end{pmatrix}\right) = f\left(x_1 \begin{pmatrix} 1 \\ 0 \end{pmatrix} + x_2 \begin{pmatrix} 0 \\ 1 \end{pmatrix}\right)$$

$$= x_1 \begin{pmatrix} a_{11} \\ a_{21} \end{pmatrix} + x_2 \begin{pmatrix} a_{12} \\ a_{22} \end{pmatrix} = \begin{pmatrix} a_{11}x_1 + a_{12}x_2 \\ a_{21}x_1 + a_{22}x_2 \end{pmatrix}.$$

Wir führen im Folgenden eine abkürzende Schreibweise ein: An Stelle von

$$\begin{pmatrix} a_{11}x_1 + a_{12}x_2 \\ a_{21}x_1 + a_{22}x_2 \end{pmatrix} \quad \text{schreiben wir:} \quad \begin{pmatrix} a_{11} & a_{12} \\ a_{21} & a_{22} \end{pmatrix} \begin{pmatrix} x_1 \\ x_2 \end{pmatrix}.$$

Dabei ist $\begin{pmatrix} x_1 \\ x_2 \end{pmatrix} = x$ ein Vektor, $\begin{pmatrix} a_{11} & a_{12} \\ a_{21} & a_{22} \end{pmatrix} = A$ nennen wir Matrix. Für $\begin{pmatrix} a_{11} & a_{12} \\ a_{21} & a_{22} \end{pmatrix} \begin{pmatrix} x_1 \\ x_2 \end{pmatrix}$ schreiben wir kurz Ax.

▶   **Definition 7.1** Ein Quadrupel reeller Zahlen

$$\begin{pmatrix} a_{11} & a_{12} \\ a_{21} & a_{22} \end{pmatrix}$$

heißt 2×2-*Matrix* (lies: „zwei Kreuz zwei Matrix"). Die Menge aller 2×2-Matrizen mit reellen Koeffizienten nennen wir $\mathbb{R}^{2\times 2}$.

In der Matrix $A = \begin{pmatrix} a_{11} & a_{12} \\ a_{21} & a_{22} \end{pmatrix}$ heißen $\begin{pmatrix} a_{11} \\ a_{21} \end{pmatrix}$, $\begin{pmatrix} a_{12} \\ a_{22} \end{pmatrix}$ die *Spalten* oder *Spaltenvektoren* und (a_{11}, a_{12}), (a_{21}, a_{22}) die *Zeilen* oder *Zeilenvektoren*. Der erste Index heißt *Zeilenindex*, er bleibt in einer Zeile konstant, der zweite Index heißt *Spaltenindex*, er bleibt in einer Spalte konstant. a_{ij} ist also das Element in der i-ten Zeile und in der j-ten Spalte. Gelegentlich wird die Matrix A auch mit (a_{ij}) bezeichnet.

Unser bisheriges Wissen über den Zusammenhang von Matrizen und linearen Abbildungen können wir jetzt formulieren in dem

▶   **Satz 7.2** Zu jeder linearen Abbildung $f \colon \mathbb{R}^2 \to \mathbb{R}^2$ gibt es genau eine Matrix $A \in \mathbb{R}^{2\times 2}$ mit der Eigenschaft $f(x) = Ax$. Umgekehrt definiert jede Matrix $A \in \mathbb{R}^{2\times 2}$ eine lineare Abbildung durch die Vorschrift $f \colon \mathbb{R}^2 \to \mathbb{R}^2, x \mapsto Ax$.

Wir haben schon gesehen, dass jede lineare Abbildung eine solche Matrix bestimmt. Umgekehrt ist aber für eine Matrix A auch die Abbildung $f: \mathbb{R}^2 \to \mathbb{R}^2$, $x \mapsto Ax$ linear: Sie ist genau die lineare Abbildung nach Satz 6.23, die $\begin{pmatrix} 1 \\ 0 \end{pmatrix}$ auf $\begin{pmatrix} a_{11} \\ a_{21} \end{pmatrix}$ und $\begin{pmatrix} 0 \\ 1 \end{pmatrix}$ auf $\begin{pmatrix} a_{12} \\ a_{22} \end{pmatrix}$ abbildet. □

Es gibt also eine bijektive Beziehung zwischen der Menge der linearen Abbildungen des $\mathbb{R}^2$ und der Menge der Matrizen $\mathbb{R}^{2 \times 2}$. Von dieser Beziehung werden wir intensiven Gebrauch machen und Matrizen und Abbildungen gar nicht mehr unterscheiden. Eine Matrix „ist" eine lineare Abbildung und eine lineare Abbildung „ist" eine Matrix. So werde ich oft von der linearen Abbildung $A: \mathbb{R}^2 \to \mathbb{R}^2$ sprechen, wobei A eine Matrix aus $\mathbb{R}^{2 \times 2}$ ist. $A(x)$ ist dann das Bild von x unter A, das ist dasselbe wie Ax.

Zu beachten ist bei dieser Identifikation allerdings, dass die Matrix abhängig von der Basis ist. Bezüglich einer anderen Basis sieht die zugehörige Matrix meist ganz anders aus. Zunächst halten wir aber eine Basis fest, so dass hierdurch keine Probleme entstehen.

Wenn Sie noch einmal die Gleichung (7.1) ansehen, stellen Sie fest, dass die Spalten der Matrix gerade die Bilder der Basisvektoren sind. Dies sollten Sie sich merken.

Nun wollen wir uns endlich einmal konkrete lineare Abbildungen des $\mathbb{R}^2$ in sich selbst ansehen. Stellen Sie sich einen Ausschnitt des $\mathbb{R}^2$ als einen Computerbildschirm vor. Wenn ich mit einem Zeichenprogramm arbeite und zum Beispiel ein Rechteck zeichnen will, kann ich mir zunächst einen Prototyp des Rechtecks auf den Bildschirm ziehen. Meist ist dieser an einigen Stellen durch kleine Rechtecke markiert, die zeigen, dass ich dort das Rechteck mit der Maus anfassen und bearbeiten kann. Durch verschiedene Operationen, die natürlich in jedem Zeichenprogramm unterschiedlich sind, kann ich aus dem Rechteck zum Beispiel nacheinander die Figuren 1–6 aus Abb. 7.1 erzeugen. Der Prototyp wird in Figur 1 umgewandelt, Figur 1 in Figur 2 und so weiter.

Eine Veränderung der Figur bedeutet eine Abbildung der Objektpunkte im $\mathbb{R}^2$. Der Computer muss bei einer solchen Abbildung die neuen Koordinaten des Objekts aus den alten berechnen und am Bildschirm zeichnen. Mit einer Ausnahme sind alle diese Abbildungen linear. Wir werden jetzt die linearen Abbildungen suchen, die diese Figuren erzeugen können. Der Ursprung ist dabei jeweils gekennzeichnet, die x_1-Achse geht nach rechts, die x_2-Achse nach oben.

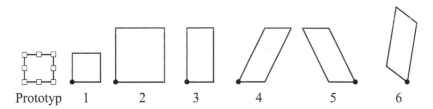

Prototyp 1 2 3 4 5 6

Abb. 7.1 Lineare Abbildungen eines Quadrats

Beispiele linearer Abbildungen

1. Sei $A = \begin{pmatrix} 1 & 0 \\ 0 & 1 \end{pmatrix}$. Erinnern Sie sich: Die Bilder der Basis sind die Spalten der Matrix. Es ist also hier $A\left(\begin{pmatrix} 1 \\ 0 \end{pmatrix}\right) = \begin{pmatrix} 1 \\ 0 \end{pmatrix}$, $A\left(\begin{pmatrix} 0 \\ 1 \end{pmatrix}\right) = \begin{pmatrix} 0 \\ 1 \end{pmatrix}$. Diese Abbildung hält die Basis fest und damit alle Punkte. Es ist die identische Abbildung. Die Matrix A heißt Einheitsmatrix. Dies entspricht dem Übergang vom Prototyp zu (1): Nichts ist passiert.

2. Sei $A = \begin{pmatrix} \lambda & 0 \\ 0 & \lambda \end{pmatrix}$. Für $(x_1, x_2) \in \mathbb{R}^2$ ist $Ax = \begin{pmatrix} \lambda & 0 \\ 0 & \lambda \end{pmatrix}\begin{pmatrix} x_1 \\ x_2 \end{pmatrix} = \begin{pmatrix} \lambda x_1 \\ \lambda x_2 \end{pmatrix} = \lambda \begin{pmatrix} x_1 \\ x_2 \end{pmatrix} = \lambda x$. Jeder Vektor wird um den Faktor λ gedehnt. Dies ist der Übergang von (1) zu (2). Die Abbildung heißt *Streckung*.

3. Bei der Abbildung $A = \begin{pmatrix} \lambda & 0 \\ 0 & 1 \end{pmatrix}$ bleibt der Basisvektor $\begin{pmatrix} 0 \\ 1 \end{pmatrix}$ unverändert, $\begin{pmatrix} 1 \\ 0 \end{pmatrix}$ wird um den Faktor λ gestreckt. Damit wird aus dem Quadrat (2) ein Rechteck (3). In Abb. 7.1 ist $\lambda < 1$, die x_1-Achse wird verkürzt.

4. Beim Übergang von (3) auf (4) wird es etwas schwieriger: Es handelt sich hier um eine *Scherung*. Der erste Basisvektor bleibt unverändert, je weiter man aber von der x_1-Achse nach oben geht, um so mehr wird die Figur nach rechts gezogen. Glücklicherweise müssen wir ja aber nur das Bild des zweiten Basisvektors bestimmen, und das können wir aus Figur (4) ablesen: $\begin{pmatrix} 0 \\ 1 \end{pmatrix}$ wird zu $\begin{pmatrix} \lambda \\ 1 \end{pmatrix}$, die Länge der x_2-Koordinate bleibt unverändert. Damit erhalten wir die Matrix $A = \begin{pmatrix} 1 & \lambda \\ 0 & 1 \end{pmatrix}$.

5. Der Übergang von (4) auf (5) stellt eine *Spiegelung* an der x_2-Achse dar. Versuchen Sie selbst nachzuvollziehen, dass hierzu die Matrix $A = \begin{pmatrix} -1 & 0 \\ 0 & 1 \end{pmatrix}$ gehört. ◄

Für den Übergang von (5) auf (6) muss ich etwas weiter ausholen. Die Matrix wird etwas komplizierter aussehen. Es handelt sich hierbei um eine *Drehung*, eine der wichtigsten Bewegungen überhaupt. In Abschn. 10.2 werden wir feststellen, dass Bewegungen von Körpern im Raum sich nur aus Drehungen und Verschiebungen zusammensetzen, andere Bewegungen, welche die Körper nicht verbiegen, gibt es nicht. Zur Darstellung von Drehmatrizen benötigen wir die trigonometrischen Funktionen Cosinus und Sinus.

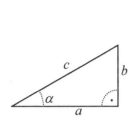
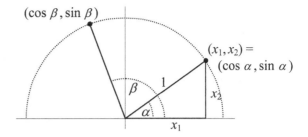

Abb. 7.2 Cosinus und Sinus am Einheitskreis

In ihrer geometrischen Definition beschreiben Cosinus und Sinus Seitenverhältnisse im rechtwinkligen Dreieck, siehe Abb. 7.2.

Dabei ist $\sin\alpha = b/c$ (Gegenkathete zu Hypothenuse) und $\cos\alpha = a/c$ (Ankathete zu Hypothenuse). Diese Verhältnisse sind nur vom Winkel α abhängig und nicht von der Größe des Dreiecks. Zeichnet man im zweidimensionalen kartesischen Koordinatensystem einen Kreis mit Radius 1 um den Ursprung (den Einheitskreis) und betrachtet die Koordinaten eines Punktes auf diesem Kreis im ersten Quadranten, so erhält man ein rechtwinkliges Dreieck mit Hypothenuse 1, Ankathete x_1 und Gegenkathete x_2. Damit hat der Punkt auf dem Kreis die Koordinaten $(x_1, x_2) = (\cos\alpha, \sin\alpha)$. Interpretieren wir auch die Punkte des Einheitskreises in den anderen Quadranten in dieser Form, so können wir Sinus und Cosinus jetzt auch für Winkel größer als 90° definieren: Ist β der Winkel zwischen x_1-Achse und dem Vektor (x_1, x_2) auf dem Einheitskreis, so setzen wir $\cos\beta := x_1$ und $\sin\beta := x_2$. Cosinus und Sinus können dabei auch negativ werden.

Schauen wir uns nun an, was bei der Drehung am Ursprung um den Winkel α geschieht:

Weitere Beispiele

6. Aus Abb. 7.3 kann man ablesen, dass der Vektor $\begin{pmatrix} 1 \\ 0 \end{pmatrix}$ in den Vektor $\begin{pmatrix} \cos\alpha \\ \sin\alpha \end{pmatrix}$ gedreht wird, aus $\begin{pmatrix} 0 \\ 1 \end{pmatrix}$ wird $\begin{pmatrix} -\sin\alpha \\ \cos\alpha \end{pmatrix}$.

Die Matrix der Drehung um den Winkel α lautet also:

$$D_\alpha = \begin{pmatrix} \cos\alpha & -\sin\alpha \\ \sin\alpha & \cos\alpha \end{pmatrix}.$$

Bei dieser Abbildung gilt dann:

$$\begin{pmatrix} x_1 \\ x_2 \end{pmatrix} \mapsto \begin{pmatrix} \cos\alpha\, x_1 - \sin\alpha\, x_2 \\ \sin\alpha\, x_1 + \cos\alpha\, x_2 \end{pmatrix}.$$

Beachten Sie dabei, dass wir Drehungen immer gegen den Uhrzeigersinn ausführen.

Abb. 7.3 Drehung

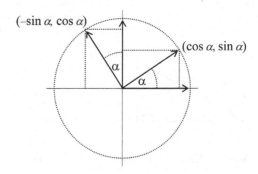

7. Eine letzte Abbildungsmatrix möchte ich Ihnen noch vorstellen:

$$S_\alpha = \begin{pmatrix} \cos\alpha & \sin\alpha \\ \sin\alpha & -\cos\alpha \end{pmatrix}.$$

Sie sieht ganz ähnlich aus wie die Drehmatrix. Aus Abb. 7.4 können Sie ablesen, wohin die Basisvektoren abgebildet werden. Bei dieser Abbildung handelt es sich um eine *Spiegelung* an der Achse, die mit der x_1-Achse den Winkel $\alpha/2$ bildet. Dies kann ich im Moment noch nicht ausrechnen, ich vertröste Sie auf den Abschn. 9.2 über Eigenwerte. ◄

Welches ist aber nun die Ausnahme, von der ich zu Beginn der Beispiele gesprochen habe? Welche Veränderung der Figuren am Bildschirm kann nicht durch eine lineare Abbildung dargestellt werden? Ich habe in Abb. 7.1 etwas mit dem Ursprung gemogelt: Der bleibt bei allen Abbildungen fest. Um aber die Bilder nicht übereinander zeichnen zu müssen, habe ich von Schritt zu Schritt die Figur ein Stück weiter nach rechts geschoben. Diese Verschiebung, die *Translation*, ist eine ganz wesentliche Operation:

$$\begin{pmatrix} x_1 \\ x_2 \end{pmatrix} \mapsto \begin{pmatrix} x_1 \\ x_2 \end{pmatrix} + \begin{pmatrix} a_1 \\ a_2 \end{pmatrix}.$$

Abb. 7.4 Spiegelung

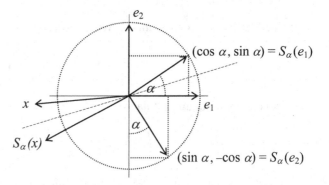

Bei der Translation wird der Ursprung bewegt, und wir wissen, dass bei linearen Abbildungen immer gilt $f(\vec{0}) = \vec{0}$. Leider bedarf also die Translation einer Sonderbehandlung, sie ist keine lineare Abbildung.

Hintereinanderausführung linearer Abbildungen

Sind A, B zwei lineare Abbildungen, $A, B \in \mathbb{R}^{2\times2}$, so ist die Hintereinanderausführung möglich und $B \circ A$ ist wieder eine lineare Abbildung. Welche Matrix C gehört dazu? Berechnen wir die Bilder der Basis, so erhalten wir die Spalten der Matrix C. Dazu sei

$$
A = \begin{pmatrix} a_{11} & a_{12} \\ a_{21} & a_{22} \end{pmatrix}, \quad B = \begin{pmatrix} b_{11} & b_{12} \\ b_{21} & b_{22} \end{pmatrix}, \quad C = \begin{pmatrix} c_{11} & c_{12} \\ c_{21} & c_{22} \end{pmatrix}.
$$

Es ergibt sich

$$
\begin{pmatrix} c_{11} \\ c_{21} \end{pmatrix} = (B \circ A) \begin{pmatrix} 1 \\ 0 \end{pmatrix} = B \left(A \left(\begin{pmatrix} 1 \\ 0 \end{pmatrix} \right) \right) = B \left(\begin{pmatrix} a_{11} \\ a_{21} \end{pmatrix} \right) = \begin{pmatrix} b_{11}a_{11} + b_{12}a_{21} \\ b_{21}a_{11} + b_{22}a_{21} \end{pmatrix},
$$
$$
\begin{pmatrix} c_{12} \\ c_{22} \end{pmatrix} = (B \circ A) \begin{pmatrix} 0 \\ 1 \end{pmatrix} = B \left(A \left(\begin{pmatrix} 0 \\ 1 \end{pmatrix} \right) \right) = B \left(\begin{pmatrix} a_{12} \\ a_{22} \end{pmatrix} \right) = \begin{pmatrix} b_{11}a_{12} + b_{12}a_{22} \\ b_{21}a_{12} + b_{22}a_{22} \end{pmatrix}.
$$

Das kann sich so kein Mensch merken. Es gibt aber einen Trick, mit dem man die Matrix C leicht aus A und B bestimmen kann. Dazu schreiben Sie die Matrix A nicht neben C, sondern wie in (7.2) gezeigt, rechts darüber. In dem Feld rechts neben B entsteht dann die Matrix C. Dabei werden zur Berechnung eines Feldes der Matrix C gerade die Elemente benötigt, die in der gleichen Zeile von B und in der gleichen Spalte von A stehen. Um das Element c_{ij} zu berechnen, müssen nacheinander die Elemente der i-ten Zeile von B mit denen der j-ten Spalte von A multipliziert und dann aufaddiert werden:

$$
\begin{array}{c}
\begin{pmatrix} & a_{11} & a_{12} & \\ & a_{21} & a_{22} & \end{pmatrix} \\
\begin{pmatrix} b_{11} & b_{12} \\ b_{21} & b_{22} \end{pmatrix} \begin{pmatrix} b_{11}a_{11} + b_{12}a_{21} & b_{11}a_{12} + b_{12}a_{22} \\ b_{21}a_{11} + b_{22}a_{21} & b_{21}a_{12} + b_{22}a_{22} \end{pmatrix}.
\end{array} \tag{7.2}
$$

Als Formel aufgeschrieben ist für alle i, j:

$$
c_{ij} = \sum_{k=1}^{2} b_{ik}a_{kj}.
$$

Wir schreiben ab jetzt für die Hintereinanderausführung $B \circ A$, kurz BA, und nennen diese Verknüpfung *Matrixmultiplikation*.

1.
$$\begin{pmatrix} 4 & 3 \\ 2 & 1 \end{pmatrix} \qquad \begin{pmatrix} 1 & 2 \\ 2 & 4 \end{pmatrix}$$

$$\begin{pmatrix} 1 & 2 \\ 2 & 4 \end{pmatrix} \begin{pmatrix} 8 & 5 \\ 16 & 10 \end{pmatrix} \qquad \begin{pmatrix} 4 & 3 \\ 2 & 1 \end{pmatrix} \begin{pmatrix} 10 & 20 \\ 4 & 8 \end{pmatrix}.$$

Sie sehen daran, dass im Allgemeinen $AB \neq BA$ ist. Bei der Hintereinanderausführung linearer Abbildungen kommt es auf die Reihenfolge an!

2. Bei einer Drehung um 45° ist $\cos\alpha = \sin\alpha$ (Abb. 7.5). Aus dem Pythagoras-Satz wissen wir, dass $(\cos\alpha)^2 + (\sin\alpha)^2 = 1$ ist und daraus ergibt sich hier $\cos\alpha = \sin\alpha = 1/\sqrt{2}$. Damit erhalten wir die folgende Drehmatrix:

$$D_{45°} = \begin{pmatrix} 1/\sqrt{2} & -1/\sqrt{2} \\ 1/\sqrt{2} & 1/\sqrt{2} \end{pmatrix}.$$

Drehen wir jetzt zweimal hintereinander um 45°, so erhalten wir:

$$\begin{pmatrix} 1/\sqrt{2} & -1/\sqrt{2} \\ 1/\sqrt{2} & 1/\sqrt{2} \end{pmatrix} \begin{pmatrix} 1/\sqrt{2} & -1/\sqrt{2} \\ 1/\sqrt{2} & 1/\sqrt{2} \end{pmatrix} = \begin{pmatrix} 0 & -1 \\ 1 & 0 \end{pmatrix} = (D_{45°})^2.$$

Dies entspricht gerade einer Drehung um 90°: $\begin{pmatrix} 1 \\ 0 \end{pmatrix} \mapsto \begin{pmatrix} 0 \\ 1 \end{pmatrix}, \begin{pmatrix} 0 \\ 1 \end{pmatrix} \mapsto \begin{pmatrix} -1 \\ 0 \end{pmatrix}.$

3.
$$\begin{pmatrix} 1 & 0 \\ 0 & 1 \end{pmatrix} \begin{pmatrix} a & b \\ c & d \end{pmatrix} = \begin{pmatrix} a & b \\ c & d \end{pmatrix}.$$

Dieses Ergebnis ist nicht verwunderlich: die identische Abbildung tut nichts. Für die Einheitsmatrix E und eine beliebige andere Matrix A gilt immer: $EA = AE = A$.

Abb. 7.5 Drehung um 45°

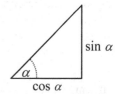

$\sin\alpha$

α

$\cos\alpha$

4.
$$\begin{pmatrix} 1/\lambda & 0 \\ 0 & 1/\lambda \end{pmatrix} \begin{pmatrix} \lambda & 0 \\ 0 & \lambda \end{pmatrix} = \begin{pmatrix} 1 & 0 \\ 0 & 1 \end{pmatrix}.$$

Eine Streckung um λ und anschließend um $1/\lambda$ ergibt die Identität.

5. Wenn Sie die Matrix $D = D_{45°}$ aus Beispiel 2 nehmen, so können Sie D^7 berechnen und es gilt dann $D \cdot D^7 = D^8 = E$, dies ist die Drehung um $360°$.
   Die Beispiele 4 und 5 zeigen uns, dass es Matrizen A gibt, die eine inverse Matrix B besitzen, mit $BA = E$. Dies ist aber nicht immer der Fall:

6.
$$\begin{pmatrix} 1 & 3 \\ 0 & 0 \end{pmatrix} \begin{pmatrix} a & b \\ c & d \end{pmatrix} = \begin{pmatrix} a + 3c & b + 3d \\ 0 & 0 \end{pmatrix}.$$

Die Matrix $\begin{pmatrix} 1 & 3 \\ 0 & 0 \end{pmatrix}$ hat keine Inverse, denn egal, mit was man sie multipliziert, die zweite Zeile lautet immer $(0,0)$, und so kann niemals E herauskommen. Dies liegt daran, dass die dazugehörige lineare Abbildung nicht bijektiv ist und daher auch keine inverse Abbildung besitzen kann. ◄

7.2 Matrizen und lineare Abbildungen von $K^n \to K^m$

Nach unseren Vorbereitungen im $\mathbb{R}^2$ untersuchen wir jetzt allgemeine Matrizen und allgemeine lineare Abbildungen. K steht dabei für irgendeinen Körper, meist wird es bei uns der Körper der reellen Zahlen sein. Wir beginnen mit der Definition einer $m \times n$-Matrix.

▶ **Definition 7.3** Das rechteckige Schema von Elementen des Körpers K

$$\begin{pmatrix} a_{11} & a_{12} & \cdots & a_{1n} \\ a_{21} & a_{22} & & a_{2n} \\ \vdots & & \ddots & \\ a_{m1} & a_{m2} & & a_{mn} \end{pmatrix}$$

heißt $m \times n$-Matrix. Die Menge aller $m \times n$-Matrizen mit Elementen aus K bezeichnen wir mit $K^{m \times n}$. Dabei ist m die Anzahl der Zeilen und n die Anzahl der Spalten der Matrix. Die Begriffe *Spaltenindex*, *Zeilenindex*, *Spaltenvektor*, *Zeilenvektor* übertragen sich wörtlich aus Definition 7.1.

Ist $x = \begin{pmatrix} x_1 \\ \vdots \\ x_n \end{pmatrix} \in K^n$ und $b = \begin{pmatrix} b_1 \\ \vdots \\ b_m \end{pmatrix} \in K^m$, so führen wir eine abkürzende Bezeichnung ein: Für

$$\begin{pmatrix} a_{11}x_1 + a_{12}x_2 + \cdots + a_{1n}x_n \\ a_{21}x_1 + a_{22}x_2 + \cdots + a_{2n}x_n \\ \vdots \\ a_{m1}x_1 + a_{m2}x_2 + \cdots + a_{mn}x_n \end{pmatrix} = \begin{pmatrix} b_1 \\ b_2 \\ \vdots \\ b_m \end{pmatrix} \tag{7.3}$$

schreiben wir ab jetzt:

$$\underbrace{\begin{pmatrix} a_{11} & a_{12} & \cdots & a_{1n} \\ a_{21} & a_{22} & & a_{2n} \\ \vdots & & \ddots & \\ a_{m1} & a_{m2} & & a_{mn} \end{pmatrix}}_{\text{Matrix } A} \underbrace{\begin{pmatrix} x_1 \\ x_2 \\ \vdots \\ x_n \end{pmatrix}}_{\text{Vektor } x} = \underbrace{\begin{pmatrix} b_1 \\ b_2 \\ \vdots \\ b_m \end{pmatrix}}_{\text{Vektor } b}, \quad \text{also } Ax = b. \tag{7.4}$$

Wir werden zunächst wie im zweidimensionalen den Zusammenhang zwischen Matrizen und linearen Abbildungen untersuchen. Vorher möchte ich Sie aber auf eine interessante Tatsache hinweisen: In (7.3) stehen m lineare Gleichungen der Form

$$a_{i2}x_1 + a_{i2}x_2 + \cdots + a_{in}x_n = b_i$$

mit den n Unbekannten $x_1, x_2, \ldots, x_n$. Die Schreibweise $Ax = b$ steht also auch abkürzend für ein lineares Gleichungssystem. Im nächsten Kapitel werden wir mit Hilfe dieser Matrixschreibweise systematisch solche Gleichungssysteme lösen.

Nun aber zu den linearen Abbildungen: Der Beweis des folgenden Satzes geht genau wie im Satz 7.2 durchgeführt:

▶ **Satz 7.4** Zu jeder linearen Abbildung $f: K^n \to K^m$ gibt es genau eine Matrix $A \in K^{m \times n}$ mit der Eigenschaft $f(x) = Ax$ für alle $x \in K^n$. Umgekehrt definiert jede Matrix $A \in K^{m \times n}$ eine lineare Abbildung $f: K^n \to K^m$ durch die Vorschrift

$$f: K^n \to K^m, \quad x \mapsto Ax = \begin{pmatrix} a_{11}x_1 + a_{12}x_2 + \cdots + a_{1n}x_n \\ a_{21}x_1 + a_{22}x_2 + \cdots + a_{2n}x_n \\ \vdots \\ a_{m1}x_1 + a_{m2}x_2 + \cdots + a_{mn}x_n \end{pmatrix}.$$

Wieder gilt: In den Spalten der Matrix stehen die Bilder der Basisvektoren, durch diese wird die Abbildung, wie wir wissen, vollständig bestimmt. Zum Beispiel ist

$$
\begin{pmatrix} a_{11} & a_{12} & \cdots & a_{1n} \\ a_{21} & a_{22} & & a_{2n} \\ \vdots & & \ddots & \\ a_{m1} & a_{m2} & & a_{mn} \end{pmatrix} \begin{pmatrix} 1 \\ 0 \\ \vdots \\ 0 \end{pmatrix} = \begin{pmatrix} a_{11}1 + a_{12}0 + \cdots + a_{1n}0 \\ a_{21}1 + a_{22}0 + \cdots + a_{2n}0 \\ \vdots \\ a_{m1}1 + a_{m2}0 + \cdots + a_{mn}0 \end{pmatrix} = \begin{pmatrix} a_{11} \\ a_{21} \\ \vdots \\ a_{m1} \end{pmatrix}.
$$

Man muss etwas aufpassen, dass man mit m und n nicht durcheinanderkommt: Für eine Abbildung von $K^n \to K^m$ braucht man eine Matrix aus $K^{m \times n}$. Die Anzahl der Zeilen der Matrix, m, bestimmt die Anzahl der Elemente im Bildvektor, also die Dimension des Bildraums. Ich kann Sie aber trösten, wir werden uns im Folgenden meistens mit dem Fall $m = n$ auseinandersetzen.

Wie im zweidimensionalen Fall werden wir die Matrizen und ihre zugehörigen linearen Abbildung in Zukunft identifizieren.

Zur identischen Abbildung $id: K^n \to K^n$ gehört die Einheitsmatrix

$$
E = \begin{pmatrix} 1 & 0 & \cdots & 0 \\ 0 & 1 & & \\ \vdots & & \ddots & 0 \\ 0 & & 0 & 1 \end{pmatrix}.
$$

Beachten Sie, dass die Einheitsmatrix immer quadratisch ist! Es gibt keine identische Abbildung von K^m nach K^n, wenn n und m verschieden sind.

Beispiele linearer Abbildungen

1. $A = \begin{pmatrix} 1 & 0 & 0 \\ 0 & \cos\alpha & -\sin\alpha \\ 0 & \sin\alpha & \cos\alpha \end{pmatrix}$. Es wird dabei abgebildet:

$$
\begin{pmatrix} x_1 \\ 0 \\ 0 \end{pmatrix} \mapsto \begin{pmatrix} x_1 \\ 0 \\ 0 \end{pmatrix} \quad \text{und} \quad \begin{pmatrix} 0 \\ x_2 \\ x_3 \end{pmatrix} \mapsto \begin{pmatrix} 0 \\ \cos\alpha\, x_2 - \sin\alpha\, x_3 \\ \sin\alpha\, x_2 + \cos\alpha\, x_3 \end{pmatrix}.
$$

Die x_1-Achse bleibt also fest und die x_2-x_3-Ebene wird um den Winkel α gedreht. Vergleichen Sie dies mit der Drehung im $\mathbb{R}^2$ (Beispiel 6 in Abschn. 7.1). Insgesamt wird durch A der Raum um die x_1-Achse gedreht. Stellen Sie selbst die Matrizen auf, die Drehungen um die x_2- beziehungsweise um die x_3-Achse beschreiben.

Abb. 7.6 Projektion 1

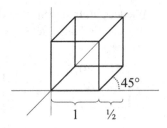

2. Wir wollen die Matrix zu der Abbildung

$$f : \mathbb{R}^3 \to \mathbb{R}^2, \quad \begin{pmatrix} x_1 \\ x_2 \\ x_3 \end{pmatrix} \mapsto \begin{pmatrix} x_1 + \frac{1}{2}x_3 \\ x_2 + \frac{1}{2}x_3 \end{pmatrix}$$

bestimmen. Die Matrix muss also aus $\mathbb{R}^{2 \times 3}$ sein. Wir suchen die Bilder der Basis:

$$f\left(\begin{pmatrix} 1 \\ 0 \\ 0 \end{pmatrix} \right) = \begin{pmatrix} 1 \\ 0 \end{pmatrix}, \quad f\left(\begin{pmatrix} 0 \\ 1 \\ 0 \end{pmatrix} \right) = \begin{pmatrix} 0 \\ 1 \end{pmatrix}, \quad f\left(\begin{pmatrix} 0 \\ 0 \\ 1 \end{pmatrix} \right) = \begin{pmatrix} \frac{1}{2} \\ \frac{1}{2} \end{pmatrix},$$

daraus ergibt sich

$$A = \begin{pmatrix} 1 & 0 & \frac{1}{2} \\ 0 & 1 & \frac{1}{2} \end{pmatrix}.$$

Sie sehen: Wenn Sie die Bilder der Basis nebeneinander hinschreiben, kommt automatisch eine Matrix der richtigen Größe heraus. Sie müssen gar nicht mehr auf Zeilen- und Spaltenanzahlen Acht geben.

Was bewirkt diese Abbildung? Stellen wir uns die x_1-x_2-Ebene als unsere Zeichenebene vor. Alle Punkte dieser Ebene bleiben unverändert. Alles, was davor oder dahinter liegt, wird in diese Ebene projiziert und dabei ein Stück verschoben. Aus einem dreidimensionalen Würfel der Kantenlänge 1, der ein Eck im Ursprung hat, wird die Figur in Abb. 7.6 (die ich im $\mathbb{R}^2$ zeichnen kann). ◄

Nachdem die Bildschirme unserer Computer wahrscheinlich noch für einige Jahre nur zweidimensionale Darstellungen hervorbringen, müssen wir alle dreidimensionalen Objekte, die wir am Bildschirm betrachten wollen, in irgendeiner Weise in den $\mathbb{R}^2$ abbilden. Hier haben Sie eine einfache Abbildung kennengelernt. Eine verbreitete Projektion ist die in Abb. 7.7 dargestellte, die eine etwas realistischere Ansicht liefert. Auch diese wird durch eine lineare Abbildung erzeugt. Versuchen Sie selbst, hierfür die Matrix aufzustellen.

In der graphischen Datenverarbeitung sind noch viele andere Projektionen üblich, zum Beispiel Zentralprojektionen. Nicht alle lassen sich durch lineare Abbildungen darstellen. Hierzu finden Sie eine Übungsaufgabe am Ende des Kapitels.

Abb. 7.7 Projektion 2

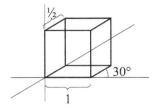

Matrixmultiplikation und Hintereinanderausführung linearer Abbildungen

Sind $A: K^n \to K^m$ und $B: K^m \to K^r$ lineare Abbildungen, so ist die Hintereinanderausführung möglich und auch $B \circ A: K^n \to K^r$ ist linear. Die zugehörige Matrix C heißt Produkt der Matrizen B und A: $C = BA$. Die Matrix C lässt sich genauso berechnen wie im zweidimensionalen Fall in (7.2) beschrieben:

Es seien $B \in K^{r \times m}$ und $A \in K^{m \times n}$. Dann ist $C = BA \in K^{r \times n}$:

$$
\begin{pmatrix} a_{11} & \cdots & a_{1j} & \cdots & a_{1n} \\ \vdots & & \vdots & & \vdots \\ a_{m1} & \cdots & a_{mj} & \cdots & a_{mn} \end{pmatrix}
$$

$$
\begin{pmatrix} b_{11} & \cdots & b_{1m} \\ \vdots & & \vdots \\ b_{i1} & \cdots & b_{im} \\ \vdots & & \vdots \\ b_{r1} & \cdots & b_{rm} \end{pmatrix} \left(\to b_{i1}a_{1j} + \cdots + b_{im}a_{mj} \right) \Big\} \; r \text{ Zeilen}
$$

$$\underbrace{}_{n \text{ Spalten}}$$

Als Formel geschrieben gilt für alle $i = 1, \ldots, r$ und für alle $j = 1, \ldots, n$:

$$c_{ij} = \sum_{k=1}^{m} b_{ik}a_{kj}. \tag{7.5}$$

Wenn Sie zwei Matrizen multiplizieren, brauchen Sie nicht lange über Zeilen- und Spaltenzahlen nachzudenken, Sie werden sehen: Wenn die Matrizen nicht zusammen passen, geht das Verfahren schief und, wenn es klappt, kommt automatisch die richtige Größe raus.

Beispiel

$$
\begin{pmatrix} 0 & 3 & 4 & -1 \\ 2 & 0 & 1 & 1 \\ 0 & 1 & 0 & -2 \end{pmatrix}
$$

$$
\begin{pmatrix} 0 & 3 & 4 \\ 2 & 0 & 1 \\ 0 & 1 & 0 \end{pmatrix} \begin{pmatrix} 6 & 4 & 3 & -5 \\ 0 & 7 & 8 & -4 \\ 2 & 0 & 1 & 1 \end{pmatrix} \quad \blacktriangleleft
$$

Die Multiplikation einer Matrix mit einem Vektor, $Ax = b$, die wir in (7.4) eingeführt haben, ist nichts anderes als ein Spezialfall dieser Matrixmultiplikation. Wir können den Spaltenvektor $x \in K^n$ auch als Matrix $x \in K^{n \times 1}$ auffassen, und dann ergibt sich:

$$
\underbrace{\begin{pmatrix} a_{11} & a_{12} & \cdots & a_{1n} \\ a_{21} & a_{22} & & a_{2n} \\ \vdots & & \ddots & \\ a_{m1} & a_{m2} & & a_{mn} \end{pmatrix}}_{A \in K^{m \times n}} \underbrace{\begin{pmatrix} x_1 \\ x_2 \\ \vdots \\ x_n \end{pmatrix}}_{x \in K^{n \times 1}} = \underbrace{\begin{pmatrix} a_{11}x_1 + a_{12}x_2 + \cdots + a_{1n}x_n \\ a_{21}x_1 + a_{22}x_2 + \cdots + a_{2n}x_n \\ \vdots \\ a_{m1}x_1 + a_{m2}x_2 + \cdots + a_{mn}x_n \end{pmatrix}}_{b \in K^{m \times 1}} = \begin{pmatrix} b_1 \\ b_2 \\ \vdots \\ b_m \end{pmatrix}. \quad (7.6)
$$

Beachten Sie aber, dass das nur geht, wenn wir konsequent mit Spaltenvektoren arbeiten und den Vektor immer von rechts multiplizieren.

Ich möchte neben der Multiplikation noch ein paar weitere Operationen für Matrizen definieren, die wir später brauchen:

▶ **Definition 7.5** Für zwei Matrizen $A = (a_{ij})$, $B = (b_{ij}) \in K^{m \times n}$ und $\lambda \in K$ sei

$$
A + B = \begin{pmatrix} a_{11} + b_{11} & \cdots & a_{1n} + b_{1n} \\ \vdots & \ddots & \vdots \\ a_{m1} + b_{m1} & \cdots & a_{mn} + b_{mn} \end{pmatrix}, \quad \lambda A = \begin{pmatrix} \lambda a_{11} & \cdots & \lambda a_{1n} \\ \vdots & \ddots & \vdots \\ \lambda a_{m1} & \cdots & \lambda a_{mn} \end{pmatrix}.
$$

Es werden also einfach die Komponenten addiert beziehungsweise mit dem Faktor λ multipliziert. Mit diesen Festsetzungen wird $K^{m \times n}$ ganz offenbar zu einem $m \cdot n$ dimensionalen K-Vektorraum. Wenn wir uns die Komponenten nicht im Rechteck sondern hintereinander hingeschrieben denken, haben wir ja gerade den K^{mn}. Für die soeben definierten Operationen gelten also alle Rechenregeln, die wir für Vekträume hergeleitet haben. Es kommen noch ein paar weitere dazu, die mit der Multiplikation zusammenhängen:

▶ **Satz 7.6: Rechenregeln für Matrizen** Für Matrizen, die von ihrer Größe zusammenpassen, gilt:

$$A + B = B + A,$$

$$(A + B)C = AC + BC,$$

$$A(B + C) = AB + AC,$$

$$(AB)C = A(BC),$$

$$AB \neq BA \quad \text{(im Allgemeinen)}.$$

Die erste Regel folgt schon aus der Vektorraumeigenschaft, die wir gerade bemerkt haben. Die Distributivgesetze können Sie leicht mit Hilfe der Multiplikationsregel (7.5) nachprüfen. Wenn Sie auf diese Weise das Assoziativitätsgesetz nachrechnen wollen, können Sie sich fürchterlich mit den Indizes verheddern. Aber es geht auch anders! Erinnern wir uns an das Doppelwesen von Matrizen: Sie sind auch lineare Abbildungen, und Abbildungen sind immer assoziativ, wie wir in (5.2) in Abschn. 5.1 nach Satz 5.4 gesehen haben. Also ist hier gar nichts zu tun. Die letzte Regel oder besser gesagt Nicht-Regel kennen Sie ja schon. Hier steht sie noch einmal zur Erinnerung. □

Wir konzentrieren uns jetzt für einen Augenblick auf quadratische Matrizen, also auf Matrizen, die lineare Abbildungen eines Raums in sich selbst beschreiben. Wir wissen schon, dass manche dieser Matrizen invertierbar sind. In den folgenden Sätzen möchte ich zusammenstellen, was wir bis jetzt über invertierbare Matrizen sagen können. Dabei werden wir noch ein paar Früchte aus dem Kap. 6 ernten:

▶ **Satz 7.7: Zur Existenz einer inversen Matrix** Es sei $A \in K^{n \times n}$ die Matrix einer linearen Abbildung. Dann sind die folgenden Bedingungen äquivalent:

(I1) Es gibt eine Matrix $A^{-1} \in K^{n \times n}$ mit der Eigenschaft $A^{-1}A = AA^{-1} = E$.
(I2) Die Abbildung $A \colon K^n \to K^n$ ist bijektiv.
(I3) Die Spalten der Matrix A bilden eine Basis des K^n.
(I4) Die Spalten der Matrix A sind linear unabhängig.

(I1) besagt nichts anderes, als dass es zu A eine inverse Abbildung gibt. Siehe hierzu Satz 1.19 in Abschn. 1.3. Damit ist A bijektiv. Und da jede bijektive Abbildung f einer Menge auf sich selbst eine Umkehrabbildung g besitzt, für die gilt $f \circ g = g \circ f = id$, sind (I1) und (I2) äquivalent.

Satz 6.25 sagt aus, dass eine bijektive lineare Abbildung eine Basis auf eine Basis abbildet. Die Spalten der Matrix sind aber gerade die Bilder der Basis. Bilden umgekehrt die Spalten eine Basis, so heißt dies, dass A eine Basis in eine Basis abbildet und aus Satz 6.26 folgt dann, dass A ein Isomorphismus ist, also bijektiv. Damit haben wir die Äquivalenz von (I2) und (I3).

Aus (I4) folgt natürlich (I3) und umgekehrt bilden n linear unabhängige Vektoren in einem n-dimensionalen Vektorraum auch immer eine Basis (Satz 6.21), also sind auch (I3) und (I4) äquivalent.   □

▶   **Satz 7.8** Die Menge der invertierbaren Matrizen in $K^{n \times n}$ bildet bezüglich der Multiplikation eine Gruppe.

Wenn Sie in Definition 5.2 in Abschn. 5.1 die Gruppenaxiome nachlesen, stellen Sie fest, dass wir (G1) bis (G3) schon ausgerechnet haben. Das Einzige, was noch fehlt, ist die Abgeschlossenheit der Verknüpfung. Ist das Produkt zweier invertierbarer Matrizen wieder invertierbar? Ja, und wir können die inverse Matrix zu AB auch angeben. Es gilt nämlich nach Satz 5.3b, dass $B^{-1}A^{-1}$ die inverse Matrix zu AB ist.   □

Hier kommt es ganz entscheidend auf die Reihenfolge an! $A^{-1}B^{-1}$ ist im Allgemeinen von $B^{-1}A^{-1}$ verschieden und ist dann nicht invers zu AB.

Das Berechnen der Inversen einer Matrix ist meistens sehr schwierig. Wir werden aber bald einen Algorithmus dafür kennenlernen. Für eine 2×2-Matrix können wir die Rechnung noch vollständig zu Fuß durchführen:

Sei dazu $A = \begin{pmatrix} a & b \\ c & d \end{pmatrix}$ gegeben. Wenn eine inverse Matrix $\begin{pmatrix} e & f \\ g & h \end{pmatrix}$ existiert, so muss gelten:

$$\begin{pmatrix} a & b \\ c & d \end{pmatrix} \begin{pmatrix} e & f \\ g & h \end{pmatrix} = \begin{pmatrix} ae + bg & af + bh \\ ce + dg & cf + dh \end{pmatrix} = \begin{pmatrix} 1 & 0 \\ 0 & 1 \end{pmatrix}.$$

Wir erhalten also vier Gleichungen für die 4 Unbekannten e, f, g, h. Diese lassen sich auflösen und man erhält:

$$\begin{pmatrix} e & f \\ g & h \end{pmatrix} = \frac{1}{ad - bc} \begin{pmatrix} d & -b \\ -c & a \end{pmatrix}. \tag{7.7}$$

Das funktioniert natürlich nur, wenn $ad - bc \neq 0$ ist. Und tatsächlich gilt: Genau dann, wenn $ad - bc \neq 0$ ist, existiert die inverse Matrix und hat die in (7.7) angegebene Form.

7.3   Der Rang einer Matrix

Kehren wir wieder zu den nicht unbedingt quadratischen Matrizen des $K^{m \times n}$ zurück. Wir haben schon mehrfach gesehen, dass die Spaltenvektoren der Matrizen eine besondere Rolle spielen. Mit dem Raum, den diese Vektoren erzeugen, wollen wir uns jetzt beschäftigen. Zunächst ein wichtiger Begriff:

▶ **Definition 7.9** Der *Rang* einer Matrix A ist die maximale Anzahl linear unabhängiger Spaltenvektoren in der Matrix.

Der Rang ist also die Dimension des Raums, der von den Spaltenvektoren aufgespannt wird. Einen ersten Einblick in die Bedeutung des Begriffes bekommen wir schon im folgenden Satz. Erinnern wir uns daran, das $Ax = b$ nicht nur das Bild von x unter der linearen Abbildung A bedeutet, sondern gleichzeitig die Kurzschreibweise für ein lineares Gleichungssystem darstellt (vergleiche (7.3) und (7.4) nach Definition 7.3). Vom Rang der Matrix können wir dann ablesen, wie groß der Lösungsraum des Gleichungssystems $Ax = 0$ ist. Später werden wir daraus auch auf die Lösungen des Systems $Ax = b$ schließen.

▶ **Satz 7.10** Ist $f : K^n \to K^m$ eine lineare Abbildung mit zugehöriger Matrix $A \in K^{m \times n}$ mit den Spalten $(s_1, s_2, \ldots, s_n)$ so gilt:

a) $\operatorname{Im} f = \operatorname{Span}\{s_1, s_2, \ldots, s_n\}$.
b) $\operatorname{Ker} f = \{x \mid Ax = 0\}$ ist die Menge der Lösungen des Gleichungssystems $Ax = 0$.
c) $\dim \operatorname{Im} f = \operatorname{Rang} A$.
d) $\dim \operatorname{Ker} f = n - \operatorname{Rang} A$.

Zu a): Da die s_i alle im Bild liegen und das Bild ein Vektorraum ist, gilt natürlich $\operatorname{Im} f \supset \operatorname{Span}\{s_1, s_2, \ldots, s_n\}$. Andererseits haben wir in Satz 7.4 gesehen, dass

$$f(x) = Ax = \begin{pmatrix} a_{11}x_1 + a_{12}x_2 + \cdots + a_{1n}x_n \\ a_{21}x_1 + a_{22}x_2 + \cdots + a_{2n}x_n \\ \vdots \\ a_{m1}x_1 + a_{m2}x_2 + \cdots + a_{mn}x_n \end{pmatrix} = s_1 x_1 + s_2 x_2 + \cdots s_n x_n$$

gilt, also lässt sich jedes Bildelement $f(x)$ als Linearkombination der Spaltenvektoren schreiben und somit haben wir auch $\operatorname{Im} f \subset \operatorname{Span}\{s_1, s_2, \ldots, s_n\}$.

Punkt b) stellt genau die Definition des Kerns dar. Interessant ist hier die Interpretation: Der Kern der linearen Abbildung ist die Lösungsmenge des zugehörigen linearen Gleichungssystems. Punkt c) ist eine unmittelbare Folge von a), da der Rang gerade die Dimension von $\operatorname{Span}\{s_1, s_2, \ldots, s_n\}$ ist.

Für d) greifen wir auf Satz 6.27 zurück: Die Summe der Dimensionen von Kern und Bild ergeben die Dimension des Ausgangsraums. □

Berechnen wir für ein paar Matrizen den Rang:

Beispiele

1. Ist $A \in K^{n \times n}$ invertierbar, so folgt aus Satz 7.7 sofort Rang $A = n$.

2. $A = \begin{pmatrix} 1 & 1 & 1 \\ 0 & 1 & 1 \\ 0 & 0 & 1 \end{pmatrix}$ hat den Rang 3: Im Span des ersten Spaltenvektors sind die zweite und dritte Komponente immer gleich 0, also liegt die zweite Spalte nicht im Span. Ebenso ist im Span der ersten beiden Spalten immer die dritte Komponente gleich 0 und daher die dritte Spalte linear unabhängig von den ersten beiden Spalten.

3. Dies lässt sich verallgemeinern: Eine quadratische $n \times n$-Matrix heißt *obere Dreiecksmatrix*, wenn alle Elemente unterhalb der Diagonalen gleich 0 sind. Der Rang jeder oberen Dreiecksmatrix, in der alle Diagonalelemente den Wert 1 haben, ist n:

$$\text{Rang} \underbrace{\begin{pmatrix} 1 & * & \cdots & * \\ 0 & 1 & \ddots & \vdots \\ \vdots & \ddots & \ddots & * \\ 0 & \cdots & 0 & 1 \end{pmatrix}}_{n \text{ Spalten}} = n.$$

4. $\begin{pmatrix} 1 & 0 & 1 \\ 0 & 1 & 1 \\ 2 & 0 & 2 \end{pmatrix}$ hat Rang 2: $s_1 + s_2 = s_3$.

5. $\begin{pmatrix} 1 & 2 & 4 \\ 2 & 4 & 8 \\ 3 & 6 & 12 \end{pmatrix}$ hat Rang 1, denn 2. und 3. Spalte sind Vielfache der ersten Spalte.

6. $\begin{pmatrix} 1 & 3 & 0 & 4 \\ 2 & 5 & 1 & 0 \\ 3 & 8 & 1 & 4 \end{pmatrix}$. Durch Hinsehen sieht man hier zunächst gar nichts. ◄

Vertauschen wir einmal für einen Moment die Rolle von Spalten und Zeilen und berechnen die maximale Zahl linear unabhängiger Zeilen der Matrizen, den „Zeilenrang": zu Beispiel 1 können wir noch nichts sagen. In Beispiel 2 und 3 erhalten wir mit dem gleichen Argument wieder 3 beziehungsweise n. In Beispiel 4 ist die dritte Zeile das doppelte der ersten, also ist der Zeilenrang 2. Im Beispiel 5 sind auch die Zeilen Vielfache voneinander, also Zeilenrang 1. Und im letzten Beispiel sieht man jetzt, dass die dritte Zeile die Summe der ersten beiden ist: also Rang 2.

Natürlich fällt Ihnen auf, dass in den Fällen 2 bis 5 immer Zeilenrang = Spaltenrang ist. Und natürlich ist das kein Zufall, sondern es ist immer so. Deswegen bilden im Beispiel 1 auch die Zeilen eine Basis, und deswegen ist im Beispiel 6 auch der „echte" Rang gleich 2.

Ich finde diese Tatsache so verblüffend, dass man sie, denke ich, erst glauben kann, wenn man es ein paar Mal nachgerechnet hat. Versuchen Sie doch, im Beispiel 6 einmal den 3. und 4. Spaltenvektor aus den ersten beiden linear zu kombinieren. Irgendwie muss es gehen!

Natürlich muss hier ein Satz her, und der Beweis ist zwar nicht sehr schwierig, aber eine ziemlich trickreiche Indexfieselei:

▶ **Satz 7.11** Für jede $m \times n$-Matrix A ist der Rang gleich der Maximalzahl linear unabhängiger Zeilen der Matrix: „Spaltenrang = Zeilenrang".

Diese Aussage ist oft äußerst nützlich, wie wir schon am Beispiel 6 gesehen haben: Man kann immer den Rang bestimmen, der gerade einfacher auszurechnen geht.

Im folgenden Beweis werde ich Körperelemente in Kleinbuchstaben und alle Vektoren in Großbuchstaben schreiben. Es sei also

$$A = \begin{pmatrix} a_{11} & \cdots & a_{1n} \\ \vdots & \ddots & \vdots \\ a_{m1} & \cdots & a_{mn} \end{pmatrix},$$

$Z_1, Z_2, \ldots, Z_m$ seien die Zeilen und $S_1, S_2, \ldots S_n$ die Spalten von A. Der Zeilenrang sei r und es sei $B_1 = (b_{11}, \ldots, b_{1n})$, $B_2 = (b_{21}, \ldots, b_{2n})$, $\ldots$, $B_r = (b_{r1}, \ldots, b_{rn})$ eine Basis des von den Zeilen aufgespannten Raums. Die Zeilenvektoren können also aus den Vektoren $B_1, \ldots, B_r$ linear kombiniert werden:

$$
\begin{aligned}
Z_1 &= k_{11}B_1 + k_{12}B_2 + \cdots + k_{1r}B_r \\
Z_2 &= k_{21}B_1 + k_{22}B_2 + \cdots + k_{2r}B_r \\
&\vdots \\
Z_m &= k_{m1}B_1 + k_{m2}B_2 + \cdots + k_{mr}B_r
\end{aligned}
\tag{7.8}
$$

Jede der m Gleichungen aus (7.8) ist eine Vektorgleichung, die auch in Koordinatenschreibweise aufgeschrieben werden kann. Ich schreibe Ihnen zum Beispiel einmal die erste davon auf:

$$
\underbrace{\begin{pmatrix} a_{11} \\ a_{12} \\ \vdots \\ a_{1i} \\ \vdots \\ a_{1n} \end{pmatrix}}_{Z_1} = k_{11} \underbrace{\begin{pmatrix} b_{11} \\ b_{12} \\ \vdots \\ b_{1i} \\ \vdots \\ b_{1n} \end{pmatrix}}_{B_1} + k_{12} \underbrace{\begin{pmatrix} b_{21} \\ b_{22} \\ \vdots \\ b_{2i} \\ \vdots \\ b_{2n} \end{pmatrix}}_{B_2} + \cdots + k_{1r} \underbrace{\begin{pmatrix} b_{r1} \\ b_{r2} \\ \vdots \\ b_{ri} \\ \vdots \\ b_{rn} \end{pmatrix}}_{B_r} \tag{7.9}
$$

Aus jeder der Zeilen von (7.8) picken wir uns jetzt die i-te Komponente heraus (für die Zeile Z_1 habe ich diese in (7.9) markiert), und so erhalten wir einen neuen Satz von m Gleichungen:

$$
\begin{aligned}
a_{1i} &= k_{11}b_{1i} + k_{12}b_{2i} + \cdots + k_{1r}b_{ri} \\
a_{2i} &= k_{21}b_{1i} + k_{22}b_{2i} + \cdots + k_{2r}b_{ri} \\
&\vdots \\
a_{mi} &= k_{m1}b_{1i} + k_{m2}b_{2i} + \cdots + k_{mr}b_{ri}.
\end{aligned} \tag{7.10}
$$

Auf der linken Seite der $=$-Zeichen steht in (7.10) gerade der i-te Spaltenvektor S_i und wir können (7.10) als neue Vektorgleichung schreiben:

$$
S_i = \begin{pmatrix} a_{1i} \\ a_{2i} \\ \vdots \\ a_{mi} \end{pmatrix} = \underbrace{\begin{pmatrix} k_{11} \\ k_{21} \\ \vdots \\ k_{m1} \end{pmatrix}}_{K_1} b_{1i} + \underbrace{\begin{pmatrix} k_{12} \\ k_{22} \\ \vdots \\ k_{m2} \end{pmatrix}}_{K_2} b_{2i} + \cdots + \underbrace{\begin{pmatrix} k_{1r} \\ k_{2r} \\ \vdots \\ k_{mr} \end{pmatrix}}_{K_r} b_{ri}. \tag{7.11}
$$

Jetzt ist es geschafft: Wir haben in (7.11) die Spalte S_i aus den neu definierten Vektoren $K_1, K_2, \ldots, K_r$ linear kombiniert. Was wir in (7.9) mit dem Index i gemacht haben, können wir aber auch mit allen anderen Indizes von 1 bis n machen, und so erhalten wir, dass sich jeder Spaltenvektor S_i aus den Vektoren $K_1, K_2, \ldots, K_r$ linear kombinieren lässt. Damit ist die Dimension des Spaltenraums jedenfalls $\leq r$ und damit Spaltenrang $\leq$ Zeilenrang.

Das Problem ist aber symmetrisch: Vertauschen wir in dem Beweis jeweils Spalten und Zeilen, so bekommen wir genauso heraus: Zeilenrang $\leq$ Spaltenrang. Damit ist jetzt endlich Spaltenrang = Zeilenrang, und ab sofort gibt es nur noch *den* Rang einer Matrix. $\square$

Ich schließe mit einem Satz für quadratische Matrizen:

▶ **Satz 7.12** Eine Matrix $A \in K^{n \times n}$ ist genau dann invertierbar, wenn Rang $A = n$ ist.

Dies ist eine unmittelbare Folgerung aus Satz 7.7: Ist Rang $A = n$, so bilden die Spalten eine Basis, A ist invertierbar. Und wenn A eine Inverse besitzt, so bilden wieder die Spalten eine Basis, also ist Rang $A = n$. □

7.4 Verständnisfragen und Übungsaufgaben

Verständnisfragen

1. Richtig oder falsch: Sind A und B beliebige Matrizen, dann ist die Multiplikation zwar nicht kommutativ, aber die Produkte $A \cdot B$ und $B \cdot A$ können immer berechnet werden.

2. Werden die n Basisvektoren im $\mathbb{R}^n$ um verschiedene Faktoren gestreckt, ist dann die dadurch erzeugte Abbildung eine lineare Abbildung?

3. Warum lässt sich eine einfache Verschiebung um einen festen Vektor im $\mathbb{R}^3$ nicht durch eine lineare Abbildung beschreiben?

4. Kann man zwei nicht quadratische Matrizen so multiplizieren, dass eine (quadratische) Einheitsmatrix herauskommt? Wenn ja: Was bedeutet das für die zu den Matrizen gehörigen linearen Abbildungen?

5. Gibt es einen Unterschied zwischen der Multiplikation ⟨Matrix⟩ · ⟨Vektor⟩ und ⟨Matrix⟩ · ⟨einspaltige Matrix⟩?

6. Warum ist die Matrixmultiplikation assoziativ?

7. Ist die Menge der gleich großen quadratischen Matrizen mit der Multiplikation eine Gruppe? Ist die Menge der gleich großen Matrizen mit der Addition eine Gruppe? ◄

Übungsaufgaben

1. In Abb. 7.8 sehen Sie eine Zentralprojektion skizziert, mit deren Hilfe Objekte des Raums in den $\mathbb{R}^2$ abgebildet werden können. Die Punkte des $\mathbb{R}^3$, die projiziert werden sollen, werden mit dem Projektionszentrum verbunden, das sich im Punkt $(0, 0, 1)$ befindet.

Abb. 7.8 Zentralprojektion

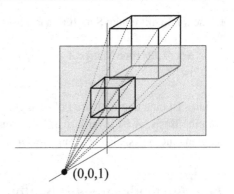

(0,0,1)

Die Projektionsebene ist die x-y-Ebene. Der Schnittpunkt der Verbindungsgeraden mit der Projektionsebene ergibt den darzustellenden Punkt. Berechnen Sie, wohin der Punkt (x, y, z) bei dieser Projektion abgebildet wird. Ist diese Abbildung für alle Punkte des $\mathbb{R}^3$ definiert? Ist sie eine lineare Abbildung?

2. Die Vektoren $\begin{pmatrix} 3 \\ 5 \end{pmatrix}$ und $\begin{pmatrix} 2 \\ 4 \end{pmatrix}$ bilden eine Basis B des $\mathbb{R}^2$. Sei $\begin{pmatrix} x \\ y \end{pmatrix} \in \mathbb{R}^2$. Berechnen Sie die Koordinaten von $\begin{pmatrix} x \\ y \end{pmatrix}$ bezüglich der Basis B.

3. Bestimmen Sie die Matrix der Abbildung, die $\begin{pmatrix} 1 \\ 0 \end{pmatrix}$ in $\begin{pmatrix} 3 \\ 5 \end{pmatrix}$ und $\begin{pmatrix} 0 \\ 1 \end{pmatrix}$ in $\begin{pmatrix} 2 \\ 4 \end{pmatrix}$ abbildet und berechnen Sie die Inverse dieser Matrix.

4. Bestimmen Sie die Matrizen der Abbildungen
   a) $f : \mathbb{R}^3 \to \mathbb{R}^2, (x, y, z) \mapsto (x + y, y + z)$
   b) $g : \mathbb{R}^2 \to \mathbb{R}^3, (x, y) \mapsto (x, x + y, y).$

5. Führen Sie die folgenden Matrixmultiplikationen durch:
   a) $\begin{pmatrix} -2 & 3 & 1 \\ 6 & -9 & -3 \\ 4 & -6 & -2 \end{pmatrix} \cdot \begin{pmatrix} 3 & 1 & 1 \\ 2 & 0 & 1 \\ 0 & 2 & -1 \end{pmatrix}$
   b) $\begin{pmatrix} 1 & 0 & 0 \\ 0 & 1 & 0 \\ 4 & 0 & 0 \end{pmatrix} \cdot \begin{pmatrix} 1 & 0 & 0 \\ 0 & 1 & 0 \\ 4 & 0 & 0 \end{pmatrix}$

c) $\begin{pmatrix} 1 & 1 \\ 1 & 1 \end{pmatrix} \cdot \begin{pmatrix} 1 & 2 \\ 0 & 4 \end{pmatrix}$

d) $\begin{pmatrix} 1 & 1 \\ 1 & 1 \end{pmatrix} \cdot \begin{pmatrix} 0 & 3 \\ 1 & 3 \end{pmatrix}$

6. Bestimmen Sie zu den folgenden linearen Abbildungen die dazugehörigen Matrizen und ihren Rang.

a) $f: \mathbb{R}^2 \to \mathbb{R}^2, \begin{pmatrix} x_1 \\ x_2 \end{pmatrix} \mapsto \begin{pmatrix} x_1 - 2x_2 \\ 0 \end{pmatrix}.$

b) $f: \mathbb{R}^3 \to \mathbb{R}^2, \begin{pmatrix} x_1 \\ x_2 \\ x_3 \end{pmatrix} \mapsto \begin{pmatrix} x_1 - x_2 + x_3 \\ 2x_1 - 2x_2 + 2x_3 \end{pmatrix}.$

7. Zeigen Sie, dass für Matrizen $A, B \in K^{n \times m}$ und $C \in K^{m \times r}$ gilt:

$$(A + B)C = AC + BC. \blacktriangleleft$$

Gauß'scher Algorithmus und lineare Gleichungssysteme

8

Zusammenfassung

Wenn Sie dieses Kapitel durchgearbeitet haben,

- wissen Sie, was ein lineares Gleichungssystem ist, und können die Lösungen geometrisch interpretieren,
- können Sie ein lineares Gleichungssystem in Matrixschreibweise aufschreiben,
- beherrschen Sie den Gauß'schen Algorithmus und können ihn anwenden, um
- lineare Gleichungssysteme zu lösen und das Inverse von Matrizen zu bestimmen.

Lineare Gleichungssysteme treten in vielen technischen und wirtschaftlichen Problemstellungen auf. In den letzten Kapiteln sind wir im Zusammenhang mit Matrizen und linearen Abbildungen auf lineare Gleichungssysteme gestoßen. Es zeigt sich jetzt, dass die Methoden, die wir dort kennengelernt haben, geeignet sind, um systematische Lösungsverfahren für solche Gleichungssysteme zu entwickeln. Im Zentrum steht dabei der Gauß'sche Algorithmus. Dieser stellt ein Verfahren dar, mit dem eine Matrix so umgeformt wird, dass man die Lösungen des zugehörigen linearen Gleichungssystems unmittelbar ablesen kann.

8.1 Der Gauß'sche Algorithmus

Unsere wichtigste Anwendung dieses Algorithmus wird das Lösen von Gleichungen sein. Wir werden aber auch andere Dinge mit ihm berechnen. Wenn wir den Algorithmus auf eine Matrix anwenden, können wir am Ende ablesen:

- den Rang der Matrix A,
- die Lösungen des Gleichungssystems $Ax = 0$, später auch die Lösungen von $Ax = b$,
- mit einer kleinen Erweiterung: die Inverse einer Matrix,
- und – im Vorgriff auf das nächste Kapitel – die Determinante der Matrix.

© Springer Fachmedien Wiesbaden GmbH, ein Teil von Springer Nature 2019
P. Hartmann, *Mathematik für Informatiker*, https://doi.org/10.1007/978-3-658-26524-3_8

Die Umwandlung der Matrizen erfolgt mit Hilfe der elementaren Zeilenumformungen:

▶ **Definition 8.1: Elementare Zeilenumformungen** Die folgenden Operationen auf Matrizen heißen *elementare Zeilenumformungen*:

1. Vertauschen zweier Zeilen.
2. Addition des λ-fachen der Zeile z_j zur Zeile z_i ($i \neq j$).
3. Multiplikation einer Zeile mit dem Skalar $\lambda \neq 0$.

Beginnen wir mit der Bestimmung des Rangs einer Matrix. Hierfür gilt:

▶ **Satz 8.2** Elementare Zeilenumformungen ändern den Rang einer Matrix nicht.

Im Beweis zeigt sich wieder, wie nützlich es ist, dass der Rang einer Matrix auch durch die Zeilen bestimmt werden kann:

a) ist klar, denn der Zeilenraum ändert sich nicht.

Zu b): Zeige, dass $\mathrm{Span}(z_1, z_2, \ldots, z_i, \ldots, z_m) = \mathrm{Span}(z_1, z_2, \ldots, z_i + \lambda z_j, \ldots, z_m)$ ist:

„$\subset$": für $u \in \mathrm{Span}(z_1, z_2, \ldots, z_i, \ldots, z_m)$ gilt:

$$
\begin{aligned}
u &= \lambda_1 z_1 + \cdots + \lambda_i z_i + \cdots + \lambda_j z_j + \cdots + \lambda_m z_m \\
&= \lambda_1 z_1 + \cdots + \lambda_i (z_i + \lambda z_j) + \cdots + (\lambda_j - \lambda_i \lambda) z_j + \cdots + \lambda_m z_m \\
&\in \mathrm{Span}(z_1, \ldots, z_i + \lambda z_j, \ldots, z_j, \ldots, z_m).
\end{aligned}
$$

Und umgekehrt:

„$\supset$": $u = \lambda_1 z_1 + \cdots + \lambda_i (z_i + \lambda z_j) + \cdots + \lambda_m z_m \in \mathrm{Span}(z_1, z_2, \ldots, z_i, \ldots, z_m)$.

Teil c) sieht man ähnlich, dies führe ich nicht aus.   □

Im Übrigen brauchen wir vorerst zur Bestimmung des Ranges nur die Umformungen a) und b).

Nun kommen wir zum Gauß'schen Algorithmus. Erinnern Sie sich, dass man von einer oberen Dreiecksmatrix mit Einsern in der Diagonalen sofort den Rang ablesen konnte? Wir werden versuchen, die gegebene Matrix A in etwas Ähnliches umzuwandeln.

Während Sie die Beschreibung dieses Algorithmus lesen, sollten Sie ihn gleichzeitig auf dem Papier durchführen. Nehmen Sie als Übungsmatrix zum Beispiel:

$$
\begin{pmatrix}
1 & 2 & 0 & 1 \\
1 & 2 & 2 & 3 \\
4 & 8 & 2 & 6 \\
3 & 6 & 4 & 8
\end{pmatrix}. \tag{8.1}
$$

Wir beginnen den Algorithmus mit dem Element a_{11} der $m \times n$-Matrix A:

$$\begin{pmatrix} a_{11} & \cdots & a_{1n} \\ \vdots & \ddots & \vdots \\ a_{m1} & \cdots & a_{mn} \end{pmatrix}.$$

Falls $a_{11} \neq 0$ ist, ziehen wir für alle $i > 1$ von der i-ten Zeile das (a_{i1}/a_{11})-fache der ersten Zeile ab.

Dabei wird aus dem ersten Element der Zeile i eine 0:

$$a_{i1} \mapsto a_{i1} - (a_{i1}/a_{11})a_{11} = 0, \tag{8.2}$$

und danach sieht die Matrix A wie folgt aus:

$$\begin{pmatrix} a_{11} & a_{12} & \cdots & a_{1n} \\ 0 & a'_{22} & \cdots & a'_{2n} \\ \vdots & \vdots & \ddots & \vdots \\ 0 & a'_{m2} & \cdots & a'_{mn} \end{pmatrix}. \tag{8.3}$$

Falls $a_{11} = 0$ ist, suchen wir zunächst eine Zeile, deren erstes Element ungleich 0 ist. Wenn es eine solche gibt, vertauschen wir diese mit der ersten Zeile und führen dann erst die Operation (8.2) durch. Im Anschluss daran hat A ebenfalls die Form (8.3), nur mit einer anderen ersten Zeile.

Sind alle Elemente der ersten Spalte gleich 0, so untersuchen wir die zweite Spalte und beginnen in dieser den Algorithmus mit dem Element a_{12}, das heißt, wir versuchen erneut, die Elemente unterhalb von a_{12} zu 0 zu machen, eventuell nach einer Zeilenvertauschung. Wenn dies wieder nicht geht, nehmen wir uns die dritte Spalte vor, und so fort. Wenn die Matrix nicht die Nullmatrix ist, wird der Versuch irgendwann von Erfolg gekrönt sein.

Jedenfalls hat auch dann die Matrix nahezu die Form (8.3), eventuell stehen auf der linken Seite noch einige Nullspalten.

Jetzt ist der erste Schritt beendet. Nun gehen wir in der Matrix eine Spalte nach rechts und eine Zeile nach unten. Nennen wir das Element an dieser Stelle b und beginnen den Prozess von neuem, jetzt mit dem Element b.

Es kann wieder sein, dass $b = 0$ ist, und wir die aktuelle Zeile mit einer anderen vertauschen müssen oder eine Spalte weiter nach rechts gehen müssen. Hier müssen Sie etwas aufpassen: wir dürfen nur mit Zeilen vertauschen, die unterhalb von b stehen, sonst würde in den Spalten links von b, die wir gerade so schön umgeformt haben, wieder etwas durcheinander geraten.

Der Prozess endet, wenn wir in der letzten Zeile angekommen sind oder wenn wir beim Fortschreiten zum nächsten Element (nach rechts oder nach rechts unten) die Matrix verlassen würden, wenn es also keine weiteren Spalten mehr gibt.

Schließlich hat die Matrix eine Gestalt, die ähnlich aussieht wie die in (8.4):

$$\begin{pmatrix} a & * & & & \cdots & & & * \\ 0 & b & * & & \cdots & & & * \\ 0 & 0 & 0 & c & * & & \cdots & * \\ 0 & 0 & 0 & 0 & d & * & \cdots & * \\ \vdots & & \vdots & & 0 & 0 & \cdots & 0 \\ & & & & & & & \vdots \\ 0 & & & \cdots & & & & 0 \end{pmatrix}. \tag{8.4}$$

Dabei sind die Zahlen $a, b, c, d, \ldots$ von 0 verschiedene Körperelemente, die mit $*$ bezeichneten Matrixfelder haben irgendwelche beliebigen Werte.

In jeder Zeile heißt das erste von 0 verschiedene Element *Leitkoeffizient* der Zeile. Zeilen ohne Leitkoeffizienten können nur unten in der Matrix stehen.

Wenn Sie den Prozess mit der Übungsmatrix (8.1) durchgeführt haben, haben Sie als Ergebnis die Matrix

$$\begin{pmatrix} 1 & 2 & 0 & 1 \\ 0 & 0 & 2 & 2 \\ 0 & 0 & 0 & 1 \\ 0 & 0 & 0 & 0 \end{pmatrix}. \tag{8.5}$$

erhalten und jede Alternative des Algorithmus wenigstens einmal durchlaufen. Der Algorithmus endet in diesem Fall, weil rechts von 1 kein weiteres Element steht.

Eine Matrix in der Form (8.4) oder (8.5) heißt Matrix in *Zeilen-Stufen-Form*. Sie sehen die Treppe, die ich hineingezeichnet habe. Die Anzahl der Stufen dieser Treppe ist der Rang der Matrix oder etwas vornehmer formuliert:

▶   **Satz 8.3** Der Rang einer Matrix in Zeilen-Stufen-Form ist genau die Anzahl der Leitkoeffizienten.

Wir kennen das Argument schon von den oberen Dreiecksmatrizen aus Beispiel 3 in Abschn. 7.3. Wir untersuchen die Spalten, in denen Leitkoeffizienten stehen. Die i-te solche Spalte ist jeweils von den vorherigen $i-1$ Spalten mit Leitkoeffizient linear unabhängig, da die i-te Koordinate in allen vorhergehenden Spaltenvektoren gleich 0 war. Also sind die Spalten mit Leitkoeffizienten linear unabhängig.

Die Dimension des Spaltenraums kann aber auch nicht größer sein als die Anzahl der Leitkoeffizienten: Gibt es k Leitkoeffizienten, so gibt es nämlich nicht mehr als k linear unabhängige Zeilen, und wie wir wissen ist die Dimension des Zeilenraums gleich der des Spaltenraums. □

In der Literatur werden während der Durchführung des Gauß'schen Algorithmus häufig die Leitkoeffizienten noch auf 1 normiert. Dies mag das Rechnen mit Hand erleichtern, es bedeutet aber eine ganze Reihe mehr Multiplikationen. Da aber heute niemand mehr ernsthaft lineare Gleichungssysteme manuell löst, ist es wichtig auf numerische Effizienz zu achten. Bei der Implementierung des Algorithmus wird man daher darauf verzichten.

Vielleicht haben Sie schon beim Lesen des Algorithmus festgestellt, dass darin eine Rekursion steckt. Es war ziemlich mühsam, den Prozess mit allen möglichen Sonderfällen zu beschreiben. An der folgenden rekursiven Formulierung sehen Sie wieder einmal, was für ein mächtiges Werkzeug wir damit in der Hand haben. Es geht ganz schnell:

Ich nenne die rekursive Funktion Gauss(i, j) und schreibe sie in Pseudocode hin. Die Funktion hat als Parameter Zeilen- und Spaltenindex. Sie beginnt mit $i = j = 1$, in jedem Schritt wird entweder j, oder i und j erhöht. Das Verfahren endet, wenn i gleich der Zeilenzahl oder j größer als die Spaltenzahl wird:

Gauss(i, j):
Falls i = Zeilenzahl oder j > Spaltenzahl:
    Ende.
falls $a_{ij} = 0$:
    suche $a_k \neq 0$, $k > i$, wenn es keines gibt: **Gauss($i, j + 1$)**, Ende.
    vertausche Zeile k mit Zeile i
    ziehe für alle $k > i$ von der k-ten Zeile das (a_{kj}/a_{ij})-fache der i-ten Zeile ab.
Gauss($i + 1, j + 1$), Ende.

Ist das nicht unglaublich? Dieser Algorithmus kann in wenigen Zeilen implementiert werden!

Neben einigen Vertauschungen besteht der Algorithmus aus einer einzigen Operation:

Ziehe für alle $k > i$ von der k-ten Zeile das (a_{kj}/a_{ij})-fache der i-ten Zeile ab.   (8.6)

Das Element a_{ij}, durch das hierbei dividiert wird, heißt *Pivotelement*. Wir werden uns mit der Bedeutung dieses Elements am Ende von Abschn. 18.1 näher beschäftigen.

Das Wort Pivot bezeichnet im Französischen und Englischen den Dreh- und Angelpunkt.

Wir wollen ein Beispiel rechnen:

Beispiel

$$\begin{pmatrix} 2 & 2 & 0 & 2 \\ 4 & 6 & 4 & 7 \\ 5 & 6 & 2 & 7 \\ 2 & 3 & 2 & 4 \end{pmatrix} \begin{matrix} \\ \mathrm{II} - 2\cdot\mathrm{I} \\ \mathrm{III} - 5/2\cdot\mathrm{I} \\ \mathrm{IV} - \mathrm{I} \end{matrix} \mapsto \begin{pmatrix} 2 & 2 & 0 & 2 \\ 0 & 2 & 4 & 3 \\ 0 & 1 & 2 & 2 \\ 0 & 1 & 2 & 2 \end{pmatrix} \begin{matrix} \\ \\ \mathrm{III} - 1/2\cdot\mathrm{II} \\ \mathrm{IV} - 1/2\cdot\mathrm{II} \end{matrix}$$

$$\mapsto \begin{pmatrix} 2 & 2 & 0 & 2 \\ 0 & 2 & 4 & 3 \\ 0 & 0 & 0 & 1/2 \\ 0 & 0 & 0 & 1/2 \end{pmatrix} \begin{matrix} \\ \\ \\ \mathrm{IV} - \mathrm{III} \end{matrix} \mapsto \begin{pmatrix} 2 & 2 & 0 & 2 \\ 0 & 2 & 4 & 3 \\ 0 & 0 & 0 & 1/2 \\ 0 & 0 & 0 & 0 \end{pmatrix}.$$

Dies ist die Zeilen-Stufen-Form; die Matrix hat drei Leitkoeffizienten und damit den Rang 3. ◄

Wenn Sie den Algorithmus auf dem Papier ausführen, ist es sehr nützlich, die durchgeführten Zeilenumformungen jeweils dazu zu schreiben.

▶   **Satz 8.4** Eine elementare Zeilenumformung der Matrix $A \in K^{m\times n}$ entspricht der Multiplikation mit einer bestimmten invertierbaren Matrix von links.

Ich gebe die Matrizen, welche den Zeilenumformungen entsprechen, einfach an, es ist dann leicht nachzurechnen, dass sie wirklich tun, was sie sollen:

Typ a): Multipliziert man A von links mit der Matrix E', die man erhält, wenn man in der $m \times m$-Einheitsmatrix E die i-te und j-te Zeile vertauscht, so werden in der Matrix A die Zeilen i und j vertauscht.

Typ b): E'' entsteht aus der Einheitsmatrix, indem zur i-ten Zeile das λ-fache der j-ten Zeile addiert wird. Dabei wird lediglich das Element e_{ij} (eine 0) durch λ ersetzt. Multipliziert man A von links mit E'', so wird zur Zeile i von A das λ-fache der Zeile j addiert.

Typ c): Multipliziert man schließlich in der Einheitsmatrix die i-te Zeile mit λ, und · multipliziert A von links mit der entstandenen Matrix E''', so wird die i-te Zeile von A mit λ multipliziert.

Die $m \times m$-Matrizen E', E'' und E''' sind selbst aus E durch elementare Zeilenumformungen entstanden. Ihr Rang ändert sich also nicht, er ist m, und damit sind nach Satz 7.12 die Matrizen invertierbar. $\square$

Diese Aussage ist zwar für konkrete Berechnungen nicht von Bedeutung; elementare Zeilenumformungen kann man schneller durchführen als mit Matrixmultiplikationen. Der Satz stellt aber ein wichtiges beweistechnisches Hilfsmittel dar. Mit seiner Hilfe werden wir gleich sehen, wie wir mit elementaren Umformungen das Inverse einer Matrix bestimmen können.

8.2 Berechnung der Inversen einer Matrix

Eine quadratische $n \times n$-Matrix kann nur dann invertierbar sein, wenn sie Rang n hat. Die Zeilen-Stufen-Form einer solchen Matrix hat also die Gestalt:

$$\begin{pmatrix} a_{11} & * & & * \\ 0 & a_{22} & * & \\ & 0 & \ddots & * \\ 0 & & 0 & a_{nn} \end{pmatrix},$$

wobei alle Diagonalelemente von 0 verschieden sind. Multipliziert man jeweils die Zeile i mit $1/a_{ii}$, so steht in der Diagonalen überall die 1.

Von rechts anfangend können wir jetzt, ähnlich wie im Gauß'schen Algorithmus, die Elemente in der rechten oberen Hälfte zu 0 machen:

Wir subtrahieren für alle $i = 1, \ldots, n - 1$ von der i-ten Zeile das a_{in}-fache der letzten Zeile. Jetzt steht in der letzten Spalte über der 1 eine Reihe von Nullen. Nun gehen wir zur vorletzten Spalte und subtrahieren von der i-ten Zeile für $i = 1, \ldots, n-2$ das $a_{i,n-1}$-fache der vorletzten Zeile. Dabei wird alles über dem Element $a_{n-1,n-1}$ zu 0. Die letzte Spalte bleibt dabei erhalten, da $a_{n-1,n}$ bereits gleich 0 ist.

In dieser Form fahren wir fort, bis wir am linken Rand der Matrix angelangt sind, und haben damit schließlich die Ausgangsmatrix durch elementare Zeilenumformungen in die Einheitsmatrix umgewandelt.

Auch diese Beschreibung des Algorithmus lässt sich sehr kurz rekursiv formulieren.

Wichtig bei diesem Teil der Umformung ist, dass Sie von rechts beginnen. Probieren Sie einmal aus, was geschieht, wenn Sie von links anfangend die Elemente über der Diagonalen zu 0 machen wollen.

Was haben wir von dieser Umformung?

▶ **Satz 8.5** Wandelt man eine invertierbare $n \times n$-Matrix A mit elementaren Zeilenumformungen in die Einheitsmatrix um, so entsteht die zu A inverse Matrix A^{-1}, wenn man diese Umformungen in der gleichen Reihenfolge auf die Einheitsmatrix E anwendet.

Beim Beweis hilft uns Satz 8.4: Bezeichnen wir mit $D_1, \ldots, D_k$ die Matrizen, die den an A durchgeführten Zeilenumformungen entsprechen, so gilt:

$$E = D_k D_{k-1} \cdots D_1 A = (D_k D_{k-1} \cdots D_1) A.$$

Also ist

$$A^{-1} = D_k D_{k-1} \cdots D_1 = D_k D_{k-1} \cdots D_1 E. \qquad \square$$

Bei der Berechnung der Inversen schreibt man am besten A und E nebeneinander und wandelt beide Matrizen gleichzeitig um, wobei man die neu erhaltenen Matrizen unter A beziehungsweise E schreibt:

$$
\begin{array}{ccc|ccc|l}
\multicolumn{3}{c}{A} & \multicolumn{3}{c}{E} & \\
1 & 0 & 2 & 1 & 0 & 0 & \\
2 & -1 & 3 & 0 & 1 & 0 & \text{II} - 2 \cdot \text{I} \\
4 & 1 & 8 & 0 & 0 & 1 & \text{III} - 4 \cdot \text{I} \\
\hline
1 & 0 & 2 & 1 & 0 & 0 & \\
0 & -1 & -1 & -2 & 1 & 0 & \\
0 & 1 & 0 & -4 & 0 & 1 & \text{III} + \text{II} \\
\hline
1 & 0 & 2 & 1 & 0 & 0 & \\
0 & -1 & -1 & -2 & 1 & 0 & \text{II} \cdot (-1) \\
0 & 0 & -1 & -6 & 1 & 1 & \text{III} \cdot (-1) \\
\hline
1 & 0 & 2 & 1 & 0 & 0 & \text{I} - 2 \cdot \text{III} \\
0 & 1 & 1 & 2 & -1 & 0 & \text{II} - \text{III} \\
0 & 0 & 1 & 6 & -1 & -1 & \\
\hline
1 & 0 & 0 & -11 & 2 & 2 & \\
0 & 1 & 0 & -4 & 0 & 1 & \\
0 & 0 & 1 & 6 & -1 & -1 & \\
\end{array}
$$

Es empfiehlt sich, am Ende einer solchen Rechnung immer die Probe zu machen:

$$
\begin{pmatrix} -11 & 2 & 2 \\ -4 & 0 & 1 \\ 6 & -1 & -1 \end{pmatrix}
$$
$$
\begin{pmatrix} 1 & 0 & 2 \\ 2 & -1 & 3 \\ 4 & 1 & 8 \end{pmatrix} \begin{pmatrix} 1 & 0 & 0 \\ 0 & 1 & 0 \\ 0 & 0 & 1 \end{pmatrix}.
$$

8.3 Lineare Gleichungssysteme

Wir untersuchen ein lineares Gleichungssystem mit m-Gleichungen und n Unbekannten. Dieses System wird beschrieben durch eine Matrix $A \in K^{m \times n}$, den Ergebnisvektor $b \in K^m$, und den Vektor der Unbekannten $x \in K^n$:

$$
Ax = b.
$$

Ist $b \neq 0$, so heißt ein solches lineares Gleichungssystem *inhomogenes Gleichungssystem*, $Ax = 0$ heißt das zugehörige *homogene Gleichungssystem*.

Wir nennen

$$\text{Lös}(A, b) = \{x \in K^n \mid Ax = b\} \tag{8.7}$$

die Lösungsmenge des lineares Gleichungssystem $Ax = b$.

Die Matrix (A, b), die entsteht, wenn wir an A noch die Spalte b anfügen, heißt *erweiterte Matrix* des Systems.

Bei der Durchführung des Lösungsverfahrens wird es sich als nützlich erweisen, die Matrix A als lineare Abbildung zu interpretieren. In der Sprache der linearen Abbildungen ist $\text{Lös}(A, b)$ gerade die Menge der $x \in K^n$, die durch die lineare Abbildung A auf b abgebildet werden.

▶ **Satz 8.6**

a) $\text{Lös}(A, 0) = \text{Ker } A$, insbesondere ist diese Lösungsmenge ein Teilraum des K^n.

b) Die folgenden drei Aussagen sind äquivalent:
   - $Ax = b$ hat mindestens eine Lösung,
   - $b \in \text{Im } A$,
   - $\text{Rang } A = \text{Rang}(A, b)$.

c) Ist w eine Lösung von $Ax = b$, so erhält man die vollständige Lösungsmenge durch $\text{Lös}(A, b) = w + \text{Ker } A := \{w + x \mid x \in \text{Ker } A\}$.

Der erste Teil ist bekannt: $\text{Lös}(A, 0)$ ist gerade die Menge der x, die auf 0 abgebildet werden, also der Kern von A.

Zum zweiten Teil: Hat $Ax = b$ eine Lösung w, so ist $Aw = b$, also $b \in \text{Im } A$, und ist umgekehrt $b \in \text{Im } A$, so ist jedes Urbild von b eine Lösung des Gleichungssystems.

In Satz 7.10 haben wir gesehen, dass das Bild von den Spalten der Matrix erzeugt wird. Ist daher $b \in \text{Im } A$, so kann der Rang von (A, b) nicht größer als der von A sein, b lässt sich aus den Spalten von A linear kombinieren. Ist nun $\text{Rang } A = \text{Rang}(A, b)$, so lässt sich wieder b aus den Spalten von A kombinieren, und da die Spalten das Bild erzeugen, liegt auch b im Bild.

Zum Teil c) des Satzes: Wir überlegen zunächst, dass $w + \text{Ker } A \subset \text{Lös}(A, b)$. Sei dazu $y \in \text{Ker } A$. Da A eine lineare Abbildung ist, gilt $A(w + y) = Aw + Ay = Aw + 0 = b$, also ist $w + y \in \text{Lös}(A, b)$.

Für die andere Richtung sei $v \in \text{Lös}(A, b)$. Dann ist $A(v - w) = Av - Aw = b - b = 0$. Also ist $v - w \in \text{Ker } A$ und $v = w + (v - w) \in w + \text{Ker } A$. □

Im Umkehrschluss zu Teil 2 des Satzes können wir nun sehen, dass ein lineares Gleichungssystem nicht lösbar ist, wenn $\text{Rang}(A, b)$ größer als $\text{Rang } A$ ist. Ein homogenes Gleichungssystem hat dagegen immer mindestens eine Lösung: den Nullvektor.

Vor allem der letzte Teil von Satz 8.6 hilft uns bei der konkreten Berechnung aller Lösungen des lineares Gleichungssystem $Ax = b$: Es genügt, das homogene Gleichungssystem $Ax = 0$ vollständig zu lösen und dann eine einzige spezielle Lösung des inhomogenen Gleichungssystems auszurechnen.

Geometrische Interpretation linearer Gleichungssysteme

Die Lösungen homogener Gleichungssysteme sind Vektorräume: der Nullpunkt, Ursprungsgeraden, Ursprungsebenen und so weiter. Die Lösungen inhomogener Gleichungssysteme sind im Allgemeinen keine Unterräume. Dennoch lassen sie sich geometrisch interpretieren: Sie sind aus dem Nullpunkt verschobene Geraden, Ebenen oder Räume höherer Dimension.

Am Rang der Matrix lässt sich die Dimension des Lösungsraums ablesen:

▶   **Satz 8.7**

$$\dim \text{Lös}(A, 0) = \text{Anzahl der Unbekannten} - \text{Rang } A. \qquad (8.8)$$

Denn wir wissen schon:

$$\text{Rang der Matrix } A = \text{Dimension von Im } A$$

$$\text{Anzahl der Unbekannten} = \text{Dimension des Urbildraums}$$

$$\text{Dimension des Lösungsraums} = \text{Dimension von Ker } A$$

und nach Satz 6.27 gilt $\dim \text{Im } A + \dim \text{Ker } A = \dim \text{Urbildraum}$. Setzen Sie jetzt die anderen Interpretationen der Zahlen ein und Sie erhalten die Gleichung (8.8).   □

Beispiele

1. Gegeben sei das Gleichungssystem $x_1 - x_2 = 0$, $x_3 = 1$.
   Es ist $A = \begin{pmatrix} 1 & -1 & 0 \\ 0 & 0 & 1 \end{pmatrix} \in \mathbb{R}^{2 \times 3}$, $b = \begin{pmatrix} 0 \\ 1 \end{pmatrix}$.
   Der Rang der Matrix ist 2. Da wir 3 Unbekannte haben, hat der Kern die Dimension 1. Eine von 0 verschiedene Lösung des homogenen Gleichungssystems $x_1 - x_2 = 0$, $x_3 = 0$ lautet $(1, 1, 0)$. Der Kern besteht damit aus der Menge $\{\lambda(1, 1, 0) \,|\, \lambda \in \mathbb{R}\}$ und bildet eine Ursprungsgerade. Eine inhomogene Lösung ist beispielsweise $(0, 0, 1)$, und so erhält man als Lösungsmenge die Gerade $g = \{(0, 0, 1) + \lambda(1, 1, 0) \,|\, \lambda \in \mathbb{R}\}$, siehe Abb. 8.1.

Abb. 8.1 Gerade als Lösungsmenge

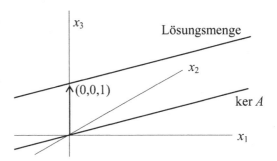

Abb. 8.2 Ebene als Lösungsmenge

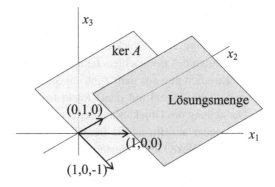

2. Sei $A = (1\ 0\ 1) \in \mathbb{R}^{1 \times 3}$, $b = 1 \in \mathbb{R}^1$. Auch hierdurch wird ein lineares Gleichungssystem bestimmt, wenn auch ein etwas ausgefallenes. Es besteht nur aus der
einen Gleichung $x_1 + x_3 = 1$, hat aber dennoch drei Unbekannte. Wenn man es
ganz genau nimmt, sollte man schreiben $1x_1 + 0x_2 + 1x_3 = 1$.
Der Rang der Matrix ist 1, die Dimension des Kerns also 2. Wir suchen zwei linear unabhängige Lösungen der homogenen Gleichung $x_1 + x_3 = 0$, zum Beispiel
$(0, 1, 0)$ und $(1, 0, -1)$ sowie eine beliebige Lösung des inhomogenen Systems, etwa $(1, 0, 0)$. Damit erhalten wir alle Lösungen als

$$\text{Lös}(A, b) = \{(1, 0, 0) + \lambda(0, 1, 0) + \mu(1, 0, -1) \,|\, \lambda, \mu \in \mathbb{R}\},$$

eine Ebene im $\mathbb{R}^3$ (siehe Abb. 8.2). Aus dem Ergebnis können Sie ablesen, dass für
x_2 alle reellen Zahlen Lösungen sind. Das muss natürlich auch so sein, wenn es in
der Gleichung gar nicht auftaucht. ◄

Für höhere Dimensionen ist diese geometrische Interpretation leider nur schwer vorstellbar und nicht mehr hinzuzeichnen.

Abb. 8.3 Ray Tracing 1

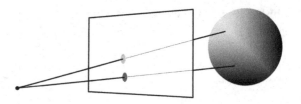

Ray Tracing, Teil 1

Ein Anwendungsbeispiel aus der graphischen Datenverarbeitung: Ein wichtiges Verfahren bei der Darstellung von räumlichen Objekten auf dem Bildschirm ist die Strahlverfolgung, das *Ray Tracing*. Jeder Objektpunkt wird durch eine Zentralprojektion, in dessen Zentrum sich das Auge des Beobachters befindet, auf die Darstellungsebene projiziert. Beim Ray Tracing werden nun aus dem Zentrum Strahlen in Richtung des Objekts geschossen und der erste Schnittpunkt mit dem Objekt bestimmt. Dessen Farbe und Helligkeit ergeben die Darstellung des Objektes auf der Projektionsebene (Abb. 8.3). Das Problem, das dabei immer wieder auftritt, ist die Berechnung des Schnittpunktes einer Geraden mit einem Objekt. Komplexe Gegenstände werden oft durch ebene Flächenstücke approximiert, in diesem Fall muss also möglichst schnell der Schnittpunkt einer Geraden mit einer Ebene bestimmt werden, die so ein Flächenstück enthält.

Im letzten Beispiel haben wir gesehen, dass die Lösungsmenge einer linearen Gleichung der Form

$$a x_1 + b x_2 + c x_3 = d \tag{8.9}$$

eine Ebene darstellt. Im Abschn. 10.1 nach Satz 10.5 werden wir lernen, wie man zu einer gegebenen Ebene immer eine solche Gleichung findet. Auch Geraden könnte man als Lösungsmenge linearer Gleichungssysteme beschreiben, für das vorstehende Problem gibt es aber eine bessere Möglichkeit: Wir wählen die Parameterdarstellung einer Geraden, wie wir sie in Abschn. 6.1 kennengelernt haben:

$$g = \left\{ \begin{pmatrix} u_1 \\ u_2 \\ u_3 \end{pmatrix} + \lambda \begin{pmatrix} v_1 \\ v_2 \\ v_3 \end{pmatrix} \,\middle|\, \lambda \in \mathbb{R} \right\} = \left\{ \begin{pmatrix} u_1 + \lambda v_1 \\ u_2 + \lambda v_2 \\ u_3 + \lambda v_3 \end{pmatrix} \,\middle|\, \lambda \in \mathbb{R} \right\}.$$

Dabei ist (u_1, u_2, u_3) das Projektionszentrum und (v_1, v_2, v_3) die Richtung des Projektionsstrahls. Die Komponenten der Gerade setzen wir in die lineare Gleichung (8.9) ein und erhalten

$$a(u_1 + \lambda v_1) + b(u_2 + \lambda v_2) + c(u_3 + \lambda v_3) = d.$$

Diese Gleichung können wir nach λ auflösen:

$$\lambda = \frac{d - au_1 - bu_2 - cu_3}{av_1 + bv_2 + cv_3}.$$

Der Nenner wird nur dann 0, wenn es keinen Schnittpunkt mit der Ebene gibt.

Hat man den Schnittpunkt der Geraden mit der Ebene gefunden, bleibt zu überprüfen, ob dieser Punkt innerhalb oder außerhalb des Flächenstücks liegt, welches das Objekt begrenzt. Dieses Problem werden wir am Ende des Kap. 9 im zweiten Teil des Ray Tracings behandeln.

Lösung linearer Gleichungssysteme mit Hilfe des Gauß'schen Algorithmus

Nun aber endlich zum konkreten Berechnungsverfahren. Satz 8.9 zeigt uns, dass auch hierfür der Gauß'sche Algorithmus verwendet werden kann. Zur Vorbereitung dient der

▶ **Hilfssatz 8.8** Ist $B \in K^{m \times m}$ eine invertierbare Matrix und sind $A \in K^{m \times n}$, $b \in K^m$, so gilt

$$\text{Lös}(A, b) = \text{Lös}(BA, Bb).$$

Denn ist $Av = b$, so gilt $(BA)v = B(Av) = Bb$, also ist v auch Lösung des Gleichungssystems $BAx = Bb$.

Ist umgekehrt $BAv = Bb$, so folgt aus der Invertierbarkeit von B:

$$Av = B^{-1}(BAv) = B^{-1}(Bb) = b$$

und damit auch $Av = b$. □

▶ **Satz 8.9** Ist die Matrix A' aus A durch elementare Zeilenumformungen entstanden und der Vektor b' aus b durch die gleichen Zeilenumformungen, dann gilt

$$\text{Lös}(A', b') = \text{Lös}(A, b).$$

Zu zeigen ist also, dass $Ax = b$ genau dann gilt, wenn $A'x = b'$ erfüllt ist. Die elementaren Zeilenumformungen sind äquivalent zu einer Reihe von Multiplikationen mit invertierbaren Matrizen $D = D_k D_{k-1} \cdots D_1$, und es ist $A' = DA$, $b' = Db$. Das Produkt invertierbarer Matrizen ist wieder invertierbar (da die invertierbaren Matrizen eine Gruppe bilden!) und somit gilt nach Hilfssatz 8.8 die Behauptung. □

Wenn wir ein lineares Gleichungssystem $Ax = b$ lösen wollen, bringen wir zunächst mit Hilfe des Gauß'schen Algorithmus die erweiterte Matrix (A, b) auf Zeilen-Stufen-Form, wie wir dies bei der Bestimmung des Ranges einer Matrix gelernt haben.

Es gibt verschiedene, ganz ähnliche Methoden, wie dann weiter verfahren werden kann. Mir erscheint das Rezept am einfachsten, das ich Ihnen im Folgenden vorstellen will.

Zunächst können wir, wie bei der Bestimmung der Inversen einer Matrix in Abschn. 8.2 beschrieben, durch elementare Zeilenumformungen alle Leitkoeffizienten auf 1 normieren und anschließend, von rechts beginnend, die Elemente, die über den Leitkoeffizienten stehen, zu 0 machen. Die Spalten ohne Leitkoeffizienten interessieren uns im Moment nicht. Dadurch wird unsere erweiterte Matrix (A, b) in eine Matrix umgewandelt, die ungefähr so aussieht:

$$(A', b') = \begin{pmatrix} 1 & * & 0 & 0 & * & \cdots & 0 & * \\ 0 & 0 & 1 & 0 & * & \cdots & 0 & * \\ 0 & \cdots & 0 & 1 & * & \cdots & 0 & * \\ 0 & \cdots & & & 0 & \cdots & 1 & * \\ 0 & \cdots & 0 & 0 & 0 & \cdots & 0 & 0 \end{pmatrix}$$

Diese Form der Matrix nennt man *Gauß-Jordan-Form*: In der Zeilen-Stufen-Form sind alle Leitkoeffizienten gleich 1 und über den Leitkoeffizienten steht überall 0. Die Gauß-Jordan-Form ist optimal geeignet um unmittelbar die Lösungen des Gleichungssystems $Ax = b$ anzugeben. Das vollständige Verfahren erfolgt in 4 Schritten:

1. Schritt: Bringe die erweiterte Matrix auf Gauß-Jordan-Form. Jetzt kann man schon überprüfen, ob der Rang der erweiterten Matrix gleich dem Rang der Matrix ist, ob es also überhaupt eine Lösung gibt.
2. Schritt: Setze die Unbekannten, die zu den Spalten ohne Leitkoeffizienten gehören, als freie Variable (zum Beispiel $\lambda_1, \lambda_2, \lambda_3$, usw.).
3. Schritt: Jede Zeile der Matrix stellt nun eine Gleichung für eine der übrigen Unbekannten dar. Diese Unbekannten lassen sich ausdrücken durch die λ_i und durch ein b_j, eines der Elemente aus der letzten Spalte der Matrix.
4. Schritt: Jetzt kann die Lösungsmenge in der Form aufgeschrieben werden:

$$\text{Lös}(A, b) = \left\{ \begin{pmatrix} b_1 \\ b_2 \\ \vdots \\ b_n \end{pmatrix} + \lambda_1 \begin{pmatrix} u_{11} \\ u_{21} \\ \vdots \\ u_{n1} \end{pmatrix} + \cdots + \lambda_k \begin{pmatrix} u_{1k} \\ u_{2k} \\ \vdots \\ u_{nk} \end{pmatrix} \,\middle|\, \lambda_i \in \mathbb{R} \right\}.$$

Dabei ist $(b_1, b_2, \ldots, b_n)$ eine spezielle Lösung des inhomogenen Gleichungssystems und die Vektoren $(u_{1i}, u_{2i}, \ldots, u_{ni})$ bilden eine Basis des Lösungsraums des homogenen Gleichungssystems.

Überlegen Sie sich, warum die bei diesem Verfahren entstehenden Vektoren $(u_{1i}, u_{2i}, \ldots, u_{ni})$ wirklich immer linear unabhängig sind!

Am Besten kann man dies an einem Beispiel nachvollziehen. Ich gebe die Matrix A schon in Gauß-Jordan-Form vor, wir führen noch die Schritte 2 bis 4 durch:

$$(A, b) = \begin{pmatrix} 1 & 0 & 3 & 0 & 0 & 8 & | & 2 \\ 0 & 1 & 2 & 0 & 0 & 1 & | & 4 \\ 0 & 0 & 0 & 1 & 0 & 5 & | & 6 \\ 0 & 0 & 0 & 0 & 1 & 4 & | & 0 \end{pmatrix}.$$
$$\quad\ x_1\ \ x_2\ \ x_3\ \ x_4\ \ x_5\ \ x_6$$

Unter der Matrix habe ich die Unbekannten hingeschrieben, die zu den jeweiligen Spalten gehören. Ist man an dieser Stelle angelangt, sollte man sich zunächst einmal Gedanken über die Existenz und die Anzahl der Lösungen machen. Der Rang der Matrix A ist 4, da A 4 Stufen hat. Der Rang von (A, b) ist ebenfalls 4, bei der Erweiterung kommt keine neue Stufe hinzu. Nach Satz 8.6 hat das Gleichungssystem also mindestens eine Lösung, wir müssen weiterrechnen. Aus Satz 8.7 können wir die Dimension des Lösungsraums ablesen: Sie ist gleich der Anzahl der Unbekannten minus dem Rang, also 2.

Nun zum Schritt 2: Die Spalten ohne Leitkoeffizienten sind die Spalten 3 und 6. Wir setzen also $x_3 = \lambda$, $x_6 = \mu$.

Im 3. Schritt erhalten wir aus den vier Gleichungen durch Auflösen nach den restlichen Unbestimmten die vier Ergebnisse:

$$x_1 = -3\lambda - 8\mu + 2, \quad x_2 = -2\lambda - \mu + 4, \quad x_4 = -5\mu + 6, \quad x_5 = -4\mu.$$

Dieses Resultat können wir im 4. Schritt in einer einzigen Vektorgleichung zusammenfassen:

$$\begin{pmatrix} x_1 \\ x_2 \\ x_3 \\ x_4 \\ x_5 \\ x_6 \end{pmatrix} = \begin{pmatrix} -3\lambda - 8\mu + 2 \\ -2\lambda - \mu + 4 \\ \lambda \\ -5\mu + 6 \\ -4\mu \\ \mu \end{pmatrix} = \begin{pmatrix} 2 \\ 4 \\ 0 \\ 6 \\ 0 \\ 0 \end{pmatrix} + \lambda \begin{pmatrix} -3 \\ -2 \\ 1 \\ 0 \\ 0 \\ 0 \end{pmatrix} + \mu \begin{pmatrix} -8 \\ -1 \\ 0 \\ -5 \\ -4 \\ 1 \end{pmatrix},$$

und schon haben wir unsere Lösungsmenge in der gewünschten Form da stehen:

$$\text{Lös}(A, b) = \left\{ \begin{pmatrix} 2 \\ 4 \\ 0 \\ 6 \\ 0 \\ 0 \end{pmatrix} + \lambda \begin{pmatrix} -3 \\ -2 \\ 1 \\ 0 \\ 0 \\ 0 \end{pmatrix} + \mu \begin{pmatrix} -8 \\ -1 \\ 0 \\ -5 \\ -4 \\ 1 \end{pmatrix} \middle| \lambda, \mu \in \mathbb{R} \right\}.$$

Als einen alternativen Lösungsweg können Sie unmittelbar aus der Zeilenstufenform alle Unbekannten berechnen, indem Sie mit der letzten Zeile beginnend rückwärts einsetzen. Auch hier müssen Sie die Unbekannten, die zu Spalten ohne Leitkoeffizienten gehören, variabel wählen. Sie sparen sich so die Umformung der Matrix in die Gauß-Jordan-Form. Auch wenn dieses Verfahren etwas einfacher aussieht, benötigen Sie im Allgemeinen nicht weniger Rechenoperationen als in dem oben vorgestellten Verfahren.

8.4   Verständnisfragen und Übungsaufgaben

Verständnisfragen

1. Welche sind die elementaren Zeilenoperationen in einer Matrix?

2. Das Vertauschen zweier Zeilen ändert den Rang einer Matrix nicht. Kann das Vertauschen zweier Spalten den Rang ändern?

3. Kann bei der Durchführung elementarer Zeilenumformungen eine invertierbare Matrix zu einer nicht-invertierbaren Matrix werden?

4. Was ist das Pivotelement im Gauß'schen Algorithmus?

5. Ein lineares Gleichungssystem sei durch die Matrix A und den Ergebnisvektor b bestimmt. Wie können Sie aus der Matrix A die Anzahl der Unbekannten und die Anzahl der Gleichungen ablesen?

6. Sei $Ax = 0$ ein homogenes lineares Gleichungssystem. Wie können Sie aus dem Rang von A und der Anzahl der Unbekannten die Dimension des Lösungsraums bestimmen?

7. Die Lösungsmenge eines homogenen linearen Gleichungssystems ist immer ein Vektorraum. Was ist die Lösung eines inhomogenen linearen Gleichungssystems?

8. Die Lösungsmenge einer linearen Gleichung im $\mathbb{R}^3$ beschreibt eine Ebene im $\mathbb{R}^3$. Warum? Welche geometrische Form hat die Lösungsmenge zweier linearer Gleichungen im $\mathbb{R}^3$? Erklären Sie den Zusammenhang zu den Ebenen, welche durch die beiden einzelnen Gleichungen bestimmt werden. ◄

Übungsaufgaben

1. Bestimmen Sie jeweils den Rang der folgenden Matrizen:

$$\begin{pmatrix} 1 & 3 & -2 & 5 & 4 \\ 1 & 4 & 1 & 3 & 5 \\ 1 & 4 & 2 & 4 & 3 \\ 2 & 7 & -3 & 6 & 13 \end{pmatrix}, \quad \begin{pmatrix} 1 & 2 & -3 & -2 & -3 \\ 1 & 3 & -2 & 0 & -4 \\ 3 & 8 & -7 & -2 & -11 \\ 2 & 1 & -9 & -10 & -3 \end{pmatrix}, \quad \begin{pmatrix} 1 & 1 & 2 \\ 4 & 5 & 5 \\ 5 & 8 & 1 \\ -1 & -2 & 2 \end{pmatrix}, \quad \begin{pmatrix} 2 & 1 \\ 3 & -7 \\ -6 & 1 \\ 5 & -8 \end{pmatrix}.$$

2. Welche Unterräume des $\mathbb{R}^3$ werden durch die Lösungen der folgenden linearen homogenen Gleichungssysteme bestimmt?

   a) $2x_1 - 2x_2 + x_3 = 0$

   b) $2x_1 - 2x_2 + x_3 = 0$
   $$x_2 + 3x_3 = 0$$

   c) $x_1 + x_2 + x_3 = 0$
   $$x_1 + x_3 = 0$$
   $$2x_1 + x_2 + 2x_3 = 0$$

3. Bestimmen Sie die Inversen der folgenden Matrizen, falls sie existieren:

$$\begin{pmatrix} 3 & 0 & 1 \\ 1 & 0 & 1 \\ 0 & 1 & 0 \end{pmatrix}, \quad \begin{pmatrix} 3 & 0 & 1 \\ 6 & 0 & 2 \\ 0 & 1 & 0 \end{pmatrix}, \quad \begin{pmatrix} 5 & 0 & 0 \\ -1 & 2 & 0 \\ 4 & 1 & 3 \end{pmatrix}.$$

4. Stellen Sie fest, ob das folgende lineare Gleichungssystem lösbar ist, und bestimmen Sie gegebenenfalls die Lösungsmenge:

$$x_1 + 2x_2 + 3x_3 = 1$$
$$4x_1 + 5x_2 + 6x_3 = 2$$
$$7x_1 + 8x_2 + 9x_3 = 3$$
$$5x_1 + 7x_2 + 9x_3 = 4$$

5. Lösen Sie das folgende lineare Gleichungssystem:

$$2x_1 + x_2 + x_3 = a_1$$
$$5x_1 + 4x_2 - 5x_3 = a_2$$
$$3x_1 + 2x_2 - x_3 = a_3$$

wobei einmal $a_1 = 5, a_2 = -1, a_3 = 3$, und einmal $a_1 = 1, a_2 = -1, a_3 = 1$ zu wählen sind.

6. Welche Ordnung hat der Gauß'sche Algorithmus, wenn Sie das folgende Gleichungssystem auflösen:

$$
\begin{pmatrix}
a_{11} & a_{12} & 0 & 0 & 0 & \cdots & 0 \\
a_{21} & a_{22} & a_{23} & 0 & 0 & \cdots & 0 \\
0 & a_{32} & a_{33} & a_{34} & 0 & \cdots & 0 \\
0 & 0 & a_{43} & a_{44} & a_{45} & \ddots & \vdots \\
0 & 0 & 0 & \ddots & \ddots & \ddots & 0 \\
\vdots & \vdots & \vdots & \ddots & a_{n-1,n-2} & a_{n-1,n-1} & a_{n-1,n} \\
0 & 0 & 0 & 0 & 0 & a_{n,n-1} & a_{nn}
\end{pmatrix}
\begin{pmatrix}
x_1 \\ x_2 \\ x_3 \\ \vdots \\ \\ \\ x_n
\end{pmatrix}
=
\begin{pmatrix}
b_1 \\ b_2 \\ b_3 \\ \vdots \\ \\ \\ b_n
\end{pmatrix}
$$

Zeigen Sie, dass dieses System immer eindeutig lösbar ist, falls für alle i gilt $|a_{ii}| > |a_{i-1,i}| + |a_{i+1,i}|$. Eine solche Matrix heißt „spaltendiagonaldominant". ◄

Eigenwerte, Eigenvektoren und Basistransformationen

9

Zusammenfassung

Am Ende dieses Kapitels

- wissen Sie; was die Determinante einer Matrix ist; und können Sie berechnen,
- haben Sie die Begriffe Eigenwert und Eigenvektor von Matrizen kennengelernt,
- und können Eigenwerte und Eigenvektoren mit Hilfe des charakteristischen Polynoms einer Matrix berechnen,
- haben Sie Eigenwerte und Eigenvektoren einiger wichtiger linearer Abbildungen im $\mathbb{R}^2$ berechnet und die Ergebnisse geometrisch interpretiert,
- können Sie Basistransformationen durchführen,
- und wissen was die Orientierung von Vektorräumen bedeutet.

9.1 Determinanten

Determinanten sind ein Charakteristikum von Matrizen, das oft nützlich ist, um bestimmte Eigenschaften von Matrizen zu untersuchen. Wir benötigen Determinanten vor allem im Zusammenhang mit Eigenwerten und Eigenvektoren, die wir im zweiten Teil des Kapitels behandeln. Aber auch für die Lösung linearer Gleichungssysteme bilden Sie ein wichtiges Hilfsmittel. Determinanten sind nur für quadratische Matrizen definiert, in diesem Kapitel sind also alle Matrizen quadratisch. K soll dabei irgendein Körper sein, Sie können in der Regel aber ruhig an die reellen Zahlen denken.

Schauen wir uns einmal wieder ein lineares Gleichungssystem mit zwei Gleichungen und zwei Unbekannten an:

$$ax + by = e,$$
$$cx + dy = f,$$

© Springer Fachmedien Wiesbaden GmbH, ein Teil von Springer Nature 2019

P. Hartmann, *Mathematik für Informatiker*, https://doi.org/10.1007/978-3-658-26524-3_9

und lösen es nach x und y auf. Bei zwei Gleichungen geht das gerade noch. Wir erhalten:

$$x = \frac{ed - bf}{ad - bc}, \quad y = \frac{af - ce}{ad - bc}.$$

Diese Brüche haben natürlich nur dann einen Sinn, wenn der Nenner $ad - bc$ von Null verschieden ist. In diesem Fall hat das System die angegebene eindeutige Lösung, und wenn $ad - bc = 0$ ist, dann gibt es keine eindeutige Lösung. Prüfen Sie selbst nach, dass im Fall $ad - bc = 0$ der Rang der Koeffizientenmatrix kleiner als 2 ist.

$ad - bc$ ist die Determinante der Matrix $\begin{pmatrix} a & b \\ c & d \end{pmatrix}$, und wir haben schon zwei Aussagen kennengelernt, die man von ihr ablesen kann: Ist sie ungleich 0, so hat die Matrix Rang 2 und das Gleichungssystem $Ax = y$ ist für alle $y \in K^2$ eindeutig lösbar.

Jede quadratische $n \times n$-Matrix hat eine Determinante. Diese ist eine Abbildung von $K^{n \times n} \rightarrow K$. Die Definition ist ziemlich technisch, wir kommen aber leider nicht daran vorbei.

Für Matrizen aus $K^{2 \times 2}$ und aus $K^{3 \times 3}$ haben die Determinanten eine anschauliche geometrische Interpretation: Im $K^{2 \times 2}$ geben sie bis auf das Vorzeichen gerade die Fläche des von den Zeilenvektoren aufgespannten Parallelogramms an, im $K^{3 \times 3}$ das Volumen des von den Zeilenvektoren aufgespannten Körpers. Für diesen Körper sind mehrere Namen in Umlauf, zum Beispiel Spat, Vielflach oder Parallelepiped. Weil es das kürzeste ist, nenne ich ihn Spat.

Bis jetzt habe ich im Zusammenhang mit Vektoren und Matrizen immer die Spaltenvektoren untersucht. Da ich Determinanten mit Hilfe der elementaren Zeilenumformungen aus Definition 8.1 berechnen möchte, bietet sich jetzt die Verwendung von Zeilenvektoren an. Etwas später werden wir sehen, dass die gleichen Aussagen auch für die Spaltenvektoren gelten: Die Determinante gibt auch das Volumen des von den Spaltenvektoren aufgespannten Körpers an.

Auch im K^n kann man ein n-dimensionales Volumen definieren, und im Prinzip macht die Determinante nichts anderes: Sie stellt eine verallgemeinerte Volumenfunktion für den von n Vektoren im K^n aufgespannten „Hyper"-Spat dar. Ich spreche im Folgenden auch von der Fläche als einem Volumen, eben einem zweidimensionalen Volumen.

In drei Schritten wollen wir zu einer solchen Determinantenfunktion und vor allem zu einem Algorithmus zur Berechnung kommen. In der Matrix A bezeichnen wir dazu mit $z_1, z_2, \ldots, z_n$ die Zeilenvektoren und schreiben $A = (z_1, z_2, \ldots, z_n)$. Im ersten Schritt werde ich einige Eigenschaften zusammenstellen, die man von einer solchen Volumenfunktion erwartet.

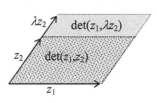 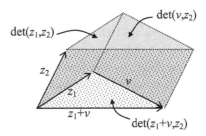

Abb. 9.1 Determinantenoperationen

▶ **Definition 9.1** Eine *Determinante* ist eine Funktion det: $K^{n \times n} \to K$ mit den folgenden Eigenschaften:

(D1) det $E = 1$.

(D2) Sind die Zeilen linear abhängig, so ist die Determinante gleich 0.

(D3) Für alle $\lambda \in K$, alle $v \in K^n$ und für $i = 1, \ldots, n$ gilt:

$$\det(z_1, \ldots, \lambda z_i, \ldots, z_n) = \lambda \det(z_1, \ldots, z_i, \ldots, z_n),$$

$$\det(z_1, \ldots, z_i + v, \ldots, z_n) = \det(z_1, \ldots, z_i, \ldots, z_n) + \det(z_1, \ldots, \underset{\underset{i}{\uparrow}}{v}, \ldots, z_n).$$

Die letzte Eigenschaft kann man auch so interpretieren: Halten wir alle Zeilen bis auf die i-te fest und lassen nur noch diese i-te Zeile variabel, so erhalten wir eine Abbildung, die in der i-ten Komponente linear ist, genau wie eine lineare Abbildung.

Sind dies vernünftige Volumeneigenschaften? (D1) stellt sozusagen die Normierung dar: das Einheitsquadrat beziehungsweise der Einheitswürfel hat das Volumen 1. Sicher ist es auch vernünftig, dies vom „n-dimensionalen Einheitswürfel" zu fordern.

Zu (D2): Sind im K^2 zwei Vektoren kollinear, so degeneriert das Parallelogramm zu einer Linie und hat keine Fläche, ebenso spannen im K^3 drei linear abhängige Vektoren keinen echten Spat auf, er ist plattgedrückt und hat kein Volumen. Auch diese Eigenschaft wünschen wir uns für ein Volumen des K^n.

(D3) ist nicht mehr ganz so leicht nachzuvollziehen, im K^2 und im K^3 ist es aber jedenfalls richtig. Im Zweidimensionalen kann man es noch gut hinzeichnen (Abb. 9.1).

Sie sehen, dass im linken Bild die graue Fläche um den Faktor λ größer ist als die gepunktete, im rechten Bild sind die gepunktete und die graue Fläche gleich; was bei der grauen Fläche oben dazu gekommen ist, wurde gerade unten wieder weggenommen. Auch im K^3 gelten diese Beziehungen. Wenn man will, kann man sie auch in Koordinaten nachrechnen. Für die Volumenfunktion im K^n fordern wir einfach, dass die beiden Eigenschaften aus (D3) gelten sollen.

Sicher gibt es noch weitere charakterisierende Eigenschaften eines Volumens. Es zeigt sich aber, dass die drei genannten Bedingungen schon ausreichend sind, um den zweiten Schritt durchzuführen, und der besteht aus dem

▶ **Satz 9.2** Es gibt genau eine Determinantenfunktion det: $K^{n \times n} \to K$ mit den Eigenschaften aus Definition 9.1.

Den Beweis dieses Satz möchte ich aber zunächst etwas zurückstellen und komme gleich zum dritten Schritt. Dieser stellt unter der Annahme, dass es eine Determinantenfunktion gibt, ein konkretes Berechnungsverfahren dar. Wieder einmal wird uns hier der Gauß'sche Algorithmus helfen. Zunächst untersuchen wir, welche Auswirkungen elementare Zeilenumformungen auf die Determinante haben:

▶ **Satz 9.3: Der Einfluss elementarer Zeilenumformungen auf Determinanten**

a) Das Vertauschen zweier Zeilen kehrt das Vorzeichen der Determinante um.
b) Die Addition des λ-fachen einer Zeile zu einer anderen ändert die Determinante nicht.
c) Multipliziert man eine Zeile mit einem Faktor $\lambda \in K$, so gilt:

$$\det(z_1, \ldots, \lambda z_i, \ldots, z_n) = \lambda \det(z_1, \ldots, z_i, \ldots, z_n).$$

Wir dröseln die Eigenschaften von hinten auf: c) ist identisch mit dem ersten Teil von (D3). Nun zu b): Es gilt

$$\det(z_1, \ldots, z_i + \lambda z_j, \ldots, z_n) \underset{\substack{\uparrow \\ (D3)}}{=} \det(z_1, \ldots, z_i, \ldots, z_n) + \det(z_1, \ldots, \underset{\substack{\uparrow \\ i}}{\lambda z_j}, \ldots, z_j, \ldots, z_n)$$

$$\underset{\substack{\uparrow \\ (D2)}}{=} \det(z_1, \ldots, z_i, \ldots, z_n) + 0.$$

a) können wir wieder auf b) und c) zurückführen, das Vertauschen von Zeilen lässt sich nämlich aus der folgenden Reihe der Operationen vom Typ b) und c) zusammensetzen:

$\det(\ldots, z_i, \ldots, z_j, \ldots)$

$= \det(\ldots, z_i - z_j, \ldots, z_j, \ldots)$ (i-te $- j$-te Zeile)   Determinante bleibt gleich

$= \det(\ldots, z_i - z_j, \ldots, z_i, \ldots)$ (j-te $+ i$-te Zeile)   Determinante bleibt gleich

$= \det(\cdots, -z_j, \ldots, z_i, \ldots)$ (i-te $- j$-te Zeile)   Determinante bleibt gleich

$= -\det(\cdots, z_j, \ldots, z_i, \ldots)$ (i-te Zeile $\cdot (-1)$)   Determinante ändert Vorzeichen

Vielleicht kommt es Ihnen Spanisch vor, dass in diesem Satz etwas von Vorzeichenwechsel steht. Ist ein Volumen nicht immer positiv? Tatsächlich kennzeichnet die Determinante so etwas wie ein orientiertes, Vorzeichen behaftetes Volumen. Was es mit dieser Orientierung auf sich hat, werden wir am Ende dieses Kapitels untersuchen.

Jetzt können wir auf eine Matrix A wieder den Gauß'schen Algorithmus anwenden. Bei den meisten Operationen ändert sich die Determinante nicht, wenn sie sich ändert, müssen wir es uns aber merken.

Das Verfahren endet sofort, wenn wir bei unseren Umwandlungen auf eine Spalte ohne Leitkoeffizient stoßen. Denn das kann in einer $n \times n$-Matrix nur dann der Fall sein, wenn der Rang $< n$ ist. Das heißt ja gerade, das die Zeilen linear abhängig sind und damit ist die Determinante gleich Null.

Ist der Rang von A gleich n, so erhalten wir schließlich unter Verwendung der elementaren Zeilenumformungen vom Typ a) (Vertauschung) und b) (Addition des λ-fachen einer Zeile zu einer anderen):

$$\det A = \alpha \det \begin{pmatrix} a'_{11} & * & \cdots & * \\ 0 & a'_{22} & * & \vdots \\ \vdots & 0 & \ddots & * \\ 0 & \cdots & 0 & a'_{nn} \end{pmatrix}. \tag{9.1}$$

Dabei ist $\alpha = \pm 1$, je nachdem wie viele Vertauschungen wir vorgenommen haben, und die Leitkoeffizienten sind alle ungleich 0. Durch eine Reihe weiterer Operationen vom Typ c) (Multiplikation einer Zeile mit dem Faktor λ) erhalten wir

$$\det A = \alpha a'_{11} a'_{22} \cdots a'_{nn} \cdot \det \begin{pmatrix} 1 & * & \cdots & * \\ 0 & 1 & * & \vdots \\ \vdots & 0 & \ddots & * \\ 0 & \cdots & 0 & 1 \end{pmatrix}.$$

Diese Matrix lässt sich durch Operationen vom Typ b) in die Einheitsmatrix umwandeln. Dabei ändert sich die Determinante nicht mehr, und da die Determinante der Einheitsmatrix gleich 1 ist, können wir aus (9.1) schon die Determinante ablesen: Es gilt

$$\det A = \alpha a'_{11} a'_{22} \cdots a'_{nn}. \tag{9.2}$$

In diesem Fall ist die Determinante übrigens ungleich Null, denn alle Faktoren sind ungleich Null. Wir wissen schon, dass im Fall Rang $A < n$ die Determinante $= 0$ ist, und so erhalten wir:

▶ **Satz 9.4** Sei $A \in K^{n \times n}$. Dann sind folgende Aussagen äquivalent:

$$\det A \neq 0$$

$$\Leftrightarrow \quad \text{Rang } A = n$$

$$\Leftrightarrow \quad \text{Ker } A = \{\vec{0}\}, \text{ das heißt dim Ker } A = 0$$

$$\Leftrightarrow \quad \text{Spalten (Zeilen) sind linear unabhängig}$$

beziehungsweise:

$$\det A = 0$$

$$\Leftrightarrow \quad \text{Rang}\, A < n$$

$$\Leftrightarrow \quad \dim \text{Ker}\, A > 0$$

$$\Leftrightarrow \quad \text{Spalten (Zeilen) sind linear abhängig.}$$

Den hier noch einmal aufgeführten Zusammenhang zwischen Rang und Dimension des Kerns haben wir schon in Satz 7.10 hergeleitet. Auch der Zusammenhang zwischen dem Rang und der linearen Abhängigkeit von Spalten beziehungsweise Zeilen ist uns schon bekannt.

Nun endlich ein paar Beispiele. Ich führe noch eine abkürzende Bezeichnung ein:

$$\begin{vmatrix} a_{11} & \cdots & a_{1n} \\ \vdots & \ddots & \vdots \\ a_{m1} & \cdots & a_{mn} \end{vmatrix} := \det \begin{pmatrix} a_{11} & \cdots & a_{1n} \\ \vdots & \ddots & \vdots \\ a_{m1} & \cdots & a_{mn} \end{pmatrix}.$$

Beispiele

Berechnen wir die Determinante einer 4×4-Matrix:

$$\begin{vmatrix} 1 & 2 & 0 & 0 \\ 1 & 2 & 2 & 4 \\ 2 & 3 & 1 & 2 \\ 0 & 2 & 1 & 4 \end{vmatrix} \begin{matrix} \\ \text{II}-\text{I} \\ \text{III}-2\cdot\text{I} \\ \\ \end{matrix} = \begin{vmatrix} 1 & 2 & 0 & 0 \\ 0 & 0 & 2 & 4 \\ 0 & -1 & 1 & 2 \\ 0 & 2 & 1 & 4 \end{vmatrix} \begin{matrix} \\ \text{II}\leftrightarrow\text{III} \\ \\ \\ \end{matrix} = (-1) \begin{vmatrix} 1 & 2 & 0 & 0 \\ 0 & -1 & 1 & 2 \\ 0 & 0 & 2 & 4 \\ 0 & 2 & 1 & 4 \end{vmatrix} \begin{matrix} \\ \\ \\ \text{IV}+2\cdot\text{II} \end{matrix}$$

$$= (-1) \begin{vmatrix} 1 & 2 & 0 & 0 \\ 0 & -1 & 1 & 2 \\ 0 & 0 & 2 & 4 \\ 0 & 0 & 3 & 8 \end{vmatrix} \begin{matrix} \\ \\ \\ \text{IV}-3/2\cdot\text{III} \end{matrix}$$

$$= (-1) \begin{vmatrix} 1 & 2 & 0 & 0 \\ 0 & -1 & 1 & 2 \\ 0 & 0 & 2 & 4 \\ 0 & 0 & 0 & 2 \end{vmatrix} = (-1)\cdot 1 \cdot (-1) \cdot 2 \cdot 2 = 4.$$

Und eine 3×3-Determinante:

$$\begin{vmatrix} 1 & 0 & 2 \\ 2 & -2 & 3 \\ 4 & 1 & 8 \end{vmatrix} \begin{matrix} \\ \text{II}-2\cdot\text{I} \\ \text{III}-4\cdot\text{I} \end{matrix} = \begin{vmatrix} 1 & 0 & 2 \\ 0 & -2 & -1 \\ 0 & 1 & 0 \end{vmatrix} \begin{matrix} \\ \\ \text{III}+1/2\cdot\text{II} \end{matrix}$$

$$= \begin{vmatrix} 1 & 0 & 2 \\ 0 & -2 & -1 \\ 0 & 0 & -1/2 \end{vmatrix} = 1 \cdot (-2) \cdot (-1/2) = 1. \; \blacktriangleleft$$

Für 3×3-Matrizen gibt es eine einfachere Berechnungsmöglichkeit, die *Regel von Sarrus*: Am besten kann man sich diese merken, wenn man rechts neben die Matrix A die beiden ersten Spalten der Matrix noch einmal hinschreibt und dann nach der folgenden Vorschrift vorgeht:

Produkte der Hauptdiagonalen (die von links oben nach rechts unten) summieren und Produkte der Nebendiagonalen (die von rechts oben nach links unten) abziehen. Das heißt:

$$
\begin{pmatrix} a_{11} & a_{12} & a_{13} \\ a_{21} & a_{22} & a_{23} \\ a_{31} & a_{32} & a_{33} \end{pmatrix} \begin{matrix} a_{11} & a_{12} \\ a_{21} & a_{22} \\ a_{31} & a_{32} \end{matrix}
$$

$$
\det A = a_{11}a_{22}a_{33} + a_{12}a_{23}a_{31} + a_{13}a_{21}a_{32} - a_{13}a_{22}a_{31} - a_{11}a_{23}a_{32} - a_{12}a_{21}a_{33}. \tag{9.3}
$$

Am Beispiel von oben erhalten wir:

$$
\begin{vmatrix} 1 & 0 & 2 \\ 2 & -2 & 3 \\ 4 & 1 & 8 \end{vmatrix} \begin{matrix} 1 & 0 \\ 2 & -2 \\ 4 & 1 \end{matrix}
$$

$$
\rightarrow \det = 1 \cdot (-2) \cdot 8 + 0 \cdot 3 \cdot 4 + 2 \cdot 2 \cdot 1 - 2 \cdot (-2) \cdot 4 - 1 \cdot 3 \cdot 1 - 0 \cdot 2 \cdot 8 = 1.
$$

Sie kennen vom Anfang des Kapitels schon für 2×2-Matrizen die Regel

$$
\begin{vmatrix} a & b \\ c & d \end{vmatrix} = ad - bc, \tag{9.4}
$$

also gilt auch hier: „Produkt der Hauptdiagonalen minus Produkt der Nebendiagonalen". Aber bitte: niemals für 4×4 oder andere größere Matrizen anwenden! Der Induktionsanfang lässt sich nicht zu einem Induktionsschluss fortsetzen; es ist einfach falsch.

Nun möchte ich noch einmal zum Schritt 2 unseres Programms zur Konstruktion einer Determinantenfunktion zurückkommen. Noch wissen wir gar nicht, ob es eine Determinante überhaupt gibt. Wir rechnen zwar etwas aus, es ist aber gar nicht klar, ob bei anderen Umformungen vielleicht etwas anderes herauskommt, ob wir hier also wirklich eine Funktion haben und, wenn ja, ob diese unsere drei Anforderungen (D1), (D2), (D3) erfüllt. Ich würde Ihnen den Existenzsatz 9.2 ersparen, wenn er nicht gleichzeitig konstruktiv wäre: Er beinhaltet ein weiteres Verfahren zur Berechnung von Determinanten, das oft schneller zum Ziel führt als der Gauß'sche Algorithmus und das man daher kennen sollte. Es ist das Berechnungsverfahren der Entwicklung nach der ersten Zeile:

▶ **Definition 9.5** Sei $A \in K^{n \times n}$. Es sei A_{ij} die $(n-1) \times (n-1)$-Matrix, die aus A entsteht, wenn man die i-te Zeile und die j-te Spalte streicht.

Mit dieser Festsetzung können wir jetzt die Determinantenfunktion rekursiv definieren:

▶ **Definition 9.6: Entwicklung nach der ersten Zeile** Für eine 1×1-Matrix $A = (a)$ setzen wir $\det A := a$.

Für eine $n \times n$-Matrix $A = (a_{ij})$ definieren wir

$$\det A := a_{11} \det A_{11} - a_{12} \det A_{12} + a_{13} \det A_{13} - \cdots \pm a_{1n} \det A_{1n}.$$

Probieren Sie gleich einmal aus, dass für 2×2- und 3×3-Matrizen das Gleiche herauskommt, wie wir in (9.3) und (9.4) ausgerechnet haben.

Damit wir diese Definition überhaupt hinschreiben dürfen, müssen wir nachrechnen, dass es sich hierbei wirklich um eine Determinantenfunktion handelt, es müssen also die Eigenschaften (D1), (D2), (D3) überprüft werden. Dies ist eine vollständige Induktion, die zwar nicht sehr schwierig, aber auch nicht sehr spannend ist. Ich lasse sie deswegen weg. Um den Beweis von Satz 9.2 zu beenden, fehlt nur noch die Eindeutigkeit der Funktion. Diese ist aber mit Hilfe des Gauß'schen Algorithmus einfach zu sehen: Sind $\det$ und $\det'$ Determinantenfunktionen, so berechnen wir $\det A$ und $\det' A$, indem wir beide Male die Matrix mit den gleichen Umformungen in eine obere Dreiecksmatrix umwandeln. Wie in (9.1) und (9.2) gesehen, ist damit der Wert der Determinante eindeutig bestimmt, und es ist $\det A = \det' A$.

Wenden wir das Verfahren aus Definition 9.6 auf die schon zweimal berechnete 3×3-Determinante an:

$$\begin{vmatrix} 1 & 0 & 2 \\ 2 & -2 & 3 \\ 4 & 1 & 8 \end{vmatrix} = 1 \cdot \begin{vmatrix} -2 & 3 \\ 1 & 8 \end{vmatrix} + 2 \cdot \begin{vmatrix} 2 & -2 \\ 4 & 1 \end{vmatrix} = 1 \cdot (-19) + 2 \cdot 10 = 1.$$

Ich möchte Ihnen noch zwei wichtige Sätze über Determinanten vorstellen, deren Beweise allerdings ziemlich langwierig sind, ohne dass wir darin wesentliche neue Erkenntnisse gewinnen. Auch diese Beweise möchte ich weglassen.

▶ **Satz 9.7: Der Multiplikationssatz für Determinanten** Für Matrizen $A, B \in K^{n \times n}$ gilt:

$$\det AB = \det A \cdot \det B.$$

▶ **Definition 9.8** Ist $A \in K^{n \times n}$, so entsteht die *transponierte Matrix* A^{T} zu A, indem man A an der Hauptdiagonalen spiegelt: die i-te Spalte von A ist die i-te Zeile von A^{T}.

▶ **Satz 9.9** Für $A \in K^{n \times n}$ gilt $\det A = \det A^{\mathrm{T}}$.

Aus Satz 9.9 können wir gleich einige Konsequenzen ziehen:

So wie wir in Definition 9.6 die Entwicklung einer Matrix nach der ersten Zeile durchgeführt haben, können wir die Determinante nach jeder Zeile und Spalte entwickeln. Dabei werden die Koeffizienten dieser Zeile beziehungsweise Spalte mit den entsprechenden Unterdeterminanten multipliziert und abwechselnd addiert und subtrahiert. Das Vorzeichen des jeweiligen Summanden ergibt sich aus dem folgenden Schachbrettmuster:

$$
\begin{pmatrix}
+ & - & + & \cdots & \pm \\
- & + & - & & \mp \\
+ & - & + & & \vdots \\
\vdots & & & \ddots & \\
\pm & \mp & \cdots & & \pm
\end{pmatrix}.
$$

Als Formel hingeschrieben lautet die Entwicklung nach der i-ten Zeile:

$$
\det A = \sum_{j=1}^{n} (-1)^{i+j} a_{ij} \det A_{ij},
$$

und entsprechend die Entwicklung nach der j-ten Spalte:

$$
\det A = \sum_{i=1}^{n} (-1)^{i+j} a_{ij} \det A_{ij}.
$$

Die Entwicklung nach der i-ten Zeile kann man auf die Entwicklung nach der ersten Zeile zurückführen, indem man zuvor die Zeilen so vertauscht, dass die i-te Zeile an die erste Stelle kommt und die vor der Zeile i stehenden Zeilen jeweils um eine Position nach unten geschoben werden. Prüfen Sie nach, dass dadurch genau dieses Vorzeichenmuster entsteht.

Führt man nun vor der Entwicklung nach der i-ten Zeile eine Transposition der Matrix durch, so erhält man die Entwicklung nach der i-ten Spalte.

Nehmen wir als Beispiel die 3×3-Matrix, die inzwischen schon dreimal herhalten musste. Diesmal entwickeln wir nach der 2. Spalte, und wieder kommt das Gleiche heraus:

$$
\begin{vmatrix} 1 & 0 & 2 \\ 2 & -2 & 3 \\ 4 & 1 & 8 \end{vmatrix} = (-2) \cdot \begin{vmatrix} 1 & 2 \\ 4 & 8 \end{vmatrix} - 1 \cdot \begin{vmatrix} 1 & 2 \\ 2 & 3 \end{vmatrix} = (-2) \cdot 0 - 1 \cdot (-1) = 1.
$$

Entwicklung einer Determinante nach einer Zeile oder Spalte ist nur dann interessant, wenn in dieser Zeile oder Spalte viele Nullen stehen, so dass nur wenige Unterdeterminanten zu berechnen sind. Ist dies nicht der Fall, greift man besser auf das Gauß'sche Verfahren zurück.

Die Determinante ist eine Volumenfunktion: sie gibt das Volumen des von den Zeilen aufgespannten Körpers an. Wenn wir die Matrix transponieren, sehen wir, dass die Determinante auch das Volumen des von den Spalten erzeugten Körpers angibt.

Jetzt interpretieren wir die Matrix einmal wieder als lineare Abbildung. Wir wissen, dass die Spalten der Matrix genau die Bilder der Standardbasis unter dieser Abbildung sind. Die Abbildung transformiert dabei den n-dimensionalen Einheitswürfel in den Körper, der durch die Spalten der Matrix bestimmt ist. Da das Volumen des Einheitswürfels 1 ist, gibt die Determinante damit so etwas wie einen Verzerrungsfaktor des Raums durch die Abbildung an. Eine große Determinante bedeutet: der Raum wird aufgebläht, eine kleine Determinante bedeutet: der Raum schrumpft. Besonders wichtig sind in vielen Anwendungen lineare Abbildungen, die Winkel und Längen erhalten. Diese lassen auch Volumina unverändert, haben also Determinante ± 1. Wir werden solche Abbildungen in Abschn. 10.2 untersuchen.

9.2 Eigenwerte und Eigenvektoren

In Abschn. 7.1 haben wir einige lineare Abbildungen kennengelernt, die in der graphischen Datenverarbeitung von Bedeutung sind, zum Beispiel Streckungen, Scherungen, Drehungen und Spiegelungen. Viele solche Abbildungen können sehr einfach beschrieben werden: die Spiegelung hat etwa eine Achse, die festbleibt, der Vektor senkrecht dazu dreht gerade seine Richtung um. Bei der Scherung gibt es ebenfalls einen festen Vektor. Die Drehung ist durch einen Winkel charakterisiert, in der Regel bleibt kein Vektor fest.

Wenn das Koordinatensystem des Vektorraums nicht gerade sehr geschickt gewählt ist, kann man einer Matrix nur schwer ansehen, welche Abbildung dahinter steckt.

Wir wollen uns jetzt mit dem Problem befassen, zu einer gegebenen Matrix die Vektoren zu finden, die fix bleiben oder die nur ihre Länge ändern.

Auch das umgekehrte Problem ist für die Datenverarbeitung wichtig: Wenn wir beispielsweise ein Objekt im Raum bewegen wollen oder die Koordinaten eines Robotergreifarms bestimmen wollen, müssen wir wissen, welche Art von Bewegungen überhaupt vorkommen: Mit wie vielen verschiedenen Typen von Matrizen müssen wir uns herumschlagen, wenn wir alle Möglichkeiten ausschöpfen wollen?

Dies sind einige Anwendungen der Theorie der Eigenwerte und Eigenvektoren. In der Mathematik, insbesondere auch in der Numerik, gibt es noch viele weitere. Im Kap. 11 werden wir Eigenwerte zur Berechnung der Zentralität von Knoten in Graphen verwenden, im Teil III des Buches tauchen sie noch einmal bei den Markov-Ketten und bei der Hauptkomponentenanalyse auf. Ein wichtiges Hilfsmittel zur Berechnung dieser charakteristischen Größen von Matrizen sind die Determinanten, die wir im ersten Teil dieses Kapitels kennengelernt haben.

▶   **Definition 9.10**   Sei $A: K^n \to K^n$ eine lineare Abbildung. $\lambda \in K$ heißt *Eigenwert* von A, wenn es einen Vektor $v \neq 0$ gibt, mit der Eigenschaft $Av = \lambda v$. Der Vektor $v \in K^n$ heißt *Eigenvektor* zum Eigenwert $\lambda \in K$, wenn gilt $Av = \lambda v$.

Eigenvektoren einer linearen Abbildung sind also Vektoren, die unter der Abbildung ihre Richtung beibehalten und nur ihre Länge ändern, wobei λ der Streckungsfaktor ist.

Na ja: *eine* Richtungsänderung ist schon möglich: Wenn $\lambda < 0$ ist, dreht der Eigenvektor sein Vorzeichen um und zeigt genau in die entgegengesetzte Richtung. Erlauben Sie mir bitte, diese Umkehrung der Richtung auch als Streckung anzusehen und weiterhin davon zu sprechen, dass Eigenvektoren ihre Richtung behalten.

In der Definition ist die Forderung $v \neq 0$ für die Existenz eines Eigenwertes wichtig: würde man $v = 0$ zulassen, so wäre jedes λ Eigenwert, denn $A0 = \lambda0$ gilt natürlich immer. Ist aber erst einmal ein Eigenwert λ gefunden, so ist $v = 0$ nach unserer Definition auch Eigenvektor zu λ.

Beispiele im $\mathbb{R}^2$

1. Zunächst einmal die Matrix, welche eine Drehung um den Ursprung beschreibt. Wir haben sie in Beispiel 6 aus Abschn. 7.1 kennengelernt:

$$D_\alpha = \begin{pmatrix} \cos\alpha & -\sin\alpha \\ \sin\alpha & \cos\alpha \end{pmatrix}.$$

Außer dem Nullpunkt wird jeder Punkt gedreht, kein Vektor $v \neq 0$ bleibt also fest und damit gibt es keine Eigenwerte und keine Eigenvektoren.

Halt, es gibt ein paar Ausnahmen: Bei der Drehung um $0°$, um $360°$ und Vielfachen davon wird jeder Vektor auf sich abgebildet: Jeder Vektor ist Eigenvektor zum Eigenwert 1. Bei der Drehung um $180°$ wird jeder Vektor genau umgedreht und ist damit Eigenvektor zum Eigenwert -1.

2. Die Spiegelungsmatrix habe ich Ihnen in Beispiel 7 aus Abschn. 7.1 vorgestellt:

$$S_\alpha = \begin{pmatrix} \cos\alpha & \sin\alpha \\ \sin\alpha & -\cos\alpha \end{pmatrix}.$$

Dort habe ich behauptet, dass dies eine Spiegelung darstellt, ohne es nachzurechnen. Das wollen wir jetzt durchführen, indem wir die Eigenwerte und Eigenvektoren bestimmen. Wir suchen also $(x, y) \in \mathbb{R}^2$ und $\lambda \in \mathbb{R}$ mit der Eigenschaft

$$\begin{pmatrix} \cos\alpha & \sin\alpha \\ \sin\alpha & -\cos\alpha \end{pmatrix} \begin{pmatrix} x \\ y \end{pmatrix} = \lambda \begin{pmatrix} x \\ y \end{pmatrix}.$$

Formen wir diese Matrixgleichung etwas um:

$$\begin{matrix} \cos\alpha\, x + \sin\alpha\, y = \lambda x \\ \sin\alpha\, x - \cos\alpha\, y = \lambda y \end{matrix} \quad \Rightarrow \quad \begin{matrix} (\cos\alpha - \lambda)x + \sin\alpha\, y = 0 \\ \sin\alpha\, x + (-\cos\alpha - \lambda)y = 0 \end{matrix} \tag{9.5}$$

Jetzt haben wir ein lineares Gleichungssystem für x und y. Dummerweise hat sich aber noch eine dritte Unbekannte eingeschlichen, nämlich λ. Und für diese drei Unbekannten ist das System nicht mehr linear. Wir müssen uns also etwas anderes einfallen lassen als den üblichen Gauß'schen Algorithmus.

Wann kann denn das Gleichungssystem (9.5) überhaupt eine von (0,0) verschiedene Lösung (x, y) haben? Dies können wir aus der Koeffizientenmatrix ablesen:

$$A = \begin{pmatrix} \cos\alpha - \lambda & \sin\alpha \\ \sin\alpha & -\cos\alpha - \lambda \end{pmatrix}.$$

Aus Satz 9.4 wissen wir nämlich, dass die Existenz einer nicht-trivialen Lösung gleichbedeutend damit ist, dass die Determinante von A gleich Null ist. Es kann also nur Lösungen geben, wenn gilt:

$$(\cos\alpha - \lambda)(-\cos\alpha - \lambda) - (\sin\alpha)^2 = \lambda^2 - (\cos\alpha)^2 - (\sin\alpha)^2 = \lambda^2 - 1 = 0.$$

Schauen Sie sich das mal an: Wie durch Zauberei sind auf einmal x und y aus unserer Gleichung verschwunden, und wir können λ berechnen. Die Lösungen $\lambda_{1/2} = \pm 1$ sind die möglichen Eigenwerte der Spiegelungsmatrix. Diese Werte können wir in (9.5) einsetzen und erhalten für jeden Eigenwert ein ganz gewöhnliches lineares Gleichungssystem, das wir inzwischen im Schlaf lösen können:

$$\lambda = +1: \quad \begin{aligned} (\cos\alpha - 1)x + \quad\quad \sin\alpha\, y &= 0 \\ \sin\alpha\, x + (-\cos\alpha - 1)y &= 0 \end{aligned}$$

$$\lambda = -1: \quad \begin{aligned} (\cos\alpha + 1)x + \quad\quad \sin\alpha\, y &= 0 \\ \sin\alpha\, x + (-\cos\alpha + 1)y &= 0 \end{aligned}$$

Im ersten Gleichungssystem erhalten wir zum Beispiel als eine Lösung $x = \cos\alpha + 1$, $y = \sin\alpha$. Wenn wir das aufzeichnen (Abb. 9.2), sehen wir, dass dieser Vektor genau auf der Geraden liegt, die den Winkel $\alpha/2$ mit der x-Achse bildet. Eigenwert $+1$ besagt, dass diese Achse Punkt für Punkt fest bleibt.

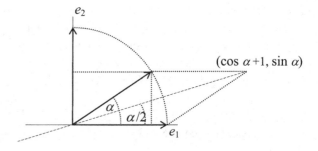

Abb. 9.2 Eigenvektoren der Spiegelung

Berechnen Sie selbst den Eigenvektor zum Eigenwert -1. Sie stellen fest, dass er senkrecht auf dem ersten Eigenvektor steht. Dieser Vektor wird gespiegelt. Durch die Bilder der beiden Eigenvektoren ist die lineare Abbildung vollständig bestimmt. Es handelt sich wirklich um eine Spiegelung. ◄

Wir werden, ähnlich wie für die Spiegelungsmatrix durchgeführt, ein allgemeines Verfahren zur Berechnung von Eigenwerten herleiten. Vorher müssen wir noch ein paar Vorbereitungen treffen:

▶ **Definition 9.11** Ist λ Eigenwert der linearen Abbildung A, so heißt die Menge der Eigenvektoren zu λ

$$T_\lambda := \{v \in K^n \mid Av = \lambda v\}$$

Eigenraum zum Eigenwert λ.

Ein einfacher Rechentrick wird uns helfen die Eigenwerte zu bestimmen: Wegen $Ev = v$ gilt nämlich $\lambda v = \lambda E v$ und damit können wir unter Verwendung der bekannten Rechenregeln für Matrizen schreiben:

$$Av = \lambda v \Leftrightarrow Av = \lambda E v \Leftrightarrow Av - \lambda E v = \vec{0} \Leftrightarrow (A - \lambda E)v = \vec{0}. \tag{9.6}$$

$(A - \lambda E)$ ist eine lineare Abbildung. Die Umrechnung in (9.6) besagt, dass v genau dann Eigenvektor zu λ ist, wenn v im Kern der linearen Abbildung $A - \lambda E$ liegt:

▶ **Satz 9.12** Der Eigenraum T_λ zum Eigenwert λ ist der Kern der Abbildung $(A - \lambda E)$.

Im Beispiel der Spiegelungsmatrix von oben haben wir gerade diese Matrix $A - \lambda E$ untersucht.

Da Kerne von linearen Abbildungen Untervektorräume sind, schließen wir daraus:

▶ **Satz 9.13** Der Eigenraum T_λ zu einem Eigenwert ist ein Untervektorraum.

Eine Zahl λ ist genau dann ein Eigenwert, wenn es dazu einen Eigenvektor $\neq 0$ gibt, das heißt, wenn der Kern von $(A - \lambda E)$ mehr als die 0 enthält, er muss Dimension größer gleich 1 haben. Satz 9.4 besagt dann, dass $\det(A - \lambda E) = 0$ ist:

▶ **Satz 9.14** λ ist Eigenwert der linearen Abbildung A genau dann, wenn $\det(A - \lambda E) = 0$ ist.

Die Sätze 9.12 und 9.14 liefern uns das Kochrezept zur Berechnung von Eigenwerten und Eigenvektoren: Wir bestimmen nach Satz 9.14 die Eigenwerte λ, zu diesen finden wir mit Hilfe von Satz 9.12 die zugehörigen Eigenräume.

Zunächst einmal schauen wir uns für reelle 2×2- und 3×3-Matrizen an, wie $\det(A - \lambda E)$ aussieht:

$$A = \begin{pmatrix} a & b \\ c & d \end{pmatrix}, \quad A - \lambda E = \begin{pmatrix} a - \lambda & b \\ c & d - \lambda \end{pmatrix}.$$

$$\det(A - \lambda E) = (a - \lambda)(d - \lambda) - bc = \lambda^2 - (a + d)\lambda + (ad - bc).$$

Dies ist eine quadratische Gleichung für λ. Zur Nullstellenberechnung gilt die Formel:

$$\lambda_{1/2} = \frac{a + d}{2} \pm \sqrt{\left(\frac{a + d}{2} \right)^2 - ad + bc}.$$

Wie Sie wissen, gibt es hierfür in $\mathbb{R}$ manchmal 2, manchmal 1 und manchmal auch gar keine Lösungen: Lineare Abbildungen im $\mathbb{R}^2$ haben 0, 1 oder 2 reelle Eigenwerte.

Für alle diese Fälle haben wir schon Beispiele gesehen. Können Sie diese zuordnen?

Nun zu den 3×3-Matrizen:

$$A = \begin{pmatrix} a & b & c \\ d & e & f \\ g & h & i \end{pmatrix}, \quad A - \lambda E = \begin{pmatrix} a - \lambda & b & c \\ d & e - \lambda & f \\ g & h & i - \lambda \end{pmatrix},$$

$$\det(A - \lambda E) = (a - \lambda)(e - \lambda)(i - \lambda) + bfg + cdh$$
$$- c(e - \lambda)g - db(i - \lambda) - hf(a - \lambda).$$

Wenn wir diesen Ausdruck ausmultiplizieren und nach den Potenzen von λ sortieren, erhalten wir etwas in der Form:

$$\det(A - \lambda E) = -\lambda^3 + \alpha\lambda^2 + \beta\lambda + \gamma, \quad \alpha, \beta, \gamma \in \mathbb{R},$$

also ein Polynom dritten Grades für λ. Allgemein gilt:

▶ **Satz und Definition 9.15** Für $A \in K^{n \times n}$ ist $\det(A - \lambda E)$ ein Polynom in λ vom Grad n. Dieses Polynom heißt *charakteristisches Polynom* von A.

Die Nullstellen dieses Polynoms sind die Eigenwerte der Matrix A.

Die Tatsache, dass bei einer $n \times n$-Matrix immer ein Polynom vom Grad n herauskommt, kann man zum Beispiel aus der Darstellung der Determinante in Definition 9.6 mit vollständiger Induktion herleiten.

Ich will nicht verheimlichen, dass es etwas mühsam ist, diesen Beweis sauber aufzuschreiben. Viel einfacher geht es, wenn man eine alternative (und natürlich äquivalente) Definition der Determinante verwendet, die Sie in fast allen Mathematikbüchern finden: Die Determinante einer $n \times n$-Matrix ist immer eine Summe von n-fachen Produkten von Permutationen der Matrixelemente. Im Fall von 2×2- und 3×3-Matrizen haben Sie dies schon gesehen. Nachdem der Beweis von Satz 9.15 aber die einzige Stelle darstellt, wo diese Definition in diesem Buch nützlich wäre, habe ich auf die doch ziemlich technische Einführung verzichtet. Wenn Sie aber anderswo von dieser Form der Determinante lesen: es ist dasselbe.

Dieser Satz hat eine unmittelbare, sehr überraschende Konsequenz für reelle 3×3-Matrizen, ja sogar für alle reellen $n \times n$-Matrizen, sofern n ungerade ist:

▶ **Satz 9.16** Für ungerades n hat jede Matrix aus $\mathbb{R}^{n \times n}$ mindestens einen reellen Eigenwert.

Zum Beweis müssen Sie kurz in den zweiten Teil des Buches vorblättern: Aus dem Nullstellensatz der Analysis folgt, dass jedes reelle Polynom ungeraden Grades mindestens eine Nullstelle hat (siehe Satz 14.24 in Abschn. 14.3).   □

Überlegen Sie einmal, was das bedeutet: Sie können keine lineare Abbildung im $\mathbb{R}^3$ finden, die nicht mindestens einen Vektor hat, der seine Richtung beibehält. Wenn ein Fußball während des Spiels übers Feld fliegt, führt er lineare Abbildungen und Translationen durch. Legt der Schiedsrichter nach der Pause den Ball wieder auf den Anstoßpunkt, so heben sich die Translationen auf, es bleibt eine lineare Abbildung. Das heißt, es gibt eine Achse in dem Fußball, die genau die gleiche Lage hat wie zu Beginn des Spieles. Der Ball hat sich nur ein Stück um diese Achse gedreht.

Diese Gegebenheit erleichtert es ungemein, Bewegungen von Körpern in einem Rechner nachzuvollziehen.

Für komplexe Zahlen ergibt der Fundamentalsatz der Algebra (Satz 5.14):

▶ **Satz 9.17** Jede Matrix aus $\mathbb{C}^{n \times n}$ hat mindestens einen Eigenwert.

Wir wissen, dass jedes komplexe Polynom vom Grad n in Linearfaktoren zerfällt, es hat also n Nullstellen. Aber Vorsicht, das heißt nicht, dass jede komplexe $n \times n$-Matrix n Eigenwerte hat: Nullstellen können auch mehrfach auftreten, nur die verschiedenen Nullstellen liefern aber verschiedene Eigenwerte.

Und noch eine Feststellung folgt jetzt mit unserem Wissen über Polynome: Nach Satz 5.24 in Abschn. 5.4 hat ein Polynom vom Grad n höchstens n Nullstellen, also gilt:

▶ **Satz 9.18** Eine $n \times n$-Matrix hat höchstens n verschiedene Eigenwerte.

Beispiele

1. $A = \begin{pmatrix} 3 & -1 \\ 1 & 1 \end{pmatrix}$, $\det(A - \lambda E) = \lambda^2 - 4\lambda + 4 = (\lambda - 2)^2$,

   hat einen Eigenwert, nämlich $\lambda = 2$. Um die dazugehörigen Eigenvektoren zu bestimmen, müssen wir jetzt das lineare Gleichungssystem $(A - 2E)x = 0$ lösen:

   $$\begin{pmatrix} 3-2 & -1 \\ 1 & 1-2 \end{pmatrix} \begin{pmatrix} x_1 \\ x_2 \end{pmatrix} = \begin{pmatrix} 1 & -1 \\ 1 & -1 \end{pmatrix} \begin{pmatrix} x_1 \\ x_2 \end{pmatrix} = \begin{pmatrix} 0 \\ 0 \end{pmatrix}.$$

   Eine gute Kontrollmöglichkeit, um festzustellen, ob Sie die Eigenwerte richtig bestimmt haben, besteht immer darin, den Rang der zugehörigen Matrix zu bestimmen. Dieser muss jedenfalls kleiner als die Zeilenzahl sein, in diesem Fall also höchstens 1. Das ist hier auch der Fall.

   Im Allgemeinen wird man dieses Gleichungssystem jetzt wieder mit dem Gauß'schen Algorithmus behandeln. Hier sehen wir aber sofort, dass $(1, 1)$ eine Basis des Lösungsraums ist. Die Matrix A hat also den Eigenvektor $(1, 1)$ (und natürlich alle Vielfachen davon) zum Eigenwert $+2$.

2. $A = \begin{pmatrix} 1 & -1 \\ 2 & -1 \end{pmatrix}$, $\det(A - \lambda E) = \lambda^2 + 1$.

   Diese Matrix hat keine reellen Eigenwerte, wohl aber komplexe.

3. $A = \begin{pmatrix} 2 & 2 \\ 0 & 1 \end{pmatrix}$, $\det(A - \lambda E) = (2 - \lambda)(1 - \lambda)$,

   hat die Eigenwerte 2 und 1. Damit sind die beiden folgenden Gleichungssysteme zu lösen:

   $$\begin{pmatrix} 0 & 2 \\ 0 & -1 \end{pmatrix} \begin{pmatrix} x_1 \\ x_2 \end{pmatrix} = \begin{pmatrix} 0 \\ 0 \end{pmatrix} \quad \text{und} \quad \begin{pmatrix} 1 & 2 \\ 0 & 0 \end{pmatrix} \begin{pmatrix} x_1 \\ x_2 \end{pmatrix} = \begin{pmatrix} 0 \\ 0 \end{pmatrix}.$$

   Basis des Eigenraums zu 2 ist der Vektor $(1, 0)$, Basis des Eigenraums zu 1 ist zum Beispiel $(2, -1)$.

   Zeichnen Sie doch einmal, ähnlich wie in den Beispielen in Abschn. 7.1, auf, was diese Abbildungen mit einem Quadrat machen.

4. Schließlich noch ein Beispiel einer 3×3-Matrix. Ich führe dabei nicht alle Schritte im Einzelnen aus, bitte arbeiten Sie auf dem Papier mit:

   $$A = \begin{pmatrix} 5 & -1 & 2 \\ -1 & 5 & 2 \\ 2 & 2 & 2 \end{pmatrix}, \quad \det(A - \lambda E) = (-\lambda)(\lambda^2 - 12\lambda + 36).$$

Die erste Nullstelle ist $\lambda_1 = 0$, weiter ergibt sich $\lambda_{2/3} = 6 \pm \sqrt{36 - 36} = 6$. Wir erhalten also zwei Eigenwerte und haben die beiden Gleichungssysteme $(A - 6E)x = 0$ und $(A - 0E)x = 0$ zu lösen:

$$A - 6E = \begin{pmatrix} -1 & -1 & 2 \\ -1 & -1 & 2 \\ 2 & 2 & -4 \end{pmatrix}.$$

Diese Matrix hat Rang 1, die Dimension des Lösungsraums ist also 2: beispielsweise bilden $(-1, 1, 0)$ und $(2, 0, 1)$ eine Basis des Eigenraums zum Eigenwert 6.

$$A - 0E = A = \begin{pmatrix} 5 & -1 & 2 \\ -1 & 5 & 2 \\ 2 & 2 & 2 \end{pmatrix}.$$

Die Matrix hat Rang 2, die Dimension des Lösungsraums ist 1 und eine Basis des Eigenraums ist zum Beispiel $(1, 1, -2)$.
Machen Sie die Probe! ◄

Im letzten Beispiel haben wir einen Eigenraum der Dimension 2 und einen der Dimension 1 gefunden. Hätte der zweite Eigenraum vielleicht auch Dimension 2 haben können? Nein, denn mehr als drei linear unabhängige Eigenvektoren passen in den $\mathbb{R}^3$ nicht hinein, und es gilt der

▶ **Satz 9.19** Von $\vec{0}$ verschiedene Eigenvektoren zu verschiedenen Eigenwerten sind linear unabhängig.

Die Eigenvektoren der verschiedenen Eigenräume haben also nichts miteinander zu tun.

Ich denke dieser Satz ist einleuchtend: Wäre ein Eigenvektor in zwei verschiedenen Eigenräumen, so wüsste er ja gar nicht mehr, wohin er abgebildet werden soll. Den präzisen Induktionsbeweis dazu erspare ich uns. Eine Folgerung können wir aus dem Satz noch ziehen, die im nächsten Abschnitt interessant wird:

▶ **Folgerung 9.20** Hat die Matrix $A \in K^{n \times n}$ n Eigenwerte, so besitzt sie eine Basis aus Eigenvektoren.

Denn zu jedem Eigenwert gehört ja mindestens ein von 0 verschiedener Eigenvektor. □

Wie Sie an dem letzten Beispiel gesehen haben, kann auch eine Matrix mit weniger Eigenwerten eine Basis aus Eigenvektoren haben: $(-1, 1, 0)$, $(2, 0, 1)$ und $(1, 1, -2)$ bilden eine Basis des $\mathbb{R}^3$.

9.3 Basistransformationen

Die Matrix einer Spiegelung an der x_1-Achse im $\mathbb{R}^2$ hat eine sehr einfache Gestalt: Der Basisvektor e_1 bleibt fest, e_2 wird umgedreht. Als Matrix ergibt sich:

$$\begin{pmatrix} 1 & 0 \\ 0 & -1 \end{pmatrix}.$$

Die Matrix bezüglich der Spiegelung an einer anderen Achse sieht viel komplizierter aus. Das liegt natürlich daran, dass in diesem speziellen Fall die Basisvektoren nicht verbogen worden sind, sie sind Eigenvektoren der Spiegelung.

Ein wesentliches Ziel der Berechnung von Eigenvektoren ist es, Basen zu finden, bezüglich derer die Matrix einer linearen Abbildung möglichst einfach aussieht. Kann man als Basisvektoren Eigenvektoren wählen, so erreicht man dieses Ziel. Wählen wir etwa im letzten Beispiel vor Satz 9.19 als Basis die drei gefundenen Eigenvektoren $(-1, 1, 0)$, $(2, 0, 1)$ und $(1,1,-2)$, so hat die Matrix der zugehörigen Abbildung bezüglich dieser Basis die Gestalt

$$\begin{pmatrix} 6 & 0 & 0 \\ 0 & 6 & 0 \\ 0 & 0 & 0 \end{pmatrix},$$

denn die Spalten der Matrix sind die Bilder der Basis und die Basisvektoren werden nur gestreckt.

In Abschn. 6.6 haben wir schon gesehen, dass Vektoren bezüglich verschiedener Basen verschiedene Koordinaten haben. In einem zweidimensionalen Beispiel haben wir nach Satz 6.22 ausgerechnet, wie sich die Koordinaten eines Vektors in verschiedenen Basen berechnen lassen. Dies müssen wir jetzt etwas systematischer durchführen: Ist ein Vektor bezüglich der Basis B_1 gegeben, so wollen wir seine Koordinaten bezüglich der Basis B_2 bestimmen. Ist weiter A die Matrix einer linearen Abbildung bezüglich B_1, so möchten wir die Matrix dieser Abbildung bezüglich der Basis B_2 kennen.

Zur Erinnerung: Ist $B = \{b_1, b_2, \ldots, b_n\}$ eine Basis des K^n, so lässt sich jedes $v \in K^n$ als Linearkombination der Basisvektoren schreiben: $v = \lambda_1 b_1 + \lambda_2 b_2 + \cdots + \lambda_n b_n$. Wir schreiben dann

$$v = \begin{pmatrix} \lambda_1 \\ \vdots \\ \lambda_n \end{pmatrix}_B.$$

Die Basisvektoren haben die Koordinaten

$$b_1 = \begin{pmatrix} 1 \\ 0 \\ \vdots \\ 0 \end{pmatrix}_B, \quad \ldots, \quad b_n = \begin{pmatrix} 0 \\ 0 \\ \vdots \\ 1 \end{pmatrix}_B.$$

Wie ist der Zusammenhang zwischen Koordinaten eines Vektors v bezüglich der Basen B_1 und B_2? Sei $B_2 = \{b_1, b_2, \ldots, b_n\}$, es seien die Koordinaten der b_i bezüglich B_1 und von v bezüglich B_1 und B_2 gegeben:

$$b_1 = \begin{pmatrix} b_{11} \\ \vdots \\ b_{n1} \end{pmatrix}_{B_1} , \ldots, b_n = \begin{pmatrix} b_{1n} \\ \vdots \\ b_{nn} \end{pmatrix}_{B_1} , \quad v = \begin{pmatrix} v_1 \\ \vdots \\ v_n \end{pmatrix}_{B_1} , \quad v = \begin{pmatrix} \lambda_1 \\ \vdots \\ \lambda_n \end{pmatrix}_{B_2} .$$

Dann ist also

$$v = \begin{pmatrix} v_1 \\ \vdots \\ v_n \end{pmatrix}_{B_1} = \lambda_1 b_1 + \lambda_2 b_2 + \cdots \lambda_n b_n$$

$$= \lambda_1 \begin{pmatrix} b_{11} \\ \vdots \\ b_{n1} \end{pmatrix}_{B_1} + \cdots + \lambda_n \begin{pmatrix} b_{1n} \\ \vdots \\ b_{nn} \end{pmatrix}_{B_1} = \begin{pmatrix} b_{11}\lambda_1 + \cdots + b_{1n}\lambda_n \\ \vdots \\ b_{n1}\lambda_1 + \cdots + b_{nn}\lambda_n \end{pmatrix}_{B_1} .$$

(9.7)

Die Matrix

$$T = \begin{pmatrix} b_{11} & \cdots & b_{1n} \\ \vdots & & \vdots \\ b_{n1} & \cdots & b_{nn} \end{pmatrix}$$

ist eine invertierbare Matrix, denn die Spalten sind linear unabhängig und aus (9.7) folgt:

$$\begin{pmatrix} v_1 \\ \vdots \\ v_n \end{pmatrix}_{B_1} = T \begin{pmatrix} \lambda_1 \\ \vdots \\ \lambda_n \end{pmatrix}_{B_2} , \text{ und damit auch } \begin{pmatrix} \lambda_1 \\ \vdots \\ \lambda_n \end{pmatrix}_{B_2} = T^{-1} \begin{pmatrix} v_1 \\ \vdots \\ v_n \end{pmatrix}_{B_1} .$$

(9.8)

Wir können also den folgenden Satz formulieren:

▶ **Satz 9.21** Es sei f die lineare Abbildung, welche die Basis B_1 in die Basis B_2 abbildet. T sei die Matrix dieser Abbildung bezüglich der Basis B_1, die Spalten von T enthalten also die Basis $B_2 = \{b_1, b_2, \ldots, b_n\}$ in den Koordinaten bezüglich B_1. Dann erhält man die Koordinaten eines Vektors v bezüglich B_2, indem man die Koordinaten von v bezüglich B_1 von links mit T^{-1} multipliziert. Die Koordinaten von v bezüglich B_1 erhält man aus denen bezüglich B_2 durch Multiplikation von links mit T.

Blättern Sie jetzt einmal zu dem Beispiel nach Satz 6.22 zurück, und Sie werden feststellen, dass wir dort genau das getan haben, ohne dass wir damals schon gewusst haben, was eine Matrix ist.

Die Matrix T heißt *Basistransformationsmatrix* von B_1 nach B_2.

▶ **Satz 9.22** Ist T die Basistransformationsmatrix von B_1 nach B_2 und S die Basistransformationsmatrix von B_2 nach B_3, so ist TS die Basistransformationsmatrix von B_1 nach B_3.

Dies folgt aus (9.8), wenn sie diese Zeile auch noch für die Matrix S aufschreiben. Den Beweis möchte ich Ihnen als Übungsaufgabe überlassen.   □

Gelegentlich gibt hier die Reihenfolge der Matrixmultiplikationen Anlass zur Verwirrung, sie ist genau anders herum als bei der Hintereinanderausführung linearer Abbildungen: Wenn Sie erst die lineare Abbildung A und dann die Abbildung B ausführen, so ergibt sich die lineare Abbildung BA. Führen Sie erst die Basistransformation T und dann die Transformation S durch, so ergibt sich die Basistransformation TS.

Schauen wir uns noch einmal das Beispiel 4 vor Satz 9.19 an und transformieren in die Basis aus Eigenvektoren: Die Matrix T lautet:

$$T = \begin{pmatrix} -1 & 2 & 1 \\ 1 & 0 & 1 \\ 0 & 1 & -2 \end{pmatrix},$$

die Inverse dazu ist

$$\frac{1}{6} \begin{pmatrix} -1 & 5 & 2 \\ 2 & 2 & 2 \\ 1 & 1 & -2 \end{pmatrix}.$$

Dann ist beispielsweise

$$\frac{1}{6} \begin{pmatrix} -1 & 5 & 2 \\ 2 & 2 & 2 \\ 1 & 1 & -2 \end{pmatrix} \begin{pmatrix} -1 \\ 1 \\ 0 \end{pmatrix}_{B_1} = \begin{pmatrix} 1 \\ 0 \\ 0 \end{pmatrix}_{B_2},$$

denn $\begin{pmatrix} -1 \\ 1 \\ 0 \end{pmatrix}_{B_1}$ ist ja der erste Basisvektor in der Basis B_2.

Wie bestimmen wir die Matrix einer linearen Abbildung bezüglich der Basis B_2? Sei dazu $f: K^n \to K^n$ eine lineare Abbildung, $A \in K^{n \times n}$ die dazugehörige Matrix bezüglich

B_1 und $S \in K^{n \times n}$ die Matrix von f bezüglich B_2. Es seien $v, w \in K^n$ mit $f(v) = w$.
Weiter seien die Koordinaten von v und w bezüglich der Basen B_1 beziehungsweise B_2
gegeben:

$$
v = \begin{pmatrix} v_1 \\ \vdots \\ v_n \end{pmatrix}_{B_1}, w = \begin{pmatrix} w_1 \\ \vdots \\ w_n \end{pmatrix}_{B_1} \quad \text{und} \quad v = \begin{pmatrix} \lambda_1 \\ \vdots \\ \lambda_n \end{pmatrix}_{B_2}, w = \begin{pmatrix} \mu_1 \\ \vdots \\ \mu_n \end{pmatrix}_{B_2}.
$$

Somit gilt für die Matrizen A und S:

$$
A \begin{pmatrix} v_1 \\ \vdots \\ v_n \end{pmatrix}_{B_1} = \begin{pmatrix} w_1 \\ \vdots \\ w_n \end{pmatrix}_{B_1}, \quad S \begin{pmatrix} \lambda_1 \\ \vdots \\ \lambda_n \end{pmatrix}_{B_2} = \begin{pmatrix} \mu_1 \\ \vdots \\ \mu_n \end{pmatrix}_{B_2}. \tag{9.9}
$$

Ist T die Basistransformationsmatrix, so erhalten wir nach Satz 9.21:

$$
T \begin{pmatrix} \lambda_1 \\ \vdots \\ \lambda_n \end{pmatrix}_{B_2} = \begin{pmatrix} v_1 \\ \vdots \\ v_n \end{pmatrix}_{B_1}, \quad T \begin{pmatrix} \mu_1 \\ \vdots \\ \mu_n \end{pmatrix}_{B_2} = \begin{pmatrix} w_1 \\ \vdots \\ w_n \end{pmatrix}_{B_1}. \tag{9.10}
$$

Setzen wir (9.10) in die linke Hälfte von (9.9) ein, so folgt $AT \begin{pmatrix} \lambda_1 \\ \vdots \\ \lambda_n \end{pmatrix}_{B_2} = T \begin{pmatrix} \mu_1 \\ \vdots \\ \mu_n \end{pmatrix}_{B_2}$

und daraus nach Multiplikation mit T^{-1} von links:

$$
T^{-1} A T \begin{pmatrix} \lambda_1 \\ \vdots \\ \lambda_n \end{pmatrix}_{B_2} = \begin{pmatrix} \mu_1 \\ \vdots \\ \mu_n \end{pmatrix}_{B_2}. \tag{9.11}
$$

Der Vergleich von (9.11) mit der rechten Hälfte von (9.9) liefert schließlich $T^{-1} A T = S$,
denn die Matrix einer linearen Abbildung ist eindeutig bestimmt. Damit haben wir endlich
den gesuchten Zusammenhang:

▶ **Satz 9.23** Ist T die Basistransformationsmatrix von der Basis B_1 in die Basis
B_2 und ist f eine lineare Abbildung, zu der bezüglich B_1 die Matrix A gehört,
so gehört zu f bezüglich B_2 die Matrix $T^{-1} A T$.

Beachten Sie bitte, dass die Matrixmultiplikation nicht kommutativ ist. In der Regel ist
daher $T^{-1} A T \neq A$!

In dem Beispiel von oben können Sie nachprüfen, dass gilt:

$$\underbrace{\frac{1}{6}\begin{pmatrix} -1 & 5 & 2 \\ 2 & 2 & 2 \\ 1 & 1 & -2 \end{pmatrix}}_{T^{-1}} \underbrace{\begin{pmatrix} 5 & -1 & 2 \\ -1 & 5 & 2 \\ 2 & 2 & 2 \end{pmatrix}}_{A} \underbrace{\begin{pmatrix} -1 & 2 & 1 \\ 1 & 0 & 1 \\ 0 & 1 & -2 \end{pmatrix}}_{T} = \underbrace{\begin{pmatrix} 6 & 0 & 0 \\ 0 & 6 & 0 \\ 0 & 0 & 0 \end{pmatrix}}_{S}.$$

▶ **Definition 9.24** Zwei Matrizen $A, B \in K^{n \times n}$ heißen *ähnlich*, wenn es eine invertierbare Matrix $T \in K^{n \times n}$ gibt mit $A = T^{-1}BT$.

Dies bedeutet nichts anderes, als dass A und B bezüglich zweier verschiedener Basen dieselbe lineare Abbildung beschreiben. Insbesondere haben also A und B dieselben Eigenwerte und dieselbe Determinante.

Die Ähnlichkeit von Matrizen ist übrigens eine Äquivalenzrelation.

▶ **Satz 9.25** Sei $f: K^n \to K^n$ eine lineare Abbildung. Hat K^n bezüglich f eine Basis von Eigenvektoren, so gehört zu f bezüglich dieser Basis die Diagonalmatrix

$$\begin{pmatrix} \lambda_1 & 0 & \cdots & 0 \\ 0 & \lambda_2 & & \vdots \\ \vdots & & \ddots & 0 \\ 0 & \cdots & 0 & \lambda_n \end{pmatrix}, \tag{9.12}$$

wobei in der Diagonalen die Eigenwerte von f stehen.

Wir wissen das schon: Die Spalten sind die Bilder der Eigenvektoren und wegen $f(b_i) = \lambda_i b_i$ gilt die Behauptung. □

▶ **Definition 9.26** Die Matrix $A \in K^{n \times n}$ heißt *diagonalisierbar*, wenn es eine ähnliche Matrix S gibt, welche die Form (9.12) hat.

Die Matrix A ist also genau dann diagonalisierbar, wenn die Eigenvektoren von A eine Basis bilden.

Untersuchen wir noch einmal die Spiegelung im $\mathbb{R}^2$. Wir wissen inzwischen, dass die zugehörige Matrix

$$S_\alpha = \begin{pmatrix} \cos\alpha & \sin\alpha \\ \sin\alpha & -\cos\alpha \end{pmatrix}$$

Abb. 9.3 Basistransformation

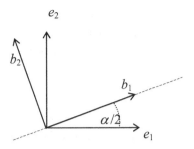

diagonalisierbar ist. Eine Basis der diagonalisierten Matrix besteht aus der Achse b_1 und dem dazu senkrechten Vektor b_2. Die Länge von b_1 und b_2 soll jeweils 1 sein. Die Matrix S bezüglich der neuen Basis B hat die Form

$$S_B = \begin{pmatrix} 1 & 0 \\ 0 & -1 \end{pmatrix}.$$

Wie sieht die Basistransformationsmatrix aus? Die lineare Abbildung T, die e_1 in b_1 und e_2 in b_2 abbildet, ist gerade die Drehung um den Winkel $\alpha/2$, und T^{-1} ist die Drehung zurück um $-\alpha/2$ (Abb. 9.3):

$$T = \begin{pmatrix} \cos(\alpha/2) & -\sin(\alpha/2) \\ \sin(\alpha/2) & \cos(\alpha/2) \end{pmatrix}, \quad T^{-1} = \begin{pmatrix} \cos(-\alpha/2) & -\sin(-\alpha/2) \\ \sin(-\alpha/2) & \cos(-\alpha/2) \end{pmatrix}.$$

Mit unserem Wissen über die Basistransformationsmatrix aus Satz 9.23 muss also gelten:

$$\begin{pmatrix} \cos(\alpha/2) & -\sin(\alpha/2) \\ \sin(\alpha/2) & \cos(\alpha/2) \end{pmatrix} \begin{pmatrix} 1 & 0 \\ 0 & -1 \end{pmatrix} \begin{pmatrix} \cos(-\alpha/2) & -\sin(-\alpha/2) \\ \sin(-\alpha/2) & \cos(-\alpha/2) \end{pmatrix} = \begin{pmatrix} \cos\alpha & \sin\alpha \\ \sin\alpha & -\cos\alpha \end{pmatrix}.$$

Rechnen Sie es nach unter der Verwendung der Additionsregeln für Cosinus und Sinus aus der Formelsammlung oder von Satz 14.21 in Abschn. 14.2. Es stimmt tatsächlich!

Orientierung von Vektorräumen

Seitdem Sie das erste Mal ein Koordinatensystem gesehen haben, sind Sie gewohnt, die x_1-Achse nach rechts und die x_2-Achse nach oben und nicht etwa nach unten zu zeichnen. Es hat mir zu Anfang ziemliche Schwierigkeiten bereitet, dass manche Zeichenprogramme den Ursprung in den linken oberen Rand des Bildschirms legen; wohl weil das Bild zeilenweise von oben nach unten aufgebaut wird. Was hat es mit diesem oben, unten, rechts und links auf sich?

Der Mensch ist nicht rotationssymmetrisch gebaut und kann daher links und rechts unterscheiden. Wir können uns an den Schwanz eines Vektors in einer Ebene setzen, in Richtung des Vektors schauen und sagen, was links und was rechts davon ist. Es ist eine übliche Konvention, unser zweidimensionales Koordinatensystem so aufzubauen, dass sich der Basisvektor e_2 links vom Basisvektor e_1 befindet. Ein solches Koordinatensystem nennen wir positiv orientiert, ein anderes negativ orientiert. Vertauscht man e_1 und e_2, so dreht sich gerade die Orientierung um.

Im dreidimensionalen Fall ist es etwas schwieriger: Sitzen wir im Ursprung und schauen in Richtung eines Vektors, können wir nicht von links oder rechts sprechen: Wir brauchen dazu eine Bezugsebene. Dies ist die Ebene, die von den beiden Basisvektoren e_1 und e_2 gebildet wird.

Können wir von dieser Ebene im $\mathbb{R}^3$ sagen, ob ihr Koordinatensystem positiv oder negativ orientiert ist? Nein, das hängt davon ab, auf welche Seite der Ebene wir uns setzen!

Die Konvention lautet hier: Dreht man den Basisvektor e_1 in Richtung e_2, so soll e_3 auf der Seite der Ebene liegen, in die sich bei dieser Drehung eine Schraube hineindrehen würde. Vielleicht kennen Sie auch die „Rechte-Hand-Regel": Streckt man Daumen, Zeigefinger und Mittelfinger der rechten Hand linear unabhängig aus, so erhält man (in dieser Reihenfolge) ein Rechtssystem.

Wie im $\mathbb{R}^2$ gibt es also auch hier zwei Typen von Koordinatensystemen: positiv und negativ orientierte.

Wie können wir diese Orientierungen mathematisch beschreiben? Die Determinante gibt uns das Hilfsmittel dazu.

▶ **Definition und Satz 9.27** Zwei Basen des Vektorraums K^n heißen *gleich orientiert*, wenn die Determinante der Basistransformationsmatrix größer als 0 ist. Die Orientierung ist eine Äquivalenzrelation auf der Menge der Basen von K^n und teilt diese in zwei Klassen ein.

Nennen wir die Relation „$\sim$". Dann gilt:

$B_1 \sim B_1$, denn die Basistransformationsmatrix ist E und $\det E = 1$.

$B_1 \sim B_2 \Rightarrow B_2 \sim B_1$, denn ist T die Transformationsmatrix von B_1 nach B_2, so ist T^{-1} die Transformationsmatrix von B_2 nach B_1. Da $\det T T^{-1} = \det T \cdot \det T^{-1} = \det E = 1$ ist, hat mit $\det T$ auch $\det T^{-1}$ positives Vorzeichen.

$B_1 \sim B_2, B_2 \sim B_3 \Rightarrow B_1 \sim B_3$, denn ist T die Transformationsmatrix von B_1 nach B_2, und S die von B_2 nach B_3, so ist nach Satz 9.22 TS die Transformationsmatrix von B_1 nach B_3 und $\det TS = \det T \cdot \det S > 0$.

Die Aussage, dass diese Äquivalenzrelation genau zwei Äquivalenzklassen hat, möchte ich Ihnen als Übung überlassen, um Sie noch etwas an Basistransformationen und Determinanten zu gewöhnen. □

Abb. 9.4 Orientierung von
Koordinatensysteme

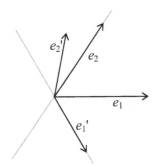

Das Hilfsmittel der Determinante nimmt uns nicht die Aufgabe ab zu sagen, welche Koordinatensysteme positiv orientiert sind und welche negativ. Das müssen wir festlegen. Wenn nicht fast jeder Mensch seine rechte Hand immer bei sich hätte, müsste in Paris neben dem Urmeter und dem Urkilogramm auch der Prototyp eines positiv orientierten Koordinatensystems aufbewahrt sein.

Wenn wir im $\mathbb{R}^2$ oder $\mathbb{R}^3$ aber unseren Prototyp festgelegt haben, stimmt dann die Menge der positiv orientierten Basen mit der Konvention überein, die wir am Anfang dieses Abschnitts getroffen haben?

Für die Ebene wollen wir uns das überlegen. Wir gehen von einem positiv orientierten Koordinatensystem aus (e_2 liegt links von e_1) und führen eine Basistransformation mit positiver Determinante durch. Dann müsste e_2' wieder links von e_1' liegen. Teilen wir die Transformation in zwei Teile auf: zunächst wird e_2 festgehalten und e_1 in e_1' transformiert, anschließend bleibt e_1' fest und e_2 wird transformiert. Die Basistransformationsmatrizen T und S sehen dann wie folgt aus:

$$T = \begin{pmatrix} a & 0 \\ b & 1 \end{pmatrix}, \quad S = \begin{pmatrix} 1 & c \\ 0 & d \end{pmatrix}.$$

Es ist $\det T = a$ und $\det S = d$. Da $\det TS = \det T \cdot \det S > 0$ ist, sind a und d beide größer 0 oder beide kleiner 0.

Nehmen wir an, dass a und d beide größer 0 sind. (a, b) sind die Koordinaten von e_1' bezüglich der Ausgangsbasis und $a > 0$ heißt, dass e_1 und e_1' auf der gleichen Seite von e_2 liegen. Also liegt e_2 links von e_1'. Genauso sind (c, d) die Koordinaten von e_2' im Koordinatensystem (e_1', e_2) und $d > 0$ heißt, dass e_2 und e_2' auf der gleichen Seite von e_1' liegen, also liegt auch e_2' links von e_1' (Abb. 9.4).

Ähnlich argumentiert man, wenn a und d beide kleiner 0 sind.

Auch im $\mathbb{R}^3$ ist unsere Konvention mit der Determinantenregel verträglich. Ist es möglich, in höherdimensionalen Räumen so etwas wie die Rechte-Hand-Regel zu formulieren? Ich glaube nicht; wir können zwar mit einem Dreibein anfangen, aber in welche Richtung soll sich dann die vierdimensionale Schraube drehen? Im Allgemeinen rechnen wir einfach mit einer Basis, die unsere Standardbasis ist, und vergleichen die Orientierungen anderer Basen mit dieser.

Jetzt sehen wir auch, was es mit den Vorzeichen eines Volumens auf sich hat, das uns die Determinante liefert: das Volumen eines n-dimensionalen Spats ist positiv, wenn die Vektoren, welche die Kanten beschreiben, die gleiche Orientierung haben wie die Basis des Vektorraums. Sonst ist das Volumen negativ.

Wenn Sie in der Computergraphik ein Objekt bewegen oder auch verformen wollen, so müssen Sie darauf achten, dass Sie dabei Transformationen anwenden, welche die Orientierung erhalten, außer wenn Sie das Objekt im Spiegel anschauen wollen. Überprüfen Sie unter diesem Gesichtspunkt noch einmal die Transformationen, die ich Ihnen in Abschn. 7.1 vorgestellt habe.

Ray Tracing, Teil 2

Im ersten Teil des Ray Tracings, am Ende von Kap. 8, haben wir uns mit dem Problem beschäftigt, Schnittpunkte einer Geraden mit einem Objekt zu bestimmen. Wir gehen dabei davon aus, dass das Objekt durch eine Reihe von Polygonen begrenzt wird, also von unregelmäßigen Vielecken. Im ersten Schritt haben wir den Schnittpunkt der Geraden mit der Ebene bestimmt, in der das Polygon liegt. Wie finden wir aber heraus, ob der Punkt innerhalb oder außerhalb des Polygons liegt?

Erst einmal können wir das Problem in den $\mathbb{R}^2$ verlagern: Ein Punkt liegt genau dann im Polygon, wenn dies für die Projektion des Polygons auf eine der Koordinatenebenen gilt. Wir projizieren also auf eine Koordinatenebene, in der das Polygon zu einer Linie ausartet. Dies geschieht einfach, indem man eine der drei Koordinaten gleich Null setzt.

Testen wir jetzt, ob der Punkt P im Polygon liegt. Zunächst nehmen wir an, dass das Polygon konvex ist, das heißt, dass mit zwei Punkten auch die ganze Verbindungsstrecke zwischen den Punkten im Polygon liegt. Ist nun noch ein Referenzpunkt R innerhalb des Polygons gegeben, so müssen wir untersuchen, ob die Strecke PR den Rand des Polygons schneidet oder nicht. Der Rand des Polygons besteht selbst aus Streckenabschnitten, und so reduziert sich das Problem auf die mehrfache Untersuchung der Frage, ob sich zwei Streckenstücke PR und QS schneiden. Hierfür brauchen wir einen schnellen Algorithmus. Das Vorzeichen der Determinante und sein Zusammenhang mit der Orientierung von linear unabhängigen Vektoren sind ein geeignetes Hilfsmittel:

PR und QS schneiden sich genau dann, wenn Q und S auf verschiedenen Seiten des Vektors $\vec{PR}$ liegen, und P und R auf verschiedenen Seiten von $\vec{QS}$ (Abb. 9.5). Nach dem, was wir gerade über die Orientierung von Koordinatensystemen gelernt haben, heißt das:

$$\det\left(\vec{PR} \quad \vec{PQ}\right) \cdot \det\left(\vec{PR} \quad \vec{PS}\right) \leq 0 \quad \text{und} \quad \det\left(\vec{QS} \quad \vec{QR}\right) \cdot \det\left(\vec{QS} \quad \vec{QP}\right) \leq 0.$$

Dabei sind die Vektoren jeweils die Spaltenvektoren der Matrizen. Der Sonderfall $= 0$ tritt ein, wenn einer der Endpunkte auf dem anderen Streckenstück liegt. Zur Durchführung dieser Überprüfung benötigen wir also 8 Multiplikationen.

Abb. 9.5 Ray Tracing 2

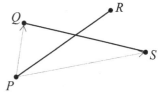

Das Verfahren kann leicht auf nicht-konvexe Polygone erweitert werden: P liegt im Polygon, wenn die Anzahl der Schnittpunkte von PR mit dem Rand des Polygons gerade ist, sonst liegt es außerhalb.

9.4 Verständnisfragen und Übungsaufgaben

Verständnisfragen

1. Welche geometrische Bedeutung hat die Determinante einer Matrix?

2. Erläutern Sie den Zusammenhang zwischen der Determinante einer Matrix, dem Rang der Matrix und dem Kern der dazugehörigen linearen Abbildung.

3. Bei einer Drehspiegelung im $\mathbb{R}^3$ wird zunächst an einer Ebene gespiegelt und anschließend um die Achse senkrecht zu dieser Ebene gedreht. Wie viele Eigenvektoren hat eine Drehspiegelung. Welches sind die dazugehörigen Eigenwerte? Gibt es Sonderfälle?

4. Ist $\vec{0}$ Eigenvektor zu jedem Eigenwert?

5. Ist u ein Eigenvektor zu dem Eigenwert λ und v ein Eigenvektor zu dem Eigenwert μ ($\lambda \neq \mu$), ist dann auch $u + v$ ein Eigenvektor?

6. Wenn eine Matrix aus dem $\mathbb{R}^{4\times4}$ drei Eigenwerte hat und die Dimension des Eigenraums zum ersten Eigenwert 2 ist, gibt es dann eine Basis aus Eigenvektoren zu der Matrix?

7. Richtig oder falsch: Wenn ein Eigenwert der Matrix aus dem $\mathbb{R}^{3\times3}$ einen Eigenraum mit der Dimension 2 hat, so hat die Matrix genau einen weiteren Eigenwert.

8. Ist λ Eigenwert einer Matrix A aus $\mathbb{R}^{2\times2}$, kann dann Rang$(A - \lambda E) = 2$ sein?

9. Ist A eine Matrix aus $\mathbb{R}^{n\times n}$ und $T \in \mathbb{R}^{n\times n}$ eine invertierbare Matrix, hat dann $T^{-1}AT$ die gleichen Eigenwerte wie A? ◄

Übungsaufgaben

1. Zeigen Sie: Die Determinante einer 2×2-Matrix $\begin{pmatrix} a & b \\ c & d \end{pmatrix}$ ist genau die Fläche des Parallelogramms, das durch die beiden Zeilenvektoren bestimmt wird.

2. Berechnen Sie die Determinanten der folgenden Matrizen:

$$\begin{pmatrix} 2 & -6 & 4 & 0 \\ 4 & -12 & -1 & 2 \\ 1 & 7 & 2 & 1 \\ 0 & 10 & 3 & 9 \end{pmatrix}, \quad \begin{pmatrix} 3 & -4 & 0 & 2 \\ 0 & 7 & 6 & 3 \\ 2 & -6 & 0 & 1 \\ 5 & 3 & 1 & -2 \end{pmatrix}, \quad \begin{pmatrix} 1 & 0 & -1 & 2 \\ 2 & 1 & 0 & 1 \\ -3 & 1 & 0 & 1 \\ 2 & 2 & 0 & -1 \end{pmatrix}.$$

3. a) Berechnen Sie die Eigenwerte der Matrizen $\begin{pmatrix} 5 & -1 & 2 \\ -1 & 5 & 2 \\ 2 & 2 & 2 \end{pmatrix}$ und $\begin{pmatrix} 1 & -3 & 3 \\ 3 & -5 & 3 \\ 6 & -6 & 4 \end{pmatrix}$.

   b) Geben Sie zu jedem Eigenwert eine Basis des dazugehörigen Eigenraums an. Sind die Matrizen diagonalisierbar? Wenn ja, geben Sie die zugehörige Basistransformationsmatrix an.

4. Zeigen Sie, dass sich bei der Hintereinanderausführung zweier Basistransformationen die Transformationsmatrizen multiplizieren: Ist T die Transformationsmatrix von B_1 nach B_2 und S die von B_2 nach B_3, so ist TS die Transformationsmatrix von B_1 nach B_3.

5. Zeigen Sie, dass die Äquivalenzrelation „gleich orientiert" die Menge der Basen des $\mathbb{R}^n$ in genau zwei Äquivalenzklassen einteilt.

6. Warum vertauscht ein Spiegel links und rechts, nicht aber oben und unten? ◄

Skalarprodukt und orthogonale Abbildungen 10

Zusammenfassung

In diesem Kapitel lernen Sie kennen:

- das Skalarprodukt und Normen für reelle Vektorräume,
- das spezielle Skalarprodukt im $\mathbb{R}^2$ und $\mathbb{R}^3$,
- orthogonale Abbildungen und ihre Matrizen,
- alle Typen orthogonaler Abbildungen im $\mathbb{R}^2$ und $\mathbb{R}^3$,
- die homogenen Koordinaten und ihre Anwendung in der Robotik.

10.1 Skalarprodukt

In vielen reellen Vektorräumen stellt sich die Aufgabe, Längen oder Abstände zu messen oder auch so etwas wie Winkel zwischen Vektoren zu beschreiben. Hierfür kann das Skalarprodukt verwendet werden. Ein Skalarprodukt ist eine Abbildung, die zwei Vektoren einen Skalar zuordnet, in unserem Fall also eine reelle Zahl.

Skalarprodukte werden in der Mathematik üblicherweise für reelle oder komplexe Vektorräume untersucht. Ich möchte mich hier auf reelle Vektorräume beschränken, da aus diesen Räumen unsere wichtigsten Anwendungen kommen.

Weiter gehe ich im $\mathbb{R}^2$ und im $\mathbb{R}^3$ immer davon aus, dass die Basis ein kartesisches Koordinatensystem bildet, insbesondere ist wichtig, dass die zwei beziehungsweise drei Basisvektoren aufeinander senkrecht stehen und die Länge 1 haben.

Wie Sie das schon kennen, sammle ich zunächst die wesentlichen Anforderungen an ein Skalarprodukt zusammen und definiere anschließend ein konkretes solches Produkt für den $\mathbb{R}^n$.

© Springer Fachmedien Wiesbaden GmbH, ein Teil von Springer Nature 2019
P. Hartmann, *Mathematik für Informatiker*, https://doi.org/10.1007/978-3-658-26524-3_10

▶ **Definition 10.1** Es sei V ein $\mathbb{R}$-Vektorraum. Eine Abbildung $\langle\,\cdot\,,\cdot\,\rangle\colon V \times V \to \mathbb{R}$
   heißt *Skalarprodukt*, wenn für alle $u, v, w \in V$ und für alle $\lambda \in \mathbb{R}$ die folgen-
   den Eigenschaften erfüllt sind:

   (S1) $\langle u + v, w \rangle = \langle u, w \rangle + \langle v, w \rangle$,
   (S2) $\langle \lambda u, v \rangle = \lambda \langle u, v \rangle$,
   (S3) $\langle u, v \rangle = \langle v, u \rangle$,
   (S4) $\langle u, u \rangle \geq 0$, $\langle u, u \rangle = 0 \Leftrightarrow u = 0$.

In (S4) steckt der Grund für unsere Beschränkung auf reelle Räume: Wir müssen wissen, was
„≥ 0" heißt. Beispielsweise in $\mathbb{C}$ oder GF(p) ist dies nicht möglich.

Aus (S3) folgt, dass auch $\langle u, v+w \rangle = \langle u, v \rangle + \langle u, w \rangle$ und $\langle u, \lambda v \rangle = \lambda \langle u, v \rangle$ gilt. Sie wissen aber inzwischen, dass Mathematiker in Axiome nur die unverzichtbaren Forderungen
aufnehmen, nichts, das man daraus herleiten kann.
    Eng verbunden mit dem Begriff des Skalarproduktes ist der Begriff der Norm. Mit der
Norm werden wir die Längen von Vektoren messen:

▶ **Definition 10.2** Es sei V ein $\mathbb{R}$-Vektorraum. Eine Abbildung $\|\cdot\|\colon V \to \mathbb{R}$
   heißt *Norm*, wenn für alle $u, v \in V$ und für alle $\lambda \in \mathbb{R}$ die folgenden Eigenschaften erfüllt sind:

   (N1) $\|\lambda v\| = |\lambda| \cdot \|v\|$,
   (N2) $\|u + v\| \leq \|u\| + \|v\|$ (die *Dreiecksungleichung*),
   (N3) $\|v\| = 0 \Leftrightarrow v = \vec{0}$.

In Satz 5.16 in Abschn. 5.3 haben wir eine solche Norm schon kennengelernt: Der
Betrag einer komplexen Zahl ist eine Norm, wenn wir $\mathbb{C}$ als den Vektorraum $\mathbb{R}^2$ interpretieren.

▶ **Satz 10.3** Ist V ein Vektorraum mit Skalarprodukt, so wird durch die Festsetzung

$$\|v\| := \sqrt{\langle v, v \rangle}$$

   eine Norm auf V definiert.

Der Knackpunkt des Beweises ist dabei die Dreiecksungleichung. Diese folgt leicht
aus der *Cauchy-Schwarz'schen Ungleichung*, die besagt, dass für alle u, v gilt:

$$|\langle u, v \rangle| \leq \|u\| \cdot \|v\|. \tag{10.1}$$

Der Beweis dieser Ungleichung ist kurz, aber trickreich, obwohl wirklich nur (S1)–(S4) und einige grundlegende Eigenschaften reeller Zahlen verwendet werden. Ebenso wie den Beweis von Satz 10.3 führe ich ihn hier nicht aus.

Nun aber endlich zum konkreten Skalarprodukt auf $\mathbb{R}^n$:

▶ **Definition und Satz 10.4** Für $u = (u_1, u_2, \ldots, u_n), v = (v_1, v_2, \ldots, v_n) \in \mathbb{R}^n$ ist

$$\langle u, v \rangle := u_1 v_1 + u_2 v_2 + \cdots + u_n v_n$$

ein Skalarprodukt und

$$\|u\| := \sqrt{\langle u, u \rangle} = \sqrt{u_1{}^2 + u_2{}^2 + \cdots + u_n{}^2}$$

eine Norm.

Alle Eigenschaften (S1) bis (S4) sind elementar nachzurechnen. (S4) folgt aus der Tatsache, dass Summen von Quadraten in $\mathbb{R}$ immer größer oder gleich 0 sind.   □

Wenn ich in Zukunft von Norm oder Skalarprodukt auf $\mathbb{R}^n$ spreche, meine ich immer die Abbildungen aus Definition 10.4.

Zunächst ein paar Bemerkungen zu diesem Satz:

1. Ist $u \in \mathbb{R}^n$, $u \neq 0$, so ist $\frac{1}{\|u\|}u$ ein Vektor in Richtung u mit der Länge 1 (ein normierter Vektor), denn $\|\frac{1}{\|u\|}u\| = \frac{1}{\|u\|}\|u\| = 1$.
2. Die Norm eines Vektors im $\mathbb{R}^2$ und $\mathbb{R}^3$ ist nichts anderes als die übliche Länge, wie wir sie mit dem Satz des Pythagoras aus den Koordinaten berechnen können. Das können Sie aus Abb. 10.1 ablesen.

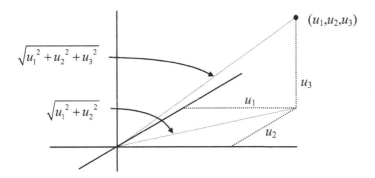

Abb. 10.1 Der Betrag eines Vektors

Hierbei und auch im folgenden Satz ist es zum ersten Mal wesentlich, dass wir ein kartesisches Koordinatensystem zu Grunde legen: Der Satz des Pythagoras bezieht sich nun einmal auf rechte Winkel und auch Sinus und Cosinus sind in rechtwinkligen Dreiecken definiert. Argumente, die Cosinus, Sinus oder Pythagoras verwenden, werden falsch, wenn man irgend eine beliebige Basis wählt.

3. Ein kleiner Rechentrick: Fasst man u und v als einspaltige Matrizen auf, dann ist das Skalarprodukt $\langle u, v \rangle$ nichts anderes als das Matrixprodukt $u^\mathsf{T} v$, wobei u^T die transponierte Matrix ist, das heißt u als Zeilenvektor hingeschrieben:

$$\langle u, v \rangle = u^\mathsf{T} v. \tag{10.2}$$

▶ **Satz 10.5** Im $\mathbb{R}^2$ und $\mathbb{R}^3$ gilt für $u, v \neq 0$:

$$\langle u, v \rangle = \|u\| \cdot \|v\| \cos \alpha,$$

wobei $0 \leq \alpha \leq 180°$ der Winkel zwischen den beiden Vektoren ist.

Aus dieser Beziehung können Sie die Cauchy-Schwarz'sche Ungleichung (10.1), deren Beweis ich Ihnen vorenthalten habe, für $\mathbb{R}^2$ und $\mathbb{R}^3$ ableiten.

Zum Beweis: Zunächst genügt es, Vektoren u, v mit Winkel $\alpha < 90°$ zu untersuchen. Beträgt der Winkel mehr als $90°$, so rechnen wir mit den Vektoren u und $-v$, die dann den Winkel $180° - \alpha$ miteinander bilden. Da $\cos(180° - \alpha) = -\cos \alpha$ ist, folgt dann die Behauptung aus (S2).

Weiter können wir uns in der Rechnung auf Vektoren u, v der Länge 1 beschränken und zeigen für solche Vektoren: $\langle u, v \rangle = \cos \alpha$. Denn dann gilt für beliebige Vektoren u, v:

$$\langle u, v \rangle = \|u\| \|v\| \left\langle \frac{u}{\|u\|}, \frac{v}{\|v\|} \right\rangle = \|u\| \|v\| \cos \alpha.$$

Für diese Situation können wir jetzt eine Zeichnung der Ebene anfertigen, in der u und v liegen (Abb. 10.2).

Abb. 10.2
$\langle u, v \rangle = \|u\| \cdot \|v\| \cos \alpha$

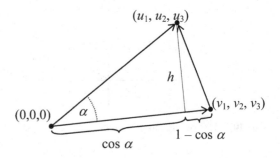

Daraus können wir ablesen:

$$h^2 + (\cos\alpha)^2 = 1, \tag{10.3}$$
$$h^2 + (1 - \cos\alpha)^2 = \|u - v\|^2,$$

ausmultipliziert ergibt sich

$$h^2 + 1 - 2\cos\alpha + (\cos\alpha)^2 = (u_1 - v_1)^2 + (u_2 - v_2)^2 + (u_3 - v_3)^2.$$

Setzen wir hierin (10.3) ein, so erhalten wir

$$1 + 1 - 2\cos\alpha = u_1^2 - 2u_1v_1 + v_1^2 + u_2^2 - 2u_2v_2 + v_2^2 + u_3^2 - 2u_3v_3 + v_3^2$$
$$2 - 2\cos\alpha = \|u\| + \|v\| - 2\langle u, v\rangle$$
$$\Rightarrow \qquad \cos\alpha = \langle u, v\rangle.$$

Es fehlt noch der Sonderfall $\alpha = 90°$. Dann gilt aber $\|u\|^2 + \|v\|^2 = \|u - v\|^2$ (machen Sie eine Skizze!) und, wenn Sie hier die Koordinaten einsetzen, erhalten Sie

$$\sum_{i=1}^{3} u_i{}^2 + \sum_{i=1}^{3} v_i^2 = \sum_{i=1}^{3} u_i^2 - \sum_{i=1}^{3} 2u_iv_i + \sum_{i=1}^{3} v_i^2$$

und daraus $\langle u, v\rangle = 0$. $\qquad\qquad\qquad\qquad\qquad\qquad\qquad\qquad\square$

Das Skalarprodukt zweier von 0 verschiedener Vektoren im $\mathbb{R}^2$ und $\mathbb{R}^3$ ist also genau dann 0, wenn sie aufeinander senkrecht stehen. Solche Vektoren heißen *orthogonal*.

Diese Eigenschaft kann man verwenden, um mit Hilfe des Skalarprodukts Ebenen im $\mathbb{R}^3$ zu beschreiben. Sei ein Vektor $u = (u_1, u_2, u_3) \neq 0$ gegeben. Dann bildet die Menge E aller Vektoren, die senkrecht auf u stehen eine Ursprungsebene. Denn

$$E = \{x \in \mathbb{R}^3 \mid \langle u, x\rangle = 0\} = \{(x_1, x_2, x_3) \mid u_1x_1 + u_2x_2 + u_3x_3 = 0\},$$

und das ist genau die Lösungsmenge eines homogenen linearen Gleichungssystems. Da der Rang der Koeffizientenmatrix 1 ist, hat diese Lösungsmenge Dimension 2, ist also eine Ebene. Der Vektor u heißt *Normalenvektor* der Ebene E.

Möchten wir nun eine Ebene E' senkrecht zu u beschreiben, die durch den Punkt v geht, so bilden wir die Menge

$$E' = \{x \in \mathbb{R}^3 \mid \langle u, x\rangle - \langle u, v\rangle = 0\} = \{(x_1, x_2, x_3) \mid u_1x_1 + u_2x_2 + u_3x_3 = \langle u, v\rangle\}.$$

v ist eine spezielle Lösung dieses inhomogenen Gleichungssystems. Wie wir aus der Theorie der linearen Gleichungssysteme wissen, ist also $E' = v + E$, die um v aus dem Ursprung verschobene Ebene E.

Auf der Orthogonalitätsrelation für Vektoren im $\mathbb{R}^2$ und $\mathbb{R}^3$ gründen sich die folgenden Definitionen, die wir wieder unabhängig von diesen speziellen Vektorräumen formulieren können:

▶   **Definition 10.6** In einem Vektorraum mit Skalarprodukt heißen zwei Vektoren u und v *orthogonal*, wenn gilt $\langle u, v \rangle = 0$. Wir schreiben dann $u \perp v$.

▶   **Definition 10.7** Eine Basis $B = \{b_1, b_2, \ldots, b_n\}$ eines Vektorraums mit Skalarprodukt heißt *Orthonormalbasis*, wenn gilt: $\|b_i\| = 1$ und $b_i \perp b_j$ für alle i, j mit $i \neq j$.

Beispiele

1. Die Standardbasis des $\mathbb{R}^n$ ist eine Orthonormalbasis.

2. $b_1 = \begin{pmatrix} \cos \alpha \\ \sin \alpha \end{pmatrix}, b_2 = \begin{pmatrix} -\sin \alpha \\ \cos \alpha \end{pmatrix}$ ist eine Orthonormalbasis im $\mathbb{R}^2$. ◀

Ohne Beweis zitiere ich den folgenden Satz, für den es einen konstruktiven Algorithmus gibt:

▶   **Satz 10.8** Jeder Unterraum des $\mathbb{R}^n$ besitzt eine Orthonormalbasis.

Wohin klickt die Maus?

Ich möchte Ihnen eine kleine, aber pfiffige Anwendung des Skalarprodukts in einem Graphikprogramm vorstellen: Wenn Sie auf dem Bildschirm eine Linie gezeichnet haben und sie später wieder bearbeiten wollen, müssen Sie diese markieren. Dies geschieht in der Regel durch einen Mausklick auf die Linie. Na ja, nicht ganz genau auf die Linie, so genau kann man nicht zielen, sondern irgendwo in die Nähe der Linie. Es ist eine Umgebung um die Linie definiert, die sozusagen den scharfen Bereich darstellt (Abb. 10.3). Bei einem Klick in das (in der Realität natürlich unsichtbare) graue Gebiet wird die Linie markiert, sonst nicht.

Abb. 10.3 Wohin klickt die Maus 1

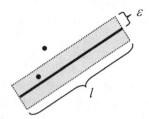

Abb. 10.4 Wohin klickt die
Maus 2

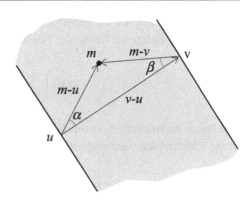

Wie kann man mit möglichst geringem Aufwand herausfinden, ob der Punkt im grauen Bereich liegt? Wir gehen in zwei Schritten vor. Den ersten sehen wir in Abb. 10.4. Die Endpunkte der Linie bilden die Vektoren u, v, der Mausklick findet am Punkt m statt.

Als Erstes überprüfen wir, ob m sich in dem markierten Streifen befindet. Dies ist dann der Fall, wenn die beiden Winkel α und β beide spitze Winkel sind, also wenn $\cos\alpha > 0$ und $\cos\beta > 0$ sind.

Da wir wissen, dass gilt

$$\langle v - u, m - u \rangle = \|v - u\| \|m - u\| \cos\alpha, \quad \langle u - v, m - v \rangle = \|u - v\| \|m - v\| \cos\beta,$$

reduziert sich das auf die Prüfung der beiden Beziehungen

$$\langle v - u, m - u \rangle > 0, \quad \langle u - v, m - v \rangle > 0. \tag{10.4}$$

Im zweiten Schritt testen wir, ob m zusätzlich in dem in Abb. 10.5 grau schattierten Rechteck ist. Dies ist genau dann der Fall, wenn die Fläche des gepunkteten Parallelogramms kleiner als die halbe graue Fläche, also kleiner als $l \cdot \varepsilon$ ist.

Abb. 10.5 Wohin klickt die
Maus 3

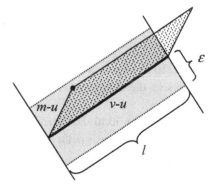

Aber wie erhalten wir die gepunktete Fläche? Hier hilft uns wieder einmal die Determinante, deren Betrag die Größe der Fläche angibt:

$$\left| \det \begin{pmatrix} v - u \\ m - u \end{pmatrix} \right| < l \cdot \varepsilon. \tag{10.5}$$

Sie können nachzählen, dass (inklusive der Berechnung von $l \cdot \varepsilon$) in (10.4) und (10.5) gerade 7 Multiplikationen nötig sind, um den Test durchzuführen.

10.2   Orthogonale Abbildungen

Besonders wichtige lineare Abbildungen in der graphischen Datenverarbeitung oder auch in der Robotik sind Transformationen, die Längen und Winkel erhalten. Mit diesen Abbildungen wollen wir uns jetzt auseinandersetzen und sie insbesondere im $\mathbb{R}^2$ und $\mathbb{R}^3$ untersuchen. Wir werden feststellen, dass es nur wenige grundsätzliche Typen solcher Abbildungen gibt. In diesem Abschnitt sind alle verwendeten Basen Orthonormalbasen.

▶   **Definition 10.9** Eine lineare Abbildung $f : \mathbb{R}^n \to \mathbb{R}^n$ heißt *orthogonal*, falls für alle $u, v \in \mathbb{R}^n$ gilt:

$$\langle f(u), f(v) \rangle = \langle u, v \rangle.$$

Was steckt hinter dieser Definition? Für $u \in \mathbb{R}^n$ gilt

$$\| f(u) \| = \sqrt{\langle f(u), f(u) \rangle} = \sqrt{\langle u, u \rangle} = \| u \|, \tag{10.6}$$

das heißt, dass die Abbildung die Längen der Vektoren beibehält, sie ist *längentreu*. Ebenso folgt aus $u \perp v$ auch $f(u) \perp f(v)$, also bleiben auch rechte Winkel erhalten. Andere Winkel kennen wir im $\mathbb{R}^n$ nicht, aber im $\mathbb{R}^2$ und $\mathbb{R}^3$ können wir noch weiter schließen: Sind α, β die Winkel zwischen u, v beziehungsweise zwischen $f(u), f(v)$, so ist

$$\langle u, v \rangle = \| u \| \| v \| \cos \alpha = \| f(u) \| \| f(v) \| \cos \beta = \langle f(u), f(v) \rangle.$$

Wegen (10.6) folgt also $\cos \alpha = \cos \beta$. Da die Winkel zwischen 0 und 180° liegen, muss $\alpha = \beta$ sein, die orthogonale Abbildung ist auch *winkeltreu*.

▶   **Definition 10.10** Die Matrix einer orthogonalen Abbildung bezüglich einer Orthonormalbasis heißt *orthogonale Matrix*.

Beispiele

$$D_\alpha = \begin{pmatrix} \cos\alpha & -\sin\alpha \\ \sin\alpha & \cos\alpha \end{pmatrix}, \quad S_\alpha = \begin{pmatrix} \cos\alpha & \sin\alpha \\ \sin\alpha & -\cos\alpha \end{pmatrix}$$

sind orthogonale Abbildungen (Drehung und Spiegelung). Rechnen Sie bitte selbst einmal nach, was $\left\langle D_\alpha \begin{pmatrix} x_1 \\ x_2 \end{pmatrix}, D_\alpha \begin{pmatrix} y_1 \\ y_2 \end{pmatrix} \right\rangle$ ergibt. ◄

Diese Rechnung ist mühsam, erstaunlicherweise lassen sich orthogonale Matrizen aber auch sehr einfach charakterisieren:

▶ **Satz 10.11** Die folgenden drei Aussagen für eine Matrix $A \in \mathbb{R}^{n \times n}$ sind äquivalent:

a) A ist orthogonal.
b) Die Spalten der Matrix bilden eine Orthonormalbasis.
c) Es gilt $A^{-1} = A^T$.

Ich zeige in einem Ringschluss a) $\Rightarrow$ b) $\Rightarrow$ c) $\Rightarrow$ a). Damit sind die drei Aussagen äquivalent.

a) $\Rightarrow$ b): Für eine orthogonale Abbildung A ist $\operatorname{Ker} A = \{0\}$, denn für $u \neq 0$ gilt $\|u\| \neq 0$ und damit auch $\|f(u)\| \neq 0$. Daher ist A bijektiv und die Spalten $s_1, s_2, \ldots, s_n$ von A, welche die Bilder der Orthonormalbasis $b_1, b_2, \ldots, b_n$ darstellen, sind auch wieder eine Basis. Weiter ist

$$\langle s_i, s_j \rangle = \langle f(b_i), f(b_j) \rangle = \langle b_i, b_j \rangle = \begin{cases} 1 & i = j \\ 0 & i \neq j, \end{cases} \tag{10.7}$$

und das heißt gerade, dass die Spaltenvektoren die Länge 1 haben und paarweise aufeinander senkrecht stehen.

b) $\Rightarrow$ c): Wir berechnen $C = A^T A$. Die Zeilen von A^T enthalten wie die Spalten von A die Orthonormalbasis. Berechnen wir das Element c_{ij} der Produktmatrix, so ist dieses gerade das Skalarprodukt der i-ten Zeile von A^T mit der j-ten Spalte von A. Es ist also $c_{ij} = \langle s_i, s_j \rangle$ und nach (10.7) damit $C = E$, die Einheitsmatrix.

Die Inverse einer invertierbaren Matrix ist aber eindeutig bestimmt, daher ist $A^{-1} = A^T$.

Sie sollten sich auf dem Papier das Produkt $A^T A$ ausrechnen, dann sehen Sie, dass hier nichts Geheimnisvolles dahinter steckt.

c) $\Rightarrow$ a) Hierzu brauchen wir den Rechentrick aus (10.2) und ein kleines Hilfssätzchen über transponierte Matrizen: Es ist $(AB)^T = B^T A^T$. Dieses will ich einfach ohne Beweis verwenden. Aus $A^T A = E$ folgt dann für alle Vektoren u, v:

$$\langle Au, Av \rangle = (Au)^T (Av) = u^T A^T A v = u^T E v = u^T v = \langle u, v \rangle,$$

und damit ist A orthogonal.   □

> Vor allem die Aussage c) finde ich sehr beachtenswert. Können Sie sich noch erinnern, wie
> aufwendig es war die Inverse einer Matrix zu bestimmen? Ausgerechnet bei den wichtigen or-
> thogonalen Matrizen brauchen wir nur zu transponieren und schon haben wir sie. Manchmal
> ist das Leben auch gut zu uns.

Aus c) können Sie ablesen, dass mit A auch die Matrix A^T orthogonal ist, denn die Inverse einer orthogonalen Abbildung ist selbst auch wieder orthogonal. Dies hat zur Folge,
dass in einer orthogonalen Matrix nicht nur die Spalten, sondern auch die Zeilen eine
Orthonormalbasis bilden.

Determinanten und Eigenwerte von orthogonalen Matrizen können nur bestimmte Werte annehmen:

> **Satz 10.12** Für eine orthogonale Matrix A gilt $\det A = \pm 1$, für Eigenwerte λ
> von A gilt $\lambda = \pm 1$.

Für eine längen- und winkeltreue Abbildung hätte man sicher auch nichts anderes erwartet, wir können es aber auch sehr schnell hinschreiben:

Es ist $1 = \det E = \det A^T A = \det A^T \cdot \det A = \det A \cdot \det A$, also $\det A = \pm 1$; und
für einen Eigenvektor zum Eigenwert λ ist zum einen $\|Av\| = \|\lambda v\|$, zum anderen wegen
der Orthogonalität auch $\|Av\| = \|v\|$ und damit $\|\lambda v\| = \|v\|$, woraus $|\lambda| \cdot \|v\| = \|v\|$ und
damit wegen $v \neq \vec{0}$ auch $\lambda = \pm 1$ folgt.   □

Schließlich wollen wir uns noch überlegen, was mit einer orthogonalen Matrix bei einer
Basistransformation geschieht.

> **Satz 10.13** Sei f eine orthogonale Abbildung mit Matrix A bezüglich der Or-
> thonormalbasis B_1 und Matrix S bezüglich der Orthonormalbasis B_2. T sei
> die Basistransformationsmatrix von B_1 in B_2. Dann sind A, S und T orthogo-
> nal.

A und S sind als Matrizen einer orthogonalen Abbildung orthogonal. Die Transformationsmatrix T von B_1 in B_2 ist eine orthogonale Matrix, denn die Spalten der Matrix sind
gerade die Basisvektoren von B_2.   □

In Kap. 9 haben wir Eigenwerte und Eigenvektoren behandelt. Ich schließe noch einen
wichtigen Satz aus der Eigenwerttheorie an, den wir erst jetzt formulieren können.

> **Satz 10.14** Sei $A \in \mathbb{R}^{n \times n}$ eine symmetrische Matrix, das heißt $A = A^T$. Dann
> hat die Matrix n Eigenvektoren, die eine Orthonormalbasis bilden.

Die Matrix A ist also diagonalisierbar und die Basistransformationsmatrix ist orthogonal.

Es ist einfach nachzurechnen, dass Eigenvektoren zu verschiedenen Eigenwerten orthogonal sind, siehe hierzu die Übungsaufgabe 10 in diesem Kapitel. Ähnlich einfach ist auszurechnen, dass das charakteristische Polynom der Matrix A in Linearfaktoren zerfällt, dass es also n reelle Nullstellen hat. Diese Nullstellen können aber mehrfache Nullstellen sein, und es ist ziemlich knifflig nachzuweisen, dass eine Nullstelle der Vielfachheit k auch einen Eigenraum der Dimension k besitzt. Ich verzichte auf den Beweis des Satzes.

Wir werden die Aussage später noch zweimal bei der Anwendung von mathematischen Verfahren benötigen: zum einen bei der Berechnung der Zentralität von Knoten in einem Graphen im Abschn. 11.1, zum anderen bei der Hauptkomponentenanalyse in Abschn. 22.2.

Die orthogonalen Abbildungen im $\mathbb{R}^2$ und $\mathbb{R}^3$

Jetzt wissen wir schon sehr viel über die Gestalt orthogonaler Matrizen, und dieses Wissen werden wir gleich einsetzen, um alle orthogonalen Abbildungen im $\mathbb{R}^2$ und $\mathbb{R}^3$ zu bestimmen.

Beginnen wir mit dem $\mathbb{R}^2$. Für die Matrix $A = \begin{pmatrix} a & b \\ c & d \end{pmatrix}$ einer solchen Abbildung muss gelten: $a^2 + c^2 = 1$, denn die Spaltenvektoren haben die Länge 1. Fassen wir a und c als Katheten eines rechtwinkligen Dreiecks mit Hypothenuse 1 auf und nennen wir α den Winkel zwischen der Hypothenuse und a, so sehen wir, dass

$$a = \cos\alpha, \quad c = \sin\alpha.$$

Weiter ist auch $a^2 + b^2 = 1$, denn auch die Zeilenvektoren haben die Länge 1, also gilt $(\cos\alpha)^2 + b^2 = 1$. Damit ist $b^2 = (\sin\alpha)^2$ (denn $(\cos\alpha)^2 + (\sin\alpha)^2 = 1$), und wir erhalten

$$b = \pm\sin\alpha.$$

Aus $c^2 + d^2 = 1$ schließen wir genauso:

$$d = \pm\cos\alpha.$$

Verwenden wir schließlich noch die Orthogonalität der Spalten: $ab + cd = 0$, so gibt es noch eine Einschränkung an die Vorzeichen, es kommt heraus:

$$\begin{pmatrix} b \\ d \end{pmatrix} = \begin{pmatrix} \sin\alpha \\ -\cos\alpha \end{pmatrix} \quad \text{oder} \quad \begin{pmatrix} b \\ d \end{pmatrix} = \begin{pmatrix} -\sin\alpha \\ \cos\alpha \end{pmatrix}.$$

▶ **Satz 10.15** Jede orthogonale Abbildung des $\mathbb{R}^2$ hat die Gestalt

$$D_\alpha = \begin{pmatrix} \cos\alpha & -\sin\alpha \\ \sin\alpha & \cos\alpha \end{pmatrix}, \quad S_\alpha = \begin{pmatrix} \cos\alpha & \sin\alpha \\ \sin\alpha & -\cos\alpha \end{pmatrix},$$

ist also eine Drehung oder eine Spiegelung.

Die Situation im $\mathbb{R}^3$ ist etwas komplexer, aber auch hier können wir alle orthogonalen Abbildungen klassifizieren. Ich möchte das Vorgehen zumindest skizzieren. Wir wissen, dass jede Matrix A im $\mathbb{R}^3$ einen Eigenwert hat, in diesem Fall also $+1$ oder -1. Wir führen zunächst eine orthogonale Basistransformation durch, so dass der dazugehörige Eigenvektor der erste Basisvektor ist. Damit erhalten wir unsere Matrix in der Form:

$$A' = \begin{pmatrix} \pm 1 & a_{12} & a_{13} \\ 0 & a_{22} & a_{23} \\ 0 & a_{32} & a_{33} \end{pmatrix}.$$

Auch diese ist wieder eine Orthogonalmatrix, insbesondere ist also für die Spalten s_1, s_2, $\langle s_1, s_2 \rangle = 0 = \pm 1 a_{12} + 0 a_{22} + 0 a_{32}$. Daraus ergibt sich $a_{12} = 0$. Ebenso folgt $a_{13} = 0$. Damit hat A' die Form

$$A' = \begin{pmatrix} \pm 1 & 0 & 0 \\ 0 & a_{22} & a_{23} \\ 0 & a_{32} & a_{33} \end{pmatrix}.$$

Untersuchen wir jetzt einmal, was die Abbildung mit den Elementen des zweidimensionalen Unterraums W anstellt, der durch die Spalten s_2 und s_3 aufgespannt wird:

$$\begin{pmatrix} \pm 1 & 0 & 0 \\ 0 & a_{22} & a_{23} \\ 0 & a_{32} & a_{33} \end{pmatrix} \begin{pmatrix} 0 \\ x_1 \\ x_2 \end{pmatrix} = \begin{pmatrix} 0 \\ a_{22}x_1 + a_{23}x_2 \\ a_{32}x_1 + a_{33}x_{21} \end{pmatrix}.$$

Wir sehen, dass das Bild wieder in dem Unterraum W landet, das heißt die Einschränkung von A' auf W ist eine lineare Abbildung auf W und diese ist natürlich wieder orthogonal. Damit gilt, dass die 2×2-Untermatrix von A die Form D_α oder S_α aus Satz 10.15 hat.

Im ersten Fall hat A' also die Gestalt

$$A' = \begin{pmatrix} \pm 1 & 0 & 0 \\ 0 & \cos\alpha & -\sin\alpha \\ 0 & \sin\alpha & \cos\alpha \end{pmatrix},$$

im zweiten Fall können wir durch eine weitere orthogonale Basistransformation die Matrix noch vereinfachen: Wir drehen die Ebene W um die erste Koordinatenachse, bis der zweite Basisvektor zur Spiegelungsachse wird. Dabei wird der dritte Basisvektor, der ja darauf senkrecht steht, zu dem zweiten Eigenvektor der Spiegelung, und die Matrix erhält die Gestalt:

$$A'' = \begin{pmatrix} \pm 1 & 0 & 0 \\ 0 & 1 & 0 \\ 0 & 0 & -1 \end{pmatrix}.$$

Nun haben wir alle Möglichkeiten zusammengesammelt und wir können als abschließenden Höhepunkt des Abschnitts formulieren:

▶ **Satz 10.16** Zu jeder orthogonalen Abbildung des $\mathbb{R}^3$ gibt es eine Orthonormalbasis, so dass die zugehörige Matrix eine der folgenden Formen hat:

$$\text{Typ 1:}\quad A = \begin{pmatrix} 1 & 0 & 0 \\ 0 & \cos\alpha & -\sin\alpha \\ 0 & \sin\alpha & \cos\alpha \end{pmatrix}, \quad B = \begin{pmatrix} -1 & 0 & 0 \\ 0 & 1 & 0 \\ 0 & 0 & -1 \end{pmatrix},$$

$$\text{Typ 2:}\quad C = \begin{pmatrix} -1 & 0 & 0 \\ 0 & \cos\alpha & -\sin\alpha \\ 0 & \sin\alpha & \cos\alpha \end{pmatrix}, \quad D = \begin{pmatrix} 1 & 0 & 0 \\ 0 & 1 & 0 \\ 0 & 0 & -1 \end{pmatrix}.$$

Bei Typ 1 handelt es sich um die Drehung um eine Achse, Typ 2 stellt die Drehung um eine Achse mit anschließender Spiegelung an der dazu senkrechten Ursprungsebene dar, die *Drehspiegelung*.

Die beiden Matrizen auf der rechten Seite sind etwas geartet, fallen aber auch unter diese Typen, wir müssten sie eigentlich gar nicht mehr hinschreiben: Bei B handelt es sich um die Drehung um die x_2-Achse um $180°$, bei D handelt es sich um eine Spiegelung an der x_1-x_2-Ebene, wobei vorher keine Drehung stattfindet.

Andere orthogonale Abbildungen im $\mathbb{R}^3$ gibt es nicht! Die orientierungserhaltenden orthogonalen Abbildungen sind die vom Typ 1, wie Sie an der Determinante ablesen können.

Wenn Sie also einen Körper irgendwie im Raum bewegen, so führt dieser genau eine Translation und eine Drehung um eine Achse aus. Mehr nicht. Hätten Sie das geglaubt?

10.3 Homogene Koordinaten

Schon mehrmals sind wir bei unserer Untersuchung von linearen Abbildungen darauf gestoßen, dass ein wichtiger Abbildungstyp nicht darunter fällt: die Translation. Zwar fassen wir ständig Objekte mit der Maus an und ziehen sie über den Bildschirm, Roboter bewegen Gegenstände von einem Ort zum anderen, aber unsere Theorie kann dafür nicht verwendet werden. Translationen halten den Ursprung nicht fest, lineare Abbildungen führen aber immer Unterräume in Unterräume über, insbesondere wird also auch der Nullpunkt in einen Unterraum abgebildet, bei bijektiven Abbildungen wieder in sich selbst.

Abb. 10.6 Homogene Koordinaten

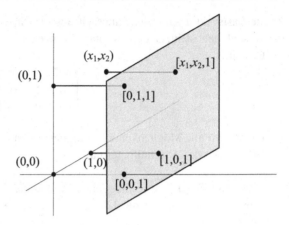

Das ist schade, denn lineare Abbildungen lassen sich mit Matrizen gut beschreiben, auch Hintereinanderausführungen von linearen Abbildungen kann man mit Hilfe des Matrixprodukts gut berechnen. Es wäre schön, wenn man Translationen in gleicher Weise behandeln könnte.

Wir wenden dazu einen Trick an. Wenn uns der Nullpunkt stört, nehmen wir ihn einfach heraus. Schauen wir uns das zunächst in der Ebene an, im Raum (und auch in höheren Dimensionen) geht es genauso. Natürlich können wir nicht einfach ein Loch in die Ebene reißen, sondern wir gehen eine Dimension höher und verschieben unsere x_1-x_2-Ebene ein Stück in x_3-Richtung, üblicherweise genau um den Wert 1 (Abb. 10.6). Schon ist der Nullpunkt weg. Jetzt haben die Punkte andere Koordinaten: Aus (x_1, x_2) wird $(x_1, x_2, 1)$. Diesen Punkt identifizieren wir jetzt mit (x_1, x_2), und damit klar ist, dass ich den Punkt der Ebene meine schreibe ich dafür ab jetzt $[x_1, x_2, 1]$ und nenne $[x_1, x_2, 1]$ die *homogenen Koordinaten* des Punktes (x_1, x_2).

Was haben wir gewonnen? Jetzt können wir auch lineare Abbildungen angeben, die den „Nullpunkt" $[0, 0, 1]$ verschieben. Wir müssen dabei etwas aufpassen, denn wir können nur solche linearen Abbildungen verwenden, welche die x_3-Komponente nicht verändern, die muss ja immer 1 bleiben. Alle Abbildungen der folgenden Form kommen in Frage:

$$\begin{pmatrix} a_{11} & a_{12} & a_{13} \\ a_{21} & a_{22} & a_{23} \\ 0 & 0 & 1 \end{pmatrix}, \tag{10.8}$$

denn

$$\begin{bmatrix} a_{11} & a_{12} & a_{13} \\ a_{21} & a_{22} & a_{23} \\ 0 & 0 & 1 \end{bmatrix} \begin{bmatrix} x_1 \\ x_2 \\ 1 \end{bmatrix} = \begin{bmatrix} y_1 \\ y_2 \\ 1 \end{bmatrix}.$$

Sie sehen: Jetzt habe ich auch die Matrizen in eckigen Klammern geschrieben. Für die linearen Abbildungen auf homogenen Koordinaten führen wir diese Schreibweise ein. In diesen Matrizen ist immer die dritte Zeile gleich $[0, 0, 1]$.

Nun aber zu konkreten Abbildungen in unserer Ebene: Schauen wir einmal die folgende Matrix an:

$$\begin{bmatrix} \cos\alpha & -\sin\alpha & 0 \\ \sin\alpha & \cos\alpha & 0 \\ 0 & 0 & 1 \end{bmatrix}. \tag{10.9}$$

Als Abbildung im $\mathbb{R}^3$ stellt diese Matrix, wie wir wissen, eine Drehung um die x_3-Achse dar. Was geschieht dabei mit den Punkten unserer Ebene? Probieren wir es aus:

$$\begin{bmatrix} \cos\alpha & -\sin\alpha & 0 \\ \sin\alpha & \cos\alpha & 0 \\ 0 & 0 & 1 \end{bmatrix} \begin{bmatrix} x_1 \\ x_2 \\ 1 \end{bmatrix} = \begin{bmatrix} \cos\alpha\, x_1 - \sin\alpha\, x_2 \\ \sin\alpha\, x_1 + \cos\alpha\, x_2 \\ 1 \end{bmatrix}.$$

Das Ergebnis ist das gleiche, als hätten wir im $\mathbb{R}^2$ eine Drehung durchgeführt, wir haben also hiermit unsere homogene Drehmatrix gefunden. Diese Drehung wird um den Punkt $[0, 0, 1] = (0, 0)$ ausgeführt. Genauso erhalten wir mit der Matrix

$$\begin{bmatrix} \cos\alpha & \sin\alpha & 0 \\ \sin\alpha & -\cos\alpha & 0 \\ 0 & 0 & 1 \end{bmatrix}$$

eine Spiegelung, und Sie können sofort überprüfen, dass die Matrix

$$\begin{bmatrix} a_{11} & a_{12} & 0 \\ a_{21} & a_{22} & 0 \\ 0 & 0 & 1 \end{bmatrix}$$

mit den homogenen Koordinaten nichts anderes macht als die lineare Abbildung

$$\begin{pmatrix} a_{11} & a_{12} \\ a_{21} & a_{22} \end{pmatrix}$$

in der gewöhnlichen x_1-x_2-Ebene. Wir können also alle linearen Abbildungen, die wir bisher kennengelernt haben, weiter verwenden. Jetzt aber zu etwas Neuem.

Schauen Sie sich die folgende Abbildung an:

$$\begin{bmatrix} 1 & 0 & a \\ 0 & 1 & b \\ 0 & 0 & 1 \end{bmatrix} \begin{bmatrix} x_1 \\ x_2 \\ 1 \end{bmatrix} = \begin{bmatrix} x_1 + a \\ x_2 + b \\ 1 \end{bmatrix}.$$

Da haben wir endlich die Translation: Der Punkt $[x_1, x_2, 1] = (x_1, x_2)$ wird um $[a, b, 1] = (a, b)$ verschoben. Auch der „Ursprung" $[0, 0, 1] = (0, 0)$ unserer Ebene bleibt davon nicht verschont.

Natürlich können wir wie bisher auch Abbildungen hintereinander ausführen, wir brauchen nur die Matrizen zu multiplizieren. Es ist

$$\begin{bmatrix} 1 & 0 & a \\ 0 & 1 & b \\ 0 & 0 & 1 \end{bmatrix} \begin{bmatrix} a_{11} & a_{12} & 0 \\ a_{21} & a_{22} & 0 \\ 0 & 0 & 1 \end{bmatrix} = \begin{bmatrix} a_{11} & a_{12} & a \\ a_{21} & a_{22} & b \\ 0 & 0 & 1 \end{bmatrix}.$$

Jede Abbildung, die durch eine Matrix der Form (10.8) erzeugt wird, setzt sich also aus einer linearen Abbildung und einer Translation zusammen. Diese Abbildungen heißen *affine Abbildungen*.

Führen wir zum Beispiel einmal eine Drehung und im Anschluss daran eine Translation durch:

$$\begin{bmatrix} 1 & 0 & a \\ 0 & 1 & b \\ 0 & 0 & 1 \end{bmatrix} \begin{bmatrix} \cos\alpha & -\sin\alpha & 0 \\ \sin\alpha & \cos\alpha & 0 \\ 0 & 0 & 1 \end{bmatrix} = \begin{bmatrix} \cos\alpha & -\sin\alpha & a \\ \sin\alpha & \cos\alpha & b \\ 0 & 0 & 1 \end{bmatrix}.$$

Angewendet auf einen Punkt unserer Ebene ergibt sich:

$$\begin{bmatrix} \cos\alpha & -\sin\alpha & a \\ \sin\alpha & \cos\alpha & b \\ 0 & 0 & 1 \end{bmatrix} \begin{bmatrix} x_1 \\ x_2 \\ 1 \end{bmatrix} = \begin{bmatrix} \cos\alpha x_1 - \sin\alpha x_2 + a \\ \sin\alpha x_1 + \cos\alpha x_2 + b \\ 1 \end{bmatrix}. \qquad (10.10)$$

Was geschieht, wenn wir Translation und Drehung vertauschen?

$$\begin{bmatrix} \cos\alpha & -\sin\alpha & 0 \\ \sin\alpha & \cos\alpha & 0 \\ 0 & 0 & 1 \end{bmatrix} \begin{bmatrix} 1 & 0 & a \\ 0 & 1 & b \\ 0 & 0 & 1 \end{bmatrix} = \begin{bmatrix} \cos\alpha & -\sin\alpha & \cos\alpha a - \sin\alpha b \\ \sin\alpha & \cos\alpha & \sin\alpha a + \cos\alpha b \\ 0 & 0 & 1 \end{bmatrix}.$$

Dies ist natürlich auch eine affine Abbildung, aber eine andere als (10.10): Translation und Drehung sind nicht kommutativ, wie Sie in Abb. 10.7 sehen können: Das graue Rechteck ist erst gedreht und dann verschoben, das gepunktete ist erst verschoben und dann gedreht.

Abb. 10.7 Translation und Drehung

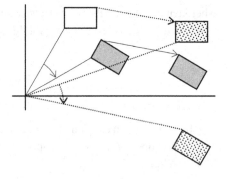

Ein letztes Beispiel:

Beispiel

Ein Objekt soll am Bildschirm gedreht werden, aber nicht am Ursprung, der wahrscheinlich in einer Bildschirmecke liegt, sondern am Zentrum (a, b) des Objektes. Die Drehmatrix aus (10.9) dreht aber am Nullpunkt. Was können wir tun? Verschieben Sie das Objekt zum Nullpunkt, drehen Sie es um den Winkel α und schieben Sie es anschließend wieder zurück (Abb. 10.8). Die Abbildungsmatrix lautet:

$$\begin{bmatrix} 1 & 0 & a \\ 0 & 1 & b \\ 0 & 0 & 1 \end{bmatrix} \begin{bmatrix} \cos\alpha & -\sin\alpha & 0 \\ \sin\alpha & \cos\alpha & 0 \\ 0 & 0 & 1 \end{bmatrix} \begin{bmatrix} 1 & 0 & -a \\ 0 & 1 & -b \\ 0 & 0 & 1 \end{bmatrix}$$

$$= \begin{bmatrix} \cos\alpha & -\sin\alpha & -\cos\alpha a + \sin\alpha b + a \\ \sin\alpha & \cos\alpha & -\sin\alpha a - \cos\alpha b + b \\ 0 & 0 & 1 \end{bmatrix}$$

Testen Sie, dass der Punkt $[a, b, 1]$ der Fixpunkt dieser Abbildung ist. ◄

Gehen wir zum dreidimensionalen Raum über. Wir gehen ganz analog vor. Diesmal verschieben wir nicht die x_1-x_2-Ebene in Richtung x_3, sondern wir verschieben den ganzen $\mathbb{R}^3$ in Richtung x_4. Die homogenen Koordinaten eines Punktes im Raum lauten also $[x_1, x_2, x_3, 1]$, die Abbildungsmatrizen sind die 4×4-Matrizen, in denen die letzte Zeile gleich $[0, 0, 0, 1]$ ist. Zum Beispiel definiert die folgende Matrix eine Drehung um die x_1-Achse:

$$\begin{bmatrix} 1 & 0 & 0 & 0 \\ 0 & \cos\alpha & -\sin\alpha & 0 \\ 0 & \sin\alpha & \cos\alpha & 0 \\ 0 & 0 & 0 & 1 \end{bmatrix},$$

und als Translationsmatrix erhalten wir:

$$\begin{bmatrix} 1 & 0 & 0 & a \\ 0 & 1 & 0 & b \\ 0 & 0 & 1 & c \\ 0 & 0 & 0 & 1 \end{bmatrix}.$$

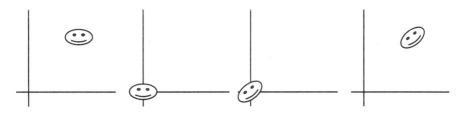

Abb. 10.8 Drehung nicht um den Ursprung

Koordinatentransformationen in der Robotik

Ein Roboter besteht aus mehreren Armen, die durch Gelenke miteinander verbunden sind. Die Gelenke können entweder Drehungen oder Translationen ausführen, und so die Lage des Greifers (des Effektors) beeinflussen, der am Ende dieser sogenannten kinematischen Kette sitzt und die Aufgaben durchführt, für die der Roboter gedacht ist. Dabei ist nicht nur die absolute Lage, sondern auch die Orientierung des Greifers im Raum von Bedeutung. Diese ist abhängig von der Stellung der einzelnen Gelenke. Wie kann man die Lage des Effektors berechnen?

Mit jedem Arm des Roboters ist ein orthogonales Koordinatensystem starr verbunden, welches sich bei einer Bewegung des Arms mitbewegt. Das Koordinatensystem K_0 mit den Achsen x_0, y_0, z_0 ist fix: Es stellt die Lage der Basis des Roboters dar; sein Ursprung liegt in der Roboterbasis. Das letzte Koordinatensystem K_n mit den Achsen x_n, y_n, z_n ist fest mit dem Greifer verbunden. Gesucht sind der Ursprung und die Lage der Basisvektoren des Greifersystems in Koordinaten des Basissystems K_0, in den Weltkoordinaten. Auch hierfür hat sich die Beschreibung der Systeme in homogenen Koordinaten als geeignet erwiesen.

In der Wahl der Koordinatensysteme steckt noch eine gewisse Freiheit, die man ausnutzen kann, um die Koordinatentransformationen möglichst einfach zu gestalten. Dabei ist der Arm i die Verbindung zwischen dem i-ten und $(i + 1)$-ten Gelenk, das Koordinatensystem K_i ist dem i-ten Arm fest zugeordnet. Die üblicherweise verwendete *Denavit-Hartenberg-Konvention* gibt nun folgende Regeln zur Lage der Koordinatensysteme vor:

1. Die z_i-Achse wird in Richtung der Bewegungsachse des $(i + 1)$-ten Gelenks gelegt.
2. Für $i > 1$ wird die x_i-Achse senkrecht zu z_{i-1} (und natürlich zu z_i) gelegt.
3. Der Ursprung von K_i liegt in der Ebene, die durch z_{i-1} und x_i bestimmt wird.
4. Und schließlich wird y_i so hinzugefügt, dass K_i ein positiv orientiertes kartesisches Koordinatensystem wird.

Einige Sonderfälle, wie zum Beispiel parallele z-Achsen, habe ich in dieser etwas abgekürzten Beschreibung nicht berücksichtigt.

Nun wollen wir das Koordinatensystem K_n durch die Koordinaten des Systems K_0 ausdrücken. Dazu führen wir Basistransformationen durch.

Anders als bisher ist jetzt unser Koordinatensystem durch eine Basis und einen Ursprung definiert, wir haben also ein Datenelement mehr zu betrachten. Wir werden homogene Koordinaten verwenden, und damit funktioniert die Basistransformation ganz analog, wie wir das in den Standardkoordinaten auf in Abschn. 9.3 ausgeführt haben. Satz 9.21 und Satz 9.22 lassen sich fast wörtlich übertragen:

▶   **Satz 10.17** Es sei f die affine Abbildung, welche das Koordinatensystem K_1 in das Koordinatensystem K_2 abbildet. T sei die Matrix dieser Abbildung bezüglich des Koordinatensystems K_1. Dann erhält man die Koordinaten eines Vektors v bezüglich K_2, indem man die Koordinaten von v bezüglich K_1 von links mit T^{-1} multipliziert. Die Koordinaten von v bezüglich K_1 erhält man aus denen bezüglich K_2 durch Multiplikation mit T von links.

Ist T die Transformationsmatrix von K_1 nach K_2 und S die Transformationsmatrix von K_2 nach K_3, so ist TS die Transformationsmatrix von K_1 nach K_3.

Ich möchte diesen Satz nicht beweisen, aber zumindest die Transformationsmatrix T angeben. Es sei $K_2 = \{b_1, b_2, b_3, u\}$, wobei u der Ursprung von B_2 sein soll. Die homogenen Koordinaten von K_2 bezüglich K_1 sollen lauten:

$$b_1 = \begin{bmatrix} b_{11} \\ b_{21} \\ b_{31} \\ 1 \end{bmatrix}_{K_1} , \quad b_2 = \begin{bmatrix} b_{12} \\ b_{22} \\ b_{32} \\ 1 \end{bmatrix}_{K_1} , \quad b_3 = \begin{bmatrix} b_{13} \\ b_{23} \\ b_{33} \\ 1 \end{bmatrix}_{K_1} , \quad u = \begin{bmatrix} u_1 \\ u_2 \\ u_3 \\ 1 \end{bmatrix}_{K_1} .$$

Dann hat die Transformationsmatrix die Form

$$T = \begin{bmatrix} b_{11} - u_1 & b_{12} - u_1 & b_{13} - u_1 & u_1 \\ b_{21} - u_2 & b_{22} - u_2 & b_{23} - u_2 & u_2 \\ b_{31} - u_3 & b_{32} - u_3 & b_{33} - u_3 & u_3 \\ 0 & 0 & 0 & 1 \end{bmatrix} . \tag{10.11}$$

Dies können Sie verifizieren, indem Sie T auf $[1, 0, 0, 1]$, $[0, 1, 0, 1]$, $[0, 0, 1, 1]$ und $[0, 0, 0, 1]$ anwenden.

Stehen in dieser Matrix nicht mehr die Bilder der Basisvektoren in den Spalten? Genau genommen schon: $[b_{11}, b_{21}, b_{31}, 1]$ sind die Koordinaten der „Spitze" des Basisvektors b_1 bezüglich K_1, Größe und Richtung des ersten Basisvektors werden dann gerade durch die erste Spalte der Matrix gegeben, siehe Abb. 10.9.

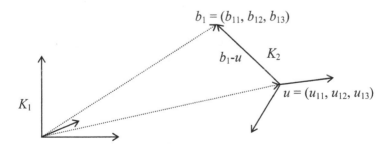

Abb. 10.9 Koordinatentransformation in der Robotik 1

Abb. 10.10 Koordinatentransformation in der Robotik 2

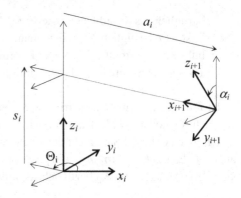

Wir werden nun für den Roboter eine Reihe von Koordinatentransformationen angeben, die K_0 in K_n überführen (Abb. 10.10). Zunächst können wir durch vier aufeinanderfolgende Transformationen K_{i+1} aus K_i wie folgt erzeugen.

Als erstes wird K_i um die z_i-Achse um den Winkel Θ_i gedreht, bis x_i und x_{i+1} die gleiche Richtung haben. Das geht wegen 2). Dazu gehört die Matrix:

$$
D_{\theta_i} = \begin{bmatrix} \cos\theta_i & -\sin\theta_i & 0 & 0 \\ \sin\theta_i & \cos\theta_i & 0 & 0 \\ 0 & 0 & 1 & 0 \\ 0 & 0 & 0 & 1 \end{bmatrix}.
$$

Das jetzt erhaltene System wird so weit in Richtung z_i verschoben, bis sein Ursprung die durch x_{i+1} bestimmte Gerade schneidet. Dies geht wegen 3). Als drittes kann man längs dieser Geraden durch eine weitere Translation die beiden Ursprünge in Deckung bringen. Hierzu gehören die Translationsmatrizen

$$
T_{s_i} = \begin{bmatrix} 1 & 0 & 0 & 0 \\ 0 & 1 & 0 & 0 \\ 0 & 0 & 1 & s_i \\ 0 & 0 & 0 & 1 \end{bmatrix}, \quad T_{a_i} = \begin{bmatrix} 1 & 0 & 0 & a_i \\ 0 & 1 & 0 & 0 \\ 0 & 0 & 1 & 0 \\ 0 & 0 & 0 & 1 \end{bmatrix}.
$$

Schließlich muss nur noch durch eine weitere Drehung um die x_i-Achse der Vektor y_i mit y_{i+1} in Deckung gebracht werden:

$$
D_{\alpha_i} = \begin{bmatrix} 1 & 0 & 0 & 0 \\ 0 & \cos\alpha_i & -\sin\alpha_i & 0 \\ 0 & \sin\alpha_i & \cos\alpha_i & 0 \\ 0 & 0 & 0 & 1 \end{bmatrix}.
$$

Damit erhält die Basistransformationsmatrix von K_i nach K_{i+1} die folgende Gestalt:

$$B_{i,i+1} = D_{\theta_i} T_{s_i} T_{a_i} D_{\alpha_i} = \begin{bmatrix} \cos\theta_i & -\cos\alpha_i \sin\theta_i & \sin\alpha_i \sin\theta_i & a_i \cos\theta_i \\ \sin\theta_i & \cos\alpha_i \cos\theta_i & -\sin\alpha_i \cos\theta_i & a_i \sin\theta_i \\ 0 & \sin\alpha_i & \cos\alpha_i & s_i \\ 0 & 0 & 0 & 1 \end{bmatrix}.$$

$$(10.12)$$

Achten Sie auf die Reihenfolge der Matrixmultiplikationen: Es handelt sich um Basistransformationen!

Da die z_i-Achse jeweils entlang der Bewegungsachse des $(i + 1)$-ten Gelenks verläuft, wird bei einer Bewegung dieses Gelenks entweder eine Drehung um die $x_i - x_{i+1}$-Ebene durchgeführt oder eine Translation in z_i-Richtung. Das heißt, je nach Gelenktyp sind in der Matrix (10.12) Θ_i oder s_i variabel, die anderen Elemente sind Roboterkonstanten.

Bei dieser Transformation erhalten wir also Ursprung und Basisvektoren von K_{i+1} in den Koordinaten von K_i. Testen wir es einmal mit dem Ursprung und zwei Basisvektoren von K_{i+1}:

$$B_{i,i+1} \begin{bmatrix} 0 \\ 0 \\ 0 \\ 1 \end{bmatrix}_{i+1} = \begin{bmatrix} a_i \cos\theta_i \\ a_i \sin\theta_i \\ s_i \\ 1 \end{bmatrix}_i, \quad B_{i,i+1} \begin{bmatrix} 1 \\ 0 \\ 0 \\ 1 \end{bmatrix}_{i+1} = \begin{bmatrix} \cos\theta_i + a_i \cos\theta_i \\ \sin\theta_i + a_i \sin\theta_i \\ s_i \\ 1 \end{bmatrix}_i,$$

$$B_{i,i+1} \begin{bmatrix} 0 \\ 0 \\ 1 \\ 1 \end{bmatrix}_{i+1} = \begin{bmatrix} a_i \cos\theta_i \\ \sin\alpha_i + a_i \sin\theta_i \\ \cos\alpha_i + s_i \\ 1 \end{bmatrix}_i.$$

Können Sie die Ergebnisse an Hand der Zeichnung in Abb. 10.10 nachvollziehen? Ursprung und Basisvektoren sind in Richtung x_{i+1} und z_i verschoben. Neben dieser Verschiebung ist x_i in der x_1-y_1-Ebene um Θ_i verdreht, und z_i in der y_1-z_1-Ebene um α_i.

Nun können wir eine ganze Kette dieser Transformationen aufstellen: $B_{i+1,i+2}$ drückt K_{i+2} in Koordinaten von K_{i+1} aus, durch $B_{i,i+1} \circ B_{i+1,i+2}$ erhalten wir also die Koordinaten der Basis K_{i+2} im K_i-System, und so weiter. Schließlich liefert die Transformation

$$B = B_{0,1} \circ B_{1,2} \circ \cdots \circ B_{n-1,n}$$

den Ursprung und die Orientierung des Effektors in den Weltkoordinaten. Aus der Gestalt der Transformationsmatrix (10.11) erkennen Sie, dass die ersten drei Spalten die Richtung der Basisvektoren und die letzte Spalte den Ursprung des Effektor-Systems angeben.

Die einzelnen Transformationen sind natürlich abhängig von der aktuellen Stellung der Robotergelenkachsen, und so ändert sich die Transformation B mit jeder Roboterbewegung.

Dem Programmierer einer Robotersteuerung stellen sich damit die beiden Probleme:

- Aus der Stellung der einzelnen Gelenke die Position und Orientierung des Effektors zu ermitteln, dies ist das *direkte kinematische Problem*, das ich hier kurz behandelt habe,
- und das *inverse kinematische Problem*, bei vorgegebener Stellung des Effektors passende Gelenkwerte zu finden.

Das zweite ist das wichtigere, aber leider auch das bei weitem schwierigere Problem.

10.4   Verständnisfragen und Übungsaufgaben

Verständnisfragen

1. Bildet ein Vektorraum mit der Addition und mit einem Skalarprodukt als Multiplikation einen Ring?

2. Warum kann ein Skalarprodukt nur für reelle Vektorräume sinnvoll erklärt werden?

3. Erklären Sie den Zusammenhang zwischen Skalarprodukt und Norm.

4. Wenn eine lineare Abbildung im $\mathbb{R}^3$ die Winkel zwischen allen Vektoren erhält, so erhält sie auch die Länge der Vektoren und ist somit eine orthogonale Abbildung.

5. Welche Typen von orthogonalen Abbildungen gibt es im $\mathbb{R}^3$?

6. Die Drehung im $\mathbb{R}^2$ hat die Matrix $\begin{pmatrix} \cos\alpha & -\sin\alpha \\ \sin\alpha & \cos\alpha \end{pmatrix}$, die Spiegelung die Matrix $\begin{pmatrix} \cos\alpha & \sin\alpha \\ \sin\alpha & -\cos\alpha \end{pmatrix}$. Und welche Abbildungen werden durch $\begin{pmatrix} -\cos\alpha & \sin\alpha \\ \sin\alpha & \cos\alpha \end{pmatrix}$ bzw. durch $\begin{pmatrix} \cos\alpha & \sin\alpha \\ -\sin\alpha & \cos\alpha \end{pmatrix}$ beschrieben?

7. Die Translation ist zwar keine lineare Abbildung. Aber ist sie eine „orthogonale" Abbildung in dem Sinn, dass sie Längen von Vektoren und Winkel zwischen Vektoren erhält?

8. Warum ist es manchmal sinnvoll, mit homogenen Koordinaten zu rechnen? ◄

Übungsaufgaben

1. Bestimmen Sie eine lineare Gleichung, deren Lösungsmenge die Ebene beschreibt, die durch die Punkte $(1, 0, 1)$, $(2, 1, 2)$ und $(1, 1, 3)$ im $\mathbb{R}^3$ bestimmt ist.

2. Bestimmen Sie den Winkel zwischen den Vektoren $(2, 1, -1)$ und $(1, 2, 1)$.

3. Bestimmen Sie den Winkel zwischen der Diagonale eines Würfels und einer an die Diagonale angrenzenden Kante.

4. Ergänzen Sie den Vektor $(1/2, 1/2, 1/\sqrt{2})$ zu einer Orthonormalbasis des $\mathbb{R}^3$.

5. Beweisen Sie: Sind die Vektoren $v_1, v_2, \ldots, v_n$ paarweise orthogonal und alle ungleich $\vec{0}$, so sind sie auch linear unabhängig.

6. Welchen Typ von Abbildung erhält man im $\mathbb{R}^3$, wenn man nacheinander eine Drehung, 2 Spiegelungen, 2 Drehungen und noch 4 Spiegelungen ausführt?

7. Welche der folgenden Matrizen sind orthogonal?

a)
$$\begin{pmatrix} \frac{1}{\sqrt{2}} & \frac{1}{\sqrt{2}} & 0 \\ \frac{1}{2} & \frac{1}{2} & -\frac{1}{\sqrt{2}} \\ \frac{1}{2} & \frac{1}{2} & \frac{1}{\sqrt{2}} \end{pmatrix}$$

b)
$$\begin{pmatrix} \frac{1}{\sqrt{2}} & -\frac{1}{\sqrt{2}} \\ \frac{1}{\sqrt{2}} & \frac{1}{\sqrt{2}} \end{pmatrix}$$

c)
$$\begin{pmatrix} \frac{1}{2} & \frac{1}{2} & \frac{1}{2} & \frac{1}{2} \\ \frac{1}{2} & -\frac{5}{6} & \frac{1}{6} & \frac{1}{6} \\ \frac{1}{2} & \frac{1}{6} & \frac{1}{6} & -\frac{5}{6} \\ \frac{1}{2} & \frac{1}{6} & -\frac{5}{6} & \frac{1}{6} \end{pmatrix}.$$

8. Bestimmen Sie die homogene Matrix einer Abbildung, welche das Quadrat 1 aus Abb. 10.11 mit der Kantenlänge 1 und Ursprung links unten in das Quadrat 2 abbildet.

Abb. 10.11 Übungsaufgabe 8

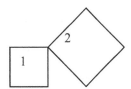

9. Leiten Sie für die Norm $\|u\| := \sqrt{\langle u, u \rangle}$ aus der Cauchy-Schwarz'schen Ungleichung $|\langle u, v \rangle| \leq \|u\| \cdot \|v\|$ die Dreiecksungleichung $\|u + v\| \leq \|u\| + \|v\|$ her.

10. Ist A eine symmetrische Matrix, das heißt $A = A^T$, so sind Eigenvektoren zu verschiedenen reellen Eigenwerten orthogonal.

   Hinweis: Sind λ_1, λ_2 Eigenwerte zu v_1, v_2, so zeigen Sie, dass $\lambda_1 \langle v_1, v_2 \rangle = \lambda_2 \langle v_1, v_2 \rangle$ ist. Verwenden Sie dabei die Rechentricks: $\langle v_1, v_2 \rangle = v_1{}^T v_2$ und $(AB)^T = B^T A^T$. ◄

Graphentheorie

11

Zusammenfassung

Dieses Kapitel enthält viele Algorithmen und liegt besonders nahe an der Informatik. Wenn Sie es durchgearbeitet haben

- kennen Sie die Grundbegriffe der Graphentheorie: Knoten, Kanten, Knotengrad, Wege, Kreise, Isomorphismen, bewertete und gerichtete Graphen,
- wissen Sie, was Bäume und Wurzelbäume sind,
- haben Sie als Anwendung Suchbäume konstruiert und können mit Hilfe von Bäumen den Huffmancode aufbauen,
- wissen Sie, was Breitensuche und Tiefensuche bedeuten und können kürzeste Wege in bewerteten Graphen finden
- und können in azyklischen gerichteten Graphen eine topologische Sortierung durchführen.

Wenn Sie mit dem Auto von Flensburg nach Freiburg fahren wollen und den Weg nicht wissen, verwenden Sie ein Navigationsgerät, das die kürzeste oder die schnellste Strecke zwischen den beiden Orten berechnet und Sie entlang dieser Strecke führt. Das Gerät kennt eine Liste von Orten und Verbindungsstraßen zwischen diesen Orten. Die Länge der Strecken zwischen den Orten beziehungsweise die ungefähre Fahrtzeit ist bekannt.

Bei dieser Aufgabe handelt es sich um ein typisches Problem der Graphentheorie: Graphen sind Strukturen, die aus einer Reihe von Knoten (hier den Ortschaften) und Kanten (den Straßen) bestehen, wobei die Kanten manchmal noch Richtungen (Einbahnstraßen) oder Gewichte (Länge, Fahrzeit) tragen. Der Routenplaner sucht den kürzesten Weg zwischen zwei Knoten.

Graphen treten in vielen Bereichen der Technik, der Informatik und des täglichen Lebens auf. Neben Straßennetzen sind alle möglichen Arten von Netzwerken Graphen: Stromverteilungsnetze, elektrische Schaltungen, Kommunikationsnetze, Molekülstruktu-

© Springer Fachmedien Wiesbaden GmbH, ein Teil von Springer Nature 2019   269
P. Hartmann, *Mathematik für Informatiker*, https://doi.org/10.1007/978-3-658-26524-3_11

ren und vieles mehr. Am Anfang von Kap. 5 finden Sie einen Graphen, in dem die Knoten algebraische Strukturen und die Kanten Beziehungen zwischen diesen sind. Ebenso stellen beispielsweise Klassendiagramme eines objektorientierten Programmentwurfs Graphen dar.

In diesem Kapitel möchte ich Ihnen die Grundbegriffe der Graphentheorie vorstellen. Den Schwerpunkt werde ich dabei auf Bäume legen, die in der Informatik eine besonders wichtige Rolle spielen.

11.1 Grundbegriffe der Graphentheorie

Am Anfang einer Theorie steht immer eine ganze Menge von neuen Begriffen. Zunächst möchte ich diese zusammen stellen:

▶ **Definition 11.1** Ein (*ungerichteter*) *Graph* G besteht aus einer Menge $V = V(G)$, den *Knoten* (vertices) von G und aus einer Menge $E = E(G)$ von ungeordneten Paaren $k = [x, y]$, mit $x, y \in V$, den *Kanten* (edges) von G. Man schreibt $G = (V, E)$.

Wir werden uns nur mit endlichen Graphen beschäftigen, das heißt mit Graphen, in denen die Menge V – und damit natürlich auch die Menge E – endlich ist. Weiter möchte ich nicht zulassen, dass zwei Knoten mit mehr als einer Kante verbunden sind.

Ist $k = [x, y]$ eine Kante, so heißen x, y *Endpunkte* der Kante, die Knoten x und y heißen *inzident* zu k. x und y sind dann *benachbarte Knoten*. Benachbarte Knoten heißen *adjazent*.

Die Kante $k = [x, y]$ heißt *Schlinge*, wenn $x = y$ ist. Der Graph G heißt *vollständig*, wenn je zwei Knoten benachbart sind, das heißt, dass je zwei Knoten durch eine Kante verbunden sind. $G' = (V', E')$ heißt *Teilgraph* von G, wenn $V' \subset V$ und $E' \subset E$ ist.

Abb. 11.1 zeigt ein Beispiel. Hier ist $V = \{x_1, x_2, x_3, x_4\}$, $E = \{k_1, k_2, k_3, k_4\}$ mit $k_1 = [x_1, x_2]$, $k_2 = [x_2, x_2]$, $k_3 = [x_2, x_3]$, $k_4 = [x_3, x_4]$.

x_1 und x_2 sind benachbart (adjazent), x_3, x_4 sind Endpunkte von k_4, k_2 ist eine Schlinge. Der Graph ist nicht vollständig. In Abb. 11.2 sehen Sie einen vollständigen Graphen, Abb. 11.3 stellt dagegen keinen Graphen dar. Sollten Sie mit Problemen konfrontiert sein,

Abb. 11.1 Knoten und Kanten

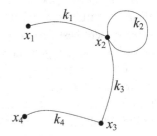

Abb. 11.2 Ein vollständiger
Graph

Abb. 11.3 Kein Graph

in denen solche Objekte auftauchen, können Sie diese aber leicht zu einem Graphen machen, indem Sie zum Beispiel noch weitere Knoten auf den mehrfachen Kanten einfügen.

Wie kann man Graphen darstellen? Zunächst bieten sich Zeichnungen an. In Abb. 11.2 ist dabei störend, dass sich die beiden Diagonalen schneiden, obwohl der Schnittpunkt kein Knoten ist. Abb. 11.4 zeigt, dass wir in diesem Graphen die Kanten auch schnittpunktfrei zeichnen können. Ist es immer möglich Graphen so darzustellen, dass sich Kanten nur in Knoten schneiden? Im $\mathbb{R}^3$ geht das: Ist V eine endliche Teilmenge des $\mathbb{R}^3$ (die Knoten) und sind die Elemente von V durch eine endliche Menge von Linienstücken (den Kanten) verbunden, so kann man diese immer so wählen, dass sie sich nur in den Knoten schneiden. Ein solcher Graph heißt *geometrischer Graph*, und jeder endliche Graph besitzt eine Realisierung als geometrischer Graph im $\mathbb{R}^3$.

Im $\mathbb{R}^2$ ist dies dagegen nicht immer möglich. Abb. 11.5 zeigt einen Graphen, den Sie nicht in den $\mathbb{R}^2$ drücken können, ohne dass sich Kanten überschneiden. Graphen, die eine überschneidungsfreie Darstellung in der Ebene erlauben, heißen *planare Graphen*.

Abb. 11.4 Ein planarer Graph

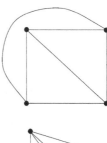

Abb. 11.5 Ein nicht-planarer
Graph

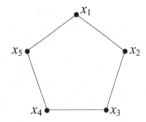 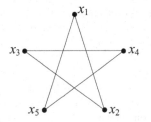

Abb. 11.6 Zwei Darstellungen eines Graphen

Ein großes Problem beim Entwurf von Leiterplatten oder integrierten Schaltungen besteht
darin, die Stromverbindungen so zu planen, dass sie möglichst überschneidungsfrei zu liegen
kommen. Wie wir gesehen haben, ist das nicht immer möglich. Darum bestehen Leiterplatten
oft aus mehreren Ebenen.

Zeichnungen sind ein wichtiges Hilfsmittel. Man muss dabei aber vorsichtig sein und darf
aus ihnen nicht mehr herauslesen, als drinnen steckt. Beispielsweise stellt die Abb. 11.6
zweimal den gleichen Graphen dar.

Zwei Graphen sollen als gleich angesehen werden, wenn sie sich nur in der Bezeichnung ihrer Knoten unterscheiden:

▶   **Definition 11.2** Sind $G = (V, E)$ und $G' = (V', E')$ Graphen, so heißen G
    und G' *isomorph*, wenn es eine bijektive Abbildung $\varphi \colon V \to V'$ gibt, so dass
    gilt:

$$[x, y] \in E \Leftrightarrow [\varphi(x), \varphi(y)] \in E'.$$

Es ist einfach, zu einem gegebenen Graphen G einen isomorphen Graphen zu konstruieren, umgekehrt ist es sehr schwer von zwei gegebenen Graphen festzustellen ob sie
isomorph sind. Sind die Graphen sehr groß, so ist dies praktisch unmöglich.

In Abschn. 5.7 habe ich Ihnen zwei harte mathematische Probleme vorgestellt, die in der
Kryptographie Verwendung finden: das Faktorisierungsproblem und das Problem des diskreten Logarithmus. Hier haben wir ein weiteres Problem dieser Art gefunden. Es gibt kryptographische Protokolle, die darauf beruhen, ich kenne jedoch noch kein verbreitetes Produkt
dazu. Vielleicht werden die Graphenisomorphismen noch wichtiger, wenn jemand das Faktorisierungsproblem geknackt hat?

Die Repräsentation von Graphen im Computer kann mit Hilfe von *Adjazenzmatrizen* erfolgen. Die Knoten sind von 1 bis n durchnummeriert, das Element a_{ij} der Adjazenzmatrix
ist 1, falls die Knoten i, j adjazent sind, und hat sonst den Wert 0. Die Adjazenzmatrix

des Graphen aus Abb. 11.6 hat die Form:

$$\begin{pmatrix} 0 & 1 & 0 & 0 & 1 \\ 1 & 0 & 1 & 0 & 0 \\ 0 & 1 & 0 & 1 & 0 \\ 0 & 0 & 1 & 0 & 1 \\ 1 & 0 & 0 & 1 & 0 \end{pmatrix}.$$

Die Matrix eines Graphen ist immer symmetrisch, in der Diagonalen steht eine 1, wenn der betreffende Knoten eine Schlinge hat.

Adjazenzmatrizen eignen sich zur Implementierung von Graphen nur dann, wenn sie viele von 0 verschiedene Einträge enthalten, also wenn viele Kanten miteinander verbunden sind. In vielen Graphen sind Knoten nur mit wenigen anderen Knoten verbunden, denken Sie zum Beispiel an die Ortsverbindungen im Routenplaner. Für solche Graphen wählt man andere Darstellungen, etwa die *Adjazenzlisten*, in denen an jeden Knoten eine Liste der adjazenten Knoten angehängt wird.

▶ **Definition 11.3** Ist x ein Knoten des Graphen G, so heißt die Anzahl der mit x inzidenten Kanten *Grad* von x. Dabei zählen Schlingen doppelt. Der Grad von x wird mit $d(x)$ bezeichnet.

In Abb. 11.1 haben x_1 und x_4 den Grad 1, x_3 hat Grad 2 und x_2 den Grad 4.

Sei A die Adjazenzmatrix eines Graphen mit den Knoten $x_1, x_2, \ldots, x_n$. Die i-te Zeile lautet $(a_{i1}, a_{i2}, \ldots, a_{in})$. a_{ij} hat denn Wert 1, wenn es eine Kante vom Knoten i zum Knoten j gibt. Daher ist der Grad des Knotens i genau die Summe der 1er in der i-ten Zeile der Matrix. Multiplizieren Sie die Adjazenzmatrix mit dem n-dimensionalen Vektor $(1, 1, 1, 1, \ldots, 1)$, so erhalten Sie in der i-ten Zeile den Wert $(a_{i1} + a_{i2} + \ldots + a_{in})$, es ist also

$$A \begin{pmatrix} 1 \\ 1 \\ \vdots \\ 1 \end{pmatrix} = \begin{pmatrix} d(x_1) \\ d(x_2) \\ \vdots \\ d(x_n) \end{pmatrix}.$$

▶ **Satz 11.4** In jedem Graphen $G = (V, E)$ gilt $\sum_{x \in V} d(x) = 2 \cdot |E|$.

Beweis: Jeder Endpunkt einer Kante liefert genau den Beitrag 1 zum Grad dieses Punktes. Da jede Kante genau 2 Endpunkte hat, liefert sie zu der linken Seite genau zweimal den Betrag 1. □

▶ **Folgerung 11.5** In jedem Graphen ist die Anzahl der Knoten ungeraden Grades gerade.

Denn sonst wäre die Gesamtsumme der Grade ungerade. □

Wege in Graphen

▶ **Definition 11.6** Ist G ein Graph und sind $x_1, x_2, \ldots, x_n$ Knoten von G, so
heißt eine Menge von Kanten, die x_1 mit x_n verbindet, *Kantenfolge* von x_1
nach x_n. Wir bezeichnen die Kantenfolge $\{[x_1, x_2], [x_2, x_3], \ldots, [x_{n-1}, x_n]\}$
mit $x_1 x_2 x_3 \ldots x_n$. Die Kantenfolge heißt *offen*, falls $x_1 \neq x_n$, andernfalls
geschlossen.

Ein *Weg* von x nach y ist eine offene Kantenfolge von x nach y, in der alle
Knoten verschieden sind.

Ein *Kreis* ist eine geschlossene Kantenfolge, in der bis auf Anfangs- und
Endknoten alle Knoten verschieden sind.

Der Graph G heißt *zusammenhängend*, wenn je zwei seiner Knoten durch
Wege verbunden sind.

In Abb. 11.7 sehen Sie einen nicht zusammenhängenden Graphen. In diesem ist

$x_1 x_2 x_3 x_4 x_5 x_6 x_2 x_1$ eine geschlossene Kantenfolge,

$x_1 x_2 x_6 x_5 x_7$ ein Weg,

$x_2 x_3 x_4 x_5 x_6 x_2$ ein Kreis.

Wenn wir noch festlegen, dass jeder Knoten mit sich selbst verbunden sein soll, können
Sie leicht nachprüfen, dass die Beziehung zwischen den Knoten eines Graphen „x und y
sind durch einen Weg verbunden" eine Äquivalenzrelation darstellt. Nach Satz 1.11
in Abschn. 1.2 bedeutet dies, dass jeder Graph in Äquivalenzklassen zerfällt, seine
Zusammenhangskomponenten. Der Graph G in Abb. 11.7 besteht aus den beiden Zusammenhangskomponenten $\{x_1, \ldots, x_7\}$ und $\{x_8, x_9\}$. Diese sind selbst wieder Teilgraphen
von G.

▶ **Satz 11.7** Jede Kantenfolge von x_1 nach x_n enthält einen Weg von x_1 nach x_n.

Man kann also Umwege weglassen, kein Knoten muss mehrfach besucht werden.

Ohne den Beweis explizit durchzuführen gebe ich Ihnen das sehr anschauliche Verfahren an: Sei $x_1 x_2 x_3 \ldots x_n$ die Kantenfolge. Trifft man, beginnend bei x_1, auf einen
Knoten zum zweiten Mal, so streicht man alle Knoten, die dazwischen liegen, sowie einmal den doppelten Knoten weg. Im Graphen aus Abb. 11.7 kann man aus der Kantenfolge
$x_1 x_2 x_3 x_4 x_5 x_6 x_2 x_3 x_4 x_5 x_7$ auf diese Weise den Weg $x_1 x_2 x_3 x_4 x_5 x_7$ erhalten. Dies führt
man so oft durch, bis alle mehrfach vorhandenen Knoten entfernt sind.   □

▶ **Definition 11.8** Die Anzahl der Kanten einer Kantenfolge oder eines Weges
heißt *Länge* der Kantenfolge beziehungsweise des Weges.

Abb. 11.7 Zusammenhangs-komponenten

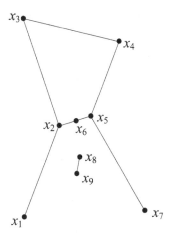

In vielen Anwendungsfällen sind mit den Kanten eines Graphen gewisse Maßzahlen verbunden, zum Beispiel Entfernungen, Leitungskapazitäten, Kosten oder Zeitdauern. Ordnet man den Kanten solche Zahlen zu, erhält man bewertete Graphen:

▶ **Definition 11.9** Ein Graph heißt *bewertet*, wenn jeder Kante $[x, y]$ ein *Gewicht* $w(x, y) \in \mathbb{R}$ zugeordnet ist. In bewerteten Graphen ist die Länge eines Weges von einem Knoten zu einem anderen die Summe der Gewichte aller Kanten des Weges.

Die Suche nach kostengünstigen Wegen in Graphen ist eine wichtige Aufgabe der Informatik. Wir werden uns damit im Abschn. 11.3 beschäftigen.

Zentralität von Knoten – Wer ist der Wichtigste?

In einem sozialen Netzwerk bilden Personen die Knoten und Beziehungen zwischen den Personen die Kanten eines Graphen. Welche Personen in einem solchen Netzwerk sind wohl die Interessantesten? Wer sind die zentralen Personen im Netzwerk, zu denen man selbst Kontakt aufnehmen sollte? Wir wollen dazu jedem Knoten eine Maßzahl zuordnen, die ich die Zentralität des Knotens nennen möchte.

Ein erster Ansatz besteht sicher darin, zu überprüfen, wer die meisten Kontakte hat. Die Zentralität ist dann der Grad des entsprechenden Knotens. Wenn man etwas mehr in die Tiefe schauen will, ist aber nicht nur die Anzahl der Kontakte interessant, sondern auch die Qualität der Kontakte: Eine Person ist nicht schon dann wichtig, wenn sie viele andere Personen kennt, sondern wenn sie viele wichtige Personen kennt, also solche, die selbst auch wieder viele Kontakte haben. Schauen wir uns das an einem kleinen Beispiel an (Abb. 11.8).

Abb. 11.8 Zentralität von
Knoten

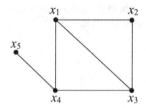

Die Adjazenzmatrix zu dem Graphen lautet

$$
\begin{pmatrix}
0 & 1 & 1 & 1 & 0 \\
1 & 0 & 1 & 0 & 0 \\
1 & 1 & 0 & 1 & 0 \\
1 & 0 & 1 & 0 & 1 \\
0 & 0 & 0 & 1 & 0
\end{pmatrix}.
$$

Die Knoten x_1, x_3 und x_4 haben jeweils den Grad 3, x_2 hat Grad 2 und der Knoten x_5 ist
etwas abgelegen, er hat nur Grad 1. Berücksichtigt man lediglich die Grade, so wären die
drei Knoten x_1, x_3 und x_4 gleich zentral. Bezieht man aber die Bedeutung der jeweiligen
Nachbarn mit ein, so sollte x_4 ein geringeres Gewicht haben. Wie kann man das nachbilden? Versuchen wir den Ansatz, dass die noch unbekannte Zentralität w_i des Knotens
x_i proportional zu der Summe der Zentralität aller benachbarten Knoten x_i sein soll. Den
Proportionalitätsfaktor bezeichnen wir mit μ:

$$
w_i = \mu \cdot \underset{\substack{\text{alle } j \text{ für die} \\ x_j \text{ benachbart zu } x_i}}{\sum} w_j \underset{\substack{\uparrow \\ a_{ij}=1\ \Leftrightarrow \\ x_j \text{ benachbart zu } x_i}}{=} \mu \cdot (a_{i1}w_1 + a_{i2}w_2 + \ldots + a_{in}w_n).
$$

Das Ergebnis ist genau die i-te Komponente des Produkts der Matrix A mit dem Vektor
$w = (w_1, w_2, \ldots, w_n)$, siehe hierzu (7.6). Es ist also

$$
\begin{pmatrix} w_1 \\ w_1 \\ \vdots \\ w_n \end{pmatrix} = \mu A \begin{pmatrix} w_1 \\ w_1 \\ \vdots \\ w_n \end{pmatrix},
$$

und wenn wir $\lambda = 1/\mu$ setzen erhalten wir

$$
Aw = \lambda w.
$$

Diese Matrixgleichung haben wir schon einmal gesehen: Wenn es einen solchen Vektor
w und einen solchen Faktor λ gibt, dann ist w gerade ein Eigenvektor zu dem Eigenwert
λ der Adjazenzmatrix A des Graphen, siehe Definition 9.10 zu Beginn von Abschn. 9.2.

Der Mathematiker fragt jetzt erst einmal: Gibt es für diese Gleichung überhaupt sinnvolle Lösungen? Nicht jede Matrix hat ja Eigenwerte, und hier sollten auch noch alle w_i größer als 0 sein, wenn eine sinnvolle Maßzahl für die Zentralität herauskommen soll. Ein Satz aus der Theorie der Eigenvektoren hilft uns weiter: Die Adjazenzmatrix eines zusammenhängenden Graphen hat mindestens einen positiven reellen Eigenwert. Der größte dieser Eigenwerte besitzt einen Eigenvektor mit nur positiven Komponenten. Wenn Sie darüber noch etwas mehr lesen möchten: dieses Ergebnis ist ein Teil des Satzes von Perron-Frobenius. Die Matrix ist symmetrisch, und daher sind alle Eigenvektoren nach Satz 10.14 orthogonal. Wenn ein Vektor zu dem Eigenvektor mit positiven Komponenten orthogonal ist, muss er negative Komponenten haben, sonst könnte das Skalarprodukt nicht 0 ergeben. Alle anderen Eigenvektoren haben also gemischte Vorzeichen in den Komponenten. Daher ist der positive Eigenvektor der einzige vernünftige Kandidat für die Gewichte der Knoten des Graphen. Und diesen Eigenvektor gibt es immer! Seine Komponenten heißen die *Eigenvektor-Zentralität* der Knoten des Graphen. Internetsuchdienste benutzen unter anderem Varianten der Eigenvektor-Zentralität, um das Ranking von Dokumenten in den Suchergebnissen zu bestimmen: Vorne platziert werden Links auf Dokumente, auf die viele Links verweisen; diese Links werden aber selbst auch wieder von vielen anderen Seiten referenziert.

Rechnen wir das Beispiel von oben einmal durch. Mit einem Mathematikwerkzeug sind schnell die Eigenwerte berechnet. Der größte davon hat den Wert 2.64, und ein dazugehöriger Eigenvektor lautet

$$\begin{pmatrix} 1.0 \\ 0.76 \\ 1.0 \\ 0.88 \\ 0.33 \end{pmatrix}.$$

Sie sehen, dass die Knoten x_1 und x_3 jetzt wichtiger geworden sind als x_4. Dieser wurde herabgestuft, weil er mit dem unbedeutenden x_5 in Kontakt steht.

11.2 Bäume

▶ **Definition 11.10** Ein Graph, in dem je zwei Knoten durch genau einen Weg verbunden sind, heißt *Baum*.

Abb. 11.9 zeigt vier Beispiele von Bäumen. Bäume lassen sich durch viele verschiedene Eigenschaften charakterisieren. Der folgende Satz, gibt einige zu der Definition äquivalente Bedingungen an.

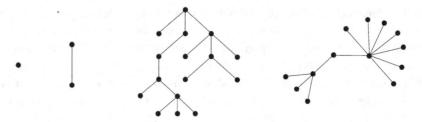

Abb. 11.9 Bäume

▶ **Satz 11.11** Sei G ein Graph mit n Knoten und m Kanten. Dann sind die folgenden Aussagen äquivalent:

a) G ist ein Baum.
b) G ist ein zusammenhängender Graph ohne Kreise.
c) G ist zusammenhängend, aber nimmt man irgendeine Kante weg, zerfällt G in zwei Zusammenhangskomponenten.
d) G ist zusammenhängend und $n = m + 1$ (G hat einen Knoten mehr als Kanten).

Wir zeigen die Äquivalenz von a), b) und c) in einem Ringschluss:

a) $\Rightarrow$ b): G ist natürlich zusammenhängend. Hätte G einen Kreis, so gäbe es zwei Wege zwischen den Knoten dieses Kreises.

b) $\Rightarrow$ c): Nehmen wir eine Kante $E = [x_1, x_2]$ weg, so erhalten wir den Graphen G', in dem x_1 und x_2 nicht mehr verbunden sind, G' ist also nicht mehr zusammenhängend. Sei y irgend ein Knoten. Wenn y in G' nicht mehr mit x_1 verbunden ist, so enthielt der ursprüngliche Weg von y nach x_1 die Kante E und damit auch x_2. Der Weg nach x_2 existiert also noch, y ist mit x_2 verbunden. G' zerfällt also in zwei Komponenten: Die Knoten einer Komponente sind alle mit x_1 verbunden, die Knoten der anderen Komponente alle mit x_2.

c) $\Rightarrow$ a): Da G zusammenhängend ist, sind je zwei Knoten durch einen Weg verbunden. Gäbe es zwei Wege von x_1 nach x_2, so könnte man aus einem dieser Wege eine Kante wegnehmen, ohne den Zusammenhang zu zerstören.

Um die Äquivalenz von d) mit a), b) und c) zu zeigen, überlegen wir zunächst, dass nach Wegnahme einer Kante aus einem Baum die entstehenden Zusammenhangskomponenten wieder Bäume bilden: Sind zum Beispiel y und z Knoten in einer solchen Komponente, so kann es nicht mehrere Wege von y nach z geben, da diese auch im ursprünglichen Graphen G Wege wären.

Nun zeigen wir a) $\Rightarrow$ d) mit Induktion nach der Anzahl der Knoten n. Der Induktionsanfang ($n = 1$ und $n = 2$) lässt sich aus den beiden ersten Bäumen in Abb. 11.9 ablesen. Es soll nun für alle Bäume mit weniger als $n + 1$ Knoten die Behauptung erfüllt sein. Sei G ein Baum mit $n + 1$ Knoten. Nehmen wir eine Kante weg, so erhalten wir 2 Teilbäume mit Knotenzahl n_1 beziehungsweise n_2, wobei $n_1 + n_2 = n + 1$ gilt. Für die Teilbäume ist die Kantenzahl nach Voraussetzung $n_1 - 1$ beziehungsweise $n_2 - 1$. Damit ergibt sich für die Gesamtzahl der Kanten von G: $n_1 - 1 + n_2 - 1 + 1 = n$.

Auch d) $\Rightarrow$ a) beweisen wir mit vollständiger Induktion, wobei der Induktionsanfang wieder aus Abb. 11.9 abzulesen ist. Sei jetzt ein Graph G mit $n + 1$ Knoten und n Kanten gegeben. Der Grad jedes Knotens ist mindestens 1, da G zusammenhängend ist. Dann muss es Knoten vom Grad 1 geben, also Knoten, die mit genau einer Kante inzidieren, denn wäre für alle Knoten $d(x) \geq 2$, so würde aus Satz 11.4 folgen:

$$2 \cdot \underbrace{(n + 1)}_{\text{Anzahl Knoten}} \leq \sum d(x) = 2 \cdot \underbrace{n}_{\text{Anzahl Kanten}}$$

Entfernen wir jetzt einen solchen Knoten x vom Grad 1 mit seiner Kante aus G, so entsteht ein kleinerer Graph, der wieder genau einen Knoten mehr hat als Kanten. Dieser ist also nach Induktionsannahme ein Baum. Nimmt man zu diesem Baum wieder x mit seiner Kante hinzu, so ist auch x mit jedem anderen Knoten des Graphen durch genau einen Weg verbunden und damit ist G ein Baum. □

Am überraschendsten ist hier sicher die Eigenschaft d), ein ganz einfaches Testkriterium, ob ein gegebener Graph ein Baum ist oder nicht.

Wurzelbäume

Bisher sind in einem Baum alle Knoten und Kanten gleichberechtigt. Oft wird aber ein Knoten im Baum besonders ausgezeichnet, dieser heißt *Wurzel* und der zugehörige Baum *Wurzelbaum*. Um die Analogie zur Botanik nicht allzu weit zu treiben, wird die Baumwurzel in der Regel oben gezeichnet, die Kanten weisen alle nach unten. Der dritte Baum in Abb. 11.9 ist schon in dieser Art dargestellt. Wenn Sie sich die Knoten eines Baumes als elektrisch geladene Kugeln vorstellen, die durch Stäbe beweglich miteinander verbunden sind, können Sie jeden Baum an einem beliebigen Knoten anfassen und hochheben und erhalten einen Wurzelbaum. Jeder Knoten eines Baumes kann also Wurzel werden.

Sind x und y durch eine Kante verbunden und ist x näher an der Wurzel als y, so heißt x *Vater* von y und y *Sohn* von x. Führt ein Weg von x nach y, wobei von x ausgehend zum Sohn, Enkel, Urenkel und so weiter gegangen wird, so heißt x *Vorfahre* von y und y *Nachkomme* von x. Knoten mit Nachkommen heißen *innere Knoten*, Knoten ohne Nachkommen heißen *Blätter* des Baumes. Die Blätter eines Baumes sind genau die von der Wurzel verschiedenen Knoten mit Grad 1. Mit der Relation „Nachkomme" zwischen den Knoten eines Baumes werden die Knoten zu einer geordneten Menge, siehe Definition 1.12 in Abschn. 1.2.

In Abb. 11.10 ist x Vater von y, und z Nachkomme von x. z ist jedoch kein Nachkomme von y.

Abb. 11.10 Ein Wurzelbaum

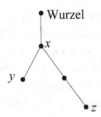

Ist nicht nur die Reihenfolge von oben nach unten von Bedeutung, sondern auch die Reihenfolge bei den Söhnen, so spricht man vom ersten, zweiten, dritten Sohn und so weiter und erhält einen *geordneten Wurzelbaum*. In der Zeichnung ordnet man die Söhne von links nach rechts: y ist der erste Sohn von x.

▶   **Satz 11.12** In einem Wurzelbaum bildet jeder Knoten zusammen mit allen seinen Nachkommen und den dazugehörigen Kanten wieder einen Wurzelbaum.

Wir prüfen die Definition des Baumes nach. Ist x die neue Wurzel des Baumes und sind y und z Nachkommen von x, so gibt es einen Weg von y nach x und einen Weg von x nach z. Durch Zusammensetzen erhält man eine Kantenfolge und damit auch einen Weg von y nach z. Dieser Weg ist eindeutig, da es sonst schon mehrere Wege von y nach z im ursprünglichen Baum gegeben hätte.   □

Diese Eigenschaft bedeutet, dass Bäume hervorragend dazu geeignet sind um rekursiv behandelt zu werden: Die Teilbäume haben die gleichen Eigenschaften wie der ursprüngliche Baum, sie werden aber immer kleiner. Viele Baum-Algorithmen sind rekursiv aufgebaut.

Beispiel

Die erste Aufgabe eines Compilers bei der Übersetzung eines Programms ist die Syntaxanalyse. Dabei wird aus einem Ausdruck ein *Syntaxbaum* erzeugt. In einem solchen Baum stellen die inneren Knoten die Operatoren dar, die Operanden eines Operators werden aus den Teilbäumen gebildet, die an den Söhnen dieses Operators hängen. Zum Ausdruck $(a + b) \cdot c$ gehört der Syntaxbaum aus Abb. 11.11, der Baum aus Abb. 11.12 gehört zu

```
(x%4  == 0) && ! ( (x%100  == 0) && (x%400  != 0) ).
```
◀

Abb. 11.11 Syntaxbaum 1

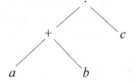

Abb. 11.12 Syntaxbaum 2

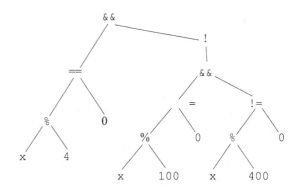

Ist der Syntaxbaum erfolgreich aufgebaut, kann die Auswertung des Ausdrucks rekursiv erfolgen: Um den Baum auszuwerten müssen alle Teilbäume ausgewertet werden, die zu den Söhnen der Wurzel gehören. Anschließend kann die Operation der Wurzel durchgeführt werden. Der Prozess endet, wenn die Wurzel selbst ein Operand ist.

Hat in einem Wurzelbaum jeder Knoten höchstens n Söhne, so heißt der Baum *n-ärer Wurzelbaum*, hat jeder Knoten genau 0 oder n Söhne, so heißt er *regulärer n-ärer Wurzelbaum*. Im Fall $n = 2$ sprechen wir von *binären Wurzelbäumen*, die Söhne nennen wir dann auch *linke* und *rechte Söhne*. Mit diesen Bäumen wollen wir uns jetzt näher beschäftigen.

▶ **Satz 11.13** In einem binären regulären Wurzelbaum B gilt:

a) B hat genau einen Knoten vom Grad 2, alle anderen Knoten haben Grad 1 oder 3.

b) Ist x ein Knoten von B, so bildet x mit all seinen Nachkommen wieder einer binären regulären Wurzelbaum.

c) Die Anzahl der Knoten ist ungerade.

d) Hat B n Knoten, so hat er $(n + 1)/2$ Blätter und $(n - 1)/2$ innere Knoten. Es gibt also genau ein Blatt mehr als innere Knoten.

Die Eigenschaften a) und b) sind einsichtig: Die Wurzel hat genau zwei Söhne, also Grad 2, jeder andere Knoten ist ein Sohn und hat entweder zwei Söhne (Grad 3) oder keine Nachkommen (Grad 1). Die charakterisierenden Eigenschaften des binären regulären Baumes bleiben natürlich in allen Teilbäumen erhalten.

Für die dritte Eigenschaft können wir zum ersten Mal Satz 11.12 für eine Induktion verwenden: Ein minimaler binärer regulärer Wurzelbaum ist ein einzelner Knoten, für diesen stimmt die Aussage. Die Anzahl der Knoten des Baumes B ist 1 + Anzahl der Knoten des linken Teilbaums + Anzahl der Knoten des rechten Teilbaums, also ungerade, da die beiden kleineren Teilbäume ungerade Knotenzahl haben.

Zu d): Sei p die Anzahl der Blätter von B, Wenn B n Knoten hat, so hat B $n-1$ Kanten und es gilt nach a) und nach Satz 11.4:

$$\sum_{x \in V} d(x) = p \cdot 1 + (n - p - 1) \cdot 3 + 1 \cdot 2 = 2|E| = 2(n - 1).$$

Wenn Sie diese Gleichung nach p auflösen, erhalten Sie $p = \frac{n+1}{2}$ und für die Anzahl innerer Knoten $n - p = n - \frac{n+1}{2} = \frac{n-1}{2}$. Da $\frac{n+1}{2} = \frac{n-1}{2} + 1$ ist, gibt es genau ein Blatt mehr als innere Knoten.   □

Die Spiele eines Tennisturniers können Sie in Form eines binären regulären Wurzelbaums aufzeichnen. Die Spieler sind die Blätter, die Spiele sind die inneren Knoten, das Finale stellt die Wurzel dar. Frage: Wenn p Spieler an dem Turnier teilnehmen, wie viele Spiele finden dann statt, bis der Turniersieger feststeht? Da es genau ein Blatt mehr gibt als innere Knoten, muss die Anzahl der Spiele gerade $p - 1$ sein.

Diese Frage können Sie aber auch ohne schwere graphentheoretische Sätze ganz einfach beantworten: Jedes Spiel eliminiert genau einen Spieler. Der Sieger bleibt übrig: also braucht man bei p Spielern genau $p-1$ Spiele.

▶ **Definition 11.14** Das *Niveau* eines Knotens in einem Wurzelbaum ist die Anzahl der Knoten des Weges von der Wurzel bis zu diesem Knoten. Die *Höhe* eines Wurzelbaumes ist das maximale Niveau der Knoten.

Die Wurzel hat also Niveau 1, der Baum aus Abb. 11.10 hat die Höhe 4.

▶ **Satz 11.15** In einem binären Wurzelbaum der Höhe H mit n Knoten gilt

$$H \geq \log_2(n + 1).$$

Auf Niveau k des Baumes können sich maximal 2^{k-1} Knoten befinden (dies können Sie, wenn Sie wollen, durch eine einfache Induktion nachprüfen). Auf dem untersten Niveau H befinden sich also maximal 2^{H-1} Knoten, die dann alle Blätter sind. Addiert man dazu die inneren Knoten, so erhält man $n \leq 2^{H-1} + (2^{H-1} - 1)$, also $n \leq 2 \cdot 2^{H-1} - 1 = 2^H - 1$, und damit $\log_2(n + 1) \leq H$.   □

Suchbäume

Lesen Sie die Aussage von Satz 11.15 einmal anders herum: in einem Baum der Höhe H lassen sich bis zu $2^H - 1$ Knoten unterbringen. Für $H = 18$ ist zum Beispiel 2^H etwa 262 000. Zu jedem dieser Knoten führt von der Wurzel aus ein Weg, der höchstens 18 Knoten besucht. Diese Eigenschaft kann man dazu verwenden, um in den Knoten von Bäumen Daten zu speichern, auf die sehr schnell zugegriffen werden kann. Dies sind die

Suchbäume. Im Beispiel mit $H = 18$ können Sie darin ein größeres Wörterbuch unterbringen.

Datensätze werden durch Schlüssel identifiziert. Wir gehen davon aus, dass jeder Schlüssel nur einmal vorkommt. Jedem Knoten des Suchbaums wird ein Datensatz in der folgenden Weise zugeordnet: alle Schlüssel des linken Teilbaums von p sind kleiner als der des Knotens p, alle Schlüssel des rechten Teilbaums von p sind größer als der von p.

Zunächst wollen wir einen Suchbaum erzeugen. Beim Eintrag eines Datums beginnen wir immer an der Wurzel, bei jedem Eintrag wird ein neuer Knoten als Blatt und gleichzeitig als Wurzel eines neuen Teilbaumes erzeugt:

Trage den Schlüssel s in den Baum ein:
Existiert der Baum noch nicht, so erzeuge die Wurzel und trage s bei der Wurzel ein.
Sonst:
    Ist s kleiner als der Schlüssel der Wurzel:
        Trage den Schlüssel s im linken Teilbaum der Wurzel ein.
    Ist s größer als der Schlüssel der Wurzel:
        Trage den Schlüssel s im rechten Teilbaum der Wurzel ein.

Wie Sie sehen, ist dies eine sehr einfache rekursive Vorschrift. Ich möchte es an einem konkreten Beispiel durchführen. Dabei werde ich den Knoten des Baumes Worte zuordnen, die gleichzeitig mit ihrer alphabetischen Anordnung als Schlüssel dienen. Ich trage die Worte dieses Satzes in den Baum ein (Abb. 11.13).

Auch das Suchen eines Datensatzes in einem solchen Baum erfolgt rekursiv: Den Satz, der zu einem gegebenen Schlüssel s gehört, finden wir mit dem folgenden Algorithmus:

Suche s beginnend bei x:
Ist s gleich dem Schlüssel von x, so ist die Suche beendet.
Ist s kleiner als der Schlüssel von x, dann suche s beginnend beim linken Sohn von x.
Ist s größer als der Schlüssel von x, dann suche s beginnend beim rechten Sohn von x.

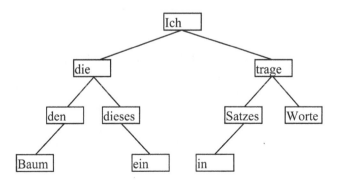

Abb. 11.13 Ein höhenbalancierter Baum

Damit wird jedes eingetragene Datum gefunden. Um den Fall abzudecken, dass nach einem nicht vorhandenen Schlüssel gesucht wird, muss der Algorithmus etwas erweitert werden. Führen Sie das bitte selbst durch.

Das Erzeugen eines Baumes mit der vorgestellten Methode hat nicht immer einen so gleichmäßigen Baum als Ergebnis wie in Abb. 11.13 gezeigt. Wenn Sie auf diese Weise das Telefonbuch in eine Baumstruktur bringen wollen, degeneriert der Baum zu einer ewig langen Liste, und beim Suchen muss die ganze Liste sequenziell durchforstet werden. Damit hat man keinen Gewinn. Besonders gut zum Suchen geeignet sind Bäume, für die sich in jedem Knoten der linke und der rechte Teilbaum in der Höhe um höchstens 1 unterscheiden. Diese Bäume heißen *höhenbalancierte Bäume*. Abb. 11.13 zeigt einen solchen Baum. Es gibt Algorithmen die gerade solche Bäume erzeugen.

Alle in dem Baum enthaltenen Daten können Sie alphabetisch ausgeben mit der Vorschrift:

Gebe den Baum mit Wurzel x alphabetisch aus:
   Wenn es einen linken Sohn gibt:
      Gebe den Baum mit Wurzel linker Sohn von x alphabetisch aus.
   Gebe den Datensatz des Knotens x aus.
   Wenn es einen rechten Sohn gibt:
      Gebe den Baum mit Wurzel rechter Sohn von x alphabetisch aus.

Probieren Sie dies an dem obigen Beispiel aus!

Dies ist ein Algorithmus, der systematisch alle Knoten eines Graphen besucht. Solche *Traversierungsverfahren* sind grundlegender Bestandteil vieler Graphenalgorithmen. Der vorgestellte Algorithmus beschreibt den *Inorder*-Durchlauf eines binären Baumes. Eng verwandt damit sind der *Preorder*- beziehungsweise der *Postorder*-Durchlauf. In diesen wird lediglich die Wurzel nicht zwischen den Teilbäumen, sondern vor beziehungsweise nach den Teilbäumen besucht. Der Preorder-Durchlauf kann wie folgt beschrieben werden:

Besuche die Knoten des Baumes mit Wurzel x gemäß Preorder:
   Besuche den Knoten x.
   Wenn es einen linken Sohn gibt:
      Besuche die Knoten des Baumes mit Wurzel linker Sohn von x gemäß Preorder.
   Wenn es einen rechten Sohn gibt:
      Besuche die Knoten des Baumes mit Wurzel rechter Sohn von x gemäß Preorder.

Für den Postorder-Durchlauf gilt die Regel:

Besuche die Knoten des Baumes mit Wurzel x gemäß Postorder:
Wenn es einen linken Sohn gibt:
Besuche die Knoten des Baumes mit Wurzel linker Sohn von x gemäß Postorder.
Wenn es einen rechten Sohn gibt:
Besuche die Knoten des Baumes mit Wurzel rechter Sohn von x gemäß Postorder.
Besuche den Knoten x.

Wenn Sie den Baum aus Abb. 11.13 gemäß Preorder ausgeben, erhalten Sie:

Ich die den Baum dieses ein trage Satzes in Worte,

und mit dem Postorder-Verfahren ergibt sich:

Baum den dieses ein die in Satzes Worte trage Ich.

Versuchen Sie, einen solchen Baum zu implementieren. Wenn Sie erst die Hürde genommen haben, die Datenstruktur des Baumes richtig zu modellieren, werden Sie sehen, dass die Einfüge-, Such- und Ausgabefunktionen wirklich nur wenige Zeilen Code benötigen.

Der Huffman-Code

Als Anwendungsbeispiel für binäre Bäume möchte ich Ihnen den Huffman-Code vorstellen, einen wichtigen Algorithmus zur Datenkompression. Codiert man einen Text der deutschen Sprache mit dem ASCII-Code, so benötigt man für jedes Zeichen genau ein Byte, für das häufige „E" ebenso wie für das seltene „X". Schon vor langer Zeit ist man darauf gekommen, dass man bei einer Datenübertragung Kapazität einsparen kann, indem man häufig vorkommende Zeichen durch kurze Codeworte, selten vorkommende Zeichen durch längere Codeworte ersetzt. Ein Beispiel für einen solchen Code ist das Morsealphabet. In diesem ist etwa:

E = ·   T = -   A = ·-   H = ····   X = -··-

Bei solchen Codes variabler Länge gibt es jedoch ein Decodierungsproblem: Wie wird zum Beispiel beim Empfänger der Code „·-" interpretiert? Als „A" oder als „ET"? Der Morsecode umgeht dieses Problem, indem er nicht nur zwei Zeichen verwendet, sondern zusätzlich zu „·" und „-" noch die Pause kennt, ein Trennzeichen. Also ist „· -" gleich „ET" und „·-" gleich „A".

Kann man einen Code so aufbauen, dass man auf das Trennzeichen zwischen zwei Codeworten verzichten kann? Dies gelingt mit Hilfe der sogenannten *Präfix-Codes*: Ein Präfix-Code ist ein Code, in dem kein Codewort Anfangsteil eines anderen Codewortes ist.

Abb. 11.14 Konstruktion eines
Präfixcodes

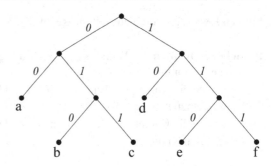

Einen solchen Code kennen Sie alle, wahrscheinlich ohne schon bewusst über diese Eigenschaft nachgedacht zu haben: das Telefonnummernsystem. Es gibt keine Telefonnummer, die Anfangsteil einer anderen Nummer ist. So gibt es zum Beispiel keine Telefonnummer, die mit 110 beginnt. Diese Eigenschaft hat zur Folge, dass das Ende eines Codewortes ohne weiteres Trennzeichen erkannt werden kann: Wenn Sie 110 wählen, weiß die Vermittlung, dass die Telefonnummer zu Ende ist, weil keine andere den gleichen Anfang hat, und verbindet Sie daher mit der Polizei. Das Morsealphabet ist kein Präfixcode: Der Code von „E" ist Anfangsteil des Codes von „A".

Mit Hilfe von Wurzelbäumen lassen sich solche Präfix-Codes konstruieren. Ich möchte binäre Codes erzeugen, also Codes, deren Codeworte nur aus den Zeichen „0" und „1" bestehen. Hierzu zeichnen wir einen binären regulären Wurzelbaum auf, schreiben an die Kanten, die nach links führen eine 0 und an die Kanten, die nach rechts führen eine 1.

Den Blättern ordnen wir die Zeichen zu, die codiert werden sollen. Ein solches Zeichen wird dann in die Folge aus 0 und 1 abgebildet, die von der Wurzel zu dem entsprechenden Blatt führt (Abb. 11.14).

Kein Codewort ist Anfangsteil eines anderen, sonst müsste das dazugehörige Zeichen ja auf dem Weg zu diesem anderen Wort liegen. Wir haben aber nur Blätter codiert. Nun kann ein Bitstrom aus diesen Codeworten eindeutig dekodiert werden, ohne dass man ein Pausezeichen verwendet: Zum Beispiel ist

010011001011101010110001000   auflösbar in   010 011 00 10 111 010 10 110 010 00.

Umgekehrt lässt sich jeder Präfix-Code durch einen solchen Baum darstellen. Die Konstruktionsmethode liegt auf der Hand: Beginne bei der Wurzel und zeichne für jedes Codewort die Kantenfolge auf, die jeweils für 0 zum linken Sohn, für 1 zum rechten Sohn führt. Wegen der Präfix-Eigenschaft sind die Codeworte genau die Kantenfolgen, die in den Blätter des entstehenden Baums enden.

Unser Ziel war es, Präfix-Codes so zu generieren, dass häufig vorkommende Zeichen kurz codiert werden, seltene Zeichen längere Codes haben. Der *Huffman-Algorithmus* konstruiert einen solchen Code, man kann beweisen, dass dieser einen optimalen Präfix-Code darstellt.

Gegeben ist ein Quellalphabet, von dem die Häufigkeit des Auftretens der verschiedenen Zeichen bekannt ist. Ich möchte den Algorithmus an einem konkreten Beispiel erläutern. Unser Quellalphabet besteht aus den Zeichen a, b, c, d, e, f mit den Auftrittswahrscheinlichkeiten:

$$a: 4\% \quad b: 15\% \quad c: 10\% \quad d: 15\% \quad e: 36\% \quad f: 20\%.$$

Der Algorithmus verläuft wie folgt:

1. Die Zeichen des Alphabets werden die Blätter eines Baumes. Den Blättern ordnen wir die Häufigkeit der Zeichen zu.

   Wenn man den Baum zeichnen will, schreibt man am besten die Zeichen nach der Wahrscheinlichkeit geordnet nebeneinander.

2. Suche die zwei kleinsten Knoten ohne Vater. Falls es mehrere gibt, wähle davon zwei beliebige aus. Füge einen neuen Knoten hinzu und verbinde ihn mit diesen beiden. Der neue Knoten soll Vater der beiden Ausgangsknoten sein. Ordne diesem Knoten die Summe der beiden Häufigkeiten zu.

   Zu Anfang hat noch kein Knoten einen Vater. Bei Durchführung des Schritts 2 reduziert sich die Anzahl der Knoten ohne Vater um 1.

3. Wiederhole Schritt 2 so oft, bis nur noch ein Knoten ohne Vater übrig ist. Dieser ist die Wurzel des Baums.
   In unserem Beispiel ergibt sich daraus der Code aus Abb. 11.15.

Der Huffman-Code wird auch bei modernen Kompressionsverfahren noch oft eingesetzt, meist als Teil mehrstufiger Algorithmen. So zum Beispiel bei der Faxcodierung, bei der man recht gut die Wahrscheinlichkeiten für die Anzahl aufeinanderfolgender weißer oder

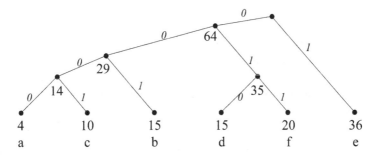

Abb. 11.15 Konstruktion des Huffman-Codes

schwarzer Bildpunkte kennt, oder auch als Teil des jpeg-Algorithmus zur Bildkomprimierung.

Präfix-Codes codieren Zeichen konstanter Länge in unterschiedlich lange Codeworte. Ein alternativer Kompressionsansatz sucht im Quelltext häufig vorkommende Worte, auch unterschiedlicher Länge, und übersetzt diese in Codeworte konstanter Länge. Ein solches Verfahren wird beispielsweise durch die weit verbreitete ZIP-Codierung realisiert. Dabei wird während der Codierung ein Wörterbuch häufig vorkommender Zeichenketten erstellt und – ebenfalls unter Verwendung von Bäumen – diesen Zeichenketten ein Codewort fester Länge zugeordnet. Meist haben die Codeworte eine Länge von 9 Bit, so dass zusätzlich zu den 256 ASCII-Zeichen noch 256 Zeichenketten mit einem eigenen Code versehen werden können.

11.3 Durchlaufen von Graphen

Bei der Betrachtung von Suchbäumen haben wir schon gesehen, dass es wichtig ist, Methoden zu kennen, die alle Knoten des Baumes finden können. Wir wollen jetzt Verfahren untersuchen, mit denen zuverlässig alle Knoten eines beliebigen Graphen besucht werden können, und zwar nach Möglichkeit genau einmal. Die meisten solchen Besuchalgorithmen basieren auf den beiden Prototypen *Tiefensuche* oder *Breitensuche*. Schauen wir uns zunächst die Tiefensuche an. Wir beginnen bei einem beliebigen Knoten x des Graphen G und gehen nach dem folgenden rekursiven Algorithmus vor:

Durchlaufe den Graphen ab Knoten x:
Markiere x als besucht.
Für alle noch nicht besuchten Knoten y, die zu x benachbart sind:
   Gehe zu y,
   Durchlaufe den Graphen ab Knoten y.

Ausgehend von x folgt man einem Weg, bis man einen Knoten erreicht, an den keine unbesuchten Knoten mehr angrenzen. Dann kehrt man um bis zum nächsten Knoten, der noch unbesuchte benachbarte Knoten besitzt. Einen solchen besucht man als nächstes und geht von dort aus wieder, so weit man kommt, dann wieder zurück und so fort.

Wendet man die Tiefensuche auf einen binären Wurzelbaum an, so entspricht die Tiefensuche dem Preorder-Durchlauf des Baumes.

In Abb. 11.16 habe ich an einem Graphen markiert, in welcher Reihenfolge die Knoten besucht werden. Bei der Implementierung muss noch präzisiert werden, was genau heißt „für alle noch nicht besuchten benachbarten Knoten", es muss eine Reihenfolge festgelegt werden. In dem Beispiel bin ich von Knoten 1 aus zufällig losgelaufen und habe dann immer den Weg möglichst weit rechts genommen. Jede andere Reihenfolge wäre genauso möglich gewesen.

Abb. 11.16 Die Tiefensuche

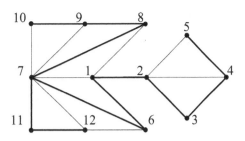

Die Anzahl der unbesuchten Knoten nimmt bei jedem Schritt um 1 ab. Jeder Knoten, der mit x durch einen Weg verbunden ist, wird bei dieser Suche irgendwann erwischt, und zwar genau einmal. Ist G zusammenhängend, wird damit also jeder Knoten von G besucht. Hat G mehrere Zusammenhangskomponenten, müssen wir für jede dieser Komponenten den Algorithmus durchführen.

Jede beschrittene Kante führt dabei zu einem unbesuchten Knoten. Wenn wir einen zusammenhängenden Graphen mit n Knoten mit diesem Algorithmus bearbeiten, so benötigen wir also $n-1$ Kanten, um die $n-1$ Knoten zu besuchen, die vom Ausgangspunkt verschieden sind. Markieren wir die verwendeten Kanten, so erhalten wir einen Teilgraphen mit allen n Knoten und $n-1$ Kanten. Ein solcher Graph ist nach Satz 11.11 ein Baum. Alle Knoten eines zusammenhängenden Graphen lassen sich also durch die Kanten eines Baumes verbinden. Ein solcher Baum heißt *Spannbaum* des Graphen G. In Abb. 11.16 sind die Kanten, die ich beim Durchlaufen des Baumes verwendet habe, fett gezeichnet. Sie sehen, dass diese Kanten zusammen mit allen Knoten einen Baum bilden, eben einen Spannbaum.

Das Verfahren der Tiefensuche bietet sich an, wenn man den Ausgang aus einem Labyrinth finden will. Es ist ein Einzelkämpferalgorithmus: Jeder Weg wird zunächst bis zum Ende verfolgt.

Wenn Sie sich das nächste Mal im Maisfeld verirrt haben und die Tiefensuche anwenden, können Sie erfahren, was man unter der Laufzeit eines Algorithmus versteht.

Die Breitensuche ist eher für Teamwork geeignet: Ausgehend von einem Knoten wird in alle Richtungen ausgeschwärmt, erst nach und nach kommt man immer weiter vom Ausgangsknoten weg. Der Breitensuchalgorithmus für einen zusammenhängenden Graphen mit Startknoten x lautet (ausnahmsweise einmal nicht rekursiv):

1. Mache den Knoten x zum aktuellen Knoten und gebe diesem die Nummer 1.
2. Besuche alle zum aktuellen Knoten benachbarten Knoten und nummeriere diese fortlaufend durch, beginnend mit der nächsten freien Nummer.
3. Wenn noch nicht alle Knoten besucht sind, so mache den Knoten mit der nächsten Nummer zum aktuellen Knoten und fahre mit Schritt 2 fort.

Abb. 11.17 Die Breitensuche

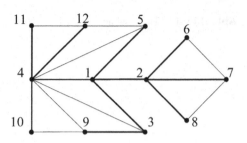

In Abb. 11.17 habe ich die Reihenfolge der besuchten Knoten in einer Breitensuche aufgezeichnet. Auch hierbei entsteht ein Spannbaum, er sieht aber vollkommen anders aus als der von Abb. 11.16.

Führen wir die Breitensuche an einem Wurzelbaum durch, so werden nacheinander die Niveaus abgegrast, bis wir bei den Blättern angelangt sind. Hierbei kann man besonders gut den Unterschied zur Tiefensuche erkennen, bei der nacheinander alle Äste bis zu den Blättern durchlaufen werden.

Breitensuche und Tiefensuche sind Verfahren, die in dieser oder ähnlicher Form immer wieder auf Graphen angewendet werden, um Informationen über diesen Graphen zu gewinnen. So haben wir schon gesehen, dass man mit diesen Algorithmen feststellen kann, ob ein Graph zusammenhängend ist. Tiefensuche kann auch verwendet werden, um festzustellen, ob ein Graph mehrfach zusammenhängend ist, eine Eigenschaft, die beispielsweise in Strom- oder Rechnernetzen von Bedeutung ist: Diese sollen auch nach Ausfall eines Leitungsstücks noch zusammenhängend sein.

Kürzeste Wege

Das Finden kürzester Wege in bewerteten Graphen ist eine Aufgabe, die in der Informatik sehr häufig auftritt. Auch hierzu werden Knotenbesuchsalgorithmen verwendet. Ich möchte Ihnen den Algorithmus von Dijkstra vorstellen, den dieser 1959 formuliert hat. Er ist mit der Breitensuche verwandt: Ausgehend von einem Punkt werden die kürzesten Wege zu allen anderen Punkten bestimmt. Dabei entfernt man sich nach und nach immer weiter vom Ausgangspunkt. Der Algorithmus findet immer den kürzesten Weg zum Zielpunkt z, wenn es einen solchen Weg überhaupt gibt. Gleichzeitig werden alle kürzesten Wege gefunden, die zu Knoten führen, die näher am Ausgangspunkt liegen als z.

G sei ein bewerteter Graph, die Bewertungsfunktion sei immer positiv. Diese Bedingung besagt, dass Wege von Knoten zu Knoten immer länger werden. Gesucht ist der kürzeste Weg vom Knoten x zum Knoten z.

Wir teilen die Knoten des Graphen in drei Mengen ein: die Menge B der Punkte, die schon besucht sind und zu denen kürzeste Wege bekannt sind, die Menge R der Punkte, die zu Punkten aus B benachbart sind, man könnte R den Rand von B nennen, und schließlich U, die noch nicht besuchten Punkte.

Abb. 11.18 Der Dijkstra-Algorithmus

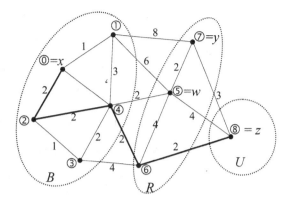

Zu Beginn besteht B nur aus dem Ausgangsknoten x, zu dem der kürzeste Weg der Länge 0 bekannt ist. R besteht aus den Knoten, die zu x benachbart sind.

In jedem Schritt des Algorithmus wird ein Knoten aus dem Rand R ausgewählt und zu B hinzugefügt, die zu diesem Knoten benachbarten Punkte werden in den Rand aufgenommen. Der Algorithmus endet, wenn der Knoten z zu B hinzugefügt worden ist oder wenn kein Knoten mehr im Rand vorhanden ist. Dies ist dann der Fall, wenn alle Knoten besucht worden sind, die mit dem Ausgangspunkt x zusammenhängen.

In Abb. 11.18 ist neben jedem Knoten der Iterationsschritt eingekreist, in dem er zu B hinzugefügt wird, die Mengen B, R und U sind nach vier Iterationen des Algorithmus eingezeichnet.

Welcher Knoten wird zu B hinzugenommen? Jeder Knoten y von R ist mit mindestens einem Knoten von B durch eine Kante verbunden. Da die kürzesten Wege innerhalb von B bekannt sind, können wir damit den kürzesten Weg nach y bestimmen, der nur Knoten von B beinhaltet. Diese Weglänge $l_R(y)$ ordnen wir allen Punkten y von R zu. Damit haben wir nicht unbedingt den absolut kürzesten Weg von x nach y gefunden, denn dieser könnte auch noch andere Knoten aus R oder U beinhalten. Das sehen Sie beispielsweise am Punkt y in Abb. 11.18: Der kürzeste Weg von x nach y hat die Länge 8, der kürzeste Weg, der nur Knoten aus B benutzt, hat die Länge 9: $l_R(y) = 9$.

Jetzt suchen wir in R ein Minimum der Entfernungen $l_R(y)$. Sei w ein solcher Knoten für den $l_R(w)$ minimal ist. Der Weg von x nach w kann dann nicht weiter verkürzt werden, denn jeder kürzere Weg von x nach w müsste einen weiteren Randpunkt (zum Beispiel y) berühren, der Weg von x zu diesem Randpunkt wäre aber schon mindestens so lang wie der von x nach w. Der Knoten w kann also aus dem Rand entfernt und zu B hinzugenommen werden. Gleichzeitig werden alle zu w benachbarten Knoten in den Rand aufgenommen. Im Beispiel ist z der letzte erreichte Knoten, es müssen alle kürzesten Wege berechnet werden bis der kürzeste Weg von x nach z gefunden ist.

Sie sehen, dass der Algorithmus aufwendig ist. Die Laufzeit wächst quadratisch mit der Anzahl der Knoten.

Dennoch ist dieser Algorithmus noch in vernünftiger Zeit berechenbar, im Gegensatz zu dem verwandten Problem des Handlungsreisenden: Ein Handelsvertreter möchte n Städte besuchen und versucht, den kürzesten Weg zu finden, der alle n Städte einmal berührt und ihn wieder an seinen Ausgangspunkt zurückführt. Die Aufgabe des *Traveling Salesman* ist wohl eines der am besten untersuchten Probleme in der Informatik. Es ist kein Algorithmus bekannt, der sie in polynomialer Zeit löst, also in einer Zeit, die proportional mit n^k zunimmt, wenn n die Anzahl der Städte darstellt. Man vermutet, dass es keinen solchen Algorithmus gibt. Schon für etwa 1000 Städte ist das Problem nicht mehr in annehmbarer Zeit rechnerisch durchführbar.

Ein Mathematiker könnte sich mit dem Beweis zufrieden geben, dass kein schneller Algorithmus existiert, nicht aber der Handlungsreisende, der ja seine Reise durchführen muss, und schon gar nicht der Informatiker, der den Auftrag bekommt, einen Weg zu finden. Der typische Ansatz des Informatikers besteht darin, von der reinen Lehre abzuweichen und nach Lösungen zu suchen, die zwar nicht optimal sind, die aber auch nicht all zu weit von der optimalen Lösung entfernt liegen. Er sucht einen Kompromiss zwischen den beiden Zielen „möglichst guter Weg" und „möglichst geringe Rechenzeit". Im Internet finden Sie immer wieder Wettbewerbe ausgeschrieben, in denen gute Algorithmen für den traveling salesman gegeneinander konkurrieren.

11.4 Gerichtete Graphen

In vielen Anwendungen sind den Kanten eines Graphen Richtungen zugeordnet: Einbahnstraßen, Flussdiagramme, Projektpläne oder endliche Automaten sind Beispiele solcher Graphen. In Abb. 11.19 sehen Sie einen endlichen Automaten, der im Quellcode eines Programms Kommentare erkennen kann, die mit /* beginnen und mit */ enden. Die Knoten sind Zustände, beim Lesen eines bestimmten Zeichens tritt eine Zustandsänderung ein.

▶ **Definition 11.16** Ein *Digraph* (für directed graph) oder *gerichteter Graph G* besteht aus einer Menge $V = V(G)$, den Knoten von G und aus einer Menge $E = E(G)$ von geordneten Paaren $k = [x, y]$, mit $x, y \in V$, den *gerichteten*

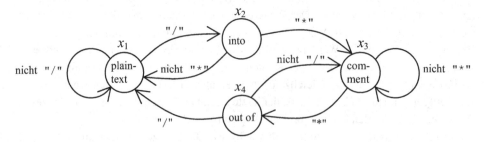

Abb. 11.19 Ein gerichteter Graph

Kanten von G. Die gerichteten Kanten heißen auch *Pfeile* oder *Bögen*. Die Richtung der Kante $k = [x, y]$ zeigt dabei von x nach y. x heißt *Anfangspunkt* und y *Endpunkt* der gerichteten Kante $[x, y]$.

Sie sehen an Abb. 11.19, dass es jetzt zwischen verschiedenen Knoten auch zwei Kanten geben kann, allerdings in verschiedene Richtungen. In der Adjazenzmatrix eines Digraphen hat das Element a_{ij} den Wert 1, wenn es einen Bogen von i nach j gibt. Die Adjazenzmatrix ist daher im Allgemeinen nicht mehr symmetrisch. Für das obige Beispiel lautet sie:

$$\begin{pmatrix} 1 & 1 & 0 & 0 \\ 1 & 0 & 1 & 0 \\ 0 & 0 & 1 & 1 \\ 1 & 0 & 1 & 0 \end{pmatrix}.$$

Ein gerichteter Graph ist nichts anderes als eine Relation auf der Menge der Knoten: Es gilt xRy genau dann, wenn $[x, y] \in K$. Siehe hierzu Definition 1.7 in Abschn. 1.2. Anders herum kann man auch sagen: jede Relation auf einer endlichen Menge stellt einen gerichteten Graphen dar.

▶ **Definition 11.17** Ist x ein Knoten des gerichteten Graphen G, so heißt die Anzahl der Bögen, die in x enden der *Eingangsgrad* von x, er wird mit $d^-(x)$ bezeichnet. Die Anzahl der Bögen, die in x beginnen, heißt der *Ausgangsgrad* von x, er wird mit $d^+(x)$ bezeichnet.

Da jeder Bogen genau einen Anfangspunkt und einen Endpunkt hat und jeder dieser Punkte bei einem Knoten zum Eingangs- oder Ausgangsgrad beiträgt, folgt unmittelbar:

▶ **Satz 11.18** In jedem gerichteten Graphen $G = (E, K)$ ist

$$\sum_{x \in V} d^+(x) = \sum_{x \in V} d^-(x) = |E|.$$

▶ **Definition 11.19** Ein Knoten x des gerichteten Graphen G heißt *Quelle*, wenn $d^-(x) = 0$ ist, und *Senke*, wenn $d^+(x) = 0$ ist.

In Definition 11.6 haben wir die Begriffe Kantenfolge, Weg, Kreis und Zusammenhang für ungerichtete Graphen definiert. Diese übertragen sich auf gerichtete Graphen:

▶ **Definition 11.20** Eine *gerichtete Kantenfolge* von x_1 nach x_n ist eine Folge von gerichteten Kanten $[x_1, x_2][x_2, x_3], \ldots, [x_{n-1}, x_n]$, ein *gerichteter Weg* von x_1 nach x_n ist eine gerichtete Kantenfolge, in der alle Knoten verschieden sind, ein *gerichteter Kreis* ist eine gerichtete Kantenfolge, in der alle Knoten bis auf Anfangs- und Endpunkt verschieden sind. Ein gerichteter Graph G heißt *schwach zusammenhängend*, wenn der zugrunde liegende Graph, den man erhält, wenn man die Richtungen ignoriert, ein zusammenhängender Graph ist. G heißt *stark zusammenhängend*, wenn je zwei Knoten durch einen gerichteten Weg verbunden sind.

Besonders wichtig werden für uns gerichtete Graphen ohne Kreise sein:

▶ **Definition 11.21** Ein gerichteter Graph, in dem es keinen gerichteten Kreis gibt, heißt *azyklischer gerichteter Graph*.

Nach vielen Definitionen endlich ein erstes, verblüffendes Ergebnis. Dahinter steckt die Tatsache, dass in einem solchen Graphen jeder Weg einen Anfang und ein Ende hat:

▶ **Satz 11.22** In jedem azyklischen gerichteten Graphen gibt es mindestens eine Quelle und eine Senke.

Zum Beweis: Da der Graph G endlich ist, gibt es in ihm auch nur endlich viele Wege, darunter gibt es einen längsten Weg. Sei x der Endpunkt dieses Weges. Falls $d^+(x) \neq 0$ ist, führt aus x noch ein Bogen $[x, y]$ hinaus. Da der Weg aber maximal ist, kann er nicht bis y verlängert werden. Der Knoten y muss also dann schon in dem Weg vorkommen. Damit hätten wir aber einen Kreis gefunden, ein Widerspruch. Also ist x eine Senke. Genauso stellt der Anfangspunkt dieses längsten Weges eine Quelle dar. □

Die azyklischen gerichteten Graphen haben eine interessante Eigenschaft, die besonders bei der Abarbeitung der Knoten von Bedeutung ist. Die Reihenfolge der Abarbeitung kann so erfolgen, dass beim Besuch des Knotens x zuvor schon sämtliche Knoten besucht worden sind, von denen aus ein Weg nach x führt. Alle „Vorgänger" von x sind also schon bearbeitet. Nummeriert man die Knoten des Graphen entsprechend diesem Besuchsalgorithmus, so spricht man von einer *topologischen Sortierung* des Graphen.

▶ **Definition 11.23** Der gerichtete Graph G mit Knotenmenge $\{x_1, x_2, \ldots, x_n\}$ heißt *topologisch sortiert*, wenn für alle Knoten x_i gilt: Ist $[x_k, x_i]$ ein Bogen, so ist $k < i$.

▶ **Satz 11.24** Ein gerichteter Graph G besitzt genau dann eine topologische Sortierung, wenn er azyklisch ist.

Offenbar kann ein Graph nicht topologisch sortiert werden, wenn er einen gerichteten Kreis enthält. Die Knoten auf diesem Kreis können nicht aufsteigend nummeriert werden, irgendwann müssen die Indizes wieder kleiner werden. Interessanter ist die andere Richtung des Satzes. Mit vollständiger Induktion konstruieren wir für jeden azyklischen

Graphen eine topologische Sortierung: Hat der Graph nur einen Knoten, so ist er natürlich topologisch sortierbar. Hat er $n + 1$ Knoten, so können wir nach Satz 11.22 eine Quelle finden. Diese bezeichnen wir mit x_1. Die Quelle x_1 und alle davon ausgehenden Bögen werden aus dem Graphen entfernt. Es entsteht ein azyklischer Graph mit n Knoten, den wir topologisch sortieren können. Bezeichnen wir die Knoten dieser Sortierung mit $\{x_2, x_3, \ldots, x_{n+1}\}$, so haben wir die Sortierung von G gefunden. $\square$

Diese Induktion gibt uns gleichzeitig einen rekursiven Algorithmus zur topologischen Sortierung:

Nummeriere die Knoten des azyklischen gerichteten Graphen G:
Suche eine Quelle x von G, gebe dieser die nächste freie Nummer.
Falls x nicht der einzige Knoten von G ist:
Entferne x und die von x ausgehenden Bögen, es entsteht der Graph G'.
Nummeriere die Knoten des azyklischen gerichteten Graphen G'.
Sonst ist die Nummerierung beendet.

Dieser Algorithmus stellt auch ein Verfahren dar, um zu entscheiden, ob ein gerichteter Graph azyklisch ist: Findet man keine Quelle mehr, obwohl noch unnummerierte Knoten vorhanden sind, so hat man einen Kreis gefunden.

Wie in den ungerichteten Graphen werden gerichtete Kanten oft mit Maßzahlen versehen, die zum Beispiel Transportkapazitäten von Pipelines, Entfernungen, Zeitdauern oder Ähnliches repräsentieren. In einem Netzwerk kann der Materialfluss von einem Produzenten zu einem Verbraucher über eine Reihe von Zwischenhändlern erfasst werden. Der Produzent ist die Quelle, der Verbraucher die Senke des Netzwerks, jeder Bogen ist ein Transportweg mit einer Kapazität (Abb. 11.20).

▶ **Definition 11.25** Ein gerichteter Graph heißt *bewertet*, wenn jeder Kante $[x, y]$ ein Gewicht $w(x, y) \in \mathbb{R}$ zugeordnet ist.

Abb. 11.20 Ein topologisch sortierter Graph

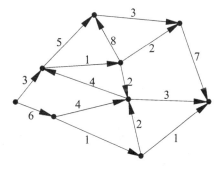

Ein Netzwerk ist ein gerichteter, positiv bewerteter Graph, der eine Quelle und eine Senke hat. Die Bewertung heißt darin auch Kapazitätsfunktion. Eine wichtige Aufgabe der Graphentheorie besteht darin, die maximale Kapazität des Netzwerkes zu bestimmen, also die Menge des untersuchten Gutes, die maximal von der Quelle zur Senke transportiert werden kann. Dabei darf für keinen Bogen die Kapazität überschritten werden, und in jeden Knoten, außer der Quelle und der Senke, muss genauso viel hineinfließen wie hinaus. Diese Fragestellung will ich hier nicht behandeln, zum Abschluss des Kapitels möchte ich aber noch auf ein Problem aus der Netzplantechnik eingehen.

Der Plan für die Durchführung eines Projekts stellt einen gerichteten Graphen dar: Ausgehend von einer Quelle, zum Beispiel der Auftragserteilung, wird das Projekt in verschiedene Module unterteilt, die unabhängig voneinander entwickelt werden können. Diese werden häufig in weitere Teilmodule zerlegt. Zwischen den einzelnen Modulen bestehen Abhängigkeiten: Es gibt Module, die erst gestartet werden können, wenn andere beendet sind oder einen definierten Status erreicht haben. Insbesondere bei der Integration läuft dann alles wieder zusammen: In verschiedenen Stufen werden die Module zusammengebaut und getestet, bis am Ende bei der Übergabe hoffentlich alles zu einem großen Ganzen zusammengewachsen ist.

Ein Projektplan definiert Zeitdauern für die Bearbeitung einzelner Module und Meilensteine, zu denen bestimmte Arbeiten erbracht sein müssen. Ein solcher Projektplan lässt sich als ein bewerteter gerichteter Graph auffassen. Die Bögen sind die Tätigkeiten in dem Projekt, die Bewertung eines Bogens stellt die Zeitdauer für die Durchführung dieser Tätigkeit dar. Die Knoten bezeichnen die Meilensteine des Projekts. Ein Terminplan ordnet jedem Meilenstein einen Zeitpunkt zu, an dem er erreicht werden soll. Wie findet man einen optimalen Terminplan?

Wenn es überhaupt einen Terminplan geben kann, dann muss der Graph ohne Kreise sein, sonst ist etwas ganz verkehrt gelaufen. Das Netzwerk in Abb. 11.20 stellt also keinen Projektplan dar. Weiter gehen wir davon aus, dass es genau eine Quelle und eine Senke in dem Graphen gibt. In Abb. 11.21 sehen Sie ein Beispiel für einen solchen Netzplan. Der

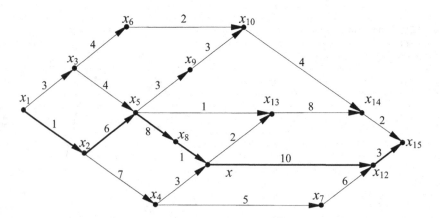

Abb. 11.21 Der längste Weg im Projektplan

Quelle ordnen wir den Zeitpunkt 0 zu, jetzt wollen wir den frühesten Zeitpunkt T finden, an dem die Senke erreicht werden kann. Da jede einzelne Aktivität durchgeführt werden muss, also wirklich jeder Weg des Graphen durchlaufen werden muss, stellt sich uns hier das Problem, den *längsten Weg* in dem Graphen zu finden. Dazu möchte ich Ihnen einen Algorithmus vorstellen.

Da der zu untersuchende Graph azyklisch ist, lässt er sich topologisch sortieren. Wir gehen also davon aus, dass die Knoten $\{x_1, x_2, \ldots, x_n\}$ des Graphen entsprechend einer topologischen Sortierung nummeriert sind. Wir wollen für jeden Knoten y die Zahl $L(y)$ bestimmen, welche die größte Länge eines gerichteten Wegs von der Quelle bis y angibt. Zunächst setzen wir $L(x_i) = 0$ für alle i. Nacheinander werden jetzt zu allen Knoten y die längsten Wege bestimmt. Der Wert $L(y)$ kann sich im Laufe des Verfahrens solange weiter erhöhen, bis sämtliche Wege zu y berücksichtigt sind:

1. Beginne mit $i = 1$.
2. Besuche den Knoten x_i und untersuche alle Knoten y zu denen ein Bogen $[x_i, y]$ existiert. Ist $L(x_i) + w(x_i, y) > L(y)$, so setze $L(y) = L(x_i) + w(x_i, y)$, sonst lasse $L(y)$ unverändert.
3. Solange noch Knoten übrig sind: Erhöhe i um 1 und gehe zu Schritt 2.

Dieser Algorithmus funktioniert, weil bei Besuch des Knotens x_i der längste Weg $L(x_i)$ dorthin schon endgültig berechnet ist: Wegen der topologischen Sortierung führt von späteren Knoten kein Bogen mehr nach x_i zurück, so dass $L(x_i)$ nicht mehr verändert werden kann. Damit ist $L(x_i) + w(x_i, y)$ der längste Weg nach y, der über x_i führt. Da im Lauf der Zeit sämtliche Vorgänger von y berücksichtigt werden, ist irgendwann auch der längste Weg nach y gefunden.

Es ist nicht schwer, sich bei der Berechnung der $L(x_i)$ gleichzeitig einen solchen längsten Weg von der Quelle zur Senke zu merken.

Der Algorithmus lässt sich sehr elegant rekursiv formulieren:

$$L(x_1) = 0, \quad L(x_i) = \max_{\substack{k < i \\ [x_k, x_i] \in K}} \{L(x_k) + w(x_k, x_i)\}. \tag{11.1}$$

Für die Senke erhalten wir so einen Wert $L(x_n) = T$, dabei ist T die gesuchte minimale Projektdauer. Für jeden anderen Knoten bezeichnet $L(x_i)$ den frühesten Zeitpunkt, zu dem dieser Meilenstein erreicht werden kann. Im Beispiel ist $L(x_{15}) = 29$, ein längster Weg durch den Graphen ist fett gezeichnet.

Berechnen Sie in dem Beispiel selbst die Werte $L(x_i)$ für alle Knoten. Finden Sie noch weitere längste Wege?

Wie kann man den Projektplan weiter analysieren? An jedem Knoten gibt es auch einen spätesten Zeitpunkt, zu dem er erreicht werden muss, wenn die gesamte Projektlaufzeit T nicht verlängert werden soll. Diesen nenne ich $S(x_i)$. Um ihn zu berechnen, hilft uns die topologische Sortierung jetzt in der anderen Richtung: Wir müssen bei der Senke anfangen und die Knoten rückwärts besuchen. Wenn ich x_i untersuche, kenne ich schon alle

$S(x_k)$ für $k > i$. Ist $[x_i, x_k]$ ein Bogen, so muss ich von $S(x_k)$ die notwendige Tätigkeitsdauer $w(x_i, x_k)$ bis x_k abziehen und von allen diesen Zeitpunkten $S(x_k) - w(x_i, x_k)$ den frühesten wählen. Natürlich ist $S(x_n) = T$, und wir erhalten analog zu (11.1):

$$S(x_n) = T, \quad S(x_i) = \min_{\substack{k > i \\ [x_i, x_k] \in E}} \{S(x_k) - w(x_i, x_k)\}.$$

Im Beispiel ist $L(x_{14}) = 26$, während $S(x_{15}) = 29$ ist. Die Tätigkeit $[x_{14}, x_{15}]$ ist mit 2 Einheiten eingeplant, so dass ein Spielraum von 1 Einheit übrig bleibt.

Inzwischen kennen wir jetzt zu jeder Tätigkeit $[x, y]$ den frühesten Zeitpunkt $L(x)$, zu dem x erreicht sein kann, den Zeitpunkt $S(y)$, an dem y spätestens eintreten muss, sowie die geplante Tätigkeitsdauer $w(x, y)$. Die Differenz $S(y) - L(x) - w(x, y)$ ist der Zeitpuffer: Um diesen Zeitraum kann die Tätigkeit $[x, y]$ verlängert werden, ohne die gesamte Projektlaufzeit zu gefährden. Ist der Puffer gleich 0, so sprechen wir von einer *kritischen Tätigkeit*. In jedem Projekt gibt es mindestens einen Weg, der nur aus kritischen Tätigkeiten besteht, zum Beispiel den Weg, den wir bei der Bestimmung von $L(x_n)$ gefunden haben. Ein solcher Weg heißt *kritischer Pfad*.

11.5 Verständnisfragen und Übungsaufgaben

Verständnisfragen

1. Ein zusammenhängender Graph ist ein Baum, wenn er einen Knoten mehr hat als Kanten. Warum ist in diesem Satz der Zusammenhang wichtig?

2. Wenn Sie in einem Wurzelbaum einen anderen Knoten zur Wurzel erklären, erhalten Sie wieder einen Wurzelbaum. Kann es sein, dass die beiden Wurzelbäume eine unterschiedliche Anzahl von Blättern haben?

3. Jede Kantenfolge k von x nach y in einem Graphen enthält einen Weg w von x nach y. Natürlich ist w kürzer oder höchstens gleich lang wie k. Kann es einen Weg von x nach y geben, der länger ist als w?

4. Wird ein gerichteter Graph automatisch zu einem Graphen, wenn man die Pfeile an den Kanten weglässt?

5. Wird ein Graph automatisch zu einem gerichteten Graphen, wenn man jeder Kante eine Richtung zuordnet?

6. Kann man eine partielle Ordnung auf einer endlichen Menge durch einen Graphen oder durch einen gerichteten Graphen darstellen?

7. In einem gerichteten Graphen kann es zwei gerichtete Kanten zwischen den Knoten x und y geben. Kann es auch zwei gerichtete Kanten zwischen x und x geben? ◄

Abb. 11.22 Übungsaufgabe 1

1. Schreiben Sie für den Graphen G aus Abb. 11.22 den Grad jedes Knotens auf. Wie viele gerade und ungerade Knoten (= Knoten geraden beziehungsweise ungeraden Grades) enthält G?
   Stellen Sie die Adjazenzmatrix für G auf.

2. Ist es möglich, dass sich auf einer Party neun Personen befinden, von denen jede genau fünf andere kennt?

3. G sei ein Graph mit n Knoten und $n - 1$ Kanten. Zeigen Sie, dass G mindestens einen Endknoten oder einen isolierten Knoten (ein Knoten vom Grad 0) enthält.

4. Zeichnen Sie den Syntaxbaum für den folgenden Ausdruck auf:

   ```
   c = (a+3)*b - 4*x + z*x/7;
   ```

   Besuchen Sie die Knoten des Baumes mit den drei Verfahren Inorder, Preorder und Postorder.

5. Überprüfen Sie, ob die Codes, die aus den folgenden Worten bestehen, Präfixcodes sind, und zeichnen Sie gegebenenfalls den zugehörigen binären Baum:
   a) 11, 1010, 1011, 100, 01, 001, 000
   b) 00, 010, 011, 10, 110, 111, 0110, 0111

6. Konstruieren Sie einen Präfixcode für das Alphabet $\{a, b, c, d, e, f, g, h\}$ bei der folgenden Häufigkeitsverteilung $\{4, 6, 7, 8, 10, 15, 20, 30\}$ ($a = 4\%$, $b = 6\%, \ldots, h = 30\%$).

7. Der Algorithmus von Dijkstra zum Finden kürzester Wege in bewerteten Graphen setzt voraus, dass die Entfernung zwischen zwei Knoten nicht negativ ist. Warum ist das so? Geben Sie ein Beispiel eines bewerteten Graphen an, in dem diese Bedingung nicht erfüllt ist und in dem daher der Algorithmus versagt.

8. Gegeben ist die folgende Adjazenzmatrix eines bewerteten Graphen:

$$\begin{pmatrix} 0 & 0 & 0 & 4 & 1 & 2 & 0 & 0 & 0 \\ 0 & 0 & 4 & 2 & 6 & 0 & 4 & 2 & 0 \\ 0 & 4 & 0 & 2 & 0 & 0 & 2 & 0 & 4 \\ 4 & 2 & 2 & 0 & 3 & 2 & 0 & 0 & 2 \\ 1 & 6 & 0 & 3 & 0 & 0 & 0 & 8 & 0 \\ 2 & 0 & 0 & 2 & 0 & 0 & 0 & 0 & 1 \\ 0 & 4 & 2 & 0 & 0 & 0 & 0 & 3 & 0 \\ 0 & 2 & 0 & 0 & 8 & 0 & 3 & 0 & 0 \\ 0 & 0 & 4 & 2 & 0 & 1 & 0 & 0 & 0 \end{pmatrix}$$

Der Matrixeintrag a_{ij} enthält gerade die Länge des Weges vom Knoten i zum Knoten j. Versuchen Sie, ein überschneidungsfreies Bild des Graphen zu zeichnen. Bestimmen Sie ausgehend vom ersten Knoten die kürzesten Wege zu den anderen Knoten. Zeichnen Sie in den Graphen Spannbäume ein, die entstehen, wenn man ausgehend vom ersten Knoten Breitensuche beziehungsweise Tiefensuche durchführt.

9. Der Automat aus Abb. 11.19 ist noch nicht ganz perfekt. Wenn jemand auf die Idee kommt, folgenden Text zu schreiben:

```
a//* das ist eine Division */b
```

dann versagt er. Vervollständigen Sie den Automaten, so dass er auch damit zurecht kommt!

10. Zeigen Sie: Ein azyklischer bewerteter Graph, der genau eine Quelle und eine Senke hat, ist schwach zusammenhängend. ◄

Teil II
Analysis

Die reellen Zahlen

12

Zusammenfassung

Dieses Kapitel legt die Grundlagen für Untersuchungen zu konvergenten Folgen und von stetigen Funktionen. Am Ende dieses Kapitels

- wissen Sie, wodurch die reellen Zahlen charakterisiert sind,
- kennen Sie die Eigenschaften von Anordnung und Betrag auf den reellen Zahlen,
- kennen Sie den Begriff des metrischen Raums und einige Beispiele metrischer Räume,
- können Sie mit Umgebungen in metrischen Räumen umgehen,
- kennen Sie offene Mengen, abgeschlossene Mengen und wissen was der Rand einer Menge ist.

12.1 Die Axiome der reellen Zahlen

Wir haben die reellen Zahlen im ersten Abschnitt schon häufig verwendet, jetzt wollen wir sie endlich genauer charakterisieren, da die Eigenschaften der reellen Zahlen ganz wesentlich für den ganzen zweiten Teil des Buches sind. In Satz 2.10 haben wir gesehen, dass es Zahlen gibt, mit denen wir gerne rechnen würden, die aber nicht in $\mathbb{Q}$ enthalten sind, zum Beispiel $\sqrt{2}$. Die rationalen Zahlen haben noch Lücken. So wie $\mathbb{Z}$ aus $\mathbb{N}$ und $\mathbb{Q}$ aus $\mathbb{Z}$, kann man auch die reellen Zahlen $\mathbb{R}$ aus $\mathbb{Q}$ formal konstruieren, indem man alle diese Lücken auffüllt. Es ist allerdings nicht ganz leicht, dieses Auffüllen von Lücken mathematisch präzise zu beschreiben und ich möchte daher auf die Konstruktion verzichten. Wir gehen einen anderen Weg, der sich schon mehrfach als nützlich erwiesen hat: Wir sammeln die charakterisierenden Eigenschaften von $\mathbb{R}$, die Axiome der reellen Zahlen. Die reellen Zahlen sind dann für uns eine Menge, welche diese Axiome erfüllt. Etwas später werden wir feststellen, dass sich die reellen Zahlen gerade mit der Menge aller De-

© Springer Fachmedien Wiesbaden GmbH, ein Teil von Springer Nature 2019
P. Hartmann, *Mathematik für Informatiker*, https://doi.org/10.1007/978-3-658-26524-3_12

zimalbrüche identifizieren lassen. Die Axiome können wir dann auch in den folgenden Kapiteln verwenden um Sätze über die reellen Zahlen herzuleiten.

Die Anordnungsaxiome

Zunächst einmal bilden die reellen Zahlen einen Körper. Schauen Sie sich bitte noch einmal die Körperaxiome aus Definition 5.10 in Abschn. 5.3 an. Eine wesentliche weitere Eigenschaft von $\mathbb{R}$, die wir schon mehrfach verwendet haben, ist die Anordnung: Je zwei Elemente lassen sich miteinander bezüglich ihrer Größe vergleichen. $\mathbb{R}$ ist mit der Relation $\leq$ eine linear geordnete Menge entsprechend der Definition 1.12.

Ein angeordneter Körper ist als Menge linear geordnet, die Ordnung hat zusätzlich einige Verträglichkeitseigenschaften mit den beiden Verknüpfungen. Die Eigenschaften der Anordnung eines Körpers lassen sich durch die Anordnungsaxiome beschreiben. Darin ist von der Ordnung zunächst gar nicht die Rede, sie besagen, dass es in angeordneten Körpern positive und negative Elemente gibt. Die Ordnung und ihre Eigenschaften lassen sich daraus ableiten.

▶   **Definition 12.1: Die Anordnungsaxiome** Ein Körper K heißt *angeordnet*, wenn es in ihm eine Teilmenge P (den Positivbereich) mit den folgenden Eigenschaften gibt:

(A1) $P, -P, \{0\}$ sind disjunkt ($-P := \{x \in K \mid -x \in P\}$).
(A2) $P \cup -P \cup \{0\} = K$.
(A3) $x, y \in P \Rightarrow x + y \in P, x \cdot y \in P$.

Die Elemente aus P heißen *positiv*, die aus $-P$ heißen *negativ*.

Jedes von 0 verschiedene Element ist also positiv oder negativ. Summe und Produkt positiver Elemente sind wieder positiv.

Aus diesen Axiomen lassen sich nun sofort unsere in $\mathbb{R}$ schon bekannten Ordnungsbeziehungen $<, \leq, >, \geq$ ableiten:

▶   **Definition 12.2: Die Ordnungsrelationen in einem angeordneten Körper**
In einem angeordneten Körper K mit Positivbereich P wird für alle $x, y \in K$ festgelegt:

$$
\begin{aligned}
x < y \quad &:\Leftrightarrow \quad y - x \in P, \\
x \leq y \quad &:\Leftrightarrow \quad x < y \text{ oder } x = y, \\
x > y \quad &:\Leftrightarrow \quad y < x, \\
x \geq y \quad &:\Leftrightarrow \quad y \leq x.
\end{aligned}
$$

Sie sehen, dass $y > 0$ genau dann gilt, wenn $y \in P$. Der Positivbereich P enthält also wie erwartet genau die Zahlen größer Null.

Ich möchte gleich einige grundlegende Eigenschaften dieser Relationen zusammenstellen, die natürlich alle aus den Anordnungsaxiomen folgen. Die Eigenschaften a), b) und c) besagen gerade, dass $\leq$ auf dem Körper K eine lineare Ordnungsrelation nach Definition 1.12 ist.

▶ **Satz 12.3** Sei K ein angeordneter Körper und $x, y, z, w \in K$. Dann gilt:

a) $x \leq y$ und $y \leq x \Rightarrow x = y$.   (die Antisymmetrie)

b) $x \leq y, y \leq z \Rightarrow x \leq z$.   (die Transitivität)

c) $x \leq y$ oder $y \leq x$.   (die Linearität der Ordnung)

d) $x < y, z \leq w \Rightarrow x + z < y + w$.   (die Verträglichkeit mit „+")

e) $x < y, z > 0 \Rightarrow xz < yz$

$\quad$ $x < y, z < 0 \Rightarrow xz > yz$.   (die Verträglichkeit mit „·")

f) $x > 0 \Rightarrow -x < 0$ und $x < y \Rightarrow -y < -x$

$\quad$ $0 < x < y \Rightarrow 0 < y^{-1} < x^{-1}$.   (der Übergang zum Inversen)

Die Rechnungen sind elementar, wenn man auch manchmal etwas nachdenken muss. Ich möchte als Beispiele dafür nur die erste und zweite Eigenschaft herleiten:

zu a): Nehmen wir zunächst $x \neq y$ an. Dann heißt $x \leq y$ dass $y - x \in P$ ist und $y \leq x$ hat $x - y \in P$ zur Folge, das heißt $y - x = -(x - y) \in -P$. Da P und $-P$ disjunkt sind kann $y - x$ nicht in P und $-P$ gleichzeitig liegen. Die Annahme $x \neq y$ muss also falsch sein.

zu b): Ist $x = y$ oder $y = z$, so ist die Aussage klar. Nehmen wir also $x \neq y$ und $y \neq z$ an. Dann ist $y - x \in P$ und $z - y \in P$, also auch $(z - y) + (y - x) = z - x \in P$ und damit $x < z$. $\qquad\qquad$ $\square$

Das Verhalten bei Multiplikationen macht beim Rechnen mit Ungleichungen am meisten Kummer. Multipliziert man mit negativen Zahlen, dreht sich das Ungleichheitszeichen um, sonst nicht. Dies führt dazu, dass man oft hässliche Fallunterscheidungen machen muss.

In einem angeordneten Körper ist nach dem Axiom (A3) für $x \neq 0$ immer $x^2 > 0$, denn ist $x > 0$, so ist auch $x^2 > 0$ und für $x < 0$ folgt aus $-x > 0$ wieder $(-x)^2 = x^2 > 0$. Daher ist auch $1 = 1^2 > 0$, also $-1 < 0$. Es kann also -1 niemals das Quadrat einer anderen Zahl sein. Daran erkennen Sie, dass die komplexen Zahlen nicht die Struktur eines angeordneten Körpers tragen können, egal wie viel Mühe man sich bei der Definition der Anordnung gibt.

Wegen $0 < 1$ folgt aus den Regeln auch $1 < 1+1 < 1+1+1 < \cdots < \underbrace{1 + 1 + \cdots + 1}_{n\text{-mal}}$.

Damit sind diese Zahlen also alle verschieden. Wenn Sie sich an die Einfühung von $\mathbb{N}$ in Abschn. 3.1 erinnern, so bildet die Menge $\{1, 1+1, 1+1+1, \ldots\}$ gerade die natürlichen Zahlen. Die natürlichen Zahlen $\mathbb{N}$ sind also in jedem angeordneten Körper K enthalten.

Da in einem Körper auch die additiven Inversen und die Quotienten von je zwei Zahlen enthalten sein müssen, enthält K auch die ganzen Zahlen $\mathbb{Z}$ und die rationalen Zahlen $\mathbb{Q}$. $\mathbb{Q}$ selbst ist ein angeordneter Körper und damit der kleinste angeordnete Körper den es gibt. Der Positivbereich von $\mathbb{Q}$ besteht aus den Zahlen $\mathbb{Q}_+ = \{\frac{m}{n} \mid m, n \in \mathbb{N}\}$.

Wir haben in Abschn. 5.3 noch andere Körper kennengelernt: die endlichen Körper GF(p) und GF(p^n). Auch diese Körper können keine Anordnung tragen, da $\mathbb{N}$ nicht in ihnen enthalten ist.

Das Vollständigkeitsaxiom

Wir sind auf dem Weg, die reellen Zahlen zu charakterisieren, und haben gesehen, dass die Anordnung alleine dazu noch nicht genügt: auch die rationalen Zahlen sind angeordnet.

Im Gegensatz zu den rationalen Zahlen sind die reellen Zahlen in gewissem Sinn vollständig, es gibt keine Lücken mehr. Den Begriff der Vollständigkeit wollen wir jetzt präzise formulieren.

▶ **Definition 12.4** Sei K ein angeordneter Körper und $M \subset K$. Ein Element $x \in M$ heißt *Maximum* der Menge M, wenn für alle $y \in M$ gilt $y \leq x$. Entsprechend heißt $x \in M$ *Minimum* von M, wenn für alle $y \in M$ gilt $y \geq x$.

Wenn eine Menge M ein Maximum x hat, so ist dieses eindeutig bestimmt: Denn ist x' ein weiteres Maximum, so folgt aus der Definition 12.4 $x' \geq x$ und $x \geq x'$, also $x = x'$. Ebenso ist das Minimum eindeutig. Wir bezeichnen Maximum und Minimum von M mit Max(M) beziehungsweise mit Min(M).

Beispiele

Es sei $K = \mathbb{Q}$.

1. $M_1 = \{x \in \mathbb{Q} \mid x \leq 2\}$. Es ist Max($M_1$) = 2, denn $2 \in M_1$ und für alle $y \in M_1$ gilt $y \leq 2$.

2. $M_2 = \{x \in \mathbb{Q} \mid x < 2\}$ hat kein Maximum, denn zu jedem $x \in M_2$ gibt es ein $y \in M_2$ mit der Eigenschaft $x < y < 2$. Sie können zum Beispiel $y = (x + 2)/2$ wählen. Rechnen Sie nach, dass $x < (x + 2)/2 < 2$ ist!

3. $M_3 = \{x \in \mathbb{Q} \mid x^2 \leq 2\}$ hat kein Maximum, denn ist x das Maximum, so ist $x^2 = 2$ oder $x^2 < 2$. $x^2 = 2$ hat in $\mathbb{Q}$ keine Lösung, also ist $x^2 < 2$. Dann gibt es, ähnlich wie in Beispiel 2, immer noch eine Zahl $y \in \mathbb{Q}$ mit $x < y$ und $y^2 < 2$.

4. $M_4 = \mathbb{Z}$ hat kein Maximum: Zu jeder ganzen Zahl z gibt es eine größere ganze Zahl, zum Beispiel $z + 1$. ◄

▶ **Definition 12.5** Sei K ein angeordneter Körper und $M \subset K$. M heißt *nach oben beschränkt*, wenn es ein $x \in K$ gibt mit $x \geq y$ für alle $y \in M$. Das Element x heißt dann *obere Schranke* von M. $s \in K$ heißt *kleinste obere Schranke* von M, wenn für jede andere obere Schranke x von M gilt $s \leq x$. Das Element s heißt dann *Supremum* von M und wird mit $\mathrm{Sup}(M)$ bezeichnet.

Analog werden die Begriffe der *nach unten beschränkten* Menge, der *unteren Schranke* und der *größten unteren Schranke* definiert. Die größte untere Schranke einer Menge heißt *Infimum* von M und wird mit $\mathrm{Inf}(M)$ bezeichnet.

Die Menge M heißt beschränkt, wenn sie nach unten und nach oben beschränkt ist. Schauen wir uns die Beispiele von eben noch einmal an:

Beispiele oberer Schranken

1. M_1 hat als obere Schranken zum Beispiel 10^6, 4 und 2. M_1 ist nicht nach unten beschränkt. 2 ist die kleinste obere Schranke: $\mathrm{Sup}(M_1) = 2$.

2. M_2 hat die gleichen oberen Schranken wie M_1, aber obwohl M_2 kein Maximum besitzt, hat es eine kleinste obere Schranke, nämlich 2. Jede kleinere Zahl gehört zu M_2 und ist daher keine obere Schranke mehr: $\mathrm{Sup}(M_2) = 2$.

3. M_3 hat als obere Schranken zum Beispiel 10^6, 4, 1.5, 1.42, 1.425, aber es gibt keine kleinste obere Schranke. Wir können mit rationalen Zahlen immer näher an $\sqrt{2}$ heranrücken, keine dieser Zahlen ist die kleinste rationale Zahl oberhalb von $\sqrt{2}$. Wäre $\sqrt{2}$ eine rationale Zahl, so wäre diese das Supremum. ◀

Die Untersuchung von $M_4 = \mathbb{Z}$ möchte ich noch einen Moment zurückstellen.

Wenn eine Menge M ein Maximum hat, so ist dieses Maximum auch gleichzeitig das Supremum. Es gibt Mengen, die kein Maximum haben, jedoch ein Supremum.

In den rationalen Zahlen gibt es Mengen, die obere Schranken besitzen, aber kein Supremum. Damit haben wir das Werkzeug gefunden, mit dem wir die Existenz von Löchern in $\mathbb{Q}$ fassen können: Die Löcher sind die fehlenden kleinsten oberen Schranken von Mengen, die nach oben beschränkt sind. So etwas gibt es in $\mathbb{R}$ nicht, die reellen Zahlen sind in diesem Sinne vollständig. Es gilt das Axiom:

▶ **Definition 12.6: Das Vollständigkeitsaxiom** Ein angeordneter Körper heißt *vollständig*, wenn in ihm jede nicht leere nach oben beschränkte Menge ein Supremum besitzt.

$\mathbb{Q}$ ist kein vollständiger Körper, wie das Beispiel der Menge M_3 zeigt.

Mit den nun zusammengestellten Axiomen kann man den großen und wichtigen Satz beweisen:

▶ **Satz 12.7** Es gibt genau einen vollständigen angeordneten Körper. Dieser heißt *Körper der reellen Zahlen* $\mathbb{R}$.

Insbesondere die Eindeutigkeit dieses Körpers zu zeigen ist ein schwieriges mathematisches Unterfangen. Für uns ist diese aber auch gar nicht so interessant. Wir benötigen nur die Eigenschaften von $\mathbb{R}$, die aus den Axiomen geschlossen werden können.

Zum Beispiel sehen wir, dass $\sqrt{2}$ eine reelle Zahl ist: für das Supremum y der Menge $\{x \in \mathbb{R} \mid x^2 \leq 2\}$ gilt nämlich $y^2 = 2$, also $y = \sqrt{2}$.

Untersuchen wir jetzt einmal die Menge der ganzen Zahlen:

$\mathbb{Z}$ besitzt keine obere Schranke in $\mathbb{R}$, sonst gäbe es ein Supremum $s \in \mathbb{R}$ von $\mathbb{Z}$. Dann ist $s - 1$ keine obere Schranke von $\mathbb{Z}$, es gibt also ein $n \in \mathbb{Z}$ mit $n > s - 1$. Das heißt aber $n + 1 > s$, also ist s doch keine obere Schranke von $\mathbb{Z}$.

Ganz ähnlich folgt, dass jede nach oben beschränkte nicht leere Teilmenge M von $\mathbb{Z}$ ein Maximum besitzt: Sei etwa $n_0 \in M$. Hat M kein Maximum, dann ist mit jeder Zahl n auch $n + 1$ in M. Nach dem Induktionsprinzip folgt dann $M = \{n \in \mathbb{Z} \mid n \geq n_0\}$, und diese Menge ist, genau wie $\mathbb{Z}$, nicht nach oben beschränkt.

Diese Eigenschaften von $\mathbb{Z}$ gehen in den folgenden Satz ein:

▶ **Satz 12.8** Für reelle Zahlen x, y gilt:

a) zu $x > 0$, $y > 0$ gibt es ein $n \in \mathbb{N}$ mit $n \cdot x > y$.

b) zu $x > 0$ gibt es ein $n \in \mathbb{N}$ mit $\frac{1}{n} < x$.

c) zu $x \in \mathbb{R}$ gibt es $m = \mathrm{Max}\{z \in \mathbb{Z} \mid z \leq x\}$.

Für a) können wir ein n wählen mit $n > \frac{y}{x}$. b) ist eine Folgerung daraus: Wenn $n \cdot x > 1$ ist, dann gilt auch $\frac{1}{n} < x$.

Zu c): Die Menge $\{z \in \mathbb{Z} \mid z \leq x\}$ ist nach oben beschränkt und besitzt als Teilmenge der ganzen Zahlen damit ein Maximum. □

Vor allem die Eigenschaft b) wird uns oft nützlich sein: Wir werden in den nächsten Kapiteln immer wieder verwenden, dass wir mit der Zahlenfolge $\frac{1}{n}$ so nahe an die 0 herankommen können wie wir wollen.

▶ **Definition 12.9: Die Betragsfunktion** Für $x \in \mathbb{R}$ heißt

$$|x| := \begin{cases} x & \text{falls } x \geq 0 \\ -x & \text{falls } x < 0 \end{cases}$$

der *Betrag* von x.

▶ **Satz 12.10: Eigenschaften des Betrags** Für $x, y \in \mathbb{R}$ gilt:

a) $|x| \geq 0, |x| = 0 \Leftrightarrow x = 0$.

b) $|xy| = |x| \cdot |y|$.

c) $|x + y| \leq |x| + |y|$.

d) $\left| \dfrac{x}{y} \right| = \dfrac{|x|}{|y|}$.

e) $\big||x| - |y|\big| \leq |x - y|$.

Das Nachprüfen der Regeln a) bis c) möchte ich Ihnen als Übungsaufgabe überlassen. Die Eigenschaft d) folgt aus b), wenn man diese Regel auf $\frac{x}{y} y$ anwendet und e) ergibt sich aus c), indem man einmal x durch $x - y$ und einmal y durch $y - x$ ersetzt. □

Wenn Sie zu Satz 5.16 in Abschn. 5.3 zurückblättern, finden Sie dort die gleichen Regeln für den Betrag einer komplexen Zahl.

12.2 Topologie

Die Topologie ist die „Lehre von den Orten". Sie untersucht Fragen wie die, ob Punkte einer Menge nahe beieinander oder weit auseinander liegen, was der Rand einer Menge ist, ob Mengen Löcher haben, ob sie zusammenhängen oder zerrissen sind oder wie man eine Menge verformen kann, ohne sie zu zerreißen. Die Topologie ist eine eigene wichtige Disziplin in der modernen Mathematik und kann auf viele klassische Gebiete der Mathematik angewendet werden um dort neue Erkenntnisse zu gewinnen.

Im Zusammenhang mit den reellen und komplexen Zahlen werden wir uns viel mit Grenzwerten von Folgen und mit stetigen Funktionen beschäftigen. Wenn eine Folge konvergiert, so heißt das, dass die Folgenglieder immer näher an einen Grenzwert heranrücken. Wenn eine Funktion stetig ist, so macht ihr Graph keine wilden Sprünge. Aber was heißt „immer näher", was ist ein „Sprung"? Um mit solchen Begriffen arbeiten zu können, benötigen wir die Sprache der Topologie.

Zunächst werden wir auf den untersuchten Mengen eine Abstandsfunktion definieren. Für je zwei Elemente können wir dann sagen, wie weit sie voneinander entfernt sind. Der Schlüsselbegriff für topologische Untersuchungen liegt in dem Konzept der Umgebungen eines Punktes. Zu jedem Punkt kann man große und kleine Umgebungen anschauen und untersuchen, welche anderen Punkte darin enthalten sind.

▶ **Definition 12.11** Sei X eine Menge und $d : X \times X \to \mathbb{R}$ eine Abbildung. d heißt *Metrik* und (X, d) *metrischer Raum*, wenn gilt:

(M1) $d(x, y) \geq 0, d(x, y) = 0 \Leftrightarrow x = y$.

(M2) Für alle $x, y \in X$ gilt $d(x, y) = d(y, x)$.

(M3) Für alle $x, y, z \in X$ gilt $d(x, y) \leq d(x, z) + d(z, y)$.

Abb. 12.1 Die Dreiecksungleichung

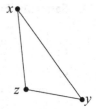

Stellen Sie sich unter $d(x, y)$ die Entfernung zwischen den Punkten x und y vor. (M3)
heißt Dreiecksungleichung und in Abb. 12.1 können Sie sehen, woher der Name kommt:
Die Summe zweier Seiten eines Dreiecks ist immer größer als die dritte Seite. Gleichheit
kann nur in ausgearteten Dreiecken gelten, das heißt, wenn die drei Punkte auf einer Linie
liegen.

Beispiele metrischer Räume

1. Die Betragsfunktion der reellen und komplexen Zahlen liefert uns eine Metrik auf
   $\mathbb{R}$ und $\mathbb{C}$: für $x, y \in \mathbb{R}$ beziehungsweise für $x, y \in \mathbb{C}$ sei

$$d(x, y) := |x - y|.$$

   (M1) und (M2) sind unmittelbar klar, (M3) gilt, da $|x - y| = |x - z + z - y| \leq$
   $|x - z| + |z - y|$ ist. In $\mathbb{R}$ und $\mathbb{C}$ werden wir im Folgenden immer mit dieser Metrik
   arbeiten.

2. In Definition 10.4 haben wir auf dem reellen Vektorraum $\mathbb{R}^n$ eine Norm definiert.
   Diese Norm $\|u\| := \sqrt{\langle u, u \rangle} = \sqrt{u_1^2 + u_2^2 + \cdots + u_n^2}$ hat nach Definition 10.2 die
   gleichen Eigenschaften wie ein Betrag und daher ist

$$d(u, v) := \|u - v\|$$

   eine Metrik auf $\mathbb{R}^n$. $d(u, v)$ können wir in $\mathbb{R}^2$ und $\mathbb{R}^3$ als den Abstand der beiden
   Vektoren u und v interpretieren.

3. Ein zentraler Begriff in der Codierungstheorie ist der des *Hamming-Abstandes* zwischen zwei Codeworten: Ein Codewort ist ein n-Tupel von 0 und 1, die zu Grunde liegende Menge ist also $X = \{0, 1\}^n$. Sind $b = (b_1, b_2, \ldots, b_n)$ und $c =$
   $(c_1, c_2, \ldots, c_n)$ zwei Codeworte, so ist der Hamming-Abstand zwischen b und c
   definiert durch

$$d(b, c) = \text{Anzahl der verschiedenen Stellen von } b \text{ und } c.$$

$d((0, 0, 1, 0, 0, 1, 1, 0), (1, 1, 0, 0, 1, 1, 1, 0))$ ist also 4. Der Hamming-Abstand ist eine Metrik auf X. Die Eigenschaften (M1), (M2) sind klar, die Dreiecksungleichung ist etwas umständlicher aufzuschreiben.

Sollen durch einen Code Übertragungsfehler erkannt werden, so können nicht alle Elemente der Menge X zulässige Codeworte sein. Die zulässigen Codeworte haben dann einen Abstand größer als 1 voneinander. ◄

▶ **Definition 12.12** Sei (X, d) ein metrischer Raum und $\varepsilon > 0$ eine reelle Zahl. Dann heißt für $x \in X$ die Menge

$$U_\varepsilon(x) := \{y \in X \mid d(x, y) < \varepsilon\}$$

ε-*Umgebung* von x.

Beispiele (Abb. 12.2)

1. In $\mathbb{R}$ ist $U_\varepsilon(x) = \{y \mid |x - y| < \varepsilon\} = \{y \mid x - \varepsilon < y < x + \varepsilon\}$, das ist die Menge der Elemente, die sich um weniger als ε von x unterscheiden. In $\mathbb{C}$ muss der Abstand zwischen y und x kleiner als ε sein. Dies ist für alle Punkte y der Fall, die sich in einem Kreis um x mit Radius ε befinden.

2. Entsprechend stellt im $\mathbb{R}^3$ die ε-Umgebung eines Punktes x die Kugel um x mit Radius ε dar, im $\mathbb{R}^n$ die entsprechende n-dimensionale Kugel. Auch das Intervall im $\mathbb{R}^1$ können wir als eine ausgeartete Kugel auffassen.

3. In der Hamming-Metrik stellt $U_k(c)$ die Menge der Codeworte dar, die sich von c an weniger als k Stellen unterscheiden. Mit Hilfe dieser Umgebungen kann man die Fehlerkorrektur durchführen:

   Ein t-*fehlerkorrigierender Code* ist ein Code, in dem jeder Übertragungsfehler bis zu t Bit erkannt und korrigiert werden kann. Kommt bei der Übertragung von c beim Empfänger das Wort c' an und unterscheidet sich c' an höchstens t Stellen von c, so kann man das ursprüngliche Codewort wiedererkennen, wenn c das einzige zulässige Codewort in der Umgebung $U_{t+1}(c')$ ist. Wann ist das der Fall? Genau

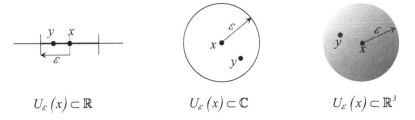

$$U_\varepsilon(x) \subset \mathbb{R} \qquad\qquad U_\varepsilon(x) \subset \mathbb{C} \qquad\qquad U_\varepsilon(x) \subset \mathbb{R}^3$$

Abb. 12.2 ε-Umgebungen

Abb. 12.3 Fehlerkorrigierende
Codes

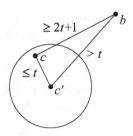

Abb. 12.4 Der Rand einer
ε-Umgebung

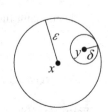

dann, wenn je zwei zulässige Worte einen Abstand von mindestens $2t + 1$ haben
(Abb. 12.3). Dann gilt nämlich für jedes von c verschiedene Codewort b:
$d(b, c') + d(c', c) \geq d(b, c)$, also $d(b, c') \geq d(b, c) - d(c, c')$ und damit $d(b, c') \geq$
$(2t + 1) - t = t + 1$, das heißt $b \notin U_{t+1}(c')$. ◄

Der Rand der Kugel, das heißt die Menge der y mit $d(x, y) = \varepsilon$, gehört nicht mit
zur Umgebung. Dies hat eine bedeutsame Konsequenz: Ist $y \in U_\varepsilon(x)$, so gibt es immer ein $\delta > 0$ mit $U_\delta(y) \subset U_\varepsilon(x)$: Egal wie nahe wir mit y an den Rand wandern, es
gibt immer noch eine ganze Umgebung um y, die auch noch in $U_\varepsilon(x)$ liegt (Abb. 12.4).
Mengen mit dieser Eigenschaft heißen in der Topologie offene Mengen. Eng mit diesem
Begriff verbunden sind die Begriffe der abgeschlossenen Mengen, der Randpunkte und
der Berührungspunkte einer Menge (Abb. 12.5).

▶ **Definition 12.13** Sei (X, d) ein metrischer Raum und $M \subset X$. M heißt *offen*,
   wenn es für alle $x \in M$ ein $\varepsilon > 0$ gibt mit $U_\varepsilon(x) \subset M$.
   Das Element $x \in X$ heißt *Berührungspunkt* von M, wenn für jede Umgebung $U_\varepsilon(x)$ gilt: $U_\varepsilon(x) \cap M \neq \emptyset$.

Abb. 12.5 Arten von Punkten

$x \in X$ heißt *Randpunkt* von M, wenn x Berührungspunkt von M und von $X \setminus M$ ist.

$x \in M$ heißt *innerer Punkt* von M, wenn es eine Umgebung von x gibt mit $U_\varepsilon(x) \subset M$.

$x \in M$ heißt *isolierter Punkt* von M, wenn es eine Umgebung von x gibt mit $U_\varepsilon(x) \cap M = \{x\}$.

Die Menge M heißt *abgeschlossen*, wenn alle Berührungspunkte von M schon zu M gehören.

Der *Rand R* ist die Menge der Randpunkte von M. Die Menge der Berührungspunkte von M heißt der *Abschluss* von M und wird mit $\overline{M}$ bezeichnet, die Menge der inneren Punkte heißt das *Innere* von M.

Die Menge X selbst ist sowohl offen als auch abgeschlossen, ebenso wie die leere Menge. Für jede Teilmenge $M \subset X$ ist $\overline{M}$ eine abgeschlossene Menge, das Innere von M ist offen.

Für die Intervalle in $\mathbb{R}$ möchte ich die folgenden Bezeichnungen einführen: Es seien $a, b \in \mathbb{R}$ und $a < b$. Dann ist

$$[a, b] := \{x \in \mathbb{R} \mid a \leq x \leq b\},$$
$$]a, b[:= \{x \in \mathbb{R} \mid a < x < b\},$$
$$[a, b[:= \{x \in \mathbb{R} \mid a \leq x < b\},$$
$$]a, b] := \{x \in \mathbb{R} \mid a < x \leq b\},$$
$$[a, \infty[:= \{x \in \mathbb{R} \mid a \leq x\},$$
$$]\infty, b] := \{x \in \mathbb{R} \mid x \leq b\},$$
$$]a, \infty[:= \{x \in \mathbb{R} \mid a < x\},$$
$$]\infty, b[:= \{x \in \mathbb{R} \mid x < b\}.$$

Bei den letzten vier Bezeichnungen sollten Sie darauf achten, dass ∞ nicht etwa eine reelle Zahl ist, sondern lediglich ein nützliches Symbol. Auch den Grenzfall $a = b$ wollen wir zulassen: $[a, a] = \{a\},]a, a[=]a, a] = [a, a[= \emptyset$.

Im Sinne der Definition 12.13 ist $[a, b]$ abgeschlossen und $]a, b[$ offen. Der Rand der ersten vier Mengen ist $\{a, b\}$. Der Abschluss dieser Mengen ist $[a, b]$ und ihr Inneres ist $]a, b[$.

▶ **Satz 12.14** In dem metrischen Raum X ist eine Teilmenge $U \subset X$ genau dann offen, wenn das Komplement $X \setminus U$ abgeschlossen ist.

Der Beweis dieses Satzes ist typisch für die Schlussweisen im Zusammenhang mit Umgebungen. Ich möchte ihn deshalb hier ausführlich vorstellen und Sie sollten versuchen, ihn nach zu vollziehen. Wir haben zwei Richtungen zu zeigen. Es sei $V = X \setminus U$:

„⇒" Sei U offen. Angenommen V ist nicht abgeschlossen. Dann gibt es einen Berührungspunkt x von V, der nicht in V liegt. Dann ist $x \in U$, und die Eigenschaft Berührungspunkt besagt, dass für jede Umgebung von x gilt: $U_\varepsilon(x) \cap V \neq \emptyset$. Das ist ein Widerspruch zu der Tatsache, dass U offen ist.

„⇐" Sei U abgeschlossen. Angenommen V ist nicht offen. Dann gibt es ein $x \in V$, so dass für alle Umgebungen von x gilt $U_\varepsilon(x) \cap U \neq \emptyset$. Das heißt aber gerade wieder, dass x Berührungspunkt von U ist. Da U abgeschlossen, gilt dann $x \in U$, ein Widerspruch. $\square$

Ohne Beweis möchte ich den folgenden Satz anführen:

▶ **Satz 12.15** In dem metrischen Raum X sind beliebige Vereinigungen offener Mengen wieder offen, ebenso sind endliche Durchschnitte offener Mengen offen. Entsprechend sind beliebige Durchschnitte und endliche Vereinigungen abgeschlossener Mengen abgeschlossen.

Vor allen Dingen muss man aufpassen, dass unendliche Durchschnitte offener Mengen nicht wieder offen sein müssen. Zum Beispiel ergibt der folgende Durchschnitt offener Mengen ein abgeschlossenes Intervall:

$$\bigcap_{n \in \mathbb{N}} \left] a - \frac{1}{n}, b + \frac{1}{n} \right[= [a, b].$$

Suchen Sie selbst ein Beispiel dafür, dass eine unendliche Vereinigung abgeschlossener Mengen nicht mehr abgeschlossen sein muss.

Nun wollen wir zum ersten Mal unseren topologischen Methoden dazu verwenden um etwas Neues über die Struktur der reellen und rationalen Zahlen zu erfahren:

▶ **Satz 12.16** Es ist $\overline{\mathbb{Q}} = \mathbb{R}$, das heißt jeder Punkt von $\mathbb{R}$ ist Berührungspunkt von $\mathbb{Q}$.

Der Beweis verwendet den Satz 12.8: Sei $x \in \mathbb{R}$ und $\varepsilon > 0$. Dann gibt es ein $n \in \mathbb{N}$ mit der Eigenschaft $\frac{1}{n} < \varepsilon$ und eine größte ganze Zahl z unterhalb von $n \cdot x$: Es ist $n \cdot x = z + r$ mit $0 \leq r < 1$. Dann ist $x = \frac{z}{n} + \frac{r}{n}$, $\frac{r}{n} < \frac{1}{n} < \varepsilon$ und das heißt

$$\frac{z}{n} = x - \frac{r}{n} \in U_\varepsilon(x). \qquad \square$$

Ist $x \in \mathbb{R}$, so liegt also in jeder Umgebung von x, egal wie klein sie auch sein mag, immer noch eine rationale Zahl. $\mathbb{Q}$ hat zwar Lücken, wie wir schon lange wissen, diese Lücken sind aber winzig, wir können niemals ein Intervall finden, in dem keine rationalen Zahlen liegen. Wir sagen zu dieser Eigenschaft auch „$\mathbb{Q}$ liegt dicht in $\mathbb{R}$".

12.3 Verständnisfragen und Übungsaufgaben

1. Warum kann der Körper $\text{GF}(p)$ keine Ordnung tragen mit der er ein angeordneter Körper wird?

2. Woher kommt der Begriff Dreiecksungleichung in einer Metrik?

3. Was ist der Unterschied zwischen einem Randpunkt und einem Berührungspunkt einer Menge?

4. Was sind die inneren Punkte, Berührungspunkte und Randpunkte des Intervalls $[0, \pi[$ in $\mathbb{R}$?

5. Was sind die Randpunkte des Intervalls $[0, \pi[\cap \mathbb{Q}$ in $\mathbb{Q}$?

6. In einem metrischen Raum sei $\overline{U_\varepsilon(x)}$ der Abschluss einer ε-Umgebung von x. Gibt es zu jedem $y \in \overline{U_\varepsilon(x)}$ eine Umgebung $U_\delta(y)$ mit $U_\delta(y) \subset \overline{U_\varepsilon(x)}$?

7. Richtig oder falsch: Durch die Festlegung $x < y :\Leftrightarrow d(x, 0) < d(y, 0)$ für komplexe Zahlen x, y wird auf der Menge $\mathbb{C}$ eine Anordnung definiert und $\mathbb{C}$ somit ein angeordneter Körper. ◄

1. Beweisen Sie von Satz 12.3 die Aussagen c), d), e), f):
   c) $x \leq y$ oder $y \leq x$.
   d) $x < y, z \leq w \Rightarrow x + z < y + w$.
   e) $x < y, z > 0 \Rightarrow xz < yz$,
      $x < y, z < 0 \Rightarrow xz > yz$.
   f) $x > 0 \Rightarrow -x < 0$ und $x < y \Rightarrow -y < -x$,
      $0 < x < y \Rightarrow y^{-1} < x^{-1}$.

2. Seien M, N Teilmengen von $\mathbb{R}$, die ein Maximum besitzen. Es sei

$$M + N := \{x + y \mid x \in M, y \in N\}.$$

   Zeigen Sie:

$$\text{Max}(M + N) = \text{Max } M + \text{Max } N.$$

3. Prüfen Sie die Dreiecksungleichung für $x, y \in \mathbb{R}$ nach: $|x + y| \leq |x| + |y|$.

   Sie können hierzu viele Fallunterscheidungen machen, oder Sie verwenden, dass $|x| = \text{Max}\{x, -x\}$ ist und wenden Aufgabe 2 an.

4. a) Für welche $a \in \mathbb{R}$ gilt $-3a-2 \leq 5 \leq -3a + 4$?
   b) Für welche $a \in \mathbb{R}$ gilt $|a + 1| - |a - 1| = 1$?
   c) Skizzieren Sie die Bereiche in $\mathbb{R}^2$, für die gilt:
      $|x| + |y| = 2$,
      $|x| \leq 5$ und $|y| \leq 5$,
      $|x| \leq 5$ oder $|y| \leq 5$.

5. Beweisen oder widerlegen Sie: Der Körper $\mathbb{C}$ ist mit der lexikographischen Anordnung (siehe Beispiel 3 nach Definition 1.12) ein angeordneter Körper.

6. Untersuchen Sie, ob die folgenden Abbildungen Metriken sind:
   a) Sei X eine Menge und für $x, y \in X$ sei

   $$d(x, y) = \begin{cases} 1 & \text{falls } x \neq y \\ 0 & \text{falls } x = y. \end{cases}$$

   b) Sei G ein bewerteter Graph (vgl. Definition 11.9). Das Gewicht $w(x, y)$ sei immer positiv und $w(x, x) = 0$ für alle x. Ist w eine Metrik auf der Menge der Knoten von G?

7. Zeigen Sie, dass für den Hamming-Abstand von Codeworten die Dreiecksungleichung gilt: $d(x, y) \leq d(x, z) + d(z, y)$.

8. Formulieren Sie mit Hilfe des Begriffs der ε-Umgebung die Aussage „$\mathbb{Z}$ ist dicht in $\mathbb{R}$" und beweisen oder widerlegen Sie diese Aussage. ◄

Folgen und Reihen

13

Zusammenfassung

Am Ende dieses Kapitels

- wissen Sie, was konvergente Folgen sind, und können Grenzwerte von Folgen berechnen,
- können Sie mit dem ε der Mathematiker umgehen,
- kennen Sie die O-Notation und können die Laufzeit von Algorithmen in der O-Notation berechnen und ausdrücken,
- wissen Sie, was Reihen und konvergente Reihen sind, und haben wichtige Rechenregeln zur Bestimmung des Grenzwertes einer konvergenten Reihe kennengelernt,
- können Sie reelle Zahlen im Dezimalsystem und in anderen Zahlsystemen darstellen und kennen den Bezug dieser Darstellungen zur Theorie der konvergenten Reihen,
- haben Sie die Zahl e und die Exponentialfunktion als erste Funktion kennengelernt, die durch eine konvergente Reihe definiert wird.

Viele klassische mathematische Funktionen sind als Grenzwerte von Zahlenfolgen definiert oder zumindest als solche berechenbar. So werden $\sin(x)$, $\log(x)$, a^x und viele andere Funktionen bei der Berechnung im Computer durch Zahlenfolgen angenähert. Dem Programmierer einer Mathematik-Bibliothek stellt sich damit die Aufgabe, Folgen zu finden, die möglichst einfach zu berechnen sind und die möglichst schnell gegen den gewünschten Grenzwert konvergieren, um die Rechenfehler und die Rechengeschwindigkeit klein zu halten.

Für den Informatiker sind auch nicht konvergente Folgen interessant, nämlich diejenigen, welche die Laufzeit eines Algorithmus in Abhängigkeit von den Eingabevariablen beschreiben. Hier ist vor allem wichtig zu wissen, wie schnell eine solche Folge wächst.

© Springer Fachmedien Wiesbaden GmbH, ein Teil von Springer Nature 2019
P. Hartmann, *Mathematik für Informatiker*, https://doi.org/10.1007/978-3-658-26524-3_13

Folgen von Zahlen und Grenzwerte solcher Folgen werden in vielen Gebieten der Mathematik benötigt. Wir werden Sie brauchen, um stetige Funktionen zu untersuchen und um die Differenzial- und Integralrechnung einzuführen.

Reihen sind nichts anderes als spezielle Zahlenfolgen. Eine besondere Rolle spielen dabei Funktionenreihen, wie Taylorreihen und Fourierreihen, die in vielen technischen Anwendungen und auch in Anwendungen der Informatik eingesetzt werden, etwa zur Datenkompression.

13.1 Zahlenfolgen

▶ **Definition 13.1** Sei M eine Menge. Eine *Folge* in M ist eine Abbildung

$$\varphi \colon \mathbb{N} \to M$$
$$n \mapsto a_n = \varphi(n).$$

Wir bezeichnen eine solche Folge mit $(a_n)_{n \in \mathbb{N}}$, mit $(a_n)_{n \geq 1}$ oder einfach nur mit a_n.

Folgen müssen nicht immer mit $n = 1$ beginnen, manchmal beginnen sie mit 0 oder irgendeiner anderen natürlichen oder ganzen Zahl. Wir werden meist mit reellen oder komplexen Zahlenfolgen arbeiten, also mit Folgen, in denen $M = \mathbb{R}$ oder $M = \mathbb{C}$ ist.

Beispiele von Zahlenfolgen

1. $a_n = a \in \mathbb{R}$ für alle $n \in \mathbb{N}$ ist die konstante Folge.

2. Für $i = \sqrt{-1} \in \mathbb{C}$ ist $(i^n)_{n \in \mathbb{N}}$ die Folge: $i, -1, -i, 1, i, -1, -i, 1, \ldots$.

3. $(\frac{1}{n})_{n \in \mathbb{N}}$ ist die Folge: $1, \frac{1}{2}, \frac{1}{3}, \frac{1}{4}, \frac{1}{5}, \ldots$.

4. $(\frac{n}{n+1})_{n \in \mathbb{N}}$ ist die Folge: $\frac{1}{2}, \frac{2}{3}, \frac{3}{4}, \frac{4}{5}, \ldots, \frac{999}{1000}, \ldots$.

5. $(\frac{n}{2^n})_{n \in \mathbb{N}}$ ist die Folge: $\frac{1}{2}, \frac{2}{4}, \frac{3}{8}, \frac{4}{16}, \ldots$.

6. $(a^n)_{n \in \mathbb{N}}$ mit $a \in \mathbb{C}$ ist die Folge $a, a^2, a^3, a^4, \ldots$ Beispiel 2 ist ein Spezialfall dieser Folge.

7. Seien $b, c, d \in \mathbb{R}$ und $a_0 = b$, $a_n = a_{n-1} + c \cdot n + d$ für $n \geq 1$. $(a_n)_{n \in \mathbb{N}}$ stellt die rekursive Definition einer Folge dar. Wenn Sie zu Beispiel 2 am Ende des Abschn. 3.3 zurückblättern, sehen Sie, dass diese Folge die Laufzeit des Selection Sort beschreibt.

8. $(\frac{1}{n}, \frac{1}{n^2})_{n \in \mathbb{N}}$ ist eine Folge in $\mathbb{R}^2$. Zeichnen Sie einige Folgenglieder auf! ◄

Konvergente Folgen

Ist (X, d) ein metrischer Raum, so konvergiert eine Folge in X gegen ein Element $a \in X$, wenn die Folgenglieder immer näher an diesen Grenzwert heranrücken. Die Sprache der Topologie erlaubt uns, diese schwammige Formulierung genauer zu fassen. Der dabei entstehende Ausdruck ist nicht ganz einfach, aber die Bedeutung ist anschaulich nachvollziehbar:

► **Definition 13.2** Es sei (X, d) ein metrischer Raum, $(a_n)_{n \in \mathbb{N}}$ eine Folge von Elementen aus X. Die Folge $(a_n)_{n \in \mathbb{N}}$ *konvergiert gegen a*, wir schreiben hierfür $\lim\limits_{n \to \infty} a_n = a$, wenn gilt:

$$\forall \varepsilon > 0 \; \exists n_0 \in \mathbb{N} \; \forall n > n_0: a_n \in U_\varepsilon(a).$$

In $\mathbb{R}$ und $\mathbb{C}$ ist $U_\varepsilon(a) = \{x \mid |x - a| < \varepsilon\}$, dort können wir die Regel auch so formulieren:

$$\forall \varepsilon > 0 \; \exists n_0 \in \mathbb{N} \; \forall n > n_0: |a_n - a| < \varepsilon.$$

Die Folge heißt *divergent*, wenn sie nicht konvergiert.

Was steckt dahinter? In jeder Umgebung $U_\varepsilon(a)$, egal wie klein sie ist, liegen ab einem bestimmten Index n_0 alle weiteren Folgenglieder. Das heißt, dass fast alle Folgenglieder, nämlich alle bis auf endlich viele am Anfang der Folge, beliebig nahe an dem Grenzwert liegen. Dabei gibt es auch keine Ausreißer mehr: Der ganze Schwanz der Folge bleibt nahe an a. In Abb. 13.1 sehen Sie, wie solche Folgen in $\mathbb{R}$ beziehungsweise in $\mathbb{C}$ aussehen können.

Es gibt in der Mathematik ungeschriebene Namenskonventionen, die beinahe den Rang von Gesetzen haben. Dazu gehört etwa, dass natürliche Zahlen oft mit m, n bezeichnet werden,

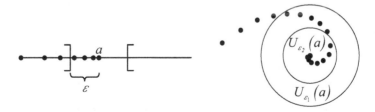

Abb. 13.1 Konvergente Folgen

Abb. 13.2 Der Grenzwert ist eindeutig

reelle Zahlen mit x, y und Ähnliches. Eine besonders heilige Kuh ist dem Mathematiker sein ε. Dieses kann 1, 1000, 10^6 oder 10^{-6} sein und die Aussagen zu Konvergenz bleiben richtig. Jeder Mathematiker hat dabei aber immer eine kleine positive reelle Zahl im Kopf (was auch immer klein heißen mag) und denkt an Umgebungen, die beliebig winzig werden können. Und wenn ein Mathematiker mit kleinen Umgebungen arbeitet, dann haben diese einen Radius ε, nicht etwa μ oder q. Sie treiben jeden Korrektor einer Übung oder Klausur zur Verzweiflung, wenn Sie auf die Frage nach der Definition einer konvergenten Folge etwa antworten:

$$\forall x < 0 \; \exists \varepsilon \in \mathbb{N} \; \forall \beta > \varepsilon\colon \; x < -|a_\beta - a|.$$

Dies ist zwar richtig, wenn Sie aber Pech haben, wird Ihnen die Zeile einfach durchgestrichen: Irren ist menschlich. Solche Konventionen haben natürlich einen Sinn: Sie machen das Aufgeschriebene besser lesbar, weil Sie mit einem Symbol gleichzeitig einen ungeschriebenen Bedeutungsinhalt verbinden können. Ich halte mich in diesem Buch an viele solche Konventionen, auch wenn ich sie nicht immer ausdrücklich erwähne. Wenn Sie Stoff in anderen Mathematik-Büchern nachlesen, werden Sie es aber als hilfreich empfinden, dass dort meist ähnliche Bezeichnungen verwendet werden.

Sie kennen solche Konventionen auch vom Programmieren: Programmierrichtlinien, die zum Beispiel Formatierungen und Regeln zur Namensvergabe beinhalten, dienen in erster Linie nicht der Beschneidung der Freiheit des Programmierers, sondern erleichtern das Lesen von Programmen auch von anderen Personen als dem Entwickler.

▶ **Satz 13.3** Konvergiert die Folge $(a_n)_{n \in \mathbb{N}}$ gegen a, so ist a eindeutig bestimmt.

Beweis: Angenommen a_n konvergiert gegen a und gegen a', mit $a \neq a'$ (Abb. 13.2). Wählt man $\varepsilon < \frac{d(a,a')}{2}$, dann gibt es ein n_0, so dass für $n > n_0$ gilt $a_n \in U_\varepsilon(a)$, und genauso gibt es ein n_1 mit $a_n \in U_\varepsilon(a')$ für $n > n_1$. Es ist aber $U_\varepsilon(a) \cap U_\varepsilon(a') = \emptyset$ (siehe hierzu auch Übungsaufgabe 8 zu diesem Kapitel). □

Die meisten Folgen, mit denen wir zu tun haben werden, sind reelle Zahlenfolgen. Die reellen Zahlen sind im Unterschied etwa zu $\mathbb{C}$ oder $\mathbb{R}^n$ angeordnet. In diesem Fall können wir die folgenden Begriffe formulieren:

▶ **Definition 13.4** Sei $(a_n)_{n \in \mathbb{N}}$ eine reelle Zahlenfolge. Wir sagen „a_n *geht gegen* ∞" und schreiben $\lim\limits_{n \to \infty} a_n = \infty$, falls für alle $r > 0$ ein $n_0 \in \mathbb{N}$ existiert, so dass $a_n > r$ für alle $n > n_0$ ist. Entsprechend sagen wir „a_n geht gegen $-\infty$" ($\lim\limits_{n\to\infty} a_n = -\infty$), wenn für alle $r < 0$ und alle $n > n_0$ gilt $a_n < r$.

Die Folge $(a_n)_{n\in\mathbb{N}}$ heißt *beschränkt* beziehungsweise *nach oben beschränkt* oder *nach unten beschränkt*, wenn die entsprechende Aussage für die Menge $\{a_n \mid n \in \mathbb{N}\}$ gilt.

Die Folge $(a_n)_{n\in\mathbb{N}}$ heißt *monoton wachsend (monoton fallend)*, wenn für alle $n \in \mathbb{N}$ gilt: $a_{n+1} \geq a_n$ ($a_{n+1} \leq a_n$).

Denken Sie daran, dass eine Folge, die gegen unendlich geht, nicht irgendwann unendlich „ist", es gibt ja keine Zahl „unendlich". Die Folge ist lediglich nicht nach oben beschränkt.

Wenn ich im Folgenden von konvergenten reellen Folgen spreche, meine ich jedoch immer, dass der Grenzwert a in der Menge $\mathbb{R}$ existiert, das heißt $a \neq \pm\infty$. Wird der Grenzfall zugelassen, so werde ich dies ausdrücklich erwähnen.

▶ **Satz 13.5** Jede konvergente Folge reeller Zahlen ist beschränkt.

Denn ist $a \in \mathbb{R}$ der Grenzwert der Folge, so liegen ab einem Index n_0 alle Folgenglieder in $U_1(a)$. Die Menge $\{a_n \mid n \in \mathbb{N}\}$ ist daher in der Menge $\{a_1, a_2, \ldots, a_{n_0}\} \cup U_1(a)$ enthalten, und diese Menge ist beschränkt. □

Schauen wir uns die Beispiele von oben an:

Beispiele

1. $a_n = a$ ist konvergent, $\lim_{n\to\infty} a_n = a$.

2. $(i^n)_{n\in\mathbb{N}}$ ist divergent! Es liegen zwar beispielsweise in jeder Umgebung von 1 unendlich viele Folgenglieder, aber die Folge hüpft auch immer wieder aus jeder solchen Umgebung von 1 heraus. Es gibt keinen Index, ab dem wirklich alle Folgenglieder nahe bei 1 liegen. Entsprechendes gilt für die Punkte $-1, i, -i$.

3. $(\frac{1}{n})_{n\in\mathbb{N}}$ konvergiert gegen 0: Sei $\varepsilon > 0$ gegeben. Dann gibt es nach Satz 12.8 ein n_0 mit $\frac{1}{n_0} < \varepsilon$ und für $n > n_0$ gilt: $|\frac{1}{n} - 0| < \frac{1}{n_0} < \varepsilon$. Wir nennen $(\frac{1}{n})_{n\in\mathbb{N}}$ eine Nullfolge.

4. $\lim_{n\to\infty} \frac{n}{n+1} = 1$. Denn $|\frac{n}{n+1} - 1| = |\frac{n-(n+1)}{n+1}| = \frac{1}{n+1}$. Ist wie eben $\frac{1}{n_0} < \varepsilon$ so gilt für $n > n_0$: $\frac{1}{n+1} < \frac{1}{n} < \varepsilon$.

5. Bei der Folge $(\frac{n}{2^n})_{n\in\mathbb{N}}$ liegt die Vermutung nahe, dass sie gegen 0 konvergiert. Verwenden wir, dass für $n > 3$ immer $2^n \geq n^2$ gilt, so erhalten wir $|\frac{n}{2^n} - 0| < \frac{n}{n^2} = \frac{1}{n}$. Von $1/n$ wissen wir schon, dass es kleiner als ε wird, wenn n genügend groß ist.

6. Bei $(a^n)_{n \in \mathbb{N}}$ kommt es ganz auf den Wert der Zahl a an: Für $a = 1/2$ erhalten wir eine konvergente Folge, für $a = 2$ eine divergente Folge. $a = 1$ ergibt Konvergenz, $a = -1$ dagegen wieder Divergenz. Im Allgemeinen gilt:
   a) $\lim_{n \to \infty} a^n = 0$ für $|a| < 1$.
   b) a^n ist divergent für $|a| \geq 1, a \neq 1$.
   c) $\lim_{n \to \infty} a^n = 1$ für $a = 1$.
   Rechnen wir zum Beispiel 6.a) nach: $|a| < 1 \Rightarrow \frac{1}{|a|} > 1$, das heißt $\frac{1}{|a|} = 1 + x$ beziehungsweise $\frac{1}{1+x} = |a|$ für eine reelle Zahl $x > 0$. In den Übungsaufgaben zur vollständigen Induktion in Kap. 3 konnten Sie nachrechnen, dass in diesem Fall gilt $(1 + x)^n \geq 1 + nx$. Damit erhalten wir:

$$|a^n| = |a|^n = \frac{1}{(1+x)^n} \leq \frac{1}{1+nx} < \varepsilon,$$

   falls $1 + nx > \frac{1}{\varepsilon}$, das heißt, falls $n > \frac{1}{x}(\frac{1}{\varepsilon} - 1)$. Es macht hier überhaupt nichts, dass $\frac{1}{x}(\frac{1}{\varepsilon} - 1)$ keine ganze Zahl ist, wir können für n_0 einfach die nächst größere ganze Zahl wählen. Beachten Sie, dass diese Rechnung auch für komplexe Zahlen a richtig ist!

7. Die Laufzeit des Selection Sort ist nicht konvergent, die Folge ist monoton wachsend und nicht nach oben beschränkt: $\lim_{n \to \infty} a_n = \infty$.

8. In der Folge $(\frac{1}{n}, \frac{1}{n^2})_{n \in \mathbb{N}}$ konvergieren beide Komponenten gegen 0. Dann geht auch $\|(\frac{1}{n}, \frac{1}{n^2}) - (0, 0)\| = \sqrt{(\frac{1}{n})^2 + (\frac{1}{n^2})^2}$ gegen 0, das heißt, dass $(\frac{1}{n}, \frac{1}{n^2})_{n \in \mathbb{N}}$ gegen $(0, 0)$ konvergiert.
   In $\mathbb{R}^n$ gilt: Eine Folge konvergiert gegen $(a_1, a_2, \ldots, a_n)$ genau dann, wenn für alle i die i-te Komponente der Folge gegen a_i konvergiert. ◄

Sie sehen an diesen Beispielen, dass es manchmal auch schon für einfache Folgen nicht ganz leicht ist, den Grenzwert auszurechnen, wenn er überhaupt existiert. Glücklicherweise gibt es eine Reihe von Tricks, mit denen wir die Konvergenz von Folgen auf die von schon bekannten Folgen zurückführen können. Wir werden kaum mehr so komplexe Rechnungen wie gerade im Beispiel 6 durchführen. Die folgenden Sätze liefern uns einige wichtige Hilfsmittel. Sie verwenden zwar zum Teil die Anordnung und sind dann nur in $\mathbb{R}$ anwendbar, dies ist aber auch der bei weitem wichtigste Fall.

► **Satz 13.6: Das Vergleichskriterium** Seien a_n, b_n, c_n reelle Zahlenfolgen und sei $b_n \leq c_n \leq a_n$ für alle n.
   Weiter sei $\lim_{n \to \infty} a_n = \lim_{n \to \infty} b_n = c$. Dann gilt auch $\lim_{n \to \infty} c_n = c$.

Beweis: Sei $\varepsilon > 0$ gegeben. Wenn n genügend groß ist gilt $c - \varepsilon < b_n \leq c_n \leq a_n < c + \varepsilon$ und damit $c_n \in U_\varepsilon(c)$. □

Mit der Sprechweise „für genügend großes n gilt" meine ich: „es gibt ein n_0, so dass für alle $n > n_0$ gilt".

Der Grenzwert einer Folge lässt sich also bestimmen, wenn man die Folge zwischen zwei andere Folgen einsperren kann, deren gemeinsamen Grenzwert man schon kennt. In den Beispielen 4 und 5 haben wir diesen Trick schon implizit verwendet: Wir haben die Folgen $\frac{n}{n+1} - 1$ beziehungsweise $\frac{n}{2^n}$ zwischen die konstante Folge 0 und die Folge $\frac{1}{n}$ eingeklemmt.

Eng verwandt mit diesem Vergleichskriterium ist der folgende Satz, dessen einfachen Beweis ich weglassen möchte:

▶ **Satz 13.7** Seien a_n, b_n reelle Zahlenfolgen mit $\lim\limits_{n\to\infty} a_n = a$ und $\lim\limits_{n\to\infty} b_n = b$. Sei $a_n \leq b_n$ für alle $n \in \mathbb{N}$. Dann gilt auch $a \leq b$.

Aber Vorsicht: Aus $a_n < b_n$ für alle n muss nicht $a < b$ folgen: Im Grenzübergang kann aus dem „<"-Zeichen ein „≤"-Zeichen werden. Sehen Sie sich hierzu die Beispiele 1 und 5 an.

Bei den Sätzen 13.6 und 13.7 können Sie jeweils die Worte „für alle $n \in \mathbb{N}$" ersetzen durch „für alle $n > n_0$" oder durch „für alle genügend großen n". Bei Untersuchungen zur Konvergenz von Folgen kommt es immer nur auf die Enden der Folgen an. Für kleine n können die Folgen machen, was sie wollen, es hat keinen Einfluss auf den Grenzwert.

▶ **Satz 13.8: Rechenregeln für Folgen** Seien a_n, b_n reelle oder komplexe Zahlenfolgen mit $\lim\limits_{n\to\infty} a_n = a$ und $\lim\limits_{n\to\infty} b_n = b$. Dann gilt:

a) $(a_n \pm b_n)_{n\in\mathbb{N}}$ ist konvergent mit $\lim\limits_{n\to\infty} (a_n \pm b_n) = a \pm b$.

b) $(a_n \cdot b_n)_{n\in\mathbb{N}}$ ist konvergent mit $\lim\limits_{n\to\infty} (a_n \cdot b_n) = a \cdot b$.

c) Ist $\lambda \in \mathbb{R}$ ($\mathbb{C}$), so ist $(\lambda a_n)_{n\in\mathbb{N}}$ konvergent mit $\lim\limits_{n\to\infty} \lambda a_n = \lambda a$.

d) Ist $b \neq 0$, so gibt es ein n_0, so dass für alle $n > n_0$ gilt $b_n \neq 0$. Dann sind auch $\left(\dfrac{1}{b_n}\right)_{n>n_0}$ und $\left(\dfrac{a_n}{b_n}\right)_{n>n_0}$ konvergent mit $\lim\limits_{n\to\infty} \dfrac{1}{b_n} = \dfrac{1}{b}$ und $\lim\limits_{n\to\infty} \dfrac{a_n}{b_n} = \dfrac{a}{b}$.

e) $(|a_n|)_{n\in\mathbb{N}}$ ist konvergent mit $\lim\limits_{n\to\infty} |a_n| = |a|$.

f) Sei $z_n = x_n + iy_n$ eine komplexe Zahlenfolge. Dann gilt: $\lim\limits_{n\to\infty} z_n = z = x + iy \Leftrightarrow \lim\limits_{n\to\infty} x_n = x, \lim\limits_{n\to\infty} y_n = y$

Ich möchte als Beispiel den Teil a) beweisen. In diesem tritt ein Kniff auf, der im Zusammenhang mit den ε-Berechnungen immer wieder verwendet wird: Wenn eine Aussage für alle $\varepsilon > 0$ gilt, dann kann man ein gegebenes ε auch durch $\varepsilon/2, \varepsilon^2$ oder sonstige positive Ausdrücke in Abhängigkeit von ε ersetzen und die Aussage bleibt wahr:

Sei also $\varepsilon > 0$ gegeben. Dann gibt es ein n_0, so dass für $n > n_0$ gilt $|a_n - a| < \varepsilon/2$ und $|b_n - b| < \varepsilon/2$. Es folgt:

$$|(a_n \pm b_n) - (a \pm b)| = |(a_n - a) \pm (b_n - b)| \leq |(a_n - a)| + |(b_n - b)| < \frac{\varepsilon}{2} + \frac{\varepsilon}{2} = \varepsilon.$$

Die anderen Teile des Satzes werden im Prinzip ähnlich hergeleitet, wenn auch die einzelnen Schlüsse manchmal etwas komplizierter sind. $\square$

Beispiele zur Anwendung dieses Satzes

1. Sei $a_n = 14/n$. Da $14/n = 14 \cdot (1/n)$ ist, gilt: $\lim_{n \to \infty} 14/n = 14 \cdot \lim_{n \to \infty} 1/n = 14 \cdot 0 = 0$.

2. Den Grenzwert des Beispiels 4 von nach Definition 13.1 können wir jetzt auch folgendermaßen berechnen:

$$\lim_{n \to \infty} \frac{n}{n+1} = \lim_{n \to \infty} \frac{n}{n} \frac{1}{1 + \frac{1}{n}} = \frac{\lim_{n \to \infty} 1}{\lim_{n \to \infty} 1 + \lim_{n \to \infty} \frac{1}{n}} = \frac{1}{1 + 0} = 1.$$

3. Entsprechend kann man den Limes eines Quotienten von 2 Polynomen immer berechnen, indem man die höchste Potenz von n im Zähler und Nenner ausklammert und damit kürzt:

$$\frac{6n^4 + 3n^2 + 2}{7n^4 + 12n^3 + n} = \frac{6 + \frac{3}{n^2} + \frac{2}{n^4}}{7 + \frac{12}{n} + \frac{1}{n^3}} \xrightarrow[n \to \infty]{} \frac{6}{7}. \quad \blacktriangleleft$$

Die O-Notation

In Abschn. 3.3 haben wir die Laufzeit einiger rekursiver Algorithmen bestimmt. Die Laufzeit eines Algorithmus ist neben der Leistungsfähigkeit der Maschine abhängig von einer Zahl n, die durch die Eingabe bestimmt ist. Diese Zahl n, die Problemgröße, kann ganz unterschiedliche Bedeutungen haben. Sie kann die Größe einer Zahl sein, die Anzahl der Elemente einer zu sortierenden Liste, die Länge eines kryptographischen Schlüssels in Bit, die Dimension einer Matrix, und vieles andere mehr. In jedem Fall ergibt sich die Laufzeit als eine Abbildung $f : \mathbb{N} \to \mathbb{R}^+$, wobei $f(n) = a_n$ die Laufzeit in Abhängigkeit von n bedeutet. Diese Abbildung stellt also nichts anderes als eine Folge dar. Eine solche Folge ist in der Regel nicht konvergent, meist ist sie monoton wachsend und nicht beschränkt, es ist also $\lim_{n \to \infty} a_n = \infty$. Zur Beurteilung der Leistungsfähigkeit eines Algorithmus ist aber ganz wesentlich, zu wissen, wie schnell die Folge a_n wächst und wie man das Wachstum verschiedener Folgen vergleichen kann. Wichtig ist dabei die Entwicklung für große Zahlen n. Unser Ziel ist, einige aussagekräftige Prototypen von Folgen zu finden und bei einer berechneten Laufzeit a_n eines Algorithmus den Prototyp b_n zu finden, der am besten dazu passt. Wir sagen dann „Die Laufzeit von a_n liegt in der Ordnung von b_n". Wie können wir diesen Begriff aber präzise fassen? Die folgende Festsetzung, die O-*Notation*, hat sich als geeignet erwiesen:

▶ **Definition 13.9** Für Folgen a_n, b_n mit positiven reellen Folgengliedern sagt man a_n *ist* $O(b_n)$, genau dann, wenn die Folge a_n/b_n beschränkt ist. Das heißt

$$a_n \text{ ist } O(b_n) :\Leftrightarrow \exists c \in \mathbb{R}^+ \forall n \in \mathbb{N} : a_n/b_n < c.$$

Man liest dies als „a_n ist von Ordnung b_n". Für a_n ist $O(b_n)$ schreiben wir auch $a_n = O(b_n)$.

Insbesondere ist nach Satz 13.5 $a_n = O(b_n)$, wenn die Folge a_n/b_n konvergent ist. Diese Konvergenz muss aber nicht immer vorliegen.

Unterscheiden sich a_n und b_n nur durch einen konstanten multiplikativen Faktor c, so ist $a_n = O(b_n)$. Das ist für unsere Zwecke sinnvoll, denn ein solcher Faktor spiegelt die Leistungsfähigkeit des Rechners wider, die wir bei der Beurteilung eines Algorithmus aber nicht berücksichtigen wollen.

Mit Hilfe dieser Definition kann die Folge a_n zunächst nur grob nach oben abgeschätzt werden, denn natürlich gilt zum Beispiel für $a_n = an + b$: a_n ist $O(n^{1000})$. Wir wollen aber ein möglichst „gutes" b_n finden, eines das möglichst nahe an a_n liegt. Das „beste" b_n ist dabei a_n selbst: Es ist immer $a_n = O(a_n)$. Aber auch damit sind wir nicht zufrieden, wir suchen für b_n einige wenige Prototypen von Folgen.

Die Vergleichbarkeit von Folgen wird erleichtert mit Hilfe der folgenden Beziehung zwischen den Ordnungen:

▶ **Definition 13.10** Wir sagen

a) $O(a_n) = O(b_n) :\Leftrightarrow a_n$ ist $O(b_n)$ und b_n ist $O(a_n)$.
b) $O(a_n) < O(b_n) :\Leftrightarrow a_n$ ist $O(b_n)$ und b_n ist nicht $O(a_n)$.

Wenn Sie „a_n ist $O(b_n)$" formal verneinen, erhalten Sie für „a_n ist nicht $O(b_n)$" die Regel:

$$\forall c \in \mathbb{R}^+ \exists n \in \mathbb{N} : a_n \geq c \cdot b_n.$$

Vorsicht: Nicht alle Ordnungen sind mit Hilfe dieser Relation vergleichbar. Zum Beispiel gilt für die Folgen

$$a_n = \begin{cases} 1 & n \text{ gerade} \\ n & n \text{ ungerade,} \end{cases} \qquad b_n = \begin{cases} n & n \text{ gerade} \\ 1 & n \text{ ungerade} \end{cases}$$

keine der drei Beziehungen $<$, $=$ oder $>$, denn a_n ist nicht $O(b_n)$ und b_n ist nicht $O(a_n)$.

Ein einfaches Kriterium, um festzustellen, ob $O(a_n) = O(b_n)$ ist, besteht darin, die Folge a_n/b_n zu untersuchen: Konvergiert diese Folge gegen einen von 0 verschiedenen Grenzwert, so ist sie beschränkt und nach Satz 13.8 ist dann auch b_n/a_n konvergent und damit beschränkt. Also ist in diesem Fall $O(a_n) = O(b_n)$.

Beachten Sie aber wieder: a_n/b_n muss nicht immer konvergent sein. Dennoch können wir mit diesem Kriterium viele Algorithmen klassifizieren.

Dazu zwei einfache

Beispiele

1. Die Laufzeit bei der iterativen Berechnung der Fakultät einer Zahl n haben wir schon in Beispiel 1 in Abschn. 3.3 bestimmt: Es war $a_n = n \cdot b + a$.

   Mit unseren Regeln zur Berechnung von Grenzwerten erhalten wir (sehen Sie sich noch einmal Beispiel 3 nach Satz 13.8 Rechenregeln für Folgen an):

   $$\lim_{n\to\infty} \frac{nb + a}{n} = b,$$

   und damit $O(bn + a) = O(n)$.

2. Bei der Multiplikation zweier $n \times n$-Matrizen A und B ergibt sich das Element c_{ij} der Produktmatrix als

   $$c_{ij} = \sum_{k=1}^{n} b_{ik} a_{kj}.$$

   Dies sind n Multiplikationen und $n - 1$ Additionen. Insgesamt sind n^2 Elemente zu berechnen. Ist a die Zeit für eine Multiplikation und b die Zeit für eine Addition, so erhalten wir für die Berechnung der Produktmatrix eine Laufzeit $b_n = (a + b)n^3 - bn^2$. Es gilt:

   $$\lim_{n\to\infty} \frac{(a + b)n^3 - bn^2}{n^3} = a + b,$$

   also $O((a + b)n^3 - bn^2) = O(n^3)$. ◄

Die Folgen $n, n^2, n^3, \ldots$ sind Prototypen von Laufzeiten, mit denen man Algorithmen gerne vergleicht. Da für $k \in \mathbb{N}$ die Folge n^{k-1}/n^k beschränkt ist und n^k/n^{k-1} unbeschränkt, gilt $O(n^{k-1}) < O(n^k)$.

Ähnlich wie in den beiden Beispielen zeigt man:

▶ **Satz 13.11: Die Ordnung polynomialer Algorithmen** Für die Folge $a_n = \lambda_k n^k + \lambda_{k-1} n^{k-1} + \cdots + \lambda_1 n + \lambda_0$ mit $\lambda_i \in \mathbb{R}^+$ gilt $O(a_n) = O(n^k)$.

Neben den polynomialen Ordnungen gibt es einige weitere wichtige Ordnungen. Es ist:

$$O(1) < O(\log n) < O(n) < O(n \cdot \log n) < O(n^2) < O(n^3) < \ldots < O(n^k) < \ldots$$
$$< O(2^n) < O(3^n) < \ldots$$

Ein $O(1)$-Algorithmus hat konstante Laufzeit, $O(\log n)$ nennt man *logarithmische*, $O(n)$ *lineare* und $O(n^2)$ *quadratische* Laufzeit. Algorithmen mit Laufzeiten der Ordnung a^n, $a > 1$ heißen *exponentielle* Algorithmen. Diese sind für Berechnungszwecke meist unbrauchbar. In der folgenden Tabelle habe ich Ihnen einige Werte solcher Laufzeiten aufgelistet.

n	$\log n$	n	$n \cdot \log n$	n^2	n^3	2^n
10	3.32	10	33.22	100	1000	1024
100	6.64	100	66.44	10000	10^6	$1.27 \cdot 10^{30}$
1000	9.97	1000	9966	10^6	10^9	10^{301}
10 000	13.29	10 000	132 877	10^8	10^{12}	10^{3010}

In dieser Tabelle habe ich den Logarithmus zur Basis 2 angegeben. Später werden wir feststellen dass die Basis hier keine Rolle spielt. Für verschiedene Basen a, b ist stets $O(\log_a n) = O(\log_b n)$.

Wenn Sie jetzt noch einmal zu den Beispielen am Ende des Abschn. 3.3 zurückblättern, sehen Sie, dass der Selection Sort von Ordnung n^2 war, der Merge Sort von Ordnung $n \cdot \log n$. Aus der Tabelle können Sie entnehmen, dass dies bei größeren Zahlen n eine gewaltige Verbesserung darstellt.

Monotone Folgen

Beschränkte Folgen müssen nicht immer konvergent sein, wie das Beispiel $a_n = (-1)^n$ zeigt. Es gilt aber der wichtige Satz:

▶ **Satz 13.12** Jede monotone und beschränkte Folge reeller Zahlen ist konvergent.

Der Beweis beruht wesentlich auf der Vollständigkeit der reellen Zahlen. In den rationalen Zahlen ist die Aussage falsch. Der Grenzwert der monoton wachsenden und beschränkten Folge a_n ist nämlich gerade das Supremum a der Menge $\{a_n \mid n \in \mathbb{N}\}$. Wir müssen zeigen, dass in jeder Umgebung von a fast alle, das heißt alle bis auf endlich viele, Folgenglieder liegen:

Sei $\varepsilon > 0$. Dann ist für alle $n \in \mathbb{N}$ $a_n \leq a < a + \varepsilon$, da a obere Schranke ist, und es gibt ein n_0, so dass $a - \varepsilon < a_{n_0}$, sonst wäre a nicht die kleinste obere Schranke. Dann gilt aber wegen der Monotonie für alle $n > n_0$: $a - \varepsilon < a_{n_0} \leq a_n \leq a < a + \varepsilon$, also $a_n \in U_\varepsilon(a)$.

Der Schluss für monoton fallende Folgen verläuft analog.   □

Schauen wir uns einige Beispiele an:

Beispiele

1. $a_n = n$ ist monoton, aber nicht beschränkt.

2. $a_n = 1/n$ ist monoton fallend und beschränkt, der Grenzwert ist 0.

3. $a_n = 1 + \dfrac{1}{10} + \dfrac{1}{10^2} + \cdots + \dfrac{1}{10^n}$ ist die Folge 1.1, 1.11, 1.111, … Diese Folge ist offenbar monoton und beschränkt, zum Beispiel durch 2. Also muss sie konvergent sein. Wir werden etwas später sehen, dass der Grenzwert die rationale Zahl 10/9 ist.

4. $a_n = 1 + \dfrac{1}{4} + \dfrac{1}{9} + \cdots + \dfrac{1}{n^2} = \displaystyle\sum_{k=1}^{n} \dfrac{1}{k^2}$ ist monoton wachsend. Ist sie beschränkt?

   Dazu wenden wir einen Trick an. Für $k > 1$ ist $\dfrac{1}{k^2} < \dfrac{1}{k(k-1)} = \dfrac{1}{k-1} - \dfrac{1}{k}$ und damit erhalten wir:

$$a_n \leq 1 + \underbrace{\left(1 - \frac{1}{2}\right)}_{k=2} + \underbrace{\left(\frac{1}{2} - \frac{1}{3}\right)}_{k=3} + \underbrace{\left(\frac{1}{3} - \frac{1}{4}\right)}_{k=4} + \cdots$$

$$+ \underbrace{\left(\frac{1}{n-2} - \frac{1}{n-1}\right)}_{k=n-1} + \underbrace{\left(\frac{1}{n-1} - \frac{1}{n}\right)}_{k=n}$$

$$= 2 - \frac{1}{n} < 2.$$

Die Folge ist also durch 2 nach oben beschränkt und damit konvergent. Den Grenzwert wirklich auszurechnen ist hier eine schwierige Aufgabe. Mit Mitteln der Integralrechnung kann man zeigen, dass $\lim_{n\to\infty} a_n = \frac{\pi^2}{6}$ ist.

5. $a_n = 1 + \dfrac{1}{2} + \dfrac{1}{3} + \cdots + \dfrac{1}{n} = \displaystyle\sum_{k=1}^{n} \dfrac{1}{k}$ ist ebenfalls monoton. Die folgende Überlegung zeigt aber, dass diese Folge nicht beschränkt ist:

$$a_n = 1 + \underbrace{\dfrac{1}{2}}_{} + \underbrace{\dfrac{1}{3} + \dfrac{1}{4}}_{>2\cdot\frac{1}{4}=\frac{1}{2}} + \underbrace{\dfrac{1}{5} + \dfrac{1}{6} + \dfrac{1}{7} + \dfrac{1}{8}}_{>4\cdot\frac{1}{8}=\frac{1}{2}} + \underbrace{\dfrac{1}{9} + \cdots + \dfrac{1}{16}}_{>8\cdot\frac{1}{16}=\frac{1}{2}}$$

$$+ \underbrace{\dfrac{1}{17} + \cdots + \dfrac{1}{32}}_{>16\cdot\frac{1}{32}=\frac{1}{2}} + \cdots + \dfrac{1}{n}.$$

Fassen wir in dieser Art die Glieder zusammen, so gilt immer

$$\dfrac{1}{2^n + 1} + \cdots + \dfrac{1}{2^{n+1}} > 2^n \dfrac{1}{2^{n+1}} = \dfrac{1}{2}$$

und damit $\sum_{k=1}^{2^n} \frac{1}{k} > 1 + \frac{n}{2}$. Es dauert zwar sehr lange, aber mit dieser Folge können wir jede vorgegebene Schranke überschreiten. ◀

Versuchen Sie, einmal mit dem Computer die Grenzwerte einiger Folgen zu bestimmen. Berechnen Sie 10, 100, 1 000 000 Folgenglieder oder lassen Sie solange rechnen, bis sich die Folgenglieder nicht mehr ändern. Sie werden feststellen, dass sich ganz unterschiedliches Verhalten zeigt: Manchmal kommt man sehr schnell zum Grenzwert, manchmal sehr langsam, und auch divergente Folgen scheinen am Rechner gelegentlich zu konvergieren. Was allen Folgen gemeinsam ist: Wenn wir mit dem Rechner einen „Grenzwert" bestimmt haben, wissen wir nicht, wie weit er vom wirklichen Grenzwert abweicht. Dies kann man nur mit mathematischen Methoden bestimmen.

13.2 Reihen

Die letzten Beispiele von Folgen haben eine gemeinsame Eigenschaft: Jedes Folgenglied ist selbst schon eine Summe, bei jedem weiteren Folgenglied wird zu dieser Summe noch etwas dazu addiert. Solche Zahlenfolgen heißen Reihen. Es wäre eine gewaltige Untertreibung zu sagen, dass Reihen in der Mathematik eine wichtige Rolle spielen, viele Gebiete der Mathematik sind ohne die Theorie der Reihen undenkbar und auch wir müssen uns intensiv damit beschäftigen.

▶ **Definition 13.13** Gegeben sei eine Folge $(a_n)_{n\in\mathbb{N}}$ reeller oder komplexer Zahlen.

Die *Reihe* $\displaystyle\sum_{k=1}^{\infty} a_k$ ist die Folge $(s_n)_{n\in\mathbb{N}} = \left(\displaystyle\sum_{k=1}^{n} a_k\right)_{n\in\mathbb{N}}$. Falls die Folge s_n gegen a konvergiert, so sagt man, *die Reihe konvergiert* und bezeichnet den Grenzwert a mit $\displaystyle\sum_{k=1}^{\infty} a_k$. Das n-te Folgenglied $\displaystyle\sum_{k=1}^{n} a_k$ heißt n-te *Partialsumme* der Reihe. Die Elemente a_k heißen die *Reihenglieder* der Reihe.

Mit dieser Bezeichnung muss man etwas aufpassen: $\sum_{k=1}^{\infty} a_k$ ist zunächst keine Zahl! Es ist eine Reihe, und nur wenn diese Reihe konvergiert, wird damit gleichzeitig der Grenzwert bezeichnet.

Genau wie Folgen müssen Reihen nicht immer beim Index $k = 1$ beginnen, jede ganze Zahl, auch negative Zahlen, ist als Beginnindex erlaubt. In den meisten Fällen wird dieser Anfang bei uns 0 oder 1 sein.

Beispiele von Reihen

1. $\displaystyle\sum_{n=1}^{\infty} \frac{1}{n}$ und $\displaystyle\sum_{n=1}^{\infty} \frac{1}{n^2}$ kennen wir schon: $\displaystyle\sum_{n=1}^{\infty} \frac{1}{n}$ ist divergent und $\displaystyle\sum_{n=1}^{\infty} \frac{1}{n^2} = \frac{\pi^2}{6}$.

2. Eine wichtige Reihe ist die *geometrische Reihe*, die für $q \in \mathbb{R}$ oder $q \in \mathbb{C}$ definiert ist: $\displaystyle\sum_{k=0}^{\infty} q^k$. Für alle q mit $|q| < 1$ ist $\displaystyle\sum_{k=0}^{\infty} q^k = \frac{1}{1-q}$.

   Zum Beweis: Für die n-te Partialsumme gilt (vergleiche Satz 3.3 in Abschn. 3.2): $(1 - q) \cdot \displaystyle\sum_{k=0}^{n} q^k = 1 - q^{n+1}$. Aus Beispiel 6 nach Satz 13.5 wissen wir, dass q^{n+1} eine Nullfolge ist und so erhalten wir:

$$(1-q) \cdot \sum_{k=0}^{\infty} q^k = (1-q) \cdot \lim_{n\to\infty} \sum_{k=0}^{n} q^k = \lim_{n\to\infty} (1-q) \cdot \sum_{k=0}^{n} q^k$$

$$= \lim_{n\to\infty} (1 - q^{n+1}) = 1 - \lim_{n\to\infty} q^{n+1} = 1. \qquad \square$$

3. Die Reihe $\displaystyle\sum_{n=0}^{\infty} \frac{1}{n!}$ ist monoton wachsend. Wir versuchen wieder, eine obere Schranke zu finden: Für $k \geq 2$ ist

$$\frac{1}{k!} = \frac{1}{1 \cdot 2 \cdot 3 \cdot 4 \cdots k} \leq \frac{1}{1 \cdot \underbrace{2 \cdot 2 \cdot 2 \cdots 2}_{k-1 \text{ Faktoren}}} = \frac{1}{2^{k-1}}$$

und daher gilt für alle n:

$$s_n = 1 + \frac{1}{1!} + \frac{1}{2!} + \frac{1}{3!} + \cdots + \frac{1}{n!} \leq 1 + \frac{1}{2^0} + \frac{1}{2^1} + \frac{1}{2^2} + \cdots + \frac{1}{2^{n-1}}$$

$$\leq 1 + \sum_{k=0}^{\infty} \left(\frac{1}{2}\right)^k = 1 + \frac{1}{1 - \frac{1}{2}} = 3.$$

Dabei haben wir gleich die geometrische Reihe aus Beispiel 2 verwendet. Die Reihe ist also nach oben beschränkt und damit konvergent. Der Grenzwert dieser Reihe ist eine berühmte Zahl: ◄

▶ **Definition 13.14** Der Grenzwert $e := \sum_{n=0}^{\infty} \dfrac{1}{n!}$ heißt *Euler'sche Zahl*. Die ersten Dezimalstellen lauten:

$$e = 2.718281828.$$

Die Zahl e ist ein unendlicher Dezimalbruch, der niemals eine Periode hat. e ist also keine rationale Zahl. e ist aber auch, anders als etwa $\sqrt{2}$, keine Nullstelle irgendeines Polynoms mit Koeffizienten aus $\mathbb{Q}$. Solche Zahlen heißen transzendente Zahlen.

Konvergenzkriterien für Reihen

Im Allgemeinen ist es schwierig zu sehen, ob eine gegebene Reihe konvergent ist oder nicht. Es gibt jedoch ein recht einfaches Negativkriterium:

▶ **Satz 13.15** Ist die Reihe $\sum_{n=0}^{\infty} a_n$ konvergent, so bildet die Folge der Reihenglieder $(a_n)_{n \in \mathbb{N}}$ eine Nullfolge.

Denn ist a der Grenzwert der Reihe, so gibt es für jedes $\varepsilon > 0$ ein $n_0 \in \mathbb{N}$, so dass für alle $n > n_0$ gilt:

$$|a_n| = |s_n - s_{n-1}| = |(s_n - a) - (s_{n-1} - a)| \leq |s_n - a| + |s_{n-1} - a| < \varepsilon. \qquad \Box$$

▶ **Definition 13.16** Die Reihe $\sum_{n=0}^{\infty} a_n$ heißt *absolut konvergent*, wenn die Reihe $\sum_{n=0}^{\infty} |a_n|$ konvergiert.

▶ **Satz 13.17** Ist die Reihe $\sum_{n=0}^{\infty} a_n$ absolut konvergent, so ist auch die Reihe selbst konvergent.

Der Beweis zu diesem Satz ist tiefliegend. Man kann ihn auf die Konvergenz von Folgen zurückführen, braucht dafür aber Aussagen über Folgenkonvergenz, die ich in dieses Buch nicht aufgenommen habe. Erstaunlich ist: Der Satz gilt auch für komplexe Reihen: Die Konvergenz einer Reihe von komplexen Zahlen, deren Glieder ja in der ganzen komplexen Ebene umher hüpfen können, folgt schon aus der Konvergenz der Beträge der Reihenglieder, also aus der Konvergenz einer reellen Reihe.

▶ **Satz 13.18: Rechenregeln für Reihen** Sind $\sum_{n=0}^{\infty} a_n = a$ und $\sum_{n=0}^{\infty} b_n = b$ konvergente Reihen und ist c eine konstante Zahl, so gilt:

a) $\sum_{n=0}^{\infty} (a_n \pm b_n) = \sum_{n=0}^{\infty} a_n \pm \sum_{n=0}^{\infty} b_n = a \pm b,$

b) $\sum\limits_{n=0}^{\infty} ca_n = c \sum\limits_{n=0}^{\infty} a_n = ca,$

c) Ist $z_n = x_n + iy_n$ und $\sum\limits_{n=0}^{\infty} z_n$ eine komplexe Reihe, so ist $\sum\limits_{n=0}^{\infty} z_n = z$

konvergent genau dann, wenn $\sum\limits_{n=0}^{\infty} x_n = x$ und $\sum\limits_{n=0}^{\infty} y_n = y$ konvergent

sind. Dann gilt $z = x + iy$.

Dieser Satz lässt sich unmittelbar aus den Rechenregeln für die Grenzwerte von Folgen herleiten (Satz 13.8). Reihen sind ja nichts anderes als spezielle Folgen.

Manche Reihen können auch miteinander multipliziert werden. Wie führt man das durch? Versuchen wir alle Terme des Produkts zweier Reihen zu erwischen. Wir wenden dabei einen Trick an: Wir sortieren die Terme nach der Summe der Indizes:

$$(a_0 + a_1 + a_2 + a_3 + \cdots + a_n + \cdots)(b_0 + b_1 + b_2 + b_3 + \cdots + b_n + \cdots)$$

$$\text{„=“} \underbrace{a_0 b_0}_{\text{Indexsumme 0}} + \underbrace{(a_0 b_1 + a_1 b_0)}_{\text{Indexsumme 1}} + \underbrace{(a_0 b_2 + a_1 b_1 + a_0 b_2)}_{\text{Indexsumme 2}} + \cdots + \sum_{k=0}^{n} \underbrace{a_k b_{n-k}}_{\text{Indexsumme } n} + \cdots.$$

Ich habe hier das Gleichheitszeichen in Anführungszeichen geschrieben, weil man natürlich mit unendlichen Summen nicht wirklich so rechnen darf. Es gibt ja gar keine unendlichen Summen, nur Reihen und ihre Grenzwerte. Trotzdem soll diese „Rechnung" als Motivation für den folgenden schwierigen Satz gelten, den ich hier nicht beweisen kann. Immer klappt es auch nicht, man kann zwei konvergente Reihen aber jedenfalls dann multiplizieren, wenn sie auch absolut konvergent sind:

▶ **Satz 13.19** Sind $\sum_{n=0}^{\infty} a_n = a$ und $\sum_{n=0}^{\infty} b_n = b$ absolut konvergente Reihen, so ist auch die Reihe $\sum_{n=0}^{\infty} (\sum_{k=0}^{n} a_k b_{n-k})$ absolut konvergent und es gilt

$$\sum_{n=0}^{\infty} \left(\sum_{k=0}^{n} a_k b_{n-k} \right) = \left(\sum_{n=0}^{\infty} a_n \right) \left(\sum_{n=0}^{\infty} b_n \right) = ab.$$

▶ **Satz 13.20: Das Majorantenkriterium** Ist $\sum_{n=0}^{\infty} b_n$ eine absolut konvergente Reihe und gilt $|a_n| \leq |b_n|$ für alle $n \in \mathbb{N}$, so ist auch die Reihe $\sum_{n=0}^{\infty} a_n$ absolut konvergent und es gilt $\sum_{n=0}^{\infty} |a_n| \leq \sum_{n=0}^{\infty} |b_n|$.

Denn ist $c \in \mathbb{R}^+$ der Grenzwert der Reihe $\sum_{n=0}^{\infty} |b_n|$, so ist die Folge $s_n = \sum_{k=0}^{n} |a_k|$ monoton und nach oben beschränkt:

$$s_n = \sum_{k=0}^{n} |a_k| \leq \sum_{k=0}^{n} |b_k| \leq c$$

und damit nach Satz 13.12 konvergent. Das heißt nichts anderes, als dass $\sum_{n=0}^{\infty} a_n$ absolut konvergent ist. $\qquad\square$

Wenn Sie die Reihe $\sum_{k=0}^{\infty} \frac{1}{k!}$ auf Ihrem Computer berechnen, stellen Sie fest, dass Sie schon nach wenigen Summanden nahe bei e landen. Die Reihe konvergiert sehr schnell. Wie aber kann man feststellen, dass die Reihe gut konvergiert, wenn der Grenzwert noch unbekannt ist? Für numerische Berechnungen ist es ja ganz wichtig, zu wissen, wann man aufhören kann. Leider gibt es für solche Tests kein Patentrezept, in diesem speziellen Fall kann man jedoch den Restfehler abschätzen. Dabei verwenden wir die Rechenregel Satz 13.18b) und den Satz 13.20. Finden Sie heraus, an welcher Stelle! Es ist

$$e = \sum_{k=0}^{n} \frac{1}{k!} + r_{n+1}, \text{ mit } r_{n+1} = \sum_{k=n+1}^{\infty} \frac{1}{k!}. \qquad (13.1)$$

r_{n+1} ist also der Fehler, den wir machen, wenn wir die Berechnung nach dem n-ten Summanden abbrechen. Nun können wir für r_{n+1} ähnlich wie vorher für die ganze Reihe eine obere Schranke angeben:

$$
\begin{aligned}
r_{n+1} &= \frac{1}{(n+1)!} \left(1 + \frac{1}{n+2} + \frac{1}{(n+2)(n+3)} + \frac{1}{(n+2)(n+3)(n+4)} + \cdots \right) \\
&\leq \frac{1}{(n+1)!} \left(1 + \frac{1}{n+2} + \frac{1}{(n+2)^2} + \frac{1}{(n+2)^3} + \cdots \right) \\
&= \frac{1}{(n+1)!} \cdot \sum_{k=0}^{\infty} \left(\frac{1}{n+2} \right)^k = \frac{1}{(n+1)!} \cdot \frac{1}{1 - \frac{1}{n+2}} \\
&\leq \frac{1}{(n+1)!} \cdot 2 = \frac{2}{(n+1)!}.
\end{aligned}
$$

Es ist $2/13! \approx 3.21 \cdot 10^{-10}$, der Fehler spielt sich also nach 12 Additionen in der zehnten Stelle nach dem Dezimalpunkt ab. Damit ist die Genauigkeit aus Definition 13.14 schon gegeben.

▶ **Satz 13.21: Das Quotientenkriterium** Es sei die Reihe $\sum_{n=0}^{\infty} a_n$ gegeben. Falls es eine Zahl $0 < q < 1$ gibt, so dass ab einem Index n_0 immer $\left| \frac{a_{n+1}}{a_n} \right| \leq q$ ist, so ist $\sum_{n=0}^{\infty} a_n$ absolut konvergent. Ist ab einem Index stets $\left| \frac{a_{n+1}}{a_n} \right| > 1$, so ist die Reihe divergent.

Insbesondere folgt aus diesem Satz, dass $\sum_{n=0}^{\infty} a_n$ konvergent ist, falls der $\lim_{n \to \infty} \left| \frac{a_{n+1}}{a_n} \right|$ existiert und kleiner als 1 ist. Häufig wird das Quotientenkriterium in dieser Form angewandt.

Zum Beweis: Die zweite Hälfte ist einfach: Ist schließlich immer $|\frac{a_{n+1}}{a_n}| > 1$, so kann a_n keine Nullfolge sein, nach Satz 13.15 ist dann die Reihe divergent.

Der erste Teil des Kriteriums lässt sich mit Hilfe der geometrischen Reihe auf das Majorantenkriterium zurückführen: Für alle $n > n_0$ gilt:

$$|a_n| \le |a_{n-1}|q \le |a_{n-2}|q^2 \le |a_{n-3}|q^3 \le \cdots \le |a_{n_0}|q^{n-n_0},$$

also $|a_n| \le |a_{n_0}|q^{n-n_0}$. Wenn $\sum\limits_{n=n_0}^{\infty} |a_{n_0}|q^{n-n_0}$ konvergent wäre, so könnten wir das Majorantenkriterium anwenden und auch $\sum\limits_{n=n_0}^{\infty} a_n$ wäre konvergent, sogar absolut konvergent. Schauen wir uns also diese Reihe genauer an. Da wir die Konstante $|a_{n_0}|$ aus der Summe herausziehen dürfen und weil $q < 1$ ist folgt:

$$\sum_{n=n_0}^{\infty} |a_{n_0}|q^{n-n_0} = |a_{n_0}| \cdot \sum_{n=n_0}^{\infty} q^{n-n_0} = |a_{n_0}| \cdot \sum_{n=0}^{\infty} q^n = |a_{n_0}| \cdot \frac{1}{1-q}, \qquad (13.2)$$

es liegt wirklich Konvergenz vor.   □

Ich habe in der Formel (13.2) nicht ganz sauber argumentiert: Im ersten Schritt habe ich Satz 13.18 verwendet. Dieser setzt aber die Konvergenz der Reihe voraus. Wir müssen die Formel also von rechts nach links lesen: Da die Reihe konvergiert, dürfen wir die Konstante $|a_{n_0}|$ hineinziehen und dann stimmt die Gleichung. Ich werde in Zukunft gelegentlich ähnliche Rechnungen durchführen. Achten Sie immer darauf, dass solche Operationen mit Reihen nur erlaubt sind, wenn sich schließlich herausstellt, dass sie konvergent sind und wenn man dann die Gleichungen wieder rückwärts lesen darf.

Noch etwas ist an diesem Kriterium zu beachten: Warum ist es nicht ausreichend zu fordern, dass $|a_{n+1}|/|a_n| < 1$ ist? Es könnte dann sein, dass der Quotient immer näher an 1 heranrückt und dass wir ihn nicht mehr durch ein Element $q < 1$ nach oben beschränken können. Dann klappt aber die ganze Argumentation mit der geometrischen Reihe nicht mehr. Tatsächlich kann die Aussage des Satzes in einem solchen Fall falsch werden.

Wir wollen die letzten Sätze gleich bei der Untersuchung einer ganz wichtigen Funktion anwenden, der Exponentialfunktion:

▶ **Satz 13.22** Für alle $z \in \mathbb{C}$ ist die Reihe $\sum\limits_{n=0}^{\infty} \frac{z^n}{n!}$ absolut konvergent.

Denn es ist

$$\left| \frac{a_{n+1}}{a_n} \right| = \left| \frac{z^{n+1}/(n+1)!}{z^n/n!} \right| = \left| \frac{z}{n+1} \right| = \frac{|z|}{n+1}.$$

Da $\lim_{n\to\infty} |z|/(n+1) = 0$ ist, folgt nach dem Quotientenkriterium die absolute Konvergenz der Reihe.   □

Jedem $z \in \mathbb{C}$ können wir damit den Grenzwert einer Reihe zuordnen, wir erhalten eine Funktion:

▶ **Definition 13.23: Die komplexe Exponentialfunktion** Die Funktion

$$\exp\colon \mathbb{C} \to \mathbb{C}, \quad z \mapsto \sum_{n=0}^{\infty} \frac{z^n}{n!}$$

heißt *Exponentialfunktion*.

▶ **Satz 13.24** Für alle $z, w \in \mathbb{C}$ gilt:

a) $\exp(z + w) = \exp(z) \cdot \exp(w)$.
b) $\exp(\overline{z}) = \overline{\exp(z)}$.

Für den Beweis von a) benötigen wir den Produktsatz für Reihen, Satz 13.19:

$$\exp(z)\exp(w) = \sum_{n=0}^{\infty} \frac{z^n}{n!} \cdot \sum_{n=0}^{\infty} \frac{w^n}{n!} = \sum_{n=0}^{\infty} \left(\sum_{k=0}^{n} \frac{z^k}{k!} \frac{w^{n-k}}{(n-k)!} \right)$$

$$= \sum_{n=0}^{\infty} \frac{1}{n!} \left(\sum_{k=0}^{n} \frac{n!}{k!(n-k)!} z^k w^{n-k} \right)$$

$$\underset{\substack{\uparrow \\ \text{nach dem} \\ \text{Binomialsatz}}}{=} \sum_{n=0}^{\infty} \frac{1}{n!} (z+w)^n = \exp(z+w).$$

Der Teil b) lässt sich auf Satz 13.8f) zurückführen, das möchte ich nicht ausführen. □

Die Exponentialfunktion finden Sie auf jedem Taschenrechner, und der Taschenrechner macht nichts anderes, als die ersten Glieder dieser Reihe auszuwerten. Wie sieht es mit der Konvergenzgeschwindigkeit aus? Ähnlich wie für die Reihe $\sum_{n=0}^{\infty} \frac{1}{n!}$ in (13.1), die ja nichts anderes als $\exp(1)$ darstellt, können wir eine Fehlerabschätzung durchführen. Ich gebe Ihnen nur das Ergebnis an:

▶ **Satz 13.25** Für $\exp(z) = \sum_{k=0}^{n} \frac{z^k}{k!} + r_{n+1}(z)$ gilt für den Betrag des Fehlers nach der Summation der Glieder bis zum Index n:

$$|r_{n+1}(z)| \leq \frac{2|z|^{n+1}}{(n+1)!}, \quad \text{falls } |z| \leq 1 + \frac{n}{2}.$$

Der Restfehler ist hier von z abhängig. Das Unangenehme an diesem Ergebnis ist zum einen, dass der Fehler immer größer werden kann, je größer der Betrag von z ist, und zum anderen, dass die Rechnung sowieso nur für kleine z richtig ist. Was machen wir jetzt, wenn wir exp(100) ausrechnen wollen? Um dieses Problem lösen zu können muss ich Sie noch vertrösten, bis wir uns im Abschn. 14.2 näher mit den Eigenschaften der Exponentialfunktion beschäftigen werden.

13.3 Darstellung reeller Zahlen in Zahlensystemen

Natürliche Zahlen können in verschiedenen Basen eindeutig dargestellt werden. Ein ähnliches Verfahren werden wir jetzt für die reellen Zahlen herleiten. Als Ergebnis erhalten wir, dass sich jede positive reelle Zahl als Dezimalbruch schreiben lässt. Die positiven rationalen Zahlen werden durch endliche oder periodische Dezimalbrüche dargestellt. Ein solcher Dezimalbruch ist nichts anderes als eine konvergente Reihe. Wie bei der Darstellung natürlicher Zahlen können aber auch andere Zahlen als 10 als Basis verwendet werden:

▶   **Definition 13.26** Sei $b > 1$ eine feste natürliche Zahl. b heißt *Basis* und die Zahlen $0, 1, \ldots, b - 1$ heißen *Ziffern des b-adischen Systems*. Es sei $z \in \mathbb{Z}$ und für alle $n \geq z$ sei $a_n \in \{0, 1, \ldots, b-1\}$. Für $n < 0$ sei $1/b^n := b^{-n}$. Eine Reihe der Form

$$\sum_{n=z}^{\infty} \frac{a_n}{b^n},$$

mit $a_z \neq 0$ heißt *b-adischer Bruch*. Wir schreiben dafür

$$(a_z.a_{z+1}a_{z+2}a_{z+3}\ldots \mathrm{E}{-}z)_b.$$

Sind für $i > n$ alle Ziffern $a_i = 0$, so sprechen wir von einem *endlichen b-adischen Bruch* und schreiben $(a_z.a_{z+1}a_{z+2}\ldots a_n\mathrm{E}{-}z)_b$. Wiederholt sich in einem Bruch eine Reihe von Ziffern immer wieder, so heißt der Bruch *periodisch*. In diesem Fall definieren wir:

$$(a_z.a_{z+1}a_{z+2}\ldots a_n \overline{p_1 \ldots p_r}\mathrm{E}{-}z)_b$$
$$:= (a_z.a_{z+1}a_{z+2}\ldots a_n p_1 \ldots p_r p_1 \ldots p_r \ldots \mathrm{E}{-}z)_b.$$

$p_1 p_2 \ldots p_r$ heißt *Periode* des Bruchs.

Hier begegnen uns zum ersten Mal Reihen, die mit negativen Indizes beginnen können. Für $z < 0$ hat der b-adische Bruch die Form

$$\sum_{n=z}^{\infty} \frac{a_n}{b^n} = a_z b^{-z} + a_{z+1}b^{-z-1} + \cdots + a_{-1}b^1 + a_0 b^0 + \frac{a_1}{b} + \frac{a_2}{b^2} + \frac{a_3}{b^3} + \cdots$$

Häufig schreibt man den b-adischen Bruch auch in der Form $(a_z a_{z+1} \ldots a_0.a_1 a_2 \ldots)_b$ für $z \leq 0$ und $(0.\underbrace{0 \cdots 0}_{z-1 \text{ Stück}} a_z a_{z+1} \ldots)_b$ für $z > 0$. Dabei entspricht der Teil vor dem Punkt genau den negativen Indizes bis einschließlich dem Index 0. Dieser stellt eine natürliche Zahl in der Form dar, wie wir sie in Satz 3.6 in Abschn. 3.2 kennengelernt haben. Der Teil der Zahl nach dem Dezimalpunkt beginnt beim Index 1.

Für $b = 10$ werden Dezimalbrüche üblicherweise in einer dieser beiden Formen aufgeschrieben, wobei die Kennzeichnung mit dem Index 10 entfällt: Die erste Schreibweise ist die Exponentialschreibweise, so gibt meist auch ein Computer die Zahlen aus; die zweite Schreibweise ist die bekannte Darstellung mit dem Punkt nach dem ganzteiligen Anteil.

Beispiele

1. $(1.1378\text{E}2)_{10} = (113.78)_{10} = 1 \cdot 10^2 + 1 \cdot 10^1 + 3 \cdot 10^0 + \frac{7}{10} + \frac{8}{10^2} + \frac{0}{10^3} + \cdots = 113 + \frac{78}{100}$.

2. $(4.711\text{E}-3)_{10} = (0.004711)_{10} = \frac{4}{10^3} + \frac{7}{10^4} + \frac{1}{10^5} + \frac{1}{10^6}$.

3. $(4.625\text{E}1)_7 = (46.25)_7 = 4 \cdot 7^1 + 6 \cdot 7^0 + \frac{2}{7} + \frac{5}{49} = \frac{1685}{49}$.

4. $(3.3333\ldots)_{10} = 3 + \frac{3}{10} + \frac{3}{10^2} + \frac{3}{10^3} + \cdots = \sum_{n=0}^{\infty} \frac{3}{10^n} = 3 \cdot \sum_{n=0}^{\infty} \frac{1}{10^n} = 3 \cdot \frac{1}{1 - \frac{1}{10}} = 3 \cdot \frac{10}{9} = \frac{10}{3}$.

5. $x = (0.12\overline{34})_{10}$ stellt ebenfalls eine rationale Zahl dar: Um diese zu bestimmen, verwenden wir den folgenden Trick: $x \cdot 10\,000 - x \cdot 100 = 1234.\overline{34} - 12.\overline{34} = 1222.00$ und damit ist $x \cdot 9900 = 1222$, das heißt $x = 1222/9900$. ◄

Diese Beispiele b-adischer Brüche sind konvergente Reihen. Aber konvergiert ein b-adischer Bruch immer? Die Antwort gibt uns der nächste Satz:

▶ **Satz 13.27** Jeder b-adische Bruch ist konvergent. Für die Summe ab dem Index 1, den Teil nach dem Punkt eines solchen Bruches, gilt $0 \leq \sum_{n=1}^{\infty} \frac{a_n}{b^n} \leq 1$.

Wir verwenden wieder einmal die geometrische Reihe und erhalten:

$$\sum_{n=1}^{\infty} \frac{a_n}{b^n} \leq \sum_{n=1}^{\infty} \frac{b-1}{b^n} = (b-1) \sum_{n=1}^{\infty} \frac{1}{b^n}$$

$$= (b-1) \left(\sum_{n=0}^{\infty} \frac{1}{b^n} - 1 \right) = (b-1) \left(\frac{1}{1 - \frac{1}{b}} - 1 \right)$$

$$= (b-1) \left(\frac{1}{b-1} \right) = 1.$$

Die Teile nach dem Punkt der b-adischen Brüche sind streng monoton wachsend und durch 1 nach oben beschränkt. Damit sind sie konvergent. Der vollständige b-adische Bruch ist dann natürlich auch konvergent, es kommt ja nur noch eine endliche natürliche Zahl dazu. $\square$

Jetzt können wir ausrechnen, dass die reellen Zahlen, die wir bisher nur durch ihre Axiome beschrieben haben, genau die b-adischen Brüche „sind". Dabei ist, wie bei der Darstellung der natürlichen Zahlen, jede Basis b größer 1 möglich.

▶   **Satz 13.28** Sei $b > 1$ eine natürliche Zahl. Dann gilt:

    a) Jeder b-adische Bruch konvergiert gegen eine positive reelle Zahl.

    b) Zu jeder positiven reellen Zahl x gibt es einen b-adischen Bruch, der gegen x konvergiert.

    c) Jeder periodische b-adische Bruch konvergiert gegen eine rationale Zahl.

    d) Zu jeder positiven rationalen Zahl p/q gibt es einen periodischen oder endlichen b-adischen Bruch, der gegen p/q konvergiert.

Den Teil a) haben wir schon in Satz 13.27 bewiesen.

Zu b): Den b-adischen Bruch der gegen x konvergiert, können wir induktiv konstruieren. Ich möchte den Weg hier nur skizzieren. Um den Beweis nach zu vollziehen müssen Sie auf dem Papier rechnen! Im Induktionsanfang findet man für die Zahl x zunächst einen minimalen Index N, so dass $0 \leq x < b^{N+1}$ ist und dann auch den ersten Koeffizienten der Darstellung: Dieser ist das maximale $a_{-N} \in \{0, 1, \ldots, b-1\}$ mit der Eigenschaft $a_{-N} b^N \leq x$. Hat man nun bis zum Index n die Reihe $s_n = \sum_{k=-N}^{n} \frac{a_k}{b^k}$ gefunden, so dass $s_n \leq x < s_n + \frac{1}{b^n}$ ist, so sucht man das nächste Glied der Reihe: Es muss einen Koeffizienten $a_{n+1} \in \{0, 1, \ldots, b-1\}$ geben mit

$$s_n \leq s_n + \frac{a_{n+1}}{b^{n+1}} \leq x < s_n + \underbrace{\frac{a_{n+1}}{b^{n+1}} + \frac{1}{b^{n+1}}}_{\leq \frac{1}{b^n}} \leq s_n + \frac{1}{b^n}.$$

Dann wird $s_{n+1} := \sum_{k=-N}^{n} \frac{a_k}{b^k} + \frac{a_{n+1}}{b^{n+1}}$ Auf diese Weise kann man die Zahl x immer weiter einschachteln. Die Reihe konvergiert wirklich gegen x.

Testen Sie das Verfahren mit der Zahl π und der Basis 10: Es ist $0 \leq \pi < 10^1$, also $N = 0$ und $3 \leq \pi$ der erste Koeffizient. Haben wir nun zum Beispiel die Reihe bis 3.141 gefunden ($3.141 \leq \pi < 3.141 + 0.001$), so suchen wir die nächste Ziffer so, dass wir gerade noch unterhalb von π bleiben, das ist hier 5. Dann ist $3.1415 \leq \pi < 3.1415 + 0.0001$.

Was hinter Teil c) des Satzes steckt, haben wir gerade am 5. Beispiel nach Definition 13.26 gesehen. Allgemein formuliert: Ist x ein periodischer b-adischer Bruch, dessen Periode am Index n beginnt und der Periodenlänge k hat, so ist $b^{n+k} \cdot x - b^n \cdot x = m$

eine natürliche Zahl und daher $x = m/(b^{n+k} - b^n) \in \mathbb{Q}$. Probieren Sie das an weiteren Beispielen aus!

Es fehlt noch die Aussage d) des Satzes, und hierfür gebe ich einen Algorithmus an, den *Divisionsalgorithmus* für natürliche Zahlen p und q. Wenn Sie genau hinschauen, dann ist dieses Verfahren genau das gleiche, dass Sie schon in der Schule gelernt haben. Sehr wahrscheinlich haben Sie dort aber die Fragestellungen des Informatikers nicht im Auge gehabt: Warum funktioniert der Algorithmus eigentlich? Hat er eine Abbruchbedingung, die immer erreicht wird? Damit wollen wir uns jetzt befassen. Es genügt, wenn wir natürliche Zahlen p und q mit $p/q < 1$ dividieren. Denn ist $p/q \geq 1$, so können wir p/q als $n + p'/q$ darstellen, wobei $n, p' \in \mathbb{N}$ und $p'/q < 1$ ist. Die Darstellung von n als b-adische Zahl kennen wir schon. Unsere Aufgabe besteht also darin, Koeffizienten $a_1, a_2, a_3, \ldots$ zu suchen, mit

$$\frac{p}{q} = \frac{a_1}{b} + \frac{a_2}{b^2} + \frac{a_3}{b^3} + \cdots = \sum_{n=1}^{\infty} \frac{a_n}{b^n}. \tag{13.3}$$

Wir führen hierzu eine fortgesetzte Division mit Rest durch q aus, wie wir sie aus Satz 4.11 in Abschn. 4.2 kennen. Wir beginnen mit der Division von $b \cdot p$, multiplizieren den Rest jeweils wieder mit b und dividieren weiter:

$$
\begin{aligned}
b \cdot p &= a_1 q + r_1, & 0 &\leq r_1 < q, \\
b \cdot r_1 &= a_2 q + r_2, & 0 &\leq r_2 < q, \\
b \cdot r_2 &= a_3 q + r_3, & 0 &\leq r_3 < q, \\
&\;\;\vdots \\
b \cdot r_n &= a_{n+1} q + r_{n+1}, & 0 &\leq r_{n+1} < q.
\end{aligned}
\tag{13.4}
$$

Die dabei berechneten Quotienten a_i sind alle kleiner als b, denn aus $b \leq a_1$ und $p < q$ würde $bp < bq \leq a_1 q$ folgen im Widerspruch zu $bp = a_1 q + r_1 \geq a_1 q$. Da auch alle Reste $r_i < q$ sind, gilt die gleiche Argumentation für alle a_i.

Diese a_i sind genau die gesuchten Koeffizienten aus (13.3). Warum? Lösen wir die Zeilen von (13.4) nacheinander nach p, r_1, r_2 und so weiter auf und setzen ein, so erhalten wir:

$$
p = \frac{a_1}{b} \cdot q + \frac{r_1}{b}
$$
$$
r_1 = \frac{a_2}{b} \cdot q + \frac{r_2}{b}
$$
$$
\underset{\substack{\uparrow \\ r_1 \text{ eingesetzt}}}{\Rightarrow} \quad p = \frac{a_1}{b} \cdot q + \left(\frac{a_2}{b^2} \cdot q + \frac{r_2}{b^2} \right) = \left(\frac{a_1}{b} + \frac{a_2}{b^2} \right) \cdot q + \frac{r_2}{b^2}
$$

$$r_2 = \frac{a_3}{b} \cdot q + \frac{r_3}{b}$$

$$\underset{\substack{\uparrow \\ r_2 \text{ eingesetzt}}}{\Rightarrow} \quad p = \frac{a_1}{b} \cdot q + \frac{a_2}{b^2} \cdot q + \left(\frac{a_3}{b^3} \cdot q + \frac{r_3}{b^3}\right) = \left(\frac{a_1}{b} + \frac{a_2}{b^2} + \frac{a_3}{b^3}\right) \cdot q + \frac{r_3}{b^3}$$

$$\vdots$$

$$r_n = \frac{a_n}{b} \cdot q + \frac{r_{n+1}}{b}$$

$$\Rightarrow \quad p = \left(\sum_{k=1}^{n+1} \frac{a_k}{b^k}\right) \cdot q + \frac{r_{n+1}}{b^{n+1}},$$

insgesamt also

$$\frac{p}{q} = \left(\sum_{k=1}^{n+1} \frac{a_k}{b^k}\right) + \frac{r_{n+1}}{b^{n+1} q}.$$

Diese Reihe konvergiert gegen p/q, denn die Differenz $\frac{r_{n+1}}{b^{n+1}q}$ geht gegen 0.

Aber wann endet der Algorithmus? Wird der Rest r_n einmal gleich 0, dann ist $p/q = (0.a_1 a_2 \ldots a_n)_b$, also ein endlicher Bruch. Bleibt der Rest ungleich 0, so muss sich irgendwann ein Rest wiederholen, weil es nur endlich viele Reste kleiner als q gibt. Dann wird der Bruch periodisch, denn ab dieser Stelle wiederholen sich alle Divisionen immer wieder. Ist zum Beispiel $r_n = r_s$ für ein $n > s$, so ist $a_{s+1} = a_{n+1}$ und daher gilt: $p/q = (0.a_1 \ldots a_s \overline{a_{s+1} \ldots a_n})_b$.

Berechnen wir die Zahl 5/6 in verschiedenen Basen:

Beispiele

1. $b = 10$: $5 \cdot 10 = 8 \cdot 6 + 2$

   $2 \cdot 10 = 3 \cdot 6 + 2$

   $5/6 = (0.8\overline{3})_{10}.$

2. $b = 2$: $5 \cdot 2 = 1 \cdot 6 + 4$

   $4 \cdot 2 = 1 \cdot 6 + 2$

   $2 \cdot 2 = 0 \cdot 6 + 4$

   $5/6 = (0.1\overline{10})_2.$

3. $b = 12$: $5 \cdot 12 = 10 \cdot 6 + 0$

   $5/6 = (0.A)_{12}$, wenn wir mit A den Koeffizienten 10 bezeichnen. ◀

Sie sehen, dass eine Zahl in manchen Zahlensystemen unendlich periodisch, in anderen endlich sein kann.

Genau in der Form wie in Definition 13.26 vorgestellt, werden gebrochene Zahlen auch im Computer gespeichert: Eine solche Zahl wird bestimmt durch das Vorzeichen, den Exponenten und die Mantisse. Dabei ist die Mantisse die Folge der a_n, die im Computer natürlich immer endlich ist. Das Ganze geschieht, wie Sie sich denken können, mit der Basis 2. Dies ist die *Gleitpunktdarstellung* der Zahl. Ein float in Java umfasst zum Beispiel 32 Bit: 1 Bit für das Vorzeichen, 8 Bit für den Exponenten und 23 Bit für die Mantisse. Die Mantisse ist in Wirklichkeit sogar 24 Bit lang: Das erste Bit ist immer 1 und muss daher nicht gespeichert werden. Für den Exponenten sind die Zahlen von -126 bis $+127$ möglich. Dies sind insgesamt 254 Werte, in den 8 Bit des Exponenten ist daher noch für zwei weitere Werte Platz: Damit kann man zusätzlich noch die 0 und Zahlenüberläufe kodieren. Eine typischer float hat also im Rechner die Gestalt $-1.\underbrace{0010\cdots101}_{23\,\text{Bit}}\cdot 2^{98}$. Bei der Ausgabe am Bildschirm wird die Zahl dann in eine Dezimalzahl umgewandelt und etwa so ausgegeben: $-3.56527\text{E}+29$. Dabei ist $\text{E}+29$ als „$\cdot\,10^{29}$" zu lesen.

Rundungsfehler können also sogar schon bei der Ein- und Ausgabe auftreten, zum Beispiel dann, wenn sich eine eingegebene Dezimalzahl nicht in einen endlichen Dualbruch umwandeln lässt. Durch mathematische Operationen können weitere Fehler entstehen. In Abschn. 18.1 werden wir uns näher mit Problemen bei numerischen Berechnungen beschäftigen.

13.4 Verständnisfragen und Übungsaufgaben

Verständnisfragen

1. Kann eine Zahlenfolge mehrere Grenzwerte haben?

2. Gibt es beschränkte reelle Zahlenfolgen, die nicht konvergieren?

3. Welche Ordnung ist größer: $O(n^{1000})$ oder $O(2^n)$?

4. Eine komplexe Zahlenfolge $(z_n)_{n\in\mathbb{N}}$ soll beschränkt heißen, wenn die Folge der Beträge $(|z_n|)_{n\in\mathbb{N}}$ beschränkt ist. Ist jede konvergente komplexe Zahlenfolge beschränkt?

5. Eine Reihe ist nichts anderes als eine Folge. Wieso?

6. Die Formel $\sum_{n=1}^{\infty} a_n$ hat in der Theorie der unendlichen Reihen zwei unterschiedliche Bedeutungen. Welche sind das?

7. Gibt es im Körper der reellen Zahlen in der Dezimalsystemschreibweise einen Unterschied zwischen $0.\overline{9}$ und 1?

8. Welche Eigenschaft hat die Dezimalbruchentwicklung für eine nicht rationale Zahl? ◄

Übungsaufgaben

1. Geben Sie ein Beispiel für Folgen $(a_n)_{n \in \mathbb{N}}$ und $(b_n)_{n \in \mathbb{N}}$ mit $a_n < b_n$ für alle $n \in \mathbb{N}$ und $\lim_{n \to \infty} a_n = \lim_{n \to \infty} b_n$.

2. Finden Sie die Grenzwerte der Folgen (falls sie existieren):

   a) $\dfrac{3n^2 + 2n + 1}{n^3 - 3n^2 - 1}$

   b) $\dfrac{n^2 + 5}{n^2 - 5}$

   c) $\left(1 + \dfrac{3}{n!}\right)^7$

3. Zeigen Sie oder widerlegen Sie die Aussagen:

   a) Sind a_n und b_n divergent, so sind auch $a_n + b_n$ divergent und $a_n \cdot b_n$ divergent.

   b) Ist a_n beschränkt und b_n eine Nullfolge, so ist auch $a_n \cdot b_n$ eine Nullfolge.

4. Sie kennen sicher die Geschichte von Achilles und der Schildkröte: Bei einem Wettlauf bekommt die Schildkröte einen Vorsprung vor Achilles. Achilles kann die Schildkröte niemals einholen, denn er muss immer erst den Punkt erreichen, an dem die Schildkröte gerade war. Dann ist die Schildkröte aber schon weitergelaufen. Können Sie Achilles helfen?

5. Überprüfen Sie die folgenden Reihen auf Konvergenz:

   a) $\displaystyle\sum_{n=0}^{\infty} \dfrac{n^2}{2^n}$

   b) $\displaystyle\sum_{n=1}^{\infty} \dfrac{n!}{1 \cdot 3 \cdot 5 \cdots (2n - 1)}$

   c) $\displaystyle\sum_{n=0}^{\infty} \dfrac{2^{n+1}}{n!}$

6. Bestimmen Sie die Ordnung des Algorithmus

$$x^n = \begin{cases} 1 & \text{falls } n = 0 \\ x^{\frac{n}{2}} \cdot x^{\frac{n}{2}} & \text{falls } n \text{ gerade} \\ x^{n-1} \cdot x & \text{sonst} \end{cases}$$

Vergleichen Sie dazu die Aufgabe 9 in Kap. 3.

7. Geben Sie natürliche Zahlen p, q an, für die gilt:

   a) $\dfrac{p}{q} = 0.4711\overline{4711}$

   b) $\dfrac{p}{q} = 0.1230\overline{434}$

   c) $\dfrac{p}{q} = \sqrt{2}$

8. Zeigen Sie: Ist in einem metrischen Raum $\varepsilon < d(a, b)/2$, so gilt

$$U_\varepsilon(a) \cap U_\varepsilon(b) = \emptyset.$$

9. Entwickeln Sie die Zahl $1/5!$ in einen Dezimalbruch, einen Dualbruch und einen Hexadezimalbruch.

10. Suchen Sie endliche Dezimalzahlen, die sich nicht in endliche Dualbrüche umwandeln lassen. ◄

Stetige Funktionen 14

Zusammenfassung

Die Untersuchung stetiger Funktionen steht im Zentrum der Analysis. Wenn Sie dieses Kapitel durchgearbeitet haben

- wissen Sie, was eine stetige reelle oder komplexe Funktion ist und können überprüfen ob eine gegebene Funktion stetig ist,
- haben Sie Funktionen mehrerer Veränderlicher und den Begriff der Stetigkeit für solche Funktionen kennengelernt,
- beherrschen Sie wichtige Eigenschaften stetiger Funktionen,
- kennen Sie viele elementare stetige Funktionen: Potenzfunktion und Wurzel, allgemeine und komplexe Exponentialfunktion, den Logarithmus und trigonometrische Funktionen,
- und haben eine ganz neue Definition der Zahl π kennengelernt.

In diesem Kapitel beschäftigen wir uns mit Abbildungen zwischen Teilmengen reeller oder komplexer Zahlen: Es ist $K = \mathbb{R}$ oder $\mathbb{C}$, $D \subset K$ und $f : D \to K$. Je nachdem, ob der zugrunde liegende Körper $\mathbb{R}$ oder $\mathbb{C}$ ist, sprechen wir von reellen oder komplexen Funktionen. In einem kurzen Abschnitt werden wir uns auch mit Funktionen mehrerer Veränderlicher beschäftigen, das heißt mit Abbildungen, deren Definitionsbereich eine Teilmenge des $\mathbb{R}^n$ ist.

14.1 Stetigkeit

In einer ersten Annäherung sind stetige reelle Funktionen ohne Lücken im Definitionsbereich solche Funktionen, deren Graph sich, ohne abzusetzen, mit dem Bleistift hinmalen lässt. Die wesentliche Eigenschaft stetiger Funktionen ist die, dass der Graph keine Sprün-

---

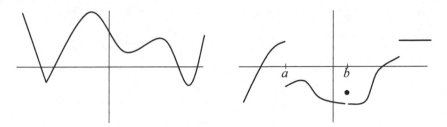

Abb. 14.1 Stetigkeit

ge machen darf. In Abb. 14.1 sehen Sie die Bilder einer in diesem Sinne stetigen und einer
unstetigen Funktion. Diese Beschreibung ist nicht die ganze Wahrheit, nur die braven stetigen Funktionen verhalten sich so. Meistens werden wir aber mit solchen zu tun haben.
Wie kann man diese Eigenschaft mathematisch präzise formulieren?

Zur Beschreibung von Sprüngen hilft uns der Begriff der Konvergenz von Folgen:
Schauen wir uns einmal den Unstetigkeitspunkt a in Abb. 14.1 an und argumentieren
wir zunächst anschaulich: Wenn wir uns auf der x-Achse dem Punkt a mit einer Folge nä-
hern, deren Folgenglieder manchmal links und manchmal rechts von a liegen, dann klaffen
die Funktionswerte der Folgenglieder auseinander. Die Folge der Funktionswerte ist nicht
konvergent. Diese Eigenschaft ist charakteristisch für Unstetigkeitspunkte. Im Punkt b haben wir eine ähnliche Situation: Konvergiert eine Folge gegen b und sind unendlich viele
Folgenglieder von b verschieden, so konvergiert zwar die Folge der Funktionswerte, aber
nicht gegen den Funktionswert $f(b)$.

Zunächst möchte ich formulieren, was der Grenzwert einer Funktion in einem Punkt
ist. Die Definition beinhaltet nicht nur Grenzwerte für Punkte im Definitionsbereich der
Funktion, sondern auch für alle Randpunkte der Menge (siehe Definition 12.13). Diese
Formulierung wird uns später erlauben, gelegentlich den Definitionsbereich einer Funktion sinnvoll auszudehnen. Nimmt man zum Definitionsbereich D der Funktion die Randpunkte hinzu, so erhält man gerade die Menge der Berührungspunkte von D. Für diese
Punkte erklären wir den Begriff des Grenzwertes einer Funktion.

▶   **Definition 14.1** Sei $K = \mathbb{R}$ oder $\mathbb{C}$, $D \subset K$ und $f: D \to K$ eine Funktion.
Sei x_0 ein Berührungspunkt von D. Wenn für alle Folgen $(x_n)_{n \in \mathbb{N}}$ mit $x_n \in D$,
gilt:

$$\lim_{n \to \infty} x_n = x_0 \Rightarrow \lim_{n \to \infty} f(x_n) = y_0,$$

dann sagt man: *f hat in x_0 den Grenzwert y_0* und schreibt dafür

$$\lim_{x \to x_0} f(x) = y_0.$$

Ist $K = \mathbb{R}$ und ist der Definitionsbereich nach oben (unten) unbeschränkt, so
sagen wir $\lim_{x \to \infty} f(x) = y_0$ ($\lim_{x \to -\infty} f(x) = y_0$), wenn für alle Folgen $(x_n)_{n \in \mathbb{N}}$

mit $\lim_{n \to \infty} x_n = \infty \, (-\infty)$ gilt $\lim_{n \to \infty} f(x_n) = y_0$. Für y_0 ist in dieser Definition auch der Wert $\pm\infty$ zugelassen.

Ist x_0 ein Punkt des Definitionsbereiches D, so gibt es den Funktionswert $f(x_0)$. Existiert dann der Grenzwert $\lim_{x \to x_0} f(x)$, so ist dieser gleich $f(x_0)$. Denn die Voraussetzung in Definition 14.1 muss ja für alle Folgen gelten, insbesondere zum Beispiel auch für die konstante Folge, die für alle n den Wert $x_n = x_0$ hat. Für diese Folge gilt dann natürlich $\lim_{n \to \infty} f(x_n) = f(x_0)$ und damit ist der Grenzwert festgelegt. Sie sehen, dass in Abb. 14.1 weder im Punkt a noch im Punkt b die Grenzwerte existieren. Dazu einige

Beispiele

1. Es sei $f : \mathbb{R} \to \mathbb{R}$, $x \mapsto ax + b$. In jedem Punkt $x_0 \in \mathbb{R}$ existiert der Grenzwert von f: Ist $(x_n)_{n \in \mathbb{N}}$ eine Folge mit $\lim_{n \to \infty} x_n = x_0$, so gilt $f(x_n) = ax_n + b$ und nach den Rechenregeln für konvergente Folgen aus Satz 13.8 folgt dann $\lim_{n \to \infty} f(x_n) = ax_0 + b = f(x_0)$.

2. Die „Größte-Ganze“-Funktion (auf Englisch: floor): Für alle $x \in \mathbb{R}$ sei $\lfloor x \rfloor :=$ Max$\{z \in \mathbb{Z} \mid z \leq x\}$, die größte ganze Zahl kleiner gleich von x. Den Graphen der Funktion $f(x) = \lfloor x \rfloor$ sehen Sie in Abb. 14.2.
   Der Grenzwert $\lim_{x \to 1} f(x)$ existiert nicht: Dazu wählen wir zwei Testfolgen, die gegen 1 konvergieren: $x_n = 1 - 1/n$, $y_n = 1 + 1/n$. Dann gilt $\lim_{n \to \infty} f(x_n) = 0$ und $\lim_{n \to \infty} f(y_n) = 1$.

3. Es sei $f : \mathbb{R} \setminus \{0\} \to \mathbb{R}$, $x \mapsto 1$. Diese Funktion hat eine Definitionslücke an der Stelle 0, siehe Abb. 14.3. Die Zahl 0 ist aber ein Berührungspunkt des Definitionsbereichs und der Grenzwert der Funktion existiert an dieser Stelle: Es ist $\lim_{x \to 0} f(x) = 1$.

4. $\lim_{x \to \infty} \frac{1}{x} = 0$, $\lim_{x \to \infty} x^2 = \infty$. Der Grenzwert $\lim_{x \to 0} \frac{1}{x}$ existiert dagegen nicht. Warum? ◄

Abb. 14.2 Die „Größte-Ganze“-Funktion

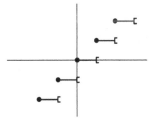

An den Beispielen sehen Sie, dass es oft leichter ist die Existenz des Grenzwertes zu widerlegen, als sie zu zeigen: Zum widerlegen müssen Sie nur zwei Folgen finden, deren Funktionswerte verschiedene Grenzwerte haben, ja es genügt sogar eine einzige Folge deren Funktionswerte nicht konvergieren. Im Beispiel 2 hätte dies etwa die Folge $1 + (-1)^n/n$ getan. Möchten Sie die Existenz eines Grenzwertes zeigen, so müssen Sie für jede denkbare Folge die Konvergenz untersuchen. Glücklicherweise erleichtern uns die Rechenregeln über konvergente Folgen aus Satz 13.8 die Arbeit: Sie lassen sich fast wörtlich auf Grenzwerte von Funktionen übertragen:

▶ **Satz 14.2** Seien $f, g: D \to K$ reelle oder komplexe Funktionen, a ein Berührungspunkt von D und $\lim\limits_{x \to a} f(x) = b$, $\lim\limits_{x \to a} g(x) = c$. Dann gilt:

    a) $\lim\limits_{x \to a} (f(x) \pm g(x)) = b \pm c$.

    b) $\lim\limits_{x \to a} (f(x) \cdot g(x)) = b \cdot c$.

    c) Für $\lambda \in \mathbb{R}$ $(\mathbb{C})$ ist $\lim\limits_{x \to a} (\lambda f(x)) = \lambda b$.

    d) Für $c \neq 0$ ist $\lim\limits_{x \to a} (f(x)/g(x)) = b/c$.

    e) $\lim\limits_{x \to a} |f(x)| = |b|$.

    f) Ist $K = \mathbb{C}$, so gilt

$$\lim_{z \to a} f(z) = b = u + iv \quad \Leftrightarrow \quad \lim_{z \to a} \mathrm{Re}(f(z)) = u, \quad \lim_{z \to a} \mathrm{Im}(f(z)) = v.$$

Dabei sind $\mathrm{Re}\, f$ und $\mathrm{Im}\, f$ die Funktionen von D nach $\mathbb{R}$ die das Element z mit $f(z) = u + iv$ abbilden auf den Realteil u beziehungsweise auf den Imaginärteil v.

▶ **Satz 14.3** Seien $f: D \to K$ und $g: E \to K$ reelle oder komplexe Funktionen mit $f(D) \subset E$. Dann gilt für die Hintereinanderausführung $g \circ f: D \to K$, $x \mapsto g(f(x))$:

$$\lim_{x \to x_0} f(x) = y_0 \quad \text{und} \quad \lim_{y \to y_0} g(y) = z_0 \quad \Rightarrow \quad \lim_{x \to x_0} g \circ f(x) = z_0.$$

Denn aus $\lim\limits_{n \to \infty} x_n = x_0$ folgt $\lim\limits_{n \to \infty} f(x_n) = f(x_0)$ und daraus

$$\lim_{n \to \infty} g(f(x_n)) = g(f(x_0)). \qquad \square$$

Abb. 14.3 Eine Definitionslücke

Mit Hilfe dieses Grenzwertbegriffs können wir nun formulieren, was wir unter einer stetigen Funktion verstehen:

▶ **Definition 14.4** Sei $K = \mathbb{R}$ oder $\mathbb{C}$, $D \subset K$ und $f: D \to K$ eine Funktion.

a) f heißt stetig in $x_0 \in D$, falls gilt: $\lim\limits_{x \to x_0} f(x) = f(x_0)$.

b) f heißt stetig, falls f in allen Punkten $x_0 \in D$ stetig ist.

Untersuchen wir die Beispiele nach Definition 14.1 auf Stetigkeit:

Beispiele

1. $f: \mathbb{R} \to \mathbb{R}$, $x \mapsto ax + b$ ist in jedem Punkt $x \in \mathbb{R}$ stetig, also ist f stetig.

2. $f(x) = \lfloor x \rfloor$ ist stetig für alle $x \in \mathbb{R} \setminus \mathbb{Z}$. In $x \in \mathbb{Z}$ ist die Funktion nicht stetig!

3. $f: \mathbb{R} \setminus \{0\} \to \mathbb{R}$, $x \mapsto 1$ ist auf dem ganzen Definitionsbereich stetig, obwohl man sie nicht in einem Strich hinzeichnen kann. Diese Funktion hat noch eine besondere Eigenschaft: 0 ist ein Berührungspunkt des Definitionsbereichs und der Grenzwert der Funktion an dieser Stelle existiert und ist gleich 1. Wenn wir an dieser Stelle definieren $f(0) := 1$, so ist die entstandene Funktion auf ganz $\mathbb{R}$ stetig. ◀

▶ **Satz 14.5: Stetige Fortsetzbarkeit** Sei $f: D \to K$ eine stetige reelle oder komplexe Funktion. x_0 sei ein Berührungspunkt von D und $x_0 \notin D$. Wenn der Grenzwert $\lim_{x \to x_0} f(x) = c$ existiert, so ist die Funktion

$$\tilde{f}: D \cup \{x_0\}, \quad x \mapsto \begin{cases} f(x) & \text{für } x \in D \\ c & \text{für } x = x_0 \end{cases}$$

stetig. Wir sagen dazu „*f lässt sich stetig auf x_0 fortsetzen*".

Die Sätze 14.2 und 14.3 lassen sich jetzt unmittelbar auf stetige Funktionen übertragen:

▶ **Satz 14.6** Seien $f, g: D \to K$ reelle oder komplexe Funktionen, f und g seien stetig in $x_0 \in D$. Dann gilt:

a) $f \pm g$ ist stetig in x_0.

b) $f \cdot g$ ist stetig in x_0.

c) Für $\lambda \in K$ ist $\lambda \cdot f$ stetig in x_0.

d) Ist $g(x_0) \neq 0$, so ist f/g stetig in x_0.

e) $|f|$ ist stetig in x_0.

f) Ist $K = \mathbb{C}$, so ist f stetig in z genau dann, wenn Re f und Im f in z stetig sind.

▶ **Satz 14.7** Seien $f: D \to K$ und $g: E \to K$ reelle oder komplexe Funktionen mit $f(D) \subset E$. Dann gilt für die Hintereinanderausführung $g \circ f: D \to K$, $x \mapsto g(f(x))$: Ist f stetig in x_0 und ist g stetig in $f(x_0)$, so ist auch $g \circ f$ stetig in x_0.

Mit diesen Sätzen kann man die Stetigkeit von zusammengesetzten Funktionen auf die Einzelteile zurückführen. So sind zum Beispiel alle Polynome $f \in \mathbb{R}[X]$ oder $f \in \mathbb{C}[X]$ auf dem ganzen Definitionsbereich stetig. Sehen wir uns etwa das Polynom $x \mapsto ax^2 + b$ an:

Zunächst ist die Abbildung $g: x \mapsto x$ stetig. Dann ist auch $g \cdot g: x \mapsto x \cdot x$ stetig und ebenso $x \mapsto ax^2$, $x \mapsto bx$ und schließlich auch die Summe $x \mapsto ax^2 + b$. Für allgemeine Polynome ist hier wieder einmal eine vollständige Induktion gefragt.

Funktionen mehrerer Veränderlicher

Ich möchte jetzt auf Funktionen $f: U \to \mathbb{R}$ eingehen, wobei U eine Teilmenge des $\mathbb{R}^n$ ist, also auf reellwertige Funktionen mehrerer Veränderlicher. Beispiele dafür sind etwa

$$f: \mathbb{R}^2 \to \mathbb{R}, \ (x, y) \mapsto x^2 + y^2,$$
$$g: \mathbb{R}^3 \setminus \{(x, y, z) | x = \pm y\} \to \mathbb{R}, \ (x, y, z) \mapsto \frac{z}{x^2 - y^2}.$$

Diese Abbildungen stellen einen wichtigen Sonderfall der Funktionen $f: U \to \mathbb{R}^m$, $U \subset \mathbb{R}^n$ dar. Jede solche „vektorwertige" Funktion hat nämlich die Gestalt

$$f: \mathbb{R}^n \supset U \to \mathbb{R}^m,$$
$$(x_1, \ldots, x_n) \mapsto (f_1(x_1, \ldots, x_n), f_2(x_1, \ldots, x_n), \ldots, f_m(x_1, \ldots, x_n)),$$

besteht also aus einem m-Tupel reellwertiger Funktionen mehrerer Veränderlicher. Im Folgenden werden wir uns darauf beschränken diese Komponentenfunktionen $f: \mathbb{R}^n \supset U \to \mathbb{R}$ zu untersuchen.

Sie haben schon gelernt, dass Mathematiker bei neuen Problemen gerne auf Theorien zurückgreifen, die sie schon kennen, und auch hier werden wir versuchen, so viel wie möglich von unserem Wissen über Funktionen einer Veränderlichen zu verwenden. Ein ganz wichtiger Begriff ist in diesem Zusammenhang der Begriff der partiellen Funktion.

Hält man alle Variablen fest bis auf eine, so erhält man nämlich wieder eine Funktion einer Veränderlichen:

▶   **Definition 14.8** Es sei $U \subset \mathbb{R}^n$, $f: U \to \mathbb{R}$ eine Funktion und $(a_1, \ldots, \not{a_i}, \ldots, a_n) \in \mathbb{R}^{n-1}$.
Sei $D = \{x \in \mathbb{R} \mid (a_1, \ldots a_{i-1}, x, a_{i+1}, \ldots, a_n) \in U\} \subset \mathbb{R}$. Dann ist für $i = 1, \ldots, n$

$$f_i: \quad D \to \mathbb{R}, \quad x \mapsto f(a_1, \ldots, a_{i-1}, x, a_{i+1}, \ldots, a_n)$$

eine reelle Funktion. Sie heißt *partielle Funktion* von f.

Eine Funktion mit n Veränderlichen besitzt nicht nur n partielle Funktionen, sondern unendlich viele: Die von der i-ten Komponente verschiedenen Variablen werden zwar alle festgehalten, aber jeder Wert ist dafür erlaubt! Hält man etwa in der Funktion $x^2 + y^2$ die zweite Variable fest, so bekommt man zum Beispiel die partiellen Funktionen x^2, $x^2 + 1$, $x^2 + 2$, $x^2 + 3$ und so weiter.

Lassen sich Funktionen mehrerer Veränderlicher zeichnen?

Ist $U \subset \mathbb{R}^n$ und $f: U \to \mathbb{R}$ eine Funktion, so ist der Graph von f die Menge $\{(x, f(x)) \mid x \in U\} \subset \mathbb{R}^n \times \mathbb{R} = \mathbb{R}^{n+1}$.

Auf dem Papier oder auf dem Bildschirm können wir den $\mathbb{R}^2$ zeichnen, höchstens noch Projektionen des $\mathbb{R}^3$. Funktionen $f: \mathbb{R}^2 \to \mathbb{R}$ lassen sich also noch visualisieren, wenn man den Definitionsbereich als Teilmenge der x_1-x_2-Ebene auffasst und über jedem Argument den Funktionswert als x_3-Komponente dazu nimmt.

Nun kann man zum Beispiel eine Reihe von partiellen Funktionen f_1 und f_2 aufzeichnen und in den $\mathbb{R}^2$ projizieren; so entsteht ein räumlicher Eindruck (Abb. 14.4, links). In der Mitte der Abb. 14.4 sehen Sie den Graphen der Funktion $f: \mathbb{R}^2 \to \mathbb{R}$, $(x, y) \mapsto x^2 + y^2$, ein Paraboloid, in dieser Form gezeichnet. Eine andere verbreitete Methode der graphischen Darstellung sind *Höhenlinien*, die Sie etwa von Landkarten kennen oder von den Isobaren der Wetterkarten: Für eine Reihe von x_3-Werten werden in der x_1-x_2-Ebene alle Urbilder markiert. Mit etwas Übung kommt man mit einer Landkarte gut

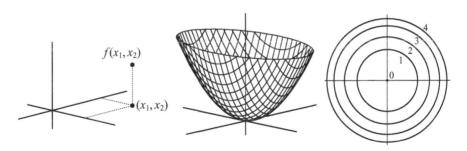

Abb. 14.4 Funktionen $f: \mathbb{R}^2 \to \mathbb{R}$

zurecht, wenn allerdings bei den Höhenlinien nicht die zugehörigen Funktionswerte (die Höhen) eingetragen sind, kann es vorkommen, dass man glaubt auf einen Gipfel zu laufen und in Wirklichkeit in einer Senke landet. Der rechte Teil von Abb. 14.4 zeigt Höhenlinien des Paraboloids. Je enger die Höhenlinien verlaufen, umso steiler ist der Anstieg. Für Funktionen von mehr als zwei Veränderlichen gibt es keine befriedigenden Darstellungsmöglichkeiten mehr.

Das Paraboloid hat keine Löcher, Risse und Sprünge, es stellt den Graphen einer stetigen Funktion dar. Den Begriff der Stetigkeit können wir auf Funktionen mehrerer Veränderlicher wörtlich übertragen, denn der $\mathbb{R}^n$ ist mit dem Abstand $\| \cdot \|$ ein metrischer Raum und in solchen Räumen gibt es nach Definition 13.2 konvergente Folgen:

▶ **Definition 14.9** Sei $U \subset \mathbb{R}^n$ und $f : U \to \mathbb{R}$ eine Funktion. Sei x_0 ein Berührungspunkt von U. Wenn für alle Folgen $(x_k)_{k \in \mathbb{N}}$ mit $x_k \in U$ gilt:

$$\lim_{k \to \infty} x_k = x_0 \quad \Rightarrow \quad \lim_{k \to \infty} f(x_k) = y_0,$$

dann sagen wir: „*f hat in x_0 den Grenzwert y_0*" und schreiben dafür

$$\lim_{x \to x_0} f(x) = y_0.$$

▶ **Definition 14.10** Sei $U \subset \mathbb{R}^n$ und $f : U \to \mathbb{R}$ eine Funktion.

a) f heißt *stetig in* $x_0 \in U$, falls gilt: $\lim\limits_{x \to x_0} f(x) = f(x_0)$.

b) f heißt *stetig*, falls f in allen Punkten $x_0 \in U$ stetig ist.

Viele Fragestellungen bei Funktionen mehrerer Veränderlicher können auf die Untersuchung partieller Funktionen zurückgeführt werden. Wie sieht es mit der Stetigkeit aus? Zunächst gilt:

▶ **Satz 14.11** Ist $U \subset \mathbb{R}^n$ und $f : U \to \mathbb{R}$ stetig, dann sind auch alle partiellen Funktionen von f stetig.

Dies ist einfach zu sehen: Ist $f_i : D \to \mathbb{R}$, $x \mapsto f(a_1, \dots, a_{i-1}, x, a_{i+1}, \dots, a_n)$ eine partielle Funktion und konvergiert die Folge x_k reeller Zahlen in D gegen x_0, so konvergiert auch $(a_1, \dots, a_{i-1}, x_k, a_{i+1}, \dots, a_n)_{k \in \mathbb{N}}$ gegen $(a_1, \dots, a_{i-1}, x_0, a_{i+1}, \dots, a_n)$ und wegen der Stetigkeit von f auch $f_i(x_k) = f(a_1, \dots, a_{i-1}, x_k, a_{i+1}, \dots, a_n)$ gegen $f(a_1, \dots, a_{i-1}, x_0, a_{i+1}, \dots, a_n) = f_i(x_0)$.

Zu viel darf man von den partiellen Funktionen allerdings nicht erwarten, die Umkehrung dieses Satzes ist falsch! Ein Gegenbeispiel dazu genügt: Sei

$$f : \mathbb{R}^2 \to \mathbb{R}, \quad (x, y) \mapsto \begin{cases} \dfrac{xy^2}{x^2 + y^4} & (x, y) \neq (0, 0) \\ 0 & (x, y) = (0, 0) \end{cases}$$

Abb. 14.5 Eine nur partiell-
stetige Funktion

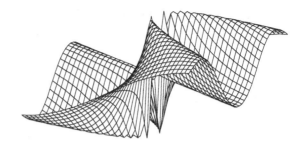

Alle partiellen Funktionen sind stetig: Für $a_2 \neq 0$ ist $f(x, a_2) = \frac{xa_2^2}{x^2+a_2^4}$ stetig, für $a_1 \neq 0$ ist $f(a_1, y) = \frac{a_1 y}{a_1^2+y^4}$ stetig. Es bleiben nur noch die partiellen Funktionen $f(x, 0)$ und $f(0, y)$ zu untersuchen. Diese sind aber überall gleich 0, also ebenfalls stetig.

Die Funktion f selbst ist im Punkt $(0, 0)$ nicht stetig. Sehen Sie sich dazu die Abb. 14.5 an. Mein Zeichenprogramm tut sich naturgemäß schwer, die Funktion in der Nähe der Unstetigkeitsstelle zu zeichnen, Sie können aber sehen: Läuft man auf dem Kamm entlang auf den Punkt $(0, 0)$ zu, dann bleibt man immer auf der gleichen Höhe. Nähert man sich diesem Punkt aber etwa auf der x-Achse an, so bleibt man immer auf der Höhe 0. Wir können also Folgen finden, die gegen $(0, 0)$ konvergieren, deren Funktionswerte aber verschiedene Grenzwerte haben. Ich gebe zwei solche Folgen an: Der Höhenzug ist eine Parabel, die Folge $x_k = (1/k^2, 1/k)$ verläuft darauf. Es ist für alle k

$$f(x_k) = \frac{(1/k^2) \cdot (1/k)^2}{(1/k^2)^2 + (1/k)^4} = \frac{1/k^4}{2/k^4} = 0.5,$$

und damit auch $\lim_{x_k \to (0,0)} f(x_k) = 0.5$. Für die Folge $y_k = (1/k, 0)$ gilt aber immer $f(y_k) = 0$, also $\lim_{y_k \to (0,0)} f(y_k) = 0$.

14.2 Elementare Funktionen

Bevor wir weitere Eigenschaften stetiger Funktionen untersuchen, möchte ich Sie mit einigen wichtigen Funktionen bekannt machen.

Zunächst ein paar grundlegende Begriffe:

▶ **Definition 14.12** Sei $f : \mathbb{R} \to \mathbb{R}$ eine Funktion. Dann heißt f

gerade	$\Leftrightarrow$ für alle $x \in \mathbb{R}$ gilt $f(x) = f(-x)$,
ungerade	$\Leftrightarrow$ für alle $x \in \mathbb{R}$ gilt $f(x) = -f(-x)$,
monoton wachsend	$\Leftrightarrow$ für alle $x, y \in \mathbb{R}$ mit $x < y$ ist $f(x) \leq f(y)$,
streng monoton wachsend	$\Leftrightarrow$ für alle $x, y \in \mathbb{R}$ mit $x < y$ ist $f(x) < f(y)$,
monoton fallend	$\Leftrightarrow$ für alle $x, y \in \mathbb{R}$ mit $x < y$ ist $f(x) \geq f(y)$,
streng monoton fallend	$\Leftrightarrow$ für alle $x, y \in \mathbb{R}$ mit $x < y$ ist $f(x) > f(y)$,
periodisch mit Periode T	$\Leftrightarrow$ für alle $x \in \mathbb{R}$ ist $f(x + T) = f(x)$.

Abb. 14.6 Funktionstypen

In Abb. 14.6 sehen Sie nacheinander Graphen einer geraden, einer ungeraden, einer monotonen, einer streng monotonen und einer periodischen Funktion. Sie erkennen, dass eine gerade Funktion symmetrisch zur y-Achse verläuft, eine ungerade Funktion ist punktsymmetrisch zum Nullpunkt.

Die Begriffe monoton wachsend und fallend kann man auch für Teilmengen von $\mathbb{R}$ formulieren, ebenso die Begriffe gerade und ungerade, sofern mit x auch immer $-x$ im Definitionsbereich liegt. Für komplexe Funktionen machen die Begriffe keinen Sinn, da in den komplexen Zahlen keine Anordnung existiert. Beachten Sie, dass eine streng monotone Funktion immer injektiv ist, denn aus $x \neq y$ folgt natürlich in diesem Fall immer $f(x) \neq f(y)$.

Beispiele von Funktionen

1. $f : \mathbb{R} \to \mathbb{R}, x \mapsto ax + b$ ist für $a > 0$ streng monoton wachsend, für $a < 0$ streng monoton fallend. Für $a = 0$ ist f monoton wachsend und monoton fallend. Die Nullstellen einer Funktion sind die Zahlen, die auf 0 abgebildet werden. $f(x)$ hat genau eine Nullstelle, außer wenn $a = 0$ ist. Der Graph dieser Funktion ist eine Gerade.

2. Die Funktion $f : \mathbb{R} \to \mathbb{R}, x \mapsto ax^2 + bx + c, a \neq 0$ stellt eine Parabel dar. Die Funktion ist nicht monoton, für $b = 0$ ist sie eine gerade Funktion. In Abb. 14.7 sehen Sie die Graphen einiger Parabeln, die Form hängt von den Werten a, b, c ab. Wir wissen, dass die Nullstellen dieser Funktion gegeben sind durch die Formel

$$x_{1/2} = \frac{-b \pm \sqrt{b^2 - 4ac}}{2a}.$$

Abb. 14.7 Parabeln

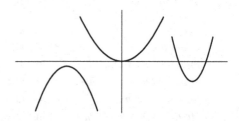

Je nachdem, ob der Wert unter der Wurzel größer, kleiner oder gleich 0 ist, gibt es zwei, keine oder eine reelle Nullstelle, also Schnittpunkte des Graphen mit der x-Achse.

Die komplexe Funktion $f: \mathbb{C} \to \mathbb{C}$, $x \mapsto ax^2 + bx + c$, $a \neq 0$ hat immer Nullstellen. Leider kann man komplexe Funktionen nicht mehr hinmalen: Der Graph $\Gamma_f = \{(x, f(x)) \mid x \in \mathbb{C}\}$ wäre eine Teilmenge des $\mathbb{R}^4$. Wir schaffen es gerade noch, mit Hilfe von Projektionen Teilmengen des $\mathbb{R}^3$ zu zeichnen.

3. Die Potenzfunktion $f: \mathbb{C} \to \mathbb{C}$, $x \mapsto x^n$, $n \in \mathbb{N}_0$ ist uns schon mehrfach begegnet. Jetzt wollen wir ein paar Rechenregeln dafür zusammen stellen. Zunächst definieren wir noch für alle $x \in \mathbb{C}: x^0 := 1$. Für $x, y \in \mathbb{C}$ gilt dann

$$(x \cdot y)^n = x^n \cdot y^n,$$

auf Grund des Kommutativgesetzes der Multiplikation.

$$x^n \cdot x^m = x^{n+m},$$

denn $x^n x^m = \underbrace{(x \cdot \cdots \cdot x)}_{n\text{-mal}} \cdot \underbrace{(x \cdot \cdots \cdot x)}_{m\text{-mal}} = \underbrace{x \cdot x \cdot \cdots \cdot x}_{n+m\text{-mal}}.$

$$(x^n)^m = x^{n \cdot m} = (x^m)^n,$$

denn $(x^n)^m = \underbrace{\underbrace{(x \cdot \cdots \cdot x)}_{n\text{-mal}} \cdot \underbrace{(x \cdot \cdots \cdot x)}_{n\text{-mal}} \cdots \underbrace{(x \cdot \cdots \cdot x)}_{n\text{-mal}}}_{m\text{-mal}} = \underbrace{x \cdot x \cdot \cdots x}_{m \cdot n\text{-mal}}.$

Die Festsetzung $x^0 := 1$ schien zunächst vom Himmel zu fallen. Jetzt wird klar, dass dies die einzige sinnvolle Möglichkeit ist: Wenn wir wollen, dass die obigen Regeln auch für $n = 0$ gelten, dann muss $x^0 \cdot x^1 = x^{0+1} = x^1$ sein. Dies ist nur für $x^0 = 1$ richtig.

Alle diese Funktionen sind Polynomfunktionen und damit stetig. Bei der Potenzfunktion betrachten wir jetzt einmal die Einschränkung auf $\mathbb{R}_0^+$, die positiven reellen Zahlen inklusive der 0: $f: \mathbb{R}_0^+ \to \mathbb{R}_0^+$, $x \mapsto x^n$. Diese Funktion ist für $n > 0$ streng monoton wachsend, denn aus $0 \leq x < y$ folgt nach den Anordnungsgesetzen der reellen Zahlen $0 \leq x^n < y^n$. Damit ist die Funktion injektiv. Ist sie auch surjektiv? Da $\mathbb{R}$ vollständig ist, liegt die Vermutung nahe, dass jede positive reelle Zahl eine n-te Wurzel hat. Beweisen können wir dies erst am Ende dieses Kapitels. Ich möchte es aber jetzt schon verwenden: Die Funktion $f: \mathbb{R}_0^+ \to \mathbb{R}_0^+$, $x \mapsto x^n$ ist bijektiv und besitzt daher eine Umkehrfunktion, die *Wurzelfunktion*. Diese ist unser nächstes Beispiel einer elementaren Funktion:

4. $\sqrt[n]{\ }: \mathbb{R}_0^+ \to \mathbb{R}_0^+$, $x \mapsto \sqrt[n]{x}$, $n > 0$ ist die Umkehrfunktion zu $f: \mathbb{R}_0^+ \to \mathbb{R}_0^+$, $x \mapsto x^n$. Es ist daher $\sqrt[n]{x^n} = (\sqrt[n]{x})^n = x$.

Die Einschränkung dieser Funktion auf nicht negative reelle Zahlen ist wesentlich: $x \mapsto x^n$ ist auf den reellen oder komplexen Zahlen nicht immer injektiv und daher auch nicht als Funktion umkehrbar. Umkehrfunktionen kann man immer nur auf bijektiven Teilen einer Funktion definieren. So ist zum Beispiel auch $f: \mathbb{R}_0^- \to \mathbb{R}_0^+$, $x \mapsto x^2$ eine bijektive Abbildung, nicht aber $f: \mathbb{R} \to \mathbb{R}_0^+, x \mapsto x^2$. ◄

▶ **Definition 14.13** Für $x \in \mathbb{R}^+$ und $n, m \in \mathbb{N}$ definieren wir:

$$x^{\frac{1}{n}} := \sqrt[n]{x}, \quad x^{\frac{n}{m}} := \sqrt[m]{x^n}, \quad x^{-\frac{n}{m}} := \frac{1}{x^{\frac{n}{m}}}.$$

Warum diese Abkürzungen? Mit diesen Bezeichnungen gelten für $x^{\frac{1}{n}}$ und für $x^{\frac{n}{m}}$ die gleichen Rechenregeln wie für die Potenzfunktion aus Beispiel 3 von eben:

▶ **Satz 14.14** Für alle $x, y \in \mathbb{R}^+$ und für alle rationalen Zahlen $p, q \in \mathbb{Q}$ gilt:

a) $(xy)^p = x^p \cdot y^p$,

b) $x^p \cdot x^q = x^{p+q}$,

c) $(x^p)^q = x^{p \cdot q}$.

Unter Verwendung der Bijektivität der Wurzel kann man diese Regeln auf die entsprechenden Regeln der Potenzfunktion zurückführen. Rechnen wir zum Beispiel die Regel b) nach, wobei wir zunächst von positiven Exponenten ausgehen: Es ist

$$(x^{n/m} \cdot x^{p/q})^{qm} = (x^{n/m})^{qm} \cdot (x^{p/q})^{qm} = (\sqrt[m]{x^n})^{qm} \cdot (\sqrt[q]{x^p})^{qm}$$
$$= ((\sqrt[m]{x^n})^m)^q \cdot ((\sqrt[q]{x^p})^q)^m = (x^n)^q \cdot (x^p)^m = x^{nq+pm}.$$

Zieht man daraus die $q \cdot m$-te Wurzel, so erhält man

$$x^{\frac{n}{m}} \cdot x^{\frac{p}{q}} = (x^{nq+pm})^{\frac{1}{qm}} = x^{\frac{nq+pm}{qm}} = x^{\frac{n}{m}+\frac{p}{q}}.$$

Rechnen Sie selbst nach, dass die Beziehung auch für negative Exponenten gilt. Dafür müssen Sie verwenden, dass x^{-n} nach Definition 14.13 gerade das multiplikative Inverse zu x^n ist.   □

Wir können nun neue Funktionen definieren:

Weitere Beispiele von Funktionen

5. Sei $a \in \mathbb{R}^+$. $f_a: \mathbb{Q} \to \mathbb{R}^+$, $q \mapsto a^q$ heißt *Exponentialfunktion zur Basis a*. Diese Funktion ist nach Definition 14.13 für alle rationalen Zahlen erklärt und es gelten

die Rechenregeln aus Satz 14.14. Insbesondere ist also für alle rationalen Zahlen p und q erfüllt:

$$f_a(p) \cdot f_a(q) = f_a(p + q). \tag{14.1}$$

Beachten Sie bitte: Für Zahlen $x \in \mathbb{R} \setminus \mathbb{Q}$ ist a^x noch nicht definiert. Wir wissen noch nicht, was $3^{\sqrt{2}}$ oder e^π ist!

6. In Kap. 13 ist uns zum ersten Mal eine Exponentialfunktion begegnet. In Definition 13.23 haben wir diese als Grenzwert einer Reihe festgelegt. Im Unterschied zu der Funktion aus Beispiel 4 ist sie für alle Elemente $z \in \mathbb{C}$ definiert:

$$\exp \colon \mathbb{C} \to \mathbb{C}, \quad z \mapsto \sum_{n=0}^{\infty} \frac{z^n}{n!}. \quad \blacktriangleleft$$

Im Moment herrscht etwas Sprachverwirrung, weil ich die Funktionen aus den Beispielen 5 und 6 mit dem gleichen Namen bezeichnet habe. Den Grund dafür werden wir gleich kennenlernen. Für die Funktion exp haben wir in Satz 13.24 schon ausgerechnet, dass

$$\exp(z) \cdot \exp(w) = \exp(z + w) \tag{14.2}$$

für alle $z, w \in \mathbb{C}$ gilt, also die gleiche Beziehung wie in (14.1). Weiter gilt

$$\exp(0) = \sum_{n=0}^{\infty} \frac{0^n}{n!} = \underbrace{\frac{0^0}{0!}}_{= \frac{1}{1}} + \underbrace{\frac{0^1}{1!}}_{=0} + \cdots = 1, \quad \exp(1) = e = 2.718281\ldots.$$

Dies werden wir verwenden, um zu zeigen, dass die Exponentialfunktion „exp" dasselbe ist wie die Exponentialfunktion zur Basis e:

▶ **Satz 14.15** Für $q \in \mathbb{Q}$ ist $\exp(q) = e^q$.

Zum Beweis: Zunächst sei $n \in \mathbb{N}$. Dann ist

$$\exp(n) = \exp(\underbrace{1 + 1 + \cdots + 1}_{n\text{-mal}}) = \exp(1)^n = e^n.$$

Sind $n, m \in \mathbb{N}$ so gilt

$$\exp\left(\frac{n}{m}\right)^m = \exp\underbrace{\left(\frac{n}{m} + \frac{n}{m} + \cdots + \frac{n}{m}\right)}_{m\text{-mal}} = \exp(n) = e^n,$$

Abb. 14.8 Die Exponentialfunktion

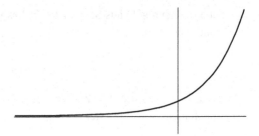

woraus durch Wurzelziehen folgt:

$$\exp\left(\frac{n}{m}\right) = \sqrt[m]{e^n} = e^{\frac{n}{m}}.$$

Als letztes müssen wir $q \in \mathbb{Q}$, $q < 0$ untersuchen: Dann ist $\exp(q)\exp(-q) = \exp(0) = 1$ und damit wieder

$$\exp(q) = \frac{1}{\exp(-q)} = \frac{1}{e^{-q}} = e^q. \qquad \square$$

Damit ist die folgende Festsetzung sinnvoll:

▶ **Definition 14.16** Für $z \in \mathbb{C}$ sei $e^z := \exp(z)$.

Damit wird die Exponentialfunktion f_e aus Beispiel 5 von $\mathbb{Q}$ auf $\mathbb{C}$ fortgesetzt und die Sprachverwirrung ist beseitigt. Jetzt können wir e^π berechnen, aber immer noch nicht $3^{\sqrt{2}}$. Andere Basen als e sind momentan für nicht rationale Exponenten noch verboten.

Als Übungsaufgabe überlasse ich Ihnen die Überprüfung der folgenden Beziehung, es geht ähnlich wie der Beweis von Satz 14.15:

$$\text{Für } q \in \mathbb{Q} \text{ und } x \in \mathbb{R} \text{ ist } e^{xq} = (e^x)^q. \qquad (14.3)$$

▶ **Satz 14.17** Die Exponentialfunktion $\exp: \mathbb{C} \to \mathbb{C}$, $z \mapsto \exp(z)$ ist stetig.

In Abb. 14.8 sehen Sie den Graphen der reellen Exponentialfunktion e^x: Die Funktion steigt bis zum Nullpunkt sehr langsam an und wächst dann bald geradezu explosiv. Erinnern Sie sich? Algorithmen mit exponentiellem Wachstum gelten als nicht mehr berechenbar.

Zum Beweis der Stetigkeit: Wir zeigen zunächst, dass exp im Punkt 0 stetig ist. Sei dazu z_n eine Nullfolge in $\mathbb{C}$, wir müssen zeigen, dass dann $\lim_{n\to\infty} \exp(z_n) = \exp(0) = 1$ ist. Wir verwenden Satz 13.25, in dem wir den Restfehler bei der Summation der Reihe abgeschätzt haben. Für den Fehler nach der Summation bis zum Index m gilt demnach:

$$|r_{m+1}(z)| \leq \frac{2|z|^{m+1}}{(m+1)!}, \quad \text{falls } |z| \leq 1 + \frac{m}{2}. \qquad (14.4)$$

Hier genügt uns schon, dass $\exp(z_n) = 1 + r_1(z_n)$ ist. $|z_n|$ wird irgendwann kleiner als 1, und dann gilt

$$| \exp(z_n) - 1 | = |r_1(z_n)| \leq \frac{2|z_n|}{1!} = 2|z_n|.$$

$2 \cdot |z_n|$ konvergiert gegen 0 und so ist der Grenzwert von $\exp(z_n) = 1$. Ist jetzt $z \neq 0$, so lässt sich jede Folge die gegen z konvergiert in der Form $z + h_n$ schreiben, wobei h_n eine Nullfolge ist. Wegen $\exp(z + h_n) = \exp(z)\exp(h_n)$ folgt dann

$$\lim_{n \to \infty} \exp(z_n) = \lim_{n \to \infty} \exp(z) \cdot \exp(h_n) = \exp(z) \cdot \lim_{n \to \infty} \exp(h_n) = \exp(z) \cdot 1. \qquad \square$$

Wie wird e^x für reelle Exponenten im Computer berechnet? Nehmen wir zunächst $x > 0$ an. In Satz 13.25 haben wir gesehen, dass die Exponentialreihe $\sum_{n=0}^{\infty} \frac{x^n}{n!}$ für kleine x, zum Beispiel für $x < 1$, sehr schnell konvergiert, der Restfehler lässt sich nach Formel (14.4) abschätzen. Ist nun x groß, so suchen wir die größte natürliche Zahl $n \leq x$. Dann ist $x = n + h$ mit $h < 1$ und wir können berechnen:

$$e^x = e^{n+h} = e^n \cdot e^h.$$

Zur Berechnung von e^n kennen wir schon einen schnellen rekursiven Algorithmus (siehe (3.4) in Abschn. 3.3), und e^h können wir mit Hilfe der schnell konvergierenden Reihe bestimmen. Für negative Exponenten x berechnen wir einfach $1/e^{-x}$.

Wie sich die Exponentialfunktion für komplexe Exponenten verhält, sehen wir aus den nächsten Sätzen, die einen überraschenden Zusammenhang zu den trigonometrischen Funktionen Sinus und Cosinus offenbaren:

▶ **Satz 14.18: Eigenschaften der Exponentialfunktion** Sei $z = x + iy \in \mathbb{C}$, $x, y \in \mathbb{R}$. Dann gilt:

a) $e^z = e^x \cdot e^{iy}$.
b) $e^x > 0$.
c) $|e^{iy}| = 1$.
d) $|e^z| = e^x$.

Zum Beweis: a) folgt direkt aus (14.2).

Zu b): Ist $x > 0$, so ist $e^x = \sum_{n=0}^{\infty} \frac{x^n}{n!} > 0$. Für $x < 0$ folgt dann $e^x = 1/e^{-x} > 0$.

Für c) benötigen wir Satz 13.24b) und die Eigenschaften des komplexen Betrags aus Satz 5.16: Damit erhalten wir

$$|e^{iy}|^2 = e^{iy} \cdot \overline{e^{iy}} = e^{iy} \cdot e^{\overline{iy}} = e^{iy} \cdot e^{-iy} = e^{iy-iy} = e^0 = 1.$$

d) ergibt sich aus den ersten drei Eigenschaften:

$$|e^z| = |e^x e^{iy}| = |e^x| \cdot |e^{iy}| = e^x \cdot 1 = e^x. \qquad \square$$

Abb. 14.9 Bogenmaß 1

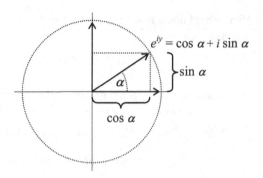

Die wichtigste Erkenntnis können wir im Moment aus der Eigenschaft c) ziehen: Ist y eine reelle Zahl, so hat e^{iy} immer den Betrag 1, liegt also auf dem Einheitskreis.

Blättern Sie kurz zur Einführung von Cosinus und Sinus nach Satz 7.2 zurück: Die Koordinaten eines Punktes (a, b) im Einheitskreis sind durch Sinus und Cosinus des Winkels zwischen (a, b) und der x-Achse gegeben. Andererseits sind diese Koordinaten gerade Realteil und Imaginärteil der komplexen Zahl $z = a + ib$. Siehe hierzu Abb. 14.9.

Damit haben wir einen Zusammenhang zwischen dem Exponenten y und dem Winkel α hergestellt. Zu jedem Exponenten gehört ein solcher Winkel. Sicher wissen Sie schon, dass Mathematiker so vornehm sind, Winkel nicht wie gewöhnliche Menschen von 0° bis 360° zu messen, sondern im sogenannten *Bogenmaß*. Dahinter steckt genau die Entdeckung, die wir soeben gemacht haben: Wir bezeichnen den Winkel, der zu dem Punkt e^{iy} gehört, einfach mit y (Abb. 14.10).

Noch wissen wir nicht, dass es zu jedem Winkel wirklich ein solches y gibt. Zum Winkel 0° gehört $y = 0$, denn $e^{i0} = 1 + i \cdot 0 = (1, 0)$. Wir werden sehen, dass mit zunehmendem Winkel auch der Wert von y kontinuierlich zunimmt. Mit Mitteln der Integralrechnung (in den Übungsaufgaben zum Kap. 16) können wir bald ausrechnen, dass die Länge des Kreisbogens von $(1, 0)$ bis zum Punkt $(\cos y, \sin y) = e^{iy}$ genau y ist. Daher kommt der Name Bogenmaß. Die Umrechnung zwischen Gradmaß und Bogenmaß ist genau so einfach wie die zwischen Euro und Dollar (aber sehr viel stabiler). Für al-

Abb. 14.10 Bogenmaß 2

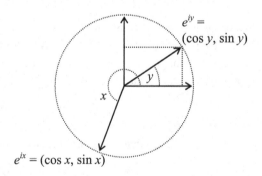

le Rechnungen mit den Funktionen Cosinus und Sinus hat sich das Bogenmaß als viel einfacher und praktischer erwiesen als das Gradmaß. Man könnte es als eine natürliche Winkelmessung bezeichnen. Also haben Sie keine Angst davor!

▶ **Definition und Satz 14.19: Die Funktionen Cosinus und Sinus** Sei $y \in \mathbb{R}$. Dann ist

$$\cos(y) := \mathrm{Re}(e^{iy}), \quad \sin(y) := \mathrm{Im}(e^{iy}).$$

Die Zahl y heißt *Winkel* zwischen x-Achse und der Richtung von e^{iy}. Die Funktionen Cosinus und Sinus sind stetige Funktionen mit Definitionsbereich $\mathbb{R}$.

Die Stetigkeit folgt aus Satz 14.7f). □

▶ **Satz 14.20** Für alle $y \in \mathbb{R}$ gilt $(\cos y)^2 + (\sin y)^2 = 1$.

Beweis: Nach Satz 14.18c) ist $|e^{iy}| = 1$ und damit $|e^{iy}|^2 = (\cos y)^2 + (\sin y)^2 = 1$. □

Sie können einwenden, dass das ein alter Hut ist, bewiesen haben wir es aber bisher nicht.

In Zukunft schreibe ich für $(\cos x)^2$ und $(\sin x)^2$ kurz $\cos^2 x$ beziehungsweise $\sin^2 x$.

▶ **Satz 14.21: Additionstheoreme für Cosinus und Sinus**

a) $\cos(x + y) = \cos x \cos y - \sin x \sin y$.
b) $\sin(x + y) = \sin x \cos y + \cos x \sin y$.

Beweis: Vergleichen Sie in der folgenden Berechnung die Real- und Imaginärteile:

$$\cos(x + y) + i \sin(x + y) = e^{i(x+y)} = e^{ix} e^{iy}$$
$$= (\cos x + i \sin x)(\cos y + i \sin y)$$
$$= (\cos x \cos y - \sin x \sin y) + i(\sin x \cos y + \cos x \sin y).$$
□

Erinnern Sie sich an die Drehungen im $\mathbb{R}^2$? Die wurden durch Drehmatrizen beschrieben. Hintereinanderausführung zweier Drehungen bedeutet die Multiplikation der beiden Drehmatrizen. Drehen wir erst um x und dann um y, dann erhalten wir die Drehung um $x + y$:

$$\begin{pmatrix} \cos(x + y) & -\sin(x + y) \\ \sin(x + y) & \cos(x + y) \end{pmatrix} = \begin{pmatrix} \cos y & -\sin y \\ \sin y & \cos y \end{pmatrix} \begin{pmatrix} \cos x & -\sin x \\ \sin x & \cos x \end{pmatrix}$$
$$= \begin{pmatrix} \cos y \cos x - \sin y \sin x & -\cos y \sin x - \sin y \cos x \\ \sin y \cos x + \cos y \sin x & -\sin y \sin x + \cos y \cos x \end{pmatrix}.$$

Vergleichen Sie die Einträge mit Satz 14.21: Ist das nicht eine wunderschöne mathematische Zauberei? Zwei völlig unterschiedliche Theorien liefern das gleiche Ergebnis.

Der folgende Satz ist wieder interessant, wenn es um konkrete Berechnungen des Cosinus und des Sinus geht. Lange Zeit konnte man die Werte nur in Tabellen nachschlagen, im Computerzeitalter berechnen wir die Werte mit Hilfe schnell konvergenter Reihen:

▶ **Satz 14.22: Die Reihenentwicklungen von Sinus und Cosinus** Es ist

$$\cos x = 1 - \frac{x^2}{2!} + \frac{x^4}{4!} - \frac{x^6}{6!} + \frac{x^8}{8!} - \cdots = \sum_{n=0}^{\infty} \frac{(-1)^n}{(2n)!} \cdot x^{2n},$$

$$\sin x = x - \frac{x^3}{3!} + \frac{x^5}{5!} - \frac{x^7}{7!} + \frac{x^9}{9!} - \cdots = \sum_{n=0}^{\infty} \frac{(-1)^n}{(2n+1)!} \cdot x^{2n+1}.$$

Denn nach Satz 13.18c) sind mit $\sum_{n=0}^{\infty} \frac{(ix)^n}{n!} = e^{ix}$ auch die Reihen $\sum_{n=0}^{\infty} \mathrm{Re}(\frac{(ix)^n}{n!}) = \mathrm{Re}(e^{ix})$ und $\sum_{n=0}^{\infty} \mathrm{Im}(\frac{(ix)^n}{n!}) = \mathrm{Im}(e^{ix})$ konvergent und es gilt:

$$
\begin{aligned}
e^{ix} =\ & \mathrm{Re}(e^{ix}) + i\,\mathrm{Im}(e^{ix}) \\
 & \overset{-1x^2}{} \quad \overset{-ix^3}{} \quad \overset{1x^4}{} \quad \overset{ix^5}{} \quad \overset{-1x^6}{} \quad \overset{-ix^7}{} \\
=\ & 1 + \frac{ix}{1!} + \frac{\overbrace{i^2x^2}}{2!} + \frac{\overbrace{i^3x^3}}{3!} + \frac{\overbrace{i^4x^4}}{4!} + \frac{\overbrace{i^5x^5}}{5!} + \frac{\overbrace{i^6x^6}}{6!} + \frac{\overbrace{i^7x^7}}{7!} + \cdots \\
\mathrm{Re}(e^{ix}) =\ & 1 \qquad\quad\ - \frac{x^2}{2!} \qquad\quad + \frac{x^4}{4!} \qquad\quad - \frac{x^6}{6!} \qquad\quad + \cdots \\
\mathrm{Im}(e^{ix}) =\ & \quad \frac{x}{1!} \qquad\quad - \frac{x^3}{3!} \qquad\quad + \frac{x^5}{5!} \qquad\quad - \frac{x^7}{7!} + \cdots \qquad \square
\end{aligned}
$$

14.3 Eigenschaften stetiger Funktionen

Sätze über stetige Funktionen

Die Frage nach Nullstellen von Funktionen tritt in allen technischen und wirtschaftlichen Anwendungen der Mathematik immer wieder auf, und so ist die effiziente Berechnung der Nullstellen von Funktionen eines der Standardprobleme der numerischen Mathematik. Der folgende wichtige Satz liefert uns ein erstes Verfahren zur Berechnung von Nullstellen stetiger Funktionen.

▶ **Satz 14.23: Der Nullstellensatz** Es sei $f : [a, b] \to \mathbb{R}$ stetig, $f(a)$ und $f(b)$ sollen verschiedenes Vorzeichen haben. Dann gibt es ein x aus $[a, b]$ mit $f(x) = 0$.

Mit der Vorstellung, dass sich stetige Funktionen ohne Abzusetzen zeichnen lassen, ist dieser Satz anschaulich klar: Ist f bei a kleiner als 0, so muss der Graph auf dem Weg nach b irgendwann die x-Achse überqueren, ob er will oder nicht. Natürlich dürfen

Abb. 14.11 Der Nullstellensatz

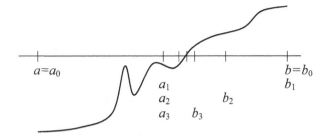

wir uns nicht auf die Anschauung verlassen. Wir führen einen Beweis durch, der uns gleichzeitig ein konstruktives Berechnungsverfahren liefert, die *Intervallschachtelung*, die auch *Bisektion* genannt wird. Gehen wir dabei davon aus, dass $f(a) < 0$ und $f(b) > 0$ ist. Falls $f(a) > 0$ und $f(b) < 0$ gilt, müssen wir in dem Algorithmus lediglich im Punkt a) die Ungleichheitszeichen vertauschen.

Wir konstruieren induktiv eine Folge $[a_n, b_n]$ von Intervallen mit den Eigenschaften

a) $f(a_n) \leq 0$, $f(b_n) \geq 0$,

b) $a \leq a_{n-1} \leq a_n < b_n \leq b_{n-1} \leq b$, das heißt $[a_n, b_n] \subset [a_{n-1}, b_{n-1}]$ für $n > 0$,

c) $b_n - a_n = \frac{1}{2^n}(b - a)$.

Wir beginnen mit $a_0 = a$, $b_0 = b$ (Abb. 14.11). Ist die Folge von Intervallen bis zum Index n konstruiert, so halbieren wir das Intervall und schauen nach, in welcher Hälfte die Nullstelle liegt.

Sei $c = \dfrac{a_n + b_n}{2}$. Falls $f(c) < 0$ ist, so setzen wir $a_{n+1} = c$, $b_{n+1} = b_n$, sonst $a_{n+1} = a_n$ und $b_{n+1} = c$.

c liegt zwischen a_n und b_n und $b_{n+1} - a_{n+1} = \dfrac{1}{2}(b_n - a_n) = \dfrac{1}{2}\dfrac{1}{2^n}(b - a)$, also sind a), b) und c) erfüllt. Nach b) ist a_n monoton wachsend und beschränkt, b_n monoton fallend und beschränkt. Beide Folgen sind daher konvergent.

Weil $\lim\limits_{n\to\infty}(b_n - a_n) = \lim\limits_{n\to\infty} 1/2^n \cdot (b - a) = 0$ ist, folgt $\lim\limits_{n\to\infty} a_n = \lim\limits_{n\to\infty} b_n =: x$. Dieser gemeinsame Grenzwert x ist eine Nullstelle der Funktion. Denn da f stetig ist, gilt $\lim\limits_{n\to\infty} f(a_n) = \lim\limits_{n\to\infty} f(b_n) = f(x)$. Weiter ist für alle $n \in \mathbb{N}$ $f(a_n) \leq 0$, 0 ist also eine obere Schranke für die Folge und damit muss auch $\lim\limits_{n\to\infty} f(a_n) \leq 0$ sein. Ebenso folgt $\lim\limits_{n\to\infty} f(b_n) \geq 0$. Das geht nur, wenn $f(x) = 0$ ist. $\qquad\square$

Die Intervallschachtelung lässt sich implementieren um numerisch Nullstellen von Funktionen zu suchen: Hat man zwei Stellen a, b gefunden, deren Funktionswerte verschiedenes Vorzeichen haben, so kann man in n Schritten eine Nullstelle mit einem Restfehler von $|b - a|/2^n$ lokalisieren. Diese Methode funktioniert immer. Es gibt zwar schnellere

Verfahren, die wir auch noch kennenlernen werden, diese können jedoch manchmal schief gehen.

Vorsicht: Auch wenn eine „Nullstelle" x_0 gefunden ist, die nur um einen Wert ε von der echten Nullstelle x abweicht, so kann man keine Aussage darüber machen, wie weit der Funktionswert $f(x_0)$ von 0 abweicht: Wenn die Funktion an der Stelle sehr steil ist, kann $f(x_0)$ weit von 0 entfernt sein. Man muss also mehr über die Funktion wissen, um die Qualität der gefundenen Nullstelle einschätzen zu können.

Der Nullstellensatz hat eine ganze Reihe interessanter Konsequenzen. Bei der Berechnung von Eigenwerten von Matrizen in Kap. 9 haben wir schon die folgende Aussage verwendet:

▶   **Satz 14.24** Jedes reelle Polynom ungeraden Grades hat mindestens eine Nullstelle.

Das Vorzeichen des Polynoms $a_n x^n + a_{n-1} x^{n-1} + \cdots + a_1 x + a_0$ wird für große Werte von $|x|$ alleine durch den ersten Term bestimmt, da dieser am stärksten wächst. Ist n ungerade, dann ist für $x < 0$ auch $x^n < 0$ und für $x > 0$ $x^n > 0$. Man findet also jedenfalls zwei Werte für x, so dass die Funktionswerte verschiedene Vorzeichen haben und damit ist der Nullstellensatz anwendbar.   □

Eine weitere unmittelbare Folgerung aus dem Nullstellensatz ist der Zwischenwertsatz:

▶   **Satz 14.25: Der Zwischenwertsatz** Es sei $f: [a, b] \to \mathbb{R}$ stetig, $x, y \in [a, b]$ mit $f(x) = m$ und $f(y) = M$ und $m \leq M$. Dann gibt es zu jedem $d \in [m, M]$ ein c zwischen x und y mit $f(c) = d$.

Etwas weniger kryptisch ausgedrückt heißt dies: Jede Zahl, die zwischen zwei Funktionswerten m und M einer stetigen Funktion liegt, hat ein Urbild. Das Bild weist keine Löcher zwischen m und M auf (Abb. 14.12).

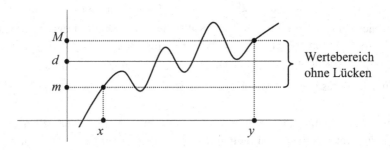

Abb. 14.12 Der Zwischenwertsatz

Abb. 14.13 Der Bildbereich
einer Funktion

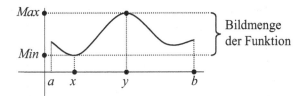

Auch wenn es nach mehr aussieht: der Zwischenwertsatz ist nur eine Umformulierung des Nullstellensatzes: Wenden Sie den Nullstellensatz auf die Funktion $g(x) := f(x) - d$ an. Eine Nullstelle von g ist dann eine „d"-Stelle von f. □

Man kann den Bildbereich einer solchen reellen Funktion sogar noch genauer beschreiben: Das Bild ist ein abgeschlossenes Intervall, die Funktionswerte besitzen Minimum und Maximum. Der Beweis dazu ist sehr viel aufwendiger, ich möchte ihn nicht ausführen (Abb. 14.13).

▶ **Satz 14.26** Es sei $f : [a,b] \to \mathbb{R}$ eine stetige Funktion. Dann ist die Bildmenge $f([a,b])$ von f beschränkt und besitzt Minimum und Maximum, das heißt, es gibt $x, y \in [a,b]$ so dass $f(x) = \text{Min } f([a,b])$ und $f(y) = \text{Max } f([a,b])$.

Ein letztes wichtiges Ergebnis möchte ich an die Reihe der Sätze über stetige Funktionen noch anschließen, auch diesen ohne Beweis:

▶ **Satz 14.27** Es sei I ein Intervall und $f : I \to M$ eine bijektive stetige reelle Funktion. Dann ist auch die Umkehrabbildung $f^{-1} : M \to I$ stetig.

Das Intervall I kann in diesem Satz offen, abgeschlossen oder halboffen sein, auch ∞ ist als Intervallgrenze zugelassen.

In all den Sätzen 14.23 bis 14.27 sind die Anforderungen, die an den Definitionsbereich gestellt werden, ganz wesentlich. Schauen wir uns als ein Beispiel die Funktion $f : \mathbb{R} \setminus \{0\} \to \mathbb{R}, x \mapsto 1/x$ an (Abb. 14.14): Es ist $f(-1) = -1$, $f(1) = 1$, sie besitzt

Abb. 14.14 Die Funktion
$x \mapsto 1/x$

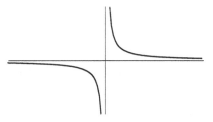

aber keine Nullstelle und zwischen $f(-1)$ und $f(1)$ wird auch nicht jeder Wert angenommen. Wenn wir die Einschränkung $f\colon]0,1[\to \mathbb{R}$, $x \mapsto 1/x$ untersuchen, dann sehen wir, dass die Bildmenge kein Maximum und kein Minimum hat: $f(]0,1[) =]1,\infty[$.

Wir können nun die elementaren Funktionen, die wir in Abschn. 14.2 kennengelernt haben, weiter untersuchen.

In Beispiel 4 nach Definition 14.12 habe ich bei der Einführung der Wurzel schon verwendet, dass die Potenzierung $f\colon \mathbb{R}_0^+ \to \mathbb{R}_0^+$, $x \mapsto x^n$ surjektiv ist. Jetzt prüfen wir das mit Hilfe des Zwischenwertsatzes nach. Zu $y \in \mathbb{R}_0^+$ müssen wir also ein x mit $x^n = y$ finden. Da im Zwischenwertsatz von einem abgeschlossenen Intervall ausgegangen wird, basteln wir erst etwas an der Funktion f herum: Wir suchen ein $b \in \mathbb{R}_0^+$, so dass $f(b) = b^n > y$ ist. Das gibt es immer: Ist $y < 1$, dann wählen wir $b = 1$, und für $y \geq 1$ nehmen wir $b := y^n$, denn dann ist $y^n \geq y$. Jetzt wenden wir den Zwischenwertsatz auf die Funktion $\tilde{f}\colon [0,b] \to \mathbb{R}_0^+$, $x \mapsto x^n$ an: Jede Zahl zwischen 0^n und b^n hat ein Urbild, insbesondere gibt es also ein x mit $x^n = y$. $f\colon \mathbb{R}_0^+ \to \mathbb{R}_0^+$, $x \mapsto x^n$ ist damit also eine bijektive Funktion.

Nach Satz 14.27 ist die Umkehrfunktion zur Potenzfunktion ebenfalls stetig:

▶ **Satz 14.28** Die Wurzelfunktion $\sqrt[n]{\ }\colon \mathbb{R}_0^+ \to \mathbb{R}_0^+$, $x \mapsto \sqrt[n]{x}$ ist bijektiv und stetig.

Logarithmus und allgemeine Exponentialfunktion

In den Übungsaufgaben zu diesem Kapitel können Sie nachrechnen, dass die reelle Exponentialfunktion

$$\exp\colon \mathbb{R} \to \mathbb{R}^+, \quad x \mapsto \sum_{n=0}^{\infty} \frac{x^n}{n!}$$

eine injektive Funktion ist (dies gilt nicht für die komplexe Exponentialfunktion!). Das gleiche Argument wie bei der Potenzfunktion zeigt uns, dass exp auch surjektiv ist. Damit muss es eine stetige Umkehrfunktion geben (Abb. 14.15).

Abb. 14.15 Der Logarithmus

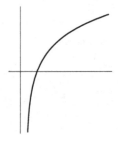

▶ **Satz und Definition 14.29: Natürlicher Logarithmus** Die Umkehrfunktion der Exponentialfunktion exp heißt *natürlicher Logarithmus* und wird mit $\log_e$ oder ln bezeichnet:

$$\ln\colon \mathbb{R}^+ \to \mathbb{R}, \quad x \mapsto \ln x.$$

Dabei ist $e^{\ln x} = x$ und $\ln e^y = y$. Der natürliche Logarithmus ist stetig und es gilt:

a) $\ln(a \cdot b) = \ln a + \ln b$
b) $\ln(a^p) = p \cdot \ln a$ für alle $p \in \mathbb{Q}$.

Die Rechenregeln a) und b) lassen sich auf die entsprechenden Regeln der Exponentialfunktion zurückführen: Ist $a = e^x, b = e^y$, so erhalten wir:

$$\ln(a \cdot b) = \ln(e^x \cdot e^y) = \ln(e^{x+y}) = x + y = \ln a + \ln b,$$

und weiter folgt aus

$$a^p = (e^{\ln a})^p = e^{p \cdot \ln a} \tag{14.5}$$

durch Anwenden des Logarithmus auf beiden Seiten die Regel b). (Beachten Sie, dass in (14.5) die Beziehung (14.3) verwendet worden ist!) □

Hinter der Regel a) steckt das Rechenschieberprinzip: Die Multiplikation zweier Zahlen lässt sich zurückführen auf die Addition der Logarithmen. Trägt man an einem Lineal Zahlen nicht in einer linearen Skala auf, sondern Logarithmen von Zahlen, so erhält man durch aneinander Setzen der Strecken, die $\ln a$ und $\ln b$ entsprechen, die Strecke $\ln a \cdot b$, man kann also das Produkt von a und b ablesen.

Erinnern Sie sich daran, dass wir für $a \in \mathbb{R}^+$ und für nicht rationale Exponenten x noch nicht sagen konnten, was a^x ist? Die Gleichung (14.5) gibt uns jetzt eine Möglichkeit, die Potenzierung sinnvoll von $\mathbb{Q}$ auf $\mathbb{R}$ zu erweitern:

▶ **Satz und Definition 14.30: Die allgemeine Exponentialfunktion** Sei $a \in \mathbb{R}^+$. Dann heißt die Funktion

$$f_a\colon \mathbb{R} \to \mathbb{R}^+, \quad x \mapsto e^{x \cdot \ln a} =: a^x.$$

Exponentialfunktion zur Basis a. Sie ist bijektiv und stetig und es gilt:

$$a^{x+y} = a^x a^y. \tag{14.6}$$

f_a ist die Hintereinanderausführung der beiden bijektiven und stetigen Funktionen

$$g: \mathbb{R} \to \mathbb{R}, \ x \mapsto x \cdot \ln a, \quad h: \mathbb{R} \to \mathbb{R}^+, \ x \mapsto e^x,$$

und damit selbst auch bijektiv und stetig. Auf den rationalen Zahlen stimmt f_a nach (14.5) mit unserer bisherigen Festsetzung $a^{\frac{m}{n}} = \sqrt[n]{a^m}$ überein. (14.6) folgt aus der entsprechenden Regel für die Exponentialfunktion zu Basis e:

$$a^{x+y} = e^{(x+y)\ln a} = e^{x \ln a} \cdot e^{y \ln a} = a^x \cdot a^y. \qquad \square$$

Die Exponentialfunktion ist die einzige stetige Funktion, welche die Eigenschaft (14.6) besitzt:

▶   **Satz 14.31** Sei $f: \mathbb{R} \to \mathbb{R}$ eine stetige Funktion, in der für alle $x, y \in \mathbb{R}$ gilt: $f(x + y) = f(x)f(y)$. Dann ist $f(x) = a^x$ für $a := f(1)$.

Genau wie in Satz 14.15 kann man zunächst ausrechnen, dass für alle rationalen Zahlen $q \in \mathbb{Q}$ gilt: $f(q) = a^q$. Sei jetzt r irgendeine reelle Zahl. Dann gibt es eine Folge rationaler Zahlen $(q_n)_{n \in \mathbb{N}}$, die gegen r konvergiert. Zum Beispiel kann man hierfür die Folge der b-adischen Brüche verwenden, die gegen r konvergiert (siehe Satz 13.28b). Da sowohl $f(x)$ als auch a^x stetige Funktionen sind, gilt dann:

$$f(r) = f(\lim_{n \to \infty} q_n) = \lim_{n \to \infty} f(q_n) = \lim_{n \to \infty} a^{q_n} = a^{\lim_{n \to \infty} q_n} = a^r. \qquad \square$$

Die Funktion a^x besitzt eine stetige Umkehrfunktion:

▶   **Definition 14.32: Logarithmus zur Basis a** Die Umkehrfunktion zur Exponentialfunktion $x \mapsto a^x$, $a > 0$ heißt *Logarithmus* zur Basis a:

$$\log_a : \mathbb{R}^+ \to \mathbb{R}, \quad x \mapsto \log_a x.$$

Es ist also $a^{\log_a x} = x$, $\log_a(a^y) = y$ und

$$\log_a(x \cdot y) = \log_a(x) + \log_a(y), \quad \log_a(x^y) = y \cdot \log_a(x). \qquad (14.7)$$

(14.7) kann genau wie beim natürlichen Logarithmus auf (14.6) zurückgeführt werden. Wie Sie wissen, ist für die Informatiker der Logarithmus zur Basis 2 besonders wichtig.

Sind $a, b \in \mathbb{R}^+$ so gilt $\log_b x = \log_b(a^{\log_a x}) = \log_a x \cdot \log_b a$. Die Logarithmen zu verschiedenen Basen a und b unterscheiden sich also nur um den konstanten Faktor $\log_b a$. Insbesondere erhalten wir daraus für die Ordnungen der Logarithmen:

$$O(\log_a n) = O(\log_b n) \quad \text{für alle } a, b > 0.$$

Die trigonometrischen Funktionen

In Definition 14.19 haben wir die stetigen Funktionen Cosinus und Sinus als Realteil beziehungsweise Imaginärteil der Funktion e^{ix} definiert:

$$\cos(x) := \operatorname{Re}(e^{ix}), \quad \sin(x) := \operatorname{Im}(e^{ix}).$$

Daraus ergaben sich die Reihenentwicklungen

$$\cos x = 1 - \frac{x^2}{2!} + \frac{x^4}{4!} - \frac{x^6}{6!} + \frac{x^8}{8!} - \cdots, \quad \sin x = x - \frac{x^3}{3!} + \frac{x^5}{5!} - \frac{x^7}{7!} + \frac{x^9}{9!} - \cdots.$$

Durch Einsetzen erhalten wir $\cos 0 = 1$. Aus der Reihenentwicklung sehen wir schnell, dass $\cos 2 < 0$ ist (mit Hilfe einer Restfehlerabschätzung können wir das auch beweisen). Der Nullstellensatz sagt nun, dass es mindestens eine Nullstelle zwischen 0 und 2 gibt. Mit etwas größerem Aufwand kann man aus der Reihenentwicklung erkennen, dass der Cosinus in dem Bereich zwischen 0 und 2 streng monoton fallend ist. Die Nullstelle zwischen 0 und 2 ist daher eindeutig und kann zum Beispiel mit Hilfe einer Intervallschachtelung beliebig genau berechnet werden. Die ersten Dezimalstellen der Nullstelle lauten 1.570796327.

▶ **Definition 14.33** Die Zahl $\pi = 3.141592654\ldots$ wird definiert als das Doppelte der ersten positiven Nullstelle des Cosinus.

Sie kennen π zum Beispiel aus den Formeln $r^2\pi$ für die Fläche und $2r\pi$ für den Umfang eines Kreises. Natürlich ist unser π aus Definition 14.33 genau die gleiche Zahl. Um dies nachzuprüfen, müssen wir aber noch etwas Geduld haben. Wie die Euler'sche Zahl e ist π eine unendliche nicht periodische Dezimalzahl, also insbesondere irrational.

Wegen $\cos(\pi/2) = 0$ und $\cos^2 x + \sin^2 x = 1$ gilt $\sin(\pi/2) = +1$ oder -1. Aus der Reihenentwicklung des Sinus erkennt man, dass nur $+1$ in Frage kommt. Damit erhalten wir:

$$e^{i(\pi/2)} = \cos(\pi/2) + i \sin(\pi/2) = i$$

und

$$e^{i\pi} = e^{i(\pi/2) + i(\pi/2)} = e^{i(\pi/2)} \cdot e^{i(\pi/2)} = i^2 = -1,$$

also $\cos \pi = -1$ und $\sin \pi = 0$. Die gleiche Argumentation ergibt $e^{i2\pi} = e^{i\pi} \cdot e^{i\pi} = 1 = e^0$. Daraus erhalten wir für alle $x \in \mathbb{R}$:

$$e^{i(x+2\pi)} = e^{ix} \cdot e^{i2\pi} = e^{ix}.$$

Die Funktionen e^{ix}, $\cos x$, $\sin x$ sind also periodisch mit einer Periode von 2π.

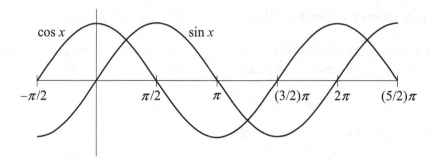

Abb. 14.16 Cosinus und Sinus

Mit ähnlichen Überlegungen lassen sich eine ganze Reihe weiterer Rechenregeln und Beziehungen zwischen Cosinus und Sinus herleiten. Die Formelsammlungen sind voll davon. Nur noch ein Beispiel:

$$\cos(x + \pi/2) + i \sin(x + \pi/2) = e^{i(x+\pi/2)} = e^{ix} e^{i(\pi/2)} = i e^{ix}$$

$$i e^{ix} = i (\cos x + i \sin x) = -\sin x + i \cos x,$$

und der Vergleich zwischen Realteil und Imaginärteil ergibt

$$\sin x = -\cos(\pi/2 + x), \quad \cos x = \sin(\pi/2 + x).$$

Sie sehen daran, dass Cosinus und Sinus ganz ähnlich sind, sie sind nur etwas gegeneinander verschoben. Nun können wir endlich die Graphen der Funktionen aufzeichnen, siehe Abb. 14.16.

Sinus und Cosinus sind nicht injektiv und können daher auch nicht global umgekehrt werden. Wenn man Einschränkungen auf Intervalle anschaut, ist jedoch die Bijektivität gegeben (Abb. 14.17).

▶ **Satz und Definition 14.34** $\cos\colon [0, \pi] \to [-1, 1]$ und $\sin\colon [-\pi/2, \pi/2] \to [-1, 1]$ sind bijektiv und stetig. Die stetigen Umkehrfunktionen heißen *Arcuscosinus* und *Arcussinus*:

$$\arccos\colon [-1, 1] \to [0, \pi], \quad \arcsin\colon [-1, 1] \to [-\pi/2, \pi/2].$$

Abb. 14.17 Arcuscosinus und Arcussinus

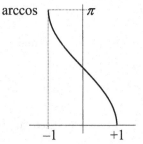

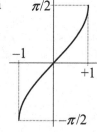

Weitere wichtige trigonometrische Funktionen, auf die ich nicht näher eingehen möchte, sind

$$\tan x = \frac{\sin x}{\cos x}, \quad \cot x = \frac{\cos x}{\sin x},$$

deren Definitionsbereich Lücken an den Nullstellen von Cosinus beziehungsweise Sinus aufweist. Hierzu gehören die Umkehrfunktionen arctan und arccot.

Numerische Berechnung trigonometrischer Funktionen

Die Reihenentwicklung von Sinus und Cosinus kann verwendet werden um sehr effizient die Funktionswerte anzunähern. Wie weit muss man addieren? Aus Satz 13.25 wissen wir, dass für den Restfehler der Exponentialfunktion gilt:

$$\exp(ix) = \sum_{k=0}^{n} \frac{(ix)^k}{k!} + r_{n+1}(ix), \quad |r_{n+1}(ix)| \le \frac{2|ix|^{n+1}}{(n+1)!}, \quad \text{falls } |ix| \le 1 + \frac{n}{2}.$$

Ist der Betrag des Fehlers kleiner als ε, dann natürlich auch der Betrag von Realteil und Imaginärteil des Fehlers, die Abschätzung lässt sich also auch für die Berechnung von Sinus und Cosinus verwenden. Nun können wir uns auf Argumente $x \in \,]{-}\pi/2, \pi/2[$ beschränken, denn wegen $\sin(\pi/2 + x) = \sin(\pi/2 - x)$ können wir die Argumente von $\pi/2$ bis $3/2 \cdot \pi$ auf diesen Bereich zurückführen und damit haben wir eine ganze Periode der Länge 2π getroffen. Für die $|x| \le \pi/2$ gilt:

$$r_{n+1}(ix) \le \frac{2(\pi/2)^{n+1}}{(n+1)!}.$$

Addieren wir die ersten 17 Reihenglieder, so ergibt sich ein Fehler kleiner als $1.06 \cdot 10^{-12}$, eine in den meisten Fällen ausreichende Genauigkeit. Das Polynom

$$\sin(x) \approx x - \frac{x^3}{3!} + \frac{x^5}{5!} - \frac{x^7}{7!} + \cdots - \frac{x^{15}}{15!} + \frac{x^{17}}{17!}$$

kann mit dem Horner-Schema ausgewertet werden. Die Koeffizienten werden in einer Tabelle gespeichert, es bleiben 16 Multiplikationen durchzuführen.

Bogenmaß und Polarkoordinaten

Schauen Sie sich bitte noch einmal die Abb. 14.10 nach Satz 14.18 an. Wir wollen untersuchen wie sich bei einer Änderung von y der Punkt $e^{iy} = (\cos y, \sin z)$ auf dem

Einheitskreis bewegt: Beginnend bei 0 nimmt $\cos y$ zunächst ab und $\sin y$ zu; der Punkt wandert auf dem Einheitskreis nach oben. An der Stelle $\pi/2$ ist Cosinus gleich 0 und Sinus gleich 1, dies entspricht dem Winkel $90°$. Dann wird Sinus wieder kleiner und Cosinus negativ, e^{iy} wandert auf dem Kreis weiter links herum. Der Wert $y = \pi$ entspricht $180°$ und bei $y = 2\pi$ ist der Kreis schließlich wieder geschlossen: $e^{i2\pi} = (1,0)$. Der Zwischenwertsatz garantiert uns, dass zu jedem Punkt w auf dem Einheitskreis auch wirklich ein Wert $y \in [0, 2\pi[$ mit $w = (\cos y, \sin y)$ existiert. Dieser Wert ist eindeutig, es ist der Bogenmaß-Winkel zwischen w und der x-Achse.

Mit diesem Wissen kann man nun jede komplexe Zahl ungleich 0 (das heißt auch jedes von 0 verschiedene Element des $\mathbb{R}^2$) durch *Polarkoordinaten* identifizieren: Sei $z \in \mathbb{C}$, $z \neq 0$ und $r := \|z\|$. Dann hat z/r die Länge 1, ist also ein Punkt auf dem Einheitskreis und es gibt genau einen Winkel $\varphi \in [0, 2\pi[$ mit $e^{i\varphi} = z/r$, also mit $z = r \cdot e^{i\varphi}$, wobei r und φ eindeutig bestimmt sind:

> ▶ **Satz und Definition 14.35** Jede komplexe Zahl $z \neq 0$ hat eine eindeutige Darstellung $z = r \cdot e^{i\varphi}$ mit $r \in \mathbb{R}^+$, $\varphi \in [0, 2\pi[$.

Zu jedem Vektor $(x, y) \in \mathbb{R}^2 \setminus \{(0,0)\}$ gibt es eindeutig bestimmte Zahlen $r \in \mathbb{R}^+$ und $\varphi \in [0, 2\pi[$ mit $(x, y) = (r \cdot \cos \varphi, r \cdot \sin \varphi)$.

(r, φ) heißen *Polarkoordinaten* von z beziehungsweise von (x, y). r ist der Abstand des Elementes vom Ursprung, φ der Winkel zwischen dem Element und der x-Achse.

Die Darstellung komplexer Zahlen durch Polarkoordinaten erlaubt eine einfache geometrische Interpretation der Multiplikation zweier komplexer Zahlen: Seien $z_1, z_2 \in \mathbb{C}$. Dann ist

$$z_1 \cdot z_2 = r_1 \cdot e^{i\varphi_1} \cdot r_2 \cdot e^{i\varphi_2} = r_1 r_2 \cdot e^{i(\varphi_1 + \varphi_2)}.$$

Das heißt, dass sich die Beträge der beiden komplexen Zahlen multiplizieren und die Winkel, die sie mit der x-Achse bilden, addieren, siehe Abb. 14.18.

Abb. 14.18 Polarkoordinaten

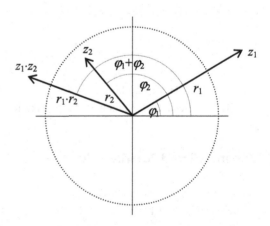

14.4 Verständnisfragen und Übungsaufgaben

Verständnisfragen

1. Was bedeutet die Stetigkeit der Funktion f im Punkt x?

2. Warum ist es oft leichter zu zeigen, dass eine Funktion in einem Punkt unstetig ist, als dass sie dort stetig ist?

3. Auch auf $\mathbb{Z}/p\mathbb{Z}$ gibt es Funktionen. Warum hat für solche Funktionen der Begriff der Stetigkeit keinen Sinn?

4. Sei $f : [a, b] \to \mathbb{R}$ eine stetige Abbildung. Gibt es ein $x_0 \in [a, b]$ mit der Eigenschaft $f(x_0) = \frac{f(a)+f(b)}{2}$?

5. Im Nullstellensatz ist als Definitionsbereich der stetigen Funktion f ein Intervall erforderlich. Warum? Skizzieren Sie eine stetige Funktion ohne diese Voraussetzung, in welcher der Nullstellensatz nicht gilt.

6. Wie berechnet der Taschenrechner cos und sin?

7. sin und cos sind surjektive Funktionen von $\mathbb{R}$ nach $[-1, +1]$. Warum hat die Umkehrfunktion nicht den Bildbereich $\mathbb{R}$?

8. Hat jeder Punkt im $\mathbb{R}^2$ eine eindeutige Darstellung in Polarkoordinaten? ◄

Übungsaufgaben

1. Seien M und N Intervalle in $\mathbb{R}$. Skizzieren Sie Graphen von Funktionen von $M \to N$ mit den Eigenschaften:
   a) f ist surjektiv, aber nicht injektiv.
   b) f ist injektiv, aber nicht surjektiv.
   c) f ist bijektiv.
   d) f ist nicht injektiv und nicht surjektiv.
   e) f ist streng monoton wachsend.
   f) f ist monoton wachsend aber nicht streng monoton wachsend.

2. Untersuchen Sie, in welchen der Punkte a, b, c, d, e, f die in Abb. 14.19 skizzierte Funktion stetig ist.

3. Ist die Funktion $f : \mathbb{R} \setminus \{0\} \to \mathbb{R}, x \mapsto 2 - |x|/x$ stetig auf die Stelle 0 fortsetzbar?

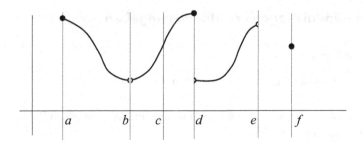

Abb. 14.19 Übungsaufgabe 2

4. Zeigen Sie, dass die Funktion $f : \mathbb{R} \setminus \{1\} \to \mathbb{R}$, $x \mapsto (2x^4 - 6x^3 + x^2 + 3)/(x - 1)$ an der Stelle $x = 1$ stetig fortgesetzt werden kann.

5. Zeigen Sie: Für $q \in \mathbb{Q}$ und $x \in \mathbb{R}$ ist $\exp(xq) = \exp(x)^q$. Verwenden Sie die Idee des Beweises von Satz 14.15.

6. Zeigen Sie, dass die reelle Exponentialfunktion $\exp : \mathbb{R} \to \mathbb{R}$, $x \mapsto \sum_{n=0}^{\infty} \frac{x^n}{n!}$ injektiv ist. Hinweis: Zeigen Sie zunächst, dass für $x \neq 0$ gilt: $\exp(x) \neq \exp(0) = 1$ ist.

7. Berechnen Sie die Zahl π mit Hilfe der Intervallschachtelung auf 8 Stellen genau.

8. Berechnen Sie $\lim_{x \to 0} \frac{\sin x}{x}$ und $\lim_{x \to 0}(x \cdot \cos x)$. Verwenden Sie für den ersten Limes die Reihenentwicklung von $\sin x$, für den 2. Limes die Tatsache, dass $|\cos x| \leq 1$ für alle x gilt.

9. Ein berühmter Satz der Zahlentheorie besagt, dass für große n die Anzahl der Primzahlen im Intervall $[1, n]$ etwa $n / \ln(n)$ beträgt. Wie groß ist der Anteil der Primzahlen an allen natürlichen Zahlen der Länge 512 Bit? Dabei soll das erste Bit gleich 1 sein.

   Diese Primzahlen braucht man zur Erzeugung von Schlüsseln im RSA-Algorithmus.

10. Was sagen Sie zu dem folgenden Beweis: $\frac{1}{-1} = \frac{-1}{1} \Rightarrow \frac{\sqrt{1}}{\sqrt{-1}} = \frac{\sqrt{-1}}{\sqrt{1}} \Rightarrow \frac{1}{i} = \frac{i}{1} \Rightarrow 1 = i^2$, im Widerspruch zu $i^2 = -1$? ◄

Differenzialrechnung 15

Zusammenfassung

Ein langes Kapitel liegt vor Ihnen. Wenn Sie es geschafft haben

- kennen Sie die Definition der Ableitung für Funktionen einer oder mehrerer Veränderlicher,
- können Sie Regeln für die Berechnung von Ableitungen anwenden,
- haben Sie die Ableitungen vieler elementarer Funktionen ausgerechnet,
- können Sie Extremwerte und Wendepunkte reeller Funktionen bestimmen,
- kennen Sie Potenzreihen und den Konvergenzradius von Potenzreihen,
- können Sie Taylorpolynome und Taylorreihen für differenzierbare Funktionen berechnen und Approximationsfehler abschätzen,
- haben Sie Grundlagen der Differenzialrechnung von Funktionen mehrerer Veränderlicher kennengelernt.

15.1 Differenzierbare Funktionen

Will man in einer Zeichnung eine Reihe von Punkten durch eine Linie verbinden, so möchte man gerne eine „schöne" Kurve durch die Punkte haben. Es gibt sicher verschiedene Anschauungen darüber, was schön heißt. Der Graphikeditor, mit dem ich die meisten Bilder dieses Buches gezeichnet habe, verbindet jedenfalls 5 vorgegebene Punkte nicht mit geraden Linienstücken, sondern so wie in der rechten Hälfte von Abb. 15.1 gezeigt. Beide Bilder stellen Graphen stetiger Funktionen dar, die rechte Kurve ist aber nicht nur stetig, sie hat auch keine Ecken, sie ist glatt.

Die Differenzialrechnung gibt uns die mathematischen Mittel in die Hand, um solche glatten Kurven zu beschreiben und darzustellen. Sie untersucht, ob Funktionen Ecken

© Springer Fachmedien Wiesbaden GmbH, ein Teil von Springer Nature 2019   375
P. Hartmann, *Mathematik für Informatiker*, https://doi.org/10.1007/978-3-658-26524-3_15

Abb. 15.1 Ecken in Funktionen

haben, wie stark sie ansteigen oder gekrümmt sind, auch Extremwerte und Änderungen im Krümmungsverhalten lassen sich damit analysieren.

Mit wenigen Ausnahmen werden wir in diesem Kapitel mit reellen Funktionen arbeiten. Gelegentlich werden wir aber auch komplexwertige Funktionen untersuchen, insbesondere die Funktion e^{ix}, die wir im letzten Kapitel kennengelernt haben. Auch für diese gelten die folgenden Sätze und deshalb werde ich sie so formulieren.

Sei also $D \subset \mathbb{R}$, $K = \mathbb{R}$ oder $\mathbb{C}$, $x_0 \in D$ und sei $f: D \to K$ eine Funktion. Wir untersuchen die Abbildung in den *Differenzenquotienten*

$$D \setminus \{x_0\} \to K, \quad x \mapsto \frac{f(x) - f(x_0)}{x - x_0}.$$

In $\mathbb{R}$ hat diese Funktion eine einfache Interpretation: $\frac{f(x)-f(x_0)}{x-x_0}$ gibt die Steigung der Geraden durch die Punkte $(x, f(x))$ und $(x_0, f(x_0))$ an: Ist der Quotient 0, so ist die Gerade waagrecht, je größer er ist, um so steiler verläuft sie. Ist er positiv, so steigt die Gerade nach rechts an, ist er negativ, so fällt sie nach rechts ab.

Der Anstieg einer Geraden der Form $g(x) = mx + c$ ist gerade der Faktor m: Für zwei Punkte auf der Geraden gilt nämlich $\dfrac{g(x) - g(x_0)}{x - x_0} = \dfrac{m(x - x_0)}{x - x_0} = m$.

Was geschieht nun, wenn der Punkt x immer näher an x_0 heranrutscht? In Abb. 15.2 sehen Sie, dass sich dann die Gerade immer mehr an die Tangente im Punkt x_0 annähert. Gibt es den Grenzwert für $x \to x_0$? Wenn ja, dann bezeichnet dieser Grenzwert den Anstieg der Tangente an der Stelle x_0.

▶   **Definition 15.1** Sei $D \subset \mathbb{R}$, $K = \mathbb{R}$ oder $\mathbb{C}$, $x_0 \in D$ und sei $f: D \to K$ eine Funktion. Falls der Grenzwert existiert, so heißt

$$f'(x_0) := \lim_{x \to x_0} \frac{f(x) - f(x_0)}{x - x_0}$$

Abb. 15.2 Anstieg einer Funktion

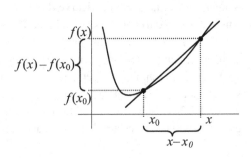

die *Ableitung* von f in x_0, f heißt in x_0 differenzierbar. Ist f in jedem Punkt $x \in D$ differenzierbar, so heißt f *differenzierbar*. In diesem Fall ist

$$f': D \to K, \quad x \mapsto f'(x)$$

eine Funktion, die *Ableitung* von f.

Oft wird die Ableitung auch mit $\frac{df}{dx}(x_0)$ bezeichnet. Dies erinnert an die Herkunft als Grenzwert eines Bruches. Ich verwende diese Bezeichnung nicht sehr gerne, weil sie leicht dazu verleiten kann, die Ableitung als Quotient zweier „Zahlen" df und dx zu interpretieren. Das ist aber falsch.

Einige Anmerkungen zu dieser Definition:

1. Die Aussage „der Grenzwert existiert" heißt insbesondere, dass es Folgen x_n in $D \setminus \{x_0\}$ geben muss, die gegen x_0 konvergieren. Es hat also keinen Sinn die Differenzierbarkeit von Funktionen in isolierten Punkten des Definitionsbereichs zu untersuchen, also in Punkten, um die es eine ganze Umgebung gibt, die nicht zu D gehört.

2. Existiert für eine Funktion f die Ableitung an der Stelle x_0, so hat die Tangente in x_0 den Anstieg $f'(x_0)$ und ist daher eine Gerade der Form $f'(x_0) \cdot x + c$. Diese lässt sich in der Form schreiben $f'(x_0)(x - x_0) + f(x_0)$.

3. Für $h := x - x_0$ ist $\lim\limits_{x \to x_0} \dfrac{f(x) - f(x_0)}{x - x_0} = \lim\limits_{h \to 0} \dfrac{f(x_0 + h) - f(x_0)}{h}$. In dieser Form ist mit dem Quotienten oft leichter zu rechnen.

   Der Verwendung des Buchstaben h liegt eine ähnliche Konvention zu Grunde wie für das ε. Unter h können Sie sich immer eine kleine Zahl vorstellen, im Gegensatz zu ε muss sie aber nicht größer 0 sein, $x_0 + h$ kann sich von links und von rechts oder auch ganz wild hin und her springend an x_0 annähern.

4. Eine wichtige physikalische Interpretation der Ableitung: Ist $s(t)$ die Strecke, die ein Körper bis zum Zeitpunkt t zurückgelegt hat, so ist $\frac{s(t) - s(t_0)}{t - t_0}$ die durchschnittliche Geschwindigkeit im Zeitintervall $[t_0, t]$ und $s'(t)$ die momentane Geschwindigkeit. Die Änderung der Geschwindigkeit mit der Zeit, $\frac{s'(t) - s'(t_0)}{t - t_0}$, ist die durchschnittliche Beschleunigung, und $s''(t)$, die Ableitung der Ableitung, stellt die momentane Beschleunigung dar. Für Zeitableitungen schreiben Physiker häufig $\dot{s}(t)$ beziehungsweise $\ddot{s}(t)$ an Stelle von $s'(t)$ beziehungsweise $s''(t)$.

5. Auch bei Funktionen der Wirtschaftsmathematik spielen Ableitungen eine große Rolle. Ein Beispiel: Ist $f(x)$ eine Kostenfunktion, also eine Funktion, welche die Kosten zur Produktion von x Teilen eines Produktes beschreibt, so ist die Ableitung $f'(x)$ die *Grenzfunktion*. Sie stellt die Grenzkosten dar, das heißt die Kosten zur Produktion des nächsten Teils.

▶ **Satz 15.2** Sei $D \subset \mathbb{R}$, $K = \mathbb{R}$ oder $\mathbb{C}$, $x_0 \in D$ und sei $f : D \to K$ eine Funktion. Dann sind äquivalent:

a) f ist differenzierbar mit $f'(x_0) = a$.
b) Es gibt eine Funktion $\varphi : D \to K$ mit $\lim_{x \to x_0} \varphi(x) = 0$ und ein $a \in K$
    mit

$$f(x) = f(x_0) + a \cdot (x - x_0) + \varphi(x) \cdot (x - x_0). \qquad (15.1)$$

Ist f differenzierbar mit $f'(x_0) = a$, so müssen wir die Funktion φ finden. Dazu definieren wir

$$\varphi(x) = \begin{cases} \dfrac{f(x) - f(x_0)}{x - x_0} - f'(x_0) & \text{für } x \neq x_0, \\ 0 & \text{für } x = x_0. \end{cases}$$

Diese Funktion erfüllt die Gleichung (15.1), und da

$$\lim_{x \to x_0} \left(\frac{f(x) - f(x_0)}{x - x_0} - f'(x_0) \right) = \lim_{x \to x_0} (f'(x_0) - f'(x_0)) = 0$$

ist, gilt auch $\lim_{x \to x_0} \varphi(x) = 0$.

Ist umgekehrt die Gleichung (15.1) gegeben, so ist für $x \neq x_0$:

$$\frac{f(x) - f(x_0)}{x - x_0} = a + \varphi(x)$$

und damit $\lim_{x \to x_0} \dfrac{f(x) - f(x_0)}{x - x_0} = a$, das heißt $a = f'(x_0)$. □

Wir haben also zwei Beschreibungen für die Ableitungen. Die Definition als Grenzwert des Differenzenquotienten gibt uns eine konkrete Berechnungsmöglichkeit in die Hand. Aus der zweiten Darstellung $f(x) = f(x_0) + f'(x_0) \cdot (x - x_0) + \varphi(x) \cdot (x - x_0)$ können wir eine anschauliche geometrische Interpretation ablesen:

Je näher x an x_0 heranrückt, umso besser stimmt $f(x)$ mit $f(x_0) + f'(x_0) \cdot (x - x_0)$ überein. Der Rest $\varphi(x) \cdot (x - x_0)$ geht gegen 0.

Die Gerade $g(x) := f(x_0) + f'(x_0) \cdot (x - x_0)$ ist die Tangente an f in x_0. Diese Tangente stellt eine Approximation der Funktion f in der Nähe von x_0 dar, dabei geht der Fehler $f(x) - g(x) = \varphi(x)(x - x_0)$ schneller gegen 0 als $x - x_0$ (Abb. 15.3).

Als unmittelbare Folgerung aus Satz 15.2 ergibt sich, dass jede differenzierbare Funktion stetig ist:

▶ **Satz 15.3** Ist die Funktion f in x_0 differenzierbar, so ist sie auch stetig in x_0.

Wir prüfen die Definition der Stetigkeit nach. Es gilt

$$\lim_{x \to x_0} f(x) = \lim_{x \to x_0} [f(x_0) + f'(x_0) \cdot (x - x_0) + \varphi(x) \cdot (x - x_0)] = f(x_0). \qquad □$$

Abb. 15.3 Die Tangente

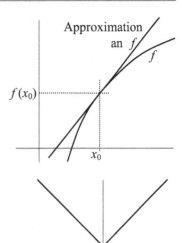

Abb. 15.4 Eine nicht-differen-
zierbare Funktion

Umgekehrt folgt aus der Stetigkeit einer Funktion nicht die Differenzierbarkeit. Zum Beispiel ist die Betragsfunktion $f: \mathbb{R} \to \mathbb{R}$, $x \mapsto |x|$ (Abb. 15.4) nicht differenzierbar im Punkt 0, denn

$$\frac{f(x) - f(0)}{x - 0} = \begin{cases} +1 & \text{für } x > 0 \\ -1 & \text{für } x < 0 \end{cases}$$

Beispiele differenzierbarer Funktionen und ihre Ableitungen

1. $f(x) = c$: $\displaystyle\lim_{x \to x_0} \frac{f(x) - f(x_0)}{x - x_0} = \lim_{x \to x_0} \frac{c - c}{x - x_0} = \lim_{x \to x_0} 0 = 0$.

   Verwendet man Satz 15.2b), so ist $c = f(x) = f(x_0) + 0 \cdot (x - x_0) + 0 \cdot (x - x_0)$.

2. $f(x) = a \cdot x$: $\displaystyle\lim_{x \to x_0} \frac{ax - ax_0}{x - x_0} = \lim_{x \to x_0} \frac{a(x - x_0)}{x - x_0} = \lim_{x \to x_0} a = a$.

   Auch hier können Sie leicht Satz 15.2b) nachprüfen.

3. $f(x) = x^n$: Es ist $f'(x) = n \cdot x^{n-1}$, denn

$$\lim_{h \to 0} \frac{(x + h)^n - x^n}{h}$$

$$= \lim_{h \to 0} \frac{\cancel{x^n} + \binom{n}{1}hx^{n-1} + \binom{n}{2}h^2x^{n-2} + \binom{n}{3}h^3x^{n-3} + \cdots + h^n - \cancel{x^n}}{h}$$

$$= \lim_{h \to 0} \frac{h\left(\binom{n}{1}x^{n-1} + \binom{n}{2}hx^{n-2} + \binom{n}{3}h^2x^{n-3} + \cdots + h^{n-1}\right)}{h}$$

$$= \lim_{h \to 0} \binom{n}{1}x^{n-1} + \binom{n}{2}hx^{n-2} + \binom{n}{3}h^2x^{n-3} + \cdots + h^{n-1}$$

$$= \lim_{h \to 0} \binom{n}{1}x^{n-1} = nx^{n-1}.$$

4. Jetzt kommt zum ersten Mal eine komplexwertige Funktion ins Spiel. Es sei $a \in \mathbb{C}$ und $f: \mathbb{R} \to \mathbb{C}, x \mapsto e^{ax}$ die Exponentialfunktion. Besonders wichtig ist für uns dabei der Fall $a = i$, aber auch ein reeller Wert von a ist natürlich möglich, dann erhalten wir die reelle Exponentialfunktion.

Zunächst eine kleine Vorbereitung: Erinnern Sie sich, dass für kleine Werte von $|ax|$ gilt (siehe Satz 13.25):

$$e^{ax} = 1 + ax + r_2(ax) \quad \text{mit } |r_2(ax)| \leq \frac{2|ax|^2}{2!} = |ax|^2.$$

Damit ist $|\frac{e^{ah}-1}{h} - a| = |\frac{e^{ah}-1-ah}{h}| = |\frac{r_2(ah)}{h}| \leq |a|^2|h|$. Da für $h \to 0$ auch $|a|^2|h|$ gegen 0 geht, erhalten wir $\lim_{h \to 0} |\frac{e^{ah}-1}{h} - a| = 0$, das heißt $\lim_{h \to 0} \frac{e^{ah}-1}{h} = a$. Mit diesem Zwischenergebnis können wir die Ableitung von e^{ax} berechnen:

$$(e^{ax})' = \lim_{h \to 0} \frac{e^{a(x+h)} - e^{ax}}{h} = \lim_{h \to 0} \frac{e^{ax}e^{ah} - e^{ax}}{h}$$
$$= \lim_{h \to 0} \frac{e^{ah} - 1}{h} \cdot e^{ax} = ae^{ax}.$$

Insbesondere ist $(e^x)' = e^x$, das heißt, die Exponentialfunktion reproduziert sich bei der Ableitung selbst. Dies ist der Grund, warum die Exponentialfunktion in der Natur so häufig auftritt: Es gibt viele natürliche Funktionen, deren Änderungen, beispielsweise Änderungen mit der Zeit, proportional zu der Funktion selbst sind. Denken Sie etwa an das Wachstum einer Mäusefamilie oder an die Abkühlung einer heißen Tasse Tee. Solche Prozesse lassen sich mit Hilfe der Exponentialfunktion beschreiben. ◄

Rechenregeln für differenzierbare Funktionen

▶ **Satz 15.4** Sei $D \subset \mathbb{R}$, $K = \mathbb{R}$ oder $\mathbb{C}$, $x_0 \in D$ und seien $f, g: D \to K$ Funktionen die in $x_0 \in D$ differenzierbar sind. Dann sind für $\lambda \in \mathbb{R}$ oder $\lambda \in \mathbb{C}$ auch die Funktionen $\lambda \cdot f$, $f \cdot g$ und $f + g$ in x_0 differenzierbar und es gilt:

a) $(f + g)'(x_0) = f'(x_0) + g'(x_0)$,

b) $(\lambda f)'(x_0) = \lambda \cdot f'(x_0)$,

c) $(f \cdot g)'(x_0) = f'(x_0)g(x_0) + f(x_0)g'(x_0)$ (die *Produktregel*).

d) Ist $g(x) \neq 0$ in einer Umgebung von x_0, so ist auch $\frac{f}{g}$ an der Stelle x_0 differenzierbar und es gilt $\left(\dfrac{f}{g}\right)'(x_0) = \dfrac{f'(x_0)g(x_0) - f(x_0)g'(x_0)}{g(x_0)^2}$ (die Quotientenregel).

Als Beispiel möchte ich die Produktregel herleiten, die anderen Regeln lassen sich ähnlich zeigen, teils mit mehr, teils mit weniger Aufwand:

$$(fg)'(x_0) = \lim_{h \to 0} \frac{f(x_0 + h)g(x_0 + h) - f(x_0)g(x_0)}{h}$$

$$= \lim_{h \to 0} \frac{1}{h}\big(f(x_0 + h)g(x_0 + h) - f(x_0)g(x_0)$$

$$- \underbrace{f(x_0 + h)g(x_0) + f(x_0 + h)g(x_0)}_{=0}\big)$$

$$= \lim_{h \to 0} \frac{f(x_0 + h)(g(x_0 + h) - g(x_0)) + g(x_0)(f(x_0 + h) - f(x_0))}{h}$$

$$= \lim_{h \to 0} \left(f(x_0 + h)\frac{g(x_0 + h) - g(x_0)}{h} + g(x_0)\frac{f(x_0 + h) - f(x_0)}{h}\right)$$

$$= f(x_0)g'(x_0) + g(x_0)f'(x_0). \qquad \square$$

Nun können wir eine ganze Reihe weiterer Ableitungen ausrechnen.

Weitere Beispiele

5. Zunächst zur Ableitung eines Polynoms: $a_n x^n + a_{n-1}x^{n-1} + \ldots + a_1 x + a_0$ hat die Ableitung $na_n x^{n-1} + (n-1)a_{n-1}x^{n-2} + \ldots + a_1$. Dies folgt unmittelbar aus Satz 15.4a) und b).

6. Es ist $(e^{ix})' = ie^{ix} = i(\cos x + i\sin x) = -\sin x + i\cos x$. Andererseits gilt nach Satz 15.4a) $(e^{ix})' = (\cos x + i\sin x)' = \cos' x + i\sin' x$. Daraus erhalten wir durch Vergleich von Realteil und Imaginärteil die Ableitungen von Cosinus und Sinus:

$$\cos' x = -\sin x, \quad \sin' x = \cos x.$$

7. Für $x \neq 0$ lässt sich die Ableitung von $(\frac{1}{x^n})'$ mit Hilfe der Quotientenregel bestimmen. Für $f = 1$, $f' = 0$, $g = x^n$, $g' = nx^{n-1}$ ergibt sich:

$$\left(\frac{1}{x^n}\right)' = \left(\frac{0 - nx^{n-1}}{x^{2n}}\right) = -nx^{(n-1)-2n} = -nx^{-n-1} = -n\frac{1}{x^{n+1}}.$$

Wir können das auch so schreiben: $(x^{-n})' = -n \cdot x^{-n-1}$. Damit gilt jetzt für alle $z \in \mathbb{Z}$ die Regel: $(x^z)' = zx^{z-1}$, übrigens auch für $z = 0$!

8. Im Definitionsbereich des Tangens ist

$$\tan' x = \left(\frac{\sin x}{\cos x} \right)' = \frac{\sin' x \cos x - \sin x \cos' x}{\cos^2 x} = \frac{\cos^2 x + \sin^2 x}{\cos^2 x} = \frac{1}{\cos^2 x}.$$

Genauso können Sie die Ableitung des Cotangens herleiten: $\cot' x = -1/\sin^2 x$. ◄

▶ **Satz 15.5: Die Kettenregel** Seien $D, E \subset \mathbb{R}$, $K = \mathbb{R}$ oder $\mathbb{C}$, $x \in D$ und seien $f: D \to \mathbb{R}$ und $g: E \to K$ Funktionen mit $f(D) \subset E$. Es lässt sich also g nach f ausführen. Die Funktion f sei in $x_0 \in D$ differenzierbar und g in $f(x_0)$. Dann ist auch $g \circ f$ in x_0 differenzierbar und es ist

$$(g \circ f)'(x_0) = g'(f(x_0)) \cdot f'(x_0).$$

Als Merkregel sagt man „*äußere Ableitung mal innere Ableitung*": Zunächst wird g an der Stelle $f(x_0)$ abgeleitet, diese Ableitung muss mit der Ableitung der „inneren Funktion" an der Stelle x_0 multipliziert werden. Das Multiplizieren mit der inneren Ableitung heißt „*Nachdifferenzieren*".

Diesmal möchte ich zum Nachweis der Differenzierbarkeit die Beschreibung aus Satz 15.2b) verwenden: Sei $y = f(x)$, $y_0 = f(x_0)$. Es gibt also Funktionen φ, ψ mit $\lim_{x \to x_0} \varphi(x) = 0$, $\lim_{y \to y_0} \psi(y) = 0$ und

$$y - y_0 = f(x) - f(x_0) = (f'(x_0) + \varphi(x)) \cdot (x - x_0),$$
$$g(y) = g(y_0) + (g'(y_0) + \psi(y)) \cdot (y - y_0).$$

Dann erhalten wir durch Ersetzen von $(y - y_0)$ und Ausmultiplizieren

$$\begin{aligned}
g(y) &= g(y_0) + (g'(y_0) + \psi(y)) \cdot (f'(x_0) + \varphi(x)) \cdot (x - x_0) \\
&= g(y_0) + g'(y_0) f'(x_0)(x - x_0) \\
&\quad + \underbrace{[g'(y_0)\varphi(x) + \psi(f(x)) f'(x_0) + \psi(f(x))\varphi(x)]}_{=: \delta(x)}(x - x_0), \\
&= g(y_0) + g'(y_0) f'(x_0) \cdot (x - x_0) + \delta(x) \cdot (x - x_0),
\end{aligned}$$

also

$$g(f(x)) = g(f(x_0)) + g'(f(x_0)) f'(x_0) \cdot (x - x_0) + \delta(x) \cdot (x - x_0).$$

Da mit $x \to x_0$ auch $y = f(x) \to f(x_0) = y_0$ geht, ist $\delta(x)$ eine Funktion mit $\lim_{x \to x_0} \delta(x) = 0$ und nach Satz 15.2b) heißt das gerade $g(f(x_0))' = g'(f(x_0)) \cdot f'(x_0)$. □

Zwei weitere Beispiele

9. $\sin^n x$ ist die Hintereinanderausführung der Abbildungen $f \colon x \mapsto \sin x$ und $g \colon y \mapsto y^n$. Es ist $f'(x) = \cos x$, $g'(y) = n y^{n-1}$ und daher

$$(\sin^n x)' = n \cdot (\sin x)^{n-1} \cdot \cos x.$$

10. Für $a > 0$ ist $a^x := e^{x \ln a}$. Die innere Funktion ist $f \colon x \mapsto x \ln a$, die äußere Funktion $g \colon y \mapsto e^y$:

$$(a^x)' = \underbrace{e^{x \ln a}}_{g'(f(x))} \cdot \underbrace{(\ln a)}_{f'(x)} = a^x \cdot \ln a. \ \blacktriangleleft$$

Das Schema ist immer das gleiche:

- Suchen Sie die innere und äußere Funktion g und f,
- Differenzieren Sie g an der Stelle $f(x)$, das heißt bilden Sie $g'(y)$ und setzen Sie $f(x)$ für y ein,
- Nachdifferenzieren: Multiplizieren Sie mit $f'(x)$.

Weitere Beispiele folgen nach dem nächsten Satz:

▶ **Satz 15.6** Die Ableitung der Umkehrfunktion: Sei I ein Intervall in $\mathbb{R}$, $f \colon I \to \mathbb{R}$ eine injektive differenzierbare Funktion und $f'(x) \neq 0$ für alle $x \in I$. Dann ist auch die Umkehrfunktion $g \colon f(I) \to \mathbb{R}$ differenzierbar und es gilt

$$g'(x) = \frac{1}{f'(g(x))}.$$

Zeigen wir die Differenzierbarkeit im Punkt $y_0 = f(x_0)$. Es sei $y = f(x)$, also $x = g(y)$. Nach (15.1) folgt aus der Differenzierbarkeit von f:

$$f(g(y)) = f(g(y_0)) + f'(g(y_0))(g(y) - g(y_0)) + \varphi(g(y))(g(y) - g(y_0))$$

mit $\lim_{x \to x_0} \varphi(x) = 0$. Daraus erhalten wir

$$y - y_0 = f(g(y)) - f(g(y_0)) = [f'(g(y_0)) + \varphi(g(y))](g(y) - g(y_0)),$$

und so für den Differenzialquotienten von g an der Stelle y_0:

$$\frac{g(y) - g(y_0)}{y - y_0} = \frac{1}{f'(g(y_0)) + \varphi(g(y))}.$$

Abb. 15.5 Die Ableitung der
Umkehrfunktion

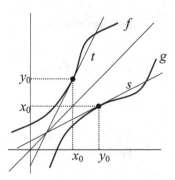

g ist als Umkehrfunktion einer stetigen Funktion stetig und daher geht mit $y \to y_0$ auch $g(y) \to g(y_0) = x_0$. Es gilt also für den Grenzwert:

$$\lim_{y \to y_0} \frac{g(y) - g(y_0)}{y - y_0} = \frac{1}{f'(g(y_0))}. \qquad \Box$$

Dieser Satz hat eine anschauliche Bedeutung (siehe Abb. 15.5): Den Graphen der Umkehrfunktion g zur Funktion f erhalten wir, indem wir f an der Winkelhalbierenden von x- und y-Achse spiegeln. Ist t die Tangente an f in x_0 mit Anstieg a, so ist die Tangente s an g im Punkt y_0 genau die Spiegelung von t, also die Umkehrfunktion von t. Hat t die Geradengleichung $y = ax + b$, so gilt für s die Gleichung $x = (1/a) \cdot (y - b)$. Der Anstieg von g in y_0 ist also $1/a$.

Jetzt können wir die Ableitungen aller elementarer Funktionen berechnen, die wir in Abschn. 14.2 kennengelernt haben. Wir setzen unsere Reihe von Beispielen fort:

Beispiele

11. $\ln'(x)$. Der Logarithmus ist die Umkehrfunktion der Exponentialfunktion $\exp(x)$ und daher gilt:

$$\ln'(x) = \frac{1}{\exp'(\ln(x))} = \frac{1}{\exp(\ln(x))} = \frac{1}{x}.$$

Da der Logarithmus nur für positive Argumente definiert ist, kann es auch keine Probleme mit der Nullstelle des Nenners geben.

12. $\sqrt[n]{x}\,' = (x^{1/n})'$. Die n-te Wurzel ist die Umkehrabbildung von x^n. Mit $y = x^{1/n}$ erhalten wir:

$$(x^{1/n})' = \frac{1}{(y^n)'} = \frac{1}{ny^{n-1}} = \frac{1}{n(x^{1/n})^{n-1}} = \frac{1}{n \cdot x^{1-1/n}} = \frac{1}{n}x^{(1/n)-1}.$$

13. Nun können Sie selbst mit Hilfe der Kettenregel die Ableitung von $x^{n/m} = (x^n)^{1/m}$ berechnen. Hier das Ergebnis:

$$(x^{m/n})' = \frac{m}{n} x^{(m/n)-1}.$$

14. Für alle reellen Exponenten α gilt die Ableitungsregel, die wir in Beispiel 3 nach Satz 15.3 für natürliche Zahlen hergeleitet haben: $(x^\alpha)' = \alpha \cdot x^{\alpha-1}$. Denn für $\alpha \in \mathbb{R}$ ist $x^\alpha := e^{\alpha \ln x}$ und wir können die Kettenregel anwenden auf die innere Funktion $f: x \mapsto \alpha \ln x$ und die äußere Funktion $g: y \mapsto e^y$:

$$(x^\alpha)' = \underbrace{e^{\alpha \ln x}}_{g'(f(x))} \cdot \underbrace{(\alpha/x)}_{f'(x)} = \alpha \cdot x^\alpha / x = \alpha x^{\alpha-1}.$$

Beachten Sie bitte den Unterschied zur Berechnung von $(a^x)'$. Diese Ableitung haben wir schon früher bestimmt.

15. Für $x \in \,]-1, 1[$ ist $\arcsin'(x) = \frac{1}{\sin'(\arcsin x)} = \frac{1}{\cos(\arcsin x)}$. Die Funktionswerte von arcsin liegen im Intervall $]-\pi/2, \pi/2[$.

In diesem Bereich ist der Cosinus immer positiv und aus $(\sin y)^2 + (\cos y)^2 = 1$ erhalten wir damit $\cos y = \sqrt{1 - (\sin y)^2}$. Dies setzen wir oben ein, und es ergibt sich:

$$\arcsin'(x) = \frac{1}{\sqrt{1 - (\sin(\arcsin x))^2}} = \frac{1}{\sqrt{1 - x^2}}.$$

In den Punkten ± 1 existiert die Ableitung nicht. Sehen Sie warum? ◄

Die Ableitung einer differenzierbaren Funktion ist wieder eine Funktion und daher möglicherweise wieder differenzierbar. Auf diese Weise kann man Ableitungen höherer Ordnung bilden, die in vielen Anwendungen der Differenzialrechnung benötigt werden. Ich gebe Ihnen eine rekursive Definition des Begriffs der n-ten Ableitung:

▶ **Definition 15.7: Ableitungen höherer Ordnung** Sei I ein Intervall, $f: I \to \mathbb{R}$ eine Funktion und $x_0 \in I$.

$n = 1$: f heißt in x_0 *1-mal differenzierbar*, falls f in x_0 differenzierbar ist. Es ist $f^{(1)}(x_0) := f'(x_0)$. Falls f in einer Umgebung U von x_0 differenzierbar ist, so heißt die Funktion $f^{(1)} = f': U \to \mathbb{R}$ die *1. Ableitung* von f.

$n > 1$: f heißt in x_0 *n-mal differenzierbar*, falls f in einer Umgebung U von x_0 mindestens $(n-1)$-mal differenzierbar ist und $f^{(n-1)}$ in x_0 1-mal differenzierbar ist. Es ist $f^{(n)}(x_0) := f^{(n-1)'}(x_0)$. Falls f in einer Umgebung U von x_0 n-mal differenzierbar ist, so heißt die Funktion $f^{(n)} = f^{(n-1)'}: U \to \mathbb{R}$ die *n-te Ableitung* von f.

$n = \infty$: f heißt in x_0 *unendlich oft differenzierbar*, falls f für alle $n \in \mathbb{N}$ n-mal differenzierbar ist.

Ableitungen niedriger Ordnung bezeichnet man wie die erste Ableitung oft mit Strichen: $f''(x)$, $f'''(x)$.

In der Definition der n-ten Ableitung ist es nicht ausreichend nur zu fordern, dass f an der Stelle x_0 $(n-1)$-mal differenzierbar ist. Schließlich muss $f^{(n-1)}$ eine Funktion sein, die in x_0 differenziert werden soll. Um den Grenzwert des Differenzialquotienten zu bestimmen, muss es im Definitionsbereich von $f^{(n-1)}$ Folgen geben, die gegen x_0 konvergieren, aber von x_0 verschieden sind. Der Einfachheit halber verlangen wir, dass $f^{(n-1)}$ in einer ganzen Umgebung von x_0 existieren muss.

▶ **Definition 15.8** Die Funktion $f\colon I \to \mathbb{R}$ heißt in I n-mal stetig differenzierbar, falls f in I n-mal differenzierbar ist und $f^{(n)}$ stetig ist.

Beispiele

1. e^x, $\sin x$, $\cos x$ sowie alle Polynome sind auf ganz $\mathbb{R}$ unendlich oft differenzierbar.

2. ln ist auf $\mathbb{R}^+$ unendlich oft differenzierbar.

3. $f\colon \mathbb{R} \to \mathbb{R}$, $x \mapsto x \cdot |x|$ ist stetig und differenzierbar: Für $x < 0$ ist $f(x) = -x^2$ und hat die Ableitung $-2x$, für $x > 0$ ist $f(x) = x^2$ mit Ableitung $2x$. An der Stelle 0 müssen wir uns den Differenzenquotienten anschauen:

$$\lim_{x \to 0} \frac{f(x) - f(0)}{x - 0} = \lim_{x \to 0} \frac{x \cdot |x|}{x} = \lim_{x \to 0} |x| = 0.$$

Der Grenzwert existiert, also ist f auch in 0 differenzierbar. Die Ableitung lautet:

$$f'\colon \mathbb{R} \to \mathbb{R}, \quad x \mapsto 2|x|.$$

Diese Funktion ist, genau wie die Betragsfunktion, stetig auf ganz $\mathbb{R}$, aber im Punkt 0 nicht mehr differenzierbar, sie hat dort einen Knick. Also ist f auf $\mathbb{R}$ einmal stetig differenzierbar.

> In dieser Rechnung habe ich ein ganz typisches Vorgehen bei der Untersuchung von Funktionen angewandt: Stetigkeit und Differenzierbarkeit sind lokale Eigenschaften der Funktion. Wenn wir die Differenzierbarkeit in einem Punkt x_0 untersuchen, so spielt hierfür nur eine klitzekleine Umgebung von x_0 eine Rolle. In dieser kleinen Umgebung können wir die gegebene Funktion auch durch eine andere Formel darstellen, wenn uns das weiterhilft: Im Beispiel haben wir $x \cdot |x|$ durch $x \cdot x$ beziehungsweise durch $x \cdot (-x)$ ersetzt, deren Ableitungen wir schon kennen. Egal wie nahe wir mit x_0 an die 0 herangehen, diese Ersetzung klappt immer für eine ganze Umgebung von x_0. Nur in 0 selbst müssen wir schärfer hinschauen.

4. Auch wenn es schwer vorstellbar ist: Es gibt Funktionen, die differenzierbar sind, deren Ableitung aber nicht mehr stetig ist. Dies scheint dem gesunden Menschen-

Abb. 15.6 Eine nicht stetig
differenzierbare Funktion

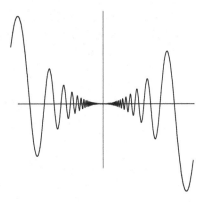

verstand zu widersprechen der sagt, dass der Anstieg der Tangente einer differenzierbaren Funktion keine Sprünge machen kann. Hieran sehen wir, dass Vorstellung und mathematische Realität leider nicht immer ganz zusammen passen.

Die Beispiele für solche Funktionen sind allerdings schon etwas wild, jedenfalls sind es nicht solche, die man mit dem Bleistift hinzeichnen kann. Ich möchte Ihnen eine solche Funktion angeben (Abb. 15.6):

$$f(x) := \begin{cases} x^2 \sin(1/x) & \text{für } x \neq 0 \\ 0 & \text{für } x = 0 \end{cases}$$

Für $x \neq 0$ können wir die Ableitung mit Produkt- und Kettenregel berechnen. Prüfen Sie nach, dass für $x \neq 0$ gilt:

$$f'(x) = 2x \sin(1/x) - \cos(1/x).$$

Nun untersuchen wir den Punkt 0. Dort ist die Funktion differenzierbar, der Grenzwert des Differenzenquotienten lautet

$$\lim_{x \to 0} \frac{x^2 \sin(1/x) - 0}{x - 0} = \lim_{x \to 0} x \cdot \sin(1/x) = 0,$$

denn $\sin(1/x)$ ist durch ± 1 beschränkt. Die Funktion $f'(x)$ ist also auf ganz $\mathbb{R}$ definiert, sie ist aber im Punkt 0 nicht stetig, denn der Grenzwert $\lim_{x \to 0} f'(x)$ existiert nicht. Für die Folge $x_k = 1/(\pi k)$ gilt zum Beispiel:

$$f'(x_k) = \frac{2}{\pi k} \sin(\pi k) - \cos(\pi k) = \begin{cases} +1 & \text{falls } k \text{ ungerade} \\ -1 & \text{falls } k \text{ gerade.} \end{cases}$$

Die Folge der Funktionswerte konvergiert nicht. Die Ableitung hüpft in der Nähe von 0 ständig zwischen $+1$ und -1 hin und her. Die Zeichnung in Abb. 15.6 kann den Graphen in der Nähe des Ursprungs nicht mehr darstellen. ◄

Berechnung von Extremwerten

▶ **Definition 15.9** Sei I ein Intervall, $x_0 \in I$, $f : I \to \mathbb{R}$. Man sagt „f hat in x_0 ein lokales Maximum (ein lokales Minimum)", wenn es eine Umgebung $U_\varepsilon(x_0)$ gibt, so dass $f(x) < f(x_0)$ (beziehungsweise $f(x) > f(x_0)$) für alle $x \in (U_\varepsilon(x_0) \cap I) \setminus \{x_0\}$ gilt. Lokale Maxima und Minima heißen lokale Extremwerte von f (Abb. 15.7).

▶ **Satz 15.10** Sei $f : I \to \mathbb{R}$ in einer ganzen Umgebung U_ε von $x_0 \in I$ differenzierbar. Hat f in x_0 einen lokalen Extremwert, so gilt $f'(x_0) = 0$.

Anschaulich bedeutet das: In einem lokalen Extremwert verläuft die Tangente an die Funktion waagrecht.

Zum Beweis: Nehmen wir an, der Extremwert in x_0 ist ein Maximum. Dann ist für alle $x \in]x_0 - \varepsilon, x_0[$ der Differenzenquotient $\frac{f(x)-f(x_0)}{x-x_0} > 0$, da Zähler und Nenner kleiner als 0 sind. Ebenso ist für alle $x \in]x_0, x_0 + \varepsilon[$ der Quotient $\frac{f(x)-f(x_0)}{x-x_0} < 0$. Wegen der Differenzierbarkeit existiert der Limes des Differenzenquotienten für $x \to x_0$. Dieser Limes, der ja gerade $f'(x_0)$ ist, kann dann nur gleich 0 sein.   □

Sie sehen an diesem Beweis, dass der Satz wirklich nur für Punkte im Inneren des Definitionsbereiches gilt: Von rechts und von links muss man sich an x_0 annähern können. Will man daher alle Extremwerte einer Funktion $f : I \to \mathbb{R}$ bestimmen, so muss man folgende Kandidaten in Betracht ziehen:

1. Die Randpunkte des Intervalls (falls sie existieren),
2. Die Punkte mit $f'(x) = 0$,
3. Die Punkte in denen f nicht differenzierbar ist.

Abb. 15.7 Ein lokales Maximum

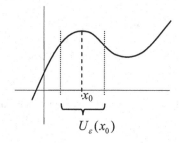

Abb. 15.8 Kandidaten für
Extremwerte

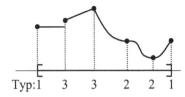

Typ:1 3 3 2 2 1

Abb. 15.9 Der Satz von Rolle

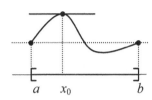

a x_0 b

In Abb. 15.8 sehen Sie, dass an Punkten jeden Typs Extremwerte vorliegen können oder auch nicht. Insbesondere folgt auch aus $f'(x) = 0$ noch nicht, dass x ein Extremwert ist! Zur weiteren Charakterisierung der Extremwerte benötigen wir einen wichtigen Satz, den Mittelwertsatz der Differenzialrechnung. Zur Vorbereitung dient die folgende Aussage:

▶ **Satz 15.11: Der Satz von Rolle** Sei $f : [a, b] \to \mathbb{R}$ stetig und $f :]a, b[\to \mathbb{R}$ differenzierbar. Es gelte $f(a) = f(b)$. Dann gibt es mindestens ein $x_0 \in]a, b[$ mit der Eigenschaft $f'(x_0) = 0$.

Ist f konstant, so ist die Aussage klar. Ansonsten besitzt die Bildmenge von f nach Satz 14.26 Minimum und Maximum. f muss also im offenen Intervall $]a, b[$ einen Extremwert haben (Abb. 15.9), und für diesen gilt nach Satz 15.10 $f'(x) = 0$. □

Nun der angekündigte zentrale Satz der Theorie:

▶ **Satz 15.12: Der Mittelwertsatz der Differenzialrechnung** Sei $f : [a, b] \to \mathbb{R}$ eine stetige Funktion und $f :]a, b[\to \mathbb{R}$ differenzierbar. Dann gibt es einen Punkt $x_0 \in]a, b[$ mit der Eigenschaft

$$f'(x_0) = \frac{f(b) - f(a)}{b - a}.$$

$\frac{f(b)-f(a)}{b-a}$ ist genau der Anstieg der Verbindungsstrecke zwischen $f(a)$ und $f(b)$. Der Mittelwertsatz sagt aus, dass es auf dem Graphen einen Punkt gibt, dessen Tangente parallel zu dieser Verbindungsstrecke verläuft. Es gibt also eine Stelle, an welcher der Anstieg der Funktion genau den „mittleren Anstieg" zwischen a und b annimmt.

Der Trick beim Beweis besteht darin, die Funktion f so zu verbiegen, dass die Voraussetzungen des Satzes 15.11 erfüllt sind (Abb. 15.10): Wir ziehen von f die Verbindungs-

Abb. 15.10 Der Mittelwertsatz
der Differenzialrechnung

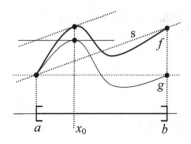

strecke s zwischen den Endpunkten des Graphen ab. Für die Funktion

$$g(x) = f(x) - \frac{f(b) - f(a)}{b - a}(x - a)$$

gilt $g(a) = g(b)$ und es gibt also nach Satz 15.12 ein x_0 mit $g'(x_0) = 0$. Die Ableitung von g lautet $g'(x) = f'(x) - \frac{f(b)-f(a)}{b-a}$, daher ist wirklich $f'(x_0) = \frac{f(b)-f(a)}{b-a}$.   □

Der Mittelwertsatz erschließt uns die lokale Gestalt einer Funktion. Das Intervall I, von dem im folgenden Ergebnis die Rede ist, kann durchaus nur ein kleiner Teil des eigentlichen Definitionsbereiches sein, aber in diesem Teil können wir jetzt den Verlauf beschreiben:

▶ **Satz 15.13** Für eine Funktion f, die auf dem offenen Intervall I differenzierbar ist, gilt:

    a) $f'(x) > 0$ auf $I \Rightarrow f$ ist auf I streng monoton wachsend.
    b) $f'(x) < 0$ auf $I \Rightarrow f$ ist auf I streng monoton fallend.
    c) $f'(x) \geq 0$ auf $I \Rightarrow f$ ist auf I monoton wachsend.
    d) $f'(x) \leq 0$ auf $I \Rightarrow f$ ist auf I monoton fallend.
    e) $f'(x) = 0$ auf $I \Rightarrow f$ ist auf I konstant.

Ich zeige nur den Teil a), die anderen Punkte lassen sich ähnlich herleiten: Seien $x_1, x_2 \in I$ und $x_1 < x_2$. Dann gibt es dazwischen ein x_0 mit $\frac{f(x_2)-f(x_1)}{x_2-x_1} = f'(x_0) > 0$. Das kann nur sein, wenn $f(x_2) > f(x_1)$. Also ist f streng monoton wachsend.   □

Als unmittelbare Folgerung aus e) erhalten wir, dass sich zwei Funktionen mit gleicher Ableitung nur durch eine Konstante unterscheiden:

▶ **Satz 15.14** Sind $f : I \to \mathbb{R}$ und $g : I \to \mathbb{R}$ auf dem Intervall I differenzierbare Funktionen und gilt $f'(x) = g'(x)$ für alle $x \in I$, so gibt es ein $c \in \mathbb{R}$ mit $f(x) = g(x) + c$ für alle $x \in I$.

Denn $f - g$ hat die Ableitung 0, ist also konstant.   □

Wir kommen zur berühmten Kurvendiskussion, mit der Sie sicherlich in der Schule ausgiebig geplagt worden sind. Im Wesentlichen beruht sie auf dem Satz 15.13. Wir werden die Aussagen dieses Satzes jetzt aber auch noch auf Ableitungen höherer Ordnung anwenden.

▶ **Satz 15.15: Extremwerttest**
Teil 1: Sei $f :]a, b[\to \mathbb{R}$ differenzierbar und $x_0 \in]a, b[$ mit $f'(x_0) = 0$.
Dann hat f in x_0 ein lokales Maximum, wenn die Ableitung $f'(x)$ unmittelbar links von x_0 (das heißt in einem Intervall $]x_0 - \varepsilon, x_0[$) positiv und unmittelbar rechts von x_0 negativ ist. f hat in x_0 ein lokales Minimum, wenn die Ableitung $f'(x)$ unmittelbar links von x_0 negativ und unmittelbar rechts von x_0 positiv ist.

Teil 2: Sei $f :]a, b[\to \mathbb{R}$ zweimal stetig differenzierbar und $x_0 \in]a, b[$ mit $f'(x_0) = 0$.
a) Ist $f''(x_0) < 0$, so hat f in x_0 ein lokales Maximum.
b) Ist $f''(x_0) > 0$, so hat f in x_0 ein lokales Minimum.

Zum Teil 1: Ist die Ableitung links positiv, so wächst f dort, ist sie rechts negativ, so fällt sie rechts von x_0 wieder und an der Stelle x_0 selbst befindet sich ein Maximum. Für das Minimum schließt man analog.
Zum Teil 2: Da f'' noch stetig ist, gilt $f''(x) < 0$ in einem ganzen Intervall um x_0. Nach Satz 15.13 ist also f' in diesem Bereich streng monoton fallend. Wegen $f'(x) = 0$ findet an der Stelle x_0 ein Vorzeichenwechsel von + nach − statt. Der erste Teil des Satzes sagt dann, dass an der Stelle x_0 ein Maximum vorliegt. Aussage b) ergibt sich wieder analog. □

Sind erste und zweite Ableitung an der Stelle x_0 gleich 0, so kann keine Aussage über den Punkt x_0 getroffen werden: Er kann ein Extremwert sein, oder auch ein sogenannter *Terrassenpunkt*, ein Punkt mit waagrechter Tangente, der aber kein Extremwert ist. Ein einfaches Beispiel für diese Situation stellt die Funktion $x \mapsto x^3$ an der Stelle 0 dar.
Eine differenzierbare Funktion f heißt im Intervall I *rechtsgekrümmt* (*konkav*), wenn die Ableitung (also der Anstieg) im Intervall I abnimmt und *linksgekrümmt* (*konvex*), wenn die Ableitung zunimmt. Ein *Wendepunkt* ist ein Punkt an dem sich das Krümmungsverhalten ändert, also ein Punkt, in dem die Ableitung einen Extremwert besitzt.
In Abb. 15.11 habe ich eine Funktion f mit ihrer ersten und zweiten Ableitung skizziert. Sie sehen daran, dass die Extremwerte der ersten Ableitung Nullstellen der zweiten Ableitung sind.
Ohne Beweis möchte ich den folgenden Satz anführen, der das Krümmungsverhalten einer Funktion beschreibt. Es stecken keine neuen Ideen dahinter, man steigt lediglich noch eine Ableitung weiter nach unten:

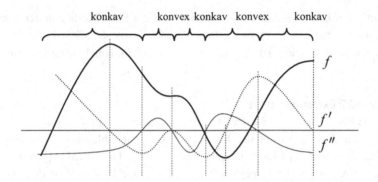

konkav   konvex konkav konvex   konkav

Abb. 15.11 Das Krümmungsverhalten

▶   **Satz 15.16** Sei $f:]a, b[\to \mathbb{R}$ zweimal differenzierbar.

a) Ist $f''(x) < 0$ für alle $x \in]a, b[$, so ist f rechtsgekrümmt (konkav).
b) Ist $f''(x) > 0$ für alle $x \in]a, b[$, so ist f linksgekrümmt (konvex).
c) Ist f in x_0 dreimal stetig differenzierbar, ist $f''(x_0) = 0$ und $f'''(x_0) \neq 0$,
    so besitzt f in x_0 einen Wendepunkt.

Beachten Sie, dass die Sätze 15.15 und 15.16 nur im Inneren des Definitionsbereiches differenzierbarer Funktionen gelten. Randpunkte, Unstetigkeitsstellen und nicht differenzierbare Stellen der Funktion müssen gesondert untersucht werden.

In der Kurvendiskussion untersucht man von einer gegebenen Funktion:

- den Definitionsbereich,
- die Nullstellen,
- die Extremwerte,
- die Wendepunkte,
- das Krümmungsverhalten.

Mit diesem Wissen lässt sich meist schon eine brauchbare Skizze der Funktion anfertigen. Führen wir ein Beispiel durch:

Beispiel

Es sei $f(x) = \frac{x^2-1}{x^3}$. Der Definitionsbereich ist die Menge $\{x \in \mathbb{R} \,|\, x \neq 0\}$. Die Nullstellen sind die Nullstellen des Zählers: $x^2 - 1 = 0$, das heißt $x_{1/2} = \pm 1$.

Berechnen wir die ersten drei Ableitungen mit Hilfe der Quotientenregel:

$$f'(x) = \left(\frac{x^2-1}{x^3}\right)' = \frac{2x \cdot x^3 - (x^2-1) \cdot 3x^2}{x^6} = \frac{-x^4 + 3x^2}{x^6} = \frac{-x^2+3}{x^4},$$

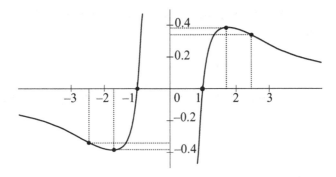

Abb. 15.12 Eine Kurvendiskussion

$$f''(x) = \left(\frac{-x^2 + 3}{x^4}\right)' = \frac{2x^2 - 12}{x^5},$$

$$f'''(x) = \left(\frac{2x^2 - 12}{x^5}\right)' = \frac{-6x^2 + 60}{x^6}.$$

Für die Nullstellen von f' setzen wir $-x^2 + 3 = 0$ und erhalten $x_{3/4} = \pm\sqrt{3} \approx 1.73$. Die Funktionswerte an diesen Stellen sind: $f(\pm\sqrt{3}) = \frac{3-1}{3\cdot(\pm\sqrt{3})} \approx \pm 0.385$.

Bei $x_{3/4}$ hat die zweite Ableitung die Werte $f''(\pm\sqrt{3}) = \frac{2\cdot 3 - 12}{9\cdot(\pm\sqrt{3})}$, also ist $f''(\sqrt{3}) < 0$, und wir erhalten an der Stelle $(1.73, 0.385)$ ein Maximum. Wegen $f''(-\sqrt{3}) > 0$ stellt der Punkt $(-1.73, -0.385)$ ein Minimum dar.

Kandidaten für Wendepunkte sind die Nullstellen der zweiten Ableitung: Es ist $f''(x) = 0$ für $x_{5/6} = \pm\sqrt{6} \approx \pm 2.45$. Untersuchen wir jetzt die dritte Ableitung: $f'''(\pm\sqrt{6}) > 0$, es liegen also wirklich Wendepunkte vor. Die Funktionswerte der Wendepunkte sind $f(\pm\sqrt{6}) \approx \pm 0.340$. f'' hat an diesen Punkten positiven Anstieg, wechselt also vom Negativen ins Positive und damit findet an beiden Wendepunkten ein Übergang von einer Rechtskrümmung in eine Linkskrümmung statt.

Wie verhält sich $f(x)$ in der Nähe der Definitionslücke? Für $x < 0$ ist die Funktion positiv und wird immer größer, für $x > 0$ ist $f(x) < 0$ und wird immer kleiner, wenn sich x an 0 annähert. Nun können wir den Graphen der Funktion ziemlich gut skizzieren, siehe Abb. 15.12. ◄

15.2 Potenzreihen

Immer wieder tritt in der Mathematik das Problem auf, eine gegebene Funktion durch andere, meist einfacher zu behandelnde Funktionen anzunähern, zu „approximieren". Häufig werden dazu Polynome gewählt. Die Differenzialrechnung gibt uns ein mächtiges Hilfsmittel zur Konstruktion solcher Approximationspolynome in die Hand. Zur Vorbereitung untersuchen wir zunächst die Potenzreihen. Darunter kann man sich so etwas wie Polynome von „unendlichem Grad" vorstellen. Das gibt es natürlich nicht, es handelt sich um unendliche Funktionenreihen. Bei der konkreten Auswertung eines solchen Polynoms wird man nach endlich vielen Summanden abbrechen.

▶ **Definition 15.17** Es sei $(a_k)_{k \in \mathbb{N}}$ eine Folge reeller Zahlen. Dann heißt

$$\sum_{k=0}^{\infty} a_k x^k \tag{15.2}$$

reelle Potenzreihe.

Diese Formel stellt bisher weder eine Funktion noch eine Reihe von Zahlen dar. Wir wissen lediglich: Setzt man in (15.2) eine reelle Zahl x ein, so ergibt sich eine Reihe, diese ist entweder konvergent oder nicht. Wir können aber eine Funktion daraus basteln:

$$f: \left\{ x \in \mathbb{R} \ \Big| \ \sum_{k=0}^{\infty} a_k x^k \ \text{konvergiert} \right\} \to \mathbb{R}, \ x \mapsto \sum_{k=0}^{\infty} a_k x^k.$$

Diese Funktion meine ich immer, wenn ich von einer Potenzreihe spreche. Der Startindex einer Potenzreihe muss nicht 0 sein, jedenfalls aber eine natürliche Zahl größer gleich 0.

Einige solcher Reihen haben wir schon kennengelernt:

Beispiele

1. $\sum_{k=0}^{\infty} \left(\dfrac{1}{k!} \right) x^k$. Es ist $a_k = \dfrac{1}{k!}$ für alle k, die Reihe ist konvergent für alle $x \in \mathbb{R}$ und stellt die Exponentialfunktion dar.

2. $\sum_{k=0}^{\infty} x^k = \sum_{k=0}^{\infty} 1 \cdot x^k$. Hier ist $a_k = 1$ für alle k. Wir haben schon früher ausgerechnet,

    dass für alle x mit $|x| < 1$ gilt $\sum_{k=0}^{\infty} x^k = \dfrac{1}{1-x}$. Ist $|x| \geq 1$, so ist die Reihe

    divergent.

    Auch für $x = -1$ und liegt Divergenz vor! Blättern Sie zurück zur Definition der Konvergenz einer Reihe: Die Partialsummen der Reihe sind $1, 0, 1, 0, 1, \ldots$, sie bilden also keine konvergente Folge.

3. $\sum_{k=1}^{\infty} \dfrac{1}{k} x^k$ ist ebenfalls für $|x| < 1$ konvergent: Hierfür verwenden wir das Quotientenkriterium aus Satz 13.19: Für den Quotienten zweier aufeinanderfolgender Reihenglieder gilt

    $$\lim_{k \to \infty} \left| \frac{(1/(k+1)) x^{k+1}}{(1/k) x^k} \right| = \lim_{k \to \infty} \left| \frac{k}{k+1} x \right| = |x| < 1$$

und damit ist die Reihe konvergent. Für $x = 1$ ist die Reihe divergent, sie stellt dann gerade die harmonische Reihe dar, siehe Beispiel 5 am Ende von Abschn. 13.1. Für $|x| > 1$ wird dieser Quotient irgendwann größer als 1, dann liegt also Divergenz vor. Interessant ist noch der Fall $x = -1$: In diesem Fall ist die Reihe konvergent, was ich aber hier nicht beweisen möchte.

4. Die trigonometrischen Reihen $\sum_{k=0}^{\infty} \frac{(-1)^k}{(2k)!} x^{2k}$ und $\sum_{k=0}^{\infty} \frac{(-1)^k}{(2k+1)!} x^{2k+1}$ für Cosinus und Sinus stellen ebenfalls Potenzreihen dar, die für alle reellen Zahlen konvergent sind.

5. Ein Polynom $b_0 + b_1 x + b_2 x^2 + \cdots + b_n x^n$ lässt sich auch als eine immer konvergente Potenzreihe interpretieren, wobei gilt:

$$a_k = \begin{cases} b_k & \text{für } k \leq n \\ 0 & \text{für } k > n. \end{cases} \blacktriangleleft$$

▶ **Definition 15.18** Es sei $\sum_{k=0}^{\infty} a_k x^k$ eine Potenzreihe. Dann heißt

$$R := \begin{cases} \sup \left\{ x \in \mathbb{R} \mid \sum_{k=0}^{\infty} a_k x^k \text{ konvergiert} \right\}, & \text{falls das Supremum existiert,} \\ \infty & \text{sonst} \end{cases}$$

Konvergenzradius der Potenzreihe $\sum_{k=0}^{\infty} a_k x^k$.

Der Konvergenzradius ist ∞ oder es gilt $R \geq 0$, denn für $x = 0$ liegt ja immer Konvergenz vor.

▶ **Satz 15.19** Sei $\sum_{k=0}^{\infty} a_k x^k$ eine Potenzreihe mit Konvergenzradius $R > 0$. Dann konvergiert die Reihe für alle für alle $x \in \mathbb{R}$ mit $|x| < R$ absolut.

Wir können diese Aussage auf das Majorantenkriterium in Satz 13.20 zurückführen: Sei x mit $|x| < R$ gegeben. Da R das Supremum der Elemente ist, für welche die Reihe konvergiert, muss es ein x_0 geben mit $|x| < x_0 < R$, so dass $\sum_{k=0}^{\infty} a_k x_0^k$ konvergiert. Dann ist nach Satz 13.15 die Zahlenfolge $a_k x_0^k$ eine Nullfolge und damit auch beschränkt. Sei zum Beispiel $|a_k x_0^k| < M$. Es folgt:

$$|a_k x^k| = |a_k x_0^k| \frac{|x^k|}{|x_0^k|} \leq M \cdot \left| \frac{x}{x_0} \right|^k = M \cdot q^k, \quad q < 1.$$

Die Reihe $\sum_{k=0}^{\infty} M q^k = M \sum_{k=0}^{\infty} q^k$ ist als geometrische Reihe konvergent, sie stellt also eine Majorante für die untersuchte Reihe dar, die damit absolut konvergent ist. □

Man kann übrigens auch nachweisen, dass für alle x mit $|x| > R$ Divergenz vorliegt. Für die Randpunkte des Intervalls $[-R, R]$ ist keine Aussage möglich: In den Punkten $x = \pm R$ kann sowohl Konvergenz als auch Divergenz vorliegen, wie Sie am Beispiel 3 von vorhin sehen konnten. Für den Konvergenzbereich einer Potenzreihe mit Konvergenzradius $R > 0$ sind also alle folgenden Mengen möglich: $[-R, R]$, $]-R, R[$, $[-R, R[$, $]-R, R]$.

Beispiele 1, 4 und 5 haben Konvergenzradius unendlich, Beispiele 2 und 3 haben den Konvergenzradius 1. Manchmal lässt sich der Konvergenzradius einer Potenzreihe mit Hilfe des Quotientenkriteriums einfach berechnen:

▶   **Satz 15.20** Es sei $\sum_{k=0}^{\infty} a_k x^k$ eine Potenzreihe und seien zumindest ab einem bestimmten Index alle a_k von 0 verschieden. Falls der folgende Grenzwert in $\mathbb{R} \cup \{\infty\}$ existiert, so gilt für den Konvergenzradius:

$$R = \lim_{k \to \infty} \left| \frac{a_k}{a_{k+1}} \right|.$$

Rechnen wir den Fall $R < \infty$ aus: Dann ist

$$\lim_{k \to \infty} \left| \frac{a_{k+1} x^{k+1}}{a_k x^k} \right| = \lim_{k \to \infty} \left| \frac{a_{k+1}}{a_k} \right| |x| = \frac{1}{R} |x|.$$

Nach dem Quotientenkriterium liegt jedenfalls dann Konvergenz vor, wenn $|x|/R < 1$, also wenn $|x| < R$ ist, und Divergenz für $|x| > R$. Führen Sie den Fall $R = \infty$ bitte selbst durch!   □

An den Beispielen 1, 2 und 3 können Sie diese Regel ausprobieren, auf die trigonometrischen Reihen ist das Verfahren zumindest nicht direkt anwendbar. Sehen Sie warum?

Ist R der Konvergenzradius einer Potenzreihe, so stellt also

$$f :]-R, R[\to \mathbb{R}, \quad x \mapsto \sum_{k=0}^{\infty} a_k x^k$$

eine reelle Funktion dar. Diese hat erstaunlich gute Eigenschaften:

▶   **Satz 15.21** Ist $\sum_{k=0}^{\infty} a_k x^k$ eine Potenzreihe mit Konvergenzradius $R > 0$, so ist die Funktion $f(x) = \sum_{k=0}^{\infty} a_k x^k$ im Intervall $]-R, R[$ stetig und differenzierbar.

Die Potenzreihe $\sum_{k=1}^{\infty} k a_k x^{k-1}$ hat ebenfalls den Konvergenzradius R und stellt im offenen Intervall $]-R, R[$ die Ableitung der Funktion f dar.

Das heißt, man kann eine Potenzreihe gliedweise differenzieren, genau wie ein Polynom.

Der Beweis dieses Satzes ist schwierig, er verwendet Eigenschaften über Reihen und Funktionen, die ich Ihnen nicht vorgestellt habe. Ich kann den Satz daher nur zitieren. Glücklicherweise ist er einfach anzuwenden. Ich zeige Ihnen zwei

Beispiele

1. Das erste Ergebnis kennen wir schon, es wäre schlimm, wenn jetzt etwas anderes heraus käme:

$$(e^x)' = \sum_{k=0}^{\infty} \frac{x^k}{k!} = \sum_{k=1}^{\infty} \frac{k x^{k-1}}{k!} = \sum_{k=1}^{\infty} \frac{x^{k-1}}{(k-1)!} = \sum_{k=0}^{\infty} \frac{x^k}{k!} = e^x.$$

2. Das zweite Beispiel ist trickreich, aber hier erhalten wir etwas wirklich Neues: Es sei $|x| < 1$. Dann ist

$$\left(\sum_{k=1}^{\infty} \frac{1}{k} x^k \right)' = \sum_{k=1}^{\infty} \frac{k}{k} x^{k-1} = \sum_{k=1}^{\infty} x^{k-1} = \sum_{k=0}^{\infty} x^k = \frac{1}{1-x}.$$

Andererseits können wir $(\ln(1-x))' = -\frac{1}{1-x}$ mit Hilfe der Kettenregel berechnen. Wir sehen also, dass $\sum_{k=1}^{\infty} \frac{1}{k} x^k$ und $-\ln(1-x)$ die gleiche Ableitung haben. Damit unterscheiden sich die Funktionen nur um eine Konstante c: $\sum_{k=1}^{\infty} \frac{1}{k} x^k = -\ln(1-x) + c$. Setzen wir links und rechts für x die Zahl 0 ein, erhalten wir $0 = c$ und jetzt haben wir eine Reihendarstellung für den Logarithmus erhalten:

$$\ln(1-x) = \sum_{k=1}^{\infty} \frac{-1}{k} x^k \quad \text{für } |x| < 1. \blacktriangleleft$$

Wir haben früher schon gesehen, dass Reihenentwicklungen wichtig sind um Funktionswerte konkret zu berechnen. Leider ist die jetzt gefundene Reihe für den Logarithmus sehr schlecht konvergent und für effiziente Berechnungen unbrauchbar. Wir werden die Darstellung aber bald verbessern, siehe Beispiel 2 nach Satz 15.24.

15.3 Taylorreihen

Das Ziel dieses Abschnitts ist es, möglichst viele Funktionen durch Potenzreihen anzunähern, so wie uns dies gerade für den Logarithmus gelungen ist. Dabei untersuchen wir die Funktionen nur an einer bestimmten Stelle x_0, wir wollen also nur eine lokale Annäherung finden.

Abb. 15.13 Approximationen

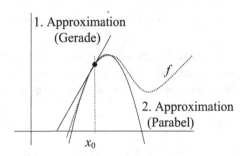

Erinnern wir uns, dass durch die Tangente einer Funktion an der Stelle x_0 eine Approximation an die Funktion gegeben war (vergleiche Satz 15.2):

$$f(x) = f(x_0) + f'(x_0)(x - x_0) + F_1.$$

Der Fehler F_1 geht dabei gegen 0, wenn x gegen x_0 geht, ja sogar $F_1/(x - x_0)$ geht noch gegen 0. Es besteht die Hoffnung, mit Polynomen höherer Ordnung in der Nähe von x_0 eine noch bessere Approximation zu erreichen (Abb. 15.13):

$$f(x) = f(x_0) + f'(x_0)(x - x_0) + A_2(x - x_0)^2 + F_2,$$
$$f(x) = f(x_0) + f'(x_0)(x - x_0) + A_2(x - x_0)^2 + A_3(x - x_0)^3 + F_3.$$

Dabei wünschen wir uns, dass F_2 noch schneller gegen 0 geht als F_1, F_3 schneller als F_2 und so weiter. Die Frage ist: Können wir solche A_i und F_i bestimmen?

Gehen wir zunächst einmal davon aus, dass $x_0 = 0$ ist, dass f in einer Umgebung von 0 unendlich oft differenzierbar ist und dass es eine Potenzreihe gibt, die f in einer Umgebung von 0 darstellt:

$$f(x) = a_0 + a_1 x + a_2 x^2 + \cdots = \sum_{k=0}^{\infty} a_k x^k.$$

In diesem Fall haben wir unsere gesuchte Approximation schon gegeben. Als Potenzreihe lässt sich f in dieser Umgebung beliebig oft differenzieren und wir können die Ableitungen von f durch Ableiten der Summanden bestimmen:

$$f'(x) = a_1 + 2a_2 x + 3a_3 x^2 + 4a_4 x^3 + \cdots \qquad \Rightarrow \qquad f'(0) = a_1,$$
$$f''(x) = 2 \cdot a_2 + 2 \cdot 3 \cdot a_3 x + 3 \cdot 4 \cdot a_4 x^2 + \cdots \qquad \Rightarrow \qquad f''(0) = 2a_2,$$
$$f'''(x) = 2 \cdot 3 \cdot a_3 + 2 \cdot 3 \cdot 4 \cdot a_4 x + \cdots \qquad \Rightarrow \qquad f'''(0) = 2 \cdot 3 \cdot a_3,$$
$$f^{(4)}(x) = 2 \cdot 3 \cdot 4 \cdot a_4 + \cdots \qquad \Rightarrow \qquad f^{(4)}(0) = 2 \cdot 3 \cdot 4 \cdot a_4.$$

Führen wir diese Rechnung fort, so erhalten wir für die Koeffizienten a_k:

$$a_k = \frac{f^{(k)}(0)}{k!}.$$

Unter bestimmten Voraussetzungen lässt sich also eine Funktion f in eine Potenzreihe „entwickeln":

$$f(x) = \sum_{k=0}^{\infty} \frac{f^{(k)}(0)}{k!} x^k = f(0) + f'(0)x + \frac{f''(0)}{2!} x^2 + \cdots.$$

Die Probleme, die wir in diesem Zusammenhang zu lösen haben, sind die folgenden:

- Wie sind die Voraussetzungen genau?
- Wenn die Entwicklung nicht exakt gilt, kann man die Funktion dann wenigstens annähern?
- Was können wir über Funktionen aussagen, die nicht unendlich oft differenzierbar sind?

▶ **Satz 15.22** Sei die Funktion f im Intervall I $(n + 1)$-mal differenzierbar, $x, x_0 \in I$. Dann gilt:

$$f(x) = f(x_0) + \frac{f'(x_0)}{1!}(x - x_0) + \frac{f''(x_0)}{2!}(x - x_0)^2 + \cdots$$
$$+ \frac{f^{(n)}(x_0)}{n!}(x - x_0)^n + R_n(x - x_0).$$

Dabei ist für ein ϑ zwischen x und x_0:

$$R_n(x - x_0) = \frac{f^{(n+1)}(\vartheta)}{(n + 1)!}(x - x_0)^{n+1}. \tag{15.3}$$

R_n ist abhängig von $x - x_0$, wir lesen also „R_n von $(x - x_0)$", nicht etwa „R_n mal $(x - x_0)$".

▶ **Definition 15.23** In Satz 15.22 heißt

$$j_{x_0}^n(f)(x - x_0) := f(x_0) + \frac{f'(x_0)}{1!}(x - x_0) + \frac{f''(x_0)}{2!}(x - x_0)^2 + \cdots$$
$$+ \frac{f^{(n)}(x_0)}{n!}(x - x_0)^n$$

das *Taylorpolynom n-ter Ordnung* oder *n-tes Taylorpolynom* oder *n-Jet* von f in x_0. Der Term $R_n(x - x_0)$ heißt *n-tes Restglied* des Taylorpolynoms.

Taylorpolynom und Restglied sind abhängig von dem *Entwicklungspunkt* x_0: Verschiebt man diesen Punkt, so erhält man ein anderes Polynom. Das Restglied $R_n(x - x_0)$ gibt gerade den Fehler an, der entsteht, wenn man $f(x)$ durch $j_{x_0}^n(f)(x - x_0)$ ersetzt, denn es ist $f(x) = j_{x_0}^n(f)(x - x_0) + R_n(x - x_0)$.

Eine andere, äquivalente Schreibweise, in der ein n-Jet etwas mehr nach einem Polynom aussieht, erhalten wir, wenn wir, wie schon früher manchmal $x = x_0 + h$ setzen, also $h = x - x_0$. Dann ist

$$f(x_0 + h) = f(x_0) + \frac{f'(x_0)}{1!}h + \frac{f''(x_0)}{2!}h^2 + \cdots + \frac{f^{(n)}(x_0)}{n!}h^n + R_n(h)$$
$$= j_{x_0}^n(f)(h) + R_n(h).$$

Für kleine Werte von h wird also $f(x_0 + h)$ durch $j_{x_0}^n(h)$ angenähert.

Nun aber zum Beweis des Satzes 15.22: Ich führe ihn nur für $n = 1$ durch. Darin steckt aber die vollständige Idee, der allgemeine Fall erfordert nur etwas mehr Schreibarbeit.

Wir berechnen also $R_1 = R_1(x - x_0)$. Zunächst sei $r = \frac{R_1}{(x-x_0)^2}$. Dann ist:

$$f(x) = f(x_0) + f'(x_0)(x - x_0) + r \cdot (x - x_0)^2. \tag{15.4}$$

Daraus konstruieren wir die folgende Funktion h, die zwischen x und x_0 definiert und differenzierbar ist:

$$h(y) := f(x) - f(y) - f'(y)(x - y) - r \cdot (x - y)^2.$$

Wegen (15.4) ist $h(x_0) = 0$. Berechnen Sie $h(x)$: Es löst sich alles in Wohlgefallen auf, auch $h(x) = 0$. Warum das Ganze? Nach dem Mittelwertsatz 15.12 gibt es jetzt ein Element ϑ zwischen x und x_0, mit $h'(\vartheta) = 0$. Berechnen wir die Ableitung von h an der Stelle ϑ:

$$0 = h'(\vartheta)$$
$$= -\cancel{f'(\vartheta)} - f''(\vartheta)(x - \vartheta) - \cancel{f'(\vartheta)(-1)} - r \cdot 2(x - \vartheta)(-1)$$
$$= (-f''(\vartheta) + r \cdot 2)(x - \vartheta)$$

und damit $r = \dfrac{f''(\vartheta)}{2!}$, so dass sich $R_1 = r \cdot (x - x_0)^2 = \dfrac{f''(\vartheta)}{2!}(x - x_0)^2$ ergibt. $\square$

Besonders schön ist, dass das Restglied sehr gut gegen 0 konvergiert, sofern die $(n + 1)$-te Ableitung auch noch stetig ist:

▶   **Satz 15.24** Sei die Funktion f im Intervall I $(n + 1)$-mal stetig differenzierbar, $x, x_0 \in I$. Dann gilt in der Taylorentwicklung von f für das n-te Restglied:

$$R_n(x - x_0) = \varphi_n(x - x_0) \cdot (x - x_0)^n \quad \text{mit} \lim_{x \to x_0} \varphi_n(x - x_0) = 0.$$

Zum Beweis: Nach (15.3) ist

$$|\varphi_n(x - x_0)| = \left| \frac{f^{(n+1)}(\vartheta)}{(n + 1)!}(x - x_0) \right|.$$

Die $(n + 1)$-te Ableitung $f^{(n+1)}$ ist stetig und nimmt daher zwischen x und x_0 Minimum und Maximum an, wir können den Betrag durch eine Zahl C nach oben abschätzen und erhalten

$$|\varphi_n(x - x_0)| \leq \left| \frac{C}{(n + 1)!}(x - x_0) \right|,$$

und damit $\lim\limits_{x \to x_0} \varphi_n(x - x_0) = 0.$ $\qquad\qquad\qquad\qquad\qquad\qquad\qquad$ $\square$

Wenn x gegen x_0 geht, so konvergiert also das Restglied R_n stärker gegen 0 als die n-te Potenz von $(x - x_0)$. Dazu sagt man auch „f und sein Taylorpolynom stimmen im Punkt x_0 in n-ter Ordnung überein".

Für unendlich oft differenzierbare Funktionen können wir nicht nur ein Taylorpolynom aufstellen, sondern formal eine ganze Reihe hinschreiben:

▶ **Definition 15.25** Ist f im Intervall I unendlich oft differenzierbar und sind $x, x_0 \in I$, dann heißt die Reihe

$$j_{x_0}(f)(x - x_0) := \sum_{k=0}^{\infty} \frac{f^{(k)}(x_0)}{k!}(x - x_0)^k$$

die *Taylorreihe* von f im Punkt x_0.

Ersetzen Sie $x - x_0$ wieder durch h, so erkennen Sie, dass die Taylorreihe nichts anderes als eine Potenzreihe ist.

▶ **Satz 15.26** Die Taylorreihe der Funktion f konvergiert genau dann an der Stelle $(x - x_0)$ gegen $f(x)$, wenn für die Folge der Restglieder gilt: $\lim_{n \to \infty} R_n(x - x_0) = 0$. In diesem Fall ist

$$f(x) = \sum_{k=0}^{\infty} \frac{f^{(k)}(x_0)}{k!}(x - x_0)^k.$$

Dieses Ergebnis ist nach unserem bisherigen Wissen nicht sehr tiefschürfend. Natürlich muss man untersuchen, wie sich das Restglied für immer größere n verhält, um die Konvergenz der Reihe zu beurteilen. Leider können nun hier alle denkbaren Fälle auftreten, so zum Beispiel:

- Die Taylorreihe von f divergiert überall, außer für $x = x_0$.
- Die Taylorreihe konvergiert, aber nicht gegen die Funktion f.
- Die Taylorreihe konvergiert gegen f.

Beachten Sie den subtilen aber wesentlichen Unterschied zwischen den beiden Ausdrücken

$$\lim_{x \to x_0} R_n(x - x_0) \quad \text{und} \quad \lim_{n \to \infty} R_n(x - x_0). \tag{15.5}$$

Der erste Ausdruck in (15.5) konvergiert nach Satz 15.24 immer gegen 0. Hält man jedoch die Zahl $x \neq x_0$ fest, so muss die Folge R_n der Restglieder nicht gegen 0 gehen, wenn n größer wird. In solchen Fällen stellt die Taylorreihe der Funktion f nicht die Funktion f dar.

Nun aber endlich zu Anwendungen der Theorie.

Beispiele

1. Das Taylorpolynom für den Logarithmus in der Nähe von 1 lautet

$$\ln(1 + h) = \sum_{k=0}^{n} \frac{\ln^{(k)}(1)}{k!} h^k + R_n(h).$$

Die Ableitungen sind:

$$\ln'(x) = x^{-1},$$
$$\ln''(x) = -x^{-2},$$
$$\ln^{(3)}(x) = 2x^{-3},$$
$$\ln^{(4)}(x) = -2 \cdot 3 \cdot x^{-4},$$
$$\vdots$$
$$\ln^{(k)}(x) = (-1)^{k+1}(k - 1)! x^{-k},$$

damit ist für $k > 0$: $\ln^{(k)}(1) = (-1)^{k+1}(k - 1)!$. Wegen $\ln(1) = 0$ erhalten wir schließlich:

$$\ln(1 + h) = \sum_{k=1}^{n} \frac{(-1)^{k+1}}{k} h^k + R_n(h)$$

$$= h - \frac{1}{2}h^2 + \frac{1}{3}h^3 - \frac{1}{4}h^4 + \cdots \pm \frac{1}{n}h^n + R_n(h).$$

Für das Restglied gilt nach Satz 15.22:

$$|R_n(h)| = \left| \frac{\ln^{(n+1)}(\vartheta)}{(n + 1)!} h^{n+1} \right| = \left| \frac{(-1)^n n! \vartheta^{-(n+1)}}{(n + 1)!} h^{n+1} \right| = \frac{1}{n + 1} \cdot \left| \frac{1}{\vartheta^{n+1}} \right| \cdot |h^{n+1}|$$

für ein Element ϑ zwischen 1 und $1 + h$. Zumindest für $0 < h < 1$ sieht man, dass $1/\vartheta^{n+1}$ und h^{n+1} immer kleiner als 1 sind und daher die Folge $R_n(h)$ gegen 0 konvergiert, wenn auch sehr langsam. Mit etwas mehr Mühe kann man nachrechnen, dass auch für $-1 < h \leq 0$ Konvergenz vorliegt. Die Taylorreihe konvergiert also gegen den Logarithmus und wir haben eine neue Potenzreihendarstellung gefunden: Für $|h| < 1$ ist

$$\ln(1 + h) = \sum_{k=1}^{\infty} \frac{(-1)^{k+1}}{k} h^k.$$

In Beispiel 2 nach Satz 15.21 hatten wir eine ganz ähnliche Potenzreihe gefunden: Für $|h| < 1$ galt:

$$\ln(1 - h) = \sum_{k=1}^{\infty} \frac{-1}{k} h^k.$$

Wenn Sie h durch $-h$ ersetzen, sehen Sie, dass es sich dabei eigentlich sogar um die gleiche Reihenentwicklung handelt, die wir dort auf ganz andere Art gewonnen haben.

Zur praktischen Berechnung des Logarithmus zaubern wir aus diesen beiden schlecht konvergenten Reihen eine besser konvergente, mit deren Hilfe wir noch dazu für alle $x > 0$ den Logarithmus bestimmen können: Für alle h mit $|h| < 1$ ist

$$\ln\left(\frac{1+h}{1-h}\right) = \ln(1+h) - \ln(1-h) = \sum_{k=1}^{\infty} \frac{(-1)^{k+1}}{k} h^k - \sum_{k=1}^{\infty} \frac{-1}{k} h^k$$

$$= 2\left(h + \frac{h^3}{3} + \frac{h^5}{5} + \cdots\right) = 2\sum_{k=0}^{\infty} \frac{h^{2k+1}}{2k+1}.$$

Allerdings nimmt für $|h|$ in der Nähe von 1 die Konvergenzgeschwindigkeit wieder deutlich ab. Warum kann man mit dieser Reihe für alle $x > 0$ den Logarithmus bestimmen? Dies folgt aus der Tatsache, dass die Abbildung

$$]-1, 1[\to \mathbb{R}^+, \quad h \mapsto \frac{1+h}{1-h} = x$$

bijektiv ist. Dies können Sie selbst nachrechnen.

2. Untersuchen wir die Funktion $f(x) = x^\alpha$ für $x > 0$ und $\alpha \in \mathbb{R}$. Die Ableitungen sind

$$f'(x) = \alpha x^{\alpha-1},$$
$$f''(x) = \alpha(\alpha - 1)x^{\alpha-2},$$

$$\vdots$$

$$f^{(k)}(x) = \alpha(\alpha - 1)\cdots(\alpha - k + 1)x^{\alpha-k}.$$

Nun bestimmen wir das Taylorpolynom im Entwicklungspunkt $x_0 = 1$. Wir erhalten:

$$(1 + h)^\alpha = f(1)h^0 + \sum_{k=1}^{n} \frac{\alpha(\alpha - 1) \cdots (\alpha - k + 1)}{k!} h^k + R_n(h).$$

Für den Bruch hinter dem Summenzeichen führen wir die Abkürzung

$$\binom{\alpha}{k} := \frac{\alpha(\alpha - 1) \cdots (\alpha - k + 1)}{k!}$$

ein. Wir nennen diesen Ausdruck den *allgemeinen Binomialkoeffizienten* und sagen dafür „α über k“. Setzen wir noch $\binom{\alpha}{0} := 1$ fest, so ist

$$(1 + h)^\alpha = \sum_{k=0}^{n} \binom{\alpha}{k} h^k + R_n(h).$$

Man kann mit etwas Aufwand zeigen, dass für $|h| < 1$ die Folge der Restglieder gegen 0 konvergiert, für diese h ist also

$$(1 + h)^\alpha = \sum_{k=0}^{\infty} \binom{\alpha}{k} h^k. \tag{15.6}$$

Kommt Ihnen das bekannt vor? Für $\alpha \in \mathbb{N}$ erhalten Sie genau den Binomialsatz 4.8, den wir in Abschn. 4.1 hergeleitet haben: Für $k > n$ wird der Binomialkoeffizient dann nämlich immer 0 und (15.6) wird zu einer endlichen Summe, die beim Term n endet. Die Reihe aus (15.6) heißt daher *binomische Reihe*. Sie kann zum Beispiel verwendet werden um Näherungswerte für Wurzeln zu bestimmen:

$$\sqrt{1 + h} = \sum_{k=0}^{2} \binom{\frac{1}{2}}{k} h^k + R_2(h) = 1 + \frac{h}{2} - \frac{h^2}{8} + \binom{\frac{1}{2}}{3} \vartheta^{1/2 - 3} h^3.$$

für ein ϑ zwischen 1 und $1 + h$. Nehmen wir etwa $|h| \leq 1/2$. Dann ist der Fehler maximal, wenn $\vartheta = 1/2$ (möglichst klein) und $|h| = 1/2$ (möglichst groß) ist. $\binom{\frac{1}{2}}{3}$ hat den Wert $1/16$, und damit ist $|R_2(h)| < (1/16) \cdot 5.66 \cdot (1/8) \approx 0.044$. Die Summe $1 + h/2 - h^2/8$ stellt also in diesem Bereich eine ganz brauchbare Annäherung an $\sqrt{1 + h}$ dar.

3. Aus der Physik kennen Sie vielleicht den Satz, dass der Ort eines gleichförmig beschleunigten Teilchens für alle Zeiten festgelegt ist, wenn man zu einem bestimmten Zeitpunkt t_0 den Ort, die Geschwindigkeit und die Beschleunigung des

Teilchens kennt. Warum ist das so? Bezeichnen wir den Ort zum Zeitpunkt t mit $s(t)$, dann ist die Geschwindigkeit $v(t) = s'(t)$ und die Beschleunigung $b(t) = v'(t) = s''(t)$. „Gleichförmig beschleunigt" soll heißen, dass alle höheren Ableitungen verschwinden: Die Beschleunigung ändert sich nicht. Wenn wir jetzt das Taylorpolynom für die Funktion s aufstellen, erhalten wir:

$$s(t_0 + h) = s(t_0) + v(t_0)h + \frac{1}{2}b(t_0)h^2 + 0.$$

Das Taylorpolynom endet nach dem dritten Term und stellt für alle $h \in \mathbb{R}$ die Funktion s dar. ◄

Wenn Sie dieses Beispiel genau anschauen, stellen Sie fest, dass s, v und b gar keine reellen Funktionen sind; der Ort eines Teilchens besteht ja aus drei Raumkomponenten, ebenso haben v und b bestimmte Richtungen: Die Funktionen haben als Wertebereich den $\mathbb{R}^3$. Das macht aber nichts, x-, y- und z-Komponente der Funktionen sind reelle Funktionen, auf die wir alle unsere Sätze anwenden können.

15.4 Differenzialrechnung von Funktionen mehrerer Veränderlicher

Wir untersuchen jetzt reellwertige Funktionen mehrerer Veränderlicher, also Funktionen $f: U \to \mathbb{R}$, wobei U eine Teilmenge des $\mathbb{R}^n$ ist. Die Theorie der Funktionen mehrerer Veränderlicher ist eine umfangreiche und wichtige Disziplin der Mathematik, die ich hier nur ganz am Rande ankratzen kann. Einige grundlegende Resultate der Differenzialrechnung solcher Funktionen möchte ich im Folgenden vorstellen, die meisten davon ohne Beweise.

Wir können unsere Kenntnisse über die Differenzialrechnung von Funktionen einer Veränderlichen verwenden, wenn wir die partiellen Funktionen untersuchen: Zu einem Punkt $(a_1, a_2, \ldots, a_n)$ im Innern des Definitionsbereichs gibt es n partielle Funktionen, die durch diesen Punkt gehen. Wenn wir diese partiellen Funktionen ableiten, so erhalten wir den Anstieg der Funktion in diesem Punkt in die verschiedenen Koordinatenrichtungen. Um zu gewährleisten, dass man sich an einen Punkt a aus dem Definitionsbereich U der Funktion f aus allen Koordinatenrichtungen annähern kann, nehmen wir der Einfachheit halber im Folgenden die Menge U immer als eine offene Teilmenge des $\mathbb{R}^n$ an.

► **Definition 15.27** Es sei $U \subset \mathbb{R}^n$ eine offene Menge, $f: U \to \mathbb{R}$ eine Funktion und $a = (a_1, \ldots, a_n) \in \mathbb{R}^n$. Falls die Ableitung der partiellen Funktion

$$f_i: x_i \mapsto f(a_1, \ldots, a_{i-1}, x_i, a_{i+1}, \ldots, a_n)$$

an der Stelle $x_i = a_i$ existiert, so heißt $f_i'(x_i)$ die *partielle Ableitung* von f nach x_i an der Stelle a und wird bezeichnet mit

$$\frac{\partial f}{\partial x_i}(a) \quad \text{oder} \quad \frac{\partial}{\partial x_i} f(a).$$

f heißt *partiell differenzierbar*, wenn die partiellen Ableitungen von f für alle $a \in U$ existieren, und stetig partiell differenzierbar, wenn diese partiellen Ableitungen alle stetig sind.

Ist die Funktion f in jedem Punkt $x \in U$ nach der Variablen x_i partiell differenzierbar, so ist die Ableitung $\frac{\partial f}{\partial x_i} : x \mapsto \frac{\partial f}{\partial x_i}(x)$ selbst wieder eine Funktion von U nach $\mathbb{R}$, kann also gegebenenfalls wieder partiell differenziert werden, auch nach anderen Variablen als nach x_i.

Die zweiten partiellen Ableitungen einer Funktion f von n Veränderlichen werden bezeichnet mit

$$\frac{\partial^2 f}{\partial x_i \partial x_j}(x) := \frac{\partial}{\partial x_i}\left(\frac{\partial f}{\partial x_j}\right)(x), \quad \frac{\partial^2 f}{\partial x_i^2}(x) := \frac{\partial}{\partial x_i}\left(\frac{\partial f}{\partial x_i}\right)(x),$$

entsprechend die höheren Ableitungen mit

$$\frac{\partial^k}{\partial x_{i_1} \partial x_{i_2} \dots \partial x_{i_k}} f(x) := \frac{\partial}{\partial x_{i_1}} \frac{\partial}{\partial x_{i_2}} \cdots \frac{\partial}{\partial x_{i_k}} f(x).$$

Die Reihenfolge der Indizes ist in der Literatur nicht ganz einheitlich: Bei mir heißt $\frac{\partial^2 f}{\partial x_i \partial x_j}$, dass erst nach j, dann nach i abgeleitet wird. Manchmal wird es auch umgekehrt interpretiert. Gleich werden Sie sehen, dass Sie sich darüber in der Regel keine Gedanken machen müssen.

Beispiele

1. Es sei $f(x, y) = x^2 + y^2$. Dann ist $\frac{\partial f}{\partial x}(x, y) = 2x$, $\frac{\partial f}{\partial y}(x, y) = 2y$. Die zweiten partiellen Ableitungen lauten $\frac{\partial^2 f}{\partial x^2} = 2 = \frac{\partial^2 f}{\partial y^2}$, $\frac{\partial^2 f}{\partial x \partial y} = 0 = \frac{\partial^2 f}{\partial y \partial x}$.

2. Sei $f(x, y) = x^2 y^3 + y \ln x$. Dann ist

$$\frac{\partial f}{\partial x} = 2xy^3 + \frac{y}{x}, \qquad \frac{\partial f}{\partial y} = 3x^2 y^2 + \ln x,$$

$$\frac{\partial^2 f}{\partial x^2} = 2y^3 - \frac{y}{x^2}, \qquad \frac{\partial^2 f}{\partial x \partial y} = 6xy^2 + \frac{1}{x} = \frac{\partial^2 f}{\partial y \partial x}, \qquad \frac{\partial^2 f}{\partial y^2} = 6x^2 y. \quad \blacktriangleleft$$

Die gemischten zweiten partiellen Ableitungen stimmen jeweils überein. Wenn Sie ein paar Beispiele rechnen, stellen Sie fest, dass das kein Zufall ist. Es gilt die verblüffende Aussage:

▶ **Satz 15.28** Für jede zweimal stetig partiell differenzierbare Funktion $f : U \to \mathbb{R}$ gilt für alle $i, j = 1, \dots, n$:

$$\frac{\partial^2 f}{\partial x_i \partial x_j} = \frac{\partial^2 f}{\partial x_j \partial x_i}.$$

Der Beweis dazu besteht aus einer trickreichen mehrfachen Anwendung des Mittel-
wertsatzes der Differenzialrechnung.

Im Gegensatz zu Funktionen einer Veränderlichen folgt aus der partiellen Differenzierbarkeit einer Funktion noch nicht die Stetigkeit der Funktion selbst. Dazu müssen die
partiellen Ableitungen auch noch alle stetig sein:

▶   **Satz 15.29** Ist $f : U \to \mathbb{R}$ stetig partiell differenzierbar, so ist f auch stetig.

▶   **Definition 15.30** Ist f in a partiell differenzierbar, so heißt der Vektor

$$\operatorname{grad} f(a) = \left(\frac{\partial f}{\partial x_1}(a), \frac{\partial f}{\partial x_2}(a), \dots, \frac{\partial f}{\partial x_n}(a) \right)$$

der *Gradient* von f im Punkt a.

Ist f in einer ganzen offenen Menge U partiell differenzierbar, so stellt grad eine Funktion von U nach $\mathbb{R}^n$ dar.

Auch hierzu ein Beispiel: Ist $f(x, y, z) = e^{x+2y} + 2x \sin z + z^2 xy$, so ist

$$\operatorname{grad} f(x, y, z) = (e^{x+2y} + 2 \sin z + z^2 y, 2e^{x+2y} + z^2 x, 2x \cos z + 2zxy).$$

Extremwerte

Mit Hilfe der partiellen Ableitungen lassen sich lokale Extremwerte bestimmen. Zunächst
die Definition, die analog zum eindimensionalen Fall formuliert werden kann:

▶   **Definition 15.31** Sei $U \subset \mathbb{R}^n$ offen und $f : U \to \mathbb{R}$ eine Funktion. $a \in U$
heißt *lokales Maximum* (beziehungsweise *Minimum*) von f, wenn es eine
Umgebung $U_\varepsilon(a)$ gibt, so dass für alle $x \in U_\varepsilon(a) \setminus \{a\}$ gilt $f(x) < f(a)$
(beziehungsweise $f(x) > f(a)$). Ein lokales Minimum oder Maximum heißt
lokaler Extremwert.

▶   **Satz 15.32** Sei $U \subset \mathbb{R}^n$ offen und $f : U \to \mathbb{R}$ partiell differenzierbar. Dann
gilt für jeden lokalen Extremwert $a \in U$: $\operatorname{grad} f(a) = 0$.

Denn die partiellen Funktionen $f_i(a_1, a_2, \dots, x_i, \dots, a_n)$ haben an der Stelle $x_i = a_i$
natürlich auch einen lokalen Extremwert und daher muss für alle i gelten $\frac{\partial f}{\partial x_i}(a_i) = 0$. □

Ein Punkt $a \in \mathbb{R}^n$ heißt *stationärer Punkt*, wenn $\operatorname{grad} f(a) = 0$ ist. Ein solcher Punkt
muss nicht unbedingt ein Maximum oder Minimum sein, wie Sie in Abb. 15.14 sehen,
welche die Funktion $x^2 - y^2$ darstellt. In dieser Funktion haben die partiellen Funktionen

Abb. 15.14 Ein Sattelpunkt

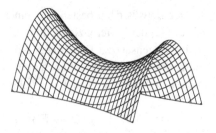

durch $(0, 0)$ in x-Richtung ein Maximum, in y-Richtung ein Minimum. Daher sind beide partiellen Ableitungen gleich 0. Ein solcher Punkt wird *Sattelpunkt* genannt.

Um zu entscheiden, ob ein Minimum oder ein Maximum vorliegt, müssen wieder die zweiten Ableitungen zu Rate gezogen werden. Von diesen gibt es jetzt allerdings mehr als eine:

▶ **Definition 15.33** Ist $f : U \to \mathbb{R}$ in $a \in U$ zweimal stetig partiell differenzierbar, so bilden die zweiten partiellen Ableitungen eine Matrix

$$
H_f(a) := \begin{pmatrix} \frac{\partial^2 f}{\partial x_1 \partial x_1}(a) & \cdots & \frac{\partial^2 f}{\partial x_1 \partial x_n}(a) \\ \vdots & \ddots & \vdots \\ \frac{\partial^2 f}{\partial x_n \partial x_1}(a) & \cdots & \frac{\partial^2 f}{\partial x_n \partial x_n}(a) \end{pmatrix}.
$$

Diese Matrix heißt *Hesse-Matrix* von f im Punkt a.

Um Extremwerte zu analysieren muss die Hesse-Matrix untersucht werden. Im Allgemeinen ist das schwierig, für den Fall von zwei Veränderlichen kann man jedoch noch ein einfaches Kriterium aufschreiben:

▶ **Satz 15.34** Sei $a = (a_1, a_2)$ ein stationärer Punkt der Funktion $f : U \to \mathbb{R}$, $U \subset \mathbb{R}^2$, das heißt grad $f(a) = 0$. Dann gilt:

a) Ist $\det(H_f(a)) > 0$ und $\dfrac{\partial^2 f}{\partial x_1{}^2}(a) < 0$, so liegt in a ein Maximum vor.

b) Ist $\det(H_f(a)) > 0$ und $\dfrac{\partial^2 f}{\partial x_1{}^2}(a) > 0$, so liegt in a ein Minimum vor.

c) Ist $\det(H_f(a)) < 0$, so ist a kein Extremwert.

d) Ist $\det(H_f(a)) = 0$, so ist keine Entscheidung möglich.

Hat die Funktion f mehr als zwei Veränderliche, so muss man auch noch Unterdeterminanten der Hesse-Matrix untersuchen.

Beispiele

1. Es sei $f(x, y) = x^2 + y^2$ das Paraboloid. Es ist grad $f(0,0) = (0,0)$ und
$H_f(0,0) = \begin{pmatrix} 2 & 0 \\ 0 & 2 \end{pmatrix}$. Die Determinante ist größer als 0 und $\frac{\partial^2 f}{\partial x^2} = 2 > 0$, also liegt in $(0,0)$ ein Minimum vor, was uns nicht sehr überrascht.

2. Es sei $f(x, y) = y^3 - 3x^2 y$. Wieder ist grad $f(0,0) = (0,0)$, und die Berechnung der zweiten Ableitungen ergibt $H_f(x, y) = \begin{pmatrix} -6y & -6x \\ -6x & 6y \end{pmatrix}$, also $\det(H_f(0,0)) = 0$, wir können in diesem Fall keine Entscheidung über die Art des stationären Punktes treffen. ◄

Die Regressionsgerade

Als Anwendung der Extremwertbestimmung möchte ich die *Regressionsgerade* durch eine Anzahl von Punkten berechnen. Häufig werden funktionale technische, physikalische oder wirtschaftliche Zusammenhänge zwischen verschiedenen Größen empirisch gewonnen, zum Beispiel durch Experimente oder durch Stichproben. In vielen Fällen versucht man die gewonnenen Messwerte durch eine Gerade zu approximieren. Ein einfaches Beispiel: In einer Feder ist die Dehnung proportional zur wirkenden Kraft. Hängt man an die Feder verschiedene Gewichte und misst jeweils die Ausdehnung, so müssen sich die Messpunkte durch eine Gerade verbinden lassen, der Anstieg dieser Geraden ergibt genau den Proportionalitätsfaktor, die Federkonstante. Auf Grund von Messfehlern liegen die Punkte nicht exakt auf einer Geraden, gesucht ist die Gerade, die am besten durch die Punkte gelegt werden kann.

Das Kriterium dafür lautet: Die Summe der quadratischen Abweichungen der Punkte von der Geraden soll minimal sein. Die Quadrate werden gewählt, um für alle Abweichungen positive Werte zu erhalten. Streng genommen wird nur die Abweichung der y-Komponenten der Punkte (x_i, y_i) von der Geraden minimiert. Die Gerade findet man durch die Berechnung des Extremwertes einer Funktion zweier Veränderlicher:

Gegeben seien die n Messpunkte (x_i, y_i), die Gerade hat die Form $y = ax + b$, die Abweichung des i-ten Messpunktes von der Geraden ist $ax_i + b - y_i$, siehe Abb. 15.15. Die Geradenparameter a, b sind unbekannt, sie müssen so bestimmt werden, dass die Funktion

$$F(a,b) = \sum_{i=1}^{n} (ax_i + b - y_i)^2$$

Abb. 15.15 Die Regressionsgerade

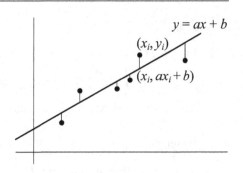

minimal wird. F ist eine Funktion zweier Variabler, wir können also Satz 15.34 anwenden. Etwas ungewohnt ist, dass auf einmal die x_i und y_i konstant sind und a und b variabel, das soll uns aber nicht stören. Suchen wir zunächst nach stationären Punkten. Notwendig dazu ist $\frac{\partial F}{\partial a} = 0$, $\frac{\partial F}{\partial b} = 0$. Es ist

$$\frac{\partial F}{\partial a} = \sum_{i=1}^{n} 2(ax_i + b - y_i)x_i = 0,$$

$$\frac{\partial F}{\partial b} = \sum_{i=1}^{n} 2(ax_i + b - y_i)1 = 0.$$

Nach a und b sortiert und durch 2 dividiert erhalten wir die Gleichungen

$$\left(\sum_{i=1}^{n} x_i{}^2\right)a + \left(\sum_{i=1}^{n} x_i\right)b = \sum_{i=1}^{n} y_i x_i,$$

$$\left(\sum_{i=1}^{n} x_i\right)a + \qquad nb = \sum_{i=1}^{n} y_i.$$

Das sind zwei lineare Gleichungen für a und b, die in der Regel genau eine Lösung besitzen. Die Hesse Matrix lautet

$$\begin{pmatrix} \sum_{i=1}^{n} 2x_i{}^2 & \sum_{i=1}^{n} 2x_i \\ \sum_{i=1}^{n} 2x_i & 2n \end{pmatrix},$$

man kann nachrechnen, dass immer $\det(H_f(a)) > 0$ ist. Weiter ist $\frac{\partial^2 F}{\partial a^2} = \sum_{i=2}^{n} 2x_i{}^2 > 0$, es liegt also tatsächlich ein Minimum vor. Zur Berechnung der Regressionsgeraden müssen also die Summen der x_i, der y_i, der x_i^2 und der $x_i y_i$ berechnet werden, mit diesen Koeffizienten wird ein zweidimensionales lineares Gleichungssystem aufgelöst.

15.5 Verständnisfragen und Übungsaufgaben

Verständnisfragen

1. Ist $f: D \to \mathbb{R}$ und $x_0 \in D$, so ist der Differenzenquotient eine Abbildung von $D \setminus \{x_0\} \to \mathbb{R}$. Warum muss hier x_0 aus dem Definitionsbereich herausgenommen werden?

2. Sei $f: [a, b] \to \mathbb{R}$ eine stetige Abbildung. Ist dann f ist im offenen Intervall $]a, b[$ differenzierbar?

3. Sei $f: [a, b] \to \mathbb{R}$ stetig und differenzierbar und für ein $x_0 \in]a, b[$ sei $f'(x_0) = 0$. Hat dann f an der Stelle x_0 einen lokalen Extremwert?

4. Welche Punkte im Definitionsbereich einer stetigen Funktion sind potentielle Kandidaten für Extremwerte?

5. Welche Voraussetzung muss eine Funktion f erfüllen, wenn man eine Taylorreihe dazu aufstellen will?

6. Sei $R_n(x - x_0)$ das Restglied bei der Entwicklung einer Funktion f in eine Taylorreihe. Welcher der beiden folgenden Grenzwerte ist jedenfalls 0?

$$\lim_{n \to \infty} R_n(x - x_0) \quad \text{oder} \quad \lim_{x \to x_0} R_n(x - x_0). \blacktriangleleft$$

Übungsaufgaben

1. Berechnen Sie die Ableitungen von $\sqrt{2x - 1}$, $\cot x$, $\cos^n(x/n)$.

2. Bestimmen Sie die Ableitung der folgenden Funktionen jeweils zweimal:
   a) $(3x + 5x^2 - 1)^2$ nach Produktregel und Kettenregel,
   b) $10/(x^3 - 2x + 5)$ nach Quotientenregel und Kettenregel.

3. An welchen Stellen ist die Funktion $x \mapsto x|\sin x|$ differenzierbar? Begründen Sie warum die Funktion nicht überall differenzierbar ist.

4. Ist die Funktion $x \mapsto x \sin |x|$ im Punkt 0 differenzierbar?

5. Sei $f:]-1, +1[\to \mathbb{R}^+, x \mapsto (1 + x)/(1 - x)$.
   a) Zeigen Sie, dass f bijektiv ist.
   b) Berechnen Sie die erste und zweite Ableitung der Funktion f.

6. Zeigen Sie dass die Funktion $f : \mathbb{R} \setminus \{0\} \to \mathbb{R}$, $x \mapsto \ln|x|$ im gesamten Definitionsbereich differenzierbar ist und berechnen Sie die Ableitung. (Verwenden Sie dazu, dass für $x > 0$ $\ln(x)' = 1/x$ ist.)

7. Berechnen Sie die Ableitung von $\log_a(x)$ mit Hilfe der Aussage, dass $\log_a(x)$ die Umkehrfunktion von a^x ist.

8. Bestätigen Sie das Ergebnis aus Aufgabe 7 mit Hilfe der Aussage $\log_a(x) = \ln(x)/\ln(a)$.

9. Führen Sie mit den beiden folgenden Funktionen eine Kurvendiskussion durch und skizzieren Sie die Funktionen:
    a) $x^3 + 4x^2 - 3x$.
    b) $x^2 \cdot e^{-2x}$.

10. Skizzieren Sie den Graphen einer nicht differenzierbaren Funktion, für die der Mittelwertsatz der Differenzialrechnung nicht gilt.

11. Es sei $f : [0, 4[\to \mathbb{R}$, $x \mapsto \begin{cases} -x + 2 & \text{für } 0 \leq x < 1 \\ -x^2 + 4x - 2 & \text{für } 1 \leq x < 4 \end{cases}$

    Untersuchen Sie, in welchen Punkten die Funktion stetig und differenzierbar ist, und berechnen Sie alle Maxima und Minima der Funktion.

12. Berechnen Sie von den folgenden Potenzreihen die Konvergenzradien:
    a) $\displaystyle\sum_{n=0}^{\infty} \frac{x^n}{2^n}$
    b) $\displaystyle\sum_{n=0}^{\infty} \frac{n^2 x^n}{2n + 1}$
    c) $\displaystyle\sum_{n=0}^{\infty} \frac{x^n}{(2n + 1)!}$

13. Bestimmen Sie für die Funktion $\sqrt{x}$ das Taylorpolynom 3. Ordnung im Punkt $x = 1$. Berechnen Sie damit für $h = 0, 0.5, 1$ einen Näherungswert für $\sqrt{x + h}$. Bestimmen Sie den dabei entstehenden Fehler im Vergleich zum Wert aus dem Taschenrechner.

14. Schreiben Sie ein Programm zur Ermittlung von Nullstellen mit dem Bisektionsverfahren. Bilden Sie die Ableitung der Funktion $f : x \mapsto (1/x)\sin(x)$ ($x \neq 0$) und bestimmen Sie einige Nullstellen der Ableitung numerisch. Skizzieren Sie dann den Graphen der Funktion f.

15. Bestimmen Sie sämtliche partiellen Ableitungen erster Ordnung der Funktionen

a) $3x_1^4 x_2^3 x_3^2 x_4^1 + 5x_1 x_2 + 8x_3 x_4 + 1.$

b) $xe^{yz} + \dfrac{\sqrt{xz}}{\ln y}, \; x, y, z > 0.$

16. Bestimmen Sie sämtliche stationären Punkte der folgenden Funktion:

$$x^3 - 3x^2 y + 3xy^2 + y^3 - 3x - 21y.$$

17. Eine quaderförmige Kiste (Länge x, Breite y, Höhe z), die oben offen ist, soll einen Inhalt von 32 Litern haben. Bestimmen Sie x, y und z so, dass der Materialverbrauch für die Kiste minimal ist. ◄

Integralrechnung

16

Zusammenfassung

Am Ende dieses Kapitels haben Sie

- das Integral als Fläche unter einer stückweise stetigen Funktion kennengelernt,
- den Zusammenhang zwischen der Differential- und Integralrechnung verstanden,
- Rechenregeln zur Bestimmung von Integralen hergeleitet und mit Hilfe dieser Regeln viele Integrale berechnet,
- Körpervolumen und Kurvenlängen mit Hilfe der Integration berechnet,
- Integrale mit Integrationsgrenzen am Rand des Definitionsbereichs berechnet (uneigentliche Integrale),
- gelernt, wie man stückweise stetige Funktionen als Fourierreihen darstellen kann,
- und Sie kennen die diskrete Fouriertransformation.

Die Bestimmung der Flächen von Figuren, die nicht durch gerade Linienstücke begrenzt sind, stellt ein altes mathematisches Problem dar, denken Sie etwa an die Bestimmung der Fläche eines Kreises. Mit Hilfe der Integralrechnung können wir diese Aufgabe anpacken. Das Integral einer reellen Funktion bestimmt die Fläche, die zwischen dem Graphen der Funktion und der x-Achse eingeschlossen ist. Diese Fläche erhalten wir mit Hilfe eines Grenzübergangs: Sie wird durch eine Folge von Rechtecken immer besser angenähert.

Die Integration wird sich für viele weitere Aufgaben als nützlich erweisen: Wir können zum Beispiel auch Längen von Kurven berechnen oder das Volumen eines Körpers. Ein wichtiges und überraschendes Ergebnis der Theorie stellt einen Zusammenhang zwischen Differenzialrechnung und Integralrechnung her: Differenzieren und Integrieren sind zueinander inverse Operationen. Dies erschließt neue Anwendungsgebiete der Integralrechnung.

© Springer Fachmedien Wiesbaden GmbH, ein Teil von Springer Nature 2019 415
P. Hartmann, *Mathematik für Informatiker*, https://doi.org/10.1007/978-3-658-26524-3_16

16.1   Das Integral stückweise stetiger Funktionen

Abb. 16.1 stellt einige Flächen dar, die wir mit Hilfe des Integrals berechnen wollen. Sie sehen dabei, dass wir nicht nur Flächen bestimmen, die rundum durch den Graph und die x-Achse begrenzt sind, wie etwa die linke Fläche. Bei einer Funktion die zwischen a und b definiert ist, begrenzen wir links und rechts die Flächen mit Hilfe der Senkrechten durch a und b. Auch für Funktionen mit Unstetigkeitsstellen können wir auf diese Weise Flächen unter dem Graphen bestimmen.

Grenzen wir die Menge der Funktionen, die wir integrieren wollen, genauer ein:

▶   **Definition 16.1** Eine Funktion $f: [a, b] \to \mathbb{R}$ heißt stückweise stetig, wenn f höchstens endlich viele Unstetigkeitsstellen besitzt und wenn an jeder solchen Unstetigkeitsstelle s die beiden Grenzwerte $\lim_{x \to s, x < s} f(x)$ und $\lim_{x \to s, x > s} f(x)$ existieren.

Eine solche Funktion kann also aus endlich vielen stetigen Stücken zusammen gesetzt werden. Die zweite Bedingung der Definition besagt, dass f in den Unstetigkeitsstellen nicht etwa ins Unendliche verschwindet, wie zum Beispiel $1/x$ im Punkt 0. Die Funktion hat nur Sprungstellen, der Bildbereich der Funktion ist beschränkt.

Nun wollen wir die Fläche durch Rechtecke approximieren. Wir nehmen dazu Säulen, die immer schmäler werden, und deren obere Begrenzung gerade den Graphen schneidet, siehe Abb. 16.2.

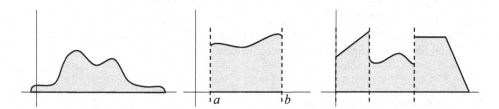

Abb. 16.1 Integrierbare Funktionen

Abb. 16.2 Approximation der Fläche

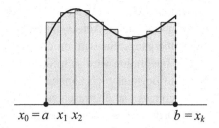

▶ **Definition 16.2** Eine Zerlegung Z des Intervalls $I = [a, b]$ wird definiert durch $k + 1$-Zahlen $x_0, x_1, \ldots, x_k$ mit $a = x_0 < x_1 < x_2 < \cdots < x_k = b$. Dabei ist

$$\Delta x_i := x_i - x_{i-1} \quad \text{die Länge des } i\text{-ten Teilintervalls,}$$
$$\Delta Z := \text{Max}\{\Delta x_i\} \quad \text{die Feinheit der Zerlegung.}$$

Sei $f : [a, b] \to \mathbb{R}$ eine stückweise stetige Funktion. Für $i = 1, \ldots, k$ sei $y_i \in [x_{i-1}, x_i]$. Dann heißt

$$S := \sum_{i=1}^{k} f(y_i) \cdot \Delta x_i \tag{16.1}$$

eine *Riemann'sche Summe* von f.

Es gibt verschiedene Integralbegriffe, die auf verschiedene Klassen von Funktionen anwendbar sind. Die Definition des Integrals in der von mir vorgestellten Form wird nach dem deutschen Mathematiker Bernhard Riemann (1826–1866) das *Riemann'sche Integral* genannt. Für stückweise stetige Funktionen ergeben verschiedene Integraldefinitionen die gleichen Resultate.

Beachten Sie, dass nach dieser Definition Flächen unterhalb der x-Achse negativ gerechnet werden.

▶ **Satz und Definition 16.3** $f : [a, b] \to \mathbb{R}$ sei stückweise stetig. $(Z_n)_{n \in \mathbb{N}}$ sei eine Folge von Zerlegungen von $[a, b]$ mit der Eigenschaft $\lim_{n \to \infty} \Delta Z_n = 0$ und S_n eine Riemann'sche Summe zur Zerlegung Z_n. Dann existiert der Grenzwert $\lim_{n \to \infty} S_n$ und ist nicht von der speziellen Folge von Zerlegungen abhängig.

Dieser Grenzwert heißt das *bestimmte Integral* von f über $[a, b]$ und wird mit

$$\int_a^b f(x) dx$$

bezeichnet. Die Funktion f heißt *integrierbar*, die Zahlen a, b heißen *Integrationsgrenzen*, die Funktion f heißt *Integrand* und x heißt *Integrationsvariable*.

Ich möchte das Vorgehen bei dem Beweis des Satzes nur skizzieren: f kann in stetige Teile zerlegt werden, wir können die Funktion daher als stetig annehmen. Die Folge Z_n von Zerlegungen entsteht, indem man das Intervall $[a, b]$ immer weiter unterteilt. Für die Zerlegung Z_n gilt nach Satz 14.26, dass f im Intervall $[x_{i-1}, x_i]$ ein Minimum m_i und ein Maximum M_i besitzt. Nun können wir zu der Riemann'schen Summe S_n die Unter-

Abb. 16.3 Eine Riemann'sche
Summe

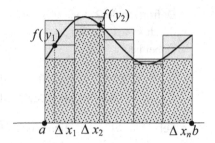

Abb. 16.4 Die Untersummen

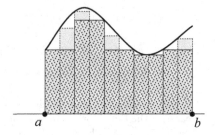

summe U_n und die Obersumme O_n bilden. Das sind gerade die Säulen, die den Graphen im Intervall $[x_{i-1}, x_i]$ von unten und oben begrenzen:

$$U_n := \sum_{i=1}^{k} m_i \cdot \Delta x_i, \quad O_n := \sum_{i=1}^{k} M_i \cdot \Delta x_i.$$

In Abb. 16.3 ist die Obersumme grau und die Untersumme gepunktet gezeichnet. Die echte Riemann'sche Summe S_n mäandert irgendwo dazwischen herum, für alle n gilt:

$$U_n \leq S_n \leq O_n.$$

Was geschieht, wenn man zu einer feineren Zerlegung übergeht, etwa zu Z_{n+1}? Dann kann die Obersumme nur kleiner werden und die Untersumme nur größer. Am Beispiel der Untersumme sehen Sie das in Abb. 16.4 gezeichnet. Die Folge der Obersummen ist also monoton fallend, die der Untersummen monoton wachsend.

Die Untersummen sind nach oben beschränkt, zum Beispiel durch O_1, die Obersummen sind nach unten beschränkt, zum Beispiel durch U_1. Nach Satz 13.12 sind monotone und beschränkte Folgen immer konvergent. Es gibt also $U := \lim_{n\to\infty} U_n$ und $O := \lim_{n\to\infty} O_n$, und natürlich ist $U \leq O$. Tatsächlich konvergieren Untersummen und Obersummen gegen den gleichen Grenzwert. Auch wenn dies anschaulich erscheint, steckt hier noch ein gewaltiges Stück Arbeit, das mehr Wissen über stetige Funktionen voraussetzt, als ich dargestellt habe. Glauben wir also einfach $U = O$. Da S_n zwischen U_n und O_n eingesperrt ist, bleibt der Folge S_n gar nichts anderes übrig als auch gegen den gemeinsamen Limes zu konvergieren.

Es bleibt noch zu zeigen, dass dieser Grenzwert unabhängig von der speziellen Zerlegung des Intervalls ist. Dies erfordert ein bisschen Indexschieberei, ist aber elementar nachzuprüfen. Die Idee besteht darin, zu verschiedenen Zerlegungen immer gemeinsame Verfeinerungen zu suchen. Auch darauf möchte ich verzichten.   □

Der Integralhaken stellt ein stilisiertes S dar, das Integral ist ja der Grenzwert einer Summe. Hinter dem Integralzeichen steht nicht etwa ein Produkt „$f(x)$ mal einem kleinen Stückchen dx", es handelt sich hierbei nur um eine Schreibweise, die an die Herkunft aus der Summe (16.1) erinnern soll. Das bestimmte Integral selbst ist keine Funktion mehr, sondern eine reelle Zahl.

Die Benennung der Integrationsvariablen ist beliebig, es ist

$$\int_a^b f(x)dx = \int_a^b f(y)dy = \int_a^b f(t)dt = \int_a^b f(b)db.$$

Üblicherweise bezeichnet man die Integrationsvariable mit einem anderen Zeichen als die Integrationsgrenzen.

> Einem Informatiker, der gewohnt ist, mit lokalen und globalen Variablen umzugehen, sollte dies keine Probleme bereiten.

Bisher muss in unseren Integralen immer $a < b$ sein. Um Fallunterscheidungen zu vermeiden und um Grenzfälle einzuschließen, legen wir fest:

▶   **Definition 16.4** Ist $a < b$ und f zwischen a und b integrierbar, so ist

$$\int_b^a f(x)dx := -\int_a^b f(x)dx, \quad \int_a^a f(x)dx := 0.$$

Diese Festlegungen sind auch mit dem folgenden Satz verträglich, der einfache Rechenregeln für integrierbare Funktionen zusammenstellt. Sie folgen leicht aus der Definition des Integrals und den bekannten Rechenregeln für Grenzwerte. Ich verzichte auf die Beweise:

▶   **Satz 16.5** Es seien f, g integrierbare Funktionen a, b, c im Definitionsbereich und $\alpha \in \mathbb{R}$. Dann gilt:

a) $\int_a^b f(x)dx = \int_a^c f(x)dx + \int_c^b f(x)dx.$

b) $\int_a^b (f(x) + g(x))dx = \int_a^b f(x)dx + \int_a^b g(x)dx.$

c) $\int\limits_a^b \alpha f(x)dx = \alpha \int\limits_a^b f(x)dx$.

d) Ist $f(x) \le g(x)$ für alle $x \in [a,b]$, so gilt $\int\limits_a^b f(x)dx \le \int\limits_a^b g(x)dx$.

Beispiele zur Integration

1. $\int_a^b c\,dx = c(b-a)$. Dies ist einfach die Fläche des Rechtecks das durch die konstante Funktion c zwischen a und b bestimmt wird (Abb. 16.5).

2. $\int_0^{2\pi} \sin x\,dx = 0$. Da die Flächen oberhalb und unterhalb der x-Achse sich gerade aufheben, ergibt das Integral 0 (Abb. 16.6). Interessanter wäre natürlich die Berechnung von $\int_0^{\pi} \sin x\,dx$, das müssen wir aber noch etwas verschieben.

3. $\int_a^b x\,dx$: Hierzu können wir die Formel für die Dreiecksfläche „$\frac{1}{2} \cdot$ Grundlinie $\cdot$ Höhe" verwenden: Wir erhalten $\int_a^b x\,dx = \frac{1}{2}b^2 - \frac{1}{2}a^2$ (Abb. 16.7).

4. Wenn unsere ganze Mathematik stimmt, dann muss die Fläche eines Kreises mit Radius 1 genau π ergeben. Ein Kreis ist keine Funktion, wohl aber der Halbkreis über der x-Achse (Abb. 16.8): Da für die Punkte des Kreises gilt $x^2 + y^2 = 1$, lautet die Funktion $y = \sqrt{1 - x^2}$. Ist wirklich $\int_{-1}^1 \sqrt{1 - x^2}dx = \pi/2$? Um dies nachzuprüfen, müssen wir noch mehr über die Berechnung von Integralen lernen. ◄

Abb. 16.5 Rechteck

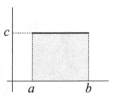

Abb. 16.6 Sinus

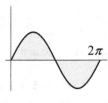

Abb. 16.7 Trapez

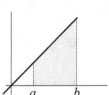

Abb. 16.8 Halbkreis

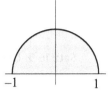

> **Satz 16.6: Der Mittelwertsatz der Integralrechnung** Sei f auf $[a, b]$ stetig.
> Dann gibt es ein Element $y \in [a, b]$ mit der Eigenschaft

$$\int_a^b f(x)dx = (b - a)f(y).$$

Als stetige Funktion auf einem abgeschlossenen Intervall besitzt f ein Minimum $m = f(\alpha)$ und ein Maximum $M = f(\beta)$. Wir definieren $\mu := \dfrac{1}{b-a} \cdot \int_a^b f(x)dx$. Da für alle x gilt $m \leq f(x) \leq M$ folgt aus Satz 16.5d):

$$\int_a^b m\,dx \leq \int_a^b f(x)dx \leq \int_a^b M\,dx \quad \Rightarrow \quad m(b-a) \leq \underbrace{\int_a^b f(x)dx}_{=\mu(b-a)} \leq M(b-a)$$

$$\Rightarrow \quad m \leq \mu \leq M.$$

Nach dem Zwischenwertsatz 14.25 gibt es nun ein y zwischen α und β mit der Eigenschaft $f(y) = \mu$, das heißt

$$\int_a^b f(x)dx = (b - a)f(y). \qquad \qquad \square$$

Es folgt der Rettungsring zur Berechnung von Integralen: Der Hauptsatz der Differenzial- und Integralrechnung stellt den Zusammenhang zwischen Ableitung und Integration her und erlaubt uns das Wissen, das wir im letzten Kapitel gesammelt haben noch einmal Gewinn bringend einzusetzen.

> **Definition 16.7** Es sei I ein Intervall. Eine differenzierbare Funktion $F: I \to \mathbb{R}$ heißt *Stammfunktion* von $f: I \to \mathbb{R}$, wenn für alle $x \in I$ gilt: $F'(x) = f(x)$.

> **Satz 16.8** Sind F, G Stammfunktionen von f, so ist $F(x) - G(x) = c \in \mathbb{R}$.

Denn nach Satz 15.14 unterscheiden sich Funktionen mit gleicher Ableitung nur um eine Konstante.

▶   **Satz 16.9: Der Hauptsatz der Differenzial- und Integralrechnung** Es sei I ein Intervall, $a \in I$ und $f: I \to \mathbb{R}$ eine stetige Funktion. Dann ist die Funktion $F_a: I \to \mathbb{R}$, die definiert ist durch

$$F_a(x) := \int_a^x f(t)dt \qquad\qquad (16.2)$$

eine Stammfunktion von f, das heißt:

$$F_a'(x) = \frac{d}{dx} \int_a^x f(t)dt = f(x).$$

Jede andere Stammfunktion von f hat die Gestalt $F(x) = F_a(x) + c$ für ein $c \in \mathbb{R}$.

Schauen Sie sich das Integral (16.2) genau an: Um aus der Zahl wieder eine Funktion zu machen, haben wir jetzt die obere Integrationsgrenze variabel gemacht. Die Ableitung dieser Integralfunktion ergibt gerade wieder die Funktion selbst.

Der Beweis ist erstaunlicherweise gar nicht mehr schwierig, die Vorarbeiten haben wir schon erledigt. Wir berechnen einfach die Ableitung von F_a, das heißt den Grenzwert des Differenzenquotienten. Untersuchen wir zunächst den Zähler und wenden dabei den Mittelwertsatz 16.6 an:

$$F_a(x + h) - F_a(x) = \int_a^{x+h} f(t)dt - \int_a^x f(t)dt = \int_x^{x+h} f(t)dt = f(y_h) \cdot h.$$

Für jedes h gibt es nach dem Mittelwertsatz ein solches Element y_h zwischen x und $x+h$. Nun erhalten wir für die Ableitung:

$$F_a'(x) = \lim_{h \to 0} \frac{F_a(x + h) - F_a(x)}{h} = \lim_{h \to 0} \frac{1}{h} \cdot f(y_h) \cdot h = \lim_{h \to 0} f(y_h),$$

und da für $h \to 0$ auch $y_h \to x$ geht, folgt $\lim_{h \to 0} f(y_h) = f(x)$, also $F_a'(x) = f(x)$. Der zweite Teil des Satzes ergibt sich aus Satz 16.8.   □

Nun können wir ein konkretes Rezept zur Berechnung von Integralen angeben:

▶ **Satz 16.10: Die Integralberechnung** Ist F irgendeine Stammfunktion der Funktion f, so gilt:

$$\int_a^b f(x)dx = F(b) - F(a) =: F(x)\Big|_a^b.$$

Denn es gibt ein $c \in \mathbb{R}$ mit $F(x) = F_a(x) + c$. Dann ist $F(b) = F_a(b) + c$ und wegen $F_a(a) = \int_a^a f(t)dt = 0$ gilt weiter $F(a) = F_a(a) + c = c$. Damit erhalten wir:

$$\int_a^b f(t)dt = F_a(b) = F(b) - c = F(b) - F(a). \qquad \square$$

Um ein bestimmtes Integral zu berechnen, geht man also wie folgt vor:

- Suche eine Stammfunktion F zu f. Als Probe können wir immer die Ableitung bilden.
- Bilde $F(b) - F(a)$.

Im letzten Kapitel haben wir von vielen Funktionen die Ableitungen bestimmt. Wenn wir alle diese Rechnungen jetzt von rechts nach links lesen, erhalten wir auf einmal von vielen Funktionen die Stammfunktionen. Hier eine kleine Tabelle:

$f(x)$	$F(x)$	$f(x)$	$F(x)$
x^z $(z \in \mathbb{Z} \setminus \{-1\})$	$\dfrac{1}{z+1}x^{z+1}$	$\dfrac{1}{\cos^2 x}$	$\tan x$
$\dfrac{1}{x}$ $(x \neq 0)$	$\ln|x|$	$\dfrac{1}{\sin^2 x}$	$-\cot x$
$\sin x$	$-\cos x$	$e^{\alpha x}$	$\dfrac{1}{\alpha}e^{\alpha x}$
$\cos x$	$\sin x$	$\dfrac{1}{\sqrt{1-x^2}}$	$\arcsin x$

Beispiele zur Berechnung bestimmter Integrale

1. $\displaystyle\int_a^b c\,dx.$

   Die Konstante c ist die Ableitung von $c \cdot x$, also ist $\int_a^b c\,dx = c \cdot x\Big|_a^b = cb - ca$.

2. $\displaystyle\int_a^b x\,dx = \frac{1}{2}x^2\Big|_a^b = \frac{1}{2}b^2 - \frac{1}{2}a^2.$

Das sind zum Glück dieselben Ergebnisse wie in den ersten Beispielen nach Satz 16.5. Jetzt können wir aber auch Neues berechnen, zum Beispiel:

3. $\displaystyle\int_0^\pi \sin x\,dx = -\cos x\Big|_0^\pi = (-\cos \pi) - (-\cos 0) = 1 - (-1) = 2.$ ◄

Rechenregeln zur Integration

Für den Logarithmus kennen wir noch keine Stammfunktion. Auch die Stammfunktion von $\sqrt{1 - x^2}$, die wir benötigen um die Fläche eines Kreises auszurechnen, ist hier leider noch nicht dabei. Wir brauchen weitere Verfahren zur Integration, die wir uns aus den entsprechenden Ableitungsregeln herleiten werden.

Zunächst eine verbreitete Schreibweise:

▶   **Definition 16.11** Eine beliebige Stammfunktion der integrierbaren Funktion f wird mit $\displaystyle\int f(x)\,dx$ bezeichnet und heißt *unbestimmtes Integral* von f.

Diese Schreibweise ist nicht ganz sauber, da ja $\int f(x)\,dx$ nur bis auf eine Konstante bestimmt ist. In der Regel macht das aber keine Probleme, da bei Bildung eines bestimmten Integrals diese Konstante wieder wegfällt.

Im folgenden Satz möchte ich die wichtigsten Integrationsregeln zusammenfassen.

▶   **Satz 16.12: Integrationsregeln**

a) Das *Integral für stückweise stetige Funktionen*:
Ist $f:[a,b] \to \mathbb{R}$ stückweise stetig mit Unstetigkeitsstellen $a_1, a_2, \ldots, a_n$, so ist mit $a_0 = a$, $a_{n+1} = b$:

$$\int_a^b f(x)\,dx = \int_{a_0}^{a_1} f(x)\,dx + \int_{a_1}^{a_2} f(x)\,dx + \cdots + \int_{a_n}^{a_{n+1}} f(x)\,dx = \sum_{k=0}^{n} \int_{a_k}^{a_{k+1}} f(x)\,dx.$$

b) Die *Linearität*:
Für integrierbare Funktionen f, g und $\alpha, \beta \in \mathbb{R}$ gilt:

$$\int \alpha f(x) + \beta g(x)\,dx = \alpha \int f(x)\,dx + \beta \int g(x)\,dx.$$

c) Die *partielle Integration*:

Sind f und g auf dem Intervall I stetig differenzierbar, so gilt für $a, b \in I$:

$$\int\limits_a^b f'(x)g(x)\,dx = f(x)g(x)\Big|_a^b - \int\limits_a^b f(x)g'(x)\,dx, \qquad (16.3)$$

beziehungsweise für das unbestimmte Integral:

$$\int f'(x)g(x)\,dx = f(x)g(x) - \int f(x)g'(x)\,dx. \qquad (16.4)$$

d) Die *Substitutionsregel*:

Es sei f auf dem Intervall I stetig und g auf einem Intervall J stetig differenzierbar. Es sei $g(J) \subset I$, so dass die Hintereinanderausführung $f \circ g$ möglich ist. Ist F eine Stammfunktion von f, so gilt dann:

$$\int\limits_a^b f(g(x))g'(x)\,dx = \int\limits_{g(a)}^{g(b)} f(y)\,dy = F(y)\Big|_{g(a)}^{g(b)}, \qquad (16.5)$$

beziehungsweise:

$$\int f(g(x))g'(x)\,dx = F(g(x)). \qquad (16.6)$$

Die Regeln a) und b) sind hier der Vollständigkeit halber aufgenommen, sie ergeben sich aus der Definition der stückweisen Stetigkeit beziehungsweise aus Satz 16.5. Neu sind partielle Integration und Substitutionsregel. Die partielle Integration lässt sich unmittelbar auf die Produktregel zurückführen: Es ist

$$(f(x)g(x))' = f'(x)g(x) + f(x)g'(x).$$

Eine Stammfunktion von $(f(x)g(x))'$ ist nach dem Hauptsatz der Differenzial- und Integralrechnung $f(x)g(x)$, auf der rechten Seite erhalten wir die Stammfunktion

$$\int f'(x)g(x)\,dx + \int f(x)g'(x)\,dx,$$

und damit

$$f(x)g(x) = \int f'(x)g(x)\,dx + \int f(x)g'(x)\,dx,$$

woraus wir durch Umstellen (16.4) erhalten. Einsetzen von Integrationsgrenzen ergibt (16.3).

Die Substitutionsregel ist das Gegenstück zur Kettenregel der Differenzialrechnung. Diese lautet (vergleiche Satz 15.5): $f(g(x))' = f'(g(x))g'(x)$.

Ersetzen wir darin f durch seine Stammfunktion F und entsprechend f' durch f, so erhalten wir $F(g(x))' = f(g(x))g'(x)$. Also ist $F(g(x))$ die Stammfunktion von $f(g(x))g'(x)$, das ist gerade die Aussage (16.6). Rechnen wir das bestimmte Integral aus, so ergibt sich (16.5):

$$\int_a^b f(g(x))g'(x)dx = F(g(x))\Big|_a^b = F(y)\Big|_{g(a)}^{g(b)} = \int_{g(a)}^{g(b)} f(y)dy. \qquad \square$$

Beispiele

Zunächst zur Anwendung der partiellen Integration. Mit dieser Regel lässt sich ein Integral eines Produktes $\int u(x)v(x)dx$ durch den Ansatz $u(x) = f'(x)$ und $v(x) = g(x)$ auf das Integral $\int f(x)g'(x)dx$ zurückführen, das hoffentlich einfacher zu lösen ist.

1.
$$\int \underbrace{x}_{g} \underbrace{e^x}_{f'} dx = \underbrace{x}_{g} \cdot \underbrace{e^x}_{f} - \int \underbrace{1}_{g'} \cdot \underbrace{e^x}_{f} dx$$
$$= x \cdot e^x - e^x = (x-1)e^x.$$

Zur Probe sollte man immer die Ableitung bilden:

$$((x-1)e^x)' = 1 \cdot e^x + (x-1)e^x = xe^x.$$

2.
$$\int \underbrace{x}_{g} \underbrace{\sin x}_{f'} dx = \underbrace{x}_{g} \cdot \underbrace{(-\cos x)}_{f} - \int \underbrace{1}_{g'} \underbrace{(-\cos x)}_{f} dx$$
$$= -x \cdot \cos x + \sin x.$$

Führen Sie selbst die Probe durch!

Wie Sie sehen, kann man einen einzelnen Faktor x im Produkt durch partielle Integration eliminieren. Ist von einer Funktion u die Ableitung bekannt, nicht aber das Integral, so hilft manchmal der Ansatz $g = u$, $f' = 1$:

3.
$$\int_a^b \ln x \, dx = \int_a^b \underbrace{1}_{f'} \cdot \underbrace{\ln x}_{g} dx = x \cdot \ln x \Big|_a^b - \int_a^b \underbrace{x}_{f} \cdot \underbrace{\frac{1}{x}}_{g'} dx$$
$$= x \cdot \ln x \Big|_a^b - x \Big|_a^b = (x \ln x - x)\Big|_a^b.$$

Hier habe ich die Regel in der Form (16.3) verwendet, die Stammfunktion des $\ln x$ lautet $x \cdot \ln x - x$.

4.
$$\int \underbrace{\cos^2 x}_{f' \cdot g} \, dx = \underbrace{\sin x \cos x}_{f \cdot g} - \int \underbrace{-\sin^2 x}_{f \cdot g'} \, dx \quad \text{und}$$

$$\int \sin^2 x \, dx = \int 1 - \cos^2 x \, dx = \int 1 \, dx - \int \cos^2 x \, dx.$$

Damit haben wir die Integration von $\cos^2 x$ auf die Integration von $\cos^2 x$ zurückgeführt. Beißt sich die Katze in den Schwanz? Nein, denn wenn wir einsetzen, erhalten wir:

$$\int \cos^2 x \, dx = \sin x \cos x + \underbrace{\int 1 \, dx}_{=x} - \int \cos^2 x \, dx$$

$$\Rightarrow \quad 2 \int \cos^2 x \, dx = \sin x \cos x + x,$$

also ist $\frac{1}{2}(\cos x \sin x + x)$ die Stammfunktion von $\cos^2 x$. Probieren Sie es aus!

Nun zur Substitutionsregel. Bei der Ausführung der Integration hilft die Merkregel „$y = g(x)$, $dy = g'(x)dx$". Das ist die Substitution die durchgeführt wird. Zunächst müssen immer die Funktionen f und g identifiziert werden:

5.
$$\int\limits_a^b e^{\sin x} \cos x \, dx.$$

Es ist $f(y) = e^y$, $g(x) = \sin x$. Damit erhalten wir:

$$\int\limits_a^b e^{\sin x} \cos x \, dx \underset{\substack{\uparrow \\ y = \sin x \\ dy = \cos x \, dx}}{=} \int\limits_{\sin a}^{\cos a} e^y \, dy = e^y \Big|_{\sin a}^{\sin b} = e^{\sin x} \Big|_a^b.$$

Am letzten Gleichheitszeichen sehen Sie, dass die Stammfunktion $e^{\sin x}$ lautet.

6. Für eine beliebige stetig differenzierbare Funktion g, die keine Nullstellen im untersuchten Intervall hat, lässt sich das Integral $\int \frac{g'(x)}{g(x)} dx = \int \frac{1}{g(x)} g'(x) dx$ berechnen. Es ist $f(y) = 1/y$, die Stammfunktion F lautet $F(y) = \ln|y|$. Mit (16.6) erhalten wir:

$$\int \frac{g'(x)}{g(x)} dx = \ln|g(x)|.$$

7. Wir bestimmen $\int_0^{2\pi} \cos kx\, dx$ für $k \in \mathbb{N}$. Wir setzen dafür $f(y) = \cos y$, $g(x) = kx$. Dann ist $g'(x) = k$, $g(0) = 0$, $g(2\pi) = 2\pi k$. Ganz passt unsere Funktion noch nicht, aber einen konstanten Faktor können wir immer hineinschieben:

$$
\int_0^{2\pi} \cos kx\, dx = \frac{1}{k} \int_0^{2\pi} \underbrace{\cos kx}_{f(g(x))} \cdot \underbrace{k}_{g'(x)}\, dx \underset{\substack{\uparrow \\ y=kx, dy=k\,dx}}{=} \frac{1}{k} \int_0^{2\pi k} \cos y\, dy
$$

$$
= \frac{1}{k} \sin y \Big|_0^{2\pi k} = 0 - 0 = 0.
$$

In den letzten drei Beispielen haben wir durch scharfes Hinsehen oder kleinere Umwandlungen den Integranden als $f(g(x))g'(x)$ interpretiert. Leider klappt dies außer bei schön konstruierten Übungsbeispielen nur selten. Ich möchte Ihnen einen zweiten Verwendungstyp der Substitutionsregel vorstellen. Wir lesen die Gleichung (16.5) jetzt von rechts nach links:

$$
\int_{g(a)}^{g(b)} f(y)\, dy = \int_a^b f(g(x))g'(x)\, dx.
$$

Können wir zu f keine Stammfunktion bestimmen, so ersetzen wir y durch eine geschickt gewählte Funktion $g(x)$. Anschließend müssen wir $f(g(x))$ noch mit dem Nachbrenner $g'(x)$ multiplizieren und hoffen, dass wir das Integral auf der rechten Seite jetzt leichter berechnen können. Wählen wir für g eine invertierbare Funktion, so können wir die Substitutionsregel in der Form aufschreiben:

$$
\int_a^b f(y)\, dy = \int_{g^{-1}(a)}^{g^{-1}(b)} f(g(x))g'(x)\, dx.
$$

8. Jetzt sind wir endlich in der Lage, die Fläche eines Kreises zu berechnen (siehe Beispiel 4 nach Satz 16.5): $\int_{-1}^1 \sqrt{1 - y^2}\, dy$ ist die Fläche des halben Einheitskreises. Wir wählen als Substitutionsfunktion $g(x) = \sin x$. Der Sinus ist zwischen $-\pi/2$ und $\pi/2$ bijektiv, also umkehrbar, und daher gilt:

$$
\int_{-1}^1 \sqrt{1 - y^2}\, dy \underset{\substack{\uparrow \\ y=\sin x \\ dy=\cos x\, dx}}{=} \int_{\sin^{-1}(-1)}^{\sin^{-1}(1)} \sqrt{1 - (\sin x)^2} \cos x\, dx
$$

$$
= \int_{-\pi/2}^{\pi/2} \sqrt{1 - (\sin x)^2} \cos x\, dx.
$$

Zwischen $-\pi/2$ und $\pi/2$ gilt $\sqrt{1-(\sin x)^2} = \cos x$, die Stammfunktion von $\cos^2 x$ haben wir schon in Beispiel 4 berechnet, und so erhalten wir:

$$\int_{-1}^{1} \sqrt{1-y^2}\,dy = \int_{-\pi/2}^{\pi/2} \cos^2 x\,dx = \frac{1}{2}(\cos x \sin x + x)\Big|_{-\pi/2}^{\pi/2}$$

$$= \frac{1}{2}\left(\cos\left(\frac{\pi}{2}\right)\sin\left(\frac{\pi}{2}\right) + \left(\frac{\pi}{2}\right)\right)$$

$$- \frac{1}{2}\left(\cos\left(-\frac{\pi}{2}\right)\sin\left(-\frac{\pi}{2}\right) + \left(-\frac{\pi}{2}\right)\right)$$

$$= \frac{\pi}{2}.$$

Jetzt wissen wir endlich, dass unsere so abstrakt als „das doppelte der ersten positive Nullstelle der Potenzreihe des Cosinus" definierte Zahl π wirklich mit der schon aus dem Altertum bekannten Kreiszahl π übereinstimmt. ◄

Für die Menge der *rationalen Funktionen*, das sind Funktionen, die sich als Quotient von Polynomen darstellen lassen, kann man immer eine Stammfunktion angeben:

▶ **Satz 16.13** Sind $f(x), g(x)$ reelle Polynome, so ist durch $h(x) = f(x)/g(x)$ eine rationale Funktion gegeben, die außerhalb der Nullstellen des Nenners definiert ist. Zu $h(x)$ gibt es immer eine Stammfunktion.

Mit Hilfe des ziemlich mühsamen Verfahrens der *Partialbruchzerlegung* lässt sich nämlich $h(x)$ in eine Summe von Brüchen der Form

$$\frac{a}{(x-b)^k} \quad \text{oder} \quad \frac{a+bx}{(x-cx+d)^k}$$

mit $a, b, c, d \in \mathbb{R}$ und $k \in \mathbb{N}$ zerlegen. Die Integrale dieser Brüche findet man in der Integraltabelle oder mit einem Mathematiktool. Ich möchte darauf nicht weiter eingehen.

16.2 Integralanwendungen

Erinnern wir uns an den Beginn dieses Kapitels: Ist $f:[a,b] \rightarrow \mathbb{R}$ stückweise stetig, $a = x_0 < x_1 < x_2 < \cdots < x_k = b$ eine Zerlegung des Intervalls, $\Delta x_i := x_i - x_{i-1}$ und $y_i \in [x_{i-1}, x_i]$, so konvergieren die Riemann'schen Summen unabhängig von der Zerlegung gegen das Integral der Funktion, sofern die Feinheit der Zerlegung gegen 0 geht.

$$S_k := \sum_{i=1}^{k} f(y_i) \cdot \Delta x_i, \quad \lim_{k \to \infty} S_k = \int_{a}^{b} f(x)\,dx.$$

Diese Aussage können wir uns auch noch für weitere Aufgaben zu Nutze machen:

Volumenberechnungen

Sei ein Körper im dreidimensionalen Raum $\mathbb{R}^3$ gegeben, in Abhängigkeit von x sei die
Querschnittsfläche $F(x)$ bekannt (Abb. 16.9).

Beispiele

1. Der Zylinder:

$$F(x) = \begin{cases} 0 & x < a, x > b \\ r^2\pi & a \leq x \leq b. \end{cases}$$

2. Die Kugel: Für $|x| < R$ ist der Radius an der Stelle x: $r(x) = \sqrt{R^2 - x^2}$ und damit

$$F(x) = \begin{cases} 0 & x < -R, x > R \\ (R^2 - x^2)\pi & -R \leq x \leq R. \end{cases}$$

3. Der Kegel:

$$F(x) = \begin{cases} 0 & x < 0, x > H \\ \dfrac{R^2\pi}{H^2}x^2 & 0 \leq x \leq H. \end{cases} \blacktriangleleft$$

Wenn wir jetzt ein Volumen berechnen wollen, legen wir Flächenscheibchen der Dicke
Δx_i übereinander. Ist $y_i \in [x_{i-1}, x_i]$, so ist das Volumen des i-ten Scheibchens $V_i = F(y_i)\Delta x_i$ und für das Volumen des gesamten Körpers erhalten wir den Näherungswert:

$$V = \sum_{i=1}^{k} F(y_i)\Delta x_i.$$

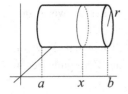 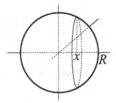 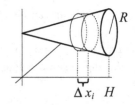

Abb. 16.9 Volumenberechnung

Das ist aber genau die Riemann'sche Summe der Funktion F. Daher gilt der

▶ **Satz 16.14** Ist in einem dreidimensionalen Körper die Querschnittsfläche in der x-Richtung durch eine integrierbare Funktion $F\colon [a,b] \to \mathbb{R}$ gegeben, so gilt für das Volumen V dieses Körpers

$$V = \int\limits_a^b F(x)\,dx.$$

Beispiel

Das Volumen eines Kegels der Höhe H mit Basisradius R beträgt:

$$\int\limits_0^H \frac{R^2\pi}{H^2} x^2\,dx = \frac{R^2\pi}{H^2}\frac{x^3}{3}\bigg|_0^H = \frac{R^2\pi H^3}{H^2 3} = \frac{1}{3}R^2\pi H = \frac{1}{3}\cdot\text{Grundfläche}\cdot\text{Höhe}. \blacktriangleleft$$

Die Berechnung des Volumens einer Kugel überlasse ich Ihnen als Übungsaufgabe. Vergleichen Sie Ihr Resultat mit dem Wert aus der Formelsammlung!

Die Länge einer Kurve

Der Graph einer Funktion $f\colon [a,b] \to \mathbb{R}$ stellt ein Beispiel einer zweidimensionalen Kurve dar: $\Gamma_f = \{(x, f(x)) \mid x \in [a,b]\}$. Nicht jede Kurve lässt sich aber als Funktionsgraph interpretieren, siehe Abb. 16.10.

Denken Sie bei einer ebenen Kurve an den Weg, den eine Ameise mit der Zeit zurücklegt. Wenn wir x- und y-Komponente des Weges in Abhängigkeit von der Zeit t

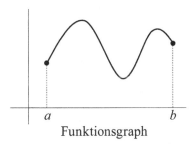

Funktionsgraph   kein Funktionsgraph

Abb. 16.10 Kurven

beschreiben, erhalten wir die Parameterdarstellung der Kurve und haben das Problem wieder auf reelle Funktionen zurückgeführt:

▶   **Definition 16.15** Seien $x, y\colon [a, b] \to \mathbb{R}$ stetig differenzierbare Funktionen. Dann heißt die Abbildung

$$s\colon [a, b] \to \mathbb{R}^2, \quad t \mapsto (x(t), y(t))$$

Parameterdarstellung einer Kurve s. Die Variable t ist der *Parameter*, $[a, b]$ das *Parameterintervall* und $\{s(t) \mid t \in [a, b]\} \subset \mathbb{R}^2$ ist die Menge der Punkte der Kurve.

Beispiele

1. Ist $f\colon [a, b] \to \mathbb{R}$ eine stetig differenzierbare Funktion, so ist

    $$s\colon [a, b] \to \mathbb{R}^2, \quad t \mapsto (t, f(t))$$

    eine Parameterdarstellung des Graphen der Funktion.

2. $s_1\colon [-1, 1] \to \mathbb{R}^2, t \mapsto (t, \sqrt{1 - t^2})$ ist eine Parameterdarstellung des Halbkreises mit Radius 1 um $(0, 0)$, siehe Beispiel 4 nach Satz 16.5. Der ganze Kreis lässt sich nicht in dieser Form angeben; $s_2\colon [0, 2\pi] \to \mathbb{R}^2, t \mapsto (r \cos t, r \sin t)$ ist jedoch eine Parameterdarstellung des vollständigen Kreises mit Radius r um $(0, 0)$. ◀

Sie sehen, dass die Parameterdarstellung einer Kurve keineswegs eindeutig ist, dies entspricht der Tatsache, dass Wege mit verschiedenen Geschwindigkeiten durchlaufen werden können. Kurven können sich auch überschneiden, im Beispiel des Kreises sind Anfangs- und Endpunkt gleich, auch das ist möglich. Analog kann man natürlich auch Kurven im $\mathbb{R}^3$ und im $\mathbb{R}^n$ untersuchen, die den Flug einer Fliege oder eines Hyperraumschiffs beschreiben.

Mit Hilfe der Integralrechnung können wir die Länge einer solchen Kurve bestimmen. Ich beschränke mich dabei auf den zweidimensionalen Fall. Wir wollen die Aufgabe wieder auf Riemann'sche Summen zurückführen und unterteilen dazu die Kurve in immer kürzere Stücke, die wir durch Streckenabschnitte annähern.

Wir untersuchen die Kurve $s\colon [a, b] \to \mathbb{R}^2, t \mapsto (x(t), y(t))$ mit den Stützstellen $a = t_0 < t_1 < \cdots < t_n = b$ und verwenden die Bezeichnungen wie in Abb. 16.11:

$$\Delta t_i = t_i - t_{i-1},$$
$$\Delta x_i = x(t_i) - x(t_{i-1}),$$
$$\Delta y_i = y(t_i) - y(t_{i-1}),$$
$$\Delta s_i = \sqrt{\Delta x_i^2 + \Delta y_i^2}.$$

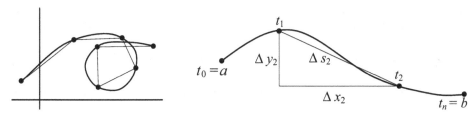

Abb. 16.11 Die Länge einer Kurve

Wir lassen bei feineren Unterteilungen Δt_i gegen 0 gehen. Für die angenäherte Kurvenlänge L_n gilt dann:

$$L_n = \sum_{i=1}^{n} \Delta s_i = \sum_{i=1}^{n} \sqrt{\Delta x_i^2 + \Delta y_i^2}. \tag{16.7}$$

Aus dem Mittelwertsatz der Differenzialrechnung 15.12, angewendet auf $x(t)$ und $y(t)$, erfahren wir, dass es ein $u_i \in \Delta t_i$ und ein $v_i \in \Delta t_i$ gibt mit der Eigenschaft

$$x'(u_i) = \frac{x(t_i) - x(t_{i-1})}{t_i - t_{i-1}} = \frac{\Delta x_i}{\Delta t_i}, \, y'(v_i) = \frac{y(t_i) - y(t_{i-1})}{t_i - t_{i-1}} = \frac{\Delta y_i}{\Delta t_i},$$

also $\Delta x_i = x'(u_i)\Delta t_i$ und $\Delta y_i = y'(v_i)\Delta t_i$. Eingesetzt in (16.7) ergibt sich:

$$L_n = \sum_{i=1}^{n} \sqrt{x'(u_i)^2 + y'(v_i)^2} \cdot \Delta t_i, \quad u_i, v_i \in \Delta t_i.$$

Dies ist nicht ganz, aber beinahe eine Riemann'sche Summe der Funktion $\sqrt{x'(t)^2 + y'(t)^2}$. Das einzige Problem besteht darin, dass die Elemente u_i, v_i im Intervall Δt_i verschieden sein können.

An dieser Stelle möchte ich die Herleitung abbrechen. Man kann zeigen, dass sich bei feiner werdenden Unterteilungen die Länge L der Kurve wirklich als Grenzwert Riemann'scher Summen dieser Funktion berechnen lässt, es gilt der

▶ **Satz 16.16** Ist $s: [a, b] \to \mathbb{R}^2, t \mapsto (x(t), y(t))$ die Parameterdarstellung einer Kurve mit stetig differenzierbaren Funktionen x und y. Dann ist die Länge L der Kurve gleich

$$L = \int_a^b \sqrt{x'(t)^2 + y'(t)^2} dt.$$

Und da $(t, f(t))$ die Parameterdarstellung der Funktion f ist, erhalten wir als unmittelbare Folgerung daraus:

▶ **Satz 16.17** Der Graph einer stetig differenzierbaren Funktion $f : [a, b] \to \mathbb{R}$ hat die Länge $\int\limits_a^b \sqrt{1 + f'(t)^2}dt$.

Beispiel

Der Umfang eines Kreises mit Radius r ist nach Beispiel 2 von vorhin:

$$L = \int\limits_0^{2\pi} \sqrt{r^2 \sin^2 t + r^2 \cos^2 t}\, dt = \int\limits_0^{2\pi} r\, dt = rt\Big|_0^{2\pi} = 2\pi r. \blacktriangleleft$$

Uneigentliche Integrale

Das Integral $\int_a^b \frac{1}{x}dx$ existiert für alle $a, b > 0$ und für alle $a, b < 0$. Was geschieht aber, wenn a gegen 0 geht, oder b gegen unendlich (Abb. 16.12)? Gibt es für $a < 0$ und $b > 0$ eine endliche Fläche zwischen a und b? Um solche Fragen zu klären, müssen wir Grenzwertbetrachtungen bei den Integralen durchführen.

▶ **Definition 16.18** Sei die Funktion f auf $[a, b]$ definiert und für alle c zwischen a und b existiere das Integral $\int_a^c f(x)dx$. Dann heißt

$$\int\limits_a^b f(x)dx := \lim_{c \to b} \int\limits_a^c f(x)dx$$

uneigentliches Integral von f, falls dieser Grenzwert existiert. Für b ist dabei auch der Wert ∞, für den Grenzwert sind die Werte $\pm\infty$ erlaubt. Entsprechend definiert man das Integral für uneigentliche Untergrenzen a, dann ist $a = -\infty$ zulässig.

Abb. 16.12 Uneigentliche Integrale 1

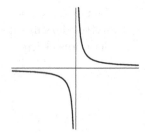

Beispiele

1. $\displaystyle\int_0^1 \frac{1}{x}\,dx = \lim_{c\to 0}\int_c^1 \frac{1}{x}\,dx = \lim_{c\to 0}(\ln x\big|_c^1) = \lim_{c\to 0}(-\ln c) = \infty.$

2. $\displaystyle\int_1^\infty \frac{1}{x}\,dx = \lim_{c\to\infty}\int_1^c \frac{1}{x}\,dx = \lim_{c\to\infty}(\ln x\big|_1^c) = \lim_{c\to\infty}(\ln c) = \infty.$

Die Funktion $1/x$ hat also keine endliche Fläche. Anders sieht es etwa bei $1/x^2$ aus: Die Fläche die zwischen 1 und ∞ bleibt endlich:

3. $\displaystyle\int_1^\infty \frac{1}{x^2}\,dx = \lim_{c\to\infty}\int_1^c \frac{1}{x^2}\,dx = \lim_{c\to\infty}\left(-\frac{1}{x}\Big|_1^c\right) = \lim_{c\to\infty}\left(-\frac{1}{c}+\frac{1}{1}\right) = 1.$

4. $\displaystyle\int_{-1}^1 \frac{1}{\sqrt{|x|}}\,dx = \int_{-1}^0 \frac{1}{\sqrt{|x|}}\,dx + \int_0^1 \frac{1}{\sqrt{|x|}}\,dx$ (Abb. 16.13):

Stammfunktion von $1/\sqrt{x}$ ist $2\sqrt{x}$. Daraus folgt

$$\int_0^1 \frac{1}{\sqrt{|x|}}\,dx = \lim_{c\to 0} 2\sqrt{x}\Big|_c^1 = 2.$$

Es ist einleuchtend, dass die linke Hälfte genauso groß ist, wir können es aber auch noch einmal mit Hilfe der Substitutionsregel nachprüfen:

$$\int_{-1}^0 \frac{1}{\sqrt{|x|}}\,dx = \int_{-1}^0 \frac{1}{\sqrt{-x}}\,dx \underset{\substack{\uparrow \\ y=-x,\,dy=-dx}}{=} -\int_{+1}^0 \frac{1}{\sqrt{y}}\,dy = \int_0^1 \frac{1}{\sqrt{y}}\,dy = 2. \blacktriangleleft$$

Abb. 16.13 Uneigentliche
Integrale 2

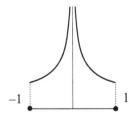

16.3 Fourierreihen

Wir haben in den letzten Kapiteln schon häufig Funktionen durch Funktionenfolgen approximiert, zum Beispiel durch Polynome zur graphischen Darstellung, durch Potenzreihen zur numerischen Berechnung oder durch Treppenfunktionen oder Trapezfunktionen zur Integration. Jetzt lernen wir eine neue wichtige Approximationsmethode kennen, die Fourierreihen. Für diese und für verwandte Darstellungen gibt es vielfältige Anwendungen in der Technik und auch in der Informatik. Dabei werden gegebene Funktionen durch Folgen trigonometrischer Funktionen angenähert, durch $\cos(nx)$ und $\sin(nx)$, $n \in \mathbb{N}$ (Abb. 16.14).

Alle diese Funktionen sind periodisch mit der Periode 2π. Für $n > 1$ erhöht sich die Frequenz, das ist die Anzahl der Schwingungen in einem festen Intervall. Diese Funktionen haben auch noch kürzere Perioden als 2π, das soll uns aber im Moment nicht interessieren. $\cos(nx)$ und $\sin(nx)$ sind von der Gestalt her gleich, nur etwas gegeneinander verschoben.

In diesem Abschnitt werden wir nur periodische Funktionen untersuchen. Ist f periodisch mit Periode 2π, so kann man daraus mit Hilfe der Transformation $x \mapsto x \cdot (2\pi/T)$ leicht eine Funktion mit einer beliebigen Periode T basteln: $f(x \cdot (2\pi/T))$ ist dann periodisch mit Periode T, denn

$$f\left((x+T) \cdot \frac{2\pi}{T}\right) = f\left(x \cdot \frac{2\pi}{T} + \frac{T 2\pi}{T}\right) = f\left(x \cdot \frac{2\pi}{T} + 2\pi\right) = f\left(x \cdot \frac{2\pi}{T}\right).$$

Wir beschränken uns bei unseren folgenden Untersuchungen auf die Periode 2π, alle Aussagen können auf Funktionen beliebiger Periode T übertragen werden, indem überall x durch $x \cdot (2\pi/T)$ ersetzt wird.

Hinter der Fourierentwicklung steckt die Idee, dass sich viele Funktionen aus solchen einzelnen Schwingungen zusammensetzen lassen: Der Ton einer Geige besteht aus einer Grundschwingung mit einigen Obertönen, die ebenfalls Schwingungen darstellen. Selbst das komplexeste Musikstück setzt sich nur aus einer Überlagerung von solchen Schwingungen zusammen. Ebenso beispielsweise das Laufgeräusch einer Turbine, die Daten die

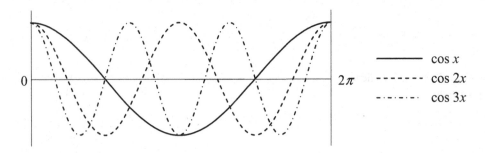

Abb. 16.14 $\cos(nx)$

über einen Kanal gesendet werden, oder die Farbinformation eines Bildes, das Punkt für Punkt eingescannt wird. Welche Klasse von Funktionen lässt sich in dieser Form zerlegen?

Eine wesentliche Grundlage für die Fourierentwicklung einer Funktion stellen die folgenden Beziehungen zwischen Cosinus und Sinus dar:

▶ **Satz 16.19** Für alle $n, m \in \mathbb{N}$ gelten die Orthogonalitätsrelationen:

$$\frac{1}{\pi} \int_0^{2\pi} \cos(mx)\cos(nx)dx = \begin{cases} 0 & m \neq n \\ 1 & m = n \end{cases}$$

$$\frac{1}{\pi} \int_0^{2\pi} \sin(mx)\sin(nx)dx = \begin{cases} 0 & m \neq n \\ 1 & m = n \end{cases} \qquad (16.8)$$

$$\int_0^{2\pi} \cos(mx)\sin(nx)dx = 0$$

Es zeigt sich eine ganz enge Beziehung zur linearen Algebra: Die Menge der auf $[0, 2\pi]$ integrierbaren Funktionen ist ein reeller Vektorraum. Das Integral $\frac{1}{\pi} \int_0^{2\pi} f(x)g(x)dx$ stellt darauf eine Art Skalarprodukt dar (siehe Übungsaufgabe 9 zu diesem Kapitel). Die Formeln (16.8) besagen, dass die Funktionen $\cos nx$ und $\sin nx$ bezüglich dieses Skalarprodukts ein Orthonormalsystem bilden: Sie stehen wechselseitig aufeinander senkrecht und haben die Länge 1. Dieses Orthonormalsystem ist beinahe eine Basis: Wie wir in Satz 16.20 feststellen werden, können wir alle Vektoren des Raums durch Linearkombinationen von $\cos nx$ und $\sin nx$ approximieren.

Ich rechne als Beispiel die erste dieser Relationen nach: In der Formelsammlung finden wir die Regel $\cos\alpha\cos\beta = 1/2(\cos(\alpha - \beta) + \cos(\alpha + \beta))$. Ist $m \neq n$, so erhalten wir daraus nach Beispiel 7 am Ende von Abschn. 16.1

$$\int_0^{2\pi} \cos(mx)\cos(nx)dx = \frac{1}{2} \int_0^{2\pi} \cos((m-n)x) - \cos((m+n)x)dx = 0,$$

und ist $n = m$, so ergibt sich das Integral

$$\int_0^{2\pi} \cos^2(mx)dx = \frac{1}{m} \int_0^{2\pi} \cos^2(mx)m\,dx$$

$$= \underset{\substack{\uparrow \\ y=mx \\ dy=mdx}}{\frac{1}{m}} \int_0^{2\pi m} \cos^2 y\,dy = \frac{1}{m} \left[\frac{1}{2}(\sin(y)\cos(y) + y) \right]\Big|_0^{2\pi m} = \pi.$$

Die Stammfunktion von $\cos^2 x$ hatten wir schon in Beispiel 4 nach Satz 16.12 ausgerechnet. □

Seien jetzt reelle Zahlen a_n, $n \in \mathbb{N}_0$ und b_n, $n \in \mathbb{N}$ gegeben, und gehen wir zunächst einmal davon aus, dass für alle $x \in \mathbb{R}$ die folgende Reihe konvergiert und damit eine Funktion f darstellt:

$$f(x) = \frac{1}{2}a_0 + \sum_{n=1}^{\infty}(a_n \cos(nx) + b_n \sin(nx)). \tag{16.9}$$

Diese Reihe heißt dann *Fourierreihe* von f. Da alle einzelnen beteiligten Funktionen periodisch sind, ist auch die Funktion f periodisch mit Periode 2π.

Versuchen wir, zu einer Funktion f, die sich in der Form (16.9) darstellen lässt, die Koeffizienten a_k, b_k auszurechnen. Wir verwenden dazu Satz 16.19: Der Trick besteht darin, von rechts mit $\cos(kx)$ beziehungsweise mit $\sin(kx)$ zu multiplizieren und dann von 0 bis 2π zu integrieren:

$$\int_0^{2\pi} f(x)\cos(kx)dx = \int_0^{2\pi} \left(\frac{1}{2}a_0 + \sum_{n=1}^{\infty}(a_n \cos(nx) + b_n \sin(nx))\right)\cos(kx)dx.$$

Unter bestimmten Voraussetzungen, auf die ich hier nicht eingehen will, können Summation und Integration vertauscht werden (zum Beispiel geht das, wenn $\sum_{n=0}^{\infty} a_n$ und $\sum_{n=0}^{\infty} b_n$ absolut konvergent sind). Da die trigonometrischen Funktionen orthogonal zueinander sind, fällt bei dieser Umstellung fast alles weg:

$$\int_0^{2\pi} f(x)\cos kx dx = \underbrace{\int_0^{2\pi} \frac{1}{2}a_0 \cos kx dx}_{=0} + \sum_{n=1}^{\infty} a_n \underbrace{\int_0^{2\pi} \cos(nx)\cos(kx)dx}_{=0 \text{ für } n \neq k}$$

$$+ \sum_{n=1}^{\infty} b_n \underbrace{\int_0^{2\pi} \sin(nx)\cos(kx)dx}_{=0}$$

$$= a_k \int_0^{2\pi} \cos(kx)\cos(kx)dx = a_k \pi.$$

So erhalten wir die Koeffizienten a_k. Wenn wir (16.9) mit $\sin(kx)$ multiplizieren und integrieren, ergeben sich die b_k, und eine Integration ohne irgendwelche Multiplikation liefert uns schließlich den Koeffizienten a_0:

$$a_k = \frac{1}{\pi}\int_0^{2\pi} f(x)\cos kx dx, \quad b_k = \frac{1}{\pi}\int_0^{2\pi} f(x)\sin kx dx,$$

$$a_0 = \frac{1}{\pi}\int_0^{2\pi} f(x)dx. \tag{16.10}$$

Auch hinter dieser Rechnung steckt die lineare Algebra: Die i-te Koordinate des Vektors v in einer Orthonormalbasis erhalten Sie, wenn Sie den Vektor skalar mit dem Basisvektor b_i multiplizieren: $v_i = \langle v, b_i \rangle$. Probieren Sie es aus! Genau dieses Skalarprodukt haben wir hier ausgeführt.

Der erste Koeffizient $a_0/2$ lässt sich einfach interpretieren: Es ist $2\pi \cdot \dfrac{a_0}{2} = \int\limits_0^{2\pi} f(x)dx$, also ist $a_0/2$ der „mittlere" Funktionswert zwischen 0 und 2π: Die Fläche des Rechtecks mit der Höhe $a_0/2$ ist gleich der Fläche unter f.

Wenn eine Funktion f eine Darstellung als Fourierreihe hat und Integration und Summenbildung vertauschbar sind, dann haben die Koeffizienten also die in (16.10) berechnete Gestalt. Interessanter ist die Frage, zu welchen Funktionen f eine solche Fourierreihe überhaupt existiert. Auskunft darüber gibt uns der nächste Satz, der sehr schwer zu beweisen ist, für dessen Inhalt die obige Herleitung aber eine gewisse Motivation darstellen soll:

▶ **Satz 16.20** Sei f stückweise stetig und periodisch mit Periode 2π. Die Koeffizienten a_k, b_k seien bestimmt wie in (16.10). Weiter sei

$$S_n(x) := \frac{1}{2}a_0 + \sum_{k=1}^{n}(a_k \cos(kx) + b_k \sin(kx)).$$

Dann gilt

$$\lim_{n\to\infty} \int\limits_0^{2\pi} (S_n(x) - f(x))^2 dx = 0. \tag{16.11}$$

Was bedeutet (16.11)? $\int_0^{2\pi}(S_n(x) - f(x))^2 dx$ misst den Unterschied zwischen den Flächen von $S_n(x)$ und f, wobei wegen das Quadrates alle Flächenstücke positiv gerechnet werden. Das heißt, dass die Fläche zwischen f und S_n immer kleiner wird, sie geht gegen 0. Man sagt zu der Beziehung (16.11): S_n *konvergiert im quadratischen Mittel gegen* f. Die Koeffizienten a_k, b_k bilden Nullfolgen, und wenn f brav ist, dann geht die Konvergenz auch recht schnell. Allerdings muss nicht für jeden einzelnen Punkt x gelten $\lim_{n\to\infty} S_n(x) = f(x)$, es geht im Allgemeinen wirklich nur die Fläche zwischen den Funktionen gegen 0.

Die Beziehung (16.11) können wir wieder in der Sprache der linearen Algebra ausdrücken: $\frac{1}{\pi}\int_0^{2\pi}(S_n(x) - f(x))^2 dx$ ist ja nichts anderes als das Skalarprodukt $\langle S_n(x) - f(x), S_n(x) - f(x) \rangle$. In der Norm, die zu diesem Skalarprodukt gehört, gilt also $\lim_{n\to\infty} \|S_n(x) - f(x)\| = 0$. Das heißt, dass bezüglich dieser Norm S_n gegen f konvergiert.

Eine besonders interessante Eigenschaft der Fourierapproximation ist die Möglichkeit auch unstetige Funktionen durch stetige Funktionen anzunähern. S_n ist ja überall stetig. Das wollen wir gleich einmal durchführen.

Beispiel einer Fourierentwicklung

Wir untersuchen die Funktion

$$f(x) = \begin{cases} 1 & 0 \le x < \pi \\ 0 & \pi \le x < 2\pi, \end{cases}$$

die periodisch auf $\mathbb{R}$ fortgesetzt wird. Stellen Sie sich eine Datenleitung vor, in der andauernd die Bits 1 und 0 versendet werden. Nun ist

$$a_0 = \frac{1}{\pi} \int_0^{2\pi} f(x)dx = \frac{1}{\pi} \int_0^{\pi} 1dx = \frac{1}{\pi}\pi = 1,$$

$$a_k = \frac{1}{\pi} \int_0^{\pi} 1\cos kx\, dx = \frac{1}{k\pi} \int_0^{\pi} k\cos kx\, dx = \frac{1}{k\pi} \int_0^{k\pi} \cos y\, dy$$

$$= \frac{1}{k\pi} \sin y \Big|_0^{k\pi} = 0,$$

$$b_k = \frac{1}{\pi} \int_0^{\pi} 1\sin kx\, dx = \cdots = \frac{1}{k\pi} \int_0^{k\pi} \sin y\, dy$$

$$= -\frac{1}{k\pi} \cos y \Big|_0^{k\pi} = -\frac{1}{k\pi} \cdot \begin{cases} 1-1 & k \text{ gerade} \\ -1-1 & k \text{ ungerade,} \end{cases}$$

also ist

$$b_k = \begin{cases} 0 & k \text{ gerade} \\ \frac{2}{k\pi} & k \text{ ungerade} \end{cases},$$

und so erhalten wir die Fourierentwicklung von $f(x)$:

$$f(x) = \frac{1}{2} + \frac{2}{\pi}\left(\sin(x) + \frac{\sin(3x)}{3} + \frac{\sin(5x)}{5} + \frac{\sin(7x)}{7} + \cdots\right). \blacktriangleleft$$

In Abb. 16.15 können Sie gut erkennen, wie sich bei der Approximation die Differenzfläche entwickelt. Typisch sind die Überschwinger an den Unstetigkeitsstellen: Diese

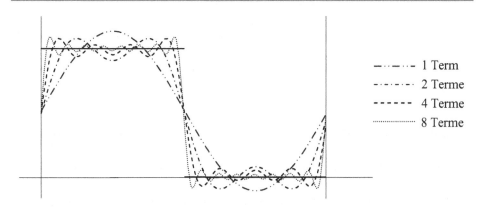

Legende:
— · — · — 1 Term
— · — · — · 2 Terme
— — — — 4 Terme
················· 8 Terme

Abb. 16.15 Eine Fourierentwicklung

bleiben auch bei höheren Iterationen erhalten, die Approximation unterscheidet sich an einzelnen Punkten also immer ein ganzes Stück von der vorgegebenen Funktion.

Dennoch gilt in diesem speziellen Beispiel für jedes feste x in dem die Funktion stetig ist $\lim_{n\to\infty} S_n(x) = f(x)$. Versuchen Sie, sich dies an einer Zeichnung klarzumachen!

Jeder Datenkanal besitzt Dämpfungseigenschaften, die seine Kapazität begrenzen. Diese Dämpfung ist frequenzabhängig: Verschiedene Frequenzen werden technisch bedingt verschieden stark ausgefiltert. Wenn Sie diese Parameter kennen, können Sie in der obigen Fourierentwicklung die entsprechenden Frequenzen anpassen und feststellen, wie die Daten, die Sie am Anfang als schöne Rechtecke in die Leitung gesteckt haben, am Ende herauspurzeln. Kann man dort noch die 0 und die 1 identifizieren? Auf diese Weise können Sie die Kapazität einer Datenleitung bestimmen.

Ähnlich können Sie zum Beispiel durch Analyse des Laufgeräuschs einer Turbine Änderungen identifizieren, die sehr wahrscheinlich auf einen Defekt hinweisen.

Das menschliche Ohr arbeitet übrigens nach dem gleichen Prinzip, es führt eine Frequenzanalyse durch: Verschiedene Frequenzen reizen verschiedene Stellen der Schnecke im Innenohr.

Fourierreihen wurden von Joseph Fourier (1768–1830) entwickelt. Fourier war ein Zeitgenosse und Vertrauter Napoleons und gilt als einer der Väter der mathematischen Physik. Auf seine Reihen ist er bei der Analyse von Wärmeleitungsproblemen gestoßen. Seine Ergebnisse wurden vom mathematischen Establishment der Zeit zwar durchaus anerkannt, er wurde aber schwer für die mangelhafte mathematische Darstellung und die lückenhafte Beweisführung kritisiert. Fourier beeindruckte diese Kritik nicht, und auch die vielfältige Anwendbarkeit seiner Theorie blieb davon unberührt. Tatsächlich wurden manche seiner Sätze erst im 20. Jahrhundert vollständig bewiesen. Im Jahr 2006 erhielt der Mathematiker Lennart Carleson den Abel Preis (siehe die Anmerkung nach Definition 5.2) vor allem für eine Arbeit von 1966, in der er zeigte, dass sich jede stetige Funktion als Summe ihrer Fourierreihe darstellen lässt.

Fourier hatte aber eben den richtigen Riecher. Der Streit zwischen den nörgelnden Mathematikern, die auf die reine Lehre pochen, und den Anwendern, die auf Teufel komm raus drauf los rechnen, ist auch heute noch anzutreffen. Zur Ehrenrettung der Mathematiker ist zu sagen, dass der Werkzeugkasten schon in Ordnung sein sollte, auch wenn der Anwender mal zum falschen Schraubenschlüssel greift.

Diskrete Fouriertransformation

In realen Anwendungen ist eine Funktion in den seltensten Fällen analytisch gegeben wie im obigen Beispiel. Man erhält die Funktion durch einzelne Messwerte, wie bei dem erwähnten Turbinengeräusch, bei einer Tonaufnahme oder auch beim Einscannen eines Bildes. Es steht also nur eine bestimmte Anzahl von Stützstellen der Funktion zur Verfügung, aus denen die Fourierkoeffizienten berechnet werden sollen. Die Integration, die zur Berechnung dieser Koeffizienten durchgeführt werden muss, kann nur numerisch erfolgen.

Bleiben wir der Einfachheit halber bei unserer Periode von 2π und gehen von $N + 1$ gleichmäßig verteilten Stützstellen aus (Abb. 16.16). Der Abstand zweier Stützstellen ist $\Delta x_i = (2\pi)/N$, die Stützstelle i hat die x-Koordinate $x_i = i \cdot (2\pi)/N$. Die Funktionswerte $f(x_i)$ an den Stützstellen sind bekannt. Zur Integration bilden wir einfach die Riemann'schen Summen. Für die Koeffizienten a_k setzen wir die Näherung:

$$a_k = \frac{1}{\pi} \int_0^{2\pi} f(x)\cos(kx)dx = \frac{1}{\pi} \sum_{i=0}^{N-1} f(x_i)\cos(kx_i) \cdot \frac{2\pi}{N} = \frac{2}{N} \cdot \sum_{i=0}^{N-1} f(x_i)\cos(kx_i),$$

genauso $b_k = \frac{2}{N} \sum_{i=0}^{N-1} f(x_i)\sin(kx_i)$ und $a_0 = \frac{2}{N} \cdot \sum_{i=0}^{N-1} f(x_i)$. Der Koeffizient a_0 ist wieder das Doppelte des Mittelwertes der N Funktionswerte.

Bei dieser numerischen Integration macht man natürlich Fehler, die umso größer werden, je größer k wird, denn dann wackelt die Funktion ja immer wilder hin und her. Mit unseren wenigen Stützstellen können wir kaum mehr hoffen ein einigermaßen präzises Integral zu erhalten. Eine erste Auswirkung dieses Fehlers ist, dass die Folgen a_k, b_k keine

Abb. 16.16 Stützstellen einer
Funktion

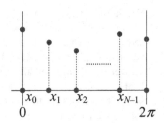

Nullfolgen mehr sind. Es gilt sogar, dass sie periodische Folgen sind, denn aus

$$a_{k+N} = \frac{2}{N} \cdot \sum_{i=0}^{N-1} f(x_i) \cos((k + N)x_i),$$

$$\cos((k + N)x_i) = \cos\left((k + N) \cdot i \frac{2\pi}{N}\right) = \cos\left(k \cdot i \frac{2\pi}{N} + i2\pi\right)$$

$$= \cos\left(k \cdot i \frac{2\pi}{N}\right) = \cos(kx_i)$$

folgt $a_{k+N} = a_k$ für alle $k > 0$. Genauso ist $b_k = b_{k+N}$.

Weitere Regelmäßigkeiten können in den Koeffizienten entdeckt werden: Wegen $\cos x = \cos(2\pi - x)$ und $\sin x = -\sin(2\pi - x)$ zeigt eine ähnliche Rechnung, dass $a_{N-k} = a_k$ und $b_{N-k} = -b_k$ gilt. Die Koeffizienten müssen also nur bis zur Hälfte von N berechnet werden. Ich verwende im Folgenden die „Größte-Ganze"-Funktion: $\lfloor N/2 \rfloor$ hat den Wert $N/2$ für gerades N und $(N - 1)/2$ für ungerades N.

▶ **Definition 16.21** Die Abbildung, welche für $i = 0, 1, \ldots, N - 1$ den N Werten $f(x_i)$ der Funktion f an den Stützstellen $x_i = i \cdot (2\pi)/N$ für $k = 1$ bis $\lfloor N/2 \rfloor$ die folgenden Koeffizienten zuordnet:

$$a_0 = \frac{2}{N} \cdot \sum_{i=0}^{N-1} f(x_i), \quad a_k = \frac{2}{N} \sum_{i=0}^{N-1} f(x_i) \cos(kx_i),$$

$$b_k = \frac{2}{N} \sum_{i=0}^{N-1} f(x_i) \sin(kx_i),$$

heißt *diskrete Fouriertransformation (DFT)*.

Ist N gerade, so ist $b_{N/2} = 0$, so dass in jedem Fall nur N „echte" Koeffizienten berechnet werden müssen. Aus den N Stützstellen der Funktion $f(x)$ werden also genau N Fourierkoeffizienten bestimmt.

Das absolut Verblüffende an der bewusst fehlerbehafteten Konstruktion ist, dass mit Hilfe dieser Koeffizienten die Funktion trotzdem wieder als „Fourierreihe" dargestellt werden kann. Dabei genügt sogar eine endliche Summe unter Verwendung der N berechneten Koeffizienten und es handelt sich nicht nur um eine Approximation, die Darstellung ist exakt:

▶ **Satz 16.22** Aus den Koeffizienten der diskreten Fouriertransformation ist die Funktion f in den Stützstellen $x_i = i \cdot (2\pi)/N$ berechenbar. Es gilt für ungerades N:

$$f(x_i) = \frac{a_0}{2} + \sum_{k=1}^{\lfloor N/2 \rfloor} (a_k \cos(kx_i) + b_k \sin(kx_i))$$

und für gerades N:

$$f(x_i) = \frac{a_0}{2} + \sum_{k=1}^{N/2-1} (a_k \cos(kx_i) + b_k \sin(kx_i)) + \frac{a_{N/2}}{2} \cos((N/2) \cdot x_i).$$

Ich möchte diesen Satz nicht beweisen, interessant ist aber, dass der Beweis vollkommen ohne analytische Hilfsmittel auskommt. Es handelt sich um eine rein algebraische Rechnung, in der unter Verwendung elementarer Eigenschaften von Sinus und Cosinus ein lineares Gleichungssystem für die N Koeffizienten aufgelöst wird.

Die Laufzeit zur Berechnung der Fourierkoeffizienten ist in beiden Richtungen von der Ordnung $O(N^2)$. In den 60er Jahren des letzten Jahrhunderts wurden Implementierungen entwickelt, die diesen Aufwand auf $O(N \cdot \log N)$ reduzieren, eine gewaltige Verbesserung. Solche Implementierungen fasst man unter dem Namen *Fast Fourier Transformation* (*FFT*) zusammen. Die Einsatzmöglichkeiten für die Fouriertransformation nahmen dadurch gewaltig zu. Beispielsweise waren jetzt auch Echtzeittransformationen möglich, wie sie zum Beispiel bei der schon erwähnten Turbine nötig sind. Ein Anwendungsbeispiel möchte ich Ihnen kurz skizzieren: den Einsatz der DFT zur Bildkompression:

Gehen wir von einem Schwarz-Weiß-Bild aus. Schon beim Einlesen des Bildes durch einen Scanner entsteht ein Datenverlust: Dieser wird zum einen durch die Größe der Bildpunkte (der Pixel) verursacht, zum anderen wird der kontinuierliche Verlauf der Grauwerte in eine endliche Skala gepresst, typisch sind zum Beispiel 256 Graustufen, die pro Pixel ein Byte Speicherplatz belegen. Dennoch ist der Speicherbedarf für solche nackten Bilddaten gewaltig.

Wird das Bild weiter komprimiert, so ergibt sich in der Regel ein weiterer Datenverlust. Diesen will man aber so gestalten, dass für das Auge keine sichtbare Verschlechterung der Bildqualität stattfindet. Man kann zum Beispiel eine weitere Vergröberung der Graustufen vornehmen, denn 256 Grauwerte sind für das menschliche Auge nur schwer auseinanderhalten.

Wie geht man dabei vor? In einem ersten Ansatz könnten die Grauwerte weiter gerundet werden. Dies müsste für alle Werte in gleicher Weise geschehen, da ja alle Graustufen gleichberechtigt sind. Auf den Inhalt des Bildes kann dabei keine Rücksicht genommen werden. So würde bei weichen, kontrastarmen Bildern vielleicht eine ganz andere Art der Rundung gute Ergebnisse erzielen als bei kontrastreichen Bildern.

An dieser Stelle kann die Fouriertransformation eingesetzt werden: Zunächst zerlegen wir das Bild in handliche Teile, zum Beispiel in Teilbilder mit einer Größe von 8×8 Pixeln. Die Funktionswerte $f(x_i)$ sind die Graustufen der Bildpunkte.

Jetzt führen wir mit diesen Punkten zeilenweise die DFT durch, wir erhalten die Koeffizienten a_k und b_k. Für die Funktionswerte $f(x_i)$ gilt dann:

$$f(x_i) = \frac{a_0}{2} + \sum_{k=1}^{15} (a_k \cos(kx_i) + b_k \sin(kx_i)) + \frac{a_{16}}{2} \cos(32x_i).$$

Die Daten, die wir komprimiert speichern sind jetzt nicht mehr die Funktionswerte selbst, sondern die Fourierkoeffizienten. Dabei zeigt sich, dass diese für die Bildinformation eine vollkommen unterschiedliche Rolle spielen. $a_0/2$ stellt zum Beispiel den mittleren Grauwert des Bildes dar, eine wichtige Information, die sehr genau gespeichert werden sollte. Vielfältige Experimente und Erfahrungen zeigen, dass die höherfrequenten Anteile (größere k) viel weniger zur Bildinformation beitragen als niederfrequente Anteile (kleine k). Man kann daher die Koeffizienten mit größerem Index sehr viel gröber runden oder sogar teilweise ganz wegschmeißen, ohne einen sichtbaren Bildverlust zu erzeugen. Bei gleicher Datenmenge ergibt sich ein viel geringerer Informationsverlust als bei der Rasenmähermethode ohne die Fouriertransformation.

Bei der bekannten jpeg-Komprimierung werden Bilder mit der diskreten Cosinus Transformation (DCT) behandelt, die ein enger Verwandter der Fouriertransformation ist. Diese wird auf Teilbildern der Größe 8×8 durchgeführt, allerdings nicht zeilenweise, sondern in einer zweidimensionalen Form. Die entstehenden Koeffizienten werden nach festen, in Tabellen niedergelegten Regeln gerundet. Diese gerundeten Koeffizienten werden anschließend noch Huffman-codiert. Die Huffman-Codierung stellt eine sehr wirksame Ergänzung der DCT dar, da die Auftrittswahrscheinlichkeit verschiedener Koeffizienten stark unterschiedlich sein kann.

Der Ansatz, Funktionen durch Linearkombinationen anderer, linear unabhängiger Funktionen anzunähern und dann mit den Koeffizienten dieser Approximationen zu rechnen, ist in vielen Anwendungsgebieten der Mathematik immer wieder fruchtbar. Sehr aktuell ist die Transformation von Funktionen mit Hilfe von Wavelets: Ausgehend von einem Wavelet-Prototyp wird eine Familie orthogonaler Funktionen gebildet, mit deren Hilfe es gelingt, die ursprüngliche Funktion in verschiedenen Maßstäben, im Großen und im Kleinen gut zu approximieren. Auch für die Wavelet-Transformation gibt es diskrete, schnelle Varianten, die zum Beispiel in der Datenkompression mit noch besseren Ergebnissen eingesetzt werden können als die Fouriertransformation. Der letzte jpeg-Standard beinhaltet auch die Verwendung von Wavelets.

16.4 Verständnisfragen und Übungsaufgaben

Verständnisfragen

1. Sei $f : [a, b] \to \mathbb{R}$ stetig. Existiert dann das bestimmte Integral $\int_a^b f(x)dx$?

2. Sei $f : [-a, a] \to \mathbb{R}$ eine integrierbare, gerade Funktion. Was ist $\int_{-a}^a f(x)dx$?

3. Erläutern Sie den Hauptsatz der Differenzial- und Integralrechnung.

4. Wenn die Stammfunktion $F(x)$ der Funktion $f(x)$ existiert, ist dann $F : [a, b] \to \mathbb{R}$ stetig und differenzierbar?

5. $f\colon [a,b] \to \mathbb{R}$ sei eine nicht periodische stetige Funktion. Kann man trotzdem eine Fourierreihe zu f aufstellen?

6. In der Anmerkung zu Satz 16.19 habe ich gesagt, dass die Funktionen $\cos(nx)$, $\sin(nx)$ auf dem Vektorraum der auf $[0, 2\pi]$ integrierbaren Funktionen beinahe eine Basis darstellen. Warum nur beinahe? Schauen Sie sich dazu noch einmal die Definitionen 6.16 und 6.5 an.

7. Können Sie den Begriff „Konvergenz im quadratischen Mittel" erklären? ◄

Übungsaufgaben

1. Berechnen Sie die folgenden Integrale:

   a) $\int_0^{2\pi} \sin(x)\cos(x)\,dx$,

   b) $\int x \ln x\,dx$,

   c) $\int_a^b x^2 e^x\,dx$,

   d) $\int_0^1 (3x-2)^2\,dx$,

   e) $\int_{-2}^2 \frac{1}{2x-8}\,dx$.

2. Berechnen Sie $\int_0^{2\pi} \cos^2(nx)\,dx$, $n \in \mathbb{N}$. Verwenden Sie dazu Beispiel 4 nach Satz 16.12 Integrationsregeln.

3. Berechnen Sie eine Stammfunktion zu $\tan(x)$ im Bereich $-\pi/2 < x < \pi/2$. Verwenden Sie dazu Beispiel Beispiel 6 nach Satz 16.12 Integrationsregeln.

4. Eines der beiden folgenden Integrale können Sie (als eigentliches Integral) berechnen, eines nicht. Berechnen Sie das Integral beziehungsweise begründen Sie, warum es nicht geht:

   a) $\int_{-3}^3 \frac{7}{3x+4}\,dx$,

   b) $\int_{-1}^5 \frac{2}{6x+9}\,dx$.

5. Berechnen Sie die Länge des Kreisbogens des Einheitskreises zwischen $(0,0)$ und $(\cos\alpha, \sin\alpha)$.

   Als Ergebnis stellen Sie fest, dass zum Winkel α im Bogenmaß genau der Kreisbogen der Länge α gehört.

6. Berechnen Sie das Volumen einer Kugel mit Radius R.

7. Berechnen Sie die Fourierreihe zu der periodischen „Sägezahnfunktion" $f(x) = x$ für $0 < x \leq 2\pi$. Verwenden Sie zur Bestimmung der notwendigen Integrale die Integraltabelle aus der Formelsammlung oder ein Mathematiktool.

8. Implementieren Sie die diskrete Fouriertransformation in beide Richtungen und bestätigen Sie durch Tests den Satz 16.22.

9. Überprüfen Sie, ob durch die Beziehung $\langle f, g \rangle = \frac{1}{\pi} \int_0^{2\pi} f(x)g(x)dx$ auf der Menge der im Intervall $[0, 2\pi]$ integrierbaren Funktionen ein Skalarprodukt gegeben ist. Siehe dazu Definition 10.1. Eine der vier Bedingungen ist nicht erfüllt. Welche? ◄

Differenzialgleichungen 17

Zusammenfassung

Wenn Sie dieses Kapitels durchgearbeitet haben

- kennen Sie die Bedeutung von Differenzialgleichungen,
- können Sie wichtige Typen von Differenzialgleichungen erkennen,
- kennen Sie Lösungsverfahren für trennbare Differenzialgleichungen und für lineare Differenzialgleichungen erster Ordnung,
- und können lineare homogene Differenzialgleichungen mit konstanten Koeffizienten vollständig lösen.

17.1 Was sind Differenzialgleichungen?

Langschläfer haben das folgende schwerwiegende Problem zu lösen, wenn sie nicht zu spät in die Vorlesung kommen wollen: Der Kaffee aus der Maschine ist zum Trinken zu heiß, er muss möglichst schnell auf Trinktemperatur gebracht werden. Kühlt der Kaffee schneller ab, wenn man sofort den Zucker zugibt und dann wartet, oder ist es schlauer, erst eine Zeitlang zu warten und dann den Zucker einzufüllen?

Betreiben wir eine ordentliche Problemanalyse: Gegeben ist uns $T_K(t)$, die Kaffeetemperatur zum Zeitpunkt t, die Temperatur der umgebenden Luft T_L sowie die maximale Trinktemperatur T_m. Vernachlässigen wir zunächst den Zucker. Wir nehmen als bekannt an, dass die Abkühlung um so schneller vor sich geht, je größer der Temperaturunterschied zwischen Kaffee und Luft ist, die Abkühlung ist proportional zu dieser Differenz.

Diese Abkühlung ist nichts anderes als die Änderung der Temperatur mit der Zeit, also deren Ableitung $T_K'(t)$. Wir erhalten die Gleichung:

$$T_K'(t) = c(T_K(t) - T_L) \tag{17.1}$$

© Springer Fachmedien Wiesbaden GmbH, ein Teil von Springer Nature 2019
P. Hartmann, *Mathematik für Informatiker*, https://doi.org/10.1007/978-3-658-26524-3_17

Abb. 17.1 Die Abkühlung

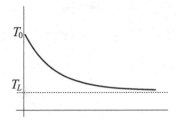

mit einem Proportionalitätsfaktor $c < 0$: Da die Temperatur abnimmt, ist die Ableitung negativ.

Gesucht ist eine Funktion $T_K(t)$, welche (17.1) erfüllt. Raten wir zunächst einmal. Die gesuchte Funktion sieht so ähnlich aus wie ihre Ableitung, und so bietet sich die Exponentialfunktion an. Wir probieren

$$T_K(t) = \alpha e^{\beta t} + \gamma.$$

Wir müssen dabei noch ein paar Variablen mit in den Ansatz hineinnehmen, denn ganz genau ist T_K natürlich nicht die Exponentialfunktion. Bilden wir die Ableitung: Es ist $T_k{}'(t) = \alpha\beta e^{\beta t}$ und in (17.1) eingesetzt erhalten wir

$$\beta\alpha e^{\beta t} = c(\alpha e^{\beta t} + \gamma - T_L).$$

Für $\gamma = T_L$ und $\beta = c$ ist diese Gleichung erfüllt, die Funktion

$$T_K(t) = \alpha e^{ct} + T_L \tag{17.2}$$

stellt für alle α eine Lösung der Aufgabe (17.1) dar. Auch α können wir noch festlegen: Zum Zeitpunkt 0, dem Zeitpunkt des Kaffee Einschenkens, hat der Kaffee eine feste Temperatur T_0, und da e^0 gleich 1 ist folgt $T_0 = \alpha + T_L$, also $\alpha = T_0 - T_L$. Abb. 17.1 zeigt die ungestörte Abkühlungskurve.

Jetzt kommt der Zucker ins Spiel: Die Auflösung des Zuckers stellt einen chemischen Prozess dar, der eine feste Menge Energie, also Wärme verbraucht. Dabei findet eine „schlagartige" Abkühlung um d Grad statt. Vorher und nachher gilt wieder die exponentielle Abkühlungskurve. In Abb. 17.2 sehen Sie, wie sich die Temperatur in diesem Fall

Abb. 17.2 Die Abkühlung mit Zucker

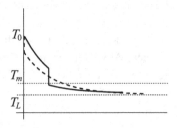

entwickelt: In der gestrichelten Kurve wird zuerst der Zucker gelöst und dann gewartet. Die exponentielle Abkühlung startet mit dem Anfangswert $T_0 - d$, was in der Funktion (17.2) einen anderen Anfangswert α' ergibt.

Es gibt eine Zahl δ, so dass $\alpha' = \alpha e^{\delta}$ ist. Für dieses δ gilt daher $\alpha' e^{ct} + T_L = \alpha e^{ct+\delta} + T_L$. Die gestrichelte Funktion $\alpha e^{ct+\delta} + T_L$ ist aber gegenüber $\alpha e^{ct} + T_L$ aus Abb. 17.1 nur um ein Stück parallel zur t-Achse verschoben.

Wartet man dagegen zunächst eine Weile und löst dann den Zucker auf, geht die Abkühlung schneller vor sich. Das sehen Sie an der durchgezogenen Kurve.

Leider dauert die rechnerische Bestimmung des optimalen Zuckereinwurfszeitpunkts länger als das Frühstück.

Eine Gleichung der Form $T_K'(t) = c(T_K(t) - T_L)$ heißt *Differenzialgleichung*. In Differenzialgleichungen treten neben einer unbekannten Funktion auch noch Ableitungen dieser Funktion auf. Wir haben in unserem ersten Beispiel eine Lösung geraten. Diese war jedoch erst durch eine weitere Bedingung vollständig bestimmt: die *Anfangsbedingung* $T_K(0) = T_0$.

Untersuchen wir im nächsten Beispiel ein Pendel. Um nur in einer Dimension rechnen zu müssen, verwenden wir ein Federpendel: Ein Gewicht hängt an einer Feder und kann sich in y-Richtung bewegen, in der Ruhestellung soll sich das Pendel an der Stelle $y = 0$ befinden. Wir versetzen das Pendel in Schwingung und wollen in Abhängigkeit von der Zeit t die Auslenkung $y(t)$ bestimmen.

Aus der Physik ist das Hook'sche Gesetz bekannt: Bei der Auslenkung y ist die rücktreibende Kraft $F(t)$ proportional zu y. Zu jedem Zeitpunkt t gilt also $F(t) = a \cdot y(t)$. Dabei ist $a < 0$ die Federkonstante.

Das Newton'sche Gesetz besagt, dass die Beschleunigung, die das Gewicht erfährt, proportional zur wirkenden Kraft ist. Die Beschleunigung ist die zweite Ableitung der Funktion $y(t)$, und so erhalten wir eine zweite Gleichung $F(t) = b \cdot y''(t)$, wobei $b > 0$ ist. Zusammengesetzt ergibt sich eine Differenzialgleichung für y:

$$y''(t) = (a/b) \cdot y(t) = c \cdot y(t). \tag{17.3}$$

$c < 0$ ist eine Systemkonstante, die durch die Feder und das daran hängende Gewicht bestimmt ist. Die zweite Ableitung sieht wieder so ähnlich aus wie die Funktion selbst, vielleicht tut's ja wieder die Exponentialfunktion:

$$y(t) = \alpha e^{\beta t} + \gamma, \quad y''(t) = \beta^2 \alpha e^{\beta t}.$$

Eingesetzt in (17.3) erhalten wir $\beta^2 \alpha e^{\beta t} = c(\alpha e^{\beta t} + \gamma)$, also

$$(\beta^2 - c)\alpha e^{\beta t} = c\gamma. \tag{17.4}$$

Eine ziemlich langweilige Lösung wäre $\alpha = \gamma = 0$. Auch $\beta = 0$ ist nicht interessant. Lassen wir diese Lösungen außer Acht, so muss (17.4) für verschiedene Werte von t gelten. Das kann nur sein, wenn $\beta^2 - c = \gamma = 0$ ist, also $\beta^2 = c$. Wegen $c < 0$ gibt es keine reelle Lösung für β, der erste Versuch ist fehlgeschlagen.

Später werden wir sehen, dass uns auch die komplexen Nullstellen zu Lösungen der reellen Differenzialgleichung verhelfen können.

Wir kennen noch weitere Funktionen, deren zweite Ableitung der Funktion ähnelt: Sinus und Cosinus. Probieren wir es damit: Sei

$$y_1(t) = \alpha \sin(\beta t) + \gamma, \quad y_1''(t) = -\beta^2 \alpha \sin(\beta t).$$

Setzen wir wieder in (17.3) ein: $-\beta^2 \alpha \sin(\beta t) = c(\alpha \sin(\beta t) + \gamma)$. Dann ist für $\gamma = 0$ und $\beta = \sqrt{-c}$ die Funktion $y_1(t) = \alpha \cdot \sin(\sqrt{-c} \cdot t)$ eine Lösung der Differenzialgleichung (17.3).

Genauso finden wir heraus, dass $y_2(t) = \alpha \cdot \cos(\sqrt{-c} \cdot t)$ eine Lösung darstellt. Ist denn nun eine der beiden Lösungen die Richtige? Gibt es außer diesen noch weitere Lösungen?

Es müssen noch Anfangsbedingungen berücksichtigt werden: Wir versetzen das Pendel in Schwingung und starten dann eine Stoppuhr. Beim Start der Stoppuhr soll die Auslenkung gerade 1 Meter betragen. Diese Anfangsbedingung ist durch die Funktion $y_1(t)$ nicht erfüllbar, denn $y_1(0)$ ist 0, wohl aber durch $y_2(t)$: Wir erhalten als Lösung $y_2(t) = 1 \cdot \cos(\sqrt{-c} \cdot t)$.

Es gibt noch weitere sinnvolle Anfangsbedingungen. Ganz wesentlich ist die Geschwindigkeit des Gewichtes in dem Moment, in dem die Stoppuhr startet. Wir könnten zum Beispiel messen, dass die Anfangsgeschwindigkeit $y'(0) = v$ beträgt. Eine von 0 verschiedene Anfangsgeschwindigkeit ist aber mit der Funktion $y_2(t) = \cos(\sqrt{-c} \cdot t)$ niemals erfüllbar, denn $y_2'(0) = 0$. Gibt es denn überhaupt eine analytische Lösung, welche beide Anfangsbedingungen erfüllt? Und gibt es vielleicht noch weitere Anfangsbedingungen, die nötig sind, um eine Lösung eindeutig festzulegen?

In der Natur, zum Beispiel in der Physik, Chemie und Biologie, aber auch in Technik und Wirtschaft treten immer wieder Probleme auf, in denen ein Zusammenhang zwischen untersuchten Größen und ihren zeitlichen oder räumlichen Ableitungen besteht. Diese Zusammenhänge lassen sich durch Differenzialgleichungen beschreiben. Die Theorie der Lösung solcher Gleichungen ist ein bedeutendes Fachgebiet der angewandten Mathematik. Im Allgemeinen ist die analytische Lösung von Differenzialgleichungen sehr schwer, oft sogar unmöglich. Einige nicht zu komplexe Typen von Differenzialgleichungen wollen wir uns in diesem Kapitel näher ansehen. Für diese werden wir das folgende Programm durchführen:

• Finde zu einer gegebenen Differenzialgleichung sämtliche möglichen Lösungen.
• Formuliere präzise die Anfangsbedingungen, die das System beschreiben.
• Bestimme eine spezielle Lösung der Differenzialgleichung, die zu diesen Anfangsbedingungen passt.

▶ **Definition 17.1** Eine Gleichung, in der neben der unabhängigen Variablen x und einer gesuchten Funktion $y = y(x)$ auch deren Ableitungen bis zur Ordnung n auftreten, heißt *gewöhnliche Differenzialgleichung
n-ter Ordnung*. Ist x_0 aus dem Definitionsbereich von y, so heißen Werte
$y(x_0), y'(x_0), \ldots, y^{(n-1)}(x_0)$ *Anfangsbedingungen*, die Differenzialgleichung
zusammen mit ihren Anfangsbedingungen wird *Anfangswertproblem* genannt.

Wenn es gewöhnliche Differenzialgleichungen gibt, dann muss es natürlich auch ungewöhn-
liche geben: Dieses sind Differenzialgleichungen, die mehr als eine Variable enthalten, zum
Beispiel Ort und Zeit, oder auch dreidimensionale Ortskoordinaten. Solche Gleichungen heißen *partielle Differenzialgleichungen*. Mit diesen können wir uns hier nicht beschäftigen.

Eine (gewöhnliche) Differenzialgleichung lässt sich also in der Form schreiben:

$$F(x, y, y', y'', \ldots, y^{(n)}) = 0 \quad \text{(ausführlich: } F(x, y(x), y'(x), y''(x), \ldots, y^{(n)}(x)) = 0).$$

Beispiele

1. Das Kaffeeproblem $T_K'(t) = c(T_K(t) - T_L)$ können wir mit $y = T_K(x)$ schreiben
   als $F(x, y, y') = y' - cy - cT_L = 0$.

2. Im Pendel-Beispiel erhalten wir $F(x, y, y', y'') = y'' - cy = 0$. Dabei treten x und
   y' gar nicht explizit in der Gleichung auf, das soll uns aber nicht stören.

3. $F(x, y, y') = y' - ay + by^2 = 0$ und $F(x, y, y') = y' + 2xy - 2x = 0$ sind weitere
   Differenzialgleichungen, bei der wir mit Raten überhaupt nicht weiterkommen. Für
   diese Gleichungen werden wir Lösungsverfahren erarbeiten. Finden Sie diese? ◀

Wie wir an unseren ersten Beispielen gesehen haben, können die Lösungen von Differenzialgleichungen Parameter enthalten: So hat zum Beispiel $y'' = 0$ die Lösungen
$y = ax + b$ mit den unabhängigen Parametern $a, b \in \mathbb{R}$. Die Gleichung $y = 3x + 7$ ist
eine spezielle Lösung von $y'' = 0$.

▶ **Definition 17.2** Eine Lösung einer Differenzialgleichung n-ter Ordnung heißt
allgemein, wenn sie n unabhängige Parameter enthält. Die Lösung heißt *vollständig*, wenn durch die Wahl der Parameter alle möglichen Lösungen erfasst
werden können. Die Lösung heißt *speziell* oder *partikulär*, wenn sie keine
Parameter enthält.

Beispiel

Löse $y'' = f(x)$. Es ist y' eine Stammfunktion von $f(x)$, also gilt

$$y'(x) = \int_{x_0}^{x} f(t)dt + c.$$

Weiter muss y eine Stammfunktion von y' sein, das heißt $y(x) = \int_{x_0}^{x} y'(s)ds + d$ und damit erhalten wir

$$y(x) = \int_{x_0}^{x} \left(\int_{x_0}^{s} f(t)dt + c \right) ds + d = \int_{x_0}^{x} \left(\int_{x_0}^{s} f(t)dt \right) ds + c(x - x_0) + d,$$

die allgemeine und vollständige Lösung der Differenzialgleichung $y'' = f(x)$ mit den Parametern c und d. ◄

Die Bestimmung der Lösung einer Differenzialgleichung wird häufig als Integration bezeichnet.

17.2 Differenzialgleichungen erster Ordnung

Trennbare Differenzialgleichungen

▶ **Definition 17.3** Eine Differenzialgleichung $F(x, y, y') = 0$ erster Ordnung heißt *trennbar* oder *separabel*, wenn sie sich in der Form

$$y' = f(x)g(y) \tag{17.5}$$

darstellen lässt, wobei $f: I \to \mathbb{R}$, $g: J \to \mathbb{R}$ stetige Funktionen auf Intervallen I, J sind.

Ist für $x_0 \in I$, $y_0 \in J$ die Anfangsbedingung $y(x_0) = y_0$ gegeben, und ist im Intervall J $g(y) \neq 0$, so ist (17.5) lösbar. Um nicht mit zu vielen verschiedenen Namen arbeiten zu müssen, bezeichne ich im Folgenden die Integrationsvariable mit dem gleichen Buchstaben wie die obere Integrationsgrenze. Es seien

$$G(y) := \int_{y_0}^{y} \frac{1}{g(y)} dy, \quad F(x) = \int_{x_0}^{x} f(x) dx$$

die Stammfunktionen von $1/g(y)$ beziehungsweise von $f(x)$. Auf J ist $G'(y) = 1/g(y) \neq 0$, daher ist G streng monoton und besitzt eine Umkehrfunktion G^{-1}. Dann ist

$$y(x) := G^{-1}(F(x)) \tag{17.6}$$

die Lösung des Anfangswertproblems $y' = f(x)g(y)$, $y(x_0) = y_0$.

Wir können es einfach ausprobieren: Es ist $G(y(x)) = F(x)$. Leiten wir diese Gleichung rechts und links ab (links mit Hilfe der Kettenregel), so erhalten wir $G'(y(x)) \cdot y'(x) = F'(x)$, also $1/g(y(x)) \cdot y'(x) = f(x)$, das heißt $y'(x) = f(x)g(y)$.

Es bleibt die Anfangsbedingung nachzuprüfen: Wegen $G(y_0) = 0$ und $F(x_0) = 0$ erhalten wir: $y(x_0) = G^{-1}(F(x_0)) = G^{-1}(0) = y_0$. Ich fasse das Ergebnis zusammen:

▶   **Satz 17.4** Das Anfangswertproblem $y' = f(x)g(y)$, mit Funktionen $f: I \to \mathbb{R}$, $g: J \to \mathbb{R}$, und dem Anfangswert $y(x_0) = y_0 \in J$ und $g \neq 0$ auf J, hat die eindeutige Lösung y, die man erhält, wenn man die folgende Gleichung nach y auflöst.

$$\int_{y_0}^{y} \frac{1}{g(y)} dy = \int_{x_0}^{x} f(x) dx. \tag{17.7}$$

Als Merkregel gibt es eine Eselsbrücke, die dem echten Mathematiker Schauder über den Rücken jagt, das macht aber nichts: Schreiben Sie die Differenzialgleichung in der Form $dy/dx = f(x)g(y)$ und tun Sie dann so, als ob dy/dx ein gewöhnlicher Bruch wäre. Bringen Sie in der Gleichung alle y nach links und alle x nach rechts und Sie bekommen $(1/g(y))dy = f(x)dx$. Jetzt noch Integralhaken davor und Sie haben (17.7) dastehen.

Beispiele

1. Schauen wir uns noch einmal das Kaffeeproblem $T_K'(x) = c(T_K(x) - T_L)$, $T_K(0) = T_0$ an. Wir schreiben es jetzt in der Form:

$$y' = \underbrace{c}_{f(x)} \underbrace{(y - T_L)}_{g(y)}$$

und erhalten:

$$\int_{T_0}^{y} \frac{1}{y - T_L} dy = \int_{0}^{x} c\, dt \quad \Rightarrow \quad \ln(y - T_L)\big|_{T_0}^{y} = cx\big|_{0}^{x}$$

$$\Rightarrow \quad \ln(y - T_L) - \ln(T_0 - T_L) = cx - 0$$

$$\Rightarrow \quad \ln\left(\frac{y - T_L}{T_0 - T_L}\right) = cx.$$

Wenden wir die Umkehrfunktion des Logarithmus an:

$$\frac{y - T_L}{T_0 - T_L} = e^{cx} \quad \Rightarrow \quad y = (T_0 - T_L)e^{cx} + T_L,$$

glücklicherweise das gleiche Ergebnis, das wir uns am Anfang des Kapitels durch Raten erarbeitet haben.

Abb. 17.3 Die Kaninchenkurve

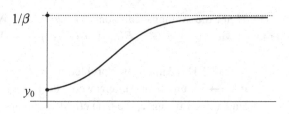

2. Die ungestörte Vermehrung einer glücklichen Kaninchenfamilie lässt sich durch
   die Differenzialgleichung $y'(x) = c \cdot y(x)$ beschreiben, wobei $y(x)$ die Größe der
   Population, und $y'(x)$ der Zuwachs zum Zeitpunkt x ist. Wir erhalten das exponentielle Wachstum $y(x) = e^{cx}$ als Lösung. Sogar in Australien war für die Kaninchen
   irgendwann das Ende der Fahnenstange erreicht: Die Ressourcen wurden knapp,
   das Wachstum verlangsamte sich. Dieses gebremste Wachstum lässt sich durch folgende Differenzialgleichung beschreiben:

$$y'(x) = \underbrace{\alpha}_{f(x)} \cdot \underbrace{y(x)(1 - \beta y(x))}_{g(y)}. \tag{17.8}$$

Der Term $1 - \beta y(x)$ stellt dabei den Bremsfaktor dar: Sobald $y(x)$ in die Größenordnung von $1/\beta$ gerät, wird das Wachstum kleiner. Für $y(x) = 1/\beta$ würde sich
ein Nullwachstum ergeben. Versuchen wir uns an der Lösung mit der Anfangsbedingung $y(0) = y_0$:

$$\int_{y_0}^{y} \frac{1}{y - \beta y^2} dy = \int_{0}^{x} \alpha dx = \alpha x.$$

Das linke Integral finden Sie in der Formelsammlung: $\int \frac{1}{y-\beta y^2} dy = \ln(\frac{\beta y}{1-\beta y})$. Machen Sie die Probe! Damit ergibt sich:

$$\ln\left(\frac{\beta y}{1 - \beta y}\right) - c = \alpha x \quad \left(c = \ln\left(\frac{\beta y_0}{1 - \beta y_0}\right)\right)$$

und daraus durch „Hochnehmen" $\dfrac{\beta y}{1 - \beta y} = e^{\alpha x + c}$.

Lösen wir diese Gleichung nach y auf, so erhalten wir $y = \dfrac{e^{\alpha x + c}}{\beta(e^{\alpha x + c} + 1)}$.

Abb. 17.3 zeigt den Graphen der Funktion, die Kaninchenkurve. Sie sehen, dass
$\lim_{x \to \infty} y(x) = 1/\beta$ ist, das ist die Grenze des Wachstums. Ist der Anfangswert y_0
größer als $1/\beta$, so erhalten wir kein Wachstum, sondern eine Schrumpfung auf $1/\beta$
hin.

3. Natürlich lassen sich auch Differenzialgleichungen lösen, bei denen die Funktion $f(x)$ nicht konstant ist. Nehmen wir

$$y' = \frac{x}{y-1}.$$

Da x und y in einem Intervall definiert sein müssen, muss $y > 1$ oder $y < 1$ sein. Durch die Randbedingung $y(1/2) = 1/2$ ist schon $y < 1$ vorbestimmt. Nun können wir integrieren:

$$\int_{1/2}^{y} (y-1)dy = \int_{1/2}^{x} x\,dx \quad \Rightarrow \quad \frac{y^2}{2} - y \Big|_{1/2}^{y} = \frac{x^2}{2} \Big|_{1/2}^{x}$$

$$\Rightarrow \quad \frac{y^2}{2} - y - \frac{1}{8} + \frac{1}{2} = \frac{x^2}{2} - \frac{1}{8}$$

$$\Rightarrow \quad \frac{y^2}{2} - y + \frac{1}{2} - \frac{x^2}{2} = 0$$

$$\Rightarrow \quad y^2 - 2y + 1 - x^2 = 0$$

$$\Rightarrow \quad y = 1 \pm \sqrt{1 - 1 + x^2} = 1 \pm x.$$

$y = 1 \pm x$? Gibt es zwei Lösungen? Nein, aus der Anfangsbedingung folgt, dass nur $y = 1 - x$ eine Lösung sein kann. ◄

Lineare Differenzialgleichungen 1. Ordnung

Differenzialgleichungen, in denen die Funktion y und ihre Ableitungen nur linear auftreten, heißen *lineare Differenzialgleichungen*. In der ersten Ordnung haben diese die Form

$$y' + a(x)y = f(x).$$

Ist die Funktion $f(x)$ auf der rechten Seite identisch 0, so heißt die Gleichung *homogen*, sonst *inhomogen*. $f(x)$ heißt *Störfunktion*. Für die homogenen linearen Gleichungen erster Ordnung kann man die vollständige Lösung angeben:

▶   **Satz 17.5** Ist $a(x)$ auf dem Intervall I stetig, so lautet die vollständige Lösung der Differenzialgleichung $y' + a(x)y = 0$:

$$y(x) = c \cdot e^{-A(x)},$$

wobei $c \in \mathbb{R}$ und $A(x)$ eine Stammfunktion von $a(x)$ ist.

Durch Ausprobieren stellt man fest, dass dies eine Lösung ist. Auf den Beweis der Vollständigkeit möchte ich verzichten, sie kann aus Satz 17.9 im nächsten Abschnitt geschlossen werden. □

Nun packen wir die inhomogene Gleichung an. Hierbei hilft uns das Lösungsprinzip der *Variation der Konstanten*, das auch bei anderen Differenzialgleichungen manchmal nützlich ist. Wir gehen von der Lösung $y_h(x) = c \cdot e^{-A(x)}$ der homogenen Gleichung aus. Jetzt ersetzen wir aber die Konstante $c \in \mathbb{R}$ durch eine Funktion $c(x)$ und versuchen diese so zu bestimmen, dass $y_s(x) = c(x) \cdot e^{-A(x)}$ eine Lösung der inhomogenen Gleichung wird. Setzen wir einfach y_s in die Differenzialgleichung ein:

$$\underbrace{c'(x)e^{-A(x)} - \overline{a(x)}\overline{c(x)}e^{-A(x)}}_{y_s'} + \underbrace{\overline{a(x)}\overline{c(x)}e^{-A(x)}}_{y_s} = f(x).$$

Daraus folgt $c'(x)e^{-A(x)} = f(x)$ beziehungsweise $c'(x) = f(x)e^{A(x)}$, also eine Differenzialgleichung für $c(x)$. Jede Stammfunktion

$$c(x) = \int f(x)e^{A(x)}dx$$

ist eine Lösung. Damit erhalten wir den

▶   **Satz 17.6**   Die Differenzialgleichung $y' + a(x)y = f(x)$, $f, a : I \to \mathbb{R}$ stetig, $x_0 \in I$, besitzt die vollständige Lösung

$$y = \left[\int\limits_{x_0}^{x} f(t)e^{A(t)}dt + c \right] e^{-A(x)},$$

wobei $A(x)$ eine Stammfunktion von $a(x)$ und $c \in \mathbb{R}$ ist.

Beispiel

Bestimme die vollständige Lösung der Differenzialgleichung $y' + 2xy = 2x$.

Hier ist $a(x) = 2x$, eine Stammfunktion lautet $A(x) = x^2$. Die vollständige Lösung der Gleichung lautet nach Satz 17.6

$$y(x) = \left[\int\limits_{0}^{x} 2t \cdot e^{t^2} dt + c \right] e^{-x^2} \underset{\underset{y=t^2, dy=2tdt}{\uparrow}}{=} \left[\int\limits_{0}^{x^2} e^y dy + c \right] e^{-x^2}$$

$$= (e^{x^2} \underbrace{- 1 + c}_{=d})e^{-x^2} = 1 + de^{-x^2}$$

mit $d \in \mathbb{R}$. Die Probe ergibt: $-2xde^{-x^2} + 2x(1 + de^{-x^2}) = 2x$. ◀

17.3 Lineare Differenzialgleichungen *n*-ter Ordnung

▶ **Definition 17.7** Eine Differenzialgleichung der Form

$$y^{(n)} + a_1(x)y^{(n-1)} + \cdots + a_{n-1}(x)y' + a_n(x)y = f(x) \qquad (17.9)$$

heißt *lineare Differenzialgleichung n-ter Ordnung*. Dabei sollen die Funktionen $a_i, f : I \to \mathbb{R}$ auf dem Intervall I stetig sein. Die a_i heißen *Koeffizientenfunktionen*, f heißt *Störfunktion* der Gleichung. Ist $f = 0$, so heißt die Gleichung *homogen*, sonst *inhomogen*.

Für diese Differenzialgleichungen gilt der folgende Existenz- und Eindeutigkeitssatz, den ich ohne Beweis zitieren möchte:

▶ **Satz 17.8** Sei $y^{(n)} + a_1(x)y^{(n-1)} + \cdots + a_{n-1}(x)y' + a_n(x)y = f(x)$ eine lineare Differenzialgleichung n-ter Ordnung, $a_i, f : I \to \mathbb{R}$ und $x_0 \in I$. Dann gibt es zu den Anfangswerten $y(x_0) = b_0$, $y'(x_0) = b_1$, ..., $y^{(n-1)}(x_0) = b_{n-1}$ genau eine Lösung y dieses Anfangswertproblems. Diese existiert auf ganz I.

Ein schönes Ergebnis, aber auch mal wieder ein typischer Mathematikersatz: Er nützt uns nämlich zunächst überhaupt nichts bei der Suche nach Lösungen, er kann höchstens zur Beruhigung dienen, wenn wir an einer konkreten Aufgabe nicht weiter kommen. Interessanter sind da schon die beiden folgenden Sätze, die Auskunft über die Struktur der Lösungen geben und uns helfen, gefundene Lösungen zu sortieren und auf Vollständigkeit zu überprüfen. Und zum Beweis von Satz 17.10 braucht man Satz 17.8, also ist der auch nicht ganz überflüssig.

▶ **Satz 17.9** Die Menge H der Lösungen $y : I \to \mathbb{R}$ der homogenen linearen Differenzialgleichung $y^{(n)} + a_1(x)y^{(n-1)} + \cdots + a_{n-1}(x)y' + a_n(x)y = 0$, $a_i, f : I \to \mathbb{R}$ ist ein $\mathbb{R}$-Vektorraum. Jede Lösung y der inhomogenen Gleichung $y^{(n)} + a_1(x)y^{(n-1)} + \cdots + a_n(x)y = f(x)$ hat die Form $y_s + y_h$, wobei $y_h \in H$ ist und y_s eine spezielle Lösung der inhomogenen Differenzialgleichung ist.

Ähnlich wie bei der Lösung linearer Gleichungssysteme müssen wir also zusätzlich zu allen Lösungen der homogenen Gleichung nur eine einzige Lösung der inhomogenen Gleichung bestimmen, um das System vollständig zu lösen.

Die Menge H ist eine Teilmenge des Vektorraums aller reellen Funktionen auf I. Wir müssen also nur das Unterraumkriterium nachprüfen (siehe Satz 6.4 in Abschn. 6.2). Nach Satz 17.8 ist H nicht leer, und sind $y_1, y_2 \in H$, $\lambda \in \mathbb{R}$, so gilt:

$$(y_1 + y_2)^{(n)} + a_1(x)(y_1 + y_2)^{(n-1)} + \cdots + a_n(x)(y_1 + y_2)$$
$$= (y_1^{(n)} + a_1(x)y_1^{(n-1)} + \cdots + a_n(x)y_1)$$
$$+ (y_2^{(n)} + a_1(x)y_2^{(n-1)} + \cdots + a_n(x)y_2) = 0,$$
$$(\lambda y_1)^{(n)} + a_1(x)(\lambda y_1)^{(n-1)} + \cdots + a_n(x)(\lambda y_1)$$
$$= \lambda(y_1^{(n)} + a_1(x)y_1^{(n-1)} + \cdots + a_n(x)y_1) = 0,$$

also ist H ein Vektorraum.

Genauso zeigt man: Ist y_t neben y_s eine weitere Lösung der inhomogenen Gleichung, so ist $y_t - y_s \in H$, das heißt $y_t = y_s + y_h$ für ein $y_h \in H$.   □

▶   **Satz und Definition 17.10**   Der Lösungsraum einer homogenen linearen Differenzialgleichung n-ter Ordnung hat die Dimension n. Eine Basis dieses Lösungsraums heißt *Fundamentalsystem*.

Nach Satz 17.8 können wir für ein $x_0 \in I$ Lösungen $y_0, y_1, \ldots, y_{n-1}$ konstruieren, welche die Anfangsbedingungen

$$\begin{pmatrix} y_0(x_0) \\ y_0'(x_0) \\ \vdots \\ y_0^{(n-1)}(x_0) \end{pmatrix} = \begin{pmatrix} 1 \\ 0 \\ \vdots \\ 0 \end{pmatrix}, \quad \begin{pmatrix} y_1(x_0) \\ y_1'(x_0) \\ \vdots \\ y_1^{(n-1)}(x_0) \end{pmatrix} = \begin{pmatrix} 0 \\ 1 \\ \vdots \\ 0 \end{pmatrix}, \quad \ldots, \quad \begin{pmatrix} y_{n-1}(x_0) \\ y_{n-1}'(x_0) \\ \vdots \\ y_{n-1}^{(n-1)}(x_0) \end{pmatrix} = \begin{pmatrix} 0 \\ 0 \\ \vdots \\ 1 \end{pmatrix}$$

$$(17.10)$$

erfüllen. Diese Lösungen bilden eine Basis, denn sie sind linear unabhängig und erzeugen den ganzen Raum:

Ich zeige zunächst, dass die Menge erzeugend ist: Sei dazu y irgendeine Lösung der Differenzialgleichung. Dann gibt es reelle Zahlen $b_0, b_1, \ldots, b_{n-1}$ mit der Eigenschaft $y(x_0) = b_0$, $y'(x_0) = b_1$, $\ldots$, $y^{(n-1)}(x_0) = b_{n-1}$. So wie wir unsere Lösungen konstruiert haben, gilt diese Anfangsbedingung aber auch für die Linearkombination $z = b_0 y_0 + b_1 y_1 + \cdots + b_{n-1} y_{n-1}$. Da die Lösung mit dieser Anfangsbedingung eindeutig ist, folgt $z = y$.

Um die lineare Unabhängigkeit zu zeigen, müssen wir noch etwas ausholen. Ich schiebe den folgenden Satz über die Wronski-Determinante ein:

▶   **Definition 17.11** Seien $y_0, y_1, \ldots, y_{n-1} \colon I \to \mathbb{R}$ $(n-1)$-mal differenzierbar.
Dann heißt die Funktion

$$
W(x) := W[y_0, y_1, \ldots, y_{n-1}](x) := \det \begin{pmatrix} y_0(x) & y_1(x) & \cdots & y_{n-1}(x) \\ y_0'(x) & y_1'(x) & \cdots & y_{n-1}'(x) \\ \vdots & \vdots & \ddots & \vdots \\ y_0^{(n-1)}(x) & y_1^{(n-1)}(x) & \cdots & y_{n-1}^{(n-1)}(x) \end{pmatrix}
$$

die *Wronski-Determinante* von $y_0, y_1, \ldots, y_{n-1}$.

▶   **Satz 17.12** Sind die $(n-1)$-mal differenzierbaren Funktionen $y_0, y_1, \ldots, y_{n-1} \colon$
$I \to \mathbb{R}$ linear abhängig, so ist $W[y_0, y_1, \ldots, y_{n-1}](x) = 0$ für alle $x \in I$.

Was bedeutet die lineare Unabhängigkeit von Funktionen? Wenn eine Linearkombination $\lambda_0 y_0 + \lambda_1 y_1 + \cdots + \lambda_{n-1} y_{n-1} = \vec{0}$ den Nullvektor ergibt, so muss jeder Koeffizient gleich 0 sein. Sind die Funktionen linear abhängig, so gibt es also eine solche Linearkombination in der nicht alle $\lambda_i = 0$ sind. Dabei stellt der Nullvektor $\vec{0}$ die Nullfunktion dar, die Funktion, die überall den Wert 0 hat. Durch Ableiten erhalten wir für alle $x \in I$ nacheinander

$$
\lambda_0 y_0 + \lambda_1 y_1 + \cdots + \lambda_{n-1} y_{n-1} = \vec{0},
$$
$$
\lambda_0 y_0' + \lambda_1 y_1' + \cdots + \lambda_{n-1} y_{n-1}' = \vec{0},
$$
$$
\vdots
$$
$$
\lambda_0 y_0^{(n-1)} + \lambda_1 y_1^{(n-1)} + \cdots + \lambda_{n-1} y_{n-1}^{(n-1)} = \vec{0}.
$$

Das heißt nichts anderes, als dass für alle $x \in I$ der von $\vec{0}$ verschiedene Vektor $(\lambda_0, \lambda_1, \ldots, \lambda_{n-1})$ eine Lösung des homogenen linearen Gleichungssystems

$$
\begin{pmatrix} y_0(x) & y_1(x) & \cdots & y_{n-1}(x) \\ y_0'(x) & y_1'(x) & \cdots & y_{n-1}'(x) \\ \vdots & \vdots & \ddots & \vdots \\ y_0^{(n-1)}(x) & y_1^{(n-1)}(x) & \cdots & y_{n-1}^{(n-1)}(x) \end{pmatrix} \begin{pmatrix} x_0 \\ x_1 \\ \vdots \\ x_{n-1} \end{pmatrix} = \begin{pmatrix} 0 \\ 0 \\ \vdots \\ 0 \end{pmatrix}
$$

ist. Wie wir in Satz 9.4 in Abschn. 9.1 gelernt haben, geht das aber nur, wenn die Determinante der Koeffizientenmatrix gleich 0 ist.   □

Nun zurück zum Beweis der linearen Unabhängigkeit der Lösungsfunktionen (17.10): Im Umkehrschluss zu Satz 17.11 gilt: Ist die Wronski-Determinante irgendwo ungleich 0, so sind die darin enthaltenen Funktionen linear unabhängig. An der Stelle x_0 ergeben die gefundenen Lösungen aber als Wronski-Determinante gerade die Determinante der Einheitsmatrix. Damit ist der Satz 17.10 bewiesen. □

Schauen wir uns noch einmal das Beispiel des Pendels am Anfang des Kapitels an: Wir hatten für die lineare Differenzialgleichung $y''(t) + 0 \cdot y'(t) - c \cdot y(t) = 0$ die beiden Lösungen geraten:

$$y_1(t) = \cos \beta t, \quad y_2(t) = \sin \beta t,$$

mit $\beta = \sqrt{-c}$. Sind diese Lösungen linear unabhängig? Berechnen wir $W(x)$:

$$W(x) = \det \begin{pmatrix} \cos(\beta x) & \sin(\beta x) \\ -\beta \sin(\beta x) & \beta \cos(\beta x) \end{pmatrix} = \beta \cos^2(\beta x) + \beta \sin^2(\beta x) = \beta \neq 0.$$

Das heißt aber, dass y_1 und y_2 ein Fundamentalsystem bilden. Jetzt wissen wir auch, dass die Anfangsbedingungen $y(0) = 1$, $y'(0) = v$, die wir in diesem Beispiel gestellt haben, vernünftig und vollständig waren. Die eindeutige Lösung des Anfangswertproblems lautet $y(t) = 1 \cdot \cos \beta t + (v/\beta) \cdot \sin \beta t$.

Lineare Differenzialgleichungen mit konstanten Koeffizienten

Für Differenzialgleichungen in der Form (17.9) existiert kein allgemeines Lösungsverfahren. Falls die Koeffizientenfunktionen jedoch konstante reelle Zahlen sind, kann man eine Basis des Lösungsraums angeben. Wir lösen zunächst wieder das homogene System

$$y^{(n)} + a_1 y^{(n-1)} + \cdots + a_{n-1} y' + a_n y = 0. \tag{17.11}$$

Als Lösungsansatz wählen wir die Exponentialfunktion $e^{\lambda x}$. Dann ist

$$y(x) = e^{\lambda x}, \quad y'(x) = \lambda e^{\lambda x}, \quad y''(x) = \lambda^2 e^{\lambda x}, \quad \ldots, \quad y^{(n)}(x) = \lambda^n e^{\lambda x}.$$

Eingesetzt in (17.11) erhalten wir für alle x:

$$\lambda^n e^{\lambda x} + a_1 \lambda^{n-1} e^{\lambda x} + \cdots + a_{n-1} \lambda^1 e^{\lambda x} + a_n e^{\lambda x} = (\lambda^n + a_1 \lambda^{n-1} + \cdots + a_{n-1} \lambda + a_n) e^{\lambda x}$$
$$= 0.$$

Ist λ eine Nullstelle von $\lambda^n + a_1 \lambda^{n-1} + \cdots + a_{n-1} \lambda + a_n$, so ist $e^{\lambda x}$ eine Lösung von (17.11). Dieses Polynom müssen wir also untersuchen:

▶ **Definition 17.13** Das Polynom $p(\lambda) := \lambda^n + a_1 \lambda^{n-1} + \cdots + a_{n-1} \lambda + a_n$ heißt *charakteristisches Polynom* der Differenzialgleichung $y^{(n)} + a_1 y^{(n-1)} + \cdots + a_{n-1} y' + a_n y = 0$.

Aus den Nullstellen des charakteristischen Polynoms können wir ein Fundamentalsystem für (17.11) konstruieren. Dabei müssen wir die folgenden Fälle unterscheiden:

Fall 1: λ ist eine einfache reelle Nullstelle. Dann ist $e^{\lambda x}$ eine Lösung der Differenzialgleichung.

Fall 2: $\lambda = \alpha + i\beta$ ist eine einfache komplexe Nullstelle. Dann liefert $e^{\lambda x}$ eine komplexe Lösung der Differenzialgleichung: $y \colon \mathbb{R} \to \mathbb{C}$, $x \mapsto e^{\lambda x}$ erfüllt (17.11). Man kann leicht nachprüfen, dass dann auch der Realteil und der Imaginärteil von $e^{\lambda x}$ Lösungen sind. Nun ist

$$e^{\lambda x} = e^{(\alpha + i\beta)x} = e^{\alpha x} e^{i\beta x} = e^{\alpha x}(\cos \beta x + i \sin \beta x).$$

Also sind $e^{\alpha x} \cos \beta x$ und $e^{\alpha x} \sin \beta x$ Lösungsfunktionen.

Jetzt hat uns eine Nullstelle zwei Lösungen beschert. Da es insgesamt nur n linear unabhängige Lösungen geben kann, sieht es so aus, als könnten wir zu viele Lösungen bekommen. Das stimmt aber nicht: Mit $\alpha + i\beta$ ist nämlich auch $\alpha - i\beta$ Nullstelle von $p(\lambda)$ (siehe Satz 5.41 in Abschn. 5.6), und von der konjugierten Nullstelle erhalten wir die Lösungen $e^{\alpha x} \cos(-\beta x) = e^{\alpha x} \cos \beta x$ und $e^{\alpha x} \sin(-\beta x) = -e^{\alpha x} \sin \beta x$, also keine neuen linear unabhängigen Funktionen.

Fall 3: Es treten mehrfache Nullstellen auf. Ich möchte ohne weitere Rechnung die dazugehörigen Lösungen angeben: Ist λ eine k-fache reelle Nullstelle, so sind die k Funktionen $x^i e^{\lambda x}$, $i = 0, \ldots, k - 1$ linear unabhängige Lösungen und ist $\lambda = \alpha + i\beta$ (und damit auch $\alpha - i\beta$) eine k-fache komplexe Nullstelle, so sind die $2k$ Funktionen $x^i e^{\alpha x} \cos \beta x$, $x^i e^{\alpha x} \sin \beta x$, $i = 0, \ldots, k - 1$, die dazugehörigen Lösungen.

In jedem Fall haben wir also zu dem Polynom $p(\lambda)$ genau n Lösungen gefunden. Mit Hilfe der Wronski-Determinante kann man feststellen, dass diese auch alle linear unabhängig sind. Damit bilden sie ein Fundamentalsystem der Differenzialgleichung (17.11).

Beispiele

1. $y'' - 2y' + y = 0$ hat das charakteristische Polynom $\lambda^2 - 2\lambda + 1$ mit den Nullstellen $\lambda_{1/2} = 1 \pm \sqrt{1 - 1} = 1$, also eine doppelte Nullstelle. Ein Fundamentalsystem ist e^x, $x \cdot e^x$, die allgemeine Lösung lautet $y(x) = ae^x + bxe^x$. Probieren wir die beiden Lösungen aus:

$$y = e^x: \qquad\qquad\qquad e^x - 2e^x + e^x = 0,$$
$$y = xe^x: \quad \underbrace{(xe^x + e^x + e^x)}_{y''} - 2\underbrace{(xe^x + e^x)}_{y'} + xe^x = 0.$$

2. $y'' - 2y' + 5y = 0$ hat das charakteristische Polynom $\lambda^2 - 2\lambda + 5$ mit den Nullstellen $\lambda_{1/2} = 1 \pm \sqrt{1 - 5} = 1 \pm 2i$. Ein Fundamentalsystem besteht aus $e^x \cos 2x$,

$e^x \sin 2x$. Testen wir zum Beispiel die erste Lösung: Es ist

$$y' = e^x \cos 2x - 2e^x \sin 2x,$$
$$y'' = e^x \cos 2x - 2e^x \sin 2x - 2e^x \sin 2x - 4e^x \cos 2x$$

und damit

$$\underbrace{e^x \cos 2x - 4e^x \sin 2x - 4e^x \cos 2x}_{y''} \underbrace{-2e^x \cos 2x + 4e^x \sin 2x}_{-2y'} + 5e^x \cos 2x = 0.$$

3. Die Differenzialgleichung des Federpendels haben wir schon untersucht. Üblicherweise schreibt man sie in der Form $y'' + \omega_0{}^2 y = 0$, sie hat die Lösungen $\sin \omega_0 t$ und $\cos \omega_0 t$. Die Schwingungsdauer ist $T = 2\pi/\omega_0$. Die Zahl $\omega_0 = 2\pi/T$ stellt bis auf den Faktor 2π die Schwingungsfrequenz des Systems dar, das heißt die Anzahl der Schwingungen pro Zeiteinheit. Die Differenzialgleichung entstand aus der Annahme, dass die rücktreibende Kraft $F = my''$ proportional zur Auslenkung y ist. Mit den berechneten Lösungen schwingt das Pendel unendlich lange weiter. In der Realität ist das natürlich falsch, durch Reibungseinflüsse findet eine allmähliche Abbremsung statt. Wie kann man diese Dämpfung in die Differenzialgleichung integrieren? Die rücktreibende Kraft wird um die Reibung gemindert. Experimentell ermittelt man, dass die Reibungskraft proportional zur Geschwindigkeit des Pendels ist, also $F_R = \gamma y'$. Damit erhalten wir die Differenzialgleichung, die eine gedämpfte Schwingung beschreibt (Federkonstante, Gewicht und Reibung sind in den Parametern $\alpha > 0$ und ω_0 zusammengefasst, die Bezeichnungen sind Konvention):

$$y'' + 2\alpha y' + \omega_0{}^2 y = 0.$$

Das charakteristische Polynom lautet $\lambda^2 + 2\alpha\lambda + \omega_0^2 = 0$ und hat die Nullstellen

$$\lambda_{1/2} = -\alpha \pm \sqrt{\alpha^2 - \omega_0^2} = -\alpha \pm \beta.$$

Hier sind zwei Fälle zu unterscheiden: Ist $\alpha^2 - \omega_0^2 > 0$, so erhalten wir zwei reelle Nullstellen, die beide kleiner als 0 sind. Hier ist α relativ groß, es findet eine starke Dämpfung statt. Stellen Sie sich vor, das Pendel sei in Honig getaucht. Die allgemeine Lösung lautet

$$y = c_1 e^{\lambda_1 x} + c_2 e^{\lambda_2 x}.$$

Abb. 17.4 Die starke Dämpfung

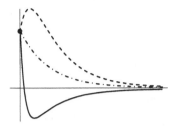

In diesem Fall findet gar keine richtige Schwingung statt, die Funktion hat höchstens ein Maximum und höchstens eine Nullstelle. Abb. 17.4 zeigt einige mögliche
Kurvenverläufe.

Im zweiten Fall $\alpha^2 - \omega_0^2 < 0$ erhalten wir zwei komplexe Nullstellen $-\alpha \pm i\,\omega_1$ mit
$\omega_1 = \sqrt{\omega_0^2 - \alpha^2}$. Es ist dabei α relativ klein, es liegt also eine schwache Dämpfung
vor, zum Beispiel schwingt das Pendel in der Luft. Die allgemeine Lösung lautet
hier

$$y = c_1 e^{-\alpha x} \sin \omega_1 x + c_2 e^{-\alpha x} \cos \omega_1 x.$$

Die Kurve stellt eine Schwingung mit der Frequenz $\omega_1 < \omega_0$ dar, deren Amplitude
abnimmt. Die Schwingung verläuft also etwas langsamer als ungedämpft. Abb. 17.5
zeigt Beispiele für diese Lösung.

Der Grenzfall $\alpha^2 = \omega_0^2$ ergibt die Lösung

$$y = (c_1 + c_2 x) e^{-\alpha x}.$$

Der Kurvenverlauf entspricht hier dem bei der starken Dämpfung. ◄

Abb. 17.5 Die schwache
Dämpfung

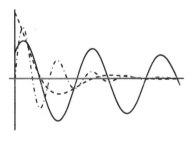

Inhomogene lineare Differenzialgleichungen

Die Bestimmung einer speziellen Lösung im inhomogenen Fall ist im Allgemeinen sehr schwierig. Es gibt dafür viele Ansätze, einer davon besteht wieder aus der Variation der Konstanten: Ist $y_1, y_2, \ldots, y_n$ ein Fundamentalsystem der homogenen Gleichung, so versucht man Funktionen $c_i(x)$ zu bestimmen, so dass $c_1(x)y_1 + c_2(x)y_2 + \cdots + c_n(x)y_n$ eine Lösung des inhomogenen Systems ist.

Diese Lösung lässt sich – mit vielen Integralhaken – noch hinschreiben, oft aber nicht mehr analytisch berechnen.

Als Beispiel sehen wir uns ein letztes Mal die Pendelgleichung an, diesmal mit einer Anregung von außen: Wir geben dem Pendel in regelmäßigen Abständen einen Schubs. Der Einfachheit halber gehen wir davon aus, dass diese zusätzliche Kraft periodisch in Form einer Cosinus-Funktion zugeführt wird. Wir erhalten die inhomogene Differenzialgleichung

$$y'' + 2\alpha y' + \omega_0^2 y = a \cos \omega t = f(t). \tag{17.12}$$

ω_0 ist die Eigenfrequenz des Pendels, die Frequenz ω der Anregung kann davon durchaus verschieden sein.

Ich werde die Integration nicht ausführen, ich möchte Ihnen aber das Ergebnis mitteilen, das gewaltige Auswirkungen auf unser tägliches Leben hat. Die Lösung ist noch analytisch berechenbar, sie lautet:

$$y(t) = \underbrace{\frac{a}{\sqrt{(\omega_0^2 - \omega^2)^2 + 4\alpha^2\omega^2}}}_{\text{Amplitude der Schwingung}} \cdot \cos(\underbrace{\omega t}_{\substack{\text{Schwingung mit} \\ \text{Frequenz} \\ \text{der Anregung}}} - \underbrace{\varphi}_{\substack{\text{etwas} \\ \text{phasen-} \\ \text{verschoben}}}), \quad \varphi = \arctan \frac{2\alpha\omega}{\omega_0^2 - \omega^2}.$$

Wenn ω_0 in der Nähe von ω ist, und die Dämpfung (also α) klein ist, wird der Nenner der Amplitude sehr klein, und die Amplitude kann sehr groß werden. Je weiter ω von ω_0 entfernt ist, umso kleiner wird die Amplitude der Schwingung.

Die Differenzialgleichung (17.12) beschreibt nicht nur das Federpendel, sondern im Prinzip jedes schwingungsfähige System. Der negative Effekt der vorgestellten Lösung ist die Resonanzkatastrophe: Die Opernsängerin kann Gläser zerspringen lassen, Stürme können in der Lage sein, Brücken so in Schwingung zu versetzen, dass sie zerreißen. Positive Effekte erfährt man im Schaukelstuhl und beim Radiohören oder Telefonieren: Der elektrische Schwingkreis im Empfänger besteht aus einem Kondensator und einer Spule. Die Eigenfrequenz des Systems kann durch eine Veränderung der Kapazität des Kondensators an die Sendefrequenz so angepasst werden, dass der Schwingkreis genau von dieser und von keiner anderen Frequenz zum Mitschwingen angeregt wird.

17.4 Verständnisfragen und Übungsaufgaben

1. Was ist eine trennbare Differenzialgleichung?

2. Sei eine lineare Differenzialgleichung n-ter Ordnung gegeben. Kann man dann neben den Anfangswerten $y(x_0), y'(x_0), \ldots, y^{(n-1)}(x_0)$ auch noch $y^{(n)}(x_0)$ vorgeben?

3. Sind f und g Lösungen einer linearen Differenzialgleichung, ist dann auch $f \cdot g$ Lösung der Differenzialgleichung?

4. Sind f und g Lösungen einer linearen Differenzialgleichung, so auch $f + g$. Gilt diese Aussage auch für nichtlineare Differenzialgleichungen?

5. Sind $\sin(x)$ und $\cos(x + \pi/2)$ linear unabhängige Funktionen? ◄

1. Lösen Sie die Anfangswertprobleme:
   a) $y' = \frac{1+x}{y}$, $y(1) = 1$
   b) $y' = xy + 2y$, $y(1) = 2$

2. Finden Sie die vollständigen Lösungen der Differenzialgleichungen:
   a) $y' + \frac{1}{x}y = \sin x$
   b) $y' + (2x - 1)y = xe^x$

3. Bestimmen Sie ein Fundamentalsystem für die Differenzialgleichungen:
   a) $y''' - 3y'' + 4y' - 2y = 0$
   b) $y'' - 6y' + 9y = 0$

4. Zeigen Sie, dass die in Satz 17.5 und Satz 17.6 angegebenen Lösungen der Differenzialgleichung $y' + a(x)y = f(x)$ vollständig sind. Verwenden Sie dazu Satz 17.10.

5. Zeigen Sie, dass die folgenden Funktionen linear unabhängig sind:
   a) $e^{\alpha x}, e^{\beta x}$ $(\alpha \neq \beta)$
   b) $e^{\alpha x}, xe^{\alpha x}$ ◄

Numerische Verfahren

18

Zusammenfassung

Das letzte Kapitel aus dem zweiten Teil des Buches macht Sie mit Anwendungen der theoretischen Mathematik für konkrete Berechnungsaufgaben vertraut. Am Ende dieses Kapitels

- wissen Sie, dass Rechenfehler unvermeidlich sind und können ihre Größe und ihre Entwicklung bei Rechenoperationen abschätzen,
- können Sie Nullstellen und Fixpunkte nichtlinearer Gleichungen mit verschiedenen Verfahren berechnen,
- können Sie glatte Interpolationskurven zwischen vorgegebenen Punkten im $\mathbb{R}^2$ bestimmen,
- können Sie numerisch Integrale lösen,
- und Lösungen für Differenzialgleichungen erster Ordnung iterativ bestimmen.

18.1 Probleme numerischer Berechnungen

Über die Bedeutung von Computern für mathematische Berechnungen brauche ich Sie sicher nicht aufzuklären. Die größten zivilen Ansammlungen von Computern stehen bei den Wetterdiensten und in den großen Filmfabriken in Amerika. Überall werden Gleichungen gelöst, Nullstellen bestimmt, werden Funktionen und Differenzialgleichungen integriert und Kurven, Flächen und Schatten berechnet was das Zeug hält.

Sieht man von den auch immer mächtiger werdenden Computeralgebrasystemen ab, so rechnen Computer aber nicht mit Formeln, sondern mit Zahlen, und dabei machen sie Rechenfehler; nicht weil sie sich verrechnen würden, sondern weil sie reelle Zahlen einfach nicht genau genug darstellen können. Es kann durchaus passieren, dass sich solche Fehler im Zuge langer Berechnungen aufschaukeln und zu unbrauchbaren Ergebnissen

© Springer Fachmedien Wiesbaden GmbH, ein Teil von Springer Nature 2019   469
P. Hartmann, *Mathematik für Informatiker*, https://doi.org/10.1007/978-3-658-26524-3_18

führen. Bevor wir uns also mit einigen wichtigen numerischen Algorithmen beschäftigen, möchte ich Ihnen die Problematik der Rechenfehler etwas näher bringen. Dies werde ich am Beispiel der Lösung linearer Gleichungssysteme durchführen. Wir haben uns in Kap. 8 ausführlich mit dem Gauß'schen Algorithmus beschäftigt. Dieser stellt gleichzeitig ein erstes wichtiges numerisches Verfahren dar.

Reelle Zahlen im Computer

Wenn Sie am Computer eine Berechnung durchführen und sich das Ergebnis am Bildschirm anzeigen lassen, erscheint es meist in der Form

$$\pm a_1.a_2a_3 \ldots a_n \mathrm{E} \pm m. \tag{18.1}$$

Dies ist die *Gleitpunktdarstellung* der Zahl. Die Ziffernfolge $a_1a_2a_3 \ldots a_n$ heißt *Mantisse* der Zahl, der Koeffizient a_1 ist immer ungleich 0. $\mathrm{E} \pm m$ steht für „$\cdot 10^{\pm m}$".

Genauso werden reelle Zahlen im Computer gespeichert, allerdings nicht im Dezimalsystem, sondern zur Basis 2 (siehe hierzu auch das Ende von Abschn. 13.3).

Zur Speicherung einer reellen Zahl steht, genau wie für einen Integer, nur ein endlicher Speicherplatz zur Verfügung, der Vorzeichen, Mantisse und Exponenten aufnehmen muss. In Java sind dies beispielsweise für einen double 8 Byte, also 64 Bit. Zahlen wie $\sqrt{2}$ oder π können damit nicht präzise dargestellt werden und insgesamt können natürlich nur endlich viele Zahlen aufgenommen werden.

Jede reelle Zahl, die wir in den Rechner eingeben, oder die im Verlauf einer Berechnung entsteht, wird auf die nächste in dieser Form darstellbare Zahl gerundet. Dabei entstehen Fehler. Wir unterscheiden zwischen dem absoluten Fehler a_x und dem relativen Fehler r_x. Ist x' die Darstellung der reellen Zahl x im Computer, so gilt:

$$a_x = x - x', \quad r_x = (x - x')/x. \tag{18.2}$$

Besonders interessant ist natürlich der relative Fehler, der den absoluten Fehler in Relation zur betrachteten Zahl setzt: Ein großer absoluter Fehler fällt bei einer sehr großen Zahl viel weniger ins Gewicht wie bei einer kleinen Zahl.

Die Gleitpunktdarstellung (18.1) hat nun den Vorteil, dass sie den relativen Fehler für die Zahlen aller Größenordnungen beschränkt: Betrachten wir für das Folgende einmal einen Anfängercomputer mit einer Mantissenlänge von 3, der im Dezimalsystem arbeitet. Wir wollen darin die Zahlen $x = 1\,234\,567$ und $y = 0.0007654321$ darstellen. In der Gleitpunktdarstellung gilt:

$$x = 1\,234\,567 = 1.234567 \cdot 10^6 \mapsto 1.23 \cdot 10^6$$
$$y = 0.0007654321 = 7.654321 \cdot 10^{-4} \mapsto 7.65 \cdot 10^{-4}$$

und damit

$$a_x = 4567 \qquad r_x \approx 0.0037$$
$$a_y = 0.0000004321 \quad r_y \approx 0.00056.$$

Wie groß ist der maximale relative Fehler? Der schlimmste Fall tritt ein, wenn wir die Zahl $x = a_1.a_2a_35 \cdot 10^m$ eingeben, sie wird auf $a_1.a_2(a_3 + 1) \cdot 10^m$ aufgerundet. Damit ist der relative Fehler

$$\frac{-0.005 \cdot 10^m}{a_1.a_2a_35 \cdot 10^m} = \frac{-0.005}{a_1.a_2a_35}.$$

Dieser Bruch ist dann am größten, wenn der Nenner am kleinsten ist, also wenn $x = 1.005 \cdot 10^m$ ist, und wir erhalten als relativen Fehler etwa $4.98 \cdot 10^{-3}$, unabhängig von der Größe des Exponenten.

Sie können nun leicht die Regel herleiten, dass bei einer Mantissenlänge n für den maximalen relativen Fehler gilt:

$$|r_{\max}| \le 5 \cdot 10^{-n}.$$

Entsprechend ist im Dualsystem bei einer Mantissenlänge von n der maximale relative Fehler $|r_{\max}| \le 2^{-n}$.

Fehlerfortpflanzung

Führt man mit den schon gerundeten Zahlen mathematische Operationen durch, so schlagen die Fehler auf das Ergebnis durch, ja es kann auch passieren, dass fehlerfreie Zahlen nach einer Operation nicht mehr präzise dargestellt werden können und daher gerundet werden müssen.

Überlegen wir einmal, was bei einer Addition und bei einer Multiplikation mit dem relativen Fehler geschieht: Wir verwenden dabei, dass $r_x x = x - x'$ und $x' = x(1 - r_x)$ gilt. Dies folgt unmittelbar aus (18.2). Weiter nehmen wir der Einfachheit halber an, dass Summe und Produkt von x' und y' wieder Zahlen sind, die im Computer darstellbar sind. Dann erhalten wir:

$$r_{x+y} = \frac{(x + y) - (x' + y')}{x + y} = \frac{(x - x') + (y - y')}{x + y}$$

$$= \frac{r_x x + r_y y}{x + y} = r_x \frac{x}{x + y} + r_y \frac{y}{x + y}, \qquad (18.3)$$

$$r_{xy} = \frac{xy - x'y'}{xy} = \frac{xy - x(1 - r_x)y(1 - r_y)}{xy}$$

$$= 1 - (1 - r_x)(1 - r_y) = r_x + r_y - r_x r_y. \qquad (18.4)$$

Da die relativen Fehler kleine Zahlen sind, ist $r_x r_y$ sehr klein im Vergleich zu r_x beziehungsweise zu r_y und es ist damit $r_{xy} \approx r_x + r_y$.

Bei der Multiplikation verhält sich der relative Fehler ziemlich brav, die beiden relativen Fehler addieren sich. Bei der Addition passiert zunächst auch nichts besonders Schlimmes, wenn x und y gleiches Vorzeichen haben: Dann sind die Brüche $x/(x + y)$ beziehungsweise $y/(x + y)$ jeweils kleiner als 1 und auch hier findet schlimmstenfalls eine Addition der relativen Fehler statt.

Eine Katastrophe kann allerdings geschehen, wenn x und y etwa gleich groß sind und verschiedenes Vorzeichen haben: Dann sind die Werte $x/(x + y)$ und $y/(x + y)$ sehr groß, da die Nenner klein sind, und der relative Fehler kann explodieren! Dieses Verhalten nennt man Fehlerverstärkung durch *Auslöschung*.

Versuchen Sie, niemals in einer logischen Bedingung die Differenz zweier reeller Zahlen gegen 0 zu überprüfen, das kann fatale Folgen haben!

Rechenfehler in linearen Gleichungssystemen

Die Zahlenbeispiele, die ich Ihnen in Kap. 8 zum Gauß'schen Algorithmus vorgestellt habe, waren ganzzahlig und so gestrickt, dass die Umformungen meist auch wieder ganze Zahlen ergaben; ich habe sie so ausgesucht, damit die Methoden leicht nach zu vollziehen sind. Die Realität ist leider anders. In ein und dem selben Gleichungssystem können sehr große, sehr kleine und sehr krumme Zahlen auftreten. Schauen wir uns einmal an, was durch die beschriebenen Fehler bei der Behandlung linearer Gleichungssysteme geschehen kann. Wir rechnen ein paar Gleichungssysteme mit unserem Computer, der mit 3-stelligen Mantissen arbeitet. Treten bei einer Operation mehr als drei signifikante Stellen auf, so wird jeweils gerundet.

Zunächst möchte ich die Lösung des folgenden Gleichungssystems $Ax = b$ berechnen:

$$(A, b) = \begin{pmatrix} 1 & 1 & \Big| & 2 \\ 1 & 1.001 & \Big| & 2.001 \end{pmatrix}.$$

Der Rang von A und der von (A, b) ist 2, es gibt also eine eindeutige Lösung, die Sie leicht zu $(1, 1)$ bestimmen können.

Bei der Eingabe dieses Systems müssen leider die Zahlen gerundet werden, denn 1.001 und 2.001 haben 4 signifikante Stellen. So kommt in unserem Rechner also nur das Gleichungssystem an:

$$(A, b) = \begin{pmatrix} 1 & 1 & \Big| & 2 \\ 1 & 1 & \Big| & 2 \end{pmatrix}.$$

Der Rang dieser Matrix ist 1, der Lösungsraum ist die Menge $\{(1, 1) + \lambda(1, -1) \mid \lambda \in \mathbb{R}\}$. Schon bei der Eingabe kann also ein lineares Gleichungssystem durch Rundungsfehler vollständig andere Eigenschaften bekommen.

Betrachten wir jetzt ein Gleichungssystem, das bei der Eingabe keine Rundungen erfährt:

$$(A, b) = \begin{pmatrix} 203 & 202 & 406\,000 \\ 1 & 1 & 2010 \end{pmatrix}. \tag{18.5}$$

Der Rang der Matrix ist 2, es gibt also wieder eine eindeutige Lösung. Rechnung mit Hand ergibt $x_1 = -20$, $x_2 = 2030$.

Lösen wir nun die Gleichungen mit dem Computer unter Verwendung des Gauß'schen Algorithmus, siehe Abschn. 8.1. Bei der Durchführung runde ich jeweils nach der dritten von 0 verschiedenen Stelle und schreibe trotzdem immer frech „=" dazu, so wie das unser Computer auch macht. Zunächst müssen wir von Zeile 2 das $1/203 = 0.00493$-fache der 1. Zeile abziehen und erhalten:

$$\begin{pmatrix} 203 & 202 & 406\,000 \\ 1 - \underbrace{0.00493 \cdot 203}_{1.00} & 1 - \underbrace{0.00493 \cdot 202}_{0.996} & 2010 - \underbrace{0.00493 \cdot 406\,000}_{2000} \end{pmatrix}$$
$$= \begin{pmatrix} 203 & 202 & 406\,000 \\ 0 & 0.00400 & 10 \end{pmatrix}.$$

Jetzt bestimmen wir x_2 aus der 2. Zeile: $0.004 \cdot x_2 = 10$, also $x_2 = 2500$. Setzen wir dies in Zeile 1 ein, so erhalten wir $203 \cdot x_1 + 202 \cdot 2500 = 406\,000$, also $203 \cdot x_1 = 406\,000 - 505\,000 = -99\,000$, und damit schließlich $x_1 = -488$, also eine Lösung, die vollkommen daneben ist. Die sollten Sie niemand verkaufen!

Die Katastrophe wird vervollständigt durch die Probe:

$$203 \cdot (-488) + 202 \cdot 2500 = -99\,100 + 505\,000 = 406\,000,$$
$$1 \cdot (-488) + 1 \cdot 2500 = 2010,$$

scheinbar also alles richtig.

Bei der numerischen Auflösung linearer Gleichungssysteme mit Hilfe des Gauß'schen Algorithmus gibt es einen einfachen Trick, mit dem man die Rechengenauigkeit oft erhöhen kann:

Schauen Sie noch einmal zurück in den Gauß'schen Algorithmus. In der Schlüsseloperation wird von der Zeile k das (a_{kj}/a_{ij})-fache der Zeile i abgezogen (vgl. (8.6) nach Satz 8.3):

$$a_{kl} - (a_{kj}/a_{ij}) \cdot a_{il}, \quad l = 1, \ldots, n \tag{18.6}$$

Dies sind Operationen, in denen es prinzipiell zur Auslöschung kommen kann. Die Werte der Matrixelemente haben wir nicht in der Hand, wir können aber durch die Auswahl des

Pivotelementes a_{ij} die Größe des Quotienten $q = a_{kj}/a_{ij}$ steuern. Gemäß (18.3) und (18.4) ergibt sich für den relativen Fehler einer Operation $a - q \cdot b$ wie in (18.6):

$$\frac{a}{a - qb} r_a + \frac{qb}{a - qb} (r_q + r_b).$$

Jedenfalls hat es einen positiven Effekt auf die Fehlergröße, wenn q möglichst klein ist, denn dann wird der Einfluss des zweiten Terms der Summe auf den Fehler kleiner.

Bei Implementierungen des Gauß'schen Algorithmus führt man daher eine *Pivotsuche* durch: Will man alle Elemente unterhalb von a_{ij} (dem Pivotelement) zu Null machen, so wird nicht nur überprüft, ob das Element $a_{ij} = 0$ ist (inzwischen wissen wir, dass das sowieso problematisch ist), sondern es wird diejenige Zeile unterhalb von a_{ij} gesucht, deren j-tes Element maximal ist. Dann wird diese Zeile mit der i-ten Zeile vertauscht. Der Quotient (a_{ki}/a_{ij}), mit dem anschließend die Zeile i multipliziert wird, ist damit für alle $k > i$ immer kleiner gleich 1.

Neben der beschriebenen Zeilenpivotsuche kann man auch Spaltenpivotsuche durchführen, das heißt, man kann Spalten vertauschen um das Pivotelement möglichst groß zu machen. Dabei muss man aber vorsichtig sein: Bei einer Spaltenvertauschung müssen auch die Indizes der Unbekannten mit vertauscht werden, um am Ende die richtigen Ergebnisse zu erzielen.

Leider ist auch die Pivotsuche kein Allheilmittel, wie das Gleichungssystem (18.5) zeigt. Hier ist das Pivotelement schon maximal. Das Entwickeln guter Strategien zum Lösen linearer Gleichungssysteme ist nicht trivial!

In den Beispielen haben Sie gesehen: Kleine Rundungen bei der Eingabe und bei den Rechnungen können gewaltige Auswirkungen auf die Ergebnisse haben. Dies kann so weit gehen, dass die Resultate völlig wertlos sind. Numerische Probleme mit dieser Eigenschaft heißen *schlecht konditioniert*. Eine wesentliche Aufgabe der numerischen Mathematik besteht darin, Probleme so zu formulieren, dass sie gut konditioniert sind.

Was können Sie sonst noch unternehmen, um Probleme mit Rechenfehlern in Ihren Computerprogrammen in den Griff zu bekommen? Zum einen möchte ich hier eine Lanze für die Mathematik brechen: Je weiter Sie ein Problem analytisch behandeln und je später Sie beginnen numerisch zu rechnen, umso weniger Fehler machen Sie.

Wichtig ist auch die Auswahl guter Algorithmen: Wenn Sie weniger Rechenoperationen benötigen, erhöhen Sie in der Regel nicht nur die Geschwindigkeit, sondern auch die Rechengenauigkeit.

In jedem Fall müssen Sie sich des Problems bewusst sein, dass Rundungsfehler auftreten können, und dürfen sich nicht auf exakte Rechnungen verlassen.

18.2   Nichtlineare Gleichungen

Zur Lösung linearer Gleichungssysteme haben wir im letzten Abschnitt den Gauß'schen Algorithmus verwendet. Nicht lineare Funktionen sind häufig gar nicht analytisch auflösbar. Hierfür müssen andere numerische Methoden gefunden werden. Dabei möchte ich mich auf den Fall einer Gleichung mit einer Unbekannten beschränken. Beginnen wir mit einem Beispiel. Gesucht sind die Lösungen der Gleichung

$$e^{-x} + 1 = x.$$

Diese Gleichung kann ich auch noch in einer anderen Form aufschreiben:

$$e^{-x} + 1 - x = 0.$$

Die erste Schreibweise ist von der Gestalt $F(x) = x$. Wir nennen hier x einen *Fixpunkt* der Funktion F. Die zweite Schreibweise hat die Form $G(x) = 0$, und x ist eine *Nullstelle* von G. Zur Bestimmung von Fixpunkten und zur Bestimmung von Nullstellen möchte ich Ihnen Verfahren vorstellen. Sie sehen an dem Beispiel, dass Gleichungen oft je nach Bedarf in die eine oder andere Form gebracht werden können. Leider führen nicht immer alle Verfahren zum Ziel und auch die Konvergenzgeschwindigkeit der Verfahren ist unterschiedlich. Zunächst eine Definition, die bei der Beurteilung der Konvergenz hilft:

▶ **Definition 18.1** Sei $(x_n)_{n \in \mathbb{N}}$ eine konvergente reelle Zahlenfolge mit Grenzwert x. Dann heißt x_n *linear konvergent* mit *Konvergenzfaktor c*, wenn es eine Zahl $0 < c < 1$ gibt, so dass gilt

$$|x_{n+1} - x| \le c \cdot |x_n - x|.$$

x_n heißt *konvergent mit Konvergenzordnung q*, wenn es ein $0 < c$ gibt mit

$$|x_{n+1} - x| \le c \cdot |x_n - x|^q.$$

Im Falle $q = 2$ heißt x_n *quadratisch konvergent*.

Beachten Sie, dass bei Konvergenzordnung $q > 1$ der Faktor c nicht mehr < 1 sein muss.

Fixpunktberechnung

Versuchen wir, zunächst Fixpunkte zu bestimmen. Ein Ansatz könnte sein, mit einem Startwert x_0 zu beginnen und $x_1 = F(x_0)$ zu bestimmen. Anschließend werten wir $F(x_1)$ aus: $x_2 = F(x_1)$ und so weiter:

$$x_n = F(x_{n-1}), \quad n = 1, 2, 3, \ldots \tag{18.7}$$

Können wir uns Hoffnungen machen, dass die Folge x_n konvergiert? Vielleicht sogar gegen einen Fixpunkt? Ist $F \colon \mathbb{R} \to \mathbb{R}$ eine Funktion mit einer Veränderlichen, so ist ein

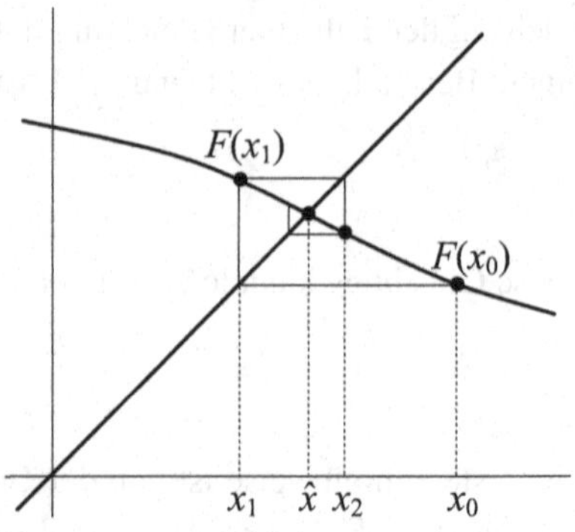

Abb. 18.1 Konvergenz gegen
den Fixpunkt

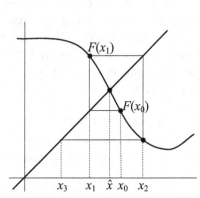

Abb. 18.2 Keine Konvergenz
gegen den Fixpunkt

Fixpunkt $\hat{x}$ mit $F(\hat{x}) = \hat{x}$ ein Schnittpunkt des Graphen von F mit der Hauptdiagonalen, und wir können die Folge x_n veranschaulichen.

Wie Sie sehen, konvergiert in Abb. 18.1 die Folge gegen den Fixpunkt, in Abb. 18.2 nicht. Zeichnen Sie selbst ein paar Graphen und versuchen Sie herauszufinden, wann Konvergenz eintritt und wann nicht. Haben Sie eine Idee? Es scheint am Anstieg der Funktion zu liegen: Wenn sie zu steil ist, dann klappt es nicht mehr. Ist sie flach, egal ob ansteigend oder abfallend, dann nähert sich die Folge x_n immer näher an den Fixpunkt an. Tatsächlich lässt sich zeigen: Wenn die Funktionswerte von F immer näher beieinander liegen als die Argumente, so liegt Konvergenz vor. Dahinter steht ein berühmter Satz, der nicht nur für reelle Funktionen gilt, sondern für alle Funktionen in „vollständigen metrischen Räumen". Ich formuliere ihn für Funktionen im $\mathbb{R}^n$. Er ist nach dem polnischen Mathematiker Stefan Banach benannt, der ihn 1922 bewiesen hat. Er gehört damit zu den neueren mathematischen Resultaten in diesem Buch.

▸   **Definition 18.2** Sei $D \subset \mathbb{R}^n$ und $f: D \to \mathbb{R}^m$ eine Abbildung. f heißt *Kontraktion*, wenn es ein $c \in \mathbb{R}$, $c < 1$ gibt, mit der Eigenschaft

$$\|f(x) - f(y)\| < c\|x - y\| \quad \text{für alle } x, y \in D.$$

▶ **Satz 18.3: Der Banach'sche Fixpunktsatz** Es sei $D \subset \mathbb{R}^n$ eine abgeschlossene Teilmenge und $f: D \to D$ eine Kontraktion von D in sich selbst. Dann gilt:

1. f hat in D genau einen Fixpunkt $\hat{x}$ mit $F(\hat{x}) = \hat{x}$.
2. Die Folge $x_n := f(x_{n-1}), n = 1, 2, 3, \ldots$ konvergiert für jeden Startwert $x_0 \in D$ gegen $\hat{x}$.
3. Es ist $\|x_n - \hat{x}\| \leq \dfrac{c^n}{1-c}\|x_1 - x_0\|, n = 2, 3, \ldots$

Stellen Sie sich vor, Sie legen in der Stadt, in der Sie wohnen, einen Stadtplan vor sich auf den Boden. Die Abbildung der Stadt auf den Plan ist offenbar eine Kontraktion. Der Fixpunktsatz sagt nun, dass es auf dem Plan genau einen Punkt gibt, der exakt an der Stelle liegt, die er darstellt. Wenn Sie in Hamburg einen Stadtplan von München hinlegen, haben Sie dagegen Pech: Eine wesentliche Voraussetzung ist die Eigenschaft der *Selbstabbildung*: Die Zielmenge muss Teil des Definitionsbereichs sein. Dann ist der Satz aber sogar konstruktiv, für Informatiker ist das besonders wichtig. Er gibt ein Verfahren an, wie der Fixpunkt gefunden wird und sagt in 3. auch etwas über die Konvergenzgeschwindigkeit aus.

Die Konvergenzordnung können wir wegen $f(x_n) = x_{n+1}$ und $f(\hat{x}) = \hat{x}$ sofort aus Definition 18.2 ablesen: Es gilt $\|x_{n+1} - \hat{x}\| \leq c \cdot \|x_n - \hat{x}\|$ und daher liegt lineare Konvergenz vor.

Häufig ist es schwierig festzustellen, ob eine gegebene Funktion eine Kontraktion darstellt. Ist $f: [a, b] \to [a, b]$ eine differenzierbare Funktion einer Veränderlichen, so genügt es zu prüfen, ob $\text{Max}\{|f'(x)||x \in [a, b]\} = c < 1$ ist, denn aus dem Mittelwertsatz der Differenzialrechnung (Satz 15.12 in Abschn. 15.1) folgt, dass dann für alle $x, y \in [a, b]$ gilt

$$\frac{|f(x) - f(y)|}{|x - y|} = |f'(x_0)| \leq c \quad \text{für ein } x_0 \in [x, y],$$

und damit ist die Kontraktionseigenschaft erfüllt. Diese Regel stimmt auch mit unseren anschaulichen Überlegungen in den Abb. 18.1 und 18.2 überein.

Wenn Sie den Fixpunktsatz anwenden wollen, genügt es, die Voraussetzungen in der Nähe des gesuchten Fixpunktes zu überprüfen, sie müssen nicht global für die ganze Funktion erfüllt sein.

Nullstellenberechnung

Wir werden uns jetzt auf Funktionen einer Veränderlicher beschränken und Verfahren zur Bestimmung von Nullstellen untersuchen. Einen Algorithmus dazu haben wir bereits kennengelernt: Der Beweis des Nullstellensatzes der Analysis, Satz 14.23 in Abschn. 14.3,

Abb. 18.3 Die Regula falsi

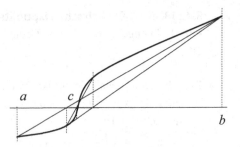

war konstruktiv. Mit Hilfe der dort durchgeführten Intervallschachtelung, die auch *Bisektion* genannt wird, können wir eine Nullstelle beliebig genau annähern. Leider konvergiert dieses Verfahren sehr langsam. Ich möchte Ihnen zwei weitere Verfahren vorstellen, die oft besser geeignet sind, um Nullstellen zu finden.

Die *Regula falsi* geht von den gleichen Voraussetzungen aus wie die Bisektion: Die Funktion $f : [a, b] \rightarrow \mathbb{R}$ sei stetig, $f(a) < 0$ und $f(b) > 0$ (oder umgekehrt). Man hofft nun an die Nullstelle zwischen a und b schneller heranzukommen, wenn man das Intervall dazwischen nicht einfach halbiert, sondern den Schnittpunkt c der Geraden g von $(a, f(a))$ nach $(b, f(b))$ mit der x-Achse als neuen Näherungswert bestimmt (Abb. 18.3).

Die Gleichung von g lautet:

$$y = g(x) = \frac{f(b) - f(a)}{b - a}(x - a) + f(a).$$

Durch Einsetzen von a und b in diese Geradengleichung stellen Sie sofort fest, dass $g(a) = f(a)$ und $g(b) = f(b)$ ist, also ist dies die Verbindung zwischen $(a, f(a))$ und $(b, f(b))$. Den Schnittpunkt c von g mit der x-Achse erhalten wir, wenn wir für x den Wert c einsetzen, $y = 0$ setzen und nach c auflösen:

$$0 = \frac{f(b) - f(a)}{b - a}(c - a) + f(a) \quad \Rightarrow \quad c = a - \frac{f(a)(b - a)}{f(b) - f(a)}.$$

c ist der erste Näherungswert für die Nullstelle. Ist $f(c) < 0$, so setzen wir für den nächsten Schritt $a = c$, sonst $b = c$.

Die Nullstelle liegt bei diesem Verfahren immer im Intervall $[a, b]$. Dieses Verfahren schließt die Nullstelle immer im gefundenen Intervall ein und konvergiert oft viel schneller, als das Bisektionsverfahren, leider aber nicht immer. Unter zusätzlichen Voraussetzungen ($f'(x) \neq 0 \neq f''(x)$ im Intervall $[a, b]$) lässt sich zeigen, dass die Regula falsi linear konvergent ist.

Der zweite Algorithmus ist das *Newton-Verfahren*. Hierbei wird zusätzlich vorausgesetzt, dass die Funktion $f : I \rightarrow \mathbb{R}$ differenzierbar ist und $f'(x) \neq 0$ im Intervall I. Erinnern Sie sich daran, dass die Tangente an die Funktion im Punkt x_0 eine Annäherung an die Funktion darstellt. Wir beginnen daher mit einem Startwert x_0, der nicht zu weit

Abb. 18.4 Das Newton-Verfahren

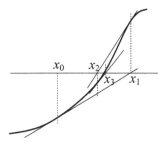

von der Nullstelle entfernt ist, und nehmen als ersten Näherungswert den Schnittpunkt der Tangente in x_0 mit der x-Achse (Abb. 18.4).

Dieser Schnittpunkt ist der nächste Startwert. Die Tangente in x_0 hat die Gleichung (siehe die Ausführungen nach Satz 15.2):

$$y = g(x) = f'(x_0)(x - x_0) + f(x_0).$$

Um den Schnittpunkt mit der x-Achse zu berechnen, setzen wir wieder $y = 0$ und lösen nach x auf:

$$0 = f'(x_0)(x - x_0) + f(x_0) \quad \Rightarrow \quad x = x_0 - \frac{f(x_0)}{f'(x_0)},$$

sodass wir die folgende rekursive Formel für die Folge x_n der Approximationen erhalten:

$$x_n = x_{n-1} - \frac{f(x_{n-1})}{f'(x_{n-1})}.$$

Falls die Folge x_n konvergiert mit $y := \lim_{n \to \infty} x_n$, so gilt $f(y) = 0$.

Die Folge konvergiert – in Abhängigkeit vom Startwert – oft sehr schnell, manchmal aber auch überhaupt nicht, wie Sie in Abb. 18.5 sehen können. In Numerik-Büchern finden Sie Sätze, welche die notwendigen Voraussetzungen an die Funktion beschreiben. So gilt zum Beispiel:

Abb. 18.5 Keine Konvergenz

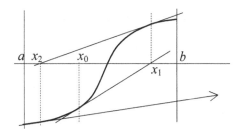

▶ **Satz 18.4** Ist $f: [a, b] \to \mathbb{R}$ zweimal differenzierbar, und ist für alle $x \in [a, b]$
$f'(x) \neq 0$ und $|f''(x)| < M$, so gilt für eine Nullstelle $\hat{x}$ von f:

$$|x_{n+1} - \hat{x}| \leq \frac{M}{f'(x_n)} |x_n - \hat{x}|^2.$$

In diesem Fall liegt also sogar quadratische Konvergenz vor. Dabei verdoppelt sich bei
jeder Iteration in etwa die Anzahl der richtigen Dezimalstellen der Approximation.

Ich habe die drei Verfahren Bisektion, Regula falsi und Newton'sches Verfahren auf die
Funktion $f: [1, 4] \to \mathbb{R}, x \mapsto x^2 - 4$ angewandt. Sie können deutlich die verschiedenen
Konvergenzgeschwindigkeiten erkennen:

Bisektion	Regula falsi	Newton (Startwert 1)
2.5	1.6000000000000000888178419700	2.5
1.75	1.8571428571428572062984585500	2.0499999999999998223643160599
2.125	1.9512195121951219078937356243	2.0006097560975608651290258421
1.9375	1.9836065573770491621274913995	2.0000000929222947476660010579
2.03125	1.9945205479452055019606859787	2.0000000000000022204460492503
1.984375	1.9981718464351005959400708889	2
2.0078125	1.9993904297470284081583713486	2
1.99609375	1.9997967892704735515252423283	2

18.3 Splines

Kommen wir zu dem Problem zurück, das ich zu Beginn des Kap. 15 gestellt habe: Wie
kann man durch n gegebene Punkte eine schöne, glatte Kurve hindurchlegen? Ist eine
Reihe von Punkten gegeben, die auf dem Graphen einer Funktion liegen sollen, so wird
zwischen den Punkten interpoliert. Die entstandene Kurve heißt *Interpolationskurve* oder
Spline, die vorgegebenen Punkte sind die *Stützpunkte* der Kurve.

Spline heißt auf Englisch Kurvenlineal. Als man Interpolationskurven noch nicht numerisch berechnen konnte, hat man Kurven mit Hilfe biegsamer Lineale gezeichnet, die
an den Stützpunkten genau angelegt werden konnten.

Die Kurve die wir jetzt erzeugen wollen, soll natürlich einfach zu berechnen sein. Als
Kandidaten bieten sich Polynome an. Sie erinnern sich, dass wir schon mehrfach vorgegebene Funktionen durch Polynome sehr gut approximieren konnten. Es gilt:

▶ **Satz 18.5** Es seien $n + 1$ Punkte (x_i, y_i), $i = 0, \ldots, n$ im $\mathbb{R}^2$ gegeben und
$x_i \neq x_j$ für alle $i \neq j$. Dann gibt es genau ein Polynom $f(x) \in \mathbb{R}[X]$ vom
Grad kleiner oder gleich n, so dass alle diese Punkte auf dem Graphen des
Polynoms liegen.

Dieses Polynom kann explizit angegeben werden:

▶ **Definition 18.6** Es seien $n + 1$ Punkte (x_i, y_i), $i = 0, \ldots, n$ im $\mathbb{R}^2$ gegeben und $x_i \neq x_j$ für alle $i \neq j$. Es sei

$$L_i(x) := \frac{(x - x_0)(x - x_1) \cdots \cancel{(x - x_i)} \cdots (x - x_n)}{(x_i - x_0)(x_i - x_1) \cdots \cancel{(x_i - x_i)} \cdots (x_i - x_n)}, \quad i = 0, \ldots, n$$

und

$$L(x) = L_0(x) y_1 + L_1(x) y_2 + \cdots + L_n(x) y_n.$$

$L(x)$ heißt n-tes *Lagrange'sches Interpolationspolynom* zu (x_i, y_i), $i = 0, \ldots, n$.

Offensichtlich ist $L_i(x)$ ein Polynom vom Grad n mit der Eigenschaft

$$L_i(x_j) = \begin{cases} 0 & \text{falls } i \neq j \\ 1 & \text{falls } i = j, \end{cases}$$

woraus sich ergibt, dass L ein Polynom vom Grad kleiner oder gleich n ist mit $L(x_i) = y_i$, also genau ein Polynom durch die vorgegebenen Punkte.

Meist wird grad $L = n$ sein. grad $L < n$ ist möglich, wenn sich durch die Addition der einzelnen L_i Koeffizienten auslöschen.

Warum kann es nicht mehrere Polynome vom Grad $\leq n$ durch die $n + 1$ Punkte geben? Wären $f(x)$ und $g(x)$ solche Polynome, so wäre $f(x) - g(x)$ ein Polynom vom Grad $\leq n$ mit $n + 1$ Nullstellen. Das kann aber nach Satz 5.24 nicht sein. Damit ist der Satz 18.5 vollständig bewiesen. $\qquad \square$

Diese Art der Interpolation ist leider meist nicht gut geeignet, um unsere Aufgabe der „schönen" Verbindung von Punkten zu lösen. Das Problem besteht darin, dass ein Polynom vom Grad n bis zu $n - 1$ Extremwerte haben kann. Im schlimmsten Fall kann also die Verbindung von 5 Punkten auch so aussehen wie in Abb. 18.6. Diese Kurve hat zwar keine Ecken, ist aber sicher nicht so ausgefallen, wie wir uns das gewünscht haben.

Abb. 18.6 Eine glatte Verbindung von Punkten

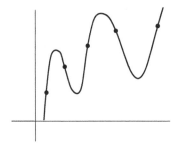

Die Lagrange-Polynome haben eher theoretische Bedeutung. Für uns ist in Abschn. 18.4 die folgende Fehlerformel wichtig. Sie gibt Auskunft darüber, wie stark sich das Lagrange-Polynom höchstens von einer braven und glatten Funktion unterscheidet, die durch die Punkte (x_i, y_i) verläuft:

▶   **Satz 18.7** Es sei $x_0 < x_1 < \cdots < x_n$, $f \colon [x_0, x_n] \to \mathbb{R}$ eine $(n + 1)$-mal stetig differenzierbare Funktion mit $f(x_i) = y_i$. Ist $L(x)$ das Lagrange'sche Interpolationspolynom zu den Punkten (x_i, y_i), so gilt für alle $x \in [x_0, x_n]$:

$$f(x) - L(x) = \frac{f^{(n+1)}(\vartheta)}{(n+1)!}(x - x_0)(x - x_1) \cdots (x - x_n) \quad \text{für ein } \vartheta(x) \in \,]x_0, x_n[.$$

Diese Fehlerformel erinnert ziemlich heftig an das n-te Restglied des Taylorpolynoms einer Funktion, siehe Satz 15.22 in Abschn. 15.3, und auch die Herleitung ist von ähnlicher Qualität. Ich möchte hier darauf verzichten.

Kubische Splines

Ich möchte Ihnen eine praktische Lösung des Problems der glatten Verbindung von Punkten vorstellen. Es gibt dafür viele Ansätze. In der Regel definiert man die Verbindungskurve stückweise und achtet darauf, dass die Kurventeile an den Nahtstellen gut zusammenpassen. Eine solche Methode möchte ich Ihnen vorstellen. Bei den weit verbreiteten *kubischen Splines* werden die Kurvenstücke durch Polynome dritten Grades erzeugt.

Wir suchen also eine „schöne" Kurve $s \colon [x_0, x_n] \to \mathbb{R}$ durch (x_i, y_i), wobei $x_0 < x_1 < \cdots < x_n$ sein soll (Abb. 18.7). Zwischen diesen Stützpunkten interpolieren wir durch Polynome, das heißt, wir definieren s stückweise: Zwischen x_i und x_{i+1} soll gelten

$$s\big|_{[x_i, x_{i+1}]} = s_i \colon [x_i, x_{i+1}] \to \mathbb{R},$$

$$x \mapsto a_i(x - x_i)^3 + b_i(x - x_i)^2 + c_i(x - x_i) + d_i. \tag{18.8}$$

Abb. 18.7 Kubische Splines

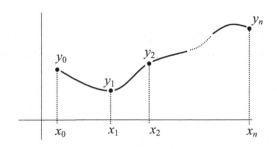

Die ersten und zweiten Ableitungen von s lauten:

$$s_i'(x) = 3a_i(x - x_i)^2 + 2b_i(x - x_i) + c_i, \tag{18.9}$$

$$s_i''(x) = 6a_i(x - x_i) + 2b_i. \tag{18.10}$$

Besteht unsere Kurve aus $n + 1$ Punkten, so haben wir n Kurvenstücke s_0 bis s_{n-1} und damit $4 \cdot n$ Unbestimmte a_i, b_i, c_i, d_i.

Nun müssen wir die Bedingungen formulieren, die das gute Zusammenpassen beschreiben: Zunächst sollen die s_i natürlich am linken und rechten Rand durch die Stützpunkte verlaufen, also:

$$\begin{aligned} s_i(x_i) &= y_i, & i &= 0, \ldots, n - 1, \\ s_i(x_{i+1}) &= y_{i+1}, & i &= 0, \ldots, n - 1. \end{aligned} \tag{18.11}$$

Ich führe eine Abkürzung ein: Es sei $\Delta x_i := (x_{i+1} - x_i)$, $i = 0, \ldots, n - 1$. Nach (18.8) folgt dann durch Einsetzen von x_i beziehungsweise von x_{i+1}:

$$\begin{aligned} d_i &= y_i, \\ a_i \Delta x_i^3 + b_i \Delta x_i^2 + c_i \Delta x_i + d_i &= y_{i+1}, \end{aligned} \tag{18.12}$$

das sind $2 \cdot n$ lineare Gleichungen für die Unbekannten.

Hier können Sie sehen, warum wir die Polynome in der zunächst etwas seltsam erscheinenden Form (18.8) aufgeschrieben haben: Setzen wir x_i ein, so ist die Auswertung des Polynoms und seiner Ableitungen sehr einfach.

Ist (18.11) erfüllt, so hat der Graph keine Lücken, er ist stetig. Zusätzlich soll die Kurve an den Nahtstellen glatt sein. Wir verlangen daher, dass die ersten Ableitungen in den Stützpunkten übereinstimmen sollen:

$$s_i'(x_{i+1}) = s_{i+1}'(x_{i+1}), \quad i = 0, \ldots, n - 2.$$

Für die Punkte (x_0, y_0) und (x_n, y_n) an den Rändern macht diese Bedingung keinen Sinn, da hier keine zwei Kurvenstücke aneinander stoßen, daher erhalten wir daraus durch Einsetzen in (18.9) nur $n - 1$ neue lineare Gleichungen:

$$3a_i \Delta x_i^2 + 2b_i \Delta x_i + c_i = c_{i+1}, \quad i = 0, \ldots, n - 2. \tag{18.13}$$

Jetzt haben wir $3n - 1$ lineare Gleichungen für unsere $4n$ Unbekannten. Wir können also noch weitere Bedingungen aufstellen.

Verlangen wir einfach, dass die Kurve nicht nur glatt, sondern ganz besonders glatt sein soll: Auch die erste Ableitung soll keine Knicke haben, also differenzierbar sein. Das heißt, dass auch die zweiten Ableitungen an den inneren Stützpunkten übereinstimmen sollen. Damit ist s zweimal differenzierbar. Dies liefert uns $n - 1$ weitere Gleichungen:

$$s_i''(x_{i+1}) = s_{i+1}''(x_{i+1}), \quad i = 0, \ldots, n - 2$$

beziehungsweise nach Einsetzen in (18.10):

$$6a_i \Delta x_i + 2b_i = 2b_{i+1}, \quad i = 0, \dots, n-2, \tag{18.14}$$

so dass wir jetzt ein lineares Gleichungssystem mit $4n - 2$ Gleichungen und $4n$ Unbekannten haben. Der Lösungsraum dieses Systems hat mindestens die Dimension 2.

Es gibt verschiedene Ansätze daraus eine passende Funktion auszuwählen. Häufig wird an die Randpunkte die Anforderung

$$s_0''(x_0) = 0, \quad s_{n-1}''(x_n) = 0, \tag{18.15}$$

gestellt. Das bedeutet, dass an den Rändern die Funktion nicht gekrümmt ist, man könnte sie nach links und rechts linear fortsetzen. Man erhält auf diese Weise die *natürlichen Splines*. Die *vollständigen Splines* erhält man, wenn man an den Rändern den Anstieg vorgibt:

$$s_0'(x_0) = m_0, \quad s_{n-1}'(x_n) = m_1.$$

Eine wichtige Rolle spielen schließlich die *periodischen Splines*, die davon ausgehen, dass die Funktion periodisch ist. Hier fordert man

$$s_0(x_0) = s_{n-1}(x_n), \quad s_0'(x_0) = s_{n-1}'(x_n), \quad s_0''(x_0) = s_{n-1}''(x_n).$$

Aus allen diesen Randbedingungen können zwei weitere lineare Gleichungen für die Koeffizienten abgeleitet werden, so dass schließlich die Interpolationskurve eindeutig bestimmt ist. Für die natürlichen Splines erhalten wir zum Beispiel aus (18.10):

$$2b_0 = 0, \quad 6a_{n-1}(x_n - x_{n-1}) + 2b_{n-1} = 0. \tag{18.16}$$

Wie berechnet man die Koeffizienten a_i, b_i, c_i, d_i konkret? Wenn man noch etwas an den Gleichungen hin und herschiebt, dann kann man das Problem von den $4n$ Gleichungen auf die Lösung von n anderen linearen Gleichungen mit anderen Unbekannten zurückführen, die noch dazu eine sehr einfache Gestalt haben. Ich möchte das Vorgehen skizzieren, Sie können die Rechnungen auf dem Papier nachvollziehen. Dabei beschränke ich mich auf die natürlichen Splines.

Die neuen Unbekannten sind genau die zweiten Ableitungen in den Stützstellen, die ich mit $z_i := s_i''(x_i)$, $i = 0, \dots, n-1$ bezeichne. Die folgenden Formeln werden etwas einfacher, wenn ich pro Forma noch die $(n+1)$-te Unbekannte $z_n = 0$ einführe.

Für $i = 0, \dots, n-1$ erhalten wir:

- aus (18.12): $d_i = y_i$,
- aus (18.10): $b_i = z_i/2$,

und damit für $i = 0, \ldots, n-2$ durch Einsetzen in (18.14) beziehungsweise für $i = n-1$ in (18.16) ($z_n = 0$!):

$$a_i = \frac{z_{i+1} - z_i}{6\Delta x_i}.$$

Wenn wir schließlich die gerade berechneten d_i, b_i, a_i in (18.12) einsetzen und nach c_i auflösen, ergibt sich:

$$c_i = \frac{y_{i+1} - y_i}{\Delta x_i} - \frac{1}{6}\Delta x_i(z_{i+1} + 2z_i), \quad i = 0, \ldots, n-1.$$

x_i, y_i sind in diesen vier Bestimmungsgleichungen für a_i, b_i, c_i, d_i bekannt, so dass nur noch die Unbekannten z_i zu ermitteln sind.

So kompliziert wie die Gleichungen jetzt auch aussehen: Setzen wir die berechneten Koeffizienten a_i, b_i, c_i, d_i in (18.13) ein, dann löst sich vieles in Wohlgefallen auf. Wir erhalten für $i = 0, \ldots, n-2$ Gleichungen der Form

$$\alpha_i z_i + \beta_i z_{i+1} + \gamma_i z_{i+2} = \delta_i,$$

wobei gilt

$$\alpha_i = \Delta x_i,$$
$$\beta_i = 2(\Delta x_i + \Delta x_{i+1}),$$
$$\gamma_i = \Delta x_{i+1},$$
$$\delta_i = 6\left(\frac{y_{i+2} - y_{i+1}}{\Delta x_{i+1}} - \frac{y_{i+1} - y_i}{\Delta x_i}\right).$$

In den natürlichen Splines ist nach (18.15) weiter $z_0 = 0$ und das vollständige lineare Gleichungssystem sieht wie folgt aus:

$$\begin{pmatrix} 1 & 0 & 0 & 0 & 0 & \cdots & 0 \\ \alpha_0 & \beta_0 & \gamma_0 & 0 & 0 & \cdots & 0 \\ 0 & \alpha_1 & \beta_1 & \gamma_1 & 0 & \cdots & 0 \\ 0 & 0 & \alpha_2 & \beta_2 & \gamma_2 & \ddots & \vdots \\ 0 & 0 & 0 & \ddots & \ddots & \ddots & 0 \\ \vdots & \vdots & \vdots & \ddots & \alpha_{n-2} & \beta_{n-2} & \gamma_{n-2} \\ 0 & 0 & 0 & 0 & 0 & 0 & 1 \end{pmatrix} \begin{pmatrix} z_0 \\ z_1 \\ z_2 \\ z_3 \\ \vdots \\ z_{n-1} \\ z_n \end{pmatrix} = \begin{pmatrix} 0 \\ \delta_0 \\ \delta_1 \\ \delta_2 \\ \vdots \\ \delta_{n-2} \\ 0 \end{pmatrix}.$$

Der Gauß'sche Algorithmus ist im Allgemeinen aufwendig, die Laufzeit ist von der Ordnung n^3. Diese tridiagonale Matrix lässt sich jedoch in linearem Aufwand in Zeilen-Stufen-Form bringen. In den Übungen zum Kap. 8 konnten Sie das nachrechnen. Überlegen Sie an Hand dieser Übungsaufgabe selbst, dass die Lösung eindeutig ist.

Parametrische Splines

Häufig lassen sich Punkte nicht durch den Graphen einer Funktion verbinden, die Stützpunkte müssen nicht monoton aufeinanderfolgen. Wenn Sie eine Reihe von Punkten
(x_i, y_i) in der Ebene durch eine Kurve miteinander glatt verbinden wollen, müssen
Sie eine Parameterdarstellung der Kurve suchen. Siehe hierzu Definition 16.15 in
Abschn. 16.2. Auf der gesuchten Kurve $(x(t), y(t))$ soll für gewisse Parameterwerte
t_i jeweils $x(t_i) = x_i$ und $y(t_i) = y_i$ sein. Nun haben wir also zwei Interpolationspro-
bleme zu lösen: Die Punkte (t_i, x_i) und (t_i, y_i) werden jeweils durch kubische Splines
verbunden. Das Ergebnis sind die glatten Parameterfunktionen $x(t)$, $y(t)$.

Wie wählt man die Parameterpunkte t_i? Natürlich könnten wir einfach die Werte
$0, 1, 2, 3, \ldots$ hernehmen und die Punkte (i, x_i) beziehungsweise (i, y_i) interpolieren. Es
empfiehlt sich jedoch, den Abstand zwischen den Punkten (x_i, y_i) in die Parametrisierung
mit einzubeziehen. So kann man etwa verwenden:

$$t_0 = 0, \quad t_i = t_{i-1} + \sqrt{(x_i - x_{i-1})^2 + (y_i - y_{i-1})^2}, \quad i = 1, \ldots, n.$$

Neben den hier berechneten kubischen Splines gibt es viele weitere Methoden zur Kur-
veninterpolation: Es können Polynome verschiedenen Grades genommen werden, die
Randbedingungen sind nicht eindeutig, und auch ganz andere Ansätze sind möglich wie
zum Beispiel die Interpolation mit Bezier-Kurven. Jedes CAD-System lässt sich mit vielen
verschiedenen Typen von Splines einsetzen. Diese Flexibilität kann einem Konstrukteur
durchaus graue Haare verursachen: Beispielsweise ist ein Karosserieteil eines Autos nur
durch endlich viele Punkte definiert, der Flächenverlauf zwischen diesen Punkten wird
interpoliert. Sind die CAD-Systeme des Konstrukteurs und des Herstellers nicht absolut
identisch konfiguriert, kann man sich vielleicht über eine Beule in der Tür wundern.

18.4 Numerische Integration

Integralberechnung ist eine trickreiche Angelegenheit und erfordert Phantasie. In den
Bibliotheken stehen große Integraltabellen mit irgendwann von irgendjemand berechneten Integralen. Auch mit Hilfe der Computeralgebra lassen sich viele Integrale analytisch lösen. Dennoch gibt es sehr einfache Funktionen, die nachweislich keine aus einfachen Funktionen zusammengesetzte Stammfunktion haben. So zum Beispiel die Funktion
$e^{-x^2/2}$, welche die Gauß'sche Glockenkurve beschreibt. Statistiker helfen sich hier mit Tabellen. Auch das sogenannte *elliptische Integral* $\int \sqrt{1 - k^2 \sin^2 t}\, dt$, $0 < k < 1$, das bei
der Berechnung des Umfangs einer Ellipse auftaucht, ist nicht ausführbar. Die numerische
Integration spielt daher eine wichtige Rolle in der angewandten Mathematik.

Wir unterteilen das Intervall $[a, b]$ in n gleich große Teile der Länge $h_n = (b - a)/n$
mit den Stützpunkten $a = x_0, x_1, \ldots, x_n = b$. Als ersten Versuch können wir einfach die
Riemann'schen Summen verwenden, unsere Definition des Integrals in Satz 16.3 war ja

Abb. 18.8 Approximation
durch Rechtecke

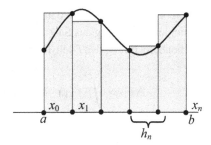

Abb. 18.9 Die Trapezregel

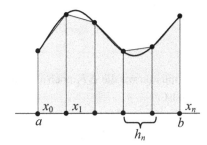

konstruktiv: Dann ergibt sich für die Fläche

$$\int_a^b f(x)dx \approx \sum_{i=1}^n f(x_i)h_n.$$

Leider konvergiert dieses Verfahren sehr schlecht (Abb. 18.8). Eine deutliche Verbesserung erhalten wir durch die *Trapezregel*: Zwischen zwei Stützpunkten wird nicht eine Säule, sondern ein Trapez gelegt, dessen obere Endpunkte die Funktionswerte der Stützpunkte darstellen (Abb. 18.9).

Die Fläche des Trapezes zwischen x_i und x_{i+1} beträgt $h_n \cdot \dfrac{f(x_i) + f(x_{i+1})}{2}$, und damit ergibt sich für die Gesamtfläche:

$$F_n = h_n \left(\frac{f(x_0) + f(x_1)}{2} + \frac{f(x_1) + f(x_2)}{2} + \cdots + \frac{f(x_{n-1}) + f(x_n)}{2} \right)$$
$$= h_n \left(\frac{f(x_0)}{2} + f(x_1) + f(x_2) + \cdots + f(x_{n-1}) + \frac{f(x_n)}{2} \right).$$

Wie groß ist der Fehler, den wir mit dieser Näherung machen? Jetzt kommen die Lagrange'schen Interpolationspolynome aus Definition 18.6 ins Spiel: Wir nehmen an, dass f zweimal stetig differenzierbar ist und untersuchen zunächst den Abschnitt zwischen x_i und x_{i+1}. Das Lagrange-Polynom $L(x)$, welches die beiden Punkte $(x_i, f(x_i))$ und $(x_{i+1}, f(x_{i+1}))$ verbindet, hat den Grad 1 und stellt daher genau die Gerade zwischen diesen beiden Punkten und damit die Begrenzungslinie des Trapezes dar. Wenn wir noch die Fehlerberechnung aus Satz 18.7 verwenden erhalten wir damit den Fehler ΔF_i bei der Flächenberechnung des i-ten Teilstücks als

$$\Delta F_i = \int_{x_i}^{x_{i+1}} f(x) - L(x)dx = \int_{x_i}^{x_{i+1}} \frac{f''(\vartheta)}{2!}(x - x_i)(x - x_{i+1})dx.$$

Dabei ist ϑ ein Wert zwischen x_i und x_{i+1}.

Wenn Sie bis hierher gekommen sind, ist ein Integral über ein quadratisches Polynom keine Kunst mehr. Ich gebe Ihnen das Ergebnis an:

$$\Delta F_i = \frac{f''(\vartheta)}{12}(x_i - x_{i+1})^3.$$

Jetzt müssen wir die ΔF_i noch alle aufsummieren. Es sei $M = \text{Max}\{|f''(x)| \mid x \in [a, b]\}$, dann ist

$$\left| \sum_{i=0}^{n-1} \Delta F_i \right| \le \sum_{i=0}^{n-1} \frac{M}{12}h_n{}^3 = \frac{nh_n}{12}h_n{}^2 M = \frac{b - a}{12}h_n{}^2 M.$$

Also insgesamt

$$\left| \int_a^b f(x)dx - F_n \right| \le \frac{(b - a)}{12}h_n{}^2 \cdot M.$$

Der Fehler geht daher mit dem Quadrat der Schrittweite gegen 0.

Noch bessere Näherungen erhält man, indem man die Funktionswerte der Stützpunkte mit Spline-Kurven verbindet: In der *Kepler'schen Fassregel* werden quadratische Splines verwendet: Die drei Punkte a, b und $(a + b)/2$ werden durch das eindeutig bestimmte Parabelstück verbunden, das durch diese drei Punkte verläuft.

Ist $g(x) = cx^2 + dx + e$ die Parabel durch $f(a)$, $f((a+b)/2)$ und $f(b)$ (Abb. 18.10), so ist die Fläche F_2 unter dieser Parabel gleich

$$F_2 = \int_a^b g(x)dt = \frac{c}{3}(b^3 - a^3) + \frac{d}{2}(b^2 - a^2) + e(b - a).$$

Sie können leicht die folgenden Umformungen nachprüfen:

$$F_2 = \frac{b - a}{6}[2c(b^2 + ab + a^2) + 3d(b + a) + 6e]$$

$$= \frac{b - a}{6}\left[(cb^2 + db + e) + 4\left(c\left(\frac{a + b}{2}\right)^2 + d\left(\frac{a + b}{2}\right) + e\right) + (ca^2 + da + e)\right]$$

$$= \frac{b - a}{6}\left[g(b) + 4g\left(\frac{a + b}{2}\right) + g(a)\right].$$

Abb. 18.10 Die Kepler'sche Fassregel

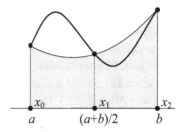

Abb. 18.11 Die Simpson'sche Regel

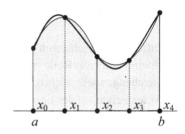

b, $(a + b)/2$ und a sind aber genau die Stellen, an denen f und g übereinstimmen. Wir erhalten also

$$F_2 = \frac{b - a}{6} \left[f(b) + 4f\left(\frac{a + b}{2} \right) + f(a) \right], \qquad (18.17)$$

eine einfach auszuwertende Formel, aus der wie durch Zauberei die Parabelparameter c, d, e wieder verschwunden sind. Die Parabel muss also gar nicht explizit ausgerechnet werden.

Jetzt unterteilen wir das Intervall $[a, b]$ wieder in n gleich große Teile h_n, wobei n diesmal gerade sein muss, und wenden die Fassregel jeweils auf die Teilintervalle an (in Abb. 18.11 für $n = 4$ gezeichnet). Dann ergibt sich durch Zusammensetzen der Flächenstücke die *Simpson'sche Regel*:

$$\begin{aligned} F_n = \frac{h_n}{3} \big[&f(x_0) + 4(f(x_1) + f(x_3) + \cdots + f(x_{n-1})) \\ &+ 2(f(x_2) + f(x_4) + \cdots + f(x_{n-2})) + f(x_n) \big]. \end{aligned}$$

Da $b - a$ in (18.17) gerade $2 \cdot h_2$ entspricht, wird aus dem Nenner eine 3.

Auch für dieses Verfahren möchte ich Ihnen eine Fehlerabschätzung geben. Man kann sie ganz ähnlich wie für die Trapezregel aus den Lagrange-Polynomen berechnen. Ist f viermal stetig differenzierbar und $M = \mathrm{Max}\{|f^{(4)}(x)| \mid x \in [a, b]\}$, so ist

$$\left| \int_a^b f(x) \, dx - F_n \right| \leq \frac{(b - a)}{180} \cdot h_n{}^4 \cdot M.$$

Eine interessante Folgerung aus dieser Abschätzung will ich Ihnen nicht vorenthalten: Da die vierte Ableitung eines Polynoms dritten Grades gleich 0 ist und damit $M = 0$ wird, lassen sich Polynome dritten Grades mit Hilfe der Simpson-Regel exakt integrieren.

Im Kap. 22 über statistische Verfahren werden wir noch eine weitere Methode der numerischen Integration kennenlernen, die Monte-Carlo-Integration, siehe das Beispiel am Ende von Abschn. 22.3. Diese spielt eine wichtige Rolle für mehrdimensionale Integrale.

18.5 Numerische Lösung von Differenzialgleichungen

Da Differenzialgleichungen oft sehr schwierig zu lösen sind, sie aber in Technik und Wirtschaft eine immense Rolle spielen, sind numerische Verfahren zur Lösung von Differenzialgleichungen sehr wichtig und verbreitet. So beruht zum Beispiel die Wettervorhersage im Wesentlichen auf der Entwicklung von Druck, Temperatur und Luftfeuchtigkeit. Diese Entwicklung wird in Raum und Zeit durch Differenzialgleichungen bestimmt. Voraussetzung zur Lösung dieser Gleichungen sind gute und dichte Anfangswerte, leistungsfähige numerische Verfahren und die entsprechenden Rechnerkapazitäten. Der deutsche Wetterdienst rechnete 2011 mit einem Weltmodell, das Anfangswerte in einem Netz mit 30 km Knotenabstand in 60 verschiedenen Höhen verwendet, insgesamt etwa 39 Millionen Punkte. Über Europa ist das Netz noch dichter geknüpft. Rechner für Wettervorhersagen und Klimamodelle sind regelmäßig in der Liste der schnellsten Supercomputer vertreten.

Ich möchte Ihnen in diesem Abschnitt einige Grundlagen der numerischen Integration von Differenzialgleichungen vorstellen. Dabei beschränken wir uns auf Differenzialgleichungen erster Ordnung. Eine Differenzialgleichung der Ordnung n lässt sich auf ein System von n Differenzialgleichungen der Ordnung 1 zurückführen, so dass in diesem Fall die gleichen numerischen Verfahren verwendet werden können.

Wir wollen also das Anfangswertproblem

$$y' = f(x, y), \quad y(x_0) = y_0$$

in dem Intervall $[x_0, b]$ lösen. Das Ergebnis wird natürlich keine analytische Formel sein, sondern eine Reihe von Näherungspunkten $(x_i, y(x_i))$ der gesuchten Funktion.

Dazu unterteilen wir das Intervall zwischen x_0 und b wieder in n Teile der Breite $h = (b - x_0)/n$ und bezeichnen die Stützstellen mit $x_0, x_1, \ldots, x_n = b$. Der Anstieg der Funktion $y(x)$ an der Stelle x_0 ist gegeben, er beträgt gerade $f(x_0, y(x_0)) = f(x_0, y_0)$. Aus diesem Anstieg raten wir zunächst den Funktionswert $y(x_1) =: y_1$ als lineare Fortsetzung dieses Anstiegs: $y_1 = y_0 + f(x_0, y_0) \cdot h$. Daraus können wir $y'(x_1) = f(x_1, y_1)$ berechnen, also den Anstieg an der Stelle x_1 und setzen mit diesem Anstieg linear bis x_2 fort. Wir erhalten die rekursive Formel für das *Euler'sche Polygonzugverfahren* (Abb. 18.12):

$$y_{k+1} = y(x_{k+1}) := y_k + f(x_k, y_k) \cdot h.$$

Abb. 18.12 Das Euler'sche
Polygonzugverfahren

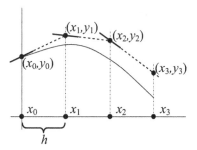

Abb. 18.13 Das Heun'sche
Verfahren

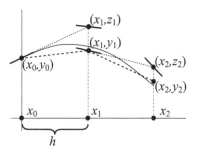

Eine einfache Verbesserung erhält man im *Heun'schen Verfahren* (Abb. 18.13): Beim Übergang nach x_1 wird nicht mit dem Anstieg an der Stelle x_0 weitergefahren, sondern ein mittlerer Anstieg zwischen x_0 und x_1 bestimmt: Zunächst berechnen wir wie oben den Punkt $z_1 := y_0 + f(x_0, y_0) \cdot h$ und den Anstieg an dieser Stelle $f(x_1, z_1)$, dann gehen wir aber wieder von (x_0, y_0) aus mit dem Mittelwert der Anstiege $(f(x_0, y_0) + f(x_1, z_1))/2$. Wir erhalten

$$y_1 = y_0 + \left(\frac{f(x_0, y_0) + f(x_1, \overbrace{y_0 + f(x_0, y_0) \cdot h}^{z_1})}{2} \right) \cdot h,$$

beziehungsweise als k-ten Schritt:

$$y_{k+1} = y_k + \left(\frac{f(x_k, y_k) + f(x_{k+1}, y_k + f(x_k, y_k) \cdot h)}{2} \right) \cdot h.$$

Als letztes möchte ich Ihnen das *Runge-Kutta-Verfahren* vorstellen. Wie die vorherigen Methoden beruht es auf der Idee, von dem Punkt (x_k, y_k) ausgehend die richtige Steigung zum nächsten Kurvenpunkt (x_{k+1}, y_{k+1}) zu raten. Beim Euler'schen Verfahren wurde die Anfangssteigung verwendet, beim Heun'schen Verfahren der Mittelwert aus zwei Steigungen gebildet. Im Runge-Kutta-Verfahren schießen wir gleich mit vier Pfeilen in Richtung des nächsten Wertes (x_{k+1}, y_{k+1}) und bilden aus diesen vier Anstiegen einen gewichteten Mittelwert. In Abb. 18.14 sehen Sie das Vorgehen skizziert.

Abb. 18.14 Das Runge-Kutta-Verfahren

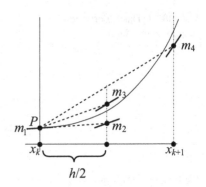

Ausgehend vom Punkt $P = (x_k, y_k)$ gehen wir zunächst vor wie im Euler-Verfahren, allerdings nur bis zur Hälfte des zu überbrückenden Intervalls. Der Anstieg im Punkt P ist $m_1 = f(x_k, y_k)$ Wir erhalten den Punkt $(x_k + h/2, y_k + m_1 \cdot h/2)$ und dort den Anstieg $m_2 = f(x_k + h/2, y_k + m_1 \cdot h/2)$. Nun gehen wir von P aus mit dem neuen Anstieg m_2 bis in die Mitte des Intervalls und erhalten dort den Punkt $(x_k + h/2, y_k + m_2 \cdot h/2)$ mit dem Anstieg $m_3 = f(x_k + h/2, y_k + m_2 \cdot h/2)$. Mit diesem dritten Anstieg gehen wir schließlich von P aus bis an den rechten Rand des Intervalls und ereichen dort den Punkt $(x_k + h, y_k + m_3 \cdot h)$ mit dem Anstieg $m_4 = f(x_k + h, y_k + m_3 \cdot h)$. Aus diesen vier Anstiegen bilden wir einen Mittelwert, wobei die Anstiege m_2 und m_3, die in der Mitte des Intervalls gebildet worden sind, doppelt gewichtet werden. Dieser Mittelwert gibt uns dann die endgültige Richtung vor, mit der wir den Punkt (x_{k+1}, y_{k+1}) berechnen. Zusammengefasst ergeben sich also die folgenden Schritte:

$$
\left.
\begin{aligned}
m_1 &= f(x_k, y_k) \\
m_2 &= f(x_k + h/2, y_k + m_1 \cdot h/2) \\
m_3 &= f(x_k + h/2, y_k + m_2 \cdot h/2) \\
m_4 &= f(x_k + h, y_k + m_3 \cdot h)
\end{aligned}
\right\} \text{Bestimmung der 4 Anstiege}
$$

$$
\left.
m = \frac{1}{6}(m_1 + 2m_2 + 2m_3 + m_4)
\right\} \text{Berechnung des gewichteten Mittelwertes}
$$

$$
\left.
y_{k+1} = y_k + m \cdot h
\right\} \text{Berechnung des nächsten Funktionswertes}
$$

Dieses Vorgehen sieht etwas willkürlich aus, ist es aber nicht: Wenn Sie eine Differenzialgleichung $y' = f(x)$ wählen, die nicht explizit von y abhängt, dann ergibt sich für den mittleren Anstieg m:

$$
m = \frac{1}{6}(f(x_k) + 4f(x_k + h/2) + f(x_k + h))
$$

und damit

$$y(x_{k+1}) = y(x_k) + \frac{h}{6}(f(x_k) + 4f(x_k + h/2) + f(x_k + h)). \qquad (18.18)$$

Wir können $f(x)$ auch direkt integrieren, dabei erhalten wir:

$$\int_{x_k}^{x_{k+1}} f(x)dx = y(x_{k+1}) - y_k(x_k).$$

Wenn Sie dieses Integral mit der Kepler'schen Fassregel numerisch auswerten (siehe Abschn. 18.4), so ergibt sich gerade das Ergebnis (18.18), das wir durch Lösung der Differenzialgleichung mit Hilfe des Runge-Kutta-Verfahrens erhalten haben.

Probieren Sie selbst aus, dass bei Differenzialgleichungen der Form $y' = f(x)$ das Heun'sche Verfahren der Trapezregel und das Euler'sche Verfahren der Integration mit Hilfe der Riemann'schen Summen entspricht.

Bei den Lösungsverfahren für Differenzialgleichungen spricht man von Verfahren der Ordnung n, wenn in dem untersuchten Intervall die Differenz zwischen dem berechneten Anstieg und dem echten Anstieg der Funktion $y(x)$ von der Ordnung $O(h^n)$ ist, wobei h die Schrittweite des Verfahrens darstellt. Die Ordnung des Euler'schen Verfahrens ist 1, die Ordnung des Heun'schen Verfahrens ist 2, und die des Runge-Kutta-Verfahrens sogar 4: Der Fehler hat die Ordnung $O(h^4)$.

Theoretisch wird also die Annäherung an die echte Lösung beliebig genau, wenn man nur die Schrittweite klein genug macht. In der Praxis sind dieser Verkleinerung der Schrittweiten aber dadurch Grenzen gesetzt, dass dabei die Anzahl der Rechenoperationen und damit die Rechenfehler zunehmen. Die Aufgabe, die optimale Schrittweite zu finden, ist also nicht trivial.

18.6 Verständnisfragen und Übungsaufgaben

Verständnisfragen

1. Wenn a und b fehlerbehaftete Zahlen sind, bei welchen Operationen kann der Fehler größere Probleme machen: Bei der Addition oder bei der Multiplikation?

2. Sie möchten eine Nullstellengleichung in eine Fixpunktgleichung umwandeln. Geht das immer?

3. Wenn der Banach'sche Fixpunktsatz auf eine nichtlineare Gleichung nicht anwendbar ist, weil sie keine Kontraktion darstellt, kann die Gleichung trotzdem einen Fixpunkt haben?

4. Sie wissen, dass eine Funktion eine Nullstelle hat. Welches Verfahren liefert die Nullstelle immer?

5. In kubischen Splines hat man die Freiheit die erste oder zweite Ableitung an den Rändern festzulegen. Kann eine solche Festlegung auch Auswirkungen auf die inneren Kurvenstücke eines Splines haben?

6. Mit Hilfe der Simpsonregel lassen sich Polynome 3. Grades exakt integrieren. Können Sie eine ähnliche Aussage für die Integration mit der Trapezregel aufstellen? Schauen Sie sich dazu noch einmal die angegebenen Fehlerabschätzungen an.

7. Bei der numerischen Lösung von Differenzialgleichungen kann man die Lösung theoretisch beliebig genau erhalten, wenn man nur die Schrittweite klein genug macht. Wodurch sind dieser Genauigkeit in der Praxis Grenzen gesetzt? ◄

Übungsaufgaben

1. Implementieren Sie den Gauß'schen Algorithmus. Dieser soll rekursiv implementiert werden und Zeilenpivotsuche durchgeführt werden. Zählen Sie die Anzahl der Multiplikationen und Divisionen, die Sie zur Lösung des Systems brauchen.

2. Implementieren Sie den Gauss'schen Algorithmus für tridiagonale Matrizen. Zählen Sie auch hier die Anzahl der Multiplikationen und Divisionen.

3. Implementieren Sie die Verfahren zur Lösung nichtlinearer Gleichungen. Bestimmen Sie damit die Lösungen von $e^{-x} + 1 = x$. Wie genau können Sie die Lösungen berechnen? Wie schnell konvergieren die verschiedenen Verfahren?

4. Gegeben sei die Funktion $f: \mathbb{R} \to \mathbb{R}, x \mapsto x^2 + 3x + 1$. Berechnen Sie die Nullstellen der Funktion nach dem Newton'schen Näherungsverfahren. Bestimmen Sie zu den Startwerten $x_0 = 0, -1, -2$ jeweils die vier Annäherungen x_1, x_2, x_3, x_4 und vergleichen Sie die Ergebnisse mit den Nullstellen, die Sie durch Auflösen der quadratischen Gleichung erhalten.

5. Berechnen Sie numerisch alle Nullstellen des Polynoms $x^4 - x^3 - 6x^2 + x + 6$.

6. Berechnen Sie zu n vorgegebenen Punkten im $\mathbb{R}^2$ das Lagrange-Polynom und die natürlichen Splinefunktionen. Verwenden Sie ein Grafikprogramm zum Zeichnen Ihrer Ergebnisse.

7. Implementieren Sie die Trapezregel und die Simpson'sche Regel zur numerischen Integration. Berechnen Sie damit zu der Tabelle im Anhang die jeweils nächste De-

zimalstelle. Schätzen Sie vorher ab, wie fein Sie die Unterteilung wählen müssen, um möglichst effizient zu sein. Verwenden Sie dabei, dass $\int_{-\infty}^{0} \frac{1}{\sqrt{2\pi}} e^{\frac{-t^2}{2}} dt = 0.5$ ist.

8. Zeigen Sie, dass bei Differenzialgleichungen der Form $y' = f(x)$ das Euler'sche Verfahren der Integration mit Riemann'schen Summen und das Heun'sche Verfahren der Trapezregel entspricht.

9. Implementieren Sie das Euler'sche Polygonzugverfahren, das Heun'sche Verfahren und das Runge-Kutta-Verfahren zur numerischen Lösung von Differenzialgleichungen 1. Ordnung. Bestimmen Sie damit die Kaninchenkurve

$$y'(t) = y(t)(1 - 1/1000 \cdot y(t)), \quad y(0) = 10$$

im Intervall $[0, 10]$ numerisch. Vergleichen Sie die Werte mit der exakten Lösung. ◄

Teil III
Wahrscheinlichkeitsrechnung und Statistik

Wahrscheinlichkeitsräume

19

Zusammenfassung

Die Wahrscheinlichkeitsrechnung ist die Grundlage für die Statistik. Damit beschäftigen wir uns in diesem Kapitel. An dessen Ende

- kennen und verstehen Sie wichtige Fragestellungen der Statistik,
- wissen Sie, was ein Wahrscheinlichkeitsraum ist, und kennen die grundlegenden Regeln zum Rechnen mit Wahrscheinlichkeiten,
- können Sie mit bedingten Wahrscheinlichkeiten und unabhängigen Ereignissen umgehen,
- wissen Sie, was ein Laplace-Raum, was ein Bernoulliexperiment und was ein Urnenexperiment ist, und
- können Wahrscheinlichkeiten in Bernoulli- und Urnenexperimenten berechnen.

Es mag zunächst nach einem Spagat aussehen, mit der exakten Sprache der Mathematik Vorgänge beschreiben zu wollen, deren Ergebnisse unvorhersehbar sind. Wahrscheinlichkeit hat doch etwas mit Unsicherheit zu tun, die Mathematik kennt aber nur wahr und falsch. Dennoch lassen sich auch über Wahrscheinlichkeiten präzise Aussagen treffen. Diese können allerdings manchmal etwas geschraubt klingen, und man muss sie genau anschauen um zu sehen, was wirklich dahinter steckt.

In der Öffentlichkeit wird die Statistik gelegentlich als eine verfeinerte Form der Lüge bezeichnet. Sie kennen den Spruch: „Glaube keiner Statistik, die du nicht selbst gefälscht hast". Vielleicht ist dieser Ruf auch darin begründet, dass statistische Aussagen in den Medien oft verkürzt dargestellt werden und dabei die Präzision verloren geht. Die exakten Aussagen sind aber oft für den unbedarften Leser und – wie ich befürchte – manchmal auch für den Publizisten, eine schwer genießbare Kost.

Statistiken durchdringen unser Leben, und Computer sind natürlich immer mehr die Hilfsmittel, mit denen sie erzeugt werden. Die Mathematik, die dahinter steht, ist komplex.

© Springer Fachmedien Wiesbaden GmbH, ein Teil von Springer Nature 2019
P. Hartmann, *Mathematik für Informatiker*, https://doi.org/10.1007/978-3-658-26524-3_19

Es gibt viele Bücher für Statistik-Anwender, die im Wesentlichen ausführliche Formelsammlungen mit vielen Anwendungsbeispielen sind. Ich gehe einen anderen Weg: In den folgenden Kapiteln werde ich die mathematischen Grundlagen vorstellen, die notwendig sind, um mit statistischen Werkzeugen vernünftig arbeiten zu können und um die Ergebnisse interpretieren zu können. Beispielhaft werde ich einige wenige statistische Verfahren beschreiben. Dies soll Ihnen helfen, bei Bedarf auch andere Methoden einsetzen zu können, ohne deren mathematische Hintergründe vollständig durchschauen zu müssen.

19.1 Fragestellungen der Statistik und Wahrscheinlichkeitsrechnung

Ich möchte Ihnen einige typische Probleme vorstellen, mit denen sich Statistiker beschäftigen. An Hand dieser Fragestellungen können wir erkennen, welchen Werkzeugkasten wir brauchen, um die richtigen Antworten geben zu können.

Die Wahlprognose

Bei den Wahlen zum deutschen Bundestag sind etwa 65 Millionen Bürger wahlberechtigt. Für die Prognose am Wahlabend wird eine Wahlnachfrage durchgeführt, das heißt bei einer bestimmten Anzahl von Wählern wird nach der Wahl das Abstimmungsverhalten erfragt. Gehen wir davon aus, dass alle Befragten gerne und offen die Wahrheit sagen.

Beispielsweise könnten 1000 Wähler befragt werden. Von diesen haben 400 Partei A gewählt, 350 die Partei B und 60 die Partei C. Daraus erstellt das Umfrageinstitut die folgende Prognose:

$$\text{Partei A: } 40\,\% \quad \text{Partei B: } 35\,\% \quad \text{Partei C: } 6\,\%$$

Diese wird im Fernsehen verkündet. Meistens sagt der Reporter dann noch so etwas dazu wie „Da können noch Schwankungen von plus/minus x Prozent drin sein".

Woher kommt diese Zahl x? Klar ist, dass die Schätzung um so besser wird, je mehr Wähler befragt werden. Wenn nur 100 Wähler befragt werden, kann man keine verlässliche Vorhersage erwarten. Der Statistiker wird also eine Zahl x ermitteln, die von der Stichprobengröße abhängt und welche die möglichen Abweichungen kennzeichnet.

Aber haben wir damit eine präzise Aussage? Selbst wenn 10 Millionen Bürger befragt werden, gibt es eine, wenn auch natürlich verschwindend kleine Möglichkeit, dass man nur Wähler der Partei A erwischt und mit der Prognose daher vollkommen daneben liegt.

Sie wissen, dass die ersten Wahlprognosen heutzutage meistens sehr gut sind, manchmal verändern sie sich aber doch noch. Das sind dann zwar die spannenderen Wahlabende, hinterher wird aber der Fehler bei den Mathematikern gesucht.

Der kluge Statistiker hat jedoch, um sich abzusichern, seine Aussage etwa so formuliert:

„Mit einer Wahrscheinlichkeit von 95 % weicht meine Voraussage um weniger als 1 % vom echten Endergebnis ab."

Die 95 % lässt der Nachrichtensprecher unter den Tisch fallen, er spricht von maximal 1 % Abweichung und liegt damit meistens richtig. Das Umfrageunternehmen liefert die Zahlen wie bestellt: Es kann auch mit 99 % Sicherheit eine Abweichung von $\pm$ 1 % gewährleisten, dann will es aber mehr Geld vom Auftraggeber, da es mehr Wähler befragen muss.

Qualitätskontrolle

Bei der industriellen Fertigung eines Teiles, zum Beispiel einer Kugellagerkugel, werden oft nicht alle Kugeln überprüft, weil das zu teuer ist. Es werden in regelmäßigen Abständen Stichproben genommen und die Anzahl der defekten Teile in dieser Stichprobe in einer Kontrollkarte festgehalten. Übersteigt diese Zahl einen bestimmten Schwellwert, muss in die Produktion eingegriffen werden. Das zu lösende Problem ist das gleiche wie bei der Wahlprognose. Man kann Aussagen treffen wie „mit 99 % Wahrscheinlichkeit sind nicht mehr als 0,01 % der Kugeln fehlerhaft". Die 99 % und die 0,01 % sind vom Hersteller festgelegte Schwellwerte. Auf Basis dieser Werte muss die Stichprobengröße und die erlaubte Anzahl der fehlerhafte Teile in der Probe festgelegt werden.

Bestimmen von Schätzwerten

Wie viele Karpfen schwimmen im Teich? Wenn es nicht möglich ist den Teich vollständig abzufischen, kann man zum Beispiel 100 Fische fangen und markieren. Nach ein paar Tagen fängt man wieder 100 Fische. Sind darin 10 markierte Fische enthalten, so kann man raten, dass insgesamt etwa 1000 Karpfen im Teich leben. Auch hier stellt sich wieder die Frage: Was heißt „etwa"? Mit Hilfe der ersten beiden Beispiele können Sie schon herausfinden, welche Form die Aussage des Statistikers haben wird.

Wir treffen hier auch auf ein Problem, das außerhalb der Mathematik liegt und das wir im Weiteren nicht berücksichtigen können: Wie gut ist die Methode, mit der die Stichprobe gewonnen wird? Gibt es systematische Verfahrensfehler, welche die Resultate verfälschen? Könnte es zum Beispiel sein, dass die Fische Schwärme bilden und im Teich gar keine Durchmischung stattfindet? Dann ist das Experiment vollkommen falsch angelegt. Auch bei Wahlumfragen steckt ein großer Teil des Know-Hows der Unternehmen nicht in der mathematischen Auswertung, sondern im geschickten Aufbau der ausgewählten Stichprobe. Das ist aber eine andere Baustelle.

In den bisherigen Beispielen wird jeweils aus einer Grundgesamtheit, deren Elemente gewisse Merkmale haben, zufällig ein Objekt ausgewählt und die Merkmale dieses Objekts überprüft. Die Mathematiker haben einen Prototyp für solche Aufgabenstellungen konstruiert, das Urnenexperiment: In einer Urne liegen n Kugeln mit verschiedenen Farben, daraus werden m Kugeln zufällig ausgewählt. Dieses Experiment werden wir öfters durchführen und dabei immer davon ausgehen, dass keine Verfahrensfehler vorliegen: Die Kugeln sind gut durchmischt und die Auswahl erfolgt wirklich zufällig.

Überprüfen einer Hypothese

Ein britischer Physiker hat vor einigen Jahren das Murphy'sche Gesetz nachgewiesen: Er hat berechnet, dass eine Toastscheibe beim Herunterfallen häufiger auf die gebutterte als auf die ungebutterte Seite fällt. Dies geschieht aus physikalischen Gründen, die mit unserer Gravitationskonstante, Tischhöhe, Luftdruck, spezifischem Gewicht von Butter und Toast und mit anderen Faktoren zusammenhängen. Wir wollen die Fragestellung mit statistischen Methoden angehen. Ich glaube nicht an Murphy und stelle die Hypothese auf: Die Wahrscheinlichkeit für „Butter auf den Boden" ist genau 50 %.

Jetzt lassen wir 100 Mal den Toast fallen: 54 Mal fällt er auf die Butterseite, 46 Mal auf die andere. Was können wir daraus schließen? Wahrscheinlich nur: „Das eingetretene Ergebnis steht nicht im Widerspruch zur Hypothese".

Fällt der Toast bei 100 Versuchen 80 Mal auf die Butterseite, dann werden wir sehr wahrscheinlich sagen: „Die Abweichung ist signifikant, die Hypothese ist abzulehnen, Murphy hat Recht".

Was heißt in diesem Zusammenhang signifikant? Irgendwo liegt eine Schwelle, bei der unser Vertrauen in die Hypothese gebrochen wird. Was würden Sie sagen? 65, 60, 70 Scheiben?

Auch mit der Ablehnung der Hypothese im zweiten Fall können wir nicht ganz sicher sein: Vielleicht fällt ja bei den nächsten 100 Versuchen der Toast immer auf die Seite ohne Butter. Mit welcher Wahrscheinlichkeit machen wir mit der Ablehnung einen Fehler? In der Testtheorie werden Aussagen dieser Art getroffen.

Wenn die Hypothese nicht abgelehnt werden kann, kann sie dann angenommen werden? Nein, denn auch wenn der Toast genau 50 Mal auf die Butterseite fällt, könnte die echte Wahrscheinlichkeit dafür zum Beispiel 52 % sein. In diesem Fall ist keine Aussage möglich! Hierbei werden oft Fehler gemacht, passen Sie darauf auf.

Ernsthaftere Anwendungen des Hypothesentests finden Sie beispielsweise bei Zulassungsverfahren für Medikamente oder Chemikalien.

Zufällige Ereignisse im zeitlichen Verlauf

Die Warteschlangentheorie spielt in der Informatik eine wichtige Rolle: An einem Webserver treffen Anfragen in zufälligem Abstand ein, die durchschnittliche Anzahl pro Tag ist bekannt. Jeder Benutzer braucht eine gewisse Zeitdauer, die ebenfalls zufällig variiert, bis er bedient worden ist. Wie muss die Kapazität des Servers konzipiert sein, um zu lange Wartezeiten zu vermeiden?

Probabilistische Algorithmen

Es gibt in der Informatik viele Probleme, die in annehmbarer Zeit nicht exakt zu lösen sind, zum Beispiel die *np*-vollständigen Probleme. Für viele solche Aufgaben (zum Beispiel für das Problem des Handlungsreisenden) gibt es probabilistische Ansätze: Wir können Lösungen finden, die nur mit einer bestimmten Wahrscheinlichkeit richtig sind oder die sehr wahrscheinlich höchstens um einen bestimmten Prozentsatz von der optimalen Lösung abweichen.

Einen solchen probabilistischen Algorithmus haben wir in Abschn. 5.7 kennengelernt: Um große Primzahlen zu finden, die in der Kryptographie benötigt werden, führt man Primzahltests durch. Das Ergebnis ist dann nur „wahrscheinlich eine Primzahl", für praktische Anwendungen ist das aber ausreichend.

Monte-Carlo-Methoden

Können Sie durch das Fallenlassen einer Nadel auf ein Stück Papier die Zahl π bestimmen? Führen Sie das folgende Experiment durch (das *Buffon'sche Nadelexperiment*): Zeichnen Sie auf einem Blatt Papier eine Reihe paralleler Linien, deren Abstand gerade so groß ist wie die Länge einer Stecknadel. Konzentrieren Sie sich fest auf die Zahl π, lassen Sie die Nadel oft auf das Papier fallen, und überprüfen Sie jeweils, ob die Nadel eine der Linien trifft oder nicht. Zählen Sie die Anzahl N der Versuche sowie die Anzahl T der Treffer. Dann wird der Bruch N/T sich immer besser an $\pi/2$ annähern.

Bevor Sie glauben, dass ich in die Esoterik abgleite, etwas Mathematik zu diesem Versuch: Nehmen wir der Einfachheit halber an, die Nadel sei 2 cm lang, der Abstand der Linien ist also ebenfalls 2 cm. Die Nadel kann nur die nächstgelegene Linie schneiden, damit meine ich die Linie, die vom Mittelpunkt der Nadel den kürzesten Abstand hat. Diesen Abstand nenne ich d ($0 \leq d \leq 1$) (Abb. 19.1). α sei der spitze Winkel, den die Nadel mit dieser Linie bildet ($0 \leq \alpha \leq \pi$). Die Nadel schneidet genau dann die Linie,

Abb. 19.1 Das Buffon'sche Nadelexperiment 1

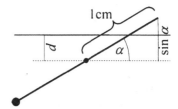

Abb. 19.2 Das Buffon'sche
Nadelexperiment 2

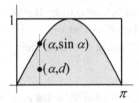

wenn $d < \sin\alpha$ ist. Zu jedem Wurf gehört also ein Wertepaar (α, d) in dem Rechteck $[0, \pi] \times [0, 1]$. Dabei ist $d < \sin\alpha$ genau dann, wenn (α, d) unterhalb des Graphen von $\sin x$ liegt, in Abb. 19.2 also in der grauen Fläche. Führt man das Experiment zufällig durch, so sind die Punkte (α, d) in dem Rechteck gleichmäßig verteilt, es gilt:

$$\frac{\text{Zahl der Treffer}}{\text{Zahl der Versuche}} = \frac{T}{N} \approx \frac{\text{graue Fläche}}{\text{Gesamtfläche}}.$$

Die graue Fläche ist $F = \int_0^\pi \sin x\, dx = 2$, die Gesamtfläche $G = \pi$, also ist die $T/N \approx 2/\pi$, woraus sich $N/T \approx \pi/2$ ergibt.

Was wir hier durchgeführt haben, ist nichts anderes als eine numerische Integration: Das zu berechnende Integral wird in ein Rechteck eingesperrt und aus diesem Rechteck zufällig eine große Zahl von Punkten ausgewählt. Dann ist das Verhältnis „Integral zu Rechteck" gleich dem Verhältnis „Punkte in der Integralfläche zu Gesamtzahl der Punkt".

Verfahren, in deren Verlauf in irgendeiner Form Zufallszahlen oder zufällige Ergebnisse von Experimenten verwendet werden, heißen *Monte-Carlo-Methoden*.

Ein weiteres Monte-Carlo-Verfahren kennen Sie wahrscheinlich aus der Informatik: Der *Quicksort-Algorithmus* arbeitet rekursiv nach dem Prinzip:

Sortiere die Liste L mit Quicksort:
  Suche ein zufälliges Element z der Liste.
  Sortiere die Teilliste, die alle Elemente kleiner als z enthält mit Quicksort.
  Sortiere die Teilliste, die alle Elemente größer als z enthält mit Quicksort.

Quicksort hat eine mittlere Laufzeit von $O(n \cdot \log n)$, ist also ein sehr guter Sortieralgorithmus.

Verteilungen

In Abb. 19.3 sehen Sie in sehr verkürzter Form die ersten Kapitel dieses Buches. Ich habe sie komprimiert und dann als Folge von 32-Bit-Integern eingelesen. Bei den ersten 100 000 Integern habe ich jeweils die Anzahl der Einser in der Dualdarstellung gezählt.

Alle Werte, bis auf 0-mal Eins und 32-mal Eins, sind aufgetreten. Am häufigsten trat 16-mal die Eins auf: genau in 13 346 Fällen. Die einzelnen Ergebnisse zwischen 0 und

Abb. 19.3 Der „Einserzähler"

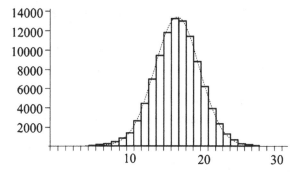

32 habe ich in dem Diagramm in Abb. 19.3 eingetragen. Sie sehen, dass sich die Verteilung der Häufigkeiten sehr gut der gestrichelt eingezeichneten Kurve anpasst. Dies ist die *Gauß'sche Glockenkurve*, die bei der Analyse vieler Datenmengen immer wieder auftritt und in statistischen Anwendungen eine wichtige Rolle spielt.

> Implementieren Sie selbst einen solchen „Einserzähler" und wenden Sie ihn auf Textdateien, Binärdateien oder Folgen von Zufallszahlen an. Wie sehen Ihre Ergebnisse aus?

In einem Würfelexperiment habe ich getestet, wie lange man beim Mensch-Ärgere-dich-nicht auf den Sechser warten muss. Das Resultat von „1000 Mal würfeln bis zur 6" sehen Sie in Abb. 19.4. Zweimal kam die 6 erst beim 43. Wurf! Auch hier können wir eine Kurve über die Balken legen: Es handelt sich um eine Exponentialfunktion.

Die Wahrscheinlichkeiten von Ereignissen lassen sich mit Hilfe solcher Verteilungen beschreiben. Einige solche Verteilungen treten in der Statistik immer wieder auf. Eine Aufgabe der nächsten Kapiteln wird sein, wichtige solche Verteilungen zu charakterisieren und festzustellen, für welche Experimente oder für welche Datenmengen diese Verteilungen anwendbar sind.

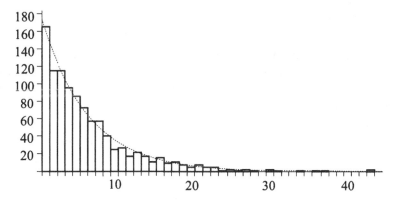

Abb. 19.4 Warten auf die Sechs

19.2   Der Wahrscheinlichkeitsbegriff

In allen vorgestellten Beispielen statistischer Aufgabenstellungen spielt der Begriff der Wahrscheinlichkeit eine zentrale Rolle. Grundlage jeder Statistik ist die Wahrscheinlichkeitsrechnung: Zufälligen Ereignissen werden Wahrscheinlichkeiten zugeordnet, diese können in bestimmter Weise verknüpft und interpretiert werden. Solche zufälligen Ereignisse und ihre Wahrscheinlichkeiten werden wir im Folgenden untersuchen.

Zufällige Ereignisse

Der Statistiker führt Experimente durch. Bei diesen Experimenten kennt man in der Regel die Menge aller möglichen Ergebnisse, kann aber nicht vorhersagen, welches konkrete Ergebnis bei einem Versuch eintritt. Ein solches Experiment heißt *Zufallsexperiment*.

Einige Zufallsexperimente haben wir schon kennengelernt: das Würfeln, eine Wählerbefragung, das Fallenlassen einer Scheibe Toast, die zufällige Auswahl eines Punktes in einem Rechteck. Andere Beispiele sind das Lottospielen, der Münzwurf oder das Messen einer Temperatur.

Die Menge aller möglichen Ergebnisse eines Experiments heißt *Ergebnismenge*, sie wird oft mit dem griechischen Buchstaben Ω bezeichnet.

Beispiele

Würfeln: $\Omega = \{1, 2, 3, 4, 5, 6\}$.

Münzwurf: $\Omega = \{\text{Kopf, Zahl}\}$.

Lotto: $\Omega = $ Menge der 6-Tupel verschiedener Elemente aus der Menge $\{1, 2, \ldots, 49\}$.

Es ist $\Omega \subset \{1, 2, \ldots, 49\}^6$, $|\Omega| = \binom{49}{6} = 13\,983\,816$.

Wählerbefragung: $\Omega = \{\text{SPD, CDU/CSU, Grüne, FDP, Linke, sonstige}\}$.

Temperaturmessung: $\Omega = \mathbb{R}^+$ (in Kelvin).

Punkt im Rechteck: $\Omega = [a, b] \times [c, d]$, $a, b, c, d \in \mathbb{R}$. ◄

Gewisse Teilmengen der Ergebnismenge Ω bezeichnen wir als Ereignisse. Ist $A \subset \Omega$ ein Ereignis, so sagen wir „*das Ereignis A tritt ein*", wenn das Ergebnis des Experiments ein Element aus A ist. Zum Beispiel entspricht dem Ereignis „das Würfeln ergibt eine gerade Zahl" die Menge $\{2, 4, 6\} \subset \{1, 2, 3, 4, 5, 6\}$, $\{1\}$ ist das Ereignis „1 wurde gewürfelt", Frost ist das Ereignis $]0, 273] \subset \mathbb{R}^+$.

Ω selbst heißt *das sichere Ereignis*; jedenfalls hat das Experiment ein Element aus Ω als Ergebnis, Ω tritt also immer ein. Die leere Menge $\emptyset$ heißt *das unmögliche Ereignis*.

Auf Ereignisse können wir unsere üblichen Mengenoperationen anwenden:

$A \cap B$ ist das Ereignis „A und B treten ein",

$A \cup B$ ist das Ereignis „A oder B tritt ein",

$\overline{A}$ ist das Ereignis „A tritt nicht ein".

Die Ereignisse A und B heißen *unvereinbar*, wenn $A \cap B = \emptyset$ ist. Ein-elementige Ereignisse werden auch *Elementarereignisse* genannt.

> Weiter unten werden wir Ereignissen Wahrscheinlichkeiten zuordnen. Dabei ist es wichtig, zwischen dem Ergebnis eines Experiments ω und dem Ereignis $\{\omega\}$ zu unterscheiden, welches aussagt, dass ω eingetreten ist.

Welche Teilmengen eines Ergebnisraums sollen Ereignisse sein? Jedenfalls ist es sinnvoll, die Mengen $\emptyset$ und Ω als Ereignisse zu bezeichnen, mit A auch die Menge $\overline{A}$, und mit mehreren Mengen auch deren Vereinigung und deren Durchschnitt. Ein System von Mengen, welches diese Eigenschaften erfüllt, heißt *Ereignisalgebra*:

▶ **Definition 19.1** Sei Ω eine Menge. Ein System $\mathcal{A}$ von Teilmengen von Ω heißt *Ereignisalgebra* oder *σ-Algebra* in Ω, wenn gilt:

(A1) $\Omega \in \mathcal{A}$.

(A2) Ist $A \in \mathcal{A}$, so gilt auch $\overline{A} \in \mathcal{A}$ ($\overline{A}$ ist das Komplement von A).

(A3) Ist $A_n \in \mathcal{A}$ für $n \in \mathbb{N}$, so ist auch $\bigcup_{n=1}^{\infty} A_n \in \mathcal{A}$.

Die Teilmengen, die zu der Ereignisalgebra $\mathcal{A}$ gehören heißen *Ereignisse*.

Wegen der Möglichkeit der Komplementbildung ist auch $\emptyset$ in $\mathcal{A}$ enthalten und beliebige Durchschnitte von Mengen aus $\mathcal{A}$ gehören ebenfalls wieder zu $\mathcal{A}$.

> Der Begriff der Ereignisalgebra spielt – außer in der nächsten Definition – in unseren weiteren Überlegungen keine praktische Rolle mehr. Bei allen endlichen und abzählbar unendlichen Mengen Ω können Sie bei Ereignissen getrost an die Potenzmenge denken: Jede Teilmenge von Ω ist dann ein Ereignis. Bei überabzählbaren Mengen, wie zum Beispiel bei Teilmengen der reellen Zahlen, kann man jedoch wilde Teilmengen konstruieren, denen keine vernünftige Wahrscheinlichkeit mehr zugeordnet werden kann. Die Einschränkung auf bestimmte Ereignisalgebren hat also mathematik-technische Gründe, alle braven Teilmengen A von Ω können wir auch als Ereignisse bezeichnen.

Über die Wahrscheinlichkeit von Ereignissen oder überhaupt die Möglichkeit des Eintretens eines Ereignisses ist dabei noch nichts ausgesagt. So ist etwa bei der Temperaturmessung irgendwo eine physikalische Obergrenze gegeben, bei der die reellen Zahlen noch lange nicht aufhören. Es schadet aber nichts, diese großen Zahlen noch in die Ergebnismenge aufzunehmen. Auch beim Lotto könnten wir zum Beispiel $\Omega = \{1, 2, \ldots, 49\}^6$ als Ergebnismenge wählen. Einige der Ergebnisse würden dann die Wahrscheinlichkeit 0 tragen.

Der Wahrscheinlichkeitsraum

Wie kann man konkreten Ereignissen Wahrscheinlichkeiten zuordnen? Der Schlüssel hierfür ist der Begriff des Wahrscheinlichkeitsraums. Wie schon oft in diesem Buch wählen wir einen axiomatischen Ansatz: Einige grundlegende und einleuchtende Eigenschaften von Wahrscheinlichkeiten werden zusammengesammelt und als Axiome aufgeschrieben. Aus diesen Axiomen werden die Sätze der Wahrscheinlichkeitstheorie hergeleitet. Wenn das Axiomensystem gut ist, dann kann man viele Sätze beweisen und zwar solche, die mit den Ergebnissen der Realität eine gute Übereinstimmung zeigen.

Das folgende Axiomensystem erfüllt diese Ansprüche, obwohl es geradezu unglaublich einfach ist. Es wurde in den 30er Jahren des 20. Jahrhunderts von dem russischen Mathematiker Kolmogoroff formuliert:

▶   **Definition 19.2** Ω sei eine Menge. Eine Funktion p, die auf einer Ereignisalgebra $\mathcal{A}$ in Ω definiert ist und die folgenden Axiome erfüllt, heißt *Wahrscheinlichkeit* oder *Wahrscheinlichkeitsmaß* auf Ω, (Ω, p) heißt *Wahrscheinlichkeitsraum*.

(W1) $0 \leq p(A) \leq 1$ für alle Ereignisse $A \in \mathcal{A}$.
(W2) $p(\Omega) = 1$,
(W3) Sind $A_i \in \mathcal{A}$ für $i \in \mathbb{N}$ paarweise disjunkte Ereignisse, so gilt

$$p\left(\bigcup_{i=1}^{\infty} A_i\right) = \sum_{i=1}^{\infty} p(A_i).$$

Die Axiome (W1) und (W2) sind unmittelbar einsichtig: Wir messen die Wahrscheinlichkeit mit Zahlen zwischen 0 und 1, wobei 1 das sichere Ereignis bedeutet. Über (W3) kann man zunächst einmal stolpern. Für endliche Räume Ω können wir aber (W3) ersetzen durch die Regel:

$$p(A \cup B) = p(A) + p(B), \quad \text{falls } A \cap B = \emptyset. \tag{19.1}$$

In einem Beispiel heißt das: Ist die Wahrscheinlichkeit, eine 1 zu würfeln, gleich p und die Wahrscheinlichkeit, eine 2 zu würfeln, gleich q, so ist die Wahrscheinlichkeit, 1 oder 2 zu würfeln, gerade $p + q$. Dies entspricht dem gesunden Menschenverstand.

Aus (19.1) folgt mit vollständiger Induktion:

$$p(A_1 \cup A_2 \cup \cdots \cup A_n) = p(A_1) + p(A_2) + \cdots + p(A_n), \quad \text{falls } A_i \cap A_j = \emptyset \text{ für } i \neq j$$

Das ist fast schon das Axiom (W3), für unendliche Räume hat sich gezeigt, dass man auch noch abzählbare Vereinigungen von Mengen im Axiom zulassen muss.

▶ **Satz 19.3: Erste Folgerungen aus den Axiomen** Ist (Ω, p) ein Wahrscheinlichkeitsraum und sind $A, B, A_1, A_2, \ldots A_n$ Ereignisse, so gilt:

a) $p(\overline{A}) = 1 - p(A)$.
b) $p(\emptyset) = 0$.
c) Aus $A \subset B$ folgt $p(A) \leq p(B)$.
d) Ist $A_i \cap A_j = \emptyset$ für alle $i \neq j$, so gilt:

$$p(A_1 \cup A_2 \cup \cdots \cup A_n) = p(A_1) + p(A_2) + \cdots + p(A_n).$$

e) $p(A \cup B) = p(A) + p(B) - p(A \cap B)$.

Als ein Beispiel dafür möchte ich die Eigenschaft e) herleiten. Die Punkte a) bis d)
können ganz ähnlich ausgerechnet werden:

Ich erinnere an die Distributivgesetze für die Mengenoperationen. Aus diesen erhalten
wir zunächst

$$A \cup B = (A \cup \overline{A}) \cap (A \cup B) = A \cup (\overline{A} \cap B),$$
$$B = (A \cup \overline{A}) \cap B = (A \cap B) \cup (\overline{A} \cap B),$$

wobei auf der rechten Seite jeweils die Vereinigung zweier disjunkter Ereignisse steht.
Daraus ergibt sich

$$p(A \cup B) = p(A \cup (\overline{A} \cap B)) = p(A) + p(\overline{A} \cap B), \tag{19.2}$$
$$p(B) = p((A \cap B) \cup (\overline{A} \cap B)) = p(A \cap B) + p(\overline{A} \cap B). \tag{19.3}$$

Aus (19.3) erhalten wir $p(\overline{A} \cap B) = p(B) - p(A \cap B)$, setzen wir das in (19.2) ein, so
folgt die Behauptung. $\qquad\square$

Im Folgenden ein erstes Beispiel für einen Wahrscheinlichkeitsraum:

Beispiel

In der Codierungstheorie besteht eine *Informationsquelle* $Q = (A, p)$, aus einem
Quellenalphabet A mit den Zeichen $x_1, x_2, \ldots, x_n$, diesen sind Auftrittswahrscheinlichkeiten $p_1, p_2, \ldots, p_n$ zugeordnet. In einem Text deutscher Sprache hat beispielsweise das häufigste Zeichen e eine Auftrittswahrscheinlichkeit von 0.174, gefolgt von
n mit 0.098. Das seltenste Zeichen ist das q mit einer Auftrittswahrscheinlichkeit von
0.002. Ordnet man in der Menge $A = \{x_1, x_2, \ldots, x_n\}$ jeder Teilmenge die Summe der
Wahrscheinlichkeiten der einzelnen Elemente zu, so ist $Q = (A, p)$ ein Wahrscheinlichkeitsraum.

Eine Nachricht N der Länge k besteht aus einer Folge von k Zeichen des Alphabets, $N = (a_1, a_2, \ldots, a_k) \in A^k$. Wenn jeder solchen Nachricht wieder eine Wahrscheinlichkeit zugeordnet wird, so ist auch A^k ein Wahrscheinlichkeitsraum. ◄

Wir wollen jetzt weitere konkrete Modelle zu dem abstrakten Begriff des Wahrscheinlichkeitsraums konstruieren:

Laplace'sche Wahrscheinlichkeitsräume

Nehmen wir im Folgenden an, dass ein Experiment nur endlich viele Ergebnisse haben kann, und dass alle diese Ergebnisse die gleiche Wahrscheinlichkeit besitzen. Beispiele dafür sind

der Münzwurf: $p(\{\text{Kopf}\}) = p(\{\text{Zahl}\})$,
das Würfeln: $p(\{1\}) = p(\{2\}) = \cdots = p(\{6\})$,
das Lottospielen: $p(\{(1, 2, 3, 4, 5, 6)\}) = \cdots = p(\{(7, 9, 23, 34, 36, 45)\}) = \ldots$

Nicht in diese Kategorie fällt etwa eine Wahlumfrage, eine Temperaturmessung oder das Werfen mit einer falschen Münze.

> Der Mathematiker spricht von der *idealen Münze* oder vom *idealen Würfel*, wenn die Wahrscheinlichkeiten exakt gleichverteilt sind. In der Realität gibt es das natürlich nicht. Die Lottogesellschaften geben sich aber große Mühe, ihre Experimente so ideal wie möglich zu machen.

▶ **Definition 19.4: Laplace-Raum** Ein endlicher Wahrscheinlichkeitsraum $\Omega = \{\omega_1, \omega_2, \ldots, \omega_n\}$, in dem gilt

$$p(\{\omega_1\}) = p(\{\omega_2\}) = \cdots = p(\{\omega_n\}),$$

heißt *Laplace'scher Wahrscheinlichkeitsraum* oder *Laplace-Raum*.

Diese Schreibweise impliziert natürlich, dass alle $\{\omega_i\}$ (und damit nach Definition 19.1 alle Teilmengen von Ω) Ereignisse sind. Dies werde ich im Folgenden nicht mehr eigens bemerken.

Mit Hilfe des Axioms (W3) lässt sich nun zu jedem $\omega \in \Omega$ und dann auch zu jeder Teilmenge A von Ω die Wahrscheinlichkeit bestimmen: Es ist nämlich

$$1 = p(\Omega) = p(\{\omega_1\}) + p(\{\omega_2\}) + \cdots + p(\{\omega_n\}) = n \cdot p(\{\omega_i\}) \quad \Rightarrow \quad p(\{\omega_i\}) = 1/n$$

und ist A eine Teilmenge mit k Elementen, so ist $p(A) = \sum_{\omega_i \in A} p(\{\omega_i\}) = k/n$, also gilt für jedes $A \subset \Omega$:

$$p(A) = \frac{\text{Anzahl der Elemente von } A}{\text{Anzahl der Elemente von } \Omega}.$$

Die Elemente von A heißen die *günstigen Fälle* für das Ereignis, so dass wir auch sagen können,

$$p(A) = \frac{\text{Anzahl der günstigen Fälle}}{\text{Anzahl der möglichen Fälle}}.$$

Viele reale Experimente lassen sich auf Laplace-Räume abbilden, auch wenn die Wahrscheinlichkeiten zunächst noch gar nicht gleich verteilt sind.

Beispiele

1. Bei der Berechnung von Wahrscheinlichkeiten im Lottospiel ist es sinnvoll, mit der Menge der 6-Tupel *verschiedener* Elemente aus $\{1, 2, \ldots, 49\}$ zu rechnen und nicht mit der Menge *aller* 6-Tupel. Es gibt 13 983 816 verschiedene 6-Tupel und daher ist die Wahrscheinlichkeit für einen Sechser $1/13\,983\,816$.

2. Wir würfeln mit zwei Würfeln und wollen die Wahrscheinlichkeiten berechnen, mit denen die Augensummen $2, 3, 4, \ldots, 12$ geworfen werden. Der Raum $\Omega = \{2, 3, \ldots, 12\}$ ist ungeeignet, denn zum Beispiel ist $p(\{2\}) \neq p(\{3\})$. Wir konstruieren einen anderen Raum, in dem die Ergebnisse die möglichen Paare von Würfen sind:

$$\begin{aligned}
\Omega := \{ &(1, 1), (1, 2), (1, 3), (1, 4), (1, 5), (1, 6), \\
&(2, 1), (2, 2), (2, 3), (2, 4), (2, 5), (2, 6), \\
&\quad\vdots \\
&(6, 1), (6, 2), (6, 3), (6, 4), (6, 5), (6, 6)\}.
\end{aligned}$$

Jedes dieser 36 Elementarereignisse hat die gleiche Wahrscheinlichkeit $1/36$. Jetzt können wir einfach abzählen und erhalten zum Beispiel:

$$p(\text{Augensumme} = 2) = p(\{(1, 1)\}) = 1/36,$$
$$p(\text{Augensumme} = 3) = p(\{(1, 2), (2, 1)\}) = 2/36,$$
$$p(\text{Augensumme} = 7) = p(\{(1, 6), (2, 5), \ldots, (6, 1)\}) = 6/36,$$
$$p(6 \leq \text{Augensumme} \leq 8) = \underbrace{5/36}_{AS=6} + \underbrace{6/36}_{AS=7} + \underbrace{5/36}_{AS=8} = 4/9.$$

3. Vielleicht kennen Sie das Geburtstagsproblem: Wie groß ist die Wahrscheinlichkeit, dass k Personen alle an verschiedenen Tagen Geburtstag haben?

Konstruieren wir uns einen Laplace-Raum Ω. Dabei vernachlässigen wir die Schaltjahre und eventuelle saisonale Geburtstagshäufungen. Die Elemente von Ω (die möglichen Fälle) sollen alle möglichen Geburtstagsverteilungen sein, das Ereignis A_k (die günstigen Fälle) sollen alle die Verteilungen sein, bei denen die Geburtstage auf k verschiedene Tage fallen.

Wie viele Elemente hat Ω? Wenn wir die Tage von 1 bis 365 durch nummerieren, so entsprechen die möglichen Verteilungen allen k-Tupeln der Menge $\{1, 2, \ldots, 365\}$, wobei an der i-ten Stelle eines solchen k-Tupels der Geburtstag der Person i steht. Also ist $\Omega = \{1, 2, \ldots, 365\}^k$. Diese Menge hat 365^k Elemente, die wir alle als gleich wahrscheinlich annehmen.

Wie viele Elemente hat A_k? Dazu müssen wir die Frage beantworten: Auf wie viele Arten lassen sich k verschiedene Tage, nämlich die k verschiedenen Geburtstage aus 365 Tagen auswählen? Bei dieser Auswahl muss die Reihenfolge berücksichtigt werden: Zwei Personen können zum Beispiel an den Tagen i und j oder an den Tagen j und i Geburtstag haben, das sind zwei Fälle. Die Antwort auf die Anzahl gibt uns daher Satz 4.7 in Abschn. 4.1: Es gibt $365 \cdot 364 \cdot \ldots \cdot (365 - k + 1)$ Möglichkeiten. Jetzt können wir den Quotienten der günstigen durch die möglichen Fälle ausrechnen:

$$p(A_k) = \frac{365 \cdot 364 \cdot \ldots \cdot (365 - k + 1)}{365^k}.$$

Interessanter noch ist die Frage, mit welcher Wahrscheinlichkeit mindestens zwei der k Personen am gleichen Tag Geburtstag haben. Dabei handelt es sich um das Ereignis $\overline{A}_k$ mit der Wahrscheinlichkeit $p(\overline{A}_k) = 1 - p(A_k)$. Hier einige (gerundete) Werte dafür:

$$p(\overline{A}_{10}) = 0.11 \quad p(\overline{A}_{20}) = 0.41 \quad p(\overline{A}_{23}) = 0.507$$
$$p(\overline{A}_{30}) = 0.70 \quad p(\overline{A}_{40}) = 0.89 \quad p(\overline{A}_{50}) = 0.97$$

Ein sehr überraschendes Ergebnis: Schon ab $k = 23$ ist die Wahrscheinlichkeit für einen doppelten Geburtstag größer als 0.5. Wenn ich in einer Vorlesung vor 40 Studierenden stehe, kann ich schon gut darauf wetten.

Das Geburtstagsproblem tritt auch in der Informatik auf: In einer Hashtabelle ist die Wahrscheinlichkeit für eine Kollision zwischen zwei Datensätzen sehr viel größer als man zunächst annimmt. Jetzt können Sie diese ausrechnen. ◄

Geometrische Wahrscheinlichkeiten

Erinnern Sie sich an das Buffon'sche Nadelexperiment in Abschn. 19.1: Bei der dort durchgeführten numerischen Integration sind wir davon ausgegangen, dass ein zufällig

gewählter Punkt in dem ausgewählten Rechteck an jeder Stelle mit gleicher Wahrscheinlichkeit liegt.

▶   **Definition 19.5** Besteht die Menge Ω aus Kurven, Flächen oder Volumen
und ist die Wahrscheinlichkeit für ein Ereignis (eine Teilmenge der Kurve,
der Fläche oder des Volumens) proportional zur Größe dieser Teilmenge, so
heißt Ω Raum mit *geometrischer Wahrscheinlichkeit.*

Das Rechteck $\Omega = [0, \pi] \times [0, 1]$ im Nadelexperiment beinhaltet unendlich viele
Punkte, die alle mit gleicher Wahrscheinlichkeit gewählt werden können. Also ist die
Wahrscheinlichkeit eines einzelnen Punktes streng genommen gleich 0, Ω ist kein Laplace-Raum. Wir können positive Wahrscheinlichkeiten nur für Teilmengen von Ω angeben, die eine von 0 verschiedene Fläche besitzen. Da die Wahrscheinlichkeit $p(\Omega) = 1$ ist
und die Gesamtfläche π, ergibt sich für jede Teilfläche A die Wahrscheinlichkeit $p(A) =
A/\pi$. Auf diese Weise konnten wir das Integral des Sinus bestimmen.

Die Realität ist etwas anders: Wenn wir mit einem Zufallsgenerator arbeiten, der zum Beispiel 2^{32} verschiedene Punktepaare erzeugen kann, so haben wir doch einen Laplace-Raum,
in dem die Wahrscheinlichkeit jedes Punktes $1/2^{32}$ ist. $(e, \pi/4)$ ist zum Beispiel kein Element
von Ω. Natürlich ist es sinnvoll, in diesem Fall trotzdem mit der geometrischen Wahrscheinlichkeit zu rechnen.

Ein ähnliches Beispiel ist die Stellung des Zeigers einer Uhr. Es macht wenig Sinn zu
fragen, mit welcher Wahrscheinlichkeit der Minutenzeiger auf 1.4 steht, man kann aber
die Wahrscheinlichkeit angeben, mit welcher sich der Zeiger zwischen 2 und 3 befindet.

19.3 Bedingte Wahrscheinlichkeit und unabhängige Ereignisse

Verschiedene Ereignisse eines Experiments sind oft nicht voneinander unabhängig, die
Wahrscheinlichkeit eines Ereignisses kann unterschiedlich sein, je nachdem ob ein anderes Ereignis eingetreten ist oder nicht.

Nehmen wir als Beispiel die Verteilung der Karten im Skatspiel: Alex, Bob und Charly erhalten jeder 10 Karten, 2 Karten bleiben übrig, diese bilden den Skat. Mit welcher
Wahrscheinlichkeit ist das Pik-As bei Alex? Natürlich mit der Wahrscheinlichkeit 10/32.
Mit Wahrscheinlichkeit 2/32 liegt das Pik-As im Skat. Wenn aber Bob schon weiß, dass
er das Pik-As nicht erhalten hat und sich diese Frage stellt, so ist die Wahrscheinlichkeit,
dass Alex die Karte hat jetzt 10/22, die Wahrscheinlichkeit, dass die Karte im Skat liegt
wird zu 2/22.

Sind A und Y Ereignisse, so bezeichnen wir die Wahrscheinlichkeit von A unter der
Bedingung, dass schon Y eingetreten ist, mit $p(A|Y)$. Ist A das Ereignis „Alex hat das
Pik-As", und Y das Ereignis „Bob hat das Pik-As nicht", so ist $p(A) = 10/32$ und
$p(A|Y) = 10/22$.

Versuchen wir, die bedingte Wahrscheinlichkeit von Ereignissen in einem Laplace-Raum Ω zu berechnen. Für eine Menge M bezeichne ich mit $|M|$ die Anzahl der Elemente. Es seien A und Y Ereignisse in Ω, wir wollen $p(A|Y)$ berechnen. Y ist also eingetreten, das heißt das Ergebnis des Experiments ist ein Element $\omega_0 \in Y$. Bestimmen wir zunächst für alle $\omega \in \Omega$ die Wahrscheinlichkeit $p(\{\omega\}|Y)$. Für $\omega \in Y$ ist die Wahrscheinlichkeit dass $\omega = \omega_0$ ist gleich $1/|Y|$, denn es gibt $|Y|$ gleich wahrscheinliche Möglichkeiten für ω. Das Ereignis $\{\omega\}$ tritt aber gerade dann ein, wenn $\omega = \omega_0$ ist. Im Fall $\omega \notin Y$ ist jedenfalls $\omega \neq \omega_0$, also kann $\{\omega\}$ nicht eintreten. Wir haben damit:

$$p(\{\omega\}|Y) = \begin{cases} 1/|Y| & \text{falls } \omega \in Y \\ 0 & \text{falls } \omega \notin Y. \end{cases}$$

Mit der Additionsregel aus Satz 19.3 ist $p(A|Y)$ die Summe der Wahrscheinlichkeiten aller Elemente von A. Hierzu liefern nur die Elemente von $A \cap Y$ einen Beitrag von jeweils $1/|Y|$, es ist also

$$p(A|Y) = \frac{|A \cap Y|}{|Y|}.$$

Dies können wir noch etwas umrechnen: Für jede Teilmenge M von Ω ist $p(M) = |M|/|\Omega|$, und daraus erhalten wir für die bedingte Wahrscheinlichkeit im Laplace-Raum:

$$p(A|Y) = \frac{|A \cap Y|}{|Y|} = \frac{|A \cap Y|/|\Omega|}{|Y|/|\Omega|} = \frac{p(A \cap Y)}{p(Y)}.$$

Diese Rechnung dient als Motivation für die folgende Definition der bedingten Wahrscheinlichkeit, die sich auch für Nicht-Laplace'sche Räume als der richtige Begriff erwiesen hat:

▶   **Definition 19.6** Es sei (Ω, p) ein Wahrscheinlichkeitsraum, A und B seien Ereignisse und es sei $p(B) > 0$. Dann heißt

$$p(A|B) := \frac{p(A \cap B)}{p(B)}$$

die *bedingte Wahrscheinlichkeit* von A unter der Bedingung B.

Die folgenden beiden Sätze stellen wichtige Rechenregeln für bedingte Wahrscheinlichkeiten dar. Dabei wird der Wahrscheinlichkeitsraum Ω durch Teilmengen B_i, $i = 1, \ldots, n$ disjunkt zerlegt (Abb. 19.5).

▶   **Satz 19.7: Der Satz von der totalen Wahrscheinlichkeit** Es sei (Ω, p) ein Wahrscheinlichkeitsraum, $B_1, B_2, \ldots, B_n$ seien paarweise disjunkte Ereignisse mit $p(B_i) > 0$ für alle i und $\bigcup_{i=1}^{n} B_i = \Omega$. Dann gilt für alle Ereignisse $A \subset \Omega$:

$$p(A) = \sum_{i=1}^{n} p(B_i) p(A|B_i).$$

Abb. 19.5 Die totale Wahrscheinlichkeit

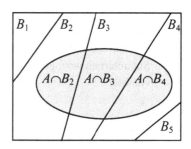

▶ **Satz 19.8: Die Formel von Bayes** Wie im letzten Satz sollen $B_1, B_2, \ldots, B_n$
eine disjunkte Zerlegung des Wahrscheinlichkeitsraums Ω bilden, es sei
$p(B_i) > 0$ für alle i. A sei ein Ereignis mit $p(A) > 0$. Dann gilt für alle
$k = 1, \ldots, n$:

$$p(B_k|A) = \frac{p(B_k)p(A|B_k)}{\sum_{i=1}^{n} p(B_i)p(A|B_i)} = \frac{p(B_k)p(A|B_k)}{p(A)}.$$

Zum Beweis von Satz 19.7: A lässt sich schreiben als

$$A = (A \cap B_1) \cup (A \cap B_2) \cup \cdots \cup (A \cap B_n),$$

wobei die Mengen $A \cap B_i$ jeweils paarweise disjunkt sind.

Aus Definition 19.6 folgt $p(A \cap B_i) = p(B_i)p(A|B_i)$ für alle i. Nach Satz 19.3d)
ergibt sich die Behauptung:

$$p(A) = \sum_{i=1}^{n} p(A \cap B_i) = \sum_{i=1}^{n} p(B_i)p(A|B_i). \qquad \square$$

Satz 19.8 folgt daraus unmittelbar:

$$p(B_k|A) = \frac{p(A \cap B_k)}{p(A)} = \frac{p(B_k)p(A|B_k)}{p(A)} = \frac{p(B_k)p(A|B_k)}{\sum_{i=1}^{n} p(B_i)p(A|B_i)}. \qquad \square$$

Mit Hilfe der Formel von Bayes kann man die Berechnung der Wahrscheinlichkeit von B_i
unter der Bedingung A auf die Berechnung der umgekehrten Wahrscheinlichkeiten von A
unter den Bedingungen B_i zurück führen.

1. Ein Autohersteller bekommt ein Teil für seine Produktion von drei verschiedenen Subunternehmern geliefert, in unterschiedlichen Anteilen und in unterschiedlicher Qualität:

	Lieferant 1	Lieferant 2	Lieferant 3
Anteil	45 %	35 %	20 %
Ausschuss	2 %	3 %	1 %

- Wie groß ist die Wahrscheinlichkeit, dass ein geliefertes Teil fehlerhaft ist?
- Wie groß ist die Wahrscheinlichkeit, dass ein fehlerhaftes Teil vom Lieferanten 1,2 oder 3 stammt?

Es sei B_i das Ereignis „Teil kommt vom Lieferanten i", A sei das Ereignis „Teil ist fehlerhaft". Dann ist $p(A|B_1) = 0.02$, $p(A|B_2) = 0.03$, $p(A|B_3) = 0.01$. Berechnen wir zunächst die totale Wahrscheinlichkeit $p(A)$:

$$p(A) = p(B_1)p(A|B_1) + p(B_2)p(A|B_2) + p(B_3)p(A|B_3)$$
$$= 0.45 \cdot 0.02 + 0.35 \cdot 0.03 + 0.2 \cdot 0.01 = 0.0215.$$

Dann ist nach der Bayes'schen Formel:

$$p(B_1|A) = \frac{p(B_1) \cdot p(A|B_1)}{p(A)} = \frac{0.45 \cdot 0.02}{0.0215} \approx 0.42.$$

Ebenso folgt $p(B_2|A) \approx 0.49$, $p(B_3|A) \approx 0.09$.

2. Im Abschn. 5.7 haben wir uns mit Kryptographie beschäftigt. Um Schlüssel für das RSA-Verfahren zu erzeugen, benötigt man große Primzahlen. Diese findet man mit Hilfe von Primzahltests.

Ist die Zahl q prim, so ist jeder Primzahltest erfolgreich. Ist q nicht prim, so ist die Wahrscheinlichkeit, dass n Primzahltests erfolgreich sind kleiner als $1/4^n$. In dem überprüften Bereich der Zahlen von 512 Bit Länge ist die Wahrscheinlichkeit, dass eine zufällig gewählte Zahl prim ist, ungefähr 0.0028 (siehe Übungsaufgabe 9 in Abschn. 14.4). Wie groß ist die Wahrscheinlichkeit, dass die zufällig gewählte Zahl q keine Primzahl ist, obwohl sie n Primzahltests überstanden hat?

Es sei B_1 das Ereignis „q ist prim", B_2 das Ereignis „q ist nicht prim", und A das Ereignis „n Primzahltests waren erfolgreich". Wir erhalten $p(A|B_1) = 1$ und $p(A|B_2) < 1/4^n$. Damit ist die gesuchte Wahrscheinlichkeit

$$p(B_2|A) = \frac{p(B_2)p(A|B_2)}{p(B_1)p(A|B_1) + p(B_2)p(A|B_2)} < \frac{0.9972 \cdot 1/4^n}{0.0028 \cdot 1 + 0.9972 \cdot 1/4^n}$$
$$= \frac{0.9972}{4^n \cdot 0.0028 + 0.9972}. \tag{19.4}$$

Für $n = 25$ ergibt sich zum Beispiel $p(B_2|A) < 3 \cdot 10^{-13}$, für $n = 30$ ist $p(B_2|A) < 3 \cdot 10^{-16}$.

In (19.4) muss man noch einen Moment über das „<"-Zeichen nachdenken: Rechnen Sie aus, dass für $a > 0$ und für $x < y$ immer gilt $\frac{x}{a+x} < \frac{y}{a+y}$. Oder rechnen Sie mit $p(A|B_2) = 1/4^n$, das wäre der schlimmste Fall. ◄

Unabhängige Ereignisse

Zwei Ereignisse A, B sollen als unabhängig voneinander bezeichnet werden, wenn die Wahrscheinlichkeit von A nicht vom Eintreten von B abhängt, wenn also gilt $p(A|B) = p(A)$.

Das Würfeln mit zwei Würfeln ergibt offenbar zwei unabhängige Ereignisse: Ist A das Ereignis „Erster Würfel ergibt 6" und B das Ereignis „Zweiter Würfel ergibt 6", so ist sicher $p(A) = 1/6 = p(A|B)$. Die beiden Würfel haben nichts miteinander zu tun.

Aus der Definition 19.6 der Abhängigkeit ergibt sich für unabhängige Ereignisse, falls $p(B) > 0$ ist, nach Multiplikation mit dem Nenner: $p(A)p(B) = p(A \cap B)$. Umgekehrt folgt aus dieser Beziehung nach Division durch $p(B)$ auch $p(A|B) = p(A)$. Es bietet sich daher die folgende Festlegung an:

▶ **Definition 19.9: Unabhängige Ereignisse** Zwei Ereignisse A, B des Wahrscheinlichkeitsraums Ω heißen *unabhängig*, wenn gilt:

$$p(A \cap B) = p(A) \cdot p(B).$$

Diese Definition ist symmetrisch in A und B, was ja auch sinnvoll ist, und sie soll auch für Ereignisse mit Wahrscheinlichkeit 0 gültig sein.

Beispiele

1. In dem Beispiel nach Satz 19.3 habe ich den Begriff der Informationsquelle definiert. Ist $Q = (A, p)$ eine Informationsquelle mit dem Alphabet $A = \{x_1, x_2, \ldots, x_n\}$ und zugeordneten Auftrittswahrscheinlichkeiten $p_1, p_2, \ldots, p_n$, so wird Q eine *Informationsquelle ohne Gedächtnis* genannt, wenn in einer Nachricht die Wahrscheinlichkeit des Auftretens des Zeichens x_i unabhängig von den schon gesendeten Zeichen immer gleich p_i ist. In einer solchen Informationsquelle ist die Wahrscheinlichkeit dafür, dass in einer Nachricht die Zeichen x_i und x_j aufeinander folgen gleich $p_i \cdot p_j$.

   Schreiben Sie einmal genau auf, welcher Wahrscheinlichkeitsraum und welche Ereignisse diese Aussage beschreiben!

Ein deutscher Text ist offenbar keine Informationsquelle ohne Gedächtnis: So folgt zum Beispiel auf das Zeichen q nahezu mit Wahrscheinlichkeit 1 das Zeichen u. In der Codierungstheorie wird jedoch oft von Quellen ohne Gedächtnis ausgegangen.

2. Würfeln wir noch einmal mit 2 Würfeln und betrachten die Ereignisse
   A: Erster Würfel zeigt gerade Zahl,
   B: Zweiter Würfel zeigt ungerade Zahl,
   C: Augensumme ist gerade,
   Es ist $p(A) = p(B) = p(C) = 1/2$.
   Für A und B ist dies einsichtig, für C können Sie es leicht nachrechnen, blättern Sie dazu noch einmal zum Beispiel 2 nach Definition 19.4 zurück. Weiter können wir berechnen:

$$p(A \cap B) = 1/4, \quad p(B \cap C) = 1/4, \quad p(A \cap C) = 1/4.$$

A, B sind voneinander unabhängig, ebenso B, C und A, C. Haben A, B, C überhaupt irgendetwas miteinander zu tun? Es ist

$$p((A \cap B) \cap C) = 0 \neq p(A \cap B)p(C) = p(A)p(B)p(C) \quad \blacktriangleleft$$

Sie sehen, dass hier zwar A, B, C paarweise voneinander unabhängig sind, C ist jedoch abhängig von $A \cap B$. Aus diesem Grund erweitern wir die Definition der Unabhängigkeit für mehr als zwei Mengen wie folgt:

▶ **Definition 19.10: Die vollständige Unabhängigkeit von Ereignissen** Drei Ereignisse A, B, C heißen *vollständig unabhängig*, wenn je zwei der Ereignisse unabhängig sind und wenn gilt

$$p(A \cap B \cap C) = p(A)p(B)p(C)$$

n Ereignisse $A_1, A_2, \ldots, A_n$ heißen *vollständig unabhängig*, wenn je $n - 1$ dieser Ereignisse vollständig unabhängig sind und wenn gilt

$$p(A_1 \cap A_2 \cap \cdots \cap A_n) = p(A_1)p(A_2) \cdots p(A_n).$$

Wieder einmal eine rekursive Definition. Etwas weniger formal ausgedrückt heißt das: Bei vollständig unabhängigen Ereignissen lässt sich immer die Wahrscheinlichkeit von Durchschnitten der Ereignisse durch das Produkt der Wahrscheinlichkeiten berechnen, egal wie viele der Ereignisse beteiligt sind.
Sind die Ereignisse A, B unabhängig, so gilt

$$\begin{aligned} p(A \cap B) &= p(A)p(B) = p(A)(1 - p(\overline{B})) = p(A) - p(A)p(\overline{B}) \\ \Rightarrow \quad p(A) &= p(A \cap B) + p(A)p(\overline{B}), \end{aligned} \tag{19.5}$$

und weiter unter Verwendung des Distributivgesetzes und der Additionsregel:

$$p(A) = p(A \cap (B \cup \overline{B})) = p((A \cap B) \cup (A \cap \overline{B})) = p(A \cap B) + p(A \cap \overline{B}).$$
(19.6)

Durch Vergleich von (19.5) und (19.6) stellen wir fest, dass $p(A)p(\overline{B}) = p(A \cap \overline{B})$ ist, also sind auch A und $\overline{B}$ voneinander unabhängig.

Dies kann man ganz analog auch für mehr als 2 Ereignisse zeigen:

▶ **Satz 19.11** Sind die Ereignisse $A_1, A_2, \ldots, A_n$ vollständig unabhängig, so bleiben die Ereignisse vollständig unabhängig, wenn man eine beliebige Zahl von ihnen durch ihr Komplement ersetzt.

Beispiele für solche unabhängigen Ereignisse sind solche, die durch mehrfaches Wiederholen eines Experiments unter den gleichen Ausgangsbedingungen entstehen, also etwa Würfeln, Lottospielen oder Roulette.

Das zufällige Ziehen von numerierten oder farbigen Kugeln aus einer Urne ist für den Mathematiker ein wichtiger Prototyp für idealisierte Experimente. Das Ziehen mehrerer Kugeln aus einer Urne mit Zurücklegen der gezogenen Kugel vor dem nächsten Zug stellt unabhängige Ereignisse dar. Werden die gezogenen Kugeln dagegen nicht zurückgelegt, so ist das Ergebnis des zweiten Zuges vom Ausgang des ersten abhängig, hier sind keine unabhängigen Ereignisse zu erwarten.

Man kann beweisen, dass die Ereignisse „Primzahltest", die ich in Abschn. 5.7 im Abschnitt zur Schlüsselerzeugung beschrieben habe, für verschiedene Zahlen a vollständig unabhängige Ereignisse sind. Ist die Wahrscheinlichkeit, dass eine zerlegbare Zahl q einen Primzahltest besteht $< 1/4$, so ist also die Wahrscheinlichkeit, dass q alle n Primzahltests besteht $< 1/4^n$.

19.4 Bernoulliexperimente und Urnenexperimente

▶ **Definition 19.12: Das Bernoulliexperiment** Bei einem Zufallsexperiment trete das Ereignis A mit der Wahrscheinlichkeit p ein. Das Experiment werde n-mal wiederholt. Sind die Ereignisse „A tritt beim i-ten Versuch ein" alle vollständig voneinander unabhängig, so heißt das Experiment *Bernoulliexperiment*.

Bei der n-maligen Durchführung eines Bernoulliexperiments bezeichnen wir mit $h_n(A)$ die Anzahl der Fälle in denen A eintritt, also die *absolute Häufigkeit* des Eintretens von A, und mit $r_n(A)$ den Quotienten $h_n(A)/n$, die *relative Häufigkeit* des Eintretens von A.

Führen wir dieses Experiment oft durch, so erwarten wir, dass die relative Häufigkeit $r_n(A)$ schließlich in der Nähe der Wahrscheinlichkeit p liegt. Beim Würfeln wird auf lange

Sicht das Verhältnis „Anzahl der Sechser/Anzahl der Würfe" in der Nähe von $1/6$ liegen, beim Münzwurf das Verhältnis „Zahl/Würfe" in der Nähe von $1/2$. Man ist versucht, eine Aussage zu formulieren wie „$\lim_{n\to\infty} r_n(A) = p$".

Streng mathematisch existiert der Grenzwert der Zahlenfolge $r_n(A)$ jedoch nicht in der Form, wie wir ihn in Definition 13.2 in Abschn. 13.1 definiert haben: Aus jeder vorgegebenen ε-Umgebung von p kann die Folge $r_n(A)$ immer mal wieder heraushüpfen. Das ist das Wesen des Zufalls. Man kann jedoch aus den Axiomen der Wahrscheinlichkeit das folgende Gesetz der großen Zahlen ableiten, das ich hier ohne Beweis anführen möchte. In Worte gekleidet besagt die etwas kryptische Formel, dass zumindest die Wahrscheinlichkeit für solche Sprünge von $r_n(A)$ beliebig klein wird: Für jedes $\varepsilon > 0$ geht die Wahrscheinlichkeit, dass $|r_n(A) - p| \le \varepsilon$ ist, gegen 1.

▶ **Satz 19.13: Das Bernoulli'sche Gesetz der großen Zahlen** In einem Bernoulliexperiment trete das Ereignis A mit der Wahrscheinlichkeit p ein. $r_n(A)$ bezeichne die relative Häufigkeit des Eintretens des Ereignisses A bei der n-fachen Durchführung des Experiments. Dann gilt für $\varepsilon > 0$:

$$\lim_{n\to\infty} p(\{\omega \in \Omega \mid |r_n(A) - p| \le \varepsilon\}) = 1$$

Untersuchen wir einige Wahrscheinlichkeiten in Bernoulliexperimenten. Wie sieht der Wahrscheinlichkeitsraum aus, in dem unser Experiment stattfindet? Ein mögliches Ergebnis des Bernoulliexperiments hat zum Beispiel die Form:

$$\underbrace{(A, \overline{A}, \overline{A}, A, A, A, \overline{A}, A, \ldots, \overline{A})}_{n \text{ Stück}}.$$

Der Ergebnisraum besteht aus allen solchen n-Tupeln von Elementen aus $\{A, \overline{A}\}$, also ist $\Omega = \{A, \overline{A}\}^n$. Die Elemente $\omega \in \Omega$ haben die Form $\omega = (\omega_1, \omega_2, \ldots, \omega_n)$ mit $\omega_i \in \{A, \overline{A}\}$.

Berechnen wir die Wahrscheinlichkeit für solch ein ω. Da die Ereignisse in den einzelnen Stufen der Experimente voneinander unabhängig sind, gilt etwa bei einem zweistufigen Bernoulliexperiment:

$$p(\{(A, A)\}) = p^2, \quad p(\{(A, \overline{A})\}) = p(\{(\overline{A}, A)\}) = p(1 - p), \quad p(\{(\overline{A}, \overline{A})\}) = (1 - p)^2$$

und entsprechend für ein n-stufiges Experiment:

$$p(\{\omega\}) = p^{\text{Anzahl der } A \text{ in } \omega} \cdot (1 - p)^{\text{Anzahl der } \overline{A} \text{ in } \omega} = p^{h_n(A)} \cdot (1 - p)^{n - h_n(A)}. \quad (19.7)$$

Wie groß ist die Wahrscheinlichkeit, dass in einem n-stufigen Bernoulliexperiment das Ereignis A genau k-mal eintritt? Dazu müssen wir wissen, wie viele $\omega \in \Omega$ genau k-mal das Ereignis A enthalten. Das ist genau die Frage, auf wie viele Arten man k Elemente

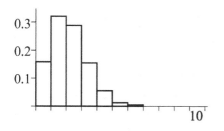 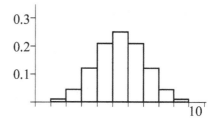

Abb. 19.6 Die Binomialverteilung

aus n Elementen auswählen kann. Wir kennen die Antwort: Es gibt $\binom{n}{k}$ Elementarereignisse ω, in denen genau k-mal A steckt. Wie groß ist die Wahrscheinlichkeit für ein solches Ereignis? Natürlich gerade $p^k \cdot (1 - p^{n-k})$. Die Wahrscheinlichkeit für die Menge aller dieser Ereignisse erhalten wir als die Summe, und damit folgt der wichtige Satz, den wir in den nächsten Kapiteln noch häufig benötigen werden:

▶ **Satz und Definition 19.14: Die Binomialverteilung** In einem Bernoulliexperiment vom Umfang n gelte $p(A) = p$. Dann ist die Wahrscheinlichkeit dafür, dass A genau k-mal eintritt gleich

$$\binom{n}{k} p^k (1 - p)^{n-k} =: b_{n,p}(k).$$

Die Funktion $b_{n,p}(k)$ heißt *Binomialverteilung*.

In der folgenden Tabelle gebe ich die auf drei Stellen gerundeten Werte für $b_{10,1/6}(k)$ und $b_{10,1/2}(k)$ an. Es handelt sich zum Beispiel um die Wahrscheinlichkeit von k Sechsern bei zehnmaligem Würfeln beziehungsweise um die Wahrscheinlichkeit von k-mal Zahl bei zehnmaligem Werfen einer Münze. In Abb. 19.6 sehen Sie dazu Balkendiagramme gezeichnet.

k	0	1	2	3	4	5	6	7	8	9	10
$b_{10,1/6}(k)$	0.162	0.323	0.291	0.155	0.054	0.013	0.002	0.000	0.000	0.000	0.000
$b_{10,1/2}(k)$	0.001	0.010	0.044	0.117	0.205	0.246	0.205	0.117	0.044	0.010	0.001

In Abschn. 19.1 habe ich unter der Überschrift „Verteilungen" das Würfelexperiment „Warten auf die 6" durchgeführt, ein typisches Beispiel für ein Bernoulliexperiment. Jetzt können wir die Wahrscheinlichkeit dafür berechnen, dass ein Ereignis beim k-ten Versuch zum ersten Mal eintritt:

▶ **Satz 19.15** In einem Bernoulliexperiment sei $p(A) = p$. Dann ist die Wahrscheinlichkeit, dass A beim k-ten Experiment zum ersten Mal eintritt gleich

$$p(1 - p)^{k-1}.$$

Dazu müssen wir nur das Experiment k-mal durchführen und die Wahrscheinlichkeit des Ereignisses $\{(\overline{A}, \overline{A}, \overline{A}, \overline{A}, \dots, \overline{A}, A)\}$ bestimmen, wobei A an der k-ten Stelle steht. Nach (19.7) ist die aber gerade $p(1 - p)^{k-1}$. $\square$

Urnenexperimente

Ich habe die Urnenexperimente als ideales Gedankenexperiment des Mathematikers schon erwähnt. Mit ihrer Hilfe werden wir wichtige Ergebnisse für spätere Anwendungen herleiten.

▶ **Satz 19.16: Das Urnenexperiment „Ziehen mit Zurücklegen"** In einer Urne befinden sich N Kugeln, S schwarze und W weiße, wobei $S + W = N$ ist. Aus der Urne werden zufällig n Kugeln gezogen, nach jedem Zug wird die Kugel wieder zurückgelegt. Es werden n_s schwarze und n_w weiße Kugeln gezogen. Dann ist die Wahrscheinlichkeit dafür, genau n_s schwarze und n_w weiße Kugeln zu erhalten gleich

$$p(\text{Anzahl schwarzer Kugeln} = n_s) = \binom{n}{n_s} \cdot \left(\frac{S}{N}\right)^{n_s} \cdot \left(\frac{W}{N}\right)^{n_w}. \qquad (19.8)$$

Da die Kugeln wieder zurückgelegt werden, herrscht bei jedem Zug die gleiche Ausgangssituation, es handelt sich also um ein n-stufiges Bernoulliexperiment. Sind S schwarze Kugeln in der Urne, so ist die Wahrscheinlichkeit p für das Ereignis A, eine schwarze Kugel zu ziehen, gerade S/N. Damit ist die Wahrscheinlichkeit dafür, dass das Ereignis A genau n_s Mal eintritt, nach Satz 19.14 gleich

$$\binom{n}{n_s} \cdot p^{n_s} \cdot (1 - p)^{n - n_s} = \binom{n}{n_s} \cdot \left(\frac{S}{N}\right)^{n_s} \cdot \left(\frac{W}{N}\right)^{n_w}. \qquad \square$$

▶ **Satz 19.17: Das Urnenexperiment „Ziehen ohne Zurücklegen".** In einer Urne befinden sich N Kugeln, S schwarze und W weiße, wobei $S + W = N$ ist. Aus der Urne werden nacheinander zufällig n Kugeln gezogen, davon seien n_s Kugeln schwarz und n_w Kugeln weiß. Dann ist die Wahrscheinlichkeit dafür, genau n_s schwarze und n_w weiße Kugeln zu ziehen, gleich

$$p(\text{Anzahl schwarzer Kugeln} = n_s) = \binom{S}{n_s} \cdot \binom{W}{n_w} \bigg/ \binom{N}{n}. \qquad (19.9)$$

Hier sind die verschiedenen Stufen des Experiments nicht unabhängig voneinander, die Anzahl der Kugeln und das Verhältnis schwarzer zu weißer Kugeln ändern sich nach jedem Zug. Wir haben also kein Bernoulliexperiment vorliegen. Stattdessen untersuchen wir einen Laplace-Raum, der alle möglichen Züge von n Kugeln enthält. Insgesamt gibt es $\binom{N}{n}$ Möglichkeiten, die n Kugeln zu ziehen, dies sind die möglichen Fälle. Die n_s schwarzen Kugeln kann man natürlich nur aus den S schwarzen Kugeln der Urne entnehmen, dafür gibt es $\binom{S}{n_s}$ verschiedene Möglichkeiten. Bei jeder solchen Wahl der schwarzen Kugeln können wir auf genau $\binom{W}{n_w}$ Arten, n_w weiße Kugeln dazulegen. Damit erhalten wir die Anzahl der günstigen Fälle als $\binom{S}{n_s} \cdot \binom{W}{n_w}$. Der Quotient „günstige Fälle durch mögliche Fälle" ergibt die gesuchte Wahrscheinlichkeit. □

Beispiele

1. In einer Schachtel befinden sich 20 Pralinen, 8 davon sind mit Marzipan gefüllt. Sie nehmen 5 Pralinen aus der Schachtel. Wie groß ist die Wahrscheinlichkeit, 0, 1, 2, 3, 4 oder 5 Marzipanpralinen zu erwischen?
   Hier liegt das Experiment „Ziehen ohne Zurücklegen" vor. Die Marzipanpralinen sind die schwarzen Kugeln, und so erhalten wir mit $N = 20$, $S = 8$, $W = 12$, $n_s = 0, 1, 2, 3, 4, 5$, $n_w = 5, 4, 3, 2, 1, 0$:

$$p(n_S = 0) = \binom{8}{0}\binom{12}{5} \Big/ \binom{20}{5} \approx 0.051,$$

$$p(n_s = 1) = \binom{8}{1}\binom{12}{4} \Big/ \binom{20}{5} \approx 0.255,$$

und so fort. In der folgenden Tabelle habe ich alle Resultate aufgeschrieben:

Marzipanpralinen	0	1	2	3	4	5
p	0.051	0.255	0.397	0.238	0.054	0.004

2. Jetzt „Ziehen mit Zurücklegen": Um einen Vergleich mit dem Experiment „Ziehen ohne Zurücklegen" zu ermöglichen, nehmen wir die gleichen Zahlenwerte wie oben: Die Urne enthält 20 Kugeln (Pralinen legt man nicht zurück), 8 davon sind schwarz, 5 Kugeln werden gezogen. Wie groß ist die Wahrscheinlichkeit, 0-, 1-, 2-, 3-, 4- oder 5-mal eine schwarze Kugel zu erhalten?

$$p(n_s = 0) = \binom{5}{0} \cdot 0.4^0 \cdot 0.6^5 \approx 0.078,$$

$$p(n_s = 1) = \binom{5}{1} \cdot 0.4^1 \cdot 0.6^4 \approx 0.259$$

und so weiter. Es ergibt sich:

schwarze Kugeln	0	1	2	3	4	5
p	0.078	0.259	0.346	0.230	0.077	0.01

◄

19.5   Verständnisfragen und Übungsaufgaben

Verständnisfragen

1. Welches sind die charakteristischen Eigenschaften eines Laplace-Raums?

2. Unter welchen Bedingungen gilt $p(A \cap B) = p(A)p(B)$. Unter welchen Bedingungen gilt $p(A \cup B) = p(A) + p(B)$?

3. Wenn A, B und A, C jeweils voneinander unabhängige Ereignisse sind, sind dann auch B und C voneinander unabhängig?

4. Durch ein Labyrinth mit zwei Ausgängen können Ratten geschickt werden. Hinter einem der Ausgänge ist Futter zu finden. Ist das Ereignis „Ratte findet das Futter" unter folgenden Bedingungen ein Bernoulliexperiment?
   a) Eine (kluge) Ratte wird 50 Mal durch das Labyrinth geschickt.
   b) 50 Ratten werden nacheinander durch das Labyrinth geschickt.

5. In einer sehr großen Urne mit sehr vielen Kugeln sind die Experimente „Ziehen mit Zurücklegen" und „Ziehen ohne Zurücklegen" sehr ähnlich. Warum?

6. Eine Wahlumfrage kann auch als Urnenexperiment angesehen werden. Handelt es sich hier um ein Experiment mit oder ohne Zurücklegen? ◄

Übungsaufgaben

1. Lassen Sie Ihren Rechner das Buffon'sche Nadelexperiment durchführen und bestimmen Sie die Zahl π auf 4 Dezimalstellen genau. Wie viele Versuche benötigen Sie? Führen Sie das Experiment mehrmals durch und vergleichen Sie jeweils die Anzahl der durchgeführten Versuche.

2. In einer Schachtel mit 100 Losen befinden sich 40 Nieten. Sie kaufen 6 Lose. Wie groß ist die Wahrscheinlichkeit, dass Sie mindestens 3 Gewinne erhalten?

3. Nehmen Sie die Hypothese als wahr an, dass eine Toastscheibe beim Herunterfallen genauso oft auf die Butterseite wie auf die ungebutterte Seite fällt. Wie groß ist dann

die Wahrscheinlichkeit, dass bei 100 Versuchen der Toast mehr als 52 Mal auf die Butterseite fällt?

4. Eine Krankheit tritt bei 0.5 % der Bevölkerung auf. Ein Test findet 99 % der Kranken (Test positiv) spricht aber auch bei 2 % der gesunden Bevölkerung an. Wie groß ist die Wahrscheinlichkeit, dass eine getestete Person krank ist, wenn der Test positiv ausgefallen ist?

5. In einer Klausur wird ein Multiple-Choice-Test durchgeführt. Auf eine Frage sind n Antworten möglich, genau eine ist richtig. Gut vorbereitete Studierende kreuzen die richtige Antwort an, schlecht vorbereitete kreuzen zufällig an. $(p \cdot 100)$ % der Teilnehmer sind gut vorbereitet. Mit welcher (bedingten) Wahrscheinlichkeit stammt ein richtiges Ergebnis von einem gut vorbereiteten Studierenden?

6. Bei 4000 Ziehungen im Zahlenlotto 6 aus 49 wurde die Zahlenreihe 15, 25, 27, 30, 42, 48 zweimal gezogen: am 20.12.1986 und am 21.06.1995. Dies erregte unter den Lottospielern ziemliches Aufsehen. Rechnen Sie nach, ob dieses Ereignis wirklich unwahrscheinlich war.

7. Berechnen Sie die Wahrscheinlichkeit dafür, im Lotto einen Dreier, Vierer oder Fünfer zu erhalten.

8. Das folgende Spiel wurde in ähnlicher Form in einer amerikanischen Fernsehquizsendung durchgeführt: Der Kandidat steht vor drei Türen. Hinter einer davon befindet sich ein Auto, hinter den anderen beiden ein Schaf. Der Kandidat darf eine der Türen wählen, aber noch nicht öffnen. Der Quizmaster öffnet eine der beiden anderen Türen, und zwar eine, hinter der ein Schaf steht. Nun darf sich der Kandidat zwischen den beiden geschlossenen Türen noch einmal wählen. Er erhält, was sich hinter dieser Tür befindet. Berechnen Sie die Wahrscheinlichkeiten für einen (Auto-)Gewinn bei den folgenden Vorgehensweisen für die zweite Entscheidung:
   a) Der Kandidat wirft eine Münze.
   b) Der Kandidat bleibt immer bei seiner ursprünglichen Entscheidung.
   c) Der Kandidat ändert immer seine ursprüngliche Wahl.

Eine Zeitlang ging durch die amerikanischen Medien eine bizarre Diskussion, in der sich seriöse Menschen (auch angesehene Mathematiker) schriftlich gegenseitig zerfleischten bei dem Versuch die Frage zu lösen, welches die optimale Strategie des Kandidaten ist. Nachdem der Quizmaster die Tür geöffnet hat, ist der Preis mit Wahrscheinlichkeit 0.5 hinter einer der beiden anderen Türen. Kann der Kandidat die Wahrscheinlichkeit für einen Gewinn erhöhen? ◄

Zufallsvariable

Zusammenfassung

Nach der Beendigung dieses Kapitels

- wissen Sie, was diskrete und stetige Zufallsvariable sind,
- kennen Sie den Zusammenhang zwischen Zufallsvariablen und Verteilungsfunktionen,
- haben Sie die Bedeutung der Begriffe Erwartungswert und Varianz von Zufallsvariablen verstanden, können diese berechnen und damit umgehen,
- und Sie haben einen kurzen Einblick in die Informationstheorie bekommen.

20.1 Zufallsvariable und Verteilungsfunktionen

Schauen Sie sich noch einmal das Beispiel 2 nach Definition 19.4 an, in dem wir die Wahrscheinlichkeiten für die Würfelsummen bei zweimaligem Würfeln berechnet haben. Darin wurde ein Laplace-Raum konstruiert und den Elementen dieses Raums die Würfelsummen zugeordnet. Die Elemente des Raums Ω selbst waren eigentlich unwichtig. Dies ist häufig der Fall: Bei statistischen Erhebungen sind nicht etwa die befragten Personen von Interesse, sondern vielleicht das Gewicht, das Alter oder das Wahlverhalten. Bei einem Bernoulliexperiment steht nicht die Folge der Ergebnisse im Mittelpunkt, sondern zum Beispiel die Anzahl, wie oft ein Ereignis eingetreten ist.

In allen diesen Fällen wird den Elementen von Ω ein Merkmal zugeordnet, wir haben eine Abbildung von Ω in die Menge der Merkmale. Als Zielmenge der Abbildung lassen wir nur die Menge der reellen Zahlen zu, denn reelle Abbildungen kennen wir gut. Oft ist das direkt möglich (Augensumme, Alter, Gewicht), und wenn nicht, so kann man oft die Merkmale auf Zahlen abbilden, zum Beispiel können den Parteien in einer Wahl Nummern zugeordnet werden.

© Springer Fachmedien Wiesbaden GmbH, ein Teil von Springer Nature 2019   527
P. Hartmann, *Mathematik für Informatiker*, https://doi.org/10.1007/978-3-658-26524-3_20

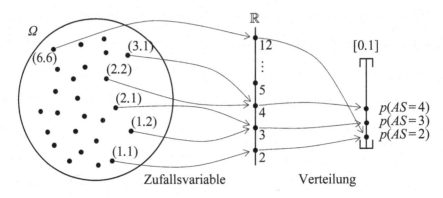

Abb. 20.1 Zufallsvariable und Verteilung

Im Fall des Würfelexperiments erhalten wir also eine Funktion „Augensumme": $AS\colon \Omega \to \mathbb{R}$, $(a,b) \mapsto a + b$. Eine solche Funktion heißt *Zufallsvariable*.

In Abb. 20.1 können wir noch eine Funktion erkennen: Jedem Funktionswert n der Funktion AS wird eine Wahrscheinlichkeit zugeordnet. Die Funktion

$$V\colon \{2, 3, 4, \ldots, 12\} \to [0, 1], \quad x \mapsto p(AS = x)$$

heißt *Verteilung* der Zufallsvariablen.

Die Ergebnisse des Experiments habe ich in der Form $p(AS = n)$ aufgeschrieben. Dies ist eine etwas schlampige Schreibweise, denn p ist auf den Elementen von Ω definiert. Ganz genau ist $p(AS = n) := p(\{\omega \in \Omega \mid \text{Augensumme von } \omega = n\})$.

Es wird sich zeigen, dass das Rechnen mit Zufallsvariablen den Umgang mit Wahrscheinlichkeiten und ihren Eigenschaften wesentlich erleichtert. Die oft sehr kompliziert aufgebauten Wahrscheinlichkeitsräume treten immer mehr in den Hintergrund und wir können mit reellen Funktionen rechnen, die uns inzwischen sehr vertraut sind.

Diskrete Zufallsvariable

▶ **Definition 20.1** Sei (Ω, p) ein Wahrscheinlichkeitsraum. Eine Funktion $X\colon \Omega \to \mathbb{R}$ mit einem abzählbaren Wertebereich heißt *diskrete Zufallsvariable* auf Ω.

Die Tatsache, dass der Wertebereich M endlich ist oder höchstens so viele Elemente wie $\mathbb{N}$ hat, bedeutet, dass er in der Form $M = \{m_i \mid i \in \mathbb{N}\}$ geschrieben werden kann. Dies ist manchmal nützlich zum Rechnen.

Führen wir ein Experiment mit dem Ergebnis ω aus, so gehört zu diesem Ergebnis der Funktionswert $X(\omega)$. Dieser Funktionswert heißt auch *Realisierung* der Zufallsvariablen X. Die Augensumme 12 bei einem konkreten Wurf mit zwei Würfeln ist eine Realisierung der Zufallsvariablen „Augensumme".

▶ **Definition 20.2** Ist X eine diskrete Zufallsvariable auf dem Wahrscheinlichkeitsraum (Ω, p) und $W = X(\Omega)$ die Wertemenge von X, so heißt die Funktion

$$V : W \to [0, 1], \quad x \mapsto p(\{\omega \in \Omega \mid X(\omega) = x\})$$

Verteilung der Zufallsvariablen X.

Wie schon bei der Augensumme der Würfel führen wir abkürzende Schreibweisen für Ereignisse ein. Zum Beispiel

$$X = x := \{\omega \in \Omega \mid X(\omega) = x\},$$
$$X \leq x := \{\omega \in \Omega \mid X(\omega) \leq x\},$$
$$a < X < b := \{\omega \in \Omega \mid a < X(\omega) < b\},$$

und so weiter. Es ist also $V(x) = p(X = x)$.

Die Binomialverteilung aus Satz 19.14 ist eine Verteilung in diesem Sinne: Das Bernoulliexperiment wird durch den Wahrscheinlichkeitsraum $\Omega = \{A, \overline{A}\}^n$ beschrieben,

$$X_A : \Omega \to \mathbb{R}, \quad \omega \mapsto \text{Anzahl der } A \text{ in } \omega$$

ist eine Zufallsvariable und die zugehörige Verteilung

$$V : \{0, 1, 2, \ldots n\} \to [0, 1], \quad k \mapsto p(X_A = k) = b_{n,p}(k)$$

ist gerade die Binomialverteilung.

So wie wir hier Ergebnisse zu Ereignissen zusammengefasst haben, die auf das gleiche Merkmal abgebildet werden, ist es oft interessant, nicht ein einzelnes Resultat der Zufallsvariablen X zu untersuchen, sondern eine Menge von Resultaten. Bei einer Reihenuntersuchung fragt man zum Beispiel nicht nach der Wahrscheinlichkeit für das Gewicht 56,9 kg, sondern nach der Wahrscheinlichkeit für ein Gewicht zwischen 56 und 57 kg. Insbesondere bei unendlich großem Ω lassen sich oft nur Wahrscheinlichkeiten für Teilbereiche von $\mathbb{R}$ angeben, nicht für einzelne reelle Zahlen: Die Wahrscheinlichkeit, dass der Zeiger der Uhr genau auf 12 steht, ist streng genommen 0, die Wahrscheinlichkeit, dass der Zeiger zwischen 2 und 3 steht, ist dagegen 1/12. Dies ist der Grund dafür, warum wir nach der Zufallsvariablen und der Verteilung noch einen dritten Begriff einführen, den der Verteilungsfunktion:

▶ **Definition 20.3** Ist X eine Zufallsvariable auf (Ω, p), so heißt die Funktion

$$F : \mathbb{R} \to [0, 1], \quad x \mapsto p(X \leq x)$$

die *Verteilungsfunktion* von X.

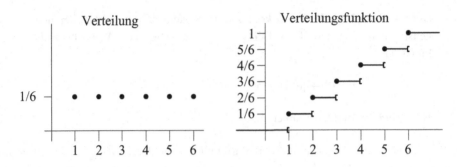

Abb. 20.2 Verteilung und Verteilungsfunktion

Verteilung und Verteilungsfunktion der Zufallsvariablen X „Ergebnis beim Würfeln mit einem Würfel" sehen Sie in Abb. 20.2 aufgezeichnet.

Für alle $x < 1$ ist $F(x) = 0$, für $1 \leq x < 2$ ist $F(x) = 1/6$ und so weiter. Die Verteilungsfunktion einer diskreten Zufallsvariablen ist immer eine monoton wachsende Treppenfunktion, die irgendwo links bei 0 beginnt und irgendwo rechts beim Funktionswert 1 endet. Sprünge der Funktion können nur in den Funktionswerten der Zufallsvariablen X stattfinden. Ohne Beweis fasse ich das in dem einleuchtenden Satz zusammen:

▶ **Satz 20.4** Ist X eine diskrete Zufallsvariable mit der Wertemenge $W = \{x_i \mid i \in \mathbb{N}\} \subset \mathbb{R}$, so gilt für die zugehörige Verteilungsfunktion F:

a) Für alle $x \in \mathbb{R}$ ist $F(x) = p(X \leq x) = \sum_{x_i \leq x} p(X = x_i)$.

b) Ist $x < y$, so gilt $F(x) \leq F(y)$.

c) $\lim\limits_{x \to -\infty} F(x) = 0$, $\lim\limits_{x \to \infty} F(x) = 1$.

Damit die Summe in a) überhaupt existiert verwenden wir erstmals wirklich, dass die Zufallsvariable diskret ist, dass also W endlich oder höchstens abzählbar unendlich viele Elemente hat. Ist W unendlich, so müssen wir hier eine unendliche Summe bilden. Erinnern Sie sich an die Analysis, Satz 13.12 in Abschn. 13.2: Die Folge der Teilsummen ist monoton und beschränkt, also ist die Reihe konvergent.

Der folgende Satz zeigt, wie wir mit Hilfe der Verteilungsfunktion sehr leicht die Wahrscheinlichkeit für das Eintreten von Intervallen berechnen können:

▶ **Satz 20.5** Ist F Verteilungsfunktion der diskreten Zufallsvariablen X, so gilt für alle reellen Zahlen $a < b$:

a) $p(a < X \leq b) = F(b) - F(a)$

b) $p(a < X) = 1 - F(a)$

Abb. 20.3 Histogramm der
Würfel-Verteilung

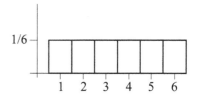

Dabei folgt a) aus der Beziehung:

$$F(b) = p(X \leq b)$$
$$= p(\{X \leq a\} \cup \{a < X \leq b\})$$
$$= p(X \leq a) + p(a < X \leq b)$$
$$= F(a) + p(a < X \leq b)$$

und b) aus:

$$1 = p(\Omega)$$
$$= p(\{a < X\} \cup \{X \leq a\})$$
$$= p(a < X) + p(X \leq a)$$
$$= p(a < X) + F(a) \qquad \square$$

Der Graph der Verteilung einer diskreten Zufallsvariablen besteht aus einer diskreten Anzahl von Punkten, wie Sie in Abb. 20.2 gesehen haben. In der Regel wird für eine solche graphische Darstellung die Form von Histogrammen gewählt: Über jedem Argument wird eine Säule gezeichnet. Dies ist insbesondere dann praktisch, wenn die Argumente, wie im Fall des Würfelns, alle gleichen Abstand voneinander haben. Dann zeichnen wir die Säulen alle gleich breit, und zwar so, dass sie gerade aneinander stoßen. Die Höhe der Säulen berechnen wir so, dass die Fläche der Säule genau die Wahrscheinlichkeit für das Eintreten des Ereignisses darstellt. Das Histogramm für die Verteilung des Würfelns mit einem Würfel sehen Sie in Abb. 20.3.

Schauen wir uns als ein weiteres Beispiel den Münzwurf an. Die Zufallsvariable X soll die Anzahl der Köpfe bei 20 Würfen zählen. Nach Satz 19.14 ist $p(X = k) = b_{20,1/2}(k)$ Die Fläche der Säule über dem Wert k in Abb. 20.4 gibt die Wahrscheinlichkeit an, mit der bei 20 Versuchen k-mal das Ergebnis Zahl eintritt.

Eine sehr schöne Eigenschaft dieser flächenproportionalen Histogramme besteht darin, dass man die Wahrscheinlichkeit eines Bereiches, zum Beispiel $p(10 \leq X \leq 14)$ genau als die Fläche der Säulen über den Werten von 10 bis 14 bestimmen kann.

Sehen Sie schon, worauf ich hinaus will? Wir werden einige häufig auftretende Verteilungen durch stetige Funktionen annähern; dann können wir die Wahrscheinlichkeit, dass X zwischen a und b liegt als Integral der Verteilung von a bis b, berechnen. Um dieses Programm durchzuführen, müssen wir uns zunächst mit stetigen Zufallsvariablen beschäftigen.

Abb. 20.4 Histogramm der
Binomialverteilung

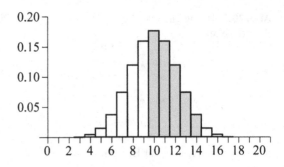

Stetige Zufallsvariable

Sehen wir uns die Zufallsvariable „Stellung des Stundenzeigers der Uhr" an. Ω besteht
aus der Menge der möglichen Zeigerstellungen, einer Zeigerstellung wird ein Wert zwischen 0 und 12 zugeordnet. Die Zufallsvariable $X: \Omega \to \,]0, 12]$ hat keinen diskreten
Wertebereich mehr. Wir können auch keine Wahrscheinlichkeiten für einzelne Elemente
ω angeben, aber wir können zum Beispiel feststellen: $p(x \leq 12) = 1$, $p(X \leq 6) = 1/2$,
$p(2 < X \leq 3) = 1/12$.

Ähnlich wie im Fall diskreter Zufallsvariabler (siehe Definition 20.3) suchen wir
jetzt die Verteilungsfunktion F mit der Eigenschaft $F(x) = p(X \leq x)$. Natürlich ist
$F(x) = 0$ für $x \leq 0$ und $F(x) = 1$ für $x \geq 12$. Dazwischen gilt: $F(x) = x/12$. In
Abb. 20.5 sehen Sie den Graphen der Funktion F.

Genau wie in Satz 20.5 ist jetzt zum Beispiel $p(4 < X \leq 7) = F(7) - F(4)$.

Nun fehlt noch das Analogon zu der Verteilung einer diskreten Zufallsvariablen. Erinnern wir uns: In der Verteilung V ist die Fläche zwischen a und b die Wahrscheinlichkeit,
dass das Ergebnis zwischen a und b liegt, und das ist gerade $F(b) - F(a)$. Diese Eigenschaft kennen wir schon aus der Integralrechnung:

Die Funktion F ist die Stammfunktion der Verteilung V:

$$\int\limits_a^b V(t)dt = F(b) - F(a)$$

Abb. 20.5 Die Verteilungsfunktion F

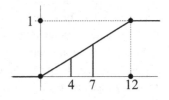

Abb. 20.6 Die Dichte V

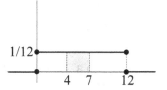

also V die Ableitung von F. In unserem Beispiel erhalten wir für V die Funktion (Abb. 20.6):

$$V: \to [0, 1], \quad x \mapsto \begin{cases} 0 & x \leq 0 \text{ und } x > 12 \\ 1/12 & 0 < x \leq 12. \end{cases}$$

Wir haben jetzt zu der vorgegebenen nicht diskreten Zufallsvariablen eine Verteilungsfunktion und eine Art Verteilung konstruiert. Mathematisch zäumen wir das Pferd von hinten auf: Wir nennen eine Funktion stetige Zufallsvariable, wenn sie eine schöne Verteilungsfunktion besitzt:

▶ **Definition 20.6** Sei (Ω, p) ein Wahrscheinlichkeitsraum. Eine Funktion $X: \Omega \to \mathbb{R}$ heißt *stetige Zufallsvariable*, falls es eine integrierbare, nicht negative reelle Funktion w gibt mit der Eigenschaft

$$p(X \leq x) = \int\limits_{-\infty}^{x} w(t)dt.$$

Die Funktion $F: \to [0, 1], x \mapsto p(X \leq x) = \int\limits_{-\infty}^{x} w(t)dt$ heißt *Verteilungsfunktion* von X, die Funktion w heißt *Dichte* der Zufallsvariablen X.

Die Stellung des Stundenzeigers der Uhr ist in diesem Sinn eine stetige Zufallsvariable. Ohne Beweis gebe ich die folgenden beiden Sätze an, die genau den Sätzen 20.4 und 20.5 für diskrete Zufallsvariable entsprechen:

▶ **Satz 20.7** Ist X eine stetige Zufallsvariable mit Verteilungsfunktion F und Dichte w, so gilt:

a) Für alle $x \in \mathbb{R}$ ist $F(x) = p(X \leq x) = \int\limits_{-\infty}^{x} w(t)dt$.

b) Ist $x < y$ so gilt $F(x) \leq F(y)$.

c) $\lim\limits_{x \to -\infty} F(x) = 0$, $\lim\limits_{x \to \infty} F(x) = 1$.

Beim Übergang von der diskreten zur stetigen Zufallsvariablen wird also lediglich die Summe $\sum_{x_i \leq x} p(X = x_i)$ durch das Integral $\int_{-\infty}^{x} w(t)dt$ ersetzt.

▶ **Satz 20.8** Ist F Verteilungsfunktion der stetigen Zufallsvariablen X mit der Dichte w, so gilt für alle reellen Zahlen $a < b$:

a) $p(a < X \leq b) = F(b) - F(a) = \int_{a}^{b} w(t)dt.$

b) $p(a < X) = 1 - F(a) = \int_{a}^{\infty} w(t)dt.$

Mengen von Zufallsvariablen

Oft hat man mit mehr als einer Zufallsvariablen zu tun: So können in einem Wahrscheinlichkeitsraum Ω mehrere Merkmale gleichzeitig beobachtet werden, in Meinungsumfragen werden zum Beispiel mehrere Fragen gestellt. Ein Experiment kann mehrmals hintereinander ausgeführt werden und jedes Einzelexperiment wird durch eine Zufallsvariable beschrieben.

Eine endliche Folge von Zufallsvariablen $(X_1, X_2, \ldots, X_n)$ heißt *Zufallsvektor*. Ein Zufallsvektor der Länge n ist eine Funktion von Ω nach $\mathbb{R}^n$.

Beispiele

1. Die zufällige Auswahl eines Punktes aus einem Rechteck $[a, b] \times [c, d]$ lässt sich durch zwei Zufallsvariablen beschreiben: X ist die Zufallsvariable „wähle einen Punkt aus $[a, b]$", Y die Zufallsvariable „wähle einen Punkt aus $[c, d]$". Eine Realisierung des Zufallsvektors (X, Y) besteht aus einem konkreten Punkt (x, y) des Rechtecks.

2. Zu Körpergröße und Gewicht eines Menschen gehören die zwei Zufallsvariablen L und G für Länge und Gewicht und damit der Zufallsvektor (L, G). Das Ergebnis eines Experiments ist ein Tupel, zum Beispiel $(186, 82)$.

3. Würfelt man mit mehreren Würfeln gleichzeitig, etwa mit 5 Würfeln, so erhält man die Zufallsvariablen $(X_1, X_2, X_3, X_4, X_5)$, wobei X_i die Zufallsvariable „Würfeln mit dem i-ten Würfel" darstellt. Das Ergebnis eines Experiments, ist hier ein Element $(x_1, x_2, x_3, x_4, x_5)$ des $\mathbb{R}^5$, wobei x_i die Augenzahl des i-ten Würfels ist. Auch hier sagen wir, dass $(x_1, x_2, x_3, x_4, x_5)$ eine Realisierung des Zufallsvektors $(X_1, X_2, X_3, X_4, X_5)$ ist.

4. Das Ziehen von n Kugeln aus einer Urne mit schwarzen und weißen Kugeln lässt sich durch den Zufallsvektor $(X_1, X_2, \ldots, X_n)$ beschreiben, X_i ist hier der i-te Zug, der die möglichen Ergebnisse schwarz oder weiß hat, beziehungsweise die Ergebnisse 0 oder 1, wenn wir mit reellen Zufallsvariablen arbeiten. Das Ergebnis des Experiments, die Realisierung, ist dann ein Vektor der Form $(1, 0, 0, 1, 0, \ldots, 0) \in \mathbb{R}^n$, in dem die 1 eine weiße und die 0 eine schwarze Kugel bedeutet. ◄

Auch unendlich viele Zufallsvariable können auftreten. Folgen von Zufallsvariablen, wie zum Beispiel $(X_n)_{n \in \mathbb{N}}$ oder $(X_t)_{t \in \mathbb{R}}$ heißen *stochastische Prozesse*. Mit solchen Prozessen werden wir uns in Abschn. 21.3 beschäftigen.

Verschiedene reelle Zufallsvariablen können mit mathematischen Operationen zu neuen Zufallsvariablen verknüpft werden, so wie wir das von reellen Abbildungen schon kennen.

Beispiele

5. Momentan ist der Body-Mass-Index als Kenngröße für ein vernünftiges Verhältnis zwischen Körpergröße und Gewicht modern: Er lautet „Gewicht in kg dividiert durch das Quadrat der Größe in Meter" und sollte in der Größenordnung von 20 bis 25 liegen. Mit den Zufallsvariablen L für die Länge und G für das Gewicht gehört hierzu die Zufallsvariable G/L^2, wobei $G/L^2(\omega) := G(\omega)/L^2(\omega)$.

6. Beim Würfeln mit 5 Würfeln bezeichnet die Zufallsvariable $X = X_1 + X_2 + X_3 + X_4 + X_5$ die Augensumme der 5 Würfel.

7. Beim Ziehen von n Kugeln aus einer Urne ergibt die Zufallsvariable $X = X_1 + X_2 + \cdots + X_n$, die Anzahl der gezogenen weißen Kugeln, wenn die X_i die Zufallsvariablen aus Beispiel 4 von vorhin sind. ◄

Unabhängige Zufallsvariable

So wie bei verschiedenen Ereignissen kann man auch bei Werten von Zufallsvariablen fragen, ob sie etwas miteinander zu tun haben oder unabhängig voneinander sind. Gewicht und Größe einer Person sind sicher nicht voneinander unabhängig, vielleicht aber Größe und Einkommen? Bei dem Zufallsvektor (X, Y), der die zufällige Auswahl eines Punktes aus einem Rechteck beschreibt, sollten die Ergebnisse von X und Y unabhängig voneinander sein. Ziehen wir Kugeln aus einer Urne, so ist der 2. Zug vom ersten unabhängig, sofern wir das Experiment „Ziehen mit Zurücklegen" durchführen. Ziehen wir ohne Zurücklegen, so sind die späteren Züge von früheren abhängig! Beim Würfeln hat sicher das Ergebnis des ersten Würfels mit dem des zweiten Würfels nichts zu tun, die Zufallsvariablen $X_i =$ „Ergebnis des i-ten Wurfes" sind in diesem Fall unabhängig.

Mathematisch beschreiben wir diesen Sachverhalt, indem wir ihn auf den schon bekannten Begriff der unabhängigen Ereignisse zurückführen: Wir nennen zwei diskrete Zufallsvariablen X, Y unabhängig voneinander, wenn die Ereignisse $X = x$ und $Y = y$ für alle möglichen Werte von x und y voneinander unabhängig sind:

▶ **Definition 20.9: Unabhängige diskrete Zufallsvariable** Zwei diskrete Zufallsvariable X und Y mit den Wertemengen $W(X)$, $W(Y)$ heißen *unabhängig*, wenn für alle möglichen Wertepaare $x \in W(X)$, $y \in W(Y)$ gilt:

$$p(X = x, Y = y) = p(X = x) \cdot p(Y = y) \qquad (20.1)$$

Die n diskreten Zufallsvariablen $X_1, X_2, \ldots, X_n$ heißen *unabhängig*, wenn für alle möglichen n-Tupel $(x_1, x_2, \ldots, x_n)$ aus $W(X_1) \times W(X_2) \times \cdots \times W(X_n)$ gilt:

$$p(X_1 = x_1, X_2 = x_2, \ldots, X_n = x_n) = p(X_1 = x_1) \cdot p(X_2 = x_2) \cdot \cdots \cdot p(X_n = x_n).$$

Ich verwende bei Wahrscheinlichkeiten von mehreren Zufallsvariablen die intuitiv einleuchtenden Bezeichnungen wie

$$p(X = x, Y = y) := p(\{X = x\} \cap \{Y = y\}),$$
$$p(X_1 \leq a, X_2 \leq b) := p(\{X_1 \leq a\} \cap \{X_2 \leq b\}).$$

In der Definition 20.9 habe ich dies schon vorweg genommen.

Auch für stetige Zufallsvariable lässt sich der Begriff der Unabhängigkeit formulieren. Da hier jedoch die Wahrscheinlichkeit eines Elementes $p(X = x)$ keine sinnvolle Größe ist, müssen wir die Unabhängigkeit von Ereignissen fordern, die zu Intervallen von $\mathbb{R}$ gehören. Ich schreibe die Definition für zwei Variable auf:

▶ **Definition 20.10: Unabhängige stetige Zufallsvariable** Zwei stetige Zufallsvariable X und Y heißen *unabhängig*, wenn für alle $x, y \in \mathbb{R}$ gilt

$$p(X \leq x, Y \leq y) = p(X \leq x) \cdot p(Y \leq y). \qquad (20.2)$$

Aus (20.1) und (20.2) kann man herleiten, dass sowohl bei diskreten als auch bei stetigen unabhängigen Zufallsvariablen für alle $a, b, c, d \in \mathbb{R}$ gilt:

$$p(a < X \leq b, c < Y \leq d) = p(a < X \leq b) \cdot p(c < Y \leq d).$$

Wir werden oft mit Bernoulliexperimenten zu tun haben, also Experimente die unabhängig voneinander immer wieder durchgeführt werden. Die Zufallsvariablen X_i, welche die i-te Stufe eines Bernoulliexperiments beschreiben, sind jedenfalls alle voneinander unabhängig.

20.2 Erwartungswert und Varianz von Zufallsvariablen

Schauen wir uns einmal das Roulettespiel an. Die Kugel kann auf eine der Zahlen von 0 bis 36 fallen und wir gehen davon aus, dass es sich bei $\Omega = \{0, 1, 2, \ldots, 36\}$ um einen Laplace-Raum handelt, wir können also die Wahrscheinlichkeit für jede Teilmenge von Ω angeben.

Setzen wir zunächst 1 € auf eine einzelne Zahl, zum Beispiel auf 7. Wird die gewählte Zahl ausgespielt, so erhält man als Gewinn 36 € (wovon noch der Einsatz abgezogen wird). Darauf muss man in der Regel eine Zeit lang warten, denn die Wahrscheinlichkeit für einen Gewinn ist 1/37. Um diese Wartezeit zu verkürzen könnten wir gleichzeitig 1 € auf die ungeraden Zahlen setzen. Der Gewinn dafür beträgt 2 €. Setzen wir als letztes auf das Tripel (1,2,3), so haben wir dafür noch eine Gewinnmöglichkeit von 12 €. Uns interessiert jetzt, wie die Gewinnchancen aussehen, wenn wir längere Zeit mit dieser Kombination spielen. Können wir ausrechnen wie groß im Mittel der Gewinn bei einem Spiel ist?

Schreiben wir zunächst den Gewinn bei den möglichen Ergebnissen auf.

Zahlen	5, 9, 11, 13, 15, . . . , 35 (15 Werte)	1, 3	2	7	der Rest (18 Werte)
Gewinn	2	$12 + 2$	12	$36 + 2$	0

Ist X die Zufallsvariable, die den Gewinn bei einem solchen Spiel beschreibt, so ist die Wertemenge $W(X) = \{0, 2, 12, 14, 38\}$

Spielen wir jetzt n-mal. Dabei sei h_k die Anzahl der Fälle, in denen der Gewinn k eingetreten ist. Dann beträgt unser Gesamtgewinn G:

$$G = 2 \cdot h_2 + 14 \cdot h_{14} + 12 \cdot h_{12} + 38 \cdot h_{38} + 0 \cdot h_0$$

der mittlere Gewinn pro Spiel beträgt also:

$$\overline{G} = \frac{G}{n} = \frac{2 \cdot h_2 + 14 \cdot h_{14} + 12 \cdot h_{12} + 38 \cdot h_{38} + 0 \cdot h_0}{n}$$
$$= 2 \cdot r_2 + 14 \cdot r_{14} + 12 \cdot r_{12} + 38 \cdot r_{38} + 0 \cdot r_0$$

wenn $r_k = h_k / n$ die relative Häufigkeit des Eintretens des Gewinnes k ist. Sehr wahrscheinlich wird sich bei großen n die relative Häufigkeit des Gewinns k in der Größenordnung der Wahrscheinlichkeit des Eintretens von k bewegen:

$$\overline{G} \approx 2 \cdot p(X = 2) + 14 \cdot p(X = 14) + 12 \cdot p(X = 12)$$
$$+ 38 \cdot p(X = 38) + 0 \cdot p(X = 0)$$

Erstaunlicherweise hängt hier die rechte Seite gar nicht mehr vom speziellen Spielverlauf ab, sie ist unabhängig vom Experiment und eine nur durch die Zufallsvariable X und ihre Verteilung bestimmte Größe. Diese rechte Seite der Gleichung nennen wir den Erwartungswert $E(X)$ der Zufallsvariablen X. Der Wert $E(X)$ wird in der Regel von dem mittleren Gewinn abweichen, je länger wir aber spielen, um so mehr wird er sich ihm annähern. Berechnen wir den Erwartungswert im konkreten Beispiel:

$$E(X) = 2 \cdot \frac{15}{37} + 14 \cdot \frac{2}{37} + 12 \cdot \frac{1}{37} + 38 \cdot \frac{1}{37} = \frac{108}{37}.$$

Das schaut zunächst ganz gut aus, aber leider kassiert die Bank in jedem Spiel den Einsatz von 3 €, so dass insgesamt ein mittlerer Verlust von $108/37 - 3 = -3/37$ € übrigbleibt, das sind etwa 2.7 %.

Gibt es eine bessere Strategie? Nein, Sie werden feststellen, dass bei allen möglichen Setzkombinationen immer im Mittel gerade pro 1 € Einsatz $1/37$ € an die Bank gehen. Den Grund dafür lernen wir in Satz 20.18 kennen.

Ein Spiel heißt fair, wenn der Erwartungswert für den Gewinn bei 0 liegt, wenn sich also Gewinne und Verluste aufheben. In diesem Sinn ist das Roulette nicht fair; wenn man aber bedenkt, dass von diesem $1/37$ sämtliche Unkosten des Kasinos bestritten werden, kann man sich eigentlich nicht beschweren.

▶   **Definition 20.11: Der Erwartungswert diskreter Zufallsvariabler** Sei X eine diskrete Zufallsvariable. Falls die Summe

$$E(X) = \sum_{x \in W(X)} x \cdot p(X = x)$$

in der über alle x aus dem Wertebereich $W(X)$ von X summiert wird, eindeutig existiert, so heißt sie *Erwartungswert* von X. Der Erwartungswert $E(X)$ einer Zufallsvariablen X wird auch oft mit μ bezeichnet.

Eine Falle liegt hier in der unauffälligen Bemerkung, „falls der Wert eindeutig existiert". Ist die Wertemenge von X endlich, so existiert $E(X)$ natürlich immer. Ist sie jedoch unendlich, so muss die Reihe nicht konvergieren, und selbst, wenn sie konvergiert, kann der Grenzwert von der Reihenfolge der Summation abhängig sein. Dann gibt es keinen Erwartungswert. Wenn ich in Zukunft $E(X)$ hinschreibe, gehe ich immer davon aus, dass es $E(X)$ auch wirklich gibt.

Bei der Bildung des Erwartungswertes müssen also alle möglichen Produkte „Funktionswert mal Wahrscheinlichkeit des Funktionswertes" aufsummiert werden. Beschreibt beim Würfeln die Zufallsvariable X die gewürfelte Augenzahl, so gilt:

$$E(X) = 1 \cdot \frac{1}{6} + 2 \cdot \frac{1}{6} + 3 \cdot \frac{1}{6} + 4 \cdot \frac{1}{6} + 5 \cdot \frac{1}{6} + 6 \cdot \frac{1}{6} = 3.5. \qquad (20.3)$$

Der Erwartungswert muss also nicht unbedingt in der Wertemenge der Zufallsvariablen liegen: Im Durchschnitt würfelt man eben 3.5.

Eine ähnliche Definition gebe ich für stetige Zufallsvariablen an. Diese kann zum Beispiel dadurch motiviert werden, dass die stetige Zufallsvariable durch eine Folge diskreter Zufallsvariabler mit existierenden Erwartungswerten angenähert wird. Ich will dies nicht durchführen, ich möchte Sie aber noch einmal auf die Analogie hinweisen, die schon im Vergleich der Sätze 20.4 und 20.7 zum Vorschein getreten ist: Die Summe über die Wahrscheinlichkeiten der Funktionswerte der diskreten Zufallsvariablen X entspricht gerade dem Integral der Dichte der stetigen Zufallsvariablen:

▶ **Definition 20.12: Der Erwartungswert stetiger Zufallsvariabler** Sei X eine stetige Zufallsvariable mit Dichte w. Falls das Integral

$$E(X) = \int\limits_{-\infty}^{\infty} x \cdot w(x)dx$$

existiert, so heißt es *Erwartungswert* der Zufallsvariablen X.

Schauen wir noch einmal zu dem Roulettebeispiel zurück: Wenn ich meinen Einsatz verfünffache, so verfünffachen sich auch alle Gewinne und Verluste. Wir bekommen eine neue Zufallsvariable $Y = 5 \cdot X$, die den Gewinn beschreibt. Wie ist der Erwartungswert von Y? Wenn ich mich für die Zufallsvariable „Reingewinn" interessiere, so muss ich aus X die neue Zufallsvariable $Z = X - 3$ basteln. Welchen Erwartungswert hat Z?

Das folgende Ergebnis beantwortet diese Fragen, es dürfte nicht sehr überraschend sein:

▶ **Satz 20.13** Sei X eine diskrete oder stetige Zufallsvariable mit dem Erwartungswert $E(X)$ Sind $a, b \in \mathbb{R}$ so gilt für den Erwartungswert der Zufallsvariablen $aX + b$:

$$E(aX + b) = aE(X) + b$$

Insbesondere ist also $E(aX) = aE(X)$ und $E(X + b) = E(X) + b$.

Ich möchte stellvertretend für eine ganze Reihe anschließender Ergebnisse über Erwartungswerte und später auch über Varianzen (die Sätze 20.15, 20.16, 20.18 und 20.19) diesen Satz für diskrete Zufallsvariable beweisen. Die Beweistechnik ist in den anderen Sätzen ähnlich, wenn auch die Beweise teilweise etwas komplexer sind, insbesondere dann, wenn es um stetige Zufallsvariablen geht.

X sei also eine diskrete Zufallsvariablen und $Y = aX + b$. Dann ist für alle $\omega \in \Omega$

$$X(\omega) = x \quad \Leftrightarrow \quad Y(\omega) = aX(\omega) + b = ax + b, \tag{20.4}$$

also $\{\omega \mid X(\omega) = x\} = \{\omega \mid Y(\omega) = ax + b\}$ und damit $p(X = x) = p(Y = ax + b)$. Beachten wir noch, dass die Wertemenge $W(Y)$ gerade aus allen Elementen $ax + b$ mit

$x \in W(X)$ besteht, so erhalten wir für den Erwartungswert:

$$
\begin{aligned}
E(Y) &= \sum_{x \in W(X)} (ax + b)\, p(Y = ax + b) \\
&= \sum_{x \in W(X)} ax \cdot p(X = x) + \sum_{x \in W(X)} b \cdot p(X = x) \\
&= a \cdot \underbrace{\sum_{x \in W(X)} x \cdot p(X = x)}_{=E(X)} + b \cdot \underbrace{\sum_{x \in W(X)} p(X = x)}_{=1} = a\,E(X) + b.
\end{aligned}
$$

Dabei habe ich verwendet, dass die Summe über alle möglichen Wahrscheinlichkeiten $p(X = x)$ gerade 1 ergibt.

Im Fall stetiger Zufallsvariabler kann man mit Hilfe der Substitutionsregel zunächst die Dichtefunktion der neuen Zufallsvariablen Y berechnen und aus dieser dann den Erwartungswert. $\qquad\square$

Im Roulettespiel sei X_A die Zufallsvariable, die den Gewinn beim Setzen von 1 € auf die Zahl 7 beschreibt, X_B die Zufallsvariable „Gewinn beim Setzen von 1 € auf die ungeraden Zahlen" und X_C sei schließlich „Setzen von 1 € auf 1,2,3". Die Erwartungswerte von allen drei Zufallsvariablen sind gleich:

$$
E(X_A) = 36 \cdot p(X_A = 7) + 0 \cdot p(X_A \neq 7) = 36 \cdot (1/37) = 36/37,
$$
$$
E(X_B) = 2 \cdot p(X_B \text{ ist ungerade}) + 0 \cdot p(X_B \text{ ist gerade}) = 2 \cdot (18/37) = 36/37,
$$
$$
E(X_C) = 12 \cdot p(X_C = 1,2,3) + 0 \cdot p(X_C \neq 1,2,3) = 12 \cdot (3/37) = 36/37.
$$

Der Nervenkitzel ist beim Setzen auf eine Zahl aber um einiges größer als etwa beim Setzen auf Ungerade. Worin unterscheiden sich diese beiden Strategien? Im ersten Fall ist der mögliche Gewinn sehr viel größer, allerdings auch das Verlustrisiko. Das Setzen auf 1, 2, 3 liegt vom Risiko her irgendwo dazwischen.

Es wäre interessant zu wissen, wie bei verschiedenen Strategien die einzelnen Ergebnisse um den Erwartungswert verstreut sind, wie weit also mögliche Gewinne und Verluste durchschnittlich vom Erwartungswert abweichen. Wenden wir gleich an, was wir über Zufallsvariablen und Erwartungswerte schon gelernt haben: Ist $E(X) = \mu$, so beschreibt die Zufallsvariable $Y = X - \mu$ die Abweichung des Gewinns vom Erwartungswert μ. Eine mittlere Abweichung müssten wir also aus dem Erwartungswert der Zufallsvariablen Y erhalten. Rechnen wir ihn aus: Es ist

$$
E(Y) = E(X - \mu) = E(x) - \mu = 0.
$$

Pech gehabt: Die positiven und die negativen Abweichungen mitteln sich gerade weg. Bei genauerem Hinsehen ist das aber auch vernünftig, der Erwartungswert liegt in der Mitte der eintretenden Werte.

Um diesen Auslöschungseffekt zu vermeiden, müssen wir die Abweichungen alle positiv zählen, wir könnten also zum Beispiel $Y = |X - \mu|$ untersuchen. Wenn Sie bis hierher in der Mathematik gekommen sind, wissen Sie aber auch, dass ein Mathematiker mit Betragstrichen nur rechnet, wenn es sich nicht vermeiden lässt: Es gibt immer so hässliche Fallunterscheidungen. Aus diesem Grund nehmen wir die Zufallsvariable $Y = (X - \mu)^2$ her; diese beschreibt die Quadrate der Abweichungen, und die sind natürlich auch alle positiv.

▶ **Definition 20.14: Die Varianz** Ist $E(x) = \mu$ der Erwartungswert der Zufallsvariablen X, so heißt der Wert

$$\sigma^2 := \text{Var}(X) := E((X - \mu)^2),$$

falls er existiert, die *Varianz* von X, und $\sigma = +\sqrt{\text{Var}(X)}$ heißt *Standardabweichung* oder *Streuung* von X.

▶ **Satz 20.15: Die Berechnung der Varianz** Für eine diskrete Zufallsvariable X mit Erwartungswert μ gilt

$$\text{Var}(X) = \sum_{x \in W(X)} (x - \mu)^2 \cdot p(X = x)$$

$$= \left(\sum_{x \in W(X)} x^2 \cdot p(X = x) \right) - \mu^2$$

$$= E(X^2) - \mu^2$$

Der Beweis verläuft elementar, ähnlich wie der von Satz 20.13. Die Beziehung $\text{Var}(X) = E(X^2) - \mu^2$ gilt übrigens auch für stetige Zufallsvariable. Beachten Sie in dieser Beziehung den kleinen aber feinen Unterschied zwischen $E(X^2)$, dem Erwartungswert der Zufallsvariablen X^2 und $\mu^2 = E(X)^2$, dem Quadrat des Erwartungswertes von X.

Berechnen wir die Varianzen der Zufallsvariablen X_A, X_B, X_C aus dem Roulettespiel:

$$\text{Var}(X_A) = \left(\sum_{x \in W(X)} x^2 \cdot p(X = x) \right) - \mu^2 = 36^2 \cdot \frac{1}{37} - \left(\frac{36}{37} \right)^2 \approx 34.08,$$

$$\text{Var}(X_B) = 2^2 \cdot \frac{18}{37} - \left(\frac{36}{37} \right)^2 \approx 0.999,$$

$$\text{Var}(X_C) = 12^2 \cdot \frac{3}{37} - \left(\frac{36}{37} \right)^2 \approx 10.73.$$

Geht man von der Zufallsvariablen X zu $Y = aX + b$ über, so ändert sich auch die Varianz:

▶ **Satz 20.16** Existiert die Varianz der Zufallsvariablen X, so gilt für $a, b \in \mathbb{R}$:

$$\mathrm{Var}(aX + b) = a^2 \mathrm{Var}(X).$$

Der multiplikative Faktor a geht also quadratisch in die Varianz ein, eine einfache Verschiebung der Werte der Zufallsvariablen ändert die Varianz nicht. Das ist einleuchtend, dann bei einer solchen Verschiebung bleiben ja alle Abweichungen vom Erwartungswert unverändert.

▶ **Definition 20.17: Standardisierte Zufallsvariable** Ist X eine Zufallsvariable mit Erwartungswert μ und Varianz σ^2, so heißt die Zufallsvariable

$$X^* := \frac{X - \mu}{\sigma}$$

die *Standardisierte* von X.

Für die Standardisierte X^* zu X gilt wegen $X^* = \frac{1}{\sigma} X - \frac{\mu}{\sigma}$:

$$E(X^*) = \frac{1}{\sigma} E(X) - \frac{\mu}{\sigma} = \frac{\mu}{\sigma} - \frac{\mu}{\sigma} = 0,$$

$$\mathrm{Var}(X^*) = \frac{1}{\sigma^2} \mathrm{Var}(X) = \frac{\sigma^2}{\sigma^2} = 1.$$

Diese Umrechnung ist vor allem dann sehr nützlich, wenn man Zufallsvariablen mit bestimmten vorgegebenen Verteilungen vergleichen will. Diese vorgegebenen Verteilungen sind oft nur in standardisierter Form tabelliert. Andere Verteilungen lassen sich dann leicht in die standardisierte Form umrechnen.

Summen und Produkte von Zufallsvariablen

Im Roulettespiel war der Erwartungswert von X_B „Setze auf Ungerade" und von X_C „Setze auf 1, 2, 3" jeweils 36/37. Was geschieht, wenn man beide Möglichkeiten in einem Spiel kombiniert?

Sei $S = X_\mathrm{B} + X_\mathrm{C}$ das Spiel, in dem wir auf Ungerade und auf 1, 2, 3 setzen. Kommt eine ungerade Zahl, so gewinnt man bei X_B 2 €, Kommt 1, 2 oder 3 so beträgt der Gewinn in X_C 12 €. Die möglichen Funktionswerte von S sind daher 2 (für die 16 ungeraden Zahlen ohne 1 und 3), 12 (für 2), 14 (für 1 und 3) und 0 für den Rest. Wie ist der Erwartungswert von S?

$$E(S) = 2 \cdot \frac{16}{37} + 12 \cdot \frac{1}{37} + 14 \cdot \frac{2}{37} = \frac{72}{37}$$

also gerade die Summe der beiden einzelnen Erwartungswerte.

Zu Beginn dieses Abschnitts haben wir den Erwartungswert von $X = X_A + X_B + X_C$ ausgerechnet: Er war $108/37 = 3 \cdot (36/37)$, also ebenfalls die Summe der einzelnen Erwartungswerte. Dies gilt immer:

▶ **Satz 20.18** Sind X, Y Zufallsvariable mit den Erwartungswerten $E(X)$ und $E(Y)$, so gilt

$$E(X + Y) = E(X) + E(Y).$$

Mit vollständiger Induktion lässt sich dieser Satz auch auf n Zufallsvariable übertragen.

Die Spielregeln im Roulette sind so gemacht, dass bei jeder einzelnen Setzmöglichkeit der Erwartungswert für den Gewinn 36/37 des Einsatzes beträgt. Satz 20.18 sagt, dass man auch durch die Kombination verschiedener Setzarten diesen Erwartungswert nicht erhöhen kann.

Schauen wir uns jetzt das Produkt P der beiden Zufallsvariablen X_B und X_C an. Diesem Produkt entspricht zwar kein reales Spiel, wir können aber P und $E(P)$ berechnen. $P(\omega)$ ist nur dann ungleich 0, wenn $X_B(\omega)$ und $X_C(\omega)$ beide von 0 verschieden sind, also nur bei den Ergebnissen 1 und 3. Dort ist das Produkt $X_B(\omega) \cdot X_C(\omega) = 2 \cdot 12 = 24$. Damit erhalten wir für den Erwartungswert $E(P) = 24 \cdot (2/37) = 48/37$. Dies ist verschieden vom Produkt der Erwartungswerte von X_B und X_C.

Anders sieht es bei einem Würfelexperiment aus: Würfeln wir zweimal hintereinander und gibt X_i das Ergebnis des i-ten Wurfes an, so kann man mit etwas Mühe ausrechnen, dass der Erwartungswert des Produktes $X_1 \cdot X_2 = 12.25 = 3.5^2$ ist, also genau das Produkt der Erwartungswerte. Worin unterscheidet sich das Würfeln vom Roulette? Die Zufallsvariablen X_1 und X_2 der nacheinander ausgeführten Würfe sind unabhängig voneinander, im Gegensatz zu den Zufallsvariablen X_B, X_C die das Roulettespiel beschreiben. Tatsächlich gilt:

▶ **Satz 20.19** Sind X, Y unabhängige Zufallsvariable mit den Erwartungswerten $E(X)$, $E(Y)$, so gilt

$$E(X \cdot Y) = E(X) \cdot E(Y)$$

Auch dieses Ergebnis lässt sich wieder auf n unabhängige Zufallsvariable übertragen. Setzt man die Unabhängigkeit voraus, so lassen sich auch Varianzen addieren:

▶ **Satz 20.20** Sind X, Y unabhängige Zufallsvariable mit den Varianzen $\mathrm{Var}(X)$ und $\mathrm{Var}(Y)$, so gilt

$$\mathrm{Var}(X + Y) = \mathrm{Var}(X) + \mathrm{Var}(Y).$$

Existieren die Varianzen der n Zufallsvariablen $X_1, X_2, \ldots, X_n$ und sind diese Variablen paarweise unabhängig, so gilt:

$$\mathrm{Var}(X_1 + X_2 + \cdots + X_n) = \mathrm{Var}(X_1) + \mathrm{Var}(X_2) + \cdots + \mathrm{Var}(X_n).$$

Ich beweise diese Aussage für zwei Zufallsvariable und verwende dabei fleißig die
Rechenregeln über Summen und Produkte von Erwartungswerten:

$$
\begin{aligned}
\mathrm{Var}(X + Y) &= E((X + Y)^2) - E(X + Y)^2 \\
&= E(X^2 + 2XY + Y^2) - (E(X) + E(Y))^2 \\
&= E(X^2) + 2 \cdot E(XY) + E(Y^2) - E(X)^2 - 2E(X)E(Y) - E(Y)^2 \\
&= \underbrace{E(X^2) - E(X)^2}_{=\mathrm{Var}(X)} + \underbrace{E(Y^2) - E(Y)^2}_{=\mathrm{Var}(Y)} + 2 \cdot \underbrace{(E(XY) - E(X)E(Y))}_{=0,\ \text{wenn } X \text{ und } Y \text{ unabhängig sind.}} \,.
\end{aligned}
$$

$\square$

▶ **Definition 20.21: Die Kovarianz** Sind X und Y Zufallsvariablen mit den Erwartungswerten $E(X) = \mu_X$, $E(Y) = \mu_Y$, so heißt die Zahl

$$
\mathrm{Cov}(X, Y) := E((X - \mu_X)(Y - \mu_Y)),
$$

falls sie existiert, die *Kovarianz* von X und Y. Die Zufallsvariablen X und Y
heißen unkorreliert, wenn $\mathrm{Cov}(X, Y) = 0$ ist.

Die Rechenregeln für den Erwartungswert zeigen, dass gilt:

$$
\begin{aligned}
\mathrm{Cov}(X, Y) &= E(XY - \mu_X Y - \mu_Y X + \mu_X \mu_Y) \\
&= E(XY) - \mu_X E(Y) - \mu_Y E(X) + \mu_X \mu_Y \\
&= E(XY) - \mu_X \mu_Y
\end{aligned}
$$

Dieser Ausdruck ist 0, wenn X und Y unabhängig sind. Unabhängige Zufallsvariable sind
also unkorreliert. Die Umkehrung gilt nicht.

Ein kurzer Ausflug in die Informationstheorie

Der Begründer der modernen Informationstheorie, Claude E. Shannon, hat den Zeichen
einer Informationsquelle einen *Informationsgehalt* zugeordnet. Dabei ließ er sich von den
folgenden Beobachtungen leiten:

1. Der Informationsgehalt eines Zeichens hängt ·nicht vom Zeichen selbst ab, sondern
   nur von der Wahrscheinlichkeit des Auftretens dieses Zeichens: verschiedene Zeichen mit gleicher Auftrittswahrscheinlichkeit tragen die gleiche Informationsmenge.
   Unterscheiden sich zwei Wahrscheinlichkeiten nur wenig, dann soll auch der Informationsgehalt nicht sehr unterschiedlich sein.

2. Zeichen mit kleiner Auftrittswahrscheinlichkeit tragen einen höheren Informationsgehalt als Zeichen mit größerer Auftrittswahrscheinlichkeit.

In einer Politikerrede sind die wichtigen Informationen nicht in den immer wieder auftretenden Floskeln enthalten, sondern in großen Abständen dazwischen versteckt. Eine Informationsquelle, die immer das Gleiche erzählt, hat keinen wirklichen Informationsgehalt, der Gehalt steckt in den selten auftretenden und daher den überraschenden Zeichen. Oft wird der Informationsgehalt auch als die „Überraschung" beim Auftreten eines Zeichens interpretiert.

3. Der Informationsgehalt verhält sich bei der Übertragung mehrerer Zeichen additiv.

Zwei Byte gleicher Auftrittswahrscheinlichkeit können also zum Beispiel doppelt so viel Information übertragen wie ein Byte.

Diese Beobachtungen führen zu einer axiomatischen Definition des Begriffs der Information:

Es sei $Q = (A, p)$ eine Informationsquelle ohne Gedächtnis (siehe Beispiel 1 nach Definition 19.9) mit dem Alphabet $A = \{x_1, x_2, \ldots, x_n\}$ und zugeordneten Auftrittswahrscheinlichkeiten $p_1, p_2, \ldots, p_n$. Ein Informationsgehalt, der den Zeichen x_i zugeordnet wird, muss die folgenden Eigenschaften haben:

1. Der Informationsgehalt eines Zeichens ist eine stetige Funktion der Wahrscheinlichkeit des Zeichens: $I(x_i) = f(p(x_i)) = f(p_i)$.
2. Für $p_i < p_j$ ist $I(x_i) < I(x_j)$.
3. Ist $I(x_i x_j)$ der Informationsgehalt zweier aufeinander folgender Zeichen, so gilt $I(x_i x_j) = I(x_i) + I(x_j)$.

Da die Quelle kein Gedächtnis hat, sind die beiden Ereignisse x_i und x_j voneinander unabhängig, die Wahrscheinlichkeit von $x_i x_j$ ist also gleich $p_i p_j$ und daher folgt aus 3. insbesondere

$$f(p_i p_j) = f(p_i) + f(p_j). \tag{20.5}$$

Wir kennen aus der Analysis eine Funktion, welche diese Bedingung erfüllt, es ist der Logarithmus. Tatsächlich kann man zeigen, dass die einzigen stetigen Funktionen, die (20.5) erfüllen, die Funktionen $a \cdot \log x$ sind, wobei $a \in \mathbb{R}$ ist und der Logarithmus zu einer beliebigen Basis gebildet werden kann. Häufig wählt man den Logarithmus zur Basis 2.

Nach Satz 14.31 in Abschn. 14.3 haben wir gesehen, dass sich Logarithmen zu verschiedenen Basen nur um einen konstanten Faktor unterscheiden. Damit hat eine Funktion, die (20.5) erfüllt, immer die Form $a \log_2 x$ für ein $a \in \mathbb{R}$.

Da die Funktion f monoton fallend sein soll, muss der Faktor a negativ sein. Zunächst etwas willkürlich normieren wir $a = -1$. Verwenden wir schließlich noch die Tatsache $-\log p = \log(1/p)$, so können wir einen Informationsgehalt definieren, der die drei geforderten Eigenschaften erfüllt:

▶ **Definition 20.22** Es sei $Q = (A, p)$ eine Informationsquelle ohne Gedächtnis mit dem Alphabet $A = \{x_1, x_2, \ldots, x_n\}$ und zugeordneten Auftrittswahrscheinlichkeiten $p_1, p_2, \ldots, p_n$. Dann heißt

$$I(x_i) := \log_2(1/p_i)$$

der *Informationsgehalt* des Zeichens x_i.

Der Informationsgehalt ist eine Zufallsvariable auf dem Wahrscheinlichkeitsraum Q. Der Erwartungswert dieser Zufallsvariablen, also die durchschnittlich übertragene Informationsmenge ist die Entropie der Quelle:

▶ **Definition 20.23: Die Entropie** Es sei $Q = (A, p)$ eine Informationsquelle ohne Gedächtnis mit dem Alphabet $A = \{x_1, x_2, \ldots, x_n\}$ und zugeordneten Auftrittswahrscheinlichkeiten $p_1, p_2, \ldots, p_n$. Dann heißt

$$H(Q) := \sum_{i=1}^{n} p_i \cdot \log_2(1/p_i).$$

Entropie der Informationsquelle Q.

Haben in dem Alphabet alle Zeichen x_1 bis x_n die gleiche Auftrittswahrscheinlichkeit $1/n$, so ist die Entropie

$$H(Q) := \sum_{i=1}^{n} 1/n \cdot \log_2(n) = \log_2(n). \tag{20.6}$$

Man kann zeigen, dass dieser Wert die maximale Entropie einer Informationsquelle mit n Zeichen ist. Sobald die Wahrscheinlichkeiten einzelner Zeichen von dem Wert $1/n$ abweichen, nimmt die Entropie ab.

Verwechseln Sie nicht den so definierten Informationsgehalt mit der Bedeutung einer Nachricht, die durch den Menschen interpretiert wird. Sonst würden Sie ein Buch, das mit zufällig verteilten Buchstaben gefüllt ist, dem vorliegenden Buch vorziehen. Das wäre schade. Sie können es aber auch so betrachten: Das Buch, das Sie gerade lesen, hat als elektronisches Dokument eine Größe von etwa 13 MB. Wenn ich es mit zip komprimiere, so verringert sich die Größe auf etwa 4 MB. Die Informationsmenge ist in beiden Dokumenten gleich groß, im zweiten Dokument muss also der Informationsgehalt pro Zeichen größer sein. Was steckt dahinter? Bei der Kompression mit zip wird das Quelltextalphabet in ein anderes Alphabet codiert, in dem im Gegensatz zu dem deutschen Klartext jedes Zeichen in etwa gleich häufig vorkommt. Die Entropie des komprimierten Textes ist also größer als die des unkomprimierten. Je besser die Komprimierung, um so besser sind die einzelnen Zeichen gleich verteilt und um so größer wird die Entropie.

In der Datenverarbeitung wird eine Quelle üblicherweise binär codiert, das heißt in ein Codewort aus 0 und 1 übersetzt. Ein solches Codierungsverfahren haben wir zum Beispiel mit dem Huffman Code (am Ende von Abschn. 11.2) kennengelernt. In der Quelle $Q = (A, p)$ wird das Zeichen x_i zur Übertragung in ein Codewort der Länge m Bit codiert. Die Funktion $l(x_i)$ = Länge des Codeworts des Zeichens x_i stellt ebenfalls eine Zufallsvariable auf dem Wahrscheinlichkeitsraum Q dar, und der Erwartungswert dieser Zufallsvariablen

$$L(Q) = \sum_{i=1}^{n} p_i \cdot l(x_i)$$

ist die *mittlere Codewortlänge* bei der Übertragung. Natürlich möchte man bei einer Codierung des Quellalphabets die mittlere Codewortlänge möglichst kurz halten. Gibt es eine Untergrenze für die Codewortlänge? Zunächst zwei

Beispiele

1. Nehmen wir zunächst den ASCII Code und gehen wir davon aus, dass alle Zeichen gleich wahrscheinlich sind. Dann ist $p_i = 1/256$ und $\log_2(1/p_i) = 8$. Nach (20.6) ist dies die Entropie. Sie entspricht genau der konstanten Wortlänge von 8 Bit. In diesem Fall stimmen also Entropie und mittlere Wortlänge überein. Hierin liegt der Grund für die zunächst willkürliche Normierung des Informationsgehaltes.

2. Bei der Einführung der Huffman-Codierung am Ende von Abschn. 11.2 haben wir ein Alphabet mit den Zeichen $\{a, b, c, d, e, f\}$ und zugehörigen Wahrscheinlichkeiten $\{0.04, 0.15, 0.1, 0.15, 0.36, 0.2\}$ definiert. Die Entropie dieses Codes lautet:

$$0.04 \cdot \log_2(25) + 0.15 \cdot \log_2(6.66) + 0.1 \cdot \log_2(10)$$
$$+ 0.15 \cdot \log_2(6.66) + 0.36 \cdot \log_2(2.78) + 0.2 \cdot \log_2(5) \approx 2.33.$$

Wenn wir die 6 Zeichen ohne Komprimierung binär codieren, benötigen wir 3 Bit. Die mittlere Wortlänge beträgt also in diesem Fall 3. Der Huffman Code, den wir zu diesem Alphabet aufgestellt haben, hat verschiedene Wortlängen von ein bis vier Bit. Die mittlere Wortlänge des Huffman Codes ist kürzer, sie beträgt:

$$0.04 \cdot 4 + 0.15 \cdot 3 + 0.1 \cdot 4 + 0.15 \cdot 3 + 0.36 \cdot 1 + 0.2 \cdot 3 = 2.42.$$

Sie sehen, dass dieser Wert nur geringfügig über der Entropie liegt. ◄

Das erste Quellencodierungstheorem von Shannon stellt einen wichtigen Zusammenhang zwischen der mittleren Wortlänge L und der Entropie H her. Ich möchte es ohne Beweis zitieren:

▶ **Satz 20.24** Es sei $Q = (A, p)$ eine Informationsquelle ohne Gedächtnis mit Entropie $H(Q)$. Dann existiert ein binärer Präfixcode zu dieser Quelle mit mittlerer Codewortlänge L, so dass gilt:

$$H(Q) \leq L \leq H(Q) + 1$$

Der Satz wird in der Regel etwas allgemeiner formuliert, ohne die Einschränkung auf eine binäre Codierung. Dann kann man die Entropie anders normieren oder muss noch einen multiplikativen Faktor in die Formel aufnehmen.

Diesem Theorem entnehmen wir zwei Aussagen: Die Entropie ist die untere Grenze für die mittlere Wortlänge in einem Präfixcode, kürzer geht es nicht. Und weiter kann man immer einen Präfixcode finden, dessen mittlere Wortlänge sich von der Entropie um höchstens ein Bit unterscheidet. Es handelt sich dabei um eine obere Schranke, in dem obigen Beispiel waren wir noch viel näher dran.

Der Huffman Code lag im Beispiel sehr dicht an der Entropie. Das ist kein Zufall: Man kann zeigen, dass der Huffman Code den besten Präfixcode darstellt. Es gibt keinen anderen Präfixcode mit kleinerer mittlerer Wortlänge.

20.3   Verständnisfragen und Übungsaufgaben

Verständnisfragen

1. Erklären Sie, was eine (diskrete) Zufallsvariable, eine Verteilung und eine Verteilungsfunktion ist.

2. Warum dürfen in einer diskreten Zufallsvariablen höchstens abzählbar viele Funktionswerte auftreten?

3. Beim Würfeln mit 2 Würfeln soll die Zufallsvariable X_i das Ergebnis des i-ten Würfels sein. Sind die Zufallsvariablen X_1 und X_2 voneinander unabhängig? Sind die Zufallsvariablen X_1 und $(X_1 + X_2)$ voneinander unabhängig?

4. Hat jede diskrete Zufallsvariable einen Erwartungswert?

5. Welche Art der Abweichung vom Erwartungswert beschreibt die Varianz einer Zufallsvariablen?

6. Seien X und Y unabhängige Zufallsvariable. Gilt dann $\text{Var}(X \cdot Y) = \text{Var}(X) \cdot \text{Var}(Y)$? ◄

Übungsaufgaben

1. Berechnen Sie den Erwartungswert, die Varianz und die Standardabweichung der Augensumme beim Würfeln mit 5 Würfeln.

2. Die Zufallsvariable P beschreibt das Produkt der Augen bei zweimaligem Würfeln. Zeichnen Sie in einem Histogramm die Verteilung von P. Berechnen Sie den Erwartungswert und die Varianz von P.

3. Die Zufallsvariable X beschreibe die Anzahl der Buben im Skat nach dem Austeilen (32 Karten mit vier Buben, 3 Spieler erhalten je 10 Karten, 2 Karten sind im Skat). Bestimmen Sie die Verteilung und den Erwartungswert von X,
   a) ohne Information über die Kartenverteilung bei den 3 Spielern,
   b) mit dem Wissen, dass der erste Spieler keinen Buben erhalten hat.

4. Beim Roulettespiel setzt ein Spieler 10 € auf Rot. Gewinnt er (18 von 37 Feldern sind rot), so erhält er 20 € Gewinn (Reingewinn = 10 €). Verliert er, so verdoppelt er seinen Einsatz solange bis er gewinnt oder bis das Einsatzlimit der Bank von 1000 € erreicht ist. Beschreiben Sie die Zufallsvariable „Reingewinn" bei dieser Strategie und errechnen Sie Erwartungswert und Varianz dieses Spiels.

5. Verwenden Sie ein Tabellenkalkulationsprogramm oder ein Mathematiktool um für verschiedene Werte von n und p Histogramme für die Funktion $b_{n,p}(k)$ zu zeichnen.

6. Die folgende Anzeige erschien vor einigen Jahren in der Süddeutschen Zeitung:[1]

Geschlechtsvorhersage mit Erfolgsgarantie!
Aus ca. 10 Zeilen Handschrift der werdenden Mutter sagen wir Ihnen schon im 2. Monat mit 100-%iger Sicherheit das Geschlecht voraus. Honorar nur DM 150.– Geld garantiert zurück, wenn unsere Vorhersage nicht zutreffen sollte.

Inst. f. wissenschaftl. Vorhersagen
Postfach XXXXX

Nehmen wir an, dass die wissenschaftliche Vorhersage aus einem Münzwurf besteht. Die Wahrscheinlichkeit einer Mädchengeburt ist 0.465. Berechnen Sie das

---

[1] Ein Leser hat mir diese Annonce zugeschickt.

ungefähre Jahreseinkommen des Instituts, wenn ca. 100 Anfragen pro Monat eintreffen. Wie kann das Institut sein Einkommen (bei gleichem Tarif) verbessern? (Stellen Sie hierzu eine Zufallsvariable „Gewinn" auf und berechnen Sie den Erwartungswert.)

7. Berechnen Sie die Entropie und die mittlere Wortlänge des Huffman Codes aus der Aufgabe 6 in Kap. 11. ◄

Wichtige Verteilungen, stochastische Prozesse 21

Zusammenfassung

Die Wahrscheinlichkeiten von Ereignissen lassen sich mit Hilfe von Verteilungen beschreiben. Am Ende dieses Kapitels kennen Sie

- die wichtigsten diskreten Verteilungen: Binomialverteilung, geometrische und hypergeometrische Verteilung sowie die Poisson-Verteilung als Annäherung an die Binomialverteilung
- die Standardnormalverteilung und die allgemeine Normalverteilung, und Sie wissen, warum sich diese als Annäherung an die Binomialverteilung verwenden lassen,
- den zentralen Grenzwertsatz,
- die Exponentialverteilung und die Chi-Quadrat-Verteilung.

Weiter lernen Sie einige stochastische Prozesse kennen:

- den Poisson-Prozess zur Beschreibung von Ereignissen im zeitlichen Verlauf,
- Markov-Ketten und Zustandsübergangsmatrizen mit ihren stationären Zuständen,
- als Anwendung werden Sie die Entwicklung von Warteschlangen in Abhängigkeit von den eintreffenden und bearbeiteten Anfragen berechnen.

Führt ein Statistiker Experimente durch oder analysiert er Datenmengen, so taucht eine Reihe von Verteilungen immer wieder auf. Kennt man die richtige Verteilung, die einem Experiment zu Grunde liegt, so kann man damit Wahrscheinlichkeiten, Erwartungswerte, Varianzen und andere Parameter bestimmen.

Einige dieser Verteilungen werden wir jetzt genauer untersuchen. Die Datenmengen, mit denen wir zu tun haben sind natürlich immer endlich, manchmal ist es aber geschickter mit stetigen Verteilungen zu rechnen und so die diskreten Verteilungen anzunähern. Auch solche Verteilungen werden wir kennenlernen.

© Springer Fachmedien Wiesbaden GmbH, ein Teil von Springer Nature 2019   551
P. Hartmann, *Mathematik für Informatiker*, https://doi.org/10.1007/978-3-658-26524-3_21

21.1   Diskrete Verteilungen

Einige diskrete Verteilungen sind uns schon im Abschn. 19.3 begegnet, von diesen und von anderen Verteilungen werden wir jetzt insbesondere die dazugehörigen Erwartungswerte und Varianzen berechnen.

Die Gleichverteilung

Die einfachste Verteilung ist die Gleichverteilung. Ist Ω ein Laplace Raum mit n Elementen und X die Zufallsvariable die $\omega_i \in \Omega$ den Wert $x_i \in \mathbb{R}$ zuordnet, so ist jeder Funktionswert gleich wahrscheinlich. Sind $x_1, x_2, \ldots, x_n$ die möglichen Werte der Zufallsvariablen X, so ist für alle i die Wahrscheinlichkeit $p(X = x_i) = 1/n$. Für den Erwartungswert gilt dann nach Definition 20.11:

$$E(x) = \sum_{i=1}^{n} x_i \cdot \frac{1}{n} = \frac{1}{n} \cdot \sum_{i=1}^{n} x_i,$$

das ist das arithmetische Mittel der Funktionswerte. Die Varianz beträgt nach Satz 20.15

$$\mathrm{Var}(X) = \frac{1}{n} \sum_{i=1}^{n} x_i{}^2 - E(X)^2.$$

Für die gleichverteilte Zufallsvariable „Würfeln mit einem Würfel" haben wir den Erwartungswert in (20.3) nach Definition 20.11 ausgerechnet, er ergibt 3.5. Die Varianz beim Würfeln beträgt

$$\mathrm{Var}(X) = \sigma^2 = \frac{1}{6}(1^2 + 2^2 + 3^2 + 4^2 + 5^2 + 6^2) - 3.5^2 = 2.917,$$

die Standardabweichung σ also etwa 1.7.

Die Binomialverteilung

Die Binomialverteilung beschreibt in einem Bernoulliexperiment die Wahrscheinlichkeit, dass bei n Versuchen das Ereignis A k-mal eintritt. Der Prototyp dafür ist das Urnenexperiment „Ziehen mit Zurücklegen": Befinden sich in der Urne N Kugeln, von denen S schwarz sind, dann ist die Wahrscheinlichkeit für das Ereignis A eine schwarze Kugel zu ziehen gerade $p = S/N$.

Für die Zufallsvariable X, die gegeben wird durch

$$X = k \quad \Leftrightarrow \quad A \text{ tritt bei } n \text{ Versuchen genau } k\text{-mal ein,}$$

gilt nach Satz 19.15: $p(X = k) = \binom{n}{k} p^k (1 - p)^{n-k}$.

▶ **Definition und Satz 21.1** Eine diskrete Zufallsvariable X, die in einem Bernoulliexperiment vom Umfang n die Anzahl der Versuche angibt, in denen das Ereignis A mit $p(A) = p$ eintritt, heißt *binomialverteilt* mit den Parametern n und p oder kurz $b_{n,p}$-verteilt. Es ist

$$b_{n,p}(k) := p(X = k) = \binom{n}{k} p^k (1-p)^{n-k}. \tag{21.1}$$

Die Zufallsvariable „Anzahl der schwarzen Kugeln bei n Zügen mit Zurücklegen" ist $b_{n,p}$-verteilt.

Berechnen wir den Erwartungswert von X:

$$E(X) = \sum_{k=0}^{n} k \cdot p(X = k) = \sum_{k=0}^{n} k \binom{n}{k} p^k q^{n-k} = ?$$

Wie können wir diese Summe ausrechnen? Ein kleiner Trick hilft uns dabei. Ich formuliere ihn als Satz, weil wir ihn noch häufig anwenden werden, vor allem im nächsten Kapitel. Eine binomialverteilte Zufallsvariable X lässt sich aus n einzelnen Zufallsvariablen X_i additiv zusammensetzen:

▶ **Hilfssatz 21.2** In einem Bernoulliexperiment vom Umfang n sei $p(A) = p$. Für $k = 1, \ldots, n$ sei die Zufallsvariable X_i definiert durch

$$X_i(\omega) = \begin{cases} 1 & \text{falls } A \text{ beim } i\text{-ten Versuch eintritt} \\ 0 & \text{sonst.} \end{cases}$$

Dann ist $X = X_1 + X_2 + \cdots + X_n$ die $b_{n,p}$-verteilte Zufallsvariable, welche die Anzahl der Versuche angibt, in denen A eintritt.

Denn es ist $X = k$ genau dann, wenn A k-mal eingetreten ist. □

Die X_i aus dem Hilfssatz sind unabhängig und daher gilt mit den Rechenregeln für die Summen von Erwartungswerten und Varianzen, die wir in den Sätzen 20.18 und 20.20 hergeleitet haben:

$$E(X) = \sum_{k=1}^{n} E(X_i), \quad \text{Var}(X) = \sum_{k=1}^{n} \text{Var}(X_i).$$

Erwartungswert und Varianz der X_i sind aber leicht zu berechnen, da X_i fast immer den Wert 0 hat. Zunächst der Erwartungswert:

$$E(X_i) = 1 \cdot p(X_i = 1) + 0 \cdot p(X_i = 0) = 1 \cdot p,$$

und damit ist $E(X) = n \cdot p$.

Für die Varianzen gilt:

$$\mathrm{Var}(X_i) = 1^2 \cdot p(X_i = 1) - p^2 = p - p^2 = p(1 - p),$$

also $\mathrm{Var}(X) = np(1 - p)$.

▶ **Satz 21.3** Für eine $b_{n,p}$-verteilte Zufallsvariable X gilt $E(X) = np$, $\mathrm{Var}(X) = np(1 - p)$.

Beispiel für die Verwendung der Binomialverteilung

Die Fertigung von elektronischen Bauelementen erfordert besonders reine Räume. In einer Norm ist festgelegt, wie viele Partikel welcher Größe in einem solchen Reinraum noch vorhanden sein dürfen, um die Anforderungen einer bestimmten Reinraumklasse zu erfüllen. So dürfen in einem Raum der Klasse 4 pro Kubikmeter noch maximal 352 Teilchen bis zur Größe 0.5 μm enthalten sein, in einem Raum der Klasse 5 bis zu 3520 solcher Partikel.

Die krummen Zahlen kommen sicher daher, dass in der letzten Norm noch die Anzahl der Partikel pro Kubikfuß festgelegt wurde.

Wie groß ist in einem Raum der Klasse 5 die Wahrscheinlichkeit in einem Liter Luft 0, 1, 2 oder 3 Teilchen anzutreffen? Gehen wir vom schlimmsten Fall aus, in einem Kubikmeter sollen sich 3520 Teilchen befinden.

Zur Berechnung wählen wir einen festen Liter aus dem Kubikmeter zur Beobachtung aus. Die Teilchen sind unabhängig voneinander und so können wir das Problem als ein Bernoulliexperiment auffassen: Die i-te Stufe des Experiments ist dabei der Aufenthaltsort des i-ten Teilchens.

In diesem Beispiel sehen Sie, dass die einzelnen Stufen eines Bernoulliexperiment nicht immer zeitlich hintereinander ausgeführt werden müssen, wie etwa beim Ziehen von Kugeln aus einer Urne, sie finden hier vielmehr parallel zueinander statt.

Das beobachtete Ereignis $A = {}$„Teilchen i befindet sich im ausgewählten Liter Luft" hat die Wahrscheinlichkeit $p = 1/1000$. Dann ist die Zufallsvariable Z, welche die Anzahl der Teilchen angibt, die sich in dem Liter Luft befinden binomialverteilt mit den Parametern $n = 3520$, $p = 1/1000$ und wir erhalten:

$$p(Z = k) = b_{3520,1/1000}(k) = \binom{3520}{k}\left(\frac{1}{1000}\right)^k \cdot \left(\frac{999}{1000}\right)^{3520-k}.$$

Hier die Ergebnisse für die ersten Werte von k:

k	0	1	2	3	4	5
$p(Z = k)$	0.02955	0.10411	0.18337	0.21524	0.18944	0.13335

(21.2)

◀

Die Binomialverteilung $b_{n,p}(k)$ lässt sich rekursiv aus $b_{n,p}(k-1)$ berechnen. Diese Formel werden wir etwas später noch einmal benötigen:

▶ **Satz 21.4** Für alle $k = 0, \ldots, n - 1$ gilt

$$b_{n,p}(k+1) = \frac{n-k}{k+1} \cdot \frac{p}{1-p} \cdot b_{n,p}(k), \quad b_{n,p}(0) = (1-p)^n.$$

Verwendet man, dass $\displaystyle \binom{n}{k+1} = \frac{n \cdot (n-1) \cdot \ldots \cdot (n-k)}{1 \cdot 2 \cdot 3 \cdot \ldots \cdot (k+1)} = \binom{n}{k} \cdot \frac{n-k}{k+1}$ ist, so erhält man mit $q = 1 - p$:

$$b_{n,p}(k+1) = \binom{n}{k+1} p^{k+1} q^{n-k-1} = \binom{n}{k} \frac{n-k}{k+1} \cdot p^k p \cdot q^{n-k} \cdot q^{-1}$$

$$= \frac{n-k}{k+1} \cdot \frac{p}{q} \cdot b_{n,p}(k). \qquad \square$$

Die hypergeometrische Verteilung

Die Verteilung, die zu dem Urnenexperiment „Ziehen ohne Zurücklegen" gehört, heißt *hypergeometrische Verteilung*: Wir haben diese Verteilung in Satz 19.17 berechnet:

▶ **Definition und Satz 21.5** Eine Urne enthalte N Kugeln, S davon seien schwarz. Eine diskrete Zufallsvariable Y, die bei n Zügen ohne Zurücklegen aus der Urne die Anzahl k der gezogenen schwarzen Kugeln angibt, heißt *hypergeometrisch verteilt* mit den Parametern N, S und n. Es ist

$$h_{N,S,n}(k) := p(Y = k) = \binom{S}{k} \binom{N-S}{n-k} \bigg/ \binom{N}{n}. \tag{21.3}$$

Ohne Beweis gebe ich für die hypergeometrische Verteilung den Erwartungswert und die Varianz an. Man kann diese ähnlich berechnen wie für die Binomialverteilung:

▶ **Satz 21.6** Es sei Y hypergeometrisch verteilt mit den Parametern N, S und n, es sei $p := S/N$. Dann gilt:

$$E(Y) = n \cdot p, \quad \mathrm{Var}(Y) = n \cdot p \cdot (1-p) \cdot \frac{N-n}{N-1}.$$

Vergleichen wir die Binomialverteilung mit der hypergeometrischen Verteilung:

Die Erwartungswerte sind bei beiden Verteilungen gleich, die Varianzen unterscheiden sich umso mehr, je näher n an N liegt. Werden $n = N$ Kugeln ohne Zurücklegen gezogen, also alle Kugeln, so erhält man den Grenzfall $E(Y) = N \cdot (S/N) = S$ und $\mathrm{Var}(Y) = 0$, denn dann erwischt man natürlich genau alle S schwarzen Kugeln.

Beispiel

In einer Tombola verkaufen 10 Verkäufer Lose. Jeder hat 50 Lose in seiner Schachtel, davon 20 Gewinne. Sie wollen 10 Lose kaufen. Ist Ihre Gewinnchance größer, wenn Sie alle Lose bei einem Verkäufer kaufen, oder wenn Sie bei jedem Verkäufer nur ein Los kaufen und damit jedes Mal wieder aus dem Vollen schöpfen?

Der Loskauf bei einem Verkäufer ist hypergeometrisch verteilt, der bei mehreren Verkäufern ist binomialverteilt, da bei jedem Kauf wieder die gleiche Ausgangssituation herrscht. Berechnen Sie selbst die Wahrscheinlichkeiten für $0, 1, 2, \ldots, 10$ Gewinne in den beiden Fällen. Sie sehen, dass sich diese immer etwas unterscheiden, mal ist die eine größer, mal die andere. Aber die Gewinnerwartung, das heißt der Erwartungswert, ist in beiden Fällen gleich, sie beträgt $n \cdot p = 10 \cdot 0.4 = 4$. Die Varianz unterscheidet sich geringfügig: Bei einem Verkäufer beträgt sie etwa 1.96, bei mehreren Verkäufern 2.4. Wo sollten Sie kaufen, wenn Sie risikoscheu sind? ◀

Wie unterscheiden sich Binomialverteilung und hypergeometrische Verteilung bei größeren Grundgesamtheiten N? Auch hierzu ein

Beispiel

In einer Kiste befinden sich 1000 Kugellagerkugeln, davon 100 fehlerhafte. Sie entnehmen 10 Kugeln, einmal ohne Zurücklegen, das zweite Mal mit Zurücklegen.

Berechnen wir die Wahrscheinlichkeit von k fehlerhaften Kugeln unter den 10 entnommenen Kugeln zunächst mit Hilfe der hypergeometrischen Verteilung und dann mit Hilfe der Binomialverteilung. Die Ergebnisse sind in der folgenden Tabelle eingetragen:

k	0	1	2	3	4	5
$h_{N,S,n}(k)$	0.3469	0.3894	0.1945	0.0569	0.0108	0.00139
$b_{n,p}(k)$	0.3487	0.3874	0.1937	0.0574	0.0112	0.00149

k	6	7	8	9	10	
$h_{N,S,n}(k)$	$1.2 \cdot 10^{-4}$	$7.4 \cdot 10^{-6}$	$2.9 \cdot 10^{-7}$	$6.5 \cdot 10^{-9}$	$6.6 \cdot 10^{-11}$	
$b_{n,p}(k)$	$1.4 \cdot 10^{-4}$	$8.7 \cdot 10^{-6}$	$3.6 \cdot 10^{-7}$	$9.0 \cdot 10^{-9}$	$1.0 \cdot 10^{-10}$	

Der Erwartungswert beträgt in beiden Fällen $10 \cdot 0.1 = 1$, die Varianz im ersten Fall ist etwa 0.89, im zweiten Fall 0.9. ◀

Sie sehen, dass die Resultate der Formeln in diesem Fall fast nicht mehr zu unterscheiden sind. Für eine große Grundgesamtheit N und eine relativ kleine Anzahl n von ausgewählten Elementen sind die Wahrscheinlichkeiten beim Ziehen ohne Zurücklegen und beim Ziehen mit Zurücklegen nahezu gleich.

Dieses Ergebnis können wir in einem Satz aufschreiben, den ich ohne Beweis anführen möchte:

▶ **Satz 21.7** Ist $S < N$, $n < N$ und sind n und $p = S/N$ konstant, so gilt für $k = 0, 1, \ldots, n$:

$$\lim_{N \to \infty} h_{N,S,n}(k) = b_{n,p}(k).$$

Wenn Sie die Formeln (21.1) und (21.3) zur Berechnung der Verteilungen miteinander vergleichen, stellen Sie fest, dass für große Grundmengen die Binomialverteilung (21.1) viel leichter auszuwerten ist als die hypergeometrische Verteilung (21.3): bei großen Zahlen N und S gerät man beim Berechnen der Binomialkoeffizienten leicht ins Schwitzen. Später werden wir sehen, dass sich die Binomialverteilung auch oft noch durch andere, einfachere Verteilungen annähern lässt.

Diese Eigenschaft machen sich die Statistiker zu Nutze: Wenn es möglich ist arbeiten sie mit dem Experiment „Ziehen mit Zurücklegen". Bei einer Wahlumfrage besteht zum Beispiel die Stichprobe aus einer Auswahl von Personen, wobei jede Person natürlich nur einmal befragt wird, es handelt sich also genau genommen um ein Ziehen ohne Zurücklegen. Bei 65 Millionen Wahlberechtigten und einigen 1000 Befragten ist jedoch die Wahrscheinlichkeit, beim „Zurücklegen" der Person einen Wähler zweimal zu erwischen praktisch gleich Null, man darf also ohne Weiteres vom Ziehen mit Zurücklegen ausgehen.

Die geometrische Verteilung

Die Wahrscheinlichkeit, dass in einem Bernoulliexperiment das Ereignis A beim k-ten Versuch zum ersten Mal eintritt, wird durch die *geometrische Verteilung* beschrieben. Wir kennen sie aus Satz 19.15:

▶ **Definition und Satz 21.8** Eine diskrete Zufallsvariable X, die in einem Bernoulliexperiment angibt, bei welchem Versuch das Ereignis A mit $p(A) = p$ zum ersten Mal eintritt heißt *geometrisch* verteilt mit Parameter p. Es ist

$$p(X = k) = p \cdot (1 - p)^{k-1}.$$

Berechnen wir auch hierzu Erwartungswert und Varianz. Dabei ergibt sich ein wesentlicher Unterschied zu den bisher untersuchten Verteilungen: Die Anzahl n der durchgeführten Experimente ist nicht nach oben beschränkt, wir müssen das Experiment so lange durchführen wie nötig. Zum ersten Mal tritt hier eine Zufallsvariable mit einem unendlichen Wertebereich auf. Für den Erwartungswert gilt damit:

$$E(X) = \sum_{k=1}^{\infty} k \cdot p(X = k) = \sum_{k=1}^{\infty} k \cdot p(1-p)^{k-1} = p \cdot \sum_{k=1}^{\infty} k(1-p)^{k-1}, \qquad (21.4)$$

wir haben also den Grenzwert einer unendlichen Reihe zu berechnen. Unser Wissen über Reihen, das wir im zweiten Teil des Buches erworben haben hilft uns weiter: Zunächst wissen wir, dass für reelle Zahlen x mit $|x| < 1$ gilt:

$$\sum_{k=0}^{\infty} x^k = \frac{1}{1-x}. \qquad (21.5)$$

Dies ist die geometrische Reihe, siehe Beispiel 2 in Abschn. 13.2. In Satz 15.21 haben wir gelernt, dass die Funktion, die durch diese Reihe bestimmt wird gliedweise differenziert werden kann. Leiten wir (21.5) rechts und links ab, links gliedweise und rechts nach der Kettenregel, so erhalten wir für alle x mit $|x| < 1$ die Identität:

$$\sum_{k=1}^{\infty} k \cdot x^{k-1} = \frac{1}{(1-x)^2}.$$

Setzen wir hierin für x die Zahl $1 - p$ ein, so ergibt sich:

$$\sum_{k=1}^{\infty} k \cdot (1-p)^{k-1} = \frac{1}{(1-(1-p))^2} = \frac{1}{p^2},$$

und damit nach (21.4)

$$E(X) = \frac{1}{p}.$$

Mit einem ähnlichen Trick kann man die Varianz berechnen. Das Ergebnis lautet:

$$\text{Var}(X) = \frac{1-p}{p^2}.$$

Beim Würfeln ist der Erwartungswert für das Warten auf eine Zahl 6, die Varianz beträgt 30. Der Münzwurf hat einen Erwartungswert von 2 für Kopf, die Varianz ist in diesem Beispiel ebenfalls 2.

Abb. 21.1 zeigt die geometrische Verteilung im Histogramm für das Würfelexperiment, also $p = 1/6$. Vergleichen Sie das Diagramm bitte mit dem aus Abb. 19.4. Dort waren die realen Ergebnisse des Versuchs „Warten auf die 6" aufgetragen.

Abb. 21.1 Die geometrische Verteilung

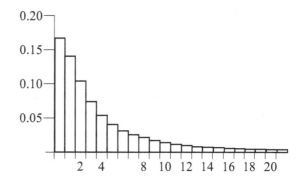

Die geometrische Verteilung hat eine interessante Eigenschaft, die als Gedächtnislosigkeit bezeichnet wird: die Wahrscheinlichkeit, dass beim Würfeln die 6 zum ersten Mal nach k Versuchen eintritt ist unabhängig davon, ob ich gerade angefangen habe zu würfeln, oder ob ich bereits s vergebliche Versuche hinter mir habe. Als Formel ausgedrückt heißt diese Eigenschaft:

$$p(X = s + k | X > s) = p(X = k) \tag{21.6}$$

Rechnen wir (21.6) nach: Die Wahrscheinlichkeit $p(X > s)$ für s vergebliche Versuche ist $(1 - p)^s$. Mit Hilfe der Definition 19.6 der bedingten Wahrscheinlichkeit ergibt sich:

$$p(X = s + k | X > s) = \frac{p(\{X = s + k\} \cap \{X > s\})}{p(X > s)} = \frac{p(X = s + k)}{p(X > s)}$$
$$= \frac{p(1 - p)^{s+k-1}}{(1 - p)^s} = p(1 - p)^{k-1} = p(X = k)$$

Wegen der Gedächtnislosigkeit der geometrischen Verteilung ist es sinnlos etwa im Roulette auf eine Zahl zu setzen, die lange nicht mehr gefallen ist. Die Wahrscheinlichkeit für das Ziehen einer Zahl ist immer $1/37$, auch wenn sie schon lange überfällig ist.

Die Poissonverteilung

Bei einer großen Anzahl von Versuchen in einem Bernoulliexperiment wird die Binomialverteilung schnell unhandlich. Wenn die Wahrscheinlichkeit für das beobachtete Ereignis klein ist, so stellt die Poisson-Verteilung eine gute und leicht zu berechnende Annäherung an die Binomialverteilung dar.

Ist in einem Bernoulliexperiment n groß im Vergleich zu k und ist p klein, so ist $1 - p \approx 1$ und $n - k \approx n$. Jetzt greifen wir zur Berechnung der Wahrscheinlichkeiten $b_{n,p}(k)$ auf die Rekursionsformel aus Satz 21.4 zurück. Wir können diese Formel noch etwas vereinfachen indem wir $n - k$ durch n und $1 - p$ durch 1 ersetzen:

$$b_{n,p}(k+1) = \frac{(n-k)p}{(k+1)(1-p)} \cdot b_{n,p}(k) \approx \frac{np}{(k+1)} \cdot b_{n,p}(k). \qquad (21.7)$$

Zur Berechnung von $b_{n,p}(0) = (1-p)^n$ verwenden wir den Grenzwert einer Folge, der aus der Analysis bekannt ist. Für alle reellen Zahlen x gilt nämlich:

$$\lim_{n\to\infty} \left(1 + \frac{x}{n}\right)^n = e^x.$$

Häufig wird die Zahl e als Grenzwert der Folge $(1 + \frac{1}{n})^n$ definiert.

Damit ist für große n:

$$b_{n,p}(0) = (1-p)^n = \left(1 + \frac{-np}{n}\right)^n \approx e^{-np}.$$

Es gibt einige Faustregeln dafür wann diese Näherungen verwendet werden können. Eine solche Regel besagt, dass dazu $np < 10$ und $n > 1500p$ sein sollte.

Kommen wir noch einmal auf das Beispiel der Staubteilchen in einem Reinraum nach Satz 21.3 zurück. In einem Kubikmeter Luft befinden sich 3520 Teilchen. Wie groß ist die Wahrscheinlichkeit für k Teilchen in einem Liter Luft? Es liegt ein Bernoulliexperiment mit 3520 Versuchen (den Teilchen) vor, wobei $p = 1/1000$ ist. Wir erhalten $np = 3.52$, und da auch $n > 1500p$ gilt, können wir die Näherungen verwenden. Für die ersten Werte von k ergibt sich:

$$b_{3520,1/1000}(0) \approx e^{-3.52} = 0.02960$$

$$b_{3520,1/1000}(1) \approx \frac{3.52}{1} e^{-3.52} \approx 0.10419,$$

$$b_{3520,1/1000}(2) \approx \frac{3.52}{2} \cdot \left(\frac{3.52}{1} e^{-3.52}\right) \approx 0.18337,$$

$$b_{3520,1/1000}(3) \approx \frac{3.52}{3} \left(\frac{3.52}{2} \frac{3.52}{1} e^{-3.52}\right) \approx 0.21516,$$

$$b_{3520,1/1000}(4) \approx \frac{3.52}{4} \left(\frac{3.52}{3} \frac{3.52}{2} \frac{3.52}{1} e^{-3.52}\right) \approx 0.18934,$$

$$\vdots$$

$$b_{3520,1/1000}(k) \approx \frac{3.52^k}{k!} e^{-3.52}.$$

Im Vergleich mit der Tabelle (21.2) in dem Reinraumbeispiel, die wir mit der Binomialverteilung berechnet haben, sehen Sie, dass die Resultate gut übereinstimmen.

Die Näherung wird immer besser, je größer n und je kleiner p wird. Es ist üblich das Produkt $n \cdot p$ mit dem Buchstaben λ zu bezeichnen.

▶ **Satz 21.9** Ist $n \cdot p = \lambda$ konstant, so gilt $\lim\limits_{n \to \infty} b_{n,p}(k) = \dfrac{\lambda^k}{k!} e^{-\lambda}$.

Ich möchte den Beweis skizzieren, er verwendet die bekannten Rechenregeln für Grenzwerte. Für jede feste Zahl k gilt:

$$\lim_{n \to \infty} b_{n,p}(k) = \lim_{n \to \infty} \underbrace{\frac{n \cdot (n-1) \cdots (n-k+1)}{1 \cdot 2 \cdot 3 \cdot 4 \cdots k}}_{\binom{n}{k}} \underbrace{\left(\frac{\lambda}{n}\right)^k}_{p} \underbrace{\left(1 - \frac{\lambda}{n}\right)^{n-k}}_{1-p}$$

$$= \frac{\lambda^k}{k!} \lim_{n \to \infty} \underbrace{\frac{n \cdot (n-1) \cdots (n-k+1)}{n^k}}_{\to 1} \cdot \underbrace{\left(1 - \frac{\lambda}{n}\right)^{n-k}}_{\to e^{-\lambda}} = \frac{\lambda^k}{k!} e^{-\lambda}. \quad \square$$

▶ **Definition und Satz 21.10** Eine diskrete Zufallsvariable X, für die gilt

$$p(X = k) = \frac{\lambda^k}{k!} e^{-\lambda}$$

heißt *Poisson-verteilt* mit Parameter λ. Eine Poisson-verteilte Zufallsvariable hat den Erwartungswert $E(X) = \lambda$ und die Varianz $\text{Var}(X) = \lambda$.

Erwartungswert und Varianz der Poisson-Verteilung möchte ich nicht herleiten, im Vergleich mit der Binomialverteilung sehen Sie aber, dass für $\lambda = n \cdot p$ die Erwartungswerte übereinstimmen. Die Varianz der Binomialverteilung ist $n \cdot p \cdot (1-p)$, auch dieser Wert liegt für kleines p nahe an λ.

Als unmittelbare Folgerung aus Satz 21.9 erhalten wir die

▶ **Rechenregel 21.11** Für große n und kleine p kann die Binomialverteilung durch die Poisson-Verteilung mit Parameter $\lambda = n \cdot p$ ersetzt werden. Diese Ersetzung kann für $\lambda \leq 10$ und für $n \geq 1500 \cdot p$ vorgenommen werden.

Beispiel

Rechnen wir noch die Wahrscheinlichkeit für k Teilchen in einem Kubikzentimeter für einen Reinraum der Klasse 4 aus. Hier sind maximal 352 Teilchen pro Kubikmeter erlaubt. Im schlimmsten Fall ist also n gleich 352, und p ist jetzt $1/10^6$. Für den Parameter λ gilt: $\lambda = n \cdot p = 0.000352 < 10$ und es ist $n > 1500 \cdot p = 0.0015$.

Die Voraussetzungen der Rechenregel 21.11 sind also erfüllt, damit beträgt die Wahrscheinlichkeit für k Teilchen in einem Liter eines Raumes

$$\frac{0.000352^k}{k!} e^{-0.000352}$$

In der folgenden Tabelle habe ich die ersten Ergebnisse zusammengestellt:

k	0	1	2
Klasse 4	0.9996	0.00035	$6.2 \cdot 10^{-8}$

Versuchen Sie auf dem Taschenrechner diese Wahrscheinlichkeiten mit Hilfe der Binomialverteilung nachzurechnen und Sie sehen, warum die Annäherung durch die Poisson-Verteilung hier so nützlich ist. ◄

21.2   Stetige Verteilungen, die Normalverteilung

Die stetige Gleichverteilung

Die einfachste stetige Verteilung ist wie im diskreten Fall die Gleichverteilung. Sehen
Sie sich dazu noch einmal das Beispiel vor Definition 20.6 im Abschn. 20.1 an. Sind
die möglichen Resultate eines Experimentes in einem Intervall $[a, b] \subset \mathbb{R}$ gleichmäßig
verteilt, so können wir nicht mehr die Wahrscheinlichkeit für das Eintreten einer einzelnen
Zahl angeben, sondern nur noch die Wahrscheinlichkeit für Teilbereiche von $[a, b]$.

Die Dichte der Gleichverteilung im Intervall $[a, b] \subset \mathbb{R}$ hat die Form (Abb. 21.2):

$$w: \mathbb{R} \to \mathbb{R}, \quad x \mapsto \begin{cases} 1/(b-a) & a \leq x \leq b \\ 0 & \text{sonst.} \end{cases}$$

Die zugehörige Verteilungsfunktion $F(x) = \int_{-\infty}^{x} w(t)dt$ lautet (Abb. 21.3):

$$F: \mathbb{R} \to [0, 1], \quad x \mapsto \begin{cases} 0 & x < a \\ (x-a)/(b-a) & a \leq x \leq b \\ 1 & x > b \end{cases}$$

Abb. 21.2 Die Dichte der
Gleichverteilung

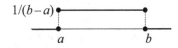

Abb. 21.3 Die Verteilungsfunktion der Gleichverteilung

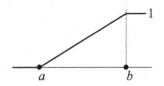

Der Erwartungswert einer gleichverteilten Zufallsvariablen ist nach Definition 20.12 gleich

$$E(X) = \int\limits_{-\infty}^{+\infty} x \cdot w(x)dx = \int\limits_{a}^{b} \frac{x}{b-a}dx = \frac{a+b}{2},$$

das ist genau der Mittelwert von a und b.

Die Ergebnisse eines Zufallszahlengenerators, der Zahlen zwischen 0 und 1 erzeugt, sind im Idealfall gleich verteilt. Der Erwartungswert ist 0.5 und es ist zum Beispiel $p(0.1 < X < 0.2) = F(0.2) - F(0.1) = 0.2 - 0.1 = 0.1$. Ist Ihr Zufallszahlengenerator in Ordnung? Sie können beliebig viele Zahlen erzeugen und die entstandene Datenmenge analysieren. Die Aufgabe der Statistik besteht darin zu überprüfen, ob diese Datenmenge die richtige Verteilung besitzt. Mehr dazu im nächsten Kapitel.

Die Standardnormalverteilung

Die Gleichverteilung dient mir an dieser Stelle im Wesentlichen zum mentalen Aufwärmen am Beginn einer schwierigen Aufgabe: Wir kommen zu der wichtigsten Verteilung überhaupt, der Normalverteilung. Mit dieser müssen wir uns ausführlich auseinandersetzen. Ich hoffe, dass ich Ihnen im folgenden Abschnitt ein Verständnis dafür vermitteln kann, wie diese Verteilung zu Stande kommt und warum sie so wichtig ist.

Wie bei der Herleitung der Poisson-Verteilung gehen wir von der Binomialverteilung aus. Wir hatten dort gesehen, dass für große n und kleine p die Binomialverteilung durch die Poisson-Verteilung ersetzt werden kann: Ist $\lambda = np$ konstant, so gilt

$$\lim_{n \to \infty} b_{n,p}(k) = \frac{\lambda^k}{k!}e^{-\lambda}.$$

Wenn n größer wird, muss also p kleiner werden. Was geschieht aber, wenn p konstant bleibt und n immer größer wird? Denken Sie an ein Bernoulli-Experiment, das sehr häufig ausgeführt wird. In Abb. 21.4 habe ich für $p = 0.5$ die Binomialverteilungen für verschiedene Werte von n als Histogramme aufgezeichnet.

Sie sehen, dass die Verteilung für größere n immer flacher wird, das Maximum rückt immer weiter nach rechts. Dies ist auch nicht sehr überraschend, denn wir wissen, dass der Erwartungswert $E(b_{n,p}) = n \cdot p$ ist, er wandert also mit wachsendem n nach rechts. Für die Varianz gilt $\text{Var}(b_{n,p}) = np(1-p)$, also wird auch die Streuung der Werte um den Erwartungswert immer größer, das heißt, dass die Histogramme immer breiter werden. Diese Folge von Verteilungen konvergiert also sicher nicht gegen eine vernünftige Grenzfunktion, sie zerläuft mit wachsendem n.

Um trotzdem eine Grenzverteilung zu finden, führen wir einen Trick durch. Erinnern Sie sich daran, dass man Erwartungswert und Varianz einer Zufallsvariablen normieren

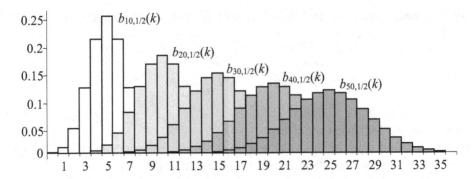

Abb. 21.4 Die Binomialverteilung bei wachsendem n

kann? Zu der Zufallsvariablen X mit Erwartungswert μ und Varianz σ^2 haben wir in Definition 20.17 die standardisierte Variable $X^* = (X - \mu)/\sigma$ gebildet. Diese hat den Erwartungswert 0 und die Varianz 1. Das führen wir jetzt bei den Binomialverteilungen durch. Der Effekt dieser Standardisierung ist, dass alle Verteilungen mit ihrer Spitze, dem Erwartungswert, nach 0 verschoben werden, und dass sie soweit zusammengequetscht werden, bis sie alle die gleiche Varianz 1 haben.

Untersuchen wir die Histogramme der standardisierten Verteilungen: Setzen wir $k^* := (k - \mu)/\sigma$ so erhalten wir:

$$X = k \quad \Leftrightarrow \quad \underbrace{(X - \mu)/\sigma}_{X^*} = \underbrace{(k - \mu)/\sigma}_{k^*} \quad \Leftrightarrow \quad X^* = k^*.$$

Die Werte von k^*, für $k = 0, 1, \ldots, n$ sind die Funktionswerte der Zufallsvariablen X^*, also die Stellen, an denen die Säulen gezeichnet werden sollen.

Im Fall einer binomialverteilten Zufallsvariablen ist $k^* = (k - np)/\sqrt{np(1 - p)}$. Nehmen wir als Beispiel $b_{16,1/2}$: Es ist $\mu = np = 8$ und $\sigma^2 = np(1 - p) = 4$, also $\sigma = 2$. Damit ergeben sich die Werte:

k	0	1	2	3	4	5	6	7	8	9	10	11	12	13	14	15	16
k^*	−4	−3.5	−3	−2.5	−2	−1.5	−1	−0.5	0	0.5	1	1.5	2	2.5	3	3.5	4

Wir wollen jetzt flächenproportionale Histogramme zeichnen. Das heißt, dass über k^* die Säule mit der Fläche $p(X^* = k^*)$ aufgezeichnet wird. Die Säulen sollen alle gleich breit sein und aneinander stoßen. Der Abstand zweier Werte von k^* ist im Beispiel gerade 0.5, und im allgemeinen Fall beträgt die Säulenbreite für X^*:

$$(k + 1)^* - k^* = \frac{(k + 1) - \mu}{\sigma} - \frac{k - \mu}{\sigma} = \frac{1}{\sigma}.$$

In der Zufallsvariablen X war die Säulenbreite genau 1, und da $p(X^* = k^*) = p(X = k)$ gilt, muss die Säule über k^* im Vergleich zu der Säule über k gerade um den Faktor σ

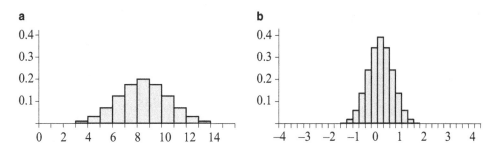

Abb. 21.5 $b_{16,1/2}(k)$ (**a**) und $b^*_{16,1/2}(k)$ (**b**)

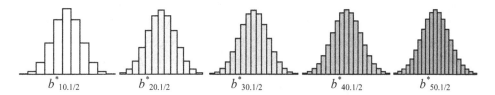

Abb. 21.6 Standardisierte Binomialverteilungen

gestreckt werden, um die gleiche Fläche zu erhalten. In Abb. 21.5a sehen Sie das Histogramm von $b_{16,1/2}$, in Abb. 21.5b das Histogramm zu $b^*_{16,1/2}$.

Die Standardisierungen der Verteilungen aus Abb. 21.4 ergeben die Histogramme in Abb. 21.6.

Sie sehen, dass sich diese Verteilungen immer besser an eine glockenförmige Funktion annähern, nämlich gerade an die berühmte Gauß'sche Glockenkurve. Formulieren wir diese Aussage mathematisch:

Für jede Zahl n lässt sich das Histogramm der standardisierten Binomialverteilung $b^*_{n,p}$ durch eine Treppenfunktion $\phi_n(x)$ darstellen. Die Breite einer Stufe ist $1/\sigma$, also hat diese Funktion für x zwischen $k^* - (0.5/\sigma)$ und $k^* + (0.5/\sigma)$ den Wert $\sigma \cdot b_{n,p}(k)$. Die mathematische Formel für $\phi_n(x)$ lautet:

$$\varphi_n(x) = \begin{cases} \sigma b_{n,p}(k) & \text{für } \frac{k-\mu-0.5}{\sigma} \leq x < \frac{k-\mu+0.5}{\sigma} \\ 0 & \text{sonst,} \end{cases} \qquad \mu = np, \ \sigma = \sqrt{np(1-p)}.$$

(21.8)

Der folgende, sehr schwierige Satz, eine Version des *Moivre-Laplace'sche Grenzwertsatzes*, besagt, dass diese Folge von Funktionen tatsächlich konvergiert:

▶ **Satz 21.12: Der Grenzwertsatz von Moivre-Laplace** Für alle p zwischen 0 und 1 ist

$$\lim_{n \to \infty} \phi_n(x) = \frac{1}{\sqrt{2\pi}} \cdot e^{-\frac{x^2}{2}}.$$

Abb. 21.7 Die Glockenkurve

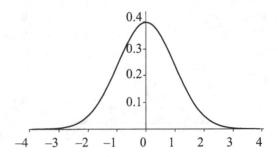

Abb. 21.7 zeigt die Glockenkurve, die durch die Vorschrift $\phi(x) = \frac{1}{\sqrt{2\pi}} \cdot e^{-\frac{x^2}{2}}$ definiert wird. Der Graph ist nicht maßstabsgerecht gezeichnet, das Maximum liegt etwa bei 0.4, die Kurve ist also sehr flach. Interessant ist, dass die Konvergenz nicht nur für $p = 0.5$ stattfindet, sondern auch für alle anderen Wahrscheinlichkeiten p: Dann sind die Binomialverteilungen zwar nicht von Anfang an symmetrisch, die Konvergenz dauert etwas länger, aber schließlich wird doch wieder die gleiche Form erreicht.

Was haben wir von dieser Grenzkurve? Ist X binomialverteilt und n groß genug, so können wir damit die Wahrscheinlichkeit $p(k_1 \leq X \leq k_2)$ berechnen: Da $p(k_1 \leq X \leq k_2) = p(k_1^* \leq X^* \leq k_2^*)$ ist, müssen wir dazu nur die Fläche der Säulen der standardisierten Zufallsvariablen X^* zwischen k_1^* und k_2^* anschauen. Nehmen wir als Beispiel $b_{64,1/2}$. In Abb. 21.8 sehen Sie die standardisierte Zufallsvariable $b_{64,1/2}^*$ zusammen mit den Werten von k und k^*.

Es ist zum Beispiel $p(28 \leq X \leq 32) = p(-1 \leq X^* \leq 0)$, und da diese Wahrscheinlichkeit gerade die Fläche der Säulen darstellt, gilt

$$p(28 \leq X \leq 32) \approx \frac{1}{\sqrt{2\pi}} \int\limits_{-1}^{0} e^{-\frac{x^2}{2}} dx.$$

Abb. 21.8 Berechnung von Wahrscheinlichkeiten mit der Glockenkurve

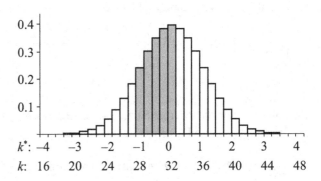

Allgemein gilt für eine binomialverteilte Zufallsvariable X

$$p(X \leq k) = p(X^* \leq k^*) \approx \frac{1}{\sqrt{2\pi}} \int_{-\infty}^{k^*} e^{-\frac{x^2}{2}} dx.$$

Die Funktion $\frac{1}{\sqrt{2\pi}} \cdot e^{-\frac{x^2}{2}}$ ist integrierbar, auch wenn das Integral nicht analytisch ausführbar ist. Sie ist überall größer als 0 und die Fläche unter der gesamten Funktion beträgt 1. Damit wird eine stetige Zufallsvariable gegeben (siehe Definition 20.6):

▶ **Satz 21.13** Die Funktion $\phi(x) = \frac{1}{\sqrt{2\pi}} \cdot e^{-\frac{x^2}{2}}$ ist Dichte einer stetigen Zufallsvariablen N mit dem Erwartungswert 0 und der Varianz 1. N besitzt die Verteilungsfunktion

$$\Phi(x) = p(N \leq x) = \frac{1}{\sqrt{2\pi}} \int_{-\infty}^{x} e^{-\frac{t^2}{2}} dt.$$

▶ **Definition 21.14** Die Zufallsvariable N aus Satz 21.13 heißt *standardnormalverteilt* oder $N(0, 1)$-verteilt.

Die Verteilungsfunktion Φ lässt sich nur numerisch auswerten. In den Übungsaufgaben zur Integralrechnung konnten Sie eine Tabelle berechnen, das Ergebnis dieser numerischen Integration finden Sie im Anhang. Da $\phi(x)$ symmetrisch ist, zeigt eine einfache Überlegung, dass für $x > 0$ immer $\Phi(-x) = 1 - \Phi(x)$ ist, daher werden üblicherweise nur die positiven Werte tabelliert.

Die standardisierten Binomialverteilungen sind für große n annähernd standardnormalverteilt, daher gilt

$$p(X \leq k) \approx p(X^* \leq k^*) = \Phi(k^*) = \Phi\left(\frac{k - \mu}{\sigma}\right),$$

$$p(k_1 < X \leq k_2) \approx \Phi(k_2^*) - \Phi(k_2^*) = \Phi\left(\frac{k_2 - \mu}{\sigma}\right) - \Phi\left(\frac{k_1 - \mu}{\sigma}\right). \tag{21.9}$$

Die Konvergenz in Satz 21.12 klappt am besten, wenn p in der Nähe von 0.5 liegt. Je mehr p von 0.5 abweicht, um so größer muss n gewählt werden. In der Literatur findet man dafür mehrere Faustregeln. Die Annäherung der Binomialverteilung durch die Normalverteilung ist schon für $np > 5$ und $n(1 - p) > 5$ sehr gut. Die sogenannte Laplace-Bedingung verlangt, dass $np(1 - p) > 9$ sein soll. In beiden Regeln sehen Sie, dass n umso größer gewählt werden muss, je weiter p von 0.5 abweicht. Ich fasse unsere Überlegungen in der folgenden Rechenregel zusammen:

▶ **Rechenregel 21.15** Sei X eine $b_{n,p}$-verteilte Zufallsvariable. Dann ist für $np > 5$ und $n(1 - p) > 5$ die folgende Rechnung möglich:

a) $p(k_1 \leq X \leq k_2) = \Phi\left(\dfrac{k_2 - np + 0.5}{\sqrt{np(1 - p)}}\right) - \Phi\left(\dfrac{k_1 - np - 0.5}{\sqrt{np(1 - p)}}\right),$

$0 \leq k_1 \leq k_2 \leq n,$

b) $p(X \leq k) = \Phi\left(\dfrac{k - np + 0.5}{\sqrt{np(1 - p)}}\right),\ p(X < k) = \Phi\left(\dfrac{k - np - 0.5}{\sqrt{np(1 - p)}}\right),$

$0 \leq k \leq n.$

Die ± 0.5 in den beiden Formeln kommen daher, dass man in der Binomialverteilung immer an den linken beziehungsweise an den rechten Rand der Säule über k^* gehen muss, siehe (21.8). Diese Korrektur spielt nur für kleine Werte von n eine Rolle.

Beispiel 1

In einer Wahl haben 10 % der Wähler die Partei A gewählt. In der Wahlnachfrage werden 1000 Wähler befragt und daraus eine Wahlprognose erstellt. Wie groß ist die Wahrscheinlichkeit, dass diese Prognose um höchstens ± 2 % vom tatsächlichen Wahlergebnis abweicht?

Die Befragung stellt ein Bernoulliexperiment dar, die Zufallsvariable $X =$ „Anzahl der Wähler der Partei A" ist binomialverteilt mit den Parametern $n = 1000$ und $p = 0.1$. Gesucht ist die Wahrscheinlichkeit $p(80 \leq X \leq 120)$, denn dann liegt die Wahlprognose zwischen 8 % und 12 %. Es ist $np = 100, n(1 - p) = 900$, also können wir die Regel 21.15a) anwenden:

$$p(80 \leq X \leq 120) = \Phi\left(\frac{120 - 100 + 0.5}{\sqrt{90}}\right) - \Phi\left(\frac{80 - 100 - 0.5}{\sqrt{90}}\right)$$

$$= \Phi(2.16) - \Phi(-2.16) = 2 \cdot \Phi(2.16) - 1$$

$$= 2 \cdot 0.9846 - 1 = 0.9692.$$

Die gesuchte Wahrscheinlichkeit liegt also bei etwa 96,9 %. Rechnen Sie selbst nach, was herauskommt, wenn wir in der Formel die ± 0.5 weglassen: es ergeben sich etwa 96.5 %.

Natürlich könnten wir diese Aufgabe auch direkt mit der Binomialverteilung lösen: Dann hätten wir aber die Wahrscheinlichkeiten $p(X = 80)$, $p(X = 81)$ und so weiter bis $p(X = 120)$ alle einzeln berechnen müssen, ein ziemlich umständliches Verfahren. ◀

An dem Beispiel sehen Sie, dass wir uns langsam den statistischen Fragestellungen annähern, die ich in Abschn. 19.1 vorgestellt habe. In der Realität ist das wirkliche Ergebnis, die 10 %, leider nicht gegeben. Wir müssen aus der Umfrage einen Prozentsatz raten und zu diesem ein sogenanntes Konfidenzintervall, ein Vertrauensintervall angeben.

Beispiel 2

Nehmen Sie die Hypothese als wahr an, dass eine Toastscheibe beim Herunterfallen genauso oft auf die Butterseite wie auf die ungebutterte Seite fällt. Wie groß ist dann die Wahrscheinlichkeit, dass bei 100 Versuchen der Toast mehr als 52 Mal auf die Butterseite fällt?

Die zugehörige Zufallsvariable X ist $b_{100,1/2}$-verteilt, wir können die Regel 21.15b) verwenden:

$$p(X > 52) = 1 - p(X \le 52) = 1 - \Phi\left(\frac{52 - 50 + 0.5}{\sqrt{25}}\right)$$
$$= 1 - \Phi(0.5) = 1 - 0.6915 = 0.3085.$$

In den Übungsaufgaben zu Kap. 19 konnten Sie die Aufgabe mit Hilfe der Binomialverteilung lösen. Das Ergebnis dieser Berechnung lautete (gerundet) 0.3087. ◄

Die allgemeine Normalverteilung

Genau wie wir die Binomialverteilung durch Schieben und Drücken in eine Verteilung mit Erwartungswert 0 und Varianz 1 normieren konnten, können wir die Standardnormalverteilung in eine ähnliche Verteilung mit Erwartungswert μ und Varianz σ^2 umwandeln: Ist X eine N(0,1)-verteilte Zufallsvariable, so hat nach den Sätzen 20.13 und 20.16 die Zufallsvariable $Y = \sigma X + \mu$ Erwartungswert μ und Varianz σ^2. Es ist dann $X = (Y - \mu)/\sigma$.

▶ **Definition 21.16** Eine Zufallsvariable X mit Erwartungswert μ und Varianz σ^2 heißt $N(\mu, \sigma^2)$-verteilt oder $N(\mu, \sigma^2)$-normalverteilt, wenn die Standardisierte $X^* = (X - \mu)/\sigma$ standardnormalverteilt ist.

Für eine solche Zufallsvariable gilt $X = \sigma \cdot N(0, 1) + \mu$.

▶ **Satz 21.17** Sei X eine $N(\mu, \sigma^2)$-verteilte Zufallsvariable. Dann gilt für die zugehörige Verteilungsfunktion F:

$$F(x) = p(X \le x) = \Phi\left(\frac{x - \mu}{\sigma}\right)$$
$$F(y) - F(x) = p(x < X \le y) = \Phi\left(\frac{y - \mu}{\sigma}\right) - \Phi\left(\frac{x - \mu}{\sigma}\right). \tag{21.10}$$

X besitzt die Dichtefunktion

$$\phi(x) = \frac{1}{\sqrt{2\pi\sigma^2}} \cdot e^{-\frac{(x-\mu)^2}{2\sigma^2}}.$$

Die Dichtefunktion habe ich nur der Vollständigkeit halber angegeben, wir brauchen Sie im Folgenden nicht weiter; sie kann aus der Dichtefunktion der Standardnormalverteilung hergeleitet werden. Für die Verteilungsfunktion $F(x)$ der allgemeinen Normalverteilung gilt wegen $X \leq x \Leftrightarrow (X - \mu)/\sigma \leq (x - \mu)/\sigma$:

$$F(x) = p(X \leq x) = p\left(\frac{X - \mu}{\sigma} \leq \frac{x - \mu}{\sigma}\right) = p\left(X^* \leq \frac{x - \mu}{\sigma}\right) = \Phi\left(\frac{x - \mu}{\sigma}\right).$$

Analog folgt die zweite Zeile der Formel (21.10).   □

Ist X eine binomialverteilte Zufallsvariable mit dem Erwartungswert μ und der Varianz σ^2, so wissen wir inzwischen, dass $X^* = (X - \mu)/\sigma$ annähernd standardnormalverteilt ist. Das heißt aber, dass X annähernd $N(\mu, \sigma^2)$-verteilt ist. Daher gilt:

▶ **Rechenregel 21.18** Für $np > 5$ und $n(1 - p) > 5$ ist eine $b_{n,p}$-verteilte Zufallsvariable annähernd $N(np, np(1 - p))$-verteilt.

Es kann daher nicht verwundern, dass die Formeln (21.9) und (21.10) bis auf das „$\approx$" übereinstimmen.

Beispiel

Es sei bekannt, dass der Durchmesser von Kugellagerkugeln aus einer speziellen Produktion $N(45, 0.01^2)$-verteilt ist. Eine Kugel ist unbrauchbar, wenn sie um mehr als $0.03\,\text{mm}$ vom Soll $45\,\text{mm}$ abweicht. Wie groß ist die Wahrscheinlichkeit für eine solche Abweichung?

$$\begin{aligned}
p(\text{Kugel brauchbar}) &= p(45 - 0.03 \leq X \leq 45 + 0.03) \\
&= F(45 + 0.03) - F(45 - 0.03) \\
&= \Phi\left(\frac{45 + 0.03 - 45}{0.01}\right) - \Phi\left(\frac{45 - 0.03 - 45}{0.01}\right) \\
&= \Phi(3) - \Phi(-3) = 2 \cdot 0.99865 - 1 = 0.9973.
\end{aligned}$$

Also sind $0.27\,\%$ der Kugeln unbrauchbar. ◀

▶ **Satz 21.19** Ist X eine $N(\mu, \sigma^2)$-verteilte Zufallsvariable, so gilt für die Abweichungen vom Erwartungswert:

$$\begin{aligned}
p(|X - \mu| \leq \sigma) &\approx 0.6826, \\
p(|X - \mu| \leq 2\sigma) &\approx 0.9546, \\
p(|X - \mu| \leq 3\sigma) &\approx 0.9973.
\end{aligned}$$

Abb. 21.9 Die Standardabweichung

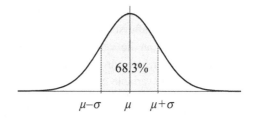

68.3%

$\mu-\sigma \quad \mu \quad \mu+\sigma$

Zum Beweis: Es ist

$$p(|X - \mu| \leq k\sigma) = p(\mu - k\sigma \leq X \leq \mu + k\sigma)$$
$$= F(\mu + k\sigma) - F(\mu - k\sigma) =$$
$$= \Phi\left(\frac{\mu + k\sigma - \mu}{\sigma}\right) - \Phi\left(\frac{\mu - k\sigma - \mu}{\sigma}\right)$$
$$= \Phi(k) - \Phi(-k) = 2\Phi(k) - 1.$$

Die angegebenen Werte für $k = 1, 2, 3$ können mit der Tabelle im Anhang bestimmt werden.   □

Das Interessante an der Aussage ist, dass diese Zahlenwerte unabhängig von μ und σ gelten (Abb. 21.9): 68.3 % der Ergebnisse von X weichen um weniger als σ vom Erwartungswert ab, 95.4 % um weniger als 2σ und 99.7 % um weniger als 3σ. Diese Vielfachen der Standardabweichung werden daher gerne als einfache Kenngrößen verwendet um festzustellen, wie „normal" ein spezielles Ergebnis ist.

Im Beispiel der Kugellagerkugeln entsprach die erlaubte Abweichung von 0.03 mm zufällig gerade der dreifachen Standardabweichung. Wir hätten das Ergebnis also auch direkt aus Satz 21.19 entnehmen können.

Die Normalverteilung tritt bei vielen in der Praxis vorkommenden Zufallsvariablen immer wieder auf. Warum ist sie so häufig? Wir kennen sie als Grenzverteilung der Binomialverteilung, es gibt aber noch andere Möglichkeiten die Normalverteilung zu erhalten. Eine sehr wichtige ergibt sich aus dem zentralen Grenzwertsatz der Wahrscheinlichkeitstheorie, den ich in einer speziellen Form zitieren möchte:

▶ **Satz 21.20: Der zentrale Grenzwertsatz** Es seien $X_1, X_2, \ldots, X_n$ unabhängige Zufallsvariable die alle den Erwartungswert μ und die Varianz σ^2 besitzen sollen, und die alle die gleiche Verteilung haben. Sei S_n die Zufallsvariable $S_n = X_1 + X_2 + \cdots + X_n$ und S_n^* die zugehörige standardisierte Zufallsvariable. Dann konvergiert S_n^* gegen die Standardnormalverteilung, das heißt

$$\lim_{n \to \infty} p(S_n^* \leq x) = \Phi(x).$$

Eine Zufallsvariable, die sich aus vielen einzelnen Einflüssen additiv zusammensetzt, wobei die Einzeleinflüsse gleich verteilte Zufallsvariable sind, ist also normalverteilt. Die Voraussetzungen an die Variablen X_i in diesem Grenzwertsatz lassen sich noch deutlich abschwächen, der Satz wird dann aber sehr schnell unlesbar. Der Beweis ist sehr aufwendig. Viele Zufallsvariable erfüllen die Voraussetzungen des Satzes. Darin liegt die große Bedeutung der Normalverteilung in der Statistik begründet.

Die Konvergenz erfolgt recht schnell, schon für $n \geq 30$ können wir die Rechenregel anwenden:

▶   **Rechenregel 21.21** Es seien $X_1, X_2, \ldots, X_n$ unabhängige Zufallsvariable mit Erwartungswert μ und Varianz σ^2, alle X_i haben die gleiche Verteilung. Dann hat die Zufallsvariable $S_n = X_1 + X_2 + \cdots + X_n$ den Erwartungswert $n\mu$ und die Varianz $n\sigma^2$ und ist näherungsweise $N(n\mu, n\sigma^2)$-verteilt. Es gilt für $n \geq 30$

$$p(S_n \leq x) \approx \Phi\left(\frac{x - n\mu}{\sqrt{n\sigma^2}}\right).$$

Mit Hilfe der Sätze 20.18 und 20.20 bestimmen wir Erwartungswert und Varianz von S_n als Summe der einzelnen Erwartungswerte beziehungsweise der einzelnen Varianzen. Nach dem Grenzwertsatz ist dann S_n $N(n\mu, n\sigma^2)$-verteilt und mit Hilfe von Satz 21.17 können wir die Verteilungsfunktion wie angegeben berechnen.   □

Beispiele

1. Die Zufallsvariable „Würfeln mit einem Würfel" ist gleichverteilt mit Erwartungswert 3.5 und Varianz 2.92. Würfeln wir 1000 Mal und ist X_i das Ergebnis des i-ten Wurfes, so ist die Augensumme $S_{1000} = X_1 + X_2 + \cdots + X_{1000}$ eine $N(3500, 2920)$-verteilte Zufallsvariable. Wie groß ist die Wahrscheinlichkeit, dass die Augensumme um mehr als 100 von 3500 abweicht?

$$p(3400 \leq S_{1000} \leq 3600) = \Phi\left(\frac{3600 - 3500}{54}\right) - \Phi\left(\frac{3400 - 3500}{54}\right)$$
$$= \Phi(1.85) - \Phi(-1.85) = 2 \cdot \Phi(1.85) - 1$$
$$= 2 \cdot 0.9678 - 1 = 0.9356.$$

Die Wahrscheinlichkeit liegt also bei etwa 6.4 %.

2. In einer Zufallszahl von 32 Bit Länge sei X_i der Bitwert der i-ten Stelle in der Binärdarstellung. Alle X_i sind gleich verteilt, und so ist die Zufallsvariable $X = X_1 + X_2 + \cdots + X_{32}$, die Summe der Einser des Integers, annähernd normalverteilt. Blättern Sie zurück zu Abschn. 19.1, zu dem ersten Beispiel einer Verteilung. Jetzt können wir verstehen, wie in Abb. 19.3 die Normalverteilung zu Stande kommt:

Die Integer, die aus einer komprimierten Datei stammen, sind zwar keine Zufallszahlen, ein gutes Komprimierungsverfahren zeichnet sich aber dadurch aus, dass vorhandene Strukturen in den Zahlen vernichtet werden, ansonsten könnte noch weiter komprimiert werden. Abb. 19.3 ist ein Indiz dafür, dass die durchgeführte Komprimierung effizient ist. ◄

Die Exponentialverteilung

Die Exponentialverteilung ist die stetige Variante der geometrischen Verteilung. Sie beschreibt die Wartezeit bis zum Eintreten eines Ereignisses. Die diskrete Anzahl der Experimente in der geometrischen Verteilung wird also durch die stetig verlaufende Zeit ersetzt.

Die charakterisierende Eigenschaft der Exponentialverteilung ist die Gedächtnislosigkeit, die ich schon bei der geometrischen Verteilung erwähnt habe: die Wahrscheinlichkeit, dass ich an einer Straßenecke noch t Minuten bis zum Eintreffen eines Taxis warten muss ist leider unabhängig davon, ob ich gerade erst angekommen bin, oder ob ich schon eine Stunde warte. Wenn die Zufallsvariable X meine Wartezeit beschreibt, so gilt:

$$p(X \geq s + t \,|\, X \geq s) = p(X \geq t). \tag{21.11}$$

Die Funktion

$$w: \mathbb{R} \to \mathbb{R}, \quad t \mapsto \begin{cases} \lambda e^{-\lambda t} & t \geq 0 \\ 0 & t < 0, \end{cases} \quad \lambda > 0,$$

ist Dichte einer stetigen Verteilung, welche diese Eigenschaft erfüllt, wie wir gleich sehen werden: Die Stammfunktion von $\lambda e^{-\lambda x}$ lautet $-e^{-\lambda x}$ und so können wir die Verteilungsfunktion F berechnen:

$$F: \mathbb{R} \to [0, 1], \quad t \mapsto p(X \leq t) = \int_{-\infty}^{t} w(x)\,dx = \int_{0}^{t} \lambda e^{-\lambda x}\,dx = 1 - e^{-\lambda t}.$$

Für $\lambda > 0$ liegt auch wirklich immer $1 - e^{-\lambda t}$ zwischen 0 und 1.

Jetzt können wir (21.11) nachrechnen. Wegen $p(X \geq t) = 1 - F(t) = e^{-\lambda t}$ gilt:

$$p(X \geq s + t \,|\, X \geq s) = \frac{p(\{X \geq s + t\} \cap \{X \geq s\})}{p(X \geq s)} = \frac{p(X \geq s + t)}{p(X \geq s)}$$

$$= \frac{1 - F(s+t)}{1 - F(s)} = \frac{e^{-\lambda(s+t)}}{e^{-\lambda s}} = e^{-\lambda t} = 1 - F(t) = p(X \geq t). \tag{21.12}$$

Abb. 21.10 Die Exponentialverteilung

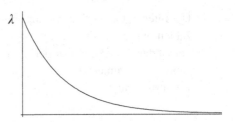

Abb. 21.10 zeigt den Graphen der Dichte der Exponentialverteilung. Wenn Sie dieses Bild mit der Abb. 21.1 der geometrischen Verteilung vergleichen, sehen Sie die Ähnlichkeit der beiden Verteilungen.

Neben der Exponentialverteilung gibt es keine andere stetige Verteilung, die gedächtnislos ist. Bei jeder solchen Verteilung muss nämlich genau wie in (21.12) für die zugehörige Verteilungsfunktion gelten

$$\frac{1 - G(t + s)}{1 - G(s)} = 1 - G(t).$$

Bezeichnen wir mit $\tilde{G}(t)$ die Funktion $1 - G(t)$, so gilt also $\tilde{G}(t + s) = \tilde{G}(t)\tilde{G}(s)$. In Satz 14.31 haben wir gesehen, dass dann für $a = \tilde{G}(1)$ gilt:

$$\tilde{G}(t) = a^t = e^{\ln a \cdot t}.$$

Dabei ist $0 < a < 1$. Das heißt aber gerade, dass $G(t) = 1 - \tilde{G}(t) = 1 - e^{\ln a \cdot t}$ die Verteilungsfunktion der Exponentialverteilung zum Parameter $\lambda = -\ln a$ ist.

Im ersten Beispiel zur partiellen Integration nach Satz 16.12 im Abschn. 16.1 haben wir das Integral $\int x e^x dx = (x - 1)e^x$ berechnet. Genau wie dort können Sie den Erwartungswert der Exponentialverteilung berechnen:

$$E(X) = \int\limits_0^\infty x \lambda e^{-\lambda x} dx = -\frac{1 + \lambda \cdot x}{\lambda} e^{-\lambda x} \bigg|_0^\infty = \frac{1}{\lambda}.$$

Eine ähnliche Rechnung ergibt für die Varianz den Wert $1/\lambda^2$. Ich fasse die Ergebnisse zusammen:

▶ **Definition und Satz 21.22: Die Exponentialverteilung** Die Funktion

$$w: \mathbb{R} \to \mathbb{R}, \quad t \mapsto \begin{cases} \lambda e^{-\lambda t} & t \geq 0 \\ 0 & t < 0, \end{cases} \quad \lambda > 0,$$

ist Dichte einer stetigen Zufallsvariablen X mit Erwartungswert $1/\lambda$ und Varianz $1/\lambda^2$. Die Zufallsvariable X heißt exponentialverteilt mit Erwartungswert $1/\lambda$. Sie hat die Verteilungsfunktion $F(t) = p(X \leq t) = 1 - e^{-\lambda t}$.

In der Praxis wird die Exponentialverteilung häufig als Verteilung für Lebensdauerberechnungen eingesetzt. Hier besagt die Gedächtnislosigkeit, dass die Lebenserwartung eines Bauteils unabhängig davon ist, wie lange es schon in Betrieb ist. Solche Bauteile nennt man ermüdungsfrei. Der Erwartungswert in der Exponentialverteilung entspricht dann gerade der Lebenserwartung des Bauteils.

Beispiel

Der Hersteller einer Festplatte gibt als mittlere Zeit bis zum Ausfall, die „Mean Time To Failure" (*MTTF*), einen Wert von 70 Jahren an. Wie groß ist die Wahrscheinlichkeit, dass die Festplatte in einem Server im nächsten Jahr bzw. in den nächsten zwei Jahren ausfällt? Die *MTTF* ist der Erwartungswert $1/\lambda$. Gesucht ist also $p(X \leq 1)$ beziehungsweise $p(X \leq 2)$ für $\lambda = 0.014286$. Es ist

$$p(X \leq 1) = F(1) = 1 - e^{-0.014286} = 1 - 0.9858 = 0.0142$$
$$p(X \leq 2) = F(2) = 1 - e^{-2 \cdot 0.014286} = 1 - 0.9718 = 0.0282$$

Wie groß ist die Wahrscheinlichkeit, dass in 50 Rechnern die im Dauerbetrieb laufen alle Festplatten ein Jahr beziehungsweise zwei Jahre ohne Ausfall überstehen?

Es ist $p(X > 1) = 0.9858$ und $p(X > 2) = 0.9718$. Da die Festplattenausfälle voneinander unabhängig sind gilt:

$$p(\text{alle Platten halten 1 Jahr}) = (0.9858)^{50} = 0.489$$
$$p(\text{alle Platten halten 2 Jahre}) = (0.9718)^{50} = 0.239 \blacktriangleleft$$

Bei ermüdungsfreien Systemen ändert sich Ausfallrate im Laufe des Lebens nicht. Die Realität sieht anders aus. Keine der Festplatten die heute in Betrieb sind wird in 70 Jahren noch laufen, selbst wenn man den Versuch machen würde. Warum kann die *MTTF* dennoch eine vernünftige Maßzahl sein?

Die Ausfallrate eines Bauteils folgt oft einer Badewannenkurve: zu Beginn des Einsatzes gibt es eine höhere Anzahl an Ausfällen, die durch Produktions- oder Materialfehler hervorgerufen werden können. Solche Ausfälle werden hoffentlich durch die Garantie abgefangen. Dem folgt eine längere Zeit des regulären Betriebs, während dem die Wahrscheinlichkeit für einen Ausfall nahezu unverändert bleibt. Irgendwann setzen dann Alterungsprozesse ein, und die Wahrscheinlichkeit für Ausfälle wird wieder größer. Die angegebene Ausfallrate, im Beispiel 70 Jahre, gilt nur auf dem Boden der Badewanne und dort ist die Exponentialverteilung gut anwendbar. Die im Beispiel angegebene Zahl „70 Jahre" darf aber keinesfalls als mittlere Lebensdauer der Festplatte interpretiert werden.

Die Chi-Quadrat-Verteilung

Als letzte stetige Verteilung möchte ich Ihnen die Chi-Quadrat-Verteilung vorstellen, die in der Testtheorie eine wichtige Rolle spielt. Im nächsten Kapitel werden wir diese für einen statistischen Test benötigen.

Die χ^2-Verteilung setzt sich aus mehreren unabhängigen Standardnormalverteilungen zusammen:

▶ **Definition 21.23** Sind die Zufallsvariablen $X_1, X_2, \ldots, X_n$ unabhängig und $N(0, 1)$-verteilt, so heißt die Verteilung der Zufallsvariablen

$$\chi_n^2 = X_1^2 + X_2^2 + \ldots + X_n^2$$

χ^2-Verteilung mit n Freiheitsgraden.

Die χ^2-Verteilung ist Verteilung einer stetige Zufallsvariablen. Die zum Grad n gehörige Dichtefunktion $g_n(x)$ ist von n abhängig und lässt sich aus der Dichte der Standardnormalverteilung mit Hilfe vollständiger Induktion berechnen. Ich gebe Ihnen die Dichtefunktionen für $n = 1$ bis 5 an. Da die Funktionswerte von χ^2 alle positiv sind, ist für $x \leq 0$ auch $g_n(x) = 0$. Für $x > 0$ gilt:

$$g_1(x) = \frac{1}{\sqrt{2\pi x}} \cdot e^{-\frac{x}{2}}, \quad g_2(x) = \frac{1}{2} \cdot e^{-\frac{x}{2}},$$

$$g_3(x) = \sqrt{\frac{x}{2\pi}} \cdot e^{-\frac{x}{2}}, \quad g_4(x) = \frac{x}{4} \cdot e^{-\frac{x}{2}},$$

$$g_5(x) = \sqrt{\frac{x^3}{18\pi}} \cdot e^{-\frac{x}{2}}.$$

In Abb. 21.11 sehen Sie die Graphen der ersten fünf Chi-Quadrat-Dichtefunktionen.

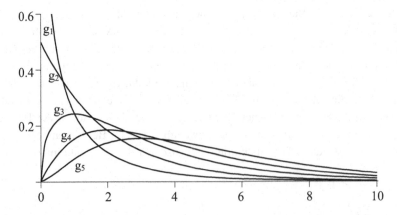

Abb. 21.11 Die χ^2-Verteilung

Ab g_3 besitzen die Dichten ein Maximum, der Erwartungswert von χ_n^2 ist n, die Varianz ist $2n$. Für große n ist χ_n^2 annähernd $N(n, 2n)$-verteilt. Auch das kann aus dem zentralen Grenzwertsatz geschlossen werden.

21.3 Stochastische Prozesse

Folgen von Zufallsvariablen, wie zum Beispiel $(X_n)_{n \in \mathbb{N}}$ oder $(X_t)_{t \in \mathbb{R}}$ heißen *stochastische Prozesse*. Der Index kann kontinuierlich verlaufen ($t \in \mathbb{R}$) oder diskrete Punkte erfassen ($n \in \mathbb{N}$). Solche Prozesse beschreiben oft die zeitliche Entwicklung einer Zufallsvariablen. Der Index t bezeichnet dann die aktuelle Beobachtungszeit der Variablen.

1. Die *Brown'sche Bewegung* eines Teilchens ist ein stochastischer Prozess: Die Zufallsvariable X_t hat in diesem Fall die Wertemenge $\mathbb{R}^3$, sie gibt die Position eines Teilchens im Raum zum Zeitpunkt t an.
2. Das zufällige Eintreten eines Ereignisses im zeitlichen Verlauf ist ein stochastischer Prozess: X_t ist die Anzahl der eingetretenen Ereignisse vom Zeitpunkt 0 bis zum Zeitpunkt t. Treten die Ereignisse zufällig und unabhängig voneinander ein, so erhalten wir den *Poisson-Prozess*.
3. Sie erinnern sich an die langen Warteschlangen bei der Immatrikulation zum Studium? Die Anzahl der Studierenden die bis zum Zeitpunkt t vor dem Sekretariat zur Immatrikulation eingetroffen sind, die Anzahl der Studierenden die bis zum Zeitpunkt t immatrikuliert worden sind und die Anzahl der Studierenden in der Warteschlange zum Zeitpunkt t sind stochastische Prozesse, die in der Warteschlangentheorie untersucht werden.

Das Durchführen eines Experimentes bedeutet in einem stochastischen Prozess die Beobachtung der Werte von X_t für alle t, also zum Beispiel die Beobachtung einer konkreten Warteschlange zwischen t_0 und t_1. In diesem Intervall wird jedem X_t der beobachtete Wert x_t zugeordnet, das heißt die Anzahl der zum Zeitpunkt t wartenden Studierenden. Das Ergebnis des Experiments, die Realisierung, stellt also hier eine Funktion dar: $[t_0, t_1] \to \mathbb{R}$, $t \mapsto x_t$. Diese Funktion heißt *Trajektorie* des stochastischen Prozesses. Die Trajektorie ist das Resultat des konkreten Experiments.

Der Poisson-Prozess

Wir wollen zunächst Ereignisse untersuchen, die im zeitlichen Verlauf zufällig und unabhängig voneinander immer wieder eintreten. Beispiele dafür sind etwa:

- Der atomare Zerfall,
- Das Eintreffen von Bedienwünschen an einem Server,

- Anrufe in einem Call-Center,
- Das Auftreten von Softwarefehlern in einem Programmsystem.

Beginnen wir mit einem klassischen zufälligen Ereignis: dem atomaren Zerfall eines Teilchens, zum Beispiel von Plutonium. Die Halbwertszeit ist aus der Physik bekannt, bei einer vorgegebenen Menge Plutonium kennt man also die Zerfallsrate, das heißt man weiß wie viele Zerfälle in einem festen Zeitraum zu erwarten sind. Unbekannt ist dagegen, wann ein einzelnes Teilchen zerfällt und wie sich die Zerfälle in diesem Zeitraum verteilen. Da der Zerfall ein zufälliger Prozess ist, kann nur eine Wahrscheinlichkeit dafür angegeben werden, dass in einem Intervall T gerade k Teilchen zerfallen. Diese Wahrscheinlichkeit wollen wir jetzt berechnen.

Nehmen wir an, dass in einer Materialprobe etwa 7200 Zerfälle pro Stunde stattfinden. Diese Zerfallsrate lässt sich aus der bekannten Halbwertszeit berechnen. Wie groß ist die Wahrscheinlichkeit, dass in einem Zeitraum von 1 Sekunde 0, 1, 2 oder mehr Zerfälle geschehen?

Dazu wählen wir eine feste Sekunde T aus der Stunde zur Beobachtung aus. Die Physik sagt uns, dass die Teilchen unabhängig voneinander zerfallen und so können wir den Prozess als ein Bernoulliexperiment auffassen: Die i-te Stufe des Experiments ist dabei das Schicksal des i-ten zerfallenden Teilchens. Das beobachtete Ereignis $A = $ „Teilchen zerfällt in T" hat die Wahrscheinlichkeit $p = 1/3600$. Dann ist die Zufallsvariable Z, welche die Anzahl der Teilchen angibt, die in der Sekunde T zerfallen, binomialverteilt mit den Parametern $n = 7200$, $p = 1/3600$. Wir können die Rechenregel 21.11 anwenden und erhalten mit $\lambda = 7200 \cdot 1/3600 = 2$:

$$p(Z = k) = \frac{\lambda^k}{k!} e^{-\lambda} = \frac{2^k}{k!} e^{-2} \tag{21.13}$$

λ spielt hier die Rolle eines Erwartungswertes für das untersuchte Zeitintervall: Wir erwarten im Mittel 7200 Zerfälle pro Stunde, das entspricht 2 Zerfällen pro Sekunde.

Bei der Berechnung der Anzahl der Zerfälle in einer Sekunde habe ich einen Fehler gemacht: ich bin davon ausgegangen, dass genau 7200 Teilchen zerfallen, das war die Anzahl n an Versuchen. Die Zahl 7200 ist aber nur ein Mittelwert, es wird immer Abweichungen davon geben. Betrachten wir jetzt einen längeren Zeitraum, etwa 1000 Stunden, so ist die relative Abweichung von dem Mittelwert und damit der Rechenfehler sicher sehr viel kleiner. In 1000 Stunden erwarten wir 7 200 000 Zerfälle. Dann ist $p = 1/3\,600\,000$ und die gleiche Rechnung wie in (21.13) ergibt mit $\lambda = 7\,200\,000 \cdot 1/3\,600\,000 = 2$ erstaunlicherweise wieder:

$$p(Z = k) = \frac{2^k}{k!} e^{-2}.$$

Das Resultat ist also unabhängig von der Länge des beobachteten Zeitraums. Wenn wir den Grenzwertsatz Satz 21.9 berücksichtigen, können wir noch eine weitere interessante Beobachtung machen: Den größeren Zeitraum von 1000 Stunden habe ich gewählt, um den Fehler zu verkleinern, der durch die Abweichung von der mittleren Zerfallsrate entsteht. Je länger der untersuchte Zeitraum ist, desto besser wird aber gleichzeitig die Annäherung der Binomialverteilung durch die Poisson-Verteilung. Tatsächlich beschreibt die Poisson-Verteilung die Verteilung der atomaren Zerfälle im zeitlichen Verlauf nicht nur näherungsweise, sondern exakt, sofern man die Zerfallsrate genau kennt.

Untersuchen wir jetzt den stochastischen Prozess Z_t welche die Wahrscheinlichkeit für k Zerfälle in t Sekunden beschreibt. Für $n = 7200$ hat die Wahrscheinlichkeit p den Wert $t/3600$ und es ist $\lambda = 7200 \cdot t/3600 = 2t$. Den gleichen Wert für λ erhalten wir natürlich für $n = 7\,200\,000$ und $p = t/3\,600\,000$. Es ergibt sich:

$$p(Z_t = k) = \frac{(2t)^k}{k!} e^{-2t}.$$

Die Zufallsvariable Z_t ist also für jedes t Poisson-verteilt mit dem Parameter $2t$. Der atomare Zerfall ist ein Prototyp für eine Klasse von stochastischen Prozessen welche unabhängige und zufällige Ereignisse zählen. Diese heißen *Poisson-Prozesse* und sie erfüllen alle die folgenden Eigenschaften:

▶ **Definition 21.24: Der Poisson-Prozess** Für $t \in \mathbb{R}^+$ sei X_t die Zufallsvariable, welche die Anzahl des Auftretens eines Ereignisses im Zeitraum von 0 bis t beschreibt. Für diese Ereignisse soll gelten:

a) Die Wahrscheinlichkeit für das Eintreten von k Ereignissen in einem Intervall I der Länge t hängt nur von k und von t ab, nicht von der Lage des Intervalls I auf der Zeitachse, das heißt $p(X_{s+t} - X_s = k) = p(X_t = k)$.

b) Die Anzahlen der Ereignisse in disjunkten Zeitintervallen sind voneinander unabhängige Zufallsvariable.

c) Es treten niemals zwei Ereignisse zur gleichen Zeit ein.

Dann heißt $(X_t)_{t \in \mathbb{R}^+}$ *Poisson-Prozess*.

Die Schlüsse, die wir für den atomaren Zerfallsprozess gezogen haben, lassen sich verallgemeinern:

▶ **Satz 21.25** In einem Poisson-Prozess $(X_t)_{t \in \mathbb{R}^+}$ ist die Zufallsvariable X_t für alle t Poisson-verteilt mit Parameter λt, es ist also

$$p(X_t = k) = \frac{(\lambda t)^k}{k!} e^{-\lambda t}.$$

In diesem Satz hat λt die Rolle von λ aus der Poisson-Verteilung übernommen: λt ist der Erwartungswert für die Anzahl der Ereignisse im Zeitraum von 0 bis t und λ ist so etwas wie der „Erwartungswert pro Zeiteinheit". λ heißt *Eintrittsrate* des Ereignisses. Im

Beispiel des atomaren Zerfalls erwarten im Mittel 7200 Zerfälle pro Stunde, das entspricht 2 Zerfällen pro Sekunde, also $\lambda = 2/\text{sek}$. Die Eintrittsrate für die Ereignisse in einem Poisson-Prozess ist häufig bekannt.

Beispiel

Ein Call-Center erhält im Mittel 120 Anfragen pro Stunde. Es ist überlastet, wenn in einer Minute 5 oder mehr Anfragen eintreffen. In wie viel Prozent der Intervalle von einer Minute Länge tritt eine Überlast ein?

Der Erwartungswert λ ist $120/h$, für $t = 1$ Minute $= 1/60\,\text{h}$ ist $\lambda \cdot t = 2$. Wir müssen berechnen

$$p(X_{1\,\text{Min}} \geq 5) = 1 - p(X_{1\,\text{Min}} < 5).$$

Es ist

$$p(X_1 = 0) = \frac{1}{1}e^{-2} = 0.135, \quad p(X_1 = 1) = \frac{2}{1}e^{-2} = 0.271,$$

$$p(X_1 = 2) = \frac{4}{2}e^{-2} = 0.271, \quad p(X_1 = 3) = \frac{8}{6}e^{-2} = 0.180,$$

$$p(X_1 = 4) = \frac{16}{24}e^{-2} = 0.090,$$

und damit die Summe $p(X_1 < 5) \approx 0.947$. Daraus ergibt sich eine Überlast in etwa 5.3 % der Minutenintervalle. ◄

Ist X_t ein Poisson-Prozess, so sind die Wartezeiten zwischen den Ereignissen des Prozesses exponentialverteilt:

▶ **Satz 21.26** Es sei $(X_t)_{t>0}$ ein Poisson-Prozess. X_t sei Poisson-verteilt mit Parameter λt. Es sei W_i die Zeit zwischen dem i-ten und dem $i+1$-ten Eintreten des Ereignisses. Dann ist W_i exponentialverteilt mit Erwartungswert $1/\lambda$.

Nach Satz 21.25 ist $p(X_t = 0) = \frac{(\lambda t)^0}{0!}e^{-\lambda t} = e^{-\lambda t}$. Die Wahrscheinlichkeit, dass die Wartezeit W_0 auf das erste Ereignis größer als t ist, ist genauso groß wie die Wahrscheinlichkeit, dass $X_t = 0$ ist. Damit erhalten wir für W_0:

$$p(W_0 > t) = p(X_t = 0) = e^{-\lambda t}$$

und daher

$$p(W_0 \leq t) = 1 - e^{-\lambda t}.$$

W_0 hat also die Verteilungsfunktion der Exponentialverteilung und ist somit exponential-verteilt. Für $i > 0$ können wir ähnlich schließen. Ist s der Zeitpunkt, an dem das Ereignis zum i-ten Mal eingetreten ist, so gilt nach Satz 21.24a) für W_i:

$$p(W_i > t) = p(X_{s+t} - X_s = 0) = p(X_t = 0) = e^{-\lambda t},$$

also ist wegen $p(W_i \leq t) = 1 - e^{-\lambda t}$ auch W_i exponentialverteilt. $\qquad\square$

Markov-Ketten

Wir werden jetzt stochastische Prozesse mit diskreter Indexmenge $\mathbb{N}_0$ untersuchen. Auch hier kann der Index als Zeitparameter interpretiert werden, im Unterschied zu den Poisson-Prozessen schauen wir den Wert der Zufallsvariablen X_t aber nur zu bestimmten Zeitpunkten an, zum Beispiel jede Minute oder jede Stunde. Ein solcher Prozess $(X_t)_{t \in \mathbb{N}_0}$ heißt *Markov-Prozess* oder *Markov-Kette*, wenn die Wahrscheinlichkeit, dass $X_t = k$ ist, nur von der Verteilung der Zufallsvariablen X_{t-1} abhängt, nicht von anderen Zufallsvariablen des Prozesses. Die Wertemenge soll eine Teilmenge von $\mathbb{N}$ oder $\mathbb{N}_0$ sein. Die Elemente der Wertemenge der X_t heißen Zustände.

▶ **Definition 21.27** Sei $(X_t)_{t \in \mathbb{N}_0}$ für alle $t \in \mathbb{N}_0$ eine diskrete Zufallsvariable mit gleichem Wertebereich W. Der stochastische Prozess $(X_t)_{t \in \mathbb{N}_0}$ heißt *Markov-Kette*, wenn $p(X_{t+1} = k)$ nur von X_t abhängig ist. Es sei

$$p_{ik}(t) := p(X_{t+1} = k | X_t = i).$$

$p_{ik}(t)$ heißt *Übergangswahrscheinlichkeit* von i nach k. Ist $p_{ik}(t) =: p_{ik}$ konstant für alle $t \in \mathbb{N}_0$, so heißt $(X_t)_{t \in \mathbb{N}_0}$ *homogene Markov-Kette*. Der Vektor beziehungsweise die Folge $(a_0, a_1, a_2, \ldots)$ mit $a_i = p(X_0 = i)$ heißt *Anfangsverteilung* der Kette. Ist der Wertebereich W endlich, so heißt die Matrix $P = (p_{ij})$ *Übergangsmatrix* der Markov-Kette.

Wir werden uns nur mit homogenen Markov-Ketten beschäftigen. Mit der Wahrscheinlichkeit p_{ik} geht das System beim Übergang zum nächsten beobachteten Zeitpunkt vom Zustand i in den Zustand k über.

Eine solche Markov-Kette lässt sie sich in Form eines bewerteten Digraphen darstellen (vergleiche Definition 11.25). Dazu ein

Beispiel

Eine zugegeben etwas grobe Beschreibung des Wetters könnte aus den drei Zuständen bestehen: Sonnenschein den ganzen Tag, bewölkt aber trocken, Regen. Die Zustände nummeriere ich mit 0, 1, 2. Die Zeitpunkte t sollen die Tage sein. Wenn das Wetter von

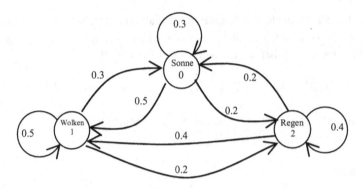

Abb. 21.12 Zustandsübergangswahrscheinlichkeiten

morgen nur von dem Wetter von heute abhängt, dann gibt es Übergangswahrscheinlichkeiten. Diese habe ich in den Graphen in Abb. 21.12 eingetragen.

Schauen wir uns die Adjazenzmatrix dieses Graphen an:

$$P = \begin{pmatrix} 0.3 & 0.5 & 0.2 \\ 0.3 & 0.5 & 0.2 \\ 0.2 & 0.4 & 0.4 \end{pmatrix}$$

Die Elemente der Matrix sind gerade die Übergangswahrscheinlichkeiten p_{ik}. An der
Zeile i und der Spalte j steht die Wahrscheinlichkeit, mit der auf den Zustand i
der Zustand j folgt. Die Adjazenzmatrix ist also gerade die Übergangsmatrix des
Prozesses. ◄

Ausgehend von dem Zustand $X_t = i$ tritt immer genau einer der Zustände $X_{t+1} = k$,
$k = 0, \ldots, n$ mit der Wahrscheinlichkeit p_{ik} ein. Daher muss die Summe $\sum_{k=0}^{n} p_{ik} = 1$
sein. Das ist gerade die Summe der Elemente der i-ten Zeile der Matrix. In einer Übergangsmatrix sind also immer alle Zeilensummen gleich 1.

Wie können wir aus einer gegebenen Ausgangsverteilung $a(0) := (a_0, a_1, \ldots, a_n)$ die
Verteilung zu einem späteren Zeitpunkt berechnen? Setzen wir in dem Satz 19.7 über die
totale Wahrscheinlichkeit $B_i = \{X_t = i\}$ und $A = \{X_{t+1} = k\}$ so erhalten wir

$$p(X_{t+1} = k) = \sum_{i=0}^{n} p(X_t = i) \cdot p(X_{t+1} = k | X_t = i),$$

das heißt für $t = 0$:

$$p(X_1 = k) = a_0 p_{0k} + a_1 p_{1k} + \ldots + a_n p_{nk}$$

Schauen Sie mal zurück in die lineare Algebra in den Abschn. 7.2: Das ist gerade das k-te Element bei der Matrixmultiplikation des Vektors $a(0)$ mit der Matrix P. Insgesamt erhält man also den Vektor $a(1) := (p(X_1 = 0), p(X_1 = 1), \ldots, p(X_1 = n))$ als das Produkt des Zeilenvektors $a(0)$ von links mit der Übergangsmatrix:

$$a(1) = a(0)P.$$

Hier müssen Sie etwas aufpassen: in der linearen Algebra haben wir meistens Matrizen mit Spaltenvektoren von rechts multipliziert, hier wird ein Zeilenvektor von links mit der Matrix multipliziert.

Genauso geht das mit den Zuständen zu späteren Zeitpunkten. Ist $a(t) := (p(X_t = 0), p(X_t = 1), \ldots, p(X_t = n))$, so gilt:

$$a(t) = a(t-1)P = (a(t-2)P)P = \ldots = a(0)P^t$$

Der Wahrscheinlichkeiten für den Zustand des Systems sind also durch den Anfangszustand und die Übergangsmatrix für alle Zeitpunkte vollständig beschrieben.

Schauen wir noch einmal zu dem obigen

Beispiel

Ist die Anfangsverteilung für den Tag 0 gegeben, etwa $(a_0, a_1, a_2) = (0.2, 0.5, 0.3)$ für Sonne, Wolken beziehungsweise Regen, so sind die Wahrscheinlichkeiten der drei Zustände jetzt für alle Zeiten berechenbar. Fangen wir mit dem Tag 1 an:

$$a(1) = a(0)P = (0.2, 0.5, 0.3) \cdot \begin{pmatrix} 0.3 & 0.5 & 0.2 \\ 0.3 & 0.4 & 0.3 \\ 0.2 & 0.4 & 0.4 \end{pmatrix} = (0.27, 0.42, 0.31)$$

Weiter folgt

$$a(2) = a(1)P = (0.269, 0.427, 0.304),$$
$$a(3) = (0.2696, 0.4269, 0.3035).$$

Sehen Sie, dass die Summe der Vektorelemente auch immer wieder 1 ergibt? Das muss so sein, es gibt ja nur die drei Zustände Sonne, Wolken oder Regen.

Was ist nach 100 Tagen? Mit einem Mathematiktool rechnen Sie sofort aus, dass sich die Werte von $a(100)$ erst nach der vierten Kommastelle von $a(2)$ unterscheiden. Wir werden gleich sehen, dass das kein Zufall ist. Sehen wir uns einmal die (gerundeten) Potenzen der Matrix P an:

$$P^2 = \begin{pmatrix} 0.28 & 0.43 & 0.29 \\ 0.27 & 0.43 & 0.30 \\ 0.26 & 0.42 & 0.32 \end{pmatrix},$$

$$P^3 = \begin{pmatrix} 0.271 & 0.428 & 0.301 \\ 0.270 & 0.427 & 0.303 \\ 0.268 & 0.426 & 0.306 \end{pmatrix},$$

$$\vdots$$

$$P^{10} = \begin{pmatrix} 0.270 & 0.427 & 0.303 \\ 0.270 & 0.427 & 0.303 \\ 0.270 & 0.427 & 0.303 \end{pmatrix}.$$

Bei höheren Potenzen tut sich fast nichts mehr. Die Potenzen konvergieren gegen eine Matrix P^∞ und erstaunlicherweise sind im Grenzwert alle Zeilen gleich. Das hat eine interessante Konsequenz: Für jede Anfangsverteilung $a = (a_1, a_2, a_3)$ ist $aP^\infty = (0.270, 0.427, 0.303)$. Probieren Sie das bitte selbst aus. Das bedeutet, dass die Zustandswahrscheinlichkeiten der Markov-Kette stationär werden. Schon nach wenigen Tagen erhalten wir eine Wahrscheinlichkeit für Sonne von 0.270, für Wolken von 0.427 und für Regen von 0.303. ◄

▶ **Satz 21.28** Ist $P = (p_{ij})$ die Übergangsmatrix einer homogenen Markov-Kette mit endlichem Wertebereich und gibt es ein $m \in \mathbb{N}$, so dass P^m nur positive Elemente hat, so gilt

a) Es existiert der Grenzwert $P^\infty = \lim_{n \to \infty} P^n$. Dabei sind alle Zeilen der Matrix P^∞ gleich. Die Summe der Elemente dieser Zeile ist 1.

Für die Zeile $p = (p_0, p_1, \ldots, p_n)$ der Matrix P^∞ gilt:

b) Für jede Anfangsverteilung $a = (a_0, a_1, \ldots, a_n)$ ist $aP^\infty = p$
c) p ist die einzige Anfangsverteilung mit der Eigenschaft $pP = p$.

Der Zeilenvektor p wird auch *stationäre Verteilung* der Markov-Kette genannt.

Erinnern Sie sich daran, dass für Matrizen bei der Transponierung gilt $(AB)^\mathsf{T} = B^\mathsf{T} A^\mathsf{T}$. Dann ist $pP = p$ das gleiche wie $P^\mathsf{T} p^\mathsf{T} = p^\mathsf{T}$. In der Sprache der Eigenwerttheorie heißt dann Satz 21.28b): p^T ist der einzige Eigenvektor der Matrix P^T zum Eigenwert 1.

Der Beweis von Teil a) des Satzes erfordert zwar nur elementare Mathematik, ist aber etwas trickreich. Ich führe ihn hier nicht aus.

Zu b): Da die Zeilensumme $\sum_{i=0}^{n} a_i = 1$ ist, erhalten wir $aP^{\infty} = p$ einfach durch Einsetzen:

$$(a_0, a_1, \ldots, a_n) \begin{pmatrix} p_0 & p_1 & \cdots & p_n \\ p_0 & p_1 & \cdots & p_n \\ \vdots & \vdots & & \vdots \\ p_0 & p_1 & \cdots & p_n \end{pmatrix}$$

$$= \left(\left(\sum_{i=0}^{n} a_i \right) p_0, \left(\sum_{i=0}^{n} a_i \right) p_1, \ldots, \left(\sum_{i=0}^{n} a_i \right) p_n \right) = (p_0, p_1, \ldots, p_n).$$

Wegen $P^{n+1} = P^n P$ folgt im Grenzwert $P^{\infty} = P^{\infty} P$. Multiplizieren wir diese Gleichung von links mit p so erhalten wir $pP^{\infty} = pP^{\infty} P$. Da $pP^{\infty} = p$ ist, ergibt sich $pP = p$.

Zu c): Gibt es noch eine weitere stationäre Verteilung q, die von p verschieden ist? Aus $qP = q$ würde dann für alle n folgen $qP^n = q$, also auch $qP^{\infty} = q$. Wir wissen aber schon, dass $qP^{\infty} = p$ gilt. Damit ist $p = q$.   □

Satz 21.28c) gibt uns eine elegante Möglichkeit die Grenzverteilung einer homogenen Markov-Kette zu bestimmen. Wir müssen nicht mühsam den Grenzwert einer Matrixpotenz berechnen, es genügt das lineare Gleichungssystem $pP = p$ nach den Unbekannten $p = (p_0, p_1, \ldots, p_n)$ aufzulösen.

Lassen Sie sich auch hier nicht durch die Schreibweise verwirren. In der Sprache von Kap. 8 haben wir das Gleichungssystem $P^T x = x$ beziehungsweise $(P^T - E)x = 0$ zu lösen.

Der Lösungsraum dieses Gleichungssystems ist nach Satz 21.28c) eindimensional und der Lösungsvektor, dessen Komponenten die Summe 1 ergeben, ist unser stationäre Zustand p.

Wir werden die diese Methode gleich verwenden um stationäre Zustände von Warteschlangen zu berechnen.

Warteschlangen

Warteschlangen treten in vielen Bereichen des täglichen Lebens immer wieder auf: an der Kasse im Supermarkt, im Wartezimmer des Arztes, bei Anrufen in einem Call-Center, bei Anfragen an einen Server. In der Warteschlangetheorie spricht man in der Regel von Kunden, die eintreffen und an einer Bedienstation bedient werden: In einem häufigen Typ von Warteschlangen können Ankunft und Bedienung jeweils durch Poisson-Prozesse beschrieben werden. Dazwischen liegt ein Warteraum, der normalerweise eine begrenzte Zahl an Wartenden aufnehmen kann. Solche Warteschlangen werden wir jetzt untersuchen.

Die Kunden sollen in der Warteschlange mit einer Ankunftsrate von λ eintreffen. Am Kopf der Warteschlange werden sie bedient, dies soll mit einer Bedienrate von μ geschehen. λ und μ sind dabei die Eintrittsraten der zugehörigen Poisson-Prozesse, sie geben die erwartete Anzahl der Ereignisse in einer bestimmten Zeiteinheit an. Die maximale Länge der Warteschlange sei n. Weiter sei $\rho = \lambda/\mu$. Die Zahl ρ wird die Auslastung des Systems genannt. Wir möchten berechnen, wie sich in Abhängigkeit von λ und μ die Warteschlange entwickelt. Die Schlange lässt sich durch einen stochastischen Prozess $(X_t)_{t \in \mathbb{R}}$ beschreiben, wobei die Zufallsvariable X_t die Anzahl der Kunden im System zum Zeitpunkt t angibt, einschließlich des Kunden der gerade bedient wird.

Betrachten wir die Warteschlange zu festen Zeitpunkten $t \in \mathbb{N}_0$, zum Beispiel jede Minute, so erhalten wir einen stochastischen Prozess $(X_t)_{t \in \mathbb{N}_0}$, und da sowohl Eintritt als auch Austritt aus der Schlange zufällig und unabhängig erfolgen, stellt dieser Prozess eine homogene Markov-Kette dar: die Anzahl der Kunden im System zum Zeitpunkt $t + 1$ ist nur von der Anzahl zum Zeitpunkt t abhängig und zu verschiedenen Zeitpunkten ist die Übergangswahrscheinlichkeit von t nach $t + 1$ immer gleich. Für diese Markov-Kette wollen wir jetzt die Übergangsmatrix und die stationäre Verteilung berechnen.

Der Einfachheit halber wählen wir in der Kette für den Abstand der untersuchten Zeitpunkte ein Zeitintervall T, das so klein sein soll, dass in diesem Intervall höchstens ein Kunde ankommt oder bedient wird. Die Wahrscheinlichkeit, dass zwei oder mehr dieser Ereignisse in dem Intervall T eintreffen soll vernachlässigbar klein sein.

Beispiel

Ein Arzt kann in seiner Praxis 10 Patienten pro Stunde behandeln, es kommen etwa 9 Patienten pro Stunde an. Das System soll 11 Plätze haben, 10 im Wartezimmer, einen im Behandlungsraum. Wenn alle Plätze besetzt sind und ein weiterer Patient kommt, geht er wieder. Die Ankunftsrate in diesem Beispiel ist $\lambda = 9$, die Bedienrate $\mu = 10$. Die Zeiteinheit von einer Stunde ist für unsere Berechnungen zu groß, wir wählen daher zum Beispiel das Intervall $T = 1$ Minute $= 1/60$ Stunde. Dann rechnen wir im Folgenden mit der Ankunftsrate $\lambda_T = 9/60$ und mit der Bedienrate $\mu_T = 10/60$ pro Minute. Wir nehmen jetzt an, dass niemals mehr als ein Patient pro Minute das Wartezimmer betritt oder verlässt.

Wie groß ist der Fehler, den wir mit dieser Näherung machen? Nach Satz 21.25 ergibt sich $p(X_1 \leq 1) = e^{-\lambda_T} + (\lambda_T)e^{-\lambda_T} = 0.9898$. Wenn Ihnen das nicht genau genug ist, rechnen Sie im Sekundentakt, dann ist $p(X_1 \leq 1) = 0.999997$. ◄

λ_T und μ_T seien die Ankunfts- und Bedienraten in dem kleinen Intervall T. Wir werden später verwenden, dass die Quotienten gleich sind: $\lambda_T/\mu_T = \lambda/\mu = \rho$. Die Rate λ_T ist der Erwartungswert für das Eintreffen eines Kunden in diesem Intervall, und da wir annehmen, dass nur 0 oder 1 Kunde kommen kann, ist λ_T auch die Wahrscheinlichkeit für das Eintreffen eines Kunden in T. Entsprechendes gilt für μ_T. Je kleiner T ist, umso kleiner werden auch λ_T und μ_T. Für die folgende Rechnung hat das noch den angenehmen Effekt, dass das Produkt $\lambda_T \cdot \mu_T$ winzig ist und ebenfalls vernachlässigt werden kann.

Nun zur Berechnung der Übergangsmatrix. Es ist $p_{ik} = p(X_{t+1} = k | X_t = i)$. Die Wahrscheinlichkeit, dass zwischen t und $t+1$ ein Kunde kommt ist λ_T, die Wahrscheinlichkeit, dass ein Kunde fertig bedient worden ist und das System verlässt ist μ_T. Dann sind die Wahrscheinlichkeiten, dass zwischen t und $t+1$ kein Kunde ankommt beziehungsweise kein Kunde das System verlässt $1 - \lambda_T$ und $1 - \mu_T$. Zwischen t und $t+1$ können jetzt die folgenden Fälle eintreten:

Ereignis	Wahrscheinlichkeit
Ein Kunde kommt, einer geht	$\lambda_T \cdot \mu_T$
Nichts passiert	$(1 - \lambda_T) \cdot (1 - \mu_T)$
Ein Kunde kommt, keiner geht	$\lambda_T \cdot (1 - \mu_T)$
Kein Kunde kommt, einer geht	$(1 - \lambda_T) \cdot \mu_T$

Dann gilt für $0 < i < n$

$$p_{ii} = \lambda_T \cdot \mu_T + (1 - \lambda_T) \cdot (1 - \mu_T) = 1 - \lambda_T - \mu_T + 2\lambda_T\mu_T$$
$$p_{i,i+1} = \lambda_T \cdot (1 - \mu_T) = \lambda_T - \lambda_T\mu_T$$
$$p_{i,i-1} = \mu_T \cdot (1 - \lambda_T) = \mu_T - \lambda_T\mu_T$$

Alle anderen Werte der Zeile i sind 0, die Anzahl der Kunden in der Schlange kann sich ja höchstens um 1 verändern. Lassen wir die kleinen Produkte $\lambda_T \cdot \mu_T$ weg, so ergibt sich für die Zeile i der Übergangsmatrix gerade

$$\begin{matrix} (0, 0, \ldots 0, & \mu_T, & 1 - \lambda_T - \mu_T, & \lambda_T, & 0, \ldots, 0) \\ & \uparrow & \uparrow & \uparrow & \\ & i-1 & i & i+1 & \end{matrix}$$

Ist $i = 0$, so ist $p_{01} = \lambda_T - \lambda_T\mu_T$ wie oben. Weiter gilt $p_{0k} = 0$ für $k > 1$. Ist kein Kunde im System, dann ist die Wahrscheinlichkeit, dass keiner kommt $1 - \lambda_T$. Bedient werden kann in diesem Fall ja niemand, also erhalten wir $p_{00} = 1 - \lambda_T$. Ebenso ergibt sich für die letzte Zeile $p_{nk} = 0$ für $k < n - 1$, $p_{n,k-1} = \mu_T - \lambda_T\mu_T$ und $p_{nn} = 1 - \mu_T$. Wenn wir auch in der ersten und der letzten Zeile die Produkte $\lambda_T \cdot \mu_T$ wegstreichen, erhalten wir als Übergangsmatrix:

$$P = \begin{pmatrix} 1 - \lambda_T & \lambda_T & 0 & 0 & \cdots & 0 \\ \mu_T & 1 - \lambda_T - \mu_T & \lambda_T & 0 & \cdots & 0 \\ 0 & \mu_T & 1 - \lambda_T - \mu_T & \lambda_T & \cdots & 0 \\ \vdots & & & & \ddots & 0 \\ 0 & 0 & \cdots & \mu_T & 1 - \lambda_T - \mu_T & \lambda_T \\ 0 & 0 & \cdots & 0 & \mu_T & 1 - \mu_T \end{pmatrix}$$

Obwohl wir ein paar Rundungen vorgenommen haben, sind in der Matrix alle Zeilen-summen gleich 1, es ist also eine korrekte Übergangsmatrix einer Markov-Kette. Und je kleiner das Intervall T gewählt wurde, umso besser beschreibt diese Matrix unsere War-teschlange.

Hat dieser Prozess einen stationären Zustand? Wenn Sie ein paar Potenzen der Ma-trix ausrechnen, stellen Sie fest, dass immer mehr Nullen verschwinden, irgendwann sind alle Elemente positiv. Dann können wir Satz 21.28 anwenden: es gibt einen stationären Zustand, den wir mit Hilfe von Satz 21.28c) berechnen können. Dazu ist das Gleichungs-system $pP = p$ nach $p = (p_0, p_1, \ldots, p_n)$ aufzulösen.

Die n Gleichungen des Systems lauten:

$$p_0(1 - \lambda_T) + p_1 \mu_T = p_0$$
$$\Rightarrow \quad -p_0 \lambda_T + p_1 \mu_T = 0$$
$$p_0 \lambda_T + p_1(1 - \lambda_T - \mu_T) + p_2 \mu_T = p_1$$
$$\Rightarrow \quad p_0 \lambda_T - p_1(\lambda_T + \mu_T) + p_2 \mu_T = 0$$
$$\vdots$$
$$p_{i-1} \lambda_T + p_i(1 - \lambda_T - \mu_T) + p_{i+1} \mu_T = p_i$$
$$\Rightarrow \quad p_{i-1} \lambda_T - p_i(\lambda_T + \mu_T) + p_{i+1} \mu_T = 0$$
$$\vdots$$
$$p_{n-1} \lambda_T + p_n(1 - \mu_T) = p_n$$
$$\Rightarrow \quad -p_{n-1} \lambda_T + p_n \mu_T = 0$$

Aus der ersten Gleichung erhalten wir $p_0 = (\mu_T / \lambda_T) p_1$. Eingesetzt in Gleichung 2 ergibt sich

$$p_1 \mu_T - p_1(\lambda_T + \mu_T) + p_2 \mu_T = -p_1 \lambda_T + p_2 \mu_T = 0 \quad \Rightarrow \quad p_1 = (\mu_T / \lambda_T) p_2,$$

und so fort. Für alle i, auch für $i = n - 1$ ist $p_i = (\mu_T / \lambda_T) p_{i+1}$, beziehungsweise $p_{i+1} = (\lambda_T / \mu_T) p_i$. Setzen wir jetzt $\rho = \lambda_T / \mu_T$ so erhalten wir für den Ergebnisvektor:

$$p = p_0(1, \rho, \rho^2, \rho^3, \ldots, \rho^n)$$

Die Lösung des Gleichungssystems ist ein eindimensionaler Vektorraum. Wir müssen jetzt noch p_0 so bestimmen, dass die Summe der Vektorelemente 1 ergibt:

$$p_0(1 + \rho + \rho^2 + \rho^3 + \ldots + \rho^n) = 1$$

Nach Satz 3.3 ist $(1 + \rho + \rho^2 + \rho^3 + \ldots + \rho^n) = (1 - \rho^{n+1})/(1 - \rho)$ und daher $p_0 = (1 - \rho)/(1 - \rho^{n+1})$. Der stationäre Zustand der Warteschlange lautet also

$$p = (1 - \rho)/(1 - \rho^{n+1})(1, \rho, \rho^2, \rho^3, \ldots, \rho^n) \tag{21.14}$$

Wie lange verbringt ein Kunde im Mittel im System? Nach Satz 21.25 beträgt die mittlere Bediendauer $1/\mu$. Trifft er ein, wenn i Personen im System sind, so muss er also im Mittel $(i+1)\cdot 1/\mu$ Zeiteinheiten warten, bis er fertig bedient worden ist. Ist E der Erwartungswert für die Anzahl der Personen im System, so beträgt also die durchschnittliche Wartezeit $(E+1)/\mu$.

Beispiel

Im Wartezimmer des Arztes mit $\lambda_T = 9/60$ und $\mu_T = 10/60$ ist $\rho = 0.9$. Das ist auch gerade λ/μ mit den ursprünglichen Raten $\lambda = 9$ und $\mu = 10$. Hat das System 11 Plätze, so erhalten wir für Summe $(1-\rho)/(1-\rho^{n+1})$ den Wert 0.14 und der stationäre Zustand lautet:

$$p = (0.14, 0.13, 0.11, 0.10, 0.091, 0.082, 0.074, 0.067, 0.060, 0.054, 0.049, 0.044)$$

An Position i steht die Wahrscheinlichkeit, dass sich i Personen im System befinden. Die Wahrscheinlichkeit für ein leeres System (Position 0) beträgt also 0.14. In diesem Fall hat der Arzt nichts zu tun. Mit Wahrscheinlichkeit 0.13 behandelt er gerade einen Patienten und das Wartezimmer ist leer. Mit Wahrscheinlichkeit 0.11 befindet sich 1 Patient im Wartezimmer und so weiter.

Der Erwartungswert für die Anzahl der Personen in der Praxis, berechnet nach der Formel in Definition 20.11, beträgt 4.28. Die mittlere Aufenthaltsdauer in der Praxis beträgt 5.28/10 Stunden, das sind etwa 32 Minuten. Rechnen Sie selbst nach wie sich die Warteschlange entwickelt, wenn das Wartezimmer größer wird oder wenn die Ankunftsrate 10 oder 11 Patienten pro Stunde beträgt. ◄

Häufig wird in der Warteschlangentheorie angenommen, dass die Länge der Warteschlange unbeschränkt ist, dass n also beliebig groß sein kann. Die Übergangsmatrix wird dann beliebig groß und wir erhalten für den stationären Zustand p schließlich den „unendlichen" Vektor $p = p_0(1, \rho, \rho^2, \rho^3, \dots)$. Ist $\rho < 1$ so gilt für die geometrische Reihe $\sum_{i=0}^{\infty} \rho^i = 1/(1-\rho)$, also muss $p_0 = (1-\rho)$ sein. Dann wird die Formel (21.14) etwas einfacher:

$$p = (1-\rho)(1, \rho, \rho^2, \rho^3, \dots).$$

Die Zufallsvariable X mit $p(X = k) = (1-\rho)\rho^k$ beschreibt die Anzahl der Kunden im System. Auch für die Berechnung des Erwartungswertes von X können wir eine einfache Formel angeben: Für die Zufallsvariable $Y = X/\rho$ gilt nämlich $p(Y = k) = (1-\rho)\rho^{k-1}$, daher ist Y nach Satz 21.8 geometrisch verteilt mit Parameter $(1-\rho)$ und hat den Erwartungswert $1/(1-\rho)$. Dann hat $X = \rho Y$ nach Satz 20.13 den Erwartungswert $\rho/(1-\rho)$. Ersetzen wir jetzt wieder ρ durch $\lambda_T/\mu_T = \lambda/\mu$, so erhalten wir:

$$\frac{\rho}{1-\rho} = \frac{\lambda/\mu}{1-\lambda/\mu} = \frac{\lambda}{\mu - \lambda}.$$

Auch den Erwartungswert der Länge der Warteschlange X_S können wir jetzt berechnen: An der Position i des Vektors p hat die Warteschlange die Länge $i - 1$ und daher ist der Erwartungswert:

$$E(X_S) = \sum_{i=1}^{\infty}(i - 1)p_i = \sum_{i=0}^{\infty}i\,p_i - \sum_{i=1}^{\infty}p_i$$

$$= E(X) - (1 - p_0) = \frac{\rho}{1 - \rho} - \rho = \frac{\lambda}{\mu - \lambda} - \frac{\lambda}{\mu}.$$

Die mittlere Aufenthaltsdauer ist wie vorhin

$$(E(X) + 1)/\mu = \left(\frac{\lambda}{\mu - \lambda} + 1\right) \cdot \frac{1}{\mu} = \frac{1}{\mu - \lambda}$$

und die mittlere Wartezeit in der Schlange:

$$\frac{1}{\mu - \lambda} - \frac{1}{\mu}$$

Wir fassen die Ergebnisse für unbegrenzte Warteschlangen zusammen:

▶ **Satz 21.29** Verlaufen in einer Warteschlange die Ankunft und die Bedienung der Kunden nach Poisson-Prozessen mit Ankunftsrate λ und Bedienrate μ, ist die Länge der Warteschlange unbegrenzt und gilt $\lambda < \mu$, so beschreibt die Zufallsvariable X mit

$$p(X = k) = \left(1 - \frac{\lambda}{\mu}\right)\left(\frac{\lambda}{\mu}\right)^k, \quad k \in \mathbb{N}_0$$

die Anzahl der Kunden im System im stationären Zustand. Weiter ist:

$\dfrac{\lambda}{\mu - \lambda}$:   Der Erwartungswert für die Anzahl der Kunden im System,

$\dfrac{\lambda}{\mu - \lambda} - \dfrac{\lambda}{\mu}$: Der Erwartungswert für die Länge der Warteschlange,

$\dfrac{1}{\mu - \lambda}$:   Die mittlere Aufenthaltsdauer im System,

$\dfrac{1}{\mu - \lambda} - \dfrac{1}{\mu}$: Die mittlere Wartezeit in der Schlange.

Beispiel

Schauen wir nochmal in das Wartezimmer des Arztes und nehmen an es sei unbegrenzt groß. Für die Ankunftsrate 9 und die Bedienrate 10 erhalten wir dann

$$p = (0.10, 0.090, 0.081, 0.073, 0.066, 0.059,$$
$$0.053, 0.048, 0.043, 0.039, 0.035, 0.031, \ldots).$$

Der Erwartungswert für die Anzahl der Patienten beträgt $9/(10-9) = 9$ und die durchschnittliche Wartezeit bis zum Verlassen der Praxis beträgt $1/(10-9) = 1$ Stunde. Der Erwartungswert für die Länge der Warteschlange ist 8.1, die Wartezeit im Wartezimmer im Durchschnitt $1 - 1/10$ Stunden, das sind 54 Minuten.

Schauen Sie den Unterschied zu dem Wartezimmer mit 10 Plätzen an. Die Situation war dort deutlich entspannter. Allerdings wurden da auch etwa 5 % der Patienten unverrichteter Dinge wieder nach Hause geschickt, weil das Wartezimmer voll war. ◄

Während im Fall eines endlichen Warteraumes für alle Werte von λ und μ Lösungen existieren, muss im unendlichen Fall unbedingt $\lambda < \mu$ sein. Es ist einleuchtend, dass die Ankunftsrate auf Dauer nicht größer als die Bedienrate sein kann, sonst wächst die Schlange immer weiter, es kann keinen stationären Zustand geben. Aber auch wenn $\lambda = \mu$ ist, stellt sich dann kein stationärer Zustand ein. Was hier passiert sehen Sie sehr gut, wenn Sie an dem Beispiel des Wartezimmers etwas herumspielen: Ist $\lambda = \mu$ so sind schließlich alle Längen gleichwahrscheinlich. Das geht natürlich nicht mehr, wenn das Wartezimmer unendlich viele Plätze hat.

In der Warteschlangentheorie werden noch viele weitere Modelle betrachtet. So kann Ankunft und Bedienung nach anderen Verteilungen verlaufen, Patienten können zum Beispiel zu festen Uhrzeiten bestellt werden. Anstelle einer Bedienstation können mehrere Stationen mit möglicherweise unterschiedlichen Verteilungen auftreten, Kunden können nach unterschiedlichen Prioritäten bedient werden. Auch Kombinationen verschiedener Warteschlangen können untersucht werden.

21.4 Verständnisfragen und Übungsaufgaben

Verständnisfragen

1. Unter welchen Umständen kann die Binomialverteilung durch die Poisson-Verteilung angenähert werden?

2. Unter welchen Umständen kann die Binomialverteilung durch die Normalverteilung angenähert werden?

3. Warum tritt die Normalverteilung in vielen Anwendungsfällen auf?

4. Was sind die Gemeinsamkeiten von geometrischer Verteilung und Exponentialverteilung?

5. Die Wartezeit auf ein zufällig vorbeikommendes Taxi ist exponentialverteilt. Wie sieht es mit der Wartezeit auf einen Linienbus aus?

6. Wie hängen Binomialverteilung und hypergeometrische Verteilung zusammen?

7. Die Normalverteilung ist die Grenzverteilung der Binomialverteilung, wenn n immer größer wird. Wie verhält sich diese Konvergenz in Abhängigkeit vom Parameter p der Binomialverteilung? ◄

Übungsaufgaben

1. Bei einem leichten Nieselregen fallen auf einen Gitterrost auf dem Boden 100 000 Wassertropfen. Der Gitterrost ist 1 m² groß, die Löcher im Gitter 1 cm².
   Gehen Sie davon aus, dass die Anzahlen der Tropfen, die auf verschiedene Flächenstücke des Gitters fallen, voneinander unabhängig sind.
   Beschreiben Sie für jede Teilaufgabe ausführlich, welches „Experiment" durchgeführt wird und für welche Ereignisse Wahrscheinlichkeiten berechnet werden. Beschreiben Sie die auftretenden Zufallsvariablen und begründen Sie, welche Verteilung Sie für welche Teilaufgabe verwenden.
   a) Bestimmen Sie die Wahrscheinlichkeit, dass in ein bestimmtes Gitterloch genau 10 Regentropfen fallen und die Wahrscheinlichkeit dafür, dass in jedes Loch mindestens 1 Tropfen fällt.
   b) Das Gitter wird in 100 Teile unterteilt. Berechnen Sie die Wahrscheinlichkeit, dass in ein solches Flächenstück zwischen 900 und 1100 Tropfen fallen, sowie die Wahrscheinlichkeit, dass es ein Stück gibt, auf das mehr als 1050 bzw. mehr als 1100 Tropfen fallen.
   c) Auf 10 nebeneinanderliegende Löcher fallen zufällig genau 100 Tropfen. Berechnen Sie die Wahrscheinlichkeit, dass in das erste dieser 10 Löcher genau 10 Tropfen fallen.

2. Ein Bäcker bäckt 100 Olivenbrote. In den Teig wirft er 400 ganze Oliven. Bestimmen Sie die Wahrscheinlichkeit dafür, dass zwei bis sechs Oliven in einem Brot sind und dafür, dass Sie ein Brot ohne Oliven erwischen.

3. Eine Fluggesellschaft weiß, dass im Schnitt 10 % der gebuchten Flugplätze storniert werden und überbucht daher um 5 %. Für ein Flugzeug mit 100 Plätzen verkauft sie also 105 Tickets. Wie groß ist die Wahrscheinlichkeit, dass zum Abflug mehr Pas-

sagiere kommen als Plätze vorhanden sind? Rechnen Sie diese Aufgabe mit der exakten Verteilung sowie mit einer möglichen Annäherung an die exakte Verteilung.

An dieser Aufgabe stellen Sie fest, dass die Faustregeln in den Rechenvorschriften manchmal auch mit Vorsicht zu genießen sind.

4. An einer Autobahnmautstelle treffen zwischen 7.00 und 17.00 Uhr 1000 Autos zufällig verteilt ein. Wenn mehr als 5 in einer Minute eintreffen, ist die Mautstelle überlastet. In wie viel Prozent der Intervalle ist dies der Fall?

5. Die telefonische Bestellzentrale eine Versandhändlers erhält vormittags zwischen 8 und 13 Uhr durchschnittlich 500 Bestellungen, nachmittags zwischen 14 und 18 Uhr 800 Bestellungen, jeweils etwa gleichverteilt über die 5 bzw. 4 Stunden. Wartezeiten treten auf, wenn mehr als 3 Anfragen in einer Minute eintreffen. Berechnen Sie für den Vormittag und den Nachmittag die Wahrscheinlichkeit, dass in einem Intervall von einer Minute dieser Fall eintritt.

6. Eine Maschine produziert Chips mit einem (zufällig verteilten) Ausschussanteil von 9 %.
   a) Nach welcher Verteilung bestimmt sich die Anzahl der ungenießbaren Chips in einer Anzahl n von produzierten Chips. Begründen Sie dies.
   b) Berechnen Sie mit einer geeigneten Näherung die Wahrscheinlichkeit für 110 oder mehr defekte Chips in einer Produktion von 1000 Chips. Warum dürfen Sie die Näherung verwenden?

7. Ein Frachtschiff hat zwei Dieselgeneratoren, die in der Regel beide laufen. An einem Reisetag besteht die Wahrscheinlichkeit von 2 %, dass eines der beiden Aggregate ausfällt. Das macht nichts, das Schiff kann auch mit einem Aggregat weiterfahren. Ist ein Aggregat ausgefallen, fällt aber mit 2 % Wahrscheinlichkeit am nächsten Tag auch noch das zweite Aggregat aus. Ein ausgefallenes Aggregat können die Maschinisten bis zum nächsten Tag mit einer Wahrscheinlichkeit von 30 % wieder instandsetzen, sind beide ausgefallen reduziert sich die Reparaturwahrscheinlichkeit auf 15 % pro Aggregat. Wir wollen vernachlässigen, dass an einem Tag auch beide Aggregate ausfallen könnten.
   a) Definieren Sie für diesen Prozess Zustände und Zustandsübergänge. Zeichnen Sie einen Zustandsgraphen.
   b) Wenn das Schiff losfährt, laufen beide Aggregate. Die Fahrt von China nach Europa dauert 48 Tage. Wie groß ist die Wahrscheinlichkeit, dass am letzten Tag ein Aggregat bzw. beide Aggregate ausgefallen sind? Verwenden Sie sage oder ein anderes Tool zur Berechnung.

Anmerkung: Wenn beide Aggregate ausgefallen sind, gibt es noch ein Notstrom-aggregat, mit dem das Schiff zumindest manövrierfähig bleiben sollte und nicht vor Hamburg in der Elbe strandet. ◄

Statistische Verfahren

22

Zusammenfassung

Jetzt können Sie die Früchte aus den letzten Kapiteln ernten. Wenn Sie dieses Kapitel durchgearbeitet haben

- dann wissen Sie, was eine Stichprobe ist, und können deren Mittelwert, die mittlere quadratische Abweichung und die Varianz einer Stichprobe berechnen,
- können Sie Daten mit Hilfe der Hauptkomponentenanalyse untersuchen,
- kennen Sie den Begriff der Schätzfunktion und haben Kriterien, um festzustellen, ob eine Schätzfunktion erwartungstreu oder konsistent ist,
- kennen Sie Schätzfunktionen für die Wahrscheinlichkeit in einem Bernoulliexperiment und für den Erwartungswert und die Varianz einer Zufallsvariablen,
- verstehen Sie die Begriffe Konfidenzintervall und Konfidenzniveau und können Konfidenzintervalle für die Wahrscheinlichkeit in einem Bernoulliexperiment berechnen sowie notwendige Stichprobengrößen bestimmen,
- können Sie einseitige und zweiseitige Hypothesentests für Bernoulliexperimente durchführen und kennen die Fehler erster und zweiter Art in Hypothesentests,
- haben Sie einen Anpassungstest mit Hilfe der Pearson'schen Testfunktion durchgeführt,
- und können das fertig gelesene Buch zur Seite legen. Herzlichen Glückwunsch!

Eine wichtige Aufgabe des Statistikers besteht darin, aus einer kleinen Menge von Daten Rückschlüsse auf Eigenschaften großer Datenmengen zu ziehen. Dies geschieht meist, indem er eine zufällige Auswahl von Daten – eine Stichprobe – aus der Grundgesamtheit trifft und diese analysiert. In diesem Kapitel werden wir einige solcher Analysemethoden kennenlernen.

© Springer Fachmedien Wiesbaden GmbH, ein Teil von Springer Nature 2019
P. Hartmann, *Mathematik für Informatiker*, https://doi.org/10.1007/978-3-658-26524-3_22

22.1 Parameterschätzung

Im Beispiel der Wahlprognose ist die Aufgabe aufgetreten, aus einer Stichprobe das Wahlergebnis zu raten. Dieses Wahlergebnis ist ein unbekannter Parameter. Wir wollen uns jetzt Verfahren erarbeiten, mit denen man für solche unbekannten Parameter aus einer Stichprobe Schätzwerte ableiten kann.

Zunächst möchte ich den Begriff der Stichprobe präzisieren:

Stichproben

▶   **Definition 22.1** Gegeben seien n Beobachtungswerte $x_1, x_2, \ldots, x_n$. Das n-Tupel heißt *Stichprobe* vom Umfang n, die einzelnen Werte x_i heißen *Stichprobenwerte*. Wird eine Stichprobe durch ein Zufallsexperiment gewonnen, so heißt sie *Zufallsstichprobe*.

Ich werde im Folgenden nur Zufallsstichproben untersuchen, ich nenne diese kurz Stichproben.

Erhält man einen Stichprobenwert durch ein Zufallsexperiment, so ist er das Ergebnis einer Zufallsvariablen X. Wird das Experiment n-mal unabhängig wiederholt, so erhalten wir n Stichprobenwerte $x_1, x_2, \ldots, x_n$. Dieses n-Tupel können wir auch als Ergebnis eines Zufallsvektors $(X_1, X_2, \ldots, X_n)$ auffassen, wobei X_i das Ergebnis des i-ten Experiments beschreibt. Eine Stichprobe vom Umfang n ist dann eine Realisierung dieses Zufallsvektors.

Beispiele

1. Würfeln wir 10 Mal mit einem Würfel. Die Zufallsvariable X_i bezeichne das Ergebnis des i-ten Wurfes. Eine Stichprobe ist ein Funktionswert des Zufallsvektors $(X_1, X_2, \ldots, X_{10})$, verschiedene Funktionswerte ergeben verschiedene Stichproben. So sind zum Beispiel $s_1 = (2, 5, 2, 6, 2, 5, 5, 6, 4, 3)$ und $s_2 = (4, 6, 2, 2, 6, 1, 6, 4, 4, 1)$ mögliche Stichproben dieses Zufallsexperiments.

2. In einer Kiste befinden sich 10 000 Schrauben, ein Teil davon ist fehlerhaft. Für eine Stichprobe werden 100 Schrauben entnommen. Die Zufallsvariable X_i beschreibt den Zustand der i-ten entnommenen Schraube:

$$X_i(\omega) = \begin{cases} 0 & \text{falls } i\text{-te Schraube in Ordnung} \\ 1 & \text{falls } i\text{-te Schraube defekt.} \end{cases}$$

In der großen Grundgesamtheit muss zwischen „Ziehen ohne Zurücklegen" und „Ziehen mit Zurücklegen" nicht mehr unterschieden werden, wir können annehmen, dass die Zufallsvariablen X_i unabhängig voneinander sind.

Eine konkrete Stichprobe ist eine Realisierung des Zufallsvektors $(X_1, X_2, \ldots, X_{100})$ und hat zum Beispiel den Wert $(0, 1, 0, 0, 0, 1, 1, 0, 0, \ldots, 1)$.

Aus Zufallsvariablen lassen sich durch Kombination neue Zufallsvariablen gewinnen. Hier könnte man zum Beispiel untersuchen:

$$H_{100}(\omega) = X_1(\omega) + X_2(\omega) + \ldots + X_{100}(\omega),$$

$$R_{100}(\omega) = \frac{1}{100}(X_1(\omega) + X_2(\omega) + \ldots + X_{100}(\omega)).$$

H_{100} beschreibt die Anzahl der defekten Schrauben in der Stichprobe, R_{100} die relative Häufigkeit der defekten Schrauben. Auch dies sind Zufallsvariablen, die bei jeder Stichprobe einen anderen Wert annehmen können. Wir wissen schon nach Satz 21.2, dass H_{100} binomialverteilt ist, der Parameter p der Binomialverteilung ist jedoch noch unbekannt.

3. Bei einer Wahlumfrage besteht die Stichprobe aus n zufällig ausgewählten Wahlberechtigten. Das Zufallsexperiment X_i beschreibt das Wahlverhalten des i-ten Befragten. Die Wahlumfrage ist eine Realisierung des Zufallsvektors $(X_1, X_2, \ldots, X_n)$. Das Umfrageinstitut führt eine Stichprobe durch und schätzt daraus das Wahlergebnis. Ein anderes Institut erhält eine andere Stichprobe und damit sehr wahrscheinlich auch eine abweichende Wahlprognose. ◄

So wie wir den Zufallsvariablen Parameter zugeordnet haben, wie Erwartungswert und Varianz, wollen wir jetzt auch für Stichproben Kenngrößen definieren:

▶ **Definition 22.2** Ist $(x_1, x_2, \ldots, x_n)$ eine Stichprobe, so heißt

$$\overline{x} := \frac{1}{n}(x_1 + x_2 + \ldots + x_n)$$

der *Mittelwert* oder das *arithmetisches Mittel* der Stichprobe. Die Zahl

$$m := \frac{1}{n}\sum_{i=1}^{n}(x_i - \overline{x})^2$$

heißt *mittlere quadratische Abweichung*, sie stellt den Mittelwert der quadratischen Abweichungen von $\overline{x}$ dar.

$$s^2 := \frac{1}{n-1}\sum_{i=1}^{n}(x_i - \overline{x})^2$$

heißt *Varianz* der Stichprobe und $s = \sqrt{s^2}$ *Standardabweichung* der Stichprobe. Ist $(y_1, y_2, \ldots, y_n)$ eine weitere Stichprobe mit Mittelwert $\overline{y}$, so heißt

$$s^2_{xy} := \frac{1}{n-1} \sum_{i=1}^{n} (x_i - \overline{x})(y_i - \overline{y})$$

die *Kovarianz* der Stichproben.

Der Erwartungswert einer Zufallsvariablen ist so etwas wie ein mittlerer Funktionswert, und die Varianz einer Zufallsvariablen ist die mittlere quadratische Abweichung davon. Sie sehen die Analogie zu den Begriffen Mittelwert und mittlere quadratische Abweichung einer Stichprobe. Der Grund, warum noch die Varianz der Stichprobe eingeführt wird, in der statt durch n durch $n - 1$ dividiert wird, ist im Moment noch nicht einsichtig, wir kommen etwas später dazu. Diese Zahlen werden wir als Schätzwerte für entsprechende Parameter einer Zufallsvariablen verwenden.

▶ **Satz 22.3: Die Berechnung der Varianz einer Stichprobe** Es gilt

$$s^2 = \frac{1}{n-1}\left(\left(\sum_{i=1}^{n} x_i{}^2\right) - n\overline{x}^2\right).$$

Beweis:

$$\sum_{i=1}^{n}(x_i - \overline{x})^2 = \sum_{i=1}^{n}(x_i{}^2 - 2x_i\overline{x} + \overline{x}^2)$$

$$= \sum_{i=1}^{n} x_i{}^2 - 2\overline{x}\underbrace{\sum_{i=1}^{n} x_i}_{=n\overline{x}} + n\overline{x}^2 = \sum_{i=1}^{n} x_i{}^2 - n\overline{x}^2 \qquad \square$$

Untersuchen wir noch einmal das Würfelbeispiel. Der Erwartungswert beim Würfeln beträgt 3.5, die Varianz 2.917. Berechnen wir Mittelwert und Varianz der beiden Stichproben $s_1 = (2, 5, 2, 6, 2, 5, 5, 6, 4, 3)$ und $s_2 = (4, 6, 2, 2, 6, 1, 6, 4, 4, 1)$, so erhalten wir:
Mittelwert von s_1:

$$\overline{s}_1 = \frac{1}{10}(2 + 5 + 2 + 6 + 2 + 5 + 5 + 6 + 4 + 3) = \frac{40}{10} = 4$$

Varianz von s_1:

$$s^2 = \frac{1}{9}(2^2 + 5^2 + 2^2 + 6^2 + 2^2 + 5^2 + 5^2 + 6^2 + 4^2 + 3^2 - 10 \cdot 4^2) = \frac{24}{9} \approx 2.67$$

entsprechend für den Mittelwert von s_2: $\overline{s}_2 = 3.6$, und die Varianz von s_2: $s^2 = 4.04$.

Wir müssen sorgfältig unterscheiden: Erwartungswert, Varianz und Standardabweichung einer Zufallsvariablen sind feste Zahlen, die unabhängig von einem konkreten Experiment sind. Mittelwert, mittlere quadratische Abweichung, Varianz und Standardabweichung einer Stichprobe dagegen sind selbst Ergebnisse einer Zufallsvariablen, also zufällige, versuchsabhängige Werte. Entsteht $(x_1, x_2, \ldots, x_n)$ als Realisierung des Zufallsvektors $(X_1, X_2, \ldots, X_n)$, so ist der zugehörige Mittelwert die Realisierung der Zufallsvariablen $\overline{X} := \frac{1}{n}(X_1 + X_2 + \cdots + X_n)$, die Varianz ist die Realisierung von $S^2 := \frac{1}{n-1}((\sum_{i=1}^{n} X_i^2) - n\overline{X}^2)$.

Schätzfunktionen

▶ **Definition 22.4** Die Zufallsvariable X beschreibe den Ausgang eines Zufallsexperimentes. Dieses Experiment soll n-mal wiederholt werden. X_i sei die Zufallsvariable, die den Ausgang des i-ten Experiments beschreibt. Ist p ein Parameter, welcher der Zufallsvariablen X zugeordnet ist und f eine Funktion, mit der aus einer Stichprobe $(x_1, x_2, \ldots, x_n)$ ein Schätzwert $\tilde{p} = f(x_1, x_2, \ldots, x_n)$ für den Parameter p bestimmt werden kann, so heißt die aus den Zufallsvariablen X_i gebildete Zufallsvariable

$$P = f(X_1, X_2, \ldots, X_n)$$

Schätzfunktion für den Parameter p. Eine Realisierung der Schätzfunktion

$$P(\omega) = f(X_1(\omega), X_2(\omega), \ldots, X_n(\omega)) = f(x_1, x_2, \ldots, x_n)$$

heißt *Schätzwert* für den Parameter p.

Diese Definition müssen Sie sicher mehrmals lesen, um zu verstehen, was dahinter steckt. Klarer wird sie aber, wenn wir uns noch einmal die Beispiele vom Beginn des Kapitels anschauen:

Beispiele

1. Die Zufallsvariable X beschreibt das Ergebnis beim Würfeln mit einem Würfel. Kennen wir den Erwartungswert von X noch nicht, dann können wir nach 10-maligem Würfeln mit dem Ergebnis $(x_1, x_2, \ldots, x_{10})$ raten:

$$E(X) \approx \frac{1}{10}(x_1 + x_2 + \cdots + x_{10}).$$

In diesem Fall ist für alle $n \in \mathbb{N}$ die Zufallsvariable $\overline{X} = \frac{1}{n}(X_1 + X_2 + \ldots + X_n)$ eine Schätzfunktion für den unbekannten Parameter $E(X)$.

Wie können wir die Varianz der Zufallsvariablen X schätzen? Es wird sich herausstellen, dass $S^2 := \frac{1}{n-1}((\sum_{i=1}^{n} X_i^2) - n\overline{X}^2)$, die Funktion, deren Ergebnis die Varianz der Stichprobe darstellt, die richtige Schätzfunktion für den Parameter $\text{Var}(X)$ ist.

2. Das Zufallsexperiment besteht aus der Entnahme einer Schraube aus der Kiste mit 10 000 Schrauben. X beschreibt den Zustand der Schraube mit 0 (in Ordnung) oder 1 (nicht in Ordnung). Das Experiment wird 100-mal wiederholt, X_i stellt den Zustand der i-ten Schraube dar. Der unbekannte Parameter von X ist die Wahrscheinlichkeit p, mit der $X = 1$ ist. In einer Stichprobe $(x_1, x_2, \ldots, x_{100})$ ist die Anzahl der defekten Schrauben gerade die Summe der x_i. Es liegt daher nahe zu raten:

$$p(X = 1) \approx \frac{x_1 + x_2 + \ldots + x_{100}}{100}.$$

Das ist eine Realisierung der Schätzfunktion $R_{100} = \frac{1}{100}(X_1 + X_2 + \ldots + X_{100})$. ◄

In diesen Beispielen haben wir die Schätzfunktionen für einen Parameter mit dem gesunden Menschenverstand geraten, wir kennen noch keine Kriterien dafür, wann eine Schätzfunktion gut oder schlecht ist. Bei den Schrauben in der Kiste kann etwa der Schätzwert für p abhängig von der Stichprobe jeden Wert zwischen 0 und 1 annehmen. Ist R_{100} wirklich eine gute Schätzfunktion?

Die Qualität der Schätzfunktionen beschreiben wir mit den Mitteln der Wahrscheinlichkeitstheorie, die wir uns schon erarbeitet haben:

▶ **Definition 22.5** Sei $S = f(X_1, X_2, \ldots, X_n)$ eine Schätzfunktion für den Parameter p. Dann heißt S *erwartungstreue* Schätzfunktion für p, wenn gilt $E(S) = p$.

Die Funktionswerte der Schätzfunktion können natürlich nicht immer genau den Parameter p treffen, die Schätzwerte sollen aber um diesen Parameter verstreut sein, der Erwartungswert der Schätzfunktion soll p sein.

Für eine gute Schätzfunktion ist das noch nicht ausreichend: Die Werte der Schätzfunktion dürfen auch nicht allzu wild um p herumspringen:

▶ **Definition 22.6** Sei $S_n = f(X_1, X_2, \ldots, X_n)$ eine Schätzfunktion für den Parameter p. S_n heißt *konsistente Schätzfunktion*, wenn für alle $\varepsilon > 0$ gilt: $\lim_{n \to \infty} p(|S_n - p| \geq \varepsilon) = 0$.

Die Definition habe ich in dieser Form nur aus Gründen der mathematischen Korrektheit eingefügt. Für uns genügt der folgende, sehr viel anschaulichere Satz, der mit etwas Mühe aus der Definition 22.6 folgt:

▶ **Satz 22.7** Eine Schätzfunktion $S_n = f(X_1, X_2, \ldots, X_n)$ für den Parameter p ist konsistent, wenn gilt $\lim_{n \to \infty} \mathrm{Var}(S_n) = 0$.

Das heißt, dass mit wachsendem n die Varianz der Schätzfunktion immer kleiner wird.

Schätzfunktion für die Wahrscheinlichkeit in einem Bernoulliexperiment

Im Schraubenbeispiel haben wir die relative Häufigkeit als Schätzfunktion für die Wahrscheinlichkeit des Ereignisses „Schraube defekt" gewählt. Der folgende Satz zeigt, dass dies eine gute Wahl war:

▶ **Satz 22.8** In einem Bernoulliexperiment sei p die Wahrscheinlichkeit des Ereignisses A. Es sei $X_i = 1$, falls A beim i-ten Versuch eintritt, sonst sei $X_i = 0$. Dann ist

$$R_n := \frac{1}{n} \sum_{i=1}^{n} X_i$$

eine erwartungstreue und konsistente Schätzfunktion für p. Für große n ist R_n annähernd $N(p, p(1-p)/n)$-verteilt.

Prüfen wir Definition 22.5 und Satz 22.7 nach. Wir wissen aus Satz 21.2, dass $H_n = \sum_{i=1}^{n} X_i$ binomialverteilt ist. Daher ist $E(H_n) = np$ und $\mathrm{Var}(H_n) = np(1-p)$. Wegen $R_n = \frac{1}{n} H_n$ ist genau wie H_n auch R_n für große n normalverteilt und es ist

$$E(R_n) = \frac{1}{n} E(H_n) = p, \quad \mathrm{Var}(R_n) = \frac{1}{n^2} \mathrm{Var}(H_n) = \frac{p(1-p)}{n}.$$

Also ist R_n erwartungstreu und wegen $\lim_{n \to \infty} \mathrm{Var}(R_n) = 0$ auch konsistent. □

Schätzfunktionen für Erwartungswert und Varianz einer Zufallsvariablen

Untersuchen wir als Letztes den Erwartungswert und die Varianz einer Zufallsvariablen:

▶ **Satz 22.9** Die Zufallsvariable X beschreibe ein Zufallsexperiment, das n-mal unabhängig wiederholt wird, X_i sei der Ausgang des i-ten Experiments. X habe den Erwartungswert μ und die Varianz σ^2. Dann ist

$$\overline{X} := \frac{1}{n}(X_1 + X_2 + \ldots + X_n)$$

eine erwartungstreue und konsistente Schätzfunktion für den Erwartungswert von X und

$$S^2 := \frac{1}{n-1}\left(\left(\sum_{i=1}^{n} X_i{}^2\right) - n\overline{X}^2\right)$$

eine erwartungstreue Schätzfunktion für die Varianz von X.

Wir zeigen zunächst, dass $E(\overline{X}) = \mu$ und $\text{Var}(\overline{X}) = \frac{\sigma^2}{n}$ ist. Die Zufallsvariablen X_i haben alle den gleichen Erwartungswert und die gleiche Varianz wie X, damit folgt mit Hilfe der Rechenregeln für Erwartungswerte und Varianzen (Satz 20.18 und 20.20):

$$E(\overline{X}) = E\left(\frac{1}{n}\sum_{i=1}^{n} X_i\right) = \frac{1}{n}\sum_{i=1}^{n} E(X_i) = \frac{1}{n}\cdot n\cdot\mu = \mu$$

$$\text{Var}(\overline{X}) = \text{Var}\left(\frac{1}{n}\sum_{i=1}^{n} X_i\right) = \frac{1}{n^2}\sum_{i=1}^{n} \text{Var}(X_i) = \frac{1}{n^2}\cdot n\cdot\sigma^2 = \frac{\sigma^2}{n}.$$

Also ist $\overline{X}$ erwartungstreu und konsistent.

Wir müssen noch $E(S^2) = \sigma^2$ zeigen: Da nach Satz 20.15 für jede Zufallsvariable Y gilt $E(Y^2) = \text{Var}(Y) + E(Y)^2$, erhalten wir aus den Voraussetzungen, beziehungsweise aus dem ersten Teil des Beweises:

$$E(X_i{}^2) = \sigma^2 + \mu^2, \quad E(\overline{X}^2) = \frac{\sigma^2}{n} + \mu^2$$

und damit:

$$E(S^2) = E\left(\frac{1}{n-1}\left(\left(\sum_{i=1}^{n} X_i{}^2\right) - n\overline{X}^2\right)\right) = \frac{1}{n-1}\left(\sum_{i=1}^{n} E(X_i{}^2) - n\cdot E(\overline{X}^2)\right)$$

$$= \frac{1}{n-1}\left(n(\sigma^2 + \mu^2) - n\left(\frac{\sigma^2}{n} + \mu^2\right)\right) = \frac{1}{n-1}((n-1)\sigma^2) = \sigma^2. \qquad \square$$

In dieser Rechnung liegt der Grund versteckt, warum in der Definition der Varianz einer Stichprobe durch $n-1$ und nicht durch n dividiert wurde: Sonst wäre nämlich $E(S^2) = \sigma^2(n-1)/n$ und S^2 keine erwartungstreue Schätzfunktion.

22.2 Hauptkomponentenanalyse

Bei der Big Data Analyse werden große, oft unstrukturierte Datenmengen untersucht. Diese können manuell kaum mehr bearbeitet werden, mit mathematischen Verfahren wird versucht diese auszuwerten. Eines dieser Verfahren ist die Hauptkomponentenanalyse

(Primary Component Analysis, PCA). In diesem Abschnitt werden wir noch einmal ganz intensiv lineare Algebra betreiben. Beginnen wir mit einem Beispiel: Ein Abiturient macht einen Online Test, bei dem Empfehlungen für eine geeignete Studienrichtung oder Berufsausbildung herauskommen sollen. In dem Test werden von dem Kandidaten 75 Merkmale erfasst, dazu gehören zum Beispiel Schulnoten, persönliche Vorlieben und Hobbies, soziales und politisches Interesse und vieles andere. Nehmen wir an, dass jedes Merkmal sich durch eine reelle Zahl darstellen lässt, dann ist das Testergebnis ein Punkt im $\mathbb{R}^{75}$. Von den Merkmalen sind sicher einige wichtiger als andere, manche sind vielleicht mehr oder weniger redundant, andere von großer Bedeutung für das Ziel der Auswertung. Wie kann daraus ein Vorschlag für eine Studienrichtung herausgelesen werden?

Wird der Test nicht von einem, sondern von 1000 Probanden durchgeführt, so erhalten wir eine Punktwolke im $\mathbb{R}^{75}$. In der Sprache der Statistik wird für jedes der 75 Merkmale eine Stichprobe vom Umfang 1000 erhoben. Anhand dieser Stichproben soll jetzt zunächst die Relevanz von Merkmalen und der Zusammenhang zwischen verschiedenen Merkmalen herausgearbeitet werden. Folgende Idee steckt dahinter: Berechne zunächst die Kovarianzen von Stichprobenpaaren. Je kleiner diese Kovarianzen sind, umso weniger sind die entsprechenden Merkmale korreliert. Nun versucht man durch eine Koordinatentransformation im $\mathbb{R}^{75}$ neue Merkmale zu generieren, mit dem Ziel, die Kovarianzen zwischen den verschiedenen Merkmalen zu minimieren. Mit der Hauptkomponentenanalyse werden wir diese sogar zu 0 machen können! Die neuen Merkmale sind dann Linearkombinationen der originalen Datenpunkte. Nun hat man 75 weitgehend unkorrelierte Merkmale generiert. Häufig erkennt man dann, dass viele dieser neuen Merkmale eine sehr kleine Varianz haben. Bei allen Probanden ergibt sich hier ein ähnlicher Wert. Dies ist ein starkes Indiz dafür, dass diese Merkmale nicht viel Information enthalten, die zur Interpretation des Ergebnisses genutzt werden kann. Solche Merkmale werden ignoriert. Wenn man sich auf die Merkmale mit der größten Varianz beschränkt, die sogenannten Hauptkomponenten, so erhält man eine Punktwolke in einem niedrigdimensionalen Raum, bei zwei oder drei Hauptkomponenten beispielsweise im $\mathbb{R}^2$ oder $\mathbb{R}^3$. An dieser Stelle ist dann erst einmal die menschliche Expertise gefragt. Die zwei- oder dreidimensionale Wolke kann visualisiert werden, und wenn die Fragen des online-Tests gut formuliert waren, kann man darin Bereiche erkennen, in denen sich Daten häufen. Man wird jetzt versuchen Bereiche im $\mathbb{R}^2$ oder $\mathbb{R}^3$ zu identifizieren, in denen sich etwa die Befragten mit mathematisch-naturwissenschaftlichen Neigungen finden, mit wirtschaftlichen, sozialen, handwerklichen oder anderen Interessen.

Ist diese erste manuelle Interpretation der reduzierten Daten einmal geschehen, kann der 1001. Teilnehmer an der Umfrage automatisch einem dieser Bereiche zugeordnet werden und erhält eine entsprechend Empfehlung.

Der algorithmische Kern dieses Programms besteht im Finden der geeigneten Koordinatentransformation um die Korrelation der Merkmale zu Null zu machen. Anschließend werden die Hauptkomponenten analysiert. Dieses Verfahren möchte ich jetzt vorstellen. Ich beginne mit einem konkreten Beispiel mit drei Merkmalen: Von einer Reihe von $n = 13$

Personen werden die Größe, das Gewicht und der Body Mass Index (BMI) erhoben, wir haben also drei Stichproben:

Proband	1	2	3	4	5	6	7	8	9	10	11	12	13
Größe	161	181	174	170	165	191	184	162	183	171	159	166	193
Gewicht	56	73	57	70	59	71	74	58	72	64	54	60	80
BMI	21.60	22.28	18.50	24.91	20.94	19.46	21.86	23.62	20.90	21.89	21.36	24.68	21.48

> Möglicherweise erinnern Sie sich, dass der BMI gerade aus der Größe und dem Gewicht der Person bestimmt wird. Es ist also in dieser Datenerhebung ein redundantes Merkmal. Aus der Ansicht der Rohdaten sieht man dies nicht unmittelbar. Wenn unsere Datenanalyse aber etwas taugt, dann muss sie das natürlich erkennen. Wir werden sehen.

Die folgenden Rechnungen sind kaum mehr auf dem Papier durchführbar, man braucht dazu Rechnerunterstützung. Ich empfehle Ihnen, die Beispiele mit Hilfe eines Mathematik-Tools nachzuvollziehen.

Zur Analyse der Daten ist es sinnvoll, zunächst die Stichproben zu normieren. Wir ziehen dazu in den drei Stichproben S_1, S_2, S_3 jeweils den Mittelwert ab. Wenn die Varianzen der Stichproben sehr unterschiedlich sind, empfiehlt es sich auch noch durch die Standardabweichung zu dividieren, um die Merkmale quantitativ gut vergleichbar zu machen. Im vorliegenden Beispiel habe ich das getan. Jetzt streuen alle Stichproben um die Null herum und haben die Stichprobenvarianz 1. Diese normalisierten Stichprobenwerte tragen wir in eine Matrix A ein. Darin sind die Spalten den Probanden und die Zeilen den Merkmalen zugeordnet. Die Matrix der normalisierten Merkmale lautet:

$$\begin{pmatrix} -1.12 & 0.62 & 0.013 & -0.33 & -0.77 & 1.50 & 0.88 & -1.03 & 0.80 & -0.25 & -1.29 & -0.68 & 1.67 \\ -1.09 & 0.92 & -0.97 & 0.57 & -0.74 & 0.68 & 1.04 & -0.86 & 0.80 & -0.15 & -1.33 & 0.62 & 1.75 \\ -0.05 & 0.57 & -2.10 & 2.07 & 0.10 & -1.61 & 0.25 & 0.43 & -0.32 & 0.27 & -0.14 & 0.18 & -0.05 \end{pmatrix}.$$

Die Matrix A enthält an der Stelle a_{ij} also das i-te normalisierte Merkmal des j-ten Probanden. Multiplizieren wir einmal die Matrix A von rechts mit ihrer Transponierten A^{T}, es sei $B = AA^{\mathrm{T}}$. An der Stelle b_{ij} der Ergebnismatrix steht jetzt:

$$b_{ij} = \sum_{k=1}^{n} a_{ik} a_{jk}.$$

Siehe dazu (7.5) und beachten Sie, dass wegen der Transponierung im zweiten Faktor des Produkts die Indizes gerade vertauscht werden.

Da die Mittelwerte der normalisierten Merkmale 0 sind, ist das bis auf den Faktor $1/(n-1)$ genau die Kovarianz der Stichproben i und j, siehe Definition 22.2. Wir erhalten damit eine Matrix welche alle Kovarianzen enthält:

$$C = \begin{pmatrix} \mathrm{Cov}(S_1, S_1) & \mathrm{Cov}(S_1, S_2) & \mathrm{Cov}(S_1, S_3) \\ \mathrm{Cov}(S_2, S_1) & \mathrm{Cov}(S_2, S_2) & \mathrm{Cov}(S_2, S_3) \\ \mathrm{Cov}(S_3, S_1) & \mathrm{Cov}(S_3, S_2) & \mathrm{Cov}(S_3, S_3) \end{pmatrix} = \frac{1}{n-1} AA^{\mathrm{T}}$$

Im konkreten Beispiel ist

$$C = \begin{pmatrix} 1.00 & 0.89 & -0.27 \\ 0.89 & 1.00 & 0.19 \\ -0.27 & 0.19 & 1.00 \end{pmatrix}.$$

In der Diagonalen stehen die Varianzen der Stichproben selbst, nach der Normalisierung sind diese natürlich 1. Jetzt möchten wir eine Koordinatentransformation im $\mathbb{R}^3$ durchführen, welche die Kovarianzen möglichst klein macht. Hier hilft uns der Satz 10.15 aus der Eigenwerttheorie: C ist eine reelle symmetrische Matrix, sie besitzt also eine Orthonormalbasis aus Eigenvektoren. Die Eigenwerte von C lauten 1.90, 1.19 und 0.001. Diese habe ich der Größe nach sortiert. Die Basistransformationsmatrix T, welche die Standardbasis in diese Basis aus Eigenvektoren überführt, hat in ihren Spalten genau die dazugehörigen Eigenvektoren, siehe Abschn. 9.3. Sie lautet:

$$T = \begin{pmatrix} -0.71 & -0.18 & 0.68 \\ -0.70 & 0.27 & -0.66 \\ 0.06 & 0.95 & 0.31 \end{pmatrix}$$

Dabei habe ich die Eigenvektoren auf die Länge 1 normiert, T ist daher eine orthogonale Matrix. Diese Basistransformation führen wir jetzt in unserem Merkmalsraum durch. Die neuen Koordinaten der Stichproben erhält man nach Satz 9.21, wenn man die alten Koordinaten von links mit T^{-1} multipliziert. Wir haben die Stichproben alle in den Zeilen der Matrix A aufgeschrieben, und so ergibt sich die Matrix der neuen Merkmale als $A' = T^{-1}A$. Wegen der Orthogonalität von T ist die inverse Matrix nach Satz 10.11 gerade die transponierte Matrix, es gilt also $A' = T^{T}A$. Im Beispiel:

$$A' =$$
$$\begin{pmatrix} 1.5 & -1.0 & 0.56 & -0.02 & 1.1 & -1.6 & -1.4 & 1.4 & -1.1 & 0.28 & 1.9 & 0.94 & -2.5 \\ -0.05 & 0.69 & -2.2 & 2.2 & 0.04 & -1.6 & 0.34 & 0.38 & 0.04 & 0.25 & -0.25 & 0.12 & 0.12 \\ -0.015 & -0.011 & 0.002 & 0.043 & 0.001 & 0.055 & -0.016 & 0.006 & -0.003 & 0.013 & -0.035 & 0.006 & -0.051 \end{pmatrix}.$$

Wie lauten jetzt die Kovarianzen der neuen Merkmale? Genau wie vorhin müssen wir die neue Merkmalsmatrix von rechts mit ihrer Transponierten multiplizieren:

$$C' = \frac{1}{n-1}A'A'^{T} = \frac{1}{n-1}(T^{-1}A)(T^{T}A)^{T} = \frac{1}{n-1}T^{-1}AA^{T}T = T^{-1}CT$$

$T^{-1}CT$ ist gerade die Matrix der linearen Abbildung C in der neuen Basis aus Eigenvektoren. Bezüglich dieser Basis hat C nach Satz 9.25 die Diagonalmatrix D, welche in der

Diagonalen die Eigenwerte enthält:

$$C' = \begin{pmatrix} \lambda_1 & 0 & 0 \\ 0 & \lambda_2 & 0 \\ 0 & 0 & \lambda_3 \end{pmatrix}$$

Große Zauberei: Die Kovarianzen sind jetzt alle 0, in der Diagonalen stehen die Varianzen der neuen Merkmale, und diese sind gerade die berechneten Eigenwerte von C. Durch diese Koordinatentransformation haben wir also unser Ziel erreicht! Im konkreten Beispiel ist

$$C' = \begin{pmatrix} 1.90 & 0 & 0 \\ 0 & 1.10 & 0 \\ 0 & 0 & 0.001 \end{pmatrix}.$$

Sie sehen, dass λ_3 fast 0 ist. Die Varianz des dritten Merkmals ist sehr klein, und daher sind in der transformierten Matrix A' die Werte der dritten Zeile ebenfalls sehr klein. Dies ist ein irrelevantes Merkmal, das wir ignorieren können, Wir können uns auf die ersten beiden Hauptkomponenten beschränken.

> Die Methode hat also erkannt, dass in den Rohdaten der BMI von den anderen beiden Merkmalen abhängig ist.

Ignoriert man in A' die dritte Zeile, so kann man ein zweidimensionales Bild der neuen Merkmale zeichnen. Gegenüber den Ursprungsdaten ist dabei gerade eine Drehung der normalisierten ersten beiden Komponenten der Rohdaten geschehen, siehe Abb. 22.1.

Abb. 22.1 Die Hauptkomponenten im Beispiel 1

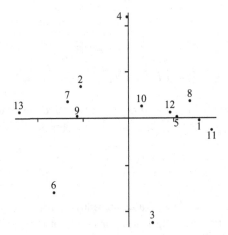

Wie interpretieren wir die beiden Komponenten? Die erste Hauptkomponente (die x-Achse) zeigt nach links die eher großen und schweren Probanden, nach rechts die kleinen und leichten. Größe und Gewicht sind nicht unabhängig, Übergewicht ist aber nicht mit der Größe korreliert. In der zweiten Hauptkomponente findet man tatsächlich Abweichungen vom Normalgewicht. Oben sind die überdurchschnittlich schweren, unten die unterdurchschnittlich schweren Personen zu finden.

Ich möchte die Vorgehensweise bei der Hauptkomponentenanalyse zusammenfassen:

1. Stelle eine Matrix M der Merkmale auf: Die Spalten sind den zu untersuchenden Objekten zugeordnet, die Zeilen enthalten die verschiedenen Merkmale der Objekte.
2. Normalisiere die Merkmale: Von den Zeilen der Matrix M, den Stichproben, wird der jeweilige Mittelwert abgezogen. Weichen die Varianzen der Zeilen stark voneinander ab, wird jede Zeile noch durch ihre Standardabweichung dividiert. Es entsteht die Matrix A.
3. Berechne die Matrix $C = 1/(n-1)AA^{\mathrm{T}}$. Diese enthält alle Kovarianzen der untersuchten Merkmale.
4. Berechne Eigenwerte und Eigenvektoren der Kovarianzmatrix. Die Eigenwerte werden der Größe nach sortiert und die Eigenvektoren auf Länge 1 normiert. Die orthogonale Basistransformationsmatrix T ist die Matrix, die in den Spalten die normierten und sortierten Eigenvektoren enthält.
5. Führe die Basistransformation T mit der Matrix A durch. Es entsteht die Matrix der neuen Merkmale: $A' = T^{\mathrm{T}}A$.
6. Anhand der Größe der Eigenwerte wird entschieden, wie viele Hauptkomponenten untersucht werden sollen. Die Hauptkomponenten sind die ersten Zeilen von A'.
7. Nun müssen die Hauptkomponenten interpretiert werden.

Ich möchte, nicht mehr ganz so ausführlich, ein weiteres Beispiel mit mehreren Merkmalen vorstellen. Die Rohdaten bestehen aus sechs Abschlussnoten von zehn Schülern:

	Alex	Bianca	Claudia	Daniel	Eva	Felix	Georg	Hanna	Ina	Kai
Deutsch	1	3	1	2	2	4	2	2	2	3
Geschichte	2	1	2	1	2	3	1	1	3	3
Englisch	2	3	1	1	1	3	2	4	4	3
Französisch	2	4	1	2	2	3	1	3	4	4
Mathe	4	2	3	1	3	1	4	1	2	4
Physik	4	2	2	1	4	1	3	2	1	3

Zunächst werden die sechs Stichproben wieder normalisiert, indem der Mittelwert abgezogen wird. Die Varianzen unterscheiden sich nicht stark, darum verzichte ich diesmal auf die Division durch die Standardabweichung. Wir erhalten die Merkmalsmatrix:

$$A = \begin{pmatrix} -1.2 & 0.8 & -1.2 & -0.2 & -0.2 & 1.8 & -0.2 & -0.2 & -0.2 & 0.8 \\ 0.1 & -0.9 & 0.1 & -0.9 & 0.1 & 1.1 & -0.9 & -0.9 & 1.1 & 1.1 \\ -0.4 & 0.6 & -1.4 & -1.4 & -1.4 & 0.6 & -0.4 & 1.6 & 1.6 & 0.6 \\ -0.6 & 1.4 & -1.6 & -0.6 & -0.6 & 0.4 & -1.6 & 0.4 & 1.4 & 1.4 \\ 1.5 & -0.5 & 0.5 & -1.5 & 0.5 & -1.5 & 1.5 & -1.5 & -0.5 & 1.5 \\ 1.7 & -0.3 & -0.3 & -1.3 & 1.7 & -1.3 & 0.7 & -0.3 & -1.3 & 0.7 \end{pmatrix}$$

Daraus können wir die Matrix der Kovarianzen berechnen:

$$C = (\mathrm{Cov}(S_i, S_j)) = \frac{1}{n-1} A A^{\mathrm{T}}$$

Im konkreten Beispiel ergibt sich:

$$C = \begin{pmatrix} 0.84 & 0.24 & 0.47 & 0.65 & -0.44 & -0.40 \\ 0.24 & 0.77 & 0.27 & 0.40 & 0.17 & -0.078 \\ 0.47 & 0.27 & 1.38 & 1.07 & -0.44 & -0.47 \\ 0.65 & 0.40 & 1.07 & 1.38 & -0.44 & -0.42 \\ -0.44 & 0.17 & -0.44 & -0.44 & 1.61 & 1.17 \\ -0.40 & -0.078 & -0.47 & -0.42 & 1.17 & 1.34 \end{pmatrix}$$

Die sortierten Eigenwerte dieser Matrix lauten

$$3.80, \quad 1.84, \quad 0.70, \quad 0.51, \quad 0.27, \quad 0.21.$$

Die Eigenwerte sind die Varianzen der neuen Merkmale. Sie sehen, dass mehr als 75 % der Varianzen auf die ersten beiden Komponenten entfallen, in der Regel wird man hier mit zwei Hauptkomponenten arbeiten.

Ist T die Basistransformationsmatrix, also die Matrix der normierten Eigenvektoren, so erhalten wir die Matrix der transformierten Merkmale $A' = T^{\mathrm{T}} A$. Im Beispiel:

$$A' = \begin{pmatrix} -2.2 & 1.5 & -1.9 & 0.23 & -2.0 & 2.5 & -2.2 & 1.6 & 2.2 & 0.28 \\ 1.0 & 0.23 & -1.2 & -2.5 & 0.20 & -0.38 & -0.06 & -0.50 & 0.75 & 2.5 \\ -0.44 & -0.75 & 0.62 & 0.23 & 0.38 & 1.4 & -0.44 & -1.6 & 0.08 & 0.62 \\ -0.41 & 0.94 & -0.94 & 0.23 & 0.75 & 0.41 & 0.17 & -0.14 & -1.4 & 0.25 \\ 0.34 & 0.12 & -0.05 & 0.38 & 0.69 & -0.47 & -1.1 & -0.01 & 0.19 & -0.01 \\ 0.25 & -0.62 & -0.17 & -0.47 & 0.47 & 0.62 & -0.11 & 0.62 & -0.16 & -0.38 \end{pmatrix}.$$

Abb. 22.2 Die Hauptkomponenten im Beispiel 2

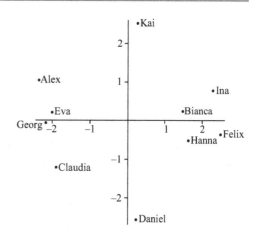

Wir können jetzt die beiden Hauptkomponenten, nämlich die ersten beiden Zeilen der Matrix, im $\mathbb{R}^2$ zeichnen. In Abb. 22.2 ordnen wir die Punkte wieder den zehn Personen zu.

Zur Interpretation der Hauptkomponenten: Je weiter rechts ein Punkt liegt, umso größer ist die Neigung für mathematisch-naturwissenschaftliche Fächer, links sind die Personen mit einer Neigung für Sprachen zu finden. Je weiter unten sich ein Punkt befindet, umso größer ist die Leistungsfähigkeit des Absolventen, oben sind die eher schwächeren Schüler platziert.

Diese Interpretation könnte man noch aus der Ansicht der Rohdaten mehr oder weniger gut ableiten. Die wirkliche Leistungsfähigkeit der Hauptkomponentenanalyse zeigt sich erst bei Datenmengen mit sehr vielen Merkmalen. So wird sie zum Beispiel in der Mustererkennung, bei Krebsdiagnosen, bei Material- oder Lebensmitteluntersuchungen und bei vielen anderen Datenmengen mit vielen Merkmalen zur Analyse eingesetzt.

Mathematische Algorithmen an sich sind nicht gut oder böse. Aber es gibt bei dem Einsatz von Verfahren auch sehr umstrittene Anwendungen. Gesichtserkennung wird zum Beispiel in China zur umfassenden Überwachung der Bevölkerung eingesetzt. In Deutschland prüft die Schufa an Hand von geheimen Kriterien die Kreditwürdigkeit von Antragstellern. Es gibt begründete Vermutungen, dass hierbei auch der Name und die Anschrift in die Bewertung eingehen. In den USA wird mit Hilfe einer Software aus über 100 Merkmalen ermittelt, ob ein Sträfling auf Bewährung entlassen werden kann oder nicht. Dabei werden systematisch Farbige benachteiligt. Wenn aufgrund einer ähnlichen Notenanalyse, wie ich sie oben durchgeführt habe, über die Zulassung zu einem Studiengang entschieden wird, so ist auch das äußerst fragwürdig. Seien Sie sich Ihrer Verantwortung als Informatiker bewusst! Die Mathematikerin Hannah Fry hat ein interessantes Buch zu diesem Thema geschrieben: Hello World. Was Algorithmen können und wie sie unser Leben verändern.

22.3   Konfidenzintervalle

Mit Hilfe der Parameterschätzung ist es möglich, beispielsweise bei einer Wahlumfrage einen Schätzwert für den Anteil p der Wähler einer Partei abzugeben. Dieser Schätzwert ist die relative Häufigkeit der Wähler in der Stichprobe. Wir wissen jetzt, dass der Erwartungswert dieser Schätzung genau die richtige Wahrscheinlichkeit ergibt und dass mit der Größe der Stichprobe die Varianz der Schätzung abnimmt. In der Realität wird man aber p praktisch niemals genau treffen, und wir können natürlich auch nicht sagen, wie weit wir daneben liegen. Um uns aus diesem Dilemma zu befreien, wenden wir einen Trick an: Wir schätzen nicht eine einzelne Zahl, sondern ein ganzes Intervall $[p_u, p_o]$, von dem wir vermuten, dass der echte Parameter darin enthalten ist. Wenn wir dann noch eine Wahrscheinlichkeit dafür angeben können, dass p in $[p_u, p_o]$ liegt, sind wir zufrieden.

Ein solches Intervall heißt *Konfidenzintervall*. Wir finden es durch Auswertung von Schätzfunktionen für die Ober- und Untergrenze des Intervalls:

Ist $(X_1, X_2, \ldots, X_n)$ ein Zufallsvektor und p der zu schätzende Parameter, so benötigen wir jetzt nicht mehr die Schätzfunktion $F = f(X_1, X_2, \ldots, X_n)$ für p, sondern zwei Schätzfunktionen $F_u = f_u(X_1, X_2, \ldots, X_n)$ und $F_o = f_o(X_1, X_2, \ldots, X_n)$. F_u und F_o versuchen wir, so zu bestimmen, dass die Wahrscheinlichkeit $p(F_u \leq p \leq F_o)$ einen bestimmten Wert γ annimmt. Bei der Realisierung der Zufallsvariablen F_u und F_o erhalten wir zwei Werte p_u und p_o und können dann sagen, dass mit der Wahrscheinlichkeit γ der Wert p zwischen p_u und p_o liegt. Dabei ist der unbekannte Parameter p fest. Das Konfidenzintervall ist variabel, es hängt von der konkreten Stichprobe ab.

▶   **Definition 22.10** Ist p ein zu schätzender Parameter und sind F_u und F_o Zufallsvariablen (Schätzfunktionen) mit der Eigenschaft

$$p(F_u \leq p \leq F_o) = \gamma,$$

so heißt eine Realisierung (p_u, p_o) von (F_u, F_o) *Konfidenzintervall* für p, die Zahl γ heißt *Konfidenzniveau*.

Gelingt es solche Zufallsvariablen zu bestimmen, so sind Aussagen möglich wie „mit einer Wahrscheinlichkeit von 95 % haben zwischen 9 % und 11 % der Wähler die Partei A gewählt" oder „mit 99 % Sicherheit beträgt der Anteil der defekten Schrauben in der Kiste weniger als 1 %".

In der Regel wird das Konfidenzniveau γ vorgegeben und in Abhängigkeit von γ die Schätzfunktionen bestimmt. Je größer die gewünschte Sicherheit ist, um so größer wird γ gewählt. Verschiedene Stichproben ergeben dann verschiedene Intervalle. Je nach der Größe von γ wird man mehr oder weniger oft den Parameter p in dem geschätzten Intervall einfangen.

Konfidenzintervalle können für verschiedene Verteilungen und verschiedene Parameter bestimmt werden. Ich möchte das Verfahren beispielhaft an einem wichtigen Fall durchführen: Wir bestimmen ein Konfidenzintervall für die unbekannte Wahrscheinlichkeit p des Ereignisses A in einem Bernoulliexperiment.

Wir wissen, dass die Zufallsvariable X, welche die Anzahl des Eintretens von A angibt, binomialverteilt ist mit den Parametern n und p. Für große n können wir die Binomialverteilung durch die Normalverteilung approximieren. Wir nehmen jedenfalls n als groß genug an. Weiter sei das Konfidenzniveau γ gegeben.

Jetzt können wir die Schätzfunktionen bestimmen. Wir werden sehen, dass diese nur von der $b_{n,p}$-verteilten Zufallsvariablen X abhängen. Zur Berechnung führen wir das folgende Programm durch:

1. Es sei $X^* = \frac{X-np}{\sqrt{np(1-p)}}$ die Standardisierte zu X. Wir bestimmen eine Zahl c mit der Eigenschaft $p(-c \leq X^* \leq c) = \gamma$.

2. Ist p der unbekannte, zu schätzende Parameter, so suchen wir Funktionen $f_u(X)$, $f_o(X)$ mit der Eigenschaft

$$f_u(X) \leq p \leq f_o(X) \quad \Leftrightarrow \quad -c \leq X^* \leq c.$$

3. Wenn das gelungen ist, dann gilt $p(f_u(X) \leq p \leq f_o(X)) = p(-c \leq X^* \leq c) = \gamma$ und damit sind $F_u = f_u(X)$ und $F_o = f_o(X)$ die gesuchten Schätzfunktionen.

Zu Punkt 1: Wegen $p(-c \leq X^* \leq c) = \Phi(c) - \Phi(-c) = 2 \cdot \Phi(c) - 1 = \gamma$ erhalten wir aus der Tabelle der Verteilungsfunktion Φ das Element c mit $\Phi(c) = \frac{1+\gamma}{2}$.

Zu Punkt 2: Es ist

$$-c \leq X^* \leq c \quad \Leftrightarrow \quad -c \leq \frac{X-np}{\sqrt{np(1-p)}} \leq c$$

$$\Leftrightarrow \quad \frac{(X-np)^2}{np(1-p)} \leq c^2$$

$$\Leftrightarrow \quad (X-np)^2 \leq c^2 np(1-p)$$

$$\Leftrightarrow \quad (nc^2 + n^2)p^2 - (2nX + nc^2)p + X^2 \leq 0.$$

Untersuchen wir, wann die Zufallsvariable

$$(nc^2 + n^2)p^2 - (2nX + nc^2)p + X^2 \tag{22.1}$$

einen Wert kleiner gleich 0 annimmt: Wenn wir eine Stichprobe durchführen, so erhält X einen festen Wert $X(\omega) = k \in \{0, 1, 2, \ldots, n\}$. Wir fassen jetzt für einen Moment (22.1) als Funktion in Abhängigkeit von p auf. Für jeden Wert $X(\omega)$ stellt dann

$$f(p) = (nc^2 + n^2)p^2 - (2nX(\omega) + nc^2)p + X(\omega)^2$$

die Gleichung einer nach oben offenen Parabel dar, denn der Koeffizient von p^2 ist größer als 0. $f(p) \leq 0$ kann also nur zwischen den beiden Nullstellen von $f(p)$ gelten, falls es

solche gibt. Wir berechnen die Nullstellen von $f(p)$ mit der bekannten Formel zur Auflösung quadratischer Gleichungen und formen das Ergebnis noch etwas um. Die Nullstellen
$p_{1/2}$ hängen vom Ergebnis ω ab, sie lauten:

$$p_{1/2}(\omega) = \frac{1}{c^2 + n}\left(X(\omega) + \frac{c^2}{2} \pm c\sqrt{\frac{X(\omega)(n - X(\omega))}{n} + \frac{c^2}{4}} \right).$$

Jetzt wissen wir: Genau dann, wenn $p_1(\omega) < p < p_2(\omega)$ ist, gilt $f(p) \leq 0$ und damit
$-c \leq X^* \leq c$. Damit ist Punkt 2 des Programms gelöst, p_1 und p_2 sind die gesuchten
Schätzfunktionen:

$$f_u(X) := p_1 = \frac{1}{c^2 + n}\left(X + \frac{c^2}{2} - c\sqrt{\frac{X(n - X)}{n} + \frac{c^2}{4}} \right),$$

$$f_o(X) := p_2 = \frac{1}{c^2 + n}\left(X + \frac{c^2}{2} + c\sqrt{\frac{X(n - X)}{n} + \frac{c^2}{4}} \right).$$

Führen wir eine Stichprobe aus, so erhalten wir einen konkreten Wert k für X und gewinnen als Realisierung von $f_u(X)$ und $f_o(X)$ ein Konfidenzintervall:

$$p_{u/o} = \frac{1}{c^2 + n}\left(k + \frac{c^2}{2} \pm c\sqrt{\frac{k(n - k)}{n} + \frac{c^2}{4}} \right), \quad \text{mit } c = \Phi^{-1}\left(\frac{1 + \gamma}{2} \right). \quad (22.2)$$

Jetzt können wir das Beispiel der Wahlprognose aus Abschn. 19.1 endgültig behandeln:

Beispiel

Wir fassen die Umfrage als ein Experiment „Ziehen mit Zurücklegen" auf, so dass wir
ein Bernoulliexperiment durchführen und die Anzahl der Wähler der Partei A binomialverteilt ist. Geben wir ein Konfidenzniveau γ von 0.95 vor. Zunächst bestimmen wir
die Zahl c mit $\Phi(c) = (1 + \gamma)/2 = 0.975$ aus der Tabelle der Verteilungsfunktion
und erhalten $c = 1.96$. Wird die Umfrage bei 1000 Wählern durchgeführt, von denen
400 Partei A wählen, so erhalten wir:

$$p_{u/o} = \frac{1}{1000 + 1.96^2}\left(400 + \frac{1.96^2}{2} \pm 1.96 \cdot \sqrt{\frac{400(1000 - 400)}{1000} + \frac{1.96^2}{4}} \right). \quad (22.3)$$

Es ergibt sich $p_u = 0.370$ und $p_o = 0.431$. Mit 95 % Wahrscheinlichkeit liegt das
Ergebnis der Partei A zwischen 37.0 % und 43.1 %.

Erhöhen wir das Konfidenzniveau auf 99 %, so erhalten wir für c den Wert 2.57 und
weiter $p_u = 0.361$, $p_o = 0.440$.

Rechnen wir mit einer Stichprobe von 10 000 und mit 5500 Wählern der Partei A,
so ist bei dem Konfidenzniveau von 95 % $p_u = 0.390$, $p_o = 0.410$. ◄

Wenn Sie diese Ergebnisse anschauen, dann können Sie die Qualität der sogenannten „Sonntagsfrage" einschätzen, die monatlich in den Medien beantwortet wird und aus der wir ablesen sollen, wie die Bundestagswahl ausginge, wenn am nächsten Sonntag gewählt würde. In aller Regel wird dafür eine Umfrage bei ca. 1000 Wählern durchgeführt, die noch dazu einen repräsentativen Querschnitt der Bevölkerung darstellen müssen, also Altersgruppen, Ausbildung, Regionen und so weiter berücksichtigen sollen. Sie sehen, dass bei einem Konfidenzniveau von 95 % ohne Weiteres Abweichungen von ±3 % bei jeder Partei möglich sind. Beurteilen Sie selbst die Aussagekraft dieser Statistik. Größere Stichproben werden meist nur am Wahltag selbst durchgeführt, in der Nachfrage oder durch die Auswertung von Teilergebnissen der Wahl.

Wenn in (22.2) die Zahlen k, n und $n - k$ groß sind, dann sind im Vergleich dazu die Summanden, welche die Zahl c^2 enthalten vernachlässigbar klein. Wir lassen sie unter den Tisch fallen und erhalten nach dieser wirklich harten Arbeit die ganz einfach anzuwendende Regel:

▶ **Rechenregel 22.11** Ein Bernoulliexperiment mit unbekannter Wahrscheinlichkeit $p = p(A)$ werde n-mal durchgeführt, k-mal trete das Ereignis A ein. Es seien k und $n - k$ größer als 30. Zum Konfidenzniveau γ gewinnt man das Konfidenzintervall $[p_u, p_o]$ für die unbekannte Wahrscheinlichkeit p von A durch

$$p_{u/o} = \frac{k}{n} \pm \frac{c}{n} \sqrt{\frac{k(n-k)}{n}} \quad \text{mit } c = \Phi^{-1}\left(\frac{1+\gamma}{2}\right).$$

Schauen wir uns diese Regel etwas genauer an: k/n ist die relative Häufigkeit des Ereignisses A. Dieser Wert ist der Schätzwert für p und liegt genau in der Mitte des Konfidenzintervalls. Dieses Intervall hat die Breite

$$B = \frac{2c}{n} \sqrt{\frac{k(n-k)}{n}}.$$

Die Breite des Intervalls schrumpft mit wachsendem n, die Vorhersage wird also immer besser, wenn die Stichprobe größer wird. Hebt man bei einer festen Stichprobengröße das Konfidenzniveau γ an, so nimmt auch c zu, dabei wird das Intervall breiter. Die höhere Sicherheit kann man sich also nur durch größere erlaubte Abweichungen erkaufen.

Nach der Rechenregel 21.17 setzt die Annäherung der Binomialverteilung durch die Normalverteilung voraus, dass $np > 5$ und $n(1 - p) > 5$ sind. Diese Voraussetzung können wir nicht überprüfen, da ja p unbekannt ist. Sie sollte aber zumindest für den Schätzwert von p erfüllt sein. Dies ist der Fall: Sind k und $n - k$ größer als 30, so folgt $n \cdot (k/n) = k > 30 > 5$ und $n(1 - k/n) = n - k > 30 > 5$.

Welchen Fehler machen wir dadurch, dass wir die Summanden mit c^2 gestrichen haben? Rechnen wir das Beispiel der Wahlumfrage noch einmal mit der Rechenregel 22.11 nach: Aus

$$p_{u/o} = \frac{400}{1000} + \frac{1.96}{1000} \cdot \sqrt{\frac{400(1000 - 400)}{1000}}$$

erhalten wir $[p_u, p_o] = [0.3696, 0.4304]$, mit der präzisen Rechnung (22.3) ergibt sich $[p_u, p_o] = [0.3701, 0.4307]$, ein Fehler mit dem man leben kann.

Die Stichprobengröße

Wir haben den Zusammenhang zwischen Stichprobengröße, Konfidenzniveau und Breite des Konfidenzintervalls gerade gesehen. Natürlich möchte man immer hohe Sicherheit und kleine Konfidenzintervalle. Umfragen kosten aber Geld. Wenn der Auftraggeber dem Meinungsforschungsinstitut den Auftrag gibt, mit dem Konfidenzniveau γ und der Konfidenzintervallbreite B eine Aussage zu treffen, dann muss das Institut wissen, wie groß die Stichprobe gemacht werden muss, um diese Vorgaben zu erfüllen. Es erstellt einen Kostenvoranschlag. Ist dieser dem Auftraggeber zu hoch, so muss er entweder mit dem Konfidenzniveau nach unten gehen oder ein größeres Konfidenzintervall zulassen.

Wie kann man bei vorgegebenem γ und vorgegebener Intervallbreite B die notwendige Stichprobengröße ermitteln? Aus γ können wir c bestimmen. Die Aufgabe besteht darin, die Zahl n zu finden, so dass für alle möglichen Werte von k gilt:

$$\frac{2c}{n}\sqrt{\frac{k(n-k)}{n}} \leq B. \tag{22.4}$$

Hier steckt noch eine Unbekannte zu viel drin: Versuchen wir, zunächst k zu eliminieren. Wir suchen das k, für das $f(k) = k(n-k)$ maximal wird. Dann ist auch der Ausdruck auf der linken Seite von (22.4) maximal, das ist also der schlimmste Fall. Das Maximum erhalten wir als Nullstelle von $f'(k)$, es liegt bei $k = n/2$. Also ist (22.4) erfüllt, wenn gilt:

$$\frac{2c}{n}\sqrt{\frac{(n/2)(n-(n/2))}{n}} = \frac{2c}{n}\sqrt{\frac{n}{4}} \leq B$$

Wegen

$$\frac{2c}{n}\sqrt{\frac{n}{4}} \leq B \quad \Leftrightarrow \quad \frac{4c^2}{n^2}\frac{n}{4} \leq B^2 \quad \Leftrightarrow \quad \frac{c^2}{n} \leq B^2 \quad \Leftrightarrow \quad n \geq \frac{c^2}{B^2}$$

erhalten wir die Regel:

▶   **Rechenregel 22.12** In einem Bernoulliexperiment sei das Konfidenzniveau γ vorgegeben. Das Konfidenzintervall um den unbekannten Parameter $p = p(A)$ hat maximal die Breite B, wenn für die Stichprobengröße gilt:

$$n \geq \frac{c^2}{B^2}, \quad \text{mit } c = \Phi^{-1}\left(\frac{1+\gamma}{2}\right).$$

Beispiel

Versuchen wir, uns an der numerischen Integration mit einer Monte-Carlo-Methode. Schauen Sie sich dazu auch noch einmal das Buffon'sche Nadelexperiment bei den Monte-Carlo-Methoden in Abschn. 19.1 an. Jetzt möchte ich $\Phi(1)$ berechnen. Es ist

$$\Phi(1) = 0.5 + \int_0^1 \varphi(x)\,dx \quad \text{mit } \varphi(x) = \frac{1}{\sqrt{2\pi}} e^{-\frac{x^2}{2}}. \blacktriangleleft$$

Es genügt also, das Integral über $\varphi(x)$ von 0 bis 1 zu bestimmen. In der numerischen Integration wird die Funktion $\varphi(x)$ in ein Rechteck eingesperrt, hier in das Rechteck $[0, 1] \times [0, 1/2]$ mit der Fläche $R = 0.5$ (Abb. 22.3). Das Bernoulliexperiment, das wir durchführen, heißt „wähle zufällig einen Punkt (x, y) im Rechteck". Das Ereignis A mit der unbekannten Wahrscheinlichkeit p lautet: „$y < \varphi(x)$", denn genau dann liegt der Punkt in der Integralfläche. Ist F das gesuchte Integral, so gilt $p = F/R$.

Wir führen das Experiment n-mal durch. Tritt das Ereignis k-mal ein, so ist $\tilde{p} = k/n$ ein Schätzwert für p, und damit $R \cdot (k/n)$ ein Schätzwert für F.

Wie oft muss das Experiment durchgeführt werden, um mit einer Sicherheit von 99.9 % das Integral mit einem Fehler kleiner als 10^{-3} zu bestimmen?

Für $\gamma = 0.999$ erhalten wir $c = 3.29$. Die Fläche R beträgt 0.5. Ist $\tilde{F}$ der Schätzwert für F, so soll $|\tilde{F} - F| = |0.5 \cdot \tilde{p} - 0.5 \cdot p| < 10^{-3}$ sein, das heißt $|\tilde{p} - p| < 2 \cdot 10^{-3}$. Die Abweichung von p ist in beide Richtungen erlaubt, also können wir die Konfidenzintervallbreite mit $B = 2 \cdot 2 \cdot 10^{-3}$ festlegen. Die notwendige Stichprobengröße beträgt dann $c^2/B^2 = 676\,506$. Der Schätzwert für F bei dieser Anzahl von Versuchen ergab bei mir 0.341235, das heißt $\Phi(1) = 0.841235$. Aus der Tabelle im Anhang können wir das Ergebnis 0.8413 ablesen.

Sie sehen, dass dieses Verfahren sehr viele Versuche braucht, um einigermaßen gute Ergebnisse zu erzielen, es zeigt ein sehr schlechtes Konvergenzverhalten. Die Tabelle der Normalverteilung aus dem Anhang können Sie damit kaum erzeugen. Für einfache Integrale ist die Methode praktisch nicht verwendbar. Sie zeigt aber ihre Stärken bei mehrdimensionalen Integralen, bei denen die üblichen numerischen Methoden im Vergleich zum eindimensionalen Fall sehr viel komplexer werden, während der Aufwand der Monte-Carlo-Integration nahezu unverändert bleibt.

Abb. 22.3 Monte-Carlo-Integration

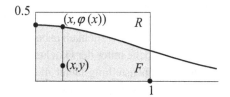

22.4   Hypothesentest

Auch beim Hypothesentest geht es darum, Parameter von Zufallsvariablen zu untersuchen. Hier setzt man jedoch gewisse Annahmen an die Parameter voraus. Will man zum Beispiel überprüfen, ob die Münze eines Spielers nicht manipuliert ist, so kann man die Hypothese aufstellen $p(\text{Zahl}) = 1/2$ oder $p(\text{Zahl}) \neq 1/2$. Will man die Heilungswahrscheinlichkeit p eines Medikaments mit der eines anderen p_0 vergleichen, so wird man annehmen $p \geq p_0$ oder $p \leq p_0$. Bei vielen Datenmengen, die analysiert werden sollen, hat man Vermutungen über ihre Verteilung oder über Erwartungswerte und Varianzen und testet, ob diese wirklich zutreffen. Der Vorteil, den man im Hypothesentest gegenüber der Parameterschätzung hat, besteht darin, dass man in der Rechnung die Hypothese mit verwenden kann, man hat also mehr in der Hand.

Parametertest

Testen wir die Münze eines Spielers. Wir beobachten das Ereignis $A = $ „Münze zeigt Zahl". $p_0 = p(A)$ ist unbekannt, wir nehmen aber die Hypothese $p_0 = 1/2$ an. Jetzt führen wir das Experiment 100 Mal durch. Sei X_i die Zufallsvariable, die den Ausgang des i-ten Experiments beschreibt, und $X = X_1 + X_2 + \cdots + X_{100}$. Wir wissen, dass $R = X/100$ eine Schätzfunktion für den Parameter p_0 ist. Wie weit darf der Schätzwert p, der durch eine Stichprobe gewonnen wird, von $p_0 = 1/2$ abweichen, ohne unser Vertrauen in die Hypothese zu erschüttern?

Versuchen wir zunächst einen gefühlsmäßigen Ansatz: Eine Abweichung δ von ± 0.1 von p_0 wollen wir gerade noch erlauben, ansonsten lehnen wir die Hypothese ab. Eine Stichprobe kann natürlich auch stärker abweichen, obwohl die Hypothese richtig ist. Dann begehen wir mit der Ablehnung der Hypothese einen Fehler. Wie oft geschieht das?

R ist nach Satz 22.8 eine $N(p_0, p_0(1-p_0)/n) = N(0.5, 0.0025)$-verteilte Schätzfunktion für p_0. Gesucht ist die Wahrscheinlichkeit $p(0.4 < R < 0.6)$:

$$p(0.4 \leq R \leq 0.6) = \Phi\left(\frac{0.6 - 0.5}{\sqrt{0.0025}}\right) - \Phi\left(\frac{0.4 - 0.5}{\sqrt{0.0025}}\right)$$
$$= \Phi(2) - \Phi(-2) = 2 \cdot \Phi(2) - 1 = 0.9546.$$

Damit ist $p(R \notin [0.4, 0.6]) = 1 - 0.9546 = 0.0454$. Die Wahrscheinlichkeit für eine größere Abweichung als $\delta = 0.1$ beträgt also etwa 4.5 %. Ist p_0 richtig und tritt eine solche Abweichung ein, dann lehnen wir die Hypothese ab und begehen damit einen Irrtum. Die Irrtumswahrscheinlichkeit α beträgt 4.5 %. Links beziehungsweise rechts von $p_0 \pm \delta$ beträgt die Fläche unter der Glockenkurve jeweils $\alpha/2$, siehe Abb. 22.4.

Die Aufgabenstellung lautet meist umgekehrt: Gegeben ist eine *Irrtumswahrscheinlichkeit* α und eine Schätzfunktion T für den Parameter p. In der Testtheorie wird diese Zufallsvariable T oft *Testfunktion* genannt. Für den Parameter p stellen wir eine Hypo-

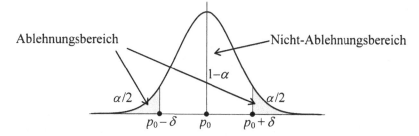

Abb. 22.4 Der Ablehnungsbereich

these auf. Diese Hypothese heißt die *Nullhypothese* und wird mit H_0 bezeichnet. Die Alternative zu dieser Hypothese heißt H_1. Die Irrtumswahrscheinlichkeit α ist meistens klein, etwa 1 % oder 5 %. Die Zahl $1 - \alpha$ heißt *Signifikanzniveau*. In Abhängigkeit von α wird ein Ablehnungsbereich für H_0 bestimmt.

Nun wird eine Stichprobe durchgeführt und damit ein Schätzwert p für p_0 ermittelt. Liegt p im Ablehnungsbereich, so wird die Hypothese H_0 verworfen. Damit ist automatisch die Alternativhypothese H_1 angenommen.

Dabei können Fehler gemacht werden:

- Der *Fehler erster Art* ist der Fehler, dass die Hypothese abgelehnt wird, obwohl sie richtig ist.
- Der *Fehler zweiter Art* ist der Fehler, dass die Hypothese nicht abgelehnt wird, obwohl sie falsch ist.

Der Fehler erster Art hat gerade die Irrtumswahrscheinlichkeit α.

Der Fehler zweiter Art kann in Abhängigkeit von α auch sehr groß sein, wie wir an Beispielen sehen werden. Liegt das Ergebnis der Stichprobe im Nicht-Ablehnungsbereich, so sollte daher das Testresultat so formuliert werden: „Das Ergebnis steht nicht im Widerspruch zur Hypothese". Die Hypothese kann keinesfalls angenommen werden! Will man im Nicht-Ablehnungsfall weitere Aussagen über den Parameter machen, so kann ein Konfidenzintervall für den Parameter bestimmt werden.

Beschäftigen wir uns zunächst mit dem *zweiseitigen Hypothesentest*: Die Nullhypothese H_0 lautet hier $p = p_0$, die Alternative H_1 ist: $p \neq p_0$. T ist eine Schätzfunktion für p und α die Irrtumswahrscheinlichkeit. Wie groß muss die Abweichung eines Schätzwertes für p von dem Parameter p_0 sein, um die Hypothese mit dieser Irrtumswahrscheinlichkeit ablehnen zu können?

Mit Hilfe der bekannten Verteilung von T werden Zahlen δ_1 und δ_2 berechnet, so dass

$$p(T < p_0 - \delta_1) = \frac{\alpha}{2} \quad \text{und} \quad p(T > p_0 + \delta_2) = \frac{\alpha}{2}.$$

Abb. 22.5 Der zweiseitige
Hypothesentest

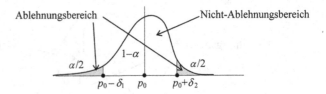

Die Verteilung muss im Allgemeinen nicht symmetrisch sein, aber rechts und links von p_0 befinden sich zwei gleich große Ablehnungsbereiche, siehe Abb. 22.5.

Führen wir diesen Test im konkreten Fall eines Bernoulliexperiments durch. Die Wahrscheinlichkeit p des Ereignisses A ist unbekannt, wir stellen die Hypothese auf H_0: „$p = p_0$". Die Zufallsvariable R, welche die relative Häufigkeit des Ereignisses A beschreibt, ist die Testfunktion für den Parameter p. Sie ist unter der Annahme von H_0 $N(p_0, p_0(1 - p_0)/n)$-verteilt. R ist symmetrisch, daher sind hier die beiden Ablehnungsbereiche gleich weit von p_0 entfernt, so wie in Abb. 22.4 gezeichnet.

Wir suchen also die Zahl δ, für die $p(p_0 - \delta \leq R \leq p_0 + \delta) = 1 - \alpha$ ist.

δ kann mit Hilfe von Satz 21.19 berechnet werden:

$$
\begin{aligned}
p(p_0 - \delta &\leq R \leq p_0 + \delta) \\
&= \Phi\left(\frac{\not{p_0} + \delta - \not{p_0}}{\sqrt{p_0(1 - p_0)/n}}\right) - \Phi\left(\frac{\not{p_0} - \delta - \not{p_0}}{\sqrt{p_0(1 - p_0)/n}}\right) \qquad (22.5) \\
&= 2\Phi\left(\frac{\delta}{\sqrt{p_0(1 - p_0)/n}}\right) - 1 = 1 - \alpha,
\end{aligned}
$$

das heißt

$$
1 - \frac{\alpha}{2} = \Phi\left(\frac{\delta}{\sqrt{p_0(1 - p_0)/n}}\right) \quad \Rightarrow \quad \delta = \Phi^{-1}\left(1 - \frac{\alpha}{2}\right)\sqrt{p_0(1 - p_0)/n}.
$$

Wir können das Ergebnis in einer Rechenregel aufschreiben:

▶ **Rechenregel 22.13** In einem Bernoulliexperiment werde die Nullhypothese $p(A) = p_0$ getestet. Die Irrtumswahrscheinlichkeit α sei vorgegeben. Bei n-maliger Ausführung des Experiments trete das Ereignis k-mal ein. Es sei

$$
\delta = c \cdot \sqrt{p_0(1 - p_0)/n}, \quad c := \Phi^{-1}\left(1 - \frac{\alpha}{2}\right).
$$

Dann wird die Hypothese mit der Irrtumswahrscheinlichkeit von α verworfen, wenn gilt:

$$
k/n \notin [p_0 - \delta, p_0 + \delta] \quad \text{bzw.} \quad k \notin [np_0 - n\delta, np_0 + n\delta]
$$

Schauen wir uns noch einmal das Beispiel des Münzwurfs an.

Beispiel

Bei $n = 100$ Würfen und einer Irrtumswahrscheinlichkeit $\alpha = 10\%$ erhalten wir:

$$\delta = \Phi^{-1}(0.95)\sqrt{0.25/100} = 1.65 \cdot 0.05 \approx 0.083.$$

Bei einer relativen Häufigkeit des Ereignisses $A = $ „Zahl" von weniger als 0.417 oder von mehr als 0.583 wird also die Hypothese mit der Irrtumswahrscheinlichkeit 10 % abgelehnt. Bei 100 Versuchen heißt das: für $k \notin [42, 58]$ wird p_0 abgelehnt, der Nichtablehnungsbereich ist $[42, 58]$.

Erhöhen wir bei gleicher Irrtumswahrscheinlichkeit die Anzahl der Versuche, zum Beispiel auf 200, so erhalten wir $\delta \approx 0.058$, der Ablehnungsbereich wird größer.

Bei 100 Versuchen mit einer Irrtumswahrscheinlichkeit von 1 % ergibt die Rechnung $\delta \approx 0.128$. Bei kleinerer Irrtumswahrscheinlichkeit verkleinert sich also auch der Ablehnungsbereich, hier wird die Hypothese erst für $k \notin [37, 63]$ abgelehnt. ◄

Ganz wichtig ist: Wenn die Hypothese nicht abgelehnt wird, dann kann sie nicht etwa angenommen werden! Nehmen wir noch einmal das Münzwurf-Beispiel: Bei 100 Würfen soll die Münze 57 Mal Zahl zeigen. Weder bei der Irrtumswahrscheinlichkeit von 1 % noch bei der von 10 % steht das Ergebnis im Widerspruch zu der Hypothese $p_0 = 1/2$. Die Hypothese kann aber auch nicht angenommen werden, denn es wäre ohne Weiteres möglich, dass der Parameter zum Beispiel 0.57, 0.58 oder 0.55 beträgt. Wir können ein Konfidenzintervall bestimmen: Mit der Rechenregel 22.11 erhalten wir, dass mit einem Konfidenzniveau von 90 % der echte Parameter zwischen 0.49 und 0.65 liegt. Eine Aussage, die bei unserer Fragestellung leider nicht sehr viel weiterhilft.

Sie sehen auch hier wieder: Es ist einfacher, destruktiv zu sein als konstruktiv. Hypothesen können leichter abgelehnt als angenommen werden. Wenn Sie eine Hypothese belegen wollen, sollten Sie also den Test so formulieren, dass als Nullhypothese genau das Gegenteil angenommen wird.

Beim zweiseitigen Hypothesentest ist das meist nicht so ohne Weiteres möglich, beim *einseitigen Hypothesentest* sieht die Sache dagegen etwas anders aus: Die Hypothese H_0 lautet hier $p \leq p_0$ oder $p \geq p_0$, wir können uns aussuchen, welche der beiden Aussagen wir widerlegen wollen, und wieder die Fehler 1. Art bestimmen. Ein Erschwernis im Vergleich zum zweiseitigen Hypothesentest besteht darin, dass die genaue Verteilung der Testfunktion T nicht bekannt ist, sie hängt ja vom wahren Wert p des Parameters ab, wir wissen aber nur, dass $p \leq p_0$ beziehungsweise $p \geq p_0$ ist.

Rechnen wir ein Beispiel für den Fall $H_0 = $ „$p \leq p_0$". Die Alternativhypothese H_1 lautet dann „$p > p_0$".

Zumindest in stetigen Verteilungen können wir für die Wahrscheinlichkeit $p = p_0$ den Wert 0 annehmen, so dass zwischen $p > p_0$ und $p \geq p_0$ kein Unterschied besteht.

Abb. 22.6 Der einseitige
Hypothesentest 1

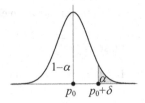

Das ist genau der Test, den wir verwenden können, um Murphy's Gesetz zu bestätigen
(vergleiche Abschn. 19.1 „Überprüfen einer Hypothese"): Wir führen ein Bernoulliexperiment durch und beobachten das Ereignis $B = $ „Toast fällt mit der Butterseite auf den
Boden". $p = p(B)$ ist unbekannt, ich möchte aber gerne die Hypothese „$p > 1/2$" bestätigen. Also nehmen wir das Gegenteil als Nullhypothese an: $H_0 = $ „$p \leq 1/2$". Wenn
wir H_0 ablehnen können, hat Murphy Recht.

Ist X_i das Ergebnis des i-ten Versuches, so ist wieder $R = 1/n \cdot (X_1 + X_2 + \ldots + X_n)$
die Testfunktion für die Wahrscheinlichkeit p bei n Versuchen. R ist normalverteilt mit
Erwartungswert p, im Unterschied zum zweiseitigen Fall ist aber dieser Wert p und damit die richtige Normalverteilung nicht bekannt. Wie sollen wir den Ablehnungsbereich
bestimmen?

Wir versuchen es zunächst einmal einfach mit $p = p_0 = 1/2$ wie im zweiseitigen
Fall: Dann ist R wie vorhin $N(p_0, p_0(1 - p_0)/n)$-verteilt und zur vorgegebenen Irrtumswahrscheinlichkeit α können wir den Schwellwert δ mit der Eigenschaft

$$p(R > p_0 + \delta | p_0) = \alpha \tag{22.6}$$

bestimmen (Abb. 22.6). Im einseitigen Test benötigen wir nur einen einseitigen Ablehnungsbereich, gegen kleine Werte von p haben wir ja nichts, sie widersprechen nicht der
Hypothese. Ich schreibe hier $p(A|p_0)$, um zu kennzeichnen, dass die Wahrscheinlichkeit
des Ereignisses A unter der Annahme $p = p_0$ berechnet worden ist.

Was ist aber nun, wenn der wahre Parameter p_1 kleiner als p_0 ist? Dann ist R eine
$N(p_1, p_1(1 - p_1)/n)$-verteilte Zufallsvariable. Da aber $p_1 < p_0$ ist, hat R einen kleine-
ren Erwartungswert im Vergleich zum ersten Fall: $R|p_1$ ist gegenüber $R|p_0$ nach links
verschoben, siehe Abb. 22.7.

Abb. 22.7 Der einseitige Hypothesentest 2

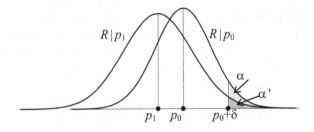

Man kann nachrechnen, dass gilt:

$$p_1 \leq p_0 \quad \Rightarrow \quad \alpha' = p(R > p_0 + \delta | p_1) \leq p(R > p_0 + \delta | p_0) = \alpha. \tag{22.7}$$

Das bedeutet aber, dass das in (22.6) berechnete δ den schlimmsten möglichen Fall abdeckt, für alle $p \leq p_0$ ist $p(R > p_0 + \delta | p) \leq \alpha$ und damit jedenfalls $p(R > p_0 + \delta) \leq \alpha$.

Wird jetzt das Experiment n-mal durchgeführt und tritt dabei B k-mal ein, so können wir die Hypothese mit der Irrtumswahrscheinlichkeit von höchstens α ablehnen, falls der geschätzte Parameter $k/n > p_0 + \delta$ ist.

Die Berechnung des Wertes δ aus (22.6) geht genau wie im zweiseitigen Hypothesentest, mit dem einzigen Unterschied, dass sich der Ablehnungsbereich α jetzt auf eine Seite konzentriert:

$$p(R \leq p_0 + \delta) = \Phi\left(\frac{p_0 + \delta - p_0}{\sqrt{p_0(1 - p_0)/n}} \right) = \Phi\left(\frac{\delta}{\sqrt{p_0(1 - p_0)/n}} \right) = 1 - \alpha$$

und damit

$$\delta = \Phi^{-1}(1 - \alpha) \sqrt{p_0(1 - p_0)/n}.$$

Bevor wir das Beispiel mit konkreten Zahlenwerten durchführen, können wir für diesen Test im Bernoulliexperiment wieder eine Rechenregel festhalten:

▶ **Rechenregel 22.14** In einem Bernoulliexperiment werde die Nullhypothese $p(A) \leq p_0$ getestet. Die Irrtumswahrscheinlichkeit α sei vorgegeben. Bei n-maliger Ausführung des Experiments trete das Ereignis k-mal ein. Es sei

$$\delta = c \cdot \sqrt{p_0(1 - p_0)/n}, \quad c := \Phi^{-1}(1 - \alpha).$$

Dann wird die Hypothese mit der Irrtumswahrscheinlichkeit von α verworfen, wenn gilt:

$$k/n > p_0 + \delta \quad \text{bzw.} \quad k > np_0 + n\delta$$

Entsprechend wird die Hypothese $p(A) \geq p_0$ mit der Irrtumswahrscheinlichkeit von α verworfen, wenn gilt

$$k/n < p_0 - \delta \quad \text{bzw.} \quad k < np_0 - n\delta.$$

(22.7) besagt, dass die Funktion $\varphi(p) = p(R > c | p)$ (die *Operationscharakteristik* des Tests) monoton wachsend ist. Darum hat unsere Rechnung funktioniert. $\varphi(p) = p(T > c | p)$ hat bei vielen Testfunktionen T diese Eigenschaft, in diesen Fällen kann der Schwellenwert δ in einem einseitigen Test ähnlich bestimmt werden wie im Beispiel des Bernoulliexperiments.

Beispiele

1. Wir möchten die Hypothese bestätigen, dass Murphy's Gesetz gilt, also dass $p(B) = p(\text{Butter auf den Boden}) > 1/2$ ist. Dazu müssen wir als Nullhypothese das Gegenteil annehmen: $H_0 = p(B) \leq 1/2$. Opfern wir jetzt eine Stange Toast und ein großes Stück Butter und lassen 100 gebutterte Toastbrote auf den Boden fallen. 61 Mal kommt bei diesem Test die Butterseite auf den Boden zu liegen.

   Zunächst sei die Irrtumswahrscheinlichkeit $\alpha = 5\%$ vorgegeben. Dann ist $c = 1.64$ und $\delta = 1.64 \cdot \sqrt{0.25/100} = 0.082$. Für $k > 50 + 8.2 = 58.2$ kann die Hypothese mit dieser Irrtumswahrscheinlichkeit abgelehnt werden. Das ist hier der Fall. Mit der Irrtumswahrscheinlichkeit von höchstens 5 % hat also Murphy Recht. Können wir unser Signifikanzniveau noch erhöhen? Nehmen wir $\alpha = 1\%$ an: Es ist jetzt $c = 2.33$ und $\delta = 0.1165$, der Ablehnungsbereich damit $[62, 100]$. Das Ergebnis steht nicht im Widerspruch zur Hypothese.

   Sehen wir uns in diesem Fall einmal den Fehler zweiter Art an: Die Hypothese wird nicht abgelehnt, obwohl sie falsch ist. Mit der normalverteilten Testfunktion R und $p = p(B) > 1/2$, müssen wir die Wahrscheinlichkeit berechnen, dass R einen Wert im Nicht-Ablehnungsbereich hat, also

   $$p(R < 1/2 + \delta | p),$$

   wobei p alle Werte größer $1/2$ annehmen kann. Ein ähnliches Problem wie in der Herleitung der Rechenregel 22.14: Auch hier stellt der Grenzfall $p = 1/2$ den schlimmsten Fall dar, wie Sie sich an einer kleinen Zeichnung selbst klar machen können. Berechnen wir also $p(R < 1/2 + \delta | 1/2)$. Da R stetig ist gilt:

   $$p(R < 1/2 + \delta | 1/2) = 1 - p(R > 1/2 + \delta | 1/2) = 1 - \alpha,$$

   denn $R > 1/2 + \delta$ ist gerade der Ablehnungsbereich für α! Damit erhalten wir das traurige Ergebnis, dass der Fehler zweiter Art beliebig nahe an $1 - \alpha = 99\%$ heranreichen kann.

   Berechnen Sie selbst das Konfidenzintervall für α mit dem Konfidenzniveau 99 % (Regel 22.11): Mit Wahrscheinlichkeit größer als 99 % liegt p_0 zwischen 0.48 und 0.74.

2. Der Hersteller eines biometrischen Authentifizierungsverfahrens gibt in seinem Verkaufsprospekt die folgenden Fehlerraten an: Die FRR, die False Rejection Rate, ist kleiner als 0.01, die FAR, die False Acceptance Rate, ist kleiner als 0.0001. Mit einer Wahrscheinlichkeit von weniger als 0.01 wird also die Authentifizierung einer Person zu Unrecht abgewiesen, mit einer Wahrscheinlichkeit von weniger als 0.0001 wird eine falsche Authentifizierung durchgeführt. In einem Testcenter wird das Produkt mit jeweils 10 000 Authentifizierungsversuchen getestet. Dabei

werden 81 Authentifizierungen zu Unrecht abgewiesen, zweimal findet eine Falsch-Authentifikation statt. Wie sind die Werbeaussagen des Herstellers zu beurteilen? Untersuchen wir die Ablehnung der Authentifizierungen. Der Erwartungswert liegt bei 100, bei 81 tatsächlichen Ablehnungen bietet sich an, die Nullhypothese H_0 „$p \geq 0.01$" zu überprüfen, in der Hoffnung, sie ablehnen zu können. Es ist

$$\delta = c \cdot \sqrt{0.01 \cdot 0.99 / 10\,000} = c \cdot 9.95 \cdot 10^{-4}, \quad c = \Phi^{-1}(1 - \alpha).$$

Für $\alpha = 1\%$ ($c = 2.33$) ergibt sich $\delta = 2.32 \cdot 10^{-3}$, also kann die Hypothese für $k < 100 - 23.2 = 76.8$ abgelehnt werden, das Ergebnis steht nicht im Widerspruch zur Hypothese H_0.

Für $\alpha = 5\%$ ($c = 1.64$) erhalten wir $\delta = 1.63 \cdot 10^{-3}$, der Ablehnungsbereich ist $k < 100 - 16.3 = 83.7$. Mit Irrtumswahrscheinlichkeit 5% kann H_0 abgelehnt und damit die Aussage des Herstellers bestätigt werden.

Jetzt zu den Falsch-Authentifizierungen: Wir vermuten, dass $p > 10^{-4}$ ist, und überprüfen daher die Nullhypothese $p \leq 10^{-4}$. Jetzt ist

$$\delta = c \cdot \sqrt{0.0001 \cdot 0.9999 / 10\,000} = c \cdot 9.9995 \cdot 10^{-5}, \quad c = \Phi^{-1}(1 - \alpha).$$

Für $\alpha = 5\%$ erhalten wir $\delta = 1.64 \cdot 10^{-4}$, der Ablehnungsbereich ist $k > 1 + 1.64 = 2.64$, kein Widerspruch zur Hypothese. Erst bei einer Irrtumswahrscheinlichkeit von etwa 16% ergäbe sich ein Ablehnungsbereich $k < 2$, so dass die Ablehnung der Hypothese gerechtfertigt wäre.

Hätte unser Test keine einzige Falschauthentifizierung ergeben, könnten wir genauso wenig die Aussage des Herstellers bestätigen. ◄

Am letzten Beispiel sehen Sie, dass es bei kleinen Fallzahlen sehr schwierig ist, Aussagen mit hoher Signifikanz zu treffen. Die Wahrscheinlichkeit eines Irrtums ist hier immer sehr hoch. Dieses Problem tritt in vielen Untersuchungen auf, vor allem dann, wenn die Stichprobengröße begrenzt ist.

Für die japanische Regierung ist die notwendige Stichprobengröße ein Argument dafür, warum jedes Jahr mehrere hundert Wale zu „wissenschaftlichen Zwecken" gefangen werden müssen. Kleine Fallzahlen verleiten auch dazu, dass Gruppen mit unterschiedlichen Interessen Statistiken aufstellen, die sich scheinbar widersprechen, die aber leider alle gleich wenig Aussagekraft haben. Denken Sie an so brisante Fragen wie das gehäufte Auftreten von Leukämiefällen in der Umgebung von Atomkraftwerken oder in der Nähe von starken Funksendeanlagen.

χ^2-Anpassungstest

In vielen Fällen hat der Statistiker Datenmengen zu untersuchen, bei denen er schon eine Vermutung über die vorliegende Verteilung hat. Sehr häufig wird er zum Beispiel eine Normalverteilung erwarten, wenn sich viele einzelne Merkmale additiv überlagern.

In solchen Fällen wird ein Anpassungstest durchgeführt: Die Hypothese enthält keinen Parameter, sondern die Annahme, dass eine bestimmte Verteilung vorliegt. Einen solchen Anpassungstest möchte ich als Beispiel für diese Testform vorstellen.

Sei eine Stichprobe als Realisierung der Zufallsvariablen X gegeben. Wir haben die Vermutung, das X eine bestimmte Verteilung hat und wollen diese Hypothese testen. Zunächst teilen wir dazu den Wertebereich von X in verschiedene disjunkte Teilbereiche $I_1, I_2, \ldots, I_m$ ein. Bei kleinen Wertemengen kann jeder Wert ein eigener Bereich sein, bei größeren Wertemengen oder bei stetigen Zufallsvariablen fasst man Werte zusammen oder bildet eine Reihe von Intervallen. Ist A_k das Ereignis, dass der Wert von X in I_k liegt, so können wir aus der Hypothese über die Verteilung die Wahrscheinlichkeiten $p_k = p(A_k)$ berechnen. Die Hypothese H_0, die wir überprüfen wollen, wird dann wie folgt formuliert:

$$H_0: p(A_1) = p_1, p(A_2) = p_2, \ldots, p(A_m) = p_m$$

Dabei ist natürlich $p_1 + p_2 + \ldots + p_m = 1$.

Sei X_k die Zufallsvariable, welche bei n Versuchen die Anzahl des Eintretens von A_k zählt. X_k ist b_{n,p_k}-verteilt und hat daher Erwartungswert np_k und Varianz $np_k(1 - np_k)$. Setzen wir

$$Y_k^2 = \frac{(X_k - np_k)^2}{np_k}$$

so stellt Y_k^2 die quadratische Abweichung von X_k vom Erwartungswert im Verhältnis zum Erwartungswert dar. Die Summe über alle Y_k^2,

$$\chi^2 := \sum_{k=1}^{m} Y_k^2 = \sum_{k=1}^{m} \frac{(X_k - np_k)^2}{np_k}$$

ist die Testfunktion für unsere Nullhypothese. Sie wird nach dem Erfinder dieses Tests auch *Pearson'sche Testfunktion* genannt und misst die Summe aller quadratischen Abweichungen vom jeweiligen Erwartungswert, jeweils in Relation zum Erwartungswert. Die Verteilung dieser Testfunktion ist bekannt, aber mühsam auszurechnen, sie ist χ^2-verteilt mit $m - 1$ Freiheitsgraden. Schon wenn für alle k der Wert $n \cdot p_k > 5$ ist, stellt dies eine gute Annäherung dar.

Vorsicht Falle: Wenn man die Definition der χ^2-Verteilung am Ende von Abschn. 21.2 anschaut, könnte man versucht sein, als Testfunktion einfach $\sum_{k=1}^{m} X_k^{*2}$, die Summe der quadrierten Standardisierten der X_k zu nehmen. Ist diese nicht χ^2-verteilt? Nein, denn die X_k sind nicht voneinander unabhängig! Wenn etwa X_1 häufig eintritt, so können X_2 bis X_k nur seltener eintreten. Das ist die Ursache für die Anzahl der Freiheitsgrade der Testfunktion: $m - 1$ und nicht m.

Lesen Sie bitte noch einmal die Eigenschaften der Chi-Quadrat-Verteilung am Ende von Abschn. 21.2 nach. Der Erwartungswert von χ^2 ist $m - 1$, wenn die Nullhypothese zutrifft, werden die Stichprobenwerte also um $m - 1$ herum verteilt sein. Wie sieht der Ablehnungsbereich aus? Ist er zweiseitig oder einseitig? Die Y_k haben alle den Erwartungswert 0, und auch wenn es nicht sehr wahrscheinlich ist, dass alle Y_k und damit auch gleichzeitig alle Y_k^2 einen kleinen Wert haben, widerspricht dies nicht der Hypothese. Abweichungen vom Erwartungswert der Y_k werden dagegen in der Testfunktion quadriert und aufsummiert. Große Abweichungen ergeben große Werte von χ^2. Der Ablehnungsbereich ist also einseitig. Wir geben eine Irrtumswahrscheinlichkeit α vor und bestimmen das δ mit

$$p(\chi^2 > \delta) = \alpha.$$

Die Hypothese kann mit der Irrtumswahrscheinlichkeit α abgelehnt werden, wenn bei einer Stichprobe vom Umfang n der Wert $\chi^2(\omega) > \delta$ ist.

Nehmen wir als Beispiel einen Würfel. Wir möchten testen ob er gefälscht ist. Die Bereiche $I_1, I_2, \ldots, I_6$ sollen hier gerade die möglichen Wurfergebnisse 1 bis 6 sein. Die Hypothese sagt, dass die Würfelergebnisse gleichverteilt sind, das heißt

$$H_0\colon p(A_1) = 1/6, \quad p(A_2) = 1/6, \quad \ldots, \quad p(A_6) = 1/6.$$

Ich habe 100 Mal gewürfelt und die Ergebnisse notiert. Es ergab sich:

k	1	2	3	4	5	6
x_k	17	21	17	18	18	9

Eingesetzt in die Testfunktion erhalten wir

$$\sum_{k=1}^{6} \left(\frac{x_k - 100/6}{\sqrt{100/6}} \right)^2 \approx 4.88.$$

Wegen $n \cdot p_k \approx 16.7 > 5$ ist die Testfunktion annähernd χ^2-verteilt mit 5 Freiheitsgraden.

Die χ^2-Verteilungsfunktionen sind tabelliert. Bei χ_5^2 (siehe Abb. 22.8) finden wir aus der Tabelle

$$p(\chi_5^2 \leq 9.24) = 0.9; \; p(\chi_5^2 \leq 15.09) = 0.99.$$

Für die Irrtumswahrscheinlichkeit von 10 % ist der Ablehnungsbereich also $]9.24, \infty[$, für $\alpha = 1\%$ beträgt der Ablehnungsbereich $]15.09, \infty[$. Für den Testwert erhalten wir also

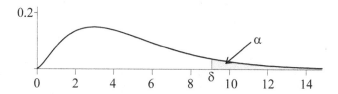

Abb. 22.8 Der χ^2-Anpassungstest

keinen Widerspruch zur Hypothese, sowohl mit Irrtumswahrscheinlichkeit 10 % als auch mit Irrtumswahrscheinlichkeit 1 %.

Interessanter als der Würfel ist ein Zufallszahlengenerator. Dieser kann zum Beispiel zufällig ganze Zahlen zwischen 0 und $2^{32} - 1$ erzeugen und auch diese sollen gleichverteilt sein. Als Einteilung in disjunkte Bereiche habe ich hier zunächst die 1000 Reste modulo 1000 gewählt. Ist wieder A_k das Ereignis, dass der Wert von X in I_k liegt, so ist $p_k = 1/1000$. Um $n \cdot p_k > 5$ zu erreichen, habe ich $n = 10\,000$ Versuche durchgeführt. Die Testfunktion ist χ^2_{999}-verteilt, also annähernd $N(999, 1998)$-verteilt. Wir müssen das δ finden mit

$$p(\chi^2_{999} \leq \delta) = \Phi\left(\frac{\delta - 999}{\sqrt{1998}}\right) = 1 - \alpha.$$

Für $\alpha = 1\,\%$ erhalten wir $\delta = 1103$, für $\alpha = 5\,\%$ ergibt sich $\delta = 1072$. Die Durchführung des Tests ergab den Wert 1037.6, also kein Widerspruch zur Hypothese auf dem 95 % und auf dem 99 % Signifikanzniveau.

Dies gilt aber nur bei der speziellen Wahl der I_k als Reste modulo 1000. Werden vielleicht kleine oder große Zahlen bevorzugt? In einem zweiten Versuch habe ich 1000 gleich große Intervalle als I_k gewählt. Hier ergab der Test 1017.4, also ebenfalls kein Widerspruch zur Hypothese.

Aber Vorsicht: Die Tatsache, dass die Hypothese „Gleichverteilung" nicht abgelehnt werden kann, besagt noch nicht, dass der Zufallszahlengenerator wirklich gut ist: Er könnte noch Häufungen bei anders konstruierten Zerlegungen aufweisen. Weiter muss nicht nur die Anzahl der Werte in einzelnen Zahlenbereichen gleichverteilt, sondern auch die Reihenfolge des Auftretens zufällig sein. Zur ersten Auflage dieses Buches habe ich diese Tests für den Zufallszahlengenerator eines gängigen C++ Compilers durchgeführt, dabei konnte die Hypothese der Gleichverteilung nicht abgelehnt werden. Wenn ich aber nur jede zweite Zufallszahl gewertet habe, ergab der erste Test 10 938. Die Hypothese der Gleichverteilung war damit sogar mit einer Irrtumswahrscheinlichkeit von 0.1 % abzulehnen! Bei genauerem Hinsehen zeigte sich, dass der Zufallszahlengenerator die merkwürdige Angewohnheit hatte, immer abwechselnd gerade und ungerade Zahlen zu produzieren, eine ziemliche Katastrophe. Inzwischen ist dieser Fehler beseitigt.

Wenn man in einem Forschungsvorhaben Resultate experimentell belegen muss und dabei vielleicht unter dem Druck des Auftraggebers steht, der Erfolge sehen will, so gerät man bei der Durchführung eines Tests leicht in Versuchung, Ergebnisse unter den Tisch fallen zu lassen, die nicht in das Wunschbild passen. Was ist schon dabei, wenn man den Test unter den gleichen Ausgangsbedingungen noch einmal durchführt?

Tun Sie das nicht, wenn Sie in die Verlegenheit kommen sollten: Die Resultate eines so durchgeführten Tests sind wertlos! Sehen Sie sich dazu das letzte Experiment an:

Mein PC ist geduldig, ich habe den Test des Würfels, den ich vorhin beschrieben habe, nicht nur einmal, sondern 10 000 Mal simuliert und jeweils die Testergebnisse aufgeschrieben. In Abb. 22.9 sehen Sie als Histogramm die Häufigkeit der einzelnen Testergebnisse.

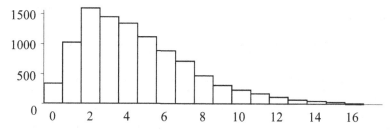

Abb. 22.9 Testergebnisse

Sie erkennen gut die Form der χ^2_5-Verteilung. Sie sehen aber auch, dass natürlich irgendwann einmal auch sehr unwahrscheinliche Ergebnisse vorkommen. 108 Mal trat ein Testergebnis größer als 15 auf. Wenn ich nur oft genug teste, wird beinahe jedes gewünschte Resultat irgendwann eintreten und damit auch jede Hypothese zu widerlegen sein. Bei einem Test muss also vor der Ausführung die Stichprobengröße festgelegt werden und dann der Test genau einmal ausgeführt und ausgewertet werden.

22.5 Verständnisfragen und Übungsaufgaben

Verständnisfragen

1. Was versteht man unter einer Parameterschätzung?

2. Wenn eine Stichprobe durch ein Zufallsexperiment gewonnen wurde, gibt es einen Zusammenhang zwischen dem Erwartungswert und der Varianz der Zufallsvariablen und dem Mittelwert und der Varianz der Stichprobe. Wie lautet dieser Zusammenhang?

3. Sie wollen ein Konfidenzintervall berechnen. Wenn das Konfidenzniveau angehoben wird, wird dann das Konfidenzintervall kleiner oder größer? Wenn der Umfang der Stichprobe vergrößert wird, wird das Konfidenzintervall kleiner oder größer?

4. Was ist der Fehler erster und zweiter Art in einem Hypothesentest?

5. Wie sollte man eine Hypothese formulieren, wenn man eine Vermutung bestätigen will?

6. Wenn in einem Hypothesentest die Irrtumswahrscheinlichkeit verkleinert wird, wird dann der Ablehnungsbereich kleiner oder größer?

7. Kann man einen Hypothesentest mehrmals durchführen, wenn einem das Ergebnis eines durchgeführten Tests nicht gefällt? ◄

Übungsaufgaben

1. 10-maliges Würfeln mit 2 Würfeln ergibt die Paare $(2, 4)$, $(5, 6)$, $(2, 2)$, $(6, 2)$, $(2, 6)$, $(5, 1)$, $(5, 6)$, $(6, 4)$, $(4, 4)$, $(3, 1)$.
   Berechnen Sie Mittelwert und Varianz für die Augensummen dieser Stichprobe. Geben Sie einen Schätzwert für die Wahrscheinlichkeit eines Pasches (zwei gleiche Zahlen) und für den Erwartungswert der Augensumme ab.
   Warum können Sie mit unserer Standardformel kein Konfidenzintervall für p(Pasch) berechnen?
   Zeigen Sie, dass bei idealen Würfeln die Wahrscheinlichkeit dafür, dass bei 10 Würfen 0, 1, 2 oder 3 Pasch vorkommen, bei über 90 % liegt.

2. Versuchen Sie mit Hilfe eines Mathematik-Tools die beiden Zahlenbeispiele in der Hauptkomponentenanalyse (Abschn. 22.2) nach zu vollziehen.

3. Bestimmen Sie den Ausschussanteil eines Massenartikels: Eine Stichprobe von 1000 Elementen liefert 94 Ausschussteile. Bestimmen Sie zum Konfidenzniveau 95 % ein Konfidenzintervall für die unbekannte Wahrscheinlichkeit p des Ausschusses.

4. Die Wahrscheinlichkeit einer Mädchengeburt:
   2017 wurden in der Deutschland 784 901 Kinder geboren, davon 382 374 Mädchen. Bestimmen Sie zum Konfidenzniveau 99 % ein Konfidenzintervall für die Wahrscheinlichkeit einer Mädchengeburt.

5. In einer Umfrage soll der Prozentsatz der Bevölkerung ermittelt werden, der nicht an Statistiken glaubt. Für die Vorgaben
   a) Konfidenzniveau 98 %, Konfidenzintervallbreite 4 %,
   b) Konfidenzniveau 96 %, Konfidenzintervallbreite 4 %
   soll ausgerechnet werden, welcher Stichprobenumfang notwendig ist.
   Die Befragung wird mit 3000 Personen durchgeführt. Davon glauben 1386 nicht an Statistiken. Bestimmen Sie zu den Konfidenzniveaus 96 % und 98 % die zugehörigen Konfidenzintervalle.

6. Beim Roulettespiel ist die Wahrscheinlichkeit für eine rote Zahl p(rot) $= 18/37$. Sie vermuten, dass dies in einer speziellen Trommel nicht stimmt. In Listen sind die letzten 5000 Wurfergebnisse ausgehängt. Dabei ergaben sich 2355 rote Zahlen. Stellen Sie eine geeignete Hypothese auf, um Ihre Vermutung zu überprüfen. Verwenden Sie die Irrtumswahrscheinlichkeiten 2 % beziehungsweise 5 % und formulieren Sie präzise das errechnete Ergebnis.

7. Bei 4964 Ausspielungen der Lottozahlen seit 1955 ergaben sich für die Zahlen 1 bis 49 der Reihe nach die folgenden Ziehungshäufigkeiten:

606	617	628	615	602	633	607	583	630	591	608	592	551
600	576	612	608	606	602	577	585	616	600	602	642	649
635	569	581	597	640	616	628	603	609	608	600	646	610
605	629	615	651	604	564	585	607	606	638			

Widerspricht dieses Ergebnis bei einer Irrtumswahrscheinlichkeit von 1 % der Hypothese der Gleichverteilung der 49 Zahlen? Schreiben Sie ein Testprogramm. ◄

Anhang

23.1 Das griechische Alphabet

Traditionell verwenden die Mathematiker viele griechische Symbole in ihren Formeln. Hier daher das griechische Alphabet mit den Namen für die Buchstaben.

A	α	Alpha	N	ν	Ny
B	β	Beta	Ξ	ξ	Xi
Γ	γ	Gamma	O	o	Omikron
Δ	δ	Delta	Π	π	Pi
E	ε	Epsilon	P	ρ	Rho
Z	ζ	Zeta	Σ	σ	Sigma
H	η	Eta	T	τ	Tau
Θ	θ	Theta	Υ	υ	Ypsilon
I	ι	Iota	Φ	φ	Phi
K	κ	Kappa	X	χ	Chi
Λ	λ	Lambda	Ψ	ψ	Psi
M	μ	My	Ω	ω	Omega

© Springer Fachmedien Wiesbaden GmbH, ein Teil von Springer Nature 2019
P. Hartmann, *Mathematik für Informatiker*, https://doi.org/10.1007/978-3-658-26524-3_23

23.2 Die Standardnormalverteilung

$$\Phi(x) = p(N(0,1) \leq x) = \frac{1}{\sqrt{2\pi}} \int_{-\infty}^{x} e^{-\frac{t^2}{2}} dt, \quad \Phi(-x) = 1 - \Phi(x), \quad \Phi^{-1}(y) = -\Phi^{-1}(1-y)$$

x	$\Phi(x)$	x	$\Phi(x)$	x	$\Phi(x)$	x	$\Phi(x)$	x	$\Phi(x)$	x	$\Phi(x)$	x	$\Phi(x)$	x	$\Phi(x)$
0.00	0.5000	0.46	0.6772	0.92	0.8212	1.38	0.9162	1.84	0.9671	2.30	0.9893	2.76	0.99711	3.22	0.99936
0.01	0.5040	0.47	0.6808	0.93	0.8238	1.39	0.9177	1.85	0.9678	2.31	0.9896	2.77	0.99720	3.23	0.99938
0.02	0.5080	0.48	0.6844	0.94	0.8264	1.40	0.9192	1.86	0.9686	2.32	0.9898	2.78	0.99728	3.24	0.99940
0.03	0.5120	0.49	0.6879	0.95	0.8289	1.41	0.9207	1.87	0.9693	2.33	0.9901	2.79	0.99736	3.25	0.99942
0.04	0.5160	0.50	0.6915	0.96	0.8315	1.42	0.9222	1.88	0.9700	2.34	0.9904	2.80	0.99744	3.26	0.99944
0.05	0.5199	0.51	0.6950	0.97	0.8340	1.43	0.9236	1.89	0.9706	2.35	0.9906	2.81	0.99752	3.27	0.99946
0.06	0.5239	0.52	0.6985	0.98	0.8365	1.44	0.9251	1.90	0.9713	2.36	0.9909	2.82	0.99760	3.28	0.99948
0.07	0.5279	0.53	0.7019	0.99	0.8389	1.45	0.9265	1.91	0.9719	2.37	0.9911	2.83	0.99767	3.29	0.99950
0.08	0.5319	0.54	0.7054	1.00	0.8413	1.46	0.9279	1.92	0.9726	2.38	0.9913	2.84	0.99774	3.30	0.99952
0.09	0.5359	0.55	0.7088	1.01	0.8438	1.47	0.9292	1.93	0.9732	2.39	0.9916	2.85	0.99781	3.31	0.99953
0.10	0.5398	0.56	0.7123	1.02	0.8461	1.48	0.9306	1.94	0.9738	2.40	0.9918	2.86	0.99788	3.32	0.99955
0.11	0.5438	0.57	0.7157	1.03	0.8485	1.49	0.9319	1.95	0.9744	2.41	0.9920	2.87	0.99795	3.33	0.99957
0.12	0.5478	0.58	0.7190	1.04	0.8508	1.50	0.9332	1.96	0.9750	2.42	0.9922	2.88	0.99801	3.34	0.99958
0.13	0.5517	0.59	0.7224	1.05	0.8531	1.51	0.9345	1.97	0.9756	2.43	0.9925	2.89	0.99807	3.35	0.99960
0.14	0.5557	0.60	0.7258	1.06	0.8554	1.52	0.9357	1.98	0.9762	2.44	0.9927	2.90	0.99813	3.36	0.99961
0.15	0.5596	0.61	0.7291	1.07	0.8577	1.53	0.9370	1.99	0.9767	2.45	0.9929	2.91	0.99819	3.37	0.99962
0.16	0.5636	0.62	0.7324	1.08	0.8599	1.54	0.9382	2.00	0.9773	2.46	0.9931	2.92	0.99825	3.38	0.99964
0.17	0.5675	0.63	0.7357	1.09	0.8621	1.55	0.9394	2.01	0.9778	2.47	0.9932	2.93	0.99831	3.39	0.99965
0.18	0.5714	0.64	0.7389	1.10	0.8643	1.56	0.9406	2.02	0.9783	2.48	0.9934	2.94	0.99836	3.40	0.99966
0.19	0.5754	0.65	0.7422	1.11	0.8665	1.57	0.9418	2.03	0.9788	2.49	0.9936	2.95	0.99841	3.41	0.99968
0.20	0.5793	0.66	0.7454	1.12	0.8686	1.58	0.9430	2.04	0.9793	2.50	0.9938	2.96	0.99846	3.42	0.99969
0.21	0.5832	0.67	0.7486	1.13	0.8708	1.59	0.9441	2.05	0.9798	2.51	0.9940	2.97	0.99851	3.43	0.99970
0.22	0.5871	0.68	0.7518	1.14	0.8729	1.60	0.9452	2.06	0.9803	2.52	0.9941	2.98	0.99856	3.44	0.99971
0.23	0.5910	0.69	0.7549	1.15	0.8749	1.61	0.9463	2.07	0.9808	2.53	0.9943	2.99	0.99861	3.45	0.99972
0.24	0.5948	0.70	0.7580	1.16	0.8770	1.62	0.9474	2.08	0.9812	2.54	0.9945	3.00	0.99865	3.46	0.99973
0.25	0.5987	0.71	0.7612	1.17	0.8790	1.63	0.9485	2.09	0.9817	2.55	0.9946	3.01	0.99869	3.47	0.99974
0.26	0.6026	0.72	0.7642	1.18	0.8810	1.64	0.9495	2.10	0.9821	2.56	0.9948	3.02	0.99874	3.48	0.99975
0.27	0.6064	0.73	0.7673	1.19	0.8830	1.65	0.9505	2.11	0.9826	2.57	0.9949	3.03	0.99878	3.49	0.99976
0.28	0.6103	0.74	0.7704	1.20	0.8849	1.66	0.9515	2.12	0.9830	2.58	0.9951	3.04	0.99882	3.50	0.99977
0.29	0.6141	0.75	0.7734	1.21	0.8869	1.67	0.9525	2.13	0.9834	2.59	0.9952	3.05	0.99886	3.51	0.99978
0.30	0.6179	0.76	0.7764	1.22	0.8888	1.68	0.9535	2.14	0.9838	2.60	0.9953	3.06	0.99889	3.52	0.99978
0.31	0.6217	0.77	0.7794	1.23	0.8907	1.69	0.9545	2.15	0.9842	2.61	0.9955	3.07	0.99893	3.53	0.99979
0.32	0.6255	0.78	0.7823	1.24	0.8925	1.70	0.9554	2.16	0.9846	2.62	0.9956	3.08	0.99896	3.54	0.99980
0.33	0.6293	0.79	0.7852	1.25	0.8944	1.71	0.9564	2.17	0.9850	2.63	0.9957	3.09	0.99900	3.55	0.99981
0.34	0.6331	0.80	0.7881	1.26	0.8962	1.72	0.9573	2.18	0.9854	2.64	0.9959	3.10	0.99903	3.56	0.99981
0.35	0.6368	0.81	0.7910	1.27	0.8980	1.73	0.9582	2.19	0.9857	2.65	0.9960	3.11	0.99906	3.57	0.99982
0.36	0.6406	0.82	0.7939	1.28	0.8997	1.74	0.9591	2.20	0.9861	2.66	0.9961	3.12	0.99910	3.58	0.99983
0.37	0.6443	0.83	0.7967	1.29	0.9015	1.75	0.9599	2.21	0.9865	2.67	0.9962	3.13	0.99913	3.59	0.99983
0.38	0.6480	0.84	0.7996	1.30	0.9032	1.76	0.9608	2.22	0.9868	2.68	0.9963	3.14	0.99916	3.60	0.99984
0.39	0.6517	0.85	0.8023	1.31	0.9049	1.77	0.9616	2.23	0.9871	2.69	0.9964	3.15	0.99918	3.61	0.99985
0.40	0.6554	0.86	0.8051	1.32	0.9066	1.78	0.9625	2.24	0.9875	2.70	0.9965	3.16	0.99921	3.62	0.99985
0.41	0.6591	0.87	0.8079	1.33	0.9082	1.79	0.9633	2.25	0.9878	2.71	0.9966	3.17	0.99924	3.63	0.99986
0.42	0.6628	0.88	0.8106	1.34	0.9099	1.80	0.9641	2.26	0.9881	2.72	0.9967	3.18	0.99926	3.64	0.99986
0.43	0.6664	0.89	0.8133	1.35	0.9115	1.81	0.9649	2.27	0.9884	2.73	0.9968	3.19	0.99929	3.65	0.99987
0.44	0.6700	0.90	0.8159	1.36	0.9131	1.82	0.9656	2.28	0.9887	2.74	0.9969	3.20	0.99931	3.66	0.99987
0.45	0.6736	0.91	0.8186	1.37	0.9147	1.83	0.9664	2.29	0.9890	2.75	0.9970	3.21	0.99934	3.67	0.99988

Literatur

Mathematik...

1. Aigner, M., Ziegler, G.: *Proofs from the BOOK*, Springer, Berlin, 2018.
2. Artmann, B.: *Lineare Algebra*, Birkhäuser, Basel, 1986.
3. Barner, M., Flohr, F.: *Analysis I*, DeGruyter, Berlin, 1974.
4. Bauer, H.: *Wahrscheinlichkeitstheorie und Grundzüge der Maßtheorie*, DeGruyter, Berlin, 1974.
5. Beutelspacher, A.: *Lineare Algebra*, Vieweg, Wiesbaden 1994.
6. Beutelspacher, A., Zschiegner, M.: *Diskrete Mathematik für Einsteiger*, Vieweg+Teubner, Wiesbaden 2011.
7. Biggs, N.L.: *Discrete Mathematics*, Oxford University Press, Oxford, 2002.
8. Blatter, C., *Analysis I+II*, Springer, Berlin, 1974.
9. Bosch, K.: *Elementare Einführung in die Statistik*, Vieweg, Wiesbaden, 1994.
10. Bosch, K.: *Elementare Einführung in die Wahrscheinlichkeitsrechnung*, Vieweg+Teubner, Wiesbaden, 2011.
11. Bosch, K.: *Statistik für Nichtstatistiker*, Oldenbourg, München, 1994.
12. Brill, M.: *Mathematik für Informatiker*, Hanser, München, 2001.
13. Domschke, W., Drexl, A.: *Einführung in Operations Research*, Springer, Berlin, 2011.
14. Dörfler, W., Peschek, W.: *Mathematik für Informatiker*, Hanser, München, 1988.
15. Engel, A.: *Wahrscheinlichkeitsrechnung und Statistik, Band 2*, Klett, Stuttgart, 1976
16. Forster, O.: *Algorithmische Zahlentheorie*, Vieweg, Wiesbaden, 1996.
17. Forster, O.: *Analysis I+II*, Vieweg+Teubner, Wiesbaden, 2011.
18. Gathen, J. von zur: *CryptoSchool*, Springer, Berlin 2015
19. Greiner, M., Tinhofer, G,: *Stochastik für Studienanfänger der Informatik*, Hanser, München, 1996.
20. Handl; A., Kuhlenkasper, T.: *Multivariate Analysemethoden*, Springer Spektrum, Berlin, 2017
21. Huppert, B., Willems, W.: *Lineare Algebra*, Vieweg+Teubner, Wiesbaden 2010.
22. Knorrenschild, M.: *Numerische Mathematik, Eine beispielorientierte Einführung*, Hanser, München, 2010.
23. Rosen, Kenneth H.: *Elementary Number Theory and Its Applications*, Pearson, Boston, 2005.
24. Rießinger, T.: *Mathematik für Ingenieure*, Springer, Berlin, 1996.
25. Schöning, U.: *Logik für Informatiker*, Spektrum Akademischer Verlag, Heidelberg, 2000.
26. Teschl, G.,Teschl, S.: *Mathematik für Informatiker Band 1*, Springer, Berlin 2013.
27. Waerden, B. L. van der: *Algebra I*, Springer, Berlin, 1971.
28. Walter, W.: *Gewöhnliche Differentialgleichungen*, Springer, Berlin, 1976.
29. Weller, F.: *Numerische Mathematik für Ingenieure und Naturwissenschaftler*, Vieweg, Wiesbaden, 1996.

© Springer Fachmedien Wiesbaden GmbH, ein Teil von Springer Nature 2019
P. Hartmann, *Mathematik für Informatiker*, https://doi.org/10.1007/978-3-658-26524-3

... für Informatiker

30. Beutelspacher, A.: *Kryptologie*, Vieweg+Teubner, Wiesbaden 2009.
31. Dillmann, R., Huck, M.: *Informationsverarbeitung in der Robotik*, Springer, Berlin, 1991.
32. Foley, J. D., Dam A. van, Feiner, S., Hughes J.: *Computer Graphics*, Addison-Wesley, Reading, 2000.
33. Goldschlager, L., Lister, A.: *Informatik*, Hanser, München, 1990.
34. Langville, A. N., Meyer, C. D., *Google's PageRank and Beyond: The Science of Search Engine Rankings*, Princeton University Press, Princeton, 2012.
35. Nissanke, N., *Introductory Logic and Sets for Computer Scientists*, Pearson, Edinburgh, 1999.
36. Ottmann, T., Widmann, P.: *Algorithmen und Datenstrukturen*, BI, 1990.
37. Salomon, D.: *Data Compression*, Springer, New York, 1998.
38. Schneier, B.: *Angewandte Kryptographie*, Addison-Wesley, München, 2000.
39. Schulz, R.-H.: *Codierungstheorie*, Vieweg, Wiesbaden, 2003.
40. Sedgewick, R.: *Algorithms in C++*, Addison-Wesley, Reading, 1992.
41. Tanenbaum, A.S.: *Computer-Netzwerke*, Pearson, München 2012.
42. Werner, M.: *Information und Codierung*, Vieweg+Teubner, Wiesbaden, 2008.

... und noch etwas zum Entspannen am Abend

43. Bell, E. T.: *Die großen Mathematiker*, Econ, Düsseldorf, 1967.
44. Davis, P. J., Hersh, R.: *Erfahrung Mathematik*, Birkhäuser, Basel, 1985.
45. Dubben, H. H., Beck-Bornholdt, H. P.: *Mit an Wahrscheinlichkeit grenzender Sicherheit*, Rowohlt Taschenbuch Verlag, Hamburg, 2005.
46. Fry, H.: *Hello World. Was Algorithmen können und wie sie unser Leben verändern*, C.H.Beck, München, 2019.
47. Guedj, D.: *Das Theorem des Papageis*, Bastei Lübbe, Bergisch Gladbach, 2001.
48. Hofstadter, D. R.: *Gödel, Escher, Bach*, Klett, Stuttgart, 1979.
49. Singh, S.: *Fermats letzter Satz*, Hanser, München, 1998.
50. Singh, S.: *Geheime Botschaften*, Hanser, München, 1999.
51. Singh, S.: *Homers letzter Satz: Die Simpsons und die Mathematik*, Hanser, München, 2013.
52. Wallwitz, G. von: *Meine Herren, dies ist keine Badeanstalt*, Berenberg, Berlin, 2017

Stichwortverzeichnis

Printed in the United States
By Bookmasters